T0253696

Bildung zwischen Staat und Markt

Schriften der Deutschen Gesellschaft für Erziehungswissenschaft (DGfE)

Hauptdokumentationsband zum 15. Kongreß der DGfE
an der Martin-Luther-Universität in Halle-Wittenberg 1996

Heinz-Hermann Krüger
Jan H. Olbertz (Hrsg.)

Bildung zwischen Staat und Markt

Springer Fachmedien Wiesbaden GmbH 1997

Gedruckt auf säurefreiem und altersbeständigem Papier.

Die Deutsche Bibliothek – CIP-Einheitsaufnahme

Bildung zwischen Staat und Markt : Hauptdokumentationsband des 15. Kongresses der DGfE an der Martin-Luther-Universität Halle-Wittenberg / Heinz-Hernann Krüger ; Jan-Hendrik. Olbertz (Hrsg.) – Opladen : Leske + Budrich, 1997
(Schriften der Deutschen Gesellschaft für Erziehungswissenschaft (DGfE))

ISBN 978-3-663-12821-2   ISBN 978-3-663-14403-8 (eBook)
DOI 10.1007/978-3-663-14403-8

© 1997 Springer Fachmedien Wiesbaden
Ursprünglich erschienen bei Leske+Budrich, Opladen 1997.

Inhaltsverzeichnis

Symposium „Deregulierung der beruflichen Bildung"

Symposium „Von Japan lernen? - Staatliche und private Bildung in der Geschichte und Gegenwart Japans"

Symposium „Frauenbildung zwischen Staat und Markt"

Symposium „Bildung und Macht"

Berichte über weitere Symposien

Arbeitsgruppen

Arbeitsgruppe „Technische Bildung - ein Privileg der beruflichen Bildung?"

Arbeitsgruppe „Schulentwicklung in den neuen Bundesländern"

Arbeitsgruppe „Vom Marktwert der Gefühle - kritische Reflexion aus der Sicht einer Humanistischen Pädagogik"

Arbeitsgruppe „Bildungsarbeit mit älteren Menschen"

Vorwort

Die Situation der öffentlichen Haushalte in der Bundesrepublik Deutschland ist zum Auslöser für eine Diskussion über das angemessene Verhältnis von privater und staatlicher Finanzierung des Erziehungs- und Bildungswesens geworden. Diese ökonomischen Probleme sind allerdings mehr ein Anlaß als ein Grund für neuerliche Überlegungen zur Einführung marktwirtschaftlicher Prinzipien auch in diesem Bereich der Gesellschaft. Sie treffen zusammen mit einer Reihe weiterer Faktoren. Dazu gehören die Herausforderungen, die sich durch die europäische Integration nach den Verträgen von Maastricht ergeben haben, weil der Anteil nichtstaatlicher Trägerschaft von Erziehungs- und Bildungseinrichtungen in anderen europäischen Ländern z.T. beträchtlich höher ist. Ebenso gehören dazu Erfahrungen, denen zufolge ein staatlich gesteuertes Bildungssystem nicht per se schon die an es gerichteten Erwartungen erfüllt und dazu gehören auch privatwirtschaftliche Interessen an den Effekten von Erziehungs- und Bildungsprozessen sowie an der Erschließung neuer Dienstleistungsmärkte.

Unter dem wachsenden ökonomischen Druck besteht durchaus die Gefahr, daß der Staat sich aus seiner Verantwortung für eine Balance zwischen Leistungsfähigkeit und Chancengerechtigkeit im Erziehungs- und Bildungswesen zu verabschieden sucht, indem er einseitig auf ökonomische Leistungsfähigkeit setzt. Die Deutsche Gesellschaft für Erziehungswissenschaft hat es in einer solchen Zeit als ihre Pflicht angesehen, den Sachverstand nationaler und internationaler Experten zu aktivieren, um anläßlich ihres 15. Kongresses die Voraussetzungen, Möglichkeiten und Implikationen zu prüfen und zu diskutieren, um über die Folgen einer Verschiebung der Zuständigkeiten aufzuklären. *Was heute zur Diskussion steht, ist letztlich eine Neubestimmung des Verhältnisses von Individualität und Solidarität.*

Vor diesem Hintergrund sollte der Kongreß einen Beitrag leisten

- zur Klärung der Voraussetzungen von „mehr Markt" in der Geschichte und Theorie des Bildungsdenkens, im europäischen Vergleich und in Ansehung empirischer Forschungsergebnisse,
- zur Darstellung von Modellen, Ansätzen, Plänen, Erfahrungen und Postulaten für eine Deregulierung und Entstaatlichung des Erziehungs- und Bildungswesens sowie
- zur kritischen Abschätzung der angestrebten bildungspolitischen Ziele, ihrer Erreichbarkeit durch „mehr Markt" und den möglichen Risiken eines solchen Prozesses für das Gemeinwesen wie für die Rechte und Chancen der Bürger.

Die vorliegende Dokumentation des 15. Kongresses verleiht einen Überblick über zahlreiche wichtige Beiträge, die innerhalb verschiedener Symposien und Arbeitsgruppen vorgetragen wurden. Mit diesem Band hat sich der Vorstand der DGfE zu einer neuen Dokumentationsform entschlossen, die eine möglichst breite Repräsentation der anläßlich des Kongresses verfaßten Beiträge ermöglicht. Er stellt den Kern eines Dokumentationssystems dar, zu dem noch eine Reihe weiterer, thematisch ausgerichteter Dokumentationsbände gehört (vgl. die Übersicht am Ende des Bandes). Die Eröffnungsansprachen sowie der Eröffnungsvortrag und die acht öffentlichen „Parallelvorträge" wurden letztmalig als (35.) Beiheft der Zeitschrift für Pädagogik publiziert.

Die Entscheidung für eine umfassende, die Leistungen möglichst vieler Mitwirkender dokumentierende Publikationsform ging einher mit der Entscheidung, die Herausgabe der Kerndokumentation in die Hände des jeweiligen Lokalen Organisationskommittees zu legen. Ich danke Heinz-Hermann Krüger und Jan H. Olbertz für die Wahrnehmung dieser aufwendigen Tätigkeit. Gleichzeitig signalisiert der vorliegende Band die neue Verbindung der DGfE zum Verlagshaus Leske und Budrich, das künftig auch die anderen Veröffentlichungen der DGfE betreuen wird.

Berlin, im Januar 1997   Prof. Dr. Dieter Lenzen
                                                                            Vorsitzender der DGfE

Einleitung

In diesem Band werden die Ergebnisse des 15. Kongresses der Deutschen Gesellschaft für Erziehungswissenschaft dokumentiert, der im März 1996 an der Martin-Luther-Universität Halle stattgefunden und sich mit dem bildungs- und sozialpolitisch brisanten Rahmenthema 'Bildung zwischen Staat und Markt' beschäftigt hat. Angesichts der Ausdifferenzierung des Bildungssystems, veränderter Arbeitsmarktbedingungen und Erwartungen von Wirtschaft, Politik und Kultur, zugleich aber auch knapper werdender Ressourcen sind die Diskussionen um eine Rationalisierung pädagogischer Organisationen und auch die mögliche Privatisierung pädagogischer und sozialer Dienste in vollem Gang. Das Spannungsverhältnis zwischen öffentlicher und privater Bildung und Erziehung wird in den Beiträgen dieses Bandes unter bildungsphilosophischen wie bildungspolitischen Perspektiven diskutiert. Aufmerksamkeit finden u.a. Fragen der Berufsbildungs- und Weiterbildungsforschung, der kulturvergleichenden Bildungsforschung, der Frauenforschung, der Hochschulsozialisationsforschung sowie der historischen Anthropologie und Bildungsphilosophie. Erziehungswissenschaftlich reflektiert werden darüber hinaus die Gefahren einer Deregulierung der beruflichen Bildung, die Chancen und Risiken einer Entstaatlichung von Schulen, der Stellenwert sozialpädagogischer Dienstleistungen zwischen Marktorientierung und sozialstaatlicher Verpflichtung sowie die Herausforderungen, die sich aus den Märkten der Erlebnisindustrie für Erziehung und Bildung und nicht zuletzt für die Erziehungswissenschaft selbst ergeben.

Es freut uns, daß es gelungen ist, die Ergebnisse der meisten Symposien und Arbeitsgruppen, die auf dem halleschen Kongreß stattgefunden haben, in Form von vollständigen Beiträgen, Kurzbeiträgen oder Berichten in diesem Band zu veröffentlichen. Es ist ein reiner Dokumentationsband, dessen Texte wir keiner weiteren Selektion unterworfen haben. Bedanken möchten wir uns noch einmal bei allen, die zum Gelingen des Kongresses beigetragen haben.

Dies sind vor allem Prof. Dr. Dr. Gunnar Berg, zum Zeitpunkt des Kongresses Rektor der Martin-Luther-Universität Halle-Wittenberg, Wolfgang
Matschke, Kanzler der Universität, Karin Schubert, geschäftsführende Leiterin des Kongreßbüros, die Mitglieder des lokalen Organisationskomitees und
die Vielzahl an Sponsoren, die den Kongreß finanziell unterstützt haben. Zu
danken haben wir zudem Petra Essebier, Ines Herrmann, Nadja Skale, Maren
Zschach, Claudia Seeling und Constanze Richter für die sorgfältige und ausdauernde Mithilfe bei den umfassenden Korrekturarbeiten sowie Margarethe
Olbertz für die Endredaktion des Bandes und die Erstellung des Layouts.
Sergej Stoetzer hat diese Arbeiten sachkundig beraten und unterstützt. Bedanken möchten wir uns auch beim Vorstand der DGfE, insbesondere bei
dessen Vorsitzenden, Prof. Dr. Dieter Lenzen, für die reibungslose Kooperation und tatkräftige Unterstützung bei der Kongreßvorbereitung, -durchführung und -auswertung sowie beim Verlag Leske und Budrich für die Aufnahme dieser Kongreßdokumentation in sein Verlagsprogramm.

Halle (Saale), im Mai 1997   Prof. Dr. Heinz-Hermann Krüger
                                                Prof. Dr. Jan-Hendrik Olbertz

Symposium

**Lehr-Lern-Prozesse in der
kaufmännischen Erstausbildung**

Klaus Beck

Einführung

Die Deutsche Forschungsgemeinschaft ist einer der Forderungen nachge-
kommen, die 1990 in der Denkschrift ihrer Senatskommission „Zur Berufsbildungsforschung an den Hochschulen in der Bundesrepublik Deutschland"
erhoben worden waren, nämlich die universitäre Berufs- und Wirtschaftspädagogik in besonderer Weise zu fördern. Sie startete Anfang 1994 ein
Schwerpunktprogramm mit dem Titel „Lehr-Lern-Prozesse in der kaufmännischen Erstausbildung". Es ist auf insgesamt sechs Jahre angelegt. Alle zwei
Jahre legen die geförderten Projekte einen Bericht über die bisherige Arbeit
vor. In diesem Symposium präsentierten zehn Arbeitsgruppen ihre Resultate
aus der ersten Förderungsperiode. Alle zehn Projekte werden auch gegenwärtig noch finanziert; ein weiteres ist nach der letzten Ausschreibung neu
hinzugekommen.

Die kaufmännische Erstausbildung, die mit wenigen Ausnahmen im sog.
Dualen System erfolgt, ist in jüngster Zeit bekanntlich zum Gegenstand einer
Krisendiskussion geworden. In der Debatte spielen u.a. auch Gesichtspunkte
seiner tatsächlichen Leistungen und seiner möglichen Leistungsfähigkeit eine
Rolle. Darüber wird freilich zumeist munter spekuliert, weil - wie schon die
DFG-Senatskommission festgestellt hatte - zuverlässige Forschungsergebnis-
se kaum vorliegen.

Es ist *einer* der Effekte, die von diesem Schwerpunktprogramm ausgehen können, daß die Debatte um das „Duale System" auf eine solidere
Grundlage gestellt zu werden vermag. Sie verstrickt sich derzeit immer mehr
in einem Gewirr von Machtansprüchen, Einflußinteressen und politischen
Richtungsstreitereien - ein Milieu, das thematisch weit entfernt ist von den
Lernprozessen, die in *jeder* Berufsausbildung von jungen Menschen zu absolvieren sind und zu deren Analyse und Optimierung wir noch viel beitragen können.

Berufsbildung ist ein Prozeß, der stets vom einzelnen zu durchlaufen ist und der in Zeiten schnellen Wandels wahrscheinlich gar nicht zu einem arbeitsbiographischen Ende gelangt. Seine erste Phase am Beginn des Erwachsenenlebens dürfte insoweit nicht nur unter kurzfristigen Effizienzgesichtspunkten, sondern auch unter Aspekten des lebenslangen Lernens von Interesse sein. Im Schwerpunktprogramm finden sich Arbeiten, die versuchen, Licht in jene Grundgesetzlichkeiten des beruflichen Lernens zu bringen, die sowohl die Erstausbildung als auch die Fort- und Weiterbildung regieren (die letztere zumindest affizieren).

Die zehn nachfolgenden Berichte - sie sind in einer eigenen Publikation ausführlicher dokumentiert (Beck/Heid 1996) - gruppieren sich nach wenigen Hauptgesichtspunkten. Am Beginn stehen drei Projekte, die vorwiegend den Wissenserwerb und die Anwendung von kaufmännischem Wissen fokussieren. Ihnen folgen zwei Projekte zum Kompetenzerwerb. Die abschließende dritte Gruppe widmet sich dem großen Problembereich der Motivation und der Selbststeuerung des beruflichen Lernens.

Literatur

Beck, Klaus/Heid, Helmut (Hrsg.): Lehr-Lern-Prozesse in der kaufmännischen Erstausbildung: Wissenserwerb, Motivierungsgeschehen und Handlungskompetenzen. Zeitschrift für Berufs- und Wirtschaftspädagogik. Beiheft 13. Stuttgart: Steiner 1996.

Deutsche Forschungsgemeinschaft: Berufsbildungsforschung an den Hochschulen der Bundesrepublik Deutschland. Situation - Hauptaufgabe - Förderungsbedarf. Senatskommission für Berufbildungsforschung. Denkschrift. Weinheim: VCH 1991.

Heinz Mandl / Robin Stark / Heinz Gruber /
Alexander Renkl

Förderung von Handlungskompetenz durch komplexes Lernen

Ausgehend von Problemen des trägen Wissens wurde untersucht, inwieweit Handlungskompetenz beim komplexen Lernen im Bereich Ökonomie durch zwei instruktionale Maßnahmen (multiple Lernkontexte und geleitetes Problemlösen) gefördert werden kann. Handlungskompetenz wurde als Fähigkeit definiert, die in einer Domäne gestellten Anforderungen erfolgreich zu bewältigen. Dabei sollten sowohl wiederkehrende Anforderungen möglichst effizient erledigt (erster Handlungskompetenzaspekt) als auch neuartigen Anforderungen kompetent begegnet werden können. Wichtige Voraussetzungen für Transferleistungen stellen sowohl die Konstruktion konzeptueller mentaler Modelle (zweiter Handlungskompetenzaspekt) als auch das Vorhandensein fundierten Sachwissens (dritter Handlungskompetenzaspekt) dar. Die Entwicklung der instruktionalen Maßnahmen orientierte sich an neueren Ansätzen zum situierten Lernen und Problemlösen. Als Lernumgebung und Untersuchungsinstrument das computerunterstützte Planspiel *Jeansfabrik*.

60 Schüler(innen) einer Berufsschule für Industriekaufleute wurden vier Gruppen zugeordnet, die das Planspiel unter verschiedenen Lernbedingungen zu bearbeiten hatten. Dabei wurde zum einen der Lernkontext, zum anderen die Unterstützung beim Umgang mit dem Planspiel variiert. Lernende mit uniformen Kontexten setzten sich jedesmal mit der gleichen Marktsituation auseinander, jene mit multiplen Kontexten waren mit unterschiedlichen Situationen konfrontiert, in denen jeweils bestimmte Teilbereiche des Gesamtsystems in den Vordergrund traten. Schüler(innen) ohne geleitetes Problemlösen hatten sich mit der Lernumgebung ohne zusätzliche Unterstützung auseinanderzusetzen, jene mit geleitetem Problemlösen waren angehalten, nach einem vierstufigen Schema vorzugehen, das Informationssammlung, Begründungen von Entscheidungen, quantitative Prognosen und Schlußfolgerungen umfaßte. Es zeigte sich, daß die thematisierten Aspekte von Handlungskompetenz von den instruktionalen Maßnahmen unterschiedlich beeinflußt wur-

den. Die Bewältigung wiederkehrender Anforderungen wurde durch die
Kombination von multiplen Kontexten und geleitetem Problemlösen am meisten gefördert; auch Schüler(innen) mit uniformen Kontexten ohne zusätzliche Unterstützung schnitten hier gut ab. Die Konstruktion konzeptueller
mentaler Modelle wurde - unabhängig vom Lernkontext - durch das geleitete
Problemlösen unterstützt. Beim Erwerb von Sachwissen schließlich waren
uniforme Lernkontexte am effektivsten. Hier hatte das geleitete Problemlösen keinen Effekt. Die drei Handlungskompetenzaspekte waren somit dissoziiert, was sich auch korrelationsstatistisch zeigte. Vor dem Einsatz komplexer Lernumgebungen ist deshalb der zu fördernde Handlungskompetenzaspekt zu spezifizieren. Eine Lernbedingung erwies sich in Hinblick auf alle
drei Kompetenzaspekte als ungünstig: Multiple Lernkontexte *ohne* zusätzliche Unterstützung. Die vielfach geforderte Darbietung komplexer Lernumgebungen ist nur dann erfolgversprechend, wenn die gesteigerte Komplexität
von geeigneten instruktionalen Unterstützungsmaßnahmen flankiert und
somit eine Überforderung der Lernenden vermieden wird.

Ralf Witt

Unterstützung des Umgangs mit ökonomischem Fachwissen durch das hypermediale Assistenzsystem „Navigator"

Die fortschreitende „systemische Rationalisierung" (Baethge/Oberbeck) führt zu einer zunehmenden 'Wissensförmigkeit' der kaufmännischen Berufspraxis, in der sich berufliche Tätigkeit unter verschiedenen Aspekten als Umgang mit Wissen darstellt. Wissen ist nicht mehr nur als Voraussetzung für die Wahrnehmung von Aufgaben von Bedeutung, sondern tritt im Sinne einer betrieblichen Informations- und Wissensverarbeitung immer stärker auch als deren eigentlicher Gegenstand in Erscheinung. Vor allem aber rührt die Wissensförmigkeit der Praxis daher, daß sich die betrieblichen Verhältnisse immer weniger unmittelbar 'aus der Praxis heraus' entwickeln, sondern mit wachsender Reichweite als nachträgliche Umsetzung ('Realisierung') vorkonstruierten Wissens 'erzeugt' werden. Diese und weitere Aspekte der systemischen Rationalisierung und Wissensförmigkeit der Praxis laufen darauf hinaus, daß Fachwissen für die berufliche Qualifikation immer wichtiger wird, für sich allein aber trotzdem nicht mehr hinreichend ist, weil spezifisches Meta-Wissen für den Umgang mit Fachwissen, das üblicherweise eher als Thema der Philosophie angesehen wird, nunmehr als 'Schlüsselqualifikation' für praktisches Handeln auf den Plan tritt.

Die Relevanz des Meta-Wissens findet eine Entsprechung in dem wachsenden Interesse an metakognitiven Prozessen bei der subjektiven Konstruktion von Wissen. Vor dem Hintergrund der Untersuchungen Piagets zur 'reflektiven Abstraktion' und Bruners zum 'instrumentellen Konzeptualismus' wird heute ein gezieltes Lehren von „knowledge construction strategies" (Resnick) gefordert, zu dessen Realisierung 'konstruktivistische' Ansätze wie cognitive apprenticeship oder der cognitive tool approach ein breites Spektrum von Beiträgen leisten.

An diesen Zusammenhang zwischen beruflicher Relevanz des Meta-Wissens und Bedeutung der Metakognition bei der subjektiven Konstruktion von Wissen soll in dem Projekt *Navigator* angeknüpft werden. Ziel ist die Ent-

wicklung, Implementation und Evaluation eines hypermedialen Assistenz-
systems, das für den Einsatz in Lehr-Lern-Arrangements gedacht ist, bei
denen es um die gezielte Verbindung von beruflichem Fachwissen und Meta-
Wissen für den effizienten und reflektierten Umgang mit dem Fachwissen
geht. Dafür ein Beispiel: Wer sich auf Veränderungen in den beruflichen
Aufgaben einstellen soll, muß die neuen Sachverhalte nicht nur kennenler-
nen, sondern sich auch erklärlich machen. Er muß also geistige Handlungen
vom Typ der Erklärung vollziehen und deshalb letztendlich auch wissen, wie
man das macht. Ein dafür als Meta-Wissen geeignetes Muster ist das Hempel-Oppenheim-Schema, nach dem man Ereignisse erklärt, indem man ihre
Beschreibung als Folgerung aus einer Verknüpfung von passenden Kausal-
hypothesen und Beschreibungen der Ausgangsbedingungen logisch ableitet.
Um diese Ableitungen schlüssig zu vollziehen, muß man die Hypothesen und
Deskriptionen in bezug auf Struktur und Art der Geltung unterscheiden können und außerdem wissen, welche Rolle Definitionen und Klassifikationen
spielen, wenn Deskriptionen und Hypothesen aufeinander bezogen werden.
Darüber hinaus ist die Bedeutung von Meta-Wissen über die Kontexte, in die
Wissen eingebettet wird, und über die Medien, in denen es repräsentiert wird
(Text, Schema, Bild), für den Umgang mit Fachwissen und für die Abschät-
zung seiner Brauchbarkeit hervorzuheben.

Der entscheidende Punkt besteht darin, daß es gelingt, Fachwissen und
Meta-Wissen nicht einfach nebeneinander zu stellen, sondern so aufeinander
zu beziehen, daß die Rolle des Meta-Wissens beim Umgang mit dem Fachwissen als solche deutlich wird. In dem Projekt *Navigator* soll dazu ein Beitrag durch die Entwicklung spezifischer Formen der Exploration von Lern-
objekträumen geleistet werden, die wir als 'attributbasierte' und 'vertikale'
Navigation bezeichnen.

Die attributbasierte Navigation geht davon aus, daß die Eigenschaften,
durch die sich Lernobjekte und das ihnen zugrundeliegende Wissen charakterisieren lassen, als Kriterien für die Auswahl derjenigen Lernobjekte dienen
können, mit denen sich der Lernende als nächstes auseinandersetzen möchte.
Ein als 'Schieberegister' implementiertes kognitives Werkzeug soll diese
Auswahlakte unterstützen. Auch wenn auf dieser Ebene die Eigenschaften
des Fachwissens nur partiell als Meta-Wissen thematisiert werden, so fungieren sie dennoch zumindest implizit als Hilfe zur Spezifizierung von Informa-
tionsbedarfen.

Auf der Ebene der vertikalen Navigation wird dann der Zusammenhang
zwischen Fachwissen und Meta-Wissen als solcher explizit gemacht. Es
werden vier Abstraktionsebenen für Lernobjekte eingerichtet: Praxisdoku-
mente, Standard-Lernobjekte, normierte Schemata ('Templates') und expli-

zite Thematisierungen von Meta-Wissen. Das Hempel-Oppenheim-Schema findet man als Template wieder, durch dessen Ausfüllung der Umgang mit Hypothesen und Deskriptionen eingeübt wird. Das dazu erforderliche Meta-Wissen wird durch Lernobjekte der obersten Ebene zur Verfügung gestellt. Ein spezieller, aber bedeutsamer Aspekt der vertikalen Navigation ist, daß sie es gestattet, Einheiten des Wissens von zwei Seiten her zu begreifen: als vereinfachende Abbildung (Abstraktion) berufstypischer Zusammenhänge, aber auch umgekehrt als Konkretisierung abstrakter Schemata. Zumal die Fähigkeit, auch hinter den zunächst als 'praktisch-konkret' erscheinenden Dingen die abstrakteren Prinzipien zu erkennen, als deren Konkretisierung sie erzeugt werden, wird in der wissensförmigen Berufspraxis immer wieder stillschweigend vorausgesetzt, in der Berufsausbildung aber nur selten gezielt gefördert. Der *Navigator* soll helfen, diese didaktische Lücke zu schließen.

Jürgen Bloech / Christian Orth / Susanne Hartung

Unternehmenssimulationen in der kaufmännischen Ausbildung

Zum Erwerb von Handlungskompetenz in betrieblichen Entscheidungssituationen

Der traditionelle kaufmännische Unterricht mit dem Schwerpunkt auf der Vermittlung von Fachkenntnissen ist nicht geeignet, einem Auszubildenden Handlungskompetenz für betriebliche Entscheidungssituationen zu vermitteln. Unter dieser Kompetenz soll die Fähigkeit verstanden werden, ein vorhandenes, grundlegendes betriebswirtschaftliches Sachwissen sowohl in wiederkehrenden als auch in neuartigen betrieblichen Anforderungssituationen anzuwenden. Der Unterricht sollte um Komponenten ergänzt werden, die eine übende Anwendung des Wissens in komplexen und realitätsangenäherten Problemstellungen ermöglichen. Dazu bietet sich der Einsatz von Unternehmensplanspielen an.

Es wurde untersucht, wie ein Planspiel in der Komplexität gestaltet sein sollte, um hinsichtlich der Entwicklung unternehmerischer Handlungskompetenz einen möglichst hohen Lernerfolg zu ermöglichen. Dazu wurde ein Planspiel mit konstanter Entscheidungskomplexität einer Durchführungsform, bei der die Komplexität zu festgelegten Zeitpunkten gesteigert wurde, experimentell gegenübergestellt.

Die Untersuchung erfolgte in der laufenden Ausbildung an 65 Teilnehmern einer Einrichtung der nebenberuflichen Fortbildung. Zum Einsatz kam das computergestützte Unternehmensplanspiel EpUS (vgl. Bloech; Rüscher 1992). Dabei handelt es sich um eine Simulation, die für die Grundausbildung in Betriebswirtschaftslehre konzipiert ist und grundlegende Zusammenhänge und Prinzipien der Unternehmensführung in einem Industriebetrieb abbildet.

Die Untersuchung umfaßte 8 Planspielsitzungen, die in wöchentlichen Abständen abgehalten wurden. Zu Beginn und zum Ende der Planspielausbildung wurden Tests zur Bewertung des betriebswirtschaftlichen Sachwissens sowie dessen Anwendung in gleichbleibenden Anforderungssituationen und in einer Transferanforderung durchgeführt.

Das Planspiel selbst wurde zur Bewertung der Handlungskompetenz in wiederkehrenden betrieblichen Anforderungssituationen eingesetzt. Dazu wurden die Planspielteilnehmer beider experimenteller Bedingungen abschließend mit einer neuen Ausgangssituation konfrontiert und hatten drei Planspielperioden zu durchlaufen. Zur Beurteilung der Handlungskompetenz in einer Transferanforderung wurde den Auszubildenden eine betriebswirtschaftliche Fallstudie zur Bearbeitung vorgelegt.

Die Planspielausbildung konnte grundsätzlich zur Entwicklung unternehmerischer Handlungskompetenz bei den Auszubildenden beitragen. Die verschiedenen Durchführungsformen zeigten zwar keine signifikanten Unterschiede, aufgrund der Ergebnisse erscheint eine sukzessive Steigerung der Entscheidungskomplexität dennoch erfolgversprechender als eine Planspieldurchführung mit gleichbleibender Komplexität. Allerdings darf sich diese Steigerung nicht unabhängig von der Leistung des Individuums vollziehen. Eine Adaption sollte sich an den individuellen und aktuellen Fortschritten bezüglich der unternehmerischen Handlungskompetenz im Planspiel orientieren. Dabei bietet es sich an, bestimmte Indikatoren innerhalb des Planspiels für die Bestimmung des Zeitpunktes der Komplexitätssteigerung zu verwenden.

Literatur

Bloech, J./Rüscher, H.: Modellbeschreibung und Bedienungsanweisungen zur Unternehmenssimulation EpUS. Ein-Platz-Unternehmens-Simulation, Göttingen 1992.

Jürgen van Buer / Sabine Matthäus

Entwicklung kommunikativen Handelns kaufmännischer Auszubildender

Einleitung

Im folgenden wird über zentrale Befragungsbefunde einer Längsschnittstudie berichtet, die über den gesamten Zeitraum der beruflichen Erstausbildung von Auszubildenden zum/zur Einzelhandelskaufmann/-frau bzw. zum/zur Bankkaufmann/-frau läuft (zur Gesamtstruktur des Projekts Van Buer/Matthäus u.a. 1995). U.a. die beiden folgenden forschungsleitenden Thesen sind für diese Studie zentral:

1. Die Jugendlichen entwickeln ihr kommunikatives Handeln zu wesentlichen Teilen außerhalb der Schule, dabei in hohem Maße auch in der Familie.
2. Die Jugendlichen verfügen beim Eintritt in ihre berufliche Erstausbildung bereits über ein Repertoire an 'bewährten' Kommunikationstaktiken; diese übernehmen sie weitgehend in ihre Ausbildung.

Konstrukte

Unter Bezug auf Habermas (1981) werden idealtypisch im sozialen Handeln *die Verständigungs-* und die *Erfolgsorientierung* unterschieden. Im Unterschied zu Habermas und im Anschluß an die wirtschaftsdidaktische Diskussion (Witt 1988) wird allerdings auch das erfolgsorientierte strategische Handeln als kommunikatives Handeln verstanden.

Im folgenden wird idealtypisch unterschieden zwischen *gelungener* Kommunikation (charakterisiert u.a. durch Wahrung von Rollendistanz, Empathie und Metakommunikation; Mollenhauer 1972) und durch *strategische* Kommunikation, bei der auch Verluste des Kommunikationspartners in Kauf genommen werden.

Erhebungsinstrumente und Durchführung der Untersuchung

Das Befragungsinstrument besteht aus einem umfangreichen standardisierten Fragebogen, bei dem z.T. auf bewährte Instrumente zurückgegriffen wird.

Die Eingangserhebung fand im Oktober 1993, die zweite zu Beginn des zweiten Ausbildungsjahres (1994) und die vorerst letzte im Herbst/Winter 1995 statt (n=331).

Ausdifferenziert zu Hypothesen, werden die beiden eingangs formulierten Thesen in theoretischen Pfadmodellen dargestellt. Dabei werden die (manifesten) Ausgangsvariablen über Faktoren- und Skalenanalysen konstruiert. Die empirische Prüfung der theoretischen Pfadmodelle erfolgt mittels des PLS-PATH-Programms von Sellin (1989).

Ergebnisse

Die Pfadanalysen zur inneren Struktur der *familiären Erziehungs- und Kommunikationserfahrungen* der Jugendlichen zeigen, daß vor allem die Erziehungspraktiken und der Kommunikationsstil der Mutter in Konfliktsituationen den familiären Zusammenhalt prägen; dem Vater hingegen kommt ein nur indirekter Einfluß über sein Kommunikationsverhalten zu. Insgesamt beurteilen die Auszubildenden ihre familiären Erfahrungen eher positiv.

Die korrelative Netzstruktur des *unterrichtlichen Schülerhandels* zeigt für die abgebende allgemeine Schule als auch für die beiden ersten Ausbildungsjahre in der beruflichen Schule eine stabile Struktur - hinsichtlich der inhaltlichen Dimensionierung des Schülertaktiken und auch bezüglich der Korrelationen der Taktiken untereinander. Insgesamt ist es möglich, theoretisch begründet und empirisch gesichert zwischen gelungenem und strategischem kommunikativen Handeln von Schülern in (unterrichtlichen) Lernsituationen zu unterscheiden.

Hinsichtlich der *kommunikativen Orientierung* der Auszubildenden in der (späteren) Arbeitssituation des Beratungs- und Verkaufsgesprächs kann unterschieden werden zwischen der Kundenorientierung, in der es dem Auszubildenden um einen fairen Interessenausgleich geht (konsensorientierte

Kommunikation), und der Verkaufsorientierung, mit der der Auszubildende eine mögliche Übervorteilung des Kunden zumindest in Kauf nimmt.

Die Befunde aus den *empirischen Pfadmodellen* zur Entwicklung der gelungenen Kommunikation und der strategischen Kommunikation zeigen (auch Van Buer/Matthäus u.a. 1996):

1. Der postulierte Einfluß des kommunikativen Handelns der Jugendlichen in der abgebenden allgemeinen Schule auf die kommunikativen Taktiken im ersten Jahr der beruflichen Schule ist mit einer Partialkorrelation von r_{par}=.76 bei gelungenem kommunikativen Handeln und mit r_{par}=.30 bei strategischem Handeln substantiell. Über die drei Erhebungszeiträume hinweg zeigt sich für beide Kommunikationsformen eine zeitlich massive Konstanz.

2. Das Selbstwertgefühl spielt eine wichtige Zwischeninstanz zwischen den familiären Erziehungserfahrungen der Jugendlichen und ihrem Kommunikationsverhalten im Unterricht.

3. Die familiären Erziehungserfahrungen der Befragten beeinflussen substantiell direkt die Wahl des unterrichtlichen Kommunikationsverhaltens. Während dies bei gelungener Kommunikation für den positiv wahrgenommenen Erziehungsstil gilt (r_{par}=.29), trifft dies bei strategischem kommunikativen Handeln in gleicher Weise für den negativen Erziehungsstil zu. Über die drei Zeitpunkte hinweg deutet sich eine - jugendtheoretisch erwartbare - , in unserer Stichprobe eher langsame Lösung der Jugendlichen aus den direkten kommunikativen Prägungen durch ihre Familie an.

4. Hinsichtlich der kommunikativen Orientierung der Jugendlichen im Beratungs- und Verkaufsgespräch zeichnet sich für die Kundenorientierung ein signifikanter, mit r_{par}≈.10 aber eher schwacher Einfluß des positiven elterlichen Erziehungsstils ab, der über alle drei Zeitpunkte reicht. Weniger deutlich ist der Zusammenhang zwischen dem negativen Erziehungsstil und der Verkaufsorientierung ausgeprägt (nur zu T2 mit r_{par}=.12). Mit r_{par}≈.20 ist darüber hinaus über alle drei Erhebungzeitpunkte hinweg ein relativ starker Einfluß des unterrichtlichen kommunikativen Schülerhandelns auf diese kommunikativen Orientierungen zu beobachten - von gelungener Kommunikation auf die Kunden - und von strategischer Kommunikation auf die Verkaufsorientierung.

Diskussion

Die Hauptbefunde stützen die beiden in der Einleitung formulierten forschungsleitenden Thesen. Danach stellt die sog. „erste Schwelle" zumindest hinsichtlich der Entwicklung des kommunikativen Handelns Jugendlicher in

Lernsituationen und ihrer kommunikativen (Erwartungs-)Orientierung in (späteren) Arbeitssituationen keinen Bruch, sondern einen gleitenden Übergang dar.

Literatur

Van Buer, J./Matthäus, S. u.a. (Hrsg.): Entwicklung der kommunikativen Kompetenz und des kommunikativen Handelns Jugendlicher in der kaufmännischen Erstausbildung. Studien zur Wirtschafts- und Erwachsenenpädagogik aus der Humboldt-Universität zu Berlin. Bd. 7. Berlin 1995.

Van Buer, J./Matthäus, S. u.a.: Familiäre Kommunikation und gelungenes kommunikatives Handeln von Jugendlichen in der kaufmännischen Erstausbildung. In: Beck, K./Heid, H. (Hrsg.): Lehr-Lern-Prozesse in der kaufmännischen Erstausbildung: Wissenserwerb, Motivierungsgeschehen und Handlungskompetenzen. Zeitschrift für Berufs- und Wirtschaftspädagogik. Stuttgart 1996, S. 163-186.

Habermas, J.: Theorie des kommunikativen Handelns. 2 Bde. Frankfurt a.M. 1981.

Mollenhauer, K.: Theorien zum Erziehungsprozeß. München 1972.

Sellin, N.: PLS-PATH Version 3.1. Application manual. Hamburg 1989.

Witt, R.: Zur logischen Struktur und moralischen Relevanz technologischer Theorien in der Fachdidaktik des Wirtschaftslehreunterrichts. In: Twardy, M. (Hrsg.): Handlung und System. Witschafts-, Berufs- und Sozialpädagogische Texte. Düsseldorf 1988.

Klaus Beck

Vermittelt die „duale" Ausbildung eine „dualistische" Moral? Zum Status und zur Entwicklung der Urteilskompetenz von Versicherungslehrlingen

Das Problem

Seit mehr als 35 Jahren liegt Kohlbergs Entwicklungstheorie der moralischen Urteilskompetenz vor (zuletzt Colby/Kohlberg 1987). Wir stellen diese weltweit verbreitete Theorie erneut auf den empirischen Prüfstand, weil verschiedentlich Zweifel aufgekommen sind, ob sie in allen Hinsichten zutrifft. Zugleich widmen wir uns damit am Beispiel von Versicherungslehrlingen einer spezifischen Fragestellung der kaufmännischen Berufserziehung.

Zur Theorie über die Entwicklung der moralischen Urteilskompetenz

Kohlbergs Theorie behauptet, daß man 6 Stufen der moralischen Entwicklung unterscheiden könne, die der heranwachsende Mensch zu erklimmen vermag: eine nach der anderen, ohne Sprünge, aber auch ohne Rückfälle. Sie besagt weiterhin, daß eine Person alle Entscheidungen gemäß der Stufe treffe, die sie gerade innehabe, seien sie beruflicher, privater, politischer oder sonstiger sozialer Natur.

Die 6 Stufen repräsentieren Urteilsprinzipien von zunehmend höherer Qualität. Als psychischer Kern der Moralität gelten sie, weil sie jeweils eine Maxime bedeuten, der ein Mensch sich innerlich verpflichtet fühlt. Auf Stufe 1 und 2 herrscht eine egozentrische Orientierung vor, die zuerst uneingeschränkt, später unter strategischer Berücksichtigung von *Alter* das subjektive Gerechtigkeitskonzept prägt. Stufe 3 und 4 sind soziozentrisch ausgerichtet, zunächst auf die konkrete personale Umgebung, dann - allgemeiner - auf die Gesellschaft als Ganzes. Auf Stufe 5 und 6 erreicht das moralische Urteil einen universalistischen Horizont, idealerweise die Orientierung am Kategorischen Imperativ.

Befunde zur moralischen Urteilskompetenz

Die Versicherungslehrlinge unserer Stichprobe (N=80) befinden sich erwartungsgemäß auf Stufe 2 oder 3. Theorieunverträglich ist aber, daß die meisten von ihnen (N=56) in Abhängigkeit vom Lebensbereich, in dem sie urteilen, Entscheidungen auf unterschiedlichen Stufen begründen. Nach Kohlberg müßte derjenige, der das anspruchsvollere Argumentationsniveau einer nächst höheren Stufe erkennt, die überwundene Stufe ablehnen, weil er sie als weniger legitim durchschaut. Wir führen eine Längsschnittstudie durch, um zu beobachten, ob unsere Probanden sozusagen einen dauerhaften moralischen Spagat machen. Momentan ist die Datenlage bei der Wiederholungsmessung noch nicht zuverlässig genug, um zu diesem Punkt Aussagen zu machen.

Unsere bisherigen Befunde zeigen, daß im beruflichen Kontext das Gerechtigkeitsdenken eher an egozentrische Prinzipien geknüpft ist als im privaten Bereich. Zwar wird man mit Recht sagen, daß das Geschäftsleben von strategisch-egozentrischem Denken durchwirkt sein müsse. Wettbewerbs- und Konkurrenzverhalten als Lebenselixier der Marktwirtschaft fußen ja auf strategisch-egozentrischer Urteilsbildung. Andererseits wünschen wir, daß unsere Lebenspartner, unsere Freunde und Staatsbürger überhaupt sich an hohen moralischen Standards orientieren. Wer kaufmännische Lehrlinge ausbildet, scheint somit vor einem Dilemma zu stehen: Entweder er versucht, sie durchgängig auf eine möglichst hohe Entwicklungsstufe der moralischen Urteilsbildung zu „befördern", nimmt dabei allerdings ihre berufliche Dequalifizierung in Kauf: Wer soziozentrisch oder universalistisch denkt, für den verliert der eigene Vorteil oder der seines Betriebes im Zweifel an entscheidungslegitimierender Kraft. Oder er entschließt sich, eine moralische Persönlichkeitsspaltung gewissermaßen zum didaktischen Programm zu erheben, die für den beruflichen Bereich die Vorteilsnahme zur moralischen Maxime erhebt, für den Bereich der Familie und Freunde dagegen Fürsorglichkeit und Selbstlosigkeit. Beide Varianten gelten als pädagogisch inakzeptable Konzepte.

Zu den Entwicklungsbedingungen der Urteilskompetenz im „Dualen System"

Nach Lempert (1993) sind für Stagnation oder Fortentwicklung der Urteilskompetenz sechs Merkmale der Lebenswelt von Bedeutung:

1. erfahrene vs. entzogene Wertschätzung,
2. Formen der verdeckten vs. offenen Konfliktaustragung,
3. der zwanglosen vs. restringierten Kommunikation,
4. der partizipativen vs. direktiven Kooperation sowie
5. der adäquaten vs. inadäquaten Verantwortungszuweisung und
6. der Eröffnung von Handlungsspielräumen.

Wir haben die Ausprägung dieser sechs Bedingungen, wie sie von unseren Probanden wahrgenommen werden, erfaßt. Die Befunde zeigen, daß die Berufsschule lediglich in den Kommunikationsformen stärker moralentwicklungsförderlich zu wirken scheint als der Betrieb. Das klingt paradox, weil die betriebliche Lebenswelt eher strategisch-egozentrisch orientiert sein dürfte und weil man den Part der positiven Moralförderung im dualistischen Ausbildungskonzept eher der Schule zuordnen würde.

Nach Lemperts Vermutung ist Wertschätzung die wichtigste der sechs Bedingungen. Ihr Fehlen kann auch durch günstige Ausprägungen der übrigen fünf nicht ohne weiteres kompensiert werden. Wir haben deshalb hier noch differenziertere Daten erhoben. Auch sie zeigen, daß Schule und Betrieb keineswegs ein homogenes Milieu bieten, sondern sich - wiederum zu ungunsten der Schule - voneinander unterscheiden.

Betrachtet man die internen schulischen Bedingungen getrennt nach Unterrichtsfächern, so wird ersichtlich, daß die Berufsschule auch in sich uneinheitliche Entwicklungsbedingungen bereithält: In den berufsbezogenen Fächern Allgemeine BWL und Versicherungs-BWL kommt die interpersonelle Wertschätzung vergleichsweise schwächer zum Ausdruck als in den eher berufsfernen Fächern. Dieser Befund ist eher erwartungskonform und weist daraufhin, daß wir es - vereinfacht gesagt - im sog. „Dualen System" mit einem doppelten moralbezogenen Dualismus zu tun haben können, dem zwischen Schule und Betrieb und dazuhin dem zwischen berufszentrierten und sog. allgemeinen Unterrichtsfächern.

Theoretische Weiterentwicklung

Falls sich die vorliegenden Befunde im Längsschnitt stabilisieren, müssen zwei Hauptfragen weiter verfolgt werden:

1. Wenn die Kohlbergsche Homogenitätshypothese der Urteilsbildung nicht zu halten ist, müssen wir seine Entwicklungstheorie in wichtigen Punkten revidieren. Sowohl moralische Rückfälle als auch die moralische Vielgesichtigkeit des Individuums wären dann theoretisch neu zu modellieren.
2. Ob die moralische Heterogenität der Lebenswelten eine entwicklungsförderliche Spannung zu erzeugen vermag oder zu einer moralisch schillernden Persönlichkeit führt, wird noch von weiteren Bedingungen abhängen als denjenigen, die Lempert zur Charakterisierung der moralischen Atmosphäre heranzieht. Zu denken wäre hier vor allem an metakognitive Faktoren, etwa an das, was unter den Problemtiteln Identität und Selbstrolle sowie Ambiguitätstoleranz und Flexibilität erörtert wird.

Literatur

Colby, A./Kohlberg, L.: The Measurement of Moral Judgement. Cambridge, Mass.: Cambridge Univ. Pr. 1987.
Lempert, W.: Moralische Sozialisation im Beruf. Zeitschrift für Sozialisationsforschung und Erziehungssoziologie, 13, 1993, S. 2-35.

Gerald A. Straka / Peter Nenniger

Die Bedingungen motivierten selbstgesteuerten Lernens in der kaufmännischen Erstausbildung - Ergebnisse der Validierung eines Meßinstrumentes

Die Grundlage der folgenden Überlegungen bildet eine Vorstellung, in der motiviertes selbstgesteuertes Lernen als ein Wechselspiel zwischen Wollen, Wissen und Können verstanden wird. Sie beschreibt einen motivierten selbstgesteuerten Lernenden als eine Person, die über entsprechendes Grundwissen verfügt und bereit und fähig ist, Lernen eigenständig und eigenverantwortlich zu planen, zu organisieren, umzusetzen, zu kontrollieren und zu bewerten, sei es in Kooperation mit anderen oder als Einzelner (vgl. Straka/Nenniger 1995; Straka/Nenniger/Spevacek/Wosnitza 1996).

Diese Vorstellungen wurden in einem Modell für motiviertes selbstgesteuertes Lernen zusammengeführt, dessen Elemente die theoretischen Konzepte „Bedarfsbestimmung", „Strategien", „Handlungskontrolle" und „Evaluation" bilden, denen spezifische Konstrukte zugeordnet sind. Die Konstrukte wurden mit Items operationalisiert, die als Bestandteile in dimensionale Skalen eingehen (vgl. Abb. 1).

Abb.1: Übersicht der Verdichtung von dimensionalen Skalen zu Konstrukten

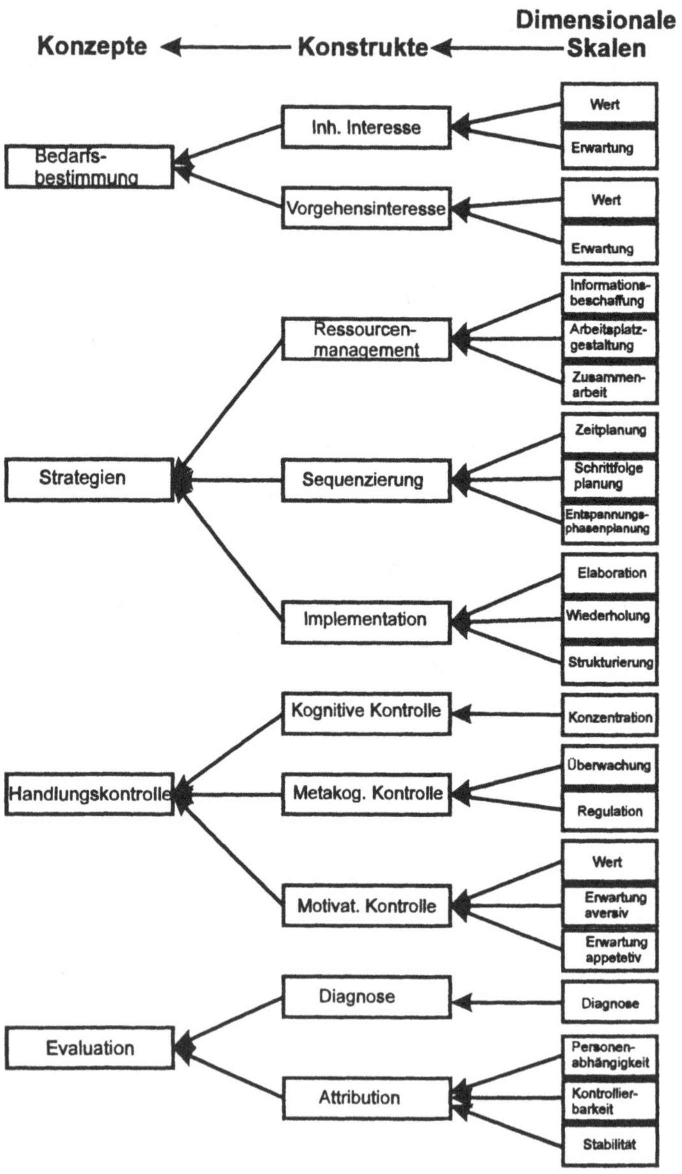

In dem Modell werden die zwei wechselseitig aufeinander bezogenen, diffundierenden Schalen aus analytischen Gründen getrennt dargestellt. Mit ihnen werden die entsprechenden Prozesse beschrieben, die Bestandteile einer Handlungs- bzw. Lernepisode bilden können. Aus dem Blickwinkel des allgemeinen Verhaltensmodells sind solche Episoden in Umgebungsbedingungen (z.B. Verfügbarkeit von Ressourcen, Sozialklima) und inneren Bedingungen (z.B. Wissen, Fähigkeiten, Fertigkeiten) eingebettet (z.B. Straka/Macke, 1979) (vgl. Abb. 2).

Abb.2.: Konzeptorientierte Darstellung des Modells für motiviertes selbstgesteuertes Lernen

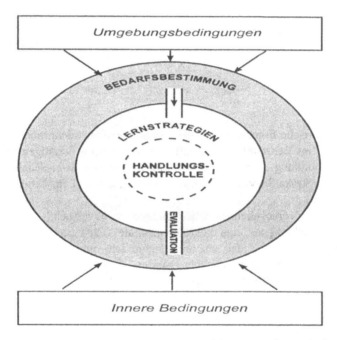

Das Konzept „Bedarfsbestimmung" gründet auf interessentheoretischen und leistungsthematischen Vorstellungen, Überlegungen und Befunden. In diesem Konzept werden - bezogen auf die Konzepte der inneren Schale - Bedingungen erfaßt, von denen angenommen wird, daß sie zum einen direkt den Verlauf und die Steuerung von Prozessen kognitiver Informationsverarbeitung entscheidend mitbestimmen und zum anderen indirekt über diese Prozesse auf die im Konzept „Evaluation" gefaßten Prozesse Einfluß nehmen. Letzteres fungiert als Bindeglied zwischen der inneren und äußeren Schale,

indem es auf das Konzept „Bedarfsbestimmung" der äußeren Schale des Modells zurückwirkt (vgl. Abb. 3).

Abb.3: Postuliertes Modell für motiviertes selbstgesteuertes Lernen

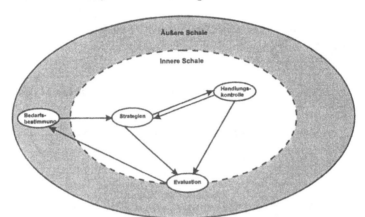

Erste empirische Ergebnisse auf der Grundlage einer Stichprobe von Auszubildenden im Berufsfeld Wirtschaft und Verwaltung bestätigen tendenziell
das in Abbildung 3 postulierte Wirkungsgefüge des Zwei-Schalen-Modells
(Nenniger/Straka/Spevacek/Wosnitza 1995; Straka et al. im Druck; Nenniger
et al., 1996).

Mit den vorangehenden Überlegungen wird versucht, einen weiteren
Schritt in Richtung auf eine mehrdimensionale Lehr-Lern-Theorie zu gehen,
in der sowohl inhaltliche als auch interessen- und leistungsthematische
Aspekte zu integrieren versucht werden (vgl. Eigler/Macke/Nenniger/-
Poelchau/Straka 1976; Nenniger/Eigler/Macke 1993).

Literatur

Eigler,G./Macke, G./Nenniger, P/Poelchau, H.-W./Straka, G. A.: Mehrdimensionale Zielerreichung in Lehr-Lern-Prozessen. In: Zeitschrift für Pädagogik (1976), 22, 2, S. 181-197.

Nenniger, P./Straka, G. A./Spevacek, G./Wosnitza, M.: Motiviertes selbstgesteuertes Lernen. Grundlegung einer interaktionistischen Modellvorstellung (S. 249-268). In: R. Arbinger & R. S. Jäger (Hrsg.): Zukunftsperspektiven emprisch-pädagogischer Forschung (Empirische Pädagogik, Beiheft 4). Landau 1995.

Nenniger, P./Straka, G. A./Spevacek, G./Wosnitza, M.: Die Bedeutung motivationaler Einflußfaktoren für selbstgesteuertes Lernen. In: Unterrichtswissenschaft, im Druck.

Nenniger, P./Eigler, G./Macke, G.: Studien zur Mehrdimensionalität in Lehr-Lern-Prozessen. („Collection" der Schweizerischen Gesellschaft für Bildungsforschung). Bern: Lang 1993.

Straka, G. A./Macke, G.: Lehren und Lernen in der Schule. Berlin, Stuttgart, Köln, Mainz 1979.

Straka, G. A./Nenniger, P.: A conceptual framework for self-directed-learning readiness (pp. 243-255). In: H. B. Long (Ed.): New dimensions in self-directed learning. Oklahoma 1995.

Straka, G. A./Nenniger, P./Spevacek, G./Wosnitza, M.: Motiviertes selbstgesteuertes Lernen in der Kaufmännischen Erstausbildung. Entwicklung und Validierung eines Zwei-Schalen-Modells. In: Beck, Klaus/Heid, Helmut (Hrsg.): Lehr-Lern-Prozesse in der kaufmännischen Erstausbildung: Wissenserwerb, Motivierungsgeschehen und Handlungskompetenzen. Zeitschrift für Berufs- und Wirtschaftspädagogik. Beiheft 13. Stuttgart: Steiner 1996, S. 150-162.

Manfred Prenzel

Selbstbestimmt motiviertes und interessiertes Lernen bei angehenden Bürokaufleuten: Eine Längsschnittstudie

Aus pädagogischer Sicht gewinnen bestimmte Fragestellungen bei der Untersuchung der Lernmotivation in der kaufmännischen Erstausbildung besondere Bedeutung: Es gilt zu untersuchen, inwieweit Auszubildende in der kaufmännischen Erstausbildung selbst- vs. fremdbestimmt lernen und welche Rolle die Inhalte beruflicher Bildung bei der Motivierung von Lernen spielen.

Die Aspekte der Selbstbestimmung und des Inhaltsbezugs lassen sich in zwei Dimensionen umsetzen, denen unter Rückgriff auf theoretische Konzepte der Motivations- und Interessenforschung sechs Varianten von Lernmotivation zugeordnet werden: Amotivation, extrinsisch motiviertes, introjiziertes, identifiziertes, intrinsisch motiviertes und interessiertes Lernen (vgl. Prenzel 1995). Vorliegende empirische Befunde zeigen, daß insbesondere identifizierte, intrinsische oder interessierte Lernmotivation günstige Auswirkungen auf Prozesse und Ergebnisse beruflicher Bildung haben.

In der Forschungsliteratur werden auch Bedingungen beschrieben, die das Identifizieren mit Anforderungen oder das Wahrnehmen von inhaltlichen Anreizen und Bedeutungen, und damit die Entwicklung pädagogisch erwünschter Varianten motivierten Lernens, unterstützen. Diese Einflußfaktoren wurden insgesamt sechs theoretischen Bedingungskomplexen zugeordnet (vgl. Prenzel 1995): Die von den Auszubildenden wahrgenommene inhaltliche Relevanz des Lernstoffes und die Qualität der Instruktion; das wahrgenommene Interesse der Lehrenden an den Inhalten; die wahrgenommene soziale Einbindung, Kompetenzunterstützung und Autonomieunterstützung.

Die Unterscheidungen von sechs Varianten motivierten Lernens und von sechs Bedingungsbereichen bilden den theoretischen Hintergrund für eine Längsschnittstudie, die eine Stichprobe von auszubildenden Bürokaufleuten (N=18) über den gesamten Ausbildungszeitraum begleitet (vgl. Prenzel/ Drechsel 1996; Prenzel/Kristen/Dengler/Ettle/Beer 1996). Im Abstand von jeweils zwei Monaten werden die Probanden zu Lernsituationen des aktuellen Ausbildungstages und zum zurückliegenden Ausbildungsabschnitt mit qualitativen und quantitativen Erhebungsverfahren befragt. Die Auswertungen erfolgen fall- und gruppenorientiert. Über Befunde aus dem ersten Ausbildungsjahr wird im folgenden berichtet.

Vergleicht man die Auftretenshäufigkeiten der einzelnen Motivationsvarianten an betrieblichen und schulischen Lernorten, dann zeigen sich signifikante Unterschiede zwischen Berufsschule und Betrieb. Im Vergleich zur Berufsschule wird in den Betrieben insgesamt betrachtet häufiger introjiziert, identifiziert, intrinsisch motiviert und interessiert gelernt. In der Berufsschule sind höhere Anteile von Amotivation oder extrinsischer Motivation festzustellen. Über das erste Ausbildungsjahr betrachtet nehmen die Häufigkeiten identifizierten, intrinsisch motivierten und interessierten Lernens in der Berufsschule wie in den Betrieben tendenziell ab.

Die Häufigkeiten der von den Auszubildenden eingeschätzten motivationsrelevanten Bedingungen stellen sich in diesem Zeitraum wie folgt dar: Betrieb und Berufsschule unterscheiden sich nicht in der wahrgenommenen inhaltlichen Relevanz. In beiden Lernumgebungen beobachten die Auszubildenden eher selten, daß sich die Lehrenden für die Lehrinhalte interessieren. Der Berufsschule wird eine höhere Klarheit des Unterrichts bescheinigt. Ausgeprägte Unterschiede zwischen den Lernorten zeigen sich bei der wahrgenommenen Kompetenzunterstützung und bei der Autonomieunterstützung. Diese unterstützenden Bedingungen werden häufiger in den Betrieben festgestellt. Die Auszubildenden nehmen auch in den Betrieben häufiger soziale Einbindung wahr als in der Berufsschule. Die signifikanten Unterschiede zwischen Berufsschule und Betrieb hinsichtlich der wahrgenommenen Autonomie- und Kompetenzunterstützung, sozialen Einbindung und Überforderung stimmen theoretisch mit den festgestellten Unterschieden in den Kennwerten für motiviertes Lernen überein.

Allerdings ist bei einer fallorientierten Betrachtung festzustellen, daß die Mittelwertunterschiede zwischen Berufsschule und Betrieb nicht gleichmäßig durch alle Probanden verursacht werden, sondern durch Teilgruppen. So sind es z.B. nur zwei Drittel der Auszubildenden, die häufiger im Betrieb als in der Berufsschule intrinsisch motiviert lernen; ein Sechstel der Auszubildenden lernt in der Berufsschule häufiger intrinsisch motiviert, bei einem weiteren Sechstel unterscheiden sich die Häufigkeiten nicht. Bei der Betrachtung von Teilgruppen oder Einzelfällen lassen sich in entsprechender Weise unterschiedliche Einschätzungen der Lernortbedingungen feststellen.

Die theoretisch zu erwartenden Beziehungen zwischen Ausprägungen der Bedingungen an den Lernorten und den Ausprägungen des motivierten Lernens werden durch Korrelationsbefunde bekräftigt. Niedrige Ausprägungen der motivationsunterstützenden Bedingungen gehen einher mit hohen Anteilen von Amotivation und extrinsisch motiviertem Lernen. Mit zunehmenden Bedingungsausprägungen steigt die Wahrscheinlichkeit für identifiziertes, intrinsisch motiviertes und interessiertes Lernen. Entsprechende Zusammenhänge lassen sich bei Auswertungen auf der Gruppen- und auf der Fallebene feststellen.

So beschreiben etwa Kreuzkorrelationen für Probanden mit ab- bzw. zunehmender intrinsischer Motivation Muster von Beziehungen zu Bedingungsgrößen, die den theoretischen Annahmen entsprechen und dabei aber jeweils spezifische Ausprägungen eines möglichen Wirkungsgefüges erkennen lassen. Entsprechende fallbezogene Muster werden in unserem Projekt systematisch gegenübergestellt und analysiert. Mit Hilfe des qualitativen Datenmaterials wird die Tragfähigkeit der fallbezogenen Analysen geprüft. Das auf diese Weise gewonnene Material dient zur Spezifikation und Konkretisierung von Merkmalen bildungsrelevanter Motivationsbedingungen. Im begonnenen zweiten Ausbildungsjahr folgen erweiterte Untersuchungen, in denen nun die gesamten Berufsschulklassen der Probanden der Längsschnittstudie einbezogen werden.

Literatur

Prenzel, M.: Zum Lernen bewegen. Unterstützung von Lernmotivation durch Lehre. Blick in die Wissenschaft 4, (1995), H.7, S. 58-66

Prenzel, M./Drechsel, B.: Ein Jahr kaufmännische Erstaus-bildung: Veränderungen in Lernmotivation und Interesse. In: Unterrichtswissenschaft, 24 (1996), H.3.

Prenzel, M./Kristen, A./Dengler, P./Ettle, R./Beer, T.: Selbstbestimmt motiviertes und interessiertes Lernen in der kaufmännischen Erstausbildung. In: Beck, Klaus/-Heid, Helmut (Hrsg.): Lehr-Lern-Prozesse in der kaufmännischen Erstausbildung: Wissenserwerb, Motivierungsgeschehen und Handlungskompetenzen. Zeitschrift für Berufs-und Wirtschaftspädagogik, Beiheft 13. Stuttgart: Steiner 1996, S. 108-127.

Helmut M. Niegemann / Manfred Hofer

Selbstkontrolliertes Lernen als Ziel und Mittel beruflicher Bildung

Psychologische Aspekte der Frage nach Möglichkeiten und Grenzen des Einsatzes computerunterstützter „arbeitsanaloger Lernaufgaben"

Forschungsziele

Ausgangsproblem des Mannheimer Forschungsprojekts sind Defizite hinsichtlich des strukturellen Wissens kaufmännischer Auszubildender im Bereich des Rechnungswesens und daraus resultierende geringe Transferleistungen. Forschungsziel ist daher ein Beitrag zur Beantwortung der Frage nach Bedingungen der Möglichkeit, den Aufbau strukturellen Wissens und die Fähigkeit, dieses selbständig anzuwenden, durch selbständiges Bearbeiten speziell entwickelter arbeitsanaloger Lernaufgaben zu fördern. Grundkenntnisse der Kostenrechnung werden vorausgesetzt, die Bearbeitung der Arbeitsaufgaben zielt auf eine Integration dieses Wissens.

Beschreibung der Lernumgebung

Die eigens entwickelten computergestützten Lernumgebungen fordern von den Lernenden die selbständige Lösung fallstudienähnlicher Aufgaben zur Kostenrechnung. Für diese Aufgabe stehen ihnen Betriebsdaten, Formblätter, Tabellen und Hilfsmittel (Notizblock, Tischrechner u.ä.) sowie ein elektronisches Nachschlagewerk zur Kostenrechnung zur Verfügung. Darüber hinaus gibt es aufgabenspezifische Hilfen, deren Wirksamkeit teilweise Gegenstand der Untersuchungen war (Niegemann 1995).

Empirische Studien

Bisher wurden zwei Arten von Studien durchgeführt: Einzelfallstudien nach
der Methode des „lauten Denkens" mit nachträglicher Videokonfrontation
sowie quasi-experimentelle Untersuchungen. Erstere sollten insbesondere
Hinweise auf metakognitive Operationen der Lernenden liefern. In den qua-
si-experimentellen Studien in Betrieben und kaufmännischen Berufsschulen
sollten die Wirkungen unterschiedlicher Hilfen zur Bewältigung der Lernaufgaben und zur Förderung strukturellen Wissens untersucht werden. Bisher
wurden zwei Einzelfallstudienserien mit jeweils acht Probanden und sechs
quasi-experimentelle Untersuchungen durchgeführt. Bei den Lernenden handelte es sich um männliche und weibliche Auszubildende im Alter zwischen
18 und 25 Jahren. Die Fragestellungen lassen sich allgemein wie folgt beschreiben: Fördert die Komponente X (i.S. einer Hilfe, Instruktionsmaßnah-
me) bei Lernenden mit den Persönlichkeitsmerkmalen P_1, P_2 ... (Vorwissen,
motivationale Überzeugungen, ...) unter den Rahmenbedingungen R_1, R_2 ...
(computerbasierte Fallstudie mit den Merkmalen m_1, m_2 ...), den Aufbau
strukturellen Wissens in der Domäne D („Rechnungswesen")? Entsprechend
haben die wichtigsten Hypothesen die folgende Struktur: Unter sonst gleichen Bedingungen zeigen Lernende (mit den Merkmalen P_1, P_2, ...) denen X
dargeboten wird, stärkere Veränderungen ihrer kognitiven Struktur bzgl. der
Domäne D als Lernende, denen diese Komponente nicht dargeboten wurde.
Unabhängige Variable waren didaktische Hilfen wie „modelling" (Demonstration eines Lösungswegs), spezielle grafische Darstellungen und „offene
Fragen". Als Moderatorvariable wurden insbesondere das Vorwissen und
Selbstwirksamkeitsüberzeugungen erhoben. Abhängige Variable waren u.a.
die Akzeptanz des Programms und einzelner Programmmerkmale (Fragebogen), die Bearbeitungszeit, Art und Häufigkeit von Fehlern (Verlaufspro-
tokolle, Transferaufgaben) sowie Veränderungen des strukturellen Wissens,
erhoben teils durch einen Wissenstest, teils mit Hilfe eines eigens entwickelten computerbasierten Strukturlegeverfahrens (Eckert/Niegemann 1995).
Versuchsplantechnisch problematisch ist der Variablenkomplex „Selbstkontrolle": Einerseits können die von jedem Lernenden gewählten Lösungswege, Bearbeitungszeiten und Inanspruchnahme von Hilfen als abhängig von
den Instruktionsbedingungen und Persönlichkeitsmerkmalen analysiert werden, andererseits ist es plausibel anzunehmen, daß der Lernerfolg vom Lösungsweg und der aufgewendeten Bearbeitungszeit beeinflußt wird. Hinzu
kommt, daß für das „Navigationsverhalten" der Lerner bislang kein geeig-

netes statistisches Verfahren zur Verfügung steht. Eine graphentheoretisch begründete Methode wird derzeit erprobt.

Ergebnisse

Generell erwies sich die Akzeptanz der Lernumgebung in der Befragung als sehr hoch, auch bei Auszubildenden mit umfangreicher Erfahrung mit Lernprogrammen. Ähnliches gilt für die Akzeptanz der verschiedenen Hilfe-Angebote, die tatsächliche Nutzung der Hilfen war jedoch erwartungswidrig gering. In mehreren Studien zeigten sich signifikante positive Korrelationen zwischen dem Ausmaß der Hilfenutzung und der Variable „Selbstwirksamkeitsüberzeugung". Zwischen den Versuchsgruppen mit unterschiedlichen Versionen der Lernumgebung hinsichtlich spezifischer didaktischer Hilfen zeigten sich bisher keine ausgeprägten Unterschiede.

Bezüglich der jeweiligen operativ-kalkulatorischen Aufgabenstellung ergab sich eine hohe Zielerreichung: Meist konnten alle Lerner die arbeitsanalogen Lernaufgaben korrekt lösen. Testergebnisse und qualitative Daten aus den Einzelfallserien sprechen jedoch dafür, daß die Erwartungen hinsichtlich des Ziels der Förderung theoretischen Zusammenhangswissens bisher nicht erfüllt werden konnten. Als Erklärung hierfür kommen vorrangig zwei Sachverhalte in Frage:

a) Die Lernumgebung liefert keinerlei Rückmeldung zu eventuellen Fortschritten im Bereich des Aufbaus theoretisch-strukturellen Wissens; Feedback ist beschränkt auf die Eingabe von Zahlenwerten.

b) Die jeweils vorgegebene operative Kalkulationsaufgabe beansprucht die kognitiven Ressourcen derart, daß für eine metakognitive Kontrolle (monitoring) des Aufbaus strukturellen Wissens kein Raum bleibt (vgl. das Modell selbstkontrollierten Lernens von Butler/Winne 1995).

Fazit und Perspektiven

Obwohl selbstkontrolliertes Lernen im Kontext dieser Arbeiten nicht eingesetzt wurde um neues Wissen zu vermitteln und eine Vielzahl unterschiedli-

cher Hilfen angeboten wurde, konnte das Hauptziel der Arbeiten nicht erreicht werden. Dies könnte ein Anlaß sein, auch in anderen Kontexten bisher
lediglich unterstellte Wirkungen von Fallstudien empirisch kritisch zu prüfen.

Um die vermuteten Schwachstellen des Lernsystems auszuschalten bzw.
zu kontrollieren, werden derzeit mehrere Maßnahmen entwickelt: Um Rückmeldungen über Fortschritte beim Aufbau theoretischen Wissens zu geben,
sollen Lernende angehalten werden, vor dem Kalkulieren eine Art „Begriffs-
netz-Technik" anzuwenden. In einer weiteren Studie soll das Ausmaß der
Kalkulationen reduziert werden und statt dessen ausgearbeitete Beispiele zur
Exploration dargeboten werden (vgl. Sweller 1994). Ferner sind Lernumge-
bungsvarianten vorgesehen, die dem Lernenden ein höheres Maß an Entscheidungen, z.B. hinsichtlich der Zweckmäßigkeit eines bestimmten Ko-
stenrechnungsmodells abverlangen.

Literatur

Butler, D.L./Winne, Ph. H.: Feedback and self-regulated learning: A theoretical syn-
    thesis. In: Review of Educational Research, 65 (1995), S. 245-281.
Eckert, A./Niegemann, H.M.: Computergestützte Diagnose von Wissensstrukturen
    und deren Veränderung. In: Arbinger, R./Jäger, R.S. (Hrsg.): Zukunftsperspekti-
    ven empirisch-pädagogischer Forschung. Landau 1995, S. 352-362.
Niegemann, H.M.: Computergestützte Instruktion in Schule, Aus- und Weiterbildung.
    Frankfurt a. M. 1995.
Sweller, J.: Cognitive load theory, learning difficulty and instructional design. In:
    Learning and Instruction, 4 (1994), S. 295-312.
Weinert, F. E./Helmke, A.: Learning from wise mother nature or big brother instruc-
    tor: The wrong choice as seen from an educational perspective. In: Educational
    Psychologist 30 (1995), No. 3, S.135-142.

Andreas Krapp

Bedingungen und Auswirkungen berufsspezifischer Lernmotivation in der kaufmännischen Erstausbildung.

Fragestellungen

In einer Längsschnittstudie mit 117 Auszubildenden der Versicherungswirtschaft wird im Rahmen eines DFG-Projekts (Krapp/Schiefele/Wild 1993) an beiden Lernorten (Berufsschule und Betrieb) untersucht,

1. welchen Einfluß motivationale und kognitive Lernermerkmale auf affekivmotivationale und kognitive Prozeßvariablen des Lernens haben,
2. welche Rolle die zu Beginn der Ausbildung nachweisbaren kognitiven und motivationalen Lernermerkmale für den Ausbildungserfolg spielen,
3. wie Interessen entstehen und welche Bedeutung dafür affektiv-motivationale Erfahrungen in vorausgegangenen Lehr-Lern-Situationen haben. Theoretischer Hintergrund ist die pädagogische Interessentheorie (Krapp 1992).

Methodik

Inzwischen liegen Daten aus folgenden Erhebungen im ersten Ausbildungsjahr vor:

- *Eingangserhebung* zur Erfassung kognitiver und motivationaler Lernervoraussetzungen mit Hilfe von Fragebögen.
- Zweiwöchige *ESM- Erhebungen* je in Schule und Betrieb zur Erfassung situationsspezifischer Prozeßvariablen (z.B. emotionale Zustände, Erlebensqualitäten). Die „Erlebens-Stichproben-Methode" besteht im Prinzip darin, Personen nach einem Stichprobenplan relativ häufig „überraschend" in ihrer natürlichen Lebensumgebung zu befragen.
- Zwei *Zwischenerhebungen* während des Schuljahres auf der Basis von Fragebögen zur Erfassung von situativen Bedingungsvariablen und subjektiven Einschätzungen des Kontextes sowie des individuellen Erlebens in bezug auf kleinere Zeiträume der Ausbildung jeweils in Schule und Betrieb.

- Interviewerhebung kurz vor Schuljahresende mit etwa 40 Auszubildenden zur qualitativen Analyse der ausbildungsbezogenen Bedingungen für die Entwicklung und Aufrechterhaltung von berufsbezogenen Interessen.
- Abschlußerhebung am Ende des Ausbildungsjahres zur Erfassung von Veränderungen der in der Eingangserhebung ermittelten kognitiven und motivationalen Lernvoraussetzungen. Außerdem wurden Indikatoren des Ausbildungserfolgs erfaßt: z.B. Schulnoten, Bewertungen durch die Ausbilder und Befunde aus einem Wissenstest (Parallelform des Vorwissenstest). Außerdem wurde mit zwei Sub-Tests des Wilde-Intelligenz-Tests ein grober Indikator für die kognitiven Fähigkeiten der Probanden ermittelt.

Ergebnisse

Im Hinblick auf die Lernmotivation wurden bislang u.a. folgende Aspekte untersucht (vgl. Wild/Krapp, 1996).

a) Die Bedeutung der beruflichen Ausbildung im Kontext allgemeiner Wertorientierungen: Hier zeigt sich z.B., daß die Jugendlichen der Ausbildung zwar eine hohe Bedeutung bemessen, sie aber relativ zu anderen Bereichen (z.B. soziale Beziehungen, Freizeit) eher etwas geringer einschätzen.

b) Entspricht die Ausbildung dem primären Berufswunsch? Dies ist bei ca 2/3 aller Befragten der Fall. Die Quote liegt bei weiblichen Probanden höher als bei männlichen.

c) Ausbildungsbezogene Einstellungen: Die überwiegende Mehrzahl der Befragten stellt zu Beginn der Ausbildung fest, daß die gewählte Ausbildung den *persönlichen Neigungen* entspricht und die Auswahl des Ausbildungsberufs aufgrund der *interessanten Inhalte* erfolgte. Im Laufe des ersten Ausbildungsjahres ist ein deutlicher Rückgang dieser positiven Einschätzungen zu erkennen.

d) Entwicklung des Ausbildungsinteresses: Sowohl zu Beginn als auch am Ende des ersten Ausbildungsjahres ist das Interesse bei Probanden, für welche die Ausbildung zum Versicherungskaufmann dem primären Berufswunsch entspricht, höher als bei den Pbn , wo dies nicht der Fall ist. In beiden Gruppen beobachten wir einen deutlichen Abfall der Interessenwerte.

e) Motivationale Orientierungen in Abhängigkeit vom Lernort: Motivationale Orientierungen können stärker extrinsich oder intrinsisch ausgerichtet sein. Extrinsische Motive die aus sozialer Verpflichtung resultieren (z.B. Erwartungen von seiten der Eltern) spielen kaum eine Rolle. Hohes Gewicht hat die auf den Beruf bezogene (extrinsische) Erfolgs- und Kompetenzorientierung: Man lernt primär, um erfolgreich zu sein. Intrinsische Orientierungen spielen in der Schule keine große Rolle: Schulunterricht macht keinen Spaß und man sieht nur selten einen Bezug zu den eigenen Interessen. Im Betrieb erreicht die Skala „Freude am Unterricht bzw. an der Ausbildung" die gleiche Größenordnung wie die berufsbezogenen Skalen.

f) Veränderungen der emotionalen Orientierungen: Die Befunde verweisen auf eine relativ hohe Stabilität im ersten Ausbildungsjahr. Die Werte unterscheiden sich am Ende des Jahres nicht wesentlich von jenen der Eingangserhebung. Relativ deutliche Schwankungen beim „Interesse an den Inhalten" sind auf den Lernortwechsel zurückzuführen. Das schulische Lernangebot trifft weit weniger auf das Interesse der Auszubildenden als das Lernangebot des Betriebs.

g) Durchschnittliche Erlebensqualitäten: Es gibt deutliche Veränderungen auf den Skalen Interessiertheit, Aktivierung und Ausmaß der Befriedigung primärer psychologischer Bedürfnisse in Abhängigkeit vom Lernort und von der Lernortsequenz.

h) Analyse von Bedingungsfaktoren, welche die Auftretenswahrscheinlichkeit emotionaler Erlebensqualitäten erklären können: Es konnte z.B. gezeigt werden, daß das motivationale Klima in verschiedenen Ausbildungsbetrieben (Art der bevorzugten Motivierungstechniken) oder die Art der geforderten Tätigkeiten in Schule und Betrieb einen Einfluß auf die durchschnittliche Erlebensqualitäten haben.

Literatur

Krapp, A.: Das Interessenkonstrukt. Bestimmungsmerkmale der Interessenhandlung und des individuellen Interesses aus der Sicht einer Person-Gegenstands-Konzeption. In: Krapp, A./Prenzel, M.(Hrsg.): *Interesse, Lernen, Leistung. Neuere Ansätze einer pädagogisch-psychologischen Interessenforschung.* Münster: Aschendorff 1992,(S. 297-329)

Krapp, A./Schiefele, U./Wild, K.-P.: Bedingungen und Auswirkungen berufsspezifischer Lernmotivation in der kaufmännischen Erstausbildung. *Neuantrag auf Gewährung einer Sachbeihilfe im Rahmen des Schwerpunktprogramms „Lehr-Lern-Prozesse in der kaufmännischen Erstausbildung".* 1993.

Wild, K.-P./Krapp, A.: Die Qualität subjektiven Erlebens in schulischen und betrieblichen Lernumwelten: Untersuchungen mit der Erlebens-Stichproben-Methode. *Unterrichtswissenschaft, 24,* 1996

Hellmuth Metz-Göckel / Volker Zaib / Beate Hardt

Determinanten von Leistungs- und Motivationskennwerten in der kaufmännischen Erstausbildung

Die komplexen Anforderungen in den Lernfeldern des Berufschulunterrichts in der kaufmännischen Erstausbildung werden von den Auszubildenden bekanntermaßen in unterschiedlicher Weise interpretiert und je nach individuellem Leistungs- und Erfahrungshorizont angegangen und - mehr oder minder erfolgreich - bewältigt. Die Wirkung der Lernmotivation allgemein als wesentliche Bedingung für Lern-, Leistungs- und Ausbildungserfolg wird in diesem Kontext als gesicherte Erkenntnis betrachtet, was jedoch die Frage nach den speziellen motivationalen Mechanismen aufwirft. Anhand von zwei Stichproben mit 255 bzw. 234 angehenden Bürokaufleuten, die im September 1995 und im Februar 1996 an zwei beruflichen Schulen gezogen wurden, sind wir dieser Frage nachgegangen (Hardt et. al. 1996).

Zunächst zum Begriff der *Lernmotivation*. In unserer Definition beziehen wir uns zum einen auf Formen beabsichtigten Lernens, welches „umzu"-Charakter aufweist, Lernzuwachs verspricht, also zweckorientiert vollzogen wird (Rheinberg 1995). Zum anderen sprechen wir von Lernmotivation, wenn die Aktivität aus der Beschäftigung mit dem Lerngegenstand selbst hervorgeht, also der Tätigkeitsanreiz im Vordergrund steht. Bei der Analyse der personen- bzw. situationsspezifischen Variablen, die Lernmotivation in ihren unterschiedlichen Ausprägungen erklären können, kristallisieren sich deutlich drei Ansatzpunkte zur Verbesserung der motivationalen Bedingungen im Unterricht heraus:

1. der leistungsthematische Anregungsgehalt des Unterrichts als Tätigkeitsanreiz,
2. die Rückmeldedimension, d. h. die Wahrnehmung des vom Lehrer bzw. der Aufgabe selbst gegebenen Feedbacks und
3. die Ergebnis-Folge-Erwartungen. Der größte varianzerklärende Anteil ist aufgrund der vorliegenden Ergebnisse dem Tätigkeitsanreiz zuzuschreiben.

Zur Beantwortung der Frage, welche der untersuchten Variablen dagegen die meßbare *Leistung* erklären, stützen wir uns auf die Daten einer Teilstichprobe - 52 Bürokaufleute im dritten Ausbildungsjahr - für die im Januar 1996 die Noten aus den Halbjahreszeugnissen erhoben wurden. Im Ergebnis ist festzustellen, daß die Lernmotivation und die in Zeugnisnoten gemessene Leistung in keinem direkten statistisch bedeutsamen Zusammenhang stehen. Die Annahme also, daß jemand, der hoch motiviert ist, in der Regel auch gute Zensuren bekommt, kann nicht bestätigt werden. Die Varianz der Leistungsdaten wird jedoch durch Variablen wie „Wahrnehmung der Angemessenheit der Anforderungen" und die „wahrgenommene Handlungskompetenz" erklärt, wobei letztere begrifflich in der Nähe der generalisierten Selbstwirksamkeit im Sinne Banduras (vgl. Schwarzer 1993) angesiedelt werden kann. Die Wirksamkeit der Lernmotivation - im Sinne des oben skizzierten Zweckcharakters - auf die Lernleistung realisiert sich hingegen auf dem Umweg über Ergebnis-Folge-Erwartungen, und zwar insbesondere in Bezug auf die Antizipationen, die mit der Relevanz der Lerninhalte für das Bestehen von Prüfungen zusammenhängen. Die Auszubildenden in dieser Phase tun also genau das, was den aktuellen Optionen im Ausbildungsgang entspricht: Sie lernen zweckorientiert mit Blick auf einen erfolgreichen Abschluß. Unter diesen Bedingungen halten wir es daher für angemessener, von Leistungs- statt von Lernmotivation zu sprechen. Es bleibt abzuwarten, ob sich die Ergebnisse in den anstehenden Folgeuntersuchungen replizieren lassen und - gerade das scheint spannend - in welcher Weise sich das Beziehungsgeflecht zwischen Motivation und Leistung für das erste und zweite Ausbildungsjahr darstellt.

Literatur

Hardt, B./Zaib, V./Kleinbeck, U./Metz-Göckel, H.: Untersuchungen zu Motivierungspotential und Lernmotivation in der kaufmännischen Erstausbildung. In: Beck, Klaus/Heid, Helmut (Hrsg.): Lehr-Lern-Prozesse in dere kaufmännischen Erstausbildung: Wissenserwerb, Motivierungsgeschehen und Handlungskomptenzenen. Zeitschrift für Berufs- und Wirtschaftspädagogik, Beiheft 13. Stuttgart: Steiner 1996, S.128-149.

Rheinberg, F.: Von der Lernmotivation zur Lernleistung: Was liegt dazwischen? In: Möller, J./Köller, O. (Hrsg.): Leistungsbezogene Kognitionen und Emotionen. Weinheim, in Druck.

Schwarzer, R.: Stress, Angst und Handlungsregulation. Stuttgart [3]1993.

Symposium

Deregulierung der beruflichen Bildung?

Franz-Josef Kaiser / Adolf Kell / Günter Pätzold

Einleitung: Deregulierung der Berufsbildung?

Die Berufsbildung in Deutschland ist in ihren verschiedenen Bereichen unterschiedlich zwischen Staat und Markt positioniert: Zwischen der vorberuflichen Bildung in den allgemeinen Schulen des Sekundarbereichs I, der nichtakademischen Berufsausbildung im Sekundarbereich II, der akademischen Berufsausbildung im Tertiärbereich und der beruflichen Weiterbildung im Quartärbereich gibt es diesbezüglich erhebliche strukturelle Unterschiede. Für die Thematik des Kongresses ist die nichtakademische Berufsausbildung im sogenannten „Dualen System" von besonderer Bedeutung, weil die verschiedenen Dimensionen ihrer „Dualität", z.B. in den Rechtsgrundlagen zwischen Öffentlichem und Privatem Recht, in der Trägerschaft und Finanzierung zwischen Staat und Unternehmungen, in der Organisation und Institutionalisierung zwischen Betrieb und Schule, zu „pluralen" Beziehungen zwischen Staat und Markt führen.

Der Prozeß der Europäischen Integration bewirkt eine deutliche Verschiebung der berufsbildungspolitischen Aufmerksamkeit hin zur Sicherung der nationalen, der europaweiten und schließlich auch der internationalen Wettbewerbsfähigkeit. Unter den Herausforderungen der europäischen Konkurrenz steht das deutsche auf Kooperation und Konsens angelegte Berufsbildungssystem mit seinem bewährten Berufsprinzip auf dem Prüfstand. Aber auch der sektorale und regionale Ausbildungsplatzmangel wirft u.a. die Frage auf, wie die Wirtschaft und die Betriebe ihrer sozialen Verpflichtung gemäß den Grundsätzen des Urteils des Bundesverfassungsgerichts von 1980 zur Ausbildung von jungen Menschen nachkommen. An nationalstaatlichen Aktivitäten wird deutlich, mit welchen Strategien in den einzelnen Staaten Europas sowohl auf ökonomische Herausforderungen der 90er Jahre als auch auf die berufsbildungspolitischen Leitlinien der Europäischen Kommission reagiert wird.

Im Symposium wurde die Problematik der Deregulierung der Berufsbildung durch einen einleitenden Vortrag aus historisch-systematischer Sicht analysiert (siehe Beitrag Greinert/Schütte). Ausgegangen wird von der These, daß das Bildungs- und das Beschäftigungssystem einer unterschiedlichen ordnungspolitischen Logik folgt, die eine Regulierung beruflicher Bildung im Sinne eines herzustellenden 'Gleichgewichtszustandes' oder eines zu optimierenden Entwicklungsprozesses in modernen Gesellschaften westlichen Typs unmöglich macht. Vor diesem Hintergrund wird auf die Perspektive einer formalen Trennung von materieller Produktion und institutionalisierter Bildung zurückgegriffen, wenn im Hinblick auf die zu untersuchenden Gegenstandsbereiche nach den staatlichen und privatwirtschaftlichen 'Organisationsmitteln' und bildungspolitischen Handlungsoptionen gefragt wird: dem Wandel des Berufsbildungsrechts, der Institutionalisierung beruflicher Bildung sowie der Entwicklung des Jugendarbeitsmarktes. Die Nichtprognostizierbarkeit berufsbildungspolitischer Entwicklungsprozesse wird auf drei Aspekte bezogen: auf die unterschiedlichen gesellschaftlichen Funktionen, die das berufliche Bildungssystem als Ganzes zu erfüllen hat, auf die Integration zweier divergierender 'Regelmuster' sowie damit unmittelbar verknüpft auf den arbeits- und bildungspolitischen 'deutschen Sonderweg', der sich noch immer in der beruflichen Hierarchisierung betrieblicher Funktionsabläufe und der Dreigliederigkeit des beruflichen Bildungssystems äußert. Vor diesem Hintergrund wird der jüngste Krisendiskurs in eine Kontinuität eingeordnet, die von einem permanenten Wechsel zwischen Regulierung und - sofern 'systematische Unterlassungen' die Berufsbildungspolitik charakterisieren - Deregulierung geprägt ist.

Daran schloß sich eine Erörterung der Einflüsse an, die von Deregulierungstendenzen im Europäischen Integrationsprozeß auf die deutschen Steuerungskompetenzen in der Berufsbildungspolitik wirken (siehe Beitrag Münk). Am Beispiel zentraler nationalstaatlicher Einzelstrategien (Deregulierung / Dezentralisierung / Modularisierung, Anerkennungsproblematik) wird gezeigt, mit welchen Lösungsansätzen ausgewählte europäische Berufsbildungssysteme (Vereinigtes Königreich, Frankreich, Spanien) einerseits auf die ökonomischen Herausforderungen der 90er Jahre und andererseits auf die berufsbildungspolitischen Leitlinien der Europäischen Kommission reagieren. Vor dem doppelten Hintergrund (Weißbuch der Kommission sowie exemplarisch dargestellte nationalstaatliche Strategien) werden sowohl die aus dieser Situation erwachsenden Risiken und Chancen als auch das aktuelle Reaktionspotential des Dualen Systems der Bundesrepublik Deutschland einerseits im Hinblick auf die berufsbildungspolitische Gestaltungsmacht der

EU und andererseits im Hinblick auf alternativ organisierte Berufsbildungsstrukturen der ausgewählten Mitgliedstaaten untersucht.

Da in Deutschland die korperatistische Zusammenarbeit in der Berufsbildung und in der Berufsbildungspolitik zwischen Staat, Arbeitnehmer- und Arbeitgeberverbänden eine lange Tradition hat, sind vor dem historischen und europäischen Hintergrund die Vorstellungen der Sozialpartner über die Steuerung der Berufsbildung von besonderer Bedeutung. Deshalb sind die gewerkschaftlichen Positionen zur Berufsbildungspolitik (siehe Beitrag Brötz) und die der Wirtschaftsorganisationen, die im Kuratorium der Deutschen Wirtschaft für Berufsbildung zusammenarbeiten (siehe Beitrag Brumhard), vorgetragen worden.

Von zwei osteuropäischen Wissenschaftlern wurden die Transformationsprozesse in der Berufsbildung der Ukraine und Polens von Zentralverwaltungswirtschaften zu Marktwirtschaften dargelegt. Auch wenn die gegenwärtigen Entwicklungen in den ehemals staatssozialistischen Bildungssystemen mit ihren vielfältigen Ansätzen sich nicht sehr eindeutig darstellen, konnte eine Reihe von Innovationen bzw. Reformen aufgenommen und diskutiert werden. Distanzierung von den Dogmen der marxistisch-leninistischen Ideologie und der Abbau der staatlichen Monopolstrukturen in der Bildungsverwaltung bilden den Kern aller innovativen Ansätze. Die Vielfalt der Ansätze ist zum einen durch nationale, regionale und kulturelle Traditionen zu erklären, die nun wieder - wenn auch unter veränderter Perspektive - aufgenommen werden, zum anderen spiegelt sie das Ausmaß der Veränderungen in den politischen, sozialen und ökonomischen Rahmenbedingungen wider. So verwundert es kaum, daß Fragen der Dezentralisierung der Entscheidungskompetenzen und der Autonomie der Bildungsinstitutionen ebenso diskutiert werden wie die Pluralisierung der Bildungsangebote. Dem Verhältnis von allgemeiner Bildung und Berufsbildung im Sekundarbereich wird besondere Aufmerksamkeit geschenkt, auch für die Curriculummodernisierung.

Prof. Dr. Stanislav Artjuch, Charkow, gab in seinem Referat einen Überblick über die spezifische Entwicklung und die gegenwärtige Lage des Berufsausbildungssystems der Ukraine. Insgesamt vermittelte der Referent einen Einblick in die Leitungsstruktur auf den verschiedenen Etappen der Entwicklung und berichtete über die besonderen Schwierigkeiten im Rahmen des Transformationsprozesses von der Zentralverwaltungswirtschaft zur Marktwirtschaft.

Eine wesentliche Umstrukturierung des beruflichen Bildungssystems begann Ende der achtziger und Anfang der neunziger Jahre. Zugleich erfolgte die Reorganisation der Mittleren Beruflich-Technischen Schulen (MBS) und die Bezeichnung „Beruflich-Technische Schule" wurde eingeführt. Parallel dazu wurde die inhaltliche Neugestaltung und die Suche nach tragfähigen Formen für eine zukunftsorientierte Berufsausbildung eingeleitet. Im Rahmen der Umstrukturierung wurden zwei neue Typen von „berufsbildenden Lehranstalten" eingeführt: die „Höhere Berufsschule" und die „Agrofirme".

Der Hauptunterschied der „Höheren Berufsschule" zur beruflichen Schule besteht darin, daß mit dem Besuch der „Höheren Berufsschule" neben dem Erwerb der allgemeinen beruflichen Qualifikation auch Studienelemente an der Hochschule verknüpft sind. Mit erfolgreichem Abschluß des Studiums erhält der Absolvent die Qualifikation eines „Fachassistenten".

Die neu geschaffenen „Agrofirmen" für die Ausbildung der „Arbeitskader" in der Landwirtschaft sind in der Regel mit einer beruflich-technischen Schule verbunden. Ziel der Agrofirmen ist es, die Teilnehmer so zu qualifizieren, daß sie befähigt werden, als „Farmer" einen landwirtschaftlichen Betrieb in der Marktwirtschaft erfolgreich zu bewirtschaften und zu leiten.

Die nachfolgende Abbildung gibt einen Überblick über die Struktur und das Leitungssystem der Berufsausbildung in der Ukraine.

Abb. 1: Struktur und Leitungssysteme der Berufsausbildung in der Ukraine

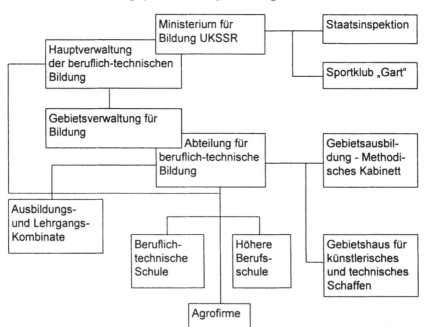

In den Ausführungen von Prof. Dr. Artjuch und der anschließenden Diskussion wurde deutlich, daß im Hinblick auf die Leitung und Kontrolle der Berufsausbildung zwar eine gewisse Dezentralisierung erfolgte, aber das Berufsbildungssystem nach wie vor stark unter staatlicher Verwaltung und Kontrolle steht. Mit der Reform wurde die Struktur vereinfacht und im Bildungsministerium eine gesonderte Abteilung „Hauptverwaltung der beruflichentechnischen Bildung" eingerichtet, der alle beruflich-technischen Schulen und die Agrofirmen unterstellt wurden. Das Bildungsministerium finanziert, lizensiert, attestiert und kontrolliert die Berufsschulen. Selbst der Sport wird nach wie vor über den Sportclub „Gart" inspiziert.

Eine Reihe von Vollmachten wurden an die Gebietsverwaltungen übertragen, die nicht dem Ministerium, sondern der Gebietsadministration unterstehen. So bestimmt z.B. die Berufsausbildungsabteilung der Gebietsverwaltung die Verteilung der Finanzen an jede einzelne Berufsschule im Hinblick auf die gesamte Finanzsumme, die das Bildungsministerium festgesetzt hat. Im einzelnen nimmt die Abteilung für beruflich-technische Bildung der Gebietsverwaltung folgende Aufgaben wahr:

- Die Abteilung bestimmt ein Bedürfnis nach Arbeitskadern im Gebiet;
- realisiert die Aufnahmepläne in beruflich-technische Schulen;
- legt ein Berufsverzeichnis fest, in denen die Arbeiter auszubilden sind;
- bestimmt gemeinsam mit den „Gebietsausbildungsmethodischen Kabinetten" den Bildungsinhalt einzelner Fachrichtungen;
- verwirklicht die Auswahl der Unterrichtskader für beruflich-technische Schulen;
- organisiert die Weiterbildung der ingenieurpädagogischen Kader der Berufsschulen;
- sorgt sich um die Entwicklung der materiell-technischen Basis der Schulen sowie um ihre normale Ausnutzung;
- kontrolliert die wirtschaftliche und finanzielle Tätigkeit der Schulen;
- sorgt für die Nahrung der Auszubildenden, ihre kulturelle und sportliche Erholung;
- koordiniert die Arbeit der Schulen zur Entwicklung der schöpferischen Fähigkeiten der Jugendlichen;
- führt die Lizensierung der Ausbildung und Lehrgangskombinate von Betrieben durch, die jetzt völlig autonom sind und „rentabel" wirtschaften müssen.

Die Qualifizierung der Meister für die berufspraktische Ausbildung und für die Ausbildung der Lehrer an beruflichen Schulen erfolgt an unterschiedlichen Institutionen. Die Ausbildung der Lehrer für die allgemeinbildenden Fächer (Mathematik, Chemie, Physik, Biologie, Sprache usw.) erfolgt an Pädagogischen Hochschulen oder durch die human- bzw. naturwissenschaftlichen Fakultäten der Universitäten. Die Ausbildung der Lehrer für allgemeintechnische oder spezielle technische Fächer wird entweder an der Ukrainischen Ingenieurpädagogischen Akademie (UIPA) oder an den Ingenieurpädagogischen Fakultäten einiger Technischer Hochschulen durchgeführt.

Die Ausbilder werden an dem Industriepädagogischen Technikum ausgebildet. Die Ausbilder erhalten mit dem erfolgreichen Abschluß neben dem
Diplom eines Ingenieurpädagogen eine Arbeitsqualifikation und die Fakultas
zur Durchführung der berufspraktischen Ausbildung in den beruflich-
technischen Schulen.

Derzeit werden Anstrengungen unternommen, die ingenieurpädagogi-
sche Ausbildung zu reformieren und so zu gestalten, daß die Ingenieurpädagogen die neuen Aufgaben, die sich durch den gesellschaftlichen Transformationsprozeß und den wirtschaftlich-technischen Wandel ergeben, besser
bewältigen können.

Prof. Dr. Orczyk, Posen, machte in seinen Ausführungen zur „Entwicklung der beruflichen Bildung in Polen in der Periode von 1990-1995" einleitend deutlich, daß die Transformation des sozialen und ökonomischen
Systems nach 1989 zu radikalen Veränderungen geführt hat. Demgegenüber
veränderten sich die Institutionen, einschließlich des Bildungssystems, nur
evolutionär. Für die berufliche Bildung, die in besonderer Weise direkt mit
dem Arbeitsmarkt verbunden ist, ergab sich die Notwendigkeit der stärksten
Veränderung sowohl in qualitativer als auch quantitativer Hinsicht.

Bereits 1989 faßte die Regierung Mazowiecki's den Beschluß, daß im
Hinblick auf die Reform des staatlichen Bildungssystems folgende Maßnahmen ergriffen werden sollten:

1. Das staatliche Erziehungsmonopol sollte aufgehoben werden;
2. das polnische Erziehungssystem sollte an die Erfordernisse einer demokratischen,
    marktwirtschaftlichen Gesellschaftsordnung und an die internationale Kooperation
    angepaßt werden;
3. ein neues erziehungswissenschaftliches und professionelles Lehrerausbildungssy-
    stem sollte entwickelt werden.

Am 7. September 1991 wurde ein Dekret erlassen, das die Gründung privater
Höherer Schulen und anderer Erziehungsinstitutionen erlaubte. Wenngleich
der Staat auch danach weiterhin die Möglichkeit hatte, im gewissen Umfang
seinen staatlichen Einfluß über die neuen Bildungsinstitutionen geltend zu
machen, so verlor er doch die direkte Kontrolle über diesen privatisierten
Sektor des Bildungswesens. Mit dem Entstehen privater Schulen vollzog sich
auch in den staatlichen Schulen eine Änderung im Schulmanagement im
Hinblick auf mehr Selbstverwaltung.

Als größtes Hindernis zur Realisierung der Reformen erwiesen sich die
Budget-Schwierigkeiten. Internationale Programme und ausländische Hilfe
geben bis auf den heutigen Tag wesentliche Impulse zur Implementation der
Reformvorhaben. Arbeitslosigkeit und die Schwierigkeit der Berufsschulab-
solventen, Jobs zu finden, sind das alles überragende Phänomen der derzei-

zeitigen Situation in Polen. Zwölf bis fünfzehn Prozent aller Jugendlichen im Alter von fünfzehn bis achtzehn besuchen derzeit überhaupt keine Schule. Lediglich einige von ihnen erhalten ein Training am Arbeitsplatz. Das führte vor allem zu einem Rückgang beruflicher Schulen und zu den Bemühungen, durch spezielle außerschulische berufliche Kurse die am Arbeitsmarkt nachgefragten Qualifikationen zu vermitteln.

Die direkte Intervention des Staates im Hinblick auf die Arbeitsmarktsituation fand ihren Ausdruck in der Absicht, sogenannte 3-jährige höhere berufliche Schulen und über 100 neue Berufsschulen zu gründen. Die Abb. 2 gibt einen Überblick über den Aufbau des Schulsystems in Polen.

Abb.2: Schulsystem in Polen

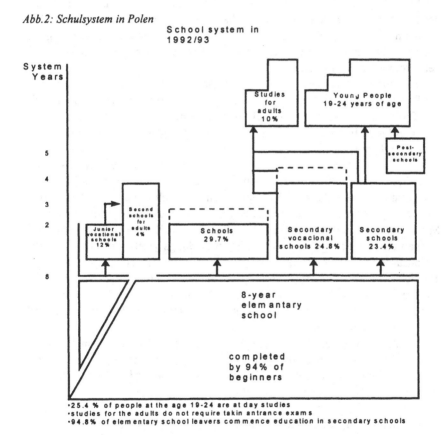

Diese Bemühungen waren jedoch gegenüber der Gründung privater Schulen, die ihr Bildungsprogramm insbesondere darauf ausrichteten, ihre Absolventen für finanziell attraktive Jobs auszubilden, wenig erfolgreich. Das gilt insbesondere im kaufmännisch-verwaltenden Bereich, wo die Anzahl der privaten Schulen bis zum Jahre 1995 nahezu auf 50% angewachsen ist.

Die polnischen Politiker bekunden zwar ständig großes Interesse für die Bildung. Ihre Absichten, das Bildungssystem zu verbessern, finden jedoch keinen Niederschlag in der Bereitstellung der entsprechenden finanziellen Mittel, die für die Reform erforderlich sind.

Im Zusammenhang mit der wachsenden Zahl der Studenten, die ein Universitätsstudium anstreben, erfolgte in den Jahre 1992-1996 die Gründung privater Höherer Schulen und eine Ausdehnung der professionellen Studien für Werktätige an staatlichen Höheren Schulen gegen Bezahlung. Die Wahl der bezahlten professionellen Studien hängt weitgehend von der finanziellen Basis und den Möglichkeiten ab, nach dem Studium eine Beschäftigung zu erhalten. Die staatlichen Universitäten werden nach wie vor auch überwiegend vom Staat finanziert.

Die Entwicklung sogenannter professioneller Studien und der Ausbau der Erwachsenenbildung sind eindeutig den Markterfordernissen untergeordnet. Prof. Orczyk betonte mehrfach, daß die schwierige Situation der beruflichen Bildung in Polen vor allem mit der schwierigen Arbeitsmarktsituation zusammenhängt.

Im Hinblick auf die Weiterentwicklung der beruflichen Bildung hält Prof. Orczyk es für unabdingbar notwendig, daß der Staat ein Modell für die Kooperation von Bildungsinstitutionen und fortschrittlichen Unternehmen entwickelt, da die Unternehmen zunehmend die Bedeutung gut qualifizierter Mitarbeiter erkennen und bereit sein dürften, die Kosten mitzutragen. Der Aufbau eines gut ausgebauten beruflichen Bildungssystems, das den Qualifikationsanforderungen des zukünftigen Arbeitsmarktes entspricht, wird sicherlich eine Zeit dauern. Formale Regelungen allein werden die Situation nicht wesentlich verändern können. Gleichwohl sollte der Staat ein System von Anreizen schaffen, das die Qualität des Personals in Unternehmen und Institutionen verbessert.

Auch wenn es sehr schwer ist, Aussagen über die zukünftigen Entwicklungen der beruflichen Bildung zu treffen, so ist Prof. Orczyk davon überzeugt, daß nur ein Kooperationsmodell die notwendige Flexibilität der Bildungsmaßnahmen sichern und sowohl Arbeitgeber als auch Arbeitnehmer ermutigen kann, die notwendigen finanziellen Mittel dafür aufzubringen. Alle Reformbemühungen dürften jedoch wenig erfolgreich sein, so Prof. Orczyk, wenn nicht verstärkte Maßnahmen eingeleitet würden, die geeignet sind, die Ausbildung und Arbeitsbedingungen der Lehrer wesentlich zu verbessern.

Wolf-Dietrich Greinert / Friedhelm Schütte

Berufliche Bildung zwischen Staat und Markt. Eine historisch-systematische Analyse[1]

„Sowohl in der Diskussion um die Bildungsreform als auch in der Beschäftigung mit Arbeitsmarktproblemen hat man in den letzten Jahren immer wieder darauf hingewiesen, daß Bildungsabschlüsse und Beschäftigungsmöglichkeiten keineswegs einander zuzuordnen sind, sondern daß hier Unschärfen und tatsächliche oder mögliche Substitutionsbeziehungen festzustellen sind" (Beck u.a. 1976, S.496).

„Vermutlich ist zur Erklärung realer Entwicklung des Bildungssystems die Bestimmung des differenziellen Stellenwerts einzelner Dimensionen von Beschäftigung weder nötig noch möglich" (Baethge/Teichler 1984, S.216).

„Die Möglichkeiten der Bildungspolitik sind defensiv geworden. Es geht nicht mehr um Aufbruch, sondern um den Bestand universalistischer Minima" (Harney/Zymek 1994, S.419f.)[2]

Diese Befunde, die im Abstand von zehn Jahren formuliert wurden, basieren auf unterschiedlichen theoretischen Erkenntnissen und „Regulationsansätzen".[3] Sie sollen zum Ausgangspunkt genommen werden, wenn es im folgenden darum geht, das berufliche Bildungssystems zwischen „Staat und Markt" in den Blick zu nehmen und das Verhältnis von „Regulation und Deregulation" in berufspädagogisch-historischer Perspektive zu analysieren.

In historisch-genetischer Absicht ist demzufolge erstens der von Besonderheiten geprägten Wechselbeziehung zwischen Bildungs- und Beschäf-

---

1   Der vorliegende Text ist eine erweiterte Fassung des Vortrags, der am 11. März 1996 auf dem von der Kommission für Berufs- und Wirtschaftspädagogik veranstalteten Symposium im Rahmen des 15. DGfE-Kongresses in Halle/S. gehalten wurde.

2   siehe auch Kutscha 1992, der zu einem ähnlichen Ergebnis gelangt.

3   Wir verwenden den Begriff „Regulation", „Regulierung" etc. synonym mit „Reorganisation" und „staatlicher Intervention". Zur Klärung dessen, was unter „Regulation" bzw. „De-Regulation" - sowie unter „Regulationsansatz" (RA) i.E. zu verstehen ist: Hirsch 1990.

tigungssystem nachzugehen und exemplarisch darzustellen. Mit Blick auf die angesprochenen Handlungsoptionen der Berufsbildungspolitik ist zweitens zu untersuchen, welche gesellschaftlichen und bildungspolitischen Rahmenbedingungen Voraussetzung dafür waren, daß Reformen aufgelegt resp. strukturelle Veränderungen Realität wurden und sich nicht - wie Günter Kutscha (1982, S.224) formuliert hat - auf die „immanente Funktionalität des beruflichen Ausbildungssystems" beschränkten.

Während der erste Aspekt sich an den theoretischen und methodologischen Problemen sowie Desideraten der universitären Berufsbildungsforschung abarbeitet (vgl. DFG 1990; Beck/Kell 1990; Achtenhagen 1991; Koch/Reuling 1994; Kell 1995; siehe auch: Fend 1990; Zedler 1991; Friedeburg 1992; Sünker u.a. 1994), soll der zweite Aspekt für eine Option sensibilisieren, die die berufliche Bildung in ihrer institutionellen Gesamtverfassung wahrnimmt und die „verschiedenen Dualitätsebenen" (Stratmann/Schlösser 1990) und Rationalisierungsformen (Harney 1992; Harney 1996) zum Ausgangspunkt einer noch zu leistenden Reforminitiative erklärt.

Wir gehen im folgenden davon aus, daß alle theoretischen Konzepte zur „Steuerung" des beruflichen Bildungssystems, die, mit welchem Ansatz auch immer, von einem „Gleichgewichtszustand" zwischen Bildungs- und Beschäftigungssystem oder eines zu optimierenden Entwicklungsprozesses in modernen Gesellschaften westlichen Typs ausgehen, unterkomplex sind und einen nur unzureichenden Beitrag zu der hier zu behandelnden Thematik liefern.

„Angesichts der unsicheren und zum Teil widersprüchlichen Voraussagen der Qualifikationsforschung müssen alle Versuche, Ausbildungsprogramme aus dem zukünftigen Qualifikationsbedarf des Beschäftigungssystems ableiten zu wollen, vorerst als gescheitert angesehen werden" (Kutscha 1982, S.223).

Ferner wird die These vertreten, daß in Krisensituationen den Institutionen der beruflichen Weiterbildung eine gewisse Kompensationsfunktion zuwächst, die im Horizont staatlicher Regulierung resp. Deregulierung - und damit auf der Ebene berufsbildungspolitischer Optionen - aber auch in theoretischer wie analytischer Perspektive eine Erweiterung des Gegenstandsbereichs über die Erstausbildung hinaus erfordert.

Wenn es stimmt, daß das Bildungssystem resp. das Beschäftigungssystem einer unterschiedlichen Logik folgen, dann ist die Frage nach der „Deregulierung der beruflichen Bildung" eine nur rhetorische. Regulationsmechanismen, wirtschafts-, arbeits-, sozial- und gesellschaftspolitischer Art, sind deshalb nur im Kontext entweder des Bildungssystems oder des Beschäftigungssystem zu rekonstruieren und darzustellen. Ist das Berufsbildungssystem eingebettet in die Logik der Bildungsbürokratie und von einer „relativen Autonomie" geprägt, unterliegt der Jugendarbeitsmarkt den Gesetzen und Zwängen privatwirtschaftlich organisierter Arbeit.

„Systematisch spricht für die Beibehaltung der formalen Trennung von materieller Produktion und institutionalisierter Bildung sowohl der Charakter des Kapitals als auch die Besonderheit der Ware Arbeitskraft" (Baethge 1984, S.44).

Der analytische Blick auf den „System-Charakter" der beruflichen Bildung (Greinert 1988, 1952², 1995²a, 1995²b; zur Kritik des Ansatzes: Deissinger 1995; siehe auch: Kell 1971; Lempert 1983; Kutscha 1990; Lipsmeier 1994 a; 1994 b) konzentriert sich zunächst auf zwei Ebenen: a) auf den Wandel des Berufsbildungsrechts als zentrales staatliches „Organisationsmittel" (Offe) und den Institutionalisierungsprozeß der Lernorte beruflicher Bildung sowie b) auf die Entwicklung des Jugendarbeitsmarktes (Lehrstellen- und Anlernstellen, JoA-Programme). Eine dritte Ebene, die die „handlungsorientierte Komponente" (Baethge 1984) ins Zentrum der Untersuchung rückt und sich auf die Formen symbolischer Politik konzentriert, verweist auf die immanenten Widersprüche zwischen Bildungs- und Beschäftigungssystem und damit auf die Grenzen der politischen Gestaltbarkeit. Fragen der Statusdistribution, die sich in historischer Perspektive in den Debatten um die Gleichwertigkeit von allgemeiner und beruflicher Bildung resp. im Kontext des berufspädagogischen Diskurses als Theorie-Praxis-Kontroverse einerseits sowie in der sogenannten Gelernten-Ungelernten-Problematik andererseits äußerten, sind damit angesprochen. Sie sollen allerdings im Rahmen dieser Studie nicht im Mittelpunkt stehen.

Die theoretischen Vorbemerkungen, die an dieser Stelle nicht weiter vertieft werden sollen, sind für die folgende Darstellung insofern richtungsweisend, als sie den methodischen Rahmen der Rekonstruktion abstecken und die Auswahl der angeführten Beispiele legitimieren.

An zwei ausgewählten berufsbildungspolitischen Ereignissen, die als Reformvorhaben zu kennzeichnen sind und unter dem Einfluß einer ökonomischen und/oder politischen Krise standen sowie der Entwicklung zweier staatlicher „Organisationsmittel", soll im folgenden das Scheitern resp. partielle Gelingen der Regulierung des Bildungs- und Beschäftigungssystems im 20. Jahrhundert expliziert und die unterschiedliche Qualität staatlicher bzw. privatwirtschaftlicher Steuerungsmodi rekonstruiert werden.

Im ersten Schritt soll die Reformphase zwischen 1907 und 1911, die für die institutionelle Profilierung der beruflichen Erstausbildung von großer Bedeutung war, beleuchtet werden - desweiteren die Periode zwischen dem Ende der Weltwirtschaftskrise und der Veröffentlichung des Vierjahresplans

1936, m.a.W. die Debatte um den Facharbeitermangel im frühen Nationalsozialismus. Zweitens soll im Sinne einer Längsschnittanalyse zum einen die
Entwicklung des Berufsschulgesetzes in der Weimarer Republik, zum anderen die des Berufsbildungsgesetzes von 1919 bis 1969 - in den wichtigsten
Etappen - analysiert werden.

Fallbeispiel I: Technische Bildung und 'Statusdistribution'

Der Befund auf dem die folgenden Ausführungen basieren lautet verkürzt:
Die preussische „Reorganisation" des Fach- und Fortbildungsschulwesens -
so der zeitgenössische Terminus -, mithin der Institutionen der beruflichen
Erstausbildung und Weiterbildung zwischen 1907 und 1911 (Greinert 1975;
Harney 1980; Greinert/Hanf 1987; Greinert/Schütte 1994) wurde nicht von
wirtschaftspolitischen Argumenten, was angesichts ökonomischer Restrik-
tion, politischer Führungskrise und produktionstechnischem Wandel (Wehler
1995, S.1008 ff.) zu erwarten gewesen wäre, sondern von gesellschaftspolitischen geprägt. Im Mittelpunkt der als Protophase der modernen beruflichen Erstausbildung zu interpretierenden Periode standen vielmehr Fragen
der Statusabsicherung und Statusdistribution. Sie waren der Motor der staatlichen Regulation.
      Die Institutionen der beruflichen Erstausbildung und Weiterbildung
sollten sich - so das Ziel der preussischen Administration - untereinander,
wie auch gegenüber der akademisch-technischen sowie der allgemeinen,
gymnasialen Bildung abgrenzen.
      Erstmals in der Geschichte des technischen Bildungswesens erwirkt ein
Interessenverband, der „Verein deutscher Ingenieure" (VDI), ein bildungspolitisches Moratorium: die Reorganisation der niederen und höheren Maschinenbauschulen wurde - für 32 Monate, von November 1907 bis Juli 1910 -,
ausgesetzt. Der eigens zum Zweck der bildungspolitischen Intervention aus
der Taufe gehobene „Deutsche Ausschuss für technisches Schulwesen"
(Deutscher Ausschuss) definiert auf der Basis einer betrieblichen Funktions-
teilung die Struktur der technischen und beruflichen Bildung neu.
      Bildete die Beratung der Denkschrift des preussischen Landesgewerbe-
amtes zur „Reorganisation der Maschinenbauschulen" vom 1.7.1907 den
Auftakt der Reformphase - streng genommen setzte die Reform 1906 mit der
Reorganisation der Baugewerkschulen ein -, so markieren die „Bestimmun-

gen über Errichtung und Lehrpläne gewerblicher Fortbildungsschulen" vom 7.11.1911 deren vorläufiges Ende.

In dem hier zu untersuchenden Zusammenhang ist nun der von Martin Baethge (1984, S.27) aufgeworfenen Frage, inwieweit und in welcher Weise sind „bildungspolitische Entscheidungen und Probleme des Bildungssystems durch Entwicklungstendenzen der Produktion und von ihnen geprägte Marktstrukturen beeinflußt", nachzugehen. Das kann allerdings nur in Ausschnitten geschehen, denn unterschiedliche methodische Aspekte und Interessenlagen sind damit angesprochen, die systematisch zu entwickeln den vorgegebenen thematischen Rahmen überschreiten.

Götte als Vertreter des preussischen Landesgewerbeamts hatte in der o.g. Denkschrift die Reorganisation des Fachschulwesens mit dem Wandel von Produktion und Fabrikarbeit begründet. Im Verlauf der sehr kontovers geführten Debatte zeigte sich allerdings, daß dieser Aspekt von zweitrangiger Bedeutung war und der Konflikt mit dem VDI auf einem anderen Verständnis von beruflicher Bildung und Fachschulpolitik basierte. Während der VDI eine soziale Öffnung der Maschinenbauschulen forderte, betrieb das Handelsministerium eine Politik der Differenzierung nach Stand und Klasse (Lundgreen 1981). Der sich über Jahre hinziehende Konflikt um die neue Struktur der technischen Berufsbildung - Ausgangspunkt im maschinentechnischen Bereich war die Weiterbildung der Werkstattmeister - kann als Interpretationsfolie dafür herangezogen werden, daß sich die von den sozialen Akteuren aus dem Bildungssystems resp. Beschäftigungssystems abgeleiteten Anforderungen an die berufliche Bildung in einem permanenten Widerspruch befanden.

Die in Preussen vor dem Ersten Weltkrieg gefundene Lösung, der berufliche Bildung eine dreigeteilte Struktur zu geben (und damit Vergleichbares zur Allgemeinbildung zu schaffen), war nicht das Resultat einer Anaylse der tatsächlichen betrieblichen Anforderungen - erst in den zwanziger Jahren, mit der Etablierung der Arbeitswissenschaften und der Betriebssoziologie kann davon die Rede sein (Hoffmann 1985; May 1985) -, sondern vielmehr Ausdruck gesellschaftspolitischer Optionen. Die Reorganisation der preussischen Baugewerk- und Maschinenbauschulen einerseits und der 1912 vom „Deutschen Ausschuss" veröffentlichte „Rieppel-Bericht" andererseits zeigt, daß die Frage der Statusdistribution, m.a.W. die Frage der Berechtigung und in symbolischer Hinsicht die Frage der sozialen Anerkennung, im Zentrum standen.

Das berufliche Bildungssystems konturierte sich in dieser Periode, in dem es sich sowohl gegen die Allgemeinbildung als auch gegen die akademisch-technische Bildung abgrenzte. Insofern ist es auch nicht weiter bemer-

kenswert, daß die Frage der „beruflichen Vorbildung" - gedacht als Aus-
schlußkriterium und zur Profilierung beruflicher Bildungsgänge - und das
„Theorie-Praxis-Verhältnis" zur Kardinalfrage der Reorganisation zwischen
1907 und 1911 avancierte und den noch jungen Institutionen der Berufsbildung eine gewisse Autonomie sicherte.

Das Beschäftigungssystem war in dieser Phase nur insoweit Projektions-
fläche von Argumentation und Legitimation, als der Konflikt um die Finanzierung der Lehrlingsausbildung zwischen Handwerk und Industrie zum
Zweck des Interessenausgleichs nach ordnungspolitischen Maßnahmen verlangte (Ebert 1984).

Fallbeispiel II: Ausbildungskrise und Facharbeitermangel

War die Reorganisation 1907 bis 1911 eine bildungspolitische Reform von
oben, die der immanenten Logik des Bildungssystems folgte, stand die Beseitigung des Facharbeitermangels im frühen Nationalsozialismus ganz im Zeichen einer tiefgreifenden Arbeitsmarktkrise (Schütte 1996a). Weltwirtschaftskrise und die aus dem Ersten Weltkrieg resultierenden demographischen Verwerfungen hatten den Jugendarbeitsmarkt am Ende der Weimarer Republik
deformiert. Unter der politischen Zielvorgabe, die Kriegsproduktion aufzubauen, wurde der beruflichen Bildung eine Schlüsselfunktion in der Steuerung des Beschäftigungssystems zuerkannt. Der gemeinsam von Industrie
und Hitler propagierte „Facharbeitermangel" war der propagandistische Auf-
hänger für eine ganze Reihe staatlicher Interventionsmaßnahmen. Alle waren
sie dem Ziel verpflichtet, die Effektivität zu steigern, d.h. die Zahl der Absolventen beruflicher Bildungsgänge zu erhöhen. Die staatlichen und privatwirtschaftlichen „Organisationsmittel" sollten aufeinander abgestimmt, die politischen Steuerungsmechanismen der sogenannten Systemzeit überwunden werden.

Weder der Konflikt um die Meinungsführerschaft im Bereich der Erstausbildung zwischen Deutscher Arbeitsfront/Ley auf der einen und Reichs-
wirtschaftsministerium/Schacht auf der anderen Seite, der mit der „Leipziger-
Vereinbarung" (vom 26.3.1935) bekanntlich nicht beendet war, noch die
nach zähem Ringen gegen das Handwerk durchgesetzte Prüfungsautonomie
der Industrie im Jahre 1935 kennzeichnen die Schwierigkeiten des NS-Regimes, Bildungs- und Beschäftigungssystem aufeinander abzustimmen. Der in

diesem Kontext häufig angeführte Hinweis auf die polyvalenten Machtstrukturen des Regimes erklärt u. E. die Problematik nicht hinreichend (Mommsen 1981; Schütte/Jungk 1988). Vielmehr ist die im Zusammenhang mit der „Behebung des Facharbeitermangels" im Frühjahr 1934 beschlossene Beschäftigungspolitik ein in empirischer und theoretischer Hinsicht aufschlußreiches Beispiel für die Kontinuität gesellschaftlicher Teilsysteme.

Waren bis zur Verabschiedung des Vierjahresplans im Herbst 1936 noch Spuren der 'doppelten Systemlogik' vorhanden, wurde mit der Errichtung der Göringschen Zentralbehörde der 'Eigensinn' des Bildungs- wie des Beschäftigungssystems auf der Basis einer Sondergesetzgebung de facto außer Kraft gesetzt. Am Ende der totalitären Instrumentalisierung der beruflichen Bildung stand die Deformation aller Institutionen.

Ohne auf Einzelheiten näher einzugehen, sind als Beleg einerseits die dirigistische Arbeitsmarktpolitik („Gesetz zur Regelung des Arbeitseinsatzes" v. 15.5.1934; Mason 1978), die für bestimmte Berufe die freie Wahl des Arbeitsplatzes ausschloß, sowie der Versuch, den Jugendarbeitsmarkt mit restriktiven Mitteln zu regulieren, anzuführen („Gesetz über Arbeitsvermittlung, Berufsberatung und Lehrstellenvermittlung" v. 5.11.1935; Pätzold 1980, Dok. 7). Andererseits, um den Blick auf den privatwirtschaftlichen Sektor zu lenken, hatten die Betriebe zur Regulierung ihres internen Arbeitsmarktes weitgehende Handlungsfreiheit. Ein Umstand, der die Industrie zu einer Nachwuchspolitik führte, die zwischen 1933 und 1936 einen regelrechten Boom von sog. Anlernecken und Anlernverhältnissen auslöste (Schütte 1996 a). Und das, obwohl NS-Organisationen (DAF, Reichsjugendführung) eine geordnete Berufserziehung für alle „Volksgenossen" und die Ausbildung zum „hochwertigen Facharbeiter" wiederholt gefordert hatten.

Die Fallbeispiele, es lassen sich aus der Geschichte der modernen Berufsbildung weitere 'Umschlagpunkte' benennen - so wäre bspw. auch die Periode zwischen Ende 1918 und Frühjahr 1924 anzuführen -, belegen in systematischer Absicht schlaglichtartig die analytische Schärfe einer „formalen Trennung" von Bildungs- und Beschäftigungssystem.

Was sich in einer vergleichsweise kurzen Periode von drei bis vier Jahren im Kontext staatlicher Reorganisation und privatwirtschaftlicher Initiative exemplarisch aufzeigen läßt, ist eindrucksvoller noch an den großen berufsbildungspolitischen Reformprojekten dieses Jahrhunderts, der Regelung der Berufsschulpflicht in der Weimarer Republik und der sich über einen Zeitraum von fünfzig Jahren erstreckenden Debatte um das im Jahre 1969 verabschiedete Berufsbildungsgesetz, zu demonstrieren.

Von der Pflichtfortbildungsschule zur Berufsschule

Die 1919 in den Verfassungsrang gehobene Berufsschulpflicht (Artikel 145 WRV) ließ sich von der Idee der rechtssystematischen Gleichstellung von beruflicher und allgemeiner Bildung leiten. Gemessen an der bestehenden Rechtsordnung (§ 120 RGO) war die gesetzliche Neufassung der Berufsschulpflicht ein Fortschritt insofern, als sie zum einen das Allgemeinheitsprinzip einführte, zum anderen den privatrechtlichen Charakter des Lehrverhältnisses, in der Frage der schulischen Berufsausbildung, partiell aufhob.

Nach Artikel 140 Weimarer Reichsverfassung war die Finanzierung des Berufsschulwesens eine Angelegenheit des Reichs. Die ordnungspolitische Umsetzung der Berufsschulpflicht wurde vom Reichsinnenministerium (RMdI) seit 1920 unter Einbeziehung aller achtzehn Landesregierungen koordiniert. Das Gesetzgebungsverfahren kam über den Status eines Referentenentwurfs nicht hinaus. Am 7.1.1924 auf der Kabinettsitzung zurückgezogen und im Dezember 1929 bis zur „Neuordnung der Reichsfinanzen" auf Eis gelegt, scheiterte das „Reichsberufsschulgesetz" in erster Linie an den fiskalischen Rahmenbedingungen einer Landessteuer-Gesetzgebung, die die einzelnen Länder zur Kostenübernahme zwang (Greinert 1995², S. 81). Preussen intervenierte unter Hinweis auf die exorbitanten finanziellen Belastungen früh und verabschiedete am 10.6.1921 mit dem „Gewerbe- und Handelslehrer-Diensteinkommens-Gesetz" ein Modell, das eine Mischfinanzierung zwischen Kommune und Staat vorsah. Andere deutsche Staaten reagierten vergleichbar (Schütte 1992, S. 144 ff.).

Daß dieses staatliche Reformvorhaben von Anbeginn an keine Chance auf Realisation hatte, ist das Resultat einer Politik, die sich weder der finanz- und bildungspolitischen Rahmenbedingungen bewußt war, noch Regularien entwickelt hatte, die eine vernünftige bildungspolitische Koordination der deutschen Länder untereinander garantierte.[4] Die ordnungspolitischen Probleme reflektierend, stellte Hermann von Seefeld, Staatssekretär im preussischen Handelsministerium, 1929 rückblickend fest, daß die Verabschiedung des Berufsschulgesetzes schneller realisiert worden wäre, „wenn die Reichsverfassung sie nicht im Artikel 145 als Programm aufgestellt hätte" (Greinert 1975, S.106). Fehlender politischer Gestaltungswille und ein unsicheres Finanzierungsmodell waren die wesentlichen Faktoren, die eine sich demokra-

---

4   Im Bereich des Fachschulwesens gelang eine länderübergreifende Koordinierung, weshalb
      die schulpolitische Entwicklung einen anderen Verlauf nahm.

tisch legitimierende Reform zu einer politischen Phrase werden ließen (Schütte 1995). Die Einführung der Berufsschulpflicht im Rahmen des „Gesetzes über die Schulpflicht im Deutschen Reich" vom 6.7.1938 (Kümmel 1980, Dok. 34, insbes. Abschnitt III) war nur zu einem gewissen Teil das Ergebnis einer gezielten staatlichen Regulierungspolitik. Nicht berufsbildungspolitische Erwägungen führten zur Umsetzung. Vielmehr standen staatspolitische Überlegungen und ein Kompromiß, der Ausnahmeregelungen in beachtlichem Umfang erlaubte, im Zentrum dieser nationalsozialistischen Gesetzgebungsinitiative.[5]

Von der Reichsgewerbeordnung zum Berufsbildungsgesetz

Anders als die staatliche Regulierung der Berufsschulpflicht in den zwanziger Jahren markiert das „Berufsbildungsgesetz" wie kein anderes Gesetz die Schnittstelle zwischen Bildungssystem und Beschäftigungssystem. In der Rückschau bestätigt sich, was Ernst Schindler, der 'Architekt' der Weimarer Referentenentwürfe, bereits zu Beginn des komplizierten Gesetzgebungsverfahrens im Jahre 1922 festgestellt hat - nämlich die Schwierigkeit, „das Lehrlingswesen (aus) dem Wirtschaftskampf" herauszuhalten (Schütte 1992, S. 106).

Es ist hier nicht der Ort, die einzelnen staatlichen Reforminitiativen sowie die unterschiedlichen Reaktionen darauf ereignisgeschichtlich aufzulisten. Eines der Regulationsprobleme in der Weimarer Republik resultierte ja daraus, die Gewerkschaften als neuen sozialen Akteur zu akzeptieren. Es ist daran zu erinnern, daß die ordnungspolitische Doppelstruktur, Tarifvertragsrecht und staatliche Gesetzgebung, eine Antwort des „Allgemeinen Deutschen Gewerkschaftsbundes" (ADGB) auf die Blockade der staatlichen Regulierungsversuche zur Durchsetzung minimaler jugend-, arbeits- und berufsbildungspolitischer Standards war. Interessanter erscheint uns vielmehr, der eingangs zitierten Frage Baethges nachzugehen, wann und mit welchen

---

5 Die Hintergründe, warum ein genuines Berufsschulgesetz, wie vom NS-Lehrerbund gefordert und 1936 als Entwurf vorgelegt (Kümmel 1980, Dok.42 sowie Kommentar S.32), nicht verabschiedet wurde, sind bislang nicht erforscht. Sie bezeichnen ein Desiderat der Historischen Berufspädagogik. Vieles spricht für die These, daß die polyvalenten Machtstrukturen eine Verabschiedung verhinderten.

Argumenten Regulationsbedarf im Bereich beruflicher Bildung und von wem angemeldet wurde.

Mit Blick auf das „deutsche System" der Berufsbildung in der Zwischenkriegszeit ist folgendes Fazit zu ziehen: waren die Zwanziger Jahre, cum grano salis, von dem Bemühen gekennzeichnet, die berufliche Bildung in Deutschland im Kontext einer Demokratisierung der öffentlichen Institutionen sowie einer Verrechtlichung der „industriellen Beziehungen" zu regulieren, so überwog im Nationalsozialismus mit zunehmender Herrschaftssicherung, wie die curriculare Ausrichtung der Reichslehrpläne zeigt, die Tendenz zur totalen Deregulierung (Greinert 1995², S. 87).

Alle wesentlichen, in der Weimarer Republik auf den Weg gebrachten ordnungspolitischen Maßnahmen wurden nach 1933 entweder liegengelassen oder scheiterten - wie das vom Reichswirtschaftsministerium 1937 vorgelegte „Gesetz über die Berufsausbildung in Handel und Gewerbe" eindrucksvoll belegt -, im bürokratischen Dschungel des NS-Regimes (Greinert 1995², S. 69 f.).

Die staatliche Regulation des beruflichen Bildungs- und Beschäftigungssystems war nicht nur kriegspolitisch motiviert und mit den Interessen der Industrie weitgehend identisch. Sie bedurfte in funktionaler Hinsicht auch keiner neuen Rechtsordnung. Viele Befunde deuten darauf hin, daß die Einführung der Berufsbilder im Jahre 1937, die auch ein Regulationsprojekt der zwanziger Jahre war (Schütte 1994), in einem unmittelbaren Zusammenhang mit der Vierjahresplan-Politik stand und von Göring zur Durchsetzung rüstungspolitischer Optionen instrumentalisiert wurde. Das bestätigt eindrucksvoll die „Arbeitseinsatzpolitik" des NS-Staates (Schütte 1996a).

Daß die Initiativen für ein Berufsausbildungsgesetz aus den frühen Fünfziger Jahren - u.a. ist an den Vorstoß von Ernst Schindler zu erinnern (Pätzold 1982, Dok.11) -, keine gesellschaftliche Resonanz fanden und der Entwurf der SPD-Bundestagsfraktion aus dem Jahre 1962 an den „unerhörten Schwierigkeiten der Materie" (Greinert 1995², S. 96) scheiterte, oder, um es mit den Worten einer zeitgenössischen Kommentatorin weniger kryptisch zu formulieren, die Regulierung der Berufsausbildung deshalb nicht zur Geltung gelangte, weil Untersuchungsergebnisse einer „Publikationssperre" unterlagen und „Daten (...) nicht zu erhalten" waren (Brakemeier-Lisop 1965, S. 4), ist sowohl Ausdruck der politischen Machtverhältnisse der noch jungen Bundesrepublik als auch auf die Stabilität des handwerklich-traditionellen Wirtschaftssektors nach 1945 zurückzuführen.

Erst die wachsende „Erschließung und Absorption" der handwerklichen Produktionsweise durch den „industriell-marktwirtschaftlichen" Wirtschaftssektor auf der Basis ökonomischer Prosperität und sozialstaatlicher Umverteilungspolitik, ließ die Grenzen der aus der Zwischenkriegszeit übernommenen Ausbildungskonzeption erkennen (Greinert 1995², S. 61 ff.). Die unsystematische und in der Regel mangelhafte „Nachwuchspflege" des Handwerks, das noch immer ein Reservoir zur Rekrutierung qualifizierter Industriearbeiter war, genügte nicht mehr den sich wandelnden Qualifikationsanforderungen der Produktionsmittelindustrie. War die 'doppelte Dualität' des „deutschen Systems", die im Handwerksgesetz von 1953 ihre ausbildungsrechtliche Form gefunden hatte (Stratmann/Schlösser 1990, S. 81), ein sozioökonomischer Faktor, der die Realisierung des Berufsbildungsgesetzes durch die „Große Koalition" wesentlich beförderte, so war die Orientierung breiter Bevölkerungsschichten an einer auf schulische Leistungen basierenden Statusdistribution, ein, in der zweiten Hälfte der sechziger Jahre, bildungs- wie auch wahlpolitisch gewichtiger Faktor.

In historischer resp. ordnungspolitischer Perspektive war das Berufsbildungsgesetz von 1969 die Realisierung der in den Zwanziger Jahren angestrebten „Rahmengesetzgebung". In gesellschaftspolitischer Hinsicht jedoch war das epochemarkierende Gesetz mit der Hoffnung verbunden, „soziale Ungleichheit ohne Gefährdung der etablierten Macht- und Interessenstrukturen abzubauen" (Greinert 1995², S. 105).

Der auf einem breiten gesellschaftlichen Konsens basierende und von nahezu allen sozialen Akteuren konstatierte Regulationsbedarf war, und das ist als Novum zu bezeichnen, für eine nur kurze Phase Ausdruck eines parlamentarischen Willens (Offe 1975, S. 57), die immanente Logik des Bildungs- und Beschäftigungssystems mit den Mitteln staatlicher Intervention zu sprengen resp. zu überwinden.

Die Verabschiedung des Berufsbildungsgesetzes fand in einem bildungspolitischen Klima statt, in dem Fragen der „Allokation und Qualifizierung" auf der einen Seite mehr oder weniger gleichberechtigt neben jenen der „Emanzipation" und „Gleichwertigkeit von allgemeiner und beruflicher Bildung" auf der anderen standen. Eine derartige gesellschaftspolitische Konstellation war weder in den fünfziger und in den frühen sechziger Jahren denkbar, noch - wie wir heute wissen - von langer Dauer.

Mit der Vorlage der „Markierungspunkte" im November 1973 war der Vorrat an Kompromißbereitschaft aufgebraucht (Pätzold 1982, Dok. 27). Der Versuch der sozial-liberalen Koalition, die berufliche Bildung durch eine Novellierung des Berufsbildungsgesetzes von der tradierten in eine die Interessen der Gewerkschaften stärker berücksichtigende Organisationsform gesetzlich zu transformieren und damit den staatlichen Einfluß weiter zu erhöhen, scheiterte bildungspolitisch - und hier sind Kontinuitäten zur Debatte in der Weimarer Republik erkennbar - am Widerstand von Handwerk und Industrie (Greinert 1995², S. 107), strukturell am Widerspruch zwischen Bildungs- und Beschäftigungssystem (Baethge 1983; Lutz 1983; Schlaffke 1983).

Kann die Modernisierung der handwerklichen Berufsausbildung, die mit der Verabschiedung des Berufsbildungsgesetzes eingeleitet wurde, als eine gelungene staatliche Regulation eingeschätzt werden, so wurden die vom Bundesminister für Bildung und Wissenschaft, Klaus von Dohnanyi, vorgelegten „Markierungspunkte" von den Kritikern als ein Akt der Deregulierung gelesen. Die Absicht, die Kammern aufzulösen, die Mitbestimmung der Gewerkschaften formal sowie faktisch auszubauen und der beruflichen Bildung durch eine Umlagefinanzierung eine solide finanzielle Basis zu verschaffen, stellte die Machtbalance zwischen „Kapital und Arbeit" (A. Weber) und damit den historisch entwickelten 'Gleichgewichtszustand' grundsätzlich in Frage.

Daß der Konsens, der zum Berufsbildungsgesetz führte, nicht früher zustande kam, ist u. E. auch auf das ideengeschichtliche Niveau der berufspädagogischen Reflektion - die Mitte der 1960er Jahre ausgetragene Abel-Blankertz-Kontroverse belegt dies exemplarisch (Blankertz 1965, 1965a; Abel 1965) - und auf die weitgehend voneinander abgeschotteten wissenschaftlichen Diskurse und Denktraditionen zurückzuführen (Blankertz u.a. 1966; neuerdings: Stratmann/Schlösser 1990, S. 106 f.).

Fragestellungen, die Aufschluß über Stand und Entwicklung des Beschäftigungssystems hätten liefern können, wurden im Kontext berufs- und wirtschaftspädagogischer Forschung der Fünfziger Jahre nicht wahrgenommen (vgl. Hylla 1952; Blättner⁶ u.a. 1960; Abel 1962; Röhrs 1967), wie in den Reihen der wirtschaftsnahen „Arbeitsstelle für Betriebliche Berufsausbildung" (ABB) berufliche Bildung auf die „Nachwuchspflege" in Industrie und Handwerk reduziert und für die Tradierung der bestehenden Ordnung plädiert wurde (Behler 1955; Krause 1969, 1971; Kell 1970; zur ABB-Politik in den 1950er Jahren: Ditlmann 1969; Stratmann/Schlösser 1990, S. 59 ff.; Greinert 1995², S. 74 f.).

Erst mit der Etablierung von Bildungsplanung und Berufsforschung, die im Kontext einer systematischen Arbeitsmarktforschung „ein riesiges und außerordentliches komplexes Feld" (Edding 1968, S. 216) zu bestellen hatte, änderten sich die Grundlagen der berufs- und wirtschaftspädagogischen For-

---

6 Es ist bezeichnend, daß Paul Luchtenberg in seinem Geleitwort zum 1960 erschienenen Handbuch für das Berufsschulwesen, hrsg. von Fritz Blättner u.a., zwar die Feststellung trifft, daß sich die westdeutsche Wirtschaft in einer „neuen Phase der Mechanisierung" befindet, „in der Rationalisierung als letztes Ziel die Automatisierung erstrebt" wird, ein Beitrag, der die „problematischen Prognosen" aufgreift, jedoch fehlt.

schung (und damit der Politikberatung) wesentlich. Die Regulierung von Bildungs- und Beschäftigungssystem im Kontext „westlicher Planungstheorie" (Edding) und Bedarfsanalyse schien nunmehr möglich und realistisch (Edding 1963, 1970; Institut für Bildungsforschung 1969; kritisch: Lutz 1969; Nuthmann 1983; Timmermann 1985; Leschinsky 1993; Weiss 1993). Neue Fragestellungen und Forschungsperspektiven veränderten deshalb das Selbstverständnis der universitären Berufs- und Wirtschaftspädagogik grundlegend (Zabeck 1970; Lipsmeier 1972).

Schluß

Kehren wir zum Ausgangspunkt der Argumentation zurück und fragen abschließend nach den Handlungsoptionen der Berufsbildungspolitik, dann ist folgendes Resumee zu ziehen.

Erstens: Erfolg und Mißerfolg staatlicher Regulierung im Bereich der beruflichen Bildung wird weder von privatwirtschaftlichen Faktoren determiniert noch allein von staatlichen Reformoptionen induziert. Wie die historisch-systematische Analyse zu erkennen gibt, ist die berufliche Bildung ein exponiertes - und spezifisch deutsches - gesellschaftspolitisches Instrument zur Regulierung der materiellen Produktion, auf das zurückzugreifen in Krisenzeiten besonders populär ist.

Vor diesem Hintergrund läßt sich der jüngste Krisendiskurs in eine Kontinuität einordnen, die von einem permanenten Wechsel zwischen Regulierung und - sofern „systematische Unterlassungen" (Offe) die Berufsbildungspolitik charakterisieren - Deregulierung geprägt ist. Eine gewisse Normalität scheint sich darin auszudrücken.

„Darüber, inwieweit der Reformverzicht (oder die 'Gegenreform'), der (...) nicht etwa kontingentes Hindernis, sondern integraler Bestandteil des Verlaufsmusters der Berufsbildungspolitik ist, (...) sind kaum generelle Aussagen möglich" (Offe 1975, S. 307).

Die Nichtprognostizierbarkeit berufsbildungspolitischer Entwicklungsprozesse läßt sich im Kern auf drei Aspekte reduzieren:

a) auf die unterschiedlichen gesellschaftlichen Funktionen, die das berufliche Bildungssystems als Ganzes zu erfüllen hat;

b) auf die Integration zweier divergierender „Regelungsmuster" (Greinert 1995[2] b, 1996), die im Berufsbildungsgesetz materielle Gestalt annehmen und das „deutsche

System" der Berufsbildung als solches konstruieren sowie damit unmittelbar verknüpft

c) auf den arbeits- und bildungspolitischen 'deutschen Sonderweg', der sich bis in die
heutige Zeit hinein in der beruflichen Hierarchisierung der betrieblichen Funktionsabläufe einerseits und der historisch gewachsenen Dreigliederigkeit des technisch-
beruflichen Bildungssystems andererseits niederschlägt (Greinert/Schütte 1994).

Zweitens: Regulationen des resp. staatliche Interventionen ins Berufsbildungssystem mit 'Langzeitwirkung' zeichneten sich in der Vergangenheit
immer dadurch aus, daß sie das Gesamtsystem der beruflichen Bildung zum
Thema erhoben. Wurden nur einzelne Reformziele auf die Agenda gesetzt -
Berufsschulpflicht, Berufsgrundbildung und Doppelqualifizierung, Neuordnung der Metall- u. Elektroberufe, um einige Beispiele zu nennen - scheiterten sie, griffen zu kurz oder wurden bis zur Unkenntlichkeit deformiert. An
dem vom „Deutschen Bildungsrat" formulierten Anspruch ist deshalb festzuhalten: ein Reformdiskurs - aber auch der Krisendiskurs -, hat alle Ebenen
des beruflichen Bildungssystems mit in die Reflektion einzubeziehen.

Eine Bemerkung zum Schluß: Mit Ausnahme der dreißiger Jahre zeigt
sich, daß in Reformperioden ein außergewöhnlicher Legitimationsbedarf
existiert, der nur durch kontinuierliche, systematische Bearbeitung berufs-
pädagogischer Fragestellungen gedeckt werden kann. Die bis in die dreißiger Jahre hinein erscheinenden „Denkschriften", die ja bekanntlich von ganz
unterschiedlichen sozialen Akteuren verfaßten wurden, legen davon in vielfältiger Weise Zeugnis ab. Infolge der Verwissenschaftlichung der Argumentation war seit der Weimarer Republik die Gewinnung einer genuin berufspädagogischen Option insofern bedeutend, als damit die „Vereinnahmung
von Bildungsprozessen für partikulare Zwecke gesellschaftlicher Funktionssysteme" - wie Günter Kutscha (1995, S. 271) es jüngst formuliert hat - abgewehrt werden konnte.

Sich in diese Tradition einzureihen kann u. E. angesichts „systemischer
Rationalisierung" (Jahrbuch 1994) und „beschäftigungslosem Wachstum"
resp. „Entkoppelung" von Bildung und Arbeit (Buttler/Tessaring 1993; Alheit 1994; Drechsel 1994; Greinert 1994; Krüger 1994; Schütte 1994 a; Offe
1995) nicht viel mehr bedeuten, als der universitären Berufsbildungsforschung einen eigenen Bezugspunkt zu sichern (DFG 1990; Achtenhagen
1991; Lisop 1992; Kell 1995). Dazu sollte die historisch-systematische Analyse einen Beitrag leisten.

Literatur

Abel, H., Zur Entwicklung und Problematik der Berufserziehung. Ein Bericht über die Zentralstelle zur Erforschung und Förderung der Berufserziehung 1951-1960, In: Neue Sammlung, H. 6, 1962, S. 517 ff.

Abel, H., Replik als Versuch einer Standortbestimmung, In: Die berufsbildende Schule, H. 4, 1965, S. 249 ff.

Achtenhagen, F., Erträge und Aufgaben der Berufsbildungsforschung, In: Beck/Kell 1991, S. 185 ff.

Alheit, P./Apitzsch, U. u.a. (Hg.), Von der Arbeitsgesellschaft zur Bildungsgesellschaft? Perspektiven von Arbeit und Bildung im Prozeß europäischen Wandels, Bremen 1994

Arnold, R./Lipsmeier, A. (Hg.), Handbuch der Berufsbildung, Opladen 1995

Baethge, M., Berufsbildungspolitik in den siebziger Jahren. Eine Lektion in ökonomischer Macht und politischer Ohnmacht, In: Lipsmeier 1983, S. 145 ff.

Baethge, M., Materielle Produktion, gesellschaftliche Arbeitsteilung und Institutionalisierung von Bildung, In: Enzyklopädie Erziehungswissenschaft, Bd. 5., Stuttgart 1984, S. 21 ff.

Baethge, M./Teichler, U., Bildungssystem und Beschäftigungssystem, In: EE, Bd. 5., Stuttgart 1984, S. 206 ff.

Beck, K./Kell, A., Bilanz der Bildungsforschung, In: Benner 1990, S. 149 ff.

Beck, K./Kell, A. (Hg.), Bilanz der Bildungsforschung. Stand und Zukunftsperspektiven, Weinheim 1991

Beck, U./Bolte, K.M./Brater, M., Bildungsreform und Berufsreform. Zur Problematik der berufsorientierten Gliederung des Bildungssystems, In: Mitteilungen aus der Arbeitsmarkt- und Berufsforschung, H. 4, 1976, S. 496 ff.

Beck, U./Lau, C., Bildungsforschung und Bildungspolitik. Öffentlichkeit als Adressat sozialwissenschaftlicher Forschung, In: Zeitschr. für Sozialisationsforschung und Erziehungssoziologie (ZSE), H. 3, 1983, S. 165 ff.

Behler, P., Einwirkung der Mechanisierung, Rationalisierung und Automatisierung auf den Bedarf und die berufliche Ausbildung der Arbeitskräfte, DIHT-Schriftenreihe H. 46, Bonn 1955

Benner, D. (Hg.), Bilanz für die Zukunft. Aufgaben, Konzepte und Forschung in der Erziehungswissenschaft, Weinheim/Basel 1990

Blättner, F. u.a., Handbuch für das Berufsschulwesen, Heidelberg 1960

Blankertz, H., Berufspädagogik im Mittelraum. Bericht und kritische Anmerkungen zu Heinrich Abels Studie zum Berufsproblem: In: Die berufsbildende Schule, H. 4, 1965, S. 244 ff.

Blankertz, H., Der Deutsche Ausschuss und die Berufsausbildung ohne Beruf, In: Die berufsbildende Schule H. 5, 1965 a, S. 314 ff.

Blankertz, H./Claessens, D./Edding, F., Ein zentrales Forschungsinstitut für Berufsbildung? Gutachten im Auftrag des Senators für Arbeit und soziale Angelegenheiten des Landes Berlin, WestBerlin 1966

Bonz, B./Greinert, W.-D. u.a. (Hg.), Berufsbildung und Gewerbeförderung, Bielefeld 1994

Brakemeier-Lisop, I., Über die Entstehung des Gutachtens zum beruflichen Ausbildungs- und Schulwesens, In: Berufspädagogische Zeitschrift, H. 1, 1965, S. 2 ff.

Buttler, F./Tessaring, M., Humankapital als Standortfaktor. Argumente zur Bildungsdiskussion aus arbeitsmarktpolitischer Sicht, in: MittAB, H. 4, 1993, S. 467 ff.

Dehnbostel, P./Walter-Lezius, H.-J. (Hg.), Didaktik moderner Berufsbildung. Standorte, Entwicklungen, Perspektiven, Bielefeld 1995

Deissinger, T., Das Konzept der 'Qualifizierungsstile' als kategoriale Basis idealtypischer Ordnungsschemata zur Charakterisierung und Unterscheidung von Berufsbildungssystemen, In: Zeitschr. für Berufs- und Wirtschaftspädagogik (ZBW), H. 4, 1995, S. 367 ff.

Deutsche Forschungsgemeinschaft (DFG), Berufsbildungsforschung an den Hochschulen der Bundesrepublik Deutschland. Situation, Hauptaufgaben, Förderungsbedarf, Denkschrift, Weinheim 1990

Ditlmann, Die Arbeitsstelle für Betriebliche Berufsausbildung, Bielfeld o. J. (1969)

Drechsel, R., Arbeit, Beruf und Bildung im widersprüchlichen Prozeß der Modernisierung, In: Alheit/Apitzsch 1994, S. 104 ff.

Ebert, R., Zur Entstehung der Kategorie Facharbeiter als Problem der Erziehungswissenschaft, Bielefeld 1984

Edding, F., Ökonomie des Bildungswesens. Lehren und Lernen als Haushalt und Investition, Freiburg 1963

Edding, F., Planung und Forschung auf dem Gebiet der beruflichen Bildung, In: Edding, F., Auf dem Wege zur Bildungsplanung, Braunschweig 1970, S. 211 ff.

Fend, H., Bilanz der empirischen Bildungsforschung, In: Zeitschr. für Pädagogik (Z. f. Päd.), Nr. 5, 1990, S. 687 ff.

Friedeburg, L. v., Bildungsreform in Deutschland. Geschichte und gesellschaftlicher Widerspruch, Frankfurt/M. 1992

Greinert, W.-D., Schule als Instrument sozialer Kontrolle und Objekt privater Interessen, Hannover 1975

Greinert, W.-D., Berufsbildungsreform - Liquidation oder Neubeginn, In: BbSch, H. 10, 1984, S. 571 ff.

Greinert, W.-D., Marktmodell - Schulmodell - duales System. Grundtypen formalisierter Berufsbildung, In: Die Deutsche Schule, 1988, S. 145 ff.

Greinert, W.-D., Berufsausbildung und sozio-ökonomischer Wandel. Ursachen der 'Krise des dualen Systems' der Berufsausbildung, In: Z. f. Päd., H. 3, 1994, S. 357 ff.

Greinert, W.-D., Das „deutsche System" der Berufsausbildung. Geschichte, Organisation, Perspektiven, Baden-Baden 1995²

Greinert, W.-D., Das duale System der Berufsausbildung in der Bundesrepublik Deutschland. Struktur und Funktion, Stuttgart 1995² a

Greinert, W.-D., Regelungsmuster der beruflichen Bildung. Tradition, Markt, Bürokratie, In: Berufsbildung in Wissenschaft und Praxis (BWP), H. 5, 1995 b, S. 31 ff.

Greinert, W.-D., Grundmodelle formalisierter Berufsbildung. Ein neuer Anlauf zu einer Typologie, In: Greinert/Heitmann 1996, S. 30 ff.

Greinert, W.-D./Hanf, G., Indoktrination und Disziplinierung. Die Fortbildungsschule in Berlin, In: 80 Jahre berufsbildende Schule für Metalltechnik in Berlin 1907-1987, Berlin 1987, S. 262 ff.

Greinert, W.-D./Schütte, F., Umstrukturierung und Verstaatlichung. Aufstieg und Etablierung des niederen Fachschulwesens in Deutschland 1890-1938, DFG-Forschungsprojekt, unveröffl. Ms., Essen/Berlin 1994

Greinert, W.-D./Heitmann, W./Stockmann, R (Hg.), Ansätze betriebsbezogener Ausbildungsmodelle. Beispiele aus dem islamisch-arabischen Kulturkreis, Berlin 1996

Harney, K., Die preussische Fortbildungsschule, Weinheim/Basel 1980

Harney, K., Rationalisierung zwischen Beruf und Betrieb. Zum Problem der Zugänglichkeit von Arbeit und Arbeitszeit, In: Kipp/Czycholl 1992, S. 35 ff.

Harney, K., Industrialisierungsgeschichte als Berufsbildungsgeschichte, In: Stratmann/Greinert 1996

Harney, K./Pätzold, G. (Hg.), Arbeit und Ausbildung - Wissenschaft und Politik, Frankfurt/M. 1990

Harney, K./Zymek, B., Allgemeinbildung und Berufsbildung. Zwei konkurrierende Konzepte der Systembildung in der deutschen Bildungsgeschichte und ihre aktuelle Krise, In: Z. f. Päd., H. 3, 1994, S. 405 ff.

Hirsch, J., Kapitalismus ohne Alternative?, Hamburg 1990

Hirschfeld, G./Kettenacker, L. (Hg.), Der „Führerstaat". Mythos und Realität, Stuttgart 1981

Hoffmann, D./Heid, H. (Hg.), Bilanzierungen erziehungswissenschaftlicher Theorieentwicklung. Erfolgskontrolle durch Wissenschaftsforschung, Weinheim 1991

Hoffmann, R.-W., Wissenschaft und Arbeitskraft. Zur Geschichte der Arbeitsforschung in Deutschland, Frankfurt/M. 1985

Hylla, E., Forschungsaufgaben auf dem Gebiet der Berufserziehung, In: Die deutsche Berufs- und Fachschule, 1952, S. 430 ff.

Institut für Bildungsforschung in der Max-Planck-Gesellschaft (Hg.), Bildungsökonomie. Eine Zwischenbilanz - Economics of Education in Transition, Stuttgart 1969

Jahrbuch Arbeit und Technik 1994. Zukunftstechnologien und gesellschaftliche Verantwortung, Bonn 1994

Kell, A., Die Vorstellungen der Verbände zur Berufsbildung, In: Studien und Berichte des Instituts für Bildungsforschung in der Max-Planck-Gesellschaft, Bd. 20, Teil I und II, Berlin 1970

Kell, A., Kriterien zur Analyse des dualen Ausbildungssektors, In: Die Deutsche Berufs- und Fachschule, H. 3, 1971, S. 170 ff.

Kell, A., Das Berechtigungswesen zwischen Bildungs- und Beschäftigungssystem, In: EE, Bd. 9.1, 1982, S. 277 ff.

Kell, A., Kooperation in der Berufsbildungsforschung. Rückblick, Zwischenbilanz und Ausblick, unveröffl. Ms. 1995

Kipp, M./Neumann, G./Spreth, G. (Hg.), Kasseler berufspädagogische Impulse. Festschrift für Helmut Nölker, Frankfurt/M. 1994

Kipp, M./Czycholl, R./Dikau, J./Meueler, E. (Hg.), Paradoxien in der beruflichen Weiterbildung, Frankfurt/M. 1992

Koch, R./Reuling, J. (Hg.), Modernisierung, Regulierung und Anpassungsfähigkeit des Berufsausbildungssystems der Bundesrepublik Deutschland, Bielefeld 1994

Krause, E., Neue Perspektiven der industriellen Berufsbildung, In: Die Deutsche Berufs- und Fachschule, H. 12, 1969, S. 900 ff.

Krause, E., Berufsbildung im Lichte der jüngsten Bildungspolitik, In: Die Deutsche Berufs- und Fachschule, H. 3, 1971, S. 161 ff.

Krüger, H., Sicherung der Lebensführung durch Regulierung des Bildungssystems?, In: Alheit/Apitzsch 1994, S. 68 ff.

Kümmel, K. (Hg.), Quellen und Dokumente zur schulischen Berufsbildung 1918-1945, Köln/Wien 1980

Kutscha, G., Das System der Berufsausbildung, In: EE, Bd. 9.1, 1982, S. 203 ff.

Kutscha, G., Öffentlichkeit, Systematisierung und Selektivität - Zur Scheinautonomie des Berufsbildungssystems, In: Harney/Pätzold 1990, S. 289 ff.

Kutscha, G., Übergangsforschung. Zu einem neuen Forschungsbereich, In: Beck/Kell 1991, S. 113 ff.

Kutscha, G., „Entberuflichung" und „Neue Beruflichkeit". Thesen und Aspekte zur Modernisierung der Berufsbildung und ihrer Theorie, In: ZBW, H.7, 1992, S. 535 ff.

Kutscha, G., Didaktik der beruflichen Bildung im Spannungsfeld von Subjekt- und Systembezug, In: Dehnbostel/Walter-Lezius 1995, S. 266 ff.

Lempert, W., Berufliche Bildung in der Bundesrepublik Deutschland als Gegenstand soziologischer Forschung, In: ZSE, H. 3, 1983, S. 213 ff.

Leschinsky, A., Bildung, Ungleichheit und Markt, In: Z. f. Päd., 1993, S. 19 ff.

Lipsmeier, A., Vom Beruf der Berufspädagogen. Zur Wissenschaftstheorie der Berufspädagogik, In: Die Deutsche Berufs- und Fachschule, H. 1, 1972, S. 21 ff.

Lipsmeier, A., Das duale System der Berufsausbildung. Zur Reformbedürftigkeit und Reformfähigkeit eines Qualifizierungskonzeptes, In: Kipp/Neumann 1994 a, S. 33 ff.

Lipsmeier, A., Der historische Kontext des Berufsausbildungssystems, In: Koch/ Reuling 1994 b, S. 13 ff.

Lipsmeier, A. (Hg.), Berufsbildungspolitik in den 70er Jahren. Eine kritische Bestandsaufnahme für die 80er Jahre, Beiheft 4 zur ZBW, Wiesbaden 1983

Lipsmeier, A./Greinert, W.-D., Berufspädagogik und Ausbildungsrecht. Kritische Anmerkungen zum Berufsausbildungsgesetz, In: Recht der Jugend und des Bildungswesens, 1970, S. 40 ff.

Lisop, I., Bildung und Qualifikation diesseits von Zwischenwelten, Schismen und Schizophrenien, In: Z. f. Päd., 29. Beiheft: Erziehungswissenschaft zwischen Modernisierung und Modernitätskrise, Weinheim/Basel 1992, S. 329 ff.

Lutz, B., Sozioökonomische Bildungsforschung in der Sackgasse? Einige (selbst-)kritische Bemerkungen, In: Institut für Bildungsforschung 1969, S. 253 ff.

Lutz, B., Die Bildungsexpansion in Europa seit der Mitte des 20. Jahrhunderts. Ursachen, Komplikationen, Konsequenzen, Mimeo, München 1981

Lutz, B., Berufsbildung, Technik und Arbeitsorganisation. Versuch der exemplarischen Demonstration von Einfluß und Verantwortung der Berufsbildungspolitik, In: Lipsmeier 1983, S. 24 ff.

Mason, T.W., Sozialpolitik im Dritten Reich. Arbeiterklasse und Volksgemeinschaft, Opladen 1978

May, H., Arbeitsteilung als Entfremdungssituation in der Industriegesellschaft von Emile Durkheim bis heute, Baden-Baden 1985

Mommsen, H., Hitlers Stellung im nationalsozialistischen Herrschaftssystem, In: Hirschfeld/Kettenacker 1981, S. 43 ff.

Münch, J., Berufsbildungspolitik, In: Arnold/Lipsmeier 1995, S. 398 ff.

Nuthmann, R., Qualifikationsforschung und Bildungspolitik. Entwicklungen und Perspektiven, In: ZSE, H. 3, 1983, S. 175 ff.

Offe, C., Berufsbildungsreform. Eine Fallstudie über Reformpolitik, Frankfurt/M. 1975

Offe, C., „Freiwillig auf die Teilnahme am Arbeitsmarkt verzichten. Sechs Thesen", In: Frankfurter Rundschau, Nr. 165, v. 19.7.1995

Pätzold, G. (Hg.), Quellen und Dokumente zur betrieblichen Berufsausbildung 1918-1945, Köln/ Wien 1980

Pätzold, G. (Hg.), Quellen und Dokumente zur Geschichte des Berufsausbildungsgesetzes 1875-1981, Köln/Wien 1982

Röhrs, H. (Hg.), Die Bildungsfrage in der modernen Arbeitswelt, Stuttgart 1967[2]

Sünker, H./Timmermann, D./Kolbe, F.-U., Bildung, Gesellschaft und soziale Ungleichheit, Frankfurt/M. 1994

Schütte, F., Berufserziehung zwischen Revolution und Nationalsozialismus. Ein Beitrag zur Bildungs- und Sozialgeschichte der Weimarer Republik, Weinheim 1992

Schütte, F., Verberuflichung und Arbeitsmarktpolitik. Der Beitrag der Reichsanstalt für Arbeitsvermittlung zur Universalisierung des Berufsprinzips 1922-1930, In: ZBW, H. 5., 1994, S. 499 ff.

Schütte, F., Crisis what crisis? Berufliche Erstausbildung zwischen Reorganisation und notwendiger Strukturreform, In: Widersprüche, H. 51, 1994 a, S. 65 ff.

Schütte, F., Die einseitige Modernisierung. Technische Berufserziehung 1918-1933, In: ZfPäd., Nr. 3, 1995, S. 429 ff.

Schütte, F., Methodenwandel oder didaktischer Paradigmenwechsel? Zur Perspektive der Fachdidaktik an „Technikerschulen", In: ZBW, H. 2, 1996, S. 135 ff.

Schütte, F., Facharbeitermangel und Berufserziehungspolitik. Zur Situation der technischen Erstausbildung im frühen Nationalsozialismus 1933-1936, In: Jahrbuch für Historische Bildungsforschung 1995, München 1996 a

Schütte, F./Jungk, S., Bildungsforschung und Erinnerungsarbeit. Der erziehungswissenschaftliche Horizont der Vergangenheits- bewältigung, In: Widersprüche, H. 26, 1988, S. 19 ff.

Stratmann, K., Berufsausbildung auf dem Prüfstand. Zur These vom 'bedauerlichen Einzelfall'. Ergebnisse empirischer Untersuchungen zur Situation der Berufsbildung in der Bundesrepublik, In: ZfPäd., 1973, S. 731 ff.

Stratmann, K./Schlösser, M., Das Duale System der Berufsbildung. Eine historische Analyse seiner Reformdebatten, Frankfurt/M. 1990

Stratmann, K./Greinert, W.-D. u.a. (Hg.), Berufsausbildung und sozialer Wandel, Bielefeld 1996 (im Druck)

Tessaring, M., Das duale System der Berufsausbildung in Deutschland. Attraktivität und Beschäftigungsperspektiven. Ein Beitrag zur gegenwärtigen Diskussion, in: MittAB, H. 2, 1993, S. 131 ff.

Timmermann, D., Bildungsmärkte oder Bildungsplanung. Eine kritische Auseinandersetzung mit zwei alternativen Steuerungssystemen und ihren Implikationen für das Bildungswesen, Mannheim 1985

Weiss, M., Der Markt als Steuerungsproblem im Schulwesen, In: ZfPäd., H. 1, 1993, S. 71 ff.

Zabeck, J., Die Wirtschaftspädagogik als wissenschaftliche Disziplin in ihrem Selbstverständnis (1972), In: Zabeck 1992, S. 35 ff. (Nachdruck)

Zabeck, J., Das systemtheoretische Paradigma in der Berufs- und Wirtschaftspädagogik (1980), In: Zabeck 1992, S. 127 ff. (Nachdruck)

Zabeck, J., Die Berufs- und Wirtschaftspädagogik als erziehungswissenschaftliche Teildisziplin, Baltmannsweiler 1992

Zabeck, J., Berufsbildung und Ökonomie, In: Bonz/Greinert 1994, S. 469 ff.

Zedler, P., Bilanz der Bildungsplanung, Veranlassung, Problemtypen und Überforderungen staatlicher Reformplanung seit 1945, In: Hoffmann/Heid 1991, S. 135 ff.

Dieter Münk

Deutsche Berufsbildung im europäischen Kontext: Nationalstaatliche Steuerungskompetenzen in der Berufsbildungspolitik und die Sogwirkung des europäischen Integrationsprozesses

1. Berufsbildung in der BRD: Marktfähig aber nicht europafähig?

Das Berufsbildungssystem der BRD ist angesichts der europäischen Integration auf mehreren Ebenen mit spezifischen Strukturproblemen konfrontiert. Als europapolitisch relevante Stichworte seien genannt: Wettbewerbsfähigkeit, Implementation marktwirtschaftlicher Strukturen, Deregulierung, Flexibilisierung, Modularisierung, Alternanz.

Die europapolitische Herausforderung liegt dabei weniger in der Frage, ob das bundesdeutsche System der Berufsbildung marktfähig, marktgängig und 'effizient' ist, sondern vielmehr darin, ob es zu alledem auch noch 'europafähig' ist. Das Ausmaß seiner 'Europafähigkeit' muß sich dabei in Übernahme einer von van Cleve und Kell (1996, S. 17) gestellten Frage vor allem daran messen lassen, ob und in welchem Umfang es in der Lage ist, auf den von dem Integrationsprozeß ausgehenden „Angleichungsdruck" angemessen zu antworten. Es handelt sich dabei sogar um einen doppelten Angleichungsdruck, der erstens von der sozio-ökonomischen Entwicklung des Gesamtsystems 'Europa' und der zweitens auch von den berufsbildungspolitischen Leitbildern der EU ausgeht.

Gerade in bundesdeutscher Lesart produziert die Forderung nach Flexibilisierung also einen Angleichungsdruck, der sich - nach Benner - einerseits „inhaltlich-curricular" und „systembezogen auf die Ausbildungsgänge und Abschlüsse auswirken" kann (Benner 1992, S. 2), der sich jedoch andererseits leicht auch als Beginn eines schleichenden 'Aufweichungsprozesses' tradierter und etablierter Strukturen der beruflichen Bildung entpuppen könnte.

Die zentrale These lautet daher: Gerade jene Berufsbildungssysteme, die auf eine lange und eng mit der nationalstaatlichen Entwicklung gekoppelte Tradition der beruflichen Bildung und der Berufsbildungspolitik zurückblicken, sind gegenüber institutionell-organisatorischen Flexibilisierungsforderungen weniger anpassungsfähig, als andere Mitgliedstaaten, die entweder über gar keine Tradition institutionalisierter Berufsbildung verfügen, oder die sich nach einem grundlegenden Reformprozeß von einer solchen konsequent verabschiedet haben.

In diesem Beitrag sollen daher zunächst die berufsbildungspolitischen Leitlinien der Europäischen Kommission dargestellt und dann schlaglichtartig mit der aktuellen Situation der Berufsbildungssysteme des Vereinigten Königreichs, Spaniens und schließlich Frankreichs verglichen werden. Am Beispiel der besonders prägnanten Problembereiche des 5-Stufen Schemas der EU sowie der Modularisierungsdebatte hoffen die Verfasser, die besonderen Probleme des europapolitisch induzierten Angleichungsdrucks auf die BRD herausarbeiten zu können und wollen abschließend – allerdings mit aller Vorsicht – den Versuch machen, mögliche Lösungsoptionen für die BRD anzudeuten.

2. Markt und Wettbewerb: Das berufsbildungspolitische Credo der Europäischen Kommission

Zum Einstieg eine These: Wir sind seit 15 Jahren Zeugen eines berufsbildungspolitischen Paradigmenwechsels, der subjektzentrierte Interessen der Berufsbildung wie Human-, Partizipations- und Demokratiekompetenz mit zunehmender Konsequenz in die Einleitung von Kongress-Eröffnungsreden verdrängt hat und der stattdessen die berufliche Bildung auf eine Teilstrategie der Sozial- und Wirtschaftspolitik reduziert, welche primär an Leitbildern der ökonomischen Effizienz orientiert ist.

Diese bei international agierenden Organisationen wie der OECD und der Weltbank schon lange zu beobachtende Tendenz (vgl. OECD 1992, World Bank 1995) hat inzwischen auch in der Europapolitik einen sozusagen kanonischen Rang erhalten. Nach einschlägigen Forderungen im „Memorandum der Kommission" von 1991 und im „Weißbuch Wachstum, Wettbewerbsfähigkeit und Beschäftigung" von 1993 läßt sich dies ebenfalls mit dem „Weißbuch zur allgemeinen und beruflichen Bildung" des Jahres 1996 belegen: Hier konstatiert die Kommission, daß „die Erfahrung (ge)zeigt" habe, „daß die Systeme mit weitgehender Dezentralisierung am flexibelsten sind" und daß das „Grundanliegen" „eine berufliche Bildung" zu sein habe, die „an die Perspektiven des Arbeitsmarktes und der Beschäftigung" angepaßt ist (Weißbuch 1996, S. 40 u. 35).

Und die Kommission kann dabei zu Recht darauf verweisen, daß dieser Prozeß der Regionalisierung und Dezentralisierung in vielen Mitgliedstaaten nach zum Teil erheblichen Reformanstrengungen bereits weit vorangeschritten ist.

Die Vermutung liegt nahe, daß die im Weißbuch enthaltenen 'Vorschläge' der Kommission sowie insbesondere ihre Funktionsbestimmung - nämlich die Gestaltung des institutionellen Rahmens eines dezentralisierten 'Europas der Regionen' - in der berufsbildungspolitischen Auseinandersetzung leicht dem Verdacht anheim fallen können, zu einer Neuauflage der alten Debatte um Harmonisierung und Subsidiarität zu werden - wir wagen schon jetzt die Prognose, daß zumindest die Bundesrepublik Deutschland in genau dieser Richtung argumentieren wird.

2.1. Interessen-Antinomien der europäischen Berufsbildungspolitik

Die von den Mitgliedstaaten vielfach kritisierte Tendenz der Europäischen Union, ihren politischen Einfluß im allgemeinen und die berufsbildungspolitischen Kompetenzen im besonderen im europäischen Kontext auszuweiten, basiert dabei auf unterschiedlichsten Ursachen, die teils auf das politische Handeln der Europäischen Kommission, teils aber auch auf das von spezifischen National-Interessen diktierte politische Handeln der Mitgliedstaaten zurückzuführen sind.

Die Ursachen für den sozusagen schleichenden Kompetenzzuwachs sind dabei auf seiten der EU verhältnismäßig unproblematisch zu isolieren:

1. *rechtspolitische Ursachen*: (das Gesetz-, das Verordnungs- und Richtlinienwesen der Organe der Kommission, die Rechtssprechung des Europäischen Gerichtshofes, die Maastrichter Verträge).

2. *Ursachen, die auf die Subventionsökonomie der EU zurückzuführen sind*: Zu nennen sind hier die Struktur- und Sozialfonds sowie die zahlreichen berufsbildungspolitischen 'Aktionsprogramme' der EU.

3. *Institutionelle und organisationssoziologische Ursachen*: Erinnert sei an das Aperçu von Robert Michels, wonach politische 'Macht die Tendenz hat, sich konservativ zu gebärden'.

Auch die Mitgliedstaaten selbst sind an dieser vielfach kritisierten Entwicklung des Machtzuwachses der EU aktiv beteiligt. Drei wesentliche Ursachen seien angedeutet:

1. *Ökonomische Ursachen:* Im Kontext der zuweilen exzessiv betriebenen Diskussion über die gemeinsame, historisch gewachsene europäische Identität und das kulturelle Erbe des Sozial- und Kulturraums Europa darf nicht vergessen werden, daß der Markenartikel 'Europa' nach wie vor für das ökonomische Projekt der Erreichung einer Wirtschafts- und Währungsunion steht.
2. *Sozialstrukturelle Ursachen:* Alle Mitgliedstaaten befinden sich in einem mehr oder weniger weit fortgeschrittenen Zustand der Modernisierung mit erheblichen sozialen und kulturellen Auswirkungen, welche umfangreiche Anpassungsleistungen der Berufsbildungssysteme erfordern.
3. *Das Motiv der Subventionsteilhabe:* Zuletzt soll ebenfalls nicht unerwähnt bleiben, daß die Einflußpotentiale der Europäischen Kommission auch deshalb wachsen, weil alle Mitgliedstaaten, in allerdings unterschiedlichem Maße, von der Subventionspolitik der EU profitieren und daher ein vehementes Partizipationsinteresse haben.

2.2. Markt, Wettbewerb und Berufsbildung – Wo bleibt die Berufspädagogik?

So gesehen ist die Debatte um den Machtzuwachs der Organe der Europäischen Kommission möglicherweise in hohem Maße ein Spiegelgefecht. Ein Spiegelgefecht allerdings, welches für eine berufspädagogisch bestimmte Berufsbildung verhängnisvolle Folgen hat: Zwar betont die Kommission in ihrem Weißbuch die Bedeutung der Vermittlung von Orientierungswissen sowie die „wesentliche Funktion" allgemeiner und beruflicher Bildung, „die soziale Integration und die persönliche Entwicklung der Europäer durch die Vermittlung von gemeinsamen Werten, die Weitergabe des kulturellen Erbes und den Erwerb der Fähigkeit zu selbständigem Denken zu gewährleisten" (Weißbuch 1996, S. 10). Aber dies erweist sich bei genauerer Betrachtung doch eher als eine gleichsam berufspädagogisch motivierte Pflichtübung, konstatiert die Kommission doch unter der Zwischenüberschrift „Das Ende der Grundsatzdebatten" ebenfalls, daß die 'Diskussion um die richtige Bildungsphilosophie' „heute als überholt angesehen werden" dürfe, weil diese Probleme zwischenzeitlich weitgehend gelöst bzw. obsolet seien (Weißbuch

1996, S. 36). Hier scheinen zumindest aus der Sicht unserer Fachwissenschaft begründete Zweifel angebracht.

Festzuhalten bleibt jedenfalls, daß die Kommission eindeutig marktorientierte Maßnahmen empfiehlt und zugleich versucht, diese überall dort zu implementieren, wo der enge rechtspolitische Rahmen dies zuläßt. Deutlich wird das nicht zuletzt auch daran, daß sowohl die Bildung als auch die berufliche Aus- und Weiterbildung getreu der Humankapitaltheorie konsequent im Sinne von „Humanressourcen" als „immaterielles Kapital" bewertet werden, dessen Wert, wie der Untertitel des Weißbuches unpräzise aber immerhin nachvollziehbar orakelt, „auf dem Weg zur kognitiven Gesellschaft" beständig zunimmt. Dies hat sehr konkrete Auswirkungen.

2.3. Markt, Wettbewerb und Flexibilisierung: Die Modularisierungs- und Akkreditierungsvorschläge der Kommission

Die von der Kommission als „dritter Weg" bezeichnete Strategie besteht darin, abschlußbezogene Berufsbildungssysteme in Teilen, parallel und ergänzend sowie beschränkt auf spezifische Zielgruppen durch die Akkreditierung von „Teilkompetenzen" (Weißbuch 1996, S. 26) aufzubrechen. Dies soll „durch die gegenseitige Anerkennung von Ausbildungsmodulen" geschehen (a.a.O. S. 50 f.). Auch hier wird vor allem die mangelnde Marktflexibilität nicht-modular organisierter Systeme kritisiert. Trotz des ergänzenden Charakters dieser Strategie liegt die Vermutung nahe, daß hiermit erneut ein Plädoyer für die totale Modularisierung und Flexibilisierung formuliert wird.

Gerade für das bundesdeutsche System der beruflichen Bildung mit dem Strukturprinzip der ordnenden Berufsbilder sind solche Perspektiven von durchaus zweifelhaftem Reiz - eine auf Teilmodulen basierende Akkreditierung von Teilqualifikationen paßt sich denkbar schlecht in das institutionelle sowie in das lernorganisatorisch-didaktische Konzept des bundesdeutschen Berufsbildungssystems ein. Positiv insbesondere für die Situation der BRD ist jedoch andererseits die Empfehlung der Kommission, den „Ausbau der Lehrausbildung" voranzutreiben (a.a.O., S. 55) - und zwar „in jeder Form (alternierende bzw. duales Ausbildung usw.)" und unter „Einführung eines europäischen Lehrlingsstatus" (a.a.O., S. 57). Dabei hebt die Kommission ausdrücklich hervor, daß „die duale Form, speziell in der Lehrausbildung, die wirksamste Form der Kooperation sei" (a.a.O., S. 32).

Und dennoch: Nicht nur angesichts solcher Forderungen aus Brüssel, sondern auch im europäischen Vergleich gerät das bundesdeutsche Berufsbildungssystem zunehmend unter Handlungsdruck, was nachfolgend an den Beispielen des Vereinigten Königreichs, Spaniens und Frankreichs belegt werden soll.

3. Flexibilisierung (fast) überall: Ausgewählte Reformansätze im Vereinigten Königreich, in Spanien und Frankreich

3.1. Vereinigtes Königreich

Trotz der erwiesenermaßen eher europafeindlichen britischen Regierungspolitik scheint das Berufsbildungssystem des Vereinigten Königreiches nach dem im Zuge des 'Thatcherismus' erfolgten Reformprozeß aus europapolitischer Sicht geradezu vorbildlich. Der britische 'New Vocationalism' als Markenzeichen britischer Reformpolitik bezog seine Antriebskräfte aus der ökonomischen Krise der Volkswirtschaft seit Beginn der 80er Jahre und rückte den Zusammenhang zwischen Bildungssystem und wirtschaftlichem Erfolg bzw. Mißerfolg in das Zentrum des bildungspolitischen Interesses (vgl. etwa: Beare/Boyd 1993). Dieser Reformprozeß ist einerseits durch weitreichende Deregulierungen sowie Teilprivatisierungen gekennzeichnet, er bedeutet jedoch andererseits auch eine erhebliche Angebotserweiterung, Angebotspluralisierung und Angebotsdifferenzierung im berufsbildenden Bereich. Zudem erfüllt der 'New Vocationalism' durch die Umgestaltung der Allgemeinbildung im Sinne einer stärkeren beruflichen Relevanz auch konzeptionell eine zentrale europapolitische Forderung. Vor allem aber verleiht die modulare Baukastenstruktur der NVQ's (units of competence) dem britischen Berufsbildungssystem durch ihre systembedingte Exklusion der Beruflichkeit das Gepräge eines 'Zertifizierungssystems', welches mit dem bundesdeutschen „Ausbildungssystem" und seinen geordneten Ausbildungsberufen überhaupt nicht vergleichbar ist. Dies ist insbesondere für die BRD folgenschwer, weil die Kommission der EU in der Anlage zur Entsprechungsentscheidung vom 16.7.85 genau dieses englische Modell der NVQ's als Vorbild für die eigenen Arbeiten auf dem Gebiet der Anerkennungen herangezogen hat.

3.2. Spanien

Als weiteres im hier angesprochenen Sinne der Europafähigkeit konvergentes Beispiel sei Spanien herangezogen: Nach der politischen Revolution von 1978 wurde das gesamte Berufsbildungssystem einem radikalen Umbruch unterzogen, der im Ergebnis eine starke markt- und wettbewerbswirtschaftliche (vgl. LOGSE 1991; Allgemeines Ordnungsgesetz für das Bildungswesen) und damit auch eine enge Arbeitsmarktorientierung sowie eine ausgeprägte Dezentralisierung und Regionalisierung der Zuständigkeiten im Bereich der beruflichen Bildung bewirkte. Zudem wurde die Gleichwertigkeit von allgemeiner und beruflicher Bildung durch die organische Integration des beruflichen Bildungswesens in das allgemeine Bildungssystem erreicht. Und organisatorisch-systematisch wurde - wie auch van Cleve und Kell betonen - die Modularisierung als „charakteristisches Reformprinzip für den gesamten Bildungssektor" mit „Scharnierfunktion" für die Übergangsphasen in den Bildungskarrieren etabliert (1996, S. 19). Besonders bedeutsam ist dabei außerdem, daß diese Module inhaltlich nach Qualifikationsstufen differenziert sind, die mit den von der EU festgelegten Richtlinien übereinstimmen. (vgl. Pagés 1994, S. 157).

Daher bewerten van Cleve und Kell das spanische Berufsbildungssystem mit Blick auf den hohen Dezentralisierungs- und Regionalisierungsgrad als Ergebnis eines „Reagieren(s) auf die Zielvorstellungen europäischer Politik" (1996, S. 18); dies wird von Pagés, einem pädagogischen Berater der spanischen Botschaft, sogar generalisiert: Dieser beurteilt nämlich die gesamte Reform als „direkte Konsequenz der Eingliederung des Landes in die Europäische Gemeinschaft". (Pagés 1994, S. 159).

3.3. Frankreich

Während das Vereinigte Königreich das Ergebnis seines Reformprozesses als Blaupause für Europa lieferte und während Spanien sich bei seiner Radikalreform relativ eng an der aus dem englischen Modell abgeleiteten Schablone der Kommission orientierte, befindet sich das französische Berufsbildungssystem seit ca. 15 Jahren in einem eher mühsamen Reformprozeß. Ohne hier auf Details eingehen zu können, dokumentieren diese Reformansätze auf den ersten Blick durchaus europakompatible Zielsetzungen: Angestrebt wird eine stärkere Aufhebung des Gegensatzes von allgemeiner und beruflicher Bildung, die engere Koppelung von Bildungs- und Beschäftigungssystem, eine stärkere Berücksichtigung der betrieblichen Anforderungen, eine kontrollierte Regionalisierung sowie der Ausbau alternierender Ausbildungsgänge und der Modularisierung.

Bei näherer Betrachtung führten diese breit gestreuten Reformierungsversuche jedoch zu eher bescheidenen Ergebnissen (vgl. Lasserre 1994, S. 79 f.):

- Nach wie vor verbleibt die Richtlinienkompetenz für alternierende Ausbildungsgänge inhaltlich wie konzeptionell beim Staat (Ministerien) bzw. bei den schulischen Behörden, was auch für das vergleichsweise erfolgreichere 'baccalauréat professionnel' (Berufsgymnasium) gilt. Von einer stärkeren markt- oder wettbewerbswirtschaftlichen Orientierung im beruflichen Bildungswesen kann insofern überhaupt keine Rede sein.
- Die Regionalisierung erstreckt sich vornehmlich auf die politische Organisation.
- Die Ansätze zur Modularisierung sind in der Erstausbildung zielgruppenbeschränkt und decken in der beruflichen Weiterbildung außerdem lediglich Teilbereiche ab.

Und die letzte Erklärung für die eher schleppenden Reformerfolge ist in unserem Zusammenhang besonders interessant: der Lehrkörper und übrigens auch die Gewerkschaften sind nach wie vor den tradierten Leitbildern des republikanischen Bildungsideals, also der Bildung als staatlichem Monopol verpflichtet. Dies ist ein politischer Anspruch, der auf die französische Revolution zurückzuführen ist und der zentral für die französische Grundsatzentscheidung der Schule als Lernort beruflicher Bildung verantwortlich ist. Damit drängt sich der Schluß auf, daß sich die durch die bildungspolitische Tradition gewachsenen Strukturen als Prokrustesbett erweisen, welches strukturellen Änderungen in Richtung Flexibilisierung und Marktorientierung enge Grenzen setzt.

Bezogen auf die Situation der Bundesrepublik Deutschland leiten wir daraus unsere zentrale These ab: Die historisch und ideologiegeschichtlich begründete Lernortentscheidung als augenfälligster Unterschied der Organisation der Berufsbildungssysteme der beiden Nationalstaaten links und rechts des Rheins verweist unter europapolitischem Gesichtspunkt stellvertretend zugleich auf deren größte Gemeinsamkeit: Ebenso wie die zentralen Strukturprinzipien des französischen Berufsbildungssystems (konsequenter Zentralismus, staatlicher Dirigismus, Schulsystem) bis heute in ihrem Kern das Ergebnis der Entwicklung des französischen Nationalstaats seit der französischen Revolution sind, stellt sich auch das bundesdeutsche Berufsbildungssystem als europäisches Unikat dar, welches ideologiegeschichtlich aus der bürgerlich-staatstreuen Berufsbildungstheorie erwachsen ist, sowie im Hinblick auf die spezifische industrielle Entwicklung auf bürgerlich-handwerksnahen (und insofern rückwärtsgewandten) Produktionsformen basiert. Beide Modelle setzten von Anbeginn nicht primär auf Flexibilisierung und Marktorientierung, sondern sind aus der historischen Entwicklung der jeweiligen Sozialstrukturen erwachsen und dienten zugleich deren Stabilisierung und Perpetuierung. Und zwar der Stabilisierung sowohl im Hinblick auf das Gefüge der sozialen Stratifikation, als auch im Hinblick auf das Wertesystem bzw. den 'Überbau' dieser Gesellschaften.

4. Tradition als Hemmschuh? – Probleme des bundesdeutschen Berufsbildungssystems

Obwohl Kerschensteiner und die von ihm ausgehende deutsche Tradition der Berufsbildungstheorie seit annähernd einem halben Jahrhundert überwunden ist, haben beide unübersehbare Spuren hinterlassen: Vor allem zu nennen ist hier die seit Kerschensteiners 'Pfortenthese' wirksame deutsche 'Bildungsideologie' und zweitens das damit unmittelbar verbundene Konzept des Berufs als historisch gewachsener und sozial konstruierter Institution. Beides zählt in freilich modernisierter Form bis heute zu den Grundprinzipien bundesdeutscher Berufsbildungspolitik. Andeutungsweise belegt sei dies erstens für die 'Bildungsideologie' mit dem Hinweis auf die wiederholte scharfe Kritik der Bundesregierung an einer einseitigen ökonomischen Funktionalisierung der Berufsbildung durch die Kommission der EU. Von seiten der Wissenschaft läßt sich dies u.a. mit Lipsmeiers inzwischen unbestrittenem Engagement für die Erweiterung der Effizienzkriterien beruflicher Bildungssysteme stützen (Demokratiekompetenz, Humankompetenz, Selbstentfaltung etc.). Und im Hinblick auf die Ziele der Berufsbildung läßt sich dies belegen mit der Neuordnung der Metall-, Elektro- sowie der Büroberufe und ihrem Anspruch der 'beruflichen Mündigkeit' (Sozial-, Methoden- und Handlungskompetenz).

Um Einwänden zuvorzukommen: Selbstverständlich dienen auch diese Zielkategorien der Erhaltung der Wettbewerbsfähigkeit sowie der Anpassung an geänderte Strukturen der Arbeitsorganisation - aber wenn wir an die 70er Jahre zurückdenken, so erinnern wir, daß zumindest die Arbeitgeber im Vergleich zum Ziel der Fachkompetenz solch 'modischem' Ansinnen eher skeptisch gegenüberstanden.

Zudem sind diese neu geordneten Berufe zugleich ein Beleg für die Beruflichkeit von Arbeit als zweites Grundprinzip des bundesdeutschen Berufsbildungssystems: Schließlich bilden die im Dualen System vermittelten Ausbildungsberufe nach BBIG im Sinne von Vollberufen auch nach der Neuordnung das stabilisisierende Rückgrat der bundesdeutschen Berufsausbildung - und zwar unabhängig von der kontroversen Diskussion um die Entberuflichung von Arbeit mit den bekannten Geißler'schen Folgerungen für das Duale System. Während die Kommission bildungsideologische Grundsatzdebatten heute offenbar als gelöst betrachtet und ad actas legt, erweist sich insbesondere dieser zweite Aspekt, nämlich das bundesdeutsche Verständnis des ganzheitlich konzipierten Ausbildungsberufes als Barriere für die Europafähigkeit der BRD. Dies sei am Beispiel der Debatte um das 5-Stufen-Schema der EU sowie an der breiten Diskussion um die Modularisierung der beruflichen Aus- und Weiterbildung kurz belegt:

4.1. Erstes Beispiel: Das 5-Stufen-Kategorienschema der EU und die Ausbildungsberufe des Dualen Systems

Angesichts des umfassenden Qualifizierungsniveaus der anerkannten Ausbildungsberufe nach BBiG und HwO benachteiligt das in der Anlage der 'Entsprechungs-Entscheidung' von 1985 enthaltene „5-Stufen-Schema" die im Dualen System vermittelten Ausbildungsberufe in erheblichem Umfang gegenüber vergleichbaren Abschlüssen z.B. Frankreichs oder Englands. Denn hier hat die Kommission den im Dualen System erworbenen Berufsabschlüssen die Stufe II und nicht die höherwertige Stufe III zugeordnet. Ebendies wurde auch in einem Gutachten des BIBB vom September 1995 sowie durch das zuständige Ministerium in deutlicher Sprache moniert.

Die hiermit verbundene klare Abwertung des an das Duale System gebundenen Facharbeiterstatus wird dabei unter europäischem Aspekt insofern verschärft, als die Kommission im Juni 1992 in einer ergänzenden Richtlinie erklärt hat, daß bei der Einstufung die Normen des auf konsequenter Modularisierung basierenden britischen „National Framework of Qualifications" zu berücksichtigen seien (Richtlinie 92/51/EWG, Punkt 11). Damit ist die Modularisierung als zweites Anpassungsproblem direkt angesprochen:

4.2. *Zweites Beispiel: Die Modularisierungsdebatte*

Wie eine Modularisierung des bundesdeutschen Berufsbildungssystem auch immer organisiert wird - sie würde in jedem Fall entweder von der vergleichsweise starren Struktur des bundesdeutschen Berufsbildungssystems begrenzt oder sie würde bei konsequenter Umsetzung die 'Systemfrage' stellen. Gerade deshalb wird sie, wenn auch im Detail aufgrund unterschiedlicher Motive, unisono von allen beteiligten Akteuren abgelehnt. Sieht man einmal von den wenigen Ausnahmen ab, bei denen die Modularisierung zudem durchweg als didaktisches und nicht als Ordnungsprinzip umgesetzt wurde, so gelangt man zu dem Schluß, daß die Modularisierung in der beruflichen Erstausbildung der BRD praktisch keine Rolle spielt (vgl. die Zusammenstellungen bei van Cleve 1995 und 1996). Und dies, obwohl solche Ansätze mit der eingeschränkten Funktion der „Ergänzung und Erweiterung beruflicher Bildungsgänge" im Hinblick auf eine Flexibilisierung sowie eine Differenzierung und Individualisierung der Berufsbildung · durchaus wünschenswert wären (vgl. van Cleve/Kell 1996, S. 21). Anders stellt sich die Situation im Bereich der beruflichen Weiterbildung dar.

Diese ist nämlich durch zentrale Strukturprinzipien organisiert (plural, dezentral bzw. regional, marktwirtschaftlich sowie eng an den Interessen des Beschäftigungssystems orientiert), die den europapolitischen Forderungen in hohem Maße entgegenkommen.

Da die berufliche Weiterbildung nur in Teilbereichen durch entsprechende Regelungen im BBiG geordnet wird (vgl. insbesondere § 46 BBiG), sind hier modular strukturierte Weiterbildungsgänge wesentlich häufiger anzutreffen und auch unproblematischer zu implementieren als im Bereich der beruflichen Erstausbildung.

5. Steigerung der Flexibilität durch kontrollierten Wandel: (Heraus-)Forderungen für das Berufsbildungssystem der BRD

Die verstärkte Implementation modularisierter Weiterbildungsangebote und die dadurch erforderliche höhere Regelungsdichte (Standardisierung, Anerkennung, Zertifizierung) würde keineswegs zwingend die Flexibilität des Systems der beruflichen Weiterbildung behindern (vgl. van Cleve 1995, S. 13), sondern könnte - eine kontrollierte Realisierung vorausgesetzt - ganz im Gegenteil eine beachtliche Reihe von Vorzügen ausspielen:

- eine höhere Flexibilität ohne grundsätzliche Gefährdung der plural-marktwirtschaftlichen Struktur und der Ordnungslogik des bundesdeutschen Berufsbildungssystems;
- eine engere Anbindung an das Beschäftigungssystem (Lernen im Prozeß der Arbeit);
- die Zielgruppenorientierung bewirkt eine Abfederung des „Vorbildungs-Weiterbildungs-Syndroms" und entspricht den Lernerfordernissen lernungewohnter Problemgruppen;
- als zusätzliches Qualifizierungsangebot könnte sie traditionelle Ausbildungsinhalte sinnvoll ergänzen;
- und schließlich: bleiben Modulbündel unvollständig, könnte ein Qualifizierungspaß erstellt werden, über welchen auf europapolitischer Ebene ja bereits seit längerer Zeit nachgedacht wird.

Das Ziel der prinzipiellen Bestandswahrung unseres Berufsbildungssystems vorausgesetzt, sind jedoch zuvor grundsätzliche Passungsprobleme zu lösen:

- ein bundesweit einheitliches Zertifizierungssystem;
- eine Anspruchsgarantie für die Zulassung zu einer regulären Abschlußprüfung (Externenprüfung gemäß BBiG oder Abschlußprüfung im Sinne einer Umschulung) (vgl. etwa: van Cleve 1995, S. 17);
- die Gewährleistung der prinzipiellen Zugangschance für alle Arbeitnehmer
- die Finanzierungsproblematik: Wer soll das bezahlen?

Nun könnte man orakeln, daß die bundesdeutsche Steuerungskompetenz auf dem Gebiet der beruflichen Bildung in beträchtlichem Maße gefährdet ist: Angesichts der vielfältigen Flexibilisierungsanforderungen und Anpassungszwänge muß man sich fragen, welches Maß struktureller Modifikation möglich und erforderlich ist, ohne damit zugleich die 'Systemfrage' zu stellen.

Denn auch nach der durch die Neuordnung erfolgten grundlegenden didaktisch-curricularen Modernisierung basiert das Duale System in seinem strukturellen Kern auf einem konzeptionellen Muster, das bis in die mittelalterlichen Zünfte zurückreicht und das ohne das Konzept der beruflichen Verfaßtheit von Arbeit gar nicht zu verstehen ist.

Das strukturelle Beharrungsvermögen dieses Modells inmitten einer gesellschaftlichen Realität, die in allen Dimensionen von Tendenzen des Wandels erfaßt ist, ist dabei ebenso erstaunlich wie bedauerlich. Bedauerlich vor allem deshalb, weil wir die „zerfallsgeschichtlichen Deutungen" Geißlers zwar nicht teilen, aber dennoch erheblichen strukturellen Reformbedarf sehen. Diesen Reformvorschlägen voranzuschicken ist dabei mit Lipsmeier jedoch dies: Krisenhaft ist weniger der Status Quo des Dualen Systems, sondern der Status Quo des „Wirtschaftsstandorts Deutschland" (Lipsmeier

1996, S. 9) – ein Befund, der auch die wettbewerbszentrierte Position der Europäischen Kommission zumindest in Teilen legitimiert. Geeignete Reformstrategien zur Erreichung der 'Europafähigkeit' könnten nach Lipsmeier etwa sein:

- die Herstellung der Gleichwertigkeit von allgemeiner und beruflicher Bildung;
- die curricular-organisatorische Differenzierung der Berufsausbildung inklusive der adressatenorientierten Entwicklung kurzer Ausbildungsgänge sowie eine „sinnvolle Modularisierung";
- die konsequente Verzahnung von beruflicher Erstausbildung und beruflicher Weiterbildung (vgl. ebenso Lipsmeier 1991 sowie van Cleve 1995);
- der Ausbau mittlerer und höherer beruflicher Vollzeitschulen;
- der „Auf- und Ausbau doppeltqualifizierender Bildungsgänge" (vgl. ebenso Dauenhauer 1992);
- die Redefinition der Rolle der Berufsschulen durch deren „Autonomisierung im Sinne eines regionalen Bildungs-, Dienstleistungs-, Entwicklungs-, Arbeits- und Freizeitzentrums" (vgl. ebenso Kutscha 1995, S. 15).

Insgesamt scheinen die Empfehlungen zumindest von seiten der Wissenschaft also auf eine Autonomisierung, Dezentralisierung, Individualisierung, Differenzierung und kontrollierte Flexibilisierung der Berufsausbildung hinauszulaufen und sich damit zugleich ein Stück weit in Richtung 'Europafähigkeit' zu bewegen.

6. Resümee

Nicht der politische Druck der Kommission alleine, sondern der europäische Integrationsprozeß insgesamt schafft Sach- und damit Handlungszwänge: Er bündelt ein komplexes und vielschichtiges Faktorensyndrom, welches auf alle Mitgliedstaaten wirkt und das weder von einem einzelnen Mitgliedstaat noch von der Kommission allein gesteuert werden kann.

Es gehört zu den zentralen Wesensmerkmalen solch transnational wirksamer Faktorensyndrome, daß sie von keiner der beteiligten Institutionen oder Regierungen im ordnungspolitischen Sinne direkt steuerbar sind. Aber es gehört ebenso zum Wesen eines solch vielfältigen Wirkungsgeflechtes, daß es im Sinne eines spezifischen Anpassungsdruckes auf die Politiken der Mitgliedstaaten massiv einwirkt. Und zwar nochmals: Nicht auf die Bundesrepublik alleine, aber gerade auf diese mit einer besonderen Intensität.

Wenn alle Mitgliedstaaten diesem Faktorensyndrom in gleicher Weise ausgesetzt sind, erübrigt sich damit weitgehend die Frage nach Modellösungen, Standardisierungs- und Harmonisierungsbestrebungen im „Bildungsraum Europa": Die Zukunft der europäischen Berufsbildung wird aller Erfahrung nach weniger dadurch gekennzeichnet sein, daß als 'erfolgreich' geltende Ausbildungssysteme von anderen Mitgliedstaaten übernommen werden, noch dadurch, daß die Ausbildungssysteme durch Rechtsverordnungen einer vermeintlich politisch übermächtigen EU harmonisiert werden.

Realistisch scheint dagegen vielmehr dies: Daß nämlich langfristig die Gesamtheit des umfassenden Prozesses der Internationalisierung politischer, sozialer und ökonomischer Strukturen, die Qualität und der Erfolg konkurrierender Berufsbildungssysteme und nicht zuletzt auch die berufsbildungspolitische Diskussion auf europäischer Ebene zu einer allmählichen Annäherung der Leistungsfähigkeit, nicht aber unbedingt der institutionalisierten Strukturen der nationalstaatlichen Berufsbildungssysteme in der EG führen wird (Koch 1994, S. 57).

Dieser sozusagen schleichende Prozeß der Konvergenz bezieht sich also vor allem auf den wettbewerbsrelevanten Aspekt der Leistungsfähigkeit der Systeme und weniger auf häufig dogmatische und immer von nationalstaatlichen Egoismen geprägte Debatten über modellorientierte Strukturreformen einzelner Berufsbildungssysteme.

Deshalb ist es für die Bundesrepublik Deutschland von geradezu existentieller Bedeutung, genau jenes Maß an berufsbildungspolitischer Flexibilität zu finden, welches die historisch gewachsenen Strukturen, und damit ein wesentliches Stück der nationalstaatlichen Identität, zu bewahren in der Lage ist, und das sich gleichzeitig als so modernisierungsfähig erweist, daß es im Wettbewerb der europäischen Berufsbildungssysteme unter ökonomischen wie unter (berufs-)pädagogischen Aspekten überleben kann.

Die Voraussetzungen hierfür sind in der BRD günstig: Denn für die Überlebensfähigkeit des Dualen Systems spricht nicht nur das Votum der Weltbank und der EU, das duale System (apprenticeship) auszubauen, sondern auch die Tatsache, daß dieses Modell schon unter Finanzierungsaspekten einen wohlfeilen Rettungsanker für die allerorten defizitären Staatskassen anbietet.

Das Duale System hat in der Bundesrepublik Deutschland eine lange Vergangenheit hinter sich - eine kontrollierte Flexibilisierungsbereitschaft vorausgesetzt, haben wir den Optimismus und Mut, ihm trotz allem auch noch eine lange Zukunft zu prophezeien.

Literatur

Adler, T. u.a.: Thesen zur Modularisierung. Berlin 1993.

Arnold, R./Münch, J.: Fragen und Antworten zum Dualen System der deutschen Berufsausbildung. Bonn (BMBF) 1995.

Baur, R./Wolff, H./Wordelmann, P.: Herausforderungen des europäischen Binnenmarktes für das Bildungswesen der Bundesrepublik Deutschland. Bad Honnef 1991.

Beare, H./Boyd, W. L. (Hrsg.): Restructuring Schools. An international Perspective on the Movement to Transform the Control and Performance of Schools. Lewes 1993.

Beck, U: Die Erfindung des Politischen. Zu einer Theorie reflexiver Modernisierung. Frankfurt 1993.

Benner, H.: Die duale Berufsbildung in Deutschland und Aspekte ihrer Weiterentwicklung im Hinblick auf die europäische Integration. In: BWP 21, (1992), H. 2, S. 2-7.

BIBB: Stellungnahme zur Einstufung von Ausbildungsberufen in das EG-5-Stufen-Schema. Berlin Oktober 1995 (unveröffentlichtes Manuskript).

Blanke, H.-J.: Europa auf dem Weg zu einer Bildungs- und Kulturgemeinschaft. Köln/Bonn/München 1994.

BMBW (Hrsg.): Berufsbildungsbericht 1994. Bonn 1994.

BMBW (Hrsg.) Bundesrepublik Deutschland: Deutsche Stellungnahme zum Memorandum der EG-Kommission über die Berufsbildungspolitik der Gemeinschaft für die 90er Jahre. Bonn. Stand: 30. 11. 1992.

Bundesrepublik Deutschland: Stellungnahme zur Arbeitsunterlage der EG-Kommission: Leitlinien für die Gemeinschaftsaktion im Bereich allgemeine und berufliche Bildung (Kommissionsdokument COM 93/186). Bonn 27. Juli 1993 (Stellungnahme zum 'Ruberti-Papier').

Carnoy/Castells: Sustainable flexibility: A prospective study on work, family and society in the information age. School of education, University of Stanford/Berkeley University 1995.

Cavalli, A./Friebel, H./Fritsch, P./Meijers, F.: Strukturwandel braucht Weiterbildung/Weiterbildung braucht Strukturwandel: Aufgaben für Europa. In: Zeitschrift für Berufs- und Wirtschaftspädagogik 91, (1995), H.1, S. 46-56.

CDU/CSU Fraktion des Deutschen Bundestages: Überlegungen zur europäischen Politik. Bonn, 1. September 1994 (maschinenschriftlich; verantw.: W. Schäuble, M. Glos, G. Rinsche, K.-H- Hornhues, K. Lamers, Chr. Schmidt).

Chisholm, L.: Die feine Art der Modernisierung? Britische Bildungsreform im Zeichen einer europäischen Zukunft. In: Hettlage, R. (Hrsg.): Bildung in Europa: Bildung für Europa? Die europäische Dimension in Schule und Beruf. Regensburg 1994, S. 81-92.

Dauenhauer, E.: Vom Ende eines Bildungsprimats. Über den ungleichen Wettbewerb zwischen den Hochschulen und den Ausbildungsbetrieben. In: Wirtschaft und Erziehung, (1992), H. 6, S. 193-197.

Die Berufsbildungspolitik der Gemeinschaft für die 90er Jahre. Französischer Beitrag. 1992 (unveröffentlichtes Manuskript).

Entschließung des Rates vom 16. Juli 1985 über die Entsprechungen der beruflichen Befähigungsnachweise zwischen Mitgliedstaaten der Europäischen Gemeinschaften. In: Amtsblatt der Europäischen Gemeinschaften 31.7.1985, Nr. L 199/56

Europäische Strukturkommission: Strategien und Optionen für Europa. In: Weidenfeld, W. (Hrsg.): Europa '96 – Reformprogramme für die Europäische Union. Gütersloh 1996.

Geißler, K.: Nicht alles was glänzt, hat Zukunft – über den verblassenden Glanz des Dualen Systems. In: Der berufliche Bildungsweg (hrsgg. vom Verband der Lehrer an berufsbildenden Schulen und Kollegschulen NW). 1993, 3, S. 4-9.

Georg, W.: Zwischen Markt und Bürokratie: Berufsbildungssysteme in Japan und Deutschland. In: Georg, W./Sattel, U. (Hrsg.): Von Japan lernen? Aspekte von Bildung und Beschäftigung in Japan. Weinheim 1992, S. 42-69.

Hettlage, R. (Hrsg.): Bildung in Europa: Bildung für Europa? Die europäische Dimension in Schule und Beruf. Regensburg 1994.

Hurtienne, T./Messner, D.: Neue Konzepte von Wettbewerbsfähigkeit. In: Töpper, B./Müller-Plantenberg, U. (Hrsg.): Chancen und Risiken einer aktiven Weltmarktintegration in Argentinien, Chile und Uruguay. Frankfurt 1994, S. 18-51.

Institut der Deutschen Wirtschaft Köln: Fünf-Stufen-Schema der EG von 1985 – Untersuchung über Auswirkungen der Zuordnung deutscher Berufsabschlüsse. Abschlußbericht, Bearb.: R. Koch, Köln, Dezember 1995 (unveröffentlichtes Manuskript).

Jungk, D.: Umweltlernen in der Berufsbildung. In: Arnold, R./Lipsmeier, A. (Hrsg.): Handbuch der Berufsbildung. Opladen 1995, S. 254-258.

Keune, S./Zielke, D.: Individualisierung und Binnendifferenzierung: Eine Perspektive für das Duale System? In: BWP 21, (1992), H. 1, S. 32-37.

Kloas, P.-W.: Modulare Weiterbildung im Verbund mit Beschäftigung – Arbeitsmarkt- und bildungspolitische Aspekte eines strittigen Ansatzes. In: BWP 25, (1996), H. 1, S. 39-46.

Koch, R.: Berufsausbildung in Deutschland und Frankreich – Anpassung von Ausbildungskapazität und Ausbildungsqualität im Vergleich. In: Hettlage 1994, S. 49-57.

Kommission der Europäischen Gemeinschaften (Hrsg.): Memorandum der Kommission über die Berufsausbildungspolitik der Gemeinschaft für die 90er Jahre (Kom 91 397 endg.). Luxemburg 1991.

Kommission der Europäischen Gemeinschaft (Hrsg.): Weißbuch Wachstum, Wettbewerbsfähigkeit und Beschäftigung. Herausforderungen der Gegenwart und Wege ins 21. Jahrhundert (Teil A). Brüssel 1993.

Kommission der Europäischen Gemeinschaft (Hrsg.): Weißbuch Wachstum, Wettbewerbsfähigkeit und Beschäftigung. Herausforderungen der Gegenwart und Wege ins 21. Jahrhundert (Teil C): Beiträge der Mitgliedstaaten; französischer Beitrag. Brüssel 1993.

Kommission der Europäischen Gemeinschaften (Hrsg.): Weißbuch zur allgemeinen und beruflichen Bildung. Lehren und Lernen. Auf dem Weg zur kognitiven Gesellschaft. Ohne Ort 1996 (Manuskript).

Kuratorium der Deutschen Wirtschaft für Berufsbildung: Module in der beruflichen Bildung. Standpunkt der Wirtschaft (Manuskript). Bonn 1996.

Kutscha, G.: Weiterentwicklung der Berufsschulen zu Zentren der beruflichen Aus- und Weiterbildung. In: GEW Baden-Württemberg (Hrsg.): Bewegung in der Berufsausbildung. Neue Ansätze in Theorie und Praxis. Dokumantation der Fachtagung vom 4. Juli 1995 in Stuttgart, S. 5-18.

Lasserre, R.: Das berufliche Schulwesen und die Problematik dualer Ausbildungsgänge in Frankreich. In: Hettlage 1994, S. 73-80.

Läufer, T. (Bearb.): Europäische Gemeinschaft – Europäische Union. Die Vertragstexte von Maastricht. Ausgabe 1993. Bonn 1993.

Lenhart, V.: Bildung für alle. Zur Bildungskrise in der Dritten Welt. Darmstadt 1993.

Lipsmeier, A./Münk, D.: Die Berufsbildungspolitik der Gemeinschaft für die 90er Jahre (BMBW-Studien Bildung und Wissenschatf 114), Bonn 1994.

Lipsmeier, A.: Berufliche Weiterbildung in West- und Osteuropa. Ein Arbeitsbuch. Baden-Baden 1987.

Lipsmeier, A.: Duales Ausbildungssystem in der Krise? Was nun – was tun? In: Der Berufliche Bildungsweg (Verband der Lehrer an berufsbildenden Schulen und Kollegschulen in Nordrhein-Westfalen e.V., Ausgabe 1/1996, S. 4-11.

Lipsmeier, A.: Strukturen und Bestandteile eines praxisbezogenen und effizienten Berufsbildungssystems. In: Arnold, R. u. .a.: Duale Berufsbildung in Lateinamerika. Baden-Baden 1986, S. 133-153.

Lipsmeier, A.: Zum Problem der Kontinuität von beruflicher Erstausbildung und beruflicher Weiterbildung. In: Die Deutsche Berufs- und Fachschule, 73, (1991 A), H. 10, S. 723 - 737.

Lipsmeier, A: Differenzierung der Berufsausbildung - Tabu durchbrochen! In: Zeitschrift für Berufs- und Wirtschaftspädagogik, 87, (1991 B), H. 7, S. 531 f.

Lübke, O.: Die Rolle der Sozialparteien im Berufsbildungssystem. In: BWP, 21, (1992), H. 2, S. 8-14.

Ministerio de Educación y Ciencia: Libro Blanco para la reforma del sistema educativo. Madrid 1989.

Münk, D.: Kein Grund zur (Euro-)phorie. In: Zeitschrift für Berufs- und Wirtschaftspädagogik 91, (1995), H. 1, S. 28-45.

OECD (ed.): Technology and the economy. Paris 1992.

Oerter, H./Hoerner, W.: „Frankreich". In: Lauterbach, U./Deutsches Institut für Internationale Pädagogische Forschung (Hrsg.): Internationales Handbuch der Berufsbildung, Frankfurt 1995, S. 1-109.

Ott, B.: Ganzheitliche Berufsbildung: Theorie und Praxis handlungsorientierter Techniklehre in Schule und Betrieb. Stuttgart 1995.

Pagés Margalef, J. L.: Berufsausbildung in Spanien: Bildungsreform und europäische Herausforderung. In: Hettlage 1994, S. 149-160.

Piehl, E./Sellin, B.: Berufliche Aus- und Weiterbildung in Europa. In: Arnold, R./Lipsmeier, A. (Hrsg.): Handbuch der Berufsbildung. Opladen 1995.

Porter, M. E.: Nationale Wettbewerbsvorteile. Erfolgreich konkurrieren auf dem Weltmarkt. München 1991.

Porter, M. E.: The Competitive Advantage of Nations. New York 1990.

Richtlinie 92/51/EWG des Rates vom 18. Juni 1992 über eine zweite allgemeine Regelung zu Anerkennung beruflicher Befähigungsnachweise in Ergänzung zur Richtlinie 89/48/EWG. In: Amtsblatt der EU Nr. L 209 vom 24. Juli 1992, S. 26 ff.

Rothe, G.: Die Anerkennung beruflicher Abschlüsse im europäischen Binnenmarkt – Erste Erfahrungen aus dem grenzüberschreitenden Verkehr am Oberrhein. In: Brinkmann, G. (Hrsg.): Europa der Regionen. Herausforderung für Bildungspolitik und Bildungsforschung. Köln/Weimar/Wien 1994, S. 131-178.

Ruberti-Papier: Leitlinien für die Gemeinschaftsaktion im Bereich allgemeine und berufliche Bildung, (Kommissionsdokument COM 93/186; Arbeitsunterlage der Kommission vom 5. Mai 1993).

Sellin, B.: Berufsbildung in Europa: Auf dem Wege ihrer Modularisierung? In: CEDEFOP Panorama. Berlin 1994.

Spain: Final Document of the Memorandum of the Committee for Professional Training in the European Community for the 1990's (Spain 1992, unveröffentl. Manuskript).

van Cleve, B./Kell, A.: Modularisierung (in) der Berufsbildung? In: Die berufsbildende Schule 48, (1996), H. 1, S. 15-22.

van Cleve, B.: Module in der Aus- und Weiterbildung. In: Gewerkschaftliche Bildungspolitik, (1995), H. 1, S. 12-18.

van Cleve, B.: Module in der Berufsausbildung – Ein Beitrag zur weiteren Individualisierung und Flexibilisierung des Dualen Systems? In: GEW Baden-Württemberg (Hrsg.): Bewegung in der Berufsausbildung. Neue Ansätze in Theorie und Praxis. Dokumentation der Fachtagung vom 4. Juli 1995 in Stuttgart, S. 19-33 (1995 A).

World Bank: Primary Education. World Bank Policy Paper. Washington 1991.

World Bank: Priorities and Strategies for Education. Washington 1995.

World Bank: Skills Training for Productivity: Strategies for Improved Efficiency in Developing Countries. New York 1990.

Zedler, R.: Die duale Ausbildung in Europa soll aufgewertet werden. In: Blick durch die Wirtschaft Nr. 169 vom 1.9.1995.

Zettelmeier, W.: Schule in der Krise: Das französische Sekundarschulwesen vor neuen nationalen und europäischen Herausforderungen. In: Hettlage 1994, S. 59-171.

Helmut Brumhard

Berufsbildungspolitik der Wirtschaftsorganisationen: Mehr Staat oder mehr Markt?

Vorbemerkung

Das deutsche Berufsbildungssystem ist kein Spielzeug der Wirtschaft. Es ist eine Errungenschaft unserer Gesellschaft insgesamt. Insbesondere in schwierigen Phasen, wie sie zur Zeit und wahrscheinlich auch noch in den nächsten Jahren auf dem Ausbildungsstellenmarkt bestehen, ist unabdingbar, daß die Wirtschaft und die Unternehmen nicht alleine gelassen werden, sondern alle Beteiligten einschließlich der Politik dazu beitragen, die Rahmenbedingungen richtig zu gestalten. Das bedeutet generell, insbesondere die anerkannte Gleichwertigkeit von beruflicher und allgemeiner Bildung breit umzusetzen sowie speziell für die Ausbildungsplatzsituation vor allem ausbildungshemmende Vorschriften zu beseitigen und in den Entscheidungen der Tarifvertragsparteien (z.B. durch Einfrieren der Ausbildungsvergütungen) die Betriebe in der Ausbildung zu unterstützen. Die gemeinsame Aufgabe, und nicht nur die der Wirtschaft, besteht heute darin, unser berufliches Bildungssystem so zu entwickeln und ständig voranzubringen, daß es den aktuellen und vorhersehbaren Herausforderungen am besten genügen kann; sie ist nicht, fruchtlose Systemdebatten zu führen und/oder unrealistische Alternativen zu diskutieren.

1. Feststellungen zur Bildungspolitik insgesamt

Nur im notwendigen Umfang vom Staat geordnet, im übrigen aber vom Markt geprägt, ist die richtige Devise für die Entwicklungen im Bildungswesen. Wir wissen, daß der Staat nicht alle Aufgaben lösen kann und sollte. Insbesondere in einer freien Gesellschaft mit einer freien Marktordnung muß

genügend Raum für Eigenverantwortung und selbständiges Handeln sein.
Das gilt auch für das Bildungswesen, das allerdings traditionell in Deutschland als eine Domäne des Staates gilt. Private Initiativen versus schwerfälli-
ges öffentliches Handeln sind gefragt. Sie und der Abbau, z.b. von Zulas-
sungs- und Anerkennungsregeln, und nicht die Einführung von Zwangsumla-
gen können zu einer außerordentlichen Bereicherung führen. In den vergangenen Jahren hat der Sektor der Weiterbildung nicht nur quantitativ an Bedeutung gewonnen, sondern sich auch zu einem der dynamischsten und in-
novativsten Bildungsbereiche entwickelt. Im gleichen Maße hat aber auch die
Kritik über die privatwirtschaftliche Organisation der Weiterbildung zugenommen. Sie entzündet sich vor allem an einer angeblich fehlenden Transparenz und qualitativen Mängeln. Vielfalt und Pluralität werden gar als Chaos
diffamiert. Eine stärkere staatliche Reglementierung und Kontrolle, wie sie
sich nicht zuletzt in der Forderung nach einem Weiterbildungsrahmengesetz
artikuliert, würde jedoch die Flexibilität und die Innovationskraft dieses Bereiches wesentlich einschränken.

Aus der Sicht der Wirtschaft sind für die Weiterentwicklung des deutschen Bildungs- und Berufsbildungswesens, um den vielfältigen Herausforderungen gerecht zu werden, neben der Stärkung der Qualität vor allem die
Differenzierung der Bildungswege, ihre Durchlässigkeit, die konsequente
Anwendung von Leistungskriterien sowie schnelle und flexible Anpas-
sungsmechanismen erforderlich.

Bildung beginnt in Europa eine neue Dimension zu erhalten. Nach Auffassung der Wirtschaft, allerdings wenig gelungen, geht die Kommission in
ihrem Weißbuch „Lehren und lernen" auf die Herausforderung der allgemeinen und beruflichen Bildung in Europa in Aktionsleitlinien ein. Offenbar ist,
daß der Europäische Binnenmarkt Produktions- und Dienstleistungssektoren
vernetzt. Technische Entwicklungen beschleunigen diesen Prozeß ohne nationale Schranken. Grenzüberschreitende Zusammenarbeit setzt anspruchs-
volle Qualifikationsniveaus auf allen Ebenen voraus. Dies gilt allerdings
nicht nur im Hinblick auf die europäische Gemeinschaft, sondern unter den
veränderten politischen und wirtschaftlichen Gegebenheiten insbesondere
auch für Kooperationen mit mittel- und osteuropäischen Nachbarn.

Nationale Bildungsstrukturen, Konzepte und Abschlüsse werden im Zuge dieser Entwicklung beeinflußt. Ein einheitliches und zentrales Bildungssystem kann es aber in Europa ebensowenig geben wie eine Politik der Abschottung. Wirtschaftliche Leistungsfähigkeit und Bildungswesen sind in
jedem Einzelstaat eng miteinander verknüpft und von Besonderheiten geprägt. Auch in Zukunft heißt das europäische Entwicklungsziel, auf der
rechtlichen Grundlage der Maastrichter Verträge (Artikel 126/127) Vielfalt in

der Unionseinheit zu akzeptieren. Die berufliche Aus- und Weiterbildung, ebenso wie die schulische Bildung und die Hochschulbildung, gehören zu den eher mittel- bis langfristig wirksamen Instrumenten, die geeignet sind, die wirtschaftliche, politische, soziale und kulturelle Annäherung in Europa voranzubringen. Auch der sich verschärfende weltweite Wettbewerb zwingt dazu, das Bildungsniveau auf allen Ebenen weiterhin zu optimieren. Verbessern und weiterentwickeln auf dem größten, nicht dem kleinsten gemeinsamen Nenner, muß das Ziel aller sein. Die in allen europäischen Ländern herrschende große Arbeitslosigkeit schafft zusätzliches Druckpotential.

Noch ist es Zukunftsmusik, daß die angestrebte Freizügigkeit in Europa sowie die demographisch unterschiedlichen Entwicklungen zu steigenden Wanderbewegungen auch in die Bundesrepublik führen, verbunden mit der Notwendigkeit der Integration ausländischer Arbeitskräfte mit sehr unterschiedlichen Qualifikationsprofilen. Das nationale Bildungssystem muß hierauf jedoch vorbereitet sein und sich öffnen. Das bedeutet, aus der Zusammenarbeit und dem Wettbewerb sowohl innerhalb der EG als auch weltweit sind die befruchtenden Impulse zu identifizieren, die sich für unsere deutsche Entwicklung ergeben. Die Vorteile aus der offenen Markt- und Wettbewerbssituation sind gezielt und bedarfsgerecht zu nutzen, um das hohe deutsche Qualifikationsniveau weiter zu entwickeln.

Die Wirtschaftsorganisationen haben immer wieder deutlich gemacht, daß für sie die Erkenntnis im Vordergrund steht, daß die Leistungsfähigkeit der deutschen Unternehmen immer stärker durch die Qualifikationen ihrer Mitarbeiter bestimmt wird. Aus- und Weiterbildung gewinnen im internationalen Wettbewerb als Standortfaktoren eine zentrale Bedeutung. Wichtig ist in dieser Ausgangslage, daß die Berufsbildungspolitik in eine bildungspolitische Gesamtperspektive eingebunden ist, die zentrale Schnittstellen des Bildungssystems aufzeigt und dieses mit den Erfordernissen der wirtschaftlichen Entwicklung und des Beschäftigungssystems zugleich verbindet.

Aus der Vielzahl der übergreifenden Problemfelder will ich einige aufzeigen:

Die Wirtschaft geht nach wie vor nicht davon aus, daß in Zukunft ein nahezu unbegrenzter Akademikerbedarf besteht, wie dies manche Prognosen in Deutschland vorgeben und auch von der Kommission der Europäischen Gemeinschaft vorgetragen wurde. Eine berufliche Erstausbildung bleibt auch künftig die in der Wirtschaft am häufigsten nachgefragte Qualifikation, ergänzt um einen immer intensiver werdenden Weiterbildungsprozeß. Entsprechend sollte auch in Zukunft für zwei Drittel aller Beschäftigten der Einstieg in das Berufsleben über eine abgeschlossene Berufsausbildung erfolgen. Die Spitzenorganisationen der Deutschen Wirtschaft haben sich hierauf eingestellt. Wichtig bleibt einmal die Attraktivität der beruflichen Bildung zu stärken und die Entwicklungschancen ihrer Absolventen zu verbessern, damit sie zu einer echten Alternative zum Hochschulstudium wird. Dazu gehört in der beruflichen Bildung mehr als bisher Ausbildungswege zu entwickeln, die alle Möglichkeiten der Förderung, der Leistung und Begabung ausschöpfen und den individuellen Neigungen, Fähigkeiten und Eingangsvoraussetzungen gerecht werden. An Bedeutung gewinnen gezielte Maßnahmen zur Förderung besonders Begabter wie lernschwacher Auszubildender.

Die Wirtschaft selbst unterstreicht immer wieder ihre Bereitschaft, eine Aufwertung der beruflichen Bildung im Zeichen der Gleichwertigkeit mit allgemeiner Bildung wesentlich mitzugestalten. Dies bedeutet, seitens der Unternehmen ihre Personalpolitik darauf auszurichten, leistungsfähigen und weiterbildungsbereiten Absolventen des dualen Systems verstärkt attraktive Berufsperspektiven anzubieten und neue Tätigkeitsfelder in der Breite und mit entsprechenden Einkommenschancen zu eröffnen. Nicht das Zertifikat, sondern die Leistung und die Verantwortung müssen entscheidend sein.

Parallel zu diesen Anstrengungen in der Wirtschaft muß das Besoldungsrecht im Öffentlichen Dienst reformiert werden. Einstiegs- und Aufstiegsmöglichkeiten dürfen nicht mehr überwiegend an formalen Qualifikationen, sondern müssen ebenfalls an den tatsächlichen Leistungen orientiert werden. Andernfalls werden wichtige Reformen im Hochschulwesen und in der Berufsbildung schon im Ansatz gefährdet.

Große Bedeutung in einer erfolgreichen Gesamtentwicklung haben für die berufliche Bildung insbesondere Übergangsmöglichkeiten zwischen den traditionellen Bildungssektoren. Sie sollten an den Besonderheiten und den Leistungs- und Erfahrungsstand der Bildungsinteressen anknüpfen und nicht mehr das formale Nachholen von Bildungsabschlüssen im angestrebten Bildungssektor erfordern. Hierzu gehört, Absolventen der beruflichen Bildung eine entsprechende Option für ein fachgebundenes Hochschulstudium zu eröffnen und hierfür bundeseinheitliche Regelungen zu schaffen.

Eine wichtige und ausbaufähige Bedeutung haben duale Ausbildungsmodelle, die Berufsbildung und Studium miteinander verzahnen. Hierzu gehören kooperative Ausbildungsmodelle mit den Lernorten Fachschule und Betrieb, aufeinander aufbauende und miteinander verzahnte Konzepte von beruflicher Aus- und Weiterbildung einschließlich eines Hochschulstudiums sowie berufsintegrierte Ausbildungsgänge für Praktiker, die im Rahmen der Personalentwicklung noch ein Studium absolvieren wollen. Viele Beispiele machen deutlich, daß Unternehmen an Personalentwicklungskonzepten arbeiten, die neue Anforderungen aus einer veränderten Arbeits- und Organisationsentwicklung aufgreifen. Sie ergänzen damit die erfolgreiche klassische

Bildungsarbeit in Aus- und Weiterbildung und führen am konkreten Bedarf orientierte Bildung und Beschäftigung zusammen.

Für die Möglichkeit der beruflichen Förderung ist die von den allgemeinbildenden Schulen gelegte Grundlage außerordentlich wichtig. Berufsausbildung muß auf einer soliden Grundlage aufbauen können. Dies bezieht sich insbesondere auf die sogenannten Kulturtechniken aber auch auf Lern- und Leistungsmotivation sowie soziales Verhalten. Ausbildungsreife muß in der Regel vor Beginn der Berufsausbildung erlangt werden und ist durch das allgemeinbildende Schulwesen sicherzustellen. Die ausbildenden Betriebe müssen bei Übernahme der Ausbildungsverpflichtung Ansprüche an die notwendige Vorbildung der Schulabgänger stellen. Immer mehr Betriebe machen dabei die Erfahrung, daß viele Ausbildungsplatzbewerber für die Aufnahme einer Berufsausbildung nicht hinreichend geeignet sind. Die Schulen in allen Bereichen sind gefordert. Insbesondere setzt sich die Wirtschaft aber immer wieder für die Stärkung der Hauptschule durch kleinere Klassen mit gezielter individueller Förderung, praxisnahe Unterrichtsmethoden, mehr handlungsorientierten Unterricht, zur Förderung überfachlicher Qualifikationen und die Befähigung zu selbständigem Lernen ein.

2. Wesentliche Gesichtspunkte für die Berufsbildungspolitik

Die Berufsbildungspolitik der Wirtschaftsverbände ist von Kontinuität und anforderungsorientierter Anpassungs- und Veränderungsfähigkeit bestimmt.

Die Berufsbildung kann ihre Schlüsselfunktion bei der Bewältigung der Zukunftsaufgaben auch in Zukunft nur wahrnehmen, wenn sie sich unmittelbar an den Anforderungen der Berufs- und Arbeitswelt orientiert und alle Ressourcen effizient einzusetzen vermag. Diese Voraussetzungen kann nur ein in der Wirtschaft verankertes Berufsbildungssystem mit seiner Praxisorientierung und Breitenwirkung erfüllen. Wirtschaft und Politik müssen alles tun, um die Stärken dieses Systems gerade auch in Zeiten höchster Anspannung auszubauen und auftretende Schwächen rasch zu überwinden. Bei aller ihr durch das Bundesverfassungsgericht zugeschriebenen Verantwortung kann dieses nicht Aufgabe der Wirtschaft alleine sein.

Für die richtige Nachwuchssicherung ist eine befriedigende Entwicklung des Ausbildungsstellenmarktes ebenso wichtig wie erfolgreiche Bemühungen um entwicklungsgerechte moderne Ordnungsmittel, und nicht zuletzt eine moderne Ausbildungspraxis. Zur Zeit steht die Ausbildungsplatzsituation wieder im Mittelpunkt öffentlicher Erörterungen und vielfältiger Bemühungen. Entscheidende Zukunftsperspektiven stehen auf dem Spiel. Das hat auch Bundeskanzler Kohl erkannt und die Lehrstellensituation in die Kanzlerrunden einbezogen. Die Wirtschaftsverbände haben in Ergänzung zu den Initiativen für mehr Beschäftigung zum Bündnis für Ausbildung aufgerufen, einer gemeinsamen Aktion von Wirtschaft, Gewerkschaft, Bund und Ländern. Erkenntnis der Wirtschaftsorganisationen ist, daß neben eigenem vielfältigem Einsatz Erfolg sich nur einstellen kann, wenn die Rahmenbedingungen im übrigen stimmen. So müssen sich die Gewerkschaften - insbesondere angesichts der aktuellen Arbeitsmarktsituation - zum Beispiel abkehren vom politischen Junktim zwischen Ausbildung und Übernahme in Beschäftigung. Das Prinzip „Ausbildung geht vor Übernahme" muß im Interesse der Ausbildung auch über den Bedarf hinaus Geltung haben.

Ausbildungsvergütungen sollten in den nächsten Jahren nicht mehr erhöht werden. Eine Festschreibung erscheint angemessen. Verzichten sollte die Gewerkschaftsseite auch auf die Forderung nach gesetzlichen Fondslösungen oder sonstigen Umverteilungsverfahren. Sie führen zwangsläufig zu neuen betrieblichen Belastungen mit allen nachteiligen Folgen für die an sich gewünschte stärkere Ausbildungsbereitschaft der Unternehmen. Die Wirtschaft steht zu ihrer Verantwortung in der Berufsausbildung und der am Bedarf der Unternehmen orientierten beruflichen Weiterbildung ihrer Mitarbeiter. Die in der Situation hilfreichen Überlegungen müssen auf Kostensenkung und Rationalisierung, aber nicht auf neue Belastungen gerichtet sein. Abwegig ist angesichts der derzeitigen Situation, die Systemdebatte zu schüren. Das duale System ist heute alleine in der Lage, den erkennbaren Nachwuchs- und Nachfragebedarf zu erfüllen. Seine besondere Leistungsfähigkeit in bezug auf den Übergang von Bildung in Beschäftigung wird deutlich angesichts der weit höheren Jugendarbeitslosigkeitszahlen in anderen Ländern. Im übrigen sind aber auch Alternativen grundsätzlicher Art zur derzeitigen Situation nicht vorhanden und in bezug auf ihre Finanzierbarkeit kaum vorstellbar. Wichtig ist, zur Entlastung der Situation bedarfsorientiert alle möglichen Beiträge, auch im Verbund, zu leisten. Ich bin sicher, daß in der aktuellen Situation begründete Entscheidungen für solche Wege weder kurzfristig noch dauerhaft in der Lage sind, das für fast zwei Drittel der nachwachsenden Jahrgänge funktionierende duale Berufsausbildungssystem aus den Angeln zu heben.

Im Rahmen des Bündnisses für Ausbildung haben die Spitzenorganisationen der Wirtschaft den Bund neuerlich aufgefordert, ausbildungshemmende Vorschriften, die keine qualitätssichernde Bedeutung haben, aufzuheben.

Dies sind die für neue Ausbildungsbetriebe wichtige Ergänzung der Ausbildereignungs-Verordnung in Ausnahmefällen, die berufs- und arbeitspädagogische Eignung durch die Kammern auch ohne Prüfung anerkennen zu können, die Begrenzung der Anrechnungspflicht des schulischen Berufsgrundbildungsjahres auf sechs Monate sowie die Änderung des Jugendarbeitsschutzgesetzes dahingehend, die Freistellung vor und nach dem Berufsschulunterricht für über 18jährige Auszubildende wegfallen zu lassen. In Richtung auf die Bundesländer erwarten die Spitzenorganisationen insbesondere eine betriebsfreundlichere Berufsschulorganisation, die geeignet ist, die Dauer der betrieblichen Ausbildung zu erhöhen sowie Abwahlmöglichkeiten vom allgemeinbildenden Unterricht für Hochschulzugangsberechtigte mit der Möglichkeit des Erwerbs von Zusatzqualifikationen, z.b. des Erlernens von Fremdsprachen oder der Vertiefung betriebswirtschaftlicher Kenntnisse.

Ein herausragendes Feld in der Entwicklung der beruflichen Bildung muß die ständige Aktualisierung vorhandener und die anforderungsgerechte Schaffung neuer Berufe sein. Sich ständig wandelnde Strukturen und Arbeitsabläufe in der Wirtschaft erzeugen kontinuierlichen Handlungsbedarf. Sowohl unter quantitativen, also Ausbildungsplatzgesichtspunkten, als auch unter qualitativen Aspekten ist nur so sicherzustellen, daß die am wirtschaftlichen Entwicklungsstand zu orientierenden Ausbildungsmöglichkeiten ausgeschöpft und aktuellen Entwicklungsständen auch in der Ausbildung Rechnung getragen werden kann. In ihrer Aktion „Neue Berufe" hat die Wirtschaft 1995 die Initiative ergriffen und Handlungsfelder aufgezeigt. Sie liegen in modernen Dienstleistungsbereichen ebenso wie im Gesundheitswesen, in Recyclingsektoren oder im Sicherheitsbereich. Alle übrigen Beteiligten, Bund und Länder wie auch die Gewerkschaften, sind aufgefordert, zügig und konstruktiv mitzuwirken. Neue Ausbildungsberufe können, wie gesagt, Ausbildungsplätze schaffen, Beschäftigungsmöglichkeiten verbessern und auch neue Arbeitsplätze initiieren.

Die Anpassung der Ausbildungsberufe wie auch die Entwicklung der neuen Berufsbilder erfolgen nach Auffassung der Wirtschaft einvernehmlich nach dem Konsensprinzip, d. h. unter maßgeblicher Beteiligung der Arbeitgeberorganisationen und der Gewerkschaften. Hierbei sind die Probleme, die sich in der Vergangenheit bei den Ordnungsverfahren gezeigt haben, zu minimieren. Insbesondere kommt es darauf an, bei den einzelnen Ordnungsprojekten wieder die fachlichen Belange anstelle von bildungspolitischen Grundsatzfragen in den Mittelpunkt zu stellen. In gemeinsamer Abstimmung mit dem BMBF sind hoffnungsvoll stimmende Grundvorstellungen und Zeitrahmen abgestimmt worden. Auch das BIBB wird stärker in die Pflicht genommen.

In einzelnen Verfahren ist wichtig, die Bedarfsorientierung auszubauen. Das Ziel der beruflichen Aus- und Weiterbildung ist die Verwertbarkeit der Qualifikationen im Beruf. Die Orientierung am Qualifikationsbedarf der Unternehmen muß daher geschäfts-, produktions- und kundenorientierte Richtschnur für die inhaltliche Gestaltung der Berufsausbildung und der beruflichen Weiterbildung sein. Nur so wird die enge Verknüpfung zwischen Berufsbildung und Beschäftigungssystem dauerhaft gewährleistet. Die Ausbildungsordnungen sind offen zu formulieren. Die in den Ausbildungsordnungen ausgewiesenen Anforderungen sind Mindestanforderungen. Für flexible Gestaltung muß den nach Größe, Branche, Struktur, Organisation und Aufgabenbereich unterschiedlichen Ausbildungsbetrieben ermöglicht werden, die vorgegebenen Ausbildungsziele mit ihren Mitteln zu erreichen. Offene Formulierungen sind auch notwendig, um neue technische, wirtschaftliche und organisatorische Entwicklungen berücksichtigen zu können.

Bessere Angebote für Lern- und Leistungsstarke zu schaffen sowie durchlässige Ausbildungsmöglichkeiten für Lern- und Leistungsschwächere einzuführen, sind weitere herausragende Aspekte in der Einzelordnungsarbeit. Zur Sicherung des Fachkräftenachwuchses sind Angebote für Lern- und Leistungsstarke durch weitere Differenzierung der Bildungsprofile zu verbessern. Für die lern- und leistungsstärkeren Jugendlichen mit höheren allgemeinbildenden Abschlüssen, wie Abitur oder Fachhochschulreife, sollten anstelle einer Lehrzeitverkürzung Angebote für Zusatzqualifikationen entwickelt und innerhalb der Regelausbildungszeit vermittelt werden. Hierzu zählen beispielsweise fremdsprachliche und technische Qualifikationen für die Kaufleute und kaufmännische Qualifikationen für die Facharbeiter und Gesellen. Für Hochschulberechtigte sind auch besondere Kombinationen von Aus- und Weiterbildung attraktiv. Wichtig ist auch, die Angebote für die motivierten und leistungswilligen begabten Jugendlichen transparenter zu machen.

Für Lern- und Leistungsschwächere müssen neben den schon gegebenen Möglichkeiten der Förderungen, neue an den Anforderungen der Praxis orientierte leistungsadäquate Ausbildungsgänge entwickelt werden. Hierzu gehören Stufenausbildungsgänge und auch zweijährige Ausbildungsberufe. Auf diese Weise ergeben sich insgesamt bessere Qualifizierungs- und Berufschancen für diesen Personenkreis.

In der Umsetzung wird aus Qualitäts- und Kostengründen das Lernen am Arbeitsplatz immer deutlicher entscheidender Kern der dualen Berufsausbildung und der betrieblichen Weiterbildung. Lernen am Arbeitsplatz bedeutet Praxisnähe und effiziente Lernformen. Noch mehr als bisher muß der Arbeitsplatz selbst zum Lernen genutzt werden, um fachliche und soziale Quali-

fikationen rasch und zeitnah zu vermitteln und die berufliche Handlungskompetenz im Betrieb effizient zu fördern und weiterzuentwickeln.

Im dualen System müssen allerdings beide Partner, Betriebe und Berufsschulen, leistungsfähig sein, damit sie ihren Bildungsauftrag im vollen Umfang erfüllen können. Zwischen den Ausbildungsbetrieben und den Berufsschulen muß ein kooperatives Verhältnis bestehen, es muß sich sowohl auf
die Vermittlung der Ausbildungsinhalte als auch auf die Organisationsformen
des Unterrichts beziehen.

Wie die ausbildende Wirtschaft muß sich auch die Berufsschule stärker
den Anforderungen der Zukunft stellen. Neugeordnete Ausbildungsberufe
benötigen von ihrem Qualitätsstandard her entsprechende Curricula an den
Berufsschulen. Die Berufsschule muß zudem den Strukturwandel durch
technische und umweltbezogene Unterrichtsangebote qualitativ begleiten
können. Die Berufsschulen müssen personell in der Lage sein, den notwendigen Unterricht auch tatsächlich vermitteln zu können. Auch bei einem weiteren Rückgang der Zahl der Auszubildenden sollte das Fachklassenprinzip
möglichst beibehalten werden. Der Berufsschulunterricht sollte flexibel in
Abstimmung mit der Wirtschaft vor Ort organisiert werden. Das gilt insbesondere auch für Lage und Dauer des Blockunterrichts. Nur auf diese Weise
kann der zur Verfügung stehende Zeitrahmen ausgenutzt werden. Eine starke
Differenzierung des Unterrichts sollte vorbildungsbezogen flexibel ermöglicht werden. Zentrale Bedeutung für die Leistungsfähigkeit der Berufsschulen als Partner im dualen System kommt in Zukunft einem ausreichend fachlich qualifizierten Lehrernachwuchs zu. Diesen Gesichtspunkten der Nach-
wuchssicherung.müssen die Länder mit besonderer Priorität verfolgen.

Es ist nach unseren heutigen Vorstellungen selbstverständlich, daß berufliche Weiterbildung als zentraler Teil des erforderlichen lebenslangen
Lernens die Berufsausbildung ergänzt. Aufgrund des kontinuierlichen sich
beschleunigenden technischen Fortschritts wird sie auch in den nächsten
Jahren weiter an Bedeutung und Volumen gewinnen. Weiterbildung vermittelt und entwickelt sowohl fachliche und fachübergreifende als auch soziale
Fähigkeiten, die im Beruf und am Arbeitsplatz erforderlich sind. Kontinuierliche Weiterbildung beruflicher Qualifikationen ermöglicht und sichert die
betriebliche Flexibilität im Zuge rasch wechselnder technischer Veränderungen und trägt den unternehmerischen, aber auch individuellen und gesellschaftlichen Anforderungen Rechnung.

Weiterbildung muß zugleich in hohem Maße auf die betrieblichen Belange eingehen, maßgeschneidert sein. Effiziente Weiterbildungsformen
gewinnen an Bedeutung. Der Abkehr von Standardbildungsmaßnahmen in
externen Bildungszentren stehen verstärkt Maßnahmen gegenüber, die im

Betrieb, am Arbeitsplatz, auf konkrete betriebliche Erfordernisse ausgerichtet erfolgen. Immer wichtiger wird zudem das Lernen am Arbeitsplatz. In den Unternehmen ist in den letzten Jahren ein Bewußtseinswandel in Gang gekommen, in dem die Führungskräfte eine Schlüsselrolle spielen und Weiterbildung und Personalentwicklung als vorrangige Aufgabe der Unternehmensführung verstanden wird. Die richtigen Trends in der Weiterbildung zu stärken und weiterzuverfolgen, ist in der Wirtschaft als zentrale Aufgabe erkannt und aufgegriffen worden.

Als erfolgreiches Instrument der betrieblichen Personalentwicklung und persönlichen Karriereplanung ist der Aufstiegsweiterbildung und ihrer flexiblen, bedarfsgerechten Gestaltung besondere Aufmerksamkeit zu widmen. Berufliche Aufstiegsweiterbildung muß ebenso flexibel auf die Veränderungen in den beruflichen Anforderungen reagieren wie wirtschaftliche und innovative Prozesse unterstützen. Die relativ starren Ordnungsverfahren der Berufsausbildung können daher für sie nicht beispielgebend sein. Mit Ausbildungsverträgen und Ausbildungsordnungen vergleichbare Regelungsmuster sieht das Berufsbildungsgesetz für die Weiterbildung aus guten Gründen nicht vor, sondern sehr viel flexibler und einfacher zu gestaltende Prüfungsregelungen und Verordnungen.

Der Bedarf entwickelt sich vor Ort. Auch der Gesetzgeber zieht daher zunächst Kammerregelungen bundesweiten Rechtsverordnungen vor. Erst wenn ein hinreichender bundesweiter Bedarf für Weiterbildungsprüfungen festgestellt wird, die über einen längeren Zeitraum erprobt sind und entsprechende Akzeptanz finden, soll der Verordnungsgeber tätig werden. Die Zusammenarbeit der Spitzenorganisationen im Rahmen des Kuratoriums mit den Gewerkschaften hat sich in diesem Bereich bewährt. Das Angebot an Aufstiegsweiterbildung hat sich in den letzten Jahren nachhaltig verbessert. Eine in Vorbereitung befindliche Vereinbarung soll diese Voraussetzungen noch verbessern. Sie dient dem Ziel, die Regelungsmöglichkeiten des Berufsbildungsgesetzes und der Handwerksordnung für Aufstiegsfortbildung in abgestimmten vorgegebenen Verfahren systemprägend noch intensiver zu nutzen. Beide Seiten gehen davon aus, daß die partnerschaftliche Zusammenarbeit sich als Grundlage für bedarfsgerechte Entwicklungen leistungsstärker erweist als staatliche Gesetze.

Besondere Bedeutung für die notwendige Entwicklung der beruflichen Weiterbildung hat, neben dem betrieblichen Engagement, praxisnahe Weiterbildungsangebote auf dem Weiterbildungsmarkt auszubauen, sowie deren Qualität und die Transparenz des Marktes zu erhöhen. Hier erkennt sich die Wirtschaft mit ihren Institutionen und Bildungseinrichtungen in besonderer Weise gefordert und in der Lage, zu kontinuierlicher Aktualisierung beizutragen. Mit eigenen Konzepten und Angeboten setzt sie Standards auf dem Weiterbildungsmarkt, bestimmt sie die qualitativen Vorgaben und stellt die Weichen für die Weiterentwicklung.

Auch bei der Sicherung der Qualität der beruflichen Weiterbildung sind marktwirtschaftliche Prinzipien zu berücksichtigen. Soweit zur Qualitätssicherung besondere Maßnahmen erforderlich sind, müssen sie nach unserer Auffassung in der Eigenverantwortung der Wirtschaft erfolgen. Staatliche Eingriffe beeinträchtigen die in der beruflichen Weiterbildung unbedingt erforderliche Innovationsfähigkeit und führen zu Wettbewerbsverzerrung. Den Ansprüchen einer internationalen Wettbewerbsfähigkeit wird die Zertifizierung des Qualitätsmanagements bei den Bildungsträgern nach DIN ISO 9000 ff. gerecht. Die Entwicklung ist zugleich mit dem Umdenken in der produzierenden und dienstleistenden Wirtschaft entstanden, um kundenorientierter zu werden und punktuelle Endkontrollen durch komplexe Qualitätssysteme abzulösen. Dem entspricht das Zertifizierungsangebot von CERTQUA, der Gesellschaft der Deutschen Wirtschaft zur Zertifizierung von QS-Systemen in der beruflichen Bildung. Dynamisch ist dieses Modell deshalb, weil die Sicherung von Qualität als aktiver Prozeß begutachtet und zertifiziert wird. Die Zertifizierung ist freiwillig und in Selbstverantwortung der Wirtschaft ohne regulativen Zwang durch nationale oder europäische Vorschriften.

Für die Funktionsfähigkeit eines marktwirtschaftlich orientierten Weiterbildungssystems ist ausreichende Transparenz von besonderer Bedeutung. Weiterbildungsbanken mit aktuellen Informationen zu Themen, Preisen und Terminen, wie das Weiterbildungsinformationssystem WIS im Bereich von Industrie, Handel, Dienstleistung und Handwerk und das Informationssystem KURS DIREKT, sind wichtig, damit das vielfältige Angebot an Seminaren, Lehrgängen, Dienstleistungen und Weiterbildungsprüfungen transparenter wird. Sowohl für den betrieblichen Bedarf, als auch für Einzelinteressenten und Weiterbildungsberater schaffen solche Systeme einen raschen Überblick und Vergleichsmöglichkeiten über das Angebot, sofern die erfaßten Daten vollständig, aktuell und online-abrufbar sind. Checklisten und Beratungsangebote sind weitere Planungshilfen, die verstärkt genutzt und von den Kammern und Verbänden immer weiter ausgebaut werden.

Insbesondere für die berufliche Weiterbildung wäre also staatliche Gesetzgebung der falsche Weg. Die staatliche Bildungspolitik muß sich im Gegenteil dafür einsetzen, die notwendigen Entwicklungsfreiräume zu sichern und auszuweiten. Weiterbildungsrahmengesetze würden die notwendige Flexibilität beeinträchtigen, sich schnell an neue technische und wirtschaftliche Veränderungen anzupassen, und eine bedarfs- und praxisgerechte

Weiterbildungsentwicklung der beruflichen Weiterbildung erheblich behindern. Damit würde einer der wichtigsten Standortvorteile unseres Landes, das hohe Qualifikationsniveau, gefährdet.

Zum Abschluß sei noch einmal der Blick nach Europa gerichtet. Binnenmarkt und Entwicklung zur Europäischen Union stellen natürlich auch an die Berufsbildung neue Anforderungen. Dies gilt allerdings mehr in Hinblick auf eine generelle Öffnung und die allgemeine Orientierung. Ansätze in der Ordnungs- und Umsetzungsarbeit sind im einzelnen zu identifizieren und halten sich selbst im Bereich der Fremdsprachen nach bisherigen Erkenntnissen in engen Grenzen. Besondere Aufgabe der nationalen Politik ist es, dafür zu sorgen, daß auch angesichts der europäischen Veränderung die Rahmenbedingungen für die Entwicklung der deutschen Berufsbildung gesichert bleiben. Deshalb muß die Kommission der Europäischen Gemeinschaft auf ihre subsidiäre Zuständigkeit nach den Maastrichter Verträgen verwiesen bleiben. Die Verantwortung von Bund, Ländern und Sozialparteien darf nicht berührt werden. Die deutsche berufliche Bildung muß ihren hohen Stellenwert und ihr Niveau erhalten. Daneben ist für die Wirtschaft von außerordentlicher Bedeutung, dem deutschen Berufsbildungssystem und seinen Eckdaten (z.B. Betriebsnähe, Mitwirkung der Sozialpartner) auch in der Europäischen Gemeinschaft Anerkennung zu verschaffen. Allerdings muß es Angelegenheit unserer Partner in Europa bleiben, inwieweit sie für sich und den Entwicklungen in ihren Ländern das deutsche System oder Einzelteile dessen als Vorbild in Anspruch nehmen wollen. Im übrigen hat die Wirtschaft schon immer angesichts der wachsenden Internationalisierung der Märkte den Austausch von Mitarbeitern und Auszubildenden sowie die Schaffung von mehr Transparenz durch verbesserte Basisinformationen über Systeme und Qualifikationen anderer Staaten für die wichtigsten Ansätze gehalten, um möglichst vielen die Befähigung zur Berufsausübung auch in anderen Ländern zu vermitteln.

3. Fazit

Die Bundesrepublik Deutschland besitzt in ihrem Berufsbildungssystem einen vorzüglichen Standortfaktor. Vergleiche mit anderen Ländern zeigen insbesondere, daß das duale Berufsbildungssystem die besten Voraussetzungen für den Übergang von Bildung ins Beschäftigungssystem schafft. Eine

offene und dynamische Weiterbildungssituation legt die Grundlage bedarfs-
orientierter ständiger Qualifizierung zur Erhaltung der Leistungs- und Wettbewerbsfähigkeit. Betriebsnähe sowie geschäfts-, produktions- und kunden-
bezogene Berufsstrukturen sind wesentliche Eckpfeiler. Größere Staatsnähe
würde die Entwicklungs- und Anpassungsfähigkeit entscheidend schwächen.
Die Berufsbildungsgesetzgebung hat sich bewährt und ist nicht zu novellie-
ren. Systemveränderungen durch zentrale Umlagefinanzierung oder umfassende Weiterbildungsreglementierung lehnen die Wirtschaftsorganisationen
entschieden ab.

Rainer Brötz

Berufsbildungspolitik der Gewerkschaften: Mehr Staat oder mehr Markt?

1. Einleitung

Der folgende Beitrag setzt sich mit der Funktion und Wirkungsweise des dualen Systems auseinander, er greift dabei die aktuelle bildungspolitische Debatte um die Quantität und Qualität der beruflichen Bildung, insbesondere der Ausbildungsberufe auf, untersucht darauf bezogen ökonomische Veränderungen am Beispiel des Bankgewerbes, thematisiert die Zukunft der Berufsschule, gibt Beispiele für Reformansätze in den kaufmännischen Berufen und versucht eine Zustandsbeschreibung gewerkschaftlicher Bildungspolitik zwischen Regulierung und Deregulierung.

2. Das duale System auf dem Prüfstand

Das duale System steht derzeit auf dem Prüfstand. Kritiker werfen ihm vor, es sei unflexibel, würde den wirtschaftlichen Entwicklungen nicht gerecht, die Ausbildungsinhalte seien verwissenschaftlicht und die Ausbildungsdauer sei ebenso wie die Neuordnungsverfahren zu lange usw.

Zunächst ist festzustellen, daß wir in Deutschland mit über 370 staatlich anerkannten Ausbildungsberufen über eine breite Berufspalette verfügen. Die gesellschaftlichen und ökonomischen Entwicklungen haben zu Veränderungen insbesondere im Dienstleistungssektor geführt, auf die es gilt, adäquate bildungspolitische Antworten zu geben (vgl. Alex, Tessaring 1996).

Das Konsensprinzip, also die Einigung der Gewerkschaften und der Arbeitgeber ohne staatlichen Zwang oder eigenmächtige Regulierung in Fragen beruflicher Bildung, ist ein guter Beweis für die Flexibilität des dualen Systems.

Die Neuordnungsverfahren und die Novellierung von veralteten Ausbildungsberufen haben sich bei der Überarbeitung immer an den sich wandelnden ökonomischen Bedingungen orientiert. Aus den Erfahrungen der Elektro- und Metallneuordnung wissen wir, daß sie notwendig war und zur Exportsteigerung beigetragen hat. Bezüglich der Beschleunigung von Neuordnungsverfahren gibt es eine Vereinbarung der Sozialpartner, die bereits positiv umgesetzt wird.[1] Insgesamt fällt auf, daß die Standortdebatte einseitig geführt wird, in der die Kostenreduzierung - nicht zuletzt auch für die Aus- und Weiterbildung - dominiert.

Die Gewerkschaften haben aktiv an der Ausgestaltung des Bildungssystems mitgewirkt und stehen nach wie vor zum dualen System. Gleichwohl gibt es grundsätzlichen Reformbedarf, der schlaglichtartig benannt werden soll:

a) Die Gleichwertigkeit von allgemeiner und beruflicher Bildung ist dringend herzustellen,

b) die Verzahnung der Ausbildung mit der Weiterbildung ist ein weiterer Eckpunkt zur Attraktivitätssteigerung des dualen Systems,

c) die Bereitstellung von ausreichend Ausbildungsplätzen durch eine solidarische Umlagenfinanzierung ist ein Gebot der Stunde, dem sich Tarifparteien und Politik stellen müssen,

d) und nicht zuletzt muß eine bessere Abstimmung des Bildungs- und Beschäftigungssystems hergestellt werden, das die Übernahme nach der Ausbildung in ausreichend und qualifizierte Arbeitsplätze gewährleistet.

3. Für eine Weiterentwicklung des dualen Systems und des Berufskonzeptes

Die gewerkschaftliche Bildungspolitik orientiert sich an den Interessen und Bedürfnissen der Beschäftigten. Ausgehend von den Wandlungen innerhalb der Gesellschaft und den wirtschaftlichen Veränderungen sind die Einstellungen und Erwartungen der Beschäftigten heute unterschiedlicher und die Interessenslage ist heterogener als noch vor 50 Jahren. Soziologisch betrachtet befinden wir uns in einem vergleichbaren Strukturwandel wie im 19.

---

1   vgl. die Absprache der Bundesregierung, der Wirtschaft und der Gewerkschaften vom 4. Juli '95 zur Verbesserung und Schaffung der Neuordnung von Ausbildungsberufen

Jahrhundert, als die bäuerliche Produktionsweise zurückging, und sich der Frühkapitalismus mit seiner Massenproduktion entwickelte.

Vor dem Hintergrund veränderter ökonomischer Bedingungen ist die Bildungspolitik aufgefordert zu prüfen, was sich im bestehenden Bildungssystem bewährt hat und welche Änderungen und Reformen notwendig sind, um die vielfältigen Interessen der Arbeitnehmerinnen und Arbeitnehmer zu berücksichtigen.

Bewährt hat sich die Flexibilität des Bildungssystems, die Anpassungsfähigkeit, die breite Berufspalette, das Konsensprinzip und die staatlichen Regularien (vgl. Kuda 1996).

Absehbar ist, daß Deregulierungen, wie die Lockerung von Bestimmungen des Jugendarbeitsschutzgesetzes, der Ausbildereignungsverordnung, des Berufsbildungsgesetzes usw. weder neue Ausbildungsplätze schaffen, noch zur Verbesserung der Ausbildungsqualität beitragen.

Ein Grundpfeiler unseres Bildungssystems ist und bleibt die Beruflichkeit. Diese hat sich nach gewerkschaftlicher Auffassung bewährt und sie ist auch ein wesentlicher Faktor für den wirtschaftlichen Erfolg des „Standorts Deutschland". Gegenwärtig wird die Frage aufgeworfen, ob wir über die richtigen Berufe (die die Wirtschaft brauchen würde) verfügen? Der DIHT hat ca. 26 Berufe vorgeschlagen und bildungspolitisch versucht, eine Trendwende einzuleiten. Die gewerkschaftliche Kritik an den DIHT-Vorschlägen bezieht sich u.a. darauf, daß es Monoberufe sind, die im wesentlichen nicht auf Berufsfeldbreite, sondern an reduzierten Arbeitsorganisationsmodellen orientiert sind. Sie intendieren die Abkehr vom Berufsprinzip.

Die Gewerkschaften sind der Auffassung, daß es richtig war, die staatlich anerkannten Ausbildungsberufe von ehemals über 700 auf ca. 370 Berufe zu reduzieren. Denn nicht zuletzt zeigten Untersuchungen über die Besetzung der Berufe und deren Arbeitsmarktaspekt, daß eine Anzahl von ihnen nur mit wenigen Auszubildenden besetzt sind und die darin Ausgebildeten nur geringe Arbeitsmarktchancen haben.[2]

Insbesondere in einer Zeit, in der immer weniger Arbeits- und Beschäftigungsfelder angeboten werden, trägt auch ein zu großes Angebot, zudem noch konkurrierende Berufe, nicht per se zu mehr Ausbildungsplätzen bei. Am Beispiel der DIHT-Vorschläge bedeutet dies: Würde es die Ausbildung zum Tagungskaufmann/-kauffrau, Sportkaufmann/-kauffrau usw. geben,

---

2 vgl. die jährlichen Berufsbildungsberichte der Bundesregierung und einschlägige Untersuchungen von BIBB und IAB

würde dies zu einer weiteren Reduzierung der Ausbildungsverhältnisse bei
den Bürokaufleute führen.

Wie läßt sich aber ein Auseinanderdriften der Berufe verhindern? In diesem Zusammenhang sei an das DGB-Grundberufemodell in den 80er Jahren
erinnert, das insbesondere vom DIHT zurückgewiesen wurde. Heute zeigt
sich, wie wichtig dieser bildungspolitische Schritt gewesen wäre. Die Idee
der Grundberufe für den Bereich Wirtschaft und Verwaltung bestand darin,
einen 2jährigen gemeinsamen Sockel über die Berufsfeldbreite mit be-
reichsübergreifender fachlicher Bildung zu schaffen und darauf aufbauend
bzw. integrativ entsprechende Fachprofile zu entwickeln. Bedauerlicherweise
konnte weder über die gemeinsame Sockel- bzw. Grundbildung der kaufmännisch-verwaltenden Berufe im Sinne des Berufsbildungsgesetzes noch
über die fachliche Ausprägung und Anzahl der Berufe Einigung mit den
Arbeitgeber-Verbänden erzielt werden. Der Rückgriff auf das DGB-
Reformkonzept ist insofern aktuell, als wir gegenwärtig vor einer vergleichbaren Situation im Bereich der Berufe für die Informations- und Kommuni-
kationsbranche stehen.

Die Einigung zu den Eckdaten der vier neuen IT-Berufe sieht eine Ausbildungsdauer von 3 Jahren vor. Ca. 50 Prozent der Inhalte werden identisch
sein. Diese Kernqualifikationen sollen über die gesamte Ausbildungszeit
vermittelt werden. Sie beinhalten sowohl Fertigkeiten und Kenntnisse der
DV als auch kaufmännisch-betriebswirtschaftliche Grundlagen.[3]

Gemeinsame kaufmännisch-technische Grundqualifikationen verbessern
die Arbeitsmarktchancen und erleichtern die Vergleichbarkeit der Berufe.
Nicht zuletzt wirkt sich dies im Ordnungsverfahren zeitsparend aus.

4. Deregulierung durch den Bund

Um von den wirklichen Problemen der Ausbildungsstellenentwicklung ab-
zulenken, wurde vom DIHT in der Öffentlichkeit der Eindruck erweckt, als
sei dieser Mißstand durch mehr und geeignetere Berufe für die Wirtschaft zu
beseitigen. Ein seriöser Nachweis, ob und wieviel qualifizierte Ausbildungs-

---

3   Im Mai '96 einigten sich die Gewerkschaften IGM, HBV, DPG, DAG mit den Arbeitge-
    berverbänden auf die Eckdaten zu den Berufen: IT-Systemelektroniker/in, Fachinformati-
    ker/in mit den Fachrichtungen Anwendungsentwicklung und Systemintegration, IT-
    Systemkaufman/-frau, Informatikkaufmann/-frau

stellen dies schaffen würde, kann jedoch nicht erbracht werden. Dies ist auch im Arbeitgeberlager nicht unbekannt. So kommt z.b. der ZVEI nach einer internen Prüfung mit seinen Fachleuten zu dem Ergebnis, „das letztlich nicht viel mehr neue Berufe unter dem Strich herauskommen werden" (ZVEI/ VDMA 1995, S. 15)

Die Berufsbildungsexperten der Gewerkschaft HBV teilen diese Auffassung. Die Gewerkschaft HBV hat mit den zuständigen Arbeitgeber-Verbänden über Berufsprofile beraten und die Spitzenverbände der Versicherungswirtschaft haben z.b. auf den DIHT-Vorschlag wie folgt reagiert:

„Insbesondere vor dem Hintergrund des neugeordneten Ausbildungsberufes 'Versicherungskaufmann/-frau' macht die Initiative des DIHT keinen Sinn. Die vorgeschlagenen Kenntnisse und Fertigkeiten des 'Kaufmanns für Versicherungsvermittlung' werden durch das neue Berufsbild 'Versicherungskaufmann/-frau' abgedeckt... Die Polarisierung in einen 'innendienstorientierten Versicherungskaufmann' und einen 'außendienstorientierten Versicherungskaufmann' (Versicherungsvermittlung) liegt nicht im Interesse der Deutschen Versicherungswirtschaft. Dies hat der Wirtschaftszweig mehrfach unmißverständlich zum Ausdruck gebracht. Das durch den DIHT angestrebte zusätzliche Berufsbild ist unter diesem Gesichtspunkt ein deutlicher Rückschritt" (Gemeinsame Erklärung 1996, S. 108/109).

Allerdings ist zu konstatieren, daß nicht alle Arbeitgeberverbände in gleicher Weise reagiert haben und es durchaus Verbände gibt, die sich für verkürzte Ausbildungsgänge und Lockerung von Gesetzen aussprechen.

Im Rahmen des Kanzlergespräches zum Bündnis für Arbeit wurden durch den Bildungsminister Rüttgers folgende Vorschläge unterbreitet, die erhebliche Einschnitte in das Bildungssystem bedeuten, u.a.

„• rechtliche Hemmnisse, die einer Ausweitung des Ausbildungsplatzangebotes entgegenstehen könnten, werden überprüft und beseitigt,
• Berufsschulzeiten sollen organisatorisch stärker den Bedürfnissen der Betriebe angepaßt werden,
• angesichts der sich absehbar verstärkenden Anspannungen am Lehrstellenmarkt muß im Zweifel gelten: Ausbildung geht vor Übernahme in ein sich anschließendes Beschäftigungsverhältnis,
• Ausbildungszeiten, vor allem im Hochschulbereich, sind im internationalen Vergleich vielfach zu lang ..."

Und laut Presseerklärung des Bildungs- und Forschungsministeriums vom 29. Februar 1996 will Herr Rüttgers künftig nur noch von Lehrlingen statt von Auszubildenden sprechen. Ein schulisches Berufsbildungsjahr vor der Lehre soll nur noch mit 6 Monaten bei der Ausbildungszeit angerechnet werden. Der Jugendschutz soll gelockert werden. Wer älter als 18 Jahre ist, soll nach dem Berufsschulunterricht wieder in den Betrieb zurück. Wer künftig Jugendliche ausbilden will, soll dafür leichter die Befähigung erhalten.

Außerdem fordert Rüttgers die Gewerkschaften und Arbeitgeber auf, sich endlich über 2jährige Ausbildungswege unterhalb des bisherigen Facharbeiterniveaus zu verständigen. Ein Großteil der Deregulierungsmaßnahmen sind zwischenzeitlich an den Gewerkschaften vorbei auf den Weg gebracht worden.

Die Gewerkschaft HBV hält dies für eine falsche Weichenstellung, sowohl im Interesse des Standorts Deutschlands als auch im Interesse der Arbeitnehmer und Arbeitnehmerinnen. Mit einer „McDonaldisierung" der Bildung wird den Arbeitnehmerinnen und Arbeitnehmern die Teilnahme am beruflichen und gesellschaftlichen Leben erschwert. Durch Schmalspurausbildungsgänge wird die Anfälligkeit für Arbeitslosigkeit erhöht und nicht zuletzt intendieren sie auch neue soziale Ungerechtigkeiten und Konflikte. Anstatt mehr Arbeits- und Ausbildungsplätze zu schaffen, werden die gesetzlichen Vorgaben für die Unternehmen gelockert und Druck auf die Arbeitnehmerschaft und Arbeitslose ausgeübt.

5. Betriebe verabschieden sich aus dem dualen System

Sorge bereitet den Gewerkschaften der Ausbildungsstellenrückgang insgesamt und der Gewerkschaft HBV insbesondere der Rückgang in den großen kaufmännischen Berufen. Wie aus dem Berufsbildungsbericht 1995 der Bundesregierung zu entnehmen ist, hat es im Dienstleistungsbereich lediglich im Groß- und Außenhandel eine positive Ausbildungsplatzentwicklung gegeben. Die Negativausreißer sind die Banken und Sparkassen mit 11,3% Rückgang gegenüber dem Vorjahr in den alten Bundesländern. In der Versicherungsbranche, für die die aktuellen Daten bislang immer noch nicht vorliegen, wird 1995 ein Ausbildungsstellenrückgang gegenüber 1994 von über 10% erwartet. Neben dem Sichern der Zahl der Ausbildungsstellen gibt auch der Rückgang der ausbildenden Betriebe Anlaß zur Sorge. Nach Berechnungen des DGB ist die Ausbildungsquote von 1985 mit 6,9% auf 1994 mit 3,7% gesunken und hat sich damit halbiert. Diese Entwicklung ist dramatisch, da nur ca. 1/3 aller Betriebe ausbilden.

Vor dem Hintergrund der katastrophalen Ausbildungsstellenentwicklung und der Tatsache, daß es die „Selbstheilungskräfte des Marktes" nicht richten werden, hat der DGB ein neues Konzept für eine solidarische Umlagenfinanzierung vorgelegt (vgl. DGB 1995). Die Gewerkschaften sind der Auffassung, daß Handlungsbedarf beim Gesetzgeber zur Herstellung eines ausreichenden Ausbildungsplatzangebots (freie Berufswahl) besteht.

In der allgemeinen Diskussion um die Standortdebatte, Kostensenkung usw. scheint die gesellschaftliche Bedeutung der Bildung immer mehr in den Hintergrund gerückt zu sein, und es steht zu befürchten, daß die Bildungsinteressen immer mehr kurzfristigen Kostenüberlegungen und Profitbestrebungen zum Opfer fallen. Bildung ist und bleibt eine gesellschaftliche Aufgabe und darf nicht kurzsichtigen betrieblichen und partikularen Interessen geopfert werden.

6. Nur der Wandel hat Bestand

Zwischenzeitlich beobachten wir ökonomische, technische und organisatorische Veränderungen und insbesondere die rasanten Veränderungen im Dienstleistungssektor. Die Schnittstellen für die Bildungspolitik sind:

- neue Produkte
- veränderte Arbeitsorganisation
- verstärkter Wettbewerb
- Kostendiskussion
- Bedeutung der Beratung/des Verkaufens
- Informations- und Kommunikationstechnologien/Medieneinsatz
- Zielgruppenorientierung
- Unternehmerisches Denken/Controlling
- Veränderungen der Märkte
- Bedeutung von Fremdsprachen usw.

Die Auswirkungen veränderter Organisationsprozesse auf die berufliche Bildung sollen kurz am Beispiel eines Restrukturierungskonzeptes einer Bank dargestellt werden. Das Bankenbeispiel wurde gewählt, weil es zeigt, in welcher Weise Erkenntnisse und Organisationsmodelle aus der Industrie auf den Dienstleistungssektor übertragen werden.

1. Aufspaltung, d.h. Divisionalisierung und Profit-Center-Organisation. Dies bedeutet, daß die klassischen Funktionen der Bank - alles in einem Haus, unter einem Dach - aufgelöst und neu strukturiert werden.

Abb. 1: Restrukturierung - „lean banking"

1. Aufspaltung: Divisionalisierung und Profit-center-Organisation

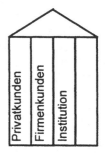

2. Abschottung: Segmentierung von *Betrieb* und *Vertrieb*

2. Abschottung im Sinne der Segmentierung von Betrieb und Vertrieb.
3. Der Vertrieb konzentriert sich auf ertragsbringende Kunden. Die Folge ist eine Kundensegmentierung. Es erfolgt eine Konzentration auf ertragsstarke Produkte und die Produktpalette wird eingeschränkt. Die Folge davon ist, daß das Filialnetz überprüft wird. Es erfolgen Abstufungen, die Einführung von Kundenselbstbedienungstechniken, neuer Vertriebswege und neuer Geschäftsstellenphilosophien usw.
4. Für den Betrieb bedeutet dies, daß der back office Bereich aufgelöst wird; die modernen Belegleser und die Veränderung der Kreditsachbearbeitertätigkeit sind ein Beispiel dafür. Es kommt zu Auslagerungen, Standardarbeitsabläufen, mehr Arbeitsschritten und die Heimarbeit droht neuen Aufschwung zu bekommen.
    Hieraus läßt sich die Frage stellen: Führt „lean banking" zur Schmalspurausbildung? Unter dem Gesichtspunkt der Restrukturierung in den Banken und der Diskussion um „lean banking" können wir eine Dreiteilung der Qualifikationsebene mit ansteigender Tendenz betrachten:
    1. Der/die angelernte Verkäufer/in ohne Bankausbildung für die standardisierten Produkte (z.B. die Hypo-Service-Bank)
    2. Eine reduzierte Erstausbildung für das standardisierte Massengeschäft
    3. Fachabteilung und Spezialwissen für vermögende Privatkunden und Firmenkunden, die über die betriebliche Aufstiegs- und Weiterbildung qualifiziert werden.

Das Problem künftiger Bildungspolitik wird sein, daß ein breites Berufsbild, bedingt duch neue Betriebs- und Vertriebsformen, immer schwieriger ganzheitlich abgebildet werden kann. Folglich droht die Berufsbildung von den sog. ökonomischen Sachzwängen vereinnahmt zu werden.

7. Reform kaufmännischer Ausbildungsberufe notwendiger denn je

Die nachfolgende Übersicht zeigt den derzeitigen Stand der kaufmännischen Ausbildungsberufe.

Abb.2: Stand der kaufmännischen Ausbildungsberufe

Berufe	Stand
Kaufmann/-frau im Einzelhandel (1987) Verkäufer/Verkäuferin (1968) Kaufmann/-frau für Warenwirtschaft (nicht erlassen) Tankwart/Tankwartin (1952) Musikalienhändler/Musikalienhändlerin (1954)	Derzeit werden Gespräche zwischen Arbeitgeber und Gewerkschaften geführt
Kaufmann/Kauffrau für Groß- und Außenhandel (1978)	Eckdaten sind im Februar 1996 verabschiedet, soll 1997 in Kraft treten
Bankkaufmann/Bankkauffrau (1979)	Sparkassenkaufmann/-kauffrau wurde mit einer Übergangsfrist bis 1997 aufgehoben. Seit 1992 liegt die BIBB Untersuchung vor. Derzeit noch keine Einigung in Sicht
Versicherungskaufmann/-kauffrau (1977) Kaufmann/Kauffrau in der Grundstücks- und Wohnungswirtschaft (1976)	Tritt neugeordnet am 01.08.1996 in Kraft Tritt neugeordnet am 01.08.1996 in Kraft
Fachgehilfe/-gehilfin in steuer- und wirtschaftsberatenden Berufen	Tritt als Steuerfachangestellte/r neugeordnet am 01.08.1996 in Kraft
Rechtsanwalts-/Notariats- und Patentanwaltsgehilfe/-gehilfin (1987)	Wurde 1995 novelliert und heißt jetzt Rechtsanwalts-, Notar- und Patentanwaltsfachangestellte/r
Sozialversicherungsfachangestellte/r (1977)	Soll am 01.08.1997 in Kraft treten
Reiseverkehrskaufmann/-kauffrau (1979)	Soll am 01.08.1997 in Kraft treten
Datenverarbeitungskaufmann/-kauffrau (1969)	Im Mai '96 wurde das Eckdatengespräch zu vier IT-Berufen abgeschlossen. Als Nachfolgeberuf wurde der Informatikkaufmann/-kauffrau vereinbart. Die neuen IT-Berufe sollen noch 1997 in Kraft treten (vgl. Fußnote 5)

In der Gesamtbetrachtung fällt auf, daß die großen kaufmännischen Berufe erhebliche Patina angesetzt haben und aus den 70er Jahren stammen. Ausgehend vom Berufsbildungsgesetz sind sie den gesellschaftlichen, ökonomischen, ökologischen und technischen Veränderungen anzupassen.

Geprägt von der Neuordnungseuphorie der Elektro-Metall-Berufe ist allerdings die Abstimmung der großen kaufmännischen Berufe bislang ausgeblieben. Dies scheiterte häufig an der starren Haltung des Kuratoriums der Deutschen Wirtschaft für Berufsbildung und dem DIHT. Ein positives Beispiel für eine moderne und zukunftsorientierte Berufsausbildung ist das Neuordnungsverfahren Versicherungskaufmann/-frau. Hier ist es gelungen, innerhalb von weniger als zwei Jahren die alte Ausbildungsordnung von 1977 zu reformieren.

Wesentliche Neuerungen sind: Erstmals werden der Innen- und Außendienst von der Ausbildung gleichermaßen erfaßt. Bei der Ausbildung zur Antrags-, Vertrags- und Leistungsbearbeitung sollen zwei von drei unterschiedlichen Sparten Leben- und Unfall-, Kranken- und Schadensversicherung zugrunde gelegt werden. Mit weiteren Finanzdienstleistungsprodukten wird der Blick über die Versicherungspalette hinaus geschärft. Ausgeweitet wurde die Beratungs- und Verkaufstätigkeit durch kunden-orientierte Kommunikation unter Berücksichtigung der Kundeninteressen. Die modernen Informations- und Kommunikationssysteme sollen für die Sachbearbeitung genutzt werden und stehen in Verbindung mit der Arbeitsorganisation. Neu ist der Zusammenhang von Marketing und Vertrieb als eine bestimmte kaufmännische Denk- und Handlungsweise. Erstmals konnte die Bedeutung der Mitarbeiterinnen und Mitarbeiter in eine Ausbildungsordnung und damit die sozialen, technischen und methodischen Kompetenzen hervorgehoben werden. Aspekte des Umweltschutzes sind unter betrieblichen und Produktgesichtspunkten zu berücksichtigen. Das Rechnungswesen wurde um die Grundzüge und Funktionsweise des Controllings weiterentwickelt. Der Rahmenlehrplan für die Berufsschule wurde entsprechend den Veränderungen neu strukturiert, künftig wird es verstärkt auch Fremdsprachenangebote geben. Nicht zuletzt wurden auch die Auswirkungen des Binnenmarktes berücksichtigt. Die Prüfungsordnung sieht nur drei statt vier Fächer für die Abschlußprüfung vor und die mündliche Prüfung wird künftig in Form eines Kundenberatungsgespräches durchgeführt.

Ein negatives Beispiel stellt die noch immer ausstehende Reform der Ausbildungsordnung Bankkaufmann/-frau von 1979 dar. Bereits seit 1992 liegt eine Untersuchung des Bundesinstituts für Berufsbildung (BIBB) zu diesem Beruf vor. Seit 1993 liegen Eckdaten und Vorschläge von den Gewerkschaften auf dem Tisch. Da sich der Niedersächsische Sparkassen- und Giroverband weigerte, den nur für Niedersachsen geltenden Sparkassenkaufmann/-frau in die Neuordnung einzubeziehen, mußte der Wirtschaftsminister 1995 diesen Beruf aufheben. Damit war im Prinzip der Weg für eine Neuordnung frei. Dennoch gibt es bis heute zwischen den Arbeitgeber-Verbänden und den Gewerkschaften kein gemeinsam abgestimmtes Eckdatenpapier.

Im Juli 1995 hatte der Vorsitzende des Arbeitgeberverbandes des privaten Bankgewerbes e.V., Dr. Horst Müller, in einem Zeitungsartikel für eine Modularisierung und Stufenausbildung in der Kreditwirtschaft plädiert. Nach Auffassung von Dr. Müller sollten die Kaufleute „künftig nicht mehr alle über profunde Kenntnisse des Bankgeschäftes verfügen" (Müller 1995)

Damit wird ihnen einerseits ihre berufliche Eigenständigkeit aberkannt und andererseits wird damit eine Segmentierung vorgenommen, die zugespitzt lautet: Die Privatkunden werden von an- und ungelernten Bankangestellten beraten und betreut und die vermögenden Privat- bzw. Firmen- und Geschäftskunden von Spezialisten mit umfangreichem Fachwissen. Dieser angedeutete Trend ist bildungspolitisch auf Schmalspurqualifikation für viele und Spezialisierung für wenige ausgerichtet und verkennt, daß ein Großteil der Finanzprodukte erklärungs- und beratungsbedürftig ist, unabhängig vom gesellschaftlichen Stand und Einkommen. Nicht zuletzt hätte dies erhebliche Nachteile für die einkommensschwächeren Verbraucherinnen und Verbraucher.

Die Diskussion um die Neuordnung und Qualifikationssicherung für die Einzelhandelsbeschäftigten hat sich mittlerweile zu einer „unendlichen Geschichte" entwickelt. Derzeit gibt es den neugeordneten Beruf Kaufmann/Kauffrau im Einzelhandel von 1987, die Verkäufer/Verkäuferin von 1968, eine Schmalspurausbildung, in der überwiegend Frauen „ausgebildet" werden. Der Entwurf der Ausbildungsordnung Kaufmann/Kauffrau für Warenwirtschaft wurde nicht erlassen, weil der Hauptverband des Deutschen Einzelhandels im Februar 1994 einen mit den Gewerkschaften geschlossenen Vertrag gebrochen hatte, wonach der Kaufmann für Warenwirtschaft als 3jähriger Beruf für den Einzelhandel in Kraft treten und die Schmalspurausbildung Verkäuferin von 1968 aufgehoben werden sollte. Zwischenzeitlich gibt es Gespräche zwischen Gewerkschaften und HDE, in denen über mögliche Alternativen diskutiert wird.

8. Berufsschule der Zukunft

Im Zuge der Kritik am dualen System ist auch die Berufsschule massiven Angriffen ausgesetzt. Die Schuldzuweisung aus den Unternehmen und Betrieben ist oft sehr pauschal und einseitig und wird auch nicht immer den Bedingungen gerecht, unter denen die Berufsschule heute ihre Arbeit leisten muß. Mittlerweile ist die Kritik an der Berufsschule zur Mode geworden, der sich auch die Politik gerne bedient. Dabei wird insbesondere der zweite Berufsschultag kritisiert, der in Niedersachsen abgeschafft wurde.

Dies verstößt allerdings gegen eine Rahmenvereinbarung der Kultusministerkonferenz von 1991, in dem der Unterrichtsumfang mindestens 12 Wochenstunden beträgt und es ist dabei zu berücksichtigen, daß bei der Neuordnung der Ausbildungsberufe auch im gegenseitigen Konsens der Sozialparteien mit durchschnittlich 12 Stunden pro Woche ausgegangen wird. Der Umfang des Berufsschulunterrichts ist notwendig vor dem Hintergrund des Beitrages zur Vermittlung beruflicher Handlungskompetenz, der systematisch-theoretischen Ausbildung und der gezielten Vorbereitung auf die Prüfung. Die Berufsschule soll auch gesellschaftliche Handlungskompetenz vermitteln und die Auszubildenden befähigen, Arbeit, Technik und Gesellschaft mitzugestalten. Die Berufsschule erfüllt auch eine wichtige Funktion bei der Förderung Lernschwächerer. Vor dem Hintergrund des europäischen Binnenmarktes gewinnt sie besondere Bedeutung bei der Fremdsprachenvermittlung.[4] Eine Verdichtung des Berufsschulunterrichtes auf 9 Stunden ist unter bildungspolitischen und pädagogischen Gesichtspunkten unvertretbar und ein gesellschaftspolitischer Skandal ersten Ranges.

Auf der einen Seite wird der Berufsschule immer mehr Stoff zugewiesen, der von den Betrieben aufgrund ihrer Betriebs- bzw. Vertriebsstruktur nicht oder nur teilweise vermittelt werden kann (wie z.B. Rechnungswesen, EDV, Fremdsprachen usw.), andererseits wird wenig dafür getan, die Rahmenbedingungen an den Schulen zu verbessern. Dazu gehört insbesondere: die Beseitigung des Unterrichtsausfalls, die Sicherung des Berufsschullehrernachwuchses und die Verbesserung der Lehrer-Schüler-Relation vor dem Hintergrund komplizierter werdender gesellschaftlicher Verhältnisse.

---

4   vgl. hierzu die Debatte und Vorschläge zur Zukunft der beruflichen Bildung - Berufsbildende Schule der Zukunft in DruckSache, März 1996 Hrsg.: GEW Landesverband NRW
     Kutscha, G.: Weiterentwicklung der Berufsschulen zu Zentren der beruflichen Aus- und Weiterbildung in: Neue Ansätze in Theorie und Praxis, GEW Baden-Württemberg, Stuttgart 1995

9. Perspektiven der Weiterbildung

Vor dem Hintergrund der wirtschaftlichen, gesellschaftlichen und technisch-organisatorischen Entwicklungen wird die „Haltbarkeit" von Wissen immer geringer. Die alte Forderung des lebenslangen Lernens muß neu aufgegriffen und inhaltlich ausgefüllt werden. Ein wesentlicher Beitrag dazu können - ausgehend von einer breiten Erstausbildung - die verschiedenen Facetten der Weiterbildung sein. Dazu ist es erforderlich, daß die Ausbildung mit der Weiterbildung stärker verzahnt und aufeinander abgestimmt wird. Zum Beispiel ist es denkbar und wünschenswert, daß bestimmte Qualifikationen, die in der Ausbildung nicht erworben wurden, in der Weiterbildung erworben werden können. Dazu gehört dann auch, daß die anerkannten Fortbildungsregelungen, seien es Regelungen der Kammern nach § 46.1 BBiG oder staatliche Regelungen nach § 46.2 BBiG vor dem Hintergrund der sich wandelnden und verändernden Berufsbilder überprüft und ggf. neu strukturiert werden müssen. Arbeitgeber und Gewerkschaften verhandeln gegenwärtig darüber, ob sie zu neuen Vereinbarungen in der Abstimmung von Kammerregelungen kommen und inwieweit endlich eine Vielzahl von Kammerregelungen dann in bundeseinheitliche Regelungen überführt werden, wie z.B. der Bankfachwirt/-fachwirtin, Versicherungsfachwirt/-fachwirtin usw. usf.

Ungeachtet dessen bleibt die betriebliche Weiterbildung nach wie vor ein wichtiges Instrument, um wandelnde Inhalte der Arbeitsorganisation, rechtlicher Grundlagen, technischer Entwicklungen usw. zu erfassen und in Form von Schulungen, Lernen am Arbeitsplatz, Workshops, organisierte Abteilungsbesprechungen usw. zu vermitteln.

Unübersehbar ist auch die Vielfalt von privaten Anbietern im Bereich von Berufsakademien usw., die zu erheblicher Marktkonkurrenz beigetragen haben. Kritisch anzumerken ist hier, daß es keine gesellschaftspolitische Übereinstimmung zwischen den Sozialparteien in der Weiterbildung gibt. Hier waren und sind die Gewerkschaften gegen eine Deregulierung und gegen einen sich selbst regulierenden Markt von Angebot und Nachfrage, weil der einzelne Endverbraucher, ArbeitnehmerInnen wie auch Betriebe, bei der Vielzahl der Angebote, bei der Wahl häufig überfordert sind und eine Markttransparenz nicht möglich ist. Unverständlich bleibt die vom Bildungs- und Wirtschaftsministerium vertretene reine Markttheorie, wonach sich der Weiterbildungsmarkt nach Angebot und Nachfrage selbst reguliere. Allerdings ist zu beobachten, daß die Diskussion um ISO 9000 ff. und der Öko-Auditierung die Qualitäts- und Regulierungsdiskussion erneut auf die Tages-

ordnung setzt. Immer notwendiger wird ein Weiterbildungs-Controlling, das
sich ausgehend von den Unternehmenszielen prozessual an dem Gesamtab-
lauf der Ermittlungen des Qualifizierungsbedarfs, der Planung von Qualifizierung, der Durchführung und der Nachbereitung von qualifizierten Maßnahmen orientiert. Ein solches Weiterbildungs-Controlling nimmt gleichrangig die Qualifizierer, also Ausbilder, Lehrer, Manager etc., die zu Qualifizie-
renden, also die Beschäftigten und das Dienstleistungsverhältnis zwischen
beiden und die Qualifizierung selbst in Augenschein. Dabei darf jedoch nicht
außer Acht gelassen werden, daß Modelle dieser Art Chancen und Risiken
gleichermaßen enthalten. So kommt Georg von Landsberg in seinem Buch
„Bildungscontrolling" zu der Auffassung, daß eine ökonomische Überfrem-
dung der Bildungsarbeit, z.B. eine Fixierung auf formale Ziele, eine Trok-
kenlegung kreativer Freiräume und Gegenwelten beinhalten könne. Er hält
eine „Domestizierung der Ökonomie; nicht alles ist ökonomisch steuerbar"
für erforderlich. Weiter heißt es, „manche Ökonomisierung bedarf eines
Ausgleiches durch andere Perspektiven. Hier wird Bildungscontrolling zur
Controller-Bildung" (vgl. Von Landsberg 1992).

10. Gewerkschaftliche Bildungspolitik zwischen Regulierung und Deregulierung

Zur staatlichen Regulierung gehört auch die Entwicklung von neuen Konzepten in der Erstausbildung. Modelle der Stufenausbildung und 2jähriger
theoriegeminderter Berufe halten den pädagogischen und wirtschaftspolitischen Anforderungen heute nicht mehr stand. Die Gründe dafür sind vielschichtig: Aus pädagogischer Sicht, weil sie die Schwächeren erst richtig
benachteiligen, aus arbeitsmarktpolitischer Sicht, weil geringere Qualifikationen zur Anfälligkeit bei ökonomischen Veränderungsprozessen führen,
aus volkswirtschaftlicher Sicht, weil sie die Kosten für Umschulung, Ar-
beitslosenversicherung usw. erhöhen, aus betriebswirtschaftlicher Sicht, weil
sie nicht zur Qualifikations- und Potentialsicherung der ArbeitnehmerInnen
beitragen und aus Sicht der Auszubildenden/ArbeitnehmerInnen, weil ihnen
damit die Teilnahme an der Weiterbildung und damit die persönliche Weiterentwicklung verhindert bzw. erschwert wird.
   Eine kritische Überprüfung ist aber auch bei der derzeitigen Form und
Ausgestaltung der Ausbildungsordnungen angesagt. Zweifelsohne müssen

nach wie vor Mindestnormen in der Ausbildungsordnung festgeschrieben werden. Darüber hinaus aber sollten, analog wie in der Sekundarstufe II, entsprechende Wahlpflichtangebote unterbreitet werden, die den Auszubildenden reale Wahlmöglichkeiten schaffen. Dies könnten z.B. Angebote in Form von Fremdsprachen, Marketing usw. sein, für die dann jeweils entsprechende Curricula entwickelt werden müssen. Auszubildende sind heute junge Erwachsene, die in ihrer Selbständigkeit gefördert werden sollen. Dazu gehört auch, daß sie im Rahmen ihrer Ausbildung über ein Pflichtprogramm hinaus freie Wahlmöglichkeiten für berufliche Kompetenzen erhalten müssen. Die bildungspolitische Antwort für Hauptschüler, Realschüler und Abiturienten kann nicht durch 2- und 3jährige Berufe und Modelle der Stufenausbildung gelingen, sie sind pädagogisch nicht haltbar und eine falsche volkswirtschaftliche Weichenstellung.

Ein weiteres Problem steckt in der Abkehr vom Berufekonzept. Einerseits besteht die Gefahr, daß die allgemeinbildenden Inhalte immer mehr zurückgedrängt werden, andererseits ist die Abkehr von der Berufsfeldbreite, ein Herzstück des Bildungssystems, eine Verengung berufsfachlichen Wissens. Konsequent zu Ende geführt würde dies zwangsläufig zu einer massenhaften Dequalifizierung von Arbeitnehmern/Arbeitnehmerinnen führen müssen. Nicht zuletzt würde durch die Abkehr vom Berufssystem die Vergleichbarkeit der Berufe untereinander erschwert und durch ein neues System unterschiedlicher Anforderungsniveaus ersetzt werden.

Die von der Politik immer wieder ins Spiel gebrachte Debatte um die Dauer von Berufen entlarven sich letztlich als Scheingefechte, denn in Wirklichkeit geht es um reduzierte Arbeitstätigkeiten auf der einen und um vollwertige Allroundberufe auf der anderen Seite. Damit wird allerdings negiert, daß die berufliche Kompetenz für die Arbeitnehmer und Arbeitnehmerin sich heute im Wandel von der Fremdorganisation zur Selbstorganisation vollzieht und durch das Bildungssystem ermöglicht werden muß.

Wie bereits erwähnt, halten die Gewerkschaften Finanzierungslösungen zur Schaffung von mehr und qualifizierten Ausbildungsplätzen für. unabdingbar. Die Palette der Möglichkeiten reicht von Bundes- und Landesgesetzen, Tarifvereinbarungen wie in der Bauwirtschaft bis hin zu Kammerregelungen. Hier sind nicht nur die Tarifparteien, sondern auch der Gesetzgeber gefordert.

Akuter Forschungsbedarf besteht über den Aufwand und die Höhe der Finanzmittel, die die Landesregierung in den alten und neuen Bundesländern für die Erstausbildung aufbringen.

Der Bereich der Ordnungspolitik ist weiter im Konsensprinzip zwischen den zuständigen Gewerkschaften und Arbeitgeber-Verbänden zu regeln. Hier

erwarten die Gewerkschaften, daß sich der Bund an die getroffenen Vereinbarungen mit den Sozialparteien hält und dirigistische Alleingänge vermeidet.

Die Reform der kaufmännischen Berufe sollte sich in drei Etappen vollziehen:

1. Überprüfung von Berufen, die nur noch eine geringe Arbeitsmarktverwertbarkeit
    besitzen und zu beruflicher und sozialer Benachteiligung führen. Dazu gehören z.b.
    die 2jährige Verkäuferin-Ausbildung, die 2jährige Ausbildung zum Handelsfachpak-
    ker, der 3jährige Ausbildung zum Tankwart/die Tankwartin aus dem Jahre 1952 usw.
    Im Klartext bedeutet dies, Abschaffung der Sackgassen- und Schmalspurberufe.
2. Ein zweiter Schritt ist die Reformierung der großen kaufmännisch-verwaltenden
    Berufe. Dazu gehören insbesondere die Bankkaufleute, die Groß- und Außenhan-
    delskaufleute, die Industriekaufleute.
3. Ein drittes Handlungsfeld ist die Schaffung neuer Berufsbilder aufgrund der Verän-
    derungen in den Dienstleistungsbranchen. Hier wird zu prüfen sein, inwieweit at-
    traktive Fortbildungsregelungen, z.b. für den Bereich von Reiseverkehr und Touri-
    stik, dem Umweltsektor usw. entwickelt und verabschiedet werden können. Den
    stärksten Handlungsbedarf sieht die Gewerkschaft HBV derzeit allerdings auf dem
    Informations- und Kommunikationssektor.

Bezogen auf die anerkannten Fortbildungsregelungen erwarten die Gewerkschaften, daß der Staat sich in die Weiterbildung, z.b. durch bundeseinheitliche Fortbildungsregelungen, einmischt und ordnungspolitisch tätig wird und
ebenso bei der Qualitätssicherung der Weiterbildung deutlich Flagge zeigt.
Der DGB fordert daher ein Rahmengesetz für die Weiterbildung.

Wie bereits dargelegt, sind die Deregulierungsmaßnahmen von Bund
und Ländern, Lockerung des Jugendarbeitsschutzgesetzes, der Ausbildereignungsverordnung und die Abschaffung des zweiten Berufsschultages nicht
dazu angelegt, neue Arbeits- und Ausbildungsplätze zu schaffen. Sie tragen
im Gegenteil dazu bei, daß die Qualität der Berufsbildung gemindert wird.
Mittelfristig wirkt sich dies negativ auf die Produktion und Dienstleistung
aus. Eine zukunftsorientierte Bildungspolitik sollte die verengte Kostendiskussion problematisieren und über den individuellen und gesellschaftlichen
Nutzen von Bildung aufklären.

Bildung und Qualifikation sind unter volkswirtschaftlichen und gesamtgesellschaftlichen Bedingungen zu diskutieren. Notwendig ist ein gesellschaftlicher Konsens, der Bildung für alle reklamiert und die notwendigen
Finanzmittel zur Verfügung stellt.

Literatur

Alex, l./Tessaring, M. (Hrsg.): Neue Qualifizierungs- und Beschäftigungsfelder, BIBB-IAB Workshop, Bielefeld 1996

DGB Konzept für ein Bundesgesetz zur solidarischen Ausbildungsfinanzierung, vorgelegt am 3.11.1995 in Düsseldorf

Gemeinsame Erklärung der deutschen Versicherungswirtschaft vom 8. November 1995. Abgedruckt in der HBV Broschüre Neuordnung der Berufsausbildung Versicherungskaufmann/-kauffrau, Düsseldorf April 1996, S. 108/109

Informationsgesellschaft - Herausforderung für das Bildungssystem Hrsg.: Zentralverband Elektronik- und Elektroindustrie e.V. (ZVEI) und Verband deutscher Maschinen- und Anlagenbau e.V. (VDMA), November 1995, Seite 15

Kuda, E.: Steigerung der Attraktivitätdualer Ausbildung durch „praxisorientierte" Kurzausbildungsgänge? in BWP 25/1996, S. 16 ff.

Landsberg, G. v./Weiss, R. (Hrsg.): Reader Bildungs-Controlling. Stuttgart 1992

Müller, H.: Die Branche braucht ein neues Berufsbild. Börsenzeitung 05.04.1995.

Symposium

**Von Japan lernen?
Staatliche und private Bildung in
der Geschichte und Gegenwart
Japans**

Dieter Lenzen

Einleitung

Im Kontext der wirtschaftlichen Erfolge Japans wird seit einer Reihe von Jahren immer wieder nach den gesellschaftlichen Bedingungen für diese Situation gefragt. Dabei wird häufig auf das japanische Bildungssystem hingewiesen und dieses sowohl hinsichtlich seiner Leistungsfähigkeit gelobt als auch wegen seiner Belastungen für die Schüler und Schülerinnen kritisiert. Für beide Positionen spielt die Tatsache eine besondere Rolle, daß das japanische Bildungssystem dem Markt einen größeren Raum gibt als andere, und zwar zum einen in seiner curricularen Orientierung und zum anderen durch den hohen Anteil privater Schul-Unternehmer besonders in der Form der „Paukschulen" (juku; yobiko).

Das Symposion, an dem auch die japanische Regierung ihr besonderes Interesse dadurch zum Ausdruck brachte, daß es durch den japanischen Generalkonsul eröffnet und dankenswerterweise mit Mitteln der japanischen Regierung unterstützt wurde, liefert einen Aufriß der besondere Situation Japans im Hinblick auf das Kongreßthema.

Teruyuki Hirota, Professor an der Nanzan University Nagoya, eröffnete die Reihe der Vorträge mit einem Überblicksbeitrag über die Geschichte des japanischen Schulsystems und die besondere Rolle des Staates, des Marktes und der sozialen Schichtthematik. Dabei versuchte er herauszuarbeiten, daß der starke Wettbewerbscharakter des japanischen Bildungswesens nicht eine Funktion des japanischen Nationalcharakters, sondern einer spezifischen Konstellation von Klassenkultur, staatlicher Kontrolle und Marktmechanismus ist.

Yoichi Kiuchi, Assistenzprofessor an der Naruto University in Tokushima wandte sich mit seinem Beitrag einer für Japan wichtigen Zeit, derjenigen zwischen 1910 und 1945 zu. Im Zentrum seines Interesses stand nicht das Schulsystem, sondern die Grundlegung der japanischen akademischen Pädagogik auf dem Boden der Kritik des Herbartianismus und unter dem Eindruck der kompromißlosen Sozialistenverfolgung. Mit seinem Bericht über die japanischen Versuche, in jener Zeit eine eigenständige pädagogische Theorie zu liefern, bietet er gewissermaßen den Ausgangspunkt für die Überlegungen Imais, dem japanischen Mitveranstalter des Symposions.

Yasuo Imai, seinerzeit Associate Professor an der staatlichen Hochschule für Pädagogik in Tokyo, richtete sein Interesse auf die japanische Nachkriegspädagogik, die er für gescheitert hält. Er fragte nach den historischen und strukturellen Gründen für das Scheitern der japanischen Pädagogik an ihrem Hauptproblem, dem Ausbleiben einer pädagogischen Öffentlichkeit.

Mit diesem Schlüsselbeitrag öffnete Imai den Blick auf einen zweiten Block von Vorträgen, die sich auf einzelne, zum größten Teil gegenwartsbezogene Fragen richteten. So lieferte Barbara Drinck, Wissenschaftliche Assistentin an der Freien Universität Berlin, einen Überblick über marktorientierte Schulen in Japan, während Mikiko Eswein, seinerzeit Gastprofessorin an der Universität Duisburg auf der Grundlage komparatistischer Kenntnisse die Bedeutung des Berufsbildungssystems in Japan umriß. .

Der Beitrag von Silvia Hedenigg, Wissenschaftliche Mitarbeiterin an der Freien Universität Berlin, stellt nur auf den ersten Blick einen Rückgang auf eine historische Thematik, nämlich die Praxis der Bestrafung jugendlicher Delinquenten im Japan der Tokugawa- und der Meiji-Zeit dar. Tatsächlich wurden hier die Grundlagen für eine Verstaatlichung pädagogischer Interventionen geschaffen, die die Sozialpädagogik Japans heute charakterisieren.

Wie bedeutsam diese, die Jugendforschung betreffenden historischen Voraussetzungen sind, zeigte abschließend der Beitrag von Tsunemi Tanaka, Professor an der Kyoto University. Auf der Basis zahlreicher empirischer Untersuchungen deutete er zwei gegensätzliche Erscheinungen der japanischen Jugendkultur, das „Herumtreiben" wie die selbstgewählte Kasernierung als zwei Resultate einer gemeinsamen Ursache, einer Überanpassung innerhalb der heutigen japanischen Gesellschaft

Teruyuki Hirota

Class Culture. State Control and the Market Mechanism: The Development of the School System in the Modernization of Japan

1. Introduction

It is possible for us to consider that contemporary education in Japan has a very strong competitive character. Youth in their middle teens invariably spend much time in preparation for entrance examinations. We may even get the impression that everything in Japanese education is geared toward preparing for entrance examinations.

The purpose of my report is to examine the origins of this competitiveness. I do not think it is appropriate to explain the phenomenon with as a function of national character. Also, I do not take the position of explaining it from the legacy of the Tokugawa Era or the pre-modern age. I rather think that, as the educational system was developed in the process of modernisation, several factors gave competitive characteristics to the Japanese educational system. Major factors are the three expressed in my title: class culture, state control, and market mechanism.

Before beginning to state my main discussion, I would like to point out some competitive characteristics of the contemporary Japanese educational system. First, unlike the European countries, those in different classes tend to have the similar kinds of educational aspirations. That is to say, we have smaller class differences in relation to educational aspiration.

Second, there is a well ordered prestige structure among all high schools and universities. This structure is directly correlated with the scholastic attainment of those who pass the entrance examination. We shall take a case of a small high school district as an example.

Fig. 1: Scolastic attainment of those who apply the entrance examination of high school in a district

standardeized
scholastic
attainment

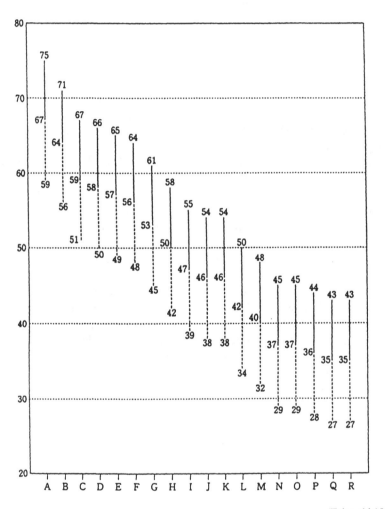

(Takeuchi 1995)

Figure 1 shows the level of scholastic attainments of those who took the entrance examination in 18 academic high schools in one district in Japan. The numbers on the vertical axis show the standardised scholastic attainment. This section with the solid line shows those who were accepted and this section with the dotted lines shows those who were not accepted. This figure shows that all schools are positioned in the ranking system with small differences. Such information is produced by major prep-school chains and mock examination businesses and is distributed among teachers and students. In higher education, there is also a pyramid structure of prestige with Tokyo University at the top, and a table has been published which ranks all the universities and colleges in Japan, from the highest in prestige to the lowest. This prestige structure affects strongly marketability of the graduates in the labor market.

*Fig. 2: Employment rates of new graduates by university ranking[1], by the size of compa-
nies[2], 1987*

standardized score of
university ranking

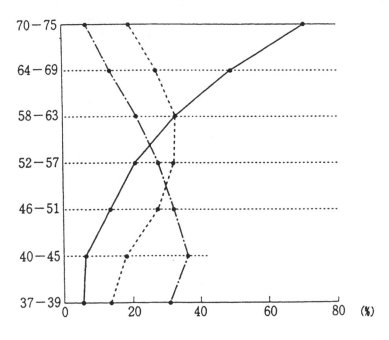

(Takeuchi 1995)

●————● companies with more than 5000 emplyees
●·············● companies with 1000 to 5000 employees
●· — · — · —● companies with less than 1000 employees

Figure 2 shows the relationship between the university ranking and the ratio
of those students who get jobs with major corporations. Of the graduates with
the scholastic attainment level of 70 - 75, or the graduates from the most
prestigious universities, 71.4 percent were employed by major corporations

---

1   Standardized score of university ranking (liberal arts, including law, economics and
     business majors)
2   145 companies are included

with more than 5000 employees. According to recent statistics, the lifetime wages of employees of major corporations are 1.4 times those employed by the smallest corporations. In other words, those who are admitted to universities of higher ranking have better chances of obtaining higher paying jobs than those who are admitted to universities with lower rankings. In general, we could say there is a structure in Japan by which the school that a student graduates from directly leads to getting a better job.

Now, let us examine how these characteristics of the Japanese educational system came about from a historic point of view.

2. Dissolving of Special Status Group

Generally speaking, in Europe and in North America, the culture of special status groups and the ruling classes was carried into secondary and higher education when the school culture and student culture were formed (Collins 1979, Müller et. al. 1987). As a result, secondary and higher education had the function of social reproduction through cultural reproduction. In contrast, in Japan, at the early stage of modernisation, there was a dissolving of special status groups. I think this was an important factor in youth from any class having the similar kind of educational aspiration.

In 1868, the Tokugawa Shogunate collapsed and a new government was established. within several years of its establishment, the new government enacted many bold reforms for modernisation of society and education. Of these, the most important were those that eliminated the social and economic privileges of the samurai (warrior) class, which had been the ruling class up to that time. The hereditary stipends which the samurai received from the Shogunate and the lords was abolished by 1876 and the samurai had to work up the social ladder.

What was important for the offspring of non-samurai was to get into the new secondary and higher educational institutions along with the offspring of the samurai class. The re-organisation of the social status, during the 20 years beginning with 1876 rapidly established the concept of schooling as the means of social mobility (Fukaya 1967, Sonoda et. al. 1995). This was a new view toward education that did not exist before 1868.

Another important consequence of dissolving the ruling class was the fact that the class based characteristics of school and student culture became quite weak, unlike the case in Western European. The social group with the highest culture of the time was dismembered, and there was no particular social group that imposed their own class culture as „higher culture". Literally no educational arguments were seen that spoke for the group interests of the warrior class. Therefore, as more offspring of farmers and merchants entered the secondary and higher educational institutions, the school culture rapidly lost the nature derived from the warrior class.

We could say that the Japanese school system functioned as an apparatus to create new classes that did not exist up to the point, that is the white collar and professional class, and to create a new class culture, rather than functioning as an apparatus for reproducing classes. This meant that, for all classes, the cultural barrier of the educational system was weak. If their scholastic attainment in English or in mathematics was at a high level, any male child could have a chance for upward mobility through schooling. Also, the children of all classes could easily adopt to school and student culture.

In sum, the policy of dismembering the warrior class in Japan, which was carried out between 1868 and 1876, changed the relationships between the social classes and schooling in two areas. On the one hand, a new idea on education as a means of social mobility became popular. On the other hand, class based cultural factors, which affected educational opportunities, were weakened. I think, these factors made competition for educational opportunities very intense. I was once engaged in a survey of historical changes in educational aspiration of three social groups: former warriors, merchants, and farmers, within a certain local community. What became clear in the survey was that, in all groups, the notion that high levels of education was a luxury and not a necessity disappeared by the 1930s (Amano et. al. 1991).

3. Formation of Prestige Order Structure among the Schools

The basic structure of prestige order among the schools, which is the second characteristic of the Japanese educational system, was established in the period between 1886 and 1903.

The factor, that mainly created this structure was state policy, but the market mechanism was partially responsible. In order to understand this, it is necessary to go into historical facts in detail.

There were two aspects of state control in this period. First, the state established a qualification system with standards that led to certification for professional work. It also set up a system of special privileges concerning the draft system. Specific public school graduates were given professional qualifications without having to take an examination. Secondly, using such a qualification system, authorisation and control was institutionalised by the state over the vast number of private schools.

3.1. Qualification system and national and public schools

By the Acts of 1886, as shown in Figure 3, higher educational institutions that had been managed by various ministries and agencies up to that point were integrated and the Imperial University (later Tokyo University) was established as a unique institution.

Fig. 3: The formation of the Imperial University

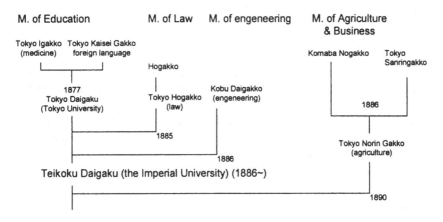

The graduates of the Imperial University had the privilege to receive various occupational qualifications without taking any qualification examinations. For example, the graduates from the medical department became doctors without taking any examinations, graduates of law departments could become high-ranking administrative bureaucrats and legal bureaucrats, and the graduates of the departments of literature could become teachers in secondary education.

Also the Acts of 1886 ruled that there was to be only one public middle school (chugakko) in any one prefecture. This meant, that there was a limited number of graduates from these middle schools and they were given the privilege to become middle level national government employees without taking any examination (beginning from 1887). They were also exempt from the draft system while in school and were given the privilege to enlist as a soldier for only one year rather than the usual three years required of those taken by the draft. Further, they could enter senmongakko, a type of college, without taking any examinations.

Thus, after 1886, not just the graduates of the Imperial Universities (by 1918 there were seven Imperial Universities in existence), but also the graduates of national and public middle schools and colleges who were the automatic recipients of various privileges conferred by the national government. Just by graduating from certain schools, conferred certain qualifications automatically without the necessity of taking national or competitive examinations.

This situation contrasts with that prevailing before 1886, when students were evaluated not according to their formal educational qualifications, but according to their acquired actual knowledge and skills. So, in the early period, many graduates from private schools had been able to become higher-ranking bureaucrats and professionals on the basis of their merits.

However, after the Acts of 1886, obtaining a graduation certificate from the schools authorised by the Ministry of Education was necessary not only for going to advanced level schools but also for joining a certain occupation. This meant, that for the career of youths, it became decisively important to have „studied at certain schools and obtained certain kinds of diplomas" rather than being a case „what has one studied and what is one capable of" determining their careers.

3.2. Qualification system and private schools

Using this national qualification system as a weapon, the state and the Ministry of Education strengthened their control over private schools. Table 1 shows the number of students in the advanced educational institutions. Originally, there were more students in the private institutions than in the national and public institutions. In the secondary sector also, in the first half of the 1880s, there were several times as many students in private institutions as in public institutions. However, after 1886, the private institutions were gradually placed under state control.

Table 1: The number of graduates from higher educational institutions, 1886-1900

	The Imperial University	College and Others		
		National	Public	Private
Literature & Arts	424	517	—	923
Social Sciences	1110	1187	—	12500
Engineering & Agriculture	1389	1725	—	1124
Medicine & Pharmacology	466	3192	2389	5209
Total	3389	6621	2389	19756

(Amano 1989, p. 194)

In order to put the private institutions under control, the national government took a „carrot and stick" policy. On the one hand, the government imposed certain standards in terms of curriculum, school finances, and personnel on individual private schools while it institutionalised periodic surveillance. On the other hand, to those private schools that gave in to the Ministry of Education's demands. It gave the schools formal legal status similar to that of national and public schools. The graduates of these private schools were given the same qualifications as those graduates from the national and public schools. In other words, each of these private schools accepted detailed control by the Ministry of Education in order to give their graduates qualifications that would be useful for advancing to higher level schools or for securing better employment.

For example, when an examination system for employment of administrative bureaucrats in 1887 was enacted, private schools were differentiated as those with „special permission from the national government" and those without. The graduates of the former were qualified to take examinations for positions as higher level bureaucrats and enjoyed exemption from conscription while in school. This was, however, in exchange for acceptance of the Ministry of Education's specifications on facilities, curricula, and personnel matters for the teaching staff along with the acceptance of periodic auditing by the Ministry. As a result of this law, seven major private schools in Tokyo went under the control of the Ministry of Education (Amano 1992, p. 211).

The market mechanism worked at this point. In selecting the schools to go to, most ambitious youths of the time paid special attention to what type of social positions were available in the future. For this reason, they preferred national or public schools to private schools, and private schools under the control by the state to private schools without such control.

As a matter of fact, whether privileged qualifications were given to the graduates or not, had a decisive bearing on the number of students entering a given private school. If the various privileges were not conferred on the graduates, the number of students entering the school decreased drastically. Many such schools ultimately went out of business. Keio Gijuku was one of the most powerful private schools of the time. However, when the school lost the privilege of draft postponement when the Draft Law was revised, the number of students dropped from 588 to about 100, which led to a management crisis in the school (Fukaya 1967, pp. 223-224).

The Order of 1899 prohibited any school authorised by the Ministry of Education from giving religious education (even outside of the curriculum). As a result, some of the Christian middle schools (chugakko) were forced to choose between discontinuing religious education in order to maintain their status as a middle school or continuing religious education by abandoning their status as a middle school. Some of the private middle schools chose to continue to give religious education and gave up middle school status. However, the number of students for these schools decreased rapidly. Many other middle schools, after great debates, opted for not continuing religious education. They had given up their religious ideals in order to survive.

Market pressure to secure an ample number of students was the main reason for the private schools to accept state control. In order to be able to confer special privileges on their students and graduates, which in turn made it possible for the schools to gather students, the private schools gave in to the demands by the Ministry of Education, and they accepted periodic auditing by the Ministry.

The state control of the national, public and private schools, which was promoted with help from the market mechanism, as a result created a pyramid structure of prestige with a detailed ranking among all schools. The factors that decided the ranks of the school were the types of privileges granted by the Ministry of Education and the timing of these being authorised.

4. School System and the Labor Market

By 1910s, the differences in terms of privileges among all the higher educational institutions were built into the general differences in terms of social evaluation of graduates. In the prestige pyramid, the imperial universities were at the top. The next in the pyramid were the national and public colleges (senmongakko). On the same level to these were some private colleges which had become big names after earlier going under the control of Ministry of Education and gathering a large number of abler students. Below these name schools were other private colleges which went under the control of the Ministry of Education later. At the bottom of the pyramid were those private schools that had not gone under the control of the Ministry of Education.

In the 1910s, this prestige ranking was utilised for discriminative wage systems at the time when employees are hired at corporations. Table 2 is the list of the initial wages for those, who entered some large corporations in 1918. We can see minute wage differences among the graduates of various schools and departments. We can especially note this between the graduates of Waseda and Keio, both big name private schools.

Table 2: First salery in large companies in 1919

Mitsubishi	Mitsui	Yusen	Furukawa	Kuhara
A ¥50	A ¥50	A ¥55	A ¥55	A ¥70
B C ¥40	B C ¥40	B C ¥50	B C ¥40	B ¥50
D E G H I ¥36	D E I ¥35	D E G H ¥40	D E H ¥35	C ¥45
F J ¥32	F G H K I ¥30	F K J ¥35	G H ¥33	D E G H ¥40
K ¥28	¥18	I ¥27	J K ¥32	F K I ¥35
L ¥25		¥20	F ¥30	J ¥32

(Takeuchi 1988, p.210)

A: Imperial university, engineering
B: Imperial university, law
C: Tokyo Higher Business College, university course
D: Tokyo Higher Business College, regular course
E: Kobe Higher Business College
F: Other Higher Business College
G: Tokyo Higher Technical College
H: Other Higher Technical Colleges
I: Waseda, engineering
J: Waseda, politics & economics
K: Keio
L: Waseda, politics & economics, regular course

By the 1920s, the majority of graduates of higher educational institutions were getting jobs in private sector corporations. In deciding upon which graduates to hire from among the large number of applicants, the corporations used as an index the prestige of each school from which the applicants graduated.

As a result, in general, the school career, or „which school one went to" came to be used as the index which determines status attainment in almost all occupational areas. In other words, the labor market for educated youth was organised into a graduated selection system following the social prestige of the schools.

At a superficial level it is possible to say that later there was a certain equalisation. As far as the wages for the new graduates in each company was concerned, these came to be the same for all university graduates shortly afterwards (in the 1930s). Also the distinction between colleges (senmongakko) and universities was abolished in the educational reforms after 1945. All institutions of higher learning became the same status under the law.

However, the ranking established by 1903 has continued in effect down to the present. The former imperial universities still enjoy the highest prestige. The old, high prestige colleges (senmongakko) such as Hitotsubashi, which is national, and Waseda and Keio, which are private, are still very prestigious universities. Those universities established at a later time are positioned in the middle or lower prestige ranks.

It goes without saying that due to competition among schools, the order changes from time to time. Each university has always made various efforts and competed to move higher in the prestige order. However, there have been no major changes in rank. The old imperial universities and those private universities that went under control of the Ministry of Education at an earlier stage still hold higher social prestige, which gives an advantage in social mobility to the graduates of these schools.

Concretely, in the following two areas, the „school one graduates from" plays a important role in the labor market. First, the graduates of more prestigious universities tend to be hired by very large corporations, where pay is good and positions are stable. Figure 2, which we saw in the beginning, shows that the graduates of high prestige universities continue to have a higher rate of being hired by large corporations even now.

Second, assignments after graduates start on the job also reflect the prestige differences of the schools. Even if hired by the same major corporation, the graduates of the higher prestige universities are generally assigned to important sections at the headquarters as „candidates for future manager". On the other hand, the graduates of lower ranking universities tend to be assigned in the peripheral departments or local branches. Though they receive the same initial salary, they are differentiated into pre-determined future career pattern according to their school of graduation.

Currently, the universities in Japan are trying to recruit students with better scholastic achievements. This is not because high-school learning is essential for course work in the universities. It is because higher scholastic achievements of the highschool graduates is an important measure for making the university's prestige higher and ensuring better employment for its graduates. Students and their parents also know that getting into universities of higher ranking will lead to better employment prospects. Naturally, there will be more students with higher scholastic achievement at higher ranking universities.

Considering secondary education from this perspective, I would like to touch upon just one point. That is, it seems that the ranking of social prestige among high-schools as we saw in Figure I has been mainly correlated with the number of graduates that each school has sent into prestigious universities. As it were secondary schools in Japan have been indirectly subordinate to the labor market.

In sum, we could say that, after 1910s, the mechanism for continuing to produce a certain level of output had been established in the Japanese secondary and higher education system, without the Ministry of Education intervening with detailed control and surveillance. The decisive factor was market competition among all schools or universities. In order to have higher evaluations in the labor market, each university had particular strategies. In order to enable their students to enter more advantageous institutions of higher learning, each high school (middle school prior to 1947) had made special efforts in terms of preparing its students for entrance examinations. Since the educational market was finely structured according to relative prestige and because this ranking was linked to the labor market, all schools and universities are forced into competition. To be sure, the Ministry of Education had been maintaining strongly unified control for years, but it Was not the Ministry's control alone that maintained the quality of Japanese education. It was also maintained by the competition among the schools and universities.

5. Conclusion - Class Culture, State Control, and Market Mechanism

Let me briefly summarise the arguments that I have put forward. First, the modern educational system was established without regard to the conventional class culture in Japan, such that there rapidly resulted a system under which youth from all social classes were drawn into the competition for social mobility through the school system. Secondly, the state control of national, public and private schools along with help from the market principle, resulted in a pyramid of prestige structure with a fine ranking order. Thirdly, with the educational market inextricably linked with the order of prestige, there emerged a structure in the labor market which reflected the ranking of the educational market. This resulted in a structure which forced all schools and universities to be involved in competition, whether they wished to or not.

I think these three points played the role of unifying the aspirations of the Japanese people for achievement into an educational career and a competition oriented system. This makes me think that various characteristics of the educational system established in the modern age completely rebuilt the Japanese value systems and the Japanese personality.

References

Amano Ikuo: Continuity and Change in the Structure of Japanese Higher Education. In: Cummings, W.K. et. al. (eds.): Changes in the Japanese University, (Praeger Publishers) 1979.

Amano Ikuo: Shiken no shakai-shi. (Tokyo Daigaku Shuppankai) 1983. (English version was published in 1990).

Amano Ikuo: Kindai nihon kotokyoiku kenkyu. (Tamagawa Daigaku Shuppanbu) 1989.

Amano Ikuo et. al.: Gakureki-shugi no shakai-shi. (Yushindo) 1991.

Amano Ikuo: Gakureki no shakai-shi. (Shincho-sha) 1992.

Collins, R.: The Credential Society. (Academic Press)1979.

Fukaya Masashi: Gakureki-shugi no keifu. (Reimei Shobo) 1967.

Müller, D.K. et. al (eds.): The Rise of the Modern Educational System. (Cambridge University Press) 1987.

Roden, D.: Schooldays in Imperial Japan. (University of California Press) 1980.

Sonoda Hidehiro et. al.: Shizoku no rekishishakaigaku teki kenkyu. (Nagoya Daigaku Shuppannkai) 1995.

Takeuchi Yo: Senbatu shakai. (Rikuruto Shuppan) 1988.

Takeuchi Yo: Nihon no Meritokurashii. (Tokyo Daigaku Shuppankai) 1995.

Yoichi Kiuchi

Reformpädagogik und die Entwicklung der akademischen Pädagogik in Japan

Der Gegenstand meines Beitrages umfaßt den Zeitraum von 1910 bis 1945. Diese 35 Jahre waren für Japan eine bewegte Zeit, denn es trat nun weltpolitisch als „Preußen in Ostasien" auf, nachdem es über zweihundert Jahre nach außen abgeschlossen gewesen war und seit 1868 eine 40 Jahre währende Restaurationsphase erlebt hatte. Die Hegemoniebestrebungen endeten mit einer Niederlage im Zweiten Weltkrieg. Da es gewisse Übereinstimmungen mit der Entwicklung in Deutschland gibt, vor allem nach einer Phase demokratisch orientierter Politik in den 20er Jahren, ergibt sich die Frage, ob sich diese auch im erziehungswissenschaftlichen Bereich feststellen lassen.

Debatten um eine postherbartianische Pädagogik fanden in Japan um 1910 statt, während die heftigen Abwehrkämpfe der herbartianischen Pädagogik gegen die Forderungen nach neuen Paradigmen in der deutschen Diskussion bereits um 1890 begannen. Im Hinblick auf die pädagogische Theorie und erzieherische Praxis in Japan zeichnen sich um 1910 zwei neue spannungsvolle Tendenzen ab, die von den herkömmlichen pädagogischen Bemühungen abweichen:

a) Es gab in der ersten, verstärkt in der zweiten Dekade des 20. Jahrhunderts deutliche Bemühungen, eine eigene pädagogische Theorie zu entwickeln und damit die Pädagogik als eigenständige akademische Disziplin zu etablieren. Dies geschah bei gleichzeitiger Kritik der seit 1887 dominierenden herbartianischen Pädagogik.

b) Pädagogische Reformbestrebungen der Schulpraktiker gewinnen unter dem Eindruck der internationalen Reformpädagogik immer mehr an Bedeutung. Sie führten dazu, daß vielfältige didaktische Konzepte in den neu konzipierten Reformschulen entstanden.

Die folgenden Ausführungen sind als ein Versuch anzusehen, unter besonderer Berücksichtigung des Verhältnisses dieser beiden Bestrebungen die Entwicklungslinie der japanischen Pädagogik von 1910 bis 1945 nachzuzeichnen, wobei meine Leitthese dahin geht, daß in diesem Zeitraum zwei Epochen festzustellen sind: die Etablierung der wissenschaftlichen Pädagogik als akademischer Disziplin und ihr Zerfall. Der Abstieg begann um 1930.

Im folgenden soll zunächst auf den „Zeitgeist" um 1910 eingegangen werden, um den qeistesgeschichtlichen Hintergrund der Entstehung der neuen wirkungsvollen pädagogischen Reflexionen verstehbar zu machen (I). Anschließend stelle ich anhand einiger Beispiele die Spannung zwischen der sich herausbildenden akademischen Pädagogik und der Schulreform bis 1930 zur Diskussion. Hier wird gezeigt, daß das gut fundierte eigenständige Konzept der wissenschaftlichen Pädagogik auf der Basis „des transzendentalen Verfahrens" im Jahr 1930 vorgelegt wurde, so daß die beiden bis dahin in spannungsreicher Beziehung stehenden Strömungen damit vorläufig zu einer Art friedlichen Koexistenz gelangten (II). Die Wissenschaftsgeschichte der japanischen Pädagogik von 1930 bis 1945 läßt sich danach als eine Verfallsgeschichte der transzendental konzipierten Pädagogik unter der verstärkten Kontrolle der Kaiserherrschaft beschreiben. Der Schlußabschnitt wird die Folgen dieser verhängnisvollen Entwicklung für die Pädagogik im modernen Japan darstellen (III).

I.

1. „Die Ratlosigkeit der Zeit" - Der Zeitgeist um 1910

Nach dem russisch-japanischen Krieg (1904-1905) entwickelte sich der japanische Kapitalismus kraftvoll weiter. Im Zuge der Industrialisierung des Landes wuchs die Stadtbevölkerung enorm an, und das hatte zur Folge, daß der Unterschied zwischen den Armen und den Reichen größer wurde. Die damit entstehenden sozialen Probleme führten zur Entstehung einer sozialistischen Bewegung, gegen die der Staat kompromißlos vorging. Im Jahre 1910 wurde der Sozialismus vom Staat strikt verboten, zwölf Sozialisten wurden hingerichtet. Der früh verstorbene Dichter Takuboku Ishimawa bezeichnete die innenpolitische Unruhe sowie die depressive Stimmung der Zeit kurz und bündig als „Ratlosigkeit der Zeit" (Jidaiheisoku).

Nach dem Ausbruch des Ersten Weltkrieges im Jahr 1914 richtete sich die Aufmerksamkeit auf außenpolitische Probleme. Es war nun von der Notwendigkeit eines stärkeren Zusammenhaltes des Volkes die Rede. Der Weltkrieg im fernen Europa gab auch Impulse zur Weiterentwicklung der japanischen Wirtschaft. Deshalb herrschte ein liberaler und demokratischer Zeitgeist in den zweiten Dekade des 20. Jahrhunderts.

2. Das Auftreten der neuen Intellektuellen und die Entwicklung des Mittelstandes

Um 1910 waren seit der Einführung des (westlichen) Erziehungssystems (1872) fast vierzig Jahre vergangen. Zu dieser Zeit entstand eine neue Art von Intellektuellen. Es waren jene, die sich statt durch Herkunft und Vermögen mit einer erworbenen höheren Schulausbildung in der Gesellschaft durchsetzen konnten. Sie gehörten zu dem sich in den größeren Städten entwickelnden Mittelstand.

Die Forderungen dieses Mittelstandes nach Erziehung und Bildung verstärkten sich. Von größter Bedeutung wurde, daß die neukonzipierten reformpädagogischen Schulen gerade in diesem Mittelstand die entscheidende Stütze fanden.

Auch die Forderung nach Frieden im Sinne eines internationalen Pazifismus und Liberalismus erhob dieser Mittelstand. Das Stichwort der Zeit hieß „Freiheit". Mit gutem Grund bezeichnete man deshalb die Reformpädagogik als „die freie Erziehung".

3. Auf der Suche nach dem eigenständigen „ich"

Wie der Dichter Tatsuji Miyoshi an Beispielen zeigte, erschien die Forderung nach dem befreiten „ich" und die exotische Stimmung in der japanischen Kurzprosa um 1910 auch unter dem Eindruck der seit den vergangenen vierzig Jahren übernommenen westlichen Literatur. Shiyoshis Schlußfolgerung lautete: Die Tradition und die westlichen Einflüsse verschmolzen in der japanischen Kurzprosa um 1910 zu einer höheren Einheit. Die Feststellung, daß westliche Traditionen bereits um 1910 in die japanischen Überlieferungen aufgenommen worden, ist sicher allgemein bekannt. Eine besondere Aufmerksamkeit verdient in diesem Zusammenhang die damalige Diskussion um das eigenständige „ich".

Die Japaner setzten infolge der hauptsächlich in den größeren Städten zu beobachtenden Lockerung der traditionellen Bande des gemeinschaftlichen

Lebens zum ersten Mal das Thema: „Die Person im modernen Sinne, d.h. ein
freies, selbstbewußtes ich" in den Mittelpunkt der Diskussion. Dieser Zeitgeist kommt exemplarisch in dem zu jener Zeit weit verbreiteten und bereits
zu einem Klassiker gewordenen Werk des Titels „Kinsei ni okeru 'Ga' no
jikakushi (Entwicklungsgeschichte des 'ich'-Bewußtseins in der Neuzeit)"
(1915) zum Ausdruck. Der Verfasser Sanzyuro Pomonaga (1871-1951) war
ein Schüler des deutschen Philosophen Wilhelm Windelband und hatte das
Ordinariat für Geschichte der europäischen Philosophie an der Kaiserlichen
Universität Kyoto inne. Das Tomonagasche Hauptwerk legte den Grundstein
für eine geistige Wende, weil es mit seinen Erläuterungen der europäischen
Geistesgeschichte auf die bereits charakterisierten neuen Intellektuellen rich-
tungweisend einwirkte.

Der Untertitel dieser epochemachenden Arbeit lautet „Der Neuidealis-
mus und dessen Hintergrund". Er verweist auf eine intensive Beschäftigung
des Autors Tomonaga mit der Philosophie Kants und des Neukantianismus,
insbesondere mit dem Neukantianismus der südwestdeutschen Schule. Die
Auseinandersetzung mit dem Neukantianismus spielte dann auch bei der
Herausbildung der akademischen Pädagogik in Japan eine entscheidende
Rolle, worauf ich später zurückkomme.

Es ist nun danach zu fragen, welche Auswirkungen die bereits dargestellte gesellschaftliche und geistesgeschichtliche Entwicklung auf die Erziehung
hatten.

II.

1. Die Ausbreitung der Elementarerziehung nach 1900

Die Bildungspolitik der neuen Regierung war nach einem fast dreißigjähri-
gen Schwanken zwischen Versuch und Irrtum am Anfang des 20. Jahrhunderts dennoch ertragreich: Der Grundschülerprozentsatz betrug schon um
1902 mehr als 90% und 1911 bereits 98%. Das bedeutete, daß die vierjährige
(ab 1907 sechsjährige) Schulpflicht, die zur Industrialisierung und Modernisierung des Staates beitragen sollte, tatsächlich durchgesetzt wurde. Auch aus

Prestigegründen für ein modernes Japan erschien diese Errungenschaft den Japanern außerordentlich wichtig.

Angesichts der zu bewerkstelligenden Elementarbildung liegt es auf der Hand, daß es um 1910 in der pädagogischen Diskussion zu Schwerpunktverschiebungen kam: Institutionell ging es um die Verlängerung der Schulpflicht und um die Hochschulreform, theoretisch um die Ablösung der herbartianischen Pädagogik und - darin eingeschlossen - um neue Unterrichtsmethoden.

2. Kritik an der herbartianischen Pädagogik - Die Forderung nach einer Erziehungstheorie auf der Basis der Erziehungswirklichkeit

Die herbartianische Pädagogik, die in Japan in erster Linie als Schulpädagogik fungierte, hatte die Aufgabe, das Volksschulwesen und die Lehrerausbildung zu installieren. Das war 1910 weitgehend abgeschlossen. Sie genügte den bisherigen Ansprüchen vollauf.

Nun aber wuchs die Kritik an ihrem starren Schematismus und dem mangelnden Bezug der Theorie zur Erziehungswirklichkeit. Die folgenden Kritiker verdienen besondere Erwähnung:

Masataro Sawayanagi (1965-1927), der zunächst längere Zeit als fortschrittlicher höherer Beamter im Kultusministerium die Bildungspolitik wesentlich mißgestaltete und dann als Präsident einiger Kaiserlicher Universitäten reformatorisch wirkte, publizierte nach 1910 als freier Schriftsteller vielbeachtete Kritiken, die sich gegen die damalige pädagogische Forschung wandten. Es kam Sawayanagi auf die Verbindung zwischen Theorie und Praxis in der pädagogischen Forschung an: „Die praktische Pädagogik", die er in seiner 1909 erschienenen gleichnamigen Publikation vertrat, müsse als Wissenschaft die Erziehungswirklichkeit zum Gegenstand haben.

Aus dieser Forderung entstand später eine der bedeutendsten Reformschulen in Japan, die Seizyo-Grundschule und der Seizyogakuen-Schulkomplex, dessen Direktor Sawayanagi war.

Hinzu kamen jüngere Pädagogen, die, im Gegensatz zu ihren herbartianisch gesinnten Lehrern stehend, mit der Kritik am Herbartianismus ihre wissenschaftliche Laufbahn begannen und sich dann intensiv um die Etablierung der akademischen Pädagogik bemühten.

Shigenao Konishi (1875-1948), der nach einem Studium bei Johannes Volkelt in Leipzig ab 1905 Professor für Pädagogik am Höheren Lehrersemi-

nar in Hiroshima tätig war, veröffentlichte 1908 das Buch „Schulpädagogik".
Es enthält, argumentativ auch auf die zeitgenössische deutsche Pädagogik gestützt (z.b. die experimentelle Pädagogik), eine umfassende Kritik des Herbartianismus.

Einer seiner späteren Schüler, Sukeichi Shinohara (1876-1957), stellte
schon ab 1906 als Schuldirektor mit Hilfe der Kinderforschung auf der
Grundlage der experimentellen Pädagogik im Sinne Ernst Meumanns die
herbartianische Didaktik kritisch zur Diskussion. Zur psychologisch-pädago-
gischen Begründung der Didaktik des Lesens unternahm er zusammen mit
Kollegen eine experimentelle Analyse des Lesens und versuchte, deren Ergebnisse mit der Schulpraxis zu verbinden. Shino-Hara war zu dieser Zeit einer der Fahnenträger der reformpädagogischen Bewegung und fühlte sich
dem Prinzip „vom Kinde aus" verbunden.

An dieser Stelle muß unterstrichen werden, daß Konishi und Shinohara,
die später wichtige Vertreter der akademischen Pädagogik werden sollten,
trotz unterschiedlichen Zugangs in Verbindung mit der reformpädagogischen
Schulpraxis standen. Bevor auf diese Thematik eingegangen wird, sei auf den
Zustand der pädagogischen Institutionen einen Blick geworfen.

3. Die institutionelle Entwicklung der pädagogischen Forschung und Wandel der Thematik bis 1920

Als die traditionsreichsten und wichtigsten Forschungsstätten der Pädagogik
in Japan sind die Kaiserlichen Universitäten in Tokyo und in Kyoto sowie die
für die Mittelschullehrerausbildung zuständigen Höheren Lehrerseminare in
Tokyo und in Hiroshima zu nennen.

3.1. Die Kaiserliche Universität in Tokyo und die in Kyoto

Der Lehrstuhl für Pädagogik an der Universität Tokyo, der ältesten Universität in Japan (neugegründet 1879), war seit der 1887 erfolgten Berufung des
deutschen Gymnasiallehrers Emil Hauskecht (1853-1927), der nur drei Jahre
in Japan tätig war, von der einzigen Ausnahme abgesehen, achtzehn Jahre
nicht besetzt. Im Jahre 1908 wurde Kumaji Yoshida (1874-1964) zum Assistenzprofessor und dann 1916 zum ersten Ordinarius ernannt. Yoshida, ein
regierungstreuer Gelehrter, übte bis zu seiner Emeritierung im Jahre 1934 auf
die japanische Pädagogik und die Bildungspolitik Einfluß aus.

1919 kamen weitere Lehrstühle für Pädagogik hinzu, nämlich fünf, damit neben der konventionellen allgemeinen Pädagogik auch bildungshistori-

sche, bildungssoziologische und bildungspolitische Forschungen stärker betrieben werden konnten. Soju Irisawam (1885-1945) wurde anläßlich dieser Erweiterung der Lehrstühle zum Assistenzprofessor mit dem Schwerpunkt der Geschichte der europäischen Erziehung ernannt. Dieser Vorgang zeigt, daß das Institut für Pädagogik in Tokyo zwischen 1908 bis 1919 einen großen Aufschwung nahm.

An der zweitältesten Universität, in Kyoto, hatte der japanische Herbartianer Tomeri Tanimoto (1867-1946) von 1906 bis 1913 das erste Ordinariat für Pädagogik inne. Dann übernahm es Shigenao Konishi (1875-1948), einer der wichtigen Pädagogen im Postherbartianismus.

3.2. Höhere Lehrerseminare in Tokyo und in Hiroshima

Am Höheren Lehrerseminar in Tokyo (gegründet 1872, erweitert 1886), der wichtigsten Ausbildungsanstalt der Mittelschullehrer war seit jeher die stark an Wilhelm Rein orientierte herbartianische Pädagogik vertreten. Eine Wendung der dortigen Pädagogik erfolgte mit der Berufung Sukeichi Shinohara als Professor für Pädagogik im Jahre 1919.

Arata Osada (1887-1961), der Pestalozzi-Forscher im modernen Japan, der seit 1915 als Sekretär bei Sawayanagi wirkte, folgte 1920 dem Ruf an das Höhere Lehrerseminar in Hiroshima (gegründet 1902).

3.3. Forschungsschwerpunkte um 1920

Die genannten jüngeren Pädagogen Irisawa, Osada, und Shinohara, die um 1920 mit neuen Forschungsschwerpunkten ins Zentrum der pädagogischen Diskussion rückten, verdeutlichen die Forschungslage der Pädagogik um 1920. Irisawa veröffentlichte bereits 1914 sein Hauptwerk „Geschichte der europäischen Pädagogik", und es folgten andere, vielgelesene Schriften. Er promovierte 1929 mit einer Arbeit über den Philanthropinismus. Seine Dissertation ist bis heute die einzige umfangreiche Darstellung dieser pädagogischen Bestrebungen aus der Zeit der Aufklärung.

Das Erstlingswerk Osadas, des Pestalozzi-Forschers im modernen Japan, erschien unter dem Titel „Die Pädagogik Pestalozzis" (1920). Er verfaßte auch das Buch mit dem Titel „Pestalozzi" (1922).

Der dritte Pädagoge Shinohara ist als bedeutendster Erziehungsphilosoph in die Wissenschaftsgeschichte der japanischen Pädagogik eingegangen, denn er maß der Etablierung der eigenständigen akademischen Pädagogik besonderen Wert bei, während das Interesse von Irisawa und Osada der Erforschung und Darstellung des Gedankengutes der klassischen europäischen

Pädagogen galt. Shinoharas erstes Werk „Probleme der Kritischen Pädagogik" (1922) steht noch heute im Ruf der „ersten Frucht der erziehungsphilo-
sophischen Bemühungen in Japan". Es ist deshalb kein Wunder, daß seine
markante Gestalt gelegentlich mit Johann Friedrich Herbart und John Dewey
verglichen wird.

Die Errungenschaften der genannten drei Pädagogen zeigen exemplarisch, daß die pädagogische Forschung in der zweiten Dekade des 20. Jahrhunderts Fortschritte machte, und zwar dergestalt, daß man bei der Kritik der
an der Schulpädagogik orientierten herbartianischen Pädagogik eine Erweiterung des Horizontes erreichte. Man bemühte sich um die Etablierung der
Pädagogik als akademische Disziplin.

4. Die Entwicklung der Reformpädagogik und ihr Verhältnis zur akademischen Pädagogik

Das genannte Werk Shinoharas entstand aus der Absicht, gerade während der
Blütezeit der Reformpädagogik in Japan und ausgehend von dieser neuen
Bewegung, Grundbegriffe und philosophische Grundlagen der Erziehung zu
klären. Man muß darauf hinweisen, daß die Herausbildung der neuen theoretischen Position in bezug auf die damalige Praxis der Erziehung mehr oder
weniger spannungsreich erfolgte. Es ist deshalb angebracht, diesen Sachverhalt näher zu beleuchten.

4.1. Die „Neue Erziehung" in Japan

Wie es in Japan üblich ist, erhielt man die entscheidenden Impulse zur Entstehung der reformpädagogischen Bewegung in erster Linie aus dem Ausland, wenngleich man die bereits vorhandenen günstigen Bedingungen für
die Rezeption auf keinen Fall unterschätzen darf. Im Jahr 1906 wurde für die
reformpädagogischen Ideen aus Europa durch die Veröffentlichung Tomeri
Tanimotos (1867-1946) ein weitreichendes Interesse erweckt. Tanimoto, ursprünglich ein leidenschaftlicher Herbart-Verehrer, war zu dieser Zeit der erste Ordinarius für Pädagogik an der Kaiserlichen Universität zu Kyoto. Von
1899 bis 1903 weilte er in Europa und Amerika. Dort nahm er die reformpädagogische Bewegung zur Kenntnis, und er stellte diese neue Strömung
nach seiner Heimkehr in seiner „Vorlesung zur Reformpädagogik" (1906)
dar. Er machte die japanischen Pädagogen mit den bedeutenden Verfechtern
der neuen Erziehung in Europa ausführlich bekannt (z.B. mit Ellen Key).
Nach diesem entscheidenden Ereignis wurden nach 1910 aus Amerika,

Deutschland und Frankreich eine Reihe weiterer Erziehungstheorien bekannt. Keys „Das Jahrhundert des Kindes" wurde bereits 1916 ins Japanische übersetzt. 1919 weilte John Dewey in Japan (Deweys „Schule und öffentliches Leben" (1900 - erschien 1901 in japanischer und 1905 in deutscher Sprache), und 1924 hielt Helen Parkhurst in Japan Vorträge.

In der japanischen Reformpädagogik, die „Neue Erziehung" genannt wurde, kristallisierten sich vielfältige Erziehungsgedanken heraus. 1921 fand eine Vortragsversammlung statt, in der acht Repräsentanten der „Neuen Erziehung" sprachen, nämlich:

- Ch. Higuchi: „Theorie zur Selbstschulung im Rahmen der Erziehung",
- S. Kawano: „Theorie zur Erziehung nach der eigenen Erziehung",
- K. Tezuka: „Theorie zur freien Erziehung",
- Chiba: „Theorie der vollen Zufriedenheit durch Triebhandlung",
- K. Inago: „Theorie zur schöpferischen Erziehung",
- H. Oikawa: „Theorie zur dynamischen Erziehung",
- Obara: „Theorie der totalen Persönlichkeitserziehung" und
- S. Kitayama: „Theorie zur Erziehung mit Kunst und Literatur".

An diesem Themenspektrum wird deutlich, was die „Neue Erziehung" forderte: Perspektivenwechsel vom Kinde aus, individuelles Lernen statt einheitlicher Erziehung durch Zwang, Betonung der Spontanität und Kreativität.

Die „Neue Erziehung" wurde in erster Linie an den Grundschulen, die dem Lehrerseminar angegliedert waren, und den neu gegründeten privaten Grundschulen in den größeren Städten praktiziert. Obwohl die Vorgänger dieser neuen Schulen auf die Reformbestrebungen der 90er Jahre des 19. Jahrhunderts zurückgreifen konnten, und schon früh waren einige Vorläufer vorhanden (die Saimi-Schule von 1907, die Seijo-Jitsumu-Schule von 1912 und Teikoku-Grundschule von 1917), repräsentierte die von Sawayanagi 1917 gegründete private Grundschule (die Seijo-Grundschule), die dem Dalton-Plan folgte, die neuen Schulen in Japan am ausgeprägtesten.

Sawayanagi, der 1913 vom Präsidenten der Kaiserlichen Universität zu Kyoto entlassen worden war und seitdem als freier Schriftsteller lebte und arbeitete, wurde es möglich, seine Ideen in die Tat umzusetzen. Der Begründung seiner Schule folgten weitere Gründungen: Die Jiyugakuen-Grundschule entstand 1921, die Bunkagakitin-Grundschule 1921, die Myojo-Grundschule 1924 und die Tamagawa-Grundschule 1924, wozu man dreierlei bemerken muß:

1. Diese Schulen hingen finanziell vom in den Städten entstandenen Mittelstand ab. Die Seijo-Grundschule benötigte hohe Unterrichtsgebühren und Geldspenden. Die Reformschulen gerieten manchmal in finanzielle Schwierigkeiten.

2. Das Hauptinteresse der Reformbewegung bis 1920 galt den didaktischen Problemen. Der Gesamtunterricht wurde von Takeji Kinoshita (Nara) und Kishie Tezuka (Chiba) eingeführt. Heiji Oikawas Gruppen-Erziehung berief sich auf die Deweysche Theorie.

3. Auch die Kunsterziehungsbewegunq und das Schultheater in der Schule fanden Resonanz. Die Träger dieser neuen Bewegung waren nicht die Absolventen der Lehrerseminare, sondern Künstler bzw. Literaten. Zu erwähnen ist die von M. Suzuki 1918 gegründete Zeitschrift „Akai Tori (Der rote Vogel)", in der man viele Gedichte und Kinderlieder findet. Die freie Zeichnenbewegung wurde 1919 von Kanae Yamamoto ins Leben gerufen, und für den freien Schulaufsatz trat Enosuke Ashida ein.

Die Reformdiskussion beschränkte sich hauptsächlich auf die didaktische Problematik und kam kaum so weit, das moderne pädagogische Denken kritisch in Frage zu stellen. Die Beschränkung der Thematik ist auf die Bildungspolitik zurückzuführen, die auf der Basis der Kaiserherrschaft der Entfaltung der Freiheit entgegenwirkte.

4.2.   Die Entstehung der akademischen Pädagogik und ihr Verhältnis zur
        Reformbewegung

Da die neuen Schulen als Versuchsschulen fungierten, beriefen sie oft Universitätsprofessoren als Ratgeber. Bekannte Beispiele dafür waren Konishi an der Seijo-Grundschule und Shinohara an der von seinem ehemaligen Untergebenen Tezuka geleiteten Grundschule in der Chiba-Präfektur. Ich führe den zweiten Fall als ein Beispiel an.

S. Shinohara, der nach dem Studium der Philosophie bei S. Tomonaga und der Pädagogik bei S. Konishi 1919 als Professor für Pädagogik an das Höhere Lehrerseminar in Tokyo berufen wurde stellte die Grundbegriffe der Reformpädagogik aus der Sicht des deutschen Neukantianismus zur Diskussion und verfaßte mehrere vielgelesene Aufsätze, die auch unter den Schulreformern Beachtung fanden. Die Schulpraktiker waren davon überzeugt, daß Shinoharas Theorie für ihre Reformversuche eine theoretische Grundlage bieten könnte. Daher war es nicht ohne Grund, daß die Schule von Tezuka Shinohara als wissenschaftlichen Ratgeber berief. Dabei ergibt sich Frage, inwieweit die von akademischen Pädagogen vertretene Theorie und die Praxis der Reformpädagogen miteinander in Beziehung gesetzt werden konnten.

Shinohara war von 1920 bis 1923 als wissenschaftlicher Ratgeber an der von Tezuka geleiteten Reformschule des Lehrerseminars in der Chiba-Präfektur tätig. Tezuka propagierte seinerseits die sogenannte „freie Erziehung" und wollte die wissenschaftliche Basis seiner Reform in der Shinoharaschen Theorie sehen. Shinohara hielt schon 1920 in dieser Schule viertägige Vortragsreihen mit dem Titel „Die Philosophie als Grundlage der modernen Erziehung" ab. Shinohara schrieb ferner das Geleitwort zu Tezukas Hauptwerk „Einführung in die freie Erziehung" (1922). Er bekennt darin, daß er sich mit der Schulreform Tezukas verbunden fühle.

Die Kernthese der „Kritischen Pädagogik", die Shinohara zu dieser Zeit vertrat, hieß „Erziehung als Vernunftwerden der Natur". Der Ausgangspunkt dieser Auffassung liegt im Gegensatz zwischen dem Subjekt und dem Universalwert. Demzufolge ist die Erziehung als Prozeß zu verstehen, in dem dieser Wert im Subjekt verwirklicht wird. Mit anderen Worten: Das Ziel der freien Erziehung nach Shinohara besteht darin, unter Zuhilfenahme der Macht der Vernunft die wilde Natur im Menschen zu beherrschen, das Ideal im Geistesleben und damit das eigenständige „freie" Individuum zu verwirklichen. Wie man sieht, findet der idealistische Geist im Sinne Kants in dieser Formulierung seinen Ausdruck.

Aber was man im Zusammenhang mit der Etablierung der akademischen Pädagogik nicht übersehen darf, ist die Tatsache, daß sich das idealistische Shinoharasche Verständnis der Erziehung keineswegs auf eigene Praxis beruft. Schon in der Entwicklung seines Gedankens läßt sich hier eine Wendung erkennen. Daher ist es nicht verwunderlich, daß Shinohara allmählich von der Praxis und von der pädagogischen Bewegung mit Absicht Abstand nahm.

Tezuka verweist in seinem Buch oft auf Shinohara. Was aber seine konkreten Anweisungen anbelangt, so kann man nicht sagen, daß sie aus der allgemeinen Theorie Shinoharas folgerichtig abgeleitet wurden. Es kommen im Gegenteil oft Tezukas Interpretationen hinzu.

Es handelte sich für die Stellungnahme Shinoharas auch darum, daß die Bezeichnung „freie" Erziehung schon nach 1920 von der Regierung als gegen die etablierte Ordnung gerichtet etikettiert wurde. Er hegte auch einen Widerwillen gegen Tezukas Großsprecherei und wollte sich daher immer mehr in die Theoriebildung vertiefen.

Shinoharas Einstellung läßt sich auch dahingehend interpretieren, daß es ihm um die Eigenständigkeit der Pädagogik ging, deren theoretische Entwicklung er durch Anwendung der neukantianischen Philosophie, insbesondere der von Windelband, vorantrieb. Das bedingte von vornherein eine gewisse Distanz zur zeitgenössischen Erziehungspraxis. Sein Wunsch, sich der Etablierung der Pädagogik als Wissenschaft zu widmen, kam dadurch in Erfüllung, daß er 1923 zum ersten Ordinarius für Pädagogik an der drittältesten Kaiserlichen Universität Tohoku, der in Sendai, ernannt wurde. Er blieb dort bis 1930. Seine berufliche Hauptaufgabe war nun nicht mehr die Lehrerausbildung, sondern in erster Linie die Forschung. Zu dieser Zeit entstanden seine Hauptwerke, die den Höhepunkt der japanischen Pädagogik vor 1945 darstellten.

5. Die Etablierung der akademischen Pädagogik auf der Grundlage des „transzendentalen Verfahrens"

Im Jahre 1930 wurde das paradigmatische Werk „Das Wesen der Erziehung und die Pädagogik" vorgelegt, mit dem Shinohara die Etablierung der wissenschaftlichen Pädagogik auf „transzendentalem Verfahren" proklamierte. Er erklärt im Vorwort zu diesem metatheoretischen Hauptwerk, er vertrete den transzendentalen Standpunkt, nach dem ein System nur dann als wissenschaftlich bezeichnet werden dürfe, wenn es auf der Grundlage des Ideellen beruhe. Das transzendentale Verfahren ist nach Shinohara der Versuch, das wesentliche Verhältnis zwischen dem Ideellen und den einzelnen Phänomen zu entdecken. Demzufolge weist er einer transzendentalen Auffassung der Erziehung die Aufgabe zu, die Eigentümlichkeit der erzieherischen Handlung zu erörtern, d.h. nach der „Gegenständlichkeit" der Erziehung im Sinne Hönigswalds zu forschen.

Nach der Shinoharaschen Metatheorie besteht die von ihm konzipierte akademischen Pädagogik aus zwei Teilen: der theoretischen und der praktischen Pädagogik. Diesem Konzept zufolge sollen aus der Idee der Erziehung konkrete Anweisungen für die erzieherischen Handlungen der praktischen Pädagogik „deduktiv" abgeleitet werden können. Für Shinohara stellen die Ideen nicht etwa leere Formeln dar, die den Praxisbezug ausklammern. Im Gegenteil: Die Idee der Erziehung weise die Begründungszusammenhänge der Erziehung auf. So müsse die Bestimmung des Menschen in der Entwicklung des wahren Menschen gesehen werden. Shinohara war davon überzeugt, mit der wissenschaftlichen Pädagogik auch zur Verbesserung der Erziehungspraxis beitragen zu können.

Die akademische Pädagogik wurde um 1930 auch institutionell abgesichert. Aus den Forschungskursen des Höheren Lehrerseminars in Tokyo und des in Hiroshima entstanden 1929 neu konzipierte Universitäten (Bunrika Universitäten). Sie waren den Kaiserlichen Universitäten, den bisher einzigen Forschungsanstalten, gleichgestellt. Dort nahm nun die pädagogische Forschung, befreit von dem im Lehrerseminar stark geforderten Praxisbezug, die Stelle eines eigenständigen akademischen Fachs ein.

An den Universitäten entstanden ferner Publikationsorgane: „Kyoikushicho-Kenkyu (Pädagogische Studien)" (Universität Tokyo, 1927), „Kyoikuga-

kukenkyu (Zeitschrift für Pädagogik)" (Tokyoer Bunrika Universität 1932)
und „Kyoikukagaku (Erziehungswissenschaft)" (Bunrika Universität In Hiroshima, 1931).
Die japanische Gesellschaft für Erziehungswissenschaft wurde allerdings
erst im Jahre 1941 gegründet.

III.

Die Geschichte Japans nach 1930 kann als Erweiterung des japanischen Ko-
lonialismus beschrieben werden. 1932 wurde im Nordchina, der Scheinstaat
„Mandschukuo" gegründet. Die Isolierungspolitik der Großmächte führte
1933 zum Austritt Japans aus dem Völkerbund. Japan setzte sich nun mit den
ebenfalls international isolierten Staaten Deutschland und Italien in Verbindung. Im Jahr 1937 brach der Chino-Japanische Krieg aus. Ab 1941 kämpf-
ten dann die Japaner auch gegen die USA. Im August 1945 erfolgte Japans
bedingungslose Kapitulation.

1. Die neuere Entwicklung und die Unterdrückung der pädagogischen Bewegung nach 1930

Bereits nach 1920 entwickelten sich die pädagogischen Bewegungen vielfältig und umfangreich: Yasaburo Shimonaka (1878-1961) z.B. organisierte
1919 die Lehrergewerkschaft. Mit seinem Engagement hatte er wesentlichen
Anteil am Zustandekommen radikaler reformerischer Schulkonzeptionen.
    Was den Hintergrund der weiteren Ausdehnung der pädagogischen Be-
wegung nach 1930 betrifft, so muß man nicht nur ihre verstärkte Unterdrük-
kung, sondern auch die Wirtschaftskrise beachten. Die neueren wichtigen
Tendenzen nach 1930 sind in Folgendem zu er blicken:

1. Im Anschluß an den in der 20er Jahren vertretenen Aufsatzunterricht entwickelte
dieses Verfahren eine neue Dimension. Während der politischen und wirtschaftlichen Krise versuchten die Lehrer in Nordjapan, ihren Aufsatzunterricht so zu gestalten, daß die Schüler die widersprüchliche gesellschaftliche Realität - durch das
Verfahren der Dokumentierung des Alltagslebens - beobachteten und besser verstanden. Hier ist von Interesse, daß die Praktiker die abstrakte, spekulative akademische
Pädagogik kritisch in Frage stellten und Annäherung an die Realität des Lebens forderten.

2.   So kam eine proletarische pädagogische Bewegung zum Vorschein. Der wichtigste
     Vertreter dieser Richtung war Tokiji Yamashita (1892-1965). Er war von 1920 Leh-
     rer an der von Sawayanagi gegründeten Seijo-Grundschule. Ab 1922 studierte er
     fünf Jahre bei Paul Natorp an der Universität von Marburg. Sein Forschungsschwer-
     punkt war zunächst Pestalozzi. Sein Interesse richtete sich dann allmählich den neue-
     ren pädagogischen Strömungen zu, auch John Dewey. 1929 reiste er erneut nach Eu-
     ropa und kam während eines Besuches in der Sowjetunion mit der aufblühenden so-
     wjetischen Pädagogik in Berührung, was ihn Anlaß gab, 1929 in Japan ein für die
     proletarische Erziehung konzipiertes Institut zu gründen und dann eine Diskussions-
     front gegen die „bürgerliche Pädagogik" zu bilden.
3.   Auch einige akademische Pädagogen stellten den spekulativen Charakter der akade-
     mischen Pädagogik in Frage und forderten, mit Hilfe einer anderen, insbesondere ei-
     ner positivistischen Forschungsmethode die soziale Realität zu erkennen. Dieses
     Anliegen läßt sich der Reihe „Erziehungswissenschaft" (1931-1933, 20 Bde) ent-
     nehmen, die dazu Anlaß gab, 1937 eine Arbeitsgruppe für eine Erziehungs-
     wissenschaft von Praktikern und Theoretikern zu gründen.

Es ist nun die Frage, ob, und wenn ja, wie weit die akademische Pädagogik diesen Sachverhalt in Erwägung zog.

2. Die Wende der akademischen Pädagogik

In der pädagogischen Diskussion nach 1930 ging es nicht mehr um Herausbildung der eigenständigen Persönlichkeit. Im Gegensatz zum Erziehungs-
verständnis, das die Erziehung als Wertphänomen betrachtet, gab es nun eine
neue Thematik: Volk und Gemeinschaft. Dieser Erziehung kommt es auf den
Menschen als Sozialwesen an. Der Wandel der Thematik erklärt sich aus der
stark veränderten gesellschaftlichen und politischen Lage nach 1930. Die
Pädagogen mußten zur „Aufgabe der Zeit" Stellung nehmen. Der Neukantianismus hatte unter diesen Umständen keine Geltung mehr.

Nach dem Verfall der neukantianischen Pädagogik versuchten die führenden akademischen Pädagogen nach wie vor neuere Richtungen der europäischen, und vor allem der deutschen Pädagogik einzuführen. Zu dieser Zeit
wurde die Methodologie bzw. der Wissenschaftscharakter der Pädagogik unter Heranziehung westlicher Literatur intensiv behandelt. Die folgenden drei
Aspekte sind von Bedeutung:

1.   Die meisten Universitätspädagogen richteten nach wie vor besonderes Augenmerk
     auf die deutsche Tradition. Die geisteswissenschaftliche Pädagogik gewann an Ein-
     fluß, weil man hoffte, daß diese Position mit ihren neuen begrifflichen Konstruktio-
     nen für die japanischen Pädagogen richtungweisend wirken würde. Der Aufenthalt
     Eduard Sprangers in den Jahren 1936/1937 bewirkte den Höhepunkt der Begeiste-
     rung der Japaner für die deutsche Tradition.

2. Die Erziehungswissenschaft im weitesten Sinne des Wortes fand Beachtung. Es lassen sich drei Strömungen unterscheiden:
   a) Die Erziehungswissenschaft, die vor allem Ernst Krieck und Peter Petersen vertraten. Sie konnte zu Erweiterung der Sichtweise beitragen. Man sprach mit Krieck von der Erziehung als „Assimilation".
   b) Das amerikanische „Scientific Movement of Education" veranlaßte als Gegenstück zur transzendental-philosophischen Pädagogik die Entwicklung der empirischen Forschung der Erziehung. Eine ähnliche Rolle spielte die französische Erziehungswissenschaft im Sinne Emile Durkheims.
   c) Die marxistische Pädagogik wurde als Erziehungswissenschaft vertreten und von der politischen Macht unterdrückt.
3. Beachtenswert ist die „Japanische Pädagogik" (Nihonteki kyöikugaku), die auf dem japanischen Ultranationalismus beruht. Die westliche, individualistisch eingestellte Pädagogik sei, so erklärten ihre Vertreter, für die Formung des japanischen Volkes nicht geeignet. Aus dieser Sicht wurde die westlich orientierte akademische Pädagogik generell in Frage gestellt.

Obwohl wichtige Vertreter der akademischen Pädagogik sich zur reaktionären Position nicht explizit äußerten, näherte sie sich ihr mehr oder weniger an und griffen im Sinne des Ultranationalismus immer stärker auf die japanische Tradition bzw. den „japanischen Geist" zurück. Das war offensichtlich bei einem um 1920 viel beachteten Pädagogen der Fall: Konishi versenkte sich nun in die Religiosität und Sehnsucht nach der vormodernen Tradition. Ein anderer, Irisawa, widmete sich der nationalistischen Heimatkundebewegung, und Osada vertrat eine völkische Pädagogik.

3. Das Verhängnis der transzendentalen Pädagogik nach 1930

In seinen Schriften nach 1945 fällt auf, daß Shinohara an etlichen Stellen sein Vorgehen in der Kriegszeit rechtfertigt. Er schreibt nämlich, er hätte die Niederlage schon früh antizipiert und mit Hitler-Deutschland nichts zu tun gehabt. Stimmt diese Aussage? Angesichts der erwähnten drastisch veränderten Lage nach 1930 ergibt sich die Frage nach dem Schicksal der Shinoharaschen transzendentalen Pädagogik als einem Paradigma der akademischen japanischen Pädagogik.

Im Unterschied zu anderen akademischen Pädagogen, die auf die Zeitströmung Bedacht nahmen, konzentrierte sich Shinohara auf die wissenschaftsinterne Entwicklung und legte besonderen Wert darauf, die Kontinuität seiner Position zu bewahren. So versuchte er nach 1930, seine theoretische Fragestellung um die gesellschaftliche Dimension unter Einbeziehung neuer pädagogischer Strömungen zu erweitern. Die geisteswissenschaftliche Pädagogik und die Erziehungswissenschaft im Sinne P. Petersens und E.

Kriecks erhielten dabei Bedeutung. Die Frage ist nun, ob Shinohara sein theoretisches System aufrechterhalten konnte.

In der ersten Nummer der von ihm mitherausgegebenen Zeitschrift „Kyoikugakukenkyu" („Zeitschrift für Pädagogik") erschien eine programmatische Abhandlung unter dem Titel „Volk und Erziehung" (1932). Sie deutete das Schicksal der transzendental begründeten Pädagogik im Sinne Shinoharas bereits an. Denn wenn er von der „volkstümlichen Weltanschauung" oder dem „Volksgeist als Bildungsideal" spricht, läuft er Gefahr, auf die bis 1930 entwickelten metatheoretischen Grundsätze zu verzichten. Diese Stellungnahme auf der Basis einer nationalistisch eingestellten Weltanschauung gewinnt nach 1930 bei der Systematisierung seiner praktischen Pädagogik, verstanden als Kunstlehre, erzieherisches Handeln verläßlich anzuleiten - sie machte neben seiner theoretischen Pädagogik die Hälfte seiner systematischen Pädagogik aus - immer mehr an Bedeutung.

Er widmet sich nun mit aller Kraft der Rechtfertigung seiner Ansichten zu Staat und Volk. Es ist auffallend, daß die Ansichten Kriecks und Petersens, denen in seinem Hauptwerk von 1930 nur ein Kapitel gewidmet gewesen war, nun intensiv dargestellt werden. Shinoharas Äußerungen nach 1930 weisen also mit dem zeitgenössischen Ultranationalismus manche Gemeinsamkeiten auf.

Andererseits darf man nicht außer acht lassen, daß er trotzdem beim akademischen Geist zu verbleiben versucht, indem er in seinen Lehrveranstaltungen auf die Interpretation der klassischen Pädagogen, wie z.B. Schleiermacher, Herbart, seinen Schwerpunkt legte.

Seine unentschlossene Haltung bzw. Wendung geht auch aus Folgendem hervor. Er hatte von 1934 bis 1940 gleichzeitig die Funktion eines Verwaltungsbeamten im Kultusministerium inne und bestimmte daher die Bildungspolitik in der Kriegszeit wesentlich mit. Von besonderer Bedeutung ist seine Ansicht über den in der Reformpädagogik vertretenen Gesamtunterricht, dessen Einführung er im Rahmen der Bemühung um die Reform der Elementarerziehung für wesentlich hielt. 1937 hospitierte Shinohara an der Versuchsschule des Lehrerseminars in Nara. Diese Schule war wegen des vom Direktor Kinoshita praktizierten Gesamtunterrichts seit Jahren bekannt. Shinoharas jetzige kritische Einstellung ist vor allem im Vergleich mit seiner früheren Ansicht charakteristisch. Er betont die Begegnung der Schüler mit dem „objektiven Wert". Im Anschluß daran wird die Rolle des Lehrers betont. Die Spontaneität des Kindes steht also in seiner Auffassung nicht mehr im Vordergrund.

Die Folgen, der hier zum Ausdruck gebrachten Änderung der früheren Position, kommen in seinem bisher kaum bekannten Aufsatz aus dem Jahre

1943 zum Ausdruck. Im Mittelpunkt dieses Aufsatzes, der als Weiterführung seiner 1932 vorgelegten Überlegung über Volk und Erziehung konzipiert wurde, steht seine Abwendung von seiner früheren „subjektiven Pädagogik" im Sinne des Neukantianismus und Hinwendung zur „objektiven Pädagogik". Seine Ausführungen sind in dreifacher Hinsicht von Belang:

1. In diesem Aufsatz stellt er die neukantianische Erziehungsauffassung, derzufolge die Aufgabe der pädagogischen Handlung in der Verwirklichung des transzendentalen Wertes im Subjekt liegt, selbstkritisch dahingehend in Frage, daß diese der Wirklichkeit der Erziehung nicht entspreche. Diese Kritik geht mit der Kritik am westlichen Individualismus einher. Für ihn geht es nicht mehr um die Herausbildung einer eigenständigen, sondern einer „dienenden" Persönlichkeit.

2. Shinohara behauptet, es gebe zwischen dem Subjekt und dem Universalwert etwas Besonderes, d.h. etwas Geistig-reales (seishingenjitsutai). Das ist das „Volk". Das Volk, so führt er aus, besteht aus verschiedenen Gemeinschaften. Schließlich ist in Anlehnung an Hegel vom Primat des Staates die Rede.

3. Shinohara entwickelt von hier aus eine Kritik an die westliche Moderne. In den neuzeitlichen westlichen Staaten sei die Beziehung des Menschen zum Übermenschlichen verlorengegangen. Japan stehe dagegen unter Leitung des Tennos (des Kaisers), des lebendigen Gottes. In Deutschland vertrete man einen volkstümlichen Totalitarismus auf der Basis des Volksbewußtseins. Dies sei in Japan nicht der Fall, denn der kaiserliche Wille und die japanischen Untertanen Seiner Majestät seien untrennbar verbunden. Religion und Politik bildeten eine Einheit. Man sieht die Ausführungen Shinoharas auf diese Weise eingebettet in den japanischen Ultranationalismus.

Fazit:

1. Der Verdienst der transzendentalen Pädagogik im Sinne Shinoharas in der Wissenschaftsgeschichte der japanischen Pädagogik besteht darin, daß sie in Anlehnung an die neukantianische Philosophie insbesondere von Windelband, die Pädagogik als akademische Disziplin etabliert. Die Entwicklung der akademischen Pädagogik wurde in Japan um 1930 auch institutionell abgesichert.

2. Aber diese transzendental begründete Pädagogik lief Gefahr, die vielfältigen Reformversuche der Erziehungspraktiker aus dem Blick zu verlieren und vor allem in der nach 1930 veränderten Erziehungswirklichkeit keinen angemessenen Bezugspunkt mehr zur Praxis zu finden.

3. Das „deduktive" Verfahren, mit dessen Hilfe die praktische Pädagogik aus der Idee der Erziehung abgeleitet werden sollte, stieß auf prinzipielle Schwierigkeiten. Es gab unter dem Druck der politischen Macht die bis 1930 vertretenen metatheoretischen Grundsätze auf. Gleichzeitig geht der Bezugspunkt zur theoretischen Pädagogik verloren.

4. Die akademische Pädagogik im modernen Japan mußte sich schließlich mit folgender Alternative auseinandersetzen: Entweder sie ging mit Shinohara, um der Wissenschaft-

lichkeit der Disziplin willen, die die transzendentale Begründung als die einzig mögliche Methodologie annahm, dann war sie nicht mehr in der Lage, die erzieherische Praxis in vollem Umfange zu berücksichtigen. Oder sie ging aus der Praxis bzw. der „Aufgabe der Zeit", dann ließ sich, wie die Entwicklung der Pädagogik im Zeitraum zwischen 1930 und 1945 zeigt, an ein einheitliches metatheoretisches Prinzip, auf dessen Basis das System der akademischen Pädagogik etabliert werden sollte, nicht halten.

Literatur

Kangi, T./Kinoshita, Y.: Die Bewegung der Reformpädagogik und Neue Erziehung in Japan. In : Röhrs, H. /Lenhart , V . (Hrsg.) : Die Reformpädagogik auf den Kontinenten. Ein Handbuch. Frankfurt a.m./Berlin/Bern/New York/Paris/Wien 1994 (Peter Lang).

Konoshi, S.: Gakkokyoiku (Die Schulpädagogik). Tokyo 1908.

Nakano, A.: Taisho jiyukyoiku no kenkyu (Studie zur freien Erziehung in der Taisho-Ära). Tokyo 1968.

Oelkers, J.: Reformpädagogik. Eine kritische Dogmengeschichte.- Weinheim und München 1989 (Juventa).

Scheibe, W.: Die reformpädagogische Bewegung. Eine einführende Darstellung. Weinheim und Basel 1994 (Beltz).

Shinohara, S.: Hihanteki kyoikugaku no mondai (Probleme der Kritischen Pädagogik). Tokyo 1922.

Shinohara, S.: Kyoiku no honshitsu to kyolulikagaku (Das Wesen der Erziehung und die Pädagogik). Tokyo 1930.

Shinohara, S.: Minzoku to kyoiku (Volk und Erziehung). In: Kyoikugaku kenkyu (Zeitschrift für Pädagogik), Nr. l. 1932.

Shinohara, S.: Kyoiku no genjitsusei (Die Realität der Erziehung). In: Nihonshogaku (Die japanischen Wissenschaften), Nr.3. 1943.

Tanimoto, T.: Shinkyoikukougi(Vorlesung zur Reformpädagogik). Tokyo 1906.

Tezuka, K.: Jiyukyoiku shingi (Einführung in die freie Erziehung). Tokyo 1922.

Tomonaga, S.. Kinsei ni okeru „Ga" no jikakushi (Entwicklungsgeschichte des „ich"-Bewußtseins). Tokyo 1972.

Yasuo Imai

Auf der Suche nach der vermißten Öffentlichkeit - Diskussionen in der japanischen Pädagogik der Nachkriegszeit

Nach den sehr informativen Auseinandersetzungen mit der Modernisierungs-phase von Herrn Hirota und mit der Vorkriegssphase von Herrn Kiuchi kom-men wir nun zur dritten Phase, zur Phase der Nachkriegszeit.

In seinen Hauptwerk „Phämonenologie der Wahrnehmung" beschreibt Merleau-Ponty die prinzipielle Unübersehbarkeit des eigenen Körpers präzi-se und treffend wie folgt:

> „Mein sichtbarer Leib ist zwar wohl in seinen vom Kopf entfernter liegenden Teilchen möglicher Gegenstand, doch je mehr man den Augen sich nähert, um so entschiedener trennt er sich von den Gegenständen, in ihrer Mitte bildet er einen Quasi-Raum, zu dem sie nicht Zugang haben, und suche ich diese Leere durch das Spiegelbild auszufüllen, so verweist dieses mich wieder auf das Original des Leibes zurück, das nicht dort, unter den Dingen ist, sondern 'meinerseits', diesseits von allem Sehen" (Merleau-Ponty,1966 S.116f.).

Wenn ich über die japanische Pädagogik der Nachkriegszeit nachdenke, ge-winne ich einen ähnlichen Eindruck. Bis zu den 60er Jahren kann ich die so-genannte „Nachkriegspädagogik (Sengo Kyoikugaku)" als einen historischen Gegenstand distanziert beobachten. Aber dann verschmilzt dieser Gegen-stand allmählich mit meiner eigenen Perspektive, oder genauer gesagt, mit der diskursiven Konstellation der gegenwärtigen japanischen Pädagogik, die meine Perspektive entscheidend mitbestimmt.

Diese Sachlage ist jedoch nicht notwendigerweise ungünstig für die Auf-gabe meines Referates.

Mein Referat versteht sich weniger als geschichtliche Studie über die Nachkriegspädagogik Japans, sondern als einen Übergang des geschichtli-chen Teils des Symposiums heute, zum aktuellen Teil der morgen präsentiert wird. Damit mein Referat einen solchen Übergang darstellen kann, möchte ich folgende Fragen stellen und zu beantworten versuchen: I) was hat sich die japanische Nachkriegspädagogik als ihr Hauptproblem vorgestellt?

II) Wie hat sie dieses Problem zu bewältigen versucht? III) Welcher geschichtlichen und strukturieren Bedingungen haben diese Versuche kanali-
siert und letzten Endes zum Scheitern gebracht?; und schließlich IV) in welchem Sinne ist dieses Scheitern japanischer Nachkriegspädagogik als Rahmen Bedingung aktueller Bildungsprobleme in Japan zu verstehen?

Zur Beantwortung dieser Fragen werde ich einen Umweg einschlagen
und der Entwicklungslinie der pädagogischen Theorie von Teruhisa Horio
nachgehen. Denn in seiner pädagogischen Theorie ist, wenn ich nicht irre,
das Paradigma der japanischen Pädagogik der Nachkriegszeit abzulesen. Bevor ich aber auf die Pädagogik Horios eingehe, sollte ich zuerst institutionelle
und diskursive Bedingungen der Nachkriegspädagogik Japans skizzieren, die
zugleich die Rahmenbedingungen der Pädagogik Horios darstellen.

I. Institutionelle und diskursive Bedingungen der Nachkriegspädagogik Japans

1. Demokratisierung

Die Niederlage und der Zusammenbruch des Systems, das sich seit der Meiji-
Restauration oder seit der Revolution um 1868 als eine Modernisierungs- und
Disziplinierungsmaschinerie aufgebaut und im Kaisertum die Achse dieser
Maschinerie gefunden hatte, wurde auch in Japan als „Stunde Null" empfunden. Unter starker Einflußnahme der amerikanischen Besatzungsmacht verabschiedete das Parlament die neue Verfassung, die Japanische Verfassung,
am 3. November 1946.

Damit wurde dem Kaiser (Tenno) jede politische Macht entzogen. Er erhielt nur einen symbolischen Status. Dem Volk entspringt nun die politische
Macht, die durch ein demokratisch gewähltes Parlament ausgeübt werden
soll. Menschenrechte wurden für unverletzlich erklärt. Die neue Verfassung
setzt ferner fest, daß Japan auf den Krieg und auf die Streitkräfte dafür verzichtet.

Die Inkrafttretung der neuen Verfassung bedeutete eine Umwälzung der
militärischen und autoritarianistischen Machtstruktur der Vorkriegszeit. „Demokratie" wurde Modewort, und Amerikaner waren Lehrer der Demokratie.

Im Bereich des Bildungssystems gilt das gleiche, nämlich dessen völlige Umbildung nach dem Prinzip der Demokratie und eine entscheidende Einflußnahme der Amerikaner dafür. Das Rückrat der Reform bildete das im Jahr 1947 verabschiedete Erziehungsgrundgesetz (Kyoiku Kihonho). Die amerikanische Expertenkommision für Erziehung besuchte Japan im Jahr 1946. Ihr umfangreiches Referat in demselben Jahr gab entscheidende Richtlinien für die Umstrukturierung des japanischen Bildungssystems. Es schlug unter anderen das 6-3-3-Schulsystem, Beschränkung der Macht des Kultusministeriums, Gründung des von der Bevölkerung direkt zu wählenden Schulausschusses, Einführung der „Sozialkunde" und mehr Freiraum für Tätigkeiten der Lehrer vor.

Die neue Verfassung erklärte, daß gleiche Chancen auf Bildung ein Recht aller Bürger sei. Um dieses neue Prinzip der Bildung zu bekräftigen und institutionell zuzusichern, wurde das Erziehungsgesetz konzipiert und 1947 vom Parlament verabschiedet. Das Erziehungsgrundgesetz bestimmt „Volle Entwicklung der Persönlichkeit" als den Zweck der Erziehung. Es beschränkt ferner im Artikel 10 die Rolle der Schulverwaltung darauf, „Bedingungen zu schaffen..., die zur Erreichung des Zieles der Erziehung nötig sind". Mit dieser Gesetzgebung wurde das Kaiserliche Erziehungsedikt (Kyoiku Chokugo), das seit 1890 allen PädagogInnen und SchülerInnen Handlungsvorschriften diktiert hatte, außer Kraft gesetzt. Auf der Grundlage des Erziehungsgrundgesetzes und nach den Richtlinien der amerikanischen Expertenkommision traten mehrere Gesetze in Kraft: das Schulerziehungsgesetz (1947), das Schulausschußgesetz (1948), das Kultusministeriumsgesetz (1949), etc.

Folgen der Reform waren: Die Schulverwaltung wurde wesentlich dezentralisiert; zuständig für die Schulverwaltung waren regionale, direktgewählte Schulausschüsse; die Wirkung des Kultusministeriums berief sich nun nicht mehr auf behördliche Verordnung, sondern auf sachkundige „Führung und Beratung" (z.B. Vorschlag des Curriculummodells; das System der staatlichen Schulbücher wurde abgeschafft.

Bestärkt durch den institutionell erweiterten Freiraum der Lehrtätigkeiten entwickelten sich mehrere Versuche der „Nachkriegs-Reformpädagogik (Sengo Shinkyoiku)".

„Vom Leben der Kinder aus" - so könnte man den gemeinsamen Nenner der „Nachkriegs- Reformpädagogik" formulieren. Einen Kristallisationspunkt dieser Versuche bildete das neugegründete Fach „Sozialkunde (Shakai Ka)", das, von sozialen Problemen Kinder und Jugendlicher ausgehend, moralisch-soziale Kompetenzen ausbilden sollte: Kompetenzen, sich mit gesellschaftlichen Problemen auf der Grundlage der geschichtlichen und sozialwis-

senschaftlichen Perspektive auseinandersetzen zu können. Man entwickelte
mehrere Curriculumkonzepte, die die Sozialkunde in den Mittelpunkt stellten.

2. Revisionskurs

Die „Nachkriegs-Reformpädagogik" konnte aber keinen gemeinsamen Ausgangspunkt oder Grundlage der Diskussion der Nachkriegspädagogik ausmachen.

Die Versuche der „Nachkriegs-Reformpädagogik" wurde erstens von
mehreren Seiten innerpädagogisch kritisiert. Besonders hervorgehoben wurde die ausschließlich von Erfahrungen der Kinder ausgehende Reformpädagogik verfehle wissenschaftlich-systematisches Wissen. Der Reformpädagogik wurde auch von Seiten der marxistischen Pädagogik vorgeworfen, daß
sie sich auf eine reformistisch-pragmatische Weltanschauung berufe und die
klassengesellschaftliche Grundlage der Pädagogik verkenne. (Marxistische
Pädagogik spielte in der japanischen Nachkriegspädagogik eine wichtige,
wenn nicht herrschende, Rolle). Und zweitens:

Die pädagogische Diskussion orientierte sich an der Problematik von
„Pädagogik und Politik".

Das war hauptsächlich eine Folge der nationalistisch-zentralistischen Revision der Nachkriegsreform, die die Selbstbeschränkung und die Dezentralisierung der Bildungspolitik rückgängig zu machen versuchte. Der Revisionskurs wurde besonders nach der Erlangung der Souveränität Japans 1952 vom
konservativen Lager anhaltend betrieben.

Die Kultusminister sprachen von einer „Unzulänglichkeit" des Erziehungsgrundgesetzes und von „universaler Gültigkeit" der Kaiserlichen Erzie-
hungsedikte (1956, 58,60). Man vermißte immer wieder das Fach Moral
(Shushin), das das Rückgrat der Schulbildung der Vorkriegszeit ausgemacht
hatte. Eine Folge davon war die Neugründung der gesonderten Moralstunde
(Dotoku) im Jahr 1958. Die politische Kampagne gegen die „Linksabwei-
chung" einiger Lehrer und Schulbücher sorgte für Aufsehen (1953, 55). Das
Kultusministerium wollte seine Hinweise für Lehrtätigkeiten (Gakushu Shido
Yoryo) nicht mehr als einen sachkundigen Vorschlag, sondern als durchaus
verbindliches im Sinne der behördlichen Verordnung verstanden wissen
(1955). Es verstärkte auch Schulbuchprüfung und versuchte nicht nur Forma-
litäten, sondern auch Inhalte der Schulbücher zu kontrollieren (1956). Mit einer Revision des Schulausschußgesetzes wurde der Schulausschuß nicht
mehr gewählt, sondern ernannt (1956). Gegensätze zwischen dem Kultusmi-

nisterium und der Japanischen Lehrergewerkschaft (Nihon Kyoshokuin Kumiai, gekürzt: Nikkyoso) bestimmen rasch pädagogische Diskussionen.

3. „Volksbildungslehre" und pädagogische Theorie Horios

Der nationalistisch-zentralistische Revisionskurs der Bildungspolitik forderte mehrere - von liberal- bis marxistisch-orientierte - Erziehungswissenschaftler zu einer pädagogischen Theoriebildung heraus, die sich als eine Unterstützung der hauptsächlich von der Lehrergewerkschaft getragenen Widerstandsbewegung gegen den Revisionskurs verstand. Ansätze dieser Theoriebildung nannten sich „Volksbildungslehre (Kokumin Kyoiku Ron)" und verstanden jene Widerstandsbewegung als „Volksbildungsbewegung (Kokumin Kyoiku Undo)". Es ging nun darum, wer das Recht hat, öffentliche Erziehung zu bestimmen. Das Volk oder der Staat - das war die Alternative, die die „Volksbildungslehre" herausstellte.

Die Alternative schien nicht nur unumgänglich, sondern auch diejenige zu sein, von der aus Antworten für alle anderen Fragen für die Erziehung abzuleiten wären.

Der Revisionskurs konnte seine Legitimität mit einer parlamentarischen Mehrheit und formalen Rechtmäßigkeit begründen. Die „Volksbildungslehre" versuchte die Legitimität der dagegen gerichteten Widerstandsbewegung mit dem Begriff des Volkes theoretisch zu untermauern. Wie naiv und theoretisch unzulänglich diese Gegenüberstellung des Volkes gegen den Staat auch sein mag, die „Volksbildungslehre" kann als ein Versuch interpretiert werden, gegen das traditionelle Staatsmonopol der Öffentlichkeit - „öffentlich" heißt „Staatlich" und vice versa - einen anderen Begriff der Öffentlichkeit aufzubauen.

Es war ein wesentlicher Beitrag der pädagogischen Theorie Horios, daß sie dieses Motiv der „Volksbildungslehre" aus ihren naiven theoretischen Zustand rettete und ihm eine feste pädagogische Basis verschaffte

Teruhisa Horio, Jahrgang 1933, studierte Jura und Politikwissenschaften unter dem brillianten Politologen Masao Maruyama und beschäftigte sich erst in der graduate school mit der Pädagogik. Seine sozialwissenschaftliche Ausbildung mag zur Überwindung des Subjektivismus der „Volksbildungslehre" und zur theoretischen Thematisierung der Öffentlichkeit beigetragen haben. Horio lehrte lange Jahre an der pädagogischen Fakultät der renommierten Tokyo Universität. Sein Einfluß auf die Entwicklung der japanischen Pädagogik und auf die pädagogischen Diskussionen der Nachkriegszeit ist schwerlich zu überschätzen.

II. Theoretischer Ansatz Horios

1. Europäische Neuzeit als Referenz

Für Horios pädagogisches Konzept gilt - wie bei seinem Lehrer Maruyama - die europäische Neuzeit als *die* Referenz, wenn nicht als Vorbild. In seiner Dissertation (1961) - sie wird in sein Hauptwerk *Idee und Struktur der modernen Pädagogik (Gendai Kyoiku no Shiso to Kozo)* integriert - versuchte Horio aus pädagogischen Gedanken des neuzeitlichen Europas den „Grundsatz der neuzeitlichen Pädagogik" zu entnehmen und zu rekonstruieren. Horio rekonstruierte eine dreifache Struktur. Die neuzeitliche Pädagogik Europas sei zunächst von (I) der Selbstbildung der herrschenden Klasse und (II) von der Bildung der Arbeitermasse bestimmt worden. Der zweite Moment – Bildung der Arbeitermasse – werde unterteilt in (II-a) Indoktrinationsversuche der Arbeiter durch die herrschende Klasse und (II-b) Selbstbildung der Arbeiter:

I.   Selbstbildung der herrschenden Klasse
II. a) Indoktrination der Arbeiter durch die herrschende Klasse
II. b) Selbstbildung der Arbeiter.

Schematisch kann man Horios Konzept so zusammenfassen: Die erste Kategorie - (I) Selbstbildung der herrschenden Klasse -, repräsentiert von der Idee der Aufklärung und der Bürgerlichen Revolution, stellte die positive Seite der europäischen Neuzeit, die Idee der neuzeitlichen Pädagogik dar; die zweite Kategorie - (II-a) Indoktrination der Arbeiter durch die herrschende Klasse -, repräsentiert von der Realität der Industriellen Revolution, war die negative Seite der Neuzeit, oder Kehrseite der Idee der neuzeitlichen Pädagogik; in der dritten Kategorie - (II-b) Selbstbildung der Arbeiter - sah Horio eine Möglichkeit, die Idee der neuzeitlichen Pädagogik in modernen Verhältnissen zu verwirklichen.
Auf der Grundlage dieser Auffassung erläutert Horio die Idee oder den Grundsatz der neuzeitlichen Pädagogik in zwei Stufen: Erziehung als „Privatsache":
Für die neuzeitliche Pädagogik (des Comenius', Rousseaus, Condorcets, Pestalozzis, etc.) habe das Recht des Kindes auf Erziehung und auf Bildung den gemeinsamen Ausgangspunkt gebildet. Das Recht des Kindes ist ein logischer Zweig des Menschenrechtsgedankens gewesen. Weil aber Erziehung

in erster Linie moralisch-innerliche Menschenbildung bedeute und Manipulation des „Innen" der Menschen durch staatliche Gewalt dem Menschenrechtsgedanken widerspreche, habe die Erziehung eine Privatsache sein müssen, für die die Eltern und Familie zuständig sein sollten. Elterliche Gewalt bedeute eher ein Vorrangsrecht, die Pflicht, dem Recht des Kindes entgegenzukommen, als erste zu erfüllen.

Zweite Stufe: Öffentliche Erziehung als „Organisierung der Privatsache": Der ideale Modus der Erziehung durch Eltern oder Hauslehrer sei aber in neuzeitlichen Verhältnissen schwerlich einzulösen. Öffentliche Schule sei also notwendig gewesen, um jenem Ausgangspunkt der Erziehung, dem Bildungsrecht jedes Kindes, entgegenkommen zu können. Öffentliche Schule stehe nach Horio aber nicht notwendig zur ursprünglichen Idee der neuzeitlichen Erziehung - Erziehung als „Privatsache" - im Widerspruch, wenn man z.B. an Condorcets Konzept des öffentlichen Schulsystems denkt. Condorcet habe mehrfach darauf hingewiesen, wie in der öffentlichen Schule mögliche Willkür der staatlichen Gewalt vorzubeugen sei. Hier stellt die öffentliche Erziehung nicht etwa eine Machtausübung der staatlichen Gewalt, sondern eine Organisierung der Einlösungsversuche der elterlichen Verpflichtung dar. Sie könne und müsse also weiterhin als „Privatsache" verstanden werden. Öffentliche Erziehung solle von der öffentlichen Hand finanziert werden, zumal wenn man daran denkt, daß die öffentliche Hand auf die Arbeit der Steuerzahler zurückzuführen ist. Öffentliche Erziehung dürfe aber inhaltlich nicht von der staatlichen Gewalt bestimmt werden. Im Konzept der öffentlichen Erziehung als „Organisierung der Privatsache" fand Horio eine konsequente Verwirklichung der ursprünglichen Idee der neuzeitlichen Erziehung:

Als solch zweistufiges Konzept der Erziehung - Erziehung überhaupt und öffentliche Erziehung im besonderen - bestimmte Horio den Grundsatz der neuzeitlichen Pädagogik, nachdem die öffentliche Erziehung unabhängig von der staatlichen Machtausübung auf der Grundlage des Rechts des Kindes auf Bildung aufgebaut werden sollte. Es ist nicht schwierig, in dieser Bestimmung des „Grundsatzes", das gleiche Motiv der „Volksbildungslehre" wiederzuerkennen: das Motiv, den Raum der Öffentlichkeit dem Staatsmonopol abzugewinnen. Horios Erläuterung hob aber deutlich hervor, daß jener neue Begriff der Öffentlichkeit nicht lediglich eine subjektive Hoffnung der Widerstandsbewegung, sondern auch ein logisches Postulat der neuzeitlichen Pädagogik ausmache.

2. Kritik des nationalen Schulsystems

Seit der zweiten Hälfte des vorigen Jahrhunderts setzte sich die Schulpflicht
in mehreren Ländern, einschließlich Japans, durch. Damit vollendete sich der
Aufbau des national- staatlichen Schulsystems.

Dies war aber für Horio keineswegs eine Verwirklichung der Idee der öffentlichen Erziehung im Sinne des Grundsatzes der neuzeitlichen Pädagogik.
Horio setzte sich im zweiten Kapitel seines Hauptwerkes *„Idee und Struktur
der modernen Pädagogik"* mit der „Erziehung in der monopolistisch-impe-
rialistischen Phase" kritisch auseinander, und zwar wieder in bezug auf die
europäische Gesellschaft (Horio versäumt eine kritische Auseinandersetzung
mit der pädagogischen Tradition Japans seit der Meiji-Restrantion natürlich
nicht. Siehe dazu u.a. sein Buch *„Educational Tought and Ideology in Modern Japan")*.

Die Vollendung des national-staatlichen Schulsystems bedeutete für Horio eine Universalisierung der Kategorie (II-a) der neuzeitlichen Pädagogik:
Indoktrination des ganzen Volkes für die monopolistisch-imperialistisch Interessen. Was Kehrseite oder Ausnahme der neuzeitlichen Pädagogik gewesen sei, werde nun zum Grundsatz. Der Grundsatz der Erziehung als Privatsache werde prinzipiell aufgegeben, und zwar dadurch, daß der Staat als moralische und wahrheitsbewahrende Instanz auftrete und sich das Recht anma-
ße, öffentliche Erziehung anzuordnen.

Der Begriff der öffentlichen Erziehung werde nun durch staatliche Verordnungen besetzt, die nicht auf allgemeine Menschenbildung, sondern auf
Ausbildung derjenigen *Staats*bürger zielen, welche sich aktiv für nationalstaatliche Interessen einsetzen.

Es ist wiederum nicht schwierig, hinter dem erläuterten Bild des modernen Wohlfahrtsstaates den Revisionskurs der japanischen Bildungspolitik der
50er und 60er Jahre wiederzufinden.

Die kritische Auseinandersetzung Horios mit der pädagogischen Struktur
des modernen Wohlfahrtsstaates versuchte, strukturelle und geschichtliche
Bedingungen des Revisionskurses zu durchleuchten und damit zugleich seine
Unhaltbarkeit aufzuzeigen. Denn:

Wenn der Revisionskurs ein japanisches Syndrom des modernen Wohlfahrtsstaates im allgemeinen darstellen soll, ist er nichts anderes als eine zu
überwindende Form der öffentlichen Erziehung, weil die Kategorie (II-a)
- Indoktrination der Arbeiter durch die herrschende Klasse - einen unzulässi-
gen Widerspruch zur Idee der modernen Pädagogik ausmacht, den es durch
die Verwirklichung dieser Idee in modernen Verhältnissen zu überwinden
gilt.

3. Recht des Volkes auf Bildung

Um die real existierende Struktur der öffentlichen Erziehung zu überwinden, wendet sich Horio an eine pädagogische Interpretation der Japanischen Verfassung und des Erziehungsgrund- gesetzes.

Er versucht damit, eine positive, den Grundsatz der neuzeitlichen Pädagogik weiterentwickelnde Seite der Gesetzgebung der Nachkriegszeit gegen negative bevormundende Funktionen des Wohlfahrtsstaates hervorzuheben und zu legitimieren.

Der positive Kern der Bildungsgesetzgebungen der Nachkriegszeit ist nach Horio darin zu sehen, daß die Bildung - wie es im Artikel 26 der Japanischen Verfassung zu lesen ist - als Recht des Volkes erklärt wurde. Die Schulpflicht bedeutete unter der neuen Verfassung nicht mehr die Pflicht der Kinder oder der Eltern gegenüber dem Staat, der die öffentliche Erziehung den Bürgern vorschreibt. Die Schulpflicht bedeute in erster Linie, das Recht des Volkes auf Bildung, besonders dem des Kindes auf Lernen entsprechende Pflicht der Eltern. Es gelte nun, Erfüllungsversuche dieser Pflicht zur öffentlichen Erziehung zu organisieren. Staatliche Macht müsse sich - wie Artikel 10 des Erziehungsgrundgesetzes vorsehe - darauf beschränken, materielle Rahmenbedingungen für diese Organisierung der elterlichen Verantwortung zu schaffen.

Mit dieser pädagogisch-juristischen Auslegung wurde dem hauptsächlich politisch motivierten Versuch der „Volksbildungslehre", gegen die staatliche Machtausübung eine andere Öffentlichkeit - Öffentlichkeit des „Volkes" - gegenüberzustellen, ein pädagogisches Argument inauguriert. Hinter der Widerstandsbewegung der Lehrergewerkschaft und der naiv anmutenden Gegenüberstellung „Volk vs. Staat" in der „Volksbildungslehre" könne und solle man ein durchaus pädagogisches Argument des Rechts des Kindes auf Bildung erkennen.

Angesichts der entscheidenden Frage, wie dieses Recht des Kindes gewährleistet werden kann, müßten behördliche Maßnahmen versagen, weil sie - ungeachtet der Verschiedenheit der einzelnen Kinder oder der jeweiligen erzieherischen Situationen - einheitlich sein müßten. (Man beachte, daß ihre Rechtmäßigkeit genau in dieser Einheitlichkeit besteht.) Für die genuin pädagogische Frage - z.B. was mit welchen Lehrmitteln wie gelehrt werden soll - seien nicht die behördlichen Maßnahmen zuständig, sondern die öffentliche Diskussion auf der Grundlage des pädagogischen Arguments, das sich auf das Recht des Kindes stützen solle. Artikel 10 des Erziehungsgrundgesetzes - Selbstbeschränkung der Bildungspolitik auf die äußeren Bedingungen der öffentlichen Erziehung - habe also durchaus seine pädagogische Begründung.

Mit Horios Theorie vom Recht des Volkes auf Bildung entstand eine theoretische Basis der pädagogischen Öffentlichkeit, die nicht von der staatlichen Autorität oder Anordnung abhängt, sondern sich auf das pädagogische Argument beruft.

Horios Theorie verschaffte nicht nur die theoretische Basis für die pädagogische Öffentlichkeit, sondern sie wirkte in der Tat auf die Entstehung der pädagogischen Öffentlichkeit, vor allem durch den Ienaga-Schulbuchprozeß. Horio selbst setzte sich im Prozeß für die Anklage Ienagas gegen die Schulbuchprüfung des Kultusministeriums aktiv ein.

Der Schulbuchprozeß entstand mit der Anklage von Saburo Ienaga. Er gehört zu den bedeutendsten Forschern der Ideengeschichte Japans. Er klagte das Kultusministerium an, weil er die Prüfung des Kultusministeriums über sein Geschichtsschulbuch für eine Zensur und damit für unrecht hielt.

Das erste Urteil über die Anklage Ienagas, das sogenannte Sugimoto-Urteil, das Ienaga recht gab, fiel am 16. Juli 1970. Das Urteil war eine Sensation, weil der seit den 50er Jahren so sorgsam aufgebaute Revisionskurs des Kultusministeriums in seinem Kernpunkt, nämlich, wer den Lehrinhalt zu bestimmen berechtigt sei, für rechtswidrig erklärt wurde. Das Sugimoto-Urteil erklärte, daß das Recht, über Probleme der öffentlichen Erziehung zu entscheiden, nicht der staatlichen Verwaltung, sondern dem Volk im ganzen gehört. Zur Ausübung dieses Rechtes erklärte das Urteil die parlamentalistische Legitimation der Bildungspolitik - Rechtfertigung der parteipolitischen Bildungspolitik als eine Durchführung des Volkswillens - für ungeeignet. Genuin pädagogische Probleme wie z.B. Inhalte des Lehrplans, die viel mit der wissenschaftlichen Glaubhaftigkeit zu tun hätten, paßten keineswegs zur parlamentarischen Mehrheitsentscheidung. In bezug auf innerpädagogische Probleme müßten Lehrer in ihren Lehrtätigkeiten direkt den Eltern und dem Volke verantwortlich sein. Hier könne man sagen, daß Horios Konzept über den Staatsfreien Raum der pädagogischen Öffentlichkeit offiziell bestätigt wurde.

4. Ausbleiben der pädagogischen Öffentlichkeit

Man kann also die Rahmenbedingungen für die pädagogische Öffentlichkeit im Sinne Horios als durchaus entstanden sehen.

Das Konzept der pädagogischen Öffentlichkeit wurde theoretisch gut untermauert; es konnte sich sogar an offizielle Rechtssprüche anschließen (1976 wies selbst der Oberste Gerichtshof in seinem Urteil über den sogenannten Leistungstest-Prozeß das parlamentaristische Argument der öffentlichen Erziehung zurück, und zwar im Rekurs auf das Recht des Kindes auf Bildung.

Sie blieb aber in der Tat aus. Horio selbst bestätigt und analysiert „the crisis in Japanese education today" (Horio 1988, Kapitel 1). Für den krisenhaften Zustand der japanischen Erziehung seit den 80er Jahren ist - wenn ich nicht irre - das Ausbleiben der pädagogischen Öffentlichkeit mitverantwortlich. Wir müssen heute schmerzlich zugestehen, daß unsere pädagogische Diskussionen kaum über die Kraft verfügen, erzieherische Tätigkeiten mitzugestalten. Es fehlen keineswegs Diskussionen über Bildungsprobleme. Sie gehen aber an alltäglichen pädagogischen Praxen vorbei, die sich beinah unabhängig von pädagogischen Diskussionen vollziehen. Der Rahmen für die pädagogische Öffentlichkeit konnte sich nicht mit einem Inhalt erfüllen. Er wurde eher vernachlässigt, verwahrlost und machtpolitisch unterdrückt.

Das Ausbleiben der pädagogischen Öffentlichkeit ist allerdings keineswegs die Folge der Unzulänglichkeit irgendeiner Theorie. Es ist ein Teil gesellschaftlicher Prozesse Japans. Um so mehr kann man fragen, ob Horios Theorie, die so konsequent und wirkungsvoll eine pädagogische Öffentlichkeit konzipieren konnte, überhaupt fähig war, diese gesellschaftlichen Prozesse, die eine durchaus möglich scheinende pädagogische Öffentlichkeit zum Ausbleiben zwingen, zu analysieren und damit eine theoretische Basis zu liefern, um ihnen entgegenzuwirken. Meine These lautet folgenderweise: Der theoretische Ansatz Horios konnte ein Gegen-Modell gegen das Staatsmonopol der Öffentlichkeit herstellen und theoretisch begründen; weil es ihm aber ausschließlich darum ging, dieses Staatsmonopol auszuräumen, um der pädagogischen Öffentlichkeit freien Weg zu bahnen, untersuchte er nicht die tieferen Strukturen, die hinter dem Staatsmonopol stehen und den formell entstehenden Freiraum für die pädagogische Öffentlichkeit derart steuern, so daß die praktische Umsetzung der pädagogischen Öffentlichkeit ausbleiben mußte; Horios Theorie geriet genau in die Falle dieser Struktur, die seit der Vollendung des wirtschaftlichen Wiederaufbau - um 1970, zur Zeit des Sugimoto-Urteils - allmählich zutage trat. Dies geschah dadurch, daß Horio in einer Art Entwicklungspädagogik die Vollendung seines theoretischen Ansatzes suchte.

III. Hochwachstumspolitik und Unterwanderung der pädagogischen Öffentlichkeit

1. Wirtschaftliches Wachstum und Erziehung

Die Hochwachstumspolitik seit 1960 brachte in der japanischen Gesellschaft eine tiefgreifende Veränderung mit sich. Mit zunehmender Zuwanderung in städtische gebiete und dem drastischen Sinken der Agrarbevölkerung wurden jene landwirtschaftlichen Gemeinschaften tendenziell aufgelöst, die auch nach der Modernisierung soziale und halbautarkischen Gemeinschaftsleben, öffnete sich nun eine Möglichkeit des glänzenden Konsumlebens. Die Hochwachstumspolitik versprach genau dieses Konsumleben den Massen, die als Arbeitnehmer in die Städte zugewandert waren. Es versteht sich, daß diese Veränderung der Gesellschaft nicht ohne Folgen für pädagogische Verhältnisse bleiben konnte.

Die in landwirtschaftlichen Gemeinschaften geläufigen Beziehungen im Familienleben (Einübung im elterlichen Beruf), zu den Mitmenschen (schulunabhängige Kindergemeinschaft), zur Natur (direkter Umgang mit der Natur) gingen tendenziell verloren. Schulkarierre wurde, nicht nur für ambitioniertes soziales Aufstiegsstreben, sondern auch für das normale Weiterleben als Arbeitnehmer bedeutender und entscheidender.

Uns geht es zunächst darum, wie die japanische Pädagogik, besonders die Horios, diese tiefgreifenden Veränderungen wahrnahm und theoretisch zu verarbeiten suchte. Dafür können wir in einem Beitrag Horios zum Thema „Wirtschaftliches Wachstum und Erziehung (Keizaiseicho to Kyoiku)" einen möglichen Ansatz finden. Dieser Beitrag stellt das 4. Kapitel des von Takashi Ohta herausgegebenen Buches „*Geschichte der japanischen Erziehung der Nachkriegszeit" (Sengo Nihon Kyoikushi)* dar.

Horio faßt zunächst die pädagogische Problematik des wirtschaftlichen Wachstums im Rahmen der „Kontrolle der Erziehung durch den Staat" (Horio 1978, S. 269) auf. Die Problematik im ganzen erscheint als ein Prozeß, in dem sich „die Forderungen der Arbeitgeberschaft, vermittelt durch staatliche Gewalt, in der Bildungspolitik durchsetzen" (Horio 1978, S. 288). Bildungspolitik der 60er Jahre zielte auf eine Differenzierung des Schulsystems, damit es sich - so war das Argument damals - an das wirtschaftliche Wachstum und damit entstehende neue berufliche Strukturen anpassen könne. Das Leistungsprinzip wurde zur Leitidee dafür erklärt. Horio kritisiert diese „meritokratische" Differenzierung des Bildungssystems als eine machtpolitische Durchsetzung der wirtschaftlichen Forderungen.

Diese wirtschaftlichen Interessen hätten das Recht des Kindes auf Bildung höchstens als Nebensache zur Kenntnis genommen (siehe auch Horio 1988, S. 320 ff.; Horio 1994, S. 288 ff.). In der „Entwicklung der Volksbildungsbewegung" (Horio 1978, S. 316) - so ist der Titel des dritten und letzten Abschnitts des genannten 4. Kapitels - findet dagegen Horio eine Grundlage, den wirtschaftlich-machtpolitischen Eingriffen in die Erziehung, pädagogische Postulate entgegensetzen, eine Grundlage also, auf der eine pädagogische Öffentlichkeit sich zu entwickeln imstande gewesen wäre. Als einen Ertrag der „Volksbildungsbewegung" erwähnt Horio das Sugimoto-Urteil im Ienaga-Schulbuchprozeß.

Aus dieser Geschichtsschreibung Horios ergibt sich nun eine Frage: Warum bleibt die pädagogische Öffentlichkeit trotz der so erfolgreichen „Volksbildungsbewegung" aus? Die geschichtliche Rekonstruktion Horios zum Thema „wirtschaftliches Wachstum und Erziehung" müßte eine mögliche Antwort in eine schmal begrenzte Richtung leiten: die Durchsetzungskraft der wirtschaftlich-politischen Macht sei nämlich der „Volksbildungsbewegung" gegenüber zu mächtig gewesen oder umgekehrt die der „Volksbildungsbewegung" nicht stark genug. Jedenfalls bleibt immer die gleiche Gegenüberstellung.

Die geschichtliche Auffassung Horios bewegt sich im Schema der Gegenüberstellung von pädagogisch-privaten und wirtschaftlich-politischen Interessen. Sein theoretisches Konzept ging davon aus, daß die Auffassung der Erziehung als „Privatsache" gegenüber dem Staatsmonopol der Öffentlichkeit einen praktischen und theoretischen Stützpunkt darstellt, auf dem die pädagogische Öffentlichkeit konstruiert und begründet werden kann. Es war aber genau - wenn ich richtig sehe - dieses Schema der Gegenüberstellung, das im Laufe des wirtschaftlichen Wachstums an Boden verlor.

2. Symbiose privater und staatlicher Interessen

Einerseits konnte sich die wirtschaftlich motivierte Bildungspolitik nicht konsequent durchsetzen.

Manpower policy wurde schon am Anfang der 70er Jahre von der Regierung selbst als revisionsbedüftig erkannt. Berufsbildende Kurse (Shokugyo Ka) der Oberschule und der Technischen Fachhochschulen (Koto Senmon Gakko), die im Sinne der *manpower policy* erweitert oder neugegründet

(1962) wurden, waren zunächst hoch angesehen. Sie verloren jedoch nach dem Ende der Hochwachstumsphase ihr Ansehen zugunsten der allgemeinbildenden Oberschulen und Universitäten.

Durchgesetzt wurden nun eher private Interessen im Bildungssystem, im Sinne einer höheren Schulkarierre. Es entstand z.B. in den 60er Jahren die „Oberschule für Alle (Koko Zen'nyu)" - eine Schulform, die ihr Ziel erfolgreich erreichen konnte: Der Prozentsatz der Schüler, die in die Oberschule, d.h. Klassenstufe 10 bis 12, übergingen, stieg von 58% im Jahr 1960 auf 92% im Jahr 1975. Dies alles bedeutete aber andererseits nicht, daß mit der Freisetzung der privaten Interessen im Laufe der wirtschaftlichen Entwicklung die gewünschte Grundlage der pädagogischen Öffentlichkeit zustande gekommen wäre. Private Interessen an die Erziehung stehen zu staatlich-wirtschaftlichen Interessen keineswegs im Widerspruch. Im Gegenteil: Sie waren in der Geschichte des sich modernisierenden Japans eine zentrale Triebkraft, mit der sich staatlich-wirtschaftliche Interessen überhaupt erst durchsetzen konnte.

„Bildung ist das Kapital, um sich eigenständig zu machen. Niemand kann deshalb umhin, in die Schule zu gehen."

- so hieß es in einer Passage aus der Regierungserklärung (Oseidasare Sho) für den ersten Aufbauplan des modernen Schulsystems Japans (Gakusei) im Jahr 1872. Die Idee, daß Schulbildung ein Kapital sei, ein sicheres Leben und gesellschaftlichen Aufstieg zu ermöglichen, war eine wichtige Grundlage des kaiserlichen Machtsystems vor dem Zweiten Weltkrieg, Damit dieses System private Interessen nahezu nahtlos zu staatlichen mobilisieren und das Staatsmonopol der Öffentlichkeit immer wieder sicherstellen konnte. Die Rekrutierung von *manpower* für das kaiserliche Machtsystem wurde - idealiter - nicht durch Aufgabe, sondern durch Erfüllung privater Interessen ausgeführt. Die Nachkriegsreform löste zwar dieses Machtsystem auf. Das im Laufe des Wiederaufbaus und des „Wirtschaftswunders" allmählich zusammengesetzte System der Nachkriegszeit zeigte eine mit dem früheren System homologe Struktur, dem lediglich ein sichtbares und offenbar autoritatives Machtzentrum fehlte: Konformistische *manpower* wurde durch ein Schulsystem rekrutiert, in dem jeder unter Druck gesetzt wird, das „Kapital" für sein späteres Leben zu bilden.

3. Kontrollorientierte Erziehung

Daß dieser Druck des Schulsystems den Schulalltag zur absurden Unterdrük-kungsmaschinerie treiben kann, zeigt Kei Kamatas aufschlußreiche Reportage „Kinder in Erziehung-Fabriken (Kyouiku Kouojou no Kodomotachi)".
Kamata berichtet, wie die Kinder in mehreren Schulen bis in die Details der Lebensführung - zum Teil minutenweise und mit nackter Gewalt - kontrolliert werden und wie diese kontrollorientierte Erziehung (Kanrishugi Kyoiku) dem Vorbild der *quality controll* der Warenproduktion folgt: Kinder als sorgfältig zu kontrollierende Produkte. Auch Lehrer werden als Arbeiter dieser „Erziehung-Fabrik" streng kontrolliert. In einem Interview von Kamata begründet ein Schulleiter seine Praxis der kontrollorientierten Erziehung damit, daß „die Eltern (...) große Erwartungen an die Schule richten" (62). Kamatas Fazit:

„Erwartung an die Schule bedeutet Erwartung an die Kinder. Wenn Kinder nicht diejenigen werden könnten, welche die Gesellschaft erwartet, würden sie untergehen. Eltern, die meist an die Erwartung der Industriegesellschaft angepaßt sind, erwarten, das ihre Kinder auch als zu erwartende Menschen erwachsen werden. Kinder stellen dann 'Gefangene der Erwartung' dar" (62).

Kamata übersieht ferner nicht, daß diese kontrollorientierte Erziehung mit der nationalistischen Ideologie eng verbunden ist. Nationalistische Ideologie soll als ein Teil der gesellschaftlichen Erwartung in jene „Erziehung-Fabrik" gebracht und in die Endprodukte, die Kinder, eingefügt werden. Es sind aber private Interessen der Eltern („Erwartungen"), die die Turbine dieser „Fabriken" antreiben.

IV. Strukturelle Grenze der Nachkriegspädagogik

1. Neue Bildungsprobleme

Während die Durchsetzungskraft der Bildungspolitik eher nachließ, schien die damit entstandene Leerstelle nicht durch eine pädagogische Öffentlichkeit, sondern durch den Automatismus der Maschinerie der „Erziehung-Fabrik" ausgefüllt zu werden.

Um den Menschen dieser Maschinerie zu analysieren, wäre weniger das herkömmliche Machtmodell, in dem verschiedene Lager um das Ergreifen einer substantiellen Macht kämpfen, als das Foucaultsches Machtmodell angemessen. Mechanismen der „Erziehung-Fabrik" sind nicht auf irgendeinen Machtinhaber zurückzuführen, dessen Beseitigung endgültige Befreiung aus dieser Maschinerie bedeuten würde. Sie funktionieren eher als ein Automatismus, in dem jeder Teilnehmer entwickelt, exploitiert und diszipliniert wird.

Dem möglichen Freiraum für die pädagogische Öffentlichkeit wird damit der Boden entzogen, weil die Sache der Erziehung immer schon durch jenen Automatismus vorentschieden ist, wie intensiv und kontrovers auch immer über die Erziehung scheinbar diskutiert wird.

Den Mechanismus, der private Interessen an das Schulsystem zum Konformismus mobilisiert, gibt es - wie gesagt - seit dem Beginn der Modernisierung. Jener disziplinierende Automatismus setzte sich aber erst im Laufe des wirtschaftlichen Hochwachstum durch: Mit der Veränderung der Sozial- und Berufsstruktur wurden diejenigen, die eine höhere Schulkarierre durchlaufen wollten, auf das ganze Spektrum der Bevölkerung erweitert. Bauernfamilien, die in der Vorkriegszeit praxisferne Schulbildung verachtet und ihre Kinder eher von höherer Schulbildung fernzuhalten versucht hatten, zwangen nun ihre Söhne in irgendeine Oberschule zu gehen. Der Prozentsatz der SchülerInnen, die in die Oberschule übergingen, stieg in der 70er Jahren auf 95%.

Nach dem Ende der Hochwachstumsphase häuften sich neuartige Bildungsprobleme, die auf eine allgemeine Verbreitung jenes disziplinierenden Automatismus zurückgeführt werden könnten. In der zweiten Hälfte der 70er Jahre sorgten Gewalttätigkeiten der Schüler gegen ihre Lehrer besonders in den Mittelschulen für öffentliches Aufsehen. Dieses Problem, die sogenannte schulinterne Gewalttätigkeit (Konai Boryoko), wirkte in einem Land um so schockierender, wo konfuzianische Tugenden, trotz ihrer allgemein anerkannten Unzeitmäßigkeit, sehr verbreitet sind. Den Untaten der Schüler wurde durch massive und detaillierte Kontrollmaßnahmen vorzubeugen versucht. Eine Folge dieser Reaktion war jene kontrollorientierte Erziehung, über die Kamata ausführlich berichtete. Die kontrollorientierte Erziehung wurde aber nun selbst als Problem empfunden, weil man erkennen mußte, daß sie die Aggressivität der Schüler nur latent und scheinbar unsichtbar macht. Verdrängte Aggressivität richtete sich nun z.B. auf Mitschüler, was man als das Problem „Ijime" wahrnahm: Schüler, die „abweichende" Züge (zu schwach, zu gut, ärmlich gekleidet etc.) aufweisen, werden psychisch und physisch von Mitschülern grausam schikaniert. Schüler, die Selbstmord begangen hatten, hinterließen Testamente, die über Ijime klagten. Dem Ijime-Problem gegenüber zeigen Sachkundige bis heute dadurch nur ihre Ratlosigkeit, daß sie

zu sorgfältigerer Beobachtung und einfühlsamerem Verstehen der Schüler -
d.h. zum dichteren Netz der Überwachung - raten. Hier kann man einen verhängnisvollen Kreislauf beobachten, bei dem der Lösungsversuch eines Problems ein weiteres hervorbringt und - wichtiger noch - durch diesen zirkulä-
ren Gang wird das disziplinäre Netz der Erziehung, das eine Ursache der Bildungsprobleme ausmacht, immer dichter, subtiler und damit noch problema-
tischer.

2. Schwierigkeiten der Nachkriegspädagogik

Wenn es etwas geben konnte, das diesen Teufelskreis hätte unterbinden können, wäre es die pädagogische Öffentlichkeit gewesen, die den Teufelskreis
zu einem fragwürdigen Gegenstand der Diskussion machen und damit in den
Bereich der Machbarkeit hätte eingliedern können. Sie blieb aber aus.

Die Nachkriegspädagogik Japans konnte - so will mir scheinen - keine
wesentliche konstruktive Leistung liefern, um den neuen Bildungsproblemen
seit den 70er Jahren entgegenzusteuern. Sie war für die neuen Bildungsprobleme schlecht gerüstet. Was die neuen Bildungsprobleme zeigten, war die
Tatsache, daß der Raum der erzieherischen Tätigkeiten selbst durch Machtverhältnisse durchdrungen ist, und daß es in diesem Sinn keinen „Freiraum"
für erzieherische Tätigkeiten geben kann. Mit diesen neuen Bildungsproblemen wurde dem grundlegenden Schema der Nachkriegspädagogik der Boden
entzogen. Denn jener „Freiraum" sollte die Grundlage für die pädagogische
Öffentlichkeit liefern, weil in ihm ungestörte Kommunikation gewährleistet
werde, wenn wirtschaftlich-machtpolitische Störmomente von diesem Freiraum erfolgreich abgewehrt werden könnten. Die Schwierigkeiten der pädagogischen Theorie Horios, mit den neuen Bildungsproblemen zurechtzu-
kommen, entspricht den Schwierigkeiten der japanischen Nachkriegspädagogik im allgemeinen. Im folgenden werde ich diese Probleme erklären, doch
zunächst möchte ich auf die neue Linie der Bildungspolitik seit den 80er Jahren eingehen.

3. Privatisierung als Leitidee der neuen Bildungspolitik

In den 80er Jahren entwickelte sich in Japan eine neue Linie der Bildungspolitik, die sogenannte Rinkyoshin-Linie. Der im Jahr 1984 inaugurierte Außer-
ordentliche Bildungsrat - Rinji Kyoiku Shingikai, gekürzt: Rinkyoshin - wur-

de mit der Aufgabe beauftragt, eine Deregulierung in der Bildungspolitik durchzusetzen - nötigenfalls über das Kultusministerium hinweg.

Der Rinkyoshin kritisierte die herkömmliche Bildungspolitik: Sie habe sich zu sehr auf die staatliche Kontrolle der Schule konzentriert, um die gleichen Bedingungen für alle Kinder zu gewährleisten; jedoch mit dieser Gleichschaltung habe sie die Hervorbringung der individuellen Produktivität eher unterdrückt; dies sei aber genau diejenige Kompetenz, die in der postindustriellen Gesellschaft dringend notwendig sei. Die *Deregulations*-Fraktion im Rinkyoshin empfahl deshalb eine grundsätzliche Privatisierung der Erziehungssektors und die drastische Lockerung der staatlichen Kontrolle, damit sich private Initiative für die Erziehung frei entwickeln können. Dem Rinkyoshin gehörten 25 Sachkundige (kein Erziehungswissenschaftler darunter!) an. Er war in 4 Abteilungen unterteilt: Die 1. Abteilung zum Thema "Erziehung für das 21. Jahrhundert", die 2. zur „Lebenslangen Erziehung", die 3. beschäftigte sich mit der „Reform der Primär- und Sekundärstufe" und die 4. mit der „Reform der Hochschulen". Die Hochburg der *Deregulations*-Fraktion war die erste Abteilung. Dagegen herrschte in der 3. Abteilung eine starke Abneigung gegen die *Deregulations*-Idee. Als eine Folge dieser Unstimmigkeit verlor der Wortlaut der tatsächlich entstandenen Rinkyoshin-Empfehlung ihre ursprüngliche Schärfe. Die gemilderten Empfehlungen selbst konnten sich keineswegs völlig durchsetzen. Trotzdem gab der Rinkyoshin den Grundton der Bildungspolitik in den nächsten Jahrzehnten an.

Der bestimmende Ton vom Rinkyoshin im folgenden Jahrzehnt kam nicht zufällig zustande: Die Rinkyoshin-Linie treib die seit den 70er Jahren deutlich hervorgetretene Tendenz der Symbiose von wirtschaftlich-staatlichen und privaten Interessen voran. Die Herausforderung der privaten Interessen stellte für eine staatliche Zielsetzung keine 'Gefahr' mehr dar. Bildungspolitik brauchte sich - anders als in den 50er und 60er Jahren - nicht mehr als das Staatsmonopol der Öffentlichkeit anzumaßen, um in der Schulbildung die konformistische Grundeinstellung zu fördern. Sie brauchte sich nur, wie es der Rinkyoshin tatsächlich tat, auf jenen Kreislauf von privaten und wirtschaftlich-staatlichen Interessen zu stützen. Das bedeutet aber, daß sich die Rinkyoshin-Linie positiv in jenen Teufelskreis der neuen Bildungsprobleme einfügte und deshalb strukturell keine Lösung für diese liefern konnte.

Horio war eine der Hauptfiguren im Lager der Rinkyoshin-Kritiker. Er bemühte sich darum, sein Konzept der Erziehung als „Privatsache von der Rinkyoshin-Linie, nämlich der Privatisierung der Erziehung, zu trennen.

In seinem neueren Buch *„Erziehung im modernen Japan (Nihon no Kyoiku)"* – das Buch basiert auf einer Vorlesung in seinem letzten Semester an der Tokyo Universität und zeigt eine Zusammenfassung seines theoretischen Konzepts im ganzen – unterscheidet Horio drei Standpunkte zur pädagogischen Öffentlichkeit:

„Dem 'Staatsmonopol der Öffentlichkeit' wird die 'Logik der Privatheit' gegenübergestellt, die die Erziehung konsequent auf der Ebene der Marktwirtschaft auffaßt. Gegen diese beiden soll es eine Möglichkeit der Öffentlichkeit geben, die sich auf die Menschenrechte beruft." (Horio 1994, S. 367)

Auch in seiner Auseinandersetzung mit der Rinkyoshin-Linie konnte Horio gegen die Unzulänglichkeit der realen Bildungspolitik - der 'Logik der Privatheit' - die Integrität seines Gegen-Modells, das sich auf die Menschenrechte berufen sollte, theoretisch behaupten. Diese Integrität wurde aber - so will mir scheinen - auf Kosten einer theoretischen Sterilität erkauft. Sein Gegen-Modell bleibt, wie Horio selbst zugesteht, ein Zielbild, eine „Utopie" (a.a.O., 360). In der Theorie Horios wird nicht wir nicht analysiert, warum die pädagogische Öffentlichkeit ausbleibt.

4. In der Falle der Symbiose - Aufstieg des Begriffs „Entwicklung" zur pädagogischen Leitidee

Nicht von ungefähr versuchte Horio seit dem Anfang der 70er Jahre, seine Theorie nicht auf der sozialwissenschaftlichen Ebene wie in den 50er und 60er Jahren, sondern in der Psychologie, besonders in entwicklungspsychologischen Untersuchungen zu begründen. Statt die theoretische Integrität dadurch aufs Spiel zu setzen und die Auflösung des Schemas 'Staatsmacht vs. Privatsache' zu reflektieren, versuchte Horio eher dieses Schema begrifflich zu verbessern. Es mußte geklärt werden, was eigentlich der Standpunkt 'Erziehung als Privatsache' bedeutet. Im Kern dieses Standpunktes fand er immer das Recht des Kindes auf Bildung. Er versuchte nun, dieses Recht des Kindes mit positiv-empirischen Untersuchungen über die kindliche Entwicklung zu untermauern.

Ein zentraler Ertrag von Horios Zuwendung zur Problematik der kindlichen Entwicklung war das von ihm mitherausgegebene neunbändige Handbuch „Kindliche Entwicklung und Erziehung (Kodomo no Hattatsu to Kyoiku)". In seinem Beitrag „Kindliche Entwicklung in der Gegenwart und der Aufgabe der Pädagogik (Gendai ni okeru Kodomo no hattatsu to Kyoikugaku no Kadai)" im ersten Band des Handbuches skizzierte Horio sein neues Konzept der Pädagogik. Horio faßte die „Verschiebung des Aufgabenbewußtseins der Nachkriegspädagogik" unter dem Stichwort „Von der 'Politik' zum

'Kind' " zusammen. Er entnahm aus der Nachkriegspädagogik verschiedene
Momente, die die Entwicklung des Kindes thematisierten und damit jene
„Verschiebung" in Gang setzten.

„So haben die Forschungen, welche die Beziehungen zwischen Entwicklung und Erziehung thematisieren, eine große Strömung der pädagogischen Forschung konstruiert." (Horio 1979, S. 292)

Hinter dieser Strömung sah er gesellschaftliche Veränderung seit dem wirtschaftlichen Hochwachstum der 60er Jahre: Angesichts der dadurch hervorgebrachten „krisenhaften Situation" der individuellen Entwicklung sei die
Pädagogik herausgefordert worden, die psycho-physische Lage von Kindern
und Jugendlichen umfassend zu untersuchen. Horio konzipiert die Pädagogik
als eine „Integrale Anthropologie (sogoteki Ningengaku)", die von einem genuinen Standpunkt her, die Menschen unter dem 'Gesichtspunkt der Entwicklung und der Erziehung' zu betrachten, Erkenntnisse der heutigen Hu-
man- und Sozialwissenschaften integrieren" soll (a.a.O., 309). Der 'Gesichtspunkt der Entwicklung und der Erziehung' - denn die Entwicklung sei unvor-
stellbar ohne intentionale Einwirkung der Erziehung - wirkt als Stützpunkt
des „pädagogischen Wertes", der die Pädagogik eigenständig machen soll. Es
ist z.B. notwendig, die „Qualität von institutionalisierter Erziehung, die an
einer bestimmten Politik orientiert ist, unter dem Gesichtspunkt der menschlichen Entwicklung aller Kinder (dem Gesichtspunkt des pädagogischen
Wertes) zu überprüfen." (a.a.O., 299) Eine zentrale Aufgabe der Pädagogik
bestehe deshalb darin, die Bahn der individuellen Entwicklung zu untersuchen und auf der Grundlage dieser Untersuchung Inhalte erforderlicher erzieherischer Einwirkungen zu konzipieren.

Mit der thematischen Zuwendung der pädagogischen Theorie Horios zur
Problematik der Entwicklung konnte das Schema „Pädagogik und Politik"
seine pädagogische Vollendung feiern: Das Recht des Kindes auf Bildung,
das für die Widerstandsbewegung gegen das Staatsmonopol der Öffentlichkeit einen unantastbaren Grund liefern soll, findet nun seine inhaltliche Erfüllung, denn das zu entdeckende Gesetz der Entwicklung soll angeben können,
wie das Recht des Kindes im Prozeß der Erziehung konkret erfüllt werden
muß. Eine Entwicklungspädagogik stellt dann keinen Gegensatz zum Schema „Pädagogik und Politik" dar, sondern eher seine Vollendung. Erziehung
bedeutet nun nichts anderes als eine Praxis zur Gewährleistung der menschlichen Entwicklung.

Dieses Konzept der Erziehung - Erziehung als Gewährleistung der menschlichen Entwicklung - hat in Japan erstaunliche Anerkennung gefunden. Es
ist - bis heute - fast überall zu sehen: von Entwurfspapieren der Lehrer für ih-

re Unterrichtsstunden über Lehrbücher der Pädagogik bis hin zu Anweisungen des Kultusministeriums für die Lehrplangestaltung. Die pädagogische Theorie Horios erlangte mit seinem Konzept der Entwicklungspädagogik de facto den Status eines Paradigmas in der japanischen Pädagogik. Entstand also endlich ein Konsens, eine handfeste pädagogische Öffentlichkeit zugunsten der linksliberalen Tradition der japanischen Nachkriegspädagogik, als deren Leitfigur wir die pädagogische Theorie Horios nachgezeichnet haben? Mag sein - wenn man jedes Unisono der Meinung eine „Öffentlichkeit" nennen kann. Neben den einstimmigen Bekenntnissen zur „Entwicklung" häuften sich aber jene neue Bildungsprobleme, die offensichtlich bezeugen, daß das Individuum, das die Entwicklung tragen soll, in der Tat kaum ernstgenommen wird.

Man sollte in der Einstimmigkeit der Bekenntnisse zur „Entwicklung" weniger eine Verwirklichung der lange vermißten pädagogischen Öffentlichkeit, als eine Falle der Symbiose von privaten und staatlich-wirtschaftlichen Interessen sehen. Das Bekenntnis zur individuellen Entwicklung unterbindet keineswegs die Symbiose. Im Gegenteil: Es beschleunigt sie, solange diejenige pädagogische Öffentlichkeit nicht vorhanden ist, die jene Symbiose zur Diskussion stellen und damit der blinden Ausbeutung von individuellen Potential im Namen der „Entwicklung" Einhalt gebieten könnte. Selbst die äußerste Früherziehung könnte man im Namen der „Entwicklung" rechtfertigen, wie es in Japan tatsächlich geschieht.

Gegen solche Phänomene kann Horio freilich immer - an sich gesehen zu recht - die Verkennung des Rechtes des Kindes beklagen, ohne die Tatsache aber ernst zu reflektieren, daß mögliche Stützpunkte solcher Kritik an der Gesellschaft immer mehr verlorengehen. In seiner Theorie fehlt die theoretische Reflexion dieser Tatsache, und zwar strukturell: Weil er auf dem Schema der Gegenüberstellung bestand und sich darauf konzentrierte, den positiven Pol der Gegenüberstellung begrifflich zu verbessern und positiv-empirisch zu untermauern, wurde das Phänomen der Symbiose aus seinem Gesichtsfeld verdrängt. Mehr noch:

Damit fügte sich die Theorie Horios positiv - genauso wie ihr Kontrahent die Rinkyoshin-Linie - in den Teufelskreis der Symbiose ein. Dies betrifft aber nicht nur die pädagogische Theorie Horios, sondern die der Nachkriegspädagogik im allgemeinen, welche sich an der Problematik „Pädagogik und Politik" orientierte.

V. Neuere Ansätze der japanischen Pädagogik

Die strukturelle Grenze der Nachkriegspädagogik haben inzwischen mehrere Erziehungswissenschaftler wahrgenommen. Es ist deshalb kein Wunder, daß die pädagogische Theorie Horios zur Zeit fast im Kreuzfeuer steht, zumal sie lange als die Leitfigur der Nachkriegspädagogik galt. Kritiken an Horios Theorie haben auch innerhalb des Rahmens der Nachkriegspädagogik keineswegs gefehlt. Abgesehen von der Kritik von Seiten der Pädagogen, die dem Standpunkt des Kultusministeriums näher standen, wurde seine Theorie wegen ihrer 'bürgerlichen' (Mochida 1969) oder 'idealistischen' (Murata 1970) Züge kritisiert. Mit der Einführung neuer theoretischer Ansätze sieht man sich nun in der Lage, systematische Unzulänglichkeiten seiner Theorie leichter und zum Teil - so muß man wohl hinzufügen - leichtfertig aufzuzählen.

Drei Ansätze, die den Rahmen der Nachkriegspädagogik als eine zu überwindende Grenze erkennen lassen, möchte ich nennen. Erstens: Die mentalitäts- und gesellschaftsgeschichtliche Methode, die besonders in der französischen *annalen*-Schule entwickelt wurde (repräsentativ: Ariès 1980).

Mit der Einführung dieser Methode konnte man den unzulänglichen Schematismus der Auffassung Horios von der europäischen Neuzeit deutlich erkennen (Miyazawa 1988). Als ein Vertreter dieses Ansatzes ist Toshio Nakauchi zu nennen. Er führte diese Methode auf der Grundlage seiner ideenreichen Untersuchungen der pädagogischen Tradition Japans in die pädagogische Historiographie ein. Er versuchte in dem von ihm mitherausgegebenen fünfbändigen Handbuch: *„Gesellschaftsgeschichte von Geburt, Pflege und Erziehung (San'iku to Kyouiku no Shakaishi)"* das Gesichtsfeld der Pädagogik wesentlich zu erweitern und damit die Grenze der Nachkriegspädagogik zu durchbrechen. Das Werk Aries erweckte ferner interdisziplinäre Interessen über das Phänomen „Kind". Dadurch wurde gezeigt, daß das „Kind" die enge Grenze des pädagogischen Begriffs der „Entwicklung" weit überschreitet (Yamaguchi et.al.; Honda; Morita,N.1994). Gegen diese Tendenz der „Kodomo Ron (Kinderkunde)" mußte Horio in seinem Buch „*Revidieren des Kindes (Kodomo o Minaosu)"* seinen entwicklungspädagogischen Begriff des Kindes nochmal bekräftigen.

Zweitens: Theoretische Ansätze, die die Machtstruktur *innerhalb* der erzieherischen Tätigkeiten aufzuzeigen versuchen: Zu diesen zähle ich - ungeachtet der Verschiedenheit der theoretischen Grundlagen - die Ansätze von

Bourdieu, Foucault und kritisch orientierten soziologischen Bildungsforschungen in anglosächsischen Ländern (Willis 1985; Apple 1992). Gravierend waren die Wirkungen dieser Ansätze, weil sie die zentrale Voraussetzung der Nachkriegspädagogik grundsätzlich in Frage stellten: die Voraussetzung, die Politik stelle ein wesentlich andersartig Prinzip als das der Pädagogik dar. Besonders Foucaults Studie zu „Überwachen und Strafen" (Foucault 1975) und der in dieser Studie veranschaulichte Machtbegriff schien einen passenden theoretischen Rahmen zu liefern, damit die japanische Pädagogik die neuen Bildungsprobleme analysieren und verständlich machen kann. Mit der radikalen Wissenschaftskritik Foucaults konnte man ferner eine kritische Frage stellen: Macht die Entwicklungspsychologie nicht ein Glied der disziplinären Macht aus? Hat der Begriff des empirisch festzustellenden Entwicklungsprozesses selbst nicht regulierende und disziplinierende Funktionen? Die Entwicklungspsychologie stellte eine handfeste empirische Grundlage dar, von der Horio und die entwicklungsorientierte „große Strömung" der Nachkriegspädagogik immer wieder ausgehen konnten. Darauf schien nun aber kein Verlaß mehr zu sein.

Drittens: Postmoderne-Diskussion: Wie in Deutschland wurde auch in Japan seit den 80er Jahren die „Postmoderne" ein Modewort in intellektuellen Kreisen. Mehrere Schriften wurden übersetzt und diskutiert: Schriften der französischen Poststrukturalisten, amerikanische Lehrbücher für „Dekonstruktion" und natürlich Habermas' Plädoyer für die Moderne. In die japanische Diskussion der Postmoderne mischt sich aber ein spezielles, sorgfältig zu überprüfendes Moment ein, das die Phänomene der „Postmoderne" als eine Herausforderung zur Überwindung der *europäisch-okzidentalen* Moderne und zur Rehabilitierung der japanischen oder asiatisch-orientalischer Tradition zu interpretieren versucht. Wie dem auch sein mag, schien die Referenz des Horioschen Konzepts des „Grundsatzes der neuzeitlichen Pädagogik" nun nicht mehr sicher, zukunftsfähig zu sein. Im Bereich der Pädagogik mehrmals vorgestellt (Fujikawa 1991; IMAI 1992; Torimitsu 1995; auch Lenzen 1993), was sicherlich dazu beiträgt, daß japanische Pädagogen gegenüber ihren eigenen geschichtlichen Voraussetzung sensibler werden.

Neben den und beeinflußt von diesen 3 Ansätzen, die vorwiegend auf ausländische zurückzuführen sind, sind auch einheimische Ansätze zu bemerken, die den theoretischen Rahmen der Nachkriegspädagogik zu überwinden suchen.

Sosuke Hara ist seit langem einer der wichtigen Kontrahenten des Horioschen Ansatzes. Er entwickelte eine Auffassung von neuzeitlicher Pädagogik, die sich eine kritische Distanz zu dieser und damit zum Begriff der „Entwicklung" vorbehalten hat (Hara 1992). Um eine Alternative zur Horioschen Be-

grifflichkeit zu entwickeln, wird versucht, pädagogische Ideen der „Öffentlichkeit" oder der „Entwicklung" geschichtlich zu rekonstruieren (Morita, H.
1993, 1994). In der Tradition der pädagogischen Anthropologie, die besonders an der Kyoto Universität gepflegt wird, öffnet sich eine Perspektive,
nicht nur Kinder und Jugendliche, sondern auch den Lebenszyklus im ganzen
pädagogisch zu thematisieren, der freilich auch das Alter und den Tod einschließt (Wada/Yamazaki 1988). Diese anthropologische Erweiterung der
pädagogischen Perspektive soll zu einer Revision des Begriffs der „Entwicklung" führen.

Auf der theoretischen Ebene wird also der Rahmen der Nachkriegspädagogik schon aufgebrochen. Wir brauchen das theoretische Instrumentarium
nicht zu vermissen, um mögliche Grundlagen der ausgebliebenen Öffentlichkeit zu analysieren. Wir sind z.Z. eher in der Gefahr im geöffneten Riesen-
freiraum der theoretischen, konzeptionellen Entwicklungen das Konzept der
pädagogischen Öffentlichkeit aus den Augen zu verlieren.

Für durchaus möglich halte ich eine problematische Situation, wo jene
fatale Symbiose oder jener disziplinäre Automatismus weiter getrieben wird,
während auf der theoretischen Ebene die Foucaultsche Einsicht der disziplinären Macht als ein Gemeinplatz konsumiert wird. Mit Hilfe der neuen Ansätze, das theoretische Neuland zu durchforschen, das dem Gesichtsfeld der
Nachkriegspädagogik verschlossen blieb, bedeutet jedoch nicht, das die Pädagogik sich schon eine entsprechende Öffentlichkeit verschafft hätte.

Einsichten der neuen Ansätze müßten Resonanz in jenem diskursiven
Kreislauf finden, in dem einerseits die 'Wirklichkeit' (z.B. Erwartungen der
Eltern an die kontrollorientierte Erziehung) und anderseits die 'Theorie' darüber (z.B. Begründung eines Schulleiters über seine kontrollorientierte Praxis) zugleich ausgebildet werden. Dem glatten Kreislauf müßte die pädagogische Theorie ein Störmoment des pädagogischen Arguments beibringen und
dadurch den Automatismus des Kreislaufes unterbinden; das heißt: eine
Möglichkeit der pädagogischen Öffentlichkeit eröffnen. Dafür wäre ein neues Konzept nötig, über das wir offensichtlich noch nicht verfügen. Im pädagogischen Konzept Horios waren die Durchgänge in den diskursiven Kreislauf eingebaut: „Grundsätze der neuzeitlichen Pädagogik" oder „Recht des
Volkes auf Bildung". Diese Durchgänge mußten aber inzwischen die Räum-
lichkeit einbüßen, in die sie hätte einführen sollen. Oder - noch fataler - sie
führen nicht mehr zum klaren Freiraum der pädagogischen Öffentlichkeit,
sondern zur düsteren Falle der Symbiose. In diesem Sinne wurde seine Theorie überholt. Aber sein Konzept der pädagogischen Öffentlichkeit können wir
nicht leichtfertig abtun, wenn die Pädagogik das Wort halten soll, das sie artikuliert.

Literatur

Apple, Michael 1992: *Kyoiku to Kenryoku*, Tokyo: Nihon Editer School Press (*Education and Power*, übersetzt von Asanuma, Shigeru; Matsushita, Haruhiko)

Aries, Philippe 1980: *'Kodomo' no Tanjo*, Tokyo: Misuzu-Shobo (*L'enfant et la vie familiale sons l'encien régime*, übersetzt von: Sugiyama, Mitsunobu; Sugiyama, Emiko)

Bourdieu, Pierre; Passeron, Jean-Claude 1991: *Saiseisan*, Tokyo: Fujiwara-Shoten (*La Reproduction*, übersetzt von: Miyajima, Takashi)

Foucault, Michel 1975: *Kangoku no Tanjo. Kanshi to Shobatsu*, Tokyo: Shincho-Sha (*Surveiller et punir. Naissance de la prison*, übersetzt von: Tamura, Hajime)

Fujikawa, Nobuo 1991: Postmodern Rongi to Kyoikugaku. 80 Nendai Doitsu Kyoikugaku ni okeru Postmodern Rongi to Wagakuni ni okeru Kyoikugaku no Kadai (Postmoderne-Diskussion und die Pädagogik. Postmoderne-Diskussion in der deutschen Pädagogik der 80er Jahre und die Aufgabe der japanischen Pädagogik), in: Ogasawara, Michio (Hrsg.): *Kyoiku Tetsugaku (Philosophie der Erziehung)*, Tokyo: Fikumura-Shuppan

Hara, Sosuke 1992: Kindai ni okeru Kyoikukanosei Gainen no Tenkai o Tou. Locke, Condillac kara Herbart eno Keifu o tadorinagara (Frage nach der Entwicklung des Begriffs der Bildsamkeit in der Neuzeit. Auf der Spur einer Linie von Locke über Condillac zu Herbart), in: *The Forum on Modern Education*, No.1: 1-16

Honda, Masuko: Ibunka to shiteno Kodomo (Die Kindheit als Fremdkultur), Tokyo: Kinokuniya-Shoten

Horio, Teruhisa 1971: Gendai Kyoiku no Shiso to Kozo (Idee und Struktur der modernen Pädagogik), Tokyo: Iwanami-Shoten

Horio, Teruhisa 1979: Gendai ni okeru Kodomo no Hattatsu to Kyoikugaku no Kadai (Kindliche Entwicklung in der Gegenwart und die Aufgabe der Pädagogik), in: Kodomo no Hattatsu to Kyoiku (Kindliche Entwicklung und Erziehung), Bd. 1,Tokyo: Iwanami-Shoten 285-312

Horio; Teruhisa 1988: *Educational Thought and Ideology in Modern Japan. State Authority and Intellectual Freedom* (edited and translated by Steven Platzer), Tokyo: University of Tokyo Press

Horio, Teruhisa: *Kodomo o Minaosu (Revidieren des Kindes)*,Tokyo: Iwanami-Shoten

Horio, Teruhisa 1994: *Nihon no Kyoiku (Erziehung im modernen Japan)*, Tokyo: University of Tokyo Press

Imai, Yasuo 1992: Doitsu Kyoikugaku no Genzai. 'Postmodern' no atoni (Gegenwärtige Lage der deutschen Pädagogik. Was kommt nach der 'Postmodern'?), in: *Kyoikugaku Nenpo (Jahrbuch der Pädagogik)*, Jg. 1: 359-373

Kamata, Kei 1983: *Kyoiku Kojo no Kodomotachi (Kinder in Erziehung-Fabriken)*, Tokyo

Lenzen, Dieter 1993: Shinwa, Metaphor, Simulation, in: *Shiso*, Nr. 833: 198-221 (Mythos, Metapher und Simulation, übersetzt von: Goto, Takuya)

Maruyama, Masao 1988: *Denken in Japan*, Frankfurt a.M.: Suhrkamp

Merleau-Ponty, Maurice 1966: *Phänomenologie der Wahrnehmung* (übersetzt von Rudolf Boehm), Berlin: de Gruyter

Miyazawa, Yasuto (Hrsg.) 1988: *Shakaishi no nakano Kodomo (Kinderbilder in der Gesellschaftsgeschichte)*, Tokyo: Nihon-Hyoronsha

Mochida, Ei'ichi (Hrsg.): *Koza Marx-Shugi, Dai 6 Kan, Kyoiku (Handbuch des Marxismus, Bd.6: Erziehung)*, Tokyo: Nihon-Hyoronsha

Morita, Hisato 1993: Kokyoiku no Gainen to rekishiteki Kozo. 19 Seiki England to America ni okeru Gakko Kaikaku (Der Begriff der öffentlichen Erziehung und seine geschichtliche Struktur. Schulreform in England und in den USA im 19. Jahrhundert), in: *Kyoikugaku Nenpo (Pädagogisches Handbuch)*, 2. Jg.: 81-118

Morita, Hisato 1994: Hattatsukan no Rekishiteki Kosei. Iden-Kankyo Ronso no seijiteki Kino (Geschichtliche Konstruktion der Vorstellung der Entwicklung. Politische Funktionen der Vererbung-Umwelt-Kontroverse), in: *Kyoikugaku Nenpo (Pädagogisches Jahrbuch)*, 3.Jg.: 101-138

Morita, Nobuko 1994: *Text no Kodomo (Kinder in Texten)*, Yokohama: Seori-Shobo

Murata, Ei'ichi 1970: *Sengo Kyoiku Ron. Kokumin Kyoiku Hinan no Shiso to Shutai (Zur Nachkriegspädagogik. Idee und Subjekt der Kritik der nationalen Erziehung)*, Tokyo: Shakai-Hyouron-Sha

Nakauchi, Toshio (Hrsg.) 1983/85: *San'iku to Kyoiku no Shakaishi, Zen 5 Kan (Gesellschaftsgeschichte von Geburt, Pflege und Erziehung, 5 Bde.)*, Tokyo: Shin-Hyoron

Ohta, Takashi (Hrsg.) 1978: *Sengo Nihon Kyoikushi (Geschichte der japanischen Erziehung der Nachkriegszeit)*, Tokyo: Iwanami-Shoten

Torimitsu, Mioko 1995: Postmodern to Kyoikugaku (Postmoderne und Pädagogik), in: *Studies in the Philosophy of Education*, No.71. 35-39

Wada, Shuji; Yamazaki, Takaya (Hrsg.) 1988: Ningen no Shogai to Kyoiku no Kadai (Lebenslauf des Menschen und Aufgaben der Erziehung), Kyoto: Showado

Willis, Paul 1985: Hammertown no Yorodomo, Tokyo: Chikuma-Shobo (Learning To Labour, übersetzt von: Kumazawa, Makoto; Yamada, Jun)

Yamaguchi, M. et.al.: Chohatsu suru Kodomotachi (Provozierende Kinder), Tokyo: Shinshin-Do

Barbara Drinck

Marktorientierte Schulen und ihre Stellung im japanischen Bildungs- und Ausbildungssystem

Das Konstrukt „Beruf" umfaßt eine kontinuierliche, auf Neigung und Eignung gegründete und erlernte Dienstleistung, die durch den Ausbildungsvertrag und den obligatorischen Abschluß legitimiert wird. So sehen wir es bei uns in Deutschland (Schreiber 1992).

Solch ein Berufsbild, das sich auch durch eine Autonomie des Arbeitnehmers gegenüber seinem Arbeitsplatz auszeichnet, finden wir in Japan in der Regel nicht. Klar definierte Berufsbilder und geschützte Zertifikate, wie sie bei uns angestrebt werden, sind mit den Voraussetzungen für ein Beschäftigungsverhältnis in Japan nicht vergleichbar. Dort geht es nicht um eine Identifizierung mit einer spezialisierten Ausbildung, sondern vor allem um eine Identifizierung mit seiner japanischen Firma.

So spricht Hirose (1987) von der Bank of Tokyo von einer befremdlichen Wendung im Verhalten seiner Angestellten, die sich für lukrative Gehälter von ausländischen Firmen abwerben lassen. Damit zeigten sie, daß bei ihnen keine Identifikation mit der Firma stattgefunden hat.

Anstelle von Berufsabschlüssen, welche vor einer Einstellung von den Arbeitnehmern erworben werden sollten, findet man in Japan die Praxis vor, daß die Firmen ihre Arbeitnehmer in den Betrieben selbst ausbilden. Sie werden im Hinblick auf ihre spätere Position durch verschiedene Ausbildungs- und Weiterbildungsmaßnahmen geschleust.

Doch muß dies gleich wieder relativiert werden: Denn nicht die gesamte berufliche Ausbildung wird von den Firmen übernommen. Selbstverständlich können nicht alle Firmen ihre Angestellten selbst schulen. Besonders den Klein- und Mittelbetrieben fehlt das dazu nötige Budget. Daher werden in den kleinen und mittelständischen Betrieben, die nicht als Zulieferfirmen im Subkontraktsystem der Großindustrie fungieren, gern Berufskundige oder Schulabgänger der berufsbildenden Schulen eingestellt.

Die berufsbildenden Schulen in Japan sind rar. Nur ein geringer Anteil der Schulabgänger eines Jahrgangs, weniger als 20%, gehen nach der allgemeinen Schule auf berufsbildende Schulen oder Colleges[1]. Der tertiäre Bereich, besonders die Universität, tritt als größte, berufsbildende Institution hervor. Die Universität (*Daigaku*) ist, in einem etwas provokanten Ton gesagt, der größte Zulieferant von für die Wirtschaft qualifizierten Arbeitskräften, welche die für die Firmen so notwendigen Basisqualifikationen mitbringen. In Japan ist das Ansehen eines Universitätsstudiums in den Sozial- und Geisteswissenschaften nicht als Erwerb einer akademischen Qualifikation zu beurteilen. Vielmehr zeichnet die Aufnahme an einer renommierten Universität den einzelnen Studenten für seine erfolgreiche harte Sozialisation und seinen Widerstand innerhalb des dornenreichen Bildungsgangs aus. Die japanische Bildungsganggesellschaft (Teichler 1975, 1995) fordert einen hohen Preis von den einzelnen. Selbstverwirklichung, Individualität, Eigenständigkeit oder gar Unabhängigkeit sind Eigenschaften, die auf dem Weg in den Arbeitsprozeß abgelegt werden müssen, wenn sie überhaupt vorhanden waren.

Das Bestehen der Aufnahmeprüfung einer Universität ist mehr der Berufseingangsprüfung gleich als der akademische Abschluß selbst. Das zeigt auch die Einstellungspraxis der Firmen: Sie bewerben sich bei den Universitäten um Studenten, bevor diese das Bachelor-Examen absolviert haben. Die mündlichen Einstellungverträge stehen schon, ehe der universitäre Abschluß erlangt wurde.

Japanische Schlüsselqualifikationen: Durchhaltevermögen, Ausdauer, Fleiß, Disziplin, Freizeitverzicht, Einordnungswille, können von Hochschulabsolventen vorausgesetzt werden.

Dennoch, die auf Dauerbeschäftigung angelegte Einstellungspraxis in der Großindustrie, welche auf eine uneingeschränkte Loyalität zwischen Arbeitnehmern und Arbeitgebern begründet ist, scheint sich in der letzten Zeit umzuorientieren. Trotz dieser langsamen Veränderungen bestimmt die Beschäftigung auf Lebenszeit - trotz ihrer Erosion - noch immer in dominanter Weise den Ausbildungsmarkt in Japan.

---

1   Die berufsvorbereitenden Oberschulkurse sind in diesem Zusammenhang nicht einbezogen. Ihr Besuch wird von der Wirtschaft nicht weiter als Ausbildung anerkannt.

Bildungs- und Berufsausbildungssysteme im Vergleich

Am Anfang soll ein Vergleich der beiden Bildungssysteme Deutschlands und Japans, soweit diese überhaupt komparabel sind, vorweggenommen werden. Anschließend folgt eine Gegenüberstellung des japanischen Berufsausbildungssystems in seiner marktorientierten Variante mit dem deutschen, das zu Teilen aus traditionellen und zu Teilen aus berufsvorbereitenden Elementen besteht[2].

Das deutsche Schulsystem hat im Gegensatz zum japanischen eine föderalistische Struktur.

Die Amerikaner hatten im Zuge der Demokratisierung Japans nach dem II. Weltkrieg auch für Japan ein System der Dezentralisierung in der Schulverwaltung vorgesehen. Doch schon zehn Jahre später, 1956, erhielt das Monbushô, das Erziehungsministerium, seine Existenzberechtigung im vollen Machtumfang zurück. Die kommunale Schulverwaltung wurde der Kontrolle des Monbushô weitgehend unterstellt. Während bei uns die Kultusminister in Abstimmung mit der Kultusministerkonferenz (KMK) über neue Schulgesetze entscheiden, werden diese in Japan vom Erziehungsministerium erlassen und sind für Präfekturen und Kommunen verbindlich. So wurde 1991 für alle Schulen angeordnet, Lehrer und Schüler hätten zu jedem großen Schulfest unter der Nationalflagge die japanische Nationalhymne abzusingen.[3] Eine Mißachtung dieser Anweisung zieht unweigerlich ein Disziplinarverfahren nach sich.

Das japanische Curriculum läßt kaum Variationsmöglichkeiten zu. Die Lehrpläne gelten für alle Präfekturen, für alle Kommunen, für öffentliche und private Schulen.

Die Chancengleichheit im allgemeinbildenden Schulsystem ist in Deutschland zumindest für das Geschlechterverhältnis relativ gut verwirklicht worden[4]. Die unterschiedlichen sozialen Schichten profitierten bei uns jedoch weniger vom Konzept der Chancengleichheit - trotz der Schulgeldfreiheit.

In Japan haben die bildungspolitischen Bemühungen um Chancengleichheit innerhalb der sozialen Schichten zu einer nahezu fairen Behandlung geführt, so daß es zu keiner Privilegierung sozial höherer Schichten mehr kom-

---

2 dem Dualen System

3 Mündliche Mitteilung von japanischen Pädagogikprofessoren im März 1996.

4 Sieht man von Differenzen innerhalb interaktiver Rollenmuster ab, die möglicherweise zu einer Unterdrückung weiblicher Begabungspotentiale in der Naturwissenschaft führen.

men kann. Dagegen ist die Chancengleicheit unter den Geschlechtern bis heute kaum verwirklicht, sobald man über den Sekundarbereich hinausschaut (Linhart, u.a. 1990).

Wo in Deutschland das Bildungssystem auf Durchlässigkeit angelegt ist (z.B. Orientierungsstufe und Zweiter Bildungsweg), findet man in Japan eine sehr rigide Abfolge der verschiedenen schulischen Institutionen vor, die keine Nachbesserungsmöglichkeiten zulassen.

Während in Deutschland ein Jugendlicher auch später noch, nach der regulären Schulzeit, einen qualifizierten Schulabschluß nahezu problemlos erreichen kann (Drinck 1994), gilt in Japan eine andere Maxime: Wer die Chancen der ersten Stunde nicht nutzt, wird auch später kaum an der Tatsache etwas ändern können, daß sein Bildungsgang nicht zu einer erfolgreichen Position in der Wirtschaft und somit in der Gesellschaft führen wird.

Sieht man sich die Strukturen der beiden Bildungssysteme Japans und Deutschlands an, so fällt auf, daß das deutsche durch seine dreigliedrige Ausdifferenziertheit in Hauptschule, Realschule und Gymnasium, bzw. Gesamtschule, als vertikal einzustufen ist.

Während das japanische Bildungssystem von seinem Aufbau her horizontal erscheint:

- Nach der sechsjährigen Elementarschule folgen je als Einheits- oder Gesamtschule
- eine dreijährige Mittelschule, deren Besuch verpflichtend ist und
- eine sich anschließende dreijährige Oberschule, deren Besuch sozial erzwungen wird, da die allermeisten Kinder diese bis zum Abschluß besuchen.

Doch das graphisch überzeugende Bild eines horizontalen Aufbaus täuscht. Spätestens nach der 1. Ölkrise von 1973, unterlief ein ungeliebtes Rekrutierungsverfahren der japanischen Großfirmen (*Shiteikô sei*) das horizontale Bildungssystem und formte es zu einem heimlichen, hierarchischen System um. *Shiteikô sei*, übersetzt als Schulreservierungssystem, führte dazu, daß bestimmte große Firmen ausschließlich Abgänger besonders renommierter Universitäten wie zum Beispiel der kaiserlichen Tôkyo Daigaku, der Kyotô Daigaku, der privaten Waseda oder Keio (Münch, Eswein 1992) aufnahmen. Dadurch wurde die Konkurrenz auf dem Arbeits- und Einstellungsmarkt in das Bildungssystem vorverlagert. Eine überproportional hohe Wertung der vorberuflichen Bildung setzte ein. Japan wandelte sich in eine Bildungsganggesellschaft (*Gakurekí shakai*), denn die Schulleistungen sollten jetzt das Berufsleben vorentscheiden.

Spätestens seit den 70er Jahren wurde es immens wichtig, welcher Kindergarten am Anfang der Bildungskarriere ausgewählt wurde, welche Elementarschule, Mittel- und Oberschule dann folgten, um das existentiell wichtige Aufnahmexamen an einer berühmten Universität zu bestehen.

Von da an begann die „Examenshölle" (Luhmer 1973) in Japan! Von da an wuchs neben dem allgemeinen Schulsystem ein riesiges, privates Nachhilfeschulsystem, das die notwendigen Kenntnisse, die die Schüler auf der allgemeinen Schule nicht erlangen, welche aber in den Aufnahmeexamina im Multiple-choice-Verfahren abgefragt werden, eintrainieren sollte. Nur das exzessive Angebot von *Juku* und *Yobiko* konnte die Examenshölle entzünden.

Eine schulbegleitende Form (*Juku*) verzeichnet eine hohe Frequentierung schon ab der Mittelschule. Die auf die Prüfung spezialiserte Form (*Yobiko*) trimmt konzentriert in Form von Großveranstaltungen die Schüler für ihr Examen.

Erwerb der beruflichen Qualifikation in Japan im Vergleich zu Deutschland

Nach der Definition von Greinert (1996) lassen sich die beruflichen Ausbildungssysteme in drei Grundmodelle typologisieren:

1. Das traditionelle System.

Hier bestimmen Korporationen: Zünfte, Gilden oder Kammern, den Ausbildungsgang der Lehrlinge. Durch Imitation und Identifikationslernen werden berufliche Fertigkeiten eingeübt und Kenntnisse erworben. Dieses traditionelle Ausbildungsprinzipg findet sich noch heute in vielen Ländern der Dritten Welt. Eine Mischform dieses Systems existiert in Deutschland innerhalb des Dualen Systems. Die Kammern, Ausschüsse der Selbstverwaltungsorgane der Wirtschaft, nehmen Prüfungen ab, die den Auszubildenden zum Facharbeiter (Gesellen) oder zum Meister qualifizieren. Die Berufsschule tritt, wenn überhaupt, im Prüfungsverfahren nur beratend in Erscheinung.

2. Das marktorientierte Ausbildungssystem.

In privatwirtschaftlicher Verantwortlichkeit, unbehelligt von staatlichen
Vorschriften, werden Arbeitnehmer On the job oder Off the job in ihre berufliche Tätigkeit eingearbeitet. Dieses System ist in Japan vorherrschend.
Neueingestellte Mitarbeiter, meist direkt von der Oberschule oder der Universität kommend, werden, je nach Bildungsvoraussetzung, nach Geschlecht
und Firmengröße verschieden, in einem Rotationsverfahren in den Arbeitsprozeß eingewiesen. Diese firmeninterne Prozedur untersteht vollkommen
der Autonomie der Betriebe. Von den Firmen selbst werden keine Zertifikate
ausgestellt, die dem Arbeitnehmer eine persönlich erworbene Qualifikation
bescheinigen könnten, denn er soll seine Kompetenzen ja innerhalb des Betriebs unter Beweis stellen und nicht etwa auf dem freien Arbeitsmarkt. Daher gilt eine betriebliche Ausbildung in Japan immer als eine Investition, die
die Betriebe selbst leisten müssen. Folgerichtig werden hohe Investitionen,
die durch umfangreiche Off the job trainings entstehen nur solchen Arbeits-
nehmern bewilligt, die sich auch als lohnender Investitionsfaktor erwiesen
haben. Frauen sind hier meist von vornherein uninteressant, da sie selten fest
in die Stammbelegschaft übernommen werden, wie dies bei Männern geschieht. Von ihnen wird ein Ausscheiden aus dem Betrieb nach ihrer Heirat
spätestens aber nach der Geburt ihres ersten Kindes erwartet.

Klein- und Mittelbetriebe können sich solche kostspieligen Ausbildungsgänge erst gar nicht leisten und weisen ihre Angestellten meist nur kurz ein.

3. Das bürokratische Ausbildungssystem.

Die berufliche Bildung wird auf der Grundlage gesetzlicher Regelungen vom
Staat durchgeführt. Institutionen, die die berufliche Bildung im schulischen
Ausbildungssystem anbieten, gibt es in Japan auch, wenn auch in einer un-
tergeordneten Rolle. Die meist privaten Special Training Schools und Colleges mit insgesamt 700 000 Schülern, die unter der Aufsicht des Bildungsmi-
nisteriums stehen, sowie die nationalen Colleges of Technology und im Sekundarbereich berufsvorbereitende Oberschule, welche ein Drittel des Anteils an Oberschulen ausmachen können, dazu gezählt werden.

Spricht man von beruflicher Qualifikation oder gar Beruf, muß hier sehr
streng unterschieden werden, was in Deutschland beziehungsweise in Japan
darunter verstanden wird.

Nach der Definition von Schreiber (1992, S. 51ff) müssen die Termini Beruf, Job (Hilfsarbeiten)[5] und berufliche Qualifikation unterschiedlich auslegt werden.

- So soll die berufliche Qualifikation bei uns insbesondere in den Ausbildungsgängen im schulischen Bereich z.b. Berufsfachschule, Fachschule, Fachhochschule und Verwaltungsschulen erlangt werden. Durch eine eher berufstheoretische und projektorientierte Ausbildung sollen hier in einem größeren Umfang Handlungskompetenzen erworben werden.
- Der Beruf dagegen orientiert sich eher an einer spezialisierten Ausbildung, welche immer in einer Kombination von verschulten Ausbildungsgängen und praktischer Ausbildung erlangt wird. Hierunter fallen z.b. die 370 Ausbildungsberufe des Dualen Systems, aber auch die akademischen Studien mit deutlichen Praxisbausteinen, wie Arzt, Rechtsanwalt, Lehrer und Sozialpädagoge.

Die beiden Konstrukte, der Beruf und die berufliche Qualifikation, die bei uns in Deutschland mit ihren typischen Abschlußprüfungen, mit ihren Zertifikaten, als Eingangsprüfung in ein festumschriebenes Aufgabengebiet anzusehen sind, gibt es in dieser Form in Japan nicht.

Zwar schaffen in Japan bestimmte akademische Ausbildungsgänge, wie Jura, Medizin, Technik und die Naturwissenschaften Zeichen für eine spätere Berufstätigkeit, zwingend sind diese aber nicht. Besonders für das geistes- und sozialwissenschaftliche Studium gilt, daß es mehr der Menschenbildung und der Familienvorbereitung dient als einer spezifischen Berufsvorbereitung.

In Japan sind die Gänge der Berufsaus- und -weiterbildung fließend, da beide innerhalb des Betriebs stattfinden. Die Dauer der betrieblichen Ausbildung hängt von dem Nutzen ab, den die Firma sich von dem jeweiligen Mitarbeiter verspricht. So lernen die meisten Neuangestellten innerhalb der ersten drei Jahre alle Abteilungen des Betriebs durch das Rotationsprinzip kennen (Rehbein 1987). Sie sind zu diesem Zeitpunkt aber schon Angestellte der Firma. Weitere Qualifizierungen erfolgen durch innerbetriebliche Schulung oder Versendung der Angestellten in Trainingslager oder sogar ins Ausland. Von Spitzenkräften erwartet man zusätzlich freiwillige Fernstudien und den Erwerb und Erhalt von Fremdsprachenkenntnissen.

Berufsbildende Schulen in Japan stellen zwar Zertifikate aus, diese haben aber nicht den Stellenwert, wie er bei uns gilt. Jedoch werden die Absolventen dieser Schulen gerne von Mittelbetrieben übernommen, die qualifizierte

---

5 Die japanische Bezeichnung für Job ist „Arubeito", abgeleitet vom deutschen Wort „Arbeit"

Angestellte benötigen, aber deren Ausbildung selbst nicht finanzieren können
(Münch, Eswein 1992).

Auch gibt es durch einen Erlaß des Arbeitsministeriums die Möglichkeit,
daß Arbeitnehmer nach kurzer Berufstätigkeit eine Prüfung in ihrem Fachge-
biet ablegen können und dadurch einen Abschluß erlangen. Diese Möglichkeit wird zwar selten genutzt, aber sie eröffnet einigen Arbeitnehmern eine
leichtere zwischenbetriebliche Mobilität, wenn sie von Arbeitslosigkeit oder
Kurzarbeit betroffen würden.

Gegenüberstellung des Dualen Systems mit dem marktorientierten Ausbildungssystem Japans

Das Duale System in Deutschland ist in den letzten Jahren ins Kreuzfeuer der
Kritik geraten. Hauptkritikpunkte dabei sind

- der Qualitätsverlust der Berufsschule, insbesondere der alarmierend hohe Lehrer-
  mangel, welcher an manchen Schulen bis zu 70% Unterrichtsausfall führt,
- die schlechte Kooperation von Betrieb und Berufsschule[6],
- die zögerliche Anpassung der Lehrpläne an technische und ökologische Innovation,
- die sinkende Bereitschaft besonders der Großfirmen, Lehrlinge einzustellen,
- dazu kommt die mangelhafte Durchsetzung des dualen Systems in den neuen Bundesländern.

Außerdem vermittelt die durch das Duale System angestrebte monoforme
Ausbildung eine Vorbereitung nur auf ein bestimmtes Berufsfeld hin. Das
bedeutet im Zeitalter der High-Tech und des exponentiellen Wachstums und
rapiden Verfalls von Information eine Einmündung in eine berufliche Kurz-
zeitqualifikation.

Hier würde vor allen Dingen nicht mehr erreicht werden, als eine kurzfristig verfügbare und anwendungsfähige berufliche Qualifikation, die aber
direkt nach Erhalt des Zertifikats eingesetzt werden muß, um nicht bald zu
veralten (Schmidt 1995).

Ständige Weiterbildungsmaßnahmen und eine stetige Revision des beruflichen Wissens muß sich anschließen. Eine monoforme Ausbildung führt
daher an den heutigen Anforderungen an Substitutionalität vorbei. Die tech-

---

6   Meist wüßten beide nicht, was die andere Seite tut.

nische und organisatorische Weiterentwicklung stellt eine spätere Einsetzbarkeit in Frage.

Polyforme Ausbildungsgänge - Grundkenntnisse und Grundfertigkeiten werden für einen breiten Bereich erlernt - dagegen sollen die Anforderungen an Substitutionalität am Arbeitsplatz berücksichtigen. Die Berufsausbildung in Japan geschieht unter diesem Aspekt. Hoher Wert wird auf die betriebsinterne Variationsbreite der Einsetzbarkeit von Arbeitnehmern gelegt. In einem Verfahren betrieblicher Sozialisation werden die einzelnen Firmenmitglieder zusammen mit ihren Teamkollegen durch alle Instanzen des Betriebs geschleust.[7]

Die Anforderung an ein lebenslanges Lernen, eine lebenslange Weiterbildung, liegt hier auf der Hand. Manche Betriebe terminieren ihre Weiterbildungsprogramme bis ins 45. Lebensjahr ihrer Angestellten. Da die meisten Firmen ihre Mitarbeiter im Alter von 55 Jahren aus dem Dienst verabschieden, ist der allergrößte Teil der Belegschaft auf dem aktuellen Stand der industriellen Modernisierung.

Ein kleiner geschichtlicher Rückblick, um die historischen Einordnung zu erleichtern

Die japanische Berufsausbildung hat sich seit der Meiji-Restauration ganz von seiner traditionellen Erscheinung der Edo-Zeit gelöst. Wurde damals noch in enger Meister-Schüler-Beziehung gelernt, sollten durch die Anforderung an Manufaktur neue Ausbildungsrichtlinien durchgesetzt werden. Die Notwendigkeit, sich am westlichen Knowhow zu orientieren, um nicht von den westlichen Ländern kolonisiert zu werden, trieb die Modernisierung und Industrialisierung voran. Adlige und reiche Kaufleute mit Grundbesitz wurden enteignet und erhielten hohe Abfindungssummen, mit denen sie in die Industrialisierung investierten. Die Aufhebung der Ständegliederung erlaubte

---

7 Geschichte und Entstehung der Firma, die Betriebsideologie, gegenwärtige Produktionsleistung und Prognose der zukünftigen Erfolge d.h. die gesamte 'Corporate culture' wird ihnen ans Herz gelegt. Ansporn genug, um sich nicht in ein festdefiniertes, berufliches Muster zu flüchten, sondern kreativ - denn Kreativität ist ein wichtiges Wort in der japanischen Sprache - den Anforderungen der Firma standzuhalten. Dazu ist eine breite, polyforme Ausbildung notwendig.

nun eine freie Berufswahl und den Wohnortwechsel. Verarmte Bauern wurden als Fabrikarbeiter angeheuert.

Der staatliche Auftrag zur Industrialisierung des Landes wurde sogar im kaiserlichen Erziehungsedikt 1890 innerhalb der obersten Bildungswerte festgeschrieben. Nicht nur die Anforderungen an Schule und Universität sollten geachtet werden, sondern auch die für den Aufbau einer konkurrenzfähigen Industrie in Japan.

- „Loyalität gegenüber der Schule, der Universität, dem Betrieb, dem Staat,
- Pietät gegenüber den Eltern, Lehrern und Vorgesetzten,
- Bewahrung der Harmonie innerhalb der Gruppe, d.h. von Familie, Schule, Hochschule, Betrieb, Nation,
- Selbstdisziplin zur Bekämpfung von Habgier und Egoismus,
- Askese durch harte Arbeit, Fleiß und Sparsamkeit,
- Bildungsstreben als Dienst an der Nation". (Münch, Eswein 1992, S. 52)

Das kaiserliche Erziehungsedikt begründet sich unverkennbar auf konfuzianische und buddhistische Werte, welche in Japan besonders während der Edo-Zeit ihren philosophisch-kulturellen Höhepunkt fanden. Starken Einfluß haben auch heute noch die moralischen Werte des konfuzianischen Geistes: Loyalität und Pietät gehören in das feste Repertoire der Kommunikationsstrukturen zwischen Vorgesetzten und Mitarbeitern. Die buddhistischen Tugenden in der Ausübung von Selbstdisziplin und Bildungsstreben werden von einem japanischen Arbeitnehmer vorausgesetzt (Haasch 1987).

Hier liegt die Erklärung für selbstaufopfernde Arbeitsgestaltung, Verzicht auf Urlaub, Vermeidung von Streitigkeiten und die gemeinsame Feierabendgestaltung mit den Kollegen.

Auf den Konfuzianismus begründet ist auch das Senioritätsprinzip, welches genau regelt, wie die Einkommenserwartungen in einer japanischen Firma einzuschätzen sind. Es geht hier seltener um Eingangsqualifikationen, es geht auch nicht immer um Entlohnung nach Leistung. Was die Einkommenshöhe bestimmt, ist vor allen Dingen die Dauer der Zugehörigkeit zum Betrieb und das Lebensalter, sowie z.T. auch die Bedürftigkeit der einzelnen Arbeitnehmer. Die Dachgewerkschaften mit ihren Tarifvorstellungen kommen hier nicht weit.

Umstrukturierung des Bildungssystem Japans nach dem II. Weltkrieg

Nach dem II. Weltkrieg, 1946, wurde das amerikanische Schulsystem in Japan eingeführt. Innerhalb dessen, in der dreijährigen Oberschule (*Kotogakko*), wurden berufsbildende Kurse eingefügt. Noch heute bieten ca. 30% der Oberschulen berufsvorbereitende Kurse an. Die Entwicklung ging dahin, daß im Zuge der Hierarchisierung des Bildungssystems spezielle Oberschulen ihre Konzentration nur auf die berufsvorbereitenden Kurse gerichtet haben, während die anderen allgemeinbildende oder akademisch vorbereitende Kurse anbieten. Daher ist es jetzt relativ selten, daß eine Oberschule neben allgemeinbildenden Kursen auch berufsvorbereitende führt.

Die Berufsoberschulen werden ihrem Auftrag, Schüler für einen Beruf zu qualifizieren, meist nicht gerecht. Durch das Schulreservierungssystem der Firmen werden solche Schulen in den Großstädten oft Schülern besucht, die schul- und lernmüde sind oder den Leistungsungsanforderungen einer allgemeinbildenden Oberschule nicht entsprechen. Dadurch sind die berufsvorbereitenden Oberschulen in ein schlechtes Licht geraten. Es heißt, sie bildeten weder richtig für den Beruf, noch adäquat für die Aufnahmeprüfung der Universitäten aus (Umetani 1992). Da in Japan 95% der Schüler eines Jahrgangs die Oberschule bis zum Abschluß besuchen, differenzierte sich der Oberschulbereich in seinem qualitativen Angebot zunehmend aus.

Seit 1976 hat sich aus dem Gemisch verschiedener privater Lehrstätten (*Kakushu gakkô*), ein spezieller Schultypus (*Senshû gakkô*) herauskristallisiert, welcher von Haasch (1987) als Berufsvorbereitungsschule charakterisiert wurde. Diese Schulen und Kollegs (*Senshû gakkô*) erreichten in kürzester Zeit weitaus mehr Ansehen als dies die berufsvorbereitenden Oberschulen taten. Die *Senshû gakkô* werden zu einem ganz geringen Teil in der Sekundarstufe angeboten. Verständlich, da ja die allermeisten Schüler die reguläre Oberschule besuchen.[8]

Die meisten Angebote der *Senshû gakkô* liegen jedoch im Tertiärbereich, haben jedoch keinen Universitätsstatus. Sie ist mit der deutschen Berufsfachschule oder auch der Fachschule vergleichbar. Immatrikulationsvoraussetzung ist der erfolgreiche Besuch einer Oberschule. Schulabgänger ohne vor-

---

8 Der erfolgreiche Besuch des Sekundarkurses garantiert aber, da diese Schulen durch das Mombushô beaufsichtigt werden, einen Abschluß der Oberschule. Diese Schule erfüllt somit als einzige schulische Institution die Möglichkeit einer Durchlässigkeit im Bildungswesen, da ihr Besuch nicht an ein bestimmtes Alter gebunden ist.

hergehende Arbeits- und Berufserfahrung können durch die Vermittlung von spezieller, fachlicher Qualifikation auf schulgesetzlicher Grundlage einen Abschluß in acht Berufsfeldern erlangen. Der Unterricht ist vor allem auf polyforme Ausbildungsgänge zugeschnitten. In den advanced courses können die Auszubildenden entweder für die Industrie oder Landwirtschaft, für das Gesundheitswesen, für Haushaltsführung, Kosmetik, Pädagogik und Sozialarbeit, Verwaltungswesen, Mode, Kultur und Allgemeinbildung einen Abschluß erhalten. Diese Schulen leisten mittlerweile einen nennenswerten Beitrag öffentlicher Institutionen zur beruflichen Ausbildung. Besonders die mittleren Betriebe stellen gerne die schon ausgebildeten Absolventen ein. Die senshû gakkô untersteht zwar dem Bildungsministerium, jedoch sind fast alle Schulen privat und verlangen entsprechend hohe Gebühren. War die senshû gakkô früher eine reine Frauenbildungsstätte, hat sich das Bild schnell gewandelt. Heute studierten dort im gleichen Anteil Frauen und Männer.

Das College of Technology dagegen befindet sich mit seinen 62 Schulen zu 95% in öffentlicher Hand. Besuchen ca. 800.000 Schüler die senshû gakkô, von denen ca. 400.000 jährlich einen Abschluß dort erwerben, können jährlich nur etwa 11.000 Schüler zum College of Techology zugelassen werden. In den insgesamt fünf Kursen befinden sich z.Z. ungefähr 55.000 Studenten.

Das College of Technology, (kogyo) Koto senmon gakko, gilt als eine der Eliteschulen für die berufliche Ausbildung in Japan. Ihr Angebot umfaßt die Fachbereiche Maschinenbau, Informatik, Chemie, Bauwesen und Handelsschiffahrt. Sie ist eine starke Konkurrenz zur berufsvorbereitenden Oberschule und umfaßt den Sekundarbereich mit drei Jahren sowie den Tertiärbereich mit zwei Jahren. Anschließend ist ein Studium möglich. Es wird für die besten auch die Möglichkeit eines Aufbaustudiums angeboten. Die Koto senmon gakko wird jetzt zu 80% von Männern besucht. Der Frauenanteil hat in den letzten Jahren zugenommen.

Die Regierung Japans versäumt schon seit längerem jede Koto senmon gakko weiter auszubauen, obwohl die Absolventen bis zu 15 hochdotierte Arbeitsstellen auf dem Markt angeboten bekommen. Ein weiterer Ausbau des College of Technology würde eine Entspannung auf dem Arbeitsmarkt mit sich bringen.

Die Aufnahmeprüfung berücksichtigt das geringe Platzangebot, so daß immer zwischen 75% und 50% der Bewerber von der Schule abgewiesen werden müssen.

Im Tertiärbereich finden sich neben den Universitäten auch die Junior Colleges. Von den Universitäten sagte ich schon, daß sie als größte berufsvorbereitende Institution in Japan angesehen werden könnten. Die Junior

Colleges (*Tanki daigaku*) sind in einem Sinn auch marktoriertierte Schulen, wenn man sie als Vermittler von besonderen Ehequalifikationen für den Heiratsmarkt erkennt. Denn die *Tanki daigaku* werden zum größten Teil von Frauen besucht und gelten als Höhere-Töchter-Ausbildungsstätten. Sie dauern nur zwei Jahre und das Lehrangebot umfaßt meist die Fächer Sozial- und Geisteswissenschaften, Pädagogik und Hauswirtschaft.

Berufsausbildung, welche im Zuständigkeitsbereich des Arbeitsministeriums anzusiedeln ist, begründet sich auf das Gesetz zur Förderung der Berufsausbildung (*Shokugyû nôryoku kaihatsu sokushinhô*) von 1969. Dieses unterscheidet sich aber erheblich vom deutschen Berufsbildungsgesetz (BBiG). In Japan sind keine klaren Vorschriften für die Betriebe hinsichtlich der Gestaltung von Berufsausbildung festgeschrieben. Die Betriebe können ganz autonom über die Einarbeitung ihrer Angestellten bestimmen. Auch ist die Zielgruppe dieses Gesetzes nicht im Schülerklientel zu suchen, sondern hier sind ausschließlich fest im Betrieb etablierte Arbeitnehmer angesprochen.

Das Gesetz zur Förderung der Berufsausbildung umfaßt drei Zielrichtungen der Bildung: die Grundqualifikation, die Spezialisierung und die Umschulung und Weiterbildung.

Es kommt zum Teil dem weitgehenden Ausschluß von Frauen aus der betrieblichen Aus- und Weiterbildung zugute. Das On-the-job-training, welches vom Arbeitgeber angeboten und finanziert wird, geschieht von der Firma aus in Hinblick auf eine sich lohnende Investition. Frauen zählen meistens nicht zu der Stammbelegschaft. Von ihnen wird erwartet, daß sie aufgrund von Heirat oder Kindern aus dem Beruf ausscheiden werden.

Das Rôdôshô, das Arbeitsministerium, fördert nicht nur Off-the-job-training, also außerhalb der Firma angebotene Weiterbildung, sondern subventioniert auch Ausbildungsgänge innerhalb der Firmen. Die quasiöffentlichen Einrichtungen des Off-the-job-trainings sind:

1. berufliche Trainingszentren,
2. berufliche Trainingscolleges,
3. Fertigkeitsentwicklungszentren,
4. auch Behindertenweiterbildungszentren werden von Rôdôshô gefördert.

Die JAVADA, Japan Vocational Ability Development Association, nimmt im Auftrag des Arbeitsministeriums jährlich Qualifikationsprüfungen in 134 Tätigkeitsbereichen ab, die in ihrer Ausrichtung als monoform zu charakterisieren sind. Nach einer Berufstätigkeit von einigen Jahren kann sich jeder Arbeitnehmer zu dieser Prüfung anmelden. In zwei verschiedenen Schwierigkeitsgraden versucht man sein Glück. Der Trade Skill Test ist schwer und die Versagensquote hoch. Zu Abschlußprüfungen traditioneller Berufe wie Kimonoherstellung, Lackarbeiten, japanisches Kochen, u.ä. melden sich viele Frauen an. Hier findet man ein geschlechtstypisches Auswahlverhalten. Das Angebot des Arbeitsministeriums für Frauen in der zweiten Erwerbsphase ist dennoch eine Gelegenheit, von stupider Arubaito, welche außerdem außerordentlich schlecht bezahlt wird, in einen Beruf zu wechseln, der mehr an Identifikationsmöglichkeiten zu bieten hat.

Männer, vielleicht gerade ältere, die von der Arbeitslosigkeit besonders bedroht sind, da sie durch das Senioritätsprinzip bedingt für einen Arbeitgeber ein besonders ungünstiges Kosten-/Nutzen-Kalkül darstellen, können mit einer abgeschlossenen Ausbildung vor einem allzu großen sozialen Abstieg bewahrt werden.

Zusammenfassend kann gesagt werden, daß berufsrelevante Qualifikationen in Japan in vier Bereichen erworben werden:

- Zum ersten finden sich, wenn auch in marginaler Stellung, Berufsschulen im japanischen Bildungssystem. Die eher unbedeutende Position der senshû gakkô im Oberschulbereich (nur ca. 2% der Mittelschulabgänger besuchen hier den Unterricht) wird abgelöst von einem stärker frequentierten Aufbaukurs im Tertiärbereich, welcher von ca. 20% der Oberschulabgänger besucht wird. Dort werden Ausbildungsgänge in polyformen Berufsfeldern angeboten. Die Colleges of Technology beginnen zwingend im Sekundarbereich und führen in einen Aufbaukurs. Beide Schultypen unterstehen dem Bildungsministerium.

- Zum zweiten wird die eigentliche Ausbildung in Japan von den Betrieben selbst durchgeführt: durch Anlernen, ähnlich dem unserer Hilfsarbeiter, durch die betriebsinitiierte Ausbildung in On-the-job- oder Off-the-job-trainings, und die obligatorische Weiterbildung für leitende Angestellte in der Regel bis zu deren 45. Lebensjahr.

- Zum dritten durch Kurse, die innerhalb des Gesetzes zur beruflichen Förderung vom Arbeitsministerium eingerichtet wurden und auf eine zertifizierte Ausbildung hinzielen. Georg sieht die Lage der Absolventen hier eher skeptisch:
  „Für die Teilnehmer ist die staatliche Berufsausbildung eher eine Verlegenheitslösung. Wem als Schulabsolvent nach der erfolglosen Suche nach besseren Alternativen nichts anderes übrig bleibt als der Eintritt in ein staatliches Bildungszentrum, der wird auch nach dem Abschluß der ein- oder zweijährigen Ausbildung nur sehr eingeschränkte Möglichkeiten für einen Beschäftigungseinstieg finden." (Georg 1989, S. 113)

- Zum vierten schließlich werden im allgemeinen Schulsystem selbst und nicht nur durch die berufsvorbereitenden Kurse der Oberschule, sondern auch durch die allgemeinbildenden Kurse, die Junior Colleges und die Universitäten Arbeitnehmer besonders in den japanisch relevanten Basisqualifikationen ausgebildet.
  „Wenn auch der Stellenwert von Berufsbildung verschwindend gering ist, so ist doch der 'heimliche Lehrplan' des japanischen Schulsystems auf die reibungslose Einpassung der Absolventen in die Arbeitswelt ausgerichtet. Es sind weniger die Lehrinhalte als vielmehr das Training von Verhaltens- und Orientierungsmustern, die die Schule zu einer so wichtigen Sozialisationsinstanz machen. Mit dieser Einübung in Freizeitverzicht, Einsatzbereitschaft, Belastungsfähigkeit, Bereitschaft zur Lösung

vorgegebener Aufgaben, übernimmt die Schule indirekt einen wichtigen Beitrag zur Berufsvorbereitung. Darin sehen auch die japanischen Unternehmen die wesentliche Funktion des Schulsystems." (Georg 1989, S. 113)

Das japanische Erziehungsministerium verzichtet auf eine Expansion der Colleges of Technology, obwohl dieses sicher die Lage auf dem Arbeitsmarkt entspannen würde, denn auch in Japan steigt die Jugendarbeitslosenquote bedenklich an. Doch gilt hier bis heute noch, Berufsausbildung in die Betriebe selbst zu verlagern. Daher wird eine Berufsausbildung, welche im schulischen Bereich stattfinden soll, immer noch nur als eine Notlösung angesehen. Durch dieses rigide System privatisierter betrieblicher Qualifikationsmaßnahmen entstand aufgrund der regen Nachfrage ein breit angelegter Bildungsmarkt für eine schulische Einführung in verschiedenste Berufsfelder.

So wie schon der Markt privater Nachhilfeschulen allmählich die Lehrpläne der Schulen tangiert hat, zeichnet sich eine wachsende Dominanz privater Berufsschulen in ihrer Attraktivität im Hinblick auf Anstellungschancen innerhalb des Arbeitsmarktes ab. Somit wandelt sich das gesamte japanische Bildungs- und Ausbildungssystem sukzessive unter dem Diktat privater Bildungsinstitutionen von einer in ihrer Konzeption chancengleichen Gesamtschule in einen nach privater Finanzierbarkeit selbst zu kombinierenden Bildungsgang, der nahezu unabhängig von individuellen Fähigkeiten der Schüler, Zukunftschancen in das Organisationstalent der Eltern, in ihre Finanzkraft und die Funktionalität des Lehrplans legt. Ob die Eigendynamik im japanischen Bildungssystem mit dem Trend, sich immer weiter von den offiziellen Lehrplänen zu entfernen und größeres Gewicht auf die Funktionalität zu legen, im Interesse der Schüler ist, bleibt als Frage an dieser Stelle offen.

Literatur

Arnold, R.: Die Krisen der Fachbildung. In: BWP 25/1996/1.

Bundesinstitut für Berufsbildung (BiBB): Ausbildungsordnungen. Berlin 1994.

Bundesministerium für Bildung und Wissenschaft: Berufliche Bildung in Deutschland. Bonn 1994.

Der Bundesminister für Bildung und Wissenschaft: Berufsausbildung im Dualen System in der Bundesrepublik Deutschland. Bonn 1992.

Drinck, B.: Reformen als Fortschritt? Über gegenwärtige Reformpläne für das japanische Erziehungs- und Bildungssystem. Diss. Bonn 1988.

Drinck, B..: Schulabbrecher. Ursachen - Folgen - Hilfen. Bonn 1994.

Greinert, W.-D.: Regelmuster der beruflichen Bildung: Tradition - Markt - Bürokratie. In: BWP 24/1995/5.

Haasch, G.: Das japanische Bildungs- und Ausbildungssystem im Kontext soziokultureller Traditionen und Entwicklungen. In: Striegnitz, M./Pluskwa, M. (Hrsg.): Berufsausbildung und berufliche Weiterbildung in Japan und in der Bundesrepublik Deutschland. Evangelische Akademie Loccum, Loccumer Protokolle 6/87.

Hirose, S.: Das berufliche Ausbildungswesen in Japan. Insbesondere in Hinblick auf das japanische Bauwesen.. In: Striegnitz, M./Pluskwa, M. (Hrsg.): Berufsausbildung und berufliche Weiterbildung in Japan und in der Bundesrepublik Deutschland. Evangelische Akademie Loccum, Loccumer Protokolle 6/87.

Imai, K.: Steuerung und Abstimmung von Bildung und Beschäftigung in Japan: Die Rolle der öffentlichen Meinung. In: Japanisch-Deutsches Zentrum Berlin (JDZB). Steuerung und Abstimmung und Beschäftigung in Japan und in Deutschland: Struktur und Perspektive. Bd 21, Berlin 1994, S. 93-102.

Luhmer, K. S.J.: Schule und Bildungsreform in Japan. 2 Bde. Tokyo 1972.

Mayer, J./Pohl, M. (Hrsg.): Länderbericht Japan. Geographie, Geschichte, Politik, Wirtschaft, Gesellschaft, Kultur. Darmstadt 1995.

Ministery of Education, Science and Culture: Education in Japan. A Graphic Presentation. Tokyo 1994.

Ministery of Education, Science and Culture: Japan's modern Educational System. A History of the First Hundred Years. Tokyo 1980.

Ministery of Education, Science and Culture: Statistical Abstract of Education, Science and Culture. 1994 Edition

Mohr, B.: Bildung und Wissenschaft in Deutschland West. Bonn 1991.

Münch, J./Eswein, M.: Bildung, Qualifikation und Arbeit in Japan. Mythos und Wirklichkeit. Berlin 1992.

Pütz, H.: Veränderte Ausbildungslandschaften - welche Zukunft hat das Duale System? In: Berufsbildung in Wissenschaft und Praxis (BWP) 25/1996/1.

Rehbein, M.: Der Prozeß der Qualifikationsentwicklung in japanischen Großunternehmen. In: Striegnitz, M./Pluskwa, M. (Hrsg.): Berufsausbildung und berufliche Weiterbildung in Japan und in der Bundesrepublik Deutschland. Evangelische Akademie Loccum, Loccumer Protokolle 6/87.

Schlegel, J.: Bildungs- und Beschäftigungssystem in Deutschland - Stand und Entwicklung. In: Japanisch-Deutsches Zentrum Berlin (JDZB): Bildung und Beruf in Japan und Deutschland. Band 13, Berlin 1992, S. 39-62.

Schmidt, H.: Qualifikationsbedarf durch Innovatioen in der Aus- und Weiterbildung sichern. In: BWP 24/1995/5.

Schreiber, R.: Aus- und Weiterbildungshandbuch für Schule und Beruf. Ludwigshafen 1992.

Senzaki, T.: Steuerung und Abstimmung von Bildung und Beschäftigung in Japan und Deutschland: Strukturen und Perspektiven im heutigen Japan. In: Japanisch-Deutsches Zentrum Berlin (JDZB). Steuerung und Abstimmung und Beschäftigung in Japan und in Deutschland: Struktur und Perspektive. Bd 21, Berlin 1994, S. 15-43.

Takanashi, A.: Schulische Erziehung, Berufsausbildung und Arbeitsmarkt in Japan. In: Japanisch-Deutsches Zentrum Berlin (JDZB). Bildung und Beruf in Japan und Deutschland. Bd. 13, Berlin 1992, S. 5-38.

Teichler, U.: Erziehung und Ausbildung. In: Mayer, J./Pohl; M. (Hrsg.): Länderbericht Japan. Geographie, Geschichte, Politik, Wirtschaft, Gesellschaft, Kultur. Darmstadt 1995, S. 401-7.

Teichler, U.: Geschichte und Struktur des japanischen Hochschulwesens. Hochschule und Gesellschaft in Japan. Bd 1, Stuttgart 1975.

Umetani, Sh.: Formen der Berufsbildung in Japan. In: Japanisch-Deutsches Zentrum Berlin (JDZB): Bildung und Beruf in Japan und Deutschland. Band 13, Berlin 1992, S. 78-95.

Ushiogi, M. Fachliche Qualifizierung und Berufslaufbahn in Japan. In: Japanisch-Deutsches Zentrum Berlin (JDZB): Bildung und Beruf in Japan und Deutschland. Band 13, Berlin 1992, S. 133-44.

Mikiko Eswein

Rolle des Berufsbildungssystems in der japanischen Gesellschaft

l. Einleitung

In diesem Beitrag geht es um die Darstellung der gegenwärtigen Berufsbildung in Japan im gesellschaftlichen Kontext, d.h. vor dem kulturellen,
wirtschaftlichen und politischen Hintergrund, und ihrer Rolle beim gesellschaftlichen Wandel; bei der Bezeichnung „Berufsbildung" beziehe ich die
vorher vermittelte Allgemeinbildung mit ein. Bei der Darstellung der Berufsbildung möchte ich diese nicht bloß beschreiben, sondern eher ihre Merkmale und Besonderheiten herausarbeiten, also Andersartigkeit oder Gleichheit
betrachten. Um die Besonderheit der Gesellschaft in Japan als Voraussetzung
für die Entstehung und Entwicklung der japanischen Berufsbildung deutlich
darstellen zu können, muß also als erster Schritt der Vorgehensweise ein all-
gemeingültiger Vergleichsmaßstab geschaffen werden. Dazu dient eine durch
einen „relativierten Universalismus" gekennzeichnete Theorie der soziokulturellen Evolutionstheorie von Volker Lenhart, die die Merkmale der Berufsbildung in der Moderne allgemein herausarbeitet.

„Hier geht der Anspruch dahin, eine neue Ausgewogenheit zwischen evolutionärem Universalismus und kulturellem Relativismus zu fixieren." (Lenhart 1985, S. 62).

Um diesem Anspruch gerecht zu werden, ist die Unterscheidung von (handlungstheoretisch definierten) Möglichkeitsspielräumen (Entwicklungslogik
und hier Erziehungslogik) und der Ausfüllung der Spielräume und Perfor-
manz in bezug auf soziokulturelle Evolution voranzutreiben (vgl. Lenhart
1985, S. 62).
    Lenharts Theorie unterscheidet zwischen drei Strukturprinzipien, näm-
lich einem vorhochkulturellen, einem hochkulturellen und einem modernen
Strukturprinzip. Sie thematisiert u.a. die relationale Komponente der Erziehungslogik, bei der es darum geht, das Verhältnis des erzieherischen Handlungsfeldes zu den übrigen Handlungsbereichen in evolutionärer Perspektive
darzustellen. Dabei wird zwischen Gesellschafts-, Institutions- und Interakti-

onsebene unterschieden, wobei unter Institutionen komplexe Bündelungen von Handlungen verstanden werden, wie dies z.b. in sozialen Organisationen der Fall ist. Die drei Ebenen trennen sich evolutionär voneinander: In vorhochkulturellen Gesellschaften sind Gesellschafts-, Institutions- und Interaktionsebene noch miteinander verschmolzen. In hochkulturellen Gesellschaften treten die Grenzen der in der Gesellschaft noch möglichen Kommunikation und die Grenzen der Institutionen auseinander, deren Mitglied das Individuum ist. Um die Kommunikationsmedien Geld und Macht, die in der Moderne zu Steuerungsmedien werden, verfestigen sich die Handlungsbereiche Wirtschaft und Politik systemisch. Sie entfernen sich von der Lebenswelt und markieren die Grenzen des gesellschaftlichen Systems. Das Erziehungssystem wird in der Moderne zum Teilsystem des gesellschaftlichen Systems neben den ausdifferenzierten Subsystemen der gesellschaftlichen Gemeinschaft und Kultur. In der Gegenwart ist die Erziehung mit ihren institutionellen Spitzen selbst zum System „in vorletzter Linie" geworden (vgl. Lenhart 1987, S. 114ff. Schema 1).

Schema 1: Das Verhältnis des erzieherischen Handlungsfeldes zu den übrigen gesellschaftlichen Handlungsbereichen der Moderne

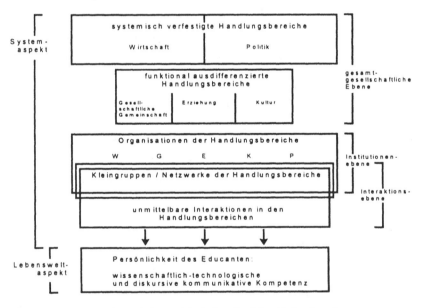

aus: Volker Lenhart: Die Evolution erzieherischen Handelns. Verlag Peter Lang, Frankfurt/M., 1987, S119

Die Besonderheiten des erzieherischen Handelns in der Moderne werden hier im wesentlichen aus zwei Richtungen beleuchtet, nämlich zum einen unter dem institutionellen Aspekt (hier geht es um den Grad der Spielräume erzieherischer Institutionen bzw. die Konstruktion der erzieherischen Institutionen selbst) und zum anderen unter dem curricularen Aspekt, den ich hier auch als kommunikativen Aspekt bezeichnen möchte (hier werden die Grundorientierung und die Handlungsformen erzieherischer Interaktionen thematisiert). Die institutionelle Komponente der Erziehungslogik in der Moderne zeichnet sich allgemein durch einen hohen Grad des Organisationsniveaus „vernetzt" und durch einen hohen Grad des Spezifikationsniveaus „vorherrschend" aus. Seine curriculare Komponente läßt sich vor allem durch eine Grundorientierung zur technologisch-wissenschaftlichen Kompetenz und zur diskursiven Kompetenz charakterisieren (vgl. Lenhart 1987, S. 97ff.).

Wenn man die Merkmale des japanischen Berufsbildungswesens in der Moderne mit Hilfe dieses Rasters beschreibt, so kann man folgendes sagen: Seine institutionelle Komponente ist ebenfalls durch einen hohen Grad des Organisationsniveaus „vernetzt" und des Spezifikationsniveaus „vorherrschend" gekennzeichnet. Seine kommunikative Komponente weist zwar auch die Grundorientierung zur technologisch-wissenschaftlichen Kompetenz auf, zeigt jedoch noch nicht die Merkmale der Grundorientierungsstufe der diskursiven Kompetenz, auch wenn sie sich z.B. bereits in diese Richtung bewegt. Der Grund, warum das japanische Berufsbildungssystem die diskursive Kompetenz (noch) nicht zur Grundorientierung des erzieherischen Handelns machen konnte bzw. kann, liegt im japanischen Wertsystem. Dieses ist nach Roger Goodmann durch die Betonung von Homogenität, Harmonie und Konsensus sowie durch Gruppenorientierung, Exklusivität (Haitateki) und sprachlose Kommunikation (Ishin denshin) charakterisiert. Von dieser allgemeinen Orientierung ist auch der Berufsbildungsbereich durchdrungen. Die japanische Schule kontrolliert nicht nur, was die Schüler tun, sondern legt auch fest, wie sie es tun sollen. So ist z.B. die Art, wie sie einen Stift halten sollen, genau vorgeschrieben. Individuelles Handeln der Schüler wird nicht akzeptiert. Die Lehrer sind nicht an Situationen gewohnt, in denen sie den Unterricht nicht allein führen, in denen sie nicht in jedem Punkt recht haben oder in denen die Schüler Kritik an ihrem Wissen und Urteil üben (vgl. Goodmann 1992, S. 4lff.). Auch die japanischen Unternehmen nahmen bisher die Haltung ein, daß Mitarbeiter, die häufig nach dem Warum fragen, nicht geeignet sind. Die freie Entfaltung des Individuums und eine kritische Haltung waren als Störfaktoren bei der Harmonie verpönt.

Nachdem ich die Merkmale des japanischen Berufsbildungswesens in der Moderne herausgearbeitet habe, möchte ich nun zum Hauptthema meines Beitrags kommen. Ich beschäftige mich nun also mit folgender umfassenden Frage: Welche Rolle spielt das Berufsbildungssystem in Japan beim gesellschaftlichen Wandel?

Dabei betrachte ich den gesellschaftlichen Wandel unter den beiden Aspekten des Auftauchens von Systemproblemen und der Lösung dieser Probleme durch einen endogenen Lernmechanismus, d.h. das endogene Wachstum von Wissen, was von Jürgen Habermas folgendermaßen dargestellt wird:

- „(...) die Systemprobleme, die nicht ohne evolutionäre Neuerungen gelöst werden können, (entstehen) im Basisbereich einer Gesellschaft; d.h. in der Moderne im wirtschaftlichen Teilbereich (...);
- (...) die jeweils höhere Produktionsweise (bedeutet) eine neue Form der Sozialintegration (...), die sich um einen neuen institutionellen Kern kristallisiert;
- (...) ein endogener Lernmechanismus (sorgt) für die Ansammlung eines kognitiven Potentials (...), welches für die Lösung der krisenerzeugenden Systemprobleme genutzt werden kann;
- (...) aber dieses Wissen (kann) erst mit der Folge einer Produktivkraftentfaltung implementiert werden (...), wenn der evolutionäre Schritt zu einem neuen institutionellen Rahmen und einer neuen Form der Sozialintegration vollzogen ist" (Habermas 1990, S. 162).

Aus zeitlichen Gründen kann ich hier jedoch nur Teilfragen zu dieser Hauptfrage behandeln, nämlich die Systemprobleme und die Rolle des Berufsbildungssystems bei der Lösung dieser Probleme. Auf das endogene Wachstum von Wissen in der Lebenswelt kann hier nicht eingegangen werden, und so verbleiben folgende beiden Fragen:

1. Welche Systemprobleme treten heute in der japanischen Wirtschaft auf? Welche Anforderungen stellt sie für die Lösung ihrer Probleme an das Berufsbildungssystem?
2. Berücksichtigt das Berufsbildungssystem diese Anforderungen und trägt es also zur Lösung ihrer Probleme und damit indirekt auch zum gesellschaftlichen Wandel bei?

Zunächst möchte ich die Probleme, die in der japanischen Wirtschaft seit Beginn der 90er Jahre auftraten, skizzieren und die Anforderungen der Wirtschaft an das Berufsbildungssystem untersuchen.

2. Wirtschaftlicher Teilbereich

Seit dem Beginn der 90er Jahre (präziser seit dem Platzen der sogenannten „Bubble"-Wirtschaft im Jahr 1992) befindet sich das japanische Wirtschaftssystem in seiner schwersten Krise seit dem Ende des 2. Weltkriegs. Der Hauptgrund für das Auftreten dieser Krise liegt in den strukturellen Veränderungen der Umwelt der japanischen Wirtschaft (Notwendigkeit der Verlagerung der Produktion ins Ausland aufgrund der Konkurrenz durch die aufstrebenden asiatischen Länder, Handelskonflikte mit den USA), die das Land immer mehr in Richtung Internationalisierung zwingen.

Nach Shûichi Matsuda, Professor für Wirtschaftswissenschaft an der Waseda Universität in Tokyo, hat die japanische Wirtschaft heute einen Stand erreicht, auf dem die Unternehmen ihren ausländischen Niederlassungen nicht mehr lediglich die Funktion der Distribution zuteilen können, sondern diese vielmehr mit dem gesamten Produktionsprozeß vor Ort betrauen müssen. Dies bedeutet die Einbeziehung einheimischer Produktionsstaaten und Mitarbeiter in ihr System. Der entscheidende Punkt bei der Internationalisierung ist jedoch die Notwendigkeit, die bisher so erfolgreich von den japanischen Unternehmen praktizierte Prozeß-Technologie auf eine Produkt-Technologie umzustellen, was eine starke Orientierung an der Grundlagenforschung erfordert. Bisher kauften die Unternehmen neueste Technologien in anderen Ländern auf und setzten diese schnell in eine höchst rentable Massenproduktion um (klassisches Beispiel: Flüssigkristallbildschirm aus Europa und den USA). Auf diese Weise konnten sie ihre Herstellungskosten sehr niedrig halten und das Investitionsrisiko in neuen Forschungsbereichen sparen.

Unternehmen, die aufgrund der Stärke ihrer Prozeßverbesserung auf einem existierenden ausländischen Markt Waren hoher Qualität zu niedrigen Preisen anbieten und der inländischen Industrie dadurch schaden, treffen dort im allgemeinen auf starke Ablehnung. Sogar wenn die Waren in dem betreffenden Land und mit einheimischen Arbeitskräften hergestellt werden, werden sie nicht als einheimische Produkte anerkannt. Anders verhält es sich bei ausländischen Unternehmen, die aufgrund der Qualität ihrer Produktentwicklung den heimischen Markt erobern. Ein Beispiel hierfür ist der mittelständische japanische Halbleiter-Hersteller Room, der auf diese Weise den amerikanischen Markt erobert hat, dort auch seine Aktien zum Kauf anbietet und so die einheimische Bevölkerung an seinen Gewinnen beteiligt. Seine

Produkte werden sogar vom strengen USTR (United States Trade Represen-
tative) als amerikanische Produkte anerkannt. (vgl. Matsuda 1994, S. 270f.).

Die Einführung der Produkt-Technologie bereitet den meisten japanischen Unternehmen allerdings große Schwierigkeiten, denn das Wirtschaftssystem, in das die traditionelle Produktionsmethode mit ihrer Prozeß-Technologie eingebettet ist, beruht ebenfalls auf dem japanischen Wertsystem, das
die kollektive Identität des japanischen Volks definiert. Hiroshi Okumura,
Professor für Wirtschaftswissenschaft an der Chuo Universität in Tokyo
spricht vom „Manager-Kapitalismus" (Hojin shihonshugi), der vor allem
durch den Vorrang des Produzierenden Gewerbes und der Großunternehmen
gekennzeichnet sei. Als Voraussetzung für die Entstehung des Manager-Kapitalismus nennt er die Zusammenarbeit zwischen der Bürokratie, der Regie-
rungspartei und der Wirtschaft, das sogenannte eiserne Dreieck.

Dem Berufsbildungs- und dem gesamten Schulsystem kommt in diesem
Wirtschaftssystem die Rolle zu, die Rangordnung der Unternehmen festzulegen und zu stabilisieren. Als erstklassig betrachtete Universität wie die Tokyo Universitat oder die Kyoto Universität versuchen ihre Absolventen in
möglichst bekannten Unternehmen unterzubringen. Dies ist wiederum das
Kriterium, nach dem sich der Rang der Universitäten richtet. Die Rangordnung der Universitäten spielt im Bewußtsein der Japaner bei der Universitäts-
auswahl die zentrale Rolle, weil der Rang der besuchten Universität die künftige Laufbahn im Beschäftigungssystem bestimmt.

In diesem gesellschaftlichen Modell bestimmt der Rang der Unternehmen den gesellschaftlichen Status eines Menschen. So basiert nach Okumura
die Selektion in Japan nicht auf dem Prinzip der Meritokratie, sondern gerade
auf dem Gegenteil davon praktisch unabhängig von den tatsächlichen Fähigkeiten kann man keine gesellschaftlich anerkannte Stellung erreichen, solange man nicht zu einer guten Firma gehört. Das bedeutet also, daß der Einzelne selbst keinen Einfluß auf seinen gesellschaftlichen Aufstieg hat, sondern
nur die Institution „Firma". Alles spielt sich auf der institutionellen Ebene ab.

So ist der Menschentyp, der dieses System trägt, auch durch eine starke
Anlehnungsbedürftigkeit an Institutionen gekennzeichnet. Okumura nennt
ihn „Company man". Der „Company man", der dem japanischen Ritterideal
mit seiner absoluten Loyalitat gegenüber dem Herrn entwuchs, ist dadurch
charakterisiert, daß seine Interessen vollkommen mit den Interessen seiner
Firma übereinstimmen, was nur durch eine absolute Identifizierung mit seiner Firma zustande kommen kann. Dabei gibt er sein eigenes moralisches Urteil auf und handelt nach dem moralischen Urteil seiner Organisation; er fühlt
sich als Glied einer Kette (vgl. Okumora 1993, S. 36ff.) Dies ist meiner Mei-

nung nach eine typische Erscheinung der konventionellen Stufe im Kohlberg'schen Modell (vgl. Eswein 1991).

Das Hauptziel der innerbetrieblichen Berufsbildung in Japan liegt bzw. lag daher letztlich im Heranziehen dieses „Company man", was die große Bedeutung der Vermittlung sozialer Kompetenz in der innerbetrieblichen Gemeinschaftserziehung erklärt - vor allem durch OJT (On-the-Job Training) und Rotationsprinzip. Dazu paßt die Einstellungspraxis der Unternehmen mit ihrem sogenannten „Internal Labour Market". Die innerbetriebliche japanische Berufsbildung ist also stark funktionsbezogen und verfolgt das „Generalistenmodell".

Ich fasse das Wichtigste zusammen: Das Systemproblem, das in der japanischen Wirtschaft aufgetreten ist, liegt darin, daß sie aufgrund geänderter Bedingungen der Unternehmensumwelt gezwungen ist, zum eigenen Überleben ihre Internationalisierung zu betreiben, wofür sie nun Kreativität bei ihren Arbeitnehmern braucht. Die Lösung dieses Problems bereitet der Wirtschaft große Schwierigkeiten. Denn die neuen Anforderungen verlangen nach einer Modifikation des japanischen Wertsystems, das die kollektive Identität des japanischen Volks definiert. So steht die Internationalisierung dem traditionellen Japanismus diametral gegenüber, dessen Inhalt vor allem die Ideologie der Tennoverehrung und der Glaube an die Überlegenheit des japanischen Volks ist. Weiter wird das Interesse des Gemeinwesens im traditionellen Wertsystem höher bewertet als das des Individuums.

Der Menschentypus des „Company man" ohne individuelles Profil, der nur vor dem Hintergrund des traditionellen japanischen Wertsystems entstehen konnte und der den Manager-Kapitalismus getragen hat, eignet sich nicht für eine Produkt-Technologie auf der Basis von Grundlagenforschung. Wenn es auf Kreativität ankommt, so muß man nämlich die Individualität der Mitarbeiter fordern, da diese nur in solchen Bereichen kreativ sein können, in denen ihre eigenen Interessen und Begabungen liegen. Das Individuum muß also wissen, was es will und kann. Das neue Wirtschaftssystem braucht folglich einen neuen Menschentypus, der sich nicht mehr aus Anlehnungsdrang an seine Gruppe anpaßt, sondern den Mut hat, zunächst das Selbst, und damit die Realität wahrzunehmen, und der in der Lage ist, eine Gruppe innovativ und von innen heraus zum Positiven zu verändern (vgl. Eswein 1991).

Im folgenden werde ich untersuchen, ob das japanischeBerufsbildungssystem zur Erfüllung der obengenannten neuen Anforderungen der Wirtschaft beitragen kann.

3. Analyse der Berufsbildung in Japan

Die Untersuchung des japanischen Berufsbildungssystems erfolgt in Anlehnung an die genannte Theorie von Lenhart unter zwei Gesichtspunkten, nämlich unter dem institutionellen und dem kommunikativen Aspekt. Bei der institutionellen Komponente handelt es sich vor allem um die Gesetzgebung, die den Grad der Spezifikation bezüglich Zeit, Raum und Personal festlegt und die Bedingungen der Zulassung zu einer Bildungsinstitution definiert.

Unter der kommunikativen Kompetenz verstehe ich mit Habermas und Wolfgang Schluchter die Fähigkeit, mit anderen Menschen zu interagieren. Habermas unterscheidet in Anlehnung an die Theorie von Laurence Kohlberg über die Entwicklung des moralischen Bewußtseins zwischen drei Stufen des Kommunikationsmodus, nämlich der Stufe symbolisch vermittelter Interaktion, welche der präkonventionellen Stufe entspricht, der der propositional ausdifferenzierten Rede, welche der konventionellen Stufe entspricht, und der Stufe argumentativer Rede, welche der postkonventionellen Stufe entspricht. Ich skizziere diese Entwicklung des sozialen Handelns in Anlehnung an Christoph Deutschmann.

Bei der Entwicklung des sozialen Handelns spielt der Begriff „Identität" eine zentrale Rolle. Des Kind lernt, wie sich das eigene Handeln auf „die Anderen" auswirkt. Die Anderen übernehmen für das Kind die Funktion eines Spiegels; indem sie ihm vermitteln, wie es ist, entsteht im Kind seine Identität. Der Inhalt dieser Identität wird im Verlauf der Sozialisation zunehmend erweitert. In der primären Sozialisation wird die Identität des Kindes durch die Rückkopplung der primären Bezugspersonen, also des „signifikanten Anderen" gebildet.

In der nächsten Stufe wird die soziale Umwelt des Kindes auf die Nachbarschaft, Schule und „peer group" erweitert. Dadurch kann das Kind jetzt „sich selbst mit anderen Augen (...) sehen und die ursprüngliche partikulare Identität (...) überwinden" (Deutschmann 1991, S. 13). Damit kann das Kind verschiedene Rollen übernehmen, einmal die des Sohns in der Familie, dann die des Schülers in der Schule, dann die des Freunds in der „peer group". Hier findet ein Übergangsprozeß vom signifikanten Anderen zum „generalisierten Anderen" statt. Die Entwicklung bzw. die Erweiterung der Identität des Kindes geschieht also, indem „es sich mit umfassenderen sozialen Umwelten identifiziert, unterschiedliche Rollen übernimmt und damit zugleich sich selbst auf immer vielfältigere Weise erfährt" (Deutschmann 1991, S. 13).

In beiden obengenannten Fällen der Identifikation entsteht nun eine Dualität von Binnenmoral und Außenmoral, was ein Zeichen für Partikularismus ist. Bei der nächstreiferen Stufe der Identitätsbildung, nämlich der „postkonventionellen Identität" ist diese Dualität aufgehoben und der Partikularismus durch Universalismus ersetzt.

„Erst auf dieser Stufe entsteht (...) die eigentlich individualisierte und damit auch reifere und 'erwachsene' Form persönlicher Identität, die (...) ein konstitutives Element moderner Gesellschaften ist" (Deutschmann 1991, S.13).

Erst auf dieser Stufe ist man in der Lage, eine Meta-Kommunikation zu führen, d.h. Regeln oder Normen nicht einfach als absolut zu betrachten, sondern sich kritisch mit ihnen auseinanderzusetzen. Die am Diskurs Beteiligten bestimmen während der herrschaftsfreien Kommunikation neue Normen. Man spricht hier vom „universalisierten Anderen".

Die postkonventionelle Stufe wird oft mit dem Typus des Individualisten mit starkem „Ich" in Zusammenhang gebracht, der nur nach seinen eigenen Interessen handelt und keine Kompromisse eingeht. Dies kann man jedoch nicht gelten lassen:

„Individualisierung bedeutet nicht einfach eine Absonderung des einzelnen Menschen von der Gesellschaft, eine bloße Abweichung von sozialen Normen. Sie ist im Gegenteil nur in dem Maße möglich, wie das Individuum die Gesellschaft internalisiert, verschiedenartige soziale Erfahrungen macht, unterschiedliche Rollen übernimmt und es so lernt, sich selbst aus der Perspektive einer Vielzahl Anderer zu sehen. Soweit der Mensch unreflektiert seinem Herkunftsmilieu verhaftet bleibt, ist er kein Individuum, sondern nur Mitglied einer Gruppe. Der Individualist ist weder der Egozentriker, noch der Eigenbrödler oder Nonkonformist, er ist der 'Weltbürger'" (vgl. Deutschmann 1991, S. 13-14).

Wir haben oben festgestellt, daß der Menschentyp des „Company man" der Prototyp des Mitglieds einer Gruppe ist - er ist primär Firmenmitglied. Darüber hinaus kann er höchstens noch als japanischer Staatsbürger interagieren. Er kann also noch keine verschiedenartigen Rollen übernehmen, und sein moralisches Bewußtsein ist partikularistisch.

Bei der Anwendung dieses Modells ist es wichtig anzumerken, daß alle genannten Stufen nur der Beschreibung der Art der Identität des Individuums dienen sollen, d.h. keine Wertung beinhalten.

Nach der Festlegung des Begriffs „Individualität" kommt ein interessanter Zusammenhang zwischen „Kreativität" und „Internationalität" zum Vorschein: Die eigentlich individualisierte und damit auch reifere Form persönlicher Identität ist Voraussetzung für eine wirkliche Internationalisierung und sie ist gleichzeitig Voraussetzung für die Entstehung eines kreativen Moments, weil nur bei Erreichung dieser reiferen Form die Infragestellung der

bestehenden Normen angstfrei durchgeführt werden kann, wodurch erst die
Grundlage für das Zustandekommen von Innovationen geschaffen wird.

3.1. Die institutionelle Komponente der Erziehungsdynamik

In diesem Abschnitt thematisiere ich v.a. die gesetzgeberischen Maßnahmen
zum Berufsbildungssystem im Hinblick auf die angestrebte Internationalisierung und Individualisierung. Dabei verwende ich eine Klassifikation von Institutionalisierungen der Berufsbildung nach ihrer Trägerschaft. Innerhalb
des Strukturprinzips in der Moderne haben sich bestimmte Berufsbildungsinstitutionen herausgebildet, die nach ihrer Trägerschaft in die beiden Hauptkategorien öffentlich und privat unterschieden werden können. Jede dieser
beiden Hauptkategorien läßt sich wiederum in zwei Unterkategorien glie-
dern, nämlich formal und nonformal bei ersterer sowie proprofit (profitorien-
tiert) und nonprofit (nichtprofitorientiert) bei letzterer. Die Unterscheidung
zwischen „formal" und „nonformal" erfolgt nach dem Kriterium *Erwerb* oder
Nicht-Erwerb einer „*Berechtigung zum Besuch einer weiterführenden, Bildungsinstitution"*, die zwischen „proprofit" und „nonprofit" nach dem Kriterium *Vorhandensein* bzw. *Nichtvorhandensein einer Gewinnorientierung*
(vgl. Lenhart 1993, 77ff.; Eswein 1996; Schema 2).

*Schema 2: Institutionelle Komponente der Erziehungsdynamik - Kategorisierung der
   Berufsbildung in der Moderne nach Trägerschaft*

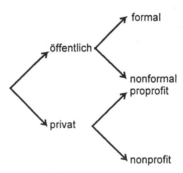

Zunächst analysiere ich die japanischen Berufsbildungsinstitutionen im Hinblick auf den Stand der Internationalisierung. Nach der Definition in §1 des
japanischen *Schulerziehungsgesetzes (Gakko* kyoiku ho) von 1947 fallen un-

ter den Begriff „Schule" (Gakko) Grundschulen, Mittelschulen, Oberschulen, Universitäten, Technical Colleges (Koto senmon gakko) und Kindergärten (vgl. Arai 1992, S. 46). Die Berufsbildungsinstitutionen, die danach in das Schulsystem eingebettet sind (vgl. Shimizutani 1994, S. 177) und von denen man auch als „Ichijo ko" (In §1 des Schulerziehungsgesetzes genannte Schulen) spricht, bezeichne ich als öffentliche formale Berufsbildungsinstitutionen. Die öffentlichen Berufsbildungsinstitutionen, die nicht zu den Schulen im Sinne von §1 gehören, nenne ich öffentliche nonformale Berufsbildungsinstitutionen. In diese Kategorie fallen vor allem die Special Training Schools (Senshu gakko) und die Miscellaneous Schools (Kakushu gakko), sowie die öffentlichen Berufsbildungsinstitutionen, die vom Arbeitsministerium verwaltet werden, aber auch die ausländischen Schulen in Japan. Die innerbetriebliche Aus- und Weiterbildung gehört zur Kategorie privat-nonprofit.

Der Unterschied zwischen öffentlichen nonformalen und öffentlichen formalen Bildungsinstitutionen kommt in der Praxis vor allem dadurch zum Ausdruck, daß der Besitz eines Abschlußzeugnisses einer öffentlichen nonformalen Bildungsinstitution allgemein nicht zur Schulbildung (Gakureki) gerechnet wird, sondern nur an öffentlichen formalen Bildungsinstitutionen erworbene Abschlüsse. Auch die japanische Personalpolitik orientiert sich traditionell nur an der Schulbildung, wie sie in den öffentlichen formalen (Berufs-)Bildungsinstitutionen vermittelt wird. Beispielsweise gehören die koreanischen Oberschulen, die „American schools" und die deutschen Schulen in Japan nicht zu den „Ichijo ko". Dies führte bisher dazu, daß die Absolventen dieser Schulen, also meist Ausländer und hier vor allem Koreaner, in alter Regel nicht in die Elitelaufbahnen der japanischen Unternehmen aufgenommen wurden, auch wenn sie noch so begabt waren. Nicht umsonst gilt das japanische Management als „auf die japanische Nationalität (und auf die Männer) bezogen". Allerdings sind heute bereits wichtige Änderungen zu registrieren: So nimmt die Kyoto-fu Universität seit Frühjahr 1994 auch Absolventen der koreanischen Schulen in Japan auf (vgl. Kyoto shinbun, 29.7.1993). Bisher berechtigte das deutsche Abitur nicht zur Zulassung für die Aufnahmeprüfung japanischer Universitäten. Aufgrund von Protesten von deutscher Seite wurde jedoch am 3.10.1995 eine Teiländerung des betreffenden Gesetzes erlassen, und ab Frühjahr 1996 wird das deutsche Abitur nun als Zugangsberechtigung zur Aufnahmeprüfung anerkannt (vgl. Asahi shinbun, 1.10.1995).

Am 25.6.1993 lieferte der „Ausschuß zur Untersuchung der Erziehung aus dem Ausland zurückgekehrter Kinder" (Kaigai shijo kyoiku ni kansuru chosa kenkyukai) dem Kultusministerium seinen Abschlußbericht. Darin

schlug er vor, für aus dem Ausland zurückgekehrte Kinder eigene Aufnah-
meprüfungen einzuführen, ihre Einschulung nicht auf den normalen Ein-
schulungsmonat April zu beschränken, sondern sie auch im September zuzulassen und ihre im Ausland erworbenen Kenntnisse und Erfahrungen anzu-
rechnen (vgl. Mainichi shinbun, 26.6.1993). Dies bedeutet die Einbeziehung
einer weiteren bisher nicht integrierten Randgruppe in das öffentlich-formale
System.

Vor allem wird die Internationalisierung aber in den Einrichtungen der
Kategorie privat-nonprofit und hier insbesondere im Bereich Forschung vor-
angetrieben. Beispielsweise praktiziert das Unternehmen Nippon Electric
Company (NEC) ein System zur Aufnahme ausländischer Forscher (Gaiko-
kuseki kenkyuin saiyo) in sein Ausbildungssystem. Um 1982 wurden noch
etwa 5 ausländische Forscher jährlich neu aufgenommen und um 1987 bereits etwa 30, mit weiter steigender Tendenz (vgl. Nihon seisansei honbu
1988, S. 65).

Nach dieser kurzen Analyse der institutionellen Komponente der Internationalisierung in Japan untersuche ich im folgenden die Institutionalisierung
der individualistischen Orientierung.

Veränderungen bezüglich der Individualisierung sind besonders im sekundären und tertiären Bildungsbereich zu beobachten.

So schlug der japanische Zentrale Bildungsrat in seinem Bericht von
1990 eine Oberschulreform vor. Er begründete deren Notwendigkeit damit,
daß die Lebens- und Denkweise der Jugendlichen sehr vielschichtig geworden sei und daß sie ihre eigenen Präferenzen hätten und selbst wählen möchten, was ihnen gefalle. Diese neuen Eigenschaften der Jugendlichen würden
jedoch in der Schule noch zu wenig berücksichtigt (vgl. Chuo kyoiku shingikai 1990)

In den künftigen Oberschulen sollen die Schüler vor allem zu selbständigem Lernen hingeführt werden, das ihren eigenen Interessen entspringt und
dem von ihnen gewählten Weg folgt. Die Schulen sollen den Schülern eine
breite Auswahl an Fächern anbieten können, damit diese ihre Individualität
voll entfalten können. Als konkrete Maßnahmen wurden daraufhin u.a. ein
drittes Fach „Sogoka" als Wahlfach neben dem allgemeinbildenden und dem
berufsbildenden Fach sowie ein Punktsystem (Tani sei) eingeführt, das das
Jahrgangssystem (Gakunen sei) erganzen soll, um so die gegenwärtigen erheblichen Schwierigkeiten beim Schulwechsel, Fachwechsel und Wiederein-
tritt in eine Schule aufzuheben.

Auch bei den japanischen Hochschulen ist eine Neuerung im Bereich
Weiterbildung zu verzeichnen: Ihnen wurde die Aufgabe übertragen, Kurse
im Rahmen des „lebenslangen Lernens" abzuhalten, die sogenannte „Refresh

education". Die Hochschulen sollen allen Gesellschaftsmitgliedern, und vor allem Berufstätigen, jederzeit Lernmöglichkeiten nach deren individuellen Wünschen anbieten. Durch eine entsprechende Änderung der für die Einrichtung von Universitäten geltenden Standards wurden verschiedene Kurse nach außen geöffnet.

3.2. Kommunikative Komponente der Erziehungsdynamik

Die kommunikative Komponente bezieht sich vor allem auf Lehrinhalte zur Bildung einer „Identität" des Einzelnen, wobei diese durch die Interaktionsart zwischen Lehrenden und Lernenden bestimmt wird. Eine monologische Kommunikation begünstigt z.B. nicht die Heranbildung einer reiferen Art des Kommunikationsmodus, des Diskurses. Nach wie vor wird im japanischen Berufsbildungssystem und insbesondere im schulischen Bereich bevorzugt Frontalunterricht angewandt, also Einwegkommunikation. Die Lehrmethode des OJT wird besonders in Japan zur Anpassung an die Arbeitsgruppe angewandt (vgl. Eswein 1988).

Neue Methoden gibt es jedoch im Bereich der innerbetrieblichen und Weiterbildung:

Beispielsweise schickt das Forschungszentrum der Firma Sony seine jungen Mitarbeiter zunächst für ein Jahr ins Ausland. Der Direktor des Zentrums, Makoto Kikuchi, gibt ihnen dabei die Zielvorgabe mit auf den Weg, im Ausland Freunde zu gewinnen und selbst die Erfahrung zu machen, wie unterschiedlich die Menschen in anderen Ländern denken (vgl. Nihon seisansei honbu 1988, S. 49). Wenn die Mitarbeiter dann später ein zweites Mal ins Ausland geschickt werden, sollen sie bereits die Fähigkeit erworben haben, ihre Forschungsarbeit vor Menschen zu präsentieren, und die Fragen, die dabei auftauchen, präzise zu beantworten. Sie sollen in der Lage sein, ihre eigene Position zu begründen und notwendigenfalls zu verteidigen. Diese Methode soll es den japanischen Mitarbeitern, die ja aufgrund der Insellage Japans, anders als in europäischen Ländern, wenig Gelegenheit haben, mit Angehörigen anderer Völker in Kontakt zu kommen, ermöglichen, sich durch die Berührung mit anderen Völkern zunächst ihrer eigenen Identität zu vergewissern. Sie sollen dadurch selbst erkennen, wie sie sind, und so ihre Identität erweitern.

Das Forschungszentrum der Firma Mitsubishi kasei seimeikagaku schickt seine Mitarbeiter ebenfalls ins Ausland, mit ähnlichen Zielen wie bei Sony.

Auch bei der Berufsbildung im schulischen Bereich gibt es neue Bemühungen um eine Internationalisierung, die letztlich der Erweiterung der persönlichen Identität der Schüler und Studenten dienen. Nach einem Plan, der
bereits in den Jahren 1983 und 1984 erarbeitet wurde, strebt das Kultusministerium die Aufnahme von 100.000 ausländischen Studenten an (vgl. Monbusho 1995, S. 359).

Zusammenfassend lassen sich als vorläufiges Ergebnis die oben gestellten Teilfragen beantworten: Die partikularistische Orientierung, die bisher in
Japan noch in verschiedenen Berufsbildungsinstitutionen zu finden war, wird
heute schrittweise abgebaut. Die japanische Wirtschaft wird sich mit ihrem
Wunsch nach kreativen Arbeitskräften jedoch noch einige Jahre gedulden
müssen. Die Großunternehmen, die darauf nicht warten können, nehmen bereits seit einigen Jahren verstärkt ausländische Mitarbeiter insbesondere in ihre Forschungszentren auf, um die notwendigen innovativen Impulse in der
Übergangszeit auf diese Weise beziehen zu können. Hier bietet sich ein Vergleich mit der Industrialisierung zu Beginn der Meiji-Zeit an, als nach be-
schlossener Modernisierung ebenfalls für eine Übergangszeit ausländische
Spezialisten ins Land geholt wurden. Von seiten der Unternehmen ist die
Überzeugung zu hören, daß sie überleben könnten, wenn nur jeweils ein einziger von 100 Mitarbeitern in der Lage sei, wahrhaft innovative Leistungen
zu erbringen. Denn die Unternehmen stellten in erster Linie Organisationen
für die Produktion dar. Diese Meinung vertraten die beiden Direktoren der
Forschungszentren von Sony und Mitsubishi kasel seimei, Makoto Kikuchi
und Tomokazu Imabori. Sie zielen damit auf eine Mischform zwischen Pro-
zeß- und Produkt-Technologie. Dies kann meiner Ansicht nach jedoch nicht
mehr als eine Übergangslösung sein, denn die anderen asiatischen Länder
wachsen immer schneller heran und haben bereits zahlreiche frühere Domä-
nen der japanischen Unternehmen im Bereich der Massenproduktion übernommen. Der Bedarf an Kreativität wird in Japan also eher zunehmen. Die
Einbeziehung bisher ausgeschlossener Gruppen, die eine höhere Ressourcen-
mobilisierung der Sozietät verspricht, setzt eine Universalisierung der bisherigen Normen voraus, damit auch diese bisherigen Randgruppen in das Wertsystem integriert werden können. Die Lösung der Systemprobleme in Japan
kann also nur gelingen, wenn die Identität der Japaner erweitert wird und die
universalistische Orientierung sich durchsetzt - die japanische Berufsbildung
ist auf dem Wege, ihren Teil dazu beizutragen.

Literatur

Arai, Ryuichi u.a. (Hg.): Kaisetsu kyoiku roppo. Tokyo: Sanseido, 1992.

Bellah, Robert: Tokugawa Religion. The Values of Pre-Industrial Japan. Illinois: The Free Press Glencoe (The Falcon's Wing Press), 1957.

Chuo kyoiku shingikai (Hg.): Atarashii jidai ni taiosuru kyoiku no shoseido no kaikaku ni tsuite (Bericht über die Reform verschiedener Erziehungssysteme mit dem Ziel ihrer Anpassung an die heutige Zeit). Anfrageerwiderung des 14. Zentralen Bildungsrats vom April 1991. Tokyo.

Deutschmann, Christoph: Die Individualisierungsthese im theoretischen und historischen Kontext. In: Wissenschafltiche Jahrestagung „Individualisierung in der japanischen Gesellschaft" 4.-6.12.1991. Veröffentlichungen des Japanisch- Deutschen Zentrums Berlin. Band 14. S. 9-21.

Ernst, Angelika/Wiesner, Gerhard: Japans technische Intelligenz. Personalstrukturen und Personalmanagement in Forschung und Entwicklung. Reihe: ifo Studien zur Japanforschung. Band 7.

München: ifo Institut für Wirtschaftsforschung e.V., 1994.

Eswein, Mikiko: Gemeinschaftserziehung in japanischen Betrieben. Studien zur Erziehungswissenschaft. Band 25. V. Lenhart/H. Röhrs (Hg.). Frankfurt am Main: Verlag Peter Lang, 1988.

Eswein, Mikiko: Gemeinschaftserziehung zur Förderung der Individualität in japanischen Großbetrieben. In: Gruppendynamik Zeitschrift für angewandte Sozialpsychologie. Heft 1. Opladen, 1991. S. 46-58.

Eswein, Mikiko: Gegenwärtige Entwicklung der Berufsbildung in Japan. Anwendung der pädagogisch bedeutsamen Evolutionstheorie von Volker Lenhart auf die japanische Berufsbildung. Duisburger Arbeitspapiere Ostasienwissenschaften. Gerhard-MercatorUniversitat - Gesamthochschule Duisburg; Institut für Ostasienwissenschaften, 1996 (in Bearbeitung).

Fend, Hellmut: Die Theorie der Schule. München, Weinheim, Baltimore, 1980.

Goodmann, Roger: Kikokushijo. Atarashii tokkenso no shutsugen. Tokyo: Iwamani, 1992.

Habermas, Jürgen: Kommunikatives Handeln. Frankfurt am Main: Suhrkamp, Band l. 1988 (1).

Habermas, Jürgen: Kommunikatives Handeln. Frankfurt am Main: Suhrkamp, Band 2. 1988 (2).

Habermas, Jürgen: Zur Rekonstruktion des Historischen Materialismus. Frankfurt am Main: Suhrkamp, 1990, 5. Auflage.

Hultin, Mats: Vocational Education in Developing Countries. Stockholm: Swedish International Development Authority, Education Division Documents. Nr. 34. 1988.

Lauglo, Jon: Contrasting Vocational Training Modes. Sweden, Germany and Japan. Programme for Research on Education. Norwegian Research Council for Science and the Humanities. 1992.

Lenhart, Volker: Evolution und Entwicklung. Zur evolutionstheoretischen Fundie-
rung einer Theorie formaler Bildung in der Dritten Welt. In: C. Wolf/Traugott
Schöfthaler (Hg.): Im Schatten des Fortschritts. Gemeinsame Probleme im Bil-
dungsbereich in Industrienationen und Ländern der Dritten Welt. Saarbrücken:
Breitenbach Publishers, 1985. S. 61-70
Lenhart, Volker: Die Evolution erzieherischen Handelns. Studien zur Erziehungswis-
senschaft. Band 23. Frankfurt am Main: Peter , Lang Verlag, 1987.
Lenhart, Volker: Bildung. In: Nohlen, Dieter (Hg.): Lexikon Dritte Welt. Reinbek bei
Hamburg, 1989. S. 91-93.
Lehnart, Volker: Pädagogik der Dritten Welt. Studien zu Schule, Alphabetisierung,
Berufsbildung und Sozialarbeit in Entwicklungsländern. 1992.
Lehnart, Volker: „Bildung für alle". Zur Bildungskrise in der Dritten Welt. Darm-
stadt: Wissenschaftliche Buchgesellschaft. 1993.
Matsuda, Shuichi: Henkaku. Nihongata keiei. Tokyo: Daiichi hoki. 1994.
Monbusho (Japanisches Kultusministerium (Hg.): Wagakuni no bunkyo seisaku.
Heisei roku nen do. Tokyo: Okurasho insatsu kyoku, 1995.
Ölschläger, Hans Dieter u.a.. Individualität und Egalität im gegenwartigen Japan:
Untersuchungen zu Wertemustern in bezug auf Familie und Arbeitswelt. Mono-
graphien aus dem Deutschen Institut für Japanstudien der Philipp-Franz-von Sie-
boldStiftung. Band 7. München: Iudicium Verlag, 1994.
Okumura, Hiroshi: Hojin shihonshugi. Kaisha honi no taikei. Tokyo: Asahi bunko,
1993.
Okumura, Hiroshi/Uchhashi, Katsuto/Sataka, Makoto: Kiki no naka no nihonkigyo.
Tokyo: Iwanami shoten, 1994.
Schluchter, Wolfgang: Die Entwicklung des okzidentalen Rationalismus. Tübingen:
J.C.B. Mohr (Paul Siebeck), 1979.
Shimizutani, Megumi: Senshu gakko ga dondon kuzureru. Tokyo: Yell shuppansha,
1994.
Teichler, Ulrich: Qualifikationsforschung. In: Rolf Arnold/Antonius Lipsmeier (Hg.):
Handbuch der Berufsbildung. Opladen, Leske Budrich 1995. S. 501-508.
Uchihashi, Katsuto: Saraba Nihongata keiei. Heiseifukyo wa nani o kaetaka. Nakau-
chi Isao, Ryuzaburo Garai, Shuichi Matsuda to kinkyo tairon. In: Gendai 1994.
1. S. 28-42.
World Bank: Vocational and Technical Education and Training. A World Bank
Policy Paper. Education and Employment Division. Population and Human Re-
sources Department. Washington: The World Bank, 1991.

Silvia Hedenigg

Biomacht und Disziplinarmacht.
Zur Verstaatlichung pädagogischer Interventionen in der Tokugawa- und Meiji-Zeit

In meinem Beitrag möchte ich mich im Rahmen des Kongreßthemas mit einem spezifischen Verstaatlichungsprozeß in Japan befassen. Dieser hat nicht im Bereich des Bildungswesens, sondern auf dem Sektor des Erziehungswesens stattgefunden.

Unter „Verstaatlichung" pädagogischer Interventionen ist im weitesten Sinne ein struktureller Verschiebungsprozeß von edukativen Maßnahmen aus dem Bereich des Privaten in den Bereich des Öffentlichen zu verstehen: Rekonstruktionen dieses Verlagerungsprozesses durch die Institutionalisierung der Schulpflicht während der Meiji-Zeit (1868-1912) sind zahlreich und Gegenstand pädagogischer, politologischer und soziologischer Forschung.[1] Die Frage nach Interventionen des Öffentlichen im Bereich der Familie wurde erst in den letzten Jahren vereinzelt in Studien der Familiensoziologie und einigen Forschungsarbeiten pädagogischer Historiographie gestellt. Beide Verschiebungsprozesse (die der Schule und Familie) werden dabei in der Meiji-Zeit angesiedelt. Ihr Entstehen wird direkt oder indirekt auf westlichen Einfluß zurückgeführt.[2] Anhand der von Foucault geprägten Begriffe von Bio- und Disziplinarmacht[3] soll aufgezeigt werden, daß sich das Öffentliche jedoch bereits in der japanischen Vormoderne des Lebens und seiner Disziplinierung zu bemächtigen beginnt.

Michael Foucault (1976, 379) setzt in „Überwachen und Strafen" die Vollendung des Kerkersystems mit dem Eröffnungsdatum der Jugendbesse-

---

1 Vgl. z.B. Maruyama, Masao; Takeda Kyoko; Horio Teruhisa.
2 Siehe bes. Forschungsergebnisse der Soziologin Muta, Kazue sowie der Erziehungswissenschaftlerin Ota, Motoko und Yamamoto, Toshiko
3 Analysemodell von M. Foucault: dabei handelt es sich um ein integratives Modell, bei dem ein Pol die Biomacht, das aktive Interesse am Leben verkörpert; den anderen Pol stellt die Disziplinierung des Körpers durch die Disziplinarmacht dar (vgl. Dreyfus/ Rabinow 1987, 164).

rungsanstalt *Colonie Agricole* von Mettray in Frankreich gleich. Er tut dies mit der Begründung, daß in dieser Anstalt die „intensivste Zuchtform" zu finden sei. In den Modellen der Familie, der Armee, der Werkstatt, der Schule und des Gerichts kombinieren und konzentrieren sich nach Foucault (1976, 379) „alle Technologien des Verhaltenszwangs". Gleichzeitig diente Mettray als Modell bei der Institutionalisierung von Jugendstrafe und Reformerziehung in anderen europäischen Ländern, insbesondere in Großbritannien. Aber auch für japanische Sozialpädagogen und Juristen stellte die Jugendstrafanstalt von Mettray ein Studienobjekt im Bereich der Besserungserziehung dar.

Obwohl Foucault hier der pädagogischen Historiographie einen methodischen Ansatz bereitstellt, scheint dieser bislang kaum aufgegriffen worden zu sein. Dies ist umso erstaunlicher, als historiographische Forschung mit einer pädagogischen Perspektive einen Erkenntnisbereich in sich vereint, den Foucault (1977,167) als 'Biomacht' definiert. Bei den analytischen Modellen, die Foucault als Bio- und Disziplinarmacht[4] bezeichnet, handelt.es sich um spezifisch moderne und der abendländischen Macht- und Wissensstruktur entwachsene Figuren. Während der Meiji-Zeit findet in Japan eine breite Rezeption des europäischen Rechtswesens statt. Daher wurden im Bereich des Jugendstrafvollzugs und der Besserungs- oder Reformerziehung (reformatory education, *kanka kyoiku*) logischerweise auch jene Technologien und Mechanismen übernommen, die das moderne französische und deutsche Recht und Justizwesen konstituieren. Diese also in der Meiji-Zeit anhand von Diskurs- und Institutionenanalyse wiederzufinden, ergibt sich nahezu zwingend aus der Struktur der Rezeptionsdynamik.

Wesentlich überraschender ist vielmehr, daß sich Ansätze von Bio- und Disziplinarmacht bereits in der Tokugawa-Zeit (1603-1868) zu formieren scheinen. Diese Ansätze sollen in meinem Beitrag anhand zweier Phänomene aufgezeigt werden:

1.   Anhand der Kampagnen gegen Abtreibung, postnatale Kindestötung und -aussetzung (dabei werden die gesetzgebende, sozialpolitische und moralische Diskursebene untersucht) sowie

---

4   Der eine Pol war die Sorge um die menschliche Spezies.(...) Bemühungen, die menschliche Fortpflanzung zu verstehen, wurden eng mit anderen, politischen Zielen verbunden. (...) Der andere Pol der Bio-Macht richtete sich auf den Körper nicht so sehr als Mittel menschlicher Fortpflanzung, sondern als zu manipulierendes Objekt. (...) Foucault nennt sie „Disziplinarmacht" und analysiert sie eingehend in „Überwachen und Strafen" (...). Das Hauptziel der Disziplinarmacht war es, einen Menschen herzustellen, der als fügsamer Körper behandelt werden konnte. Dieser fügsame Körper hatte auch ein produktiver Körper zu sein (Dreyfus/Rabinow 1987, 164).

2. anhand der Institutionalisierung der ersten öffentlichen Besserungsanstalt, dem Arbeitshaus „*ninsoku yoseba*". (Hier erfolgt eine Untersuchung der Merkmale von der unbefristeten Haftdauer, der Einführung von Uniformen und dem Sozialen Lernen außerhalb der Einrichtung.)

In der Sozialpolitik des Tokugawa- Regimes tritt ein fundamental neuer Wert des Lebens zutage, der in Ansätzen mit dem des neuzeitlichen Abendlandes vergleichbar ist. Das Recht über Leben und Tod interpretiert Foucault (1977, 162f.) als das Recht zum Töten. Dieses sei das Recht, sterben zu *machen* und leben zu *lassen*. Im Gegensatz zu diesem Ausschöpfungsrecht, ist die Biomacht eine Macht des Lebens. Sie soll Kräfte hervorbringen, wachsen lassen und ordnen. Es ist eine Macht, die das Leben fördert - allerdings nicht unkontrolliert und wild - sie bewirtschaftet es und verwaltet es.

Die Sorge um das Leben in der Tokugawa-Zeit kann anhand der gesetzgebenden, 'sozialpolitischen' und moralischen Dimension des bevölkerungspolitischen Diskurses nachgewiesen werden. Die Bedeutung des Lebens manifestiert sich dabei - unter anderem - an dem Punkt, an dem es überhaupt erst als solches beginnt: an der Erhaltung des potentiellen Lebens, das der ungeborenen und neugeborenen Kinder.

Die traditionell übliche Praxis von Abtreibung, Kindestötung und -aussetzung nahm von 1716 an drastisch zu. Verursachungszusammenhänge können dafür in demografischen Verschiebungen in der Stadt- und Landbevölkerung, in Katastrophen und Hungersnöten der Zeit gesehen werden. Prä- oder postnatale Kindestötung in der Landesbevölkerung ist generell auf eine starke Verschlechterung der ökonomischen Situation zurückzuführen. Neben ökonomischen Ursachen für Kindestötung besteht konkrete Familienplanung von 3-4 Kindern um den gewünschten Lebensstandard halten zu können. Des weiteren herrschte besonders die Motivation, männliche Nachkommen zu maximieren (vgl. Hanley/Yamamura 1977,227).

Aufzeichnungen des christlichen Missionars Frois[5] über Dispositionen und Praktiken von Abtreibung und der Tötung unmittelbar nach der Geburt (*mabiki*: „ausdünnen": to thin out, und bezieht sich auf das Ausdünnen von Reispflanzen), veranschaulichen die Häufigkeit und Selbstverständlichkeit, mit der diese vollzogen wurden:

---

5 Frois, Luis (1532-1597) geboren in Lissabon; er kam 1563 nach Japan, wo er in Nagasaki starb.

„Japanische Frauen töten ihre neugeborenen Kinder, indem sie ihnen auf die Kehle treten, wenn sie sich nicht in der Lage sehen, ihre Kinder aufzuziehen" (Tajima 1979,410).[6]

Bei der alltäglich vorkommenden Tötung von Kindern ist Frois vor allem über die „Gefühllosigkeit", mit der dieser Handlung begegnet wird, überrascht:

„Niemand, kein einziger scheint sich darüber zu entrüsten" (Tajima 1979,410).

Volkskundliche und mentalgeschichtliche Studien zum traditionellen Todesbegriff setzen Abtreibung und Kindestötung mit dem Volksglauben der dörflichen Agrargemeinschaft in Verbindung. Im Volksglauben der Tokugawa-Zeit rechnete man die Seele des Kindes bis zu seinem siebten Lebensjahr mehr den Göttern als den Menschen zu. Dieser Glaube spiegelt sich wider in dem Sprichwort „Bis sieben gehören sie den Göttern an". Da die Seele des Kindes aufgrund ihrer Reinheit nicht in den Reinkarnationsprozeß eingebunden war, konnte sie sofort wiedergeboren werden. Sie erlitt also im Zyklus der Reinkarnation durch die Tötung keine Verletzung oder gar Vernichtung. Reflektiert wird dieser Gedanke zum Beispiel im Dialekt der Präfektur Akita im Norden Japans. Dort wird *mabiki*, also die Kindestötung unmittelbar nach der Geburt, als *okaeshi suru*, als „Zurückgeben" an die Welt der Götter ausgedrückt (Tajima 1976,5).

Diskursive Ebenen zur Erhaltung des Lebens

Die Rechtfertigung von Kindestötung stellt einen wichtigen Aspekt für die ethnologische und mentalitätsgeschichtliche Erforschung von Kindheit dar. Gleichzeitig ist aber auch die Dynamik, die die Kindestötung im Diskurs des Lebens erfährt und entwickelt, zu untersuchen. Beobachten läßt sich das neuerwachte Interesse am Leben auf drei unterschiedlichen Ebenen, die sich jedoch gegenseitig stützen und ergänzen:

1. Auf der gesetzgebenden Ebene, die vermehrt beginnt, die Auslöschung ungeborenen oder neugeborenen Lebens zu sanktionieren.

---

6   Daneben bestanden noch die Praktiken, das Kind zu ersticken, indem man ihm Reis oder Stroh in den Mund steckte oder es in eine Strohmatte einwickelte. Er wurde z.B. auch unter schwere Gegenstände wie einen Mühlstein gelegt, bei lebendigem Leib begraben oder erwürgt (zit. n. Formanek 1986,34).

2. Auf der „sozialpolitischen" Ebene, auf des das Shogunat (*bakufu*) und einzelne Lehenstümer beginnen, Erhaltung und Aufzucht des Lebens durch finanzielle Unterstützung oder Zuschüsse von Naturalien zu fördern.
3. Schließlich handelt es sich bei der dritten Ebene um die moralischen Instanzen von Buddhismus und Konfuzianismus.

1. Die gesetzgebende Ebene

Das Fehlen gesetzlicher Sanktionen gegen Abtreibung und Kindestötung bis zur Mitte des siebzehnten Jahrhunderts deutet die Japanologin Formanek (1986, 56) damit, „daß es scheint, als ob in Japan die herrschende Schicht die Geburtenkontrolle mittels Abtreibung und Kindestötung lange Zeit Stillschweigend geduldet hätte". Das Fehlen sanktionierter Maßnahmen als „Duldung und Akzeptanz" zu interpretieren, spiegelt jedoch hauptsächlich westlich geprägtes Denken wider. Ob diese Praktiken „stillschweigend geduldet", oder erst gar nicht zur Kenntnis genommen wurden, entzieht sich unserem Zugang. Vielmehr ist es das *Aufscheinen einer Aussage* im Diskurs des siebzehnten Jahrhunderts, das im Sinne Foucaults (1973,159) zu beachten ist. Bei der Untersuchung dieser Aussageformation geht es darum zu rekonstruieren, auf welche Weise eine Aussage existiert, was es für sie heißt, erschienen zu sein - und da keine andere an ihrer Stelle erschienen ist (vgl. Foucault 1973, 159; Dreyfus/Rabinow 1987,75).

Die gesetzliche Entwicklung stellt sich folgendermaßen dar: 1646 wurde das erste Verbot gegen gewerbliche Schwangerschaftsunterbrechung erlassen (Hanley/Yamamura 1977,234). Erst 1667 erscheint ein Verbot von Kindestötung (Takahashi 1937,45). Abgesehen von der Hinwendung zu postnataler Kindestötung, ist dem Gesetzestext von 1667 die implizit moralische Dimension von „Menschlichkeit" inhärent:

„Es scheint, das die Bauern, wenn sie viele Kinder haben, die Neugeborenen bei der Entbindung töten. Dies ist eine überaus unmenschliche Tat, und damit dies in Zukunft nicht mehr vorkommt, sollen die Dorfoberen, aber auch die Bauern sich gegenseitig ermanen.(...)" (Takahaqshi, zit.n. Formanek 1986,58).

Um den moralischen Appell an die „Menschlichkeit" zu untermauern, soll ein dichtes Netz von Kontrolle und Überwachung um Geburt und Leben geschaffen werden.

2. Die „sozialpolitische" Ebene

Die Maßnahmen, die zur Kontrolle und Erhaltung des Lebens inauguriert
wurden, sahen die genaue Registrierung von Schwangeren ab dem dritten
oder vierten Monat vor. Damit es zu keiner Umgehung der verordneten Registrierung komme, sollte der Dorfobere einmal pro Monat, mindestens aber
sechsmal pro Jahr jedes Haus besuchen. Auch die Geburt selbst mußte unter
Aufsicht von Nachbarn und verantwortlichen Personen der Dorfgemeinschaft
stattfinden. Verfassung und Geschlecht des Kindes mußten dem Dorfober-
haupt berichtet werden. Bei „Totgeburten" mußte eine genaue Überprüfung
des Todesursache vollzogen werden. Es mußte festgestellt werden, ob der
Tod des Kindes aufgrung von Schwierigkeiten bei der Geburt oder aufgrund
von Kindestötung unmittelbar nach der Geburt (mabiki) eingetreten sei.

Diese gesetzlichen Bestimmungen von Iwaki aus dem Jahre 1790 reflektieren ein Netz von Kontrollinterventionen zur Erhaltung des Lebens. Für den
Fall der Tötung nach der Geburt ist strenger Tadel der Familienmitglieder,
aber auch der Dorfgemeinschaft vorgesehen (vgl. Formanek 1986,60). Bemerkenswert an der Verordnung ist, daß sie nicht nur die Tötung des Kindes
sanktioniert, sondern auch die Unterlassung der Überwachungs- und Kon-
trollaufgaben der Dorfgemeinschaft. Durch diesen Mechanismus von Kontrollieren um selbst kontrollierbar zu werden, wird die Eigendynamik der Mi-
kromacht in Bewegung gesetzt.

Daß es sich bei den gesetzlichen, „sozialpolitischen" und moralischen
Bestimmungen zumindest ab der Mitte des achtzehnten Jahrhunderts um eine
systematische Regulierung des Lebens handelt, verrät die Ausführlichkeit
von Artikel 45 der Großen Gesetzessammlung (osadamegaki): Der Schutz
des Lebens vollzieht sich bereits auf zwei Ebenen. Die erste Ebene betrifft
die Erhaltung des Lebens durch die Möglichkeit der „gewohnheitsrechtli-
chen" Aussetzung zur „Adoption". Die zweite Ebene spiegelt sich in der
strengen Sanktionierung der Gefährdung des einmal geretteten Lebens wider:
Wenn ein ausgesetztes Kind, dem Geld beigelegt wurde, von der Dorfobrig-
keit aufgenommen wurde und erneut ausgesetzt wird, ist der Adoptivvater
der Strafe des schmachvollen Umzugs durch die Stadt zu unterwerfen und im
Anschluß daran zu hängen. Wenn er das Kind erwürgt, ist er nach dem
schmachvollen Umzug zu kreuzigen (vgl. Hall 1979,200).

Wie aus diesen Sanktionsandrohungen hervorgeht, kann Kindesaussetzung zur Adoption bereits als Wertschätzung des Lebens interpretiert werden.[7]

3. Die moralische Ebene

In einer Mahnschrift von Mimasaka aus dem Jahre 1799 wird die Beziehung von Himmlischem und Irdischem in einer Analogie von Familienbeziehungen ausgedrückt. Nachdem der Himmel dem Vater, die Erde der Mutter und der Mensch den Kindern gleichgesetzt werden, vergegenwärtigt der Text die sorgende und schützende Funktion von Himmel und Erde über den Menschen:

„Weil Vater und Mutter umgekehrt für uns wie Himmel und Erde sind, will es der Weg des Himmels, daß auch wir Mitleid mit unseren Kindern haben. Da es der Himmel haßt, wenn Unschuldige getötet werden, wird dafür von der Obrigkeit stellvertretend für den Himmel gerichtet. Aber in Mimasaka töten die Menschen einer alten Sitte folgend, ihre Kinder. Dies ist eine Tat, die sich dem Weg des Himmels und der Erde widersetzt (...) daß ein Dieb Menschen tötet, liegt gewissermaßen in der Natur der Sache, daß aber Eltern ihre eigenen Kinder töten, verstößt in höchstem Maße gegen die Gesetze des Himmels" (zit. n. Formanek 1986,65-66).

Durch die Analogiedarstellung der Beziehung zwischen Eltern und Kindern zur kosmischen Natur von Himmel und Erde wird die Beziehung von Eltern und Kindern in den „sakralen" Bereich erhoben, die Aufzucht der Kinder als nahezu religiöse Pflicht gewertet. In diesem Text wird das Leben des Kindes als eine Art Sonderfall angesehen, und dessen Auslöschung gewissermaßen als pathologisch verurteilt. Dies verdeutlicht die „verständnisvolle" Disposition gegenüber dem Morden des Diebes.

Zusammenfassend kann nun die Frage nach dem Auftreten des Lebens im Diskurs der Tokugawa-Zeit folgendermaßen interpretiert werden: Demographische, ökonomische und sozio-politische Transformationen führen zu

---

7 Dem Wunsch, das Leben des Kindes zu erhalten, entspricht mental das Ritual des Anlegung des Schwangerschaftsgürtels (obiiwai). Neben anderen religiösen und sozialen Funktionen dient der Ritus als Initiationsritual der Schwangeren. Dabei wird sie von der Frau zur Mutter transformiert, da die Anlegung des Gürtels die Bejahung der Schwangerschaft und Mutterschaft symbolisierte. Gleichzeitig bedeutet die praktische Funktion des Schwangerschaftsgürtels auch, das Kind zu schützen. Ob Frauen, die entschlossen waren, ihr Kind nicht abzutreiben oder zu töten, sondern auszusetzen, sich dem Ritual der Anlegung des Schwangerschaftsgürtels unterzogen haben, läßt sich nicht feststellen. Dennoch scheint der Entschluß, das Kind nicht zu töten , sondern auszusetzen, eine grundsätzliche Annahme des Lebens zu reflektieren.

einem aktiven Interesse an der Erhaltung des Lebens im Allgemeinen, der des potentiellen Lebens im Besonderen. Daher finden konkrete gesetzliche, „sozialpolitische" und moralische Interventionsmaßnahmen statt. Die metaphysisch-magischen Vorstellungen über den Lebenswert des Kindes werden in materielle, irdische und physische Lebensvorstellungen transformiert. In der neuen Diskursformation der Tokugawa-Zeit bedeutet ein Reden über das Kind vor allem Reden über das Leben. Leben wird nicht mehr als Teil einer physischen und metaphysischen Ontologie verstanden, sondern es wird auf seine irdische, physische und materielle Existenz reduziert. Im Reinkarnationsglauben, der dem „Bis sieben gehören sie den Göttern an" inhärent ist, verbirgt sich unter anderem auch die Vorstellung von Überlegenheit und Stärke der Seele des Kindes. Wenn es der Seele in diesem Leben nicht bestimmt ist weiterzuleben, besteht die Möglichkeit, jederzeit wieder neu geboren zu werden. Die Seele des Kindes wird mit dem physischen Tod durch Abtreibung, Tötung nach der Geburt oder Aussetzung nicht angegriffen, sie ist gewissermaßen „unverwüstlich" in ihrer Existenz. Im Unterschied dazu ist das Kind, wie es sich im Diskurs des Lebens darstellt, schwach, von seiner physischen, irdischen und einmaligen Existenzbedingung abhängig. Die Seele des Kindes ist nicht mehr souverän, weil es plötzlich zu einer schwachen und schutzbedürftigen Existenz. Der Schutz, der dem Kind nun zukommen soll, wird in der Tokugawa-Zeit generell von der shogunalen Zentralregierung gesetzlich verankert.

Disziplinarmacht

Disziplinarmacht im Sinne Foucaults stellt den zweiten teil der bi-polaren Biomacht dar. Sie orientiert sich am Leben insofern als sie den Körper als ein zu manipulierendes Objekt produziert. Der Körper hatte fügsam und produktiv zu sein. In Japan formiert sich diese Disziplinarmacht in Ansätzen während der Tokugawa-Zeit. Anhand der Arbeitshaus- Einrichtungen (*ninsoku yoseba*) sind die Technologien, mit denen sie arbeitet und die Mechanismen, in denen sie funktioniert, rekonstruierbar. Dem Arbeitshaus haften von Anfang an strukturell korrektive und integrative Merkmale an.

Reformative und korrektive Ansätze in der Straftechnologie des Arbeitshauses orientieren sich an der individualisierten Erziehungsstrafe, die sich intentional besonders an jugendliche Täter richtet. Die moralische Konnotation des ursprünglich Guten, wie sie im neokofuzienischen Kindheitsbegriff zutage tritt, wird vom Synkretismus der *Shingaku*-Lehre (Lehre vom Herzen) übernommen und ins Zentrum der moralischen Reformstrategie gesetzt. Aufschlußreich ist hierfür die Parabel vom „*gakuya*", eines Theaters, einer Probebühne.

„Wenn es gelingt, sich durch Erlernen und Üben die Kunst des Schauspiels auf der Probebühne des gakuya anzueignen, wird man auch keine Schwierigkeiten haben, die hohen Künste von *no, kyogen* und der dramatischen Spiele zu bewältigen" (zit.n. Takigawa 1994, 241).

Referierend zur „Bühne" des ninsoku yoseba, lautet die Moral der Geschichte folgendermaßen:

„Wenn ihr redlich der Übung, den Proben folgt, auf Gnade entlassen und in Aufsicht gestellt oder nach Hause entlassen werdet, selbst einen eigenen Haushalt innehabt, werden die Eltern natürlich, die ganze Gemeinschaft, jeder wird dankbar gegenüber der Gnade der Behörden sein. Es muß die Substanz eine redliche sein, dann wird auch ein Spiel vor großem Publikum erfolgreich verlaufen." (zit. n. Takigawa 1994,241f.)

Vorbei ist die Zeit der reinen Ausschließung, der Häftling soll die Internierung zu seiner moralischen Läuterung nutzen, um der Gesellschaft als redliches und moralisch standhaftes Individuum zurückerstattet zu werden. In dieser kurzen Parabel vom ninsoku yoseba als Probebühne spiegelt sich der ganze Reintegrationscharakter dieser frühen Korrektionsanstalt wider.

Unbefristete Haftdauer - Entlassung bei Besserung:

Korrespondierend mit dem expliziten Ziel der Besserung und der Reintegration fügt sich die unbefristete Haftstrafe logisch in die neue Strategie der Freiheitsstrafe. Durchschnittlich dauert die Haft drei Jahre, ist aber vom Verhalten, der erfolgten Reformierung des Einzelnen abhängig (Takigawa 1994, 229). Als Kriterium gilt dabei, nicht das vordergründige formale Verhalten, sondern die qualitative Transformation der Seele: Die Wiederherstellung des ursprünglichen Willens zum Guten.

Eines der bemerkenswerten Merkmale des ninsoku yoseba besteht in der bewußten Verlesung der *Ninsoku-Yoseba*-Verordnung. Sie verdeutlicht das neue Bewußtsein der Strafe, denn nur Information und Wissen des Delinquenten um Ziel und Zweck der Strafe ermöglichen seine Besserung und Reintegration. Die Einweisung beginnt mit dem Ritual der Verlesung von Sinn und Zweck der Inhaftierung:

„Obwohl du als Landstreicher in das Arbeitshaus zur Entwässerung der Goldminen, *mizugane ninsokuba*, eingeliefert werden müßtest (es besteht also bereits eine Kategorisierung von Institutionen, S.H.), läßt man Gnade walten und läßt dich dem gelernten Handwerk nachgehen" (zit.n. Takigawa 1994,210).

Nach einem Appell zur moralischen Besserung wird dem neu eingewiesenen Häftling zukünftige Belohnung in Aussicht gestellt:

„Wenn du dich deines ursprünglichen Willen besinnst und die wirkliche Absicht hast, deine Einstellung zu ändern, bekommst du nach deiner Entlassung Land oder einen Laden zugewiesen" (zit.n. Takigawa 1994,211).

Diesem vordergründigen Appell an „den freien Willen", folgt allerdings unweigerlich die Bedrohung mit Strafe:

„Wenn du deiner Arbeit nicht eifrig nachgehst, oder dir sonstiges zuschulden kommen läßt, wirst du schwer bestraft" (zit.n. Takigawa 1994,211).

Die Einführung von Uniformen

Bei dem Transformierungsprozeß der reintegrativen Strafe handelt es sich allerdings um keinen plötzlichen und punktuellen (wie etwa bei der Transformierung durch Verstümmelung des Körpers) sondern um einen langsamen, der sich auf der Achse der Zeitspanne bewegt. Dabei ergibt sich das sukzessive Voranschreiten der Transformation logisch aus der Struktur der Hierarchie. Dies jedoch unter völlig veränderten Vorzeichen, denn die Hierarchie in ihrer traditionellen Bedeutung ist durch Stabilität gekennzeichnet; Hierarchie in der japanischen Vormoderne versteht sich nicht als transgressierbar im Sinne von sozialer Mobilität. Sie ist statisch in ihrer Definition und limitierend in ihrer Funktion: Die Hierarchie, die sich die Dynamik des *ninsoku yoseba* zu eigen macht, ist eine „offene", da basierend auf der Forderung ihrer Durchbrechung. Sie gewinnt die Form einer „Entwicklungstheorie in Stufen". Das sichtbare Zeichen dieser neuen Mechanik manifestiert sich in den Uniformen der Häftlinge: Im ersten Jahr tragen sie eine gepunktete Uniform, deren Punktezahl im zweiten Jahr geringer ist, und im dritten Jahr durch eine einfache khakifarbene Uniform ohne Punkte ersetzt wird. Gleichzeitig repräsentiert die Uniform ein Zeichen von Vertrauenswürdigkeit innerhalb der Institution, da mit dem Erlangen der khakifarbenen Uniform disziplinäre Aufgaben in der Gemeinschaft der Häftlinge einhergehen.[8]

---

8   Diese Aufgaben bestehen in der Aufsicht der Zelle oder instruktionellen Aufgaben innerhalb der Arbeitsbereiche. Durch die Ausübung dieser Tätigkeit erlangt er nicht nur Re-

„Soziales Lernen" durch Tätigkeiten außerhalb des ninsoku yoseba

Ihrer expliziten Zielsetzung von Reformation und Reintegration gemäß, orientieren sich sowohl Definition als auch Funktion des Arbeitshauses an der Unterwerfung des Körpers und der produktiven Ausschöpfung von Arbeitspotential. Um allerdings diese Ziele letztendlich nicht doch noch zu verfehlen, wird der Häftling am Ende seiner Haftzeit mit Aufgaben außerhalb des ninsoku yoseba, wie Verkäufen von hergestellten Produkten und Einkäufen von Lebensmitteln betraut. Somit wird er langsam wieder in den sozio-ökonomischen Alltag integriert. Wie bei allen Technologien, die zur Reintegration angewandt werden, handelt es sich auch hier um einen Dualismus von vermeintlichen „Autoritätszuwachs" des Häftlings und von Kontrolle durch die Institution. Durch die langsame Anerkennung, Belohnung und Verantwortungsübertragung wird dem Häftling Entscheidungsfreiheit suggeriert, die er allerdings gerade durch seine Verstrickung innerhalb dieser Mechanismen nicht erlangen kann.

Zusammenfassung

Die vorrangige Frage meines Referates orientierte sich am Einsetzen von Verstaatlichungsprozessen pädagogischer Interventionen in Japan. Dabei führten erste Spuren von Verschiebungen edukativer Handlungen aus dem Bereich des privaten in den der Öffentlichkeit in die japanische Vormoderne der Tokugawa-Zeit zurück.

Die Hypothese, daß sich in der Tokugawa-Zeit eine Formation von Disziplinarmacht vollzogen hat, bestätigte sich an der Untersuchung der Arbeitshaus-Einrichtungen. Über die Frage nach Kindheitsbegriffen auf die Formation von Bio-Macht zu treffen, war überraschend und unerwartet. Ausgehend von der bisherigen Rekonstruktion von Kindheits- und Erziehungsbegriffen in der Tokugawa-Zeit können folgende Resultate formuliert werden. Durch gesetzgebende, „sozialpolitische" und moralische Diskurse soll das implizit „metaphysische" Kindheitsverständnis des Volksglaubens in einen rein physisch, irdisch, materiellen Kindheitsbegriff transformiert wer-

---

spekt und Autorität, sondern sichtbaren materiellen Status. So bekommt der Häftling im dritten Jahr einen bevorzugten Platz in der Zelle, Decken und möglicherweise andere Privilegien. (Hierarchie in der Institution spielte auch im „Untersuchungsgefängnis", in dem der Verdächtige bis zur Strafvollstreckung festgehalten wurde (roya) eine wesentliche Rolle) den. Dadurch verliert das Kind an seiner reinkarnativen Souveränität, gewinnt aber an physischer Schutzbedürftigkeit. Das Kind bedeutet vor allem physisches Leben, das durch die wirtschaftlichen Krisen aber auch Naturkatastrophen während der Tokugawa-Zeit in Gefahr geraten war. Um dieses potentielle Leben zu sichern, setzte eine vehemente Kampagne gegen Abtreibung, Tötung nach der Geburt und Kindesaussetzung ein. Gleichzeitig konzentrierte sich die Disziplinarmacht darauf, gesundes, aber „dem ursprünglich Guten" abtrünnig gewordenes Leben in ihre Dienste zu stellen. Die Mechanismen, Technologien und Strategien, die sich um Biomacht und Disziplinarmacht entwickeln, sind insofern subtil und funktionieren „automatisch". Sie gehorchen der Eigendynamik der Mikrophysik der Macht.

Literatur

Dreyfus, H.L./Rabinow, P.: Michel Foucalt. Jenseits von Strukturalismus und Hermeneutik. Frankfurt/M. 1987.

Formanek, S.: Fortpflanzungskontrolle im modernen Japan. Unveröffentlicht, Diplomarbeit. Wien 1986.

Foucault, M.: Archäologie des Wissens. Frankfurt/M. 1973.

ders: Überwachen und Strafen. Die Geburt des Gefängnis. Frankfurt/M. 1976.

ders: Der Wille zum Wissen. Frankfurt/M 1977.

Hall, J.C.: Japanese Feudal Law. Yokohama 1979.

Hanley, S.B./ Yamamura K.: Economic and Demographic Change inPreindustrial Japan. 1600-1868. Princeton, New Jersey 1977.

Takahashi, B.: Datai mabiki no kenkyu. (Studien zu Abtreibung und postnataler Kindestötung). Tokyo 1937.

Tajima, I.: „Kindai" izen no nihonjin no kodomo-kan. Nana-sai made wa kami no uchi. (Vormoderne Kindheitsbegriffe der Japaner. Bis sieben gehören sie den Göttern an.) In: Minkan kyoiku shiryo. (1976) Nr.13, Tokyo, 2-13.

ders: ningen no hikeisei no shukan to shiso. (Denken und Gebräuche zur „Nichtbildung" des Menschen.) In: Koza. Nihon no gakuryoku. (1978) Nr.17, Tokyo, 408-419.

Takigawa, S.: Hasegawa Heiso. Sono shogai to ninsoku yoseba. (Hasegawa Heiso. Sein Leben und der ninsoku yoseba.) Tokyo 1994.

Tsunemi Tanaka

Floating Around and Self-Confinement as the Result of the Over-Adaptation of Young People in Japan today - an investigation on the relevant data and several case studies and the reconstruction of the pedagogy

I would like to start my report with introducing myself. From an educational philosophical point of view, I have tried to reconstruct the pedagogy as an integrated and fundamental educational theory - we call it „Ninngenn-Keisei-Ronn" (Theorie der Menschenbildung) - which should be constructed through the repeated feedback's from the people actively engaged in educational practices. I, therefore, have organized some research groups for educational-therapeutic case studies and then I have cooperated with teachers in their in-service training.

These efforts of mine have been made necessary to respond to our educational situation, which may be characterized as the huge „school complex" and its intrinsic dysfunction's. The school complex has been established through the amalgamation of many social institutions such as families, schools, enterprises and various asylums which accommodates, controls and educates young people. Here it is no use in applying imported theories to our unique situations. This irrelevance of the imported theories have given our educational theories an opportunity to cooperate with you in a quite different way from previous one. Here we can unite ourselves in a mutual partnership. It should be my great pleasure that my report will give an occasion to start such a cooperation. In this report, I will make a brief review on our educational situations, especially that of young people in Japan, which would show you the indispensability of reconstruction of the educational theories into the Theorie der Menschenbildung.

1. From „Autonomy and Adaptation" to „Floating Around and Self-Confinement" - a transition of the images of young people in Japan

The theme of this report is to portray a rapid and radical transition of images of Japanese youths to „Floating Around and Self-Confinement". Fewer Japanese Youths are now concerned with the quest for the meaning of life or ego-identity in a so-called „Sturm und Drang" manner. Lightness in behaviour found in game-playing is the most salient feature of their images. It was argued that the image of young people had undergone a complete transfiguration from „autonomous and inner-oriented economical subjects" who put themselves in a market competition (Robinson- Crusoe calculating his own life account in bookkeeping in double entry) to a „other-oriented automation conformity" (Erich Fromm). A recent transition of the image to such lightness can be next step witch follows the previous transfiguration. Such a light image of floating around and self-confinement may be most adequate for young people who try themselves to adapt to our highly industrialized complex society. Such autonomous young people, out-of-date on our circumstances may encounter the rejection from the society. They may be considered as deviant because of their awardness to „get on" trends of our ever changing society as its normal status. So the important norms prevailed in the past such as endurance, effort, patience, enjoying hardships („performance principles", Herbert Marcuse) have been relativized and would rather be regarded as stigmas. Young people are now confronted on how to adapt themselves. My argument will focus on this process of adjustment of young people.

2. Enormous Changes in the Conditions of Living of Young People

In Japan we live in a highly-organized consumer society in which a disposal income of a household is more than two-thirds on the average. We can point out three characteristics of this society which are closely related to the livings of young people as follows. First, our society has come to the end of the rapid economical changes and now it becomes an affluent society which can ensure the basic economical conditions to almost of its member on its way towards a stagnated „mature society" with differentiated social classes. Second, all of the member have been off affiliated into various social organisations and then incorporated in many intricate social networks with each other. Third, under the „normalisation of changes" of this society, the speeds of the circulation of various commodities and information are kaleidoscopic. Social norms such as thrift, moderation, saving which had been dominant in the past, therefore lost their controls in contemporary life. So current norms are performed well by the competent people choosing quickly and lightly with little greed, keeping at adequate distances from others and getting on changes. The conflict might arise between generations - for example, adult's displeasure, envy and attack to young people and the later defiance to the former - because only young people with plasticity would adjust themselves to these quite unique social conditions. Our society is constructed mainly for the youth. As these social changes can be found in an highly industrialized society, we can discuss these common problems together and we can cooperate to construct new educational theories. Now, I would like to take issues with the social conditions surrounding young people which have emerged as one of the inevitable results of the transition of our society to mature anal affluent one.

2.1. The changes of the population

Our population is now in a prolongated retention phase, where a decline of the birth-rate/death-rate and an expansion of the life expectancy are salient. The decline of rates both in birth and death shows that the artificial manipulation have penetrated - let alone into the sphere of the social labour as the artificialization of the external nature - even into the sphere of the social interaction and the inner nature of the human being. As our living and lifecycle are totally manipulated artificially, so traditional wisdoms such as „child is a gift from heaven" or „one death is followed another in an order of age" have lost the powers to relieve our passions. In these conditions, a feeling of awe or respect to the life of young people may disappear and they tend to be treated in school or at home in an efficient manner of reifications. Through these reifications human body and mind would be separated. The tragic result of the separation will soon be discussed.

A decline of the birth-rate decreases the population of young people. The more commitment of adult to fewer young people grow, the more young people are manipulated artificially. With these excessive cares, many adults are prone to speculate the desires of young people and may try to satisfy them willingly. Today, the problem of helplessness of young people caused by the too early fulfilment of their desires may be far serious than that of learned-helplessness caused by the lack of the responsive environment detrimental to the sense of self-efficiency or competence. In our consumer society, however, uncertain consciousness of own desires may be suitable to the artificial incitement of desires in later. Too early fulfilment of our desires and growing dubiousness in our indulgent rearing processes can be an adroit preparation for the adaptation to our society.

2.2. The changes of communities

In Japan locality of the communities, where children grow up, has disappeared through the equalisation in economic conditions and the development of information systems. In the early seventies I participated in a research program which was carried out in an elementary school located in a large new town to study on the educational consciousness of the parents. They had experienced repeated transfers from branch to branch of theirs big enterprises. The results of the research surprised me by showing that almost all the parents had a strong sense of rivalry on the education of their children in the nation-wide perspective. But this abstract sense of rivalry is now common to almost all the nation. School violence in a junior highschool and suicides of bullied pupils in some schools are televised immediately as the sensational information through mass-media and these informations certainly can cause the chain reactions. The loss of the locality which is one of the greatest characteristics of the living conditions of young people today show us that their life-world may not be a natural expansion of their bodies. The influences of this alienation from the natural expansion should not be treated lightly.

2.3. The changes of families

Today even the nuclear families seems to have desolved into smaller segmentations by the gradual increase of latemarried/unmarried persons and aged singles. Through the reduction in the number of a family relationships within it have also been simplified. Illness, senility and procreation have been excluded from familieaffairs and charged to the external institution such

as hospitals and asylums for the aged. Now it becomes more and more difficult in our families to experience and learn how to endure pain, to accept our
death and to behave as an adult. In Japan over 50 percent of the householders
are employed in the third industries, such as customary services and information processing. In such families authoritarian way of rearing would be
avoided on account of its negligence of child's spontaneous will. Some in-
quiries show us that our ways of rearing up children have been in the transition from a control/let-alone types towards overprotection/democratic types.
Such transition seems to reflect the vocational changes of the householders.

In our families the cost of education accounts for an excessive propor-
tion. This is mainly because of the earnest desires of the better-off parents to
educate their children as much as possible. But this cost can be compared to a
military Budget to mobilise their children to the war for success in entrance
examination. If we pay proper regard to this family militarism and the antici-
patory satisfaction of children's desires together, we therefore can easily
presume how they miserably lack in substance of the „democratic dialogues"
at home.

2.4. The changes of competitions for better school careers

The recent characteristics of our competitions for better school careers are
universal and earlier participation and penetration into daily life. The enrol-
ment ratio to high schools after twelve years compulsory education is more
than ninety-five percent and that to post-secondary schools is also more than
fifty percent. It shows how high the participation rate in these competitions
is. In urban areas educational efforts for these competitions have been bur-
dened by the private institutions such as Juku (cram schools). To he winners,
children start their preparation much earlier than ever. The techniques to
measure the accurate intellectual position in the distribution of total participants such as Hennsachi (a deviation value) have been devised rapidly and
used widely.

The intensifying competition have made the time earlier when children
give up and drop out from the competitions. Signs of this may be found in
enormous increase in the dropouts from the mathematics and Japanese
classes in elementary schools and in the situation in the mathematics and
English classes in junior high schools is much worse. It is no use expecting
the students who have given up their own academic efforts to continue their
„too hard to understand" lessons spontaneously. The emergence of the deviant students and the disorganisation of the classes in many junior high

schools have something to do with the students' „lost hope in their own abilities". In spite of the intensification of the competition it has been known widely that the economical balance of educational investment and return - in other words the expected life-long learning from the longer schooling, especially from that of higher education, would not possibly meet. In the near future above mentioned factors will cause a polarisation of students into two groups; the non-participants and the participants in competition. In this case „an standardized curriculum throughout the country" which has been the most outstanding feature of our educational system would have to be diversified to the various selective courses of studies. This reorganisation of the curriculum will be a part of the large-scale transition of our society to the mature one with more differentiated social class systems. With this change our equalised educational system will approach to your systems and we will share the common ground to discourse on the theories and practices of education.

2.5. The changes of schools

In the late seventies the higher-mass education system - we call it a „school complex" - had been established. We are able to agree with Illich who insisted that in highly industrialized societies asylums which accommodate and control young people should be established. But we disagree with him on „schooling society". The reason is that the asylum is not but one of the big sub-systems of which our iota society consists. Since eighties we have faced the serious dysfunction through „the overfunctioning of the school complex".

I already have given an explanation for this dysfunction, but I can give another explanation. Through the over-functions of the school-complex in socialization and allocation of human-powers - in other words, overheating and overcooling of the pupils' aspiration - many young people over-adapted have left the competition spontaneously much earlier than ever. The reasons are as follows.

First, on a function of the school-complex to allocate human powers. An universal and earlier participation in the competition as a result of overheating of aspirations has made many young people leave from the competition which may lead secondary schools to be paralytic - overcooling of competitions. „Severe achievement competition" which habermas had once pointed out has disappeared within the many schools and enterprises in Japan.

Second, on a function as socialization or enculturation. The school-complex has been so efficient in socializing the people to the manufacture-oriented industrial societies that the complex has demolished the basis of the traditional culture often seen in Asian farm villages where the group cohesion have been maintained by the social will which preceded the individual will - I would call this culture as „Mura-Gata-Shudann-Shugi". The school-complex itself has depended upon the culture. But through the destruction of the very culture by itself the school-complex has been faced with many serious dysfunctions. In addition to this paradoxical situation, the modern schools which have been efficient and rational at the socialization to the manufacture-oriented societies are now maladjusted to the socialization to the highly industrialized societies where members above fifty percent are engaged in various customary services and information processing. From this discordance between the school and society have caused many problems such as drastic increasing of school bulling (Ijime in Japanese) and neurotic school-refusal and underachievement in elementary school and junior high-school - I suspect that the above-mentioned cultural frictions must have created these two problems (Ijime and school-refusal) - and rapid hike of the school leavers in mid-course of highschools.

Under these conditions, young people in Japan are now experiencing their livings in a lukewarm mixture of happiness and unhappiness. It is sure that recent increase of the unemployment ratio under the repression has threaten there happiness especially of college graduated women, though the rate is not so high internationally. Since the conditions which have maintained the high rate of employment of young people - life-long employment, in-house unions and wage systems by seniority - still remain unchanged basically, the employment youth will continuously be ensured structurally. Young people in Japan do not need to try so hard to establish their own grounds of livings and identities in their social contexts. It is one of the reasons why the rate of their social deviance's and delinquencies has been so low. The way of the young people's life is individualistic and inner facing one which I have call „Floating around and Self-Confinement as the Result of the Overadaptation". Next, I will focus on this.

3. The Meaning of the „Floating around and Self-Confinement" - the images of young people today

We may well grasp the image of young people through a pair of concepts of „Getting on" and „Getting of" trends. We assume an axis formed by this pair of concepts meets at right angles with another axis of the concepts on the opposite ends. Another axis of „Body" and „Mind" will meet at right angles with the first axis. Now we have a two-dimensional scheme with two axises and quadrants. I will discuss such four items as „getting on", „getting off", „body" and „mind" which will be closely related with each other and show us flue visual images of young people as the swaying between „floating around and self-confinement".

3.1. Getting on Trends

In order to get on trends within our ever-changing society young people need to cast an anchor on the solid ground beneath the trends while keeping eyes on rapid changing surface trends. They must he able to behave according to circumstances so properly as in one case they should „give themselves to" trends and in another case should „get spontaneously on" trends. Then who can be skilful to get on trends? Perhaps only those people who have enough „basic trusts" (Erikson) and adequate abilities to react quickly - so they are able to respond to the requests from each situational change in short time precisely - can behave properly. It could be smart student, for example, who has an eye to catch the teacher's intention in answering the exam paper or a competent business fighter with moderate creativity's in obedience to the collectivistic ethics who is competent for organizing his achievements by low costs to survive the merit competition, or a desirable citizen who consumes suitable goods getting on the elaborate commercial messages. The way of adaptation by getting on trends may be most adequate to our highly industrialized and consumer society.

It is requested for anyone who wants to get on contemporary trends to have an adequate insight toward the situation and to react towards it instantaneously as well as to stabilise their minds and to keep their bodies healthy. It may not be so easy for them to acquire and maintain such competency and ability. For example, we cannot request the aged to obtain such a sharp and sensitive adaptability. In this meaning, our society is primarily for the youths.

We must maintain our strained mind conditions and some sort of a manic state continuously in order to get on successfully. We cannot keep on these unnatural conditions indefinitely. In addition, the inevitable prerequisite for the getting on is to eliminate the resistance of the personal obstacles against trends - such as the body resisting to the instantaneous reactions, the adherence to the personal identity - as much as possible. But we cannot get on only passively. Judging adequately we must behave in certain case subjectively and in another case passively. We are requested both annihilation and retention of ego at the same time. Since anyone cannot carry through such a difficult task lightly, most of the people are barely managing to keep the balance between getting on and getting off trends.

To hold the balance is so difficult that various pathological phenomena occur in these circumstances. We can visualize a spectrum which is consisted of a continuum from the end of pathological „getting on" such as the self-loss/ self-destruction - to the end of pathological „getting off" such as the autism or schizophrenia. Somewhere about unstable middle point in this spectrum we can glance at the „healthy life". This spectrum of „getting on", if it is looked backwards, may be seen as a spectrum of „getting off". Now I will consider the latter.

3.2. Getting off Trends

We should be proficient in getting off trends in order to avoid a destructiveness of getting on. Young people have leaned to keep a balance between getting on and getting off from the day of birth. Firstly we have to adapt ourselves towards a dense human-relationships in a small family among which various artificial manipulations prevails. Secondly, we experience pseud-virtual realities on television among which the norms of „getting on" prevails. Thirdly, we internalize the more or less „neulopathic" group-ethics in various peer-groups. Fourthly, we needs to switch getting on and getting off contingent on the continuos repetition of „heating up" and „cooling down" of their aspirations for academic race.

Each of us is interlocked firmly into various social networks depending on the types of information to which we are required to adjust. Since we cannot escape from „getting on" a wide variety of our social relationships, we tend to try to make burdens of these adjustment as light and slight as possible. People are prone to construct small self-confined worlds in order to minimize their social interactions as little as possible. Young people are confining themselves in capsulated pseud-virtual worlds and floating around within a complacent cradle.

A set of concepts of „getting on" and „getting off" may be closely connected to another set of concepts of „floating around" and „self-confinement". Seemingly, self-confinement might be similar to „others-phobia"(erythrophobia) which has been one of the outstanding features of the youth personality in Japan. It is not true that the self- confinement is not a maladjustment, but an adjustment to our industrialized society. They will defend when their inner world are interfered or invaded, but their defense mechanisms are not so hard. Their inner worlds are not founded on the established ego-identity, but some sort of an transient one. They are floating around with little sense of rootedness, but only within certain limited range.

Similar to „Getting on", „Getting off" concept has a spectrum which ranges from the healthy end (self-confinement) to the pathological end (schizophrenic withdrawal). And between two ends we will see such phenomenon as helplessness, indifference, apathy, slight disorders in social interactions and neuropathological school refusal. Although the healthy range seems to be narrow and unstable in the spectrum, most of the young people will fall into the healthy range balancing themselves between „getting on" and „getting off", floating around and self-confinement. Under these conditions, what will happen to their „bodies" and „minds"?

3.3. New bodies

In a youth-culture today we can find out some sort of „anti-spiritualism" which sets a higher value upon human body than mind. This anti-spiritualism is also a by-product of social adaptation of young people to our highly industrialized society. Here in our daily life, we cannot but try to recover our living bodies resisting against separation from death, sex, love and such passions as anger, fear, joy, anxiety, irritation and so on. We can find these tendencies in the popularization of gambling, reckless driving, „free fall" machines in amusement parks and ultra spacy foods. Jargons of our youth such as „Kattarui" (to be irritated by the repressions of their free movements of their bodies through movements of others) and „Mukatsuku" (to be irritated and to get sickish by others actions or opinions) suggest that they try to release themselves from the external powers by confining themselves into the dimension of the „bodies" .These are resistanses against or deviancies from the ruling powers which compels the adaptation. This „new anti-spiritualism" may be located in the end of a genealogy of a movement oriented towards „the restoration of human-body" since the Meiji era (1868).

Such restoration has repeatedly been attempted against the strong socio-political powers in Japan. The respects for human body paid by a poet Akiko Yosano, the Naturalists in literature, the Shirakaba-School (on of the idealistic schools of literature) in the Meiji era were the efforts to lay a foundation for the establishment of the modern ego against strong domination of the feudalistic and militarized nationalism. Just after the end of the world war II, the same emancipation tendencies intending to restorate human bodies revived again. As a reaction against the prevalence of the spiritualism and the disciplinarism under the Tenno-fascism system a trend of thoughts which set a high value on human-body and actual human feelings manifested themselves in incorporated with the existentialism under the vogue of a value-relativism. This trend of thoughts has led the privatism and the economism which have consistently been the most dominant life style of us after the war. Where have gone those vivid paeans for human body and actual human feelings? As those paeans have been covered thickly with much fat accumulated after the high growth of our economy, so we must mobilize as many techniques as possible to find out our bodies and our actual feelings again.

It's true that the „new anti-spiritualism" may be placed in a genealogy of restoration of human-body. But the anti-spiritualism seen in gambling, reckless driving and vogue words cannot be a restoration, but a retreat or a regression to a dimension of „body". The body espoused by this anti-spiritualism seems too vulgar to become a foundation to the self-establishment of human-being as a whole.

In addition to the regression to „body", young people today also tend to see their physical bodies as a separated objectives and then try to train them. We call it „new disciplinarism". In the contrast that the regression to body is resistant against social conformism, a new disciplinarism seen in activities such as jogging, walking, neuropathic diet and intolerant antismoking campaigns is extremely pertinent to our society which tries to manipulate human-being as a whole biologically and physiologically. Our highly industrialized society is so „neat"-oriented that it is keen to brush out any uncivilized aspect of human body resisting against the social adaptation. It is in this context that young people wash their bodies down in every nook and corner, depilate and desexualize. The new disciplinarism seeks for brushing away tobacco and fat is closely related to that mysophobia. There is something cruel or sadistic in this disciplinarism. We can find such cruelty in the playful murder of vagrants by young people. However in most cases such sadism might be directed towards inner world more than outer one. The inner destructiveness is one of the remarkable characteristics of adaptation towards our society. That new anti-spiritualism may be a hopeless resistance towards the self-destructiveness brought by the new disciplinarism.

Some of the young people try to manipulate (or operate) their bodies while others try to regress towards the basic dimension of their bodies. Both cases are their efforts to catch their bodies which will floating away. If some people failed to prevent their bodies from floating away, the probability may be that they will be involved in pathological activities such as prostitution, puberty delusion (ex. self-stench delusion), anorexia nervosa and depersonalization. Then, what are the „minds" of young people which were left behind?

3.4. New minds

In the opposite side of the eluding bodies poor „minds" of young people left behind separated from fertile grounds of bodies. As communities are based on the individual members' bodies, separation from the bodies means also separation from the communities. Poorness of minds theirfore increase as the body-less minds grow separately. However, separation of mind from body and its efforts to unite them again are an adequate procedure of adaptation to our society. In other words, as there would not be a stable place where the body and mind will be reunited and enshrined, so we should continue to try to find provisional ways to unite them and repeat these scrap and build for all our lives.

For the people who cannot endure this Sisyphean floating, various escape mechanisms may be provided. It ranges from the mechanism of reducing their minds to a minimum (selfless or self-destructiveness through the effect of alcohol or thrill of adventures) to the mechanism of extending minds to a maximum (self-expansions or self-transcendents through the new disciplinarism or devotion to conventional religions or various new cults). Setting the degree of abnormality aside, almost all of them seek to find their lives worth livings. Since in a survey of public opinion in seventies in Japan more people chose the affluence in mind rather than in materials, the people who seek for lives worth living have accounted for the majority ever since. We can recognize this tendency especially in women of about thirty-five years old and the aged after sixties. And this tendency backed the nongovernmental aid activities at the Great Earthquake at Kobe in 1995. Among the young people who have exhausted themselves in their schoolings and competitions for entrance examinations this tendency is not ditected so much, but their own efforts to seek for meanings of lives may turn into the pathological phenomena such as self-destructiveness by drugs, alcohol or momentary adventures, new anti-spiritualism, diciplinarism, various phenomena of malajustment in the schools such as school-refusal, student apathy.

The young people lead their lives at somewhere on the two-dimensional coordinates consisting of two axes of mind/body and of getting-on/getting-off. A sphere of „healthiness" around the crossing point of the two axes is very unstable, but most of the young people can manage to keep a balance between mind/body and getting-on/getting-out in this sphere of good health. Many young people seem to go through their days calmly and smoothly supported by „good enough" happiness. For some conservative adults this tenderness of youths looks as if it might be a characteristic of a herding animal, but it is not true. In this way young people can manage to achieve the hard task to adapt to a highly industrialized consumer society. In other words this is the most efficient and suitable way to adapt themselves to an over-organized controlled society. Not all the young people can achieve these hard tasks and some may drop out from the ordinary lives. These dropouts come under the pathological case I have mentioned above. Then how should we cope with them? How can the theory of education help us to cope with them? Then I will explain it on some specific cases.

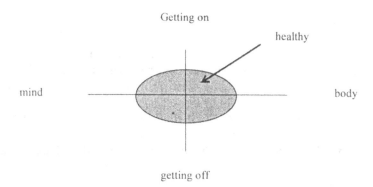

4. Generation, Solidification, Disorganization

The following two cases were reported in detail by Masahiro Takao, who is a psychologist at the child consultation center in Ehime Prefecture. At first, I will summarize and shorten the reports for the purpose of our discussions.

Case 1 Family-disorganization and floating around among institutions

A boy named M., who had been underpriviledged living environment,was taken to a protective institution when he was two years old, by the child consultation center on the request from the goverment office at his birth place. But since he entered in a junior-highschool, he has repeated unadaptable activities, for example persistently repeated violent acts to other children. As the result, the boy was sent from one institution to another including the temporary stays at the child consultation center in three times. He was accomodated in a protactive institution for malttreated children, a juvenile reformatory, a vocational aid center for the feebleminded and so on.

Case 2 Child-abuse and a Solidificated-Family

Eight people (a father with his two children of ex-wife, a mother with her child of ex-husband and three children born between this father and mother) lived in a puplic rental house in a small provincial town. At first, parents abused a boy (named N. brought by his father) nearly two years. Neighbours, teachers, policemen,doctors, staff of a child consultation center tried to rescure him, but could not stop the abuse. N. took refuge in his grandmother's house and stayed there for all of his third year of a junior high-school. N. graduated the junior high-school and got the same occupation as his father. As soon as he came back his home, the victim of the abuse shifted to the boy O. brought by his mother.

The case M. shows us a typical case of the hospitalism of a child, institutionalized without any blessing of human relations in a family. Here each staff coped with M. was torn between two modes of social interactions the role behaviors determined by role-norms of the social systems and the therapeutic-pedagogical mutualities between persons as a whole. The failure of the coping with M. gives us an opportunity of self-reflection and improvement of our institutions as a system. Now we discuss these mechanisms as generally as possible.

At the background of typical educational theories such as Comenius, Pestallozzi, Makarenko and Langeveld we can always find a presence of war orphants. The descriptions on the orphants resemble the case of hospitalism today very much. Therefore it should be said that issues of hospitalism could be important moments to develop and establish the modern pedagogy. The case M. became an important moment to improve the system in Japan. If we may generalize the case, hospitalism should give us indispensable clues for the systematization of the school-complex and the development of modern pedagogy.

At the latter case of child-abuse, labeling as „a child-abuse family" from outside made the family withdraw into their shell. Furthermore, the child-abuse itself generated cohesion of the family through the „scape-goat strategy". We call these pathologically closed families „a solidificated family". Therefore, these two cases wich are quite different in terms of the family cohesion „disorganization" and „solidification" depict what the normal families look like as if the negative in a photograph made the positive clear modern families have constantly to reconstruct their cohesion according to the changes of phases in the members' lifecycles. In other words, modern families are always in a dynamic process of interactions of the powers of family members which complete, conflict and restrict each other. In any family we can recognize three typical patterns of relateness such as generation, disorganization and solidification. These three patterns are also those of organizing social groups. Today we can find all of them in every sub-systems composing school-complex. As I have already mentioned, the school-complex has been suffering from the disfunction generated through the overfunctions. The pat-terns of social organization under disfunction are limited to disorganization or solidification. In our daily life mutualities are produced between different generations through the interactions with young people accomodated in the school-complex. If the mutualities are deterred by the systematizing powers which reificate every member as the functional requisite, then disorganization and solidification may occur. soon you will seethe two cases that the organization fell in disfunction because of the introduction of the „action manual" for the staff members. This „action manual" is considered as the cause and effect of disorganization and solidification of a institution.

What is central to our educational problems is the conflict between systems which reificate everything and mutuality which makes co-generation between different generations. It is inevitable for system to confront itself with this conflict. What effort is needed in order to produce mutuality from this conflict? To take issues with this problems, we must develop Theorie der Menschenbildung which deals mainly with mutualities between generations and human life-cycle, extending beyond the limitation caused by the academic interpretation of „pedagogy" which meant originaly „technics of leading children".

Mutual-generation throughout the human lifecycle is realized through various relationships of „generativities" (Erikson) between generations. Mutual-geration develops by the cooperations of the people in various generations, who have the enough powers of generativity. Mutuality creates a powerful society based on the people who have creative power. The powerful society made by mutuality has its foundation on mutuality itself. But our highly-industrialized society, deeming individual relationships as just a „functional" system, tends to break off the substantial human relationships. Therefore we cannot but make efforts to form a dynamic and productive mutuality to exchange the powers everywhere in the schools at home and office. Can we successfully produce the dynamism to construct the society by the mutuality?

5. The Commonsense in the „Good-enough" - the arbitration between „system" and „mutuality"

In highly industralized societies controled thoroughly by the ever-developing technology we always confront common type of problems at social interactions. It is the problem to keep a good balance among two different ways of association, „system" and „mutuality".

The usage of techology by the human being to the human being will result in the reification of the technology user himself.A system which reorganizes the human interactions by the technological rationality is a reificating organization which arranges all of the members into functional requsites. In this sense Illich's diagnosis that has criticized the organizational disease of our hospitalizing-schooling society is basically right, but he might be wrong when he proposed a „convivial" relationship as an ideal prescription unconditionally. A partial view that praises solely upon the organizational patterns such as mutuality against reification eventually may assist a further development of reification and systematization. An unreflective and romantic good-will which ignore the technological ralionality and efficiency of system can be destructive to the efforts of people who has been struggling for the balance between „system" and „mutuality".

The practical problem of the arbitration between „system" and „mutuality" is the most fundamental task for us. Then what efforts are required for us to find out a suitable balance between them in daily interactions? I will discuss this problem focus-sing on two specific cases.

Case 3 The Systematization of management of a special nursery home for the aged

A special nursery home for the aged named O. was founded as an experimental project with a considerably ample budget with an earnest manager who was highly motivated and aspired. Several personnels accompanied with the young staffs. Following the well prepared manial, the quest were taken good care, kept clean and in good nurturition. If possible they were recommended to go out even by a wheelchair to restaurants for refreshment. The state of senile demention, however, seemed not to be improved or rather to be exacerbated. Instead, increase complains of pain in the spine among the staff who were busy in observing the manual were reported.

Case 4 The disorder of a school and its teachers

A few years ago, Q. junior high-school fell into such a serious uproar that the school-lessons were suspended under the storm of the deviant behaviors of a student group led by ten inciting students. The teachers, at a loss what to do at first, gradually restore the order in their efforts to cope with the problem by support of parents, local boards of education and sometimes with the help of police. In the meantime teachers had intensive discussions on how to persuade the absent students or troublemakers untill they reached a consensus. The most important outcome for them was not a production of manuals, but the production of the group of experienced teachers who were able to use the manuals adequately. Then through the efforts of the teachers who could use the manual to cope with the target students in several ways (such as by segregation, personal gui- dance or appeasement etc.), students turmoil was gradually subsided.

As the school order had been restored superficially and involved teachers and students had left the school at their transference and graduation, the previous lessons learned began to fade. Thenceforth, the inherited action manuals began to regulate the teachers' ways of approach to the students which widen the distance between teachers and students. The daily work of the teachers who have lost the moment to generate mutuality now became completely a routin work. Teachers who had lost a relation with students as the professional educaters, tended to loose gradually their motivation or aspiration.

Degeneration seen in these two cases show symbolically how miserable for organizations the lack of active relationships between „mutuality" and „system" is. Social-interactions have both a phase of similar behavioural pattern and a phase of newly created behaviours at the same time. The repetition of institutionalized role-behaviours are likely to be more salient than creative behaviours because we need to establish the habitual and self-evident relationships in mutual interactions in order to maintain its structual stability. It is, however, no less important to establish mutual interactions to resist those habitual behaviours. The role-system functioning in social-interactions must be reinforced and reconstructed under mutuality attached with accountability and responsibility of the social-group.

Nevertheless, social-interaction in any situation will never loose both characteristics of repetition and creativity at all. It is not likely to happen that the conflict between system and mutuality will disappear completely. We need to be involved in this efforts directly to activate our renerative capacities at most by accepting such stress of conflict under various situa- tions. In the short intervals between such role switching, we need to find rooms to release our selves. Many therapeutic and educational cases including ours show that many persons concerned succeeded in realizing mutual-generation at their predicaments. If we talk about more normal situation in our daily life, our chance to establish such mutualities will be estimated much higher.

Winicott highly appreciates the steady and sound efforts of „good enough mothers", the category into which most of the mothers fall. Our daily life is founded on a sort of common-sense described as „good enough" or „natural". The common-sense is the one acquired posteriorily under the socio-cultural and historical circumstances rather than inherently. In the traditional society, it was easier to be common in this meaning unfortunately we cannot expect too much to be common in our rapidly changing industrialized society. We can be „good enough" or „natural" only when we exert our potential at proper time in proper way. Our society makes these expressions very difficult. As it is clear from the worst cases, we share the potential capacity to establish mutuality based on our values as „good-enough" or „natural" and in various phases of our daily life we are currently engaged in this task. We can be optimistic in this point.

Our self-evident basis which had supported our education began to crumble, as we could see in various deviant behaviors in our schools. To reconstruct our education, we must get back to the ground of our education - in other words, the mutual-generation between the generations. So in the „Theorie der Menschenbildung" not only the education of young people, but also the mutual-generation between generations throughout the human lifecycle should be discussed.

Our pedagogies have been confined within such narrow theoretical frame as „the technic to lead children" restricted by its original meaning of the word „pedagogy". What is required is the „Theorie der Menschenbildung" which grasps both of human-being and human lifecycle as a whole and mutual-generation bet-ween generations. In my report I have discussed situational backgrounds on which the „Theorie der Menschenbildung" is required, focussing especially on young people. Since we are concerned with the problem of the establishment of the big school-complex and its inherent disfunctions, we pedagogist in Japan need to cooperate with you to tackle with the problem of the „Theorie der Menschenbildung". If we try to discuss this cooperation itself, we must trace the theoretical history of the development of the „Theorie der Menschenbildung" through the traditional pedagogies or the „Pädagogische Anthropologie". If we discuss such theoretical history, I will be able to show you how we are indebted to your theories. It will contribute to establish the common ground to disscuss our problems with you. Unfortunately I have to save this problem for another occasion because of the time running out.

Symposium

Frauenbildung
zwischen Staat und Markt

Edith Glumpler

Frauenbildung zwischen Staat und Markt

Einführung

Erziehungswissenschaftliche Analysen, die dem Paradigma der Frauen- und Geschlechterforschung verpflichtet sind, verweisen seit geraumer Zeit auf die strukturellen und institutionellen Zusammenhänge, die im Rahmen des Hallenser Symposiums Frauenbildung zwischen Staat und Markt bearbeitet wurden:

1) Historische Arbeiten belegen, daß der Ausschluß von Mädchen und Frauen aus Institutionen öffentlicher und staatlich kontrollierter Bildung die Entwicklung privater pädagogischer Teilarbeitsmärkte für Erzieherinnen und Lehrerinnen begünstigt hat.

Lehrerinnen gelten als die Verliererinnen des Professionalisierungsprozesses, der im 19. Jahrhundert im Lehrberuf bzw. im „Schulstand" durch die Einführung öffentlicher Schulen und staatlicher Lehramtsprüfungen eingeleitet wurde. Viele von ihnen hatten Seminare besucht, die privaten oder städtischen höheren Mädchenschulen angegliedert waren. Sie wurden, so sie bereits an Schulen tätig waren, in der Regel nicht auf die neu geschaffenen Planstellen für pensionsberechtigte Unterrichtsbeamte übernommen; als „ungeprüfte" Lehrerinnen konnten sie aus den öffentlichen Volksschulen entlassen werden (vgl. Albisetti 1996; Drechsel 1996). Die staatliche Reglementierung des Zugangs zu den Lehrämtern des öffentlichen Schulwesens beschränkte die Entwicklungsmöglichkeiten von Frauen im Lehrberuf und verwies sie auf die - in der Regel schlechter gratifizierten - Alternativangebote der privaten pädagogischen Teilarbeitsmärkte.

Solange Frauen der Zugang zu den deutschen Universitäten verwehrt war, konnten sie sich nur für den Schuldienst an Elementarschulen und an höheren Mädchenschulen qualifizieren. In beiden Bereichen konkurrierten sie mit männlichen Kollegen auf einem engen schulischen Stellenmarkt. An höheren Knabenschulen konnten Lehrerinnen ebensowenig tätig werden wie an Lehrerseminaren. Männliche Lehrkräfte unterrichteten dagegen sowohl an höheren Mädchen- bzw. Töchterschulen als auch an Lehrerinnenseminaren.

Positionen mit Weisungsbefugnis, speziell Positionen in der Schulleitung waren für Frauen im staatlichen Schulwesen nur in Ausnahmefällen erreichbar, im privaten Mädchenschulwesen dagegen die Regel. Albert Reble zitiert eine Aufstellung von Helene Lange aus dem Jahr 1893, nach der nur 9% der öffentlichen Schulen, jedoch 88% der privaten Einrichtungen eine weibliche Leitung hatten (Reble 1990, S. 277).

Der pädagogische Teilarbeitsmarkt, der sich aus der Begründung von privaten Töchterschulen für gebildete Frauen entwickelte, ist inzwischen in Fallskizzen und Handbuchartikeln gut dokumentiert. Von vergleichbarer Bedeutung, jedoch noch nicht hinreichend erforscht sind die beruflichen Alternativen, die sich Lehrerinnen außerhalb des öffentlichen und privaten Schulwesens erschlossen. Ein spannendes, gleichwohl aufgrund der Quellenlage schwerer zugängliches Forschungsfeld bietet der damalige Stellenmarkt der Hauslehrerinnen und Gouvernanten, deren Biographien auf ausgeprägte Berufsaspiration, Selbständigkeit und geographische Mobilität schließen lassen (vgl. unter anderem Brehmer/Ehrich 1990; Kleinau 1993; Käthner/ Kleinau 1996; Hardach-Pinke 1996).

Der Hallenser Beitrag von Elke Kleinau konzentrierte sich auf eine weitere Lehrerinnengruppe, über die bislang nur wenig bekannt ist: auf die Migrationsmotive, die Migrationserfahrungen und die professionellen Organisationsformen der Frauen, die bereits um 1900 die Offerten des europäischen und außereuropäischen Lehrerinnen-Arbeitsmarktes in Anspruch nahmen.

2) Studien aus dem Bereich der pädagogischen Professions- und Fachkulturforschung machen deutlich, daß die Entwicklungen der pädagogischen Teilarbeitsmärkte bis heute für die Studien- und Berufswahlentscheidungen zukünftiger Pädagoginnen von Bedeutung sind.

Während der Lehrberuf im 19. und in der ersten Hälfte des 20. Jahrhunderts in Deutschland vorwiegend von Männern gewählt und ausgeübt wurde, verzeichnen die Bildungsstatistiken seit den 60er Jahren einen Prozeß, der in der pädagogischen Professionsforschung unter dem Etikett „Feminisierung" verhandelt wird. Dieser Prozeß vollzog sich an den Volksschulen, speziell an den Grundschulen rascher als an den höheren Schulen: Die Dissertation von Jost von Maydell weist für das Jahr 1965 für die bundesdeutschen Volksschulen einen Frauenanteil von 52%, für die höheren Schulen von 30,4% aus. Für 1989 belegen die Grund- und Strukturdaten des Bundesbildungsministers bereits einen Frauenanteil von 56% am Lehrpersonal aller allgemeinbildenden Schulen und von 66% aller Studierenden, die im selben Jahr eine

Lehramtsprüfung absolviert hatten. 1991 wurden im vereinten Deutschland 71% aller Lehramtsprüfungen von Frauen abgelegt (BMBW 1990 und 1993). Die Pädagogischen Hochschulen und die Volksschulen der 60er und frühen 70er Jahre waren ein Ausbildungs- und Stellenmarkt unter staatlichem Monopol, der Abiturientinnen und Abiturienten nach einem kurzen Studium die Übernahme in ein Beamtenverhältnis auf Zeit garantierte, das in der Regel nach Abschluß der 2. Lehramtsprüfung und einer befristeten Bewährungsphase in ein Beamtenverhältnis auf Lebenszeit überführt wurde. Die Berufsanfängerinnen der 60er und der frühen 70er Jahre konnten sich in einer Phase extremen Lehrermangels im Volksschuldienst auf eine Laufbahn- und auf eine Statussicherheit verlassen, die keiner Lehrerinnengeneration vor und nach ihnen garantiert war und die von männlichen Stellenbewerbern wenig in Anspruch genommen wurde, weil der Arbeitsmarkt außerhalb des öffentlichen Dienstes Männern attraktivere Gratifikationen und Karrierechancen bot.

Befunde der Professionsforschung zum Lehrberuf bestätigen übereinstimmend, daß ökonomische, speziell Arbeitsmarkt-Argumente für Lehrerinnen in der Regel nicht als zentrales Studien- und Berufswahlmotiv in Anspruch genommen werden können (vgl. Brehmer 1987; Glumpler 1993; Fock 1996). Sie scheinen jedoch eine wichtige sekundäre Motivation darzustellen: Die jährlichen Statistiken des BMBW zeigen, daß Frauen ebenso wie Männer mit alternativen Berufs- und Studienwahlen auf die ungünstigen Beschäftigungsprognosen im Schuldienst reagiert haben. In den 80er Jahren, also in der Hochphase der Lehrerarbeitslosigkeit in den alten Bundesländern, sank die Zahl der weiblichen Lehramtsstudierenden kontinuierlich und erreichte im Jahr 1990 mit 6942 erfolgreichen Lehramtsprüfungen von Frauen ihren bislang niedrigsten Stand seit den 60er Jahren.

Gleichzeitig stieg das Interesse von Frauen an den erziehungswissenschaftlichen Diplom-Studiengängen. Auch für diese Studiengänge entscheiden sich bis heute mehr Frauen als Männer. Von Bedeutung sind hier jedoch zwei Befunde, auf die Barbara Friebertshäuser im Rahmen ihres Vortrags „Studentische Sozialisation zwischen pädagogischem Arbeitsmarkt und universitärer Fachkultur" aufmerksam machte. Ihre ethnographischen Feldstudien im Bereich der Fachkulturforschung ergaben:

a) daß sich Frauen und Männer, die sich für ein Studium der Diplompädagogik entschieden haben, vielfach bereits vor Studienbeginn auf dem pädagogischen Arbeitsmarkt bewegt haben oder Erfahrungen aus pädagogischen Arbeitsfeldern in das Studium mitbringen;

b) daß sich bei Frauen und Männern, die sich für ein Diplompädagogik-Studium entschieden haben, keine signifikanten Differenzen der Fachwahlmotive, Studieninteressen und pädagogischen Vorerfahrungen nachweisen lassen. Dies legt den Schluß nahe, daß pädagogische Berufs- und Studienwahlen außerhalb des staatlich monopolisierten Lehrerarbeitsmarkts bei Frauen und Männern von Professionskonzepten und Lebensplänen beeinflußt werden, die gemeinsame Ziele und Orientierungen aufweisen.

Aus berufssoziologischer Perspektive bleibt relevant, daß sich Männer insgesamt seltener als Frauen für erziehungswissenschaftliche Studien entscheiden, die für pädagogische Teilarbeitsmärkte innerhalb und außerhalb des öffentlichen Dienstes qualifizieren.

3) Empirische Analysen differenzieren vorliegende Erkenntnisse über weibliche Bildungsverläufe und Berufswahlmotive.

Die Segmentierung des Erwerbssystems in Teilarbeitsmärkte für Männer und Frauen ist ein Gegenstand der soziologischen Frauenforschung (vgl. Beck-Gernsheim 1976; Rabe-Kleberg 1987), der von der sozial- und erziehungswissenschaftlichen Frauenforschung aufgenommen und in einem historischen und einem empirischen Forschungsstrang bearbeitet wurde (vgl. u.a. Schlüter 1987, 1995; Rabe-Kleberg 1990).

Neben der Analyse der strukturellen und systemischen Muster, die die Spezifik weiblicher Bildungsaspiration und weiblicher Arbeitsmarktorientierung bestimmen, gewannen in den letzten Jahren biographische Analysen an Bedeutung, die sich auf die Erforschung individueller Bildungsentscheidungen und Orientierungsprozesse konzentrieren. In ihrem Symposiumsbeitrag zum Thema Weibliche Sozialisation und Arbeitsmarktorientierung: Biographische Analysen ging Anne Schlüter differenziert auf die theoretischen und methodischen Aspekte der Biographieforschung in diesem Feld der Frauen- und Geschlechterforschung ein.

Keinen Hinweis auf geschlechtsspezifische Unterschiede der Entwicklung gesellschaftlicher Ordnungsvorstellungen bei Jugendlichen in der Phase des Übergangs von der Schule in den Beruf konnte Susanne Heyn feststellen. Die Referentin legte Befunde aus einer Längsschnittuntersuchung über Bildungsverläufe und psychosoziale Entwicklung im Jugendalter vor, die neben geschlechtsspezifischen auch regionale (Ost-/West-) Differenzen erfassen sollte. Sie bestätigte die Feststellung anderer Studien, daß Betroffene dazu neigen, Erfolg und Versagen auf dem Arbeitsmarkt - hier bei der Lehrstellensuche - in erster Linie über persönliche Meriten zu erklären und der Geschlechtsspezifik von Systemen und Märkten keine oder nur untergeordnete Bedeutung beizumessen.

Die faktische Unterrepräsentanz von Frauen in Leitungspositionen und in den sogenannten Männerberufen abzubauen, ist eine der zentralen Forderungen der neuen Frauenbewegung. Mit dem Expertinnenberatungsnetz, über dessen wissenschaftliche Begleitung Angelika Wagner in Halle berichtete, wurde bundesweit eines der ersten Projekte realisiert, in denen Frauen durch Expertinnen (hier: hochqualifizierte Frauen im Ruhestand) in ihrer beruflichen Orientierung, speziell bei besonderen beruflichen Entscheidungen unterstützt werden.

4) Befunde der Frauenbildungsforschung haben einen Streit um die Qualität schulorganisatorischer Konzepte der Mädchenförderung an öffentlichen und privaten Schulen ausgelöst.

Die Frage, weshalb Schülerinnen in den Leistungskursen und Studentinnen in den Studienfächern Mathematik, Physik und Informatik unterrepräsentiert sind, die als Eingangsvoraussetzung für Berufe mit guten Arbeitsmarktchancen gelten, wurde in der Bundesrepublik in geschlechtsspezifischen Interessenstudien und Untersuchungen über Kurswahlmotive untersucht (vgl. Brehmer u.a. 1991; Hoffmann/Lehrke 1986). Auch in den USA ist die Repräsentanz von Mädchen und Frauen in den Leistungskursen des Faches Mathematik Gegenstand geschlechtsspezifischer Analysen.

Jaquelynne S. Eccles legte dem Hallenser Symposium ein Arbeitspapier aus einer Studie zum Kurswahlverhalten in der Highschool (Wer wählt freiwillige Mathematik-Kurse?) vor. Die Ergebnisse dieser Studie unterstützen die These, daß die geringere Ausprägung des Selbstkonzepts mathematischer Begabung bei Mädchen und Frauen ein Grund dafür sein dürfte, daß Frauen sich auch dann seltener auf Mathematikleistungskurse und -studiengänge einlassen, wenn sie in diesem Fach gleich gute oder bessere Noten erzielen als Männer.

In der Bundesrepublik wird in diesem Zusammenhang eine neue Debatte um die Frage geführt, ob reine Mädchenschulen, die in privater Trägerschaft bis heute bestehen, besser als die in der Regel koedukativ organisierten Staatsschulen in der Lage sind, die Fähigkeiten und Interessen von Schülerinnen zu entwickeln und zu fördern. Diese Vermutung wurde durch Forschungsergebnisse aus dem Hochschuldidaktischen Zentrum der Universität Dortmund angeregt und hat seitdem zu kontroversen Auseinandersetzungen sowohl innerhalb der Gruppe der Frauenforscherinnen, als auch in der Öffentlichkeit geführt (vgl. Pfister 1988; Kauermann-Walter u.a. 1988).

Lore Hoffmann und Marianne Horstkemper referierten in Halle über Erkenntnisse der Wissenschaftlichen Begleitungen von zwei Modellversuchen, die in Schleswig-Holstein und in Rheinland-Pfalz Ergebnisse der Koedukationsforschung konstruktiv für eine Reform der Schulpraxis an staatlichen und an privaten Schulen nutzen.

Die Beiträge des Hallenser Symposiums vermittelten einen Überblick über die Breite der Themen, die für die Frauenbildungsforschung in den nächsten Jahren von Bedeutung sein werden. Die historische Frauenforschung scheint noch über viele ungehobene Archivschätze zu verfügen, die eine Konzentration auf die Frauenbildungsgeschichte der letzten Jahrhunderte legitimieren. Die Erweiterung der Fragestellungen neuerer empirischer Arbeiten läßt allerdings erwarten, daß die frühere Fokussierung auf Mädchen und Frauen zunehmend durch vergleichende Studien abgelöst werden wird, die geschlechtsspezifische Determinanten weiblicher und männlicher Bildung in den Blick nehmen.

Literatur

Albisetti, James C.: Professionalisierung von Frauen im Lehrberuf. In: Kleinau, Elke/Opitz, Claudia (Hg.): Geschichte der Mädchen- und Frauenbildung. Band 2. Frankfurt/New York: Campus 1996, S. 189-200.

Beck-Gernsheim, Elisabeth: Der geschlechtsspezifische Arbeitsmarkt. Zur Ideologie und Realität von Frauenberufen. Frankfurt: Aspekte 1976.

Brehmer, Ilse: Der widersprüchliche Alltag. Probleme von Frauen im Lehrberuf. Berlin: Frauen und Schule Verlag 1987.

Brehmer, Ilse/Küllchen, Hildegard/Sommer Lisa: Mädchen Macht Mathe. Geschlechtsspezifische Leistungskurswahl in der reformierten Oberstufe. Düsseldorf: Parlamentarische Staatssekretärin für die Gleichstellung von Frau und Mann 1991.

BMBW (Der Bundesminister für Bildung und Wissenschaft): Grund- und Strukturdaten. Bonn: Bock 1990 und 1993.

Drechsel, Wiltrud Ulrike: Die Professionalisierung des „Schulstands" und die „unbrauchbar gewordenen" Elementarlehrerinnen. In: Kleinau, Elke/Opitz, Claudia (Hg.): Geschichte der Mädchen- und Frauenbildung. Band 2. Frankfurt/New York: Campus 1996, S. 161-173.

Fock, Carsten: Studienwahl: Lehramt Primarstufe. Dortmund: Iads Unido 1996.

Glumpler, Edith: Lehrerin - „der" Frauenberuf. In: dies. (Hg.): Erträge der Frauenforschung für die LehrerInnenbildung. Bad Heilbrunn: Klinkhardt 1993, S. 187-221.

Hardach-Pinke, Irene: Erziehung und Unterricht durch Gouvernanten. In: Kleinau, Elke/Opitz, Claudia (Hg.): Geschichte der Mädchen- und Frauenbildung. Band 1. Frankfurt/New York: Campus 1996, S. 409-427.

Hoffmann, Lore/Lehrke, Manfred: Eine Untersuchung über Schülerinteressen an Physik und Technik. Zeitschrift für Pädagogik 32, 1986, S. 1890-204.

Kauermann-Walter, Jaqueline/Kreienbaum, Maria-Anna/Metz-Göckel, Sigrid: Formale Gleichheit und diskrete Diskriminierung. In: Rolff, Hans Günter u.a. (Hg.): Jahrbuch der Schulentwicklung. Band 5. Weinheim: Juventa 1988, S. 157-188.

Kleinau, Elke: Nur ein Beruf für höhere Töchter? Lebensläufe und Bildungsgänge von Lehrerinnen im 19. und frühen 20. Jahrhundert. In: Glumpler, Edith (Hg.): Erträge der Frauenforschung für die Lehrerinnenbildung. Bad Heilbrunn: Klinkhardt 1993, S. 149-165.

Käthner, Martina/Kleinau, Elke: Höhere Töchterschulen um 1800. In: Kleinau, Elke/Opitz, Claudia (Hg.): Geschichte der Mädchen- und Frauenbildung. Band 1. Frankfurt/New York: Campus 1996, S. 393-408.

Maydell, Jost von: Probleme einer Feminisierung der Lehrerrolle. Hannover: Dissertation 1970.

Pfister, Gertrud (Hg.): Zurück zur Mädchenschule? Pfaffenweiler: Centaurus 1988.

Rabe-Kleberg, Ursula: Frauenberufe - zur Segmentierung der Berufswelt. Bielefeld: Kleine 1987.

Rabe-Kleberg, Ursula (Hg.): Besser gebildet und doch nicht gleich! Bielefeld: Kleine 1990

Reble, Albert: Die höheren Mädchenschulen in Preußen 1870-1925 und der Streit um die Gleichstellung mit den Jungenschulen. In: Johann Georg Prinz von Hohenzollern/Max Liedtke (Hg): Der weite Schulweg der Mädchen. Bad Heilbrunn: Klinkhardt 1990.

Schlüter, Anne: Neue Hüte - alte Hüte. Gewerbliche Berufsbildung für Mädchen zu Beginn des 20. Jahrhunderts.

Schlüter, Anne: Bildungserfolge. Eine Analyse der Wahrnehmungs- und Deutungsmuster und der Mechanismen für Mobilität in Bildungsbiographien. Universität Dortmund: Habilitationsschrift 1995.

Elke Kleinau

Deutsche Lehrerinnen auf dem (außer)-europäischen Arbeitsmarkt um 1900

I. Berufsbiographien von Lehrerinnen um die Jahrhundertwende weisen zahlreiche Auslandsaufenthalte auf. Von der bildungshistorischen Forschung wird dieses Phänomen dahingehend interpretiert, daß Auslandserfahrungen die Chance auf eine Festanstellung im öffentlichen oder privaten Schulwesen im Heimatland erhöht hätten. Lehrerinnen hätten sich auf diese Weise einen Qualifikationsvorsprung gegenüber anderen Bewerberinnen auf dem hart umkämpften Stellenmarkt gesichert. Die Motive der Frauen waren mit Sicherheit vielschichtiger, als es diese Sichtweise erahnen läßt. Inwieweit waren ihre Entscheidungen von der sog. Überfüllungskrise im Lehrberuf diktiert, war eine Rückkehr in den privaten oder öffentlichen Schuldienst in Deutschland intendiert und realisierbar?

Heute impliziert der Begriff Lehrerin automatisch eine Tätigkeit im öffentlichen Schulwesen, um die Jahrhundertwende arbeiteten jedoch 1/4 aller Lehrerinnen in Preußen in Familien (Büttner 1899, S. 42). 'Die Lehrerin' blieb bis ins frühe 20. Jahrhundert hinein ein Konstrukt, das ganz unterschiedliche Berufpositionen mit differenten Berufsprofilen verband. Lehrerinnen arbeiteten in bürgerlichen und adeligen Familien, im In- und Ausland, in Familienschulen, Missionsschulen, öffentlichen Volksschulen, in privaten und öffentlichen höheren Mädchenschulen. Dieser Beitrag konzentriert sich auf Lehrerinnen, die im Ausland als Erzieherinnen arbeiteten und damit eine Berufsposition ausübten, die in der Forschung den Berufsanfängerinnen zugeschrieben wird.

II. Wenn man unter Profession die Etablierung von akademischen Expertenberufen versteht, „die über ein Monopol beim Angebot bestimmter akademischer Dienstleistungen verfügen", die alle Fragen „der Rekrutierung, der Qualifikationsstandards und der Kontrolle ihrer Einhaltung autonom und eigenverantwortlich" regeln (Wetterer 1995, S. 15), dann stellten Lehrerinnen gegen Ende des 19. Jahrhunderts keine Profession dar. Ein reguläres

Hochschulstudium war Frauen verwehrt. Lehrerinnen waren keine Akademikerinnen, sondern seminaristisch gebildete Lehrkräfte. Ausbildungsgänge und Berufsfelder von Lehrerinnen und Erzieherinnen waren nicht eindeutig voneinander getrennt. Im „Encyklopädischen Handbuch der Pädagogik" (1904) tauchen zwar beide Berufsbezeichnungen auf, über die Ausbildung der Erzieherin heißt es jedoch:

> „Nur noch in ganz wenigen Gegenden Deutschlands werden Erzieherinnen konzessioniert, die kein Lehrerinnenexamen gemacht haben. ... Allgemein wird jetzt der Nachweis der Lehrerinnenprüfung verlangt."

Und mit Blick auf die soziale Stellung der Familien, die die Dienste einer Erzieherin in Anspruch nahmen, fügte die Autorin hinzu:

> „Es liegt in der Natur der Sache, daß die Prüfung für höhere und mittlere Mädchenschulen bessere Aussichten bietet, als die Volksschullehrerinnenprüfung" (Lange 1904, S. 543).

Finanziell standen sich Lehrerinnen im öffentlichen oder privaten Schulwesen besser als Erzieherinnen, wobei man berücksichtigen muß, daß es um die Jahrhundertwende an vielen höheren Mädchenschulen keine fest etatisierten Stellen gab, sondern das Gehalt jeder Lehrkraft einzeln ausgehandelt wurde. An der Hamburger Paulsenstiftsschule betrug z.B. das Mindestgehalt einer neu einzustellenden Lehrerin jährlich 900 M, es gab aber auch Frauen, die anfänglich bereits 1500 M verdienten (Kleinau 1993). Das einer Erzieherin ausgezahlte Gehalt lag niedriger, allerdings konnte sie mit freier Unterkunft und Verpflegung rechnen. In dem o.g. Handbuchartikel wird das Durchschnittsgehalt einer in Deutschland arbeitenden Erzieherin auf 600-700 M beziffert (Lange 1904, S. 544). Im Ausland war mehr zu verdienen; eine mit guten Referenzen ausgestattete Lehrerin konnte in England bis zu 120 Pfund verlangen, in Paris zwischen 1200 und 1800 Franc (Lange 1904, S. 545; Heinzel 1885, S. 119). Ausgesprochen gut getroffen hatte es Martha Grundgeyer, die 1886 eine Erzieherinnenstelle in Uruguay annahm. Bei freier Kost und Logis, einem Hin- und Rückreiseticket 1. Klasse, erhielt sie 1500 M im Jahr (Grundgeyer 1889, S. 502). Damit gehörte sie unter den im Ausland beschäftigten Lehrerinnen eindeutig zu den Spitzenverdienerinnen. Als Motiv für einen Auslandsaufenthalt kommen daher erstens die höheren Verdienstmöglichkeiten in Frage, die es mancher Lehrerin ermöglichten, einen Notgroschen für die Alterssicherung zurückzulegen.

Einen guten Überblick über die zeitgenössischen Gehaltsvorstellungen bieten die Stellenannoncen in der Zeitschrift „Die Lehrerin in Schule und Haus", ab 1890 das offizielle Verbandsorgan des „Allgemeinen Deutschen Lehrerinnenvereins" (ADLV). Helene Lange warnte 1904 ausdrücklich davor, sich bei der Stellensuche auf private Arbeitsvermittler, sog. Agenten zu verlassen; die wenigsten seien seriöse Geschäftsleute (Lange 1904, S. 546). Sie verwies auf Selbsthilfeprojekte, die einzelne Lehrerinnen oder Lehrerinnenvereine in verschiedenen europäischen Städten ins Leben gerufen hatten. In Budapest entwickelte sich das „Home Suisse", das ursprünglich für protestantische Gouvernanten und Kindermädchen aus der Westschweiz gegründet worden war, zu einem internationalen und -konfessionellen Stellenumschlagplatz für Lehrerinnen (Hardach-Pinke 1993, S. 218). Helene Adelmann gründete 1876 den „Verein Deutscher Lehrerinnen in England", der sich 1890 dem ADLV als Zweigverein anschloß. Sitz des Vereins war London, wo er ein Lehrerinnenheim mit angeschlossener Stellenvermittlung unterhielt (Lange 1904, S. 546). In Frankreich kam es erst Anfang der 90er Jahre zu einer Vereinsgründung, obwohl die Lage der deutschen Lehrerinnen dort besonders prekär war. Meta Heinzel berichtete 1885 von ihren Erfahrungen bei der Stellensuche in Paris. Der Arbeitsmarkt sei überfüllt mit deutschen Lehrerinnen, was u.a. daran läge, daß in den französischen Töchterschulen kein obligatorischer Fremdsprachenunterricht erteilt werde. Auch sei es nur in einzelnen „vornehmen" Familien üblich, eine deutsche Lehrerin einzustellen (Heinzel 1886, S. 120). Freie Stellen seien nur noch im Süden des Landes zu finden, der aber von deutschen Lehrerinnen „wegen seines berüchtigten Accentes" gemieden werde (Heinzel 1886, S. 117). Damit ist ein zweites Motiv angesprochen, das Lehrerinnen ins Ausland trieb: die hohen Anforderungen, die an deutschen höheren Mädchenschulen an die fremdsprachlichen Leistungen der Lehrerinnen gestellt wurden. Selbst Lehrerinnen, die sich bereits im deutschen Schulwesen etabliert hatten, nutzten regelmäßig die von den Lehrerinnenvereinen im Ausland eingerichteten Sprachkurse (Lange 1904, S. 488).

Lehrerinnen waren z.T. weitgereiste und alleinreisende Frauen, und das zu einer Zeit, in der die normative Vorstellung vorherrschte, die Frau gehöre ins Haus. Historische Vorläufer hatten die deutschen Lehrerinnen in den französischen Gouvernanten des 17. und 18. Jahrhunderts (Hardach-Pinke 1993). Wie ihre Vorgängerinnen reisten die deutschen Lehrerinnen aus beruflichen Gründen, aber wer sagt, daß nicht auch eine gehörige Portion Abenteuerlust im Spiel war? Sie lernten fremde Menschen, Länder und Erdteile kennen. Der Erwerb von Sprachkenntnissen und bessere Verdienstmöglichkeiten erklären jedenfalls nicht, warum die Frauen auch Länder aufsuchten, in denen deutsche Lehrerinnen kaum gefragt waren. Daß das Motiv der Abenteuerlust erst in neueren Studien zur Geschichte des Lehrerinnenberufs auftaucht, liegt daran, daß die Bildungsgeschichte in den letzten Jahrzehnten stark strukturgeschichtlich ausgerichtet war, und erst neuere Ansätze, z.B. die

Alltagsgeschichte, die sozialhistorische Biographieforschung, sich wieder
verstärkt dem Menschen als geschichtlichem Handlungsträger zuwenden.
    III. Daß es in der Regel ein Motivbündel war, das die Lehrerinnen zur
zeitweiligen oder dauerhaften Auswanderung bewog, hielt Martha Grundgeyer bereits 1889 fest. Auf ihre Gründe hin befragt, antwortete sie:

„Hier wartete ihrer ein allzeit treuer Bruder; es wurde ihr geboten, ein Stückchen von einem neuen Erdteil kennen zu lernen, und ferner durfte sie hoffen, durch den Erwerb für
ihre alten Tage sorgen zu können." (Grundgeyer 1889, S. 496).

Am Beispiel dieser Lehrerin läßt sich verdeutlichen, daß es nicht immer Berufsanfängerinnen waren, die mit einer Erzieherinnenstelle im Ausland „vor-
liebnahmen". Das Angebot aus Übersee war für sie so attraktiv, daß sie ihre
Stelle in einer höheren Mädchenschule in Mecklenburg aufgab. Auch eine
Rückkehr ins deutsche Schulwesen wurde von ihr anscheinend nicht angestrebt. Hier besteht zweifellos noch weiterer Forschungsbedarf.

Literatur

Büttner, R.: Die Lehrerin. Forderungen, Leistungen, Aussichten in diesem Berufe.
    Leipzig 1899.
Grundgeyer, M.: Ein Gruß aus Uruguay. In: Die Lehrerin in Schule und Haus, 5. Jg.
    (1889), S. 467-473, 496-502.
Hardach-Pinke, I.: Die Gouvernante. Geschichte eines Frauenberufs. Frankfurt/New
    York 1993.
Heinzel, M.: Deutsche Erzieherinnen in Frankreich. In: Die Lehrerin in Schule und
    Haus, 1. Jg. (1885), S. 117-121.
Kleinau, E.: Höhere Mädchenschulen in Hamburg von der Aufklärung bis zum Drit-
    ten Reich. Ein Beitrag zur Sozialgeschichte der Mädchenbildung in Deutschland.
    Habil.-Schrift. Bielefeld 1993.
Lange, H.: Erzieherin. In: Encyklopädisches Handbuch der Pädagogik. Hrsg. von W.
    Rein. Band II. Langensalza 1904, S. 539-547.
Wetterer, A. (Hg.): Die soziale Konstruktion von Geschlecht in Profes-
    sionalisierungsprozessen. Frankfurt/New York 1995.

Barbara Friebertshäuser

Studentische Sozialisation zwischen pädagogischem Arbeitsmarkt und universitärer Fachkultur. Geschlechtsspezifische Befunde aus einem Feldforschungsprojekt

Wilhelm von Humboldt formulierte 1810 eine Idee des Studiums, die auch heute noch in der relativen Autonomie der Hochschulen gegenüber Staat und Markt tradiert wird, aber auch im klassischen Bild vom „Studenten" fortwirkt. Dazu gehören: Vorstellungen von der Ganzheitlichkeit der studentischen Lebenswelt, das Postulat der Gleichheit aller Studierenden, der Gedanke der Zweckfreiheit des Studiums, die studentische Selbsterprobung und nicht zuletzt ein Moratoriumskonzept mit traditionell männlicher Prägung. Angesichts der gegenwärtigen Situation an den deutschen Hochschulen scheint dieser „klassisch studentische Code" allerdings obsolet geworden zu sein.

Den Hintergrund für die folgenden Ausführungen bilden ethnographische Feldforschungsprojekte, die - gefördert von der Deutschen Forschungsgemeinschaft (DFG) - in den Jahren 1985 bis 1991 an den Universitäten Marburg und Siegen durchgeführt wurden.[1] Diese sind im Kontext der Fachkulturforschung (vgl. Liebau/Huber 1985, S. 323) innerhalb der Hochschulsozialisationsforschung zu verorten und lenken den Blick darauf, daß die studentische Sozialisation unter dem Einfluß von mindestens vier Einflußkulturen verläuft: der universitären (akademischen) Fachkultur, der studentischen Kultur, der Herkunftskultur und der antizipierten Berufskultur (vgl. Engler/ Friebertshäuser 1989, S. 136).

Einige Befunde der ethnographischen Feldstudie des Diplom-Studiengangs Erziehungswissenschaft in Marburg (vgl. Friebertshäuser 1992) verweisen auf den großen Einfluß des pädagogischen Arbeitsmarktes auf den

---

1 Zur Projektgruppe gehörten neben der Autorin Jürgen Zinnecker (Projektleiter), Steffani Engler, Helmut Apel und Burkhard Fuhs; erforscht wurden: die Erziehungswissenschaften in Marburg und Siegen, Jura in Marburg und die Ingenieurwissenschaften (Maschinenbau und Elektrotechnik) in Siegen.

Prozeß der studentischen Sozialisation. StudienanfängerInnen der Erziehungswissenschaft bringen bereits bei Studienbeginn zahlreiche berufliche
Erfahrungen, insbesondere aus pädagogischen Arbeitsfeldern, mit.

Allerdings verlief die Suche nach geschlechtsspezifischen Befunden im
Rahmen des Projektes überraschend (vgl. auch Engler 1993). So zeigte sich
beispielsweise, daß sich Studienanfängerinnen und Studienanfänger im Di-
plom-Studium Erziehungswissenschaft in ihren beruflichen, pädagogischen
Vorerfahrungen, Gründen für die Studienfachwahl, ihren Studieninteressen
und in vielen weiteren Aspekten (beispielsweise den schulischen Vorerfahrungen) nicht wesentlich voneinander unterscheiden.[2]

Dieses Ergebnis verweist auf ein grundsätzliches Problem feministischer
Forschung, das in jüngeren Publikationen bereits kritisch diskutiert wird.
Wenn wir die Geschlechterdifferenz als eine soziale Konstruktion begreifen,
dann leistet die Suche nach geschlechtsspezifischen Differenzen selbst wiederum einen Beitrag zur permanenten Konstruktion von Zweigeschlechtlich-
keit, stützt damit herrschende Geschlechtsideologien und trägt so letztlich zur
Beibehaltung dieses Klassifikationssystems bei. [3]

Die Analyse der universitären, akademischen Fachkultur Erziehungswissenschaft zeigt eine Tradierung des oben dargestellten „klassisch studentischen Code", der sich sowohl in den Studien- und Prüfungsordnungen wie
auch in den Reden der Dekane anläßlich der Begrüßung der Studienanfänger-
Innen äußerte und der in der geisteswissenschaftlichen Tradition des Faches
und seiner Fachvertreter (vgl. Helm u.a. 1990, S.40f) zu wurzeln scheint.

In der universitären Fachkultur Erziehungswissenschaft, wie auch in den
anderen, primär von Studentinnen bevorzugten Studiengängen der Geistes-
und Sozialwissenschaften, begegnet uns in Form des „klassisch studentischen
Code" noch ein ganzheitliches Studien- und Bildungskonzept im Sinne Humboldts. Das wirft die Frage auf, ob es gegenwärtig vor allem die Studentinnen
sind, die noch am ehesten Humboldts Universitätsidee tradieren. Allerdings
in einer Zeit, in der gerade diese Art von Bildung in ihrer gesellschaftlichen
Bedeutung verdrängt wird von spezialisiertem Wissen und dem Stellenwert,
der wirtschaftlichen, naturwissenschaftlichen, technischen und berufspraktischen Kompetenzen zugewiesen wird.

---

2   Einschränkend sei allerdings darauf hingewiesen, daß insbesondere bei den Studenten mit
    relativ kleinen Fallzahlen operiert wurde, so daß die empirische Absicherung der Befunde
    weiteren Untersuchungen vorbehalten bleibt.
3   vgl. Hagemann-White 1984; Wetterer 1992; Bilden 1991; Faulstich-Wieland 1995; Pren-
    gel 1993

Literatur

Bilden, H.: Geschlechtsspezifische Sozialisation. In: Hurrelmann, K./Ulich, D. (Hg.): Neues Handbuch der Sozialiationsforschung. Weinheim 1991, S.279-301.

Hagemann-White, C: Sozialisation: Weiblich - männlich? Alltag und Biografie von Mädchen. Band 1, Opladen 1984.

Engler, St.: Fachkultur, Geschlecht und soziale Reproduktion. Eine Untersuchung über Studentinnen und Studenten der Erziehungswissenschaft, Rechtswissenschaft, Elektrotechnik und des Maschinenbaus. Weinheim 1993.

Liebau, E./Huber, L.: „Die Kulturen der Fächer". In: Neue Sammlung, Nr.3, 1985 (Themenheft: Lebensstil und Lernform.) Stuttgart, S.314-339.

Helm, L. u.a.: Autonomie und Heteronomie - Erziehungswissenschaft im historischen Prozeß. In: Zeitschrift für Pädagogik, Jg. 36, Heft 1, 1990, S. 29-49.

Faulstich-Wieland, H.: Geschlecht und Erziehung. Grundlagen des pädagogischen Umgangs mit Mädchen und Jungen. Darmstadt 1995.

Engler, St./Friebertshäuser, B.: Statuspassage Hochschule im Kontext gesellschaftlicher Reproduktion. In: Hochschulausbildung. Zeitschrift für Hochschuldidaktik und Hochschulforschung Nr.3, 1989, S. 131-153.

Friebertshäuser, B.: Übergangsphase Studienbeginn. Eine Feldstudie über Riten der Initiation in eine studentische Fachkultur. Weinheim und München 1992.

Prengel, A.: Pädagogik der Vielfalt. Verschiedenheit und Gleichberechtigung in Interkultureller, Feministischer und Integrativer Pädagogik. Opladen 1993.

Wetterer, A.: Hierarchie und Differenz im Geschlechterverhältnis. In: dies. (Hg.): Profession und Geschlecht. Über die Marginalität von Frauen in hochqualifizierten Berufen. Frankfurt/M., New York 1992, S. 13-40.

Anne Schlüter

Weibliche Sozialisation und Arbeitsmarktorientierung. Biographische Analysen.

Institutionen liefern den Hintergrund nicht nur für die Organisation und Gestaltung, sondern auch für die Sinngebung und Legitimation männlicher und weiblicher Biographien. Das Erwerbssystem gilt als grundlegendes inneres Prinzip für die Organisation des Lebenslaufs (vgl. Kohli 1985, S. 3). Die Wirkung dieses inneren Prinzips läßt sich jedoch ohne die ungleiche Vorstrukturierung durch die soziale Herkunftsfamilie mit ihren Anschlußinstitutionen kaum erfassen.

Ein prinzipieller Ansatz für die Ausgestaltung der Organisationsprozesse in Institutionen besteht in der ihnen verwobenen symbolischen Geschlechterordnung, die über Interaktionen hergestellt wird. Die Reproduktion der Geschlechterordnung verläuft über soziokulturelle Zuschreibungen und sozioökonomische Grenzziehungen, die auf individuelle Erwartungserfüllung ausgerichtet sind. Werden sie erfüllt, also von den Individuen inkorporiert, verwandeln sich horizontale in vertikale soziale Differenzierungsprozesse.

In biographischen Wahrnehmungs- und Deutungsprozessen können Zuschreibungen und Zuweisungen jedoch nicht nur problematisiert, sondern auch als nicht passend zurückgewiesen werden. Aufgrund der biographischen Analysen kommt die Autorin zu dem Ergebnis, daß Geschlecht als soziale Kategorie einen Adaptions- oder Bewegungs-Mechanismus braucht, der bewußt und unbewußt an der Gestaltung einer Biographie beteiligt ist. Erst so läßt sich erklären, warum das geschlechtsspezifisch Erwartbare herstellbar ist oder aber zurückgewiesen wird. Die Analyse der individuellen Mechanismen verweist wiederum auf soziale Zusammenhänge der Herkunftskultur, die als Institution für Sinngebung und Legitimation von Sozialisationsprozessen für spezifische Arbeitsmarktorientierungen ihre Funktion bekommen.

Literatur

Krüger, H.: Statusmanagement und Institutionen-regimes. Die Kategorie Geschlecht zwischen Leistung und Zuschreibung. Vortrag, Bremen 1995.
Schlüter, A.: Bildungserfolge. Eine Analyse der Wahrnehmungs- und Deutungsmuster und der Mechanismen für Mobilität in Bildungsbiographien. Habilitationsschrift, Bochum 1995.

Susanne Heyn

Die Entwicklung gesellschaftlicher Ordnungsvorstellungen bei Jugendlichen in der Phase des Übergangs von der Schule in den Beruf

1. Ausgangspunkte und Fragestellungen

Der Beitrag geht der Frage nach, ob und inwieweit gesellschaftliche Ordnungsvorstellungen von Jugendlichen durch deren Erfahrungen in der Phase der Einmündung in eine berufliche Erstausbildung beeinflußt werden. Während einige Berufsübergangsstudien die Sozialisationswirkung der Berufsausbildung auf gesellschaftlich-politische Orientierungen bei Auszubildenden untersucht haben, setzt der vorliegende Beitrag lebensgeschichtlich früher, d.h. an der sog. „1. Schwelle", an.

Gesellschaftliche Ordnungsvorstellungen werden hier untersucht in Form von Kontingenzüberzeugungen über Zusammenhänge zwischen unterschiedlichen Handlungs- oder Verhaltensweisen und deren Ergebnissen in bezug auf die Lehrstellensuche. Da der Berufsübergang eine zentrale Entwicklungsaufgabe im Jugendalter darstellt, kann davon ausgegangen werden, daß die Kontingenzüberzeugungen einen wesentlichen Teil genereller gesellschaftlicher Ordnungsvorstellungen erfassen.

Bei der Bewältigung des Berufsübergangs stellt sich Jugendlichen das Problem der Passung von individuellen Wünschen und Interessen und der Angebotsstruktur des Lehrstellenmarktes. Während in der Schule Selektionsprozesse durch Leistung und unter Bezug auf anerkannte Bewertungsmaßstäbe legitimiert wurden, werden Jugendliche im Prozeß des Berufsübergangs mit gesellschaftlichen Mechanismen der Statusallokation konfrontiert, die sich nicht nur ihrem Zugriff entziehen (können), sondern auch das Leistungsprinzip konterkarieren können: der Lehrstellenmarkt ist geschlechtsspezifisch segmentiert und von regionalen (Ost/West) Disparitäten geprägt. Zu klären ist, inwieweit diese Makrostrukturen auf subjektive politische Vorstellungen wirken und ob die Erfahrungen in der Phase des Berufsübergangs zu einer Auseinanderentwicklung der Vorstellungen zwischen den verschiedenen Subgruppen (Mädchen/Jungen, Ost/West) führt.

Insgesamt wird folgenden Fragestellungen nachgegangen:

- Von welchen Faktoren hängt es nach Meinung der Jugendlichen primär ab, ob man eine Lehrstelle bekommt?
- Zeigen sich geschlechtsspezifische bzw. regionale (Ost/West) Differenzen?
- Sind die Kontingenzüberzeugungen stabil oder verstärken sich mögliche Differenzen durch die Erfahrungen in der Phase des Berufsübergangs?

2. Datenbasis und Befragungsinstrumente

Die vorgestellten Ergebnisse beruhen auf Analysen eines Teildatensatzes (Schulabgängerinnen und -abgänger nach Klasse 10) der Längsschnittstudie „Bildungsverläufe und psychosoziale Entwicklung im Jugendalter"[1]. Die Befragung fand erstmals 1993 am Ende der SEK I statt. 1995 wurde die Kohorte nach Beginn der Berufsausbildung erneut befragt. Für 367 Auszubildende liegen Daten aus beiden Erhebungswellen vor. Die Jugendlichen stammen zu gleichen Teilen aus Ost- und Westdeutschland. Die Kontingenzüberzeugungen wurden mittels Fragebogen zu beiden Meßzeitpunkten in Form von geschlossenen Items (vierstufige Ratingskalen) erhoben. Es wurden vier Skalen eingesetzt, die eine gelungene Lehrstellensuche in unterschiedlichem Ausmaß als dem individuellen Zugriff zugänglich (individuelle Anstrengung; impression management) oder als strukturellen Faktoren geschuldet (Gesellschaft/System; soziale Netzwerke) thematisieren.[2]

---

1   Es handelt sich um eine Kohorten-Längsschnittstudie des Max-Planck-Instituts für Bildungsforschung (MPIFB) in Berlin und des Instituts für die Pädagogik der Naturwissenschaften (IPN) in Kiel. Die Projektleitung liegt bei Prof. J. Baumert (MPFB).
2   Beispiel-Items:
    „Um einen Ausbildungs- oder Arbeitsplatz zu bekommen, muß man ..."
    - „sich intensiv bemühen." (Anstrengung)
    - „die richtigen Leute kennen." (Netzwerke)
    - „unter anderen wirtschaftlichen Bedingungen leben als wir." (Gesellschaft/System)
    - „intelligent wirken." (impression management)

3. Empirische Befunde

Der Grad der Zustimmung zu den vier Skalen (d.h. die Rangfolge der Skalen) zeigt deutlich, daß die befragten Jugendlichen insgesamt dem Leistungsprinzip verpflichtete, meritokratisch begründete Erklärungen für eine erfolgreiche Lehrstellensuche präferieren. Die weitaus stärkste Zustimmung erhält die Skala „individuelle Anstrengung", die geringste die Skala „Gesellschaft/ System". „Soziale Netzwerke" und „impression management" liegen dazwischen auf den Plätzen zwei und drei. Überwiegend gehen die Jugendlichen also davon aus, daß Selektions- und Allokationsprozesse individuell gestaltbar und nicht in erster Linie von Systembedingungen dominiert sind. Die Rangfolge der Skalen bleibt im Zeitverlauf insgesamt stabil, d.h. die Erfahrungen in der soeben durchlaufenen Statuspassage haben keinen Anlaß gegeben, die Kontingenzüberzeugungen grundlegend zu korrigieren.

Allerdings lassen sich graduelle Unterschiede feststellen, die mit Hilfe einer 2 (Geschlecht: weiblich vs. männlich) x 2 (Region: neue vs. alte Bundesländer) x 2 (Zeitpunkt: vor vs. nach Eintritt in die Berufsausbildung) -faktoriellen multivariaten Varianzanalyse überprüft wurden. Für den Faktor Geschlecht ergeben sich keinerlei signifikante Effekte. Weder lassen sich also von vornherein geschlechtsspezifisch geprägte Ordnungsvorstellungen belegen, noch scheinen die Erfahrungen am geschlechtsspezifisch segmentierten Arbeitsmarkt entsprechende Kontingenzüberzeugungen (Faktor „Gesellschaft") bestärkt zu haben.

Die Unterschiede bezüglich der vier Skalen in Ost und West sind hoch signifikant. Jugendliche in den neuen Bundesländern stimmen allen vier Skalen stärker zu - insbesondere die Bedeutung sozialer Netzwerke und gesellschaftlicher Bedingungen wird von ihnen höher gewichtet. Eine zunehmende Differenzierung zwischen Ost und West im Zeitverlauf läßt sich inferenzstatistisch nicht absichern. Die Befunde lassen sich dahingehend interpretieren, daß die Lehrstellensuche für Jugendliche in den neuen Bundesländern aufgrund der neuartigen und schwierigen Bedingungen besondere Relevanz hat, wobei vor allem die erschwerten Strukturbedingungen von ihnen verstärkt wahrgenommen werden. Im Sinne unterschiedlicher politischer Mentalitäten in Ost und West lassen sich die Ergebnisse kaum interpretieren. Zum einen hatten die befragten Jugendlichen bereits zum 1. Meßzeitpunkt (Ende der Klasse 10) Erfahrungen auf dem Lehrstellenmarkt gesammelt - was den ausbleibenden Meßzeitpunkt-Effekt erklärbar macht - zum anderen sind die vorliegenden Effekte nicht so ausgeprägt, daß die Rangreihe der Kontingenzüberzeugungen dadurch instabil würde.

Insgesamt zeigen die Befunde, daß Jugendliche ein meritokratisches Weltbild besitzen, das nicht geschlechtsspezifisch ausgeprägt ist, dessen regionale Ausdifferenzierung sich zwar als Reflex der aktuellen Erfahrung auf dem für Mädchen wie Jungen im Osten ungünstigeren Lehrstellenmarkt interpretieren läßt, das sich jedoch insgesamt als relativ stabil in der Phase des Berufsübergangs erweist.

Angelika C. Wagner

Expertinnen-Beratungsnetz: Konzeption und erste empirische Ergebnisse

Im folgenden geht es um erste Ergebnisse einer laufenden Evaluationsuntersuchung der Modelleinrichtung „Expertinnen-Beratungsnetz Hamburg".

Als „Expertinnen-Beratungsnetz" wird eine neue Beratungseinrichtung bezeichnet, bei der hochqualifizierte Frauen im Ruhestand jüngere Frauen in Fragen des beruflichen Weiterkommens individuell beraten. Das Konzept dafür wird - ausgehend von einer Idee der Verf. - im Rahmen eines Interventionsforschungsprojekts am Fachbereich Erziehungswissenschaft der Universität Hamburg seit 1989 unter der Leitung der Verf. (seit 1992 zus. mit Ellen Schulz) entwickelt, praktisch erprobt und evaluiert. Ziel der Beratung ist es, Frauen in ihrer persönlichen beruflichen Weiterentwicklung, vor allem in Hinblick auf einen möglichen Aufstieg in für Frauen untypische Positionen zu unterstützen. Ratsuchende Frauen führen zunächst ein Vorgespräch mit einer hauptamtlichen Mitarbeiterin, die dann eine passende Expertin aussucht.

Inzwischen haben sich mehr als 3500 Ratsuchende an das Hamburger Projekt gewandt; neben derzeit zwei hauptamtlichen Mitarbeiterinnen arbeiten etwa 40 Expertinnen ehrenamtlich mit. Weitere Expertinnen-Beratungsnetze sind nach Hamburger Vorbild in Berlin, Dresden, Köln und München entstanden.

Untersucht wurden alle Ratsuchenden, die sich zwischen 10/92 und 1/94 beim Projekt angemeldet und danach (mindestens) ein Gespräch mit einer Expertin geführt hatten (N= 346). Statistisch ausgewertet wurden drei Fragebögen:

a) ein Eingangsfragebogen zu Berufsbiographie und Beratungsanliegen, den die Ratsuchenden routinemäßig unmittelbar nach der Anmeldung ausfüllen,

b) ein Rückmeldebogen zum Expertinnenberatungsgespräch (Rücklaufquote 92%), der einige Tage nach dem Gespräch und

c) ein Nachbefragungsbogen, der durchschnittlich zwei Jahre später ausgefüllt wurde (Rücklaufquote 52%).

Die Ratsuchenden sind mehrheitlich zwischen 30 und 40 Jahre alt (range 20 - 62). 40% haben eine Lehre und/oder eine Berufsfachschule o.ä. erfolgreich absolviert; 54% haben einen Hochschulabschluß, 9% sind promoviert. 62% der Ratsuchenden sind berufstätig (ein Drittel davon ist unterqualifiziert beschäftigt); die übrigen sind arbeitslos (22%) oder erwerbslos (16%).

Die *Fragen* der Ratsuchenden betreffen allgemeine berufliche Orientierung (11%), berufliche Weichenstellung (z.B. Stellensuche) (39%), langfristige berufliche Veränderungsmöglichkeiten (45%) und berufliche Krisen (4%). Bezieht man auch Mehrfachnennungen mit ein, so zeigt sich, daß 47% der Ratsuchenden Fragen in bezug auf beruflichen Aufstieg haben, im übrigen geht es primär um den beruflichen Einstieg bzw. Umstieg. Eine Faktorenanalyse der Art der Unterstützung, die die Ratsuchenden von den Expertinnen erhalten haben, ergab vier Faktoren:

1. „Probleme entwirren",
2. „Rückenstärkung, Verhaltenstips",
3. „Suche nach irgendetwas Neuem" und
4. „Konkrete Antworten, realistische Einschätzungen".

Unmittelbar nach dem Gespräch war die Zufriedenheit der Ratsuchenden mit Verlauf und Ergebnis des Gesprächs sehr hoch; 85% waren „sehr zufrieden" (61%) oder „zufrieden" (24%) mit Verlauf und Atmosphäre und mit den Ergebnissen des Gesprächs waren 74% „sehr zufrieden" bzw. „zufrieden" (35% bzw. 39%). Diese Zufriedenheit hielt auch zwei Jahre danach an. In der Nachbefragung zwei Jahre später sagten über 80% der Befragten, daß sie ihre berufliche Situation inzwischen „sehr" (42%) oder „etwas"(40%) hätten verbessern können. Mehr als die Hälfte von ihnen (56%) hatte sehr konkrete weitere berufliche Pläne.

60% der Befragten, bei denen sich beruflich etwas positiv verändert hatte, sahen diese Veränderung als unmittelbare Folge ihres Gesprächs mit der Expertin an.

Jaquelynne S. Eccles / Kimberly A. Updegraff /
Bonnie Barber / Kathryn M. O'Brien[1]

Kurswahl als selbst-regulatives Verhalten: Wer wählt freiwillige Mathematik Kurse in der High School

Es wird untersucht, welche Einstellungsfaktoren die Entscheidung für Kurswahlen in Mathematik voraussagen. Der zugrundeliegende theoretische Rahmen ist das Erwartung-x-Wert-Modell für die Wahl von Leistungskursen. Dieses Modell wurde entwickelt, um zu erklären, warum weniger Frauen als Männer Fortgeschrittenen-Kurse in Mathematik und Physik belegen, es fokussiert auf motivationale und soziale Faktoren, die kurz- und langfristige Leistungsziele beeinflussen, wie z.b. Karriereaspirationen, berufliche und außerberufliche Entscheidungen, Kurswahlen, Durchhalten bei schwierigen Aufgaben und die Verteilung der Anstrengung auf unterschiedliche leistungsrelevante Aktivitäten.

In dieser Untersuchung wird die Brauchbarkeit des Erwartung-x-Wert-Modells auf die Vorhersage von Belegen von Mathematik-Kursen überprüft. Im Gegensatz zu anderen Untersuchungen ist dieses Projekt längsschnittlich angelegt und es bezieht sowohl subjektive Erwartungen und Werte als auch Mathematikleistungen ein (gemessen mit einem standardisierten Test und Kursnoten).

Die Stichprobe besteht aus 1039 Schülern aus 10 High Schools. Diese wurden im 10. und im 12. Schuljahr untersucht. Die Variablen waren: Selbstkonzept mathematischer Begabung, Nützlichkeit von Mathematik, Mathematik-Interesse (Selbsteinschätzungen mit Rating-Skalen) sowie Mathematik-Begabung (Subskala „Numerical Ability" aus dem Differential Aptitude Test), Mathematik-Note im 10. Schuljahr und Anzahl der belegten Mathematik-Kurse während der High School-Zeit.

Ergebnisse: Die Geschlechter verteilen sich nicht gleichmäßig über die Leistungsniveaus: Mädchen sind im obersten Leistungsniveau unter- und im mittleren Leistungsniveau überrepräsentiert. Schüler aus dem obersten Leistungsniveau belegten die meisten Mathematik-Kurse, Schüler aus dem niedrigsten Leistungs-

---

[1] Beate Minsel hat aus der amerikanischen Langfassung diese deutsche Zusammenfassung erstellt.

niveau die wenigsten. Mädchen belegten weniger Kurse als Jungen. Dies war vor allem innerhalb des obersten Leistungsniveaus der Fall. Mädchen sind also im obersten Leistungsniveau nicht nur unterrepräsentiert, sie hören auch früher auf, Mathematik-Kurse zu belegen. Dieser Befund bestätigt die Ergebnisse anderer Untersuchungen, die zeigen, daß Geschlechtsdifferenzen in mathematikbezogenen Einstellungen und Kurswahlen bei den begabtesten Schülern am deutlichsten hervortreten.

Verschiedene Pfad-Analysen wurden durchgeführt, um die Beziehungen zwischen den psychologischen Variablen (Selbstkonzept, Mathematik-Interesse, Nützlichkeit von Mathematik) und den exogenen Variablen (Geschlecht, Begabung, Noten) festzustellen.

Wie erwartet, sind Mathematik-Begabung und Mathematik-Noten Prädiktoren für das Selbstkonzept mathematischer Begabung, Mathematik-Interesse und wahrgenommener Nützlichkeit von Mathematik. Die stärkste Beziehung ergab sich zum Selbstkonzept mathematischer Begabung. Es liegt also nahe anzunehmen, daß dieses sich aufgrund der Leistungsbewertungen in Mathematik entwickelt. Die Geschlechtsunterschiede sind besonders interessant: Das Geschlecht korreliert nicht mit dem Selbstkonzept mathematischer Begabung, wenn Noten und mathematische Begabung auspartialisiert werden. Das bedeutet: Jungen haben ein höheres mathematisches Selbstkonzept als man aufgrund der Noten und der mathematischen Begabung erwarten würde. Die Mädchen erhielten aber auf der Junior High School und im 10. Schuljahr bessere Mathematik-Noten. Wegen der engen Korrelation zwischen der Mathematik-Begabung und dem Selbstkonzept mathematischer Begabung müßte man erwarten, daß das Selbstkonzept bei den Mädchen stärker ausgeprägt ist als bei den Jungen. Dem ist aber nicht so. Die Frage, ob Jungen sich überschätzen oder Mädchen sich unterschätzen, wird in der Literatur kontrovers diskutiert. Es steht jedoch außer Frage, daß das bessere Selbstkonzept der Jungen langfristig günstige Effekte für sie hat.

Die wahrgenommene Nützlichkeit von Mathematik hat von den drei psychologischen Prädiktoren den engsten Zusammenhang mit der Anzahl besuchter Mathematik-Kurse auf der High School. Die Nützlichkeit war außerdem der einzige Prädiktor, über den das Geschlecht einen indirekten Einfluß auf die Anzahl besuchter Kurse hatte (das Geschlecht hatte darüberhinaus noch einen direkten Pfad zu der Anzahl der Kurse).

Das Selbstkonzept mathematischer Begabung sagt zukünftige Noten voraus, aber nicht die Anzahl besuchter Kurse in Mathematik. Die wahrgenommene Nützlichkeit von Mathematik sagt die Anzahl belegter Kurse voraus, auch wenn das Leistungsniveau auspartialisiert wird. Die Vorhersage ist deshalb so gut, weil die Nützlichkeit relativ stabil und unabhängig vom aktuellen Leistungsstand ist.

Lore Hoffmann

Auswirkungen eines mädchenorientierten Anfangsunterrichts in Physik auf die Interessenentwicklung

Für Mädchen ist Physik eines der uninteressantesten, für Jungen eines der interessantesten Unterrichtsfächer. Mädchen und Jungen kommen im Durchschnitt mit deutlich unterschiedlichen vor- und außerschulischen Erfahrungen und Interessenausprägungen bezüglich Physik in den Unterricht. In den Leistungskursen auf der gymnasialen Oberstufe und später an den Universitäten und Hochschulen beträgt der Anteil der Frauen in Physik nur noch um 10 Prozent.

Empirische Untersuchungen belegen, daß das Interesse an bestimmten Lerninhalten der Physik davon abhängt, welche Kontexte zur Erarbeitung der Lerninhalte herangezogen werden und welche Formen der Auseinandersetzung dabei zum Tragen kommen. Sie weisen auch auf einen engen Zusammenhang zwischen dem physikbezogenen Selbstkonzept und dem Interesse hin.

Generell ist zwischen Sachinteresse und Fachinteresse zu unterscheiden. Während das Sachinteresse als auf Inhalte, Kontexte und Tätigkeiten beschränkt definiert wird, ist das Fachinteresse auch auf bestimmte Merkmale des Unterrichts wie z.B. soziale Komponenten des Unterrichtsklimas zurückzuführen. Es kann angenommen werden, daß die situativen Anregungsqualitäten der Lernumgebung insbesondere bei schwach ausgeprägtem Interesse oder in der Anfangsphase der Interessenentwicklung eine wichtige Rolle spielen. Aus didaktischer Sicht wird Interesse sowohl als Voraussetzung für Lernprozesse als auch als Ziel von Lernprozessen gesehen.

Im Rahmen des BLK-Modellversuchs „Chancengleichheit - Veränderung des Anfangsunterrichts Physik/Chemie unter besonderer Berücksichtigung der Kompetenzen und Interessen von Mädchen" wurde der Versuch unternommen, vorliegende geschlechterbezogene Befunde empirischer Untersuchungen der Interessen- und Unterrichtsforschung für die Unterrichtspraxis umzusetzen. Um das Interesse der Mädchen an Physik zu stärken, wurden Innovationen in drei Richtungen angestrebt:

1. Entwicklung von Unterricht, der die spezifischen Lebenszusammenhänge, Interessen und Vorerfahrungen von Mädchen besser berücksichtigt, ohne die Jungen zu benachteiligen,
2. Erprobung von Strategien, die es den Lehrkräften erleichtern, das eigene Verhalten gegenüber Schülerinnen und Schülern zu kontrollieren und eine Lernumgebung zu schaffen, die Mädchen unterstützt, ein positives fachbezogenes Selbstkonzept aufzubauen und
3. partielle Aufhebung der Koedukation und Unterricht in Halbklassen.

Drei Unterrichtsformen wurden einander gegenübergestellt: durchgängig koedukativer Unterricht im Klassenverband; durchgängig koedukativer Unterricht abwechselnd im Klassenverband und in Halbklassen; abwechselnd koedukativer Unterricht im Klassenverband und monoedukativer Unterricht in Halbklassen.

Am Modellversuch nahmen 6 Gymnasien aus Schleswig-Holstein mit insgesamt 12 siebenten Klassen in Physik teil. 7 Kontrollklassen aus zwei weiteren Gymnasien wurden als Vergleichsgruppe bei den jeweiligen Erhebungen (schriftliche Leistungs- und Interessentests, sowie Skalen zu Persönlichkeits- und Unterrichtsmerkmalen) miteinbezogen.

Die Ergebnisse aus den Wissenstests zeigen, daß bezüglich der Wissensstände unmittelbar im Anschluß an den Unterricht die zeitweise Aufhebung der Koedukation allen anderen Unterrichtsformen hochsignifikant überlegen ist. Bezüglich der langfristigen Wirkung (gemessen am Wissensstand zum Schuljahresende) sind dagegen alle Modellversuchsklassen den Kontrollklassen hochsignifikant überlegen. Die signifikant besten Ergebnisse erreichen die Mädchen mit zeitweise getrenntem Unterricht. Im Vergleich zum herkömmlichen Unterricht führt der Unterricht im Rahmen des Modellversuchs zu einer deutlich positiveren Interessenentwicklung bei Mädchen und Jungen. Dies ist insbesondere auf die zeitweise Aufhebung der Koedukation zurückzuführen. Der Unterricht im Modellversuch führt auch dazu, daß die Mädchen im Vergleich zu den Jungen den Physikunterricht im Laufe des Jahres immer motivierender finden, während bei den Mädchen der Kontrollgruppe ein eher gegenläufiger Trend zu beobachten ist.

Das im Modellversuch eingesetzte Maßnahmenbündel schafft für die Mädchen Bedingungen, die es ihnen ermöglichen, ein positiveres physikbezogenes Selbstkonzept zu entwickeln. Mädchen der Modellversuchsklassen erwarten für sich durch die Beschäftigung mit Physik einen höheren Kompetenzgewinn. Bei zeitweiser Aufhebung der Koedukation ist dieser Effekt signifikant.

Die zeitweise Aufhebung der Koedukation führt in der Wahrnehmung der Mädchen tendenziell zu einem kooperativeren Verhalten zwischen den Schülerinnen und Schülern. Bei Jungen scheint die stärkere Aufmerksamkeitszuwendung den Mädchen gegenüber Konkurrenzdruck auszulösen. Die bewußte Beschäftigung mit den Problemen des Modellversuchs scheint eine Verhaltensänderung seitens der Lehrkräfte bewirkt zu haben, zumindestens erleben dies die Schülerinnen und in etwas abgeschwächtem Maße auch die Schüler. Sie sind in signifikant höherem Maße der Meinung, daß ihre Lehrkraft u.a. auf das Sozialverhalten zwischen den Schülerinnen und Schülern achtet, Mädchen und Jungen gleich behandelt und sich bemüht, alle Schülerinnen und Schüler in den Unterricht einzubeziehen.

Literatur

Häußler, P./Hoffmann, L.: Physikunterricht - an den Interessen von Mädchen und Jungen orientiert. Unterrichtswissenschaft, 23 (2) 1995, 107-126.

Hoffmann, L.: Mädchen und Frauen in der naturwissenschaftlichen Bildung. In: Riquarts, K./Dierks, W./Duit, R./Eulefeld, G./Haft, H./Stork, H. (Hrsg.): Naturwissenschaftliche Bildung in der Bundesrepublik Deutschland. Band IV. Aktuelle Entwicklungen und fachdidaktische Fragestellungen in der naturwissenschaftlichen Bildung. Kiel: IPN 1992, S.139-180.

Hoffmann, L./Häußler, P./Bünder, W./Nentwig, P./Peterse-Haft, S.: BLK-Modellversuch: „Chancengleichheit - Veränderung des Anfangsunterrichts Physik/Chemie unter besonderer Berücksichtigung der Kompetenzen und Interessen von Mädchen". Abschlußbericht. Kiel: IPN 1995 (polyscript).

Hoffmann, L./Häußler, P./Peterse-Haft, S.: Affektive und kognitive Wirkungen eines an den Interessen von Mädchen orientierten Unterrichts. IPN-Schriftenreihe. Kiel: IPN (im Druck).

Marianne Horstkemper

Koedukation in staatlichen, Geschlechtertrennung in privaten Schulen

Entwicklung von Geschlechtsrollenorientierungen und Lebensplänen in unterschiedlichen Sozialisationskontexten

Seitdem in den achtziger Jahren der Streit um Licht und Schatten der Koedukation wieder aufgelebt ist, wandte sich das Interesse gleichzeitig verstärkt den realtiv wenigen noch verbliebenen reinen Mädchen- und Jungenschulen zu. Es handelt sich hier um ein relativ unerforschtes Feld. Nicht einmal zuverlässige Angaben über Zahl, Schulform, Trägerschaft etc. sind bislang von den Kultusministerien der Länder zu bekommen. Überwiegend handelt es sich jedoch um Gymnasien oder Realschulen in kirchlicher Trägerschaft. Über die Sozialisationswirkungen dieser Schulen liegen bislang kaum gesicherte Aussagen vor. Aus Untersuchungen zur geschlechtstypischen Studienwahl (Kauermann-Walter u.a. 1988) wurden weitreichende Schlüsse über die Vorteile geschlechtsgetrennten Unterrichts für die Wahl auch untypischer Studien- und Berufsperspektiven gezogen, die jedoch nicht unwidersprochen blieben (vgl. dazu die zusammenfassende Kritik bei Faulstich-Wieland 1993, S.36 ff.). In ihrer Fallstudie über ein staatliches Mädchengymnasium hat Kreienbaum (1992) die identitätsbildende Wirkung reiner Mädchenschulen nachzuzeichnen versucht.

Im Rahmen der wissenschaftlichen Begleitung eines rheinland-pfälzischen Modellversuchs (vgl. Horstkemper/Kraul 1995) vergleichen wir die Entwicklung von Geschlechtsvorstellungen und Lebensplänen Jugendlicher in unterschiedlichen schulischen Sozialisationskontexten. Beteiligt sind sechs koedukative Schulen (vier Gymnasien, zwei Gesamtschulen) sowie ein Mädchen- und ein Jungengymnasium, beide in katholischer Trägerschaft. Ein Kernbestandteil dieser Längsschnittstudie ist die jährliche standardisierte Befragung mit einem in Anlehnung an Krampen (1979) entwickelten Fragebogen, die ergänzt wird durch Interviews und Unterrichtsbeobachtungen. Hier kann lediglich ein zentrales Ergebnis der Erstbefragung im 9. Jahrgang vorgestellt werden (vgl. ausführlicher: Horstkemper 1995), daß die Frage aufgreift: Welche Auswirkungen hat die Trennung der Geschlechter auf das Bild

vom eigenen wie auch vom anderen Geschlecht? Gelingt es tatsächlich, sich
von typisierenden Zuschreibungen zu lösen, weil man sich nicht dauernd von
Angehörigen des anderen Geschlechts abgrenzen muß? Oder greift man im
Gegenteil um so eher auf Stereotype zurück, wenn man sich nicht aus dem
alltäglichen Umgang kennt? Ist gerade die Abwesenheit des anderen Geschlechts ein günstiger Nährboden für Über- oder auch Unterlegenheitsphan-
tasien? Oder polarisieren sich tatsächlich in koedukativem Unterricht eher die
männlichen und weiblichen Differenzen?

Abb.1:

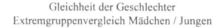

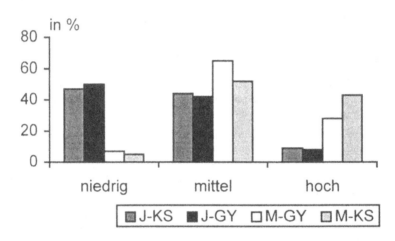

	niedrig	mittel	hoch
J-KS	47	44	9
J-GY	50	42	8
M-GY	7	65	28
M-KS	5	52	43

Abb. 1 zeigt zusammenfassend die unterschiedliche Haltung der Jugendlichen zur Gleichheit der Geschlechter. Auf sieben Subdimensionen (Erzie-

hung, Ausbildung, Eignung für Tätigkeiten in Beruf und Familie, ebenso für Politik und Öffentlichkeit, Vereinbarkeit von Beruf und Familie, Gleichberechtigung im Beruf, Gleichberechtigung im Privatleben) wurde jeweils erfragt, ob eher die Gleichheit der Geschlechter betont wird, oder ob eher von unterschiedlichen Eignungen und Vorlieben ausgegangen wird. Ein Extremgruppenvergleich zeigt deutlich, daß knapp die Hälfte der Jungen - sowohl in koedukativen als auch im Jungengymnasium - Gleichheitspositionen nur sehr schwach befürworten, eine verschwindend geringe Minderheit von knapp 10% vertritt sie sehr stark. Gemeinsamer oder getrennter Unterricht scheint hier von nachgeordneter Bedeutung, der Unterschied ist nicht signifikant. Bei den Mädchen sieht dies anders aus: An der Spitze stehen allerdings nicht die Mädchenschülerinnen. Der von vielen erhoffte Effekt der selbstbewußten Vertretung eigener Interessen kann hier insofern nicht belegt werden. Mit 43% in der Extremgruppe „hoch" betonen die koedukativ erzogenen Mädchen (im Vergleich zu 28% bei den Mädchengymnasiastinnen) jedenfalls deutlich stärker ihre gleichberechtigten Ansprüche auf Lebens- und Berufsgestaltung.

Literatur

Faulstich-Wieland, H.: Bilanz der Koedukationsdebatte. In: Zeitschrift für Frauenforschung, 11. Jahrgang, Heft 3/93, S. 33-58.

Horstkemper, M.: Was dürfen Mädchen, was sollen Jungen? Geschlechtsrollenorientierungen in koedukativen und nichtkoedukativen Schulen. In: Hempel, Marilies: Tagungsdokumentation zum Potsdamer Symposion: Schulbezogene Frauenforschung - 5 Jahre nach der deutschen Einheit. Bad Heilbrunn 1995, 173-189.

Horstkemper, M./Kraul, M. (Hg.): Koedukation trägt Früchte. Fachtagung des Modellversuchs „Mädchen und Jungen in der Schule", Koblenz 1995.

Krampen, G.: Eine Skala zur Messung der normativen Geschlechtsrollenorientierung (GRO-Skala). In: Zeitschrift für Soziologie, 8. Jg. (1979), Nr. 3, S. 254-266.

Kreienbaum, M.: Erfahrungsfeld Schule. Koedukation als Kristallisationspunkt. Weinheim 1992.

Symposium

Bildung und Macht

Alfred Schäfer

Einleitung

In dem gemeinsam von der Kommission Bildungs- und Erziehungsphiloso-phie und der Kommission Wissenschaftsforschung vorbereiteten Symposion war beabsichtigt, das Problem des Verhältnisses von Bildung und Macht aus zumindest zwei unterschiedlichen Perspektiven zu betrachten: zum einen - gleichsam traditionell - als ein Verhältnis sich ausschließender oder zumin-dest konfligierender Bezugsgrößen und zum anderen als ein Implikationsver-hältnis, als ein Problem, an dem sich pädagogische oder bildungstheoretische Reflexionen immer schon abarbeiten.

Käte Meyer-Drawe untersucht im Anschluß an die Analysen Foucaults die Problematik jener pastoralen Terminologie, mit deren Hilfe der neuzeitli-che Staat den pädagogischen Bereich ausdifferenziert und legitimiert hat. Sie zeigt, daß jenes Wissen, das dazu dienen soll, das Individuum zu autonomi-sieren, indem man es zum Sprechen bringt, nur eine Verfeinerung jener pa-storalen Machtpraktik darstellt. Diese wird in diesem Wissen nicht problema-tisiert, sondern als unproblematische Voraussetzung in Anspruch genommen.

Auch Reinhard Uhle geht davon aus, daß es pädagogische Beziehungen jenseits von Macht nicht gibt. Ausgehend von Spranger und anknüpfend an die neuere Debatte um den Paternalismus, der utilitaristisch die Machtaus-übung mit den positiven Folgen für das Kind begründet, verweist Uhle auf die Notwendigkeit der Akzeptanz einer paternalistischen Einstellung. Aller-dings kann diese für ihn nicht mehr nach dem geisteswissenschaftlichen Denkmuster des Verweises auf den 'eigentlichen' Sinn der möglicherweise historisch verformten Kultursphären bestehen, sondern nur noch in der Hal-tung eines reflektierten Paternalismus, dessen Kriterium darin besteht, die Freiheitsspielräume des Sich-Bildenden nicht zu sehr zu beschränken.

Dietrich Hoffmann bestimmt das Verhältnis von Bildung und Macht im Ausgang von der Frage, warum sich in der Tradition pädagogischen Denkens die erziehungswissenschaftliche Forschung so häufig fremden Zwecken un-

tergeordnet habe. Er hält dies für ein relativ allgemeines, aber meist überse-
henes Phänomen. Neben der Unvermeidlichkeit der Ausübung von Macht,
wie sie allein schon durch die Verwendung von wahrheitsverbürgenden Paradigmen und moralischen Konventionen gegeben sei, verweist Hoffmann vor
allem auf die politischen Harmonie-Projektionen eines idealen, den politischen Auseinandersetzungen entzogenen Staates, die in der Geschichte des
pädagogischen Denkens vor allem geisteswissenschaftlicher Provinienz zum
Ausgangspunkt einer politischen Verführbarkeit geworden seien.

Peter Vogel fragt - ausgehend von aktuellen politischen Diskussionen um
die Dauer der Schulzeit oder die Organisation des universitären Studiums -
danach, inwiefern in der Rede über pädagogische Sachverhalte nicht verstärkt pädagogische von ökonomischen Denkfiguren abgelöst worden seien.
Zur theoretischen Formulierung des Problems verwendet er die Analysen
Lyotards, die von einer Polymorphie der Diskursarten ausgehen und deren zu
bezeugendes Eigenrecht betonen. Das von Lyotard analysierte Problem ist
dabei für die Verwendung pädagogischer Denkformen insofern bedeutsam,
als davon ausgegangen wird, daß es keine gleichsam autonomen Wirklichkeitsbereiche gibt, für die immer schon ein - und nur ein - Diskurs bezeichnend wäre. Vielmehr lassen sich die gleichen 'Wirklichkeitsbereiche' mit
Hilfe verschiedener Diskursarten thematisieren. Bezogen auf die Problemstellung einer Verdrängung pädagogischer durch ökonomische Denkformen
bedeutet dies, daß es nicht darum gehen kann, das für genuin pädagogisch
gehaltene Terrain als solches zu besetzen und gegen eine Okkupation zu verteidigen. Vielmehr kann eine akzeptable Strategie für Vogel nur darin bestehen, den Widerstreit beider Diskursarten zu bezeugen, was aber die Auseinandersetzung um die adäquate Perspektive direkt auf eine politische Ebene
verlagert.

Käte Meyer-Drawe

Versuch einer Archäologie des pädagogischen Blicks

Unter dem Titel *Versuch einer Archäologie des pädagogischen Blicks* unternahm ich den Versuch, Analysen der Technologien des Selbst im Sinne Michel Foucaults auf pädagogisches Denken anzuwenden. Im Mittelpunkt stand dabei die Frage, ob nicht „Selbstbestimmung" zu Unrecht ein unverdächtiges Ideal pädagogischer Programme der Moderne ist. Über die bereits vorgenommenen Analysen der Schule als Disziplinarmacht hinaus sollte gezeigt werden, daß Erziehung nicht jenseits von Macht zu denken ist, selbst wenn Autonomie des Subjekts fortlaufend mit einem Humanismusvorschuß bedacht wird, und daß es nicht darum geht, *daß* Erziehung ein machtförmiges Verhältnis darstellt, sondern darum, *ob* diese Macht *so, wie* sie ausgeübt wird, auch ausgeübt werden muß.

Vor dem Hintergrund dieser Position muß auch die Privilegierung des Selbst, die die Therapeutisierungen der Schule ebenso beherrscht wie Reformprogramme einer Schule der Zukunft, enttabuisiert werden, indem man genauer hinsieht, wie sich Selbstbestimmung vollzieht. Individualisierung kann dann kenntlich werden als eine Unterwerfungspraxis, in der sich Subjekte permanent entziffern, in der sich jeder und alles den Lernenden nähert (Schülernähe, Lebensnähe), in der Beziehungsleistungen vollbracht werden müssen, in denen man nicht aufhören kann (darf?), über sich zu reden, und zwar in unausweichlicher Wahrhaftigkeit.

Nach Foucault ist der Mensch im Verlaufe unserer westlichen Geschichte zum Geständnistier geworden, dem zwar bis zu einem bestimmten Zeitpunkt moralisch geboten wurde, von sich selbst abzusehen, das man aber dennoch um so intensiver dazu nötigte, sich selbst zu decodieren, und zwar jeweils über das Verbotene, wovon im pädagogischen Raum z.B. die philanthropinistische Befassung mit der Onanie reichhaltig zeugt. Es genügte nicht, ausgeklügelte Straftechniken zu entwickeln, um einem Verbot Nachdruck zu verleihen. Wichtiger war, daß sich die Betroffenen in ihrem Vergehen selbst entzifferten.

Foucault hat in seinen letzten Untersuchungen der Geschichte dieser Technologien des Selbst besondere Aufmerksamkeit geschenkt. U.a. fiel ihm dabei auf, daß sich diese Geschichte von der Antike bis heute als Folge der Transformationen von Pastoralmacht erzählen läßt, wobei nicht schon die Griechen, sondern erst die Hebräer diese Machtformation als Individualisierungstechnik ausbauten. Die Schutzmacht der Hirten ist in dieser Tradition individualisierend. Sie konzentriert sich auf alle Schäfchen, und zwar als einzelne. Diese Konzentration hat die Prominenz von Verantwortung auf Seiten des Schäfers und Gehorsam auf Seiten des Schäfchens zur Folge. Im Verlaufe der Entwicklung übernimmt der Staat die Hirtenfunktion, die er dann aufgrund weiterer Ausdifferenzierung an die sich etablierende Policey delegiert. Zunächst hatte dabei die Policey eine umfängliche Fürsorgepflicht dem Volk gegenüber, die später in eine politische und eine polizeiliche auseinanderfiel. Im Hinblick auf die Fürsorge überschnitten sich pädagogische Ambitionen von Anfang an mit policeylichen. Bis ins 18. Jahrhundert wurde die Policeywissenschaft neben und mitunter als Teil der Kameralistik ausgearbeitet, um dann zu verschwinden. Damit einher ging die Einschränkung der policeylichen Befugnisse auf eine staatsdienliche Kontrollaufgabe und die instabile Institutionalisierung der Pädagogik als Wissenschaft, die leitende Fragen aus dem Fürsorgeprogramm der Policeywissenschaften übernahm, vor allem deren Pastoraltechnik mit den dazugehörigen Individualisierungspraktiken.

Pädagogen lassen von nun an nichts unversucht, um Individualität zum Sprechen zu bringen. Bis in die immer noch aktuelle Forderung nach Erfahrungsorientierung, Empathie und Authentizität hält sich eine Geständnispraxis in gut pietistischer Manier am Leben, die an das Innerste der Seele appelliert und es dadurch allererst hervorbringt. In der Perspektive Foucaults liegt hier eine weitere Transformation der überlieferten Pastoralmacht vor. Pädagogische Praxis tendiert dazu, Schüler zu Klienten zu formieren. Hier wird eine Tradition bekräftigt und vor Kritik gesichert, in der sich der pädagogische Diskurs im Vollzug seiner Säkularisierung mit dem medizinischen und juristischen auf der Grundlage policeywissenschaftlicher Vorgaben verschwisterte. Das nicht problematisierte pastorale Machtverhältnis stattet das pädagogische Primat der Selbstbestimmung mit einer quasi transhistorischen Selbstverständlichkeit aus, die eine durchgreifende Infragestellung behindert.

Foucaults Analysen richten sich auf Verzahnungen, durch die Machtbeziehungen einem möglichen Wissen Platz schaffen. Das gilt nicht nur für das Wissen über die Welt, sondern auch für Selbsterkenntnis.

„Was muß man über sich selbst wissen, wenn man bereit sein soll, auf irgend etwas zu verzichten?"

Während Max Weber dem asketischen Preis der Vernunft nachspürte, richtet sich Foucault mit dieser Frage auf den rationalen Preis der Askese. Christliche Prüf-, Beicht- und Gehorsamkeitstechniken haben dazu geführt, daß sich Selbstsuche und Selbstverzicht eng verzahnen. Geständnispraktiken nötigen dazu, sich im Hinblick auf das Verbotene selbst zu entziffern. Sie fungieren damit als Individualisierungstechniken, die ihren Charakter im Übergang vom 18. zum 19. Jahrhundert unter dem Einfluß sehr unterschiedlicher Entwicklungen maßgeblich ändert. Im Unterschied zur christlich gefärbten Pastoralmacht markieren die Individualisierungstechniken, die seit dem letzten Drittel des achtzehnten Jahrhunderts den pädagogischen Diskurs unaufhörlich beherrschen, einen Umbruch. Hier lösen sich nämlich die unausgesetzten Verbalisierungen des Selbst von der bis dahin moralisch gebotenen Verzichtsleistung. Damit kann Selbstbestimmung ohne jede Einschränkung zum vorherrschenden Ziel pädagogischen Handelns werden. Sie kennt nur noch äußere Feinde, ihr ehemaliger innerer Widerpart - der moralisch gebotene Selbstverzicht - ist außer Kraft gesetzt. Eine grandiose Immunisierung gegen Kritik nimmt damit ihren Lauf. Aber eine Archäologie des pädagogischen Blicks und eine Genealogie pädagogischer Machttechniken dürften auch nicht vor dem Verdacht haltmachen, daß Individualität und Selbstbestimmung historisch bedingte Technologien des Selbst sind, die in langen Traditionen der Unterwerfung der Selbstbeziehungen unter Wahrhaftigkeit und der Wissensordnungen unter Wahrheit stehen und als solche Machttechniken zu kritisieren sind.

Reinhard Uhle

Die Bildung des Subjekts durch geistige Mächte - Zur pädagogischen Begründung eines kulturellen Paternalismus

Schon im Titel wird an den Ausdrücken „Bildung des Subjekts" und „geistige Mächte" der Hintergrund sichtbar, unter dem das Symposiumsthema „Bildung und Macht" aufgegriffen wird, nämlich in kulturtheoretischer Akzentuierung, wie sie etwa in der Philosophischen Pädagogik Eduard Sprangers zu finden ist. Der Zusammenhang von „Bildung und Macht" soll durch ein interpretierendes Gespräch mit Kulturpädagogik erhellt werden.

In dem Aufsatz Sprangers von 1959 über „Das Leben bildet" (GS II, S. 173) sind die Sätze zu lesen, die ich so zu reflektieren beabsichtige. Dort heißt es:

„Es ist ohne weiteres klar: wo gar keine Macht wäre, da wäre auch keine Art von Erziehung durchführbar. Erziehung heißt ja: auf einen anderen einen wesensformenden Einfluß ausüben. Dieser Einfluß kann sehr spirituell sein, so daß der bildende Prozeß einer Zündung gleicht. Von den niederen Stufen, auf denen zunächst dafür gesorgt werden muß, daß der Zögling nicht davonläuft, wollen wir hier nicht reden. (...) Es gehört zur deutschen Art, in der Theorie möglichst zu ignorieren, daß das Leben und Zusammenleben der Menschen überall von Machtverhältnissen durchwirkt ist, denen ebenso viele Abhängigkeitsverhältnisse entsprechen. Der Faktor Macht kann nicht eliminiert werden; er kann allenfalls reguliert und gezähmt werden. Die Macht tritt in den verschiedensten Formen auf: von der rohen physischen Gewalt bis zu Geistesmächten von der edlen Art."

An dieses Zitat möchte ich folgende Fragen stellen, die ich zu beantworten suche:

1. Warum gehört es zur erziehungswissenschaftlichen, nicht, wie Spranger sagt, „zur deutschen Art" Macht theoretisch zu ignorieren?
2. Was bedeutet es, allgemein-theoretisch und pädagogisch-theoretisch davon auszugehen, daß Macht „allenfalls reguliert und gezähmt" werden kann?
3. Wie kann eine solche Regulierung und Zähmung für den, wie es im Zitat heißt, „spirituellen" Prozeß der Bildung aussehen?

1. Zur Ignorierung von Macht in pädagogischen Reflexionen

Ein kurzer Blick auf das Wortfeld von Macht gibt bereits eine einleuchtende Begründung, warum „Macht" und „Erziehung" ungern miteinander in Verbindung gebracht werden. Der Ausdruck „Macht" überschneidet sich mit Worten wie „Stärke", „Gewalt", „Zwang", „Herrschaft", „Autorität". Er beinhaltet viele negative Konnotationen, weil „Mächtigkeit und Gefährlichkeit" oder „Schädigungsfähigkeit" eng miteinander assoziiert werden, wie Luhmann (1988, S. 31) sagt. Wer will schon der „Ohnmacht" angesichts von „Übermacht" ausgeliefert sein?! Wer ängstigt sich nicht vor „militärischer", „Staats-" oder „Finanzmacht"?! Wer schätzt schon „Macht-Menschen" mit starkem „Willen oder Trieben zur Macht"?! Wer kennt nicht die Wirkungen von „Macht-Kämpfen" oder „Macht-Konzentrationen" für den je Einzelnen?!

Diese Beispiele für Gefährlichkeit gehören dem Bereich des Politischen an. Macht in diesem Kontext bringt nach Hannah Arendt (1995, S. 45) zum Ausdruck, daß Menschen über Menschen herrschen. Dies ist aber mit dem Begriff „Macht" nicht notwendig verbunden, wohl aber Schädigungsfähigkeit, die verhindert werden kann. Wenn von der „Macht der Natur" gesprochen wird, dann meinen wir „Kraft" oder „Stärke", der wir uns beugen oder die wir z.B. als „Wasserkraft" durch Energieumwandlung nutzen. Nur als Beziehungsgefüge zwischen Menschen hat der Ausdruck „Macht" negative Konnotationen, nicht als Naturbewegung. Aber auch diese Deutung ist schon nicht ganz zutreffend. Wenn wir von Selbstmacht, von „innerer Stärke" eines Menschen reden, dann notieren wir dies als wünschenswerte menschliche Eigenschaft. Das englische Wort „power" z.B., das mit „Stärke" und „Macht" übersetzt werden kann, hat keine negativen Konnotationen, wenn wir einem Menschen zuschreiben, daß er „power" hat. Dies hängt mit der Bedeutungswirksamkeit von Selbstbestimmung als „Selbstmacht" in unserer Kultur zusammen, in der die selbständige Wahl von Lebensmustern durch Individuen als hohes Gut gilt (vgl. z.B. Taylor 1995).

Von daher ist es schon erstaunlich, wie Spranger vermerkt, daß „Macht" theoretisch gerne ignoriert wird. Denn man muß sich schon der These Hannah Arendts (1995, S. 53) anschließen:

„Macht gehört (...) zum Wesen aller staatlichen Gemeinwesen, ja aller irgendwie organisierten Gruppen. (...) Macht bedarf keiner Rechtfertigung, da sie allen menschlichen Gemeinschaften immer schon inhärent ist. Hingegen bedarf sie der Legitimität. Macht entsteht, wann immer Menschen sich zusammentun und gemeinsam handeln."

D.h. Macht ist ein Gesellungen inhärentes Phänomen, mit dem Probleme der Kooperation von Individuen gelöst werden. In systemtheoretischer Sicht werden damit Reduktionsleistungen für die Vielfalt von Handlungsmöglichkeiten, für Kontingenz beschrieben. Macht ist somit ein Kommunikationsmedium, durch das Handlungsalternativen ausgeschlossen werden. Sie wird vor allem dann sichtbar, wenn zugemutete Handlungserwartungen eines Ego von einem Alter nicht akzeptiert werden, weil die Selbstverständlichkeit gemeinsamer Orientierungen von Ego und Alter nicht gegeben ist. Deshalb lautet die handlungstheoretische Definition von Macht bei Max Weber: Macht ist „jede Chance, in sozialen Beziehungen den eigenen Willen (sc. eines Ego) *auch* gegen Widerstreben durchzusetzen". Macht ist dabei um so größer, je größer die freien Handlungswahl- und damit Widerstrebensmöglichkeiten von denen sind, die, Handlungszumutungen ausgesetzt werden, wie Luhmann (1988, S. 9) sagt. Aber dies bedeutet bei ihm nicht, daß große Macht darin besteht, andere etwas Bestimmtes tun zu lassen. Sondern Größe der Macht zeigt sich erstens in der Chance, ohne Einsatz von Macht*mitteln* auszukommen, und zweitens in der Vielfalt von Wahlmöglichkeiten, die dem zur Verfügung stehen, der der Macht ausgesetzt ist. Seiner Ansicht nach geht Macht dann in Zwang und Gewalt über, wenn „die Wahlmöglichkeiten von Gezwungenen (...) auf Null" reduziert werden, und nach Auskunft von Arendt (1995, S. 43) geschieht dies, wenn „Gewaltmittel" eingesetzt werden, wenn Macht als Einvernehmensherstellung nicht mehr gesucht wird.

Nicht zwanghafte Festlegung von zu vollziehenden Handlungen ist somit das Kennzeichen von großer Macht, sondern - wie Luhmann (1988, S. 11) sagt - die „Neutralisierung des Willens" von Machtausgesetzten, indem deren Handlungsspielräume begrenzt werden, so daß gemeinsames Handeln möglich wird, unabhängig davon, ob jemand etwas will oder nicht. Macht ist dann einem Katalysator vergleichbar, der die Wahrscheinlichkeit von gemeinsamer Kooperation erhöht. Möglich wird dies vor allem durch „verallgemeinerte Sinnorientierungen" und „Machtketten", durch die Vorwegverständigungen von selbstmächtigen Einzelnen möglich werden. Die negative Konnotation von „Macht" ergibt sich erst, wenn nicht nur - wie Luhmann dies tut - nach der Funktion von Macht für Kontingenzbewältigung, für Selektion von Handlungsmöglichkeiten und -vielfalt gefragt wird, sondern wenn mit Macht als Form des Mediums von Gesellungen Qualitätsfragen verbunden werden. Erst dann kann von „Schädigungsfähigkeit" der Macht gesprochen werden, die z.B. durch Machthaber verursacht werden. Erst hier kommt die Arendtsche Forderung nach „Legitimät" der Macht oder das Sprangersche Postulat nach „Regulierung" der Macht zur Geltung. Erst hier beginnt das theoretische Unbehagen, auch und gerade Erziehungs- und Bildungsprozesse machttheoretisch zu begreifen. Erst hier wird der Satz Sprangers so schwer verdaulich, daß es keine Erziehung ohne Macht gäbe.

2. Zur Regulierung von Macht in pädagogischen Reflexionen

Bei Hannah Arendt (1995, S. 81) ist der Gedanke, daß Macht mit Legitimätsfragen verknüpft werden müsse, mit ihrer Bestimmung des politischen Charakters von sozialen Handlungen verbunden. Die Handlungsbefähigung des Menschen - sagt sie - zeige sich darin, „sich mit seinesgleichen zusammenzutun, gemeinsame Sache mit ihnen zu machen, sich Ziele zu setzen und Unternehmungen zuzuwenden", die einen Neubeginn darstellen. Mit der Utopie der Fähigkeit zu neuem Handeln wird der Gedanke von „Ohnmacht" der Menschen angesichts von sogenannten Sachzwängen, anonymer Verwaltungsmacht und Institutionalisierungen von Macht sowie angesichts von Zwang und Gewalt generell sichtbar. Große Macht erfährt der Selbstmächtige als ihn zur Ohnmacht verurteilend.

Die traditionelle Legitimationsfrage von Macht bezieht sich damit auf die Ohnmacht der positiven Handlungsmacht des Einzelnen gegenüber übergeordneter Macht als Herrschaft. Sie bezieht sich auf die Webersche Formulierung von Macht als Chance, „auch gegen Widerstreben" ein Wollen durchzusetzen. Hier geht es um rechtstheoretische und moralische Ausformulierungen von Macht als Machtausübung. Es müssen z.B. Begründungen für höchste politische Macht als Souveränität gefunden werden. Denn der Souverän verlangt Gehorsam, ohne selbst einer anderen Macht zu gehorchen. Welche Berechtigung er dafür in Anspruch nehmen kann, ist die rechtsphilosophische Frage. Moralisch geht es um das, was Dworkin (1971) als „Paternalismus"-Problem beschrieben hat. Aufgegriffen wird damit die Frage der Vereinbarkeit von Macht als Einmischung von Menschen in die Handlungsfreiheit anderer Menschen. Macht ist dann unmoralisch, weil sie Freiheit einschränkt, sich als asymmetrisches, nicht als reziprokes Verhältnis von Selbstmächtigen zeigt. Seine Legitimation in der Form des Paternalismus erhält der Gedanke der Einmischung in die Handlungsfreiheit Anderer durch Rechtfertigungen wie die, daß solche Eingriffe „sich ausschließlich auf das Wohlergehen, das Glück, die Bedürfnisse, Interessen oder Werte des Menschen beziehen". Dessen mögliches Widerstreben ist daher kein Grund, nicht Macht auch als Zwang auszuüben. Der pädagogische Diskurs ist ein solcher paternalistischer Diskurs, weil er als Beispiel für berechtigten Paternalismus gilt. Darüber hinaus werden hier Erziehungszumutungen gerade mit typischen Paternalismusargumenten begründet, nämlich mit „Wohlergehen" als „Wohl des Kindes" oder mit „Bedürfnissen", die als Erziehungsbedürftigkeiten ausformuliert werden. Der pädagogische Diskurs nimmt auch vertragstheoretische Legitimationen auf, wenn z.B. Kant den Erziehungszwang mit dem Ziel der „Kultivierung von Freiheit" legitimiert, andere von „Aufforderung zu Selbsttätigkeit" sprechen oder asymmetrische pädagogische Beziehungen solange für berechtigt halten, wie sie dazu beitragen, symmetrische Beziehungen zu ermöglichen. „Sich-überflüssig-machen" als Ziel von pädagogischen Eingriffen oder Gedanken dialogischer Intersubjektivität sind andere Begründungsformen eines pädagogischen Paternalismus, die alle dem Gedanken Dworkins folgen, daß „Paternalismus (...) nur dann gerechtfertigt (ist), wenn er zu einer Erweiterung der Freiheitsspielräume des fraglichen Individuums führt", wenn der Modus der Legitimation über „zukunftsorientierte Zustimmung" der paternalistisch Behandelten erfolgt. „Weichen Paternalismus" nennt Carter (1977) solchen Zustimmung berücksichtigenden Paternalismus, der nach Dworkin vor allem dann legitim ist, wenn Eingriffe sich auf unwiderrufliche Handlungen und Entscheidungen beziehen, wenn handelnde Personen psychisch oder sozial als unfrei wahrgenommen und wenn gefährliche Handlungsfolgen erkennbar sind, die dem Handelnden selbst nicht deutlich werden.

Die Unmoralität des Paternalismus und damit der Pädagogik wird sozusagen dadurch moralisch, daß Gefährdungen abgehalten und Freiheit ermöglicht werden sollen, weil Zustände „zeitweiliger Inkompetenz" (Carter 1977) bei denen unterstellt wird, auf die paternalistisch eingewirkt wird. Luhmann (1988, S. 92, 134) spricht vielleicht deshalb von einer „Macht-Analogie", wenn als Machtausübung beschrieben wird, daß Eltern oder Erzieher in der Wahrnehmung ihrer Funktionen Einfluß auf Heranwachsende nehmen. Daß Kinder Macht mit Zwangsmitteln gegenüber Eltern ausüben, ist für ihn eher das Problem.

Im allgemeinen aber geht es bei Pädagogik um Legitimationsfragen von Erziehungsmacht, die mit Zwang verbunden ist, wenn etwa juristisch mit dem Kindeswohlargument der Aufenthaltsort von Kindern festgelegt wird. In meinem Eingangszitat spricht Spranger jedoch nicht von der Notwendigkeit, diese Macht zu legitimieren, sondern Macht generell zu „regulieren und zu zähmen". Der Gedanke des Kindeswohls ist zwar ein pädagogisch-juristisches Regulativ, aber nicht unbedingt eine Zähmung von Macht, wie Eltern z.B. erfahren mußten, die unberechtigt des Kindesmißbrauchs beschuldigt wurden. Wenn Spranger von Zähmung der Macht spricht, hat er anderes als nur Legitimation von Erziehungspaternalismus vor Augen. Er vertritt damit den Gedanken, daß Pädagogik selbst stärker paternalistisch sein soll, indem sie eine „Gegenmacht" gegen andere Mächte sein solle. Als Kulturtheoretiker denkt er dabei vor allem an die Macht der Kultur über die Seele und den Geist der Menschen. Sein Anliegen ist es, Erzieher zur Ausübung von Macht zu motivieren, was nach Luhmanns (1988, S. 21) generellen Machtüberlegungen 1. genau so wichtig ist, wie den Machtunterworfenen zur Annahme von Zumutungen zu bewegen, aber 2. sehr viel schwieriger ist. Denn - so fragt er rhetorisch - „liegt es nicht näher, sich zurückzuziehen und die Dinge laufen zu lassen", wenn dem Machtausübenden nicht nur Erfolge, sondern auch Mißerfolge zugeschrieben werden können?! Wieviele Eltern oder Lehrer wegen möglicher Schuldzusprechung den Gedanken der Selbständigkeit, Selbstverantwortlichkeit und Selbsttätigkeit von Kindern so hoch schätzen, möchte ich hier nicht erörtern. Wichtig ist nur, daß es gute Gründe gibt, daß Pädagogik nicht nur ihren Macht- als Paternalismusanspruch legitimiert, sondern auch zur Ausübung von Paternalismus auffordert.

Gute Gründe zur Ausübung von paternalistischen Einwirkungen gegen Kulturmacht sagen allerdings noch nichts über ihre Chancen aus, auch wirksam sein zu können, vor allem wenn der Gegner bei Spranger Kultur heißt. Von Kulturmacht zu reden, bedeutet systemtheoretisch, Macht als „Generalisierung von Einfluß" zu begreifen. Einfluß ist nicht so sehr Macht als Selektion von Handlungspluralität, als vielmehr Selektion von Erlebenspluralität. Einflußmacht zeigt sich in der Gemeinsamkeit von Sinnorientierungen, welche die Vielfalt von Erleben einschränkt. Und solche Begrenzungen von Erlebenskontingenz vollziehen sich nach Luhmann (1988, S. 75) in typischen Formen wie Autoritäts-, Reputations- und Führungseinfluß. Durch sie entsteht „Erwartungsverständigung", d.h. eine relativ unkritische Übernahme gemeinsam geteilter Sinnzusammenhänge, die ihrerseits Motive für Handlungskoordinierungen werden können.

Auch Spranger verwendet im Eingangszitat den Ausdruck von „Einfluß" als Merkmal von Macht. In kulturtheoretisch-hermeneutischer Sprechweise ist damit die Macht gemeint, die sich als ein „Leben im Verständnis" zeigt. Lebensweltlich geteilte Hintergrundüberzeugungen minimieren das Kontingenzproblem von Sinnverstehen. Hier wird Macht die Autorität von Sinn- als Sprachhorizonten, in die Sinnverstehende eintreten oder in denen sie - nach Wittgenstein - „abgerichtet" werden, so daß sie einander verstehen.

3. Zur „Zähmung" von Macht in Bildungsprozessen

Bildung ist - wie oben gesagt - für Spranger „Einfluß" spiritueller Art. Kulturtheoretisch-geisteswissenschaftlich ist mit Einfluß gemeint, daß Individuen über Kultur ihre vitalen oder geistigen Lebensbedürfnisse zu befriedigen suchen, indem sie sich Relikten oder Produktionen von künstlerischen oder anderen Schöpfungen zuwenden, kollektive Gebräuche, Verhaltensweisen, Techniken usw. verwenden und sich die diesen Verhaltensweisen zugrunde liegenden Werte, Einstellungen, Lebensauffassungen und Bewußtseinsformen zueigen machen. Solche kollektiven Bewußtseinsformen haben ihre Existenz in sogenannten „symbolischen Welten", in gemeinsam geteilten Ideen, durch die affektive und kognitive Wahrnehmungs- und Handlungsmuster von Individuen so beeinflußt werden, daß Gemeinsamkeiten des Erlebens entstehen. Sie werden in kulturtheoretischem Sprachgebrauch als „geistige Mächte" bezeichnet und in Hegelscher-Diltheyscher Terminologie in „objektivierten Geist", „objektiven Geist", „Gemeingeist", „normativen Geist" ausdifferenziert. Solche symbolischen Welten stellen auch hier wie in systemtheoretischer Perspektive Macht als „Einfluß" dar, weil sie das Kontingenzproblem durch „Erwartungsverständigung" lösen. Spranger versteht nämlich das Seelenleben von Individuen als ein monadisches. Nur über Brücken des Geistes, über Kultur ist seiner Meinung nach die Möglichkeit von Reziprozität der Individuen möglich, kommt es zu gegenseitigem Verstehen, zu Wir-Bewußtsein, zu Miteinandersein in der Form des Teilens von Sinn- und Bedeutungszusammenhängen, aber auch zur Subjekthaftigkeit des Ich in Anerkennungsverhältnissen.

In und durch solche geistigen Mächte „bildet" sich das Subjekt, indem es - wie Spranger sagt - Geist zum Aufbau eines Inneren verwendet. Bei diesem spirituellen Prozeß betreibt das reifende und sich entwickelnde Ich Selbstwahlen aus dem Eingebundensein in z.B. Gruppengeist, Milieu, Historizität, Institutionen, Handlungskontexte mit ihrem Einfluß als Miterziehungsmächte (Peschel 1979). Als Vorbild dieses Bildungsverständnisses kann man Goethes Bildungsromane lesen. Wie dort „bildet" sich das Individuum durch Irrungen und Wirrungen, ist Bildung Selbstbildung, bei Spranger allerdings ohne Leitung. Bildung wird damit Selbstsuche, und zwar seit der modernisierten Moderne ohne Richtungssinn.

Macht als weicher Erziehungspaternalismus, als programmatischer Anspruch des Einflusses auf Sich-Bildende, wie er etwa in Bildungsorganisitionen über Lehrpläne, Stundentafeln, Rechtsansprüchen und -pflichten formu-

liert wird, ist hier nur eine Macht unter vielen Mächten als Einflüssen, auch
wenn der Erziehungssoziologe Kob (1981) dies anders sieht. Seine Betonung
der Macht von Schule begründet er allerdings mit Macht als Ausschluß von
Handlungspluralität von Schülern, weniger mit Ausschluß von Erlebnispluralität über Einfluß. Denn er verweist auf die minimalen Wahlmöglichkeiten
von Schülern, was Schul- und Lehrer- ebenso wie Fächer- und Abschlußwah-
len betrifft. Macht als programmatischen Erlebniswahlausschluß diskutiert er
eher als durch Sozialisationsforschung unterschätzt, weil diese Forschungen
Wirkungen des Einflusses von Miterziehungsmächten im nachhinein feststellen, aber diesen Wirkungen keine spezifisch definierbaren Machtzumutungen
vergleichend zuordnen können. Dies sei dagegen bei Erziehungsmacht möglich, wenn man etwa den Erfolg von Schule dadurch bestimmt, daß man die
Apperzeptionen von definierten Erziehungs- und Bildungszielen bei Schülern
untersucht. Nur weil hier Erfolgskontrolle durch Wirkungsforschung möglich
sei, erscheine die Einwirkungsmacht von paternalistisch-programmatischer,
institutionalisierter Erziehung geringer als die Macht der heimlichen Miter-
ziehungen, der Sozialisation.

Mit dieser Frage, ob organisierte oder nicht-organisierte Macht als Erleb-
niseinfluß, als Bildungszumutung größer ist, beschäftigt sich Spranger nicht.
Sein Interesse ist ja Stärkung der Motivation zu Machtausübung auch hinsichtlich des spirituellen Prozesses der Selbstbildung. Sein Interesse gilt der
„Zähmung" der Macht von Einfluß durch Geistesmächte. Im Unterschied zu
paternalistischen Erziehungsmachtbegründungen, die sich entweder auf Er-
weiterungen der Freiheitsspielräume von Kindern durch Erziehungsmacht
oder auf zukünftige Zustimmung berufen, ist sein Argumentationshorizont
kulturkritischer Art. Erlebnispluralität ist in diesem Kontext selbst dasjenige
Problematische an Einflußmacht, das es zu zähmen gilt. Hintergrund dieses
Verständnisses der Gefährlichkeit von kulturellem Pluralismus sind die Argumente, die aus Modernisierungsdebatten bekannt sind: Individualisierung,
Pluralisierung, Säkularisierung, Ausdifferenzierung von Kultursphären ebenso wie soziale, geographische, familiäre und politische Mobilitäten führen zu
einer mangelnden Inklusion des Individuums in übergeordnete Gemeinsamkeiten, in sittlich gelebte Lebensformen, führen zu einem gegenseitigen
Nicht-mehr-Verstehen der Menschen, führen zu einem Verlust von Gemein-
sinn.

Zähmung bedeutet dann thematisch, den „normativen Geist", den tieferen Sinn von Kultursphären herauszuarbeiten, also in der Kultur der Wissenschaft den Wahrheitswert, im Ästhetischen den Schönheitswert, im Ökonomischen den Nützlichkeitswert usw. Zähmung bedeutet dann operativ, Einflußmacht auf Erlebnis durch Formen wie Autorität, Reputation und Führung

zu verwenden, um den normativen Geist innerhalb von Kultursphären zu stärken. Autorität zu verwenden, heißt in systemtheoretischem Verständnis sich der Traditionen zu bedienen, in denen er wirksam ist. Dem normativen Geist Reputation zu verschaffen, heißt Anerkennungsakzeptanz für ihn zu schaffen, und Führung heißt, auf Imitation zu vertrauen, wenn Individuen die Wirksamkeit und Anerkennung des normativen Geistes bei vielen Anderen erfahren. Autorität, Reputation und Führung als Typen von Einflußmacht sind also im Sinne moralischer Werte zu verwenden, um Erwartungsverständigung so zu ermöglichen, daß ihr ein Richtungssinn auf sittlich-moralische Höherbildung zugrunde liegt.

Ein solches Plädoyer für den Aufbau von Gegeneinflußmacht gegen kulturelle Modernisierungen ist vor allem von zwei Überzeugungen abhängig:

1. von der Gewißheit der Existenz und Richtigkeit bestimmter normativer Ansprüche an Kultursphären, daß z.B. in der Kultursphäre Wissenschaft der moralische Wert der Wahrheit, nicht aber der der Anschlußfähigkeit oder der der Gerechtigkeit für verschiedene Diskursarten usw. zentral ist;

2. von der unproblematisierten Verwendung von Einflußtypen der Macht wie Autorität, Reputation und Führung, durch die etwas für wahr und richtig gehalten werden kann (auch normativer Geist), ohne daß dessen kulturphilosophische Bestimmung richtig sein muß.

Gerade sozialgeschichtliche Forschungen zum „Mandarinentum" oder Arbeiten zu den Verbindungen der Sprangerschen Vorstellungen von „geistigem Führertum" mit dem politischen „Führer" lassen die Gefährlichkeit sichtbar werden, wenn einheitliche normative Kulturüberzeugungen gegen Kulturpluralismus auch durch Verwendung von Einflußmacht gestärkt werden sollen. Ansprüche der Pädagogik auf Einflußmacht sind aber deshalb nicht nur desavouiert, sondern sind in sich eher unwahrscheinlich, wenn man z.B. die Einflußtypen „Autorität" und „Reputation" verwendet, um die Rolle des Faches Pädagogik in der Öffentlichkeit zu betrachten. Gelingender Paternalismus innerhalb von Einflußmacht ist darüber hinaus schlicht unwahrscheinlich, weil dieses Medium gleichzeitig mit dem Medium Handlungsmacht oder anderen Kommunikationsmedien zur Handlungskoordinierung wie Geld oder Liebe konkurriert und weil es - wie es Münch (1991, S. 129) für heutige Kommunikationsgesellschaft konstatiert - eine „Inflation" von dem gibt, was als Wert anerkannt werden kann. Reputation findet vieles, weil auch die kulturphilosophische Aufschichtung von Wertsphären in die Ebene des Konkreten (Gruppengeist) und des Universellen (normativer Geist) kontingent ist.

Der Normalfall des Lebens und der Arbeit an sich selbst durch Kulturaneignung als Bildung findet also unter Lebensumständen statt, von denen

Modernisierungstheoretiker (vgl. Zapf 1987, S. 27) sagen, daß es für sie keine „klaren Verhaltensregeln" geben kann. Entambitionierung von emphatischer Pädagogik im Sinne des umfassenden Anspruchs von kulturpädagogischer Emporbildung ist heute eher selbstverständlich. Selbstsozialisation durch wahlfreie Aneignung von vielem, was in Kulturzusammenhängen inflationär Autorität und Reputation erlangt, gilt dadurch als Bildung, daß durch je unterschiedliche Aneignungen Differenzen des Individuum-seins entstehen. Genau diese wiederum können bildungstheoretisch als „Marionetten-Ichs" beschrieben werden, wobei Bildungstheorie Teil von Kulturkritik wird, mit der Hoffnung, daß diese wiederum Reputation findet.

Zähmung von Einflußmacht kann somit nur heißen, daß Pädagogik als Reflexionsform, sich auf ihre paternalistische Argumentationsgrundfigur bezieht, nämlich Forderungen an verschiedene Kultursphären zu stellen, daß diese geistigen und Handlungsmächte die Freiheitsspielräume von Sich-Bildenden nicht zu sehr beschränken. Reflexiv und praktisch heißt dies, in reformpädagogischem Sinne als Anwalt für das Kindeswohl im Sinne eines Bildungswohls einzutreten, wozu die Entwicklung von Vorstellungen gelingender Bildung ebenso gehört wie von Gefährdungen.

Diese Verwendung von Paternalismus und daraus sich ergebenden Motivierungen, daß Pädagogik „Gegenmacht" gegen Gefährdungen gelingender Selbstsozialisation als Bildung sein solle, kann sich selbst auf die Tradition des Faches als Einflußmacht beziehen. Denn die Anwaltfunktion gehört zu ihren Selbstbeschreibungen, auch wenn die Vorstellungen von Gefährdungen und Gelingen von Erziehung und Bildung sehr polyphon sind. Je mehr diese paternalistische Grundfigur jedoch selbst durch Erziehungskritik in Frage gestellt wird, desto mehr verliert sich auch solche Kontingenzbewältigung des Faches.

Genau dies geschieht vor allem durch Kritik an Erziehungsmacht in face-to-face-Situationen. Wie bereits gesagt, ist nach Arendt Macht dann legitim, wenn sie nicht zu Zwang und Gewalt wird und sich als Einvernehmensherstellung durch Gemeinsamkeit von beginnenden Handlungen zeigt. Wie aber ist dies mit Paternalismus als auch zwanghaftem Eingriff in die Handlungsfreiheit anderer vereinbar, der ja nur durch zukunftsorientierte Zustimmung, nicht konkrete Hier-und-Jetzt-Zustimmung legitimiert ist? Für den Interaktionsbereich wird dieser Widerspruch häufig dadurch gelöst, daß auf Verständigung zwischen Eltern und Kindern, auf Aus- und Verhandlung gesetzt wird. „Erziehung ist", heißt es etwa bei Thiersch (1995, S. 83) im Kontext von Macht und Erziehung, „Anstrengung um Konsens, ist Aushandeln." Und pädagogische Reflexion heißt dann, die Scheiterungsempfindlichkeit solcher Anstrengungen zu beschreiben, weil polyphone Handlungsketten- sowie Einflußmächte, sowie Gewaltpotentialitäten des Paternalismus in der pädagogischen Situation zur Geltung kommen können. Im Sinne des Paternalismus für Kinder zu Gegenmacht gegen freiheitseinschränkende Handlungsketten- und Erlebnismächte aufzufordern, scheint relativ unproblematisch, weil man sich moralisch mit Ohnmächtigen verbündet. Problematisch wird erziehend eingreifender Paternalismus jedoch in der face-to-face-Situation, weil hier Ego gegen Alter stehen kann. Deshalb soll ja Erziehung Ver- und Aushandlung werden. Verhandlung aber ist nur unter Gleichen möglich, die sich evt. dem zwanglosen Zwang des Arguments unterwerfen. Eine paternalistisch bestimmte Erziehungssituation ist jedoch erst dann gegeben, wenn Zustimmungen nicht aktuell erfolgen, sondern „Dispositionen zur Zustimmung" (Carter 1977) durch Eingriffe des Erziehers erworben werden sollen. Aushandlungsprozesse sind aber dann keine Erziehung oder Bildung ermöglichende Prozesse, wenn sie selbst nicht als Miterziehungsprozesse oder Erziehungsmethoden für Wohlergehen oder Erweiterung von Freiheitsspielräumen begriffen werden. Dies übersieht die soziologische Diskussion etwa um Erziehungs- als Aushandlungsfamilie.

Hannah Arendt (1994, S. 258) begrenzt legitime Macht als Chance neubeginnender kooperativer Handlungen strikt auf den Bereich des Politischen, der es mit bereits Erzogenen zu tun hat. Erziehung bezieht sie auf einen präpolitischen Bereich als Bereich des Privaten im Familien- und Zwischenraum zwischen Privatem und Gesellschaftlichem in der öffentlichen Erziehung. Für beide Bereiche fordert sie Einfluß- als Autoritätsmacht, weil für diese Bereiche nicht folgende Sätze von Erwachsenen gelten können:

„In dieser Welt sind auch wir nicht verläßlich zu Hause, und wie man sich in ihr bewegen soll, was man dazu wissen und können muß, ist auch uns nicht bekannt. Ihr müßt sehen, wie ihr durchkommt; uns jedenfalls sollt ihr nicht zur Verantwortung ziehen können. Wir waschen unsere Hände in Unschuld" (ebd., S. 272).

Denn im Unterschied zu legitimer politischer Macht als Handlungskoordinierungsweise ist Erziehungs- als paternalistische Macht, als Eingriff in die Handlungsfreiheit für sie legitim, weil es sich um „temporäre", zeitlich begrenzte Eingriffe handelt. Und diese Eingriffe werden bei ihr so beschrieben, daß es einzelne Erwachsene „gleichsam auf sich (sc. nehmen), *die* Erwachsenen zu repräsentieren, die ihm (sc. dem Kind) sagen und im einzelnen zeigen: Dies ist unsere Welt" (ebd., S. 270). Ich interpretiere dies so, daß ungeachtet aller Einflußmächte zur Reduktion von Erlebenskontingenz die spezifische Leistung von Bildungstheorie und programmatischen Bildungsangeboten darin besteht, aus polyphonen Kultureinflüssen bestimmte so auszuwählen und Bildenden anzubieten, *als ob* in ihnen allgemeine Reputationsmacht läge, als ob es Unübersichtlichkeit von Kultur nicht gäbe.

Damit ist es nicht möglich, wie noch Spranger von Pädagogik erwartet, Einflußmacht de facto zu zähmen, wohl aber Begründungen dafür zu geben, daß die Auswahl aus polyphonen Kultureinflüssen nicht allein der Selbstsozialisation als Selbstbildung überlassen sein darf. Was bleibt, ist die Motivierung zu paternalistischer Macht als Aufgabe von Pädagogik, solche Kultureinflüsse zu benennen, die gewollt werden, weil sie Freiheitsspielräume der Individuen fördern und weil sie über „zukunftsorientierte Zustimmung" begründet werden können. Daß dies in einem pluralistischen Wissenschaftsbetrieb nur in der Form von Pädagogiken oder Bildungstheorien vielfältiger Art ausformuliert werden kann, dürfte unstreitig sein. Es wäre aber schon viel gewonnen, wenn innerhalb der Disziplin zukunftsorientierte Zustimmung dafür gewonnen würde, daß

- Paternalismusmacht *nicht* als Verformung von Macht in der Form von Gewalt oder Repression begriffen und diskutiert wird,
- das „*als ob*" der Unterstellung von Einheit bei Pluralität für die spezifische Reflexionsform von Pädagogik bedeutsam werden könnte, wie es z.B. im Kontext Kantischer und Vaihingers Philosophie gedacht wurde, ohne daß damit gleich mitgedacht wird, daß nur Fiktionen oder Mythen produziert würden. Ansprüche weicher paternalistischer Macht lassen sich rational rechtfertigen, indem sie sich nicht an aktuellen Wünschen und Interessen von Betroffenen orientieren, sondern nur an permanenten, an dem, was die meisten Menschen wollen, ohne Berücksichtigung dessen, was sie darüber hinaus besonders wollen (vgl. Carter 1977).

Und genau dies ist es, was mit Allgemeiner Bildung des Subjekts zu bezeichnen ist, für die „stellvertretenden Deutung" (Koring 1990, S. 96) geleistet werden muß mit der Frage, welche der polyphonen Kulturstimmen der Erweiterung von Handlungsspielräumen des Subjekts dienen.

Literatur

Arendt, H.: Zwischen Vergangenheit und Zukunft. Übungen im politischen Denken. München 1994.

Arendt, H.: Macht und Gewalt. München 1995.

Carter, R.: Justifying Paternalism. In: Canadian Journal of Philosophy Vol VII, No 1, March 1977.

Dworkin, G.: Paternalism. In: Wasserstrom, R.A. (Ed.): Morality and the Law. Belmont, Cal 1971.

Kob, J.: Erziehung und Macht. Die soziale Bedeutung moderner Erziehungsinstitutionen. In: Twellmann, W. (Hg.): Handbuch Schule und Unterricht. Bd. 3: Historische, gesellschaftliche und wissenschaftliche Einflußfaktoren auf Schule und Unterricht. Düsseldorf 1981, S. 314-328.

Koring, B.: Einführung in die moderne Erziehungswissenschaft und Bildungstheorie. Weinheim 1990.

Luhmann, N.: Macht. Stuttgart 1975.

Spranger, E.: Gesammelte Schriften. Bd. II: Philosophische Pädagogik. hrsg. v. Bollnow, O.F.; Bräuer, G. Heidelberg 1973.

Taylor, C.: Das Unbehagen an der Moderne. Frankfurt 1995.

Thiersch, H.: Lebenswelt und Moral. Beiträge zur moralischen Orientierung Sozialer Arbeit. München 1995.

Dietrich Hoffmann

Machtstreben als Ursache politischer Verführbarkeit von Pädagogik (Pomp and Circumstance)

1. Ursachen für die Verschränkung von Pädagogik und Politik

Ein Rückblick auf die jüngere Geschichte der Pädagogik, etwa auf die ihrer letzten 250 Jahre, zeigt deutlich, daß das idealistische Selbstverständnis von Pädagoginnen und Pädagogen, sie seien als Erzieherinnen und Erzieher stets auf der Suche nach Vollkommenheit - bei der Entwicklung des Menschen - und als Erziehungswissenschaftlerinnen und Erziehungswissenschaftler ständig auf der nach Wahrheit - bei der Erfassung der Erziehungswirklichkeit -, der Korrektur bedarf. Zumindest ein Teil von ihnen hat in den unterschiedlichen Epochen, die man in der genannten Zeitspanne im groben nach den Veränderungen der politischen Systeme unterscheiden kann, sein Verhalten, d.h. seine Handlungs- und Erkenntnisinteressen, fremden Zwecken untergeordnet. Vor allem aber hat er es von staatlichen Zielen abhängig gemacht, und zwar über das Maß hinaus, das unter den jeweiligen Verhältnissen notwendig war und das man nach der persönlichen Einstellung optimistisch mit dem bekannten Begriff der „relativen Autonomie" belegen, aber auch pessimistisch als „relative Heteronomie" kennzeichnen kann.

Das Problem einer solchen Dienstbarkeit der Pädagogik liegt auf der Hand. Immer dann, wenn der betreffende Staat von den Zeitgenossen, vor allem aber von den nachfolgenden Generationen positiv beurteilt wird, erfährt das entsprechende pädagogische Verhalten Lob, wird er negativ eingeschätzt, findet es Tadel. Die „Staatspädagogik" der preußischen Reformzeit, der Weimarer Republik, der frühen Bundesrepublik einerseits, die der preußischen Restaurationszeit, des sogenannten Dritten Reiches und der Deutschen Demokratischen Republik andererseits erscheinen in unterschiedlichem Licht, obschon die Bereitschaft zur Mitarbeit in der jeweiligen Gegenwart mehr oder weniger durchgängig mit der Notwendigkeit der „Staatserhaltung" begründet wurde (Kerschensteiner [1]1928, S. 3), zumindest mit dem „Bedürfnis der Gesellschaft nach Anpassung" ihrer Mitglieder (Dilthey [2]1960, S. 192f.).

Indem ich dies formuliere, sehe ich voraus, daß einige Leserinnen und Leser es zumindest naiv finden werden, daß ich die genannten Erscheinungen insgesamt in den Topf einer Staatspädagogik werfe. Vor allem die Pädagogik des Nationalsozialismus gehöre schon deshalb nicht dazu, meint man, weil die Verwerflichkeit dieses Systems keinen Vergleich mit anderen zulasse und die Anbiederung von Pädagogen und Pädagoginnen ihm gegenüber eine Art Ausnahmetatbestand gewesen sei.[1] Ich sehe dies auch so, nur darf dieses Urteil nicht die Sicht auf den größeren historischen Zusammenhang verstellen, demgegenüber man fragen muß, ob es nicht Grundzüge des pädagogischen Denkens und Handelns gibt, die der Unterordnung pädagogischer Absichten unter übergeordnete politische Intentionen Vorschub leisten und deren Verbindung mit den sich jeweils durchsetzenden politischen Interessen zum Guten oder zum Bösen ausschlägt.

Wenn in diesem Zusammenhang von Naivität gesprochen werden muß, dann von der, daß die Gefährdung, die darin besteht, daß man sich pädagogisch von politischen Vorstellungen abhängig macht, von den Betroffenen kaum gesehen wird, und daß die Gefahren, die in bestimmten politischen Überzeugungen liegen, selten erkannt werden (vgl. Hoffmann 1995, S.44ff.), vor allem, weil das Bedingungsverhältnis von Pädagogik und Politik außer acht gelassen wird.[2] Dabei müßte es eine Binsenweisheit sein, daß selbst höchstes pädagogisches Erkenntnis- und Handlungsniveau kein entsprechendes politisches Verhalten verbürgt. Klaffen beide auseinander, kann gerade die Neigung zur Politik die fatale Folge der Verführung haben. Die betroffenen Individuen verfügen innerhalb der politischen Prozesse zumeist nicht über die Unabhängigkeit und Selbständigkeit des Bewußtseins, die ihnen eine Reflexion der Vorgänge ermöglichen würde, - wie sie im nachhinein zur Erklärung und Deutung der Verstrickungen unternommen werden kann (Leithäuser 1979, S. 147).

Dafür, wie die Verbindung von Pädagogik und Politik zustandekommt, ist die Erläuterung hilfreich, die Wilhelm Dilthey vor etwa 100 Jahren gegeben hat, übrigens an einer Stelle, an der man sie wohl oft überlesen hat. Für ihn liegt der Ursprung der Erziehung in der Gesellschaft, sie ist „eine Funkti-

---

1   Ich erinnere daran, wie hart Wolfgang Keim mit Ulrich Herrmann und Heinz-Elmar Tenorth ins Gericht gegangen ist (Keim 1988), als sie auf einer Beschreibung der Pädagogik bestanden, die - um mit Tenorth zu sprechen - nicht von „Analyseerwartungen ausgeht, die allein zur Verurteilung der Vergangenheit nützlich sind" (Tenorth 1986, S. 300).
2   Politische Interessen im allgemeinen - und die „linke" oder „rechte" Orientierung derselben im besonderen - werden irgendwann erworben und prägen den Menschen (vgl. Henningsen 1988; zu den Problemen des politischen Bewußtseins insgesamt Leithäuser 1979, S. 147).

on" dieser (Dilthey ²1960, S. 192). „So ist" schreibt er, „in der Gesellschaft ein immer wirkendes Bedürfnis ..., die Heranwachsenden den Bedürfnissen der Gesellschaft anzupassen" (S. 192f.). Und um gar kein Mißverständnis aufkommen zu lassen, daß es ihm auf die Gesamtheit der wirkenden Kräfte ankommt, setzt er hinzu:

„Dieses Bedürfnis würde jedoch nur zu isolierten Tätigkeitsstößen führen, wäre nicht in ihr auch das Verhältnis, in welchem sich konstant die Bildung der Unmündigen durch die Mündigen entwickelt, vorhanden" (S. 193).

Es handelt sich hier augenscheinlich um eine Vorwegnahme der Sozialisationstheorie, die sich die Pädagogik später von der Soziologie aufnötigen lassen mußte, weil das „pädagogische Verhältnis", das z.b. Herman Nohl aus der Diltheyschen Theorie herauspräparierte, auf die Begründung von solchen „isolierten Tätigkeitsstößen" gerichtet war.[3] Zu Diltheys Feststellung gehören zwei Prämissen. Für die eine zitiert er Aristoteles:

„'Was aber gemeinsame Angelegenheit ist, das muß auch gemeinsam geübt werden'," (S. 263).

Die andere formuliert er selbst:

„Es gibt kein abstraktes Erziehungsideal (...) Die Erziehung kann also nur für die Verfassung eines bestimmten Volkes geordnet werden" (ebenda).

Auch diese Vorstellung von der „Unmöglichkeit einer allgemeingültigen pädagogischen Wissenschaft" (Dilthey o.J.)[4] war nicht willkommen - und wurde unter der Hand korrigiert, indem man den Fortgang der Geschichte zu einem Fortschritt des Lebens umdeutete. Noch rigoroser ging man jedoch mit dem Gedanken um, auf den es hier in der Hauptsache ankommt, da er in gewisser Weise die Konsequenz der anderen ist. „Die Wahrheiten der Pädagogik sind abhängig von den Wahrheiten der Politik" lesen wir (Dilthey ²1960, S. 236). Das bedeutet, daß die Erziehungswirklichkeit gemeinhin der politischen Realität entspricht. Diese Tatsache schließt nicht aus, daß man beider „Verfassung" kritisiert, aber es macht es unmöglich, von der Geschichte oder dem Leben die Verwirklichung überzeitlicher und raumunabhängiger pädagogischer Ideale zu erwarten. Und um auch hier jeden Zweifel auszuräumen, stellt Dilthey fest:

---

3 Wilhelm Dilthey fügt dem zitierten Text ausdrücklich an: „So bemerkt man, wie gerade in dem Gleichgewicht dieser Herrschaftskräfte, welche die moderne Gesellschaft ausmachen, die Allseitigkeit der Erziehung gesichert wird" (Dilthey ²1960, S. 193).
4 Es handelt sich bei dem in Parenthese stehenden Text nicht um einen Schreibfehler. Der Traktat ist selbstverständlich „Über die Möglichkeit etc." überschrieben, aber Dilthey macht bereits in den ersten Sätzen deutlich, daß sie zu verneinen ist.

„So besteht in der Gesellschaft einerseits die Aufgabe der Regelung des Verhaltens der Erwachsenen, deren Wissenschaft als Politik abgegrenzt wird, und andererseits die Ausbildung der Unmündigen, deren Wissenschaft als Pädagogik abgegrenzt wird. Die Alten, welche das Staatsleben überhaupt unter den Gesichtspunkt der Pädagogik stellten, haben daher in einer Wissenschaft beides zu umfassen gesucht" (S. 197).[5]

Etwas schlichter ausgedrückt: Die Verschränkung von Pädagogik und Politik rührt daher, daß beide zwei Erscheinungen eines Verhaltens sind.

2. Gründe für die Entstehung von Machtverhältnissen

Damit sind wir bei den Interessen, um deren Verfolgung es in der Politik, aber auch in der darauf bezogenen Pädagogik geht. Die bekannte Definition Max Webers:

„Macht bedeutet jede Chance, innerhalb einer sozialen Beziehung den eigenen Willen auch gegen Widerstreben durchzusetzen, gleichviel worauf diese Chance beruht" (Weber 1964, S. 38),

macht die Folgen dieses Sachverhaltes sichtbar. Helmuth Plessner ergänzt:

„D.h. Machtverhältnisse sind nicht sozialen Verhältnissen bestimmter Art vorbehalten, sondern können sich in jeder Situation bilden und ihr damit einen 'politischen' Charakter verleihen. Wo immer Interessenkonflikte auftreten - die Definition sagt nichts über den Charakter der interessierten Subjekte ..., - appellieren sie an Macht ..." (Plessner 1962, S. 20).[6]

Wiederum mit einfacheren Worten gesagt: Wegen des skizzierten Wechselverhältnisses sind pädagogische Verhältnisse apriori Machtverhältnisse, ob man dies will oder nicht.

---

5   Er fügt hinzu, daß seit der Zeit, da der „Selbstzweck der Individuen" in den Vordergrund trat, die Erziehung zwei Zielpunkte hat: „Sie will den Individuen eine sie befriedigende wertvolle Entwicklung und sie will den Gemeinschaften (synonym mit Gesellschaften bzw. „nationalen Einheiten" - D. H.) den höchsten Grad von Leistungskraft verschaffen" (Dilthey [2]1960, S. 198)

6   Das Thema des DGfE-Kongresses „Bildung zwischen Staat und Macht" ist wohl so zu deuten, daß eine durch Macht organisierte Bildung der dem freien Spiel von Marktkräften entstammenden gegenübergestellt werden soll. Dies ist irreführend. Auf Märkten wird ebenfalls Macht ausgeübt, z.B. die Marktmacht aufgrund unterschiedlicher Marktpositionen (vgl. Bahrdt [2]1985, S. 163).

Es wäre ein Kinderglaube anzunehmen, pädagogische Probleme könnten von den sie bedingenden politischen Zusammenhängen getrennt und ohne den Einsatz von Macht gelöst werden. Plessner gibt der Definition Webers übrigens - und dies ist für das Thema dieser Bemerkungen nicht unerheblich - eine besondere Bedeutung. In ihr, schreibt er, habe „die Emanzipation der Macht vom Staat (...) ihren Ausdruck (...) gefunden" (ebenda). Faktisch hat sie sich freilich seit Beginn der Aufklärung im 17. Jahrhundert davon gelöst, wie man an Francis Bacons Satz „Knowledge is power" ebenso erkennen kann, wie an René Descartes' Absicht, die Menschen zum rechten Gebrauch ihrer Vernunft anzuleiten und sie dadurch zu „Maîtres et possesseurs de la nature" zu machen (Wein 1962, S. 43). Vernunft und Bildung sind die Instrumente, die die traditionelle Konzentration der Macht auflösen und zugleich einen Keil zwischen sie und den Staat treiben sollen. Allerdings wissen wir, daß es bis heute immer wieder Einzelnen, Gruppen - oder dem Staat selbst gelungen ist, „übergeordnete" Macht zu reklamieren und sie sowohl in der „erhöhten" Form der Herrschaft als auch in der „erniedrigten" Form der Gewalt auszuüben (vgl. Weber 1964, S. 38, S. 745f.).

Die individualen psychologischen Prozesse, die dazu beitragen, daß immer wieder Machtverhältnisse entstehen, sind noch komplexer als die sozialen politischen, innerhalb derer sie sich abspielen, deshalb ist es vereinfachend, wenn ich sage, daß sich dabei menschliches Machtstreben, aber auch Ohnmachtstreben auswirken. Mit etwas anderen Worten: Es gibt Menschen, die nichts mehr ersehnen als die Macht, und die es verstehen, sie sich zu verschaffen - direkt, aber auch indirekt, d.h. dadurch, daß sie Anteil an der Macht anderer nehmen. Max Weber geht so weit, daß er feststellt:

„Wer Politik treibt, erstrebt Macht: Macht entweder als Mittel im Dienst anderer Ziele - idealer oder egoistischer -, oder Macht ‚um ihrer selbst willen': um das Prestigegefühl, das sie gibt, zu genießen" (S. 1043).

Dies alles kann man als Pädagogin oder Pädagoge ebenfalls wollen, nämlich dann, wenn man mit Pädagogik - oder Erziehung bzw. Bildung - Politik zu machen sucht (Wiater 1991). Man kann es aber auch einfach dadurch erreichen, daß man „erzieht". Schließlich gibt es aber Menschen, die nichts von alledem wollen und die - nicht zuletzt aus „Furcht vor der Freiheit", wie Erich Fromm meint - nach Abhängigkeit und Unterordnung streben:

„Der Verlust seines Selbst und dessen Ersatz durch das Pseudo-Selbst läßt das Individuum in einem angespannten Zustand von Unsicherheit (...). Um über die aus diesem Identitätsverlust[7] entstandene Panik hinwegzukommen, muß das Individuum seine Identität in einer immerwährenden Anerkennung und Bestätigung durch andere suchen. Wenn einer nicht weiß, wer er ist, dürften es wohl die anderen wissen (...) - dann aber muß ihr Wert ihm Gesetz sein" (Fromm 1966, S. 201f.).

Die Anerkennung von Macht hat eine ähnliche Wirkung wie die Ausübung derselben: beide befestigten und bestätigten sie. Die Emanzipation der Macht hat mithin auch Schattenseiten. Sie schafft Unabhängigkeit und Selbständigkeit, sie zwingt aber zugleich dazu, daß jeder, der seine Interessen durchsetzen bzw. etwas gelten will, Macht erwerben oder unterstützen muß. Nur auf diesem Wege kann er nach dem Wegfall ständischer Schranken und erblicher Ämter überhaupt noch einen Status einnehmen, der ihm die Befriedigung seiner Bedürfnisse ermöglicht. Ich zitiere noch einmal Plessner:

„Die Auffassung der Gesellschaft und ihrer staatlichen Verfassung als eines Ensembles offener und versperrter Chancen, die sich nach den Fähigkeiten und Verdiensten eines jeden richten sollen, intensiviert im Bewußtsein des einzelnen wie der Öffentlichkeit das Denken in Machtbegriffen, d.h. die Beurteilung jeder Situation unter Gesichtspunkten gegebener oder versagter Verfügungsgewalt. Radikale Demokratie muß (...) den Dynamismus der Macht als der Gesellschaft inhärent anerkennen".

Es ist dabei darauf hinzuweisen, daß sich die verschiedenen industriellen Gesellschaften nach der Auffassung Plessners in dieser Hinsicht nicht unterscheiden (bzw. unterschieden).

„Ob sie unter kapitalistischen oder kommunistischen Vorzeichen stehen: Beide denken meritokratisch (...), beide funktionieren nach dem elitären Prinzip" (Plessner 1962, S. 19f.).

Individualismus und Kollektivismus sind lediglich verschiedene Strategien, mit der von einzelnen und Gruppen ausgehenden Macht „fertigzuwerden". Es scheint so zu sein, als ob die kapitalistische Gesellschaftsform dabei erfolgreicher verfährt, doch läßt sich dies hier nicht erörtern.

Es gibt aber auch eine pädagogisch-psychologische, genauer: eine philosophisch-ethische Definition von Macht. Eduard Spranger schreibt in seinen „Lebensformen", einem klassischen Werk sowohl der Geisteswissenschaftlichen Pädagogik als auch der Verstehenden Psychologie:

„Macht ist (...) die Fähigkeit und Macht ist (meist auch) der Wille, die eigene Wertrichtung in den anderen als dauerndes oder vorübergehendes Motiv zu setzen" (Spranger 1921, S. 189).

---

7   Der „Identitätsverlust" kann selbstverständlich auch darin bestehen, daß das Individuum noch gar keine Identität gewonnen hat. Auch dies führt in einer die Individuen überfordernden Umwelt zu Unsicherheit.

Spranger geht allerdings von dem Vorhandensein eines Charaktertypus aus, nämlich von dem des „Machtmenschen" bzw. des „politischen Menschen". Er sucht durch eine gesellschaftliche Technik über die Menschen „zu herrschen" (S. 191), wobei nicht ausgeschlossen ist, „daß er sich vielfach zugleich als Erzieher fühlt" (S. 192).[8] Damit stehen wir mitten in dem gestellten Problem, auch wenn wir heute wohl von der Vorstellung ausgehen, daß der Machtmensch sich unter den Bedingungen des eigenen Verhaltens, d.h. unter entsprechenden Umständen, entwickelt. Spranger schließt dies zumindest nicht aus, wenn er sagt:

„Das ganze menschliche Leben ist von Macht- und Rivalitätsverhältnissen durchzogen. Auch in den bescheidensten und engsten Kreisen spielen sie eine Rolle. Jeder einzelne ist irgendwie ein Machtzentrum und auch wieder ein Machtobjekt".

In einem anderen Punkte ist er noch realistischer. Es gäbe, so formuliert er, „gewisse soziale Theorien", die „nicht deshalb berechtigt und verständlich sind, weil sie objektive Tatsachen richtig beschreiben, sondern deshalb, weil sie einen erhöhten Lebens- und Siegeswillen erzeugen. Der Marxismus z.B. ist eine solche Kampfdoktrin; die Überzeugung von dem führenden Weltberuf des eigenen Volkes (die eigentlich alle großen Kulturvölker haben) gleichfalls. Wir alle leben mit irgendwelchen Fiktionen, die uns das Leben möglich machen und uns eine Stellung über dem Leben verleihen sollen" (S. 193). Damit ist sehr gut beschrieben, was Ideologie - in jedem Verstande - und Weltanschauung, Doktrin und Theorie an Motivation des menschlichen Verhaltens zustandebringen und wie sie das Machtstreben unterstützen. Zugegeben: das ist eine hermeneutisch-philosophische, keine empirisch-psychologische Begründung, aber sie erklärt gerade dadurch, daß Spranger sich offenbar selbst einbezieht, welcher Mechanismus wirksam ist, wenn das Machtstreben befriedigt wird. Als „Fiktionen" der genannten Art dienen auch Erziehungs- und Bildungstheorien, Schul- und Unterrichtskonzepte etc., selbstverständlich ebenfalls die 'Wahrheit' verbürgenden Konventionen und Paradigmen, mit deren Hilfe in der Erziehungswissenschaft richtig gehandelt und korrekt gedacht werden soll. Indem Pädagoginnen und Pädagogen dergleichen durchzusetzen suchen, üben sie Macht aus. Damit ist die Frage, wie es zur Substitution der Politik durch die Pädagogik kommt[9], zweifelsfrei beantwortet. Wenn es schon darum geht, zur Durchsetzung eigener oder fremder Interessen Macht auszuüben, dann ist die pädagogische die sozial befrie-

---

8   Dennoch besteht „zwischen dem Willen, über die Menschen zu herrschen, und dem Willen, sie um ihrer selbst willen zu fördern", ein Unterschied (Spranger 1921, S. 197).

9   Große Politiker und Politikerinnen haben sich häufig als Erzieher und Erzieherinnen ihrer Völker, Nationen, Klassen oder Schichten verstanden.

digendste. Pädagogik ist sozusagen ein „sauberes Geschäft", vor allem mit weniger Verantwortung belastet als die Politik. Da jedoch eine wirkliche Befriedigung des Machtstrebens offenbar nur erreicht werden kann, wo es um große Dinge geht, wird die „emanzipierte" Macht dort, wo dies möglich ist, wieder an Kollektive zurückgebunden:

„Die höchste Macht erscheint doch immer als Kollektivmacht",

schreibt Spranger (S. 197). Und:

„Am sichtbarsten wird diese Seite in der organisierten Kollektivmacht des Staates" (S. 189).

Diese „Reintegration" der Macht ist der Punkt, an dem wiederum Verführung droht, vor allem, weil „schlechte Staaten" (s.o.) besonders darauf angewiesen sind, daß ihnen Pädagoginnen und Pädagogen dabei helfen, ihre Ziele und Zwecke zu erfüllen. Sie locken deshalb mit Anteilen ihrer Macht und sind scheinbar bereit, Einzelne und Gruppen daran teilnehmen zu lassen. Diese Angebote korrumpieren, wenn die Gefährlichkeit des Engagements nicht überschaubar ist oder gar nicht bewußt wird.

3. Beispiele für die Begründung von Machtverhältnissen durch die Pädagogik

Stünde mehr Platz zur Verfügung, als diesem Beitrag eingeräumt werden kann, ließen sich die Behauptungen in seinen ersten beiden Abschnitten sehr leicht belegen, und zwar lückenlos für die Zeit vom Ende des 18. bis zur Mitte des 20. Jahrhunderts, also genau für die Zeitspanne, auf die ich mich einleitend beschränkt habe. Da ich aber nur auf wenige exemplarische Beispiele eingehen kann, verkürze ich die Darstellung auf die Vorgänge im 20. Jahrhundert.

Dabei ist zuerst die spekulative Gedankenführung von einem 'Idealstaat' zu erwähnen, der entweder dem Menschengeschlecht im allgemeinen oder den Individuen im besonderen als Maß und Ziel der Entwicklung gesetzt wird. Ein typisches Beispiel dafür ist die frühe Theorie Sprangers, der nach 1918 zwar immer wieder „Staatsgesinnung" forderte, darunter aber die „Gegenwart überindividueller Geistigkeit im Bewußtsein des Individuums" verstand, nicht die Unterstützung der Demokratie bzw. der Republik (Spranger ²1924, S. 221; vgl. Hoffmann 1970, S. 270ff.).

„Sofern der Staat in uns lebt, sind wir mehr als Einzelmenschen, mehr als Gruppen- und Interessenvertreter, mehr als Partei- und Klassenmenschen" (ebenda).[10]

Das ist zwar keine vollständige Absage an das „Partei- und Klassenwesen", bezeugt aber Distanz zu ihm. Etwa zehn Jahre später wird Spranger klar, daß der spekulative Idealismus dazu führt, daß wir - wie er interessanterweise selbst sagt- „mit den Füßen nie ganz auf die Erde kommen", und er fordert von da ab eine „Bildung des einzelnen zu Verstehen, Bejahen und verantwortlichem Mittragen des gegebenen Staates" (Spranger 1932, S. 77). Die mißverständlichen Äußerungen Sprangers zu Beginn der nächsten Epoche sind wohl nicht zuletzt darauf zurückzuführen, daß er von dieser Position, zu der er sich erst nach langem Zögern bereitgefunden hatte, nicht mehr ohne weiteres herunterkam (vgl. Keim 1988, S. 19f.), doch muß ich dies hier auf sich beruhen lassen.[11]

Bei Theodor Litt liegt die Sache insofern anders, als er annimmt, daß die Ideen nur in der Wirklichkeit - und zwar durch den Menschen - Gestalt und Sinn gewinnen. Diese Grundansicht wird von ihm 1917 in „Geschichte und Leben" formuliert, danach 1919 in „Individuum und Gemeinschaft" konkretisiert. Für einen Liberalen wie Litt steht dabei der Gedanke im Vordergrund, daß der Staat die richtige Form der Selbstorganisation der Individuen in der Gemeinschaft ist.

„Im Staat", schreibt er, „wollen wir nicht mehr gleich Hegel den 'wandelnden Gott auf Erden' verehren, sondern den mit den unaufhebbaren Mängeln aller Endlichkeit behafteten Notbau schwankender und irrender Menschen erkennen und lieben, bereit an ihm zu bessern, was unsere Kraft vermag, aber gleichzeitig überzeugt, daß jede Verbesserung den Boden für neue Verwicklungen bildet" (Litt ²1925, S. 69).

Da öffentliche Organisationen für Litt überhaupt nicht geeignet sind, ideale Forderungen einzulösen, hält er einen Idealstaat für undenkbar. „Ihn verlan-

---

10 „Staatsgesinnung", „Nationalgefühl" und „Volksbewußtsein" sind bei Eduard Spranger zwar nicht synonym, bezeichnen aber das gleiche Phänomen „überindividueller Willensrichtung", die das Subjekt über sich hinaushebt (Hoffmann 1970, S. 270).

11 Auch Herman Nohl, der der Buchveröffentlichung von 1935 „Die pädagogische Bewegung in Deutschland und ihre Theorie" ein Nachwort beigibt, dessen erster Satz lautet: „Es gibt zwei Wege, ein Volk zu gestalten: die Politik und die Pädagogik", dann aber resignierend hinzufügt: „Dieser Versuch" (...) des „Volkswerdens auf dem pädagogischen Wege (...) ist nicht geglückt" (Nohl ⁵1961, S. 228), vertrat während der Zeit der Weimarer Republik eine idealistische Staatsauffassung (Hoffmann 1970, S. 284ff.), ungeachtet der Tatsache, daß er in Göttingen als „roter Nohl" bezeichnet wurde.

gen", betont er, „heißt die inkorrigiblen Grundbedingungen menschlicher Existenz verneinen" (Litt [2]1926, S. 35). Das ist eine pragmatische und realistische Haltung, die - wie sich später zeigen sollte - ihren Verfechter gegen „rechte" und „linke" Verführungen immun machte, obschon es ja auch bei ihr nahegelegen hätte, Fehlformen mit „Notbau" und „Verwicklungen angesichts von Verbesserungen" zu rechtfertigen.

Es gibt aber auch Konstruktionen, die beide Positionen zu verbinden suchen - und gerade dadurch Probleme hervorrufen. Erich Weniger ist einer der wenigen, die konsequent pädagogisch und politisch denken - und der infolgedessen den Staat und seine Macht auch pädagogisch begründet. Dies führt zu der bekannten Auffassung, daß in der „Erziehungswirklichkeit" verschiedene Institutionen darum ringen, „Bildungsmächte" zu werden. Dazu gehört auch der Staat. Was sie in dieser Funktion billigerweise als „zweckfreie Bildung" fordern können, muß der Staat zugleich ordnen und organisieren.

„Der Staat ist sich in der Schule gleichsam zweimal gegeben: einmal als Macht neben anderen Mächten[12], (...) zugleich ist er als Erziehungsstaat die Schule selbst und diese eigentümliche Ordnung der Bildungsvorgänge" (Weniger [2]1956, S. 62f.).[13]

Als Bildungsmacht hat der Staat das Recht, die seiner Verfassung entsprechenden Ziele und Gehalte vertreten zu lassen[14]:

„Ob der Staat in seiner empirischen Erscheinung gut oder schlecht funktioniert, ob die Männer und Gruppen, die ihn zur Zeit beherrschen, etwas taugen oder nicht, immer ist diese Beziehung auf ein Ideal, in dem die Rechtfertigung des Staates vor einer gegebenen Aufgabe gesehen wird" (Weniger 1929, S. 160).

Auch wenn Weniger meint, gerade damit die „Gefahr einer allmächtigen Staatspädagogik" (Weniger [2]1956, S. 62) zu verhindern: Schon weil Bildung einerseits ohne den Staat überhaupt nicht realisiert werden und der konkret existierende Staat als Erscheinung des idealen seine Legitimation nicht verlieren kann, ist die Pädagogik in diesem Konzept vom Staat in bedenklicher Weise abhängig.

---

12 Die Verwendung der Begriffe Macht/Mächte geht eindeutig auf die korrekte Deutung zurück, daß es dabei um unterschiedliche Interessen geht; Bildungsmächte verfolgen Bildungsinteressen.

13 Es handelt sich um die zweite, überarbeitete und erweiterte Fassung des Abschnitts „Die Theorie der Bildungsinhalte" aus dem „Handbuch der Pädagogik" von H. Nohl/L. Pallat von 1930 (Band 3).

14 „Aber gemeint ist niemals nur ein allgemeines Tugendsystem, eine formale Pflichtlehre oder eine Summe schöner Gefühle, sondern eben ein ganz bestimmtes 'demokratisches' (oder faschistisches) Verhalten" (Weniger 1929, S. 161). Erich Weniger hat diesen beklemmenden Satz in der Neuausgabe des Textes von 1951 nicht verändert, also nichts von dem unterdrückt, was er dazu vor 1933 geäußert hatte.

Es ist inzwischen kein Geheimnis mehr, daß 1933 viele Pädagoginnen und Pädagogen deshalb zunächst keine Schwierigkeiten mit der neuen Macht hatten, weil selbst die, die der Machtergreifung pädagogisch keinen Vorschub geleistet hatten, mit Hilfe „idealer" oder „realer", „absoluter" oder „relativer" staatspädagogischer Überlegungen Anschluß finden zu können glaubten. Auch wenn es dem Historiker nicht darum geht, Geschehenes zu verurteilen, muß er doch die Frage stellen, warum es geschehen konnte oder geschehen mußte: So wie Spranger den „März 1933" und Wilhelm Flitner „Die deutsche Erziehungslage nach dem 5. März 1933" einschätzten (Rang 1988), läßt sich überhaupt nur dann erklären, wenn man einzuschätzen vermag, welches Maß an Hoffnung sie - quantitativ gesprochen - auf den neuen Staat setzten. Nur ein Staat, der auf einem einheitlichen Ideal beruht, führt Flitner aus, hat die Gestaltungsfähigkeit, den Bund mit der „pädagogischen Bewegung" eingehen zu können. Der neue Staat soll Interesse daran gewinnen, die Intentionen der pädagogischen Bewegung mit Macht durchzusetzen:

„Die Mehrheit des deutschen Volkes hat der neuen Regierung ein Vertrauen geschenkt und ihr eine Vollmacht anvertraut, die in unserer Geschichte unbekannt war. Die Machtgrundlage für eine neue Erziehungspolitik wäre damit gegeben" (Flitner 1933, S. 410).[15]

Nur ein mächtiger Staat kann, so ist offenbar die Meinung, ein wirksamer Erziehungsstaat sein, und somit Erziehung und Bildung garantieren. Ihn zur Erfüllung unerfüllter Wünsche verleiten zu können, das konnte im Ernst nur erwarten, wer ohnedies mehr oder weniger staatspädagogisch dachte - und fühlte. Das aber taten eben nicht nur „Hitlers Pädagogen" (Giesecke 1993)[16], sondern auch viele andere. Der Unterschied zwischen den Gruppen liegt in der Hauptsache darin, daß der Appell der etablierten konservativen und liberalen Pädagogen ihrer Machterhaltung dient, da ihre Herrschaft erstmalig bedroht ist, während die faschistischen Angehörigen der Zunft auf Machterwerb aus sind.

---

15 Da wurde der Schriftleiter der Zeitschrift Die Erziehung offenbar von den übrigen Herausgebern vorgeschickt, um dem mit Hilfe eines „Ermächtigungsgesetzes" bevollmächtigten Führer die deutsche Pädagogik so zu Füßen zu legen, wie die Führung der Reichswehr diesen nötigte, den Eid auf sich leisten zu lassen.

16 Der Begriff ist irreführend - wie so viele, die zum besseren Verkauf von Büchern ersonnen werden: Alfred Baeumler und Ernst Krieck gehören einerseits durchaus in das Spektrum der Pädagogik der Weimarer Republik, vor allem waren sie bereits vor 1933 einflußreich und es gab viele, die sich ihren Theorien anschlossen. Andererseits sind sie nie Wortführer einer nationalsozialistischen Pädagogik geworden, da es eine solche nicht gab, - und sie haben vor allem niemals die Aufmerksamkeit Hitlers gefunden, der sie gar nicht brauchte (so auch Giesecke 1993, S. 7ff.; vgl. Hoffmann 1970, S. 344, S. 357f.).

Dazu gehören Ernst Krieck und Alfred Baeumler. Krieck geht davon aus, daß die Erziehung eine Funktion der „Gemeinschaft" ist (vgl. Dilthey). Von den „Sozialgebilden", aus denen diese besteht, gehen Ansprüche auf die Ausübung des Erziehungsrechts aus, die dem Staat treuhänderisch übertragen werden (vgl. Weniger); er muß sie normieren. Dadurch entstehen immer wieder Schwierigkeiten, die nur vermieden werden können, wenn sich die Gemeinschaft wieder zum „Volk" umgestaltet. Diese Veränderung macht eine einheitliche, eine „totale" Erziehung möglich.[17] „Der Staat als Oberherr des völkischen Lebens übt", schreibt Krieck, „die Zucht, die Auslese, den Schutz gegen die zerstörenden und zersetzenden Tendenzen" (Krieck 1932, S. 23). Er kann und muß alles in Gang setzen, was der Erneuerung des Volkes - Volk im Werden - dient:

„Mit dem totalen Staat des Nationalsozialismus ist der Zeitpunkt gekommen, wo auf der neugewonnenen völkischen Ebene das deutsche Bildungssystem sinnhaft und einheitlich durchgegliedert, wo also die große deutsche Bildungsverfassung geschaffen werden muß als wesentlicher Teil im Innenbau des Dritten Reiches" (Krieck 1933, S. 56).

Diese Forderungen sind keine des totalen Staates an die Pädagogik, sondern als Forderungen der Pädagogik an den totalen Staat formuliert, der endlich tun soll, woran er durch die politischen Verhältnisse der Weimarer Republik (vgl. Flitner) gehindert worden war. Deshalb kann keine Rede davon sein, daß Krieck in bezug auf dieses Ansinnen ein einsamer Rufer war, auch wenn er immer wieder zum Sündenbock gemacht wird. Der Mann sprach die pädagogische Grundstimmung der Zeit aus.

Baeumlers Vorstellungen von der Pädagogik als „Staatsveranstaltung" waren durchaus mit denen Kriecks identisch[18], auch wenn Hermann Giesecke meint, daß sich die Positionen der beiden pädagogischen „Chefideologen" der NS-Zeit in wichtigen Punkten ausschlossen (Giesecke 1993, S. 122). Beide rechnen mit einem nationalsozialistischen „Untertanen", auch wenn Baeumler viel Nachdenken darauf verschwendet, den neuen „politischen Menschen", wie er ihn nennt, vom „Staatsbürger" der Weimarer Pädagogik zu unterscheiden.

---

17 „Totale Erziehung (...) sucht die Anarchie der Ideale und Werte durch innere Hierarchie zu ersetzen" (Niethammer 1959, S. 212).

18 Immerhin ist interessant, daß Baeumler zu den „März-Gefallenen" gehörte. Er trat zwar erst am 30. April 1933 in die NSDAP ein, um von Dresden endgültig nach Berlin gehen zu können, von seinem Lehrstuhl für Philosophie und Pädagogik auf den für Politische Bildung (!) und ins „Amt Rosenberg". Da war eine deutliche Anbiederung an die Partei und ihren Staat geboten.

„Die Überwindung des scheinbar politischen Menschen in der Gestalt des Staatsbürgers war wohl die größte und schwierigste Leistung im Zusammenhang der nationalen Revolution"

formuliert er nach der Machtergreifung (Baeumler 1933, S. 4). Der politische Mensch ist aber nicht nur einfach ein aktiv Handelnder oder gar ein gebildetes Individuum - wie Giesecke meint -, sondern z.b. ein „Kamerad" unter Kameraden mit gemeinsamen Verpflichtungen (Leistungskameradschaft). Da Baeumlers Institut an der Berliner Universität expressis verbis die Aufgabe hatte, „die wissenschaftlichen Grundlagen der neuen Staatserziehung herauszuarbeiten" (Giesecke 1993, S. 87), ist die Intention klar:

„Der politische Mensch von weitem Tathorizont - das ist das Ziel der künftigen Erziehung. Dieses Ziel gilt für alle. Unser Horizont heißt Deutschland (...)" (Baeumler 1933, S. 6).

Die Übereinstimmung der Denkmuster ist frappierend. Der Übergang von denen, die Gefährdung bedeuten, zu denen, die Verführung implizieren, ist gleichsam fließend - und keineswegs auf die geisteswissenschaftliche Provenienz beschränkt.

Am meisten aber wird offenbar verdrängt, daß es auch 1945, als man gerade die denkbar schlechtesten Erfahrungen mit dem Staat gemacht und offenbar überhaupt erst erfahren hatte, daß dieser zu unentschuldbaren Verbrechen anstiften und solche begehen lassen kann, zu einer Restitution von Staatspädagogik kam, und zwar sowohl in Ost als auch in West. Es ist zumindest vergessen worden, sonst wäre es undenkbar, allen Ernstes DDR-Staatspädagogik und BRD-Nichtstaatspädagogik gegeneinander auszuspielen.[19]

Das, was man bezüglich Westdeutschlands völlig zurecht als „Restauration" des Erziehungs- und Bildungswesens nach 1945 bezeichnet (Hoffmann 1994), kommt bei genauer Betrachtung gerade deshalb zustande, weil erneut der Staat in das Zentrum des pädagogischen Interesses rückt. Es ist zunächst nicht der Macht-, sondern der Rechts- und Kulturstaat, um den es dabei geht, aber die politisch interessierten Pädagoginnen und Pädagogen können sich

---

19 Der Sachverhalt ist zu komplex, um ihn hier aufzugreifen. Wenn man wie Ernst Cloer bei der Betrachtung der DDR-Pädagogik darin ein „Nebeneinander von Staatspädagogik und reflektierenden Pädagogik-Ansätzen" feststellt (Cloer 1994, S. 15), legt dies die Vermutung nahe, daß der zweite Begriff auch zur Charakterisierung und Unterscheidung der BRD-Pädagogik als geeignet angesehen werden könnte. Wenn Dietrich Benner und Horst Sladek innerhalb der DDR-Pädagogik „affirmative und reflektierende Lernzielnormierung" unterscheiden (Benner/Sladek 1995, S. 189), dann läßt sich schließen, daß sie affirmative Lernzielnormierungen „staatspädagogisch" deuten. Gewiß hat die BRD-Pädagogik unaufhörlich reflektiert, aber sie hat bis in ihre kurze „kritische Epoche" zugleich laufend affirmative Normierungen vorgenommen - und tut dies heute wieder.

eine Rekonstruktion bzw. Reorganisation von Erziehung ohne Staat nicht vorstellen.

„Schon Kerschensteiner unterschätzte den Gruppenegoismus und schon Foerster übertrieb das moralische Mißtrauen gegen den Staat", argumentiert Weniger. „Wir tun, glaube ich gut daran, uns nicht durch die Staatsverdrossenheit und die freilich bitteren Erfahrungen mit der gefährlichen Idealisierung und Absolutsetzung des Staates schrecken zu lassen. Wir müssen dem Staat und der mit ihm geforderten politischen Verantwortung geben, was ihnen gebührt" (Weniger 1956, S. 132).[20]

Das ganze war zwar etwas komplizierter geworden, nicht zuletzt wegen der Zurückhaltung vieler dem Staat gegenüber und infolge des Förderalismus, aber der „Deutsche Ausschuß für das Erziehungs- und Bildungswesen" ist der Versuch, dem Staat seine alte Rolle als Garant der Pädagogik zurückzugeben; die Politische Bildung ist die dafür angebotene Gegengabe. Die „Partnerschaftserziehung" amerikanischer Provenienz kann sich trotz des Re-Education-Programms der Amerikaner nicht durchsetzen.[21] „So ergibt sich", schließt Wilhelm Flitner 1961 die Argumentation eines Aufsatzes „Über Erziehung zur Freiheit" ab, „daß von den Erziehern am ehesten etwas geleistet werden kann (...) durch Einblick in Lehren, aus denen die Staatsgesinnung hervorwachsen kann, wenn sie verstanden sind" (Flitner 1961, S. 43). Anders dagegen Spranger, der in einer Rede zum 2. Jahrestag der Bundesrepublik 1951 ausführt:

„Vorordnung des persönlichen Gewissens vor den Staat. Darin liegt eine Überzeugung vom Wesen des Menschen, die religiös-ethischen Ursprungs ist, und ein entschiedener Wille zur sittlichen Kontrolle der Macht" (Spranger 1951, S. 139).

Dergleichen hatte seit Friedrich Wilhelm Foerster kein namhafter Pädagoge gefordert, zumindest nicht dem Staat gegenüber (Foerster 1918, S. 197; Hoffmann 1970, S. 126ff.). Von einer prinzipiellen Kritik staatlicher Macht ist allerdings erst eineinhalb Jahrzehnte später die Rede.

In Ostdeutschland sind ähnliche Vorgänge zu beobachten, allerdings bekommen sie nach kurzer Zeit dadurch eine andere Qualität, daß ebenfalls eine Art Restauration stattfindet, nämlich die eines totalitären Systems bzw. einer totalen Erziehung - in dem Sinne, in dem ich diesen Begriff oben unter

---

20 Weniger legte bezeichnenderweise die Schriften, in denen er vor 1933 über Bildung, Bildungsorganisation, Staatsbürgerliche Erziehung etc. geschrieben hatte, erneut wieder vor (vgl. Weniger ²1956 etc.).

21 Unglücklicherweise wurde er u.a. von Theodor Wilhelm (Friedrich Oetinger) vertreten, dessen Beziehungen zu Baeumler im Dritten Reich bekannt wurden (Wallraven 1995).

staatspädagogischen Aspekten eingeführt habe.[22] In der (offiziellen) Darstellung „Zur Entwicklung des Volksbildungswesens auf dem Gebiet der Deutschen Demokratischen Republik 1946 - 1949" lesen wir zur Charakterisierung der unmittelbaren Nachkriegszeit:

> „Insgesamt traten die vielfältigsten Formen der Reformpädagogik auf. Das Zurückgreifen auf die Reformpädagogik (...) war bis zu einem gewissen Grade und bis zu einem gewissen Zeitraum durchaus berechtigt und verständlich. Gegenüber der faschistischen Zwangspädagogik bedeuteten verschiedene reformpädagogische Maßnahmen echte Fortschritte" (Günther/Uhlig 1968, S. 53).[23]

Sehr bald begann man darin jedoch ein „Hemmnis der gesellschaftlichen Entwicklung" zu sehen (ebenda) und Robert Alt wandte sich 1946 im ersten Heft der Zeitschrift „pädagogik" „Zur gesellschaftlichen Begründung der neuen Schule" gegen alle „Tendenzen, die die Schule als autonomen Bereich in der Gesellschaft ansahen" (S. 56). Sie mußte politisch bzw. staatlich in Dienst genommen werden. Der Lehrer sei, so proklamierte er, „mit allen seinem erzieherischen Tun (...) dem gesellschaftlichen Prozeß verbunden (...)". Er spiele deshalb „eine für die Entwicklung unseres Volkes zu neuen Daseinsformen entscheidende Rolle" (Alt 1946, S. 22).

„Damit widerlegte er die Ansichten all derer", fügen Karl-Heinz Günther und Gottfried Uhlig hinzu, „die von einer angeblich 'autonomen', über den Klassen und Parteien stehenden unpolitischen Schule träumten, so wie sie zum Teil vor 1933 proklamiert und in der Zeit der autoritativen Pädagogik im Faschismus von vielen Lehrern zurückersehnt wurde - obwohl es diese Schule nie gegeben hatte" (Günther/Uhlig 1968, S. 58).

Die „Schulabteilung der Deutschen Zentralverwaltung für Volksbildung" setzte bis 1947 „Grundsätze der Erziehung in der deutschen demokratischen Schule" durch, die u.a. von Alt, Heinrich Deiters, Max Kreuzinger und Karl Sothmann erarbeitet wurden. Es wurde ausdrücklich nach einem Weg gesucht, wie die „Masse des Volkes" an der „Regelung der Geschäfte des Staates" (S. 60) mitwirken konnte. Die Bereitwilligkeit mit der die genannten Pädagogen an dem betreffenden Programm mitarbeiteten zeigt, daß die latenten staatspädagogischen Neigungen und das pädagogische Macht- und Geltungsstreben auch im Osten Deutschlands erneut die Oberhand gewannen.

---

22 Mich auf die interessengeleitete Debatte darüber einzulassen, ob der realsozialistische Staat tatsächlich ein totaler war oder nicht, fehlt mir an dieser Stelle der Raum. Die Klärung der Frage ist für das zu behandelnde Thema aber auch unerheblich.

23 In Westdeutschland wurde - wenn überhaupt - die Tradition der „rechten" Reformpädagogik erneuert (Keim 1994), während es sich in Ostdeutschland um die der „linken" handelte. Es ist aber auffällig, daß die reformpädagogischen Zielsetzungen auch in der BRD nur sporadisch aufrechtzuerhalten oder durchzusetzen waren (vgl. Drefenstedt 1994 und Uhlig 1994).

Dabei wurde von der in unserem Lande virulenten Neigung Gebrauch gemacht, die Pädagogik für höchste politische Ziele in Anspruch zu nehmen
(„Volksbildung durch Volksbildung"), der Pädagoginnen und Pädagogen
letztlich immer mit Dankbarkeit für das in sie gesetzte Vertrauen entgegen-
gekommen sind.[24] Wie sich dieses Projekt aus seinen Anfängen zu einer
zweiten „totalen Staatspädagogik" entwickelte ist bekannt, so daß ich darauf
nicht weiter einzugehen brauche.

4. Kritik des Machtstrebens von Pädagoginnen und Pädagogen

„Macht und Erziehung", schreibt Ernst Lichtenstein, „haben miteinander zu
tun" (Lichtenstein 1962, S. 51). Und er konkretisiert diese lapidare Feststellung mit der, daß „die Erziehungswirklichkeit (...) zweifellos weitgehend mit
den gesellschaftlichen Herrschaftsformen (...) korreliert" (S.52), da sich im
Auftrag des Erziehers „gewiß auch immer eine bestimmte Machtlage (...)
konkretisiert" (S. 53). Dies ist gewissermaßen die empirische, man kann auch
sagen: die nach der Lage der Dinge traditionelle Situation. Wie die exemplarischen Beispiele zeigen, wird sie erst dann problematisch, wenn der Erzie-
hungsanspruch des Staates auch in seinen totalen Erscheinungsformen ohne
weiteres erfüllt wird, ohne daß eine kritische Prüfung erfolgt.

Wenn man die psychischen Ursachen des Machtstrebens in den Blick
nimmt, spricht wenig dafür, daß das Dilemma aus der Welt sein könnte. Hans
Thomae beginnt eine Betrachtung unter dem Titel „Der Wille zur Macht als
psychologisches Problem" mit einem Zitat aus M. J. Hillenbrands Buch
„Power and Morals":

„Macht ist ein Faktum ebenso wie das Verlangen des Menschen nach Macht" (Thomae
1962, S. 129; vgl. Spranger).

Aufgrund der Post-moderne-Entwicklung sind die Einzelnen zwar nicht mehr
wie früher darauf angewiesen, das Bedürfnis nach Macht in Verbindung mit
anderen oder gar innerhalb von Kollektiven zu befriedigen, wobei sie sich
auf deren Konventionen einlassen müssen, aber durch die Erleichterung der

---

24 Der einzige, der dagegen mit dem Einwand opponiert hat, daß in dem Programm zuviel
„Politik und Polemik" enthalten sei, ist interessanterweise Theodor Litt gewesen (Gün-
ther/Uhlig 1968, S. 62).

Befriedigung des individualen Machtstrebens löst sich das soziale offenbar nicht einfach in Luft auf. Auf der Grenze zu ihm fällt die Bereitschaft von Pädagoginnen und Pädagogen auf, durch Ideologisierung und Ritualisierung die Rechtfertigung des jeweiligen Status quo zu übernehmen, und zwar dort, wo er bereits „fragwürdig" geworden ist.[25] Es entsteht ein Bedürfnis nach Rechtfertigungsdenken und Rechtfertigungshandeln (vgl. Hoffmann 1978, S. 45ff.). Dies ist noch immer zu beobachten, obschon durch die Auflösung der entsprechenden Instanzen nachlassende Sozialisation und steigende Individuation zu beobachten sind (Hoffmann 1996).

Aber das Machtstreben ist vor allen Dingen deshalb nicht aus der Welt zu schaffen, weil es - in jeder seiner Formen - auf Unsicherheit und auf den Versuch ihrer Kompensation zurückgeht. Es scheint „doch eher Ausdruck einer substantiellen Schwäche als Bekundung einer schöpferischen Potenz", schreibt Thomae (Thomae 1962, S. 146). Er bezieht sich - als Allgemeiner Psychologe und Motivationsforscher (vgl. Thomae 1965) - auf Alfred Adler, der „die eindeutigste Antwort auf dieses Problem gab" (Thomae 1962, S. 133; vgl. Adler [2]1927) und auf die Untersuchungen von Theodor W. Adorno, Else Frenkel-Brunswik u.a. (Thomae 1962, S. 135; vgl. Adorno u.a. 1968). Adler habe, argumentiert er, Machtstreben als eine Daseinstechnik im Kampf um Überlegenheit dargestellt, „der notwendig ist, um die unerträgliche Situation der Schwäche, Unterlegenheit und scheinbarer Minderwertigkeit zu überwinden" (Thomae 1962, S. 134).

„Letzten Endes ist es das Erlebnis der ungehinderten Ausbreitung des eigenen Willens oder des Gruppenwillens, dessen Eindruckskraft den nach Macht Strebenden erfüllt" (S. 143).

Auch der „fremde Wille", dem man sich ein- oder unterordnen kann, ist geeignet, zur Kompensation bzw. zur Überkompensation zu verhelfen, gleichgültig, ob er „in den Interessen eines anderen Individuums, einer anderen Gruppe oder aber in der Eigengesetzlichkeit der Sachen, in der Struktur der

---

25 Dies geschieht zugleich an der Grenze zwischen Macht und Machtverfall: „Wo bloße unmittelbare Machtverhältnisse herrschen, gibt es eigentlich keine Ideologien" (Horkheimer/Adorno 1956, S. 168).

Realität selbst" gesucht wird (S. 144).[26] Es bereitet keine Schwierigkeit, diese Punkte durch Beispiele aus der Theorie und der Praxis der Pädagogik zu konkretisieren.

Sofern Thomae recht hat, müßte man folgern, daß das Machtstreben seine Grundlage in einem eigenartigen Charakterzug von Pädagoginnen und Pädagogen hat, in einem neurotischen Verhalten, das dergestalt für Verführung anfällig macht, daß sich die ihrer Situation kaum bewußten Individuen aus eigener Kraft aus der geschilderten Verbindung von Macht und Erziehung und den Machtverhältnissen, in die sie geflüchtet sind, nicht herausbewegen können, es sei denn, sie reflektierten ihr Verhalten kritisch bzw. selbstkritisch. Allerdings schließt sich damit der Kreis, denn dies ist die Lage, in der wir uns in der Gesellschaft der meisten, wenn nicht aller Menschen befinden. „Es gibt im Grunde nur ein Problem in der Welt", formuliert Thomas Mann im „Doktor Faustus":

„Wie bricht man durch? Wie kommt man ins Freie? Wie sprengt man die Puppe und wird zum Schmetterling?" (Mann o.J., S. 341).

Literatur

Adler, A.: Praxis und Theorie der Individualpsychologie. München [3]1927.

Adorno, Th. W. u.a.: Der autoritäre Charakter. Studien über Autorität und Vorurteil. Amsterdam 1969.

Alt, R.: Zur gesellschaftlichen Begründung der neuen Schule. In: pädagogik, 1(1946), S. 12ff.

Baeumler, A.: Das Volk und die Gebildeten. In: Politische Erziehung. Monatsschrift des nationalsozialistischen Lehrerbundes. Gauverband Sachsen 1(1933), S. 2ff.

Bahrdt, H. P.: Schlüsselbegriffe der Soziologie. München [2]1985.

---

26 An dieser Stelle dürfte dem Kundigen eine Reihe von Buchtiteln bzw. Programmüberschriften einfallen, vom „pädagogischen Verhältnis" über das „Reden über Sachen" bis zur „Realistischen Erziehungswissenschaft", die als Indizien dafür genommen werden können, daß Hans Thomae mit seinen Vermutungen recht hat. Er vermutet, das Machtstreben könne dort besonders virulent werden, „wo es unmöglich geworden ist, aus den Gegebenheiten einer bestimmten Situation zu lernen, d.h. die eigene Einstellung, den eigenen Willen noch zu modifizieren" (Thomae 1962, S. 144). Diese Annahme berechtigt dazu, von einem „neurotischen" Charakterzug zu sprechen.

Benner, D./Sladek, H.: Bildungsziele zwischen affirmativer und reflektierender Lernzielnormierung. In: Hoffmann, D./Neumann, K. (Hg.): Erziehung und Erziehungswissenschaft in der BRD und der DDR. Band 2. Weinheim 1995, S. 189ff.

Cloer, E.: Die Pädagogik der DDR - ein monolithisches Gebilde? In: Cloer, E./Wernstedt, R. (Hg.): Pädagogik in der DDR. Weinheim 1994.

Dilthey, W.: Über die Möglichkeit einer allgemeingültigen pädagogischen Wissenschaft. Hg. v. H. Nohl. Weinheim o.J.

Dilthey, W.: Pädagogik. Geschichte und Grundlinien des Systems. Gesammelte Schriften. Band IX. Stuttgart/Göttingen ^{2}1960.

Drefenstedt, E.: Konzeptionelle Fragen der Theorieentwicklung auf pädagogischem Gebiet, bezogen auf die SBZ/DDR und den Zeitraum von 1945 - 1956/57. In: Hoffmann, D./Neumann, K. (Hg.): Erziehung und Erziehungswissenschaft in der BRD und der DDR. Band 1. Weinheim 1994, S. 75ff.

Flitner, W.: Die deutsche Erziehungslage nach dem 5. März 1933. In: Die Erziehung, 8(1933), S. 408ff.

Flitner, W.: Über Erziehung zur Freiheit. In: Von der Freiheit. Hg. v. d. Niedersächsischen Landeszentrale für Politische Bildung. Hannover 1962, S. 33ff.

Foerster, F. W.: Politische Ethik und politische Pädagogik. München ^{3}1918.

Giesecke, H.: Hitlers Pädagogen. Theorie und Praxis nationalsozialistischer Erziehung. Weinheim 1993.

Günther, K.-H./Uhlig, G./Autorenkollektiv: Zur Entwicklung des Volksbildungswesens auf dem Gebiet der Deutschen Demokratischen Republik 1946 -1949. Monumenta Paedagogica Reihe C. Band III. Berlin 1968.

Henningsen, J.: Vielleicht bin ich heute noch ein Nazi. In: Klafki, W. (Hg.): Verführung - Distanzierung - Ernüchterung. Kindheit und Jugend im Nationalsozialismus. Weinheim 1988, S. 210ff.

Hoffmann, D.: Politische Bildung 1890 - 1933. Ein Beitrag zur Geschichte der pädagogischen Theorie. Hannover 1970.

Hoffmann, D.: Kritische Erziehungswissenschaft. Stuttgart 1978.

Hoffmann, D.: Restauration - und Entwertung des traditionellen Bildungsbegriffs in der BRD. In: Hoffmann, D./Neumann, K. (Hg.): Erziehung und Erziehungswissenschaft in der BRD und der DDR. Band 1. Weinheim 1994, S. 141ff.

Hoffmann, D.: Heinrich Roth oder die andere Seite der Pädagogik. Erziehungswissenschaft in der Epoche der Bildungsreform. Weinheim 1995.

Hoffmann, D.: Sozialisation/Erziehung. In: Hierdeis, H./ Hug, Th. (Hg.): Taschenbuch der Pädagogik. Band 4. Baltmannsweiler 1996, S. 1374ff.

Horkheimer, M./Adorno, Th. W.: Soziologische Exkurse. Frankfurt am Main 1956.

Keim, W. (Hg.): Pädagogik und Pädagogen im Nationalsozialismus - Ein unerledigtes Problem der Erziehungswissenschaft. Frankfurt am Main 1988.

Keim, W.: Reformpädagogik als restaurative Kraft. In: Hoffmann, D./Neumann, K. (Hg.): Erziehung und Erziehungswissenschaft in der BRD und der DDR. Band 1. Weinheim 1994, S. 221ff.

Kerscheinsteiner, G.: Staatsbürgerliche Erziehung der deutschen Jugend. Erfurt ^{9}1928.

Krieck, E.: Nationalpolitische Erziehung. Leipzig 1932.

Krieck, E.: Nationalsozialistische Erziehung. Osterwieck 1933.

Leithäuser, Th.: Politische Einstellung oder politisches Bewußtsein. In: Moser, H.
(Hg.): Politische Psychologie. Politik im Spiegel der Sozialwissenschaften.
Weinheim 1979, S. 136ff.

Lichtenstein, E.: Macht und Erziehung. In: Von der Macht. Hg. v. d. Niedersächsischen Landeszentrale für Politische Bildung. Hannover 1967, S. 51ff.

Litt, Th.: Geschichte und Leben. Leipzig ²1925.

Litt, Th.: Die philosophischen Grundlagen der staatsbürgerlichen Erziehung. In:
Lampe, F./ Franke, G.H. (Hg.): Staatsbürgerliche Erziehung. Breslau ²1926,
S. 19ff.

Mann, Th.: Doktor Faustus. Das Leben des deutschen Tonsetzers Adrian Leverkuhn,
erzählt von einem Freunde. Stuttgart o.J.

Niethammer, A.: Ernst Kriecks Bildungstheorie und die Elemente 'totaler Erziehung'.
Dissertation Tübingen 1959.

Nohl, H.: Die pädagogische Bewegung in Deutschland und ihre Theorie. Frankfurt
am Main ⁵1961.

Plessner, H.: Die Emanzipation der Macht. In: Von der Macht. Hg. v. d. Niedersächsischen Landeszentrale für Politische Bildung. Hannover 1962, S. 7ff.

Rang, A.: Spranger und Flitner 1933. In: Keim, W. (Hg.): Pädagogen und Pädagogik
im Nationalsozialismus. Ein unerledigtes Problem der Erziehungswissenschaft.
Frankfurt am Main 1988, S. 65ff.

Spranger, E.: Lebensformen. Geisteswissenschaftliche Psychologie und Ethik der
Persönlichkeit. Halle 1921.

Spranger, E.: Psychologie des Jugendalters. Leipzig ²1924.

Spranger, E.: Probleme der politischen Volkserziehung (1928). In: Ders.: Volk - Staat
- Erziehung. Leipzig 1932, S. 77ff.

Spranger, E.: Rede zum 2. Jahrestag der Bundesrepublik am 12. September 1951. In:
Ders.: Kulturfragen der Gegenwart. Heidelberg 1961, S. 136ff.

Tenorth, H.-E.: Deutsche Erziehungswissenschaft 1930 bis 1945. Aspekte ihres
Strukturwandels. In: ZfPäd., 32(1986), S. 299ff.

Thomae, H.: Der „Wille zur Macht" als psychologisches Problem. In: Von der Macht.
Hg. v. der Niedersächsischen Landeszentrale für Politische Bildung. Hannover
1962, S. 129ff.

Thomae, H. (Hg.): Die Motivation des menschlichen Handelns. NWB 4. Köln 1965.

Uhlig, Chr.: Reformpädagogik kontra Sozialistische Pädagogik - Aspekte der reformpädagogischen Diskussion in den vierziger und fünfziger Jahren. In: Hoffmann, D./Neumann, K. (Hg.): Erziehung und Erziehungswissenschaft in der
BRD und der DDR. Band 1. Weinheim 1994, S. 251ff.

Wallraven, K. P.: Der Streit um die Politische Bildung. In: Hoffmann, D./Neumann,
K. (Hg.): Erziehung und Erziehungswissenschaft in der BRD und der DDR.
Band 2. Weinheim 1995, S. 281ff.

Weber, M.: Wirtschaft und Gesellschaft. Köln 1964.

Wein, H.: Geschichtshörige Machttheorien und philosophischer Enthusiasmus. In: Von der Macht. Hg. v. der Niedersächsischen Landeszentrale für Politische Bildung. Hannover 1962, S. 27ff.

Weniger, E.: Zur Frage der staatsbürgerlichen Erziehung. In: Die Erziehung, 4(1929), S. 148ff.

Weniger, E.: Didaktik als Bildungslehre. Teil 1: Die Theorie der Bildungsinhalte und des Lehrplans. Weinheim ²1956.

Weniger, E.: Die Notwendigkeit der politischen Erziehung. In: Erziehung wozu? Pädagogische Probleme der Gegenwart. Stuttgart 1956, S. 125ff.

Wiater, W. (Hg.): Mit Bildung Politik machen. Autobiographisches zum schwierigen Verhältnis von Bildungspolitik und Pädagogik. Stuttgart 1991.

Peter Vogel

Ökonomische Denkformen und pädagogischer Diskurs

Das Thema des Kongresses, „Bildung zwischen Staat und Markt", beschreibt offensichtlich eine mißliche Situation: Das „zwischen" beinhaltet Konnotationen von „zwischen allen Stühlen", „zwischen Baum und Borke" einerseits und von „Zerreißprobe" oder „zwischen zwei Mühlsteinen zerrieben" andererseits. Wie man der Kongreßankündigung entnehmen kann, ist die ohnehin prekäre „Zwischen-" Lage der Bildung aktuell dadurch gekennzeichnet, daß das Verhältnis von Staat und Markt in Richtung auf „mehr Markt" verschoben wird. Das bedeutet zum einen, daß der Staat zukünftig in weit höherem Maß privatwirtschaftliche Anbieter für Bildungsangebote zulassen könnte, die bisher ausschließlich vom Staat veranstaltet wurden; hier gibt es aber wohl erst vorlaufende Diskussionen, vor allem im Hinblick auf die Anpassung an die teilweise ganz anders gestaltete Bildungslandschaft im übrigen Europa, und wenig konkrete Pläne. Längst in Gang gekommen und weiter fortschreitend ist jedoch der Prozeß, daß innerhalb des staatlich verantworteten Bildungssystems marktwirtschaftliche Gesichtspunkte, Kriterien und Strukturen eingeführt werden - besonders der Gedanke der Evaluation von Bildungsangeboten unter dem Gesichtspunkt der Effektivität und die Erwartung von Leistungssteigerung durch freien Wettbewerb. Die Diskussion um eine Neugestaltung oder wenigstens partielle Modernisierung des Bildungswesens wird in hohem und zunehmendem Maß mit ökonomischen Argumenten geführt; Systemkrisen werden als Folgen von ungenügendem Wettbewerb definiert, die nur durch „mehr Markt" behoben werden können.

Im Diskurs über die Zukunft der Bildung werden pädagogische durch ökonomische Denkfiguren ersetzt - das ist wenigstens die Ausgangsvermutung, die im ersten, deskriptiven Teil meines Referats an wenigen Beispielen, gleichsam auf dem Weg des Indizienbeweises, belegt werden soll. Es folgen ein zweiter, analytischer und dritter kritischer Teil, an den sich am Ende zwei Thesen anschließen.

I.

Gegenstand im ersten Teil ist der öffentliche Diskurs über das Bildungssystem; von einer Dominanz ökonomischer Argumente kann dann gesprochen werden, wenn die bisher üblichen pädagogischen Argumente nicht
mehr zur Problemdefinition und -lösung herangezogen werden und der pädagogische Widerspruch gegen ökonomische Denkweisen im Diskurs unter-
geht.

Als erstes Beispiel kann die Diskussion um die Dauer der Schulzeit bis
zum Abitur dienen. Schon vor der deutschen Wiedervereinigung war darauf
hingewiesen worden, daß die Gymnasialzeit im Vergleich zu den europäischen Nachbarn ein Jahr zu lange dauere; durch die Beibehaltung einer 12
jährigen Schulzeit bis zum Abitur in den meisten neuen Bundesländern be-
kam die Diskussion eine ganz neue Bedeutung, verbunden mit der Notwendigkeit einer verbindlichen KMK-Entscheidung innerhalb der nächsten Jahre.

Was war und ist das dominante Argument? Im Mittelpunkt stehen nicht
die Überlegungen der Finanzminister, die genau berechnen können, wie er-
freulich sich die Entlastung des Personalhaushaltes durch den Wegfall eines
gesamten Schuljahres auswirken würde; im Mittelpunkt steht die Sorge, daß
sowohl für die deutsche Wirtschaft, wie für den einzelnen zukünftigen Akademiker ein Wettbewerbsnachteil entstehen könnte, wenn er im Vergleich zu
den Mitbewerbern auf dem großen europäischen Arbeitsmarkt ein Jahr ver-
schenkt. Die Inhalte, für die man bisher offensichtlich dreizehn Schuljahre
benötigte, und die Gründe, warum man zu glauben meinte, daß man sie benötigt, spielen dabei keine Rolle mehr; die entsprechenden Topoi zur Bearbeitung dieses Problems heißen „Verschlankung" oder auch „Entrümpe-
lung". Widerstand gibt es - wenn ich es recht sehe - vor allem von Seiten der
Lehrerverbände; deren standespolitische Motivierung ist aber zu offensichtlich, um das Wettbewerbs-Argument ernsthaft in Gefahr zu bringen. Feinsin-
nige curriculare Überlegungen oder die Frage, was die verkürzte Gymnasialzeit in einer biographisch prekären Situation für die Persönlichkeitsentwicklung der Jugendlichen bedeuten könnte, finden kein Gehör. Für den hier
vorgetragenen Gedankengang spielt es im übrigen keine Rolle, wer Recht hat
oder ob man nicht auch *pädagogische* Argumente für den Wegfall eines
Schuljahres finden könnte; es geht nur darum, daß pädagogische Argumente
offensichtlich von untergeordneter Bedeutung oder bedeutungslos sind. Insofern spielt auch keine Rolle, ob die ökonomische Argumentation letztendlich
rational ist: Gegenüber der Sorge, die bundesdeutschen Akademiker könnten

erst mit einem Jahr Verspätung ihre erste Million für sich und das Bruttoso-zialprodukt erwirtschaftet haben, könnte man z.b. einwenden, daß es doch ökonomisch viel wahrscheinlicher ist, daß sie nur ein Jahr eher arbeitslos werden. Das kann und soll hier nicht diskutiert werden; es geht nur um die faktische Prävalenz der ökonomischen Argumente, nicht um ihre tatsächliche Stichhaltigkeit.

Das gilt auch für das zweite Beispiel, die Diskussion über die Hochschu-len, ihre Leistungsfähigkeit und die kostenneutrale Verbesserung derselben. Das Bild des Universitätsstudiums in Deutschland ist im öffentlichen Diskurs geprägt von dem Generalverdikt der Ineffizienz: Es dauert zu lange, ist mit unnötigem Ballast überfrachtet und führt oft nur bei einer Minderheit der Studierenden zum Abschluß; die Hochschullehrer haben kein Interesse, et-was daran zu ändern, weil sie habituelle Fachegoisten, in Organisationsfragen inkompetent oder schlicht faul und meistens beides sind. Wie kann man ih-nen und der Universität insgesamt auf die Sprünge helfen? Indem man das Studium verschlankt - „lean education" wird bald so geläufig sein wie „lean management" - und eine Wettbewerbssituation zwischen den Hochschulen, innerhalb der Hochschulen und zwischen den Hochschullehrern schafft, in-dem man Effizienz belohnt.

Zur „Verschlankung": In Nordrhein-Westfalen gibt es eine „Eckdaten-verordnung" vom März 1994, in der für die Diplom- und Magisterstudien-gänge in den Geistes- und Gesellschaftswissenschaften das Studienvolumen um 20 SWS - also das Volumen eines Semesters - pauschal gekürzt wird, die Zahl der Leistungsnachweise und Fachprüfungen für das gesamte Studium drastisch heruntergesetzt und die Laufzeit von Diplom- und Magisterarbeiten auf vier Monate verkürzt wird. Der einhellige Widerspruch der Hochschulen wurde ignoriert.

Zum Wettbewerb: Der Forderung, daß Universitäten langfristig im direk-ten Wettbewerb um die Studierendenklientel mit studiengangsspezifischen Eingangsprüfungen kämpfen sollen und sich daraus eine differenzierte Hoch-schullandschaft von Elite- bis drittrangigen Provinzuniversitäten wie in den USA entwickeln soll, stehen derzeit neben rechtlichen vor allem ökonomi-sche Bedenken entgegen: Man kann sich nicht so recht vorstellen, wie man die Studienbewerberauswahl organisieren und wie man das dafür notwendige Personal bezahlen soll, abgesehen davon, daß die Bedeutung - oder hier viel-leicht besser: der Tauschwert - des Abiturs ziemlich leiden würde. Solange ein wirklich freier Markt noch nicht gegeben ist, spielt der Staat Markt, in-dem er - unter Beibehaltung der organisationsrechtlichen Rahmenbedingun-gen - Effizienz honoriert. Vor acht Jahren habe ich auf dem Kongreß in Saar-brücken - wenn ausnahmsweise ein Selbstzitat gestattet ist - nicht ohne

Schaudern den Vorschlag erwähnt, daß man die wissenschaftliche Qualität von Hochschulen nach dem Umfang der eingeworbenen Drittmittel bewerten könne (vgl. Vogel 1989, S. 96); heute arbeite ich in einem Fachbereich, der sich gerade einer umfänglichen und differenzierten Evaluation unterzieht und in dem etwa die Hälfte der Mittel für Hilfskräfte und Anschaffungen innerhalb des Fachbereichs nach Leistungskriterien verteilt wird - Prüfungen, Publikationen, eingeworbene Drittmittel usw. Der nächste Schritt, die finanzielle Belohnung von „effektiven" Studiengängen, d.h. solchen mit kurzen Verweildauern und mit wenig Ausschuß (vulgo Studienabbrechern) im Wettbewerb innerhalb der Universität und zwischen den Universitäten ist nur noch eine Frage der Zeit.

Die Hauptargumente gegen diesen Trend sind wiederum standespolitische (vertreten vom Hochschullehrerverband und Studierendenvertretungen), rechtliche und praktische - soweit ich sehe -, keine pädagogischen. Daß der Sinn akademischen Studiums einmal dadurch beschrieben wurde, daß der junge Mensch vor dem Eintritt ins bürgerliche Leben in Einsamkeit und Freiheit eine Zeitlang nur sich und der Wissenschaft leben solle, und daß genau darin die entscheidende persönlichkeitsbildende Bedeutung des Studiums liege, ist kein Gesichtspunkt, der als Argument überhaupt noch satisfaktionsfähig wäre - wobei wieder offenbleiben kann, ob es auch stichhaltig sein könnte. .

Die Beispiele könnten fortgesetzt werden, etwa die aktuelle Diskussion um Schulautonomie, um Regionalisierung von Bildungsangeboten, der Bekämpfung der sog. Langzeitstudenten und anderes mehr. Gemeinsam ist diesen Diskussionen, daß in einem Maß, das noch vor 15 Jahren kaum jemand für möglich gehalten hätte, ökonomische Argumente den Diskurs über das Bildungssystem dominieren. Der Begriff „Bildung" scheint in diesem Zusammenhang nur noch zur Beschreibung und der Kalkulation von Humankapital zu taugen; daß er wenigstens alternativ oder ergänzend etwas anderes bezeichnet, wird im aktuellen Diskurs nicht mehr so recht erkennbar.

II.

Ich komme zum zweiten, analytischen Teil. Der Befund „ökonomische Argumente dominieren die Diskussion um das Bildungssystem und haben pädagogische Gesichtspunkte weitgehend zurückgedrängt" beschreibt - auch wenn er in dieser allgemeinen Form nur schwer widerlegbar sein dürfte - gewissermaßen nur die Oberflächenstruktur des Problems. Zum einen ist die Gefahr nicht ausgeschlossen, daß man mit diesem Befund nur irrationale, antiökonomische Ressentiments bedient; zum anderen ist noch unklar, wie die Dominanz von ökonomischen Argumenten theoretisch zu fassen, wie sie zu erklären und schließlich zu bewerten ist. Gesucht ist also ein theoretischer Zugriff auf die Problematik. Naheliegend ist der Bezug auf einen Theoretiker, der diese Entwicklung schon im Jahr 1979 in seinem Bericht über das postmoderne Wissen vorausgesagt hat: Jean-Francois Lyotard.

Wir erinnern uns: Eines der wesentlichen Merkmale von postmodernen Gesellschaften ist die Veränderung des Status und der Funktion von Wissen. Wissen wird Ware, dessen Tauschwert zum alleinigen Bewertungskriterium wird.

„Das Wissen ist und wird für seinen Verkauf geschaffen werden, und es wird für seine Verwertung in einer neuen Produktion konsumiert und konsumiert werden: in beiden Fällen, um getauscht zu werden" (Lyotard 1986, S. 24).

Das impliziert, daß Wissen eine subjektunabhängige Größe werden muß; Wissen, das von einer bestimmten Person - etwa einem Gelehrten - inkorporiert ist -, verliert seinen Charakter als Wissen, insofern es nicht konvertibel ist:

„Das alte Prinzip, wonach der Wissenserwerb unauflösbar mit der Bildung des Geistes und selbst der Person verbunden ist, verfällt mehr und mehr" (a.a.O., S. 24).

Wissen als Produkt, das vermarktet wird, unterliegt den Marktgesetzen und - unter den Bedingungen des Kapitalismus - der weltweiten Konkurrenz. Wissen ist „in der Form einer für die Produktionspotenz unentbehrlichen informationellen Ware zunehmend ein bedeutender, ja vielleicht der wichtigste Einsatz im weltweiten Konkurrenzkampf um die Macht. Es ist denkbar, daß die Nationalstaaten in Zukunft ebenso um die Beherrschung von Informationen kämpfen werden, wie sie um die Beherrschung der Territorien und dann um die Verfügung und Ausbeutung der Rohstoffe und billigen Arbeitskräfte einander bekämpft haben" (a.a.O., S. 26). Eine Rückbesinnung auf die philosophischen Traditionen kann nicht dazu beitragen, die moderne Situation des Wissens zu restituieren; die beiden großen Legitimationserzählungen der Moderne - die von Fortschritt und Emanzipation durch Aufklärung und die von der Selbstlegitimierung der Vernunft - können nicht mehr überzeugen (vgl. a.a.O., S. 96 ff.), so wie *keine* Einheitskonzeption von Wissen und Wahrheit mehr überzeugen kann. Die postmoderne Philosophie hat endlich akzeptiert, daß „Wahrheit" nur im Plural denkbar ist: die Legitimationskraft von Diskursen reicht nur bis zur Grenze des Sprachspiels, das man gerade

spielt, und es gibt kein Metasprachspiel, das begründen könnte, warum man
ein bestimmtes Sprachspiel spielen muß. Man wird sich mit der Polymorphie,
Pluralität und Regionalität der Sprachspiele abfinden müssen; das „Prinzip
einer universellen Metasprache (...) ist durch die Pluralität formaler und
axiomatischer Systeme ersetzt" (a.a.O., S. 128).

Damit ist die erkenntnistheoretische Dimension des Problems beschrieben; in der empirischen oder geschichtlichen Dimension ist zu beobachten,
daß die Polymorphie ständig in der Gefahr ist, von der Dominanz eines spezifischen Diskursgenres unterworfen zu werden: Dem Sprachspiel der Ökonomie, genauer dem der kapitalistischen Ökonomie.

„Zwischen den Sätzen der Einbildungskraft einerseits, den Sätzen der technischen Ver-
wirklichung andererseits und schließlich den Sätzen, die den Regeln des ökonomischen
Diskurses gehorchen, besteht Heterogenität. Das Kapital unterwirft die beiden ersten dem
Regelsystem des dritten" (Lyotard 1987, S. 288).

Der ökonomische Diskurs wird auf Sätze übertragen, „die nicht der Tausch-
regel unterliegen: Unterordnung des aktuellen Satzes 1 unter einen Satz 2,
der die Abtretung annulieren und den Tauschenden 'befreien' wird. Alle
Schulden (an Liebe, an Arbeit, selbst an Leben) werden für tilgbar erachtet...
Eine Versicherungsgesellschaft löst, indem sie dessen Leben versichert, seine
Fähigkeit zur Abgeltung ab. Sein Leben schuldet er weder den Göttern noch
seinen Angehörigen, sondern der Versicherungsgesellschaft, d.h. dem
Tausch" (ebenda).

Um Mißverständnissen vorzubeugen: Das ökonomisch-kapitalistische
Diskursgenre ist nicht etwa aus humanitären oder politischen Gründen abzu-
lehnen - dafür gibt es keine Kriterien (mehr); was es zur Gefahr macht, ist,
daß es die Polymorphie der Sprachspiele und den sich daraus ergebenden
Widerstreit nicht akzeptiert.

„Der Widerstreit zwischen Satz-Regelsystemen oder Diskursarten wird vom Gerichtshof
des Kapitalismus für unerheblich erachtet. Der ökonomische Diskurs beseitigt mit seinem
notwendigen Verkettungsmodus von einem Satz zum anderen (...) das Vorkommnis, das
Ereignis, das Wunder, die Erwartung einer Gemeinschaft von Gefühlen." (a.a.O., S. 293).

Warum der ökonomische Diskurs diese Potenz hat, ist nicht ganz eindeutig.
Sicherlich ist seine Dominanz eine Folge der herrschenden Machtverhältnisse
(„Das Kapital überträgt die politische Hegemonie der ökonomischen Diskursart." - a.a.O., S.236); vielleicht rührt sie auch daher, daß der ökonomische Diskurs mit der Denkfigur des Tauschs über ein universelles Instrument
verfügt, das sich scheinbar bruchlos auf viele andere Verhältnisse anwenden
läßt.

Der ökonomische Diskurs respektiert nicht die typischen Urteilsregeln der anderen Sprachspiele und damit den Umstand, „daß ein Konfliktfall... nicht angemessen entschieden werden kann, da eine auf beide Argumentationen anwendbare Urteilsregel fehlt" (a.a.O., S.9) und behandelt Konfliktfälle, Fälle des Widerstreits zwischen Diskursarten, grundsätzlich als Streitfälle innerhalb einer Diskursart, nämlich der ökonomischen. Damit läßt sich in der Theoriesprache Lyotards das Ausgangsproblem schlüssig reformulieren: Hinsichtlich der Zukunft des Bildungssystems gibt es keinen Widerstreit zwischen unterschiedlichen Diskursarten (Pädagogik, Politik, Ökonomie, Recht usw.); intergenerische Konfliktfälle werden in Streitfälle innerhalb des ökonomischen Sprachspiels umdefiniert, die mit ökonomischen Argumentationsregeln entscheidbar sind.

Läßt man sich auf diese vorläufige Diagnose ein, dann drängt sich die Frage auf, was daraus für Konsequenzen zu ziehen sind - z.B., wie man der Expansionspolitik des ökonomischen Diskurses Einhalt gebieten kann. Hier kann Lyotard allerdings wenig anbieten - als Folge der theoretischen Gesamtfiguration.

Postmodernes Denken ist in der Lage, sowohl den Widerstreit festzustellen, als auch die Mißachtung des Widerstreits, die tendentiell terroristischen Ambitionen eines Sprachspiels. Diese Beobachterposition - ein Sprachspiel, das die Verhältnisse der Sprachspiele zum Gegenstand hat - befugt nun keineswegs dazu, in präsidialer Attitüde allgemeine Diskursregeln zu verkünden oder die anderen Sprachspiele zu reglementieren; die Beobachterposition impliziert einen spezifischen Gegenstand, aber keinen besonderen Status:

„In der Tat ist die Prüfung von Diskursarten nur eine Diskursart, sie kann nicht die Politik vertreten. Daß der Philosoph die Herrschaft über Sätze innehätte, wäre ebenso Unrecht, wie in den entsprechenden Fällen des Juristen, Priesters, Redners, Märchenerzählers (epischen Dichters) oder Technikers. Es existiert keine Diskursart, deren Hegemonie über die anderen gerecht wäre. Der - scheinbar metasprachliche - philosophische Diskurs ist selbst (ein Diskurs zur Erforschung seiner Regeln) nur dadurch, daß er weiß, daß es keine Metasprache gibt" (a.a.O., S. 262).

Was bleibt also?

„In Anbetracht 1.) der Unmöglichkeit der Vermeidung von Konflikten (der Unmöglichkeit von Indifferenz) und 2.) des Fehlens einer universalen Diskursart zu deren Schlichtung oder, wenn man das vorzieht, der zwangsläufigen Parteilichkeit des Richters: wenn schon nicht den Ort einer denkbaren Legitimation des Urteils (die 'gute' Verkettung), so doch wenigstens eine Möglichkeit aufsuchen, die Integrität des Denkens zu retten" (a.a.O., S. 11).

Wie sieht diese Rettung aus?

„Die Philosophie verteidigen und veranschaulichen, was ihren Widerstreit mit ihren bei-
den Gegnern betrifft: mit ihrem äußeren, dem ökonomischen Diskurs (dem Tausch, dem
Kapital) und innerhalb ihrer selbst mit dem akademischen Diskurs (der Meisterdenker-
schaft). Indem man zeigt, daß die Verkettung von Sätzen problematisch und eben dieses
Problem die Politik ist: die philosophische Politik abseits derer der 'Intellektuellen' und
Politiker aufbauen. Den Widerstreit bezeugen" (a.a.O., S. 11 f).

Woher kommt eigentlich die Hoffnung, man könne - unter den geschilderten
Rahmenbedingungen - den Vormarsch des ökonomischen Diskurses stop-
pen?

„Das einzige unüberwindliche Hindernis, auf das die Hegemonie des ökonomischen Diskurses stößt, liegt in der Heterogenität der Satzregelsysteme und Diskursarten, liegt darin,
daß es nicht 'die Sprache' und nicht 'das Sein' gibt, sondern Vorkommnisse. Das Hindernis besteht nicht im 'Willen' der Menschen im einen oder anderen Sinne, sondern im
Widerstreit" (a.a.O., S. 299).

III.

Ich komme zum dritten, kritischen Teil. Hier ist nicht der Ort, um zu diskutieren, ob die im letzten Zitat nahegelegte absolute Realität des Widerstreits
einen ontologischen oder einen apriorischen Status hat - das letztere wäre
besonders unangenehm, da laut Lyotard transzendentale Evidenz eine der
„allerletzten Hilfsquellen der cartesianischen Moderne" ist (a.a.O., S. 12) -
oder ob die Aufforderung zum Ablegen des Zeugnisses für den Widerstreit,
die auf den ersten Blick aussieht wie eine spätexistentialistische Trotzreakti-
on, wirklich das letzte Wort der Postmoderne zum Problem der Metaphysik
ist. Auch wenn man diese Folgekosten der Polymorphie unberücksichtigt läßt
und sich auf die analytische Leistung des postmodernen Zugriffs auf das
Problem des Bildungsdiskurses beschränkt, bleibt ein Dilemma zurück.
    Mit Hilfe Lyotards können wir uns zwar erklären, wie die Dominanz des
ökonomischen Diskurses funktioniert, wie sie zustande kommt und welche
Folgen sie hat. Aber so wenig das ökonomische Satz-Regel-System einen
Monopolanspruch auf den Diskurs über Bildung hat, so wenig kann ihn die
Pädagogik behaupten. D.h.: Pädagogische Sätze über das Bildungssystem ha-
ben auch nicht mehr Evidenz als ökonomische; beide verbleiben innerhalb
der Regeln ihres Sprachspiels und es gibt keine Möglichkeit, ökonomische
Argumente mit pädagogischen abzuwehren. Postmodernes Denken impliziert

- wenn ich es recht sehe - die Unmöglichkeit der Reklamation von Claims oder Revieren im Gegenstandsbereich; es gibt Sätze über Kinder, Jugendliche, Aufwachsen, Schule, Lerninhalte und -ziele; die Bildung und weitere Verkettung dieser Sätze hängt ab von den Regeln der jeweiligen Diskursart (vgl. a.a.O., S. 9f.), und es gibt keine Rechtfertigung dafür, bestimmte Sätze und Diskursarten auszuschließen. Die pädagogik-typischen Legitimationsstrategien für einen Vorrang ihres Diskurses - etwa der Verweis auf die Bedeutung der zu entfaltenden Sachlichkeit und Mitmenschlichkeit für die heranwachsende Person und die Gesellschaft, der sie angehört -, können wenig überzeugen, da sie ausnahmslos auf der obsolet gewordenen modernen Erzählung von der Emanzipation und vom Fortschritt beruhen.

Der Preis der postmodernen Analyse des Bildungsdiskurses ist also die Unmöglichkeit, einen eigenen Zuständigkeitsbereich, ein Diskursmonopol für bestimmte Themen konstituieren zu können. Das ist insofern höchst irritierend, als die Ausgangsvermutung ja war, daß genuin pädagogische Themen durch ökonomische Denkfiguren okkupiert und umdefiniert werden; dieser Irritation soll im Folgenden ein Stück weit nachgegangen werden.

In der Tradition pädagogischen Denkens seit dem ersten Viertel unseres Jahrhunderts war es die Überzeugung der beiden dominierenden Theorierichtungen, der neukantianischen und der geisteswissenschaftlich-kulturphilosophischen Pädagogik, daß es unabhängig vom jeweiligen Stand der gedanklichen Durchdringung oder der Theorieentwicklung der Erziehungswissenschaft so etwas gibt wie einen originär pädagogischen Wirklichkeitsbereich.

Ich beginne mit Paul Natorps Konfiguration des Verhältnisses der „Grundklassen sozialer Tätigkeiten" (vgl. Natorp 1925, S. 165ff.). Gemäß den Stufen der Aktivität beim Individuum - sie bestehen aus dem Trieb (im Sinne einer gerichteten Aktivität), dem Willen (im Sinne von zielorientiertem Wollen) und dem Vernunftwillen (der Unterwerfung des Willens unter das Vernunftprinzip) und sind aus der kantischen Moralphilosophie extrahiert - ist auch das soziale Leben in Grundklassen sozialer Tätigkeiten differenziert, denn die Funktionen des individuellen und sozialen Lebens sind isomorph; Natorp spricht sogar von „Parallelismus" (a.a.O., S. 148):

„Hat doch die Gemeinschaft kein Leben anders als im Leben der Einzelnen, so wie es umgekehrt ein menschliches Leben des Einzelnen nicht anders gibt als in menschlicher Gemeinschaft und durch Teilnahme an ihr" (a.a.O., S. 149).

Wie im individuellen „muß es sich aber im sozialen Leben verhalten; es wird demnach zu reden sein von einem sozialen Triebleben als gerichtet auf ein soziales Werk, eine soziale Arbeit; zweitens von der sozialen Regelung die-

ses Trieblebens durch einen sozialen Willen; endlich von einer auf diese Regelung sich beziehenden, für sie wegweisenden, ihre letzte, gesetzmäßige
Einheit anstrebenden sozialen Tätigkeit der kritischen Vernunft. Aus diesen
drei wesentlichen Stücken wird ein soziales Leben im voll entfalteten Sinne
des Wortes sich aufbauen. Es ist, diesem Begriff zu Folge: Arbeitsgemeinschaft, unter gemeinschaftlicher Willensregelung, hinsichtlich dieser unter-
stehend gemeinschaftlicher, vernünftiger Kritik" (a.a.O., S. 151). Ungeachtet
der Einheit des sozialen Lebens „liegt der Gedanke nicht fern, daß zur obersten Einteilung der so entstehenden gesonderten Tätigkeiten dasselbe dreigliedrige Schema, das uns bisher geleitet hat, geeignet sein möchte, d.h. daß
in den verschiedenen doch zueinander gehörigen sozialen Tätigkeiten, die
das soziale Leben im ganzen ausmachen, die ursprünglichen drei Grundbedingungen der sozialen Tätigkeit überhaupt eigene Provinzen in der Art abgrenzen, daß eine jede in einem besonderen Kreise von Tätigkeiten die Herrschaft führt" (a.a.O., S. 166 - im Original Hervorhebungen). Nur den Natorp-
Neuling wird überraschen, daß Natorp dabei die Analogie zu Platons drei
Elementen der Seele und den daraus abgeleiteten Ständen der Polis einfällt
(vgl. ebenda); im Unterschied zu Platon denkt Natorp aber nicht an ein verhältnismäßig repressives Kastensystem, sondern an drei „selbständige, in sich
geschlossene Grundklassen sozialer Tätigkeiten..., in denen sich je einer der
Grundbestandteile sozialer Tätigkeit überhaupt in bestimmender Weise aus-
prägt. Wir bezeichnen sie als die Klassen der wirtschaftlichen, der regierenden und der bildenden Tätigkeit" (a.a.O., S. 168f. - i. O. H.). Der Provinzcha-
rakter der drei Bereiche ist durch klare Grenzen bestimmt; auch die Wirtschaft ist durchaus domestiziert und ohne alle Ambitionen auf die Arrondie-
rung der anderen Gebiete:

> „An logischer Schärfe mangelt dem so begründeten Begriff der Wirtschaft nichts. Man
> sieht ihn nirgends überfließen in den der auf die formale Regelung als solche gerichteten,
> oder vollends in den der bildenden Tätigkeit." (a.a.O., S. 169).

Zwar gibt es Überschneidungen insofern, als das, was im einen Bereich
Zweck ist, im anderen Bereich Mittel sein kann (also z.B. berufliche Bildung
für den Zweck der Wirtschaft oder finanzielle Ausstattung für den Zweck der
Bildungsinstitutionen); an der Eigentümlichkeit und absoluten Eindeutigkeit
der die Provinzen regierenden Zwecke und der Autonomie der Provinzdis-
kurse ändert das aber nichts.

Interessant ist noch die Relationierung der drei Provinzen bzw. sozialen
Tätigkeitsbereiche. Ungeachtet ihrer Autonomie gibt es doch eine Hierarchie.
Sie ergibt sich aus der besonderen Zweckbestimmung der Bildungsprovinz.

„Wir nennen sie bildende Tätigkeiten, indem wir unter Bilden allgemein verstehen: von der Heteronomie zur Autonomie führen, gleichviel ob sich selbst oder Andre. Die Erfahrung der Macht des Willens, unsre Arbeitskräfte auf bestimmte Zwecke zu lenken und damit unsrem Tun Regel und Einheit zu verschaffen, führt endlich zu der Einsicht, daß auch die Zwecke uns nicht schlechthin zudiktiert sind, sondern von uns selbst gesetzt werden können... Es entsteht also die neue Aufgabe einer Ordnung der Zwecke selbst... Es ist nichts andres als die volle Herrschaft des Bewußtseins, was die praktische Erwägung zu dieser höchsten Stufe erhebt. Sie immer neu zu erringen ist allgemein Aufgabe der bildenden Tätigkeit; sie der Gemeinschaft zu gewinnen und in ihr zur letztentscheidenden Instanz zu erheben, Aufgabe der sozialen Bildungstätigkeit: der sozialen Pädagogik" (a.a.O., S. 176 - i. O. H.).

Auf eine einfache Formel gebracht, ergibt sich die Prävalenz des Bildungsbereichs also aus ihrer Bindung an die Vernunft. Der Zweck der sozialen Pädagogik „ist denen der Wirtschaft und des Rechts schlechthin übergeordnet. Denn weder in der bloßen Beschaffung verfügbarer Kräfte noch in der sozialen Organisation bloß als solcher kann der schließliche Zweck des sozialen Lebens gefunden werden; allzu deutlich tragen beide den Charakter bloßer Mittel" (a.a.O., S. 177). Bildung ist also bei Natorp keineswegs zwischen Staat und Markt situiert, sondern eindeutig *über* Staat und Markt.

Die kulturphilosophisch orientierte Pädagogik argumentiert - nicht nur an diesem Punkt - vorsichtiger. Zwar geht auch sie von einem Strukturzusammenhang autonomer Kulturgebiete aus. Allerdings entstammt die Grenzziehung nicht transzendentallogischer Argumentation - Spranger wendet sich explizit und zu Recht gegen den Mißbrauch des Terminus „a priori" bei der Bestimmung von autonomen Kulturprovinzen in der „Kulturphilosophie Kantischer Richtung" (Spranger 1963, S. 43) -, sondern geschichtsphilosophischer Deutung, wobei historischer Wandel selbstverständlich impliziert ist.

„Von Autonomie in theoretischer Bedeutung sprechen wir dann, wenn ein Kulturgebiet und die ihm zugehörige sinnvolle Betätigung in isolierender Betrachtung auf ein spezifisches Aufbaugesetz oder eine ihm eigentümliche Sinnrichtung zurückgeführt werden kann" (a.a.O., S. 44).

Wie bei Natorp gibt es für Spranger keine Isolierung der Kulturgebiete in der Realität; die „Isolierung erfolgt zunächst nur in Gedanken. Und zwar liegt das Recht zu einer solchen ideellen Verselbständigung nicht einfach darin, daß das eine Gebiet in dieser oder jener Hinsicht von den anderen verschieden ist, sondern erst darin, daß ihm ein eigentümlicher spezifischer Sinn zukommt und daß diese besondere Sinnrichtung die Grundstruktur des betreffenden überindividuellen Gebildes und seine Auswirkungen zentral bestimmt" (a.a.O., S. 45). Die Frage ist nun, „ob dem Erziehungsgebiet in gleicher Weise, d.h. in gedanklich isolierender Reflexion, Autonomie zugeschrieben werden kann" (ebenda). Hier ist die Lage insofern kompliziert, als Bildung gebunden ist an die Eigengesetzlichkeit der anderen autonomen Kulturgebiete, die Gegenstand im Bildungsprozeß werden.

„Eben deshalb kann von einer vollen Autonomie des Erziehungsgebietes selbst bei isolie-render Betrachtung nicht die Rede sein. Denn die Erziehung wird notwendig weithin beherrscht von dem Eigenrecht der Wissenschaft in der Wissensbildung, der Kunst in der Kunsterziehung, der Technik in der Schulung der technischen Fertigkeiten, der religiösen Sinngehalte in der religiösen Erziehung. Trotzdem gehen Erziehung und Bildung nicht einfach in den Sondergebieten auf, denen sie ihre Inhalte entnehmen. Sondern es bleibt ein spezifischer Rest, der allerdings keinen angebbaren Sinn hätte, wenn nicht jene eigentümlichen Sinngebiete vorausgesetzt würden und mitgedacht würden. Insofern kann hier nur von einer sekundären Autonomie die Rede sein" (ebenda).

Das Recht, bei aller Angewiesenheit auf die anderen Kulturgebiete dennoch von Autonomie zu reden, ergibt sich gemäß der Definition für autonome Kulturgebiete aus der besonderen Sinnrichtung: Die „Idee einer von Werten geleiteten, einheitlich-persönlichen Wesensformung könnte man dann die spezifische Bildungsidee nennen" (a.a.O., S. 46).

Eine kritische Würdigung der unterschiedlichen Begründungen für ein autonomes Kulturgebiet „Bildung" kann hier nicht erfolgen und ist auch für den hier vorgetragenen Gedankengang nicht erforderlich; die wesentlichen Argumente sind zudem hinreichend bekannt. Problematisch ist bei aller Unterschiedlichkeit der beiden Konzeptionen der Prämissenreichtum der Begründungen. Natorp projiziert Schemata der transzendentalen Logik, angereichert mit Elementen der platonischen Philosophie in die Wirklichkeit; bei aller Sympathie, die man für die dadurch gesicherte systematische Geschlossenheit haben kann, werden doch damit erheblich die Möglichkeiten überzogen, die man von der Transzendentalphilosophie vernünftigerweise erwarten kann. Im übrigen zeigt sich einmal mehr, daß die Bezeichnung Neukantianismus für diese Denkrichtung - gleich ob Marburger oder südwestdeutscher Provenienz - wohl auf einem Selbstmißverständnis beruht. Es handelt sich um alternative transzendentalphilosophische Konzepte, die mit Kant nur wenig zu tun haben.

Die „relative Autonomie" der kulturwissenschaftlichen Pädagogik ist auf eine gültige Auslegung der in einer bestimmten historischen Situation besonderen Sinnrichtung der Bildungsidee angewiesen; welchen Irrtumsmöglichkeiten dieses Verfahren ausgesetzt ist, zeigt eindrucksvoll z.B. der Vergleich von Sprangers Kulturanalysen in den zwanziger Jahren, nach 1933 und nach 1945.

Ungeachtet der unterschiedlichen Begründungen gehen beide Konzeptionen von autonomen Kulturprovinzen bzw. Grundklassen des sozialen Lebens aus; wie sich zeigen läßt, hat die Einführung der autonomen Kulturbereiche in beiden pädagogischen Gesamttheorien eine durchaus vergleichbare Funktion. Für beide Ansätze gilt:

1. Die Autonomie der Kulturprovinz „Bildung" beruht auf einer primär defensiven Haltung gegenüber den anderen Bereichen, z.b. Politik und Wirtschaft, die gewissermaßen selbstverständlich ein primäres Recht beanspruchen, da sie unmittelbare Bedingung für das soziale Überleben von Gemeinschaften sind, dem gegenüber Bildung eher als Luxus erscheint. Die Konstruktion eines eigenen pädagogischen Bereichs dient dazu, in einem schon besetzten Terrain Platz zu schaffen und sich gegenüber den anderen zu behaupten; darum sind klare Grenzen so wichtig.

2. Die Existenz eines autonomen Kulturbereichs ist für beide Ansätze die Bedingung für die Möglichkeit einer autonomen wissenschaftlichen Pädagogik. Die disziplinäre Identität der Pädagogik hängt ab vom Eigenrecht des pädagogischen Kulturbereichs: „Solcher Begriff der Autonomie sichert überhaupt erst die Bestimmtheit des Gegenstandes einer Theorie" (Nohl 1949, S. 124). Die Wissenschaftsdisziplin folgt der Kulturprovinz, nicht etwa umgekehrt.

3. Damit ist die Leistung der Konstruktion autonomer Kulturgebiete aber noch nicht ausgeschöpft. Die Autonomie des eigenen Zwecks bzw. der spezifischen Sinnrichtung ist auch Rechtsgrund für die Autonomie und Eigen-Sinnigkeit des Handelns in diesem Bereich, ganz explizit auch der pädagogischen Professionen und ihrer professionellen Autonomie. Die Autonomie der Kulturprovinz Bildung ist zugleich die Bezugsinstanz für die Ausrichtung pädagogischen Handelns.

Diese wenigen Bemerkungen sollten zeigen, daß der bis heute gängige und wie selbstverständlich genutzte Topos der „Revierverteidigung" auf eine Theoriegeschichte zurückgeht, in der die „Behauptung" - im Doppelsinn von „Deklaration" und „Verteidigung" - eines autonomen Gebietes von größter Bedeutung für Konstitution und Zusammenhang einer wissenschaftlichen Pädagogik war; zugleich wird deutlich, daß die historischen Begründungen nicht mehr überzeugen und durchaus noch mit den Denkmitteln der Moderne kritisierbar sind.

IV.

Ich komme zum letzten Teil. Die folgenden zwei Thesen stehen in keinem Ableitungsverhältnis zu den vorhergehenden Überlegungen, sind aber auf deren Hintergrund diskutierbar.

*1. These: Es gibt kein autonomes pädagogisches Revier im Bereich ge-
sellschaftlichen Handelns, auf das die Pädagogik Monopolansprüche erheben könnte.*

Die Vorstellung: „ökonomische Denkformen dringen in einen gesellschaftlichen Bereich ein, für den genuin die Pädagogik zuständig ist", beruht
auf einem Mißverständnis. Geschichtliche Tatsache ist, daß Fragen der Bildung in der Praxis von Gesellschaften zu jedem Zeitpunkt Gegenstand von
politisch-ideologischen, sozialpolitischen, ökonomischen, rechtlichen und
auch pädagogischen Gesichtspunkten und Argumenten waren. Das Mißverständnis entsteht dadurch, daß Pädagogik im Laufe ihrer Geschichte ihren
Gegenstand meist so konstruiert hat, als wäre sie nicht nur theoretisch, sondern auch praktisch alleine zuständig. Am Anfang der wissenschaftlichen
Pädagogik in der Moderne, der Aufklärungszeit, stehen beide Alternativen:
Rousseau hat an keiner Stelle seiner Erziehungskonzeption die Kosten seines
gedanklichen Modellversuchs erwähnt; die deutschen Aufklärungspädagogen
sahen dagegen sehr wohl, daß - bei aller Emphase für den neu entdeckten
Schlüssel zum Fortschritt der Menschengattung - in der pädagogischen Praxis der handelnden Menschen auch noch konkurrierende Gesichtspunkte eine
Rolle spielten - z.B. die Knappheit an Zeit.[1]

Der umgangssprachliche Begriff „Bildung" umfaßt Verschiedenes: Die
individuelle Menschenbildung und die Investition in Humankapital und den
Anspruch auf einen gehobenen sozialen Status. Spätestens seit im 19. Jahrhundert von den „gebildeten Ständen" im Unterschied zum „einfachen Volk"
gesprochen wurde, hätte die Pädagogik begreifen müssen, daß sie nicht allein
zuständig und auch nicht alleine verantwortlich ist für die Praxis der organisierten Bildung. Daß sie - bis auf wenige Ausnahmen (z.B. Bernfeld) - diesen
Umstand bis in die sechziger Jahre unseres Jahrhunderts negiert hat, zählt
nicht zu den intellektuellen Glanzleistungen der Disziplin.

Besonders fatal war dabei die Vorstellung, die Legitimität einer eigenen
Wissenschaft mit eigenen Lehrstühlen, Fachzeitschriften usw., also die Verankerung im Wissenschaftssystem, sei abhängig von der Verteidigung einer
eigenen Praxisprovinz. Die disziplinäre Identität von Wissenschaft - das ist
auf jeden Fall der heutige Erkenntnisstand - beruht auf grundlegenden, disziplintypischen begrifflichen Strukturen, disziplintypischen Regeln der Beweisführung und der Relationierung der eigenen zu den Erkenntnisaufgaben

---

1 Basedow etwa weist im „Methodenbuch" darauf hin, daß die Eltern keineswegs gehalten
   sind, „den größten Teil ihrer Zeit und Kräfte bloß an die Ihrigen zu verwenden" (Basedow
   1965, S.81).

der anderen Disziplinen, nicht auf dem Monopol für einen Gegenstand. Luhmann beschreibt den Zusammenhang so:

Die Disziplinbildung „orientiert sich nicht an unterschiedlichen Gegenstandsfeldern, die vorher schon vorhanden wären und wie Kolonien nach und nach okkupiert werden. Sie führt deshalb auch nicht zu gegeneinander abgeschlossenen Regionalontologien, sondern bildet ihre Gegenstände nach Maßgabe ihrer Theorien. Das heißt zwar, daß die einzelnen Disziplinen unterschiedliche Phänomenbereiche erfassen, nicht aber, daß die gesellschaftlich konstituierten Dinge wie Länder oder Wolken, Menschen oder Tiere für jeweils nur eine Disziplin konzipiert werden müßten. Und wenn eine Disziplin das versucht..., wird sie kontinuierlich darunter zu leiden haben" (Luhmann 1992, S. 451).

Der wissenschaftstheoretische Hintergrund für das kontinuierliche Leiden der Pädagogik dürfte einmal mehr in der Undifferenziertheit des wissenschaftlichen Zugriffs liegen: Die Konstitution der wissenschaftlichen Pädagogik über die Behauptung eines eigenen Reviers im Gegenstandsbereich sollte metatheoretische, theoretische und praktische Probleme in einem Aufwasch definieren, ohne Rücksicht auf die methodologischen Differenzen und unterschiedlichen Funktionen der dabei zugrundeliegenden Wissensformen.

2. These: Die Dominanz ökonomischer Argumente und Beweisregeln im Bereich der Bildung ist primär ein Problem der Politik, nicht der Pädagogik.

Der Konflikt zwischen pädagogischen und ökonomischen Argumenten, wenn es um das Bildungssystem geht, ist nur politisch zu entscheiden, nicht pädagogisch. Wenn gegen die Forderung: „Es ist pädagogisch zwingend erforderlich, mehr Grundschullehrer einzustellen, um eine pädagogisch vertretbare Gruppengröße zu ermöglichen" als Gegenargument in Anschlag gebracht wird: „Wir brauchen das Geld aber für den Straßenbau", dann ist die Pädagogik argumentativ am Ende und es ist eine Aufgabe der Politik, einen Diskurs im Hinblick auf das Gemeinwohl und darauf bezogene Entscheidungspräferenzen zu führen und schließlich zu entscheiden. Hier - in der politischen Deliberation - ist übrigens auch für Lyotard der Ort, wo „eine lose Anordnung von Diskursarten" ausreicht, „um das Vorkommnis und den Widerstreit darin sprießen zu lassen" (Lyotard 1987, S. 250).

Das am Anfang beschriebene Problem besteht also erst in zweiter Linie in einem Zurückdrängen pädagogischer Argumente; in erster Linie geht es um einen Sieg der Ökonomie über die Politik, indem Fragen des Gemeinwohls - und Fragen des Bildungssystems sind immer ein Teil davon - in zunehmendem Maße dominant mit Denkfiguren wie Wettbewerb/ Leistungsfähigkeit/ Rentabilität usw. behandelt werden; und dies gilt eben nicht nur für den Bildungsbereich, sondern z.B. auch - und, was die Folgen betrifft, vermutlich weit schwerwiegender - für den Sozialbereich.

Was ist zu tun? Klagen über verlorenes Terrain im Bereich der Diskurse laufen ins Leere, denn es geht nicht um Pädagogik, nicht einmal um Wissenschaft allgemein, sondern um Politik. Wissenschaftler können als Bürger diese Politik bekämpfen, indem sie darauf hinweisen, daß man über das Gemeinwohl auch anders als mit ökonomischen Kategorien diskutieren kann. Wenn das bedeutet: „den Widerstreit bezeugen", dann wird man Lyotard folgen können.

Literatur

Basedow, J. B.: Ausgewählte pädagogische Schriften (hg. von A.Reble). Paderborn 1965.

Luhmann, N.: Die Wissenschaft der Gesellschaft. Frankfurt a.M. 1992.

Lyotard, J. F.: Das postmoderne Wissen. Ein Bericht. Graz; Wien 1986.

Lyotard, J. F.: Der Widerstreit. München 1987.

Natorp, P.: Sozialpädagogik. Theorie der Willenserziehung auf der Grundlage der Gemeinschaft. 7. Aufl. Stuttgart 1925.

Nohl, H.: Die pädagogische Bewegung in Deutschland und ihre Theorie. Frankfurt a.M. 1949.

Spranger, E.: Die wissenschaftlichen Grundlagen der Schulverfassungslehre und Schulpolitik (1928). Bad Heilbrunn 1963.

Vogel, P.: Ermöglichung von Öffentlichkeit aufgrund neuer Technologien: Bildungstheoretische Implikationen. In: Oelkes, J./Peukert, H./Ruhloff, J. (Hrsg.): Öffentlichkeit und Bildung in erziehungsphilosophischer Sicht. Köln 1989, S. 89-116.

Berichte über
weitere Symposien

Christoph Lüth / Chistoph Wulf

Symposium „Vervollkommnung durch Arbeit und Bildung? - Anthropologische und historische Perspektiven zum Verhältnis von Individuum, Gesellschaft und Staat[1]"

Ausgangspunkt dieses von Chistoph Lüth und Chistoph Wulf organisierten Symposions ist die Hypothese, daß Arbeit und Bildung zentrale Strategien menschlicher Vervollkommnung sind, deren Gelingen und Mißlingen sich rekonstruieren läßt. Um zu zeigen, an welchen Punkten und auf welche Weise Arbeit und Bildung als Strategien der Vervollkommnung ansetzen, wurden historische bzw. historisch-anthropologische Rekonstruktionen dieser Strategien vorgestellt. Dazu wurden auf dem Symposion zwei Verfahren gewählt. Einmal wurden mit Hilfe des historisch-anthropologischen Verfahrens eher systematische Aspekte aufgegriffen und dargestellt. Zum anderen wurden mit Hilfe historischer Verfahren Fallstudien entwickelt, an denen die Wirkung einer bzw. beider Strategien der Vervollkommnung verdeutlicht wird. Die Mehrzahl der auf diesem Symposion vorgestellten Beiträge konzentrierte sich auf das 18. und 19. Jahrhundert. Ergänzt wurden sie durch zwei eher als Längsschnittstudien angelegte Untersuchungen zur Arbeit (Wulf) und zur Instrumentalisierung der Schulbildung (Keck).

Unter historisch-anthropologischer und unter historischer Fragestellung wurden behandelt:

- Geste und Ritual der Arbeit (Chistoph Wulf);
- Schrift zwischen individueller Bildungsleistung und Gemeinschaftsbildung (Stephan Sting)
- Kooperation und Wettstreit aus humanethologischer Sicht (Johanna Uher)
- Bildung und Alltag. Über die Brauchbarkeit des Besonderen (Eckart Liebau);
- Die Diskussion um das Verhältnis von Staat und Schule in der Spätaufklärung (Hanno Schmitt);
- Revolution durch Bildung? Schillers Briefe „Über die ästhetische Erziehung des Menschen" (Christoph Lüth);

---

1 Der folgende Bericht stützt sich auf die Zusammenfassungen der jeweiligen Autoren.

- Zur nationalpolitischen Funktion des Gymnasiums im Wilhelminischen Kaiserreich (Hans Jürgen Apel);
- Instrumentalisierung der Schulbildung im historischen Längsschnitt (Rudolf W. Keck).

Zur Einleitung rekonstruierte Chistoph Wulf in anthropologischer Perspektive die sich von der Antike bis zur Gegenwart ändernde Rolle der Arbeit für das Selbstverständnis und die Gestaltung des Menschen sowie für die Definition der jeweiligen Gesellschaft. Da die Arbeit in der Gegenwart im Zeichen von Arbeitslosigkeit und Verkürzung der Lebensarbeitszeit ihren ursprünglich universellen Charakter verliere, stelle sich die Frage nach dem Verhältnis von Arbeit als Mittel zur Vervollkommnung des Menschen neu:

1. Arbeit als Geste und Ritual (Christoph Wulf, Berlin)

Als im Oktober 1993 der VW-Konzern die Vier-Tage-Woche ohne Lohnausgleich einführt, war dies ein nicht mehr übersehbares Zeichen dafür, daß der Arbeitsgesellschaft die Arbeit ausging. Manche hatten das seit langem vorausgesehen. So schreibt Hannah Arendt bereits 1958 in prophetischer Voraussicht:

„Was uns bevorsteht, ist die Aussicht auf eine Arbeitsgesellschaft, der die Arbeit ausgegangen ist, also die einzige Tätigkeit, auf die sie sich noch versteht. Was könnte verhängnisvoller sein"? (Arendt, 1981, S. 11/12)

Alle Industrienationen begreifen sich weitgehend als *Arbeitsgesellschaften.* Seit dem Beginn der Neuzeit und vor allem mit dem Beginn der Moderne und der Industrialisierung ist Arbeit in wachsendem Maße zu *dem* bestimmenden Merkmal des Lebens geworden. Große Teile des individuellen und des gesellschaftlichen *Selbstverständnisses* definieren sich hierüber. Wird Arbeit knapp oder fehlt sie gar ganz, kommt es zu individuellen und gesellschaftlichen Sinnkrisen.

Daher ist *Arbeitslosigkeit* der „Grundskandal unserer Gesellschaft". Sie enthält dem Menschen das vor, was er zur Minimalexistenz benötigt...

„Arbeitslosigkeit ist ein Gewaltakt, ein Anschlag auf die körperliche und seelisch-geistige Integrität, auf die Unversehrtheit der davon betroffenen Menschen" (Negt 1984, S. 8).

Heute sind mehr als vier Millionen Menschen in Deutschland, zwanzig Millionen in der Europäischen Union und fünfunddreißig Millionen in Europa von Arbeitslosigkeit betroffen. Die nachhaltig gehegte Hoffnung, durch wirtschaftliches Wachstum genügend Arbeitsplätze zu schaffen, um die *verfestigte Arbeitslosigkeit* zu überwinden, erweist sich als trügerisch. Die Erklärung der Massenarbeitslosigkeit mit zu *hohen Lohnkosten* und zu *starrer Lohnstruktur* greift zu kurz.

Die meisten Menschen in unserer Gesellschaft bestimmen den *Sinn ihres Lebens* wesentlich über Arbeit. Mit Hilfe von Arbeit können die materiellen Erfordernisse befriedigt und soziale und personale Anerkennung gewonnen werden. Die Teilhabe an der gesellschaftlich organisierten Arbeit sichert die soziale Anerkennung des einzelnen. Arbeit hat eine subjektive, eine soziale und eine gesellschaftliche Bedeutung. Über die verschiedenen Bedeutungen von Arbeit und ihre Veränderung können weder die Gesellschaft noch der einzelne frei verfügen. Für den einzelnen bildet sich der Sinn seiner Arbeit im Verlauf seines Lebens. Der Prozeß der Sinnstiftung über Arbeit beginnt in der Familie, wird in der Schule fortgesetzt und steigert sich in der Arbeitswelt. Die mit Arbeit verbundenen Werte und Normen strukturieren und gestalten das Leben. Zu ihnen gehören Werte *wie Motivation* und *Engagement, Rationalität* und *Präzision, Gewissenhaftigkeit* und *Pflichterfüllung, Kreativität* und *Innovationsbereitschaft.* Schon in der Kindheit wird die Übernahme dieser Werte angestrebt. Später werden sie kontinuierlich angebahnt und eingeübt. Die Arbeitswelt wird schließlich *die* gesellschaftliche Institution zur Einschreibung dieser Werte in die Körper der Arbeitenden.

Geste und Ritual der Arbeit sind heute in eine Krise geraten, in der nicht nur neue Strategien der Hervorbringung und Organisation von Arbeit notwendig sind, sondern in der ein neuer Horizont für das Verständnis des Verhältnisses von Arbeit und Leben erforderlich ist. War im Verlauf des Zivilisationsprozesses in Europa Arbeit zu *dem* Sinn des Lebens ausmachenden Faktor geworden, so muß diese Gewichtung der Arbeit gegenwärtig einer Überprüfung unterzogen werden, in deren Verlauf sich auch für das Verhältnis von Arbeit und Bildung neue Perspektiven ergeben. Es entsteht eine *Relativierung* der Bedeutung der Arbeit für die menschliche Sinnfindung und eine *Pluralisierung* der für die Lebensführung relevanten Werte, die sich übrigens in Teilen der jüngeren Generation bereits ankündigt. Um eine stärkere Relativierung und Pluralisierung der für die Lebensführung relevanten Faktoren zu erreichen, bieten sich einige Möglichkeiten an. Eine von ihnen liegt in der historischen Rekonstruktion unseres Verhältnisses zur Arbeit, in deren Rahmen *Arbeit als eine gesellschaftliche Konstruktion* erkennbar wird. Mit der Verdeutlichung ihrer historischen Bedingtheit wird der konstruktive Charakter der Arbeit sichtbar. Damit wird aber auch die historische Wandelbarkeit von Arbeit und unseres Verhältnisses zur Arbeit sichtbar, an dessen Hervorbrin-

gung Calvinismus, Kapitalismus und Industrialisierung einen wichtigen Anteil haben.

Wenn Arbeit als Geste und als Ritual betrachtet wird, werden Dimensionen angesprochen, die in den meisten Diskursen über Arbeit und ihre Zukunft fehlen, die jedoch wichtige Dimensionen für das Verständnis der Kontinuität unseres Verhältnisses zur Arbeit enthalten. Das Verständnis von Arbeit als Geste verweist darauf, daß unser Verhältnis zur Arbeit von früher
Kindheit an habitualisiert und enkorporiert wird. Die Verbindung von Arbeit
und Ritual verweist auf die fundamentale Bedeutung der Arbeit für die Entstehung der *Sozietät* und den inneren Zusammenhalt der *Kommunität*. In der
Ritualisierung der Arbeit zeigt sich der Charakter der Arbeit als eine kulturelle „Aufführung" und Inszenierung. Bezeichnet man Arbeit als Geste, dann
begreift man sie als eine signifikante *Bewegung des Körpers*, der Intentionen
zugrunde liegen, ohne daß sich deren körperliche Darstellungs- und Aus-
drucksformen vollständig aus diesen Absichten erklären ließen. Die Differenz zwischen der Geste der Arbeit als körperlicher Darstellungs- und Aus-
drucksform und ihrer sprachlich interpretativ ermittelten Bedeutung ist un-
aufhebbar. Gesten der Arbeit enthalten also in ihrer Körperlichkeit liegende,
über ihre Intentionalität hinausgehende Gehalte.

Gesten sind Versuche, aus Situationen des bloßen Im-Körper-Seines her-
auszutreten und über den Körper zu verfügen. Voraussetzung dafür ist die
exzentrische Position des Menschen. Sie bewirkt, daß der Mensch nicht nur
wie das Tier *ist*, sondern daß er aus sich heraustreten und sich zur Welt und
zu sich selbst verhalten kann. Auch die Geste der Arbeit beruht auf dieser
Fähigkeit. Da Menschen Gesten als Ausdruck ihrer selbst von innen und
außen wahrnehmen können, gehören Gesten zu den zentralen menschlichen
Ausdrucks- und Erfahrungsmöglichkeiten. In Gesten verkörpern sich Menschen und erfahren sich in der *Verkörperung*. Im gesellschaftlichen Umgang
mit Gesten, Ritualen und Rollen wird körperliches Sein in Haben umgewan-
delt. Gesten haben im Prozeß menschlicher *Selbstdomestikation* eine wichtige Funktion. In ihnen fallen Innen und Außen zusammen. Der menschlichen
Weltoffenheit geschuldet, schränken sie diese Bedingung gleichzeitig durch
Konkretisierungen ein. Die Bedeutung von Gesten ändert sich in Abhängigkeit von Raum und Zeit, Geschlecht und Klasse. Gesten der Arbeit sind im
allgemeinen geschlechts- und klassenspezifisch. Oft sind sie an soziale Räume, Zeitpunkte und Institutionen gebunden. Über die Einübung *institutions-
spezifischer Gesten* setzen Institutionen ihre Machtansprüche durch. Die Geste des Arbeitens ist komplex und enthält ein großes Spektrum unterschiedlicher Ausprägungen. So bestehen zwischen Arbeitsformen, in denen der re-
petetive Charakter ausgeprägt ist, und Formen, in denen Spontaneität und

Kreativität eine zentrale Rolle spielen, so große Unterschiede, daß es schon beinahe unzulässig ist, von *einer* Geste des Arbeitens zu reden. Treffender wäre es vielleicht, von *Gesten des Arbeitens* zu sprechen. Mit Hilfe von *Ritualen,* die sich als *symbolisch kodierte Körperprozesse* begreifen lassen, wird die soziale Realität der Arbeit erzeugt und interpretiert, erhalten und verändert. Mit Ritualen, die von Gruppen in sozialen und normativ bestimmten Räumen vollzogen werden, werden soziale Normen der Arbeit in die Körper eingeschrieben. Mit diesen Einschreibungsprozessen werden auch in den Normen der Arbeit enthaltene soziale *Machtverhältnisse* inkorporiert. In den Ritualen der Arbeit findet eine *Selbstinszenierung der Gesellschaft,* der Kultur und des einzelnen statt, in deren Verlauf auch die erforderlichen Habitusformen erworben, bestätigt und in praktisches Wissen transformiert werden.

Immer wieder inszenieren Menschen Situationen des Arbeitens. Viele dieser Situationen sind rituell, haben einen herausgehobenen Charakter, sind sichtbar und sollen gesehen werden. Wie alle Rituale haben sie einen Anfang und ein Ende, vollziehen sich in der Zeit und in bestimmten Räumen. Rituale der Arbeit lassen sich als Formen gesellschaftlicher Praxis, als Strategien sozialen Handelns begreifen. Ihre Bedeutung läßt sich nicht auf ein Zweck-Mittel-Schema reduzieren. Rituale der Arbeit erhalten ihre soziale Funktion dadurch, daß sie eine symbolische Bedeutung haben und durch diese überdeterminiert sind. Arbeit ist immer auch *Selbstdarstellung,* sei es, daß ihre Rituale Gott oder andere Menschen zum Bezugspunkt haben. Die Selbstdarstellung des heutigen Menschen vollzieht sich wesentlich über die Inszenierung von Ritualen der Arbeit. In Fortschreibung der calvinistischen Dynamik kommt es zu einer gewaltigen Intensivierung und Ausweitung der Arbeit, als sei Arbeit der einzige Sinngarant menschlichen Lebens. Die Intensivierung der Arbeit mündet häufig in *Überarbeitung,* daß heißt in eine Unterordnung aller Lebensprozesse und Tätigkeiten unter die Arbeit mit der Erfahrung, daß deren Anforderungen dennoch nicht angemessen erfüllt werden können. Arbeit wird statt zu einer Anforderung zu einer Überforderung. Damit einher geht die *Ausdehnung der Arbeitsgeste* auf alle Bereiche menschlichen Lebens, so daß von politischer Arbeit, Kulturarbeit, Bildungsarbeit, ja sogar von Beziehungsarbeit die Rede ist.

Über die Strukturierung der Zeit und der Arbeit sowie ihrer Wechselbeziehungen wird ein allseitig „anschließbarer" und einsetzbarer Mensch erzeugt, der den Anforderungen moderner Industriegesellschaften gerecht werden soll. Über die Disziplinarmächte „Zeit" und „Arbeit" wird der universelle Mensch hergestellt, der sich so lange auf dem sicheren Wege der Vervollkommnung als Individuum und als Gattung glaubte. Unterstützt wurde diese

Entwicklung durch die großen Ideologien der letzten Jahrhunderte, die darauf
bestanden, daß einer Fortentwicklung des Menschen nichts im Wege stünde.
Insofern diese *Erzählungen* ihre Bindekraft eingebüßt haben, haben sich auch
die Zweifel an der Herstellbarkeit des universellen Menschen erhöht. Insoweit die Ökonomie der *Arbeit* und die Ökonomie der *Zeit* für die Hervorbringung des modernen Menschen eine wesentliche Rolle spielen, stellt sich
angesichts der Beschleunigung der Zeit und angesichts der Verknappung von
Arbeit die anthropologische Frage neu. Im Rahmen einer auf den universellen Menschen gerichteten normativen Anthropologie ging es vorwiegend um
die Perfektibilität von Mensch und Gattung mit Hilfe von Arbeit. Nach dem
Ende einer verbindlichen Anthropologie und angesichts des Schwindens der
Bedeutung von Arbeit als Motor menschlicher Vervollkommnung stellt sich
die Frage nach dem Verhältnis von menschlicher *Vervollkommung und Un-
verbesserlichkeit* neu. Wenn immer mehr Menschen nicht mehr durch Arbeit
vervollkommnet werden, verlieren Arbeit und Mensch ihren universellen
Charakter. Dann wird es notwendig, mit der Relativierung der Funktion der
Arbeit den so lange unterstellten universellen Charakter des Menschen in
Frage zu stellen. Das Interesse gilt dann eher dem *historischen partikularen
Menschen mit seinen spezifischen Fragen und Problemen.* Hierin liegt eine
Chance für neue Formen menschlicher Selbstverhältnisse und für neue For-
men *reflexiver historischer Anthropologie.*

Mit dem Ende einer normativ verbindlichen Anthropologie ergibt sich
also die Notwendigkeit, den *universellen Charakter der Arbeit zu relativieren.* Zu unterscheiden gilt es dann diverse Formen von Arbeit von anderen
Tätigkeiten des Lebens. Damit verliert Arbeit den Charakter eines Synonyms
für Leben. In ihrer Studie zur „Vita activa oder Vom tätigen Leben", hat
Hannah Arendt in eine ähnliche Richtung gedacht. Ihr ging es um nichts
mehr, „als um dem nachzudenken, was wir eigentlich tun, wenn wir tätig
sind" (Arendt 1981, S. 12). Nicht die Arbeit, sondern das tätige Leben stehen
im Mittelpunkt. In seinem Rahmen lassen sich neben der *Arbeit* das *Herstellen* und das *Handeln* unterscheiden. Um tätig sein zu können, gilt es zu arbeiten, d.h. sich im Austausch mit der Natur am Leben zu erhalten. Darüber hinaus gilt es im Herstellen eine künstliche von den Naturdingen unterschiedene
Welt, eine Welt des Menschen, der Gegenständlichkeit und der Objektivität
zu erzeugen. Schließlich geht es im Handeln nicht um eine Auseinandersetzung mit der Naturwelt oder der künstlichen Welt der Menschen, sondern um
die Tätigkeit, die sich unmittelbar zwischen den Menschen abspielt. Alle drei
Aktivitätsformen sind differente Tätigkeiten, die nicht einer einzigen Tätigkeit mit *einem* Gestus untergeordnet werden sollten.

So wichtig diese Differenzierung für die Relativierung der Arbeit und ihres universellen Anspruchs und damit für das Selbstverständnis des Menschen ist, so sollte man sich nicht darüber hinwegtäuschen, daß die Schwierigkeiten derartiger Differenzierungen gerade darin liegen, daß die analytisch so klar getrennten Bereiche in den Lebenspraxen sich überlappen und kontinuierlich mischen, so daß diese und ähnliche Differenzierungen eingeebnet werden. Im weiteren gilt es, das Verhältnis von Arbeit und Leben näher zu differenzieren. Dadurch wird der universelle Charakter der Arbeit weiter relativiert, so daß neue Perspektiven für einen *souveränen Umgang* mit Arbeit, Arbeitslosigkeit, Herstellen und Handeln - mit dem aktiven und kontemplativen Leben entstehen können.

Lüth/Wulf: Im folgenden Beitrag von Stephan Sting wird die zentrale und bislang wenig gesehene Bildungsfunktion der Schrift für das Individuum und für die Gemeinschaft zum Thema. Schrift erscheint dabei als eine der wichtigsten Strategien individueller und kollektiver Vervollkommnung:

2. Schrift zwischen individueller Bildungsleistung und Gemeinschaftsbildung (Stephan Sting, Berlin)

Der Vortrag ging von Überlegungen zur sozialen Wirkung von Technik und Medien aus. Mit der Ausbreitung von sozial hervorgebrachten, materiellen Umwelten verselbständigt sich der materielle Aspekt von Gesellschaft und Kultur und wird zu einer eigenen Dimension in der Auseinandersetzung mit der Wirklichkeit. Schrift stellt einen Bereich dieser kulturellen Materialität dar. Zahlreichen Untersuchungen zufolge scheint der Schriftgebrauch einen *Subjektivierungsschub* mit sich zu bringen (vgl. z.B. die Arbeiten von Giesecke 1994, Goody/Watt 1986, Illich 1991 und Ong 1987): Der einzelne wird von den sozialen Regeln und der kulturellen Tradition nicht vollständig determiniert, sondern er bewahrt eine kritische Distanz und eine zumindest partielle Autonomie, die seine soziale und kulturelle Integration von eigenständigen Verarbeitungs- und Vermittlungsleistungen abhängig macht. Die Herstellung von schriftlichem Wissen auf der Basis subjektiver Konstruktionen, Fiktionen und Interpretationen garantiert dabei keine Übereinstimmung der verschiedenen Perspektiven. Im Rahmen von Schriftlichkeit wird die Erzeugung sozial verbindlicher Orientierungen zu einem offenen Problem, das in der gleichzeitig mit der Ausbreitung von Schrift einsetzenden Bildungsdiskussion bearbeitet wird. „Bildung" soll gemeinsame Kriterien, Bedeutungen und Praktiken etablieren, die den Umgang mit Schrift sozial absichern, aber die von Schrift veranlaßte Subjektivierung nicht aufheben. Sie soll eine *nichtdeterministische Integration* des Subjekts in die Gesellschaft leisten, die über die Selbsttätigkeit der zu bildenden Subjekte verläuft.

Für die frühe Neuzeit werden drei Bildungskonzeptionen herangezogen, in denen das Verhältnis von Subjekt und Gesellschaft auf unterschiedliche Weise verbindlich zu bestimmen versucht wurde. Bei Alberti 1986 (1434 - 1442) sollte eine per literarische Bildung zu erwerbende „Ehre" ein Maß für die Bildung liefern. Die soziale Anerkennung des einzelnen war dabei nicht nur von der individuellen Bildungsleistung, sondern ebenso vom intersubjektiven Aushandeln der Beurteilungskriterien für die Bildung abhängig. Erasmus von Rotterdam 1963 (1529) verschärfte den Autonomieanspruch des Subjekts. Der Gefahr der Orientierungslosigkeit wurde durch eine Methodisierung der Bildung begegnet, die letztlich durch die Person des Lehrers legitimiert war, der vorbildhaft für die soziale Absicherung der Bildung zu sorgen hatte. Das Problem der Selbstbildung des Lehrers blieb ungelöst; sie stand unter dem Vorbehalt eines Spiels, dessen Beziehungen auf die Realität ungeklärt blieben. Demgegenüber forderte Luther (1957) eine innere Gewißheit in der Auseinandersetzung mit Schrift, eine imaginäre „Verschmelzung" mit dem schriftlichen Vorbild. Die äußere Schrift schien einer inneren Schrift zu entsprechen, die das Subjekt im eigenen Herzen aufzuspüren hatte. Trotz dieser Subjektivierung kam auch der reformatorische Schriftgebrauch nicht ohne soziale Absicherungen aus. Die Übersetzbarkeit der Heiligen Schrift ließ das bildungswirksame Wissen auf den Horizont einer nationalen Schriftkultur reduzieren und auf das Wohl der Gemeinschaft verpflichten. Die in öffentlichen Schulen zu institutionalisierende Bildung basierte aber auf einer Selektion und Zensur nach rein subjektiven Kriterien. An die Stelle des erasmischen Spiels trat ein Macht- und Geltungsanspruch, der nur durch seine soziale Resonanz gestützt wurde.

An der Schwelle zum 18. Jahrhundert nahm mit der Ausweitung des Schriftgebrauchs die *Spannung zwischen den Pluralisierungstendenzen von Schrift und der Konstitution sozialer Bedeutungs- und Beurteilungshorizonte* zu. Die soziale Integration verlief zusehends über die Einbindung des Subjekts in *konkrete Gemeinschaften*. Im Pietismus wurde der selbstreflexive Dialog mit der inneren Herzensschrift mit vielfältigen Schriftformen wie Tagebuch, Autobiographie und Briefen verknüpft, während das Alltagsleben vom Umgang mit schriftlichen Ordnungen, Registern, Listen und Berichten durchsetzt war. Gegen die drohende Pluralisierung wurden Bildung und

Schriftpraxis auf eine „Einfalt" verpflichtet, die das Subjekt nicht für sich selbst erreichen konnte. Daher orientierte es sich auf eine neue Weise an der Gemeinde, die z.b. auch in Franckes 1962 (1704) Weltreformprojekt als eigentlicher Adressat auszumachen ist. Die selbstbildende Schriftpraxis wurde so mit der Bildung der Gemeinde als konkreter sozialer Teilgruppierung verschränkt.

Die Expansion des Schriftgebrauchs in der zweiten Hälfte des 18. Jahrhunderts ging mit der Ausbreitung von Lesegesellschaften einher, die die sozial konstitutive und kollektiv orientierende Funktion der Gemeinde übernahmen. Die „lesende Öffentlichkeit" der sich etablierenden bürgerlichen Gesellschaft zerfiel in Lesezirkel und Diskussionsgemeinschaften, in freiwillige „Assoziationen", die die neuen abstrakten Ideale wie „Bildung", „Aufklärung", „Menschheit" und „Nation" konkretisierten und Bewertungskriterien für das neue Schrifttum einführten. Dabei wurde die von der Verschriftlichung hervorgerufene Entgrenzung des Wissens abgesichert und in einen Horizont sozialer Bedeutungs- und Sinnzuweisungen eingespannt.

Nach der Französischen Revolution wurde die lesende Öffentlichkeit verstärkten Kontroll- und Zensurmaßnahmen unterworfen. Die Lesegesellschaften verloren ihre kollektiv orientierende und gesellschaftsbildende Funktion, die vor allem in Preußen zusehends von den staatlichen Bildungsinstitutionen übernommen wurde. Bildung wurde mit den Ansprüchen des Gemeinwohls und der „Regenten-Sicherheit" konfrontiert; unterhalb der nationalen, staatlich regulierten Bildung blieb jedoch die konkrete Bildungsgemeinschaft als Verbindlichkeit und Orientierung erzeugende Kraft bestehen. Für Schleiermacher (^{5}1993) bringt deshalb die subjektive Beschäftigung mit Schrift nur Differenzen und Mißverstehen hervor, die durch Bildung in Bildungsgemeinschaften einer „Harmonisierung" unterzogen werden müssen. Kein einzelnes Subjekt sei für sich in der Lage, die Fragmentierungen und Pluralisierungen von Schrift zu überwinden. Erst seine Integration in Wissens- und Lektüregemeinschaften - in die Gemeinschaften der Schulen, Universitäten und Akademien - erzeuge eine Verbindlichkeit, die seine Selbstorientierungsversuche durch je spezifische, kollektive Wissens- und Bildungshorizonte unterläuft. *Schriftbildung ist damit abhängig von differierenden literarischen Cliquen und wissenschaftlichen Zirkeln.* Die Aufrechterhaltung der Eigenständigkeit des Subjekts erfordert trotz der mit dem Schriftgebrauch einhergehenden Subjektivierung eine Selbstreflexion, die die Wirkungen des anderen im Selbst im Auge behält.

Lüth/Wulf: Welche Vorstellungen vom Menschen haben die Strategien der Vervollkommnung im 19. Jahrhundert hervorgebracht? Eckart Liebau ging

dieser Frage unter Zuspitzung auf den Zusammenhang von Bildung und Alltag nach:

3. Bildung und Alltag. Über die Brauchbarkeit des Besonderen[2] (Eckart Liebau, Erlangen)

Über die Brauchbarkeit des Besonderen: Der folgende Text handelt vom Zusammenhang von Bildung, Arbeit, Kunst und Wissenschaft in drei historisch-
anthropologischen Konzeptionen des mittleren bzw. späten 19. Jahrhunderts,
von drei Modellen der Vervollkommung des Menschen: dem allseitigen Individuum, dem Übermenschen und der Person. Es geht also um Marx, Nietzsche und Dilthey.

Das allseitige Individuum

Es war Karl Marx, der Arbeit und Bildung, Arbeit und Alltag, Alltag und
Bildung in seinem Projekt des Sozialismus als menschlicher Emanzipation
zusammengedacht und der als Erziehungskonzept für das allseitige Individuum die polytechnische Bildung entworfen hat. Vervollkommnung des Menschen schien ihm nur durch und bei gleichzeitiger Aufhebung der Arbeitsteilung möglich - die theoretischen Einzelheiten kann ich mir hier sparen.
Das Projekt jedenfalls war radikal: Vervollkommnung des Menschen war
nicht als individuelles Projekt denkbar, sondern nur als kollektives; es war
nicht innerhalb der bestehenden Verhältnisse zu verwirklichen, sondern nur
durch deren Umsturz; es war nicht für alle Menschen gleichzeitig vorgesehen, sondern zunächst nur für die Klasse, die den Umsturz vollziehen sollte;
am Ende aber sollte die „Universalität des Individuums" als „Universalität
seiner realen und ideellen Beziehungen" stehen.

Das Modell gibt der Künstler. Ihm wird wirklich freies Arbeiten bereits
zugeschrieben. „Verdammtester Ernst, intensivste Anstrengung" zeichnet sei-

---

2   Die ausgearbeitete Fassung des Vortrags erscheint unter dem Titel „Bildung, Arbeit,
    Kunst und Wissenschaft. Über die Brauchbarkeit des Besonderen" In: Legler, W./Pazzini,
    K.J. (Hg.): Lehrer zwischen Erziehungswissenschaft und Kunst. Gunter Otto zum 70. Ge-
    burtstag. 1997.

ne kreative Arbeit aus, nicht etwa Spiel: Marx war bekanntlich kein Hedo-
nist, er vertrat auch kein hedonistisches Programm, ihm war es ernst und er
meinte es auch ernst: „Die Arbeit kann nicht Spiel werden", heißt es in den
„Grundrissen" (Marx [1857/58] 1969, S. 599). Marx denkt die Vervollkommnung des Menschen durch Arbeit nach dem Modell des Künstlers; Bildung und Erziehung sind ihm Mittel auf dem Weg zur befreiten Arbeit und
dem in ihr und durch sie befreiten „allseitigen" Individuum.

Das Besondere, die Tätigkeit des Künstlers, in der die Schöpferkraft des
Menschen exemplarisch sichtbar wird, soll und kann also verallgemeinert
werden, soll und kann brauchbar gemacht werden für das allgemeine poli-
tisch-moralische Emanzipationsprojekt. Marx glaubt ungebrochen positiv an
diese Möglichkeit; er hält sie für die einzige welt- und lebensrettende Perspektive - eine sehr brave, sehr moralische, sehr pädagogische universali-
stisch-fortschrittsfreudige und ausdrücklich historische Anthropologie.

Der Übermensch

Es sollte nicht lange dauern, bis diesem Programm ein ebenso radikaler Ge-
genentwurf gegenübergestellt wurde: Nietzsches Kultur- und Gesellschafts-
kritik ist nicht weniger scharf als die Marxsche, eher im Gegenteil. Aber
seine Anthropologie ist eine andere. Sie sieht keine allgemeine Rettungsper-
spektive, keine allgemeine Wendung zum Guten, keine allgemeine Moral.
Moral erscheint hier als bloß gesellschaftliche Funktion; sie ist der Kitt des
Gesellschaftsgebäudes und dementsprechend je nach Gebäude wandelbar -
eine radikal kulturrelativistische Perspektive wird hier entwickelt. Retten
kann sich nur der einzelne, der sich, im Bewußtsein der unüberwindlichen
Ambivalenz des menschlichen Wesens, auf den Weg an die Grenzen der
Erfahrung, auf den Weg zum „Übermenschen" macht.

Den Weg dorthin weist für Nietzsche die Kunst: Er bezieht sich jedoch
nicht auf die Arbeit des Künstlers, er bezieht sich auf die Bedeutung und
Wirkung der Kunst selbst - sie macht das Leben erträglich; sie macht die
Wissenschaft aushaltbar und lebendig, sie ist der Weg zur „Freiheit über den
Dingen". Ironie, Selbstdistanz, der verfremdete und verfremdende Blick von
außen ist die lebensnotwendige Haltung, die der Schwere und Ernsthaftigkeit
von Wissenschaft und Alltag gegenwirken kann und Freiheit ermöglicht.
Nietzsche intoniert also ein radikal individualistisches Befreiungsprogramm.
Nicht in der Kollektivität, sondern in der Individualität des Menschen, der
sich selbstironisch mittels der Kunst zum Thema macht, liegt für ihn, wenn
überhaupt, die rettende Perspektive.

Nietzsche denkt die Vervollkommnung des Menschen nicht historisch und nicht kollektiv, sondern existentiell und individuell. Die entscheidenden Medien sind Kampf, Kunst und auch lebendige, „fröhliche" Wissenschaft. Kein braves, kein moralisches, kein pädagogisch-universalistisches Programm also wird da artikuliert, sondern ein radikal ästhetisch-individualistisches Projekt. Die Brauchbarkeit des Besonderen erweist sich nicht in ihrem gesellschaftlichen, sondern in ihrem individuellen Nutzen - und zwar ausschließlich und in radikaler Opposition von Individuum und Gesellschaft. Die Grundlage bildet eine auf die Naturwissenschaften gestützte lebensphilosophische Anthropologie.

Die Person

Der Revolutionär ordnet die Gesellschaft dem Individuum und der Natur über, der Übermensch das Individuum und die Natur der Gesellschaft. Beides sind dementsprechend disharmonische, auf Konflikt angelegte Konzepte. Interessanterweise bietet das 19. Jhdt. aber auch einen harmonisch-vermittelnden Ansatz. Die Antinomie zwischen Gesellschaft und Individuum jedenfalls hält Wilhelm Dilthey für eine falsche, für eine unhistorische Abstraktion.

In den Pädagogik-Vorlesungen, im Abschnitt „Grundlinien eines Systems der Pädagogik" versucht Dilthey die Vermittlung: Er sieht einen gemeinsamen „*Koinzidenzpunkt*" für die „einheitliche Aufgabe des Erziehungsgeschäftes.(...) Dieser liegt in der Beziehung der psychologischen Tatsache der individuellen Anlagen auf die gesellschaftlichen Tatsachen der Arbeitsteilung und der getrennten Berufsarten." (Dilthey [1894], 1971, S. 51).

Entscheidend ist das systematische Argument: Erziehung hat zugleich dem Individuum und der Gesellschaft zu dienen. Dies leistet sie als Erziehung zum Beruf; dadurch wird der Mensch „Person".

Dilthey also erhebt die Erziehung selbst zur Kunst. Das Besondere kommt nicht als äußerer Bezugspunkt und Referenzrahmen ins Spiel, es bildet vielmehr den Kern der erzieherischen Praxis. Daß der Erzieher als Künstler tätig werden soll, hängt an der doppelten Aufgabe der Förderung der Individualität der Person und der damit vermittelten, gleichzeitigen Förderung ihrer gesellschaftlichen Brauchbarkeit.

Dilthey denkt die Vervollkommnung des Menschen in der und durch die Verbindung von Arbeit und Bildung auf der Grundlage der natürlichen Ausstattung des Menschen. Sein Entwurf der Person steht in anthropologischer Hinsicht näher bei Marx als bei Nietzsche. Von Marx wie von Nietzsche unterscheidet sich Dilthey jedoch radikal durch die sozial-integrative Perspektive: Es geht nicht um das „ganz andere", die Revolution oder den Übermenschen, sondern um die tendenziell harmonische Verbindung zwischen Gesellschaft und Individuum und zugleich um die vorsichtig-behutsame Weiterentwicklung der bürgerlichen Gesellschaft zu ihrer höheren Vollkommenheit. Diltheys Anthropologie ist zugleich natur- und gesellschaftswissenschaftlich geprägt; sie ist offenen, scientifischen Zuschnitts - wenn auch, bei aller Differenziertheit, durchaus brav, moralisch, in Maßen fortschrittsfreudig.

Wenn auch Dilthey die scientifisch einzig tragfähige Perspektive bietet, so sind doch für das pädagogische Projekt auch Marx und Nietzsche weiterhin mitzubedenken. Denn die Erziehungskunst braucht auch den Künstler und die Kunst.

Lüth/Wulf: Kooperation und Wettstreit stellen zwei weitere Strategien individueller und kollektiver Vervollkommnung dar. Zweifellos handelt es sich dabei um historisch-gesellschaftliche Strategien, deren nachhaltige Wirkungen durch die von Johanna Uher entwickelte humanethologische Perspektive in einem neuen Licht erscheinen:

4. Kooperation und Wettstreit - humanethologische Sicht eines pädagogischen Aufgabenfeldes (Johanna Uher, Erlangen-Nürnberg)

Das Individuum bedient sich zur Bewältigung seines Lebens im sozialen Verband einer Reihe von Strategien, die ihm u.a. bei der Wahrung seiner Lebensinteressen helfen sollen.

„Kooperation" und „Wettstreit" sind Strategien, die die Erwirtschaftung von Vorteilen im sozialen und materiellen Bereich zum Ziel haben. Beide Strategien funktionieren grundlegend auf der individuellen Ebene. Das Leben in Gesellschaften und Staaten erfordert jedoch, diese individuell gültigen Strategien auch für solche sozial komplexeren Strukturen funktionabel zu gestalten. Mit dieser neuen Zieldefinition sind allerdings Schwierigkeiten in der Umsetzung verbunden, die eine pädagogische Einflußnahme sinnvoll erscheinen lassen.

„Kooperation" und „Wettstreit" sind, auch angesichts der aktuellen, globalen Aufgaben und Probleme im ökologischen, ökonomischen und sozialen Bereich, mit unterschiedlichem Gewicht zu fördern:

Unter dem Eindruck, daß mit zunehmender Bevölkerung und bei ungefähr gleichbleibenden Lebensressourcen der Vorteil des einen (einer Grup-
pe/von Staaten) zunehmend den Nachteil anderer impliziert, ist die Entwicklung und Förderung von Strategien vonnöten, die ein „Miteinander" bevortei-
len und helfen, Auseinandersetzungen einzuschränken. Um dies auf regionaler, auf staatlicher und internationaler Ebene für die Lösung kleinräumiger
und bis hin zur Lösung globaler Probleme funktionabel gestalten zu können,
muß durch Erziehung zum Abbau von Konflikten und zur verstärkten Nutzung der kooperativen Fähigkeiten des Menschen Einfluß genommen werden.

Eine pädagogisch-anthropologische Betrachtung sucht hierbei nach den
Funktionsmechanismen, die der gruppenspezifischen Variabilität von Zielvorgabe und Strategieanwendung zugrundeliegen und muß auch nach den
Umgebungsparametern fragen, die eine Anwendung der gewählten Strategi-
en beeinflussen.

Kooperation und Wettstreit sind grundlegende Muster der biologischen
und der kulturellen Evolution (Eibl-Eibesfeldt 1986). Kooperation und Wettstreit gehören zu den wichtigsten Triebfedern des Lebens, sind im menschlichen Sozialverhalten tief verwurzelt und kulturenübergreifend beobachtbar.
Das Ausmaß an Betonung und Akzeptanz beider Strategien ist zumeist grup-
penspezifisch. In unserer aktuellen Gesellschaft ist die Sichtweise ambivalent: Während Kooperation allgemein als freundlich, sozial und förderungs-
würdig gilt (Weber 1986), wird Wettstreit/Konkurrenzverhalten als egozen-
trisch und sozial wenig kompatibel erachtet. Allerdings wird die im Vergleich erbrachte Leistung/Arbeit des einzelnen von der Gruppe (auch im Bereich Schule, vgl. Liedtke 1991) belohnt. Konfliktbereitschaft, Auseinander-
setzungsfreudigkeit und individuelles Durchsetzungsvermögen sind gesellschaftlich attraktiv. Ohne diese Fähigkeiten ist eine gute Stellung in der
Gruppe nicht erreichbar.

Es wäre nicht nur vom anthropologischen Ansatz her falsch, diesen Faktor zu unterdrücken; vielmehr muß die Einsicht in die Wettstreitregeln, in die
Wahl der Methoden und damit insgesamt das Verständnis von ritualisier-
tem/beschädigendem Wettstreit, von reziprokem Verhalten, das hierbei die
effektivste Methode ist (vgl. Strategie der „flexible response" des „Kalten
Krieges") (Maynard-Smith/Price 1973), gefördert werden. Ergänzend kann
auf der motivationalen Ebene durch Bereitstellung geeigneter Umgebungspa-
rameter eine Entscheidung pro Kooperation bevorteilt werden.

Die Konstanz von Raum und Sozialsystem spielt bei der Entscheidung
für/gegen Kooperation eine wichtige Rolle: Ein Individuum ist beispielsweise vor allem dann bereit zu kooperieren, wenn weitere Treffen der Kooperati-

onspartner wahrscheinlich sind oder aber die Möglichkeit hierzu völlig offen ist. Scheint sicher, daß man den anderen nicht mehr trifft, ist Kompetition die effektivste Strategie (Axelrod 1988). Familialität unterstützt die Entscheidung pro Kooperation; personenbezogene Variablen wie „Reputation" und „Verläßlichkeit" hierbei beeinflussend. Zur Kooperation führt auch die „gemeinsame Idee" (Senghe 1994), die sog. Langzeitvision, die den Beteiligten die Möglichkeit der zukünftgen Auszahlung als Illusion „garantiert".

Das Ziel/der Nutzen einer Kooperation ist für Individuen wie Gruppen grundlegend und beeinflußt auch die Wahl der Strategie. Kooperation funktioniert zudem nur dann, wenn individuelles Konkurrenzverhalten mit vielleicht großem, selbst kurzfristigem Nutzen zugunsten des gemeinsamen Zieles überwunden wird. Diese Leistung zu erbringen fällt besonders dann schwer, wenn es um Kooperationen mit langfristiger, damit wenig kontrollierbarer Auszahlung geht. Die Komplikation nimmt weiter zu, wenn fremde Personen/Gruppen in die Entscheidungsfindung involviert werden (z.B. Staatenkooperation zur Bekämpfung der Umweltprobleme des 21. Jahrhunderts). Eibl-Eibesfeldt (1994) verweist auf die Schwierigkeiten, die durch den Selektionsfaktor „Maximierung des unmittelbaren Erfolgs" bereitet werden, wenn ein affektives Engagement für ein Ziel in weiter Zukunft geweckt werden soll. In der Motivation von Individuen zur Kooperation mit langfristiger Auszahlung liegt demnach auch ein Schwerpunkt der pädagogischen Aufgabe.

Kooperation ist hinsichtlich Motivation und Umsetzung ungleich komplexer als Wettstreit. Sie setzt sich zusammen aus verschiedenen situationsangepaßten Verhaltensweisen, die trainiert und gelehrt werden müssen. Eine Unterweisung in „Kooperation und Reziprozität" (auch im Rahmen der Schule) erscheint sinnvoll und dringlich (Nowak et al. 1995) und wird nicht nur im Hinblick auf die Lösung bestehender, globaler Probleme eine Überlebensvoraussetzung werden.

Lüth/Wulf: Damit wurde in *anthropologischen* und *systematischen* Dimensionen die Rolle der Arbeit (Wulf), der Schrift (Sting), von Arbeit, Kunst und Wissenschaft (Liebau) sowie der Prinzipien Wettstreit und Kooperation (Uher) für die Bildung, insbesondere für das Projekt der Vervollkommnung des Menschen im Bildungsprozeß untersucht. In der *politischen* Dimension wurde in drei weiteren Einzelstudien, die verschiedenen Epochen (Aufklärung, Deutscher Idealismus, Kaiserreich) gewidmet wurden, das Verhältnis von Erziehung, Gesellschaft und Staat unter dem Gesichtspunkt der Vervollkommnung (Schmitt, Lüth) bzw. der Staatserhaltung (Apel) betrachtet. Für die Epoche der deutschen Spätaufklärung zeigte Hanno Schmitt, daß das Verhältnis von Staat und Schule Gegenstand verschiedener, zumeist kritischer Diskurse war, die insbesondere hinsichtlich der staatlichen Schulaufsicht (Schulreform, Lehrer, Unterrichtsmethode) und der Schulvielfalt auch aktuelle Bedeutung hätten. Hingegen hätte es noch kaum *reale* Zugriffsmöglichkeiten des Staates auf das Schulwesen gegeben:

5. Die Diskussion um das Verhältnis von Staat und Schule in der Spätaufklärung (Hanno Schmitt, Potsdam)

Der Gedanke der Verantwortlichkeit der regierenden Fürsten für das Schulwesen fand in der 'Polizeyliteratur' und den Staatslehren des 17. Jahrhunderts sowie in der kameralistischen Literatur des 18. Jahrhunderts eine *allgemeine Verbreitung*. Dieser in der politischen Theorie geforderte Staat ist in der historischen Realität bis ins 19. Jahrhundert hinein *nicht existent* gewesen. Die staatlichen Zugriffsmöglichkeiten auf Schule waren deshalb auch in dem für den Vortrag relevanten Untersuchungszeitraum des letzten Drittels des 18. Jahrhunderts sehr gering. Dessen ungeachtet gab es im Umfeld des Philanthropismus eine Diskussion über das Verhältnis von Staat und Schule, in der die staatliche Schulaufsicht einer fundamentalen und in einer Reihe von Argumenten modern scheinenden Kritik unterzogen wurden. Dabei waren folgende Strukturmerkmale bestimmend:

(1) Die vom Philanthropismus ab 1766 programmatisch geforderten Veränderung der Rahmenbedingungen für eine Reform des niederen und höheren Schulwesens schienen *zunächst* nur dann Aussicht auf Erfolg zu haben, wenn die Neueinrichtung, Beaufsichtigung und Reform der Schulen ausdrücklich dem Staat vorbehalten war.

(2) Dieser philanthropischen Forderung wurde ab 1785 in den kleineren Territorien Braunschweig-Wolfenbüttel und Anhalt-Dessau, etwas später auch in Preußen durch die Einrichtung einer staatlichen obersten Schulaufsichtsbehörde entsprochen. Diesen *Anfängen staatlicher Bildungspolitik* lag ein „Bündnis auf Zeit" der führenden Vertreter des deutschen Philanthropismus mit den jeweiligen reformwilligen Fürsten sowie Teilen ihrer leitenden, mit der Aufklärung sympathisierenden Beamten zugrunde. Die wechselvolle Entwicklung und das schließliche Scheitern dieser Anfänge der modernen Bildungsreform im Widerstreit der gesellschaftlichen Kräfte sind relativ gut erforscht.

(3) Im Zuge dieser Entwicklung kam es im *Braunschweigischen Journal*, einem überaus frühen Zeugnis pädagogisch-politischer Publizistik, zu einer fundamentalen Kritik der staatlichen Monopolstellung beispielsweise bei Einstellung und Bezahlung der Lehrer oder auch der Einführung neuer Unterrichtsmethoden. Als Alternative dazu wurde ein *Marktmodell in freier Konkurrenz* empfohlen:

„Ich sage und behaupte (...), daß ein besoldeter Lehrer ipso facto schlechter ist, als derselbe Lehrer seyn würde, wenn er nicht besoldet wäre, und vom Beifall des Publikums in Ansehung seiner Einnahmen abhinge." (Braunschweigisches Journal 1789, 3. St. S. 48)

Schließlich wurde bereits vor über 200 Jahren für *Schulvielfalt* plädiert. Privatschulen hätten nur Vorteile für die vom Staat unterstützten Schulen, sie eröffneten „Gelegenheit zu Erfindung noch besserer Erziehungsmittel" und böten positive Alternativen zu den bei staatlicher Lehrereinstellung unvermeidlichen Fehlbesetzungen. Schließlich hätten diese privaten Nebenschulen nur Bestand, wenn sie *besser als die staatlichen Schulen seien*.

(4) In der ausgiebig geführten Diskussion ging es vor allem um die Ausgangsfragen „Ob der Staat sich in die Erziehung mischen soll?" (Braunschweigisches Journal 1788, 7. St., S. 390) Ob er dazu das Recht hat? Ob der Mensch für sich selbst oder für den Staat erzogen werden müsse? Den Befürwortern staatlicher Schulaufsicht schien die Antwort leicht entscheidbar: Man erzieht das Individuum für sich, indem man es für den Staat erzieht.

„In allen bürgerlichen Geschäften, ist diese Bildung Eins; der Mensch wird für den Staat gebildet, indem er zum Menschen gebildet wird" (ebd. S. 392).

Zwar seien soziale Konflikte und Zwänge in der ständischen Gesellschaft unausweichlich, dagegen könne man aber nichts tun (ebd. 1788, S.395). Es bliebe allenfalls eine *moralische Verpflichtung* des aufgeklärten Absolutismus:

„In diesem Zustande aber, wo das Uebermaß Weniger die Unterdrückung Vieler fordert, sollte der Staat seine Macht durch nichts entweihen, (...) er handelt wider seine Würde" (ebd. S. 395).

(5) Die Kontroverse verdeutlicht mit aller Klarheit das *politisch ungelöste Verhältnis* des Philanthropismus gegenüber dem spätabsolutistischen Staat. Der Konflikt wurde offensichtlich als durch das am 9. Juli 1788 erlassene *Wöllnersche Religionsedikt* den zu partiellem Einfluß gelangten Anhängern der Aufklärung auf Kanzel, Katheder und in der Staatsverwaltung der Kampf angesagt wurde. Eine staatsoptimistische Sicht des Verhältnisses von Staat und Schule war gegenüber einem Staat, der die Aufklärung bekämpfte, selbstverständlich fragwürdig. Im Zuge dieser Entwicklung wurde eine *Poli-*

tisierung des philanthropischen Diskurses und eine *Revision des Verhältnisses von Staat und Schule* aus philanthropischer Sicht unausweichlich. Die sich dabei ergebende Neuinterpretation hat Ernst Christian Trapp 1792 im 16. und letzten Band der *Allgemeinen Revision* zusammengefaßt. Diese war weitgehend identisch mit dem unter Punkt 3 skizzierten Plädoyer für einen Bildungs- und Schulmarkt in freier Konkurrenz.

(6) Schließlich wurde von den Philanthropen bereits 1793 die Gefahr einer völligen Privatisierung des Unterrichts mit Weitsicht kritisiert. So schrieb Johann Stuve:

„Durch die Unmöglichkeit, in welcher sich die armen Bürger befänden, ihre Kinder gehörig unterrichten zu lassen, (werde) nach und nach eine solche *Scheidewand* zwischen Armen und Reichen, ungebildeten und gebildeten Menschen im Staate entstehen, *die noch viel ärger wäre* als die welche der erbliche Adel verursacht. Nur die Reichen wären und blieben auf diese Art (...) die *Monopolisten der Einsicht und Kenntnisse* und aller der Vorzüge die dem unterrichteten und gebildeten Menschen (...) in ieder (...) gesellschaftlichen Verfassung immerdar eigen seyn werde (alle Hrv. H. S.)" (Schleswigsches Journal 1793, 3, St. S. 266).

Mit dieser Analyse hat Stuve vielleicht sogar als Erster die sich keimhaft herausbildende neue gesellschaftliche Schichtung nach Bildung und Besitz antizipiert.

Lüth/Wulf: Aus einem ganz anderen Blickwinkel als Schmitt betrachtete Christoph Lüth das Verhältnis von Staat und Erziehung in der Epoche des Deutschen Idealismus anhand seiner Interpretation von Schillers Briefen „Über die ästhetische Erziehung des Menschen" (1795). Während es in Schmitts Beitrag mehr um die Relationen der institutionalisierten Formen der Erziehung (private und öffentliche Schulen) zum Staat ging, behandelte Lüth die stärker philosophische und anthropologische Frage, ob und wie eine Revolution von Gesellschaft und Staat durch eine ästhetische Erziehung als Mittel der Vervollkommnung und Befreiung des Menschen erreicht werden kann:

6. Revolution durch Bildung? - Schillers Briefe „Über die ästhetische Erziehung des Menschen" (Christoph Lüth, Potsdam)

Als Antwort auf die Französische Revolution untersuchte Christoph Lüth Schillers Briefe „Über die ästhetische Erziehung des Menschen" (1795). Mit der Frage, ob durch ästhetische Erziehung politische Freiheit erreicht werden kann, wurde das Verhältnis von Erziehung (Individuum) und Staat thematisiert. Dabei sei die bereits sehr früh vorgetragene (Nicolai 1796), dann später wiederholte Kritik (von Hentig 1993) an einer Überforderung ästhetischer Erziehung durch Schiller, weiter der Vorwurf gegenüber der Attitüde des Machens in Schillers Erziehungstheorie (Mollenhauer 1990, Lenzen 1990, Mattenklott 1990) zu erörtern.

In drei Schritten sei diese Frage zu beantworten:

1. Das „politische Problem": Schillers Kritik an Staat und Gesellschaft
2. Ästhetische Erziehung als Methode zur Lösung des „politischen Problems"?
3. Die Schönheit als Weg zu Freiheit und Vollkommenheit?

Schiller (1.) kritisiere Gesellschaft und Staat vor dem Hintergrund einer bestimmten Forderung an eine Reform und an die dafür erforderliche Bildung des Menschen. Zwar sei der Versuch des französischen Volkes, „seinen Naturstand in einen sittlichen umzuformen", legitim, eine solche Umformung sei aber ohne entsprechend gebildete Menschen nicht möglich. Es wurde gezeigt, daß mit der geforderten Bildung der „dritte Charakter", eine Synthese von physischem und sittlichem Charakter, gemeint ist. Bei dieser Synthese müssen nach Schiller die „Eigentümlichkeit und Persönlichkeit" des Menschen geschont werden. Damit sei die Kritik entkräftet, Schiller konzipiere eine sittliche Erziehung als ein die Individualität mißachtendes Machen. Da es diesen „dritten Charakter" in der damaligen Gesellschaft nicht gebe, vielmehr der dominierende physische Charakter durch seine „rohen gesetzlosen Triebe" das Scheitern der französischen Revolution verursacht habe, kritisiere Schiller Staat und Gesellschaft seiner Zeit so scharf.

Daß Schiller bei einer solchen Ursachenzuschreibung eine Lösung durch die Erziehung sucht, sei verständlich. Schwieriger nachzuvollziehen aber sei (2.) die These, daß die ästhetische Erziehung das gegebene politische Problem, Realisierung politischer Freiheit, soll lösen können. Wie kann der geforderte „dritte Charakter" durch die Erfahrung des Schönen gebildet werden? Unter dieser Fragestellung wurde zunächst Schillers Begriff des Schönen (= „geformter Stoff") in Abgrenzung von zeitgenössischen Definitionen (Burke und Kant, Baumgarten und Mendelssohn) herausgearbeitet. Für die Anwendung seines Schönheitsbegriffs auf die Erziehung entscheidend sei es, daß Schiller die „Form einer Form" in Analogie zur praktischen Vernunft bestimmt. Wie beim Handeln aus praktischer Vernunft gehe es beim Schaffen des Schönen um Freiheit. Das tertium dieses Handelns und des Schaffens von Schönem sei Freiheit. Daher könne Schiller über das Schöne sagen: „diejenige Form in der Sinnenwelt, die bloß durch sich selbst bestimmt erscheint, (ist) eine Darstellung der Freiheit". Die gesuchte „Form einer Form" sei also die Freiheit.

Für die Bildung des „dritten Charakters" eignet sich die Kunst nach Schillers Auffassung aus den beiden folgenden Gründen:

• Die Kunst sei prinzipiell frei von Staat und Gesellschaft, biete also einen archimedischen Punkt, von dem aus Staat und Gesellschaft umgestaltet werden können. Denn von Staat und Gesellschaft könne keine Reform ausgehen, da sie selbst der Reform bedürfen.
• In dem Schönen habe der Mensch ein Beispiel für Selbstbestimmung durch die Form, also für Freiheit.

Durch Erfahrung des Schönen soll der Mensch den „dritten Charakter" als Ideal erreichen. Um dies zu zeigen, stelle Schiller die Wirkungen des Schönen dar: die auflösende Wirkung für die beiden Fälle, daß der Mensch entweder durch Dominanz des Gefühls oder des Gedankens angespannt sei. Im einzelnen wurde Schillers schwierige Theorie der ästhetischen Stimmung als Wirkung des Schönen untersucht. Die ästhetische Stimmung versetze den Menschen als „mittlere Stimmung" zwischen Empfindung und Denken durch Herauslösung aus seinem bisherigen Zustand in einen freien Zustand höchster Potentialität. In ihr sei dem Menschen „die Freiheit, zu sein, was er will, vollkommen zurückgegeben" (Schiller). Damit greife Schiller seine zu Beginn der Briefe über die ästhetische Erziehung formulierte These wieder auf, daß es „die Schönheit ist, durch welche man zu der Freiheit wandert".

Wenn der Mensch also durch Schönheit zur Freiheit wandere, so stelle sich (3.) die Frage, wie dieser Weg vorzustellen und was sein Ziel ist: Welchen Staat, welche Gesellschaft hat Schiller vor Augen, wenn er durch ästhetische Erziehung (genauer: Selbsterziehung) den Menschen für die Gestaltung eines neuen Staates und einer neuen Gesellschaft frei machen möchte? Lüth vermutete zunächst, daß Schiller bei seiner gattungsgeschichtlichen Rekonstruktion der Menschheitsgeschichte nur die Stufen des physischen und des ästhetischen Zustands beschreibt, um der Menschheit die Entwicklung des moralischen Zustandes als noch zu lösende Aufgabe zu überlassen. Er verwarf diese Hypothese aber, weil Schiller dann eine andere Abfolge der

Staatsformen annimmt: die des dynamischen, des ethischen und des „ästhetischen Staates". Unter dem 'dynamischen Staat' verstehe er den Staat als Produkt der natürlichen Kräfte und der Gewalt. Den „ästhetischen Staat" siedele Schiller als das „dritte fröhliche Reich des Spiels und des (sc. schönen) Scheins" über dem „ethischen Staat" an. Wie der Mensch in der ästhetischen Stimmung von allen physischen und moralischen Festlegungen frei sei, so sei er in dem „ästhetischen Staat" von der Gewalt der physischen Kräfte und dem Zwang der ethischen Gesetze frei. Diese Freiheit liege mitten „zwischen dem gesetzlichen Druck und der Anarchie der Kräfte" (Schiller, Über Anmut und Würde, 1793, S. 282). Durch den „geselligen Charakter" der Gesellschaft im Sinne des „Ideals des schönen Umgangs" (Kallias-Briefe 1793) würden die beiden anderen Typen des Staates im „ästhetischen Staat" aufgehoben. Hier sei jene Vollkommenheit erreicht, die Schiller in dem Gleichgewicht von sinnlichem Trieb und Formtrieb wie in deren Einheit durch wechselseitige Abhängigkeit voneinander im „dritten Charakter" sehe. Erwägungen zum utopischen Charakter dieses „ästhetischen Staates", zu seinen sozialen Bedingungen und einer ideologischen Funktion als „Entlastung von den Widersprüchen der bürgerlichen Gesellschaft" (Mattenklott 1990) oder zu seiner Deutung als Vorbote einer Kommunikationsgemeinschaft beschlossen die Darstellung von Schillers Theorie einer Reform von Staat und Gesellschaft durch ästhetische Erziehung.

Lüth/Wulf: Ganz anders als in der Interpretation von Schillers Theorie einer revolutionären Umgestaltung von Gesellschaft und Staat durch ästhetische Erziehung ging es in dem Beitrag Hans Jürgen Apels um eine staatserhaltende Intention und Funktion des Gymnasiums im Wilhelminischen Kaiserreich. Apel trug das Ergebnis einer gemeinsam mit Stephan Bittner durchgeführten Untersuchung über die nationalpolitische Funktion der altertumskundlichen Fächer im Gymnasium vor (Apel/Bittner 1994):

7. Zur nationalpolitischen Funktion des Gymnasiums im Wilhelminischen Kaiserreich (Hans Jürgen Apel, Bayreuth)

Grundlage meiner Darstellung sind Forschungen, die ich zwischen 1985 und 1990 zusammen mit Stefan Bittner an bislang nicht ausgewerteten Materialien zur Schulgeschichte vornehmen konnte. Sie betreffen „Anspruch und Wirklichkeit der altertumskundlichen Unterrichtsfächer" im preußisch-deutschen Gymnasium zwischen 1890 und 1945 und wurden unter dem Titel „Humanistische Schulbildung 1890 - 1945" veröffentlicht. In diesem Beitrag werden Ergebnisse der Forschungen am Beispiel des althistorischen Unterrichts vorgestellt.

Seit der Schulkonferenz von 1890 befanden sich die Vertreter eines humanistischen Gymnasiums immer wieder unter Legitimationsdruck gegenüber den Forderungen nach einer stärker national ausgerichteten höheren Erziehung und Bildung. Die Repräsentanten des humanistischen Gymnasiums sahen eine mögliche Rechtfertigung darin, die alten Sprachen als Grundlage der Verständigung unter den europäischen Kulturnationen herauszustellen. Aber nur eine vorsichtige Wendung hin zu einer national orientierten Bildung schien die Situation der neuhumanistischen Gymnasien wirklich zu stabilisieren. So wurde gegen Ende des 19. Jahrhunderts die Verbindung zwischen politischer und humanistischer Bildung ausdrücklich festgestellt. Wie sich die Absicht, zu einem „gesunden Nationalgefühl" zu erziehen, auf den Gymnasialunterricht in Alter Geschichte auswirkte, soll im folgenden gezeigt werden.

Der altgeschichtliche Unterricht wurde im Gymnasium in Quarta (Klasse 7) und Obersekunda (Klasse 11) erteilt. In Quarta ging es um die griechische Geschichte von ihren Anfängen bis zum Tod Alexanders und um römische Geschichte von den Anfängen bis zum Zeitalter des Augustus. In Obersekunda wurde die Thematik der Quarta wiederholt, allerdings mit Hervorhebung politischer, sozialer und wirtschaftlicher Strukturen und mit der besonderen Absicht, durch vergleichende Ausblicke auf gegenwärtige Verhältnisse die staatsbürgerliche Bildung der Gymnasiasten zu fördern.

Den Quartanern sollte die erste Beschäftigung mit der Alten Geschichte vor allem einen Einblick in das Handeln der Politiker und Feldherren bieten. Dahinter stand eine entwicklungspsychologische Vorstellung von den Möglichkeiten des Erlebens und Verhaltens, die ein Lehramtskandidat in seiner Seminararbeit so umriß:

„Der Quartaner will Taten sehen. Das, was ihn an der Geschichte interessiert und was seine Begeisterung weckt, das sind die Kämpfe und Heldentaten, die Beweise von Kraft und Mut, von Klugheit und Kühnheit. Jene Helden packen ihn, er will es ihnen gleichtun..."

Diese Ansicht beeinflußte das didaktische Handeln: Weil der Quartaner der Schilderung von staatlichen und sozialen Verhältnissen distanziert gegenübersteht und der Darstellung kriegerischer Ereignisse mit größerer Begeisterung folgt, muß die Kriegsgeschichte, muß die Heroisierung berühmter Persönlichkeiten im Vordergrund des Unterrichts stehen. So werden dem Knaben große Persönlichkeiten vor Augen gestellt, aus deren Charakter er vorbildliche Züge entnimmt. Damit sind im besonderen Mut, Tapferkeit, Vaterlandsliebe und Selbstüberwindung gemeint, Tugenden, die die erwünschte Charaktererziehung prägen sollten. Unerwünschte Charakterzüge wie etwa Feigheit, Genußsucht und Auflehnung gegen die herrschende Ordnung sollten durch die Hervorhebung positiver Züge in den Hintergrund gedrängt werden. In diesem Zusammenhang war die Betrachtung Spartas wichtiger als die Athens. Dabei stand die Aufgabe im Vordergrund, den Schülern die Bedeutung jenes politischen Prinzips vor Augen zu stellen, daß nur eine starke Zentralmacht die Geschicke eines Volkes zum Günstigen lenken kann. Jede Aufsplitterung der Macht in Interessengruppen schwächt dagegen die gesellschaftliche Entwicklung. Insofern ist der Unterrricht in der Alten Geschichte durchaus als ein Beitrag im Kampf gegen die immer wieder aufkommenden Demokratisierungsbestrebungen im späten Kaiserreich zu verstehen.

Für den altgeschichtlichen Unterricht waren in Obersekunda drei Stunden wöchentlich vorgesehen. Wirtschaftliche und gesellschaftliche Fragen sollten mit Bezug auf die gesellschaftliche Situation der Gegenwart angesprochen werden. Dabei sollte die Berechtigung mancher sozialen Forderung hervorgehoben, aber zugleich auch die Vergeblichkeit revolutionärer Veränderungen herausgearbeitet werden. Ein zweiter Gesichtspunkt kam hinzu: die neue Diskussion um eine staatsbürgerliche Bildung. So ist es nur konsequent, daß in zwei Seminararbeiten von 1913 und 1914 konkret danach gefragt wird, wie der altgeschichtliche Unterricht zur Förderung staatsbürgerlicher Bildung genutzt werden könne. Der eine Kandidat wußte die Anwort im erwünschten Sinne zu geben:

„Was dem deutschen Staatsbürger von heute besonders nottut" - so seine Feststellung - , „ist die Überzeugung von der Notwendigkeit einer starken Staatsgewalt, von der Notwendigkeit, Opfer für die Gesamtheit zu bringen und den eigenen Vorteil dem Ganzen unterzuordnen".

In ähnlicher Weise wird ein Bezug zwischen Alter Geschichte und Gegenwart auch in zwei anderen Seminararbeiten herausgestellt. Eine hat das Thema: „Wie kann man durch zweckmäßige Behandlung der Alten Geschichte die Schüler befähigen, die sozialen Fragen der Gegenwart zu verstehen?" Der Kandidat beginnt seine Abhandlung mit dem Hinweis auf ein gegenwärtiges Problem, durch das die Intention des Unterrichts sehr deutlich wird:

„Es gilt, die Wünsche und Forderungen des vierten Standes, soweit sie berechtigt sind, zu befriedigen und ihn dem Staatskörper organisch einzufügen. Damit dies aber ohne schwere, verhängnisvolle Krisen für Staat und Gesellschaft geschehen kann, bedarf es politischer Bildung".

Hier wird der Zweck einer solchen Bildung deutlich: Es geht um die friedliche Einfügung der Arbeiterklasse und ihrer als berechtigt empfundenen Interessen in das Staatswesen. Dabei habe sich der vierte Stand allerdings dem Staat anzupassen, nicht umgekehrt. Hinzu kommen müsse, daß eine höhere Macht darüber zu befinden habe, welche der Forderungen berechtigt, welche dies nicht seien.

Ein Seminarist drückte die Absicht dieser Charaktererziehung treffend aus, als er feststellte: Es geht darum, junge Menschen dazu zu erziehen, daß sie „wissen, was sie wollen, und wollen, was sie sollen".

Lüth/Wulf: In einer abschließenden, von der Antike bis zur Gegenwart reichenden Längsschnittstudie (Rudolf W. Keck) wurde die Instrumentalisierung der Bildung für die Disziplinierung, Auslese und für die Vermittlung jener Funktionen, die als funktional für die Erhaltung der jeweiligen Gesellschaft und des jeweiligen Staates galten, strukturell analysiert. Wenn hier überhaupt noch von Vervollkommnung gesprochen werden kann, so vor allem im Hinblick auf Gesellschaft und Staat. Damit wurde ein Motiv in einem hisstorischen Längsschnitt erfaßt, das ebenfalls in einzelnen Epochen oder Konzepten zu erkennen ist: wenn auch in anderer Ausprägung und zumeist in Zusammenhang mit der Vervollkommnung des einzelnen Menschen (Wulf, Liebau, Uher, Schmitt, Lüth, Apel). Diese abschließende Längsschnittstudie - ein Gegenstück zur einleitenden, mehr auf den *einzelnen Menschen* bezogenen anthropologischen Längsschnittstudie Wulfs - wird im folgenden resümiert:

8. Instrumentalisierung der Schulbildung im historischen Längsschnitt (Rudolf W. Keck, Hildesheim)

Eine Längsschnittanalyse, wie sie vom Verfasser unternommen wird und die im erkenntnisleitenden Interesse steht, eine strukturelle Instrumentalisierung der Schulbildung aufzuweisen, steht unter dem besonderen methodologischen Vorbehalt unziemlicher Vergröberung und historischer Selektion von Entsprechungsphänomenen aus der großen historischen Strecke von der Antike bis zur Gegenwart. Der Verfasser wagt sie zugunsten der Erwartung einer strukturellen Sicht historischer Zusammenhänge. Eine wichtige Spur für solche Sicht hat Michel Foucault mit seinem Buch von 1977 „Überwachen und Strafen" gelegt - allerdings in der Verengung auf das 17. und 18. Jahrhundert, da er angesichts des demokratischen und technoökonomischen Wachstumsschubes dieser Epoche danach fragt, welches denn die Verfahrensweisen seien, die den Menschen in den Stand setzten, diesen expansiven Tendenzen zu begegnen. Dabei kommt auch die Institution Schule als eine Disziplinarinstanz in den Blick, in der sich die Machtökonomie konkret verkörpert, wie die Fabrik, das Gefängnis, das Militär etc. mit jeweils charakteristischen Methoden. Ein wesentliches Kennzeichen solcher Disziplinarinstitutionen wie der Schule ist die Klausur, die Abschließung von der Gesellschaft mittels hierarchischer Überwachungsmethoden und eines normativen Selektionssystems. Von solcher Art regulierter Klausur sind alle Maßnahmen der Disziplinarinstitution geprägt. Für die in der Schule „klaustrierte Lernkultur" hat dies die kritische Psychologie - vor allem Klaus Holzkamp (1995) - durchsichtig gemacht. Holzkamp hat dargelegt, daß dem schulischen Lehrsystem immanent ein bestimmtes Lernsystem zugrunde liege. Lernen gehe wesentlich als Lehren vor sich, d.h. der Lehrer sei das eigentliche Subjekt schulischer Lernprozesse. Das Lehren, die Art und Weise der institutionellen Lernregelung und Zulassung instrumentalisiert das Lernen der Schüler.

Doch noch mehr als die Charakterisierung der Art und Weise des Lernens im Schlepptau des institutionellen Lehrens zeigt sich der instrumentelle Charakter der Schule *im Lehrplan* - und über den historischen Ansatz von Foucault hinaus schon am Beginn seiner Tradition in Griechenland, die nach Josef Dolchs (1965) historischer Analyse in einer chronologischen Folge von zweieinhalb Jahrtausenden als stetige Weiterentwicklung eines gemeinsamen Zielbildes sich verfolgen läßt. Diese Zeichnung wird in der Folge in einem historischen Längsschnitt expliziert unter dem Gesichtspunkt des instrumentellen Charakters der Schulbildung. Dolchs historische Entfaltung des Lehrplans beginnt an der Nahtstelle seiner Strukturfestlegung in Griechenland. Am altgriechischen Begriff der „Areté" arbeitet er den bipolaren Zielprospekt heraus, der einerseits die Tüchtigkeit des freien Bürgers mit seiner Fähigkeit zum Waffendienst und andererseits seine mündige Partizipation an Muse und Kult anziele. Für die Folgen der Entwicklung des Lehrplans ist die binomische Struktur typisch, d.h. die geistige Entfaltung des Musischen bleibt immer an einen Tüchtigkeitsnachweis im gesellschaftlichen Leben gebunden. Die „Enkyklios Paideia" bezeichnet einen Kreis von Lehrgegenständen, deren Lernen von der demokratisch-athenischen Gesellschaft als Ausweis für Mündigkeit interpretiert wird und die von Platon in einem klassischen Kanon im Sinne aufsteigender „Mathemata" über die „Doxa" zu „Noesis" gebracht werden und die in die römischen und christlichen „Septem Artes Liberales" oder die germanisch-mittelalterlichen „freien Künste" einmünden. Der entscheidende Schritt für die europäische Lehrplankontinuität wird im 5. Jahrhundert in der perikleisch-demokratischen Zeit Athens vorgenommen: Hier erhält der Lehrplan seine herrschafts- und sozialgeschichtliche Funktion. Die sprachliche Bildung, das Reden- und Argumentieren-Können vor der Agora, wird zur Hauptfunktion schulischer Bildung; Schule wird zum Ausgangspunkt politisch und herrschaftsbesetzter Karriere. Dolch spricht in der Folge von der *philologischen Wissenschaftsdominanz,* die hier für die abendländische Schule gezimmert wird; sie wird von Rom über die „Koiné" übernommen. Obgleich die römische Gesellschaft anders als die griechisch-hellenistische geprägt ist, dient Bildung dem Nachweis der Zuordnung zu einer gesellschaftlichen Elite. Das Merkmal der Sprachdominanz wird verschärft dadurch, daß es in Rom zur *Fremdsprachendominanz* gerät: der gebildete Römer spricht Griechisch. Von besonderer Bedeutung ist dabei Ciceros Schrift „De Oratore". Die Bildungsvorstellung Ciceros: Der „Homo Orator" wird zum Muster für die Bildungswelt Roms und des Christentums. Das hat eine Festlegung der Schule auf *Gedächtniskultur* zur Konsequenz. Die Orientierung an der Wissenschaft wird zunehmend nur noch präsent als *instrumentelle Kategorie*: nützlich für die Laufbahn, für die Karriere im Ämterbereich eines römischen Verwaltungsstaates. Sich als Elite behaupten, heißt im Kanon der „Septem Artes Liberales" konkurrieren zu können unter fremdsprachlichem Zuschnitt. Mit der römischen Reichsnachfolge durch das Christentum ereignet sich eine fast nahtlose Übernahme des schulischen Selektionssystems sowie des Lehrplans der „Septem Artes". Wie die Kirche in die römische Ämterhierarchie einrückt, so übernimmt die Schule die vorfindliche philologische Dominanz in Verbindung mit dem gesellschaftlichen und verwaltungstechnischen Karrierenutzen. Die soziologische Rechtfertigung der Schule des Mittelalters und ihres Lehrplans bestand immer in ihrer Funktion für die Auslese gesellschaftlicher Eliten: der klerikalen und der juristisch-verwaltungs-spezifischen. Wie in Rom wird die Schule zur fremdsprachigen *Buchschule,* ihr Lernen ist memorierbehaftetes Buchlernen. Der didaktische Realismus eines Radtke oder Comenius konnte die philologische Dominanz wenig stören. Davon zeugt nicht zuletzt der an Erasmus orientierte jesuitische Lehrplan (Ratio Studiorum) von 1593, der ohne Bruch den fremdsprachlich geprägten Scholastizismus bis spätestens 1773 vor Augen führen kann. Und danach wird diese Lehrplan- und Schulstruktur - nach einem aufklärerisch-philanthropistischen Intermezzo - für das 19. Jahrhundert erneut festgezurrt. Im Neuhumanismus werden die Realien nur als Zusatzkomponenten betrachtet, das Griechische und das Lateinische werden als verpflichtender Maßstab für Bildung schlechthin erklärt, ja von Staats wegen wird dieser klassisch-humanistische Philologismus - bis heute nennen sich die Pädagogen der Höheren Schule in Deutschland ja „Philologen" - zur Norm aller schulisch zu vergebenden Berechtigungen, die sich an das „Einjährige" klammern. Erst die Kieler Rede des Kaisers (1900) und die spätere Richertsche Schulreform der zwanziger Jahre kann diese philologisch-instrumentelle Funktion der Schulbildung zur Auflösung bringen.

Im Blick zurück ist nach solchem Durchgang festzuhalten, daß die Entwicklung selbstredend nicht so stetig in der jeweiligen historischen Situation sich erweist. Ein Bewußtsein des macht- und verwaltungsökonomischen Zusammenhangs ist nur an wenigen historischen Stationen gegeben. Auch nicht in den sog. Renaissance- oder Humanismus-Bewegungen im 15./16. oder 18./19. Jahrhundert. Der Neuhumanismus z.B. erstrebt durch das Studium der Alten Sprachen im aufklärerischen Sinne einerseits eine Mehrung der bürgerlich-emanzipierten Denkfähigkeit, andererseits aber verkauft er diese an die bürokratische und militärische Ordnungsmacht des Staates im 19. Jahrhundert und legitimiert Schule als Disziplinarinstitution im Foucaultschen Sinne. Doch auch bei Foucault ist den Disziplinarinstitutionen ihr kontrollierender, normierender und instrumentalisierender Impuls nicht von oben oder von außen eingepflanzt, sondern ergibt sich aus einer inliegenden machtökonomischen Ratio.

Literatur

Alberti, L.B.: Vom Hauswesen (Della famiglia, 1434 - 1442), München 1986,
Apel, H. J./ Bittner, St. : Humanistische Schulbildung. Köln/Weimar/Wien 1994
Arendt, H.: Vita activa oder Vom tätigen Leben. München/Zürich 1981.
Axelrod, R.: Die Evolution der Kooperation. München 1988.
Dilthey, W.: Pädagogik. (1884 ff.) Auszüge in: Groothoff, H.H./Herrmann, U. (Hg.): Wilhelm Dilthey. Schriften zur Pädagogik. Paderborn 1971, S. 7 - 133
Dolch, J.: Lehrplan des Abendlandes. Ratingen 1965
Eibl-Eibesfeldt, I.: Die Biologie des menschlichen Verhaltens. München [2]1986.
Eibl-Eibesfeldt, I.: Wider die Mißtrauensgesellschaft. München 1994.
Erasmus von Rotterdam: Die Notwendigkeit einer frühzeitigen allgemeinen Charakter- und Geistesbildung der Kinder. (1529). In: Ders., Ausgewählte pädagogische Schriften. Paderborn 1963, S. 107 - 159.
Foucault, M.: Überwachen und Strafen. Frankfurt a.M. 1977

Francke, A.H.: Der große Aufsatz. August Hermann Franckes Schrift über eine Re-
    form des Erziehungs- und Bildungswesens als Ausgangspunkt einer geistlichen
    und sozialen Neuordnung der Evangelischen Kirche des 18. Jahrhunderts. Hrsg.
    von O. Podczeck. Berlin 1962 (1704).

Giesecke, M.: Der Buchdruck in der frühen Neuzeit. Frankfurt a.M. 1994.

Goody, J./Watt, I.: Konsequenzen der Literalität. In: Goody, J./Watt, I./Gough, K.
    (Hg.), Entstehung und Folgen der Schriftkultur. Frankfurt a.M. 1986, S. 63 -
    122.

Von Hentig, H.: Die Schule neu denken. München 1993.

Hoffmann, H./Kramer, D. (Hg.): Arbeit ohne Sinn? Sinn ohne Arbeit? Weinheim
    1994.

Holzkamp, K.: Lernen. Subjektwissenschaftliche Grundlegung. Frankfurt a.M. 1995

Illich, I.: Im Weinberg des Textes. Als das Schriftbild der Moderne entstand. Frank-
    furt a.M. 1991.

Lenzen, D. (Hg.): Kunst und Pädagogik. Erziehungswissenschaft auf dem Weg zur
    Ästhetik? Darmstadt 1990.

Liedtke, M.: Ist das Zeugnis das Armutszeugnis der Schule? In: Hohenzollern, J. G.
    v., Liedtke, M. (Hg.): Schülerbeurteilungen und Schulzeugnisse. Historische und
    systematische Aspekte. Bad Heilbrunn (1991), S. 25 - 36.

Luther, M.: Von der Freiheit eines Christenmenschen (1520). In: Luther, M., Pädago-
    gische Schriften. Paderborn 1957, S. 15 - 32.

Marx, K.: Grundrisse der Kritik der Politischen Ökonomie (1857/58). Frankfurt/M.,
    Wien o.J. (1969)

Mattenklott, G.: Gibt es eine erzieherische Dimension der Kunst nach der Moderne?
    In: Lenzen 1990, S. 120 - 134.

Maynard-Smith, J., Price, G.: The logic of animal conflicts. In: Nature 246 (1973), S.
    15-18.

Mollenhauer, K.: Die vergessene Dimension des Ästhetischen in der Erziehungs- und
    Bildungstheorie. In: Lenzen 1990, S. 3 - 17.

Negt, O.: Lebendige Arbeit, enteignete Zeit: Politische und kulturelle Dimensionen
    des Kampfes um die Arbeitszeit. Frankfurt/New York 1984.

Nietzsche, F.: Die fröhliche Wissenschaft (1882). In: Kritische Studienausgabe, Bd.
    3. München ²1988, S. 343 - 651

Nowak, M., May, R., Sigmund, K.: Das Einmaleins des Miteinander. Spektrum der
    Wissenschaft 8 (1995), S. 46-53.

Ong, W.J.: Oralität und Literalität. Die Technologisierung des Wortes. Opladen 1987.

Schiller, F.: Über die ästhetische Erziehung des Menschen. Briefe an den Augusten-
    burger, Ankündigungen der 'Horen' und letzte, verbesserte Fassung. Mit einem
    Vorwort von Wolfhart Henckmann. München 1967.

Schiller, F.: Über Anmuth und Würde (1793). In: Ders., Werke (Nationalausgabe),
    Bd. 20, Weimar 1962, S. 253 - 308.

Senghe, P.: The fifth discipline. The art and practice of the learning organization.
    New York:Currency Doubleday 1994.

Schleiermacher, F.E.D.: Hermeneutik und Kritik. Hg. von M. Frank. Frankfurt a.M.
    [5]1993.
Weber, A. (Hg.): Kooperatives Lehren und Lernen in der Schule. Heinsberg 1986.

Dietlind Fischer

Symposium „Entstaatlichung von Schule: Chance oder Risiko für Qualität?[1]"

Kaum ein Thema hat die schulpolitischen Debatten in den letzten Jahren so stark beschäftigt wie das der „Autonomie" von Schulen (z.B. Liket 1993; Rolff 1993; Lorent/Zimdahl 1993; Daschner/Rolff/Stryck 1995; Hensel 1995; Holtappels 1995; Paschen 1995). Im Kern geht es um den vielzitierten Paradigmenwechsel, genauer: um eine Neu- und Umstrukturierung der Regelungen, unter denen das Schulehalten verantwortet und die pädagogische Qualität gesteigert und gesichert werden sollen.

Seit den wissenschaftlichen Begleituntersuchungen von Gesamtschulen in der Bundesrepublik der 70er Jahre ist bekannt, daß die Varianz zwischen Schulen gleicher Schulform erheblich größer sein kann, als die zwischen verschiedenen Schulformen (vgl. Fend 1982). Die Schulform ist für sich genommen kein Garant für eine besondere pädagogische Leistung und Qualität, sondern andere Faktoren spielen eine Rolle: das Engagement der Pädagogen, ihre Übereinstimmung in grundlegenden pädagogischen Konzepten und Intentionen, ihre Fähigkeit, an gemeinsamen Aufgabenstellungen zu arbeiten, um einen konsensuellen Rahmen zur Lösung pädagogischer Probleme mitzugestalten. Es kommt auf den einzelnen Lehrer und die einzelne Lehrerin sowie auf deren Zusammenwirken in einer Schule an, und zwar mehr, als es die Schulstruktur- und Organisationsdebatten der siebziger und achtziger Jahre vermuten ließen. Die Diskussion zur Qualität der Schulen hat dafür einige Begründungen und empirische Belege erbracht (z.B. Rutter 1980; Fend 1982; Haenisch 1987; Steffens 1987; Tillmann 1989; OECD 1989; Mitter 1991; Steffens/
Bargel 1992). Allerdings gibt es noch wenig Wissen darüber, wie sich die Qualität einer Schule im einzelnen entwickelt, was die Qualitätsentwicklung

---

1   Bei der Vorbereitung und Durchführung des Symposiums war Hans-Günther Rolff maßgeblich beteiligt.

fördert oder hemmt und durch welche flankierenden Begleitumstände bildungs- und schulpolitischer, schulorganisatorischer und curricularer, ökonomischer und personalführender Art die Qualität einer einzelnen Schule unterstützt werden kann.

Unter dem Stichwort „Entstaatlichung" scheint sich ein bildungspolitisches Konglomerat von Ideen und Maßnahmen zu verbergen, die darauf gerichtet sind, die zentralstaatliche Steuerung des gesamten Geschehens einzelner Schulen zu lockern oder grundlegend umzuorientieren zugunsten einer Verlagerung von Verantwortung auf die einzelne Schule, zugunsten von Beratung und Selbstkontrolle anstelle von hierarchischer Aufsicht und Kontrolle. „Entstaatlichung" meint mehr Selbständigkeit der einzelnen Schule. Mit der Deregulierung schulischer Aufgabenstellungen durch staatliche Vorgaben verbindet sich die Hoffnung auf mehr Partizipation der an Schule Beteiligten an der verantwortlichen Gestaltung der einzelnen Schule zur Optimierung von Bildungschancen, aber auch zur Sicherung von pädagogischer Qualität und Effizienz. Möglicherweise ist mit diesem Konzept eher „Entbürokratisierung" als Entstaatlichung gemeint. Ein völliger Rückzug des Staates aus der Gesamtverantwortung für schulische Bildung wird nirgends angestrebt.

Auch die Risiken einer Bildungspolitik, die Entscheidungen dezentralisiert und an die einzelne Schule abgibt, werden diskutiert. Ist darin eine Bankrotterklärung staatlicher Bildungspolitik zu sehen, die sich aus gesamtstaatlicher Verantwortung herauslöst und Schulen dem Markt preisgibt? Sollen Regelungen nach dem Konkurrenzprinzip, nach Angebot und Nachfrage erfolgen und die Durchsetzungsfähigkeit der Stärkeren gegenüber den Schwächeren gelten? Bedeutet „Entstaatlichung" auch eine finanzielle Einschränkung der Bildungsausgaben, eine tendenzielle Privatisierung der Schulen oder auch ihre Preisgabe an beliebige populistische Orientierungsmöglichkeiten? Sollte mehr Markt für Schulen gleichbedeutend mit dem Rückzug staatlicher und damit demokratisch kontrollierter Verantwortung sein? Befürworter und Gegner einer stärkeren Selbstständigkeit von Schulen haben ihre Gründe und Befürchtungen; erziehungswissenschaftlich ist vieles, wenn nicht gar das meiste, noch ungeklärt.

Das Symposion hat sich die Aufgabe gestellt, den folgenden Leitfragen nachzugehen und aufzuklären, welche Probleme darin enthalten und in künftigen Forschungsprozessen zu bearbeiten sind:

- Welche Bedeutung wird der „Entstaatlichung" von Schulen beigemessen?
- Welche Folgen hat die „Entstaatlichung" für die Qualität von Schulen?
- Welche Kriterien und Indikatoren für schulische Qualität sollten Geltung haben?
- Unter welchen Bedingungen ist schulische Qualität zu sichern?
- Welche Beiträge zur Diskussion kann Erziehungswissenschaft bringen?

Zur methodischen Gestaltung des Symposions

In einem einleitenden Vortrag, jeweils aus bundesrepublikanischer (Rainer Brockmeyer) und aus europaweiter Perspektive (Mats Ekholm), wurde eine Übersicht über den aktuellen Diskussionsstand gegeben. Die weiteren Referenten waren gebeten worden, dazu ergänzend, kontrastierend oder unterstreichend ihre Sicht der Probleme möglichst kurz und prägnant in stark begrenzter Zeit darzustellen, um anschließend miteinander ins Gespräch zu kommen. Auch die Zuhörenden sollten aktiv als Gesprächsteilnehmer einbezogen werden vermittels eines Arrangements, das dem „Fishbowl" ähnlich ist. Dabei wird das Gespräch im Kreis der Referenten geführt; zwei leere Stühle im Kreis sind für wechselnde Teilnehmende aus dem Publikum vorgesehen, die sich nach Bedarf einschalten und wieder ausklinken können; nur wer sich im Kreis befindet, darf mitreden. Diese Form erlaubt eine sehr disziplinierte Debatte unter prinzipiell gleichen Gesprächspartnern. Die Zuhörenden können zu Beteiligten wechseln. (Allerdings ließen die konkreten örtlichen Bedingungen in Halle diese Gesprächsform nur mit Abstrichen zu: es gab nicht für jeden Teilnehmenden ein Mikrophon, und die Stühle der Zuhörenden waren in Reihen festgeschraubt, so daß ein flexibles Wechseln vom Zuhören zum Mitreden erheblich behindert war.)

1. Entstaatlichung von Schule - Die bundesdeutsche Entwicklung

In seinem Vortrag verwies Rainer Brockmeyer (Düsseldorf) einleitend darauf, daß der Begriff „Entstaatlichung" nur als Reizwort, nicht als Thema zu verhandeln sei. Es ginge um die Platzierung und Repositionierung der staatlichen Schule in ihrer institutionellen Bedeutung als öffentliche Einrichtung mit einem Bildungsauftrag unter den Leitbegriffen der Selbstgestaltung und Selbstverantwortung. Die neue Diskussion der Schulreform entstamme einer Entwicklungsdynamik, die aus schulischer Praxis entstanden sei und gegenwärtig die systemische Ebene erreicht habe, d.h. die Schulorganisation und -verwaltung. An einigen innovativen Schulen, die sich aus dem Schatten staatlicher Bevormundung herausgelöst hätten, seien die Wirkungen einer veränderten Verfaßtheit inzwischen überprüfbar: Der Zusammenhang von schulischer Praxis und ihrer institutionellen Rahmung bzw. selbstbestimmten, teilautonomen Verfaßtheit sei deutlich verändert gegenüber anderen Schulen. Mit dem Motiv der einzelschulischen Selbstgestaltung und Selbstverantwortung seien Erwartungen verknüpft:

- bessere Möglichkeiten einer adaptiven pädagogischen Praxis,
- bessere Möglichkeiten einer kognitiven Lernkultur,
- Rückgewinnung des Zusammenhangs von Unterricht und Erziehung,
- Hoffnung auf bessere Qualität durch eine andere Betriebsstruktur,
- Erwartung eines günstigeren Verhältnisses von Kosten und Leistung.

Ob sich diese Erwartungen erfüllen, ist nicht vorhersagbar. Die Unterschiede zwischen Bundesländern, Verwaltungstraditionen, Verständnissen von Schule und ihrer Steuerung sowie Verständnissen von Amt und Amtsführung lassen sichere Vorhersagen darüber, ob sich eine neue Ordnung für das Schulehalten durchsetzt und wie sie am Ende aussehen wird, nicht zu. Es sei aber davon auszugehen, daß sich der Staat keineswegs vollständig aus seiner Verantwortung und Gewährleistungspflicht zurückziehen oder diese ganz auf kommunale Träger übertragen würde.

Die neue soziale Architektur der Schule wäre am ehesten in zwei Modellen vorstellbar:

- als „Lockerungsmodell", das die gesetzlichen Veränderungen und rechtlichen Regelungen von der Zentrale auf die Exekutive verlagert, auf Detailsteuerung verzichtet, sich an überorganisierten und übertechnisierten Regelungen entlastet und der Einzelschule Inseln von Zuständigkeit zuweist;
- als „Freisetzungsmodell", bei dem Staat, Region, Kommune und Schule ihre Aufgaben behalten, jedoch um die Einzelschule eine Zone verantwortlicher Entscheidungskompetenz geschaffen wird, eine Art globalisierter Verantwortung in dem Kräftefeld Schule. Kernstück des Freisetzungsmodells ist eine beratende und qualitätssichernde Funktion der Schulaufsicht.

Wissenschaftlicher Sachverstand sei zur Realisierung einer selbstverantwortlichen Schule vor allem in drei Bereichen erforderlich:

1. Das pädagogische „Geschäft" muß hinreichend transparent und bewußt gemacht werden, damit genügend Problemfähigkeit gewonnen werden und die Professionalität in diesem Feld entwickelt werden kann.
2. Politik muß längerfristig verläßlich sein und über einen langen Atem verfügen, damit Ermöglichungen offen gehalten und nicht durch Anordnungen ersetzt werden.

3. Wie der rechtliche Rahmen für selbstständigere Schulen aussehen muß, sollte an verschiedenen Modellen einer veränderten administrativen Praxis erprobt werden.[2]

Peter Zedler (Erfurt) machte auf die besondere Situation in den neuen Bundesländern aufmerksam, die sich in einigen wesentlichen Punkten von der der alten Bundesländer unterscheide. Zwar gäbe es auch Bestrebungen, das pädagogische Profil einzelner Schulen und Schulformen zu entwickeln und Entscheidungskompetenzen zu dezentralisieren, aber vergleichbare schulgesetzliche Regelungen wie in Hessen, Bremen oder Hamburg, verbunden mit einer Reform der Schulverwaltung und Schulaufsicht, gäbe es in den neuen Bundesländern nicht. Bemerkenswert sei demgegenüber ein großes Bestreben nach pädagogischer Autonomie bei den Lehrenden, das sich vor allem auf die pädagogische Handlungsfreiheit in der Unterrichtsgestaltung richtet. Man könne eine hohe Bereitschaft für Unterrichtsreformen feststellen, bei der pädagogische Anliegen in den Vordergrund gerückt werden. Dieser reformpädagogischen Intention stünden allerdings strukturelle Hindernisse im Weg: die Beschäftigungsunsicherheit der Lehrkräfte, das geringe finanzielle Potential der Länder und - als neuer Faktor der Verunsicherung - der demographische Rückgang der Schülerzahlen, der bis zum Jahr 2000 die Schülerzahlen insgesamt halbiere. In Thüringen bedeutet das beispielsweise, daß der Bestand von rund 400 Grundschulen durch den Geburtenrückgang gefährdet ist; 1000 Lehrerstellen müssen abgebaut werden.

Gegenwärtig seien die Grenzen des pädagogischen Gestaltungsspielraums in den Schulen der neuen Bundesländer jedoch noch nicht ausgereizt. Es gäbe erhebliche Qualitätsunterschiede zwischen Schulen. Man könne feststellen, daß neugegründete Schulen mit neuen Kollegien in der Regel pädagogisch innovativer seien als umgewandelte bestehende Schulen.

Einen zentralen Aspekt der „Entstaatlichung" von Schulen griff Klaus-Jürgen Tillmann (Bielefeld) heraus unter der Frage: Werden die Lernbedingungen der Schüler und Schülerinnen besser mit der Steigerung der Selbständigkeit der einzelnen Schule?

Tillmann knüpfte an die, u.a. von Brockmeyer genannte Erwartung an, daß mehr Autonomie der Einzelschule auch mehr Qualität des Bildungsangebots und damit der Lernbedingungen der Schülerinnen und Schüler bedeute. Diese These wird in der Regel durch Verweis auf einzelne innovative staatliche Schulen - wie beispielsweise die Laborschule in Bielefeld, die Helene-Lange-Schule in Wiesbaden oder die Gesamtschulen Köln-Holweide,

---

2   Der Vortrag von R. Brockmeyer ist inzwischen veröffentlicht: Auf dem Weg zur Entstaatlichung? Zum Stand der Diskussion über die teilautonome Schule. In: Pädagogische Führung 7 (1996) 2, S. 52-59

Köln-Chorweiler oder Göttingen-Geismar - begründet. Die Frage, was von derartigen exzeptionellen Reformschulen auf andere Schulen übertragbar sei, sei insgesamt empirisch noch kaum geklärt. Zudem müsse man auch bei derartigen innovativen Schulen nach dem Grad an Sicherheit fragen, mit dem davon ausgegangen wird, daß die praktizierte Pädagogik eine gelungene sei. Die Bemühungen in neuerer Zeit, Reformschulen miteinander zu vernetzen (vgl. Dörger 1993) und die erreichten pädagogischen Zwischenstände kollegial zu kommunizieren, könnten als Indikator dafür gelten, daß die Verbesserung der pädagogischen Qualität auch unter den gegenwärtigen Bedingungen staatlicher Steuerung der Schulen erreichbar sei. Vermutlich würde es die Aufgabenstellung der Qualitätssteigerung von Schule zum Vorteil der Lernenden verkürzen, wenn man die dezentrale Verlagerung von Entscheidungskompetenz und zentralstaatliche Regulierungen zur Sicherstellung von Qualität als sich ausschließende Alternativen diskutiert. Denkbar sei es doch beispielsweise, daß die Begrenzung der Zahl der Klassenarbeiten oder das Verbot des Sitzenbleibens als staatliche Rahmenvorgabe zur Sicherung von pädagogischer Qualität gesetzt würde. Man könne nicht sicher sein, daß Schulen durch mehr Entscheidungsautonomie nicht auch schlechter anstatt besser würden. Die These der Verbesserung der Schulqualität durch mehr Autonomie der Einzelschule bedürfe empirischer Belege, die zur Zeit noch nicht erbracht sind.

Die Frage, welche Kriterien der schulischen Qualität gelten sollten, nahm Ulf Preuss-Lausitz (Berlin) in seinem Beitrag[3] auf und nannte zwei Maßstäbe:

1. Chancengleichheit und
2. Integration interkultureller Lebens- und Lernzusammenhänge.

Es sei zu befürchten, daß die Gestaltungsautonomie einzelner Schulen zu einer Ungleichheit der Bildungschancen für die Schülerinnen und Schüler führt, weil die Selektivität des Zugangs zu einer Schule voraussichtlich gesteigert würde. Man könne diese These am Beispiel der Privatschulen bestätigen: Privatschulen rekrutierten ihre Schüler hoch selektiv in Abhängigkeit von dem kulturellen und pädagogischen Milieu der Eltern. Diese Einschätzung ließe sich zur Zeit jedoch empirisch nur ungenau erhärten, da angeblich aus Datenschutzgründen Daten zur Sozialstruktur der Schüler von Privatschulen nicht ermittelt werden dürften. Nach aktuellen Umfragen würden ca.

---

3   Eine Ausarbeitung des Beitrags von Ulf Preuss-Lausitz erscheint unter dem Titel „Soziale Ungleichheit, Integration und Schulentwicklung. Zu den Qualitätskriterien bei der 'Entstaatlichung' von Schule", in: Z. f. Päd. 43 (1997) Heft 2

15% der Eltern ihr Kind gern auf eine Privatschule geben. Man könne jedoch nicht davon ausgehen, daß ein hoher Anteil an Privatschulen eine höhere Qualität der Schulen garantiere. Eher drücke sich darin ein Bedürfnis bürgerlicher Mittelschichten zur Befriedigung homogenisierender kultureller Interessen aus. Die Befürchtung erhöhter Zugangsselektivität der einzelnen Schule lasse beispielsweise die Ausgrenzung kultureller Minderheiten erwarten. Deshalb müsse die Autonomiedebatte mit der Ungleichheitsdebatte verbunden werden. Das Qualitätskriterium „Interkulturalität" müsse politisch gewollt und den Schulen als Vorgabe gesetzt werden. Andernfalls würden Schulen ihr pädagogisches Profil entwickeln um den Preis, daß in sozialen Brennpunkten ein verstärktes Krisenmanagement erforderlich würde, oder - wie in den neuen Bundesländern - daß ein Interesse an der Standortsicherung einer Schule zum wichtigsten Leitmotiv würde, oder die pädagogische Schulentwicklung geschieht nur im Interesse der kulturellen Interessen von Mittelschichten. Allerdings fehlten noch weiterführende theoretische und empirische Klärungen zur Bedeutung der Autonomie von einzelnen Schulen.

Die Frage, *für wen* die neu zu erreichende Qualität von Schule eine Bedeutung erlangen müsse, reicherte Barbara Koch-Priewe (Bielefeld/Kassel)[4] mit dem Blick auf die Schülerinnen und Lehrerinnen und den Faktor Geschlechtergerechtigkeit an. Eine geschlechterbewußte Schulentwicklung müsse zum Gradmesser der Einlösung des Demokratieversprechens werden, das die Debatte der Entstaatlichung motiviere. In der Erörterung der Gestaltungsautonomie der Einzelschule gehe es vorrangig um das curriculare Angebotsprofil im Schulprogramm; es sei jedoch ebenso bedeutsam, die Konstruktion der interaktiven und kommunikativen Prozesse im Kollegium zu profilieren. Wenn sich darin gleichsam „naturwüchsig" geschlechtshierarchische Strukturen herausbilden - männliche Lehrkräfte planen, leiten und steuern, weibliche Lehrkräfte führen aus und konkretisieren - dann würde das Handlungs- und Veränderungspotential eines Kollegiums nicht entwicklungsfördernd genutzt. Es gäbe empirisch erhärtete Hinweise darauf, daß beispielsweise Grundschullehrerinnen reformfreudiger sind als Lehrende anderer Schulformen; es gibt auch einige Belege für die These, daß Lehrerinnen methodisch-didaktisch innovativer sind als Lehrer. Eine dezentrale Entwicklung der einzelnen Schule müsse daher geschlechterbewußte Kommunikations- und Partizipationsformen thematisieren. Im Blick auf die Sozialisation der Schülerinnen, deren Bildungs- und Berufschancen durch einen Mangel an Selbstvertrauen in die

---

4   Eine ausführliche Fassung ihres Beitrags veröffentlicht Barbara Koch-Priewe unter dem Titel „Die Kategorie Geschlecht und Qualitätskriterien der Schulentwicklung" in: Z. f. Päd. 43 (1997) Heft 2

eigenen Fähigkeiten beeinträchtigt sind, müsse das Kriterium einer geschlechtergerechten Sozialisation durch die Schule ins Spiel gebracht werden. Wenn Lehrerinnen im Zusammenhang einer geschlechterbewußten Schulentwicklung an ihren Stärken anknüpfen können, sind damit auch die Impulse und Voraussetzungen für eine bewußte Mädchen- und Jungenförderung als zentraler Aufgabe einer dezentralen Schulentwicklung verbessert. Auch für diese These gibt es einige empirische Unterstützung.

Kann man private Schulen als Exempla dezentral gesteuerter und selbständig gestalteter Einzelschulen betrachten? Sind sie Prototypen für eine künftige Entwicklung anderer öffentlicher Schulen? Fritz Bohnsack (Essen) fand dafür einige Gründe: So seien viele Schulen in freier Trägerschaft vor allem dort eingerichtet worden, wo der Staat nicht hinreichend tätig wurde, beispielsweise in ländlichen Regionen, in Wohngebieten ethnischer oder sozialer Minderheiten. Schulen in freier Trägerschaft hätten sich auch Aufgaben gestellt, die der Staat noch nicht oder nicht hinreichend löse, beispielsweise die Integration von Zuwanderer- oder Aussiedlerkindern. Bohnsack plädierte daher für mehr Wahlmöglichkeiten der Eltern zwischen unterschiedlichen Schulen. Die Verschiedenheit von Schulen sei nicht ein Mangel, sondern eine Chance zu einer besseren Lösung unterschiedlicher pädagogischer Aufgabenstellungen. Konkurrenz zwischen Schulen würde die Qualität steigern. Eine „Entstaatlichung" sei als Entbürokratisierung durchaus zu unterstützen, weil dann durch mehr Selbstbestimmung an der Einzelschule auch die Effizienz insgesamt gefördert würde. Gegenwärtig sei diese These jedoch mangels empirischer Untersuchungen zu Schulen in privater Trägerschaft nicht zu erhärten.

Die Thesen und die darin sowie in der anschließenden Debatte zum Ausdruck gebrachten Kontroversen lassen sich zu folgenden Fragen zusammenfassen:

1. Was bedeutet „Entstaatlichung" von Schulen? Führt mehr Autonomie, mehr Selbständigkeit und Selbstverantwortung der einzelnen Schule automatisch zu mehr Qualität oder zu einer Nivellierung? Die wichtigste Intention der „Entstaatlichung" liegt in der neuen Konstruktion von Verantwortungsstrukturen für schulische Bildung, die zugleich Schubkräfte und Sicherungssysteme nach sich ziehen. Einerseits ist die Freisetzung innovativen Potentials angestrebt, andererseits müssen bildungspolitische Leitkategorien offengelegt und einbezogen werden, um Schulentwicklung nicht beliebigen Kräften zu überlassen, sondern steuerndes Handeln in der Schul- und Bildungspolitik transparent zu machen.

2. Wie ist die Gleichheit von Bildungschancen als Kriterium für die Qualität von Schulen zu sichern? Vermutlich ist die Debatte um Autonomie der Schule eine Chance zur erneuten bildungspolitischen Thematisierung von Chancengleichheit im Bildungssystem. Die Integration von Behinderten und ethnischen Minderheiten sowie

die Gestaltung interkulturellen und geschlechtergerechten Zusammenlebens könnten beispielsweise zu zentralen Qualitätskriterien der Schulentwicklung werden. Der gesellschaftliche Konsens über das, was schulische Bildung sein soll, wird sich nicht allein über die Einzelschule, wohl aber über die Debatte der Qualitätskriterien herausbilden können.

3. Sind Schulen in privater Trägerschaft Modelle für „entstaatlichte", entbürokratisierte Schulen? Es gibt dafür einige Anhaltspunkte. Allerdings kann von einer gleichsam automatischen Qualitätsgarantie durch Privatisierung nicht die Rede sein. Welcher Voraussetzungen und Bedingungen es bedarf, um schulische Qualität zu sichern, ist nicht durch den Faktor der Schulträgerschaft zu klären.

4. Werden die Lernbedingungen für die Schülerinnen und Schüler besser in einer deregulierten Schule? Bedeutet die Verlagerung von Verantwortungsstrukturen auf die Einzelschule einen Vorteil für das Lernen der Schülerinnen und Schüler? Oder sollte es so etwas wie einen Verbraucherschutz für Schüler geben, um sie vor Nivellierung und Qualitätsverfall der von ihnen besuchten Schule zu schützen? Die Komplexität von Schule erfordert eine starke Strukturierung, um der Vielfalt ihrer Aufgaben gerecht zu werden.

5. Was stützt die Annahme, daß durch dezentrale Schulentwicklung die Arbeit der in der einzelnen Schule tätigen Lehrenden besser wird? Die innovative Entwicklung der Einzelschule ist erheblich von der Erarbeitung eines pädagogischen Konsens über die Ziele und Aufgabenstellungen und deren Realisierung abhängig. Was verhindert, daß sich ein Kollegium auf einen Konsens auf niedrigstem Niveau verständigt? Welche weiteren Schubkräfte - z.B. Eltern, Wirtschaft - sind für welche Veränderungen zu mobilisieren?

Welche Aufgaben muß erziehungswissenschaftliche Empirie und Theoriebildung im Blick auf die Qualitätssicherung und Qualitätsverbesserung von Schulen erfüllen? Eine zentrale Aufgabe wäre beispielsweise die Beobachtung und Analyse der Vernetzung der Schulstruktur mit dem Berechtigungssystem der Vergabe von Zertifikaten und der Zulassung zu gesellschaftlichem Status: Was ändert sich bei deregulierten Schulen? Ist das Motto „So wenig Staat wie möglich" ein gültiger, stillschweigender Konsens, oder zeigt sich darin ein bildungsgeschichtliches Defizit? Schulforschung und Schultheorie stellt sich die Aufgabe der Untersuchung von Wirksamkeiten dezentraler Schulentwicklung. Gegenwärtig gibt es nur sehr wenige Schulen, die sich selbst, d.h. den eigenen Entwicklungsprozeß, evaluieren (vgl. Buhren/ Rolff 1996).

2. Entstaatlichung von Schule - Europäische Entwicklungen

Der schwedische Erziehungswissenschaftler Mats Ekholm, ein international
erfahrener Experte in der Erforschung von Schulentwicklungsprozessen, ging
auf die veränderte Rolle des Staates und seiner Steuerungsmöglichkeiten gegenüber der Schule ein, bevor er zu interessanten Schlußfolgerungen bezüglich der äußeren Beeinflussung der Schulen aufgrund langjähriger Untersuchungen gelangte.[5]
Schule galt lange als ein staatliches Mittel, das gesellschaftliche Zusammenleben zu beeinflussen und auf das Gute in der Gesellschaft Einfluß zu
nehmen. In ihrem Kern soll Schule als eine Einrichtung für die demokratische Erziehung der nachwachsenden Generation wirksam werden. Das darin
zum Ausdruck gebrachte klassische Staatsverständnis versteht diese als eine
Institution, die für Ordnung, Einheitlichkeit und Gerechtigkeit sorgt. Diese
Auffassung wird am Ende des zwanzigsten Jahrhunderts in Frage gestellt.
Die globalen Probleme der Krise der Arbeit und der ökonomischen Umsteue-
rungen haben die Erwartungen an Schulen verändert und damit auch an die
selbstverständliche, zweckmäßige und bestimmende Verantwortung des Staates für Schule und Ausbildung. Die Abhängigkeit schulischer Bildung von
den übrigen gesellschaftlichen Entwicklungen, besonders von der wirtschaftlichen Entwicklung, wird besonders in Ländern wie Rußland, Litauen, Est-
land und Tschechien deutlich. Dort sind zur Zeit eher Verschlechterungen als
Verbesserungen der Rahmenbedingungen für Schulen zu erwarten.
Interessanterweise ähnelt sich die Auffassung über die Rolle des Staates
im Schulbereich in sozialdemokratisch bzw. sozialliberal und neokonservativ
regierten Staaten: die freie Schulwahl für Eltern und Schüler gilt seit einiger
Zeit sowohl in Schweden als auch in England. Die Wahlmöglichkeit durch
Abnehmer oder „Kunden" verstärkt deren Einfluß und die Selbständigkeit
der einzelnen Schule; zugleich wird die Konkurrenz zwischen den Schulen
und damit deren Handlungsspielraum für pädagogische Qualität gefördert.
Die staatlichen Systeme der Qualitätssicherung und -kontrolle werden gleichzeitig neu entwickelt oder reformiert. In England werden Her Majesty's In-
spectors zu einer Art Dienstleistungsagentur umgebaut.
Die Modelle, nach denen Schulen politisch gesteuert werden, unterscheiden sich im einzelnen nur unwesentlich. Es handelt sich einerseits um Formen proaktiver Steuerung: durch rechtliche Vorgaben in Schulgesetzen,

---

5   ausführlicher s. Mats Ekholm: Steuerungsmodelle für Schulen in Euraopa - im Schnit-
     punkt zwischen Zentralismus und Dezentralismus. In: Z. f. Päd. 43 (1997) Heft 2

durch Zielvorgaben in Richtlinien und Lehrplänen, durch die Finanzierung, durch die Regelung der Arbeitszeit für Lehrer und Schüler; andererseits werden reaktive Steuerungsmodelle eingesetzt, die Ergebnisse und Prozesse kontrollieren durch Tests, Prüfungen und Evaluationen. In der Realität - so die These von Ekholm - erfolgt die Steuerung dadurch, daß in der gesellschaftlichen Öffentlichkeit Diskussionen geführt werden, die Mentalitäten beeinflussen. Nicht die Aktion von Kräften auf dem Markt steuert, sondern die Tatsache, daß mehr Menschen darüber nachdenken, wie Schule am besten gemacht werden kann, beeinflußt die Arbeits- und Schulkultur.

Diese These bestätigte Ekholm durch eine Längsschnittstudie in Schweden über einen Zeitraum von 25 Jahren, in der die Wirksamkeit von Richtlinienvorgaben bezüglich der Lehrer-Schüler-Beziehungen geprüft wurde. Der Vergleich von Datensätzen aus den Jahren 1969, 1979 und 1994 ergibt insgesamt eine hohe Stabilität der Interaktions- und Arbeitsformen. Obgleich 1991 in Schweden die untere und mittlere Schulaufsicht aufgelöst und durch eine neue zentrale Behörde der Qualitätssicherung ersetzt wurde, ergaben sich keine wesentlichen Veränderungen der Interaktionsformen zwischen Lehrern und Schülern, und auch die Unterschiede zwischen den Schulen wurden nicht größer. Dieses Ergebnis legt die Vermutung nahe, daß Schulen vielleicht gar nicht durch staatliche Steuerung gesteuert werden. Die innere Qualität der Schule wird statt dessen entscheidend durch die Einstellungen der an Schule Beteiligten beeinflußt, die wiederum die Arbeitskultur prägen. Es kommt letztlich auf einen tragfähigen Konsens zwischen Politik und professioneller Pädagogik an, daß nämlich Schule als ein Projekt einer solidarischen Gesellschaft gestaltet werden muß.

Einen Blick auf die aktuelle Schulentwicklung in Ungarn warf Hans-Christoph Berg (Marburg). Unter dem Einfluß dänischer und niederländischer Beratung ist in Ungarn zwar nicht von „Entstaatlichung" die Rede, aber eine Lockerung der Schulstruktur ist zu beobachten. Vierjährige Gymnasien bestehen neben den Gesamtschulen. Eine kleine Anzahl von Privatschulen nimmt zur Zeit ca. 1-2% der Schüler auf. Die Entwicklung knüpft teilweise an die Erinnerung freiheitlicher nationalstaatlicher Traditionen der schulischen Bildung aus der Zeit Ende des 19. Jahrhunderts an.

In Österreich, wo äußere Schulreformen nachhaltig gescheitert sind und die innere Schulreform eher stagniert, kann man auch Lockerungen auf verschiedenen Ebenen des Schulehaltens beobachten, wie Bernd Hackl (Wien)[6] ausführte. Angesichts des erheblichen Legitimationsdefizits der Schule bei

---

6   vgl. ausführlicher Bernd Hackl: Spätjosefinismus und Marktrhetorik. Schulautonomie in
     Österreich zwischen Output und Aufklärung. In: Z. f. Päd. 43 (1997) Heft 2

SchülerInnen, Abnehmerinstitutionen und in der breiten Öffentlichkeit, sind die Impulse, die den einzelnen Schulen mehr organisatorischen Gestaltungsspielraum zu geben, nicht als Bestandteil einer kontinuierlichen und längerfristigen Reform zu bewerten, sondern eher als akutes Krisenmanagement zur Sicherung des Bestehenden. Die Erwartungen an die „Autonomie" der Schulen sind heterogen, ebenso die Vorstellungen bezüglich der Qualitätssicherung. Die relative Selbständigkeit der Schulen ist gegenwärtig noch kaum ein Anliegen der LehrerInnen, sondern eher eine Reform „von oben". Die bürokratische Tradition des „Josephinismus", so Hackl, setzt sich auch bei der Debatte um Schulautonomie begrenzend durch.

Die bildungs- und schulpolitische Situation in Frankreich unterscheidet sich von der in Österreich oder Ungarn erheblich. Obgleich, oder gerade weil, die Zentralisierung von Steuerungs- und Entscheidungsprozessen nahezu perfekt ist, kann der Staat ohne Verlust mehr Autonomie bei der Einzelschule zulassen. Das war die zentrale These von Klaus Klemm (Essen). Der einzelnen Schule wird ein bestimmtes Unterrichtsvolumen zugewiesen, über dessen inhaltliche Ausgestaltung sie selbst befinden kann. Die Schule ist verpflichtet, die Erstellung eines Schulprofils zu projektieren und das zu evaluieren. Durch die relative Auflösung von Schuleinzugsgrenzen haben Eltern mehr Wahlmöglichkeiten zwischen Schulen. Die Evaluation der Schulqualität erfolgt auf nationaler und regionaler Ebene durch zentrale Prüfungen und die Ermittlung von Abschlußquoten. Eine lokale Evaluation existiert praktisch nicht, keine Schule hat bisher ihr Schulprogramm evaluiert. Die Frage, was eine Schule dazu bringen könnte, ihr Schulprogramm zu evaluieren, sei bisher noch nicht gelöst.

Die Entwicklung in England geht nach dem Educational Reform Act von 1988 genau umgekehrt: von einer „Entlokalisierung" des Schulsystems sprach David Philipps (Oxford), die durch die Einmischung des Nationalstaates mit der Vorgabe eines nationalen Curriculum eingeleitet sei. Der frühere „secret garden" des Schulcurriculum habe sich dadurch verändert. Die Wahlmöglichkeiten der Eltern sind eindeutig gestärkt, was durch den Modus der Schulfinanzierung deutlich wird. Durch eine Art „Bildungsgutschein" für jeden Schüler und jede Schülerin bringen diese den Institutionen die Haushaltsmittel. Die Local Education Authorities (LEA) sind dadurch ebenfalls finanziell gebunden. Einige Schulen (ca. 1000) sind aus der Aufsicht durch die LEA ausgeschieden; sie sind zentral gesteuert und finanziert (grant maintained school). Der Finanzierungsmodus durch dezentrale Budgetierung bei gleichzeitiger Bindung an ein nationales Curriculum ist umstritten. Offen ist, ob diese Vorgabe zu größerer Effizienz führt und zugleich die Selektivität des Schulsystems verschärft. Ob die Wahlmöglichkeit der Schule durch Eltern nicht durch die Vorgabe eines nationalen Curriculum faktisch eingeschränkt ist, bedarf ebenfalls einer längerfristigen Überprüfung.

Abschließend nannte Theo Liket (Hemstede, Niederlande) noch einmal die Gründe, warum den niederländischen Schulen mehr Gestaltungsautonomie zugestanden wird: Bildung wird als eine Aufgabe verstanden, die sich Staat und Bürger teilen. Weil zentralstaatliche Reformstrategien „von oben" praktisch gescheitert sind, können nur „von unten" getragene Strategien überzeugen. Die Tatsache einer multikulturellen Gesellschaft macht vielfältige Schulkonzepte erforderlich, die nur durch Nutzung der Problemlösungskapazität der einzelnen Schule entwickelt werden können. Die Vielfalt der Schulen ist politisch und gesellschaftlich erwünscht (vgl. Liket 1993). Die Chancengleichheit wird nicht durch ein gleiches Schulangebot für alle gewährleistet, sondern durch die einzelnen Schulen und deren Vernetzung als „Prozeß-Chancengleichheit" entwickelt. Den Schulen wird in den Niederlanden ein sehr differenziertes System von Unterstützung und Beratung angeboten.

Den Ertrag der Diskussion im Anschluß an die Kurzdarstellungen der Referenten faßte Hans-Günter Rolff zusammen: Autonomie der Schule ist ambivalent und daher ein Problem, das der bildungspolitischen, erziehungswissenschaftlichen und praktisch-pädagogischen Forschung bedarf. Aber ohne die Autonomiedebatte hätten Schulentwicklung und Schulpolitik überhaupt keine Perspektive. Debatten über Autonomie führen zwangsläufig zu Debatten über Entbürokratisierung, Qualität von Schule, Leitbildern, Schulcurriculum sowie Schulkonzepten, zu Rechenschaft und Schulaufsicht und somit auch zu neuen Lehrer- und Leitungsrollen. Auf diese Weise werde das ganze von Schulentwicklung thematisiert und zudem noch öffentliche Aufmerksamkeit geweckt. Selbst die zu recht zu befürchtende Gefährdung des ohnehin zu geringen Maßes an Chancengleichheit habe wenigstens zur Folge, daß nach einer langen Pause wieder über Chancengleichheit geredet werde.

Rolff versuchte auch darzulegen, daß die aktuelle Autonomiedebatte kein Geschenk der Obrigkeit sei und auch nicht nur von Sparzwängen herrühre, sondern mit Veränderungen der globalen Ökonomie und Steuerungsdefiziten zusammenhänge. Neue Produktionskonzepte und New Public Management würden weltweit in die gleiche Richtung weisen. Und selbst wenn die These von Ekholm stimmt, daß Schulen überhaupt nicht durch zentrale Steuersysteme gesteuert würden, sondern nur durch die aktive Mitwirkung der Beteiligten, dann müssen Schulen freigesetzt werden, damit sie ihre Selbststeuerung als Aufgabe annehmen können. Das kann allerdings nur gelingen, wenn Lehrerinnen und Lehrer die Schulentwicklung als eine Chance ihrer Professionalisierung wahrnehmen.

So läßt sich abschließend die Frage des Symposions, ob „Entstaatlichung" im Sinne von Entbürokratisierung eher eine Chance oder ein Risiko für die Qualität der Schule sei, nur als eine empirisch und theoretisch weiterhin zu klärende, an die Erziehungswissenschaft richten. Einerseits müssen die zweifellos vorhandenen Ambivalenzen herausgearbeitet werden, nämlich ob mit der Veränderung der staatlichen Steuerungsmodelle eher ein Rückzug aus gesellschaftlicher Verantwortung für Bildung einhergeht oder ein Zugewinn an bürgerschaftlicher Verantwortung. Die Risiken der Entbürokratisierung liegen darin, daß lediglich ein Instrument für Einsparmaßnahmen gesucht, die formale Effizienz von Schule gesteigert oder eine „schlanke" Bürokratie ins Werk gesetzt wird. In kritischer Auseinandersetzung damit müssen die Steuerungsmöglichkeiten und Verantwortungsstrukturen transparent gemacht werden. Andererseits bedarf auch die Annahme, daß mit dem Zuwachs an Selbständigkeit der einzelnen Schule auch das Thema der Chancengleichheit für alle Kinder wieder bildungspolitisch relevant wird, der Beweisführung: Was gewinnen Schülerinnen und Schüler tatsächlich in einer entbürokratisierten Schule? Schließlich sind die Kriterien für Schulqualität offenzulegen, zu begründen und in ihrer schulpraktischen Wirksamkeit zu prüfen: Welche Faktoren sind es, die zu Qualitätsgewinnen oder zu Qualitätsverlusten einer Schule führen? Von besonderer Bedeutung ist darüber hinaus die Verknüpfung der Entwicklung von Schulautonomie mit Prozeßkomponenten der Schulentwicklung: Welcher Unterstützungssysteme bedarf es, damit Schule beitragen kann zur Arbeit an Lebensproblemen von Kindern und Jugendlichen, damit Schule als Projekt einer solidarischen Gesellschaft realisiert werden kann? Der Vergleich mit Schulentwicklungsprozessen in anderen europäischen Ländern schärft den Blick für die Komplexität dieses Aufgabenfeldes.

Literatur

Buhren, C. G./Rolff, H.-G. (Hrsg.): Fallstudien zur Schulentwicklung. Zum Verhältnis von innerer Schulentwicklung und externer Beratung. Weinheim/München 1996.

Dalin, P./Rolff, H.-G./Buchen, H.: Institutioneller Schulentwicklungs-Prozeß. Ein Handbuch. Herausgegeben vom Landesinstitut für Schule und Weiterbildung. 2. Auflage, Bönen 1995.

Daschner, P./Rolff, H.-G./Stryck, T. (Hrsg.): Schulautonomie - Chancen und Grenzen. Impulse für die Schulentwicklung. Weinheim/München 1995.

Fend, H.: Gesamtschule im Vergleich. Bilanz der Ergebnisse des Gesamtschulversuchs. Weinheim/Basel 1982.

Haenisch, H.: Was ist eine „gute" Schule? Empirische Forschungsergebnisse und Anregungen für die Schulpraxis. In: Steffens, U./Bargel, T. (Hrsg.): Erkundungen zur Wirksamkeit und Qualität von Schule. Wiesbaden: Hess. Institut für Bildungsplanung und Schulentwicklung 1987, S. 41-54.

Hensel, H.: Die autonome öffentliche Schule. München 1995.

Holtappels, H. G. (Hrsg.): Entwicklung von Schulkultur. Ansätze und Wege schulischer Erneuerung. Neuwied u.a. 1995.

Liket, T.: Freiheit und Verantwortung. Das niederländische Modell des Bildungswesens. Gütersloh 1993.

Lorent, H.-P./Zimdahl, G. (Hrsg.): Autonomie der Schulen. Beiträge für eine Fachtagung der GEW Hamburg zum Thema „Demokratisierung und Selbstverwaltung der Schulen" im Mai 1993. Hamburg 1993.

Mitter, W.: Europäische Wege zu einer „guten" Schule. In: Berg, C./Steffens, U.(Hrsg.): Schulqualität und Schulvielfalt. Das Saarbrücker Schulgüte-Symposion 1988. Wiesbaden: Hess. Institut für Bildungsplanung und Schulentwicklung 1991, S.85-91.

OECD: Schools and Quality. An International Report. Paris 1989.

Paschen, H.: Schulautonomie in der Diskussion. In: Zeitschrift für Pädagogik 41 (1995)1, S.15-19.

Rolff, H.-G.: Wandel durch Selbstorganisation. Weinheim/ München 1993.

Rutter; M. u.a.: Fünfzehntausend Stunden. Weinheim 1980.

Steffens, U./Bargel, T.: Erkundungen zur Qualität von Schule. Neuwied 1992.

Steffens, U.: Gestaltbarkeit und Qualitätsmerkmale von Schule aus Sicht der empirischen Schulforschung. In: Steffens,U./Bargel,T. (Hrsg): Erkundungen zur Wirksamkeit und Qualität von Schule. Wiesbaden: Hess. Institut für Bildungsplanung und Schulentwicklung 1987, S.21-39.

Tillmann, K.-J. (Hrsg.): Was ist eine gute Schule? Hamburg 1989.

Manfred Bayer / Ursula Carle / Johannes Wildt

Symposium „Lehrerbildung vor der Zerreißprobe - zwischen staatlichen Vorgaben, wissenschaftlicher Fachsystematik und professionellen Anforderungen"

„...solange ihr nicht seht, daß ihr von euren Bildungsanstalten Unmögliches verlangt: im Gestückelten den Zusammenhang, in der Abhängigkeit den Umgang mit der Freiheit, ohne Erfahrung den richtigen Gebrauch der Theorie, ohne gesellschaftliche Aufgabe gesellschaftliche Verantwortung zu lehren... ist die Krise noch nicht weit genug fortgeschritten" (v. Hentig 1996, S.208f).

Symposien-Titel, so könnte man erwarten, übertreiben, wenn sie gar mit einer Zerreißprobe „drohen". Im Falle der Lehrerbildung erscheint der Titel jedoch noch recht euphemistisch auszudrücken, was durch die Vorträge aus vielfältigen Perspektiven heraus beleuchtet wurde. Lehrerbildung bietet offenbar nicht nur aus der Sicht der Hochschuldidaktik, und damit fokussiert auf die erste Phase der Ausbildung von Lehrerinnen und Lehrern, ein Bild der Zerrissenheit. Vielmehr stecken in der Folge einer in sich widersprüchlichen und vorwiegend formal begründeten Organisationsstruktur des Referendariats und die berufliche Fort- und Weiterbildung von Lehrpersonen ebenfalls in einer Sackgasse. Was fehlt, sind Entwicklungskonzepte für eine Profession, deren Aufgabe nichts geringeres beinhaltet, als die Bildung der Kinder und Jugendlichen trotz wirtschaftlicher Krise wirksam zu unterstützen.

1. Die hochschuldidaktische Perspektive

An den Hochschulen zerfällt die Lehrerbildung in verbindungslose Komponenten: Fächer, Erziehungswissenschaften mit ihren Teildisziplinen, Fachdidaktiken und schulpraktische Studien. Zwischen Hochschulen, Studienseminaren und Einrichtungen der Lehrerfort- und -weiterbildung herrschen Kontakt- und Sprachlosigkeit. Es findet so gut wie keine curriculare Abstimmung zwischen den Phasen der Lehrerbildung statt. Lehre und Studium an den Hochschulen ist von den Entwicklungen in der pädagogischen Praxis in Schulen und ihrem Umfeld weitgehend abgekoppelt. Das Sammelsurium dieser Bruchstücke, aus denen die Lehrerbildung besteht, wird eher notdürftig zusammengehalten durch zweierlei:

- zum einen durch die formale Rahmung von Studien- und Prüfungsordnungen sowie Traditionen und eingespielten Praktiken in den Ausbildungsinstitutionen,
- zum anderen durch den Gang, den sich die Studierenden durch das Labyrinth der Lerngelegenheiten mehr oder weniger bewußt bahnen und damit ihre Lernbiographie konstituieren.

Lehrerbildungsreformen lassen sich als Versuche beschreiben, Ordnungen in dieses Sammelsurium zu bringen, vorhandene Elemente weiterzuentwickeln, neue Elemente zu kreieren und sich ggf. auch von eingespielten Praktiken bzw. Traditionen zu verabschieden und neue Lernwege zu eröffnen. Reichen solche kleinen Veränderungen aus, oder ist eine umfassende Neukonzeption der Lehrerbildung notwendig?

Wildt stellte in seinem Vortrag einige Erfahrungen und Vorschläge zur Lehrerbildungsreform an den Hochschulen vor. Sie basieren auf der bildungstheoretisch begründeten Annahme, daß die didaktischen Arrangements, in denen die Lehrerbildung an Hochschulen stattfindet, den Studierenden immer Perspektiven auf eine professionelle Berufsausübung eröffnen soll, um sie in die Lage zu versetzen, mit Blick auf ihre künftige Arbeit ihre Lernbiographie aktiv und verantwortlich zu gestalten. Zur Einordnung der Vorschläge erläuterte er die Argumentationsfigur mit der er die Professionalisierungsperspektive mit dem Bildungsbegriff verbindet. Dabei knüpft er an Hubers Theorie der Hochschuldidaktik an (vgl. Huber 1983, S. 114-138).

1.1. Lehrerbildung im Dreieck von Wissenschaft, Praxis und Person

Danach spielt sich Lehre und Studium - das gilt dann auch für die Lehrerbildung - im Dreieck von Wissenschaft, Praxis und Person ab.

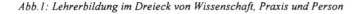

Abb. 1: Lehrerbildung im Dreieck von Wissenschaft, Praxis und Person

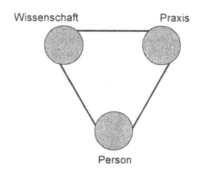

Wissenschaft, Praxis und Person fungieren als Bezugssysteme, an denen sich Lehren und Lernen ausrichten. Einerseits zeichnen sich diese Bezugssysteme durch einen besonderen „Eigensinn", andererseits durch Wechselbeziehungen untereinander aus. Beides, Eigensinn wie Wechselbeziehungen haben Konsequenzen für die Lehrerbildung. Danach umfaßt Lehrerbildung wissenschaftliches, praktisches, persönliches bzw. persönlich bedeutsames und in der Wechselbeziehung untereinander integratives Lernen.

Der jeweilige Eigensinn läßt sich wie folgt charakterisieren:

a) Wissenschaft befaßt sich mit der Prüfung des Wahrheitsgehalts von Aussagen und entwickelt unter diesem Kriterium eine wissenschaftslogische Ordnung des Wissens. Aufgabe der Lehrerbildung ist es, wissenschaftliches Lernen in Gang zu setzen, das zu einer eigenen Urteilsfähigkeit in den wissenschaftlichen Diskursen der studierten Gebiete führt. Studieren alleine, um am wissenschaftlichen Diskurs teilnehmen zu können, kann jedoch Lehrerbildung nicht ausmachen. Vielmehr muß eine Verknüpfung des verfügbaren Wissens mit dem künftigen Berufsfeld gelingen. Reflexion und Gestaltung von Praxis hängt von der Qualität des verwendbaren Wissens ab, weshalb problemorientiertes und fachüberschreitendes Lernen zu Recht einen hohen Stellenwert in der Lehrerbildung beansprucht (vgl. Wildt 1996, S.91-107). In welcher Weise das Wissen verwendet wird, ist selbst Thema der Forschung über professionelle Wissensverwendung. Wie auch immer die Wissensverwendung geschieht, eine theoretische Sicht auf die Praxis schreibt nicht vor, was zu tun ist. Sie klärt bestenfalls auf, was geschieht und öffnet Optionen für Handlungsmöglichkeiten.

b) Was zu tun ist, entscheidet sich in der Praxis. Die Regeln der Praxis stellen als Gegenstand wissenschaftlicher Betrachtung keine Gesetzmäßigkeiten dar. Ihrem Geltungsanspruch nach handelt es sich um Konventionen, die berufskulturell geteilt werden. Zum praktischen Lernen gehört zweifellos die Beherrschung der Regeln der Praxis sowie eine Kenntnis der Normen und Werte einschließlich der Handlungsmöglichkeiten, nicht zuletzt, um die vorhandene Praxis zu verändern. Wie es im Bezugssystem der Wissenschaft in der Lehrerbildungsreform auf problemorientierte und fachübergreifende Qualität ankommt, so kommt es in Bezug auf die Praxis heute nicht nur auf die Innovation bisheriger praktischer Handlungsfelder, sondern auch auf die Ausweitung des bisherigen Mandats des Lehrberufs in Richtung erweiterter Professionalität an.

c)   Gegenüber der Dominanz von Wissenschaft und Praxis als Bezugssysteme herkömmlicher Lehrerbildung ist der „Eigensinn" der Person in der Lehrerbildung zu behaupten. Auf dem Weg vom Novizen zur entwickelten Professionalität geht es immer auch um persönliche Autonomie, Distanznahme gegenüber vorfindlicher Praxis, Erhalt von Identität und Engagement. Zu lernen, sich selbst in der pädagogischen Situation zu reflektieren, ist allein schon deshalb erforderlich, weil - um mit v. Hentig zu sprechen - „der Lehrer das Curriculum" ist. Die Wahrnehmung der Chancen zur Selbstverwirklichung im Beruf, die eigenen Bedürfnisse und Fähigkeiten mit den beruflichen Anforderungen in Einklang zu bringen, ist Voraussetzung für Berufszufriedenheit und Bereitschaft zur Weiterbildung wie auch zur aktiven Teilhabe an der Gestaltung des Wandels in der beruflichen Sphäre. Zu lernen, die Achtsamkeit auf das eigene „Wohlergehen" im Sinne der Weltgesundheitsorganisation zu richten, nicht nur zu lernen, was „wahr" oder „angemessen", sondern auch zu lernen, was „gut" für einen selbst als Person ist, ergibt sich nicht im Sinne eines quasi naturwüchsigen Sozialeffekts als Nebenwirkung aus wissenschaftlichem und praktischem Lernen. Die Fähigkeit der Selbstfürsorge wird auch nicht einfach aus dem privaten Raum mitgebracht. Ihre Entfaltung bedarf schon besonderer Anstrengungen in der Lehrerbildung durch persönlich bedeutsames Lernen.

Professionalität bedeutet gleichermaßen Verfügung über wissenschaftliches Reflexions- und Gestaltungswissen, die Beherrschung von Regeln der Praxis bzw. Beachtung berufskultureller und gesellschaftlicher Normen wie auch die Fähigkeit, autonom zu handeln, sich weiterzuentwickeln und Wandel aktiv mitzugestalten.

Professionalität bedeutet aber auch, diese Kompetenzen in beruflichen Handlungssituationen aufeinander abgestimmt, integriert zu nutzen. Der zweite Aspekt, der in dem bildungstheoretischen Dreieck zum Ausdruck kommt, betrifft insofern die Frage, wie denn im Bildungsprozeß Wissenschaft, Praxis und Person zueinander in Bezug gesetzt werden können.

Lehrerbildungsreformen unterscheiden sich nicht nur darin, wie sie Lerngelegenheiten in Hinblick auf die einzelnen Bezugssysteme arrangieren, sie unterscheiden sich auch darin, wie sie zwischen den Bezugssystemen ihrerseits Bezüge herstellen. Vereinfacht stehen sich dabei konsekutive und integrative Reformszenarien gegenüber.

1.2. Konsekutive versus integrative Szenarien der Lehrerbildungsreform

Im konsekutiven Szenario werden die Lernprozesse in eine Phasenfolge gebracht und Institutionen zugeordnet, die jeweils auf wissenschaftliches, praktisches und (eher im privaten Sektor) persönliches Lernen spezialisiert sind. Im integrativen Szenario dagegen werden (ggf. unter Beteiligung verschiedener Institutionen) in allen Phasen - wenngleich auch mit unterschiedlichen Gewichtungen - Lerngelegenheiten geschaffen, die sich auf die verschiedenen Bezugssysteme ausrichten und Verbindungen zwischen wissenschaftlichem, praktischem und persönlichem Lernen schaffen.

Die Vorschläge, die Wildt zur Diskussion stellte (vgl. Punkt 1.3), beziehen sich auf das integrative Szenario. Dennoch soll hier ein kurzer Blick auf das konsekutive Szenario geworfen werden. Dies erscheint schon deshalb notwendig, weil mindestens aus der Binnensicht der Hochschulen starke Einflüsse zu beobachten sind, die die Entwicklung in eine konsekutive Richtung lenken. Besonders deutlich traten diese Entwicklungstendenzen in der Polyvalenzdebatte Mitte der 80er Jahre zutage, als unter dem Eindruck der Lehrerarbeitslosigkeit vorgeschlagen wurde, die erste Phase der Lehrerbildung auf Studium und Lehre der Fächer zu konzentrieren, die gesamten schulpraktischen Anteile einschließlich Erziehungswissenschaft, Fachdidaktik dagegen in die Zweite Phase zu verschieben (vgl. Wildt 1986, S. 99-116).

Daß solche Ideen nicht ad acta gelegt sind, zeigten jüngst Überlegungen aus der nordrhein-westfälischen Bildungskommission. Das öffentlich laute Nachdenken des Geschäftsführers der Bildungskommission über das Konsekutivmodell hat zwar nicht einen direkten Niederschlag in dem viel zitierten Band über Schule als Haus des Lernens (vgl. Bildungskommission NRW 1995) gefunden. Die Empfehlungen aber, die Entwicklung in den Hochschulen den dort obwaltenden Kräfteverhältnissen zu überlassen und ansonsten auf den Druck des Absolventenmarktes als Regulativ für die Studienreform zu vertrauen, dürfte den Trend in den Hochschulen stützen, die eher praxisbezogenen Studiengangskomponenten zu marginalisieren und das Fachstudium zu stärken. Was für den Praxisbezug gilt, gilt erst recht für den Personenbezug. In einem Konsekutivmodell, das die erste Phase auf das Fachstudium ausrichtet, dürfte es schwer fallen, Momente persönlicher Bildung aus der weitgehend privat regulierten Sphäre des diesbezüglichen Weiterbildungsmarktes überhaupt erst in die Hochschulen hineinzuholen.

1.3. Reformvorschläge für die erste Phase der Lehrerbildung

Man sollte sich nicht über die normative Kraft des Faktischen und die Interessenlage vieler Hochschulangehöriger - vor allem angesichts der vorherrschenden personellen und materiellen Rahmenbedingungen an den Hochschulen - täuschen, die die Entwicklung in Richtung des konsekutiven Szenarios drängen. Vor dieser Kontrastfolie wird der utopische Charakter der folgenden Vorschläge deutlich. Umso notwendiger ist es, hervorzuheben, daß es für die meisten seiner Vorschläge Beispiele gibt, die für Reforminitiativen Orientierung geben können.

Wildt beschränkte sich auf drei einander überlappende Gruppen von Vorschlägen:

• Die erste Gruppe bezieht sich auf die alte Frage von der Verknüpfung von Wissenschaft und Praxis durch die Verbindung der Lernorte Hochschule und Schule,
• die zweite auf die Förderung personaler Kompetenz im wissenschaftlichen und praktischen Lernen,
• die dritte auf die didaktische Gestaltung von Lehr-/Lernsituationen an den Hochschulen.

1.3.1. Zur Verbindung von wissenschaftlichem und praktischem Lernen

Der erste Vorschlag bezieht sich auf die Gestaltung der Studieneingangsphase. Die Studieneingangsphase sollte es den Novizen am Beginn ihres Professionalisierungsprozesses erlauben, ihr Studium auf das professionelle Leitbild hin zu perspektivieren, erste Selbstüberprüfung im Hinblick auf Neigung und Eignung für eine künftige pädagogische Berufspraxis vorzunehmen, sowie erste Erfahrungen im Hinblick auf Differenz und Zusammenhänge von Wissenschaft und Praxis zu gewinnen. Es bedarf des Kontrastes zu eigenen Schulerfahrungen, eines Perspektivenwechsels.

Ein praktisches Beispiel dafür ist das *Integrierte Eingangssemester Primarstufe* (IEP), das in Bielefeld als Modellversuch entwickelt, flächendeckend für alle Studierenden erprobt und mittlerweile in die Regelpraxis übergeleitet wurde (vgl. BLK-Modellversuch 1995). Kurz gefaßt besteht das IEP aus einer achtwöchigen Praxisphase im ersten Semester, während der die Studierenden vier Tage wöchentlich mindestens drei Stunden in einer Praxisschule verbringen. Sie sind dort jeweils meist zu zweit einer Klasse zugeordnet, einer Praxisschule bis zu zwölf Studierende. Sie nehmen nicht nur in teilnehmender Beobachtung an den verschiedenen unterrichtlichen und außerunterrichtlichen Aktivitäten teil, sondern werden in eine Vielzahl von Aktivitäten, Einzelbetreuung, Gruppenarbeit, Übernahme von Aufgaben im

Klassenverband, Beteiligung an den verschiedensten Ereignissen des Schullebens etc. eingebunden. Um diese Praxisphase sind alle Lehrveranstaltungen des ersten Semesters gruppiert. Dazu gehört neben den einführenden Veranstaltungen der Teilstudiengänge auch ein schulpraxisbezogenes Begleitseminar, das von Betreuungslehrkräften der Praxisschulen durchgeführt wird. Die Lehrveranstaltungen bieten vielfältige Möglichkeiten, die praktischen Erfahrungen in den Kontext wissenschaftlicher Diskurse zu stellen und zu reflektieren.

Der zweite Vorschlag bezieht sich auf die Ausgestaltung von Projekten (vgl. 1.3.4). Insbesondere in vertiefenden Phasen des Hauptstudiums sollten Projekte mit einem Zuschnitt stattfinden, die über die klassischen unterrichtlichen Aufgaben auf erweiterte Professionalisierung angelegt sind. Solche Projekte bieten häufig Ansatzpunkte, praktisches Lernen als Handlungsforschung mit praxisverändernder bzw. praxisentwickelnder Forschung zu verbinden. An der Universität Bielefeld verwirklicht dies z.B. der jüngst eingerichtete Studienschwerpunkt „Prävention, Förderung, Integration". In diesem Studienschwerpunkt ist das Veranstaltungsprogramm auf eine sich über ein Jahr erstreckende Einzelförderung eines (wie auch immer) auffällig gewordenen Schulkindes durch Studierende bezogen. Die Studierenden führen Förderprogramme durch, die auf den Einzelfall zugeschnitten und mit den zuständigen Lehrkräften sowie außerschulischen Einrichtungen wie Erziehungsberatungsstellen, sozialpädagogischen Einrichtungen abgestimmt sind und angeleitet werden.

Der dritte Vorschlag geht auf die *Sachverständigenkommission Lehrerausbildung* (1996) der gemeinsamen Kommission für die Studienreform in Nordrhein-Westfalen zurück. Die Kommission hat vorgeschlagen, nach dem Grundstudium ein berufspraktisches Halbjahr einzurichten, das durch Beratungsangebote und Seminare in Regie der Hochschule ggf. auch in Kooperation mit den Studienseminaren und Ausbildungslehrern an den Praxisschulen begleitet werden soll. Denkbar erscheint es, Teile des Referendariats vorzuziehen und den beruflichen Ernstfall einschließlich des Unterrichtens, aber eingebettet in die Teilnahme am Schulleben, zu erproben. Vorteilhaft erschiene dabei insbesondere, daß diese Praxisphase keine Verknüpfung von Beratung und Bewertung enthält, wie sie im Referendariat üblich ist. Eine solche Praxisphase würde sich insofern als Experimentier- und Untersuchungsfeld zur Gewinnung von Praxiserfahrung und deren Reflexion eignen.

1.3.2. Persönlich signifikantes Lernen

Die Erfahrungen in den o.g. Studienreformansätzen belegen, daß die Praxiserfahrungen viele Episoden enthalten, die hohe Bedeutsamkeit für die Studierenden gewinnen. Zu den Schwächen klassischer praxisintegrierender Re-
formkonzepte gehört jedoch, daß die oft krisenhaften Selbsterfahrungen in
der Zentrierung auf die wissenschaftliche Reflexion einerseits und die Orientierung auf das Erlernen der Regeln praktischen Handelns andererseits zu wenig für signifikante persönliche Lernprozesse genutzt werden. Dabei läge es
nahe, gerade solche Erfahrungen mit Methoden praxisbegleitender Beratung
zu bearbeiten, die in vielen sozialen Berufen berufsbegleitend, zunehmend
auch in der Lehrerfortbildung, eingesetzt werden.

Die Förderung persönlichen Wachstums ist allerdings nicht an Praxis-
kontexte allein gebunden. Insbesondere auf dem privaten Weiterbildungsmarkt findet sich eine Fülle von Angeboten spezieller Lernarrangements z.B.
zur Entwicklung von Wahrnehmungs-, Kommunikations- und Interaktions-
kompetenz, zum Selbst- und Konfliktmanagement, zur Rhetorik, Gesprächs-
führung, Beratung, Organisationsentwicklung etc. Was spräche dagegen, solche Lerngelegenheiten in den Kontext der Hochschulausbildung zu integrieren? Nicht zuletzt böte dies die Chance, den Wildwuchs solcher Angebote in
einen kritischen wissenschaftlichen Diskurs einzubinden und damit in diesem
Feld didaktische Entwicklungsarbeit voranzubringen.

1.3.3. Eine neue Lern- und Lehrkultur

Die Integration solcher Lerngelegenheiten in die erste Phase der Lehrerbildung ist allerdings nicht ohne Veränderungen in der Lern- und Lehrkultur an
den Hochschulen denkbar. In einer gewandelten Lern- und Lehrkultur ginge
es nicht mehr allein um die Präsentation und Rezeption des wissenschaftlichen Wissens. Sicher, daß das wissenschaftliche Wissen zugänglich gemacht
wird, ist notwendige Bedingung wissenschaftlichen Lernens. Wenn es jedoch
richtig ist, daß „Teachers do not teach as they are thought to teach, but teachers teach as they are tought.", rückt als gleichrangiges Moment die Praxis
des Lehrens und Lernens an der Hochschule in den Vordergrund.

Radikalisiert führt diese Überlegung zu ganz neuen Typen von Lehrveranstaltungen bzw. Lernumgebungen an den Hochschulen. So schlägt die er-
wähnte *Studienreformkommission* - in Analogie zu den Natur- und Ingenieurwissenschaften - die Einrichtung pädagogischer Labors oder didaktischer
Werkstätten vor. Solche Labors oder Werkstätten wären z.B. die Stätten, an
denen die Förderung personaler Kompetenzen geschieht. Mehr auf die päd-

agogische Praxis abgestellt böten sie Orte für curriculare Entwicklungsprojekte, simulative Erprobung neuer Lehr-/Lernformen etc.

Eine neue Lern- und Lehrkultur in der Lehrerbildung erschöpft sich allerdings nicht in der Erfindung neuer Veranstaltungstypen. Mindestens von ebensolcher Wichtigkeit ist es, Lehre und Studium als didaktisches Handlungs- und Übungsfeld zu begreifen, auszugestalten und zu reflektieren. Dazu gibt es vielfältige Ansatzpunkte, z.b. die Vorbereitung, Durchführung und Auswertung von Referaten als typischer Lehr-/Lernsituation in der Hochschule. Lernförderlich erscheint es darüber hinaus, sie außer unter inhaltlichen, auch unter den Gesichtspunkten didaktischer Gestaltung und Reflexion zu betrachten. Häufig wird auch von Möglichkeiten Gebrauch gemacht, Situationen aus der Praxis in Lehrveranstaltungen zu simulieren.

Spiegelungseffekte zwischen didaktischem Handeln in Hochschule und Schule lassen sich besonders gut in praxisintegrierenden Lehrveranstaltungen finden bzw. - besser noch - systematisch erzeugen. Die Erfahrungen mit der Integrierten Studieneingangsphase oder in praxisbezogenen Projekten liefern dafür zahlreiche Belege (vgl. Carle 1996, S. 157-178).

1.3.4. Theorie-Praxis-Bezug am Beispiel eines Seminars zum Erstunterricht

An der Universität Osnabrück müssen Studierende für das Lehramt an Grund- und Hauptschulen mit dem Schwerpunkt Grundschule insgesamt vier Erstunterrichtsseminare belegen. Dadurch sollen sie befähigt werden, später Erstklässler (zunächst im Referendariat) angemessen zu unterrichten. Viele Studierende in diesen Seminaren haben keinen Kontakt zu sechs- bis siebenjährigen Kindern. Aufgrund der geringen Pflichtstundenzahl im Fach Pädagogik sind einige auch nicht mit schulpädagogischen Grundlagen vertraut. Andere dagegen beschäftigten sich schon intensiv mit der Altersgruppe, haben eigene Kinder in diesem Alter oder unterrichten nebenbei in einer Schule oder einer privaten Nachhilfeeinrichtung. Die Voraussetzungen der Teilnehmerinnen und Teilnehmer sind also sehr heterogen. Alle müssen einen qualifizierten Leistungsnachweis erbringen. Eine Möglichkeit hierzu bietet sich durch die Mitarbeit in einem Projekt an. Innerhalb eines Seminars gibt es dann mehrere unterschiedliche Projektangebote, die von kooperierenden Lehrerinnen und Lehrern mitgestaltet werden. Die einzelnen Projektgruppen stellen sich immer wieder ihre Arbeiten im Plenum gegenseitig vor. Fragen an die Theorie ergeben sich unmittelbar aus den Projekten und werden dann aufgearbeitet.

Ursula Carle berichtete von den Erfahrungen mit einem solchen Projekt. Projektinhalt war der Aufbau einer Klassenkorrespondenz mit einer zweiten

Klasse. Ziel dieser Korrespondenz war es, einen gegenseitigen Besuch vorzubereiten und durchzuführen.

Bereits ein Jahr im voraus wurde das Projekt mit dem Klassenlehrer ver-
abredet, der reichhaltige Erfahrungen mit einer an freinetpädagogischen Methoden orientierten Arbeit besitzt. Entsprechende Vorinformationen erhielten
die Studierenden, denn sie interessierten sich sehr für die Arbeit des Lehrers
in ihrer Partnerklasse.

Schon zu Beginn des Projekts ergaben sich für den ersten Briefkontakt
Fragen, die auch für Unterricht höchst relevant gewesen wären: Wie kann
man Kinder, die gerade ins zweite Schuljahr gekommen sind, schriftlich an-
sprechen und für eine Korrespondenz interessieren? Was können sie schon
lesen? Welche Inhalte interessieren sie? Wie komplex dürfen Aussagen sein,
damit die Kinder sie verstehen können?

Umgekehrt gaben manche Antwortbriefe der Kinder den Studierenden
Rätsel auf: Warum sehen die Briefe so unterschiedlich aus? Manche kaum
entzifferbar, andere gewählt ausgedrückt, voll interessanter Informationen
über die Interessen des Kindes. Manche Kinder hatten lediglich lautähnlich
geschrieben, andere schon lautgetreu und manche hatten bereits damit begonnen, Rechtschreibregeln anzuwenden. Kann das Kind, das ausschließlich
ein Bild gemalt hat, überhaupt schreiben? Die Texte sagten nicht nur etwas
über die Kinder aus und über deren Lese-Schreiblernprozeß, sondern auch
über die Methode, nach der sie Lesen und Schreiben lernten. Ein Telefonat
mit dem Klassenlehrer brachte Hinweise, welche theoretischen Implikationen
er seinem Lese-Schreiblehrgang zugrunde legte.

Mit der Zahl der Briefe, die aufeinander folgten, wuchs eine Beziehung
zwischen der Schulklasse und der Studierendengruppe. Die Fragen wurden
ernsthafter, vor allem nachdem die Studierenden sich stärker für den Wohn-
ort der Kinder zu interessieren begannen. Der Vermutung, daß Artlenburg
ein kleines Dorf sei, widersprachen die Schülerinnen und Schüler in ihren
Antworten auf das Schärfste. Ihr Ort sei nicht klein, was man daran sehen
könne, daß es dort zwei Bäcker gäbe. Daraufhin fühlten sich die Studierenden herausgefordert, mehr über Osnabrück zu schreiben und holten entsprechende Informationen bei der Stadtverwaltung, der Bäckerinnung und anderen Institutionen ein. Und sie bemühten sich, diese Belege für die „riesigen"
Größenunterschiede zwischen Osnabrück und Artlenburg in eine den Kindern zugängliche Form zu kleiden. Verpackt in eine auch optisch riesige
Stadtcollage präsentierten sie individuelle Briefe an jedes Kind und in der
Mitte einen Klassenbrief mit den erfragten Zahlen und mit einer Einladung
versehen: 160.000 Einwohner, fünf Schwimmbäder, Zoo, Schloß...

Alle Aktionen wurden auf Video aufgenommen, so daß die Studierenden später sehen konnten, wie die Kinder auf ihren Collage-Brief reagiert hatten. Es war ihnen gelungen, den Kindern die Größe Osnabrücks nahezubringen. Hauptbeweis waren die fünf Schwimmbäder! Aber auch die große Einwohnerzahl beeindruckte sie sehr. Im Film konnte man erkennen, daß die Komplexität des Collage-Briefes zu zahlreichen Beschäftigungen an diesem Gegenstand führte. Während ein Kind vorlas, holten andere sich den kleinen Stadtplan aus der Collagenmitte, wieder andere diskutierten über die Bilder von Osnabrück. Sie sahen auch, daß der Anreiz des persönlichen Briefes, selbst schwächere Leser dazu brachte, alle Energie aufzubringen, um den Text zu lesen. An anderen Stellen merkten die Studierenden, daß ihre Schrift noch nicht gut genug lesbar für die Kinder war. Schließlich konnten sie sehen, daß die Kinder zwar an dem gegenseitigen Besuch hoch interessiert waren, daß die Einladung aber auch Ängste auslöste. Die Klasse lud daher zuerst die Studierenden zu sich ein - und die Elternhäuser beherbergten sie während des mehrtägigen Besuchs.

Vor allem durch den Kontakt der Studentinnen sowohl zur Schule, als auch zum Elternhaus der Kinder, bekamen sie einen breiten Eindruck vom Umfeld der Kinder. Sie erfuhren auch, daß dieses Umfeld durchaus widersprüchlich ist. So hatten einige Eltern Vorbehalte gegenüber der Leselernmethode, die in der Klasse angewandt wurde. Andere hatten Angst, ihr Kind nach Osnabrück fahren zu lassen, wollten unbedingt als weitere Begleitperson mitfahren. Da waren die anderen Mütter, die als starke Gruppe schließlich verhinderten, daß die ängstliche Mutter mitfuhr. Und da war die Elternsprecherin, die während unseres Besuchs in der Schule Infozettel verteilte, um die anderen Eltern auf eine Radiosendung aufmerksam zu machen, in der über die gerade während unseres Besuchs im Gemeinderat abgelehnte Namengebung der Schule berichtet wurde.

Das Seminar hatte für die Studierenden die ganze Zeit über Ernstcharakter. Sie wurden permanent gefordert

- in der unmittelbaren Auseinandersetzung mit einem Kind und mit der ganzen Klasse,
- in der Kooperation mit dem Klassenlehrer,
- in der Auseinandersetzung mit dem pädagogischen Ansatz des Klassenlehrers und zwar sowohl im Gespräch mit den Eltern, als auch bei der Besprechung der Außenwirkung in den verschiedenen Medien.

Die Studentinnen bemerkten, welche Schwierigkeiten sie damit hatten, die verschiedenen pädagogischen Sichtweisen gegenüberzustellen und eine eigene wohlbegründete Position zu beziehen. Weil sie viele eigene Fragen hatten, lasen sie rund um das Projekt wesentlich mehr als zu anderen Veranstaltungen. Sie versuchten, ihre praktische Arbeit immer wieder zu hinterfragen. Dabei wurde die Vielschichtigkeit von Planung deutlich. Und als die Klasse Osnabrück besuchte wurde klar, daß die Kinder aufgrund der gewonnen Eindrücke zahlreiche eigene Fragen hatten, welche die Studentinnen gar nicht vorausgesehen hatten.

Schließlich reflektierten die Studierenden ihre Projekterfahrung, indem sie ihren Lernprozeß formulierten und in der Zeitschrift „Fragen und Versuche" zur Veröffentlichung einreichten.

1.4. Strategien für eine Reform der Lehrerbildung an der Hochschule

Die Zeiten, in denen man glaubte, was gelehrt wird, werde auch gelernt, sind offensichtlich vorbei (vgl. Holzkamp 1993). Nicht nur Schul-Unterricht wird vor dem Hintergrund neuerer Lern- und Bildungstheorien kritisch reflektiert, sondern auch die Lehrangebote der Hochschulen. Wie die Beiträge von Carle, Wildt und Wyschkon zum Symposion zeigten, gibt es bereits eine Menge hochschuldidaktisch gelungener Einzelbeispiele veränderter Studienangebote für angehende Lehrerinnen und Lehrer. Sie verknüpfen Wissenschaft und Praxis auf vielfältige, für die Studierenden persönlich relevante Art und Weise und binden so Studentinnen und Studenten in ihren wissenschaftlichen Diskurs ein.

Auffallend ist jedoch, daß diese Reformprojekte bislang im mehr oder weniger isolierten Experimentier- oder Modellversuchsstadium steckenbleiben. Die einzelne Hochschule als Gestaltungseinheit zeigt sich trotz dringend notwendiger struktureller Veränderungen behäbig und wenig entwicklungsbereit. Ganz besonders trifft dies auf die vielerorts abschätzig behandelten Studiengänge für die Ausbildung der Lehrerinnen und Lehrer zu. Deshalb besteht die Gefahr, daß selbst erfolgreiche Studienreformprojekte in ihren Institutionen abgekapselt werden und keine über ihren eigenen Wirkungsrahmen hinausgehenden Einflüsse ausüben (vgl. Carle 1995, S. 33f).

Notwendig ist daher die Verstärkung des Wandlungsdrucks auf die Hochschulen durch vier Maßnahmen:

1. Eine verstärkte Formulierung der bereits heute vorhandenen Ansprüche an die universitäre Ausbildung der Lehrerinnen und Lehrer, seitens der betroffenen Studierenden und seitens der „abnehmenden" Instanzen, also der Seminare und der Schulen - damit ein allgemeines Bewußtsein für die notwendigen Entwicklungsaufgaben entsteht.

2. Attraktive Angebote an die Hochschullehrerinnen und -lehrer, sich selbst für die geforderten Veränderungen weiterzubilden - damit eine Entwicklung von innen heraus überhaupt möglich wird.

3. Eine kommunikative Verknüpfung nach innen und außen mit dem Ziel, eine Kooperation von Wissenschaftspraxis und schulischer Praxis aufzubauen - damit die notwendige Energie für eine permanente gemeinsame Weiterentwicklung bereitsteht.

4. Außerdem - und nicht stattdessen - braucht Entwicklung einer behäbigen Institution eine Instanz, die den Wandel befördert, Ziele transparent macht und Wegmarken aufstellt, die zeigen, wie die Annäherung an die selbst gesteckten Ziele vorankommt - damit die Akteure der Veränderung nicht zu schnell der Mut verläßt.

Wandel braucht Utopien, aber auch überschaubare Schritte (und Fortschritte) in die angestrebte Richtung. Eine Förderungsinstanz hierfür könnte zum Beispiel *„Zentrum für Lehrerbildung"* heißen. Seine Aufgabe wäre es, die interne Zerstückelung der ersten Ausbildungsphase in fachwissenschaftliche, fachdidaktische, pädagogische und sonstige Studien durch institutionalisierte Kooperation langfristig aufzuheben und zugleich mit den folgenden Phasen der Lehrerbildung enge Verknüpfungen aufzubauen. Eine solche Instanz kann aber nur bestehen, wenn sie sich selbst als Entwicklungsprojekt begreift. Die vorhandenen Selbstverwaltungsstrukturen an den Universitäten werden sich auch unter neuem Namen ohne kooperative inhaltliche Projekte nicht als tragfähig genug für so weitreichende Veränderungen erweisen. Entscheidend für die Wirksamkeit einer solchen Instanz wird schließlich sein, ob die Universität als Ganzes das Zentrum als Promotor einer Entwicklung der Bildung von Lehrerinnen und Lehrern akzeptiert, oder ob sie es dann erneut abzukapseln versucht.

2. Die Perspektiven der Zweiten und Dritten Phase der Lehrerbildung

2.1. Das Konsekutiv-Modell und seine Auswirkungen

Die Einrichtung einer Zweiten Phase im gesamten Prozeß der Lehrerbildung entspricht dem im ersten Teil des Artikels beschriebenen konsekutiven Szenario (vgl. 1.2). Analog gilt auch, was dort über die Schwierigkeiten des Personenbezugs im Konsekutivmodell gesagt wurde. Bayer stellte in seinem

Beitrag grundlegende Kritikpunkte vor, die auf eigenen Forschungsergebnissen und Modellentwicklungen an nordrhein-westfälischen Universitäten, Studienseminaren etc. beruhen.

Persönliche Bildungsanregungen oder (Weiter-)Bildungselemente in das schulpraktisch orientierte Referendariat einzubeziehen und hierfür den privaten Weiterbildungsmarkt entsprechend zu nutzen, dürfte bis heute angesichts der obligatorischen Vorgaben aus den Ausbildungs- und Prüfungsordnungen der Zweiten Phase nur in Ausnahmefällen gelingen. In der Regel gilt in dieser Phase das eherne Gesetz tradierter Normen und Verhaltensmuster. Es wäre aber gerade in dieser verstärkt professionsbezogenen Phase der Lehrerbildung von besonderer Wichtigkeit, die Herausbildung berufspraktischer Erfahrungen der Lehramtsanwärter mit individuellen Beratungsmethoden zu begleiten. Die Notwendigkeit der Einbeziehung von Lernarrangements zur subjektiven Aneignung bzw. Intensivierung der Beratungs-, Interaktions- und Kommunikationskompetenz, des Konflikt-, Organisations- und Selbstmanagements in Schule und Schulumfeld wäre sicher von großem Nutzen für den Ausbildungserfolg - in objektiver wie in subjektiver Hinsicht.

Die Erfolge derartiger, persönlich signifikanter Lern- und Selbsterfahrungsgelegenheiten hängen in hohem Maße auch von der Entwicklung einer innovativen Lehrkultur in Ausbildungsschulen und Studienseminaren ab. Gilt es doch hier ebenso wie in der Hochschule, die Praxis des Lernens und Lehrens in zugleich repressionsfreien und eigenverantwortlich gestalteten Lernumgebungen zu fördern. Die bereits zitierte Bildungskommission NRW 1995 geht in ihrem Empfehlungsband über Schule als Haus des Lernens bedauerlicherweise nicht so weit, die dort gewonnenen Einsichten auch auf diese ungelöste Problematik in der Lehrerbildung anzuwenden und hierfür Vorschläge zu erarbeiten. Eine solche Einrichtung zur Förderung personaler Kompetenzen, curricularer Entwicklung und simulativer Praxis in Verbindung mit innovativen Lern- und Lehrkonzeptionen könnten sicher künftig die universitären Zentren für Lehrerbildung werden, wenn ihre Struktur fächer- und phasenübergreifende Aktivitäten in einem holistischen Kontext des Lehrerberufs zulassen würde. Auch Studienseminare und Ausbildungsschulen stellen „behäbige Institutionen" dar, die einer kompetent ausgestatteten Förderinstanz bedürfen, um Annäherungen an die immer erneut zu formulierenden Ziele im Rahmen der zunehmend dem Wandel unterworfenen Lehrerbildung zu erreichen - ein weiteres Plädoyer für die Einrichtung von Zentren für Lehrerbildung.

2.2. Empfehlungen zur Überwindung der „Zer-Phaserung" in der Lehrerbildung

Um bei aller berechtigten Kritik an dieser „zer-phaserten" Lehrerbildung Fehldeutungen zu vermeiden, betonte Bayer in seinen Ausführungen zum real-existierenden Pädagogischen Vorbereitungsdienst für alle Lehrämter, daß es ihm nicht um eine Eliminierung der Zweiten Ausbildungsphase an sich geht. Diese sei vielmehr - in dem auch zuvor von Wildt dargestellten Sinne - so mit der Ersten Phase curricular und institutionell zu vernetzen und auch im Rahmen einer ständigen Fort- und Weiterbildung so sinnvoll zu nutzen, daß man schrittweise zu einer ganzheitlich konzipierten Lehrerbildung in einem kontinuierlichen Prozeß gelangen könne. Dieses übergeordnete Ziel sei nicht nur grundsätzlich erreichbar, wie frühere Modellversuche zur Einphasigen Lehrerbildung - beispielsweise mit der Universität Oldenburg - gezeigt hätten, sondern würde bereits in der Gegenwart in kooperativer Form näherungsweise erreicht. Hierfür böten zentrale wissenschaftliche Einrichtungen - wie die auch von ihm favorisierten Zentren für Lehrerbildung - die günstigsten Voraussetzungen. Lieferten sie doch die notwendigen Ressourcen für die Koordinierung, die materielle und personelle Ausstattung der Veranstaltungen und für die unverzichtbare wissenschaftliche Begleitung, Supervision etc. Wichtig seien im gegenwärtigen Entwicklungsstadium vor allem flächendeckende Modellversuche in Regionen, in denen alle drei Phasen miteinander ein Verbundsystem aufbauten. Solcherart könnte dann nach einer drei- bis fünfjährigen Entwicklung und Erprobung von alternativen Modellen, die günstigste Integrationsform als Ergebnis der Evaluierung gefunden werden.

Wie die von Lilian Fried in ihren Ergebnissen skizzierte empirische Untersuchung über die in der Lehrerschaft und bei dem Lehrpersonal in den Pädagogischen Serviceeinrichtungen der Dritten Phase existierenden Vorstellungen zur Weiterentwicklung der Schule, zur Lehrerfortbildung und -beratung, sowie hinsichtlich der jeweils eigenen „Zukunftswünsche" zeigt, werden auch aus dieser Perspektive die kritischen Aussagen zu den beiden vorangehenden Phasen weitgehend bestätigt. Als ein hierfür interessantes Ergebnis wird von Fried hervorgehoben, für diese Phase werde die Funktion „Defizite der Lehrerausbildung ausgleichen" vom Personal der Fortbildungs- und Beratungsarbeit für wesentlich wichtiger gehalten als von den befragten Lehrerinnen und Lehrern. Daraus folgerte sie in ihrem Vortrag: Bevor den Wünschen der Lehrerinnen und Lehrer nach mehr kurzfristig entlastenden Hilfen nachgegangen werden könne, müßten zunächst die Rahmenbedingungen der Lehrerbildung verbessert werden, wie es die Expertinnen und Experten aus dem Fortbildungs- und Beratungsbereich fordern.

In diese Richtung zielen auch zahlreiche Vorstellungen dieser Expertengruppe zu ihren „Traum-Serviceeinrichtungen" für die Zukunft, um z.B. regionale und zentrale Lernwerkstätten als Fortbildungseinrichtungen, als „Orte des Erfahrungsaustausches", „des Ausprobierens" zu entwickeln. Das Ganze solle etwas Übergreifendes sein - etwas Fächerübergreifendes mit Stützpunkt an einer Schule und in Kooperation mit Pädagogen, Psychologen und Didaktikern. Nicht nur diese Einrichtungen sollen kollegial geführt werden, sondern das kollegiale Prinzip solle auch die Fort- und Weiterbildung bestimmen.

Bessere Argumente für eine phasen- und fächerübergreifende Vernetzung zwischen den einzelnen Institutionen und Aktivitäten in der Lehrerbildung als diese Vorstellungen der befragten Lehrerbildungsexperten von ihrer „Traum"-Einrichtung für die Zukunft lassen sich schwerlich finden.

2.3. Das Zentrum für Lehrerbildung als „offenes Modell" zur Einrichtung eines Verbundsystems der Aus- und Weiterbildungsphasen

Wie Bayer im Rahmen seines Beitrags zur Zweiten Phase anhand seines Szenarios für ein Verbundsystem der drei bisher getrennten Phasen erläuterte, bildet ein Zentrum für Lehrerbildung die phasenverbindende Einrichtung, die der Vernetzung der Aus- und Weiterbildungsprozesse in allen relevanten Bereichen dienen soll:

*Abb.2: Modellentwurf für ein neu zu gründendes Zentrum für Lehrerbildung an der Ger-
hard-Mercator-Universität, Gesamthochschule, Duisburg*

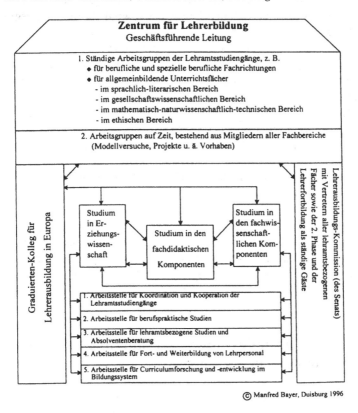

© Manfred Bayer, Duisburg 1996

Die funktionalen Beziehungen zwischen den universitären, schulpraktischen
und außerschulischen Lehrveranstaltungen und studentischen Aktivitäten
werden in diesem Zentrum koordiniert, vor- und nachbereitet und darüber
hinaus auch wissenschaftlich begleitet (durch Supervision, Einzel- und Grup-
penberatung, empirische Begleituntersuchungen unter Mitwirkung der Studierenden). In diese Studien werden auch Seminare und Ausbildungsschulen
der Zweiten Phase einbezogen, was sowohl während der Studieneingangs-
projekte, der schulpraktischen Studien in semesterbegleitender oder in Block-
form, als auch in kooperativen Schulprojekten einzelner Fachbereiche erfolgen kann.

Wie die Abbildung 2 deutlich macht, die Bayers Entwurf für ein neu zu gründendes Zentrum in der Gerhard-Mercator-Universität-Gesamthochschule-Duisburg wiedergibt, befinden sich in der Lehrerausbildungskommission Vertreter der Zweiten und Dritten Phase, um sowohl für die Arbeitsgruppen auf Zeit, als auch für die ständigen Arbeitsstellen ihre Anregungen und Beiträge, Mitwirkungsmöglichkeiten und Kooperationsfunktionen einzubringen sowie von dort - im Sinne einer wechselseitigen Kommunikation - analoge Arbeitsaufträge für ihren jeweiligen Bereich aufzugreifen. Hierfür werden „Arbeitsstellen für berufspraktische Studien" und „Fort- und Weiterbildung von Lehrpersonal" aus allen Phasen der Lehrerbildung vorgeschlagen. Auch auf die „Curriculumforschung und -entwicklung im Bildungssystem" soll sich diese Kooperation erstrecken, um hierfür die Kompetenzen und Erfahrungen aller Beteiligten in der Lehrerbildung nutzbar zu machen und zugleich die Ergebnisse unmittelbar wiederum als Impulse für die Lehrerbildung verwenden zu können.

Die Einbeziehung der Dritten Phase erhält auch durch die geplante Einrichtung eines Graduierten-Kollegs eine besondere Aufwertung, da auf diesem Wege eine Öffnung für eine europaweite Höherqualifizierung und Nachwuchsförderung für eine wissenschaftlich fundierte Lehrerbildung im Anschluß an praktische Berufserfahrungen erreicht werden soll.

3. Szenarien zur notwendigen Verankerung der Lehrerbildung in der Universität

Die Referenten Mehnert und Wyschkon haben in ihrer Einleitung mit Recht auf die historische Entwicklung hingewiesen und F. A. Wolf gewürdigt, der in Halle - unserem Kongreßort - am Ende des 18. Jahrhunderts „als Erster durch die Einrichtung eines Gymnasiallehrerseminars die Entwicklung der Ausbildung der Lehrerinnen und Lehrer hin zu einem wissenschaftlichen Studium einleitete". In diesem Sinne „könnte man also sagen, daß die wissenschaftliche Lehrerbildung von der Universität Halle aus ihren Siegeszug angetreten hat. Und 1996 können wir an gleicher Stelle feststellen, daß die Lehrerbildung in ihrer überwältigenden Mehrheit an Universitäten stattfindet. Wo ist also das Problem?" Mit dieser Frage befaßten sich nicht nur die Teilnehmer dieses Symposiums - sie gewinnt in der Gegenwart durch unterschiedliche Meinungsäußerungen und Expertisen immer mehr an Aktualität.

Mehnert und Wyschkon gingen zielgerichtet der Frage nach, welche Folgen die institutionelle Integration der Lehrerbildung in die Universitäten in dem von ihnen beschriebenen langwierigen Prozeß nach sich zog, wie z.b.:

- „Der Schritt in Richtung Universität wurde aber erkauft mit der Einführung der Zweiphasigkeit der Ausbildung..."
- „Mit der institutionellen Integration sind jedoch die inhaltlichen und curricularen Probleme (...) nicht behoben, sie haben sich (...) an vielen Universitätsstandorten insbesondere dadurch verschärft, daß die Lehrveranstaltungen an unterschiedlichen Fachbereichen besucht werden müssen und meist zentrale Kommissionen oder Zentren fehlen, die für eine Koordination und Integration der Studienanteile sorgen..."
- „Insofern hat die Eingliederung der Pädagogischen Hochschulen in die Universitäten zu einer Entprofessionalisierung der Lehramtsstudiengänge geführt."

Unter den festgestellten Defiziten der derzeitigen Lehrerbildung rangieren demnach die nachfolgenden sehr hoch, da sie die Schwerpunkte erforderlicher Veränderungen und Weiterentwicklungen markieren:

- „ungenügender Professionsbezug in der Ersten Phase"
- „fehlende hochschuldidaktische Reflexion und Übung der verschiedenen Lehr-Lern-Formen in situativen Kontexten"
- „Ignoranz gegenüber der didaktischen Brechung zwischen Wissenschaft(en) und Unterrichtsfach"
- „fehlende inhaltliche und personelle Verknüpfung zwischen Studium, Referendariat und Fort-/Weiterbildung"
- „mangelnde Unterrichtsforschung"
- „Lehrerausbildung wird nicht als Persönlichkeitsentwicklung konzipiert und gestaltet"

Auch Mehnert und Wyschkon gelangten abschließend zu der grundsätzlichen Überzeugung, „daß mit kosmetischen Operationen an der Lehrerbildung nur wenig erfolgversprechend verändert werden" könne, vielmehr bedürfe es „einer grundlegenden Neubesinnung und Umstrukturierung, die es sich zum Anliegen machen sollte, mit Blick auf die Entwicklung im europäischen Rahmen die Vorzüge der Lehrerbildungssysteme der DDR und der BRD in einem konzeptionellen Neuansatz zu vereinigen".

Mit ihren zukunftsorientierten, konkreten Vorschlägen zu einer Neustrukturierung zielen sie auf eine „Wiederherstellung der inhaltlichen und organisatorischen Einheit der Lehrerbildung". Wichtigste Voraussetzung bildet aus ihrer Sicht „die Reintegration des Referendariats in die universitäre Ausbildung", um dadurch u.a. eine „kontinuierliche Verbindung von Theorie und Praxis über das gesamte Studium durch Ausbildung in Projekten und Laborschulen" zu erreichen.

Die abschließende Antwort auf die eingangs gestellte Frage läßt Raum
für eine flexible Strukturierung im universitären Bildungsprozeß der künftigen Lehrerinnen und Lehrer:

„Lehrerbildung muß nicht an der Universität erfolgen, sie sollte aber dort realisiert werden im Interesse der davon ausgehenden potentiellen Möglichkeiten".

4. Die Perspektive der humanistischen Pädagogik

Persönlichkeitsbezogene Weiter-Bildung findet heute, das haben die Sympo-
siumsbeiträge nicht nur der Humanistischen Pädagogik deutlich gemacht,
weitgehend außerhalb des staatlichen Angebots statt. Tendenziell läßt sich
auch bereits für die Erste und Zweite Phase der Lehrerbildung ein großes
Interesse an (derzeit vor allem privatwirtschaftlichen) Angeboten feststellen,
die auf persönliche Weiterentwicklung zielen und weniger auf die (isolierte)
Vermittlung von Wissen.

Einer der Gründe für dieses Phänomen mag in der gesellschaftlichen
Entwicklung eines neuen Bildungsverständnisses zu finden sein. Bildung
wird zunehmend als Selbstbildung verstanden, als ein lebenslanger selbst
steuerbarer Prozeß in einer sich ständig verändernden Welt. Und da Lehrerinnen und Lehrer als Personen tätig sind und nicht isoliert als bloße Berufswe-
sen, ergibt sich ihr subjektives Bildungsbedürfnis aus einem höchst komplexen Zusammenspiel von Sach- und Handlungsfragen, Sozialem und Psychi-
schem. Dahinter steht die Erkenntnis, daß die Welt nicht mechanisch funktioniert, weder fatalistisch noch rationalistisch steuerbar ist, sondern daß sie
sich in einem permanenten Entwicklungsprozeß befindet, der zwar erschüt-
tert werden kann, dadurch aber keine von vornherein garantierte Verände-
rungsrichtung erhält. Eine solche durch Unsicherheit geprägte Zukunftsperspektive scheint vor allem starke Persönlichkeiten zu erfordern.

Birgit Warzecha brachte die Kritik an der heutigen Lehrerbildung mit
den neuen Anforderungen an Lehrkräfte in Verbindung und schlußfolgerte:

„1. Wenn Schule zunehmend Primärerfahrungen ermöglichen muß, wird notwendiger-
    weise Fachkompetenz um die Dimension emotionaler Qualifizierung erweitert wer-
    den müssen.
2. Wenn Fragmentierung von Sinn- und Lebenserfahrung zunehmen, müssen Lehrerin-
    nen und Lehrer eine Synthese gewährleisten, die Zusammenhänge vermitteln kann.

3. Wenn die Auslese zum alleinigen Sinnstifter avanciert, müssen Lehrerinnen und Lehrer kompetent werden im Umgang mit gesellschaftlichen Widersprüchen.
4. Wenn institutionalisierte Lernangebote und subjektive Lerninteressen zunehmend auseinanderklaffen, müssen Lehrpersonen Formen der psychischen Stabilität beherrschen, um ihren schulischen Alltag zu bewältigen.
5. Wenn die Komplexität von Lebensräumen heutiger Heranwachsender zunimmt, müssen Lehrkräfte vorbereitet sein auf vernetzendes Denken und Handeln sowie auf die Integration unterschiedlicher Gefühle."

Buddrus vertrat im Anschluß daran die These, daß sachbezogene Angebote bislang durch den Staat bedient wurden, persönlichkeitsorientierte jedoch fast ausschließlich auf dem freien Markt zur Verfügung stehen - mit vielen Folgeproblemen, wie er vor einem konstruktivistischen und gestaltpädagogischen Hintergrund plastisch vorführte.

Evans stellte demgegenüber ein staatlich getragenes lebenslanges Konzept einer persönlichkeits- und sachbezogenen Lehrerbildung vor, welches in Kurse gegliedert zumindest transparenter erscheine als das Sammelsurium der deutschen Markt- und Staatsangebote. Marianne D'Emidio-Caston lieferte mit ihrem Konzept der „Confluent Education" ein praktisches Beispiel dafür, wie eine Weiterbildung und Beratung integrierende Vorgehensweise aussehen könnte.

5. „Lehrerbildung vor der Zerreißprobe" - Perspektiven nach dem Symposion

Das Symposion brachte alte und neue Kritikpunkte an der Lehrerbildung ins Rampenlicht und ließ an manchen Stellen bereits kleine Lichtblicke auf neue Möglichkeiten zu. So wurde deutlich, daß in allen drei Phasen der Aus- und Weiterbildung von Lehrerinnen und Lehrern aus den drückenden Problemen bereits Versuche erwachsen, sie zu bewältigen. Und erfreulicherweise werden diese Veränderungsimpulse von unten, durch die „vorschreibenden" Instanzen oben wahrgenommen und hie und da auch aufgegriffen. Die Notwendigkeit, Lehrerbildung in Deutschland zu verändern, ist allen beteiligten Ebenen zum Anliegen geworden. Die Auseinandersetzung betrifft nicht mehr das „Ob", sondern bereits das „Wie".

Hier allerdings scheiden sich die Geister. Während die Politik vor allem unter Gesichtspunkten der finanziellen Entlastung ihres Etats diskutiert, schlägt die hochschuldidaktische Seite aus bildungstheoretischer Perspektive

vor, die Qualität und Struktur der Lehrer-Bildungsangebote adäquater zu gestalten, sie stärker auf die künftigen beruflichen Anforderungen an die Lehrkräfte zu beziehen und nicht nur die neuesten Erkenntnisse über Bildungsprozesse zu lehren, sondern sie auch in der Lehrerbildung selbst zu beachten.
Hierfür bieten sie bereits wissenschaftlich gut abgesicherte Modelle an. Als
ein großes Hindernis in der Weiterentwicklung der Lehrerbildung wurde die
Isolierung der drei Ausbildungsphasen dargestellt. Erste Versuche, hier institutionelle Vorkehrungen für eine künftige Kooperation zu entwickeln, stellen
Entwürfe von „Zentren für Lehrerbildung" dar.

Das Symposion war ein Anfang, eine Art Bestandsaufnahme. Es hat gezeigt, daß noch erheblicher Forschungs- und Entwicklungsbedarf besteht.
Dieser bezieht sich vor allem darauf, wie die festgefahrenen institutionellen
und qualifikatorischen Strukturen aufgebrochen und einer Veränderung zugänglich gemacht werden können. In naher Zukunft geht es offenbar nicht
mehr vorrangig um die Frage, wie die Zukunft der Lehrerbildung aussehen
könnte, sondern vor allem darum, wie der dringend notwendige Wandel in
Gang gesetzt, Schritt für Schritt entwickelt und in Fahrt gehalten werden
kann.

Literatur

Bayer, M./Wildt, J.: Pädagogische Hochschule zwischen Umwandlung und Integration in die Universität. In: Kell, A. (Hg.): Erziehungswissenschaft im Aufbruch. Weinheim 1994, S. 122-149.

Bayer, M.: Modulare Studienstruktur und hochschuldidaktische Gestaltung von Lehramtsstudiengängen an der Universität Potsdam. In: Potsdamer Universitäts-Zeitung Nr. 9/27 vom 9. Mai 1994.

Bildungskommission NRW: Zukunft der Bildung - Schule der Zukunft. Denkschrift der Kommission „Zukunft der Bildung - Schule der Zukunft" beim Ministerpräsidenten des Landes Nordrhein-Westfalen. Neuwied; Berlin 1995.

BLK-Modellversuch: Öffnung der Schule - Öffnung der Lehrerbildung. Integriertes Eingangssemester Primarstufe - IEP Abschlußbericht. Zentrum für Lehrerbildung, Universität Bielefeld 1995.

Carle, U.: Wer die Schule verändern will, muß die angehenden Lehrerinnen und Lehrer gewinnen. Freinetpädagogik an der Hochschule. In: Hering, J./Hövel, W. (Hg.): Immer noch der Zeit voraus - Kindheit, Schule und Gesellschaft aus dem Blickwinkel der Freinetpädagogik. Bremen 1996, S.157-178.

Carle, U.: Mein Lehrplan sind die Kinder. Eine Analyse der Planungstätigkeit von Lehrerinnen und Lehrern an Förderschulen. Weinheim 1995.

Fried, L.: Schule weiterentwickeln: Einschätzungen von Praxisexpertinnen und -experten in Rheinland-Pfalz. Schulversuche und Bildungsforschung Bd. 78. Mainz 1996.

Hentig, H. v.: Bildung. München; Wien 1996.

Holzkamp, K.: Lernen. Subjektwissenschaftliche Grundlegung. Frankfurt 1993.

Huber, L.: Hochschuldidaktik als Theorie der Bildung und Ausbildung. In: Huber, L. (Hg.): Ausbildung und Sozialisation in der Hochschule. Enzyklopädie Erziehungswissenschaft. Stuttgart 1983, S. 114-138.

Sachverständigenkommission Lehrerausbildung der gemeinsamen Kommission für die Studienreform im Land Nordrhein-Westfalen, hg. vom wissenschaftlichen Sekretariat für die Studienreform. Bochum 1996.

Wildt, J.: Ist die Lehrerausbildung noch zu retten? Zum Stellenwert von Praxiserfahrungen in Professionalisierungskonzepten aus hochschuldidaktischer Sicht. In: Sommer, M. (Hg.): Lehrerarbeitslosigkeit und Lehrerausbildung. Opladen 1986, S. 99-116.

Wildt, J.: Reflexive Lernprozesse. In: Hänsel, D./Huber, L. (Hg.): Lehrerbildung neu denken und gestalten. Weinheim; Basel 1996, S. 91-107.

Jan-Hendrik Olbertz

Symposium „Universalisierung versus Spezialisierung akademischer Bildung - 'Arbeitsteilung' zwischen Staat und Markt?"

Das Symposium, ausgerichtet vom Autor dieses Berichts und moderiert gemeinsam mit Ludwig Huber, sollte die Bildungsziele der Universität und der Hochschule unter dem gegenüber Humboldt rigoros veränderten Anforderungs- und Erwartungshorizont von Staat, Gesellschaft und Wirtschaft (wieder) in den Mittelpunkt erziehungswissenschaftlicher Aufmerksamkeit rükken. Vor dem Hintergrund des Spannungsverhältnisses von Universalisierung und Spezialisierung, Bildung und Ausbildung sowie der wechselnden Fronten entsprechender Prioritätensetzungen zwischen Staat und Wirtschaft ging es darum, bildungsphilosophische, wissenschaftstheoretische und -didaktische sowie „hochschulpädagogische" Aspekte eines in den letzten Jahren vernachlässigten Gegenstandes aufzugreifen und mit historischen bzw. vergleichenden Implikationen eines Bildungskonzepts zu verknüpfen, das akuten Belastungen unterworfen ist.[1]

Sei noch in den siebziger und frühen achtziger Jahren, so der Eröffnungstext im Programmheft, der kritische Ruf der Wirtschaft an die Universitäten zu vernehmen gewesen, die Absolventen verfügten über kein anwendungsbereites Wissen und Können, sie seien unzureichend spezialisiert, es mangele ihnen an Praxisrelevanz und unmittelbarer Handlungskompetenz, so könne man seit dem Ende der achtziger Jahre eine Trendwende beobachten (die in demselben Tempo verlaufe, wie der Glaube an die Allmacht hochspezialisierten Wissens geschwunden sei). Seitdem werde wieder nach dem kreativen Generalisten gerufen, der phantasievoll, lernfähig, selbständig und gestaltungsfreudig ist, in Zusammenhängen denken, über die Grenzen seines Faches hinausschauen und Verantwortung übernehmen kann. Die Ausprä-

---

1   Alle in diesem Bericht zusammengefaßten Beiträge erscheinen 1997 unter dem Titel „Zwischen den Fächern - über den Dingen? Universalisierung versus Spezialisierung akademischer Bildung" bei Leske & Budrich.

gung solcher Schlüsselqualifikationen werde von den Universitäten (auch von den Hochschulen?) erwartet. Den Weg der notwendigen Spezialisierung im engeren Sinne beruflicher Handlungskompetenz stelle man sich heute immer häufiger erst nach Studienabschluß vor, und zwar „innerbetrieblich", also durch besondere Trainee-Programme und Weiterbildung.

Resultiere aus der damit erkennbaren „Arbeitsteilung" zwischen Staat und Markt eine neues Problem, nämlich das der zunehmenden „Abkopplung" wissenschaftlicher Bildung von realen Problemzusammenhängen ihrer Anwendung? Sei der Weg der Universität von einem Ort der Bildung hin zu einem Ort der „Ausbildung" nur eine Episode, an deren Ende sie zu ihren Wurzeln zurückzukehren aufgefordert wird? Wenn die Universität sich auf das Universelle verweisen ließe und die fachbezogene Spezialausbildung sukzessive der Wirtschaft überantwortete, drohten ihr Irrelevanz und Praxisferne; wenn sich die Bildungseinrichtungen der Wirtschaft mit der Spezialisierung beschieden, drohten ihr ein aus seiner Komplexität herausgelöstes, kulturabgewandtes Spezialistentum, das in der Isolation auf Dauer keine Kreativität und Effizienz - ganz zu schweigen von gesellschaftlicher Relevanz und Verantwortung - mehr entfalten könne.

Unterschiedliche Geschichte - verschiedene Begriffe und Konzepte (Carl-Hellmut Wagemann, Technische Universität Berlin)

Recht kritisch setzte sich Carl-Hellmut Wagemann mit diesen Eingangsthesen auseinander. Vor allem die Befürchtung, aus der zu beobachteten Teilung der Arbeit zwischen Staat und Markt könnte eine zunehmende Abkopplung der wissenschaftlichen Bildung von realen Problemen folgen, geriet ins Schußfeld seiner Kritik. Dieser These, von ihrem Kritiker allerdings freier assoziiert als von ihrem Urheber, sei zu widersprechen. Zwar ließen sich durchaus Tendenzen feststellen, nach denen sich der Staat aus der Bestimmung der akademischen Bildung wieder zurückziehe, nachdem er in den 70-er Jahren viel Einfluß darauf nahm, ebensogut ließe sich aber auch die Gegenthese formulieren, wonach die damals artikulierten Ziele wie z.B. Praxisrelevanz und Berufsfeldbezug jetzt nur mit anderen, wirkungsvolleren Mitteln verfolgt würden. Vielleicht sei der Staat aus der Erfahrung der Wirkungslosigkeit von zwei Jahrzehnten Studienreform klug geworden und überlasse das Erreichen derselben Ziele nunmehr dem Markt. Nach dieser These wäre dann nicht eine Abkopplung akademischer Bildung von realen Problemen zu erwarten, sondern im Gegenteil, eine erst jetzt allmählich gelingende Ankopplung. Im übrigen habe der Staat für die Gestaltung der akademischen Bildung Verantwortung in Wirklichkeit ja nie real übernommen. Die Gestaltung überlasse er von jeher dem Markt, und die Verantwortung schreibe er auch offiziell den Lehrenden und Studierenden zu, die sie praktisch immer getragen hätten. Eben dies sei ja die „alte gute Humboldtsche Tradition". Zum Beleg für die Idee inneren Strebens zu Wissenschaft und Forschung jenseits staatlichen Betreibens zitierte Wagemann aus der Denkschrift Humboldts über die innere und äußere Organisation der höheren wissenschaftlichen Anstalten in Berlin:

„Er (der Staat) muß sich eben immer bewußt bleiben, daß er nicht eigentlich dieses bewirken kann, ja, daß er vielmehr immer hinderlich ist, sobald er sich einmischt, daß die ganze Sache an sich ohne ihn unendlich viel besser gehen wird".

Hinsichtlich der Formel „Universalisierung versus Spezialisierung" betonte Wagemann, daß die Wissenschaft in der humboldtschen Universität in Fächern stattgefunden habe und gleichzeitig universell gewesen sei. Fach und Universalität hätten in keinem Gegensatz zueinander gestanden; jedes wissenschaftlich Fach blickte auf das Ganze der Welt. Spezialisierung bedeutete, nur den einzelnen Fall anzusehen, nur für seine Bearbeitung brauchbare Instrumente herzustellen.

Fach und Spezialisierung könnten also nicht sich entsprechende Begriffe sein. Wo aber blieben die brauchbaren, weil verständlichen Begriffe, wenn „Fach" und „Spezialisierung" eher gegensätzliches ausdrückten? Man könne es drehen und wenden, wie man will; letzten Endes sei es Aufgabe der Professoren, Fächer zu vertreten, nicht Schnittstellen und Verknüpfungen, *sondern das, was geschnitten und verknüpft werden kann*. Sicher seien neben das geschlossene Fächersystem der alten Philosophischen Fakultät, das sich praktisch nie wirklich verändert habe, heute neue Impulse aus den Fächern (z.B. Biologie/Genforschung, Psychologie/künstliche Intelligenz usw.) getreten, aber überschritten diese Fächer, so Wagemann, nicht genau in diesen Bereichen gerade ihre Grenzen? Und sei nicht das, was sie zur Bearbeitung der neuen Probleme in den „Disziplinverbünden" einbringen, meist etwas höchst anderes als das, was traditionell dieses Fach ausmacht? Was überhaupt sei noch ein Fach, wenn schon die Mathematiker oft erklärten: „Man kann das nicht mehr sagen, man muß es einfach machen" - womit sie ihr Fach, die Mathematik, meinen". Und etwas weiteres käme hinzu: Wenn man Begriffe für die Ziele des Studiums an Hochschulen allgemein diskutieren wolle, müsse man vor allem die unterschiedlichen Traditionen der Philosophischen Fakultät, der drei „Brotfakultäten", der technischen Hochschulen und der Fachhochschulen einschließlich ihrer Vorläufer in den Blick nehmen. All die begrifflichen Entgegensetzungen oder Wortpaare, die wir mit

Universalisierung versus Spezialisierung verbinden, seien nicht genügend
aussagefähig, wenn sie allgemein auf Hochschulen „als solche" bezogen
würden. Sie seien es deshalb nicht, weil die einzelnen Teile der heutigen
Hochschullandschaft ganz unterschiedlichen Traditionen folgten, von daher
ein verschiedenes Selbstverständnis pflegten und mit solchen Begriffen ganz
unterschiedliches ansprächen. Gerade für die Teile der heutigen Hochschullandschaft, die direkt oder indirekt der Tradition der Ingenieurausbildung folgen, stelle sich die neue Lage ganz anders dar. Technische Hochschulen und
Fachhochschulen hätten eine Ausbildung gezielt für bestimmte, mehr oder
weniger eng begrenzte Berufsfelder im Blickpunkt. Den technischen Universitäten ginge es mehr um wissenschaftliche Berufe in der Produktion, den
Fachhochschulen mehr um die Anwendung entsprechender Wissens- und
Könnensmerkmale. Für beide sei der heutige, „kritische Ruf der Wirtschaft"
nach mehr phantasievollen Generalisten und kreativen Teamworkern, nach
Fächergrenzen überschreitenden Fachleuten usw., etwas ganz neues und
wichtiges, dies aber würde vor allem das traditionelle Selbstverständnis ändern, das Selbstverständnis darüber, wie Ausbildung für die Wirtschaft zu gestalten sei. Wenn und weil es um das Überschreiten von Fächergrenzen und
das Arbeiten in Disziplinverbünden ginge, folge eben daraus eigentlich eine
stärkere Hinwendung zu den Fächern.

Wissenschaftsbegriff und Bildungsbegriff - spannende Parallelität in der Universitätsgeschichte (Jan-Hendrik Olbertz, Martin-Luther-Universität Halle-Wittenberg)

Mit einem Blick auf die Geschichte des universitären Bildungskonzepts
machte der Autor darauf aufmerksam, daß mit jedem historischen Wandel
des Lehrverständnisses stets auch ein entsprechender Wandel des jeweiligen
Wissenschaftsbegriffs (und umgekehrt) einhergegangen sei. Dies ließe sich
am Beispiel der Renaissance ebenso exemplifizieren wie anhand der Aufklärung oder des Neuhumanismus. Gerade das Beispiel Humboldts eröffne bis
heute einen interessanten Diskurs. Humboldt sei es um universelle, Fächergrenzen überwindende Geistes- und Charakterbildung im Dienste der Gesellschaft gegangen, obgleich die aus dieser Idee heraus entwickelten Strukturen
dies eher verhinderten als förderten.

Besonders deutlich werde dies am Beispiel des Prinzips der Einheit von
Forschung und Lehre. Die Wissenschaft, die zu Humboldts Zeiten längst die
Grenzen des mittelalterlichen Kanons gesprengt hatte und sich auch nicht
mehr auf die Summe des enzyklopädischen Wissens des 18. Jahrhunderts re-

duzieren ließ, war zur *Methode des Erkenntnisgewinns* geworden, die Lehrende und Lernende in einem neuen Miteinander einte. Forschung lautete seitdem die Devise, so der Autor unter Rückgriff auf Friedemann Schmithals, und für die Pädagogik, die im 18. Jahrhundert noch ganz selbstverständlich die Universitäten in ihren Gegenstand eingeschlossen habe (man denke an die Hodegetik), sei dies mit der Folge einhergegangen, daß Lehrende und Lernende nicht mehr jeweils füreinander, sondern, so Humboldt, beide für die Wissenschaft da waren. Damit habe die pädagogische Konstellation, zumindest äußerlich, eigentlich nur erlöschen können.

Zumindest sei die pädagogische Betrachtung und gestaltende Optimierung der Universität seitdem in den Hintergrund getreten und habe zu einem allmählichen, bis heute anhaltenden Desinteresse der deutschen Universität an den Belangen ihrer Lehre geführt. Fatale Konsequenzen bestünden darin, daß man auf exzellente Lehre keine akademische Karriere mehr gründen könne, entsprechender Einsatz als Abschied von der Forschung interpretiert werde, Professoren sich - jenseits der ursprünglichen Traditionen ihres Berufsbildes - als Forscher und nicht als Lehrer verstünden.

Zudem sei mit dem industriellen Aufschwung des 19. und vor allem 20. Jahrhunderts das humanistische Bildungsideal zunehmend mit einer Wirklichkeit konfrontiert worden, auf die es nicht eingerichtet war. Immer deutlicher artikulierte Verwertungsinteressen an akademischer Bildung hätten eine Anpassung akademischer Strukturen verlangt, die auf zunehmend klarer konturierte Berufsbilder und analoge Qualifikationsmerkmale hinarbeiteten.

Wie jeder Wissenschaftsbegriff in der Geschichte werde auch unser heutiger Begriff von Wissenschaft von Neugier und Nutzen, curiositas und utilitas, getragen. Aber es habe sich entscheidendes verändert. Aus den alten *Welträtseln*, die die wissenschaftliche Neugier seit Urzeiten bewegten, seien die neuen *Weltprobleme* geworden, deren Lösung der Wissenschaft einen ultimativen Nutzen auferlege (Mocek), u.a. den Zwang, mit der Paradoxie fertig zu werden, daß wir auf die mit den Mitteln von Wissenschaft und Technik ausgelösten Probleme nur mit dem Ruf nach noch mehr Wissenschaft antworten könnten (Beck).

Sei mit dem Paradigmenwechsel im 17. Jahrhundert zur Neugier der Nutzen getreten, so trete mit dem heutigen Paradigmenwechsel zum Nutzen die Not, oder wenigstens die Notwendigkeit. Die „alten" Disziplinen hätten sich über interessante und „schöne" Probleme konstituiert, ihr Interesse sei *Weltverständnis* gewesen. Dann sei das Interesse hinzugekommen, die Welt zu verändern, d.h. Neugier auf die Möglichkeiten der *Weltveränderung* zu richten. Und bald darauf sei es um *Weltbeherrschung* gegangen - zunehmend im Sinne der „Bewältigung" von Problemen: *„Weltbewältigung"* - die Welt nicht mehr erklären, sondern mit ihr, so wie sie heute ist, „klarkommen", Gefahren bannen oder ihnen wenigstens ausweichen. Neue Disziplinen konstituierten sich seitdem aus einem - oft dramatischen - Handlungsbedarf, sei er sozialer, ökologischer oder wirtschaftlicher Natur. Ihnen lägen komplexe Probleme zugrunde, die keine engen Fächer bzw. „geschlossene" Lehrgebäude mehr erzeugten.

Der uralte Streit zwischen Universalisierung versus Spezialisierung, Bildung versus Ausbildung, ziehe sich - mit periodisch wechselnden Fronten - auch durch die letzten Jahre der bildungs- bzw. hochschulpolitische Debatte. Hinter den im Eingangstext beschriebenen Umorientierungen stecke die Erfahrung insbesondere der Wirtschaft, daß eine hohe Spezialbildung zur Bewältigung der Komplexität heutiger Arbeitszusammenhänge nicht mehr ausreiche (keine Garantie für wirtschaftliche Effizienz sei), daß ein hohes Maß an Verfügungswissen allenfalls unter konstanten Bedingungen hinreichen möge, ebendiese aber nirgends mehr gegeben seien. Vor allem aber bedeuteten sie nicht automatisch Kreativität, Tatkraft, Teamfähigkeit und Phantasie. So werde seit einiger Zeit wieder nach dem kreativen Generalisten gerufen, der imstande ist, in Zusammenhängen zu denken und über die Grenzen seines Faches hinauszuschauen, sein Tun kritisch zu reflektieren, mit Vertretern anderer Fächer zu kommunizieren, Verantwortung zu übernehmen. Anstelle des Erwerbs addierbarer Wissens- und Könnensqualitäten seien methodische und soziale Kompetenzen getreten, d.h. die Fähigkeit zum selbständigen Weiterlernen, das Sich-einstellen-Können auf neue Anforderungen, Kommunikationsfähigkeit und die Bereitschaft zum lebenslangen Lernen. Die Ausprägung solcher Schlüsselqualifikationen werde von der Universität erwartet (siehe Beitrag von W. Schlaffke).

Solche Forderungen gründeten sich auf folgenden Widerspruch: Während sich die Strukturen und Arbeitsweisen der modernen Wissenschaften fortwährend entwickelten, interdisziplinäre Kommunikations- und Kooperationszusammenhänge längst zum originären Wesen wissenschaftlichen Arbeitens geworden seien, lehrten wir noch wie vor hunderten von Jahren. Die Entwicklung auf dem Gebiet der Wissenschaft als originäre Instanz der Produktion von Wissen und damit Inhalten der Lehre verlaufe auf merkwürdige Weise jenseits analoger Entwicklungsschübe hinsichtlich der Lehrformen und -methoden. Während es in den modernen Wissenschaften (und den ihre Arbeitsweisen reflektierenden Wissenschaftstheorien) längst gang und gäbe sei, Probleme nicht einfach einer „zuständigen" Disziplin zuzuordnen, sondern um zu lösende Probleme herum eben kompetente Fächer zu gruppieren, sei es in der Lehre nach wie vor üblich, sich Probleme nur aus dem Blickwinkel des für zuständig erklärten, singulären Faches vorzustellen und eine entsprechend einseitige Problempräsentation - mit entsprechender Wirkung auf findbare Lösungsansätze - zu praktizieren.

Die Überakzentuierung von fachbezogenem Spezialwissen vernachlässige überdies *fachübergreifende* Kompetenzen, die nicht zuletzt auch Perspektiven im Hinblick auf das eigene Fach eröffneten, indem sie dortige Zugriffe auf die wissenschaftliche Wahrheit im produktivem Sinne relativierten.

Natürlich ließen sich die Fächer nicht abschaffen - Fächergrenzen überschreiten könne nur, wer sich im Fach auskennt, sich also Grenzen gezogen habe. Interdisziplinarität setze zuerst einmal Disziplinarität voraus. Auf der einen Seite verlange die Ausdifferenzierung und Komplexität heutigen Wissens und die Arbeitsteilung im Rahmen seiner Verwertung ein angemessenes Ordnungssystem, auf der anderen Seite stehe dieses Ordnungssystem, das die Wirklichkeit notgedrungen segmentieren muß, dem Denken in Zusammenhängen und übergreifenden Bildungsmerkmalen oft entgegen.

Problemorientierte Interdisziplinarität - eine Therapie gegen das Veralten der Universität? (Egon Becker, Universität Frankfurt a.M.)

Auch Egon Becker zufolge verweist die Dauerforderung nach einer „problemorientierten Interdisziplinarität" in Lehre, Studium und Forschung in der Gegenüberstellung zu einer „theorieorientierten Disziplinarität" auf ein ungelöstes Problem der Universität, obwohl damit nur zwei pointiert herausgehobene Seiten des normalen Wissenschaftsprozesses angesprochen seien. Vor allem in den angewandten Wissenschaften (Ingenieurwissenschaften, Umweltforschung, Medizin, Erziehungswissenschaften) sei die jeweils problemspezifische Kombination disziplinärer Wissensbestände je nach konkretem Problem eine Alltagsaufgabe. Die Schwierigkeit bestünde darin, solche wechselnden Kombinationen disziplinärer Wissensbestände lehrbar und studierbar zu machen.

Bisher allerdings habe die Disziplindifferenzierung die Probleme, die sie aufwirft, auch selbst gelöst; der dominierende Prozeß der modernen Wissenschaftsentwicklung sei die kognitive *disziplinäre* Ausdifferenzierung. Allerdings funktioniere der Mechanismus von Ausdifferenzierung und kompensatorischer Integration heute nicht mehr, denn die destruktive sozial-ökologische Krisendynamik habe nicht zuletzt auch die Natur-Gesellschafts-Differenz über hierarchisierte Realitätskonstruktionen entstehen lassen. Sichtbar werde das vor allem dort, wo sich gesellschaftliche Handlungsmuster mit ökologischen Wirkungsketten und technischen Problemlösungen verflechten.

Gleichwohl sei der scheinbare Gegensatz zwischen problemorientierter und
theorieorientierter Disziplinarität eine ideologische Konstruktion, die allerdings das Verhältnis zwischen kontextgebundenen und scheinbar kontext-
freiem Wissen thematisiert.

Die Forschungserfahrungen einer problemorientierten interdisziplinären
Sozialökologie lieferten noch keine Muster für eine Reform der universitären
Lehre. Auch wenn es richtig sei, daß interdisziplinär nur forschen kann, wer
im Studium nicht nur disziplinär sozialisiert wurde, bleibe die Frage offen,
wie das in interdisziplinären Projekten erzeugte Problembewußtsein und
Wissen in lehrbare Formen zu bringen sei. Nicht zuletzt über das „Skalen-
niveau" verschiedener Formen und Intensitäten von Interdisziplinarität müsse
dabei nachgedacht werden. So werfe Interdisziplinarität als Forschungskon-
zept, das die disziplingebundene Forschung abzulösen beginnt, ihrerseits
theoretische und methodische Probleme auf. Sie setze in der Regel eine höhere disziplinäre Theorie- und Methodenkompetenz voraus und verlange nicht
zuletzt wissenschaftstheoretische Kompetenzen, auch wenn solche im Nor-
malbetrieb der Universität selten gefragt seien. Interdisziplinäre Forschung
sei vor allem „kein Feld für disziplinäre Dilettanten".

*Festigung oder Verflüssigung - Nachdenken über den Fachhabitus
heute (Ludwig Huber, Universität Bielefeld)*

Ludwig Huber setzte sich mit dem beiden programmatischen Begriffspaaren
des Kongresses insgesamt sowie des Symposiums auseinander: „Bildung
zwischen Staat und Markt" und „Universalisierung versus Spezialisierung".
Beide Begriffspaare verführten geradewegs zu einer raschen Analogiebil-
dung, so Huber, und zugleich zu der Hypothese einer Trendwende:

„Umgekehrt zur Konstellation von vor 20 Jahren komme der Impuls zur Universalisierung nun vom 'privaten' Markt, das Beharren auf Partikularisierung von den 'staatlichen'
Universitäten. Implizit wiederum: Universalisierung sei mit allgemeinen (generalisierten)
Qualifikationen und Partikularisierung mit Spezialisierung gleich- und beide Pole einander entgegenzusetzen".

In der Tat, so Huber, soweit Universalisierung die Überwindung von Grenzen impliziere, scheine Spezialisierung problematisch und ein ausgeprägter
Fachhabitus sperrig. Dieses Muster scheine zu genügen, um - jedenfalls auf
den ersten Blick - Grenzen zwischen den Fächern abzubauen oder zumindest
durchlässig zu machen, fachüberschreitende Studienansätze zu fordern und
zu praktizieren.

Niemand aus dem Publikum erwartete, gerade Ludwig Huber würde eine so simple Argumentation noch bekräftigen. Und so ließ die provokatorische Wendung nicht lange auf sich warten. Wenn Wissen derartig schnell veralte, die schrankenlos mobile und flexible Persönlichkeit gefordert werde, die sich auf rasch wandelnde Problemlage einzustellen in der Lage sei, Perspektiven wechseln könne, neue Thematisierungen und Problemdefinitionen zu akzeptieren und mit anderen zusammenzuarbeiten bereit sei, müßte dann die Aufforderung lauten: „Also weg mit dem Fachhabitus, der einer solchen Verflüssigung des Humanpotentials nur im Wege ist!?"

Das Feld der Diskussion sei „vermint im fragwürdig gewordenen Begriffspaaren":

Ausbildung - Bildung

Fach - fachübergreifend

Fachsystematikorientierung - Problemorientierung

disziplinär - interdisziplinär

Spezialisierung - Universalisierung.

Am problematischsten werde es, wenn man nun suggerierte, alles was auf der rechten Seite steht, sei pädagogisch „gut oder wenigsten progressiv", alles auf der linken das Gegenteil. Ludwig Huber hält dagegen: Ausbildung (Qualifizierung) könne durchaus bildend sein, wenn das Subjekt Raum und Muße bekäme, seine Erfahrungen darin reflexiv zu verarbeiten. Und Bildung, die aus nachdenklichem Umgang mit der umgebenden Kultur hervorgegangen sei und zu vernunftgeleiteter Selbst- und Mitbestimmung befähige, könne eine bedeutende Qualifikation (Ausbildung) für bestimmte Aufgaben sein. Von Spezialisierung gebe es schließlich viele Varianten, die keineswegs alle als „partikularisiert" oder gar „borniert" bezeichnet werden könnten; Spezialisierung sei jedenfalls selbst ein universales Phänomen, und in der Wissenschaft ziele man gerade durch sie auf die Hervorbringung verallgemeinerbarer Aussagen. Umgekehrt sei Interdisziplinarität oder fächerübergreifendes Arbeiten nicht in allen Erscheinungsformen, die solchen Namen tragen, per se universal oder gleichbedeutend mit „allgemeiner Bildung". Die Dinge schienen ihm also wesentlich komplizierter zu liegen, als die eingangs zitierten Begriffspaare es auf den ersten Blick nahelegten.

Aus der Geschichte der Entwicklung des hochschuldidaktischen Interesses an dieser Fragestellung entwickelte Huber eine Reihe von Gedankengängen, die sich mit der Komplexität notwendiger Umorientierungen innerhalb des Spektrums der Fächer und über seine Grenzen hinaus auseinandersetzen. Beachten müsse man hierbei z.B. auch die Beharrungskräfte auf der Seite der

Studierenden, die mitnichten von vornherein Verbündete des fachübergreifenden Studiums seien, sondern gelegentlich subjektive Bildungsinteressen sogar dagegenstellten. Auch die vielfach zu hörende Forderung nach einer Ausprägung von „Schlüsselqualifikationen" scheine auf den ersten Blick den nimmermüden Protagonisten fachüberschreitender Studienangebote den „Zeitgeist zum Rückenwind" zu machen. Auch hinter dieser Forderung verberge sich letzten Endes die vom Markt artikulierte Erwartungshaltung „gegen die departmentalisierte und fachbürokratisierte Hochschule", eine Auflösung des Fachstudiums zu betreiben und den obsoleten Fachhabitus zu überwinden, um neue, Fächergrenzen überschreitende, komplexe und flexible Persönlichkeitsmerkmale bei den Studierenden auszubilden.

So scheine vieles für die Überwindung der engen Grenzen des fachlichen Lernens durch fächerübergreifendes Studium zu sprechen - und dennoch seien Bedenken angebracht.

Bildungstheoretische: Sei mit den gemeinsamen Begriffen, die vom Markt wie aber auch von den Gewerkschaften (und irritierenderweise mit Bezugnahme beider auf reformpädagogische Ideen) verwendet würden, auch jeweils dasselbe gemeint? Dürfe Reflexivität und Kritikfähigkeit, so die hinterlistige Frage, sich auch an den Zielen und Prämissen von Schulen, Behörden, Betrieben erproben? Heiße Kooperativität als Bildungsziel auch Solidarität (mit den jeweils benachteiligten, abgedrängten usw.)? Finde Flexibilität irgendwo auch eine Grenze, z. B. an Identität und Würde?

Psychologische: Aus dieser Perspektive schienen die bisher benutzten Begriffe vage, die Abgrenzungen schwankend und die theoretische Fundierung äußerst zweifelhaft. Psychologische Forschungen hielten gegen den neuen Imperativ von fächerübergreifender Kompetenz, daß der souveräne Einsatz allgemeiner Fähigkeiten und Strategien (Schüsselqualifikation) nicht rein formal funktioniere und erworben werden könne. Selbst vordergründig „übergreifende" Schüsselqualifikationen basierten - jedenfalls hinsichtlich ihrer kognitiven Elemente - doch auf bereichsspezifischen Strukturkenntnissen.

Didaktisch-methodische: Aus dem Gesagten folge zwar, daß die Entwicklung von Schüsselqualifikation z.B. durch „offene" Lernformen und -situationen gefördert werden könne, daß jedoch solche auch im Zusammenhang mit Lehrveranstaltungen innerhalb des Faches inszenierbar (und wünschenswert) seien, auch wenn sie dort weniger wahrscheinlich zustande kämen, weil die sozialen Anlässe bzw. Motive fehlten bzw. nicht hinreichend wahrgenommen würden.

All dies zeige, daß uns das Konzept der Schüsselqualifikationen „nicht im Fluge über die Hürde der Fächer hinwegtragen" werde, so Ludwig Huber.

Es bleibe das skeptische Fazit: Ein direkter „Überstieg gleichsam über die Stufen des Fachstudiums hinweg auf die eines (nur) fachüberschreitenden Studiums" scheine nicht möglich oder sinnvoll - Schlüsselqualifikationen seien noch keine Bildung.

Mit dem Stichwort „Fachkulturen" exemplifizierte Huber anhand der Hochschullehrkräfte einerseits und der Studierenden andererseits, daß letzten Endes die Fachumwelten, in denen sich die Studierenden und ihre Lehrer bewegen - hier begriffen als das Ensemble von Denk-, Wert- und Handlungsmustern und Einrichtungen - sich weiterhin deutlich voneinander unterscheiden, und daß diese Unterschiede in Bezug auf das, was man sich unter Bildung nach aktuellen und künftigen Bedürfnissen vorstelle, keineswegs nur unproduktiv seien. Aus dieser These entwickelte der Autor die Zielvorstellung des „selbstreflexiven Spezialisten", indem er schreibt:

„Gewiß ist, die Fachkulturen können nicht einfach aufgelöst, auf Spezialisierungen kann in der modernen, hoch arbeitsteiligen Gesellschaft nicht einfach verzichtet werden. Nur mit 'Generalisten' könnte sie nicht auskommen, vielmehr werden selbst 'Generalisten' im gewissen Sinne wieder Spezialisten eben dafür (für bestimmte allgemeine Prozesse...)."

Sein Leitbild des reflektierten Spezialisten, des Intellektuellen, sei gewiß eher den geistes- und sozialwissenschaftlichen Fächern verwandt, zumindest dem Habitus, den sie hervorbringen können, als dem des mathematisch-naturwissenschaftlichen Experten. Gerade von Ihnen werde unvergleichlich mehr *Umlernen*, *Umorientieren* und *Umstrukturieren* verlangt.

So ginge es ihm also nicht, faßt Huber zusammen, um ein Verschwimmen der Fächer in „Interdisziplinarität", nicht um Verflüssigung fachlicher zu fachunabhängigen Qualifikationen, sondern um die vielzitierten „neuen" Mischdisziplinen und Projektwissenschaften, die in ständiger Grenzüberschreitung entstehen (crossing boundaries). Diese seien zwar interessant in wissenschaftstheoretischer und wissenschaftssoziologischer Hinsicht, aber nicht ohne weiteres schon ein Fortschritt in Hinsicht auf Bildung und Universalität, denn vielleicht entstünden damit nur neue, womöglich noch engere hybride Spezialisierungen, die bezogen auf die Problemstellung wiederum partikular seien.

Für Bildung und Universalität sei also nicht fächerübergreifendes oder gar ungefächertes Studium bzw. Wissen per se von Interesse, sondern die Bewußtheit der Fachüberschreitung und das bewußte Lernen der Verständigung zwischen den Fächern. Damit ginge es also nicht um eine Entleerung oder gar Auflösung des Fachhabitus, sondern eigentlich um seine Auffüllung und Anreicherung. Zu erreichen sei dies unter anderem durch Veränderungen der

Lernsituationen (so daß *mit* den fachlichen Inhalten zusammen auch Schüsselqualifikationen erworben werden könnten), durch Aktivierung des fächerübergreifenden Potentials innerhalb der de fakto Mehrfach-Studiengänge und
der darin angelegten Mehrperspektivität, durch Ergänzungen der Studiengänge im Hinblick auf andere (fehlende) Perspektiven, stets bezogen auf den
eigenen Arbeitsgegenstand, und schließlich durch spezifische problemorientierte fachübergreifende Veranstaltungsverbünde als Studienschwerpunkte
bzw. Zusatzstudien. Zu alledem schließlich bräuchte man eine Hochschuldidaktik, die das Fachstudium als Kontinuum und Halt von Ausbildung und
Sozialisation an der Hochschule anerkenne und kultiviere und andererseits
die unvermeidlichen Defizite und Schranken eines solchen Studiums durch
nicht beliebige, sondern darauf bezogene komplementäre und kontrastive
Lehrangebote überwinden helfe.

Fachwissen, Schlüsselqualifikation und soziale Kompetenz - Erwartungen aus der Berufspraxis an die Hochschulen (Winfried Schlaffke, Institut der deutschen Wirtschaft, Köln)

In seinem Beitrag ging Winfried Schlaffke von drei Entwicklungsfaktoren
aus, die die Bildungsdebatte in Deutschland zur Zeit maßgeblich bestimmten:
Die Globalisierung der Märkte, der technologische Wandel sowie der zunehmende Wettbewerbsdruck. Insbesondere im Hinblick auf den Wettbewerbsdruck hätten sich neue Entwicklungen abgezeichnet. Wettbewerbsvorsprün-
ge, die durch Produktinnovationen erreicht würden, seien von zunehmender
Kurzlebigkeit. Preisvorteile und Kundenorientierungen rückten daher in den
Vordergrund von Wettbewerb. Da solche Vorteile angesichts des Aufwandes
technischer Investitionen nicht mehr primär über die Reduktion unmittelbarer
Produktionskosten erreicht werden könnten, sondern durch eine Senkung der
Gemeinkosten, müßten die Betriebe ihre Organisation verschlanken, Verantwortung delegieren, Produktions- und Entscheidungskompetenz auf neuzu-
bildende Teams verlagern: Leanmanagement.

Dies alles habe gravierende Konsequenzen für die Qualifikationsanforderungen. Hier erläuterte Schlaffke vor allem drei Bereiche, die auch in der
Diskussion des gesamten Symposiums eine Schlüsselrolle spielten: Problem-
lösungskompetenz, soziale Kompetenz und Lernkompetenz, die er im Begriff
„Schlüsselqualifikationen" zusammenfaßte.

In diesem Zusammenhang formulierte der Autor eine Palette von Anforderungen der Wirtschaft am Beispiel der Absolventen des Betriebswirt-
schaftsstudiums. Dabei bezog er sich auf eine 1993 vom Institut der deut-

schen Wirtschaft in Köln durchgeführte Befragung von über 200 Personalleitern über die Gestaltung des betriebswirtschaftlichen Hochschulstudiums. Als wichtigstes Qualitätsmerkmal eines gelungenen Studiums sei dabei der Praxisbezug bezeichnet worden, und zwar vor allem in den Bedeutungsdimensionen „soziale Kompetenz" und „Transferfähigkeit".

Die Befragten hätten auch zwischen Theorie und Praxis keine allzu engen Grenzen gezogen. Einerseits sei die Theorievermittlung der Hochschulen nur insoweit kritisiert worden, als sie von der Realität abstrahiere, andererseits würden die Unternehmen in einer gelungenen theoretischen Schulung an der Universität die Erwartung sehen, daß durch ein solches Theorieverständnis kreative und innovative Problemlösungen für das Unternehmen möglich werden.

Als berufliche Leistungsschwächen der BWL-Absolventen vor allem im Bereich sozialer und kommunikativer Fähigkeiten hätten die Personalleiter angegeben:

- zu abstrakte fachliche Kommunikation mit dem Umfeld
- Defizite im Umgang mit Menschen, Rollenunsicherheit
- kein Führungswissen
- fehlende Konferenz- und Verhandlungstechnik.

Interessant sind vor allem die Befunde, die sich auf Absolventen von Privathochschulen beziehen. Als deren berufliche Defizite seien Verhaltensmängel wie Überheblichkeit und Arroganz konstatiert worden. Diesen Absolventen werde nicht selten „elitäres Denken, dadurch oft mangelnde Sozialkompetenz" sowie „überzogenes Selbstbewußtsein, Überfliegermentalität, Egoismus" bescheinigt.

Die Ergebnisse ließen es nicht verwunderlich erscheinen, wenn die Unternehmen hinsichtlich einer Reform der BWL-Studiengänge vor allem eine Verstärkung der Kommunikations- und Verhaltensschulung forderten. Jeder dritte Befragte wünsche sich interdisziplinäre Studiengänge an den Universitäten. Unter den diesbezüglich geäußerten Wünschen entfielen rund 33 % auf die Kombination von Betriebswirtschaftslehre und Verhaltenswissenschaften.

Mit dem Begriff „soziale Kompetenz" würden die befragten Personalchefs vor allem die Fähigkeit verbinden, sich im sozialen Gefüge eines Unternehmens zurecht zu finden, verbunden mit Kommunikationsvermögen und der Befähigung, im Team zu arbeiten. Daneben spielten die Fähigkeit, Fachwissen in eine adressatengerechte Sprache zu übersetzen sowie die Beherrschung von Präsentationstechniken (im Sinne des geforderten Kommunikationsvermögens) eine Schlüsselrolle.

Solche Eigenschaften seien nicht nur im Rahmen der betrieblichen Weiterbildung zu vermitteln, sondern bereits in der Hochschule selbst.

Hinsichtlich der Konsequenzen dieser Befunde für die Gestaltung künftiger Studienangebote wurde von Schlaffke als grundlegende Voraussetzung
für die Vermittlung von Transferfähigkeit die „Einsicht in die grundsätzliche
Differenz zwischen Wissen und Handeln" bestimmt. Diese Differenz sollte
bereits zu einem frühen Zeitpunkt im Studium durch Erfahrungen in der
Unternehmenspraxis verdeutlicht werden. Allerdings seien Praxiserfahrungen
nur dann in bezug auf den Erwerb solcher Schlüsselqualifikationen zweck-
mäßig, wenn sie in die theoretische Wissensvermittlung integriert würden.
Ein bloßes Nebeneinander von Fachinhalten und sozial-kommunikativen
Lernzielen sei auch den Befragten nicht wünschenswert erschienen.

Im Fortgang seines Beitrages berichtete Schlaffke über Versuche mit kooperativen Seminaren, die gemeinsam von Unternehmen und Hochschulen
durchgeführt wurden. In der Praxis dieser kooperativen Seminare könne
sichtbar und für die Studierenden zugleich praktisch erfahrbar werden, wie
die Spannung zwischen konkretem Anwendungsfall und der akademischen
Lehrmeinung fruchtbar zu machen ist. Vielen Studierenden würde erst im
Rahmen einer solchen Theorie-Praxis-Kombination der Sinn zuvor angeeig-
neter methodisch theoretischer Analyseverfahren deutlich.

Die Schlußfolgerungen des Instituts der deutschen Wirtschaft liefen also
auf den Ausbau von Studienmöglichkeiten mit integrierten Praxisbezügen
hinaus, für die die Konzipierung dualer Studiengänge, in denen die Lernorte
Betrieb und Hochschule kontinuierlich miteinander verbunden sind, ein sinnvoller Weg sein könne. Die Verknüpfung von theoretischer Ausbildung und
praktischer Transferübung im Betrieb, die stetige Anwesenheit an beiden
Orten, bilde eine fruchtbare Ausgangsbasis auch zur Verbesserung der sozialen Kompetenz.

Diese Ergebnisse veranlaßten das Institut der deutschen Wirtschaft, eine
Bestandsaufnahme von Ausbildungsangeboten, die von Unternehmen und
Hochschulen gemeinsam konzipiert und durchgeführt werden, zu erheben.
Zwei Kategorien von kooperativen Seminaren, die in solchen dualen Studi-
engängen eine gute Basis fänden, wurden vom Autor vorgestellt:

a)   die gemeinsame inhaltliche Vorbereitung durch Hochschullehrer und Unternehmens-
     vertreter, die Präsentation der Problemstellung durch die Praxisvertreter, die Be-
     schaffung und Bearbeitung der Daten in kleinen studentischen Teams und die ab-
     schließende Vorstellung/Diskussion der Lösungsvorschläge vor einem Plenum aller
     Beteiligten;
b)   ausschließlich oder größtenteils in der Hochschule stattfindende, reguläre Seminare,
     in denen allerdings Problempräsentation und Problemanalyse von Professoren und

Unternehmensvertretern mit dem Studierenden gemeinsam durchgeführt werden. Dies sei die überwiegende Form solcher Angebote.

Aus der Perspektive der Studierenden hätten kooperative Seminare dieser beiden Arten eine Reihe nennenswerter positiver Effekte gehabt, die insbesondere mit dem Erwerb von Schlüsselqualifikationen im eingangs beschriebenen Sinne zusammenhingen. Überdies werde das Selbstvertrauen gestärkt, indem unmittelbar in der beruflichen Praxis Projekte verantwortlich durchgeführt werden. Gleichzeitig käme es zu einer Steigerung von Einsatzbereitschaft und Leistungsfähigkeit, wenn sich die Studierenden im Team einem Wettbewerb unter Zeitdruck aussetzen müßten.

Aus der Sicht der Hochschullehrer bestünden die positiven Effekte vor allem in einer Bereicherung der eigenen Lehrtätigkeit durch ständig erneuerte Praxiseinsichten, in bezug auf die angewandte Forschung im eigenem Gebiet sowie auf fächerübergreifendes Know-how. Außerdem sei es durch diese Lehrpraxis vielfach möglich, Kontakte zur Wirtschaftspraxis zu intensivieren, was nicht zuletzt im Zusammenhang mit der Akquisition von Drittmitteln von Bedeutung sei. Schließlich könnten die Lehrinhalte im Rahmen kooperativer Seminare besser überprüft und aktualisiert werden, was von deutlicher Rückwirkung auf die Studienmotivationen der Studierenden, auf das allgemeine Arbeitsklima und die inhaltlichen Erträge der Hochschullehrertätigkeit sei.

Auch die beteiligten Unternehmen hätten mehrere positive Effekte kooperativer Seminare konstatiert. Es habe jede Menge inhaltlicher Anregungen zur weiteren Entwicklung innovativer Lösungen gegeben, für die Mitarbeiter des beteiligten Unternehmens sei die Mitwirkung an den kooperativen Projekten und Seminaren häufig eine „wissenschaftliche Weiterbildung in eigener Sache" gewesen. Zugleich eröffne der Kontakt mit den Studierenden die Möglichkeit, potentielle künftige Mitarbeiter frühzeitig kennenzulernen. Auch die Unternehmen sähen also in kooperativen Seminaren gute Ansätze, einen langfristigen und kontinuierlichen Wissens- und Forschungstransfer zwischen Unternehmen und Hochschulen einzuleiten.

Allerdings hätten sich auch einige Probleme herausgestellt, z.B.

- Kapazitätsprobleme (begrenzte Teilnehmerzahl, hoher Betreuungsaufwand)
- die mangelnde Teamerfahrung der Studierenden und der Professoren (fehlende Beraterfunktion)
- Schwierigkeiten bei der herzustellenden Balance zwischen Firmenbezug und verallgemeinerungsfähigen Einsichten, die in wissenschaftliche Problemstellungen eingebracht werden können
- ein zum Teil enormer zeitlicher Mehraufwand und zumindest für die Unternehmen damit auch die Kostenfrage (für die Studierenden u.U. eine Verlängerung der Studi-

enzeiten, für die Hochschullehrer u.U. eine Zuspitzung der ohnehin bestehenden Überlastsituation).

Resümierend forderte der Autor, solche Studiengangs- und Veranstaltungsinnovationen auf Seiten der Hochschulen deutlicher zu fördern als bisher und Anreize zu schaffen, um das vielfach bemerkenswerte, individuelle Engagement der Hochschullehrer zu konsolidieren und weiterzuentwickeln. Um hierfür die nötige Flexibilität auch in den Studiengangsstrukturen zu erlangen, empfehlen die Wirtschaftsforscher eine Revision der Curricularnormwerte. Den Unternehmen legen sie nahe, die entstehenden Kosten weniger als eine aktuelle Belastung, sondern vielmehr als langfristige fruchtbare Investition in die Qualität künftiger Mitarbeiter und somit in die eigenen Innovationspotentiale zu betrachten. Auf hochschul- und beschäftigungspolitischer Ebene könnten Unternehmen Praxisbezug nur dann glaubhaft einfordern, so Schlaffke, „wenn sie bereit sind, einen kontinuierlichen und konstruktiven Beitrag zur Hochschulausbildung zu leisten".

Nicht zuletzt käme es auf eine Intensivierung des Erfahrungsaustausches zwischen den an kooperativen Ausbildungsangeboten Mitwirkenden. Dies könnte dazu beitragen, den Verbreitungsgrad entsprechender Initiativen auszudehnen und gleichzeitig den Aufwand für die Konzeption und Durchführung solcher Veranstaltungen zu verringern.

Hochschulabsolventen als „Rohmaterial"? - Das Beispiel Japans (Ulrich Teichler, Universität-Gesamthochschule Kassel)

International vergleichende Untersuchungen zur Hochschulausbildung würden, so Ulrich Teichler, unter anderem immer wieder durch die Frage veranlaßt, ob das Studium in Deutschland hinreichend auf die Risiken und Wechselfälle des Arbeitsmarktes von Hochschulabsolventen vorbereite oder ob nicht eine völlig neue Schneidung der Berufsrollen bzw. Verknüpfung mehrerer Berufsrollen angezeigt wäre. Deshalb könne es hilfreich sein, in die deutsche Diskussion einen deutlichen Kontrastfall einzubringen, wie er in vielen Punkten mit dem Beispiel des japanischen Hochschulwesens gegeben sei. Mit dem Beispiel Japans stellte er das Profil des japanischen Hochschulabsolventen als „Rohmaterial" dem Fall des deutschen „Halbfertigprodukts" gegenüber.

Ein Problem der vergleichenden Hochschulforschung bestünde zunächst darin, daß vergleichende Untersuchungen häufig dazu tendierten, je nach Funktionsbereich völlig andere Bezugsrahmen zu ziehen. Vergleichende Studien zur Forschung würden uns den universalistischen Charakter sowie die Regeln und Qualitätsmaßstäbe für systematische Analysen stärker bewußt machen als die Besonderheiten in den einzelnen Ländern. Ginge es dagegen um Lehre und Studium, so fielen uns unterschiedliche Leitbilder des Wissenserwerbs und der Wissensvermittlung (Oxford, Cambridge usw.) sowie unterschiedliche Qualifikationserwartungen in den verschiedenen Industriegesellschaften ins Auge. Hinzu käme, daß international vergleichende Studien gelegentlich enttäuschten, weil der systematische Informationsgewinn sehr aufwendig ist, die untersuchten Zusammenhänge häufig in einen so weiten Kontext gestellt werden müssen, um die Frage der „Übertragbarkeit" erörtern zu können, daß man in der Regel eine zu große Diskrepanz von Anspruch und Wirklichkeit der vergleichenden Analyse empfinde. Dennoch sei die Analyse des Hochschulwesens in vergleichender Perspektive unverzichtbar, selbst wenn sie nicht immer die gewünschte Gründlichkeit zeitige, werde doch heute in Diskussionen über die Zukunft der Hochschulen die vergleichende Perspektive in vielfacher Hinsicht als wertvoll empfunden. Sie diene der „Entmythologisierung" (es muß nicht immer so sein, wie wir es zu Haus gewohnt sind), dem „benchmarking" (es gibt erfolgreichere Lösungen als bei uns) und der Phantasieanreicherung (es gibt viele Lösungen). Gerade in bezug auf diese drei Erwartungs- bzw. Hoffnungsperspektiven vergleichender Hochschulforschung eigne sich das Beispiels Japans ausgesprochen gut als Provokation dessen, was in unserem eigenen System für selbstverständlich gehalten werde. Immerhin habe Japan in der öffentlichen Diskussion bis etwa vor drei Jahrzehnten noch als Kuriosität fungiert. Dann sei uns Europäern plötzlich „die Japanische Herausforderung" bewußt geworden, und zwar in dem Maße, wie der Kontrastfall Japan sich wirtschaftlich und gesellschaftlich nicht nur ebenso „erfolgreich" wie unser eigenes System erwies, sondern in vielen Punkten als erfolgreicher und dynamischer. Diese neue Situation, die zugleich der vergleichenden Hochschulforschung in Deutschland einen kräftigen Aufwind verlieh, wurde dann von Ulrich Teichler über drei Perspektiven exemplifiziert: das Verhältnis von quantitativer Entwicklung (Studierendenzahl und Bedarf an Hochschulabsolventen), die Tendenzen der „Abstimmung" von Bildungs- und Beschäftigungssystemen sowie schließlich die Entwicklung der Qualifikationsanforderungen, die an Hochschulabsolventen gestellt werden. Unter dem Gesichtspunkt dieser drei Perspektiven stellte er interessante Daten aus Deutschland und Japan gegenüber und markierte Übereinstimmung und zum Teil gravierende Abweichung. Besonders gravierend seien die Unterschiede im Hinblick auf das erwartete bzw. von seiten der Wirtschaft gewünschte Qualifikations-, Leistungs- bzw. Kompetenzprofil von Hochschulabsolventen. Nicht konkrete Zertifikate oder attestierte Spezialkompetenzen führten in Japan zur Einstellung eines Universitätsabsolventen, sondern zunächst einmal Merkmale wie gesundheitliche Robustheit, Fleiß und Arbeitswille, Teamfähigkeit, Kommunikationsbereitschaft und -fähigkeit, Lernfähigkeit, gutes Benehmen und Verantwortungsgefühl. Offensichtlich sei hier der „vielseitig befähigte und einsatzbereite" Absolvent viel stärker gefragt als der formal hochqualifizierte und spezialisierte.

Teichlers vergleichende Bilanz am Ende des Beitrages lautet, daß sich Qualifikationserwartungen in Japan und Deutschland als ausgesprochen konträr erweisen. Unser deutsches Denken von „Beruflichkeit" schlage sich in spezifischen Qualifikationserwartungen nieder, während es in Japan im Prinzip um vielfältige Einsatzbereitschaft ginge. Zahlreiche weitere Unterschiede würden immer wieder sichtbar: Intrinsische gegenüber instrumenteller Orientierung, Einsatz für den Beruf gegenüber Familien- und Freizeitorientierung, kurzfristige Belohnungserwartungen gegenüber langfristigem Karrieredenken, individuelle gegenüber Gruppenorientierung, Harmonie oder Konflikt in den betrieblichen Sozialbeziehungen, berufliche Flexibilität gegenüber bestimmten Erwartungen in den Beruf. Diese Liste könne man beliebig fortsetzen. Wolle man zusammenfassend das Gegenbild Japans zum deutschen Verständnis von Beruflichkeit und dem Verständnis der Absolventen als „Fachleute" beschreiben, so spreche vieles dafür, daß die Erwartungen an die Qualifikationen von japanischen Hochschulabsolventen primär auf der affektiv-motivationalen Ebene zu beschreiben seien. Es werde vor allem die Bereitschaft zu vielfältigem und wechselndem Einsatz erwartet. Gleichwohl mehrten sich in den 90-er Jahren Anzeichen auch in Japan dafür, daß sich eine deutliche Akzentverschiebung in der Beziehung von Bildung und Beschäftigung anbahne. Die Statusgarantie, die mit dem Abschluß einer attraktiven vorberuflichen Bildungskarriere bisher verbunden gewesen sei, scheine sich allmählich zu relativieren - das Prinzip der „lebenslangen Beschäftigung" werde zunehmend in Frage gestellt. Zugleich würden fachliche Spezialqualifikationen höher bewertet, als dies vor kurzer Zeit noch der Fall war; in vielen Unternehmen behandele man Spezialisten inzwischen gleichrangig wie Personen auf den bisher führenden Karrierepfaden der „allseits Einsatzbereiten". Umgekehrt werde von den Beschäftigern in Deutschland Lernbereitschaft, Loyalität und sozial-kommunikative Kompetenz immer höher eingeschätzt. „Zuweilen hören sich die öffentlichen Erklärungen über erwünschte Befähigungen heute so an, als ob japanische Unternehmen deutsche Hochschulabsolventen und deutsche Unternehmen japanische Hochschulabsolventen suchten", so Teichler. Diese offensichtliche Tendenz der Annäherung der Prämissen und Präferenzen beider Systeme zeige zumindest eines, nämlich daß die großen konträren Schlagworte wie „Beruflichkeit" gegenüber „Betrieblichkeit" und von „Fachleuten" gegenüber „allseits Einsatzbereiten" kaum überleben können. Damit erscheine der Trend zu einer „Zweitstruktur", also der Ausbildung von flexiblen Mitarbeitern neben Fachleuten in Deutschland und der Etablierung von Fachleuten neben den allseits Einsatzbereiten in Japan wahrscheinlicher als die völlige Ablösung der jeweils traditionellen Ideale.

Die Hochschule als Mittler zwischen individuellen Bildungsbedürfnissen und gesellschaftlichen Bildungserfordernissen - Erfahrungen aus der Hochschulprofilierung in den neuen Bundesländern (Gertraude Buck-Bechler, Projektgruppe Hochschulforschung Berlin-Karlshorst)

Gertraude Buck-Bechler nahm mit ihrem Beitrag auf Erfahrungen aus der Hochschulprofilierung in den neuen Ländern bezug. Mit der Permanenz des gesellschaftlichen Wandels, so die Autorin, bleibe die jeweilige Widerspiegelung von aktuellen Bildungserfordernissen im Selbstverständnis der Hochschulen ein beinahe unerschöpfliches Untersuchungsfeld für die Bildungsforschung.

Dabei machte sie auf zwei Seiten des Themas aufmerksam: einerseits auf die zunehmende Tendenz zum Integrativen und Transdisziplinären, was die Konstituierung von Studienfächern zumindest erschwere, zum anderen auf das Bildungsverständnis der Hochschullehrkräfte, die zunächst einmal Fachkulturen repräsentierten, einschließlich entsprechender Konfigurationen von Denk- und Handlungsmustern. Blieben die Lehrenden zu stark „ihren" Fächern und Fachkulturen verhaftet, so verharre auch die soziale Interaktion zwischen Hochschullehrern und Studierenden weitgehend in der disziplinär geprägten Expertenkultur, das heißt Offenheit für übergreifende gesellschaftliche Denk- und Handlungsweisen entwickelten sich dann nur unter Schwierigkeiten.

Mit Blick vor allem auf die „pädagogische Dimension" der Problematik rückte die Autorin die Studierenden in ihrer Position als Akteure von Bildungsprozessen in den Vordergrund der Betrachtung. Die Institution Hochschule erfahre nicht nur aus der Beziehung Hochschule/Gesellschaft wichtige Impulse für die Gestaltung ihres Leistungsangebotes, sondern zugleich aus den studentischen Bildungsbedürfnissen, Lebenszielen und -befindlichkeiten sowie überdies aus den jeweiligen gesellschaftlichen Reproduktionserfordernissen (marktwirtschaftliche Erwartungshaltungen, wissenschaftswissenschaftliche und bildungspolitische Interessenlagen). Zum unmittelbaren Kenntniserwerb trete die Entwicklung leistungsrelevanter Persönlichkeitsmerkmale hinzu, die sich nicht nur in Problemlösungsfähigkeit, systemischem Denken und gesellschaftlichem Engagement erschöpfe, sondern auch den verantwortlichen Umgang mit erworbenen Wissensbeständen und Handlungskompetenzen einschließe.

Im Fortgang ihres Beitrages entwickelte die Autorin vor diesem Hintergrund drei Thesen, die sie aus dem Umstrukurierungs- und Erneuerungsprozeß der Hochschulen in den neuen Ländern herleitete:

Erste These: Durch die Abschaffung „planwirtschaftlich gesteuerter" Hochschulzulassung durch funktionale Differenzierungen der Hochschullandschaft können Studierende in den neuen Bundesländern viel stärker über eigene Bildungswege entscheiden, als dies im Hochschulsystem der DDR möglich gewesen sei.

Diese Feststellung treffe deshalb zu, weil mit der Öffnung der Hochschulen eine rund 50%-ige Erweiterung der Studienplatzkapazität einhergegangen sei, weil die Hochschullandschaft horizontal nach zwei unterscheidbaren Hochschultypen (Universitäten/Hochschulen und Fachhochschulen) erweitert wurde, weil die Verschiedenartigkeit der Hochschulabschlüsse zugenommen habe und weil das Spektrum möglicher Fachrichtungen deutlich ausgedehnt worden sei. Relativ wenig indessen sei im Hinblick auf eine vertikale Differenzierung der Hochschullandschaft (z.B. nach Kurz- und Langzeitstudiengängen, gestuften Abschlüssen, dualen Ansätzen etc.) geschehen.

Zweite These: Durch Kulturföderalismus und Hochschulwettbewerb können sich die Differenziertheit des Bildungsangebotes und damit studentischer Auswahlmöglichkeiten an den Hochschulen in den einzelnen Ländern noch erweitern.

Hinter dieser These verberge sich das Bemühen vieler Hochschulen in den neuen Ländern, durch die Schwerpunktsetzungen im Bildungsangebot (wie in der Forschung) ein eigenständiges institutionelles Profil zu entwikkeln und sich damit funktional und strukturell so zu differenzieren, daß Vorteile im Wettbewerb für die Institution daraus erwüchsen. Oft sei dieses Bestreben jedoch durch zunehmende finanzielle Engpässe in Frage gestellt.

Dritte These: Mit der Freiheit der Berufswahl und der Freiheit von Lehre und Studium haben sich die studentischen Handlungsräume zu Selbstorganisation des Studiums in den neuen Bundesländern deutlich vergrößert.

Hier ging die Autorin vor allem auf die gravierend veränderten Studiengangsstrukturen und Organisationsformen der Studiengänge an den Universitäten und Hochschulen ein. Nicht selten aber stünden den Vorteilen der wesentlich größeren Entscheidungs- und Handlungsspielräume der Studierenden bei der „Selbstorganisation" ihres Studiums auch Nachteile gegenüber, insbesondere wenn das pädagogische und didaktische Engagement der Lehrenden stark zurückgenommen werde und Betreuungsleistungen unter Hinweis auf die zu schützende akademische Freiheit nicht mehr im erforderlichen - und von den Studierenden gewünschten - Maße erbracht würden.

Gerade in bezug auf das letztgenannte Phänomen setzte sich Gertraude Buck-Bechler mit Befunden aus Untersuchungen der Projektgruppe Hochschulforschung zum Studierverhalten west- und ostdeutscher Studierender auseinander. Diese Befunde würden u.a. belegen, daß

- für ostdeutsche Studienanfänger das Studium stärker als in den alten Ländern „Mittel zum Zweck" sei, d.h. Voraussetzung für eine gute spätere berufliche Existenzsicherung;
- ostdeutsche Studierende das Studium, das sie gegenwärtig rascher als Studierende in den alten Bundesländern nach Erwerb der Hochschulzugangsberechtigung beginnen, auch möglichst schnell und erfolgreich abschließen wollten.

Diese beiden wichtigsten Befunde, die die Autorin anhand detaillierter Ergebnisse in ihrem Vortrag vorstellte, gingen zusätzlich mit dem Phänomen einher, daß die Studierenden nur geringe Ansprüche an die selbständige Planung und Gestaltung ihres Studiums setzten, daß Wissenschaft und Forschung als Studienbereiche für sie keine besondere Bedeutung hätten, daß sie an fachübergreifenden Bildungsangeboten nur in geringem Umfang teilnähmen und daß sie auch Auslandsaufenthalte zwar als förderlich betrachteten, den Aufwand jedoch scheuten.

Diese Charakteristika des gegenwärtigen Studierverhaltens vieler ostdeutscher Studierender (nicht selten im Gegensatz zu ihren westdeutschen Kommilitonen) sollten Anlaß sein, die Verlaufsqualität des Erneuerungs- und Umstrukturierungsprozesses (der keineswegs immer ein Angleichungsprozeß sei) an den Hochschulen in den neuen Ländern weiter zu beobachten und wissenschaftlich zu analysieren.

Peter Faulstich / Christiane Schiersmann /
Rudolf Tippelt

Symposium „Weiterbildung zwischen Grundrecht und Markt"

Vergleicht man die Weiterbildung mit anderen Bildungsbereichen, so ist unübersehbar, daß sie in geringerem Umfang gesellschaftlichen Regelungsmechanismen unterliegt. Während die staatliche Organisation und Gestaltung des Schulwesens in Deutschland auf eine lange Tradition verweisen kann, wurde das Grundrecht auf Weiterbildung im Sinne eines Individualrechts erst seit den sechziger bzw. siebziger Jahren auf die Weiterbildung ausgedehnt. Diese Differenz erklärt sich zum einen aus der Tatsache, daß die Weiterbildung als eine Bewegung von unten entstanden ist. Es dominierte eher die Angst vor einer Verstaatlichung, als daß der Marktcharakter als Problem gesehen wurde. Zum anderen ist bei der Beurteilung des Regelungsgrades von Weiterbildung zu berücksichtigen, daß sie erst in den siebziger Jahren als gesellschaftlich relevanter Aufgabenbereich von Bildungspolitik in das Blickfeld rückte. Wenngleich seither im Kontext der Diskussion um die gesellschaftliche Notwendigkeit der Erhöhung des Qualifikationsniveaus und der damit verbundenen Bildungsreformdiskussion die Perspektive der Etablierung eines quartären Bildungsbereichs im Raum steht, so ist diese Forderung bis heute keineswegs eingelöst.

Mit dem Konzept des „Bürgerrechts auf Bildung" setzte sich eine neue Konzeption des Verhältnisses von Staat und Bürger im Bereich des Bildungswesens durch, wie die Formulierungen im Strukturplan des Deutschen Bildungsrats veranschaulichen:

„Allen Staatsbürgern soll es möglich sein, den gleichen Anspruch auf Bildung in verschiedenen Formen und auch verschiedenen Anspruchsebenen zu realisieren. Schule, Berufsbildung und Weiterbildung stehen damit vor neuen Aufgaben" (Deutscher Bildungsrat 1970, S.30).

Die juristischen Rahmensetzungen des Weiterbildungssystems sind - wie Rechtsfragen fast immer - Gegenstand von Diskussion, Interpretation und Exegese. Eine in einem umfassenden Gesetz erfolgte Zusammenfassung der den Gegenstandsbereich regelnden Rechtsvorschriften gibt es nicht; eher besteht eine Vielzahl unzusammenhängender gesetzlicher Regelungen z.b. im Berufsrecht, Wirtschaftsrecht, Arbeitsrecht, Sozialrecht usw. Richter (1993) kennzeichnet die Ausgangslage:

„Ausdrücklich gewährt das Grundgesetz kein Grundrecht auf Bildung, also auch kein Grundrecht auf Weiterbildung in dem Sinne, daß der Einzelne gegenüber dem Staat einen Anspruch auf Weiterbildung hätte, d.h. auf die Organisation und Finanzierung von Weiterbildungsangeboten, die den individuellen Wünschen und Fähigkeiten entsprechen. Ein solches Recht auf Weiterbildung ist der Verfassung fremd" (Richter 1993, S. 45).

Dennoch spricht Richter von Grundrechten auf Bildung und zwar im Sinne eines „Minimumgrundrechts", eines Zugangsrechts, eines Entfaltungsrechts und eines Partizipationsgrundrechts (Richter 1993, S.46ff.).

- Ein „Minimumgrundrecht" besteht im Anspruch, die grundlegenden Qualifikationen zu erwerben, die für ein Leben in der Gemeinschaft unerläßlich sind;
- Ein „Zugangsrecht" bedeutet, daß für jeden nach gleichen Grundsätzen der Besuch von Bildungseinrichtungen möglich sein muß;
- Ein „Entfaltungsrecht" impliziert, daß der Staat das Bildungswesen so gestalten muß. daß die Individuen ihre Interessen und Motivationen in den Institutionen des Bildungswesens wiederfinden;
- Ein „Partizipationsgrundrecht" sichert den Grundsatz der Beteiligung der Lernenden in staatlichen Bildungsinstitutionen.

Weitere grundlegende Rahmenbedingung der Rechtslage im Weiterbildungsbereich ist es, daß der Bund von seinen Gesetzgebungskompetenzen im Bereich der Weiterbildung bisher nur teilweise Gebrauch gemacht hat. Hier knüpft die Diskussion um ein „Bundesrahmengesetz für die Weiterbildung" an. Eine solche Initiative ist zuletzt vom DGB mit „10 Argumenten für ein Bundesrahmengesetz Weiterbildung" ergriffen worden (Gewerkschaftliche Bildungspolitik 1996, S.23).

Hauptergebnis eines solchen „Rahmengesetzes" könnte sein, daß der Gesamtbereich Weiterbildung einer einheitlichen Ordnung zugeführt würde und bisher getrennte Partialsysteme integriert würden. So ist beispielsweise das Arbeitsförderungsgesetz, AFG, dessen primäre Intention nicht auf Weiterbildung, sondern auf aktive Arbeitsmarktpolitik gerichtet ist, unter der Hand zum bedeutendsten Finanzierungsinstrument geworden. Wichtige Regelungen finden sich auch im Berufsbildungsgesetz, BBIG, dessen Hauptzielrichtung die berufliche Erstausbildung darstellt.

Solange die Bundeszuständigkeit nicht ausgefüllt wird, bleiben aufgrund der Kulturhoheit der Länder die Landesgesetze für die Erwachsenenbildung wichtigste Gestaltungsansätze. Allerdings sind Versuche, den Gesamtbereich der Weiterbildung auf Landesebene zu systematisieren, aufgrund des Zuständigkeitsgeflechts nur ansatzweise möglich. Probleme, die immer wieder auftauchen, ergeben sich aus der juristischen und dann auch institutionellen Desintegration „beruflicher" und „allgemeiner" Bildung. Aufgrund der Differenziertheit der Rechtslage ergibt sich ein äußerst kompliziertes Geflecht von Akteuren in der Politik für die Weiterbildung. Fragt man nach der Realisierung des Rechts auf Weiterbildung, so ist also zu konstatieren, daß die vor mehr als 20 Jahren entwickelten Grundsätze noch der Verwirklichung harren.

Gerade in dem Bereich der beruflichen Weiterbildung kann bestenfalls von Regelungssplittern gesprochen werden, zumal sowohl die betriebliche als auch die kommerzielle Weiterbildung keinerlei öffentlich kontrollierten Reglementierungen unterliegen.

Über diesen unbefriedigenden Zustand hinaus ist zu beobachten, daß in der öffentlichen Diskussion seit Beginn der achtziger Jahre die Betonung des Marktcharakters von Weiterbildung deutlich die Oberhand gewonnen hat.

Vor diesem Hintergrund geht es angesichts der weiter wachsenden Bedeutung von Weiterbildung im Rahmen der Konzepte lebensbegleitenden Lernens darum, die Positionsbestimmung des Weiterbildungsbereichs zwischen einem grundrechtlichen Anspruch, öffentlicher Verantwortung und Marktdimensionen neu auszulosen.

Bilanziert man die bisherige Diskussion, so fällt auf, daß sie sich häufig in der Polarität zwischen staatlicher Regulierung einerseits und marktförmiger Deregulierung andererseits bewegt. Dabei wird übersehen, daß eine Konzentration auf staatliche Kontrolle und Intervention zum Verlust von Flexibilitätspotentialen führt (vgl. Dobischat/Husemann 1995). Andererseits produziert eine rein marktförmige Regelung eine Reihe von strukturellen Defiziten. Sie führt insbesondere dazu, daß kein flächendeckendes Grundangebot sichergestellt ist und sich implizit oder explizit eine Orientierung an sozial starken Bevölkerungsgruppen bzw. der Verzicht auf die Einbeziehung sozial schwacher Gruppen durchsetzt (vgl. Schlutz 1994, S.189).

Auffällig an der aktuellen Diskussion um die Verantwortung der Weiterbildung ist auch, daß die Diskussion vielfach im allgemeinen immer noch mit abstrakten Begriffen von „Staat" und „Politik" geführt wird. Auch das aktuelle Systemdenken scheint noch affiziert von der hegelianischen Tradition der deutschen Staatsphilosophie. Dies erschwert die konkrete Analyse gegenwärtiger Politikprozesse in der Weiterbildung. Im Interesse einer produktiveren Gestaltung der Diskussion wäre es notwendig, einen zugleich offeneren und gehaltvolleren Begriff von Politik zu entfalten, der das vielfältige Geflecht von Akteuren, Organisationen und Institutionen beschreibbar und begreifbar macht.

Der Begriff „öffentliche Verantwortung" steht im Zentrum der Gestaltungsvorstellungen und soll nach Ansicht seiner Protagonisten die alte Unterscheidung von staatlich und privat ablösen:

„Öffentliche Verantwortung markiert zweierlei: Einmal macht dieser Begriff als politischer Programmsatz im Zusammenhang mit Weiterbildung deutlich, daß Weiterbildung nicht mehr nur eine von gesellschaftlichen Gruppen, Gemeinden und Staat beliebig betriebene bzw. geförderte öffentliche Aufgabe darstellt, sondern daß sie wegen ihrer wachsenden Bedeutung für den einzelnen und die Gesellschaft in ein öffentliches Gesamtbildungssystem einbezogen wird und nunmehr zur Sicherung der Aufgabenerfüllung öffentlicher (...) Regelungskompetenz unterliegt. (...) Zum anderen knüpft der Begriff der öffentlichen Verantwortung an die durch die Verfassung normierte, hoheitliche Vielfalt in Bund, Ländern, Gemeinden und Gemeindeverbände an und an die Verpflichtung der föderativen Staatsgewalt, mit ihren gebietskörperschaftlichen Untergliederungen für die ordnungsgemäße Erfüllung einer öffentlichen Aufgabe zu sorgen" (vgl. Bocklet, 1975, S.68f).

Die immer wieder nachgewiesenen Beteiligungslücken machen das Weiterbildungssystem geradezu zu einem Paradebeispiel für „Marktversagen".

Die Strukturierung gemäß der neoklassischen Vision vollständig informierter und unbedingt rational handelnder Akteure hätte für den Bildungsbereich fatale Konsequenzen. Aufgrund individuell nicht zurechenbarer Erträge und Kosten sowie unabsehbarer externer Effekte würde eine nach dem Marktmodell regulierte Weiterbildung zu problematischen Defiziten bezogen auf individuelle und kollektive Anforderungen führen. Daraus folgt aber keineswegs, daß der Staat überall eingreifen müsse. Die Überkomplexität der Möglichkeitshorizonte macht das Weiterbildungssystem auch zu einem Paradebeispiel für die beschränkte Verarbeitungskapazität staatlicher Politik. Es kommt notwendig zu einem „Staatsversagen", weil die Ordnungsfunktion nicht lückenlos in juristische Regeln umsetzbar ist, ohne die notwendige Flexibilität und Dynamik der Veranstaltungen zu gefährden, weil eine umfassende Gewährleistung von Weiterbildungsangeboten bezogen auf die staatlichen Leistungen angesichts der Finanzkrise nicht durchzuhalten ist, weil die Gestaltungsfunktion aufgrund divergierender Macht- und Interessenverhältnisse über geringe Implementationschancen verfügt.

Mit der Begriffsprägung „mittlere Systematisierung" liegt ein Versuch vor, sich der Dichotomie zu entziehen und die konkrete Ausgestaltung von Systemen der Weiterbildung zu untersuchen. Es kommen die realen Entscheidungsprozesse und Formen der Ressourcenbereitstellung ins Blickfeld. Insofern ist dieser Ansatz auch ein „Hypothesengenerator" für empirische Analysen. Gleichzeitig hat die Begriffsprägung normative Implikationen, weil Prozesse in Richtung auf stärkere Absicherung und höhere Stabilität nahegelegt werden

Als entscheidende bildungspolitische Voraussetzung für das Entstehen eines Rechts der Weiterbildung ist die Herstellung eines systematischen Zusammenhangs zwischen den verschiedenen Bereichen der Weiterbildung, insbesondere zwischen der allgemeinen Weiterbildung und der beruflichen Weiterbildung anzusehen (vgl. Richter 1993, S.12). Dies könnte durch ein Bundesrahmengesetz zur Weiterbildung geschehen.

Im einzelnen nähern wir uns dem hier aufgezeigten Problemkreis folgendermaßen:

Der erste Teil des Buches umfaßt den Abschnitt „Recht und Bildungspolitik" in der Weiterbildung. Der Artikel von G. Strunk beleuchtet kritisch den ökonomischen Rückzug des Staates gegenüber dem Markt aus dem öffentlichen Bildungs- und Weiterbildungssystem und sucht Möglichkeiten einer Balance zwischen Grundrechtsverpflichtung und Marktanpassung in der Erwachsenenbildung aufzuzeigen.

Der Artikel von D. Kuhlenkamp leistet einen breiten Abriß der rechtlichen Diskussion der Weiterbildung in der Bundesrepublik Deutschland und verortet dabei die aktuellen Probleme.

K. Künzel behandelt den Einfluß der europäischen bildungspolitischen Ebene auf die rechtliche Entwicklung in der Bundesrepublik Deutschland und zeigt auf, daß erhebliche Konsequenzen in diesem Bereich zu erwarten sind.

Der zweite Teil des Buches beschäftigt sich mit dem Thema „Markt und Systematisierung der Weiterbildung". U. Teichler behandelt den Begriff der „Weichheit" der Weiterbildung als quartärem Bildungsbereich in Abgrenzung zu dem vielschichtigen Auftreten des Staates in den anderen Bildungsbereichen. Teichler postuliert den Weg einer „mittleren Systematisierung", besonders in Form von übergreifenden Beratungen und Entscheidungen zur Gestaltung der Weiterbildung in Netzwerken kooperativer Akteure und zwar sowohl staatlicher als auch privater Institutionen.

P. Faulstich moniert die unzulänglichen, z.T. nur rudimentär vorhandenen Weiterbildungsstatistiken, die eine vergleichende Überschaubarkeit von Weiterbildungsaktivitäten unmöglich machen. Auch er fordert eine stärkere Systematisierung des gesamten Bereichs der Weiterbildung. Dazu sollte eine „Bundesrahmenordnung für die Weiterbildung" ebenso gehören wie die Einrichtung regionaler Weiterbildungsbeiräte und Institutionen, die Institutionenprofile und Kooperationsstrategien von Einzelanbietern koordinieren und Qualitätsstandards und Zertifikatssysteme vergleichbar machen.

Ch. Schiersmann diskutiert kritisch eine Regionalisierungspolitik für den Weiterbildungsbereich. Sie stützt sich bei ihrer Bilanz auf eine kritische Durchsicht von Projektberichten. Unterschiedliche Formen der Kooperation

werden beschrieben. einzelne Handlungsfelder, in denen sich Kooperations-
ansätze realisieren, analysiert und schließlich Chancen und Probleme der bisherigen Kooperationskonzepte auf regionaler Ebene resümiert.

H. Friebel stellt in seinem Artikel exemplarische Ergebnisse einer Längsschnittstudie zum Thema „Weiterbildungskarrieren im Lebenszusammenhang" dar, basierend auf einem Sample der Hamburger Schulabschlußkohor-
te 1979, einer Generation, die vom Ausbau des Bildungswesens in den 70er
Jahren profitierte, aber auch mit den spezifischen Problemen geburtenstarker
Jahrgänge und der Verknappung der Ausbildungs- und Arbeitsplätze zu
kämpfen hatte.

R. Tippelt geht davon aus, daß in den 80er Jahren nicht nur die Aufgaben
und die Bedeutung der Weiterbildung gewachsen sind, sondern auch die
Vielfalt der Anbieter und Angebote ständig zugenommen hat. Tippelt beschreibt die sich abzeichnenden Entwicklungen als Prozesse wachsender Differenzierung und Ökonomisierung und stellt die Ergebnisse zweier regionaler
empirischer Projekte vor. Die Möglichkeiten verfahrensorientierter, professi-
onsbezogener und normativer Integration der Weiterbildung werden erörtert
und münden in ein entschiedenes Plädoyer für eine „Vernetzung" und „mittlere Systematisierung", die die verantwortlichen Willensbildungsprozesse der
institutionellen Akteure, der Träger und Einrichtungen einschließt.

Der dritte und abschließende Teil des Buches thematisiert die „Betriebliche Weiterbildung". Der Beitrag von R. Dobischat zieht, ausgerichtet auf die
Förderung der beruflichen Bildung nach dem Arbeitsförderungsgesetz, AFG,
eine Bilanz der Reorganisation beruflicher Bildung in den neuen Ländern.
Dabei werden der Rahmen der beruflichen Bildung im AFG abgesteckt, die
Förderungspolitik seit Verabschiedung des AFG an Beispielen kritisch kom-
mentiert und vor dem Hintergrund des erheblichen Funktionswandels von
beruflicher Weiterbildung seit Inkrafttreten des AFG die Reformperspektiven
skizziert.

Der Beitrag von H. Geißler untersucht schließlich Gemeinsamkeiten und
Differenzen der institutionellen Kontexte öffentlicher, privatwirtschaftlicher
und innerbetrieblicher Weiterbildung in der postmodernen Gesellschaft anhand eines aus der Philosophie Apels entliehenen Konzepts. Er entwickelt für
alle drei Varianten der Weiterbildung den Begriff der Kooperationsgemein-
schaften, an denen sowohl Lehrende wie Lernende in kritischer, selbstreflexi-
ver Vergewisserung des eigenen Handelns mitwirken.[1]

---

1   Die genannten Aufsätze erscheinen in der Publikation: Faulstich, P./Schiersmann, Ch./
     Tippelt, R. (Hrsg.): Weiterbildung zwischen Grundrecht und Markt. Opladen 1997 (im
     Druck).

Literatur

Bocklet, R.: Öffentliche Verantwortung und Kooperation. Kriterien zur Organisation der Weiterbildung. In: Deutscher Bildungsrat (Hrsg.): Umrisse und Perspektiven der Weiterbildung. Stuttgart 1975, S.109-145.

Deutscher Bildungsrat: Empfehlungen der Bildungskommission. Strukturplan für das Bildungswesen. Stuttgart 1970.

Dobischat, R./Husemann R. (Hrsg.): Berufliche Weiterbildung als freier Markt? Regulationsanforderungen der beruflichen Weiterbildung in der Diskussion. Berlin 1995.

Richter, I.: Recht auf Weiterbildung (Schriften der Hans Böckler Stiftung, Bd. 14). Baden Baden 1993.

Schlutz, E.: Markt und Bildung. Entwicklungen und Gefährdungen des pädagogischen Denkens und Handelns in der öffentlichen Weiterbildung der Bundesrepublik Deutschland. In: Meisel, K. u.a.: Marketing für Erwachsenenbildung? Bad Heilbrunn 1994, S.181-191.

Gottfried Mergner / Monika A. Vernooij

Symposium „Bildungsforschung zwischen Markt und Lebensqualität - Bildung für's (Über-)Leben."

1. Zur Vorgeschichte und zum Konzept des Symposiums

„Markt" ist die alte/neue Parole eines kompromißlosen Wirtschaftsliberalismus. Für den Markt, vom Markt und durch den Markt entsteht für die wahrhaft Gläubigen Heil und Segen - auch wenn wir heute durch das Jammertal der sparsamen öffentlichen Hand wandeln müssen. Der Teufel hat hierbei seinen Namen, die Hölle ist bekannt: Marx ist Luzifer und sein Reich ist zum Glück nicht mehr von dieser Welt. Gibt es wirklich irgendwo soziale oder politische Probleme? Die Selbstheilungskräfte des Marktes werden sie schon richten. „Marktanpassung" ist danach der Name für Konflikte und Krisen, „unproduktive Kosten" der Name für Alte, Kranke, Arme, Behinderte und Kinder. „Realitätsfern" wird die Forderung nach politischen Konzepten genannt.

„Was wir ausgeben wollen, müssen wir erst verdienen." „Man schlachtet nicht die Kuh, die man melken will." „Leistung muß sich wieder lohnen." „Anspruchsdenken macht unsere Wirtschaft kaputt." Die Reden der Politiker sind prall gefüllt mit diesen und ähnlich klugen Sprüchen. Sie leuchten den meisten unmittelbar ein und begründen jede neue wahnsinnige Marktanpassung.

Es konnte nicht ausbleiben, daß sich auch die Erziehungswissenschaft gefragt fühlte, wie sie zum Markte stehe. Der Kongreß in Halle zeigte dann: sie verhält sich widersprüchlich. Es gab eine große Zahl Zweifler und gar Ungläubige. Es erstaunt vielleicht nicht, daß ein Teil der Unbelehrbaren in den Kommissionen Sonderpädagogik und Bildungsforschung mit der Dritten Welt anzutreffen waren.

Ihre gemeinsame Lust zum Zweifel an der marktkonformen Rechtgläubigkeit und die gemeinsamen Erfahrungen mit der politischen und ökonomischen Marginalität brachte die beiden Kommissionen zusammen. Sie wollten auf dem Kongreß deutlich machen, daß der Anspruch auf Glück, Entwicklung und politische Handlungsfähigkeit mit einem Denken und Handeln verbunden ist, das sich dem heute herrschenden Wirtschaftliberalismus entgegenstellt.

Dazu haben wir Kolleginnen und Kollegen aus der BRD und aus Afrika eingeladen, die über Lebensbereiche berichteten, die vom Markt nicht erfaßt werden oder sich gegen den Markt behaupten: Vertreter sozialer Bewegungen und Initiativen im Bildungsbereich aus den Ländern des Südens, Vertreter marktkritischer theoretischer Konzepte und Anhänger trotziger Initiativen für die Lebensrechte von Marginalisierten.

2. Änderungen im Ursprungsprogramm

Wir wollten mit einem Vortrag des Kollegen Iben aus Frankfurt beginnen. Kollege Iben sollte in die schwierige Bestimmung des Begriffes der Armut einführen, der sich ja zuerst einmal mit der zerstörerischen Wirklichkeit von Reichtum auseinandersetzen muß. Eine Armutsdiskussion, die sich nicht mit den verheerenden ökonomischen und ökologischen Auswirkungen der Verteilung der zur Verfügung stehenden Güter auf unseren Globus auseinandersetzt, gerät entweder in die Gefahr Armut zu idealisieren („die glücklichen Armen") oder Reichtum naturgesetzlich zu verabsolutieren („Reiche sind die Leistungsträger, die Armen Versager"). Leider hat Kollege Iben aus Gründen der Überlastung absagen müssen.

Mit Frau Diana Ramos Dehn aus Düsseldorf wollten wir auf eine Verbindung der Marginalisierungsproblematik zwischen den Ländern des Südens und in der BRD aufmerksam machen. Frau Ramos Dehn arbeitet in einer Selbsthilfeinitiative mit, die sich um Frauen aus Asien, Afrika und Lateinamerika kümmert, die in die BRD imigrieren, weil sie sich über Heirat oder auch über Prostitution eine Verbesserung ihrer eigenen ökonomischen Lage und der ihrer Familie versprechen. Diese Frauen erleben oft einen herben Widerspruch zwischen ihren Erwartungen und der Realität in der BRD. Die Initiative, für die Frau Ramos Dehn arbeitet, will diese Frauen befähigen, mit Enttäuschungen fertig zu werden und selbstbewußte Strategien zur Bewältigung ihrer Situation zu entwickeln.

Leider wurde Frau Ramos Dehn krank und mußte kurzfristig absagen.

3. Der Verlauf und die Inhalte des Symposions

3.1 Vortrag von Prof. Dr. K. A. Chassé, Frankfurt, zum Thema „Armut als politisches und soziales Problem"

Der Referent führte zunächst aus, daß „Armut und gesellschaftliche Benachteiligung in modernen, hochentwickelten Gesellschaften (...) keine statischen Gebilde (sind), sondern Resultat eines dynamischen Spiels von sozialen, ökonomischen und politischen Kräften und Gegenkräften." Sie sind das Ergebnis „sich verändernder Verteilungen von Chancen der Verfügung und des Zugangs" notwendiger und wünschenswerter Güter und Ressourcen. Diese Veränderungen haben insbesondere in den letzten 15 Jahren in den hochentwikkelten Industriegesellschaften zu einer extremen Polarisierung zwischen Reichtum und Armut geführt, nachdem sich „zunächst im Zuge des sogenannten Wirtschaftswunders ein Wohlfahrtssockel" gebildet hatte, „der absolute Armut verschwinden ließ und relative an ihre Stelle setzte". Unter Bezugnahme auf Kreckel (1992) legt er dar,

- daß die heutigen modernen Gesellschaften „komplexe Mischungen von klassenspezifischen, milieuspezifischen und atomisierten Erscheinungsformen sozialer Ungleichheit" darstellen;
- daß diese Strukturen einem beständigen dynamischen Wandel unterliegen, der bewirkt hat, daß neben traditionellen Formen von Armut, Armut als Ungleichheitsereignis bis weit in die Mittelschicht hinein auftritt.

Armut entsteht aufgrund einer durchgängigen Benachteiligung in den entscheidenden Bereichen der Lebensgestaltung. Dabei ergeben sich wechselnde Benachteiligungsstrukturen, je nach Lebenslaufphase, Arbeitsbiographie und andersgearteten Brücken im Lebenslauf. Drei Ebenen werden vom Referenten herausgestellt:

- kumulierende individuelle, familiale und soziale Belastungen;
- nicht-Teilhabe an den üblichen Standards gesellschaftlicher Normalexistenz;
- soziale Ausgrenzung, u.a. durch staatliche Alimentierung und/oder Abhängigkeit von staatlichen Institutionen.

Momentan vollziehen sich soziales Wachstum und gesellschaftliche Entwicklung gespalten, d.h., daß soziale Disparitäten wachsen. Infolge der Erkenntnis, „daß die Universalität des Normallebenslaufs verloren, seine Vorgaben und Sicherheiten geschwunden sind, wird Zukunft für den einzelnen nicht mehr institutionell (wohlfahrtsstaatlich und sozial) verfügbar oder garantierbar." Lebensmanagement wird zur vordringlichsten Aufgabe des einzelnen. Leistungsorientierung, Individualisierung und Konkurrenz verstärken sich.

„Die Struktur und die Möglichkeit sozialer Deklassierung spielt als implizite Aufkündigung gesellschaftlicher Integration und gemeinschaftlichen Konsens eine zentrale Rolle".

Als Kriterium für Armut wird i.d.R. die Sozialhilfeschwelle genannt, wobei es strittig ist, ob diese Schwelle als „absolute Armutsschwelle" anzusehen ist, oder ob Sozialhilfeempfänger in einer Situation der „bekämpften Armut" leben, wie es die Regierung sieht. Nach den Grenzbestimmungen der EU ist als arm anzusehen, wer ein Einkommen unterhalb von 50% des durchschnittlichen Haushaltseinkommens bezieht, gewichtet nach Haushaltsmitgliedern. Bei 40% unterhalb wird von „strenger Armut", bei 60% von „milder Armut" gesprochen. Die Polarisierung zwischen Armen und Reichen hat seit 1980 kontinuierlich zugenommen. Nach letzten verfügbaren Zahlen waren 1993 5 Mio. Personen von Sozialhilfe abhängig. Über 2 Mio. Haushalte und 4,2 Mio. Personen erhielten zu diesem Zeitpunkt Hilfe zum Lebensunterhalt. Bei 33,2% war Arbeitslosigkeit eine der Einzelursachen für den Hilfebezug. Bedacht werden muß, daß solche statistischen Angaben nur Personen erfaßt haben, die ihre Ansprüche geltend machen. Neben Warte- und Überbrückungsfällen wird eine Dunkelziffer von ca. 50% vermutet. Ebensowenig werden Nichtseßhafte und Obdachlose als Randgruppen nicht berücksichtigt. Zwar zeigt der Vergleich über einen Zeitraum von 3 Jahren, von 1990-1992, daß etwa die Hälfte derer, die 1990 als arm galten, bis 1992 ihre Lage verbessern konnten. Gleichzeitig gerieten aber ebenso viele neu in die Armutslage.

„Einerseits sind also ein Großteil der Betroffenen nur vorübergehend in einer Armutslage. Dabei variiert die Dauer beträchtlich. Auch greift Verarmung weit in die Mittelschichten hinein, bleibt dort aber überwiegend kurzzeitig. Daneben verfestigt sich ein harter Kern von Armut mit längerer Dauer."

Als besonders betroffene Gruppen stellt Chassé heraus:

• Geringqualifizierte,
• Arbeitslose,
• Alleinerziehende (mit einem wachsenden Anteil lediger Mütter).

Ein mitverursachendes bzw. verschärfendes Element stellt die Entwicklung auf dem Wohnungsmarkt dar. Dramatisch gestiegene Mietquoten bringen selbst „Normalverdiener" in Schwierigkeiten. Eine hohe Anzahl von jungen Menschen ohne beruflichen Ausbildungsabschluß (insbesondere der Jahrgänge 1960-1970) bildet ein weiteres Armutspotential.

Die Auswirkungen von Armut auf die betroffenen Kinder sind schwerwiegend. Ihr Entwicklungsprozeß wird stark beeinträchtigt durch Schulschwierigkeiten, Auffälligkeiten im Sozialverhalten, Depression; die Zukunftschancen für ein Leben oberhalb der Armutsschwelle werden dadurch zusätzlich reduziert.

Aus Sicht des Referenten wird „Armut als die Kehrseite einer Konkurrenz und Leistung forcierenden sozialen Verfassung (...) mit steigendem Wohlstand zunehmen".

Seine Forderungen sind:

- eine Mindestsicherheit oberhalb des zu niedrigen Sozialhilfesatzes in Form einer „bedarfsorientierten Grundsicherung";
- sozial-, wohnungs- und bildungspolitische Neuerungen zur Verbesserung der gesamten Lebenslage Armut;
- eine Garantie „sozialer Grundrechte" bezogen auf Ernährung, Arbeit und soziale Teilhabe;
- regelmäßige Armutsberichterstattung, analog zum Jugendbericht, durch unabhängige Experten;
- Kinder- und Jugendhilfeforschung zu Problemlagen von Kindern und zu Fragen der Wirksamkeit von Präventivmaßnahmen im Rahmen des KfHG und darüber hinaus.

3.2 Vortrag von Dr. Friedrich Albrecht, Frankfurt, zum Thema: „Konsequenzen und Ziele einer Politik der Ausgrenzung von sogenannten Problemgruppen und Problembereichen"

3.2.1. Was ist unter einer Politik der Ausgrenzung zu verstehen?

„Für den Norden wie den Süden gilt mittlerweile unisono, daß die 'Imperative der Ökonomie' immer weniger von nationalen Wirtschaftsräumen diktiert werden, als vielmehr vom 'Sachzwang Weltmarkt'. Unter Weltmarktgesichtspunkten sind sozialstaatliche Aufwendungen ein erheblicher Kostenfaktor, der unter dem Druck, immer schlanker produzieren zu müssen, zum Dorn im Auge der Unternehmen wird - zumal auch das Argument aus den Zeiten der Systemkonkurrenz mit dem Kommunismus überflüssig geworden ist, daß soziale Investitionen Investitionen in die innere Stabilität der westlichen Industriegesellschaft sind oder aber, daß sie - wie etwa noch zu Zeiten der 'Allianz für den Fortschritt' - den Einfluß der Industrieländer auf die Dritte Welt absichern helfen und damit den Zugriff auf die dortigen Ressourcen-Lager garantieren.

Mit dem Ableben des Sowjet-Sozialismus hat sich dieses Sicherungsdenken nun erübrigt - der Ost-West-Konflikt wurde durch die Konkurrenz der großen Wirtschaftsblöcke abgelöst; nach der Epoche des 'kalten Krieges' befinden wir uns nun in einem Zustand, den Jeffrey Garten als 'kalten Frieden' bezeichnet.

Was kennzeichnet diesen kalten Frieden? Mir erscheinen drei Punkte besonders bedeutsam:

1. Es wird weiterhin und ungebrochen an traditionellen Entwicklungsparadigmen festgehalten, also etwa: daß das westliche Lebensmodell uneingeschränkte Vorbildfunktion hat, daß es universalisierbar und damit übertragbar auf andere Regionen ist, oder daß die internationale Arbeitsteilung langfristig das Armutsproblem löst (vgl. Stiftung Entwicklung und Frieden 1993, S. 20f.) - oder zusammengefaßt: daß die in der ersten Entwicklungsdekade ausgegebene Losung 'Entwicklung = Wachstum = Wohlstand' und der Glaube an den 'Füllhorn-Technozentrismus' - also, daß Technologie-Entwicklung letztlich jedes Problem zu lösen vermag - auch nach über zwei Jahrzehnten der Erkenntnis von den 'Grenzen des Wachstums' immer noch die zentralen Bezugspunkte sind, auf die sich Entwicklungsstrategien gründen, wobei die ideologische Basis hierbei neoliberale Weltinterpretationen sind (vgl. Albrecht 1995, S. 15-28).

2. Die auf diese Basis sich stützende Globalisierung der Wirtschaft führt zu einer zunehmenden Entkoppelung von Staat und Wirtschaft und zu einer Veränderung politischer Machtverhältnisse zugunsten multinationaler Konzerne, die in steigendem Maße Ressourcen, Absatz- und Arbeitsmärkte kontrollieren (vgl. Rifkin 1995). 1992 agierten auf unserem Globus 35.000 dieser 'Multis', mehr als dreimal soviel als noch 15 Jahre zuvor (vgl. Stiftung Entwicklung und Frieden 1993, S. 25). In deren Vorstandsetagen wird von den Herren in Nadelstreifen 'global gedacht' und 'lokal gehandelt': Produktionsstätten werden nach Bedarf stillgelegt oder verlagert und mit letzterem nebenbei noch neue regionale Märkte für das Unternehmen erschlossen. Das soziale Trümmerfeld, das dabei hinterlassen wird, taucht in den Wirtschaftsbilanzen aber nicht auf, es gehört zu einer anderen Sphäre, für die die Welt des Profits sich nicht verantwortlich und zuständig erklärt.

3. Durch die Möglichkeiten der Informationsgesellschaft wird der internationale Handel zunehmend virtualisiert, das heißt, daß die reale wirtschaftliche Transaktion - etwa der Verkauf und die Übergabe einer Ladung Baumwolle oder Erdöl vom Verkäufer an den Käufer - erst der letzte Akt in einer Kette von Geschäften ist, in denen das Produkt viele Male vorher auf den Datenautobahnen zwischen Tokio, Hongkong, Frankfurt und New York verschoben worden ist. Es geht nicht mehr um die Ware selbst, sondern um spekulative Gewinne mit dem Produkt. An den Computerterminals wird mittlerweile viermal soviel Geld gemacht wie in den klassischen produzierenden Sektoren. Hierzu Ulrich Menzel:
   'In dieser Bildschirmwelt werden täglich viele Milliarden umgesetzt, ohne daß etwas wirklich geschieht und doch hat es wirkliche Konsequenzen. (...) Kredite werden nicht mehr aufgenommen, um Investitionen zu finanzieren. Kredite werden aufgenommen, um Schuldendienste zu finanzieren. Währungen werden nicht mehr gekauft, um Im- und Exportgeschäfte abzuwickeln, Währungen werden gehandelt, um für Mi-

nuten oder Sekunden bestehende Kursdifferenzen zwischen der New Yorker und der Frankfurter Börse zu kapitalisieren. (...) Das Kredit-, Währungs- und Termingeschäft ist also nicht mehr Schmiermittel der Warenwirtschaft um ein größeres Maß an Kalkulierbarkeit zu gewährleisten, es hat sich vielmehr weitgehend abgelöst und führt ein spekulatives Eigendasein'."

3.2.2. „Welche Gruppen bzw. Bereiche sind von Ausgrenzung bzw. Marginalisierung betroffen?"

Der Referent vertrat die These, daß „je weniger ein gesellschaftlicher Bereich oder eine Bevölkerungsgruppe von Bedeutung für die eben beschriebene 'Profit-Welt' ist, um so höher ist der Grad der Segregation und Marginalisierung. Nehmen wir den Bildungsbereich: In der Dritten Welt haben diejenigen Zugang zu einer gehobenen Bildung, die die Klasse der 'businessmen' vertreten; die Mittelschicht, die die mittleren Berufspositionen ausfüllt, muß bereits bedeutende qualitative Bildungs-Abstriche machen, ihr steht aber ein System von Sekundar- und Hochschulen zur Verfügung, das einen erheblich höheren Anteil der Bildungsausgaben verschlingt als die öffentliche Primarschule, die unter notdürftigsten Bedingungen die Kinder der Arbeiter, Kleinhändler und Tagelöhner erzieht. Noch weniger wird für diejenigen aufgewendet, für die oftmals nur mehr das Betteln als Broterwerb bleibt: die Behinderten. Bis auf einen verschwindend geringen Teil wird dieser Gruppe das Grundrecht auf Bildung verwehrt." (...)

„In Ceuta, dem spanischen Außenposten in Nordafrika wird gegenwärtig - sechs Jahre nach dem Fall der Berliner Mauer - mit einem enormen finanziellen Aufwand ein anderer Schutzwall aus Beton gegen die unkontrollierbaren Kräfte der Armut hochgezogen. Weitere Mauern werden folgen. Es sind hilflose Versuche, den Re-Importationen sozialer Problematiken in die Verursacher-Länder entgegenzuwirken. Gleichzeitig wächst der Bedarf nach internen Mauern, da sich auch bei uns im Norden Gesellschaftsverhältnisse etablieren, die bisher typisch für die Länder des Südens waren: Reichen-Enklaven, Ghettoisierung der Armen, Auflösung der Arbeitsgesellschaft und Aufsplitterung derselben in informelle Überlebenssektoren, teilweise am Rande oder jenseits der Legalitätsgrenzen. Lothar Brock nennt das die 'Entgrenzung der Dritten Welt'."

Am augenfälligsten zeigt sich dieser Entgrenzungs-Prozeß am Arbeitsmarkt: Die Arbeitsgesellschaft produziert immer mehr „Entbehrliche", die sich vor allem in den Armenvierteln der Großstätte konzentrieren. Von Myrdal und Wilson wurde mit Blick auf diese Entwicklung der Begriff „underclass" in die sozialwissenschaftliche Diskussion eingeführt.

Underclass meint, daß sich eine neue soziale Spaltungslinie auftut, die nicht in das traditionelle Klassenschema paßt. Die sozialen Ungleichheiten innerhalb des Beschäftigungssystems werden überlagert von einer Trennung zwischen 'innen' und 'außen'. Immer mehr Menschen werden an den Rand des regulären Erwerbssystems gedrängt.

Weitergedacht läßt sich hier ein Szenario zeichnen, in dem die bereits morschen Brücken zwischen 'innen' und 'außen' - zwischen denen, die noch Teil des regulären Beschäftigungssystems und denen, die bereits ausgegrenzt sind - gänzlich zusammenbrechen. Ein Verteilungskampf, in dem von den 'inneren' immer größere Ressentiments gegen die 'äußeren' entwickelt und immer stärkere - rassistisch oder sozialdarwinistisch unterlegte - Forderung gegen deren „Alimentierung" laut werden. Die 'inneren' werden aus Angst vor Ausgrenzung bereit sein, schmerzliche Verdienst- und Lebensqualitätsverluste hinzunehmen, der Staat wird polizeilich weiter aufrüsten und sozial weiter abrüsten.

Die underclass scheint sich als die postindustrielle Reservearmee des 21. Jahrhunderts herauszubilden.

3.3. Vortrag von Prof. Dr. Gottfried Mergner, Oldenburg, zum Thema: „Zum Begriff der Subsistenz und der nonformalen Bildung"

Zum Inhalt: Es gibt heute eine weltweite Tendenz zur Entpolitisierung der staatlichen Politik durch die globalen ökonomischen Bedingungen. Die nationalen Eliten werden politisch machtlos, weil sie zur Spielmasse der national nur noch schwer einbindbaren Kapitalströme werden. Dies führt unter anderem zur Auflösung sozialstaatlicher Ordnungspolitik und zu einer Ausweitung von Subsistenzbereichen, bzw. informeller Sektoren.

Es entstehen dabei gesellschaftliche Bereiche, die sich der Ordnungspolitik des Nationalstaates entziehen oder von ihm politisch vernachlässigt werden. Entweder ist der Staat nicht mehr in der Lage, Überschüsse an Leistungen oder Gütern aus diesen Bereichen abzuschöpfen. Oder er hat die Macht verloren, diese Bereiche zu kontrollieren oder politisch zu gestalten. Diese „Subsistenz"-Bereiche ermöglichen Leben, Überleben, trotz, wegen und gegen die Politik der nationalen Zentralgewalt und die globalen ökonomischen Bedingungen (Existenzen in der Subsistenz können unter Umständen auch wohlhabend sein, zum Beispiel Verbrechersyndikate oder bestimmte Familienverbände.)

In den Ländern des Südens, in denen Arbeit schon heute billig wie Dreck ist, in denen dem Staat für die Subsistenzbereiche nur wenig Mittel zur Verfügung standen und stehen, in denen die Subsistenz gebietsmäßig und nach der Anzahl der betroffenen Menschen den entscheidenden Teil der Gesellschaft ausmacht, haben in der Regel die Politiker schon seit langem auf die politische Gestaltung dieser Bereiche verzichtet. Damit überließen sie sie ihrem Eigenleben - abgesehen von überfallähnlichen Übergriffen. Ob das nun die Town Ships in Süd-Afrika sind, die Hüttensiedlungen, die sich als breite Überlebensringe um die Großstädte in den Ländern des Südens legen oder ob es die alleinerziehenden Mütter, die Frauen sind, die über den Kleinsthandel für den Lebensunterhalt ihrer Familien sorgen, ob es die Straßenkinder-Gruppen sind, die in der urbanen Wüste ihre Überlebensnischen suchen oder die Menschen in den Flüchtlingslagern, die oft jahrzehntelang in den Grenzen zwischen den Nationen existieren, es sind immer auch Räume, in denen Menschen leben, miteinander auf die verschiedensten Arten kommunizieren, Güteraustausch betreiben, sich lieben, hassen, Würde, Normen und Werte in ihrem sozialen Zusammenleben entwickeln und pflegen. Es leben dort Menschen, die lernen, sich bilden, Hoffnungen und Sehnsüchte haben. Es sind Bereiche, die oft ungewöhnlich resistent gegen Katastrophen sind, weil die Menschen gelernt haben, mit Katastrophen zu leben. Es sind aber auch Bereiche, in denen Katastrophen eskalieren können, aus denen heraus Verzweiflung und Elend explodieren können. Es sind vielfältige, widersprüchliche Bereiche, in denen sich schon heute das Leben des größten Teils der Menschheit organisiert. In ihnen findet sich menschlicher Mut und die Würde des „Trotzdem" in der Nachbarschaft von Abgestumpftheit und Roheit. Diese Widersprüchlichkeiten, diese lebendige Vielfältigkeit und geschichtliche Potentialität wird bei der einseitigen Sichtweise auf die globalen ökonomischen Rahmenbedingungen in der Regel übersehen.

Die Subsistenz bringt vielfältige und widersprüchliche Räume hervor, in denen - gerade weil die staatliche nationale Politik Funktion, Wirkung und Gestaltungskraft weitgehend verloren hat - erbitterte Kämpfe um den politischen Einfluß stattfinden. Kirchen, NGOs, internationale Verbände, aber auch Kriminelle, Händler und religiöse und politische Agitatoren versuchen dort ihre sozialen Strukturen einzuführen und zu organisieren. So dringen von außen verschiedenartige Informationen und Handlungskonzepte ein. Es werden aber auch immer wieder Verbindungen nach außen zum Staat, zu gesellschaftlichen Eliten, gesellschaftlichen Machtgruppen aber auch zu anderen Subsistenzbereichen hergestellt. Die Staatsgewalt versucht über das Militär und über die Polizei immer wieder aufs Neue ihren verlorenen politischen Einfluß auf die Subsistenz zurückzugewinnen - meist jedoch nur mit zerstörerischer Wirkung.

Aber auch Traditionen, Widerstanderinnerungen und soziale Bewegungen leben - meist nach außen verborgen - in diesen Bereichen.

Die Spannungen „zivilgesellschaftlicher" Gruppen und Verbände führen in funktionierenden Demokratien zu einem dynamischen Interessenausgleich. Wenn aber das Machtzentrum des Staates geschwächt ist oder despotisch geworden sei, dann wird dieses spannungsgeladene Verhältnis gestört. Sowohl politikfreie Räume, wie die Totalisierung von Zentralgewalten, verhindern die zu Kompromissen führende Kommunikation zwischen den „zivilgesellschaftlichen" Organisationen (Strukturen) und dem Staat. Im schlimmsten Falle zerstören sie den Nationalstaat, gleichzeitig aber auch die zivilgesellschaftlichen Strukturen. Nach außen scheinen dies ethnische oder religiöse Auseinandersetzungen zu sein. Dagegen handelt es sich um eine Politisierung der Gesellschaft von unten. Die Analyse der zivilgesellschaftlichen Strukturen liefert daher auch Informationen über die Handlungszusammenhänge in den jeweiligen Subsistenzbereichen.

Im zweiten Teil seines Vortrages beschäftigte sich der Referent mit den Konsequenzen für Erziehungs- und Bildungsmaßnahmen für den Subsistenzbereich:

Das staatliche Bildungssystem dient bislang vor allem dem Ziel der Integration in den Arbeitsmarkt und der Verteilung von Berechtigungszertifikaten nach erbrachtem Leistungsprofil, das sich nach staatlich festgelegten Normen richtet und die ihre Bewährung auf dem Arbeitsmarkt findet.

Dagegen wendete sich in letzter Zeit Kritik mit der Forderung nach Bildungskonzepten, die das Leben im Subsistenzbereich selbst verbessern sollen (ich meine hier die Diskussion um die „Grundbildung"). Diese müssen auch in der erziehungswissenschaftlichen Forschung stärker mit den sozialen Kräften und ihren geschichtlichen Handlungsperspektiven in Verbindung gebracht werden. Die wichtigsten Konzepte sind folgende:

- human rights education: Mit diesem Konzept sollen Kenntnisse vermittelt werden, die Menschen in den Subsistenzbereichen dazu befähigen, ihre Rechte als Bürger im Nationalstaat kennenzulernen und in Anspruch zu nehmen. Dazu gehören die Kenntnis der Menschenrechte, die Kenntnis von Institutionen, fund-raising, Koalitionsrechte usw. Es ist einleuchtend, daß eine solche Bildung auch zur Kritik gegen undemokratische Verhältnisse befähigen sollte und das Selbstbewußtsein als Bürger stärken sollte. Wenn der Staat und die Gesellschaft den in der Subsistenz lebenden Menschen diese Rechte verweigern, dann stellt sich die Frage nach dem Widerstand.
- Bildung zur Lebenshilfe: Diese Konzepte gehen davon aus, daß Menschen in Notlagen oft in einen unheilvollen Zirkel geraten. Weil sie nicht erfahren haben, daß Probleme gemeinschaftlich zu lösen sind, suchen sie individuelle Lösungen. Diese individuellen Lösungen sind aber durch die lebensgeschichtlichen Erfahrungen im sozialen Elendsmilieu geprägt. Frauen haben zum Beispiel ihre eigene Würde nicht erfahren und nehmen es als Schicksal hin, von den Männern ausgebeutet zu werden, früh Kinder zu bekommen und auf eigene Bildung zu verzichten. Kinder werden früh in ausbeuterische, gewalttätige Arbeitsverhältnisse gepreßt, die sie an Seele, Geist

und Gesundheit ruinieren. Alkohol, Drogen und kriminelle Strukturen zwingen Menschen in unlösliche kriminelle Abhängigkeiten. Mit Hilfe von Bildung sollen nun diese Zusammenhänge von den Betroffenen erkannt werden. Über alternierende Angebote sollen ihnen neue Wege und veränderte Identitäten ermöglicht werden. Von Paulo Freire bis zu Straßenkinderprogrammen zeigt sich hier ein breites Spektrum an konzeptionellen Ansätzen.

- skill-trainings-Konzepte: Diese Konzepte gehen davon aus, daß über den Markt viele strukturelle Probleme in den Subsistenzbereichen nicht lösbar sind, wie fehlende Wohnungen, fehlende Bewässerungssysteme, Gesundheitsfürsorge, Transport usw. Der Staat könne nicht, auch wenn er wolle, eine marktbezogene Finanzierung ermöglichen. Da sich diese Gemeinschafts-Aufgaben aber dauerhaft und immer wieder neu stellten, sollte ein System eines Quasi-Marktes an Stelle der freien Wirtschaft treten. Dieser Quasi-Markt solle Selbsthilfe mit staatlicher Hilfe und eventuell auch mit Teilen des freien Marktes verbinden. Dazu sei die Mobilisierung brachliegender Arbeitskapazitäten in den Subsistenzbereichen notwendig. Dies scheitere oft an der mangelnden Qualifikation der Menschen für solche Arbeiten. Über skill-trainings-Programme soll nun so viel Qualifikation vermittelt werden, daß sich die Menschen bei der Lösung ihrer Lebensprobleme selbst helfen können, eventuell dafür auch Entlohnung bekämen (zumindest aber Nahrung; zum Beispiel: food for work programms beim Deichbau in Eritrea). Das große Problem für solche Konzepte ist die Gefahr einer Verbilligung der Arbeit auf dem offiziellen Arbeitsmarkt. Die Ausbildung in skills führt im besten Falle zu einer Qualifikation als angelernter Arbeiter. Oft taugt diese Qualifikation aber nur für die begrenzten Ansprüche eines speziellen Projektes. Wenn die Nachfrage für das eigene Haus, eventuell auch für den eigenen regionalen Lebensbereich zu arbeiten erlischt, ist der so Qualifizierte auf den freien Arbeitsmarkt angewiesen. Dort konkurriert er mit den im formalen Bereich Ausgebildeten. Kann er konkurrieren, dann drückt er das Lohnniveau, kann er wegen mangelnder allgemeiner Qualifikationen dies nicht, dann findet er keine bezahlte Arbeit.

- Training zu besserer Nutzung der Lebensressourcen in der Subsistenz: Diese Konzepte gehen davon aus, daß sich oft die Lebensverhältnisse in der Subsistenz verschlechtern, weil die wenigen vorhanden Ressourcen durch traditionelle Arbeits- und Lebensweisen oder durch schlichte Unkenntnis immer weiter verschwendet oder gar zerstört werden. Die angeführten Beispiele sind zahlreich: Zerstörung der Wälder und Gehölze durch traditionelle Kochmethoden, Verunreinigung von Wasser, die fehlende Bereitschaft zur Geburtenkontrolle und die Verursachung von Krankheit durch fehlende Hygienekenntnisse. Die deutsche Tradition des Sachkundeunterrichts, die über die Missionsschulen weltweit verbreitet wurde, wollte solche Bildungselemente in die formale Bildung einbauen. Doch dort, wo das formale Bildungssystem den Großteil der Menschen nicht erreicht, müssen solche (Über-)Lebenskenntnisse in anderen Formen vermittelt werden. Das zentrale Problem aber ist die Distanz der Inhalte, der Didaktik und der Vermittler von den realen Lebenserfahrungen der zu schulenden Menschen.

Es gibt noch weitere Konzepte von Bildung für und innerhalb der Subsistenz, wie es auch in der Realität wahrscheinlich eher Mischformen geben wird (zum Beispiel, die Verbindung von skill-training mit Alphabetisierung). Ihr

Erfolg hängt mit der engen Verknüpfung mit sozialen Bewegungen und zivilgesellschaftlichen Strukturen zusammen.

3.4. Vortrag von Enver Motalla, Südafrika (Staatssekretär am Erziehungsministerium für die Region Gauteng), zum Thema: „Bildungsstrategien gegen die Folgen der Apartheid".

Nach einer umfassenden detaillierten Analyse der Schwierigkeiten und Möglichkeiten, mit Hilfe von Bildungspolitik die Folgen der Apartheid zu bekämpfen, schloß der Referent:

„The establishment of democratically elected national, provincial and local governments is a very important advance and constitutes a qualitive leap in the relations of power which have existed under colonial and apartheid society. It opens up vast possibilities for the direct intervention of the state in establishing peace and democracy in society as a whole. A democratic state also has the potential to be the primary instrument for the widest possible restructuring and redistribution of social, economic and political power. But the establishment of a government of national unity could not have resolved many of the contradictions in the allocation of wealth, incomes and opportunity, of race, class and gender will continue to exist for a considerable period of time beyond the dismantling of the formal structures of apartheid.

In my view these fundamental barriers to the achievment of the broader social outcomes of government must be resolved of it is to achieve the fuller expression of its goals and to prevent the emasculation of the process of transformation. If they are not, minorities (including an emerging black middle and upper caste) will continue to be real beneficiaries of privilege and power and very little will have been done to adress the reality of conglomerate power and the extraordinary concentration of wealth, incomes and opportuities.

The contradictions which continue to face South African society demand the continued mobilisation of the majority of the population so that the narrow interests of priviliged and privilege seeking miorities are effectively dismantled by the establishment of real and sustaining democracy in society."

3.5. Vortrag von Frau Hon. MP Maria Kamm, Moshi, Tanzania, zum Thema: „Curriculum für 'unehrenhafte' junge Frauen. 'The Mama Clementina Foundation' (MCF) Approach. "

Wie in vielen afrikanischen Ländern wächst mit dem Zerfall traditioneller Familienbindung in der modernen Gesellschaft die Zahl der Mädchen und junger Frauen, die über eine frühe, meist ungewollte Schwangerschaft aus ihren Familienbindungen herausfallen und in der Regel dazu gezwungen sind, ihre Ausbildung abzubrechen. Folge sind sozialer Abstieg, sozial schwache Mutter/Kind-Familien und gesellschaftliche Isolation, die mit einem Herausfallen aus sozialen Bindungen verbunden sind.

Hier setzt das Curriculum der Mama Clementine Stiftung an. Sie will den jungen Frauen helfen, gemeinschaftliche Lösungen für ihr Leben zu finden und sie dafür qualifizieren. Je nach Begabung soll der Schulabschluß erreicht werden oder über skill Trainingsprogramme sollen Überlebenstechniken vermittelt werden:

„The Curriculum must help women to create a stabilised existence. Unstable mother is unstable child."

Nach einer langen und intensiven Diskussion, wurden von Frau Kamm vielseitige, konkrete Informationen über ihre Arbeit gegeben. Frau Kamm und die Mama Clementine Stiftung sind an Praktikantinnen aus der BRD interessiert. Voraussetzung aber dafür sind die verantwortungsbereite Mitwirkung der aussendenen Hochschule.

3.6. Vortrag von Prof. Dr. Hans Peter Schmidtke, Carl von Ossietzky Universität Oldenburg, zum Thema: „Lebensqualität - Reflexionen über (sonderpädagogische) Assistenz für Menschen mit Behinderungen. Das Beispiel Zentralamerika. "

Nachdem der Referent klargestellt hat, daß die Bereiche Sonderpädagogik, Bildungsforschung mit der Dritten Welt oder Interkulturelle Pädagogik nur „ein Randdasein im Kanon der pädagogischen Disziplinen" führen, legt er dar, daß sowohl Menschen der Dritten Welt als auch Menschen mit Behinderung eine „Exotisierung" erfahren haben. Als Beispiel verweist er auf einen Buchtitel von Kemler „Behinderung und Dritte Welt - Annäherung an das zweifach Fremde".

Um eine bessere theoretische Absicherung für die Behindertenarbeit in
den Ländern der Dritten Welt zu erreichen, sieht er den Ansatz der „Lebensqualität" als geeignet an. Er leugnet nicht das Empfinden von „Fremdheit"
bei ersten Begegnungen mit behinderten Menschen in der Dritten Welt, sieht
die daraus erwachsende Unsicherheit im Umgang mit diesen Menschen; dennoch hebt er „die Bedeutung der präventiven und rehabilitativen Behindertenarbeit für die Lebensqualität der Betroffenen, deren Umfeld und für die
gesamte Entwicklung eines Landes" hervor. Menschen mit Behinderungen
sollten in allen Projekten in der Entwicklungszusammenarbeit Berücksichtigung finden. Damit könnten neue Solidaritäten im Kampf gegen Rassismus,
Unterdrückung und Ausgrenzung von Minderheiten aufgebaut werden. Wie
wenig gesellschaftliche Relevanz die Arbeit mit Behinderten hat, scheint die
Ablehnung eines sonderpädagogischen Projektes zu sein, welches von der
GTZ in Zusammenarbeit mit dem Erziehungsministerium in El Salvador
durchgeführt werden sollte. Sinngemäß, so berichtete der Referent, wurde
mitgeteilt, Förderungen im Bereich der Behindertenarbeit seien eher als mild-
tätige Gabe für eine Minderheit, weniger als eine ernst zu nehmende Hilfe
zur Entwicklung eines Landes anzusehen. Auch die 1990 bei der „Weltkon-
ferenz - Bildung für alle", ausgerichtet von der UNESCO in Jomtien/
Thailand, verabschiedete Resolution widmete von insgesamt 13 Seiten lediglich 4 Zeilen der Erziehung und Bildung von Menschen mit Behinderungen.

„Der Duktus der anderen Artikel und Abschnitte läßt deutlich werden, daß 'Bildung für
alle' nicht alle Gesellschaftsmitglieder gleichrangig und gleichwertig reflektiert".

Trotz allgemeiner Schulpflicht in fast allen Ländern der Erde bleibt ein großer Teil von Kindern mit verschiedenen Arten und Graden von Behinderungen von ihrem Recht auf Schulbesuch ausgeschlossen. Aus der Sicht des Referenten gebührte der Problematik ein ebensolcher Stellenwert, wie der Un-
terstreichung der Gleichstellung von Mädchen, nämlich „permanente Reflexion im ganzen Dokument".

Schwierige Lebenssituationen anderer Menschen zu analysieren und zu
bewerten ist problematisch. Hemmungen können durch eine bessere theoretische Fundierung der eigenen Arbeit zumindest verringert werden. Bei den
Darstellungen muß gewährleistet sein, „daß nicht nur die Objektivität der Beobachtungen anhand nachvollziehbarer Kriterien gewahrt bleibt, sondern daß
auch die subjektive Interpretation der Beobachteten als einzige wahre Experten ihrer Lebenssituation hinreichend Berücksichtigung findet.

Der Ansatz der Lebensqualität bietet ein solches theoretisches Konzept.
Glatzer und Zapf (1984) präzisieren es „als individuelle Konstellation von
objektiven Lebensbedingungen und subjektivem Wohlbefinden". Auf der

Grundlage dieses Konzeptes wurden im sonderpädagogischen Feld beispielsweise Untersuchungen zur Qualität von Wohnstätten für Behinderte durchgeführt (vgl. Beck 1994). Lebensqualität in einer konkreten Situation ist sowohl von einer subjektiven als auch von einer objektiven Betrachtung her möglich. Bestimmbar wird Lebensqualität aber erst über beide Faktoren:

- *subjektiv* sind für die Bestimmung von Lebensqualität grundlegend „die persönliche Zufriedenheit mit dem eigenen Schicksal im Rahmen der bisher gemachten Erfahrungen" sowie die „Vorstellung von der Umsetzung der eigenen Wünsche und Ideen"
- *objektiv* sind die über die persönliche Einschätzung von Zufriedenheit hinausgehenden Faktoren im Zusammenhang mit menschlichen Grundbedürfnissen (angemessenes Wohnen, Arbeit, soziale Beziehungen, Möglichkeiten der Partizipation an der Gestaltung des eigenen Lebens und am Leben der Gemeinschaft etc.) zu betrachten.

Grundsätzlich sind immer beide Faktoren für die Einschätzung von Lebensqualität erforderlich. Da der Mensch über die Fähigkeit zur Dissonanzreduktion verfügt, kann er mit Hilfe unterschiedlicher Mechanismen auch in ausweglos erscheinenden Situationen durch „eine insgesamt positive Lebenseinstellung oder durch Reduktion des eigenen Anspruchsniveaus, durch religiöse Sinngebung, durch Verzicht auf mittel- oder langfristige Lebensplanung, durch Verfall in Lethargie oder in stimulierende Substanzen" seine Lebensqualität dennoch positiv einschätzen.

Zwei Handlungsebenen zur Verbesserung der Lebensqualität ergeben sich hieraus:

- zum einen kann in enger Kooperation mit den Betroffenen und unter strikter Beachtung der Definition ihrer eigenen Lebenssituation zur Steigerung der subjektiv empfundenen Lebensqualität beigetragen werden;
- zum anderen kann und muß, nach Gesprächen mit den Betroffenen und ihrem Umfeld über ihre grundlegenden Bedürfnisse, eine Veränderung der politischen Strukturen, auch gegen den Willen von Betroffenen, angestrebt werden.

Wie sehr die subjektive und die objektive Ebene auseinanderklaffen können, machte der Referent an mehreren Beispielen eindrucksvoll deutlich.

Die WHO geht davon aus, daß der Anteil der Menschen mit Behinderungen eines Jahrgangs 10% beträgt. Eine Bestandsaufnahme im Auftrag der UNICEF in der Region Nicoya/Guanacaste in Costa Rica ermittelte etwa 15%, ein ähnliches Ergebnis zeigte eine Untersuchung im Auftrag der GZT in El Salvador.

Es ist offensichtlich, daß die WHO-Faustregel geographische, soziale, wirtschaftliche oder politische Besonderheiten in den einzelnen Ländern unberücksichtigt läßt.

„Zwar ist es in Mittelamerika gelungen, die Kleinkindersterblichkeitsrate erheblich zu verringern, doch damit erhöhen sich gleichzeitig auch die Überlebenschancen für Kinder mit Schädigungen. Verbesserungen in der Prävention und im Gesamtbereich Gesundheitswesen erhöhen auch die Anforderungen, die an ein System der Sondererziehung zu stellen sind. In den ländlichen Gegenden ohne hinreichenden Gesundheitsdienst bleibt die Wahrscheinlichkeit von Behinderungen aufgrund prae-, peri- oder postnataler Schädigung hoch. Hinzu kommen Behinderungen aufgrund von Fehl- oder Mangelernährungen."

Damit wird deutlich, „daß von sonderpädagogischer Betreuung nicht nur eine kleine Randgruppe profitiert, sondern daß selbst bei einem engen Verständnis sonderpädagogischen Handelns eine erhebliche Zahl von Menschen betroffen ist".

Viele der zu Behinderung führenden Faktoren in der Dritten Welt sind direkte Folgen von Armut. Gleichzeitig verstärkt die Behinderung eines Familienmitgliedes die Verarmung einer Familie. Insbesondere verschärft sich die ohnehin benachteiligte Situation der Frauen erheblich:

- Die Geburt eines behinderten Kindes geht mit großer Enttäuschung einher.
- Die „Schuld" an der Behinderung eines Kindes wird der Mutter angelastet.
- Häufig verlassen die Väter nach der Geburt eines behinderten Kindes die Familie.
- Die Frau hat, auch in nicht zerbrochenen Familien die Hauptlast in der Versorgung und Pflege des behinderten Kindes zu tragen, neben der i.d.R. bereits vorhandenen Doppelbelastung von Hausarbeit und Verbesserung des Lebensunterhalts durch Arbeit.
- Die psychische und physische Doppelbelastung kann zu Behinderungen der betroffenen Mütter selbst führen.

Sonderpädagogische Hilfen müssen so früh wie möglich ansetzen. Sie dürfen nicht auf schulische Betreuung beschränkt werden. Frühestmögliche Sondererziehung und Förderung „führt zu größerer Selbständigkeit der Betroffenen und zur Entlastung der Familien. Aus Empfängern von Hilfeleistungen können durch erzieherische und therapeutische Maßnahmen Menschen werden, die selbst einen Beitrag zu ihrem Lebensunterhalt zu leisten vermögen."

3.7. Vortrag von Prof. Dr. Hans Bühler, Weingarten, zum Thema: „Ist beschränkt, wer sich beschränkt?"

Der Beitrag war ein Versuch, Verbindungslinien zwischen Marginalisierung im Norden und Süden zu ziehen und sie mit Fragen zu verknüpfen, die für eine zukunftsorientierte Pädagogik grundlegend sein können.

3.7.1. Überlegungen zum Begriff der „Bescheidenheit" (...):

„Offenkundig sei die Bewertung von Bescheidenheit als Tugend in unserer Geschichte nicht konstant geblieben." (...)

„In Zeiten ungebrochener Wachstumseuforie ist sie ein wesentliches Element zur Legitimierung kapitalistischer Hegemonie. So ist Haben-wollen, also Konsumismus normal geworden. Wer sich dem entzieht wird als 'beschränkt' bezeichnet. Die meisten Menschen würden sich als 'glücklich' einschätzen, wenn sie sich alles leisten und das heißt zumeist kaufen können, also haben können, was sie wollen."(...)

Doch:

„Allgemein gilt wohl, daß Herrschende von Beherrschten immer Bescheidenheit forderten, nur in Ausnahmefällen jedoch von sich selbst. Konsumismus kann (daher) auch verstanden werden als Insistieren der langfristig Chancenlosen auf eine glückliche Gegenwart."

Aber:

„Die ökologische Wende hat (...) die stärksten Argumente für eine neue Bescheidenheit auf ihrer Seite."

Doch: es muß darauf geachtet werden, „daß Ökologie nicht unhinterfragt zum Platzhalter des traditionellen Pietismus wird, bei dem Lebensqualität ständig und gnadenlos zugunsten des abstrakten Öko-Überichs zurückgestellt werde."

3.7.2. Systematik:

Man habe zwischen „Beschränkung" (vernünftiger Lebensstil als freiwilliger Verzicht von unnötigen Konsumgütern) und „Beschränktheit" (durch Armut, dunkle Hautfarbe, Gebrechlichkeit oder Behinderung, verbunden mit Verlust an Selbstverwirklichung und an Partizipation) zu unterscheiden.

3.7.3. Thesen:

„1. Unterschiede in Lebenschancen für Menschen werden entweder mit Defizit- oder Differenzhypothesen beschrieben. (...) Defizitansätze liegen in der Spur von Beschränktheiten, die dadurch diskriminiert und festgeschrieben werden. Angemes-sene Lösungsansätze sind kompensatorische Maßnahmen, die Symptome nur oberflächlich korrigieren. Damit dienen sie der Legitimation des Status quo. Differenzansätze befinden sich demgegenüber in der Spur von Beschränkungen, die eine kluge Verbindung zwischen Erkennen von Grenzen und von Handlungsspielräumen zur Veränderung ermöglichen. Emanzipation verknüpft mit Realismus und der Verantwortungsbereitschaft zu Beschränkung ergeben Perspektiven zur Überwindung des status quo.

2. Beschränktheit ist zur Wahrung des status quo auf Separation und Apartheid angewiesen. Sachzwänge werden dabei zur Legitimation struktureller Gewalt vorgeschoben. In Wirklichkeit handelt es sich um einen Domestizierungsprozess mit Hilfe exklusiver Denkmuster.

3. Beschränkung zielt zur Überwindung des status quo auf differenzierte Integration. Inklusive Denkmuster setzen sich dabei zunehmend durch. Entscheidend sind nicht nur die Zustände sondern erkennbare Trends. Das Veränderungspotential einer Gesellschaft in Richtung auf mehr oder weniger soziale Gerechtigkeit ist ablesbar in ihren Separations- oder Integrationspotential im Umgang mit Beschränktheiten. (...)

4. Exklusionen in deterministischer Tradition sind nicht nur wissenschaftstheoretisch fragwürdig geworden. Sie beschränken auch in gefährlicher Weise die Variationsbreite und -vielfalt, die zum Erhalt von Systemen notwendig ist. In diesem Sinne ist nicht beschränkt, wer sich beschränkt sondern wer Begrenzungen und Beschränktheiten unhinterfragt übernimmt."

3.8. Vortrag von Dr. Ute Meiser, Wuppertal, zum Thema:„Bildung, Leistung, Konkurrenz - Westliche Bildungsideale im Spiegel traditioneller Ökonomie und Lebenswelt in Tonga."

Die Referentin hat ihren Vortrag auf zwei Ebenen angelegt. Auf einer mehr theoretischen Ebene reflektiert sie einerseits Forschungsmethodik in ihrer Angemessenheit für Forschungen in der Dritten Welt. Andererseits stellt sie die traditionelle Lebenswelt eines kleinen, unabhängigen ozeanischen Staates, Tonga, dar, der kulturell zu Polynesien gehört. Die zweite ist eher eine Beziehungsebene, auf der sie am Beispiel ihrer Arbeit mit dem Mädchen Moana (18 Jahre, chronisch erkrankt an der Glasknochenkrankheit und gehbehindert) die schwierige, nur mit subtiler Kenntnis der kulturellen Lebenswelt erfolgreich durchzuführende Aufgabe der Förderung von (behinderten) Menschen in einem anderen Kulturraum verdeutlicht.

1991 und 1992 lebte die Referentin zu Forschungszwecken in Tonga. Ihre Methode beschreibt sie als eine Verbindung von Elementen der Lebenswelt- und Handlungsforschung.

„Sie basiert auf Selbstreflexion und der Analyse von Subjektivität."

Dies ist ihrer Meinung nach deshalb unumgänglich, weil „Begegnungen von Subjekt zu Subjekt (...) häufig Angst (machen) und (...) konfliktbeladen (sind), da zwei (oder mehrere) Menschen aus unterschiedlichen Kulturen mit verschiedenen Sozialisations- und Interaktionsmuster aufeinandertreffen und dementsprechend agieren und reagieren. Es entstehen permanente Mißver-

ständnisse, die erst in einem langen und sensiblen Verständigungsprozeß entschlüsselt und eingeordnet werden können."
Wesentlich sind gemeinsame Reflexionsprozesse. Die Subjekte müssen teilhaben am Forschungs- und Verstehensprozeß. Gemeinsam können Ziele in der Entwicklungsarbeit formuliert und umgesetzt werden. Auch die Analyse institutioneller Prozesse sollte durch Partizipation in den Institutionen erfolgen im Sinne von Aktions- und Handlungsforschung.

Bezogen auf den kleinen Staat Tonga muß man wissen, daß die ökonomische Moral gekennzeichnet ist durch Geben und Nehmen, durch Teilen der Erträge.

„Konkurrenz oder Akkumulation von Geldern oder Gütern wird als potential destruktiv erlebt".

Wichtig zu wissen ist auch, daß *Mana* einer der Grundpfeiler der traditionellen polynesischen Religion ist. Es bezeichnet eine magische Kraft im Menschen, eine Energie, die - vergleichbar einer göttlichen Kraft auf Erden - in den Menschen transformiert wird, u.a. wird dies durch Gaben möglich, durch Austausch von Waren, Nahrungsmittel, Austausch der gesamten Produktion.

Am Beispiel des Mädchens Moana macht die Referentin deutlich, wie stark subjektive, vom eigenen Kulturkreis geprägte Einstellungen von Entwicklungshelfern die Geschehnisse in anderen Kulturen in negativer Weise beeinflussen können. Moana ist ein intelligentes Mädchen, das immer eine sehr gute Schülerin war, das aber aus unklaren Gründen die Bildung am christlichen Gymnasium abgebrochen hatte. Ein Gespräch mit der ehemaligen Lehrerin zeigte, daß die „europäische Missionarin" davon ausgegangen war, daß ein Mädchen, dazu noch behindert, sich zu Hause wohler fühlte. Nach einer krankheitsbedingten Fehlzeit hatte man sie als abgemeldet betrachtet. Niemand fühlte sich deshalb verantwortlich dafür, Moana zum Schulbesuch zu ermutigen und für Gehhilfen zu sorgen.

Moana hatte dies als Ausgrenzung empfunden und sich enttäuscht gefügt. Zu Hause hatte sie ihre Fähigkeiten als Hilfe für die Geschwister eingesetzt, sehnte sich jedoch nach eigener Weiterbildung. Gleichzeitig hatte sie aber Ängste vor einer ausgrenzenden schulischen Institution entwickelt, so daß es vielfältiger Gespräche und Interventionen bedurfte, um Moana wieder zum Schulbesuch zu bewegen. Sie hatte gespürt, „daß sie als Mädchen mit einer Gehbehinderung in einem leistungsorientierten Bildungssystem störend oder zumindest nicht willkommen war".

Dabei ist zu beachten, daß in Tonga das nach europäischem Muster entwickelte Bildungssystem „in krassem Gegensatz zum traditionellen und sozialen Beziehungsgefüge" steht. Faktum ist ebenso, daß „der Anteil der Mädchen in den Gymnasien und der Anteil der Frauen im Berufsleben höher ist als der der Jungen und Männer."

Moana hatte gespürt, daß sie „in den Augen der europäischen Lehrerinnen für den zukünftigen Arbeitsmarkt als untauglich erschien". Ergänzend ist noch anzumerken, daß die Familie für den Spezialtransport des Mädchens zur Schule ca. 60 DM pro Monat zu zahlen hatte, was bei einem Durchschnittseinkommen von 150 - 200 DM pro Monat eine hohe Summe ist. Dennoch war die Familie hochmotiviert, die Tochter zur Schule zu schicken.

Es bedarf für europäische Helfer der beständigen Reflexion eigener Vorstellungen und Interessen, um Menschen aus einem anderen Kulturkreis mit ihren Wünschen und Bedürfnissen gerecht zu werden.

3.9. Abschlußreferat:

Zum Abschluß des Symposions bot Dipl. Päd. Ronald Baecker, Oldenburg (freier Gutachter der GTZ) einen differenzierten Überblick über „Bildung für Straßenkinder. Bericht eines Modelles aus Peru."

3.9.1. Programmatischer Hintergrund

I. Konzeptentwicklung: Grundbildung in städtischen Armutsgebieten

Mit der Entwicklung eines Konzeptes „Grundbildung in städtischen Armutsgebieten" versucht die Gesellschaft für Technische Zusammenarbeit (GTZ) ein Programm für Grundbildungsmaßnahmen zu entwickeln, welches die Komplexität und Heterogenität der Arbeits- und Lebensbedingungen sowie die Lernvoraussetzungen, -bedingungen und -möglichkeiten der im informellen Sektor Marginalisierten berücksichtigt.

Ziel des Programms ist es, einen effektiven Beitrag zur Verbesserung der Grundbildung in städtischen Armutsgebieten zu leisten und über Grundbildung zur Armutsminderung beizutragen. Über Bildung lassen sich Kenntnisse und Fertigkeiten vermitteln, die den Menschen zur Ausbildung von Schlüsselqualifikationen (z.B. allgemeine Handlungskompetenzen, Kreativität, Eigenständigkeit, Problemlösefähigkeit, soziale Kompetenz, etc.) befähigen. Diese sind notwendige Voraussetzungen dafür, Menschen in die Lage zu versetzen, ihre individuellen Potentiale und Möglichkeiten auszuschöpfen, um - zumindest auf der Entscheidungsebene von Armut - armutsmindernde Maßnahmen initiieren zu können.

Die zentrale Aufgabenstellung des Vorhabens ist, die Grundbildung inhaltlich und organisatorisch so auszugestalten, daß sie die spezifischen Bedingungen und Bedarfe der im informellen Sektor Marginalisierten berücksichtigt. (...) Die Struktur des formalen Bildungswesens ist überfordert, für diese aufgezeigte Problematik adäquate Mittel und Methoden bereitzustellen oder zu entwickeln. D.h. es gilt Alternativen zu diskutieren und zu entwikkeln.

Die Identifizierung von spezifischen Grundbildungsmaßnahmen für die besonders benachteiligte Stadtbevölkerung erfolgt in der Absicht, verschiedene Fördermaßnahmen in einen Programmansatz zu integrieren bzw. zu bündeln. Für einen derartigen Programmansatz haben folgende Föderansätze realistische Umsetzungschancen:

a) Schulische Maßnahmen mit Allgemeinbildungsorientierung, mit Gemeinwesenorientierung;
b) Außerschulische Maßnahmen mit Allgemeinbildungsorientierung, mit Beschäftigungsorientierung, mit sozialpädagogischer Orientierung;
c) Maßnahmen der Erwachsenenbildung mit Beschäftigungsorientierung, mit Subsistenzorientierung, mit Gemeinwesenorientierung.

II. Querschnittsaufgabe in der GTZ: „Themenfeld Jugend"

Wie in vielen anderen gesellschaftlichen Bereichen so wurde auch im Kontext von Entwicklungszusammenarbeit die Jugendfrage bislang nicht als eigenständiges Themenfeld behandelt, sondern unter die Ressorts Bildung, Familienplanung, Frauenförderung und/oder Gesundheitsplanung subsumiert.

Diesem Verständnis tritt die GTZ nunmehr entgegen, indem sie in Kindern und Jugendlichen eine eigenständige Zielgruppe im Rahmen von Entwicklungszusammenarbeit (EZ) sieht, die als solche auch anzuerkennen ist, weil Kinder und Jugendliche von heute nicht nur die Erwachsenen von morgen sind, sondern weil sie bereits heute wesentliche gesellschaftliche Aufgaben erfüllen. Sie sind daher im Rahmen von EZ im Hinblick auf einen gesellschaftlichen Wandel und Demokratisierungsprozeß in den Partnerländern als Zielgruppe unverzichtbar.

Für die EZ ergeben sich hieraus folgende Arbeitsfelder:

1. Sensibilisierung für ein gemeinsames Verständnis darüber, was Jugendförderung in den Ländern des Südens bedeuten könnte.
2. Neue Zugangsformen und Umgangsformen mit den Kindern und Jugendlichen finden, d.h. eine verbesserte Zielgruppenorientierung zu erreichen über die Entwicklung von interdisziplinär (in den Abteilungen Gesundheit, berufliche Bildung, Grundbildung, Armutsminderung) ausgearbeiteten partizipativen, von den Zielgruppen ausdefinierten Förderansätzen, im außerschulischen Bereich und im informellen Sektor.

3. Schließlich ein sektorübergreifendes Konzept zum Themenfeld Jugend in Zusammenarbeit mit NRO's, UNICEF, DED und UNESCO zu erarbeiten.

Am Ende des Symposions ergab sich mit Reflexionen zu Armut, Ausgrenzungspolitik und Subsistenz einerseits, und Reflexionen zu Lebensqualität, Bildungsstrategien und Bildungskonzeptionen andererseits, ein abgerundetes Bild des Ist-Standes politisch-pädagogischer Mitwirkung in den Ländern der Dritten Welt. Gleichzeitig wurden Defizite und Fehlaktivitäten deutlich, wobei neue Vorschläge, kritischere Analysen der Rahmenbedingungen und Einbeziehung bisher völlig vernächlässigter Randgruppen, wie Menschen mit Behinderungen, Grundlage eines zukünftigen Soll-Standes für Bildungsarbeit mit marginalisierten Menschen in der Dritten Welt darstellten.

Reinhold Popp

Symposium „Freizeitbildung im Spannungsfeld zwischen Staat und Markt" (Kurzbericht)[1]

Der Problemrahmen des von Univ. Prof. Dr. Ralf Erdmann (Sporthochschule Köln), Univ. Prof. Dr. Horst W. Opaschowski (Universität Hamburg) und Univ. Prof. Dr. Reinhold Popp (Universität Innsbruck/Ludwig Boltzmann-Institut für Freizeitpädagogik, Salzburg) vorbereiteten und von R. Popp moderierten Symposiums wurde im Kongreßprogramm folgendermaßen kurz skizziert:

Die quantitative und qualitative Bedeutung des gesellschaftlichen Phänomens Freizeit wächst seit Jahren - Tendenz steigend. Freizeitbezogene Güter und Dienstleistungen werden zunehmend zu einem der wichtigsten Bereiche der modernen Volkswirtschaft. Der Staat reduziert seine bisherigen politischen Interventionen und überläßt auch die Gestaltung der freizeitbezogenen Angebotsstruktur mehr und mehr den Kräften des Marktes.

Die mit der solcherart immer stärker kommerzialisierten Freizeit besonders eng verbundenen pädagogischen Disziplinen, z.B. die Freizeitpädaogik oder die Sportpädagogik, geben seit Jahren - vor allem in Form von innovativen Handlungsansätzen in der pädagogischen Praxis - konkrete Antworten auf die Herausforderungen des Marktes. Die Erziehungswissenschaft hat sich allerdings bisher um die mit der pragmatischen Begegnung von Pädagogik und Markt verbundenen handlungstheoretischen und ethischen Fragen nur sehr unzureichend auseinandergesetzt.

Im Symposium sollen einige dieser bisher vernachlässigten Probleme - u.a. auch im Diskurs mit Spitzenrepräsentant/inn/en aus Politik und Wirtschaft - diskutiert werden.

Der Einstieg in die Thematik erfolgte mit Hilfe eines kurzen Impulsreferates von H. W. Opaschowski, in dem auf einige wichtige Aussagen aus sei-

---

1 Die Vorträge des Symposiums XVI des 15. Kongresses der Deutschen Gesellschaft für Erziehungswissenschaft („Freizeitbildung zwischen Staat und Markt") werden in der - voraussichtlich im April 1997 erscheinenden - wissenschaftlichen Zeitschrift „Spektrum Freizeit", Heft 1/1997, publiziert. Bestelladresse: Schneider Verlag, Wilhelmstraße 13, 73666 Baltmannsweiler

nem im Rahmen des DGfE-Kongresses gehaltenen Vortrag „Medien, Mobilität und Massenkultur: Neue Märkte der Erlebnisindustrie oder verlorene Aufgabenfelder der Pädagogik?" verwiesen wurde. (Siehe dazu a.a.O. in der vorliegenden Publikation).

Anschließend präsentierte die ehemalige Präsidentin des Abgeordnetenhauses von Berlin, Frau Dr. Hanna-Renate Laurien, ein Impulsreferat mit dem Thema „Verfügbare Zeit - Ausbedeutung oder Erfüllung? Herausforderung an Gesellschaft und Politik. Eine Position aus der Sicht des Staates".

Die wichtigsten Thesen dieses Referates lassen sich folgendermaßen zusammenfassen:

Voraussetzungen:

1. Wir stehen vor der zweiten Revolution im Verständnis von Arbeit und Muße. Aus dem antiken negotium wurde Arbeit als Gestaltungsauftrag und Lebenserfüllung. Heute kann Arbeit nicht mehr nur als Erwerbsarbeit gefaßt werden, und der Umfang von verfügbarer Zeit übersteigt die Zahl der Arbeitsstunden.
2. Unsere Erfahrung von Wirklichkeit hat sich verändert. Sekundärwirklichkeit in beruflichem und privatem Leben. Welche Rolle spielt die Primärwirklichkeit? „Der Himmel" ist als Wirklichkeit weithin abhanden gekommen. Totale Diesseitigkeit entsolidarisiert.
3. Die Rolle des freiheitlichen Staates ist begrenzt. Der freiheitliche und soziale Rechtsstaat verordnet keine Ethik, aber er setzt voraus, daß seine Bürgerinnen und Bürger eine haben. Der Staat hat die Bedingungen für das Realisieren von Möglichkeiten zu schaffen und zu bewahren.

Verfügbare Zeit - Ausbeutung oder Erfüllung?

Vorbereitung auf den Umgang mit verfügbarer Zeit:

Verfügbare Zeit muß schlendernde Muße, Kultur- und Sozialzeit sein, soll sie nicht zur bloßen Konsumzeit, zur Zeit ausgebeuteter Sehnsucht werden.

Diverse erzieherische Konsequenzen: Erziehung zur Selbstbeherrschung; bewußte Erfahrungen mit der Primärwirklichkeit. Das Sinnvolle ist mehr als das Nützliche. Einüben in den Umgang mit den neuen Medien aus Erinnerung und Phantasie. Einsicht in die Endlichkeit unseres Lebens übersteigt bloße Diesseitigkeit.

Veränderungen im Zeitbudget und im Angebot und Verständnis von Arbeit:

Erwerbsarbeit ist knapp geworden; notwendige Arbeiten bleiben ungetan, weil sie nicht bezahlt werden können. Umdenken über die Funktion von „Nicht-Erwerbsarbeit" im Leben des Einzelnen wie im Gefüge unserer Gesellschaft. Veränderte Zugänge zum sogenannten Ehrenamt, Bedingungen für seine Möglichkeit. „Verführung" zum Ehrenamt, damit der einzelne seine Möglichkeiten entdeckt, (auch im Alter) und um des menschlichen Gesichtes unserer Gesellschaft willen. „Verführung", da staatlicher Zwang ausgeschlossen. Das Bündnis für Arbeit verlangt als Konsequenz auch ein Bündnis, das verfügbare Zeit zu erfüllter Zeit werden lassen kann.

Im Sinne der Symposiums-Thematik war der Vortrag des RTL-Experten, Peter Hoenisch, quasi als „Gegenstück" zur Position der Politikerin Laurien gedacht.

In diesem Sinne präsentierte Peter Hoenisch unter dem Titel „Die neuen Medien sind da - wo bleibt der neue Mensch" eine thematisch relevante Position aus der Sicht des „Marktes". Peter Hoenisch plädierte dabei vor allem für eine differenzierte Beurteilung des Privatfernsehens sowie der sogenannten „neuen Medien". Hoenisch verwies u.a. darauf, daß RTL sich keinesfalls „sozialer Verpflichtungen" entledige sondern vielmehr Kulturereignisse wie die „documenta IX" oder wichtige medienpädagogische Projekte großzügig gesponsert und Anti-Rassismus-Spots geschaltet habe.

Hoenisch warnte vor einer allzu suggestiven Kulturkritik und verwies beispielhaft auf Adorno, der vor Jahrzehnten eine Versklavung des Menschen durch das „neue Medium" Radio befürchtet habe, was - aus heutiger Sicht - bestenfalls lächerlich wirke.

Kulturkritik, die nur auf die Gefahren der „neuen Medien" verweist, unterschätze einerseits - so Hoenisch - die Kritikfähigkeit und Medienkompetenz der meisten Menschen und lenke mit ihrer einseitigen Kritik vom Blick auf die „befreiende Kraft von massenhafter Information und Unterhaltung" ab. RTL sei ein „Erlebniskonzern" in einer „Erlebnisgesellschaft". Diese Positionierung entspreche den Bedürfnissen eines Großteils der Bevölkerung. Die Gefahren der Medienentwicklung lägen nicht in der bedürfnisorientierten Verbesserung eines „Erlebnis-TV", sondern vielmehr in einer unkontrollierten Verknüpfung von „politischen connections" und „Besitz von Medien". Dadurch könne sich eine „Einflußelite" etablieren, „für die demokratische Spielregeln kaum noch Geltung besitzen:

Den beiden Vorträgen der Politikerin, Dr. H.-R. Laurien und des Vertreters des TV-Marktführers RTL, P. Hoenisch, folgte eine angeregte und zum

Teil sehr kontroverse Diskussion vor allem zu Fragen der Medienpolitik und der Medienpädagogik.

Am Ende des 1. Tages des Symposiums (Montag, 11.3.1996) wurde der - von der bisherigen Kongreßdidaktik abweichende - Versuch einer kritischen Diskussion zwischen Praktiker/inn/en aus den Bereichen Politik und Markt einerseits und Wissenschaftler/inn/en andererseits grundsätzlich positiv bewertet.

Die Tagesordnung des Symposiums am Dienstag, 12.3.1996, orientierte sich wiederum an den „klassischen" Strukturen der DGfE-Kongresse. Es wurden 4 Vorträge - mit anschließender Diskussion - gehalten. Die wichtigsten Aussagen dieser Vorträge sollen im folgenden kurz zusammengefaßt werden:

Prof. Dr. Wolfgang Nahrstedt (Universität Bielefeld, FB Freizeitpädagogik): „Hat die Pädagogik/Erziehungswissenschaft den Freizeitschub verschlafen? Freizeitpädagogik im Spannungsfeld zwischen Markt und Staat".

Für Bildung findet gegenwärtig ein doppelter Paradigma-Wechsel statt: von der Arbeit zur Freizeit und vom Staat zum Markt:

Abb. 1:

Doppelter Paradigma-Wechsel

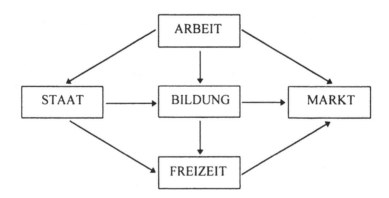

Dieser Paradigma-Wechsel erfordert ein neues Konzept von Bildung:

- Das Verhältnis von Arbeitszeit und Freizeit wird flexibilisiert: Zeitkompetenz wird zentrales Lernziel.
- Entstaatlichung und Vermarktung erfordern ein marktorientiertes Konzept der Erziehungswissenschaft: Management und Marketing werden zu zentralen Kompetenzen.

Die Erziehungswissenschaft hat den doppelten Paradigma-Wechsel bisher verschlafen. Sie ist durch ein doppeltes Defizit und damit durch gravierenden Realitätsverlust gekennzeichnet. Die Phase der Psychologisierung und Soziologisierung der Erziehungswissenschaft ist vorbei. Eine neue Phase der Ökonomisierung und Jurifizierung beginnt. Eine erziehungswissenschaftliche Marktforschung und Berufsforschung wird erforderlich. Das bisherige Konzept des Diplom-Pädagogen ist überholt bzw. überholungsbedürftig. Das Konzept ist grundlagentheoretisch, markt- und berufsorientiert sowie problemanalystisch und problemlösungsorientiert weiter zu entwickeln. Die Allgemeine Pädagogik (Erziehungswissenschaft I) ist neu zu definieren einerseits als integriertes Kategoriengefüge der aus den neuen Teildisziplinen entwickelten pädagogischen Begrifflichkeiten, andererseits als Legitimierungswissenschaft für neue pädagogische Berufsfelder im postmodernen Dienstleistungsbereich.

Die Kompetenz in erziehungswissenschaftlicher Marktforschung sowie die Kompetenz in pädagogischem Management und Marketing wird gar nicht oder unzureichend vermittelt. Zu fordern ist daher:

- Forschungsmethoden in erziehungswissenschaftlicher Markt- und Berufsforschung sind als Studienelement zu integrieren,
- Wirtschaftswissenschaft und Jura sind als neue Nebenfächer aufzunehmen als Alternativen oder als Ersatz für Psychologie und Soziologie.

Das Konzept der Studienrichtungen/Studienschwerpunkte und Wahlpflichtfächer ist zu modernisieren. Neu aufzunehmen sind:

- Freizeitpädagogik in Verbindung mit Kulturpädagogik, Erlebnispädagogik, Reisepädagogik, Museumspädagogik, Theaterpädagogik usw.
- Pädagogische Informatik
- Pädagogische Tourismuswissenschaft
- Pädagogische Umweltwissenschaft.

Das Studienkonzept ist zu europäisieren mit der zugrundeliegenden Tendenz einer Verschärfung der Konkurrenz auf dem europäischen Markt. In kritisch-konstruktiver Auseinandersetzung mit den neuen Studienelementen, Studienrichtungen und Wahlpflichtfächern wird eine Neubestimmung der Pädagogik selbst und ihrer Rolle erforderlich.

PD Dr. Torsten Schmidt-Millard (Universität-GH, Paderborn, FB 2 Sportwissenschaft): „ Olympische Pädagogik und Kommerzialisierung. Aspekte der Neuformulierung des Bildungsbegriffs in der Sportpädagogik"

Über inhaltliche Bestimmungen sowie Zielsetzungen der Handlungswissenschaft Sportpädagogik gibt es gegenwärtig keineswegs Klarheit und Übereinstimmung. Die sogenannte „Olympische Pädagogik" stellt im Spektrum der konkurrierenden Sinnbezüge ein zwar historisch überkommenes, gleichwohl aktuelles Angebot zur Selbstverständigung der Disziplin dar. Dies nicht zuletzt deshalb, weil die „Olympische Pädagogik" zugleich beansprucht, den maßgeblichen Bildungsbegriff im Bereich des Sports zu artikulieren. Der Beitrag versucht, die Reichweite dieses Ansatzes und auch die Rechtmäßigkeit des Anspruchs zu reflektieren. Dies erfolgt in drei Hinsichten. Es wird erstens nach den bildungstheoretischen Implikationen dieser Pädagogik gefragt. Zweitens wird das Programm einer olympischen Erziehung kontrastiert mit der aktuellen Problematik der Kommerzialisierung des Sports. Hierbei geht es insbesondere darum, die Differenz zwischen Anspruch und Wirklichkeit der am olympischen Ideal orientierten Bildungsidee zu reflektieren. Drittens geht es um die Frage, ob der in der „Olympischen Pädagogik" leitende Bildungsbegriff dazu beitragen kann, die Orientierungskrise der Sportpädagogik zu überwinden. Zeigt sich die „Olympische Pädagogik" mit dem Festhalten am seiner selbst habhaften Subjekt, dem „mündigen Athleten", in deutlicher Nähe zur Traditionslinie der klassischen Bildungsidee, so wird am Beispiel der Kommerzialisierung des Sports die mögliche Ideologieträchtigkeit dieser Bildungsidee aus einer gesellschafts- und sportkritischen Perspektive untersucht. Das hier leitende Entfremdungstheorem setzt jedoch seinerseits auf das - trotz aller Kommerzialisierung - im Sport handelnde Subjekt und vermag deshalb den Ansatz der „Olympischen Pädagogik" nicht radikal in Frage zu stellen.

Die von ihren Protagonisten bislang noch nicht ausformulierte Programmskizze der „Olympischen Pädagogik" evoziert eine Reihe von klärungsbedürftigen Fragen, nicht zuletzt die, ob sich hinter der Namensgebung nicht der schlichte Versuch verbirgt, die seit den siebziger Jahren in den Hintergrund getretene pädagogische Grundorientierung der Handlungswissenschaft Sportpädagogik zu erneuern.

Prof. Mag. Peter Zellmann (Ludwig Boltzmann-Institut für angewandte Sportpsychologie und Freizeitpädagogik, Wien): „Freizeit(Sport)Pädagogik im Spannungsfeld zwischen Markt und Moral"

(Freizeit-)Sportpolitische Analyse:

Freizeit ist Privatsache. Der Staat darf sich nicht um alles kümmern. Freizeit - als Sozialwert erkämpft: kann man da wirklich guten Gewissens die Menschen ausschließlich als Konsumenten am freien Markt funktionieren lassen? Und der Sport bzw. das System Sport hatte diesbezüglich immer schon ein besonders ambivalentes Selbstverständnis:

• nie wirklich staatlich, aber immer schon von starkem öffentlichen Interesse getragen,
• eigentlich seit jeher privat, aber über eine, besonders in Österreich, recht unübersichtliche Vereins- und Verbandsstruktur an das politisch-administrative System gebunden,
• nie eindeutig Markt, aber doch von ungeheurem, sicher sportartenabhängigem, wirtschaftlichem Interesse.

Worauf beruht die, allgemein ja wenig widersprochene, These vom Sport, der ja der Volksgesundheit und damit einem wohl auch moralisch absolut hohen Ziel dient? Pointiert ausgedrückt auf zwei taktischen Halbwahrheiten -einer qualitativen und einer quantitativen:

Sport kann viel an pädagogischen Werten vermitteln und zu einer gesunden Lebensführung beitragen, er muß es aber nicht. Nach einer Untersuchung des B.A.T.-Institutes bzw. von Horst Opaschowski 1994 erfolgt der Ausstieg auf breiter Ebene. Er betrifft alle Altersstufen, Frauen wie Männer, und alle Berufsgruppen sind davon erfaßt. Eine Vergleichsstudie der beiden kooperierenden Freizeitforschungsinstitute in Deutschland und Österreich macht klar: Die Mehrzahl der aktiven Freizeitsportler ist vom organisierten Sport gar nicht mehr vertreten. Hier orte ich politischen Handlungsbedarf:

Der Staat kann über private Vereinigungen, die weitgehend im öffentlichen Interesse tätig sind, durch Schaffung von Rahmenbedingungen Einfluß nehmen. Derart können Umweltanliegen sowie Fragen der Moral bzw. des Nutzens allgemein gesteuert werden. Das „non profit Unternehmen" als moderne, europareife Betriebsform kann diese Aufgabe - zwischen Markt und Staat - durchaus bewältigen.

Typologie der Freizeitsportler:

Der Anteil der Sportler (Personen, die zumindest gelegentlich Sport betreiben) ist in der österreichischen Bevölkerung genau eineinhalb mal so hoch wie in Deutschland (57% der Österreicher und 38% der Deutschen). Auch im Bereich des Leistungssports liegen die österreichischen Werte etwas über den deutschen Zahlen: Während nur 1% der Deutschen im Sport mehr als eine aktive Freizeitbeschäftigung sieht, bezeichnen sich in Österreich 3% als Leistungssportler. Aktivsportler - also Personen, die regelmäßig zumindest einmal pro Woche Sport treiben - sind in beiden Ländern etwa gleich stark vertreten (Österreich 19%, Deutschland 16%).

Motivation - Gründe für die sportliche Betätigung:

- Spaß (Ö 68%, D 71%)
- Gesundheit (Ö 64%, D 60%)
- Fitneß (Ö 46%, D 48%)

Ein Ausblick als Resümee:

Fitneßcenter, Sportevents und Vermarktung von Sportlern boomen. Snowboarding und Inlinescating sind in, man spricht über Bungee-Jumping! Der Freizeit-Sportmarkt hat die Bedürfnisse seiner Kunden erfaßt und sich entsprechend ausgerichtet. Professionalität einerseits und Selbstorganisation andererseits sind die bestimmenden Faktoren im freizeitkulturellen Bereich. Der Sport hat sein Erscheinungsbild und Wirken fast ausschließlich auf Selbstorganisation gegründet.

Ganz kann ich mich der Feststellung Wolfgang Nahrstedts nicht anschließen, derzufolge in „Auseinandersetzung mit den kommerziellen Fitneßzentren, Sportparks und Thermen die Sportorganisationen die Tendenz einer Professionalisierung der Vereine verstärken" (Nahrstedt 1993). Diese Tendenz scheint mir jedoch immer noch eher die Ausnahme von der Regel zu sein.

Die Sportpädagogik insgesamt steht jedenfalls vor einer Entscheidung: insbesondere die Schulsportpädagogik wird sich der Frage stellen müssen: Auf den Markt vorbereiten - oder eine Freizeitsportmoral neu definieren und dann umsetzen?

Univ. Prof. Dr. Edgar Beckers (Ruhr-Universität Bochum, Fakultät für Sportwissenschaft): „Fit for fun statt fit for life. Zur Verführung des Körpers im Freizeitsport durch Kommerzialisierung"

Das Interesse von Politik und Wirtschaft an dem Wirtschaftsfaktor Sport ist offenkundig, bietet aber Anlässe zum Mißbrauch. Der Werteverlust (statt Wertewandel) hat eine Suche nach neuen Orientierungen ausgelöst. Nun wird ein 'Sport' angeboten, der nach marktwirtschaftlichen Gesichtspunkten organisiert ist und die Suche nach Sinn zur Jagd nach Erlebnis und 'Kick' reduziert. Das hier und in Medien verbreitete moderne, jugendliche, lustvolle Körpergefühl erhebt den Körper selbst zum Zentrum des Lebens und zum Demonstrationsobjekt von Leistungsfähigkeit und sozialer Anerkennung. Daraus resultieren drei Erscheinungsformen des Körperkults:

- Narzißmus. Festzustellen ist ein Widerspruch zwischen dem propagierten Individualismus und einem tatsächlichen egozentrischen, narzißtischen Rückzug, der verbunden sein kann mit dem Verlust sozialer Bindungen.
- Gewalt gegen sich selbst. Die ideale Formung wird notfalls mit Gewalt betrieben und der Schmerz zum Mittel, um den Körper 'in Zucht' zu nehmen.
- Gewalt gegen andere. Die wachsende Akzeptanz von Gewalt in unserer Gesellschaft zwingt zu der Frage, inwieweit der Sport zur Präsentation körperlicher Macht und Gewalt beiträgt.

Aus diesen Erscheinungsformen des gegenwärtigen Körperkults sollen zwei Phänomene näher betrachten werden, nämlich der Zusammenhang zwischen Körperkult und Gewalt sowie das Problem der Ausgrenzung der „anderen".

Dabei interessiert, ob sich die im Umgang mit dem eigenen Körper erfahrene Härte auch nach außen wendet und inwieweit sich gegenwärtig das problematische Ideal der 'natürlichen Körperschönheit' aus der Zeit der Jahrhundertwende wiederholt.

Um sich vor Verführung und Mißbrauch durch - kommerzielle wie staatliche - Interessen schützen zu können, ist eine veränderte Einstellung zum eigenen Körper und zur körperlichen Präsenz von Menschen überhaupt notwendig. Dazu müßten - gerade im organisierten Sport - Hilfestellungen angeboten werden für eine Sinn-Suche in sinn-leerer Zeit.

Abschließend soll noch ein für den Inhalt vieler weiterer Wortmeldungen exemplarischer längerer Diskussionsbeitrag von Univ. Prof. Karl Heinz Wöhler (Universität Lüneburg) kurz zusammengefaßt werden:

Freizeitbildung und Freizeitmanagement werden gemeinhin als zwei konträre Welten aufgefaßt. Während Managementhandeln auf die Klientelisierung des postmodernen Menschen für den Freizeitkommerz abziele, arbeite pädagogisches Freizeithandeln für die sinnstiftende Selbstverwirklichung des Menschen. Diese Dichotomisierung ist insofern ein Phantomgebilde, als sich die Freizeitbildung selbst der Gesellschaft als freizeitliche Erlebnisveranstaltung hingibt bzw. hingeben muß. Freizeitbildung operiert intern mit Gegenständen (Lerninhalte), die im Gesellschaftskontext gängig oder nachgefragt werden. Auf der anderen Seite bedient sich das Freizeitmanagement pädagogischer Operationen, um attraktiv zu bleiben (bzw. zu werden). Aufgrund der Logik sozialer Systeme kam es, wie es kommen muß: die Kontextsteuerung beider Teilsysteme des (Supra-)Systems Freizeit führt fortwährend zu Prozeß- und Strukturänderungen beider Teilsysteme, wobei völlig offen bleibt, wer denn wen beherrscht. Derzeit herrscht eine Marktkoordination vor, die die Freizeitbildung spezifisch bindet. In diesem Sinne wirkt Freizeitbildung systemintegrativ.

Arbeitsgruppe

**Technische Bildung - ein Privileg
der beruflichen Bildung?**

Elke Hartmann

Erste Ansätze einer allgemeinen technischen Bildung in der Pädagogik Franckes

1. Gesellschaftliche Zustände und Gründungsanfänge des Waisenhauses

Als Francke, 29jährig, am 7. Januar 1692 in Halle eintraf, um einen Ruf als Ordinarius der orientalischen Sprachen, vornehmlich Griechisch und Hebräisch, anzunehmen, übernahm er gleichzeitig das Pfarramt in der Sankt Georgien Kirche zu Glaucha.

Glaucha war 1692 noch eine selbständige Gemeinde, die von rund 1200 Menschen bewohnt wurde. Sie war keine übermäßig saubere Stadt vor den Toren Halles, in der jeder Glauchaer Bürger das Recht hatte, Branntwein zu brennen, Stärke herzustellen, Vieh zu mästen sowie einen Bier- und Weinausschank zu betreiben. Glaucha war ein beliebter Zielpunkt für Spaziergänger aus Halle, denn von den rund 200 Häusern waren nicht weniger als 37 Gaststätten.

Über den Zustand der Gemeinde wird folgendes berichtet: Entgegen den Geboten der heiligen Sonntagsruhe gingen die Glauchaer Stärke- und Schnapsfabrikanten auch an Sonntagen ihrer Arbeit nach. Die Bevölkerung war untereinander zerstritten. Die Jugend trieb sich ohne Aufsicht auf den Straßen herum und blutige Schlägereien waren gewöhnlich der Abschluß hoher kirchlicher Feste.

Um die Kirche in Glaucha war es kaum besser bestellt. Die Kirchenordnung befand sich in heilloser Verwirrung, die Kirchenvorsteher hielten vom Geld des Klingelbeutels Gelage ab und Franckes Amtsvorgänger, der 48 jährige Johannes Richter, war in allen Kneipen zu Hause, bevor man ihn am 19. Sept. 1691 entließ. Die Kirche war trotzdem Mittelpunkt der Gemeinde. Fast alle Einwohner besuchten jeden Sonntag den Gottesdienst und viermal im Jahr das Abendmahl. Die Gottesdienste waren von besonderer Art, denn wenn Kinder in der Kirche waren, herrschte ein solcher Lärm, daß der Prediger kaum zu hören war. Die Gläubigen unter den Glauchaern hatten sich deshalb angewöhnt, erst zur Predigt zu kommen und schon vor dem Ende des Gottesdienstes wieder wegzugehen. Als besonders störend empfand Francke, wenn seine Gemeinde die nach dem Sündenbekenntnis durch den Pastor erteilte Absolution im Chor mitsprach: „Ich, als ein verordneter Diener Gottes, verkündige euch...". In der Privatbeichte sagten die Gläubigen nur auswendig gelernte Sprüche, deren Sinn sie nicht begriffen hatten. Stellte der Pastor seine Fragen in verändertem Wortlaut, waren sie sofort verwirrt. Nach dem Gottesdienst feierte das Volk von Glaucha den Sonntag auf seine Weise, nämlich mit Trinken und Tanzen. Einige hatten bereits schon vor dem Kirchgang getrunken und schliefen ihren Rausch während des Gottesdienstes aus (vgl. Menck 1991, S. 5 - 6).

Die Gemeinde Glaucha war in einem Zustand, die ein energisches Eingreifen erforderte. Francke erkannte darin eine Aufgabe, eine Arbeit, die er annahm, sie über 35 Jahre nicht aufgab - die Kinder- und Jugendfürsorge.

Die häusliche Armut, in der viele Kinder aufwuchsen, gestattete weder eine Erziehung noch eine Schulbildung. Sie wuchsen in Unwissenheit und Bosheit auf. Franckes Sorge war, daß aus diesen vernachlässigten Kindern die künftigen Diebe und Räuber würden. Ihm war klar, daß für eine Änderung des Zustandes vor allem Geld vonnöten war. Zunächst installierte er im Pfarrhaus eine Sammelbüchse, die aber wenig einbrachte. Erst ein Vierteljahr darauf fand sich eine Spende von 4 Talern und 16 Groschen darin. Francke sah diese als „ein ehrlich Capital" an, kaufte für 2 Taler Bücher, stellte einen Studenten für täglich 2 Stunden zur Information von 27 Kindern an (vgl. Menck 1991, S. 9).

Dies ereignete sich Ostern 1695. Gleich am Anfang erhielt die Armenschule einen Rückschlag, indem nur 4 von den ausgegebenen 27 Büchern zurückgebracht wurden. Mit ihnen blieben auch die Kinder von der Schule weg. Unbeirrt kaufte Francke von dem restlichen Geld erneut Bücher und behielt sie künftig nach Schulschluß ein. Bis Pfingsten 1695 hatte sich die Armenschule einen so guten Ruf erworben, daß auch Bürgerkinder an dem Unterricht teilnahmen, die aber einen Groschen pro Woche bezahlen mußten. Der Student unterrichtete nun 5 Stunden täglich. Francke erhielt Anfragen, ob er nicht befähigte Studenten als Privatlehrer auch außerhalb von Halles vermitteln könne. Diese Bitte ließ sich insofern nicht erfüllen, da die betreffenden Studenten nicht ihr Studium durch einen Weggang aus Halle unterbrechen wollten. So schlug er vor, die Kinder zu ihm nach Halle zu schicken, wo er für ihr Wohl und ihre Erziehung sorgen wollte. Etwa um Pfingsten 1695 brachte Johann Anastasius Freylinghausen 3 Knaben, 5 bis 8 Jahre alt, aus Gandersheim nach Halle. Freylinghausen blieb zur Beaufsichtigung dieser drei Zöglinge und aller weiteren, rasch ansteigenden Zahl. Freylinghausen wurde später Franckes treuester Mitarbeiter, Schwiegersohn und Nachfolger als Direktor des Waisenhauses. Mit den drei Knaben aus Gandersheim entstand nun das Pädagogium, eine Schule zur „Unterrichtung Adelicher und anderer junger Leute, die auf ihrer Eltern Kost hier lebeten ..." (Peschke 1969).

Die Erfahrungen Franckes mit den Kindern der Armenschule führten ihn zu der Erkenntnis, daß außerhalb der Schule der Einfluß auf die Kinder dazu führte, daß von dem in der Schule vermitteltem Guten wenig übrig blieb. Francke plante deshalb, einige Kinder in völlige „Pfleg- und Erziehung" aufzunehmen. Eine Spende von 500 Talern erleichterte ihm die Eröffnung eines Waisenhauses mit der Aufnahme von 9 Waisen, darunter 2 Mädchen, über den Zeitraum von Oktober bis Dezember 1695.

Zu Franckes Zeiten wurde sowohl das eigentliche Waisenhaus als auch alle Schulen und Institute als „Waysen = Haus" bezeichnet. Über die Doppelbedeutung dieses Namens schrieb Franckes Urenkel August Hermann Niemeyer 1825:

„Der Name, den das Ganze erhielt (Waisenhaus), war bloß die richtige Benennung für die erste, und in der Folge kleinste dieser Anstalten, von jedoch Alles ausging. Er sagt für die bald von ihm errichteten zahlreichen Schulen (...) viel zu wenig, und hat manchen Mißverstand veranlaßt, daher das Ganze mit dem Namen der 'Franckeschen Stiftungen' bezeichnet wird" (vgl. Peschke 1969).

Mit der Armenschule, dem Pädagogium sowie dem Waisenhaus wurde der Grundstein für die „Franckeschen Stiftungen" 1695 gelegt. Welche Erweiterung sie in den 35 Jahren des Wirkens von Francke erfuhren, darauf möchte ich an anderer Stelle eingehen. Hier soll vielmehr auf seine pädagogischen Absichten eingegangen werden, die seinem Werk zugrunde liegen.

2. Der Pietist Francke und seine pädagogische Theorie und Praxis

Francke gehörte einer protestantischen Bewegung des 17./18. Jahrhunderts an, die sich gegen die dogmatisch erstarrte Orthodoxie, gegen den unfruchtbaren gelehrten Glaubensstreit der nachreformatorischen Zeit wandte und wieder zur „wahren Herzensfrömmigkeit", zu einem „praktischen Christentum tätiger Nächstenliebe" hinführen wollte (Menck 1969, S. 11). Der Pietismus, vom lateinischen Wort pietas = Frömmigkeit abgeleitet, existierte in verschiedenen Spielarten. Seine Vertreter, die Pietisten, wurden häufig mißverstanden und bespöttelt vom Volk wegen einiger asketischer Äußerlichkeiten. In verschiedenen Streitschriften erklärt Francke seinen Gegnern das Anliegen der Pietisten, „keine neue Religion, sondern neue Hertzen" fordern zu wollen. Ansatz für die Tätigkeit Franckes ist die Not, die er vorfindet. Er versteht sie als Folge des Verderbens in allen Ständen, das er mit eindringlichen Worten immer wieder beschreibt. Es besteht darin, daß die Stände ihre Aufgabe nicht oder nur übel erfüllen. Das Verderben hat nach Franckes Auffassung zwei Wurzeln: Eine Quelle „ist die böse Aufferziehung der Jugend", die andere, „daß man um arme Wittwen und Waysen und ins gemein um Nothleidende und Elende sich fast gar nicht bekümmert hat, wie ihnen geholffen werden möchte"(vgl. Menck 1969, S. 20). Franckes Auffassung von Ständen ist auch im Sinne von Berufsgruppen zu interpretieren, folgt aber grundsätzlich dem gesellschaftspolitischen und kirchlichen Verständnis seiner Zeit.

Francke differenziert das gemeine Wesen nach drei Ständen, dem Haus-, dem Regier- und dem Lehrstand. Das Zusammenleben der Menschen muß sich in Ordnungen abspielen und das ist Gottes Ordnung. Die Gültigkeit von Gottes Ordnung in allen drei Ständen gleichermaßen drückt er mit folgenden Worten aus:

„Ziehe dich niemals einem anderen vor, und erhebe dich nicht des Vorzuges, den du um guter Ordnung willen nach deinem Stande einnehmen mußt. Du bist Staub und der andere ist Asche. Für Gott seid ihr beide gleich" (zit. nach Peschke 1969).

Aus dieser Auffassung Franckes ist aber keinesfalls abzuleiten, daß er die Grenzen der Stände verwischen oder aufheben wollte. Dies läßt sich leicht nachweisen in den Schulkonzepten seines Waisenhauses, in denen Kinder der verschiedenen Stände nach standesspezifischen Unterrichts- und Erziehungskonzepten aufgezogen wurden.

Der Hausstand ist für Francke in traditioneller Weise die Keimzelle für die beiden anderen Stände, den Regier- und den Lehrstand. Aber diese beiden, die „obern Stände", sind längst aus jenem herausgewachsen. An sie sind Aufgaben der dafür „untüchtigen" Großfamilie delegiert worden. Und ihnen sind gänzlich neue zugewachsen, die eigentlich kein Analogon im „Amt" des Hausvaters seiner Familie und seinem Gesinde gegenüber mehr haben - so dem Regierstand. Ihm obliegt die Sorge für intakte Verhältnisse, in denen sich das offensichtliche Leben abspielen kann (vgl. Menck 1969, S. 20).

Franckes Wirksamkeit als Pfarrer in Glaucha war in der ersten Zeit der Konsolidierung des Hausstandes gewidmet. Er verfaßte die „Glauchische Hauß-Kirch-Ordnung", widmete seiner Gemeinde das „Glauchische Gedenk = Büchlein" und predigte über die Kinderzucht. Die den oberen Ständen von Francke zugewiesenen Aufgaben kennzeichnet er in seiner Schrift „Großer

Aufsatz" als mangelhaft von ihnen wahrgenommen und folgedessen als Ursache der Not. So stellt sich die Not im Hausstand sowohl als „Armut" als auch als „Unwissenheit des Volkes" dar. Francke bezeichnet sie als leibliche und seelische Not. Das Volk antwortet darauf mit Widersetzlichkeit und Aufruhr gegen die Obrigkeit einerseits, „fleischliche Sicherheit" als Ausdruck der Mißachtung der Predigt andererseits. Das Verhältnis der beiden „oberen" Stände untereinander ist durch Heuchelei der Lehrer gegenüber der Obrigkeit gekennzeichnet und umgekehrt die Gewohnheit des Regierstandes, nur solche Pfarrer einzusetzen, die ihr genehm sind. Dem Verhältnis des Regier- und Lehrstandes zum Volke kommt also das entscheidende Gewicht zu. Francke bezeichnet also als die beiden wichtigsten Aufgaben, dem Verderben und der Not entgegenzuwirken, erstens die Armenpflege im weitesten Sinne und zweitens eine gute Erziehung und reine Predigt. Dem Regierstand weist er mit folgenden Worten seine Aufgaben zu:

„Die christliche Obrigkeit könne nichts thun, das Gott dem Herrn wohlgefälliger, zu Abwendung der schweren Gerichte Gottes notwendiger, dem christlichen Wesen fürträglicher, und ihrem tragenden hohen Amte gemässer sey, als wenn sie sich dieser Sorge unterziehen, und hinlängliche Verfügung thun, daß das Seufzen der Armen und Elenden von Städten und Ländern abgewendet werden möge" (zit. nach Menck 1969, S. 21).

Franckes Tätigkeit in der Armenfürsorge, sei es durch die Errichtung des Waisenhauses oder durch die Freitische für arme Studenten, ist schon als praktizierte Kritik an der Obrigkeit zu werten. Gleichzeitig machte er sich auch Gedanken über eine Reform der Regierung, die er in einem unveröffentlichten Entwurf zur Einsetzung einer „Generalkommission" niederschrieb.

Francke wartete also nicht, dort wo es Not war, daß die Obrigkeit das Ihre tat. Er sah seine eigentliche Aufgabe jedoch als „Lehrer" in der Seelsorge und im Unterrichten. Die meisten seiner Projekte, Maßnahmen, Einrichtungen zielen nicht auf den Regierstand und seine Aufgaben. Er weiß sehr wohl, daß die Breitenwirkung vom Lehrstand ausgehend am größten ist. Aber auch seine Erfahrungen lehren ihm dies, die er in folgende Worte faßt:

„Was man den Kindern gutes beybringt, das bringet man in die Gemeine, und die Eltern nehmens viel eher von den Kindern an, als vom Prediger, wenn der ihnen was von der Cantzel sagt".

Und so folgert er:

„Die Hauptsache aber ist diese, daß man nicht dencke, wenn man ins Amt kommt: Heute ein, morgen wieder aus; sondern sich vielmehr vorstelle, daß man diejenigen, welche ietzt als Kinder vor sich hat, künftig einmal als Alte vor sich habe. Wie man sie in der Jugend zugerichtet, so hat man sie hernach" (zit. nach Menck 1969, S. 22).

Der eigentliche Grund für Francke, die allgemeine Besserung beim Lehrstande anfangen zu lassen, ist seine Auffassung, daß der Lehrstand am allgemeinen Verderben in besonderer Weise schuld ist. Denn seine Aufgabe ist dieselbe, die der Sohn Gottes auf Erden erfüllt hat, „zu suchen was verlohren, die Sünder aus dem Verderben zu erretten, ja die Menschen mit Schmertzen zu gebähren". Sein Amt ist es, das Reich Gottes in den Seelen der Menschen einzurichten, damit ihnen „innerlich geholfen werde", so sehr die Hilfe in äußerer Not auch wichtig ist. Dies ist die Aufgabe des Lehrstandes, die er nach Meinung Franckes nicht erfüllt. Faßt man die dem Lehrstand von Francke zugewiesenen Tätigkeiten zusammen, so bestehen sie erstens im Missionieren, zweitens „in der Auferziehung der Jugend" und drittens in der Predigt (vgl. Menck 1969, S. 23).

Die Aufgaben Erziehung und Predigt wurden zu Franckes Zeiten im Allgemeinen von Theologen wahrgenommen. Die Ausbildung der Lehrer im heutigen Sinne war jedenfalls das theologische Studium. Der Weg eines Theologen ging in der Regel über eine Hauslehrer- oder „Schulmeister" -stelle ins Pastorat. Francke spricht meist allgemein von „Lehrern", differenziert er aber, sagt er einerseits „Informatores" oder „Praeceptores", allgemein „Fürgesetzte", wozu auch die Professoren gehören. Auf der anderen Seite spricht er von „Predigern", „Pastoren" oder auch die „Lehrer" im engeren Sinne.

Nur kurz möchte ich hier auf Franckes pädagogisches Wirken als Lehrerbildner eingehen. Es soll hier nicht unerwähnt bleiben, daß er die ersten Institute zur Lehrerbildung in seinem Waisenhaus begründete. Dabei partizipierte er von den Ideen Comenius und Ratkes. Die beständig wechselnden Theologiestudenten, die nur vorübergehend ihre Studienzeit in Halle zubrachten, zeigten mangelndes Lehrgeschick und geringe Kenntnisse in den Wissenschaften. Mit der Gründung des „Seminarium Praeceptorum" schon 1696 erhielten die Studenten Anweisungen für ihren Beruf als Lehrer und Erzieher. Die unterschiedliche Eignung der Theologiestudenten als Praeceptores führte Francke zu der Idee, die Studiosi mit besonderer pädagogischer Anlage und „gutem Grund" in den humanistischen Fächern in besonderer Weise in ihrem Beruf anzuleiten. Dazu eröffnete er 1707 das „Seminarium Selectum", in das die Studiosi sich für 5 Jahre verpflichten mußten. In den ersten 2 Jahren erhielten sie selbst Unterricht in philosophischen Studien, in den nächsten 3 Jahren unterrichteten sie dann selbst in den oberen Klassen im Pädagogium und in der Lateinschule. Nach den 5 Jahren konnten sie entscheiden, ob sie im Waisenhaus verblieben oder eine andere Stellung annahmen.

Aber zurück zu den Erziehungsabsichten Franckes, über die er unentwegt die Praeceptores, die Inspectores sowie das übrige pädagogische Personal der Anstalten informierte. In seinen pädagogischen Schriften, von denen ich hier nur zwei anführe, die meiner Auffassung nach zu den grundsätzlichen und umfassenden Schriften seines pädagogischen Schaffens rechnen, stellt er seine Ansichten über das Lehren dar:

1. „Kurtzer und einfältiger Unterricht/Wie Kinder zur Wahren Gottseeligkeit und Christlichen Klugheit Anzuführen sind, Zum Behuff Christlicher Informatorum entworffen" Halle 1733 (Kramer 1876).

2. „Ordnung und Lehrart/Wie selbige in dem Paedogogio zu Glaucha an Halle eingeführet ist: Worinnen vornemlich zu befinden/Wie die Jugend/nebst der Anweisung zum Christenthum/in Sprachen und Wissenschaften/als in der Lateinischen/ Griechischen/Ebräischen und Französischen Sprache/wie auch in Calligraphia, Geographia, Historia, Arithmetica, Geometria, Oratoria, Theologia, und in denen Fundamentis Astronomicis, Botanicis, Anatomicis u.c. auf eine kurtze und leichte methode zu unterrichten/und zu denen studiis Academicis zu praepariren sey/abgefasset von August Hermann Francken..., 1702" (Kramer 1876).

Das allgemeine Ziel der Auferziehung ist es, ein Handeln zur Ehre Gottes zu ermöglichen und zu erwirken. Francke meint damit die Erziehung des Willens. Der Mensch soll also nicht dem eigenen Willen, sondern dem Gottes folgen. Das heißt keinesfalls, daß der „Eigen = Wille" überhaupt zu tilgen ist. Es geht Francke darum, daß die Herrschaft des eigenen Willens und Fürwitzes niedergelegt wird, daß der Wille des Menschen nicht sozusagen von dem „Eigen = Willen" beherrscht wird, sondern eben von Gottes Willen bestimmt wird.

Eng verbunden mit der Erziehung des Willen sieht Francke die Pflege des Verstandes. Dazu sagt er in der Einleitung zum „Kurtzen und Einfältigen Unterricht ..." ausdrücklich, daß „auch der Verstand heilsame Lehren fassen (muß), wann der Wille ohne Zwang folgen soll". In der Erziehung des Willens ist die Pflege des Verstandes impliziert, so Franckes Position, die er aus dem zweiseitigen Verständnis vom Beruf eines Christenmenschen ableitet, die ineinander übergehen. Er meint damit den „gemeinen" Beruf, den alle Christen als Christen haben und den „besonderen" Beruf, als Art und Weise, wie jeder einzelne in der Welt den allgemeinen Beruf ausübt:

„Das wir thun und arbeiten, bringt der gemeine Beruf mit sich, ja auch, daß ein jeder in seinen Worten und Wercken seinem Nechsten erbaulich sey, erfordert von ihm der gemeine Christen-Beruf; daß aber ein jeder nicht allerley, sondern sein eigen Geschäffte hat, wie es sein Alter und Stand mit sich bringt, das ist die Ausübung seines besonderen Berufes" (zit. nach Menck, S. 34).

Der Beruf im weitesten Sinne gibt also die Mittel in die Hand, damit der
Mensch „gottselig" leben kann und weist somit über die Gesinnung hinaus
auf die Wissenschaft, die Kenntnisse und die Fertigkeiten, also auch die Arbeit. Die Aussagen über die Wissenschaft sind bei Francke gleichrangig mit
der Notwendigkeit von Arbeit zu sehen, die er seiner Erziehungsabsicht
„Pflege des Verstandes" unterlegt. Franckes Bildungsabsichten zielten also
darauf ab, kein reines Bücherwissen zu vermitteln, sondern die Auswahl nach
dem Prinzip der Nützlichkeit für ein Leben in der Gesellschaft zu treffen. Zur
Gemeinnützigkeit befähigendes und lebendiges Wissen, so erkannte Francke,
führt den Menschen dahin, daß er für sich und andere erfolgreich zu arbeiten
versteht. Auf den Stellenwert der Arbeit in Franckes Werk möchte ich nun
genauer eingehen, da hier Ansatzpunkte einer technischen Bildung zu vermuten sind.

3. Die Arbeitspädagogik Franckes

Die Gewöhnung an Arbeit gehörte nach Francke zu den gemeinnützigen
Kenntnissen, die die Schule vermitteln sollte. So lag die Schulzeit nicht mehr
als lebensfremder Einschnitt zwischen spielerisch - zweckfreier und ein-
sichtsvoller - zweckbestimmter Arbeit, sondern sie bewährte sich als institutionalisierte Propädeutik einer künftigen Arbeitswelt. Schüler Franckescher
Schulen traten nicht am Ende der Schulzeit ins Leben, sie hatten sich nie aus
diesem entfernt.

Rosemarie Ahrbeck bezeichnet Franckes Streben nach Nützlichkeit allen
Tuns als „strenge Ökonomisierung des ganzen Lebens- und Lernprozesses in
den Stiftungen" (vgl. Ahrbeck - Wothge 1969). Die so bezeichnete Ökonomisierung zeigt sich in den folgenden drei Erscheinungsformen, die Sparsamkeit, die umfassende Rationalisierung des Lernprozesses in Methode
(Abwechslung, vom Leichten zum Schweren, 3 Fächer) und Gegenstandsbe-
stimmung (nach der Interessenlage des Bürgertums) und die praktische Arbeit. Die Gewöhnung an Arbeit gehörte zu den gemeinnützigen Kenntnissen
und erklärt sich in der Pädagogik Franckes durch seine Auffassung, daß die
Instituterziehung eine in die Institution übersetzte, ideale religiöse Fami-
lienerziehung ist. So wie die Familie von jedem Mitglied Unterstützung fordern kann, so liegt es auch im Wesen dieser neuen Instituterziehung, von jedem Zögling „Mitarbeit" im wahrsten Sinne des Wortes zu fordern. Die Mit-

arbeit der Zöglinge fand in den nichtschulischen Einrichtungen, die durch ihre erwerbende Tätigkeit den Schulen die Existenz sicherten, statt. In diesen konnte die Mitarbeit in drei Formen erfolgen:

1. Werterhaltende oder Gelegenheitsarbeiten
2. Produktive Arbeiten
3. Arbeiten im Rahmen einer Berufsausbildung

Die Arbeiten zur Werterhaltung mußten von allen Waisenkindern geleistet werden, da sie im Verständnis Franckes ein Arbeitskräftepotential bildeten, das nach Bedarf abberufen und eingesetzt werden konnte. Größere Waisenmädchen mußten anfangs das Küchenpersonal ersetzen, Waisenknaben transportierten das benötigte Wasser in Fässern aus der Saale bis zur Einstellung von Wasserträgern. Waisenkinder halfen in der Apotheke, trugen die im Waisenhaus gedruckten Zeitungen aus, hüteten das Vieh in dem Zeitraum, in dem das Waisenhaus sich im Viehhandel versuchte. Im Winter mußten sie Holz sägen, das einzige Brennmaterial in Halle. Davon waren auch die Schüler des Pädagogiums nicht ausgenommen. Für jede Stube wurde eine eigene Säge angeschafft, nur spalten durften die Zöglinge das Holz wegen der Splittergefahr nicht. Diese Arbeit erfüllten die Lehrer.

Die Gattung von Arbeit, die zum Unterhalt der Anstalten beitragen sollte, die produktive Arbeit, erfuhr in der Ansicht Franckes eine Akzentverschiebung von der allgemein-pädagogischen utilitaristischen zur rein pädagogischen Orientierung. So richtete er nach dem Bau des neuen Waisenhausgebäudes eine Strickereimanufaktur ein. Als Arbeit wurde das Strumpfstricken vorgesehen. Es wurde auch handwerklich versiertes Personal eingestellt, 1701 sogar ein Strickmeister. Es wurde Rohwolle gekauft, diese zu Garn verarbeitet und weiter zu Strümpfen verstrickt. Die Einzelleistung der Kinder wurde vom Strickmeister in ein Buch eingetragen. Je nach Bildungsgang mußten die Kinder täglich 4 Stunden nachmittags stricken, wenn sie „zu Handwerkern" bestimmt waren. Diejenigen, welche zum Studium bestimmt waren und die Lateinschule besuchten, arbeiteten täglich 2 Stunden oder waren gänzlich befreit. Die Qualität der Strümpfe war nicht so beschaffen, daß die Erlöse die Ausgaben decken konnten, obwohl man 1705 noch zwei Wirkstühle kaufte und Strumpfstrickergesellen in Lohnarbeit anstellte. Ein Gutachten, gestützt auf einen professionellen Stricker, ergab, daß die Wochenleistung mindestens 6 Paar grob gestrickte Strümpfe sein sollte, um die Manufaktur rentabel zu führen. Dies beschloß auch die Verwaltungskonferenz des Waisenhauses Ende des Jahres 1705. Die verschärften Maßnahmen führten einerseits zu der plötzlichen Umorientierung der Waisenkinder, studieren zu wollen. Andererseits wehrten sie sich offen gegen die Arbeit, wobei sie durch

die Waisenmutter Unterstützung bekamen. Man versuchte mit strenger Ober-
aufsicht des Waisenhausinspektors, die Kinder zu größerer Leistung zu bringen, doch die Verantwortlichen erkannten langsam die Unzulänglichkeit des
Vorhabens, einen Teil der Unterhaltsverantwortung auf die Kinder zu delegieren. Die pädagogische Komponente der Arbeit gewann über die utilitari-
stische die Oberhand. Am 20. Mai 1706 stellte man fest, daß die Manufaktur
nicht mehr zum Nutzen betrieben werden kann und verordnete am 1. Juni
1706, daß sämtliche Arbeiten der Kinder nur noch zum Hausbedarf ausgeführt werden sollen. Dies schränkte die Arbeiten auf Kleiderflicken, stricken
und spinnen ein. Diese Entscheidung wurde dadurch begünstigt, daß die anderen erwerbenden Institute erfolgreich arbeiteten. Jahre nach Franckes Tod
gab es 1744 einen weiteren Versuch produktiver Arbeit - die Anpflanzung
von Maulbeerbaumplantagen - um den Seidenbau zu betreiben. Der Preußen-
könig Friedrich II. verfügte den Seidenbau in allen Waisenhäusern des Landes (vgl. Oschlies 1969).

Die Modifikation der handwerklich - produktiven Arbeiten erfolgte, als
der Zwang zur Rentabilität, z.B. der Strumpfmanufaktur, erlosch. Aus ihr
ging die kunsthandwerklich - rekreative Arbeit hervor. Francke besann sich
wieder auf die immanenten bildenden Kräfte der Arbeit. Das Grundaxiom
der Franckeschen Pädagogik ist, daß das Ausbildungsprogramm in den Anstalten den ganzen Bildungshorizont der Welt, auf deren Erfordernisse sie
vorbereiten sollte, aufzunehmen hat. Es erfuhr schon zeitbedingte Modifika-
tionen insofern, daß die Pädagogik im Rahmen einer ständischen Sozialstruktur praktiziert wurde. So konnte Francke zwar Waisenkinder Strümpfe
stricken lassen und den materiellen Nutzen für das Waisenhaus hervorheben,
jedoch wenn die Zöglinge des Pädagogiums Erde karrten oder Obstbäume
pflanzten, diente diese einmalige Arbeit der gesunderhaltenden Bewegung.
Für Francke bestanden diese Unterscheidungen und Gedanken nicht, da er
solche Ausrichtung der Arbeitspädagogik von vornherein vornahm. Ziel
sowohl der handwerklich - produktiven wie auch der kunsthandwerklich -
rekreativen Arbeit war die Erziehung zur Reaktionsfähigkeit auf wechselnde
Erfordernisse der kommenden Berufswelt.

Der Name „Rekreationsübungen" darf nicht so verstanden werden, als
hätte das pädagogische Personal keinerlei Einfluß auf diese Übungen gehabt.
Francke gedachte seinen Lehrkräften vielmehr eine diffizile Rolle zu: sie
sollten anwesend und zugleich im Hintergrund sein. Der jeweilige Gegenstand der Übung stand zwar im Mittelpunkt, doch sollte der Lehrer die Erkenntnisse, die die Übung brachte, nach dieser oder jener Richtung auswei-
ten. Francke hatte angeordnet, daß die Schüler mit den Lehrern Besuche bei
Handwerkern machten, deren Instrumente kennenlernten und sich ihre deut-

sche und lateinische Bezeichnung merken sollten. Die Schüler lernten bei solchen Besuchen die Umgebung des Handwerks kennen und erfuhren etwas über verschiedene Berufe, deren Lehrzeiten und Innungen, über den Empfang von Rohmaterialien und den Verkauf fertiger Waren. Sie besichtigten kleinere und größere Betriebe, Manufakturen und Offizine. Hier erlebten sie ihre eigene Arbeit, die rein pädagogischen Zwecken untergeordnet war, in einem ökonomischen Rahmen, der ihnen den Wert der Qualitätsarbeit deutlich werden ließ.

Francke sorgte mit großzügigen Einrichtungen dafür, daß die Schüler Drechseln, Glasschleifen, Mahlen, Reissen und dergleichen konnten, verwies aber auch darauf, daß diese „Mechanischen Disciplinen" nur im Pädagogium getrieben würden, nicht aber in der Lateinschule. Das Drechseln gehörte zu den Übungen, die von 11 - 12 vormittags der „guten Motion" wegen ausgeführt wurde. Den Kindern „Motion", Bewegung, zu schaffen, wurde Francke vor allem von dem Medizinprofessor Juncker, seit 1716 Arzt im Waisenhaus, gedrängt. Nach Juncker sollte der Tag wie folgt eingeteilt werden (vgl. Oschlies 1969):

- 10 Unterrichts- und Gebetsstunden
- 2 Stunden für Mahlzeiten
- 2 Stunden für Briefe schreiben und persönliche Dinge
- 2 Stunden für körperliche Übungen
- 7 bis 8 Stunden Schlaf

Das Drechseln erfolgte mit verschiedenen Materialien, wie Holz, Elfenbein und Knochen, und jeder Schüler mußte es selbst anschaffen. Die fertigen Dinge konnte er behalten. Anfänglich leitete ein Meister an 5 Drechselbänken die Schüler an. Später konnten gleichzeitig 30 Schüler an Drechselbänken arbeiten, die jeweils zu 10 Stück in drei Offizinen standen. Bei der Drechselarbeit wurden die Schüler vom Meister angeleitet. Jedem Schüler widmete er eine Viertelstunde, kontrollierte und korrigierte ihre Arbeiten. Francke legte keinen Wert auf das Anfertigen vieler Gegenstände, vielmehr sollten sie Bewegung und „Wissenschaft" in ihrer Tätigkeit erfahren. Zum Drechseln wurden nur Schüler älteren Jahrgangs zugelassen, die etwas kräftiger waren. Nach eigenem Ermessen konnten die Schüler auch nachmittags sich mit Drechseln beschäftigten, auch wenn der Meister gegangen war aber unter Aufsicht der Informatoris. Sie übten solche Tätigkeiten, die sie schon gelernt hatten. Zur Motion und Rekreation, je nach Beschaffenheit ihres Zustandes, standen gleichfalls 4 Bänke in den Pflegestuben, deren sich die Patienten bedienen konnten.

Eine weitere Werkstatt zu Rekreationsübungen bestand in der Papp - Fabrik. Hier unterschied Francke die Arbeiten nach Anfängern und Fortgeschrittenen. Während die Anfänger Schachteln, Kästchen, Schränkchen, Schreibzeug, Reiseapotheken, stereometrische Körper unterschiedlicher Geometrie zum Teil als Anschauungsstücke für den Mathematikunterricht herstellten, verfertigten die Fortgeschrittenen die Zubehörteile für die geschliffenen Gläser zur Montage einfacher optischer Geräte (Kamera obscura). Hierzu gab der Mathematiklehrer Anleitung zur Einhaltung der Maße.

Eine dritte, sogenannte mechanische Disziplin war das Glasschleifen, die anspruchsvollste Arbeit. Vor der praktischen Ausübung wurde jeden Montag eine Unterweisung in Optik gehalten. Gründlich wurden auch die Glasschleifarbeiten praktisch vorbereitet. Die Schüler lernten Mühlen, Schleifschalen, Glas, Sand, Kitt und Poliermasse kennen und mit ihnen umzugehen. Vor dem praktischen Arbeiten wurden ihnen die Arbeitsgänge „in die Feder" diktiert, eine Methode, die Francke oft bei den Rekreationsübungen anwies. Glasschleifen erfolgte nur im Sommer, im Winter gab es Schwierigkeiten mit dem benötigten Wasser. Montags in der Lektion über Optik wurden Gläser und Pappteile zu optischen Geräten zusammengefügt. Es wurde ihnen auch die Wirkungsweise demonstriert. Darüber hinaus unterwies man sie auch im Glasschneiden mit Diamanten und Belegen von Spiegeln.

Die Übungen in den vorgenannten mechanischen Disziplinen wurden halbjährlich gewechselt.

Zusammenfassend ist zu sagen:

1. In Franckes arbeitspädagogischer Konzeption waren nicht Menge und meßbarer Wert der Arbeitsergebnisse, sondern allein das sinnvolle und überlegte Tätigsein das Primäre.

2. Die Stellung der Rekreationsübungen im täglichen Unterrichtsplan zwischen den „schweren Studien" stärkte und erfrischte die Schüler.

3. Ständige Aufsicht und Unterweisung sorgten dafür, daß diese Arbeiten nicht ein zielloses Werkeln wurden, sondern dem Schüler zusätzliche Kenntnisse, Fertigkeiten und Erleichterungen im Erfassen mathematischer und technischer Unterrichtsdisziplinen brachten.

Neben der kunsthandwerklich - rekreativen Arbeit, die Elemente technischer Bildung enthielten, soll noch auf den Unterricht in den Realien verwiesen werden. Franckes pädagogische Absicht im Unterricht in den Realien waren die Erhöhung der Aufmerksamkeit durch Abwechslung in der Unterrichtsmethode, um Ermüdungen der Schüler entgegen zu wirken. Desweiteren stand die Wahl der verwendeten Realien wiederum unter dem Gesichtspunkt der Verwendbarkeit und Nützlichkeit im künftigen Leben. Realien wurden in fast allen Lektionen eingesetzt und waren meistens technische Objekte in

Modellform. Selbst im „Lesen der heiligen Schrift" diente ein Tempelmodell sowie ein Stadtmodell von Jerusalem zur Erhöhung der Aufmerksamkeit und besseren Einprägsamkeit der heiligen Schrift. Nur die Realien in denjenigen naturwissenschaftlichen Disziplinen, die Naturobjekte oder Modelle von ihnen darstellten, rechnen nicht zu den technischen Gegenständen, die Bildungszwecken dienten.

Ganz bewußt betonte Francke die Bildungswerte kunsthandwerklicher und durch Realien veranschaulichter geistiger Arbeit, die auf die praktische Verwendbarkeit des Gelernten hinwiesen. Diese Demonstrationsobjekte wurden in der Naturalienkammer aufbewahrt, die Francke schon frühzeitig 1696 anlegte. In ihr gab es eine Abteilung „Res artificales", worin neben mathematischen auch mechanische Modelle zu besichtigen waren. Unter ihnen gab es aus nahezu allen Handwerken Modelle von Werkzeugen und Geräten, auch die schon erwähnten Modelle von Häusern, Bergwerken, Glashütten, auch von den Bauten des eigenen Waisenhauses.

In welchem Maße galten die kunsthandwerklich - rekreativen Arbeiten nun auch für die Mädchen? Sowohl die Waisenmädchen, als auch die Mädchen der Bürgerschule (Lateinschule) und der Erziehungsanstalt höherer Töchter (Gynaeceum) wurden ausschließlich zu „weiblichen Arbeiten", wie Nähen und dergleichen hausfraulichen Tätigkeiten herangezogen, wobei die Aufgaben der Waisenmädchen einen größeren Pflichtkreis beinhalteten als die der Mädchen aus bürgerlichem und adligem Hause. Während dieser weiblichen Arbeiten erzählte der Lehrer etwas aus der vaterländischen oder der Naturgeschichte oder „sonst etwas nützliches".

4. Schlußbetrachtungen

Komme ich nun zurück zum Anfang meiner Ausführungen, deren Zielstellung es war, nach vorhandenen Elementen allgemeiner technischer Bildung in der Pädagogik Franckes zu suchen. Diese Elemente sind sowohl in seiner Erziehung zur Arbeit als auch im Unterricht in den Realien zu finden. In beiden Bereichen führte er die Schüler an die technische Wirklichkeit heran, unterwies sie sowohl theoretisch über den Nutzen dieser Dinge als auch praktisch in ihrer Herstellung und Nutzung. Zielstellung in Franckes Arbeitserziehung war jedoch nicht der Erkenntnisprozeß in technischen Zusammenhängen, sondern die Gewöhnung an Arbeit als gottgefällige Tätigkeit und im

Dienste am Nächsten, also der Gemeinschaft. Die Art der technischen Gegenstände war für Francke nicht entscheidend, sondern ausschließlich ihre
Nützlichkeit, ihre Handhabbarkeit für Rekreationsübungen aber auch ihre
Alltagsrelevanz, wenn man die Rolle der Realien im Unterricht meint. Franckes Arbeitserziehung erfüllt den Anspruch, einen Beitrag zu einem umfassenden Bild der Wirklichkeit des weltlichen Lebens zu leisten. Dazu bedient
er sich der Technik als Mittel, nicht als Gegenstand im Unterricht. Dies ist
meiner Auffassung nach der signifikanteste Unterschied zum heutigen Verständnis einer allgemeinen technischen Bildung. In der außerunterrichtlichen
Erziehung, den Rekreationsübungen, wurde in den Mechanischen Disziplinen das Drechseln, das Glasschleifen, das Kupferstechen, Holzsägen und das
Arbeiten mit Pappe betrieben. Die dem Körper abverlangte Bewegung (Motion) sowie die Nützlichkeit der Arbeitsergebnisse waren die Ziele in den Rekreationsübungen. Diese Übungen wurden pädagogisch begleitet, indem die
Kinder gründlich in die Arbeiten eingewiesen und in ihrem Tun beobachtet
und korrigiert wurden. Es wurde ihnen Erfahrungswissen beim Fertigen von
Gegenständen übermittelt. Die Arbeitsergebnisse waren teils Anschauungsstücke für den Unterricht, teils nützliche Gegenstände, welche die Schüler
zum Verbleib mitnehmen konnten.

Obwohl sich Franckes Bildungs- und Erziehungskonzept an der ständischen Sozialstruktur orientierte, hielt er die kunsthandwerklichen Rekreationsübungen für Knaben aller Stände für nützlich. Gleich, ob eine akademische oder handwerkliche Berufslaufbahn vorgegeben war, nahmen alle Knaben an diesen Übungen teil. Die Mädchen wurden anstelle der kunsthandwerklichen Arbeit zu typisch weiblichen hauswirtschaftlichen Arbeiten wie
Nähen, Stricken, Spinnen, Flicken u.a. angehalten. Diese geschlechterspezifischen Unterschiede weisen einmal mehr darauf, daß Franckes Arbeitspädagogik eher berufsvorbereitend angelegt war als berufsorientierend, wie sich
die allgemeine technische Bildung heute aber versteht. Im Rahmen der Rekreationsübungen waren auch Exkursionen in die Werkstätten verschiedener
Handwerke erlaubt. Beabsichtigt wurde mit dieser Anschauung in der wirtschaftlichen Praxis, den Knaben die Einbettung ihrer eigenen technischen
Handlungen in die Lebenswirklichkeit aufzuzeigen und ihnen damit die
Nützlichkeit ihres Tuns vor Augen zu führen. Für eine Berufsorientierung ist
diese Erfahrung auch heute noch unverzichtbar.

Franckes Stil des Realienunterrichtes, z.B. die Naturwissenschaften als
eine von ihm „im gemeinen Leben so nötige Wissenschaft" zu unterrichten,
drückt sich darin aus, daß der alles entscheidende Maßstab der Verwendbarkeit ihrer Sachverhalte im künftigen Leben sowie eine Verknüpfung von
kunsthandwerklicher und geistiger Arbeit unabdingbar ist.

Francke legte in seiner Pädagogik sehr viel Wert auf Anschauung, deren Gegenstände (Realien) er auch aus dem Bereich der Technik auswählte, die er eben wie die Naturalien der Lebenswirklichkeit zuordnete. Diese bescheidenen Ansätze von Elementen technischer Sachverhalte im Bildungskonzept von Francke dürfen jedoch nicht dazu führen, in Franckes Pädagogik ein Konzept technischer Bildung hinein zu interpretieren. Sie sind nicht mehr als erste zarte Verästelungen im Wurzelwerk eines Baumes. Dennoch gehört Francke zu den Pädagogen, die erwähnt werden müssen, wenn es um die historische Aufarbeitung der schulischen Geschichte einer allgemeinen technischen Bildung geht.

Literatur

Ahrbeck, H.: Über die Erziehungs- und Unterrichtsreform A. H. Franckes und ihre Grundlagen. In: 450 Jahre Martin - Luther - Universität Halle - Wittenberg. Halle 1953, Band 2, S. 77 - 93.

Ahrbeck, R.: Zur Dialektik von Ziel und Methode in Franckes Pädagogik. In: Ahrbeck/Thaler: August Hermann Francke. Wissenschaftliche Beiträge 1977/37. Halle 1977, S. 37 - 44.

Ahrbeck - Wothge, R.: Zu Fragen der Arbeitserziehung und der Allgemeinbildung bei A. H. Francke. In: Ahrbeck/Thaler; August Hermann Francke. Festreden und Kolloquium. Halle 1964, S. 116 - 126.

Bartz, E.: Die Wirtschaftsethik A. H. Franckes. Harburg 1934.

Francke, A. H.: Glauchisches Gedenkbüchlein. Oder einfältiger Unterricht für die Christliche Gemeinde zu Glaucha an Halle. Leipzig und Halle 1693.

Fries, W.: A. H. Franckes Großer Aufsatz. Festschrift zum 200 jährigen Jubiläum der Universität Halle. Halle 1894.

Kramer, G.: A. H. Franckes Pädagogische Schriften. Langensalza 1876.

Kramer, G.: August Hermann Francke. Ein Lebensbild. (2 Teile) Halle 1880/82.

Menck, P.: Die Erziehung der Jugend zur Ehre Gottes und zum Nutzen des Nächsten. Begründungen und Intentionen der Pädagogik August Hermann Franckes. Wuppertal 1969.

Menck, P.: August Hermann Francke. Ein Wegbereiter der modernen Erlebnispädagogik? Lüneburg 1991.

Oschlies, W.: Die Arbeits- und Berufspädagogik A. H. Franckes. Witten/Ruhr 1969.

Peschke, E.: August Hermann Francke. Werke in Auswahl. Berlin 1969.

Richter, K.: Schriften über Erziehung und Unterricht. Berlin 1871.

Michael J. Dyrenfurth, Ph.D.

Zum Verständnis allgemeiner technischer Bildung in den modernen Industriegesellschaften

1. Der gegenwärtige Widerspruch zwischen der wirtschaftlichen Entwicklung und der bestehenden Allgemeinbildung

Die Technologie ist für die gesamte Entwicklung jeder Industrienation zum bedeutendsten Faktor geworden. Jedes Land sucht daher besonnen neue Horizonte ab, um seinen Einfluß auf der globalen Beherrschung der Zukunft zu sichern. Dabei analysieren die Industrieländer rastlos die internationalen wirtschaftlichen und gesellschaftlichen Entwicklungen, um im weltweiten Konkurrenzkampf bestehen zu können. So betrachten z.B. die Amerikaner sorgenvoll die Deutschen und die Japaner, diese wiederum wenden ihre Aufmerksamkeit den Koreanern zu, und die Deutschen schauen auf die Tiger in den Regionen um den Stillen Ozean. Jede Nation muß befürchten, ökonomisch ins Hintertreffen zu geraten. In keinem hochentwickelten Industrieland glaubt man, sicher zu sein.

Anläßlich einer Konferenz über „Technische Bildung" trafen sich kürzlich mehr als eintausend Erziehungswissenschaftler aus über achtzig Ländern in Jerusalem. Das Gesamtresultat dieser Konferenz (JISTEC) läßt sich hinsichtlich der aktuellen Bedeutung „Technischer Bildung" in vier wesentlichen Punkten zusammenfassen.

- Unsere ideelle und materielle Lebensqualität wird unmittelbar von unseren technologischen Kenntnissen bestimmt.
- Technische Bildung entwickelt spezifische Fertigkeiten und Einsichten, die auf anderem Wege nicht zu erreichen sind.
- Die Vermittlung einer allgemeinen „Technischen Bildung" muß daher ein curricularer Bestandteil sein, der in allen Ebenen des Bildungssystems wiederzufinden ist.

• „Allgemeine Technologie" ist eine neu entstehende Wissenschaftsdisziplin mit fachübergreifender Bedeutung.

Wissenschaftler, die sich mit „Technischer Bildung" auseinandersetzen, for-
dern international nahezu einstimmig die Implementierung einer allgemeinen
„Technischen Bildung" in alle allgemeinbildenden Schularten und -formen.
Sagan stellte in diesem Zusammenhang fest:

„Wir leben in einer Gesellschaft, die in hohem Maße von Wissenschaft und Technik abhängig ist, in der allerdings aber kaum jemand etwas über Wissenschaft und Technik
weiß. Das ist ein direkter Weg in die Katastrophe." (Sagan, 1989,S.7)

Die folgende Abbildung macht das von Sagan klar formulierte Problem deutlich, indem sie zeigt, in welcher Weise sich der Bedarf an technisch qualifizierten Arbeitskräften entwickelt.

Abb.1.:Bildungsprogramme und Arbeitskräftepotential

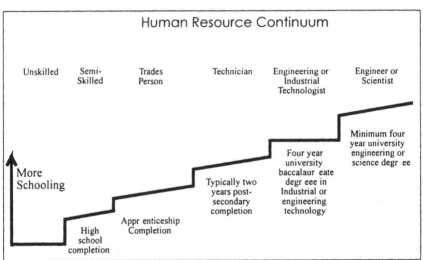

Die nun folgende Abbildung zeigt die Entwicklung des Anteils der in der
Wirtschaft der Industrieländer erforderlichen Tätigen an ungelernten Arbeitskräften, Facharbeitern, Technikern, Technologen und leitenden Managern für
den Zeitraum von 1950 bis zum Jahr 2000.

Abb.2: Trends der Qualifikationsveränderung von Arbeitskräften

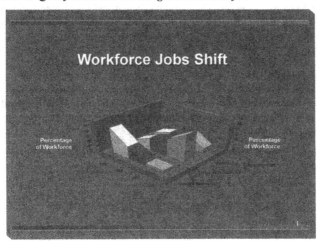

Die hier dargestellten Trends, die eine deutliche Aussage zum Wandel des Charakters der Arbeitstätigkeiten in der Wirtschaft zeigen, werfen für uns als Vorausdenker in der Entwicklung des Bildungssystems folgende Schlüsselfragen auf:

- Existieren in den allgemeinbildenden Schulen systematische und durchgreifende Veränderungen, die die Schüler darauf vorbereiten, Technik und Technologie besser zu verstehen und adäquate Fähigkeiten zu erwerben?
- Sind die in Zukunft in der Wirtschaft tätigen Bürger der Industrieländer tatsächlich darauf vorbereitet, sich im Jahr 2000 erfolgreich auf dem Arbeitsmarkt durchzusetzen?
- Besitzen die Arbeitskräfte von morgen wirklich das Verständnis und die Einstellungen, die man braucht, um an den zukünftigen gesellschaftlichen Prozessen aktiv teilzunehmen?
- Sind sich die Schüler von heute darüber bewußt, welche Folgen die technologische Entwicklung für ihre berufliche Karriere und damit auch für ihr Privatleben nach sich zieht?
- Wie soll man sich heute zukunftsorientierte Allgemeinbildung vorstellen, wenn im Bildungssystem für systematische technische Bildung kein Raum vorgesehen ist?
- Wie soll unsere Hoffnung auf eine heute und in Zukunft vernünftig gestaltete technische Umwelt erfüllt werden, wenn unsere begabtesten und fähigsten Kinder und Jugendlichen nicht rechtzeitig in der Schule mit diesen Aufgaben konfrontiert werden? Welche Hoffnung gibt es, wenn technische Sach- Entscheidungs- und Handlungskompetenz nicht in systematischer Weise mit angemessenem Anspruch bereits in der Schule herausgebildet werden? Werden die Jugendlichen ihren unausweichlichen Auftrag, die Zukunft bewußt zu gestalten, erfüllen können, wenn sie auf technischem Gebiet unwissend und damit nicht wirklich kritisch sein können?

- Handeln die industriellen Gesellschaften tatsächlich so, daß sie unter den Bedingungen des Konkurrenzkampfes die Umwelt erhalten und durch eine gleichberechtigte Verteilung der materiellen und ideellen Güter für allgemeinen Wohlstand sorgen, um damit langfristig den Frieden innerhalb und zwischen den Ländern zu sichern? Existiert in allen Bereichen der Gesellschaft wirklich schon das Bewußtsein darüber, daß hierzu auch allgemeines technisches und technologisches Wissen, Denken und Handeln gehört?
- Besteht heute bereits Klarheit darüber, daß eine absolute Vorbedingung zur Sicherung der menschlichen Existenz eine vernünftige Bildungspolitik ist, die die Veränderungen der Ansprüche an die Arbeitskräfte akzeptiert und mit entsprechenden Veränderungen reagiert.

Diese Fragen machen nicht nur die Dimension des Problems deutlich, aus ihnen resultiert die Zielstellung der allgemeinen technischen Bildung.

2. Zielstellung der allgemeinen technische Bildung

Leitet man aus den vorangegangenen Fragen die wesentlichen Ziele ab, die zur Sicherung und Verbesserung der Lebensverhältnisse der Menschen führen, dann ergeben sich für die Ausbildung der gegenwärtigen und zukünftigen Generationen drei Zielbereiche:

- Technik muß effektiv angewendet und beherrscht werden können.
- Menschen dürfen nicht von der Technik beherrscht werden.
- Menschen müssen über ein technologisches Grundverständnis verfügen, das sie als wichtige Komponente ihrer Existenzsicherung erkennen.

Das bedeutet, daß die technische Bildung zu überdenken ist und bei angemessenem Niveau in alle Bildungsbereiche implementiert werden muß. Die folgende Abbildung illustriert diese Forderung.

Abb.3: Notwendige Veränderungen im Charakter und in den Anforderungen der technischen Bildung

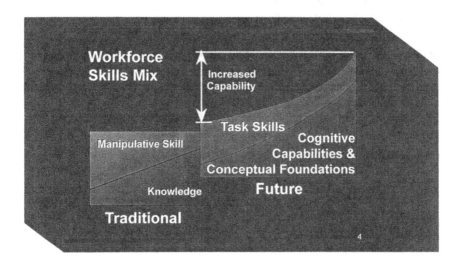

Aus dem oben dargestellten Schema läßt sich folgendes ablesen:

- Durch die Entwicklung der modernen Industrie kommt es zu einer Änderung des Verhältnisses von manuellen und intellektuellen Fähigkeiten.
- Eine Erhöhung der Leistungsanforderungen ist unvermeidbar.
- Die Relationen innerhalb des Arbeitskräftepotentials verschieben sich.
- Es muß eine Änderung des Verhältnisses von speziellen Arbeitsfähigkeiten und intellektuellem Grundverständnis erwartet werden.

Wie leicht zu sehen ist, kann die objektiv notwendige technischen Bildung nur als ein komplexes System verstanden und erreicht werden. Hierzu als Beispiel ein möglicher Weg.

In der Grundschule kann mit themenzentrierten Aktivitäten begonnen werden, durch die Grundkonzepte der Technik vermittelt werden. In den Sekundarstufen sollten sowohl fachbezogene als auch fachübergreifende Kurse im Pflichtbereich angeboten werden. In diesen Kursen müssen technisches

Verständnis und technische Fähigkeiten in drei Subsystemen entwickelt werden:

- Werkstoffe und Bearbeitungsprozesse
- Energie und Umwandlungsprozesse
- Information und Kommunikationsprozesse

Als Abschlußkurs können in zusammenfassenden Strategien technische Problemlösungen und die Gestaltung und Bewertung von Technik vermittelt werden.

Durchgängige pädagogische Leitlinien in der Schulzeit sollten die Herausbildung von Aktivität und Karrierebewußtheit sein.

Nach dem Schulabschluß sind folgende Ausbildungsmöglichkeiten erforderlich:

- Industrie-Techniker
- Industrie-Technologe
- Ingenieur
- Ingenieur-Techniker
- Ingenieur-Technologie
- Wissenschaftler sowie
- Fort- und Weiterbildung für Erwachsene.

3. Die Sozialökonomische Dimension allgemeiner Technischer Bildung

Die Dringlichkeit allgemeiner technischer Bildung läßt sich auch aus sozialökonomischer Sicht ableiten. Im wesentlichen sind es vier Gründe, die diese Art der Bildung unverzichtbar machen:

- Es wird immer notwendiger, die Fähigkeit zu vermitteln, das jeder Bürger, wenn er es will, die Zukunft mitgestalten kann.
- Die Sicherung der Chancengleichheit muß hergestellt werden, so daß jeder am Wohlstand unserer Gesellschaft teilhaben kann.
- Die ökonomische Basis der Gesellschaft muß erhalten und vergrößert werden.
- Zur Vorbereitung auf die Aufgaben sowohl als Arbeitnehmer als auch als Arbeitgeber muß die Herausbildung technischer Bildung vorausgesetzt werden.

In diesem Sinne ist technische Bildung als Humankapital aufzufassen und als solches anzuwenden. Dieses Humankapital existiert als Kontinuum und setzt sich aus Bildungsbausteinen zusammen. Die folgende Abbildung soll diese Auffassung verdeutlichen.

Abb.4: Das Kontinuum des technischen Humankapitals und seine Bausteine

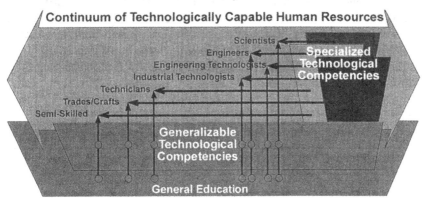

Die Entwicklung zur modernen Industriegesellschaft hat dazu geführt, daß die klassischen ökonomischen Zusammenhänge sich verändert haben. Die ehemalige Beziehung:

Bruttosozialprodukt = Material + Kapital +

ist nicht mehr richtig. An ihrer Stelle muß heute stehen:

Bruttosozialprodukt = Humankapital (Material + Kapital +)

Humankapital kann als neuer Faktor heute nicht mehr vernachlässigt werden. Die Wirklichkeit zeigt allerdings, daß ein nicht korrekt zu bestimmender Kern technischen Grundverständnisses und technischer Fähigkeiten bereits existiert. Das ist der Fall, weil

- immer mehr Leute von und über Technik reden,
- alle Industrieländer über Zugang zu denselben Technologien verfügen,
- und somit die Implementierung derselben Technologien weltweit stattfindet (Ciba - Geigy, Boeing usw.).

Weil sich die Technologien in den führenden Ländern der Welt angleichen, werden sich auch die Lebensverhältnisse in diesen Ländern immer mehr angleichen. Das führt unweigerlich zu der Schlußfolgerung, daß auch ein global gleichartiges technisches Grundverständnis herausgebildet werden muß. Dazu im folgenden Abschnitt:

4. Was bedeutet „Technological Literacy"?

Unter „Technological Literacy" werden in den USA technisches Grundverständnis und elementare technische Fähigkeiten zusammengefaßt. „Technological Literacy" ist als Kontinuum aufzufassen, dessen Kern technische Handlungskompetenz ist. Wir in den USA betrachten das als Praxiology. Die folgende Tabelle faßt Träger von technischen Fähigkeiten und ihre Entwicklung zusammen.

Tabelle 1: Die Entwicklung der Komponenten des Technischen Grundverständnisses

Competency Vectors		
Technological Literacy (1991)	SCANS (1991)	IRDAC (1994)
American Educator Research Identified Skill Targets	American Labor, Business & Industry Identified Skill Targets	European Labor, Business & Industry Identified Skill Targets
1. Teamwork and interpersonal/ collaborative skills	1. Interpersonal/negotiation/ teamwork 2. Organizational effectiveness/ leadership	1. Social skills, capacity for teamwork
2. Constructive work values/ habits	3. Self-esteem/goal setting/ motivation/personal & career development	2. Professional attitudes and desire for quality
3. Technological procedures	[Not directly identified but clearly expected]	3. Problem solving & synthesis 4. Broad science and technological literacy
4. Technological capability	[Not directly identified but clearly expected]	The IRDAC list is in addition to Technological Capability
5. Basic functional skills	4. 3Rs Basic reading writing & computation 5. Communication: listening & oral	5. Communication skills, presentation, reporting, foreign language competence
6. Thinking & decision making skills	6. Creative thinking/ problem solving	6. Information processing capacity
7. Ability to learn/ adaptability/ learning to learn	7. Learning to learn	7. Learning abilities, memory training 8. Creativity, flexibility & autonomy
		9. Environmental sensitivity 10. Understanding of business organization and economic principles

Technische Handlungskompetenz ist im wesentlichen für drei Querschnittsbereichen der Technik relevant. Das sind:

- Energie-, Mess-, Steuer- und Regeltechnik
- Fertigungs- und Verfahrenstechnik
- Informations- und Kommunikationstechnik

„Technologically literate" zu sein, setzt die verinnnerlichte Verschmelzung dreier Dimensionen voraus:

- Technisches Wissen,
- eine positve Einstellung zur Technik und
- technische Handlungskompetenz.

Nur zwei Dimensionen, wie z.b. technisches Wissen und Einstellung zur Technik, bilden noch keine „technologically literate" heraus. Dies ist erst möglich durch deren Verknüpfung mit Handlungskompetenz. Ein Analogievergleich zu einer DNA Struktur erscheint mir an dieser Stelle als angemessen.

Mein Konzept der „Technological Literacy" wird von sieben Vektoren bestimmt:

- Teamwork; soziale und zwischenmenschliche Beziehungen
- Konstruktive/positive Einstellungen zur Arbeitstätigkeit (Arbeitstugenden)
- Allgemeine technische Vorgehensweisen (Methodenkompetenz)
- Technische Fähig- und Fertigkeiten
- Grundlegende Fähigkeiten, z.b. Lesen und Schreiben
- Fähigkeiten zum Treffen von Entscheidungen
- Learning to learn, Fähigkeit zu lernen, Anpassungsfähigkeit

Einige Kompetenzen, über die eine „technologically literate" Person verfügen sollte, sind folgende:

- Lernen, individuelle technologische Handlungskompetenz zu entwickeln
- Technik im täglichen Leben einsetzen und anwenden können
- Den Berufsweg planen und eine ständige Selbsteinschätzung vornehmen zu können
- Technik kontrollieren (bedienen, beherrschen und bewerten) können
- Gestalten technischer Artefakte (Geräte, Schaltungen, Anlagen usw.)können
- Wartung von Geräten/Ausrüstungen beherrschen
- Alternative technische Lösungen als Zukunftsvisionen entwickeln können
- Umgang mit Informationen beherrschen
- Technische Problemlösung erstellen (z.B. Fehler erkennen/diagnostizieren und beseitigen)
- Technische Systeme analysieren und mit Hilfe der Systemtheorie beschreiben können
- Die Notwendigkeit des „lifelong learning" für die Berufsfähigkeit erkennen können
- Das selbständige Lernen als Förderung (Erhöhung/Erweiterung) der eigenen Kompetenzen erkennen

5. Schlußbemerkung und weitere Aufgaben:

Meine Intention war, die Bedeutung und Zielsetzung der „Technological Literacy" aufzuzeigen. Dazu wurden signifikante Kompetenzen, die den Kern der „Technological Literacy" bilden, vorgestellt. Diese Kompetenzen zeigen, was Menschen benötigen, wenn sie technisch handeln sollen.

Natürlich gibt es eine Reihe offener Fragen, die einer wissenschaftlichen Untersuchung bedürfen. Das sind z.B.:

- Welchen Beitrag leistet die „Technological Literacy" zur Innovationsfähigkeit, Produktivität, Kreativität, Transferfähigkeit usw.?
- Wie weit kann Lebensqualität durch „Technological Literacy" verbessert werden?
- Welche Beziehung besteht zwischen Metacognition und „Technological Literacy"?
- Sind Unterschiede zwischen beiden vorhanden und wenn ja, welche bestehen zwischen technischen und allgemeinen Problemlösungsprozessen?
- Mit welchen Verfahren kann die Gültigkeit der Kompetenzen der „Technological Literacy" nachgewiesen werden?
- Wie kann die Gültigkeit des gesamten Konzeptes der „Technological Literacy" bewiesen werden?
- Wie kann eine Taxonomie für technologische Probleme erstellt werden?
- Welche Unterschiede sind bei der Auseinandersetzung mit künstlerischen, wissenschaftlichen und technologischen Problemen konstitutiv?
- Existieren Unterschiede bezogen auf die Problemlösungsstrategien zwischen den verschiedenen technischen Disziplinen?
- Welche Beziehungen bestehen zwischen dem technologischen Wissen (Kenntnisse) und den technologischen Prozessen, die wir einsetzen?
- Welche Faktoren haben besondere Bedeutung für technische Problemlösungsprozesse?
- In welcher Weise kann eine semantische Präzisierung der Begriffe, die sich mit technologischen Prozessen und Problemlösungstrategien auseinandersetzt, verbessert werden?

Literatur

Al-Hassan, Yussuf. (1995). The development of a measure of technological literacy and capability of small manufactures in Missouri. Unpublished dissertation, University of Missouri.

American College Testing Program. (1995). Workkeys. Iowa City, IA: ACT.

American Vocational Association. (1988, September 16). National Academy urges vo-ag reform, agricultural literacy. Legislative Brief, Vol I, No 18.

Bailey, T. (1989, Dec.). Changes in the nature and structure of work: Implications for skill requirements and skill formation. New York: Institute on Education and the Economy, Teachers College, Columbia University.

Barnes, James, L. (1988). The circular theory of problem solving: A technological method. A paper presented at the Third National Science, Technology, and Society Conference on Technological Literacy, Arlington, Virginia.

Barnes, James, L., & Erekeson, T. (1991). Labor, private sector and governmental perspectives on technological literacy. In Michael J. Dyrenfurth & Michael R. Kozak, (Eds.). Technological Literacy. Fortieth yearbook of the International Technology Education Association's Council on Technology Teacher Education. Peoria, IL: Glencoe.

Bensen, M. James (1991). Educational perspectives on technological literacy. In Michael J. Dyrenfurth & Michael R. Kozak, (Eds.). Technological Literacy. Fortieth yearbook of the International Technology Education Association's Council on Technology Teacher Education. Peoria, IL: Glencoe.

Blandow, Dietrich. (1991). A modular concept for technology education and work. Invited paper, Fulbright Colloquium. Southbank Polytechnic. London, England: SBPT.

Blandow, Dietrich. (1991). A modular conceptual framework for technology and work. Invited Lecture Prepared for Technological Literacy VI, National Conference of the National Association for Science, Technology, Society, Technology and Work Theme, Washington, DC. February 1-3, 1991

Carnahan, M. (1995, December 7). Opening Remarks. The Governor's Conference on Higher Education. St. Louis, Missouri. Forest Park Community College

Charlier, M. (1990, February 9). Back to basics. Wall Street Journal, p. R14-15.

Clinton, William. (1994). Putting technology to work for America's future. White House Policy Document. Washington, DC: The White House.

Commission on the Skills of the American Workforce (1990). America's choice: High skills or low wages! Rochester, N.Y.: National Center on Education and the Economy.

Deforge, Y. (1981). Living tomorrow...An inquiry into the preparation of young people for working life in Europe. ERIC ED 204 491.

Deforge, Y. (1984). La Preparation aux etudes et formations qui font suite a la scolarite obligatoire [Preparation of students for studies and training beyond compulsory education]. Orientation Scolaire et Professionnelle, 13(3), 179-189.

Deforge, Y. (Ed.). (1972, May 8). The teaching of technology. A symposium report. Strasbourg, France: Committee for General and Technical Education, Council of Europe. ERIC ED 097 517.

DeVore, Paul. (1980). Technology, An introduction. Worchester, MA: Davis.

Dickinson, K., & Stephenson, B. (1991). Technological education in industry. NEDTC Presentation at NASTS Sixth Technological Literacy Conference, February 1 - 3, 1991, Washington, DC.: NASTS.

Dyrenfurth, M. J. (1991). Technological Literacy: A Synthesized Model for Development, Analysis and Research. In Michael J. Dyrenfurth & Michael R. Kozak, (Eds.). Technological Literacy. Fortieth yearbook of the International Technology Education Association's Council on Technology Teacher Education. Peoria, IL: Glencoe.

Dyrenfurth, Michael & Kozak, Michael. (Eds.). (1991). Technological literacy. Fortieth yearbook of the International Technology Education Association's Council on Technology Teacher Education. Peoria, IL: Glencoe.

Dyrenfurth, Michael J. (1988, April). International comparisons of technological literacy. In Proceedings of the Third Pupils Attitude Towards Technology International conference, Eindhoven University of Technology, Eindhoven, The Netherlands, April 21-26, 1988.

Dyrenfurth, Michael J., Custer, Rodney L., & Helmick, James. (1991). Missouri industrial technology/technology education guide. An overall program guide sponsored by the Missouri Department of Elementary and Secondary Education. Columbia, MO: Instructional Materials Laboratory, UMC. ED336 519.

Dyrenfurth, Michael. (1993, May 7-13). Technological literacy and innovation in industry. Invited presentation at National Taiwan Normal University, Taipei, Taiwan, ROC: Author

Dyrenfurth, Michael. (1995). Technology Education: A primary vehicle for engineering South Africa's immediate and long-term future. Presentation & paper prepared for the South African Institute of Electrical Engineers' Forum on Learning Technology for Reconstruction & Development: Practical Solutions for a Policy in Place, August 10-12, 1995, Pretoria, Republic of South Africa.

Dyrenfurth, Michael. (1996, in press). Technology education at JISTEC'96: A plethora of hope -- an absence of polarization. At issue article. Journal of Industrial Technical Teacher Education.

Eisenberg, Eli, & Waks, Shlomo. (1993). Theoretical vs. applicative preferences in a technological course: Curricular implications. Research in Science & Technological Education, v11 n1 p71-83 1993.

Erekeson, T. L. (1989, July 26). Integrating technology into the curriculum. Presentation at the Missouri Industrial Technology Education Association summer conference, Springfield, MO: Author.

General Accounting Office. (1992, September). High technology competitiveness: Trends in US and foreign performance. Washington, DC: GAO.

Hammeed, Abdul. (1987). A global model of technological literacy. In Technological Literacy: The roles of Practical Arts and Vocational Education, International symposium proceedings, May 13-15, Columbus, OH: The Ohio State University.

Hayes, C. (1986). Four national training systems compared: Achievements and issues. Occasional Paper No. 114. Columbus, OH: The National Center for Research in Vocational Education.

Hodgkinson, Harold L. (1994, July 21). A demographic look at tomorrow. Executive Summary and Overview. Washington, DC: Institute for Educational Leadership.

Holbrook, Jack. (n.d.). Project 2000+. Paris, France: UNESCO, Science & Technology Division.

Industrial Research & Development Advisory Committee of the European Commission. (1994). Quality and relevance: The challenge to European education— Unlocking Europe's human potential. Brussels, Belgium: IRDAC, Commission of the European Communities.

JISTEC. (1996, January). Technology education: An agenda for further progress. Conference outcome document. Jerusalem International Science and Technology Education Conference: Technology Education for a Changing Future: Theory, Policy and Practice, Jerusalem, Israel, 8-11 January 1996. Tel-Aviv, Israel: Israel Ministry of Education, Culture and Sport.

Miller, Jon D. (1986,). Technological literacy: Some concepts and measures. Bulletin of Science, Technology and Society, 6, 195-201.

Mitcham, C., & Mackey, R. (1972). Philosophy and technology: Readings in the philosophical problems of technology. New York: Free Press. Loc: ELLIS Call No.: T14.M55

Morgan, Kevin, Blandow, D., & Dyrenfurth, M. (1992) WOCATE: The World Council of Associations for Technology Education. Brochure. Erfurt, Germany: WOCATE.

National Science Foundation. (1994, August 3). Science in the national interest. Washington, DC: NSF.OD / LPA.

New Zealand Ministry of Education. (1995). Technology in the New Zealand Curriculum. Wellington, NZ: Author.

Office of Technology Assessment. (1990). Worker Training: Competing in the New Economy. OTA-ITE-457. Washington, DC: U.S. Government Printing Office.

PROTEC. (1994). PROTEC Technology education lessons: Introduction to Technology, Communication Technology, Energy & Power Technology. Draft instructional material set. Johannesburg, RSA: PROTEC.

Pytlik, E.C., Lauda, D.P., & Johnson, D.L. (1985). Technology, change and society. (Revised Edition). Worchester, MA: Davis Publications

Raat, Jan H., & de Vries, Marc. (1985, August). What do 13-year old pupils think about technology? The conception of and the attitude towards technology of 13-year old girls and boys. Eindhoven, The Netherlands: Eindhoven Univ. of Technology. ERIC ED262998

Raat, Jan. (1987, December). The increasing importance of technology education as part of general education. Presentation to the International Vocational Education and Training Association's conference. Las Vegas, USA.

Rothman, Robert. (1988, January 13). Bennett offers high school's 'ideal' content. Education Week, Vol VII, No 15 & 16, p. 1, 26-30.

Sagan, Carl. (1989, September 10). Why we need to understand science. Parade Magazine, p. 6-10.

Scarborough, Jule. (1991). International perspectives on technological literacy. In Michael J. Dyrenfurth & Michael R. Kozak, (Eds.). Technological Literacy. Fortieth yearbook of the International Technology Education Association's Council on Technology Teacher Education. Peoria, IL: Glencoe.

Stewart, Bob. R., Dyrenfurth, Michael J., & Schlichting, Harley O. (1995, December 7). A vision for technical education in Missouri...Missouri Coordinating Board for Higher Education planning document. Columbia, MO: Department of Practical Arts and Vocational-Technical Education, University of Missouri-Columbia.

Swyt, Dennis A. (1991). Investing in education to meet a national need for a technical-professional work force in a post-industrial economy. In Gordon, et al., Integrating advanced technology into technology education. NATO ARW Series. Frankfurt, Germany: Springer.

Technology for All Americans Project. (1995a). Technological literacy: Expanded capability for a changing world. Reston, VA: International Technology Education Association.

Technology for all Americans Project. (1995b). A rationale and structure for the study of technology. Mississippi Valley Workshop Draft. Blacksburg, VA: Author/ITEA.

U.S. Secretary of Labor's Commission on Achieving Necessary Skills (SCANS). (1991). What work requires of schools. Washington, DC: U.S. Department of Labor.

U.S. Secretary of Labor's Commission on Achieving Necessary Skills. (1992). Learning a living: A blueprint to high performance. Washington, DC: U.S. Department of Labor.

UN Asia and Pacific Center for the Transfer of Technology. (1987). Report of the UN Asia and Pacific Center for the Transfer of Technology. Taipei, Taiwan, ROC: Author

US Department of Labor. (1996, February 17). Basic and cross functional skills. E-mail message distributed on Skilsnet@steps.atsi.edu.

W. T. Grant Foundation. (1988). The forgotten half: Pathways to success for America's youth and young families. Final Report. Washington, DC. William T. Grant Foundation, Commission on Work, Family, and Citizenship. ERIC ED300580

Ziel, H. R. ed. (1965). Education and productive society. Conference proceedings: University of Alberta, June 1-12, 1964. Call No: LC1043.Z544 (RSN: 76231715)

Burkhard Sachs

Technikunterricht im Spannungsverhältnis von allgemeiner und beruflicher Bildung

1. Einleitung

Auf den ersten Blick mag das Thema etwas antiquiert erscheinen. Sind nicht die Fronten längst geklärt - dahingehend, daß es keine wirklichen Grenzlinien gibt, daß von einem substantiellen Unterschied zwischen allgemeiner und beruflicher Bildung nicht die Rede sein kann (darf)? Hat nicht selbst der Philologenverband die Gleichwertigkeit von allgemeiner und beruflicher Bildung prinzipiell anerkannt und lediglich inhaltsbezogene Vorbehalte für den freien Hochschulzugang angemeldet?

„Die bildungspolitische Forderung, die Gleichwertigkeit von allgemeiner und beruflicher Bildung herzustellen bzw. weiter auszubauen, wird von keiner gesellschaftlichen Gruppe mehr bestritten",

so konstatiert die KMK 1994 in einem Fragenkatalog und einigte sich wenig später darauf, den Hochschulzugang für Personen ohne Abitur deutlich zu erleichtern.

Da die Technik landläufig dem beruflichen Bereich zugeordnet wird, bedeutete die Aufwertung dieses Bereiches zugleich die potentielle Aufwertung der Technik. Die Gleichwertigkeitsdiskussion, verbunden mit dem Konzept einer Integration von allgemeiner und beruflicher Bildung - sind dies nicht Rückenwind und Königsweg der Etablierung der Technik in der allgemeinbildenden Schule?

Akzeptiert man jedoch das damit verbundene Prinzip der weitgehenden Beliebigkeit der Inhalte nicht, so sind Vorbehalte anzumelden. Wenn das in manchem Bundesland bestehende Technische Gymnasium das Fach Technologie als konstitutiven Bestandteil zur Erlangung der allgemeinen Hochschulreife für unverzichtbar hält - bitte sehr! Andere Schularten, z.B. das klassische Gymnasium, können darauf ebenso verzichten, ohne dieses Ziel zu verfehlen. Zur Unterstützung des Postulates der Gleichwertigkeit werden verstärkt die formalen Schlüsselqualifikationen ins Feld geführt, was jedoch die mir verhängnisvoll erscheinende Tendenz zur Beliebigkeit der Inhalte stärkt.

Erinnern wir uns an die temperamentvolle Diskussion um die Bildungsinhalte in den sechziger und siebziger Jahren. Sie eröffnete Perspektiven einer Neuvermessung des Lehrplans der Schulen, sei es im Sinne einer kritischen Rekonstruktion und Neufassung des Bildungsverständnisses, sei es im Sinne einer auf der Analyse der Lebenssituationen und eines lerntheoretischen Zugriffs beruhenden Curriculumreform.

Vor diesem emphatischen Aufschwung muß es kläglich und beschämend erscheinen, daß die gegenwärtige Schuldiskussion sich fixiert auf die Frage - nicht etwa der Inhalte und pädagogischen Ergiebigkeit - sondern der Besuchsdauer des Gymnasiums. Die Vereinbarung der Kultusminister von 1995 bindet die Anerkennung der Abiturabschlüsse an eine Mindestzahl von 265 Wochenstunden für die Sek. I und die gymnasiale Oberstufe!

Sucht man in den „Richtungsentscheidungen zur Weiterentwicklung der Prinzipien der gymnasialen Oberstufe und des Abiturs" der KMK vom Dezember 95 nach den unverzichtbaren Inhalten, so findet man sie gleichsam „zusammengeschnurrt" auf die Bereiche Deutsch, Fremdsprache und Mathematik. Sprachliche Ausdrucksfähigkeit, verständiges Lesen fremdsprachlicher Sachtexte und sicherer Umgang mit mathematischen Symbolen sind die herausgehobenen Kompetenzbereiche für eine gesicherte Studierfähigkeit. Die Bedeutung der anderen Fächer mißt sich an ihrem Beitrag zu den eben genannten Kompetenzen. Wer nach der Aufklärung der Lebensumwelt, nach der Stärkung des Selbstbewußtseins, nach der Förderung der Handlungsfähigkeit, nach vertieften Einsichten in bedeutende soziale, politische, naturwissenschaftliche, ästhetische, geschweige denn technische Zusammenhänge und Probleme sucht, wird nicht fündig. Man sucht vielmehr das Heil in einem Ansatz formaler Bildung, so als hätte es die erziehungswissenschaftlichen Einsprüche dagegen nicht gegeben.

Zugespitzt: Tendenziell bedeutet dies den Abschied vom Programm der Aufklärung im Sinne der Befreiung des Menschen aus seiner selbst verschuldeten Unmündigkeit und der gemeinsamen Verständigung über gemeinsame Angelegenheiten. Damit überantwortet der Staat zugleich den öffentlichen Unterricht dem Markt, richtet ihn aus an den Forderungen der Abnehmer - und sei es an den Forderungen der Professoren, denen die allgemeine Menschenbildung ein Fremdwort geworden ist.

2. Historische Vergewisserung

Dabei wurde dem Staat, soweit er sich als Kulturstaat verstand, einst eine andere Aufgabe zugewiesen. Angesichts der weitgehenden Ignoranz der öffentlichen Schule gegenüber Technik, Wirtschaft und Arbeitswelt ist man geneigt, diesen beklagenswerten Umstand dem Konzept des allgemeinbildenden Schulwesens mit seiner strikten Trennung von allgemeinbildenden und berufsbildenden Inhalten und Abschlüssen anzulasten. Beinahe zwangsläufig wird dabei der Name Wilhelm von Humboldt beschworen, als Verächter dieser Bereiche und Urheber der Misere.

Gegenüber einer solch geistesgeschichtlich orientierten Erklärung will ich hier die Erinnerungs- und Vorstellungskraft herausfordern, um an geschichtlichen Beispielen die Problematik des Verhältnisses von Markterfordernis und Bildungsanspruch zu beleuchten.

Das Prinzip einer der Berufsausbildung vorgelagerten Bildungsschule ist historisch einer Gesellschaft abgerungen worden, die in ihrer vorindustriellen wie frühindustriellen Ausprägung durch Kinderarbeit und Kinderausbeutung geprägt war. Dieses Ausbeutungsinteresse hatten weltliche und geistliche Obrigkeiten, Patrone, Bauern, Lehrherren, Eltern und kapitalistische Unternehmer gleichermaßen. Hier sind einseitige Dämonisierungen oder Freisprechungen durchaus nicht angebracht.

Sie alle drangen mehrheitlich auf Ertüchtigung, auf eine möglichst frühe Einbindung der Kinder in den Arbeitsprozeß, in ein Gesamtsystem standesbezogener Über- und Unterordnung.

Dem entsprach das Konzept der Bürger-, Bauern-, Tagelöhner-, Arbeiter-, Gelehrtenschulen, auch der Ritterakademien, in denen der Nachwuchs frühzeitig auf die Aufgaben und Arbeitstätigkeiten seines Standes vorbereitet werden sollte. Vor allem für diejenigen Kinder, die aufgrund gesellschaftlicher und ökonomischer Wandlungen und Notlagen aus dem ständischen Abgrenzungs- und Sicherungssystem herausfielen, setzte man auf totale Fungibilität, auf eine allgemeine Befähigung zu jeglicher Arbeitstätigkeit, je nach dem, welche gerade konjunkturell nachgefragt wurde. Armen-, Waisen-, und aufgegriffene Bettelkinder erfuhren ihre erste bzw. zweite Sozialisation in Erziehungs- und Besserungsanstalten, die zugleich Arbeitshäuser waren. Hier konnte mit dem Konzept der Industrieschule experimentiert werden, welches versprach, elementare schulische Kenntnisse, sittlich-religiöse Unterordnungsbereitschaft und berufliche Ertüchtigung zu vermitteln und gleichzeitig durch die Produktion verkäuflicher Waren einen Beitrag zur Finanzierung der Schule zu leisten. Die Schulwerkstätten mußten sich amortisieren, die Schule mußte sich im harten Markt behaupten. Wo dieses Ziel in Gefahr geriet, etwa durch konjunkturelle Einbrüche, durch fabrikproduzierte bzw. ausländische Billigangebote, da reagierte man mit einem Wechsel der Erzeugnisse, vor allem aber mit einer Verlängerung der Zeiten für die Warenproduktion und kürzte die Zeit für den Elementarunterricht, der allmählich ganz randständig wurde. An eine gedankliche Durchdringung der Arbeitstätigkeiten und an damit verbundene Erschließung ihrer Lernpotentiale war unter diesen Bedingungen gar nicht zu denken. Unter dem Primat des Marktes konnte eine Einheit von „Arbeiten und Lernen" gar nicht gelingen.

Die unter manchen Arbeitslehrebefürwortern gängige Verklärung dieses Ansatzes ist durchaus unbegründet.

Wir wissen, daß Pestalozzi in dieser ökonomischen wie didaktischen Zwangslage die Verbindung von Elementarbildung und arbeitsbezogener Bildung durch eine radikale Formalisierung zu retten versuchte, die uns heute grotesk erscheint.

Die geistigen Kräfte sollten durch streng formalisierte, von den Inhalten abgehobene Sprach-, Meß-, Zeichen- und Rechenübungen gefördert werden, während die „industriösen Kräfte" durch eine „Industriegymnastik" ausgebildet werden sollten, welche die in den verschiedensten Arbeitsprozessen auftauchenden Bewegungs- und Belastungsabläufe durch systematische Übungen des etwa des Schlagens, des Stoßens, des Drehens, des Tretens, des Hebens „einschliff", ohne daß die realen Arbeitsgegenstände und Werkzeuge dafür zur Verfügung stehen mußten (Pestalozzi 1927, S.149 f.) Sportunterricht im Dienste des Arbeitsunterrichts. Die vielbeschworene Einheit von „Kopf, Herz und Hand" läßt sich unter den gegebenen Verhältnissen nicht einlösen.

Eine starke Dynamisierung der an den Verwertungsinteressen orientierten Schulkonzepte erfolgte durch das ökonomisch und politisch aufstrebende (produktive) Bürgertum, das - zunächst für sich - eine stärker an den bürgerlichen Realitäten ausgerichtete Schulart - die Realschule - forderte und die entsprechenden Versuchs- und Musterschulen durch Schulgelder auch finanzierte. Freilich zeigten sich auch hier die inhaltlichen Zentrifugaltendenzen in dem Maße, wie die Schulen versuchten, der Vielfalt der speziellen Gewerbe gerecht zu werden. Der damit verbundene Zwang zur individuellen Auswahl, bis hin zu einem je individuellen Curriculum behinderte jedoch die Ausbildung eines Gemeinschaftsbewußtseins, das sich zum National- und Menschheitsgefühl ausprägte und mit dessen Inanspruchnahme und Kräftigung das gehobene Bürgertum die eigene gesellschaftliche Emanzipation zu befördern suchte. Gemeinsames Handeln und auch die zivilisierte Austragung von

Konflikten waren auf gemeinsame Erfahrungen und gemeinsame Wertvorstellungen angewiesen. Mit der Suche danach orientiert sich das Bürgertum an den Ideen der Aufklärung, an allgemeinen, d.h. universalen Menschenrechten und an der Idee einer vernünftigen und gerechten Gestaltung aller menschlichen Verhältnisse durch die Menschen selbst. Diese Orientierung hat zunächst die eher ständischen Emanzipationsbestrebungen gegenüber dem Adel befördert, sie hat diese Interessen aber auch dort in Frage gestellt, wo das Bürgertum selbst bei der Gestaltung *seiner* Lebens-, Handels- und Produktionsformen diese universellen Prinzipien gegenüber ihren Untergebenen (den Kindern, den Lehrlingen, den Arbeitern) nicht gelten lassen wollte.

Es wäre bei der Neugestaltung des Bildungswesens im Umfeld revolutionärer, reaktionärer und evolutionärer Bestrebungen Anfang des 19. Jahrhunderts durchaus möglich gewesen, daß sich ein verwertungs- und arbeitsorientiertes, ständisches Schulkonzept radikal durchgesetzt hätte.

Daß solche Konzepte sich im Rahmen der nachrevolutionären Restauration und Refeudalisierung der Gesellschaft doch nicht ganz ungebrochen wieder herstellen ließen, ist ebensosehr ein Glücksfall, wie ein Verdienst aufgeklärter und reformorientierter Personen bzw. Gruppen. Sie hielten weitgehend fest an einer langfristigen Perspektive politisch-gesellschaftlicher Reformen, mit denen das Konzept einer von den unmittelbaren Verwertungsinteressen frei gehaltenen, der späteren beruflichen Spezialisierung vorgelagerten Bildungsschule untrennbar verknüpft ist. Deren gesellschaftlich-politischen Implikationen haben ihre Gegner wohl erkannt und sie warnten die Obrigkeit eindringlich davor. Jene Obrigkeit, welche in höchster historischer Notlage und in der Hoffnung, eine bürgerliche Revolution abwenden zu können, zu deutlichen liberalen Reformen sich hatte drängen lassen, und die nun danach trachtete, solche Reformansätze zurückzunehmen bzw. zu entschärfen. So schreibt der königlich-preußische Rat Beckedorf in strikter Abwehr der von Humboldt und seinen Mitarbeitern entwickelten - heute als neuhumanistisch denunzierten - Schulkonzepte:

„Nicht auf eine allgemeine und gleichartige Volksbildung kommt es an, auf ein Tüchtigmachen aller zu allem möglichen (...) sondern darauf, daß ein jeder zu dem Stande oder Berufe, wozu er durch Geburt, oder elterlichen Willen, oder eigene Entschließung bestimmt worden ist, auch mit allem Ernste von früher Kindheit auf gründlich und vollständig aufgezogen und vorgebildet werde".

Alles andere führe zur Unordnung, zur Unzufriedenheit mit den jeweiligen Verhältnissen, zu Tadelsucht und Neuerungslust. Mit einer allgemeinen Bildung für alle „wäre der menschlichen Gesellschaft nur schlecht gedient, vor allen Dingen, wenn die niederen Stände damit überfüllt würden, wo dann

unvermeidlich Dünkel und Ansprüche aller Art, Widerwillen gegen untergeordnete Beschäftigungen und die traurigste Unzufriedenheit bald überhand
nehmen müßten." Es bedürfe daher nicht eines Konzeptes der Stufenschule
mit gemeinsamer Basis,

„sondern verschiedenartiger Berufs- und Standesschulen, nicht neu eingerichteter, allgemeiner Elementarschulen, Stadtschulen und Gymnasien, als Anstalten in welchen durchaus die selben Gegenstände, nur in unterschiedlichen Graden und in geringerer oder größerer Ausführlichkeit und Vollkommenheit gelehrt würden, sondern nach bisheriger alter
Weise, guter Bauern,- Bürger- und Gelehrtenschulen, worin diejenigen, welche diesen
vier zwar verschiedenen, aber gleich ehrenwerten Ständen angehören, von Kindesbeinen
an zu ihrer künftigen Bestimmung vorbereitet werden; nicht endlich einer künstlichen
Gleichheit der Volkserziehung, sondern vielmehr einer natürlichen Ungleichheit der Stan-
deserziehung zwar einer übereinstimmenden Bildung zur Religion und Sittlichkeit, aber
keineswegs einer gleichartigen Abrichtung in Kenntnissen und Fertigkeiten".

Hellsichtig warnt er:

„Für Republiken mit demokratischer Verfassung mag dergleichen vielleicht passen, allein
mit monarchischen Institutionen *gewiß* nicht" (Herrlitz u.a. 1981, S.48).

Dies war schon richtig erkannt. Bildung und Herrschaft stehen in einem prinzipiellen Spannungsverhältnis.

Das Allgemeinbildungskonzept - daran hat Wolfgang Klafki kürzlich
wieder erinnert - zielt auf die Ermöglichung und Stärkung der Mündigkeit
der Bürger, die sich in aufgeklärter, verantwortlicher Handlungsfähigkeit
ausdrückt (Klafki 1993, S.15).

Humboldts Beharren auf einem einheitlichen, lediglich gestuften, nicht
aber von unterschiedlichen Inhalten, Zielen und Adressaten bestimmten
Schulwesen sollte die Stärkung der Personen und zugleich die gemeinsame
Verständigungsbasis sichern helfen, auf die ein liberales Gemeinwesen angewiesen ist.

„Die Organisation der Schulen bekümmert sich daher um keine Kaste, kein einzelnes Gewerbe, allen auch nicht um die gelehrte - ein Fehler der vorigen Zeit, wo dem Sprachun-
terricht der übrige (...) geopfert wurde. Der gemeinsame Unterricht kennt daher nur ein
und dasselbe Fundament... Bleibt man fest dabei stehen, Zahl und Beschaffenheit der Un-
terrichtsgegenstände und die Möglichkeit der allgemeinen Bildung des Gemüts (hier wohl
zu übersetzen mit Selbstbewußtsein / Identität / Urteilskraft B.S.) in jeder Epoche zu
bestimmen und jeden Gegenstand immer so zu behandeln, wie er am meisten und am
besten auf das Gemüt zurückwirkt, so muß eine ziemliche Gleichheit herauskommen.
Auch Griechisch gelernt zu haben könnte auf diese Weise dem Tischler ebensowenig
unnütz sein, wie Tische zu machen dem Gelehrten" (Flitner/Giel 1960 S. 188).

Humboldts Widerstand gegen die Einrichtung von Realschulen als eigenem Schultyp richtete sich weniger gegen die Realien als vielmehr gegen die damit verbundene strukturelle Aufkündigung eines einheitlichen Schulwesens. Freiheit, Aufklärung über die Welt, Wertorientierung, Stärkung der Person, Befähigung zur Verständigung : Dies sind die Grundelemente des Ansatzes allgemeiner Bildung, auf die jeder Mensch ein Anrecht hat. Diese für die Kinder und Jugendlichen gegenüber dem Markt, gegenüber den vielfältigen, auch im Berufsbereich wirksamen Herrschafts-, Verfügungs- und Ausbeutungsinteressen zu sichern, ist eine der wesentlichen Aufgaben des Kulturstaates. Dieser muß sich daran messen lassen, inwieweit er selbst der Versuchung widersteht, nicht schützend, sondern herrschaftlich auf den Bildungsprozeß der jungen Generation einzugreifen. Wir wissen, wie oft und wie schmählich und mit welch grauenhaften Auswirkungen der Staat in der Geschichte dieser Versuchung erlegen ist. Und doch sehe ich zu diesem Konzept auch heute keine Alternative.

Gewiß waren die Wege zur Erreichung eines einheitlichen Schulwesens unter den Reformern umstritten, Humboldt meinte die Befähigung zur kognitiven Erschließung der Wirklichkeit, die Aufklärung durch einen hohen Formalisierungsgrad, mit starker Betonung der Mathematik, erreichen zu können. Gottlob Johann Christian Kunth, Staatsrat und eine Kapazität für Gewerbeförderung, setzte bei seinen Vorstellungen zu einer allgemeinbildenden Schule stärker auf die Einbeziehung realitätsorientierte Wissenschaften.

„Nicht Bäcker, noch Brauer, noch Gerber, noch Verfertiger von Spinnstühlen sollen gebildet werden; nur die Grundzüge derjenigen Wissenschaften, worauf alle Gewerbe, die verarbeitenden vorzüglich, beruhen, sollen die jungen Leute in der Schule kennen lernen, nur die Anregung weiter zu gehen und weiter gehen zu können, soll gegeben werden und dies zugleich das Mittel zu ihrer höheren formellen Bildung werden. Nur darin möchte man die *spezielle* Bestimmung der Schule erkennen, daß die Beispiele in der Chemie, Physik, Maschinenlehre vorzüglich aus den Schülern bekannten Gewerben gewählt (...) würden" (Menze 1975, S. 397).

Kunth ist hier offenbar einer der Vorläufer von Karl Marx. Überhaupt erscheint es dringend notwendig, die bürgerlich-reformerischen Wurzeln einer „Polytechnischen Bildung und Erziehung" in das pädagogische Bewußtsein von heute zu heben. Es ist also nicht Ausdruck von Marxismus, wenn Marx forderte, den jungen Menschen „die wissenschaftlichen Grundsätze aller Produktionsprozesse" mitzuteilen.

Kunth war übrigens Lehrer der Gebrüder Humboldt und später ihr väterlicher Freund. Als Wilhelm und Alexander von Humboldt gemeinsam an der Universität Göttingen studierten, war eines der Lieblingsfächer von Alexander die eben von Johann Beckmann in den Grundzügen entwickelte „Techno-

logie". Dieses Fach wurde relativ rasch von Realschulen aufgegriffen, die
sich den Zersplitterungstendenzen einer auf Spezialdisziplinen ausgerichteten
Gewerbekunde erwehren wollten und hierin ein Mittel dazu sahen. Es weist
wohl auf den noch mangelhaften Entfaltungsstand dieser „ganz modernen
Wissenschaft" (Marx) hin, daß sie bei den Überlegungen zur Berücksichtigung von Technik und Arbeitswelt in den Konzepten eines allgemeinbildenden Schulwesens - etwa auch von Kunth - nicht ernsthafter mit einbezogen
wurde. Es wäre genauer nachzuforschen, weshalb die Realschulen bei ihrer
Wandlung von einer bürgerlichen Standes- und Berufsschule hin zu einer
von der Mittelschichten getragenen eher allgemeinbildenden Schule den Ansatz eines Technologieunterrichts nicht weiterentwickelten, vielmehr aufgaben oder aufgeben mußten.

Wer die Technik als Teil des Pflichtbereiches der Schule etablieren wollte, der konnte dies freilich nicht allein durch ein theoretisches - und das heißt
auch ein relativ billiges - Fach Technologie realisieren, sondern er mußte ihre
Praxiskomponente mit berücksichtigen. Diese Notwendigkeit und die Möglichkeiten ihrer Konkretisierung hatten etwa Heusinger und Blasche nachgewiesen. Auch Marx forderte später über die wissenschaftlichen Grundlagen
hinaus die Unterweisung „in den praktischen Gebrauch und in die Handhabung der elementaren Instrumente aller Geschäfte". Er tat sich deshalb leicht
mit dieser Forderung, weil er nicht an die Möglichkeit und Wünschbarkeit
der Abschaffung der Kinderarbeit glaubte und sich vorstellte, daß diese un-
umgängliche Arbeit zumindest lern- und bildungswirksam gestaltet werden
könne.

Technische Bildung in allgemeinbildender Absicht verlangte die Schaffung von Werkstätten, von technischen Laboren an allen Schulen und auf
allen Schulstufen, und zwar auch dann, wenn sie weniger auf eine Vorbereitung, auf spätere technische Gewerbe abzielte, als vielmehr - wie etwa bei
Heusinger auf eine handlungsorientierte Erschließung der technischen Umwelt als Teil einer aufklärenden Weltorientierung (Schulte 1982). Gerade dieses nicht primär auf berufliche Verwertbarkeit beruhende Verständnis technischer Bildung hat sich in der bildungspolitischen Diskussion, geschweige
denn in der Unterrichtspraxis des 19. Jahrhunderts nicht durchsetzen können.
Es festigte und verstärkte sich vielmehr die heute noch wirksame lediglich
berufsbezogene Wahrnehmung und Zuordnung der Technik. Aus dieser be-
rufsfixierten Gefangenschaft hat sich die Technikdidaktik erst spät befreien
können.

Bedenkt man, daß das allgemeinbildende Schulwesen erst in seinen Anfängen steckte, daß die Überwindung des einfachen Analphabetismus erst gegen Ende des 19.Jahrhunderts gelingen sollte, bedenkt man die fatale finan-

zielle, personelle und räumliche Situation im gesamten damaligen Bildungswesen und bedenkt man darüber hinaus die noch relativ geringe Bedeutung
moderner Technik in einer noch sehr stark landwirtschaftlich geprägten Gesellschaft, so wird man die anfängliche Nichtberücksichtigung der Technik
nicht allein als Ausdruck prinzipieller neuhumanistisch geprägter Realitäts-
und Technikfeindlichkeit deuten dürfen. Es gab ja noch nicht einmal ein
halbwegs ausgebautes System von Berufsschulen, für das sich Humboldt
entschieden einsetzte und das sich doch erst fast hundert Jahre später in der
von Kerschensteiner mitgeprägten Fassung etablieren konnte.

Von der heutigen Notwendigkeit einer allgemeinen technischen Bildung

Ein nicht primär beruflich orienterter Technikunterricht ist - schon wegen der
notwendigen materiell-technischen Basis - an einen gewissen Entwicklungsstand der Technik bzw. der „Produktivkräfte" gebunden und dieser Grad
erhöhter Bedeutung der Technik für die Lebensweise, für die Lebensbedingungen und Lebensperspektiven der Menschen macht auch einen solchen
Unterricht notwendig. Daher können heute auch keine ökonomischen oder
bildungstheoretischen Gründe gegen ihn geltend gemacht werden.

Wer ihn verweigert, der macht diejenigen Menschen, die nicht selbst beruflich an der Gestaltung der Technik beteiligt sind, systematisch zu Unver-
ständigen und Unmündigen in einer von Menschen geschaffenen Welt, der
entfremdet sie von diesem wirkungsmächtigen Teilbereich menschlicher
Kultur, zwingt zu bloßer Anpassung, blanker Ablehnung oder zu indolenter
Hinnahme der real existierenden, von den Marktkräften bestimmten Technik-
entwicklung. Sie werden ausgeschlossen von der verständigen Mitwirkung
an einer akzeptableren, d.h. einer menschen- und naturfreundlicheren Entwicklung der Technik.

Solcher vom Bildungswesen geförderter technologischer Analphabetismus hat seinerseits wieder negative Rückwirkungen auf das Bildungswesen.
Eduard Spranger, der auf das deutsche Bildungswesen einen nicht geringen
Einfluß hatte, sprach der Technik noch 1961 allen wirklichen Bildungswert
ab und verwies sie auf den beruflichen Bereich: „...denn in der Technik gilt
es ja nicht, auf den gefährlichen Übergang vom Guten zum Bösen zu achten;
es sind nur unbeseelte Maschinen zu beaufsichtigen und zweckentsprechend
zu lenken" (Linke 1961).

Die Verweigerung eines grundlegenden und unverkürzten Verständnisses von Technik bleibt auch für die Techniker nicht folgenlos: Da die technische Berufsausbildung sich auf allen Stufen weitgehend an den unmittelbaren beruflichen Verwertungsinteressen orientierte (und dafür vielfältige ökonomische und zeitliche Gründe geltend machen kann) erhalten die Mechaniker, die Techniker und Ingenieure - bei aller Kompliziertheit ihres jeweiligen Spezialgebietes - ein grundnaives, verkürztes Verständnis ihrer Tätigkeit. Ihnen werden die kulturellen, die historischen, die sozialen, die ökologischen Dimensionen, die inneren Strukturen ihres Metiers und die Auswirkungen ihres Handelns kaum bewußt gemacht und sie können sich daher in ihrem beruflichen Handeln nur schwer daran orientieren. Man denke nur an die bisher kläglichen Versuche, fächerübergreifende Studieninhalte für ingenieurwissenschaftlichen Ausbildungsgänge verpflichtend zu machen.

3. Dimensionen und Perspektiven des Technikunterrichts

Hier erwächst der allgemeinbildenden Schule eine Aufgabe, die sie nicht als Randproblem durch beiläufige und fächerübergreifende Behandlung lösen kann. Gleichwohl orientieren sich viele Kultusministerien noch heute an dem Tutzinger Maturitätskatalog der KMK von 1969, in dem die Technik neben Ethik und Sexualpädagogik lediglich den Status einer fächerübergreifenden Aufgabe erhielt. Der Kultusminister von Baden-Württemberg rechtfertigte 1981 dann auch den Hinauswurf des einige Jahre vorher von einem Vorgänger eingeführten Technikunterrichts aus dem Gymnasium gegenüber dem entsprechenden Landtagsausschuß mit der Notwendigkeit einer schärferen Profilbildung der Schularten.

„Er gehe davon aus, daß bei den einzelnen Schularten der wichtige Bereich der Technik folgendermaßen in den Unterricht einbezogen werde:
• Hauptschulbereich: manueller Umgang mit Materialien.
• Realschulbereich: übergreifend im Fach 'Angewandte Naturwissenschaften' ((heute 'Technik' in Kl. 5 - 6)/'Natur und Technik' in Kl. 7-10))
• Gymnasialbereich: naturwissenschaftliche Erkenntnisse auch in der Querschnittsbetrachtung über naturwissenschaftliche Fächer hinweg."

Diese Position gilt weitgehend auch heute noch. Sie zeigt die politische Folgenlosigkeit der technikwissenschaftlichen Forschung, welche die Beschreibung der Technik als angewandte Naturwissenschaften längst als kurzschlüssig zurückweist und die Technik vielmehr als einen Bereich eigenständiger Theorie und Praxis beschreibt. Vor annähernd hundert Jahren haben die Technikwissenschaften im Hochschulbereich gegen den erbitterten Widerstand der klassischen Universitäten die formale Gleichwertigkeit erhalten. Im gymnasialen Bereich steht die Anerkennung und entsprechende Berücksichtigung leider noch immer aus.

Ungeachtet dessen wird auch von Pädagogen eher die fächerübergreifende, auch andere Fächer mit einbeziehende Behandlung der Technik empfohlen. Das Fächerübergreifende hat derzeit hohe Konjunktur. Doch wird man damit dem Gegenstand Technik durchaus nicht gerecht. Denn diese ist eben nicht der gedankliche Schnittpunkt von Erkenntnisperspektiven der unterschiedlichsten Fächer und Disziplinen, sondern sie hat eine eigene fachliche Substanz. Dies läßt sich an einem einfachen Beispiel verdeutlichen: Auch wenn sich etwa Physiker, Chemiker, Ökonomen, Historiker, Designer, Juristen und Ökotrophologen mit heißem Bemühen zusammensetzen, um etwa eine Haushaltsmaschine zu bauen - es wird ihnen nicht gelingen, denn dazu bedarf es zumindest Ingenieure mit Konstruktions- und Fertigungskompetenz.

Wenn Technik nicht im Fächerübergreifenden aufgeht, gleichwohl aber als fundamental wichtig angesehen werden muß, dann ist Technik als materialer Teil einer zeitgemäßen Allgemeinbildung einzufordern, als Fach mit eigenen kompetenten Lehrern und spezifischen Lernorten. Dabei ist die Möglichkeit der Bezugnahme auf die Lernerfahrungen der anderen Fächer ebenso unverzichtbar wie ein gelegentliches fächerübergreifendes Zusammenwirken von Techniklehrern mit Lehrkräften anderer Fächer, etwa von Geschichte, Wirtschaftskunde, Politik, Biologie, Kunst, Religion...

Hier soll nicht vertiefend auf die Zielsetzung und die differenzierte inhaltliche Struktur eines solchen Technikunterrichts eingegangen werden. Ich verweise lediglich darauf, daß man den geschilderten Anspruch nicht mit einem x-beliebigen Unterricht über Technik gerecht werden kann. Dem Anspruch wird man gewiß nicht mit der thematischen und pädagogischen Dürre eines an den Teilkategorien einer allgemeinen Technologie orientierten Unterrichts gerecht, der seine Inhalte aus den Kategorien Stoff, Energie und Information bezieht und die soziotechnischen Problembereiche sehr nachrangig behandelt. Ebensowenig wird man dem Anspruch mit einem anwendungsbezogenen Ansatz gerecht, der technische Inhalte lediglich dann akzeptiert, wenn sie das „Sammeln von Erfahrungen und Aneignen von Begriffen von der menschlichen Arbeit" zulassen, so wie dies in den nagelneuen Grundpositionen des Schulfaches Arbeitslehre in Hessen formuliert wird (Hessisches Institut, 1995).

Beides sind Formen eines „schlechten Allgemeinen", in dem der konkrete Gegenstand, das spezielle Problem, die Beziehungen zwischen dem konkreten Unterrichtsgegenstand und dem konkreten lernenden Subjekt nicht wirklich ernst genommen werden, sondern die Inhalte nur als Repräsentanten einer fertigen Wissenschaftssystematik oder als Illustration von ökonomischen oder arbeitswissenschaftlichen Gesetzmäßigkeiten akzeptiert und Bildung und Lernen letztlich auf Anpassung reduziert werden.

Der von mir an anderer Stelle beschriebene mehrperspektivische Technikunterricht (Sachs 1992, S.10) versucht das Spannungsverhältnis von Besonderem und Allgemeinem zu bewahren und fruchtbar zu machen. Es sei mit einiger Sorge angemerkt, daß bei seiner Adaption der Perspektivenbegriff allzu sorglos ausgeweitet und daß der vorgeschlagene inhaltliche Orientierungsrahmen als eine neue Form einer neutralen Sachsystematik mißverstanden wird.

Mehrperspektivität meint hier nicht die entgrenzende Vielfalt möglicher fachübergreifender Bezüge, sondern die Zielperspektiven des Faches Technik, in denen sich wesentliche Strukturen der Technik, zentrale technikbezogene Kompetenzen und bedeutende (Selbst- und Fremd-)Erfahrungsdimensionen für Schüler zusammengefaßt werden. Es sind dies die Zielperspektiven

- der Befähigung zu differenziertem technischen Handeln,
- der Förderung technischer Kenntnisse und Struktureinsichten,
- der Befähigung zum Erkennen der Bedeutung der Technik und zu ihrer kritischen Bewertung und
- der Ermöglichung grundlegender technikbezogener vorberuflicher Orientierung.

Bei der Bestimmung der Inhaltsfelder

- Arbeit und Produktion
- Bauen und gebaute Umwelt
- Versorgung und Entsorgung
- Transport und Verkehr
- Information und Kommunikation

ging es nicht um eine neutrale Sachsystematik, sondern um die Konzentration des Technikunterrichts auf diejenigen gesellschaftlich und technisch bedeutsamen Problem- und Handlungsfelder, die für die Lebensbedingungen und die Lebensperspektiven der Menschen besonders bedeutsam sind. Eine auf diese Suchfelder bezogene Bestimmung konkreter Unterrichtsthemen müßte daher mehr als bisher darauf achten, daß an den gewählten technischen Inhalten auch die humanen und ökologischen Chancen, Gefährdungen und Zielkonflikte mit thematisiert werden (können). Mit diesem Ansatz soll verhindert werden, daß sich der Technikunterricht auf die Beliebigkeit und Neutralität einer technischen Sachsystematik konzentriert und die Interessen- und Lebensperspektiven der Schüler nur am Rande anspricht. Andererseits soll der Gefahr einer fachlich unspezifischen Behandlung sogenannter globaler Schlüsselprobleme begegnet und damit ein Abgleiten in einen bloßen Betroffenheits- und Anmutungsunterricht verhindert werden, dem es auf die Herausbildung spezifischer technischer Kompetenzen gar nicht ankommt.

In diesem Grundverständnis eines mehrperspektivischen Technikunterricht sind die Orientierung an einer entfalteten allgemeinen Technologie, die Orientierung an Schlüsselqualifikationen und die Orientierung an gesellschaftlichen Schlüsselproblemen gleichermaßen enthalten. Das Konzept wurde erarbeitet, bevor die damit angesprochenen Aspekte zu pädagogischen Beschwörungsformeln verkommen waren - was nichts gegen seine Modernität aussagt.

4. Technikunterricht und vorberufliche Orientierung

Aus dem bisher vorgetragenen ist unschwer zu erkennen, daß der Technikunterricht thematisch nicht auf den beruflichen Bildungsbereich verkürzt werden darf. Dies ist in unzähligen Veröffentlichungen dargetan worden. Um so mehr reibt man sich verwundert die Augen, daß in der umfassenden neuen Studie über die „Zukunft der Bildung - Schule der Zukunft" der Bildungskommission Nordrhein-Westfalen die Technik lediglich im Rahmen der „Lerndimension Arbeit, Wirtschaft, Beruflichkeit" vorkommt. Die Technikscheu der Verfasser geht soweit, daß sie die in der Diskussion übliche Trias „Arbeit, Wirtschaft und Technik" peinlich vermeidet.

„Allen Heranwachsenden soll die Chance eröffnet werden, sich mit Arbeitswelt und Beruflichkeit auseinanderzusetzen... Dazu gehört (- immerhin -) auch eine Behandlung von heutiger Technik und ihrer historischer Entwicklung" (Bildungskommission...1995, S.110).

Von Grundkenntnissen im Bereich der Wirtschaft ist hier die Rede, für die Technik genügt eine „Behandlung"!?

Fachdidaktische Kompetenz wurde von der Kommission - soweit mir bekannt - nicht in Anspruch genommen. Die Nichtbeachtung der Diskussion um die Arbeitslehre und der Positionen der Technikdidaktik verweisen ein weiteres Mal auf das klammheimliche Hinausdrängen der Inhalte aus der pädagogischen Diskussion. Sie zeigen auch den desolaten Zustand der Kommunikation zwischen den Erziehungswissenschaften und der Fachdidaktik. Wer kein Modethema repräsentiert oder wer sich nicht aufdrängt, der wird überhaupt nicht zur Kenntnis genommen. So kann eine wirkliche Reform der allgemeinbildenden Schule nicht gelingen. Wie soll das „Neue Haus des Lernens" stabil und wohnlich werden, wenn man vergißt, tragende Wände einzuziehen!?

Die erkennbare Reaktivierung naiver Arbeitslehrepositionen etwa in Hessen und in dem Kommissionsbericht hätte verhindert werden können, wenn man beispielsweise eine Analyse der Erfahrungen der DDR mit dem Arbeitsunterricht vorgenommen hätte. Damit spreche ich ein weiteres historisches Beispiel an. Die produktive Arbeit der Schüler als Basis für eine innige Verbindung von „Arbeiten und Lernen" hatte hier sehr günstige politische und organisatorische Bedingungen. Und doch hat dieses Konzept der unmittelbaren Beteiligung der Schüler am gesellschaftlichen Arbeitsprozeß die Hoffnungen nicht einlösen können, eine dem Stand der Technik und der Produktion entsprechende gediegene polytechnische Bildung zu vermitteln.

Die „technische Wende", der Trend hin zur Verfachlichung des Unterrichts in Technik und Ökonomie durch das Fach „Einführung in die sozialistische Produktion (ESP)", beruhte ja nicht auf einem Handstreich imperialistisch gesonnener Techniker, sondern sie versuchte Lehren zu ziehen aus einem fehlgeschlagenen Versuch (Frankiewicz 1968).

Der Technikunterricht versteht sich in erster Linie als ein allgemeinbildendes Fach. Es wendet sich daher an Jungen und Mädchen in allen Schularten des allgemeinbildenden Schulwesens und zwar gerade an diejenigen, die später keinen technischen Beruf ergreifen.

Da die Technik nicht an Bäumen wächst, sondern Menschenwerk ist, besitzt der Technikunterricht vielfältige Bezüge zur Berufswelt.

Dies gilt nicht nur für die klassischen technischen Berufe, denn gerade die vermeintlich nichttechnischen Berufe werden zunehmend von der Handhabung technischer Arbeitsmittel geprägt. So rechnet man beispielsweise bei der Neuordnung der kaufmännischen Berufe „technische Grundkenntnisse" zu den „Schlüsselqualifikationen."

Die Berufsrelevanz des allgemeinbildenden Technikunterrichts ist also nicht an eine berufs- und arbeitsbezogene Themenwahl gebunden. Sie ist bereits indirekt gegeben, wenn er typische technikbezogene Handlungs- und Problemlösungsweisen fördert, wenn er allgemeine technikwissenschaftliche Zusammenhänge verdeutlicht und wenn er dazu verhilft, technische Lösungsansätze und Produkte kritisch zu beurteilen.

Dem entspricht übrigens in der Berufspädagogik ein sehr interessanter Ansatz zur Reform der Ausbildung in den gewerblich-technischen Berufen. Dabei geht es insbesondere um die Neufassung der „Fachkunde". Dieser fachtheoretische Anteil der Berufsausbildung soll aus seiner historischen Zufälligkeit und Spezialisierung und seiner Isolierung von der Fachpraxis befreit und stärker an allgemeinen (und das heißt hier: an übertragungsfähigen) technikwissenschaftlichen Aussagen und an technischen Handlungsprinzipien ausgerichtet werden. Dieser „technikdidaktische Ansatz" der Berufspädagogik wird beispielsweise von Antonius Lipsmeier und Helmuth Nölker vertreten (Bonz/Lipsmeier 1980, Pahl 1989).

Hier zeichnen sich interessante und fruchtbare Brückenschläge zwischen einem allgemeinbildenden und einem berufsbildenden Technikunterricht ab, auch wenn bei den konkreten Ziel- und Inhaltsentscheidungen deutliche Unterschiede bestehen.

Angesichts des vorhandenen Berufsbezuges wäre es pädagogisch verantwortungslos, wenn der Technikunterricht die Schülerinnen und Schüler bei der Berufswahl, genauer: bei der Wahl des Startberufsfeldes allein lassen würde.

Die vorberufliche Orientierung gehört zu den wesentlichen Zieldimensionen des Technikunterrichts.

Er darf sich aus dieser Verantwortung auch nicht mit dem Hinweis auf die Existenz eines Berufswahlunterrichts heraustehlen. Solche isolierten Berufswahlcurricula, zumeist in Form von eingeschobenen Berufswahlkursen im vorletzten Schuljahr sind zur Oberflächlichkeit verurteilt, wenn sie nicht an vielfältige Kenntnisse und Vorerfahrungen aus den inhaltlich relevanten Fächern anknüpfen können. Damit sind prinzipiell alle Schulfächer gemeint, denn sie alle repräsentieren auch potentielle Arbeits- und Tätigkeitsfelder ihrer Absolventen. Das gilt auch für Musik, Sport, Kunst, Sprachen, Physik, Chemie, Mathematik und Religion. Es ist daher allein schon logisch unsinnig, die berufliche Orientierung, geschweige denn eine „Arbeitslehre" inhaltlich auf die klassischen Arbeitslehrefächer Wirtschaft, Technik und Haushalt einzugrenzen.

Mit der in diesem Beitrag vorgenommenen tendenziellen Abgrenzung des allgemeinbildenen Technikunterrichts von einem berufsqualifizierenden Unterricht über Technik soll nicht der alte Topos von der geringerwertigen beruflichen Ausbildung gegenüber der höherwertigen allgemeinen Bildung bestärkt werden. Aufgrund der Verfassung unseres Gemeinwesens, die eine alleinige Ausrichtung der beruflichen Qualifikationen an den Bedürfnissen des Marktes verhindert, besteht heute die Möglichkeit, die berufliche Tüchtigkeit und die berufliche Mündigkeit gleichermaßen zu fördern! Alle, die an einer allgemeinen Menschenbildung interessiert sind, müßten sich für die Verwirklichung und Sicherung eines entsprechenden Berufsbildungskonzeptes einsetzen. Wenn wir einen spezifischen allgemeinbildenden Technikunterricht nicht nur formal, sondern auch material einfordern, so befinden wir uns durchaus nicht im Widerspruch zur Berufspädagogik. Denn auch sie leugnet nicht die Notwendigkeit der einer beruflichen Qualifizierung vorgelagerten „Basis- und Sockelqualifikationen". In diesem Sinne verstehen wir den Technikunterricht als unverzichtbaren Teil derjenigen Lerninhalte, die „in einer bestimmten geschichtlichen Lage für alle Menschen einer Gesellschaft zur Lebensbewältigung unerläßlich" sind (Adolf Kell 1995, S. 146).

Literatur:

Bildungskommission Nordrhein-Westfalen: Zukunft der Bildung - Schule der Zukunft. Neuwied; Kriftel; Berlin 1995

Bonz, B. / Lipsmeier, A. (Hg.) Allgemeine Technikdidaktik. Bedingungen und Ansätze des Technikunterrichts. Stuttgart 1980

Deutscher Philologenverband: Stellungnahme zur Gleichwertigkeit von allgemeiner und beruflicher Bildung. 1994

Frankiewicz, H.: Technik und Bildung in der Schule der DDR. Berlin 1986

Hessisches Institut für Bildungsplanung und Schulentwicklung (Hg.): Grundpositionen des Faches Arbeitslehre. Wiesbaden 1995

Humboldt, W.V.: Werke. Hg. v. Flitner/Giel. Darmstadt 1960 f.

Kell, A.: Zur Gleichwertigkeit von allgemeiner und beruflicher Bildung. Positionen aus der Sicht der Wissenschaft. In: *Die Deutsche Schule* 87. Jg. 1995, H.2

Klafki, W.: Neue Studien zur Bildungstheorie und Didaktik. Zeitgemäße Allgemeinbildung und kritisch-konstruktive Didaktik. 3. Aufl. Weinheim und Basel. 1993

Kultusministerkonferenz: Fragekatalog zur Gleichwertigkeit von allgemeiner und beruflicher Bildung. Bonn 1994

Kultusministerkonferenz: Richtungsentscheidung zur Weiterentwicklung der Prinzipien der gymnasialen Oberstufe und des Abiturs. Bonn 1995

Landtag von Baden-Württemberg 8. Wahlperiode: Landtagsdrucksache Nr. 8/1460 1981

Linke, H.: Technik und Bildung . Heidelberg 1961

Menze, C.: Die Bildungsreform Wilhelm von Humboldts. Hannover 1975

Pahl, J.P.: Ganzheitliche Inhaltsstrukturierung auf der Basis des technikdidaktischen Ansatzes. Wetzlar 1989

Sachs, B: Schlüsselqualifikationen in der Berufsbildung und im allgemeinbildenden Technikunterricht. In: *tu: Zeitschrift für Technik im Unterricht.* H. 69/1993 und 70/1994

Sachs, B.: Ansätze allgemeiner technischer Bildung in Deutschland. In *tu: Zeitschrift für Technik im Unterricht.* H.63/1992

Schulte, H.: Geschichtliche Vorläufer des allgemeinbildenden Technikunterrichts. In: *Kultur und Technik* H. 4 1982

Jörg Fasholz

Anforderungen an eine allgemeine technische Bildung aus Sicht der Wirtschaft

Wir schreiben das Jahr 1996, das von der Europäischen Kommission zum „Europäischen Jahr des lebenslangen Lernens" ausgerufen wurde. Die Europäische Kommission möchte in der Europäischen Union eine „Gesellschaft des Wissens" etablieren. Zu diesem Thema hat sie Ende letzten Jahres ein Weißbuch „Lernen und Lehren" herausgegeben.

Das Weißbuch geht auf die vielschichtigen Veränderungen ein, die die Bürger der Europäischen Union gegenwärtig erleben und betont die Bedeutung dieser Veränderungen im Hinblick auf die weitere Entwicklung der Arbeitsmärkte. Besonderen Stellenwert erhalten in diesem Zusammenhang die Globalisierung des Handels sowie die damit in Beziehung stehende Internationalisierung der Wirtschaft, ferner die Tendenzen zur umfassenden Einführung neuer Informations- und Telekommunikationssysteme und last but not least die immer schnellere Generationsfolge technischer Neu- bzw. Weiterentwicklungen.

Durch die Integration der neuen technischen Hilfsmittel ändern sich insbesondere die am Arbeitsplatz erforderlichen Kenntnisse und Fertigkeiten in erheblichem Maße. Auch in der Organisation der Arbeit ist der Wandel erkennbar bzw. absehbar. Wer mit diesen Entwicklungen nicht Schritt halten kann, muß befürchten, ausgegrenzt zu werden.

Die Technik zeigt sich janusköpfig: unbestritten positiven Auswirkungen stehen auch negative Folgen gegenüber. Werden die negativen Folgen subjektiv sehr stark wahrgenommen - z.B. durch eine selektive Betrachtungsweise, die derzeit durch die Art der Darstellung in den Medien häufig geradezu provoziert wird - dann kann das Voranschreiten der technischen Entwicklungen ein Gefühl der Bedrohung bis hin zu irrationalen Ängsten in der Bevölkerung aufkommen lassen.

Um diesem Dilemma vorzubeugen, müßten nach Ansicht der Europäischen Kommission klare Maßnahmen ergriffen werden. In dem Weißbuch

„Lernen und Lehren" wird daher die umfassende wissenschaftlich-technische Grundbildung der Bevölkerung als möglicher Ausweg vorgeschlagen. Diese müsse schon in der Schule beginnen.

In diesem Punkt deckt sich die Ansicht der Europäischen Kommission mit den Forderungen der deutschen Wirtschaftsverbände. Um ein aktuelles Beispiel zu zitieren: Auf den Fragenkatalog der Expertenkommission der Ständigen Konferenz der Kultusminister zur „Weiterentwicklung der Prinzipien der gymnasialen Oberstufe und des Abiturs" haben die Spitzenverbände der deutschen Wirtschaft mit einer Stellungnahme reagiert und ihre diesbezüglichen Vorstellungen und Forderungen formuliert.

Das Papier geht von den drei grundlegenden Aufgaben des Gymnasiums aus: der fachbezogenen Allgemeinbildung, der Hilfe zur Studien- und Berufswahlorientierung sowie der Erziehung. Im Hinblick auf die fachbezogene Allgemeinbildung im Sinne allgemeiner Wissensvermittlung und wissenschaftspropädeutischen Lernens geht es den Wirtschaftsverbänden vor dem Hintergrund höherer Qualifikationsanforderungen um die Qualitätssicherung, derzeit sogar um die Niveauanhebung und Qualitätsverbesserung des Abiturs. Ein besonderes Anliegen ist den Wirtschaftsverbänden die Praxisorientierung im Sinne einer stärkeren Anwendungs- und Praxisbezogenheit des Lernens. Die Berufsorientierung soll den Schülern Einblick in Berufschancen, Berufsanforderungen und Berufspraxis vermitteln. Ein weiterer Schwerpunkt wird bei der Erziehung im Sinne ethischer Verantwortlichkeit gesehen. Letztlich gehe es darum, den Schüler zu einem verantwortungsbewußten, leistungsbereiten Bürger mit Mut, Engagement und Innovationsbereitschaft zu erziehen.

Im Zusammenhang mit der hier zu behandelnden Thematik ist besonders hervorzuheben, daß in einer der Kernforderungen dieser Stellungnahme die feste Verankerung einer wirtschaftlichen und technischen Bildung im Gymnasium verlangt wird.

Die Betonung einer „fachbezogenen Allgemeinbildung" findet ihre Entsprechung in der expliziten Forderung nach der Beibehaltung des Fachprinzips; dieses Prinzip soll jedoch ergänzt werden durch interdisziplinäres, fächerübergreifendes, integratives, vernetztes und strukturierendes Lernen.

Was das gymnasiale Lernen im allgemeinen anbetrifft, hat sich die Wirtschaft für wissenschaftspropädeutisches und anwendungsbezogenes, methodisches und forschendes Lernen ausgesprochen. Das Gymnasium müsse sich verstärkt auf neue selbstaktive Lernformen und Lernmethoden einstellen, die die Vermittlung und Ausbildung von Schlüsselqualifikationen ermöglichen. *Bild 1* gibt eine Übersicht über die Punkte des Forderungskataloges der deutschen Wirtschaft.

Abb.1:

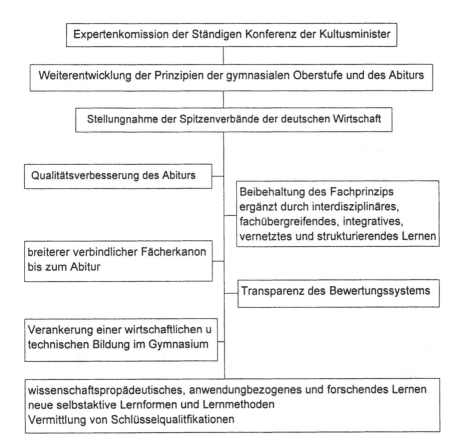

Wenn Wirtschaft an Schule herantritt, ist der Ruf nach Ausprägung von Schlüsselqualifikationen naheliegend. Jedoch durchaus die gleichen Schlüsselqualifikationen, wie sie das Beschäftigungssystem verlangt, sind auch bei der Bewältigung anderweitiger Lebenssituationen hilfreich. Diese Übertragbarkeit geht ja gerade aus der Definition von Schlüsselqualifikationen hervor. Die nordrhein-westfälische Bildungskommission definiert z.B.:

„Schlüsselqualifikationen sind erwerbbare allgemeine Fähigkeiten, Einstellungen und Strategien, die bei der Lösung und beim Erwerb neuer Kompetenzen in möglichst vielen Inhaltsbereichen von Nutzen sind. Sie sind nicht auf direktem Wege zu erwerben, z.B. in

Form eines eigenen fachlichen Lernangebotes; sie müssen vielmehr in Verbindung mit fachlichem und überfachlichem Lernen aufgebaut werden" (Bildungskommission NRW 1995, S. XVI u. S. 113).

Einige Schlüsselqualifikationen sind in *Bild 2* aufgelistet.

Abb.2: Schlüsselqualifikationen

erwerbbare allgemeine Fähigkeiten, Einstellungen und Strategien, die bei der Lösung von Problemen und beim Erwerb neuer Kompetenzen in möglichst vielen Inhaltsbereichen von Nutzen sind

Selbständigkeit	Lernbereitschaft
Zielorientierung	Flexibilität
Kreativität	Zuverlässigkeit
Kommunikationsfähikeit	Kommunikationsbereitschaft
Konfliktlösungsfähikeit	Konfliktlösungsbereitschaft
Teamfähigkeit	Verantwortungsbereitschaft
Verantwortungsbewußtsein	

Interessant ist, daß an der Denkschrift der vielschichtig besetzten nordrhein-westfälischen Bildungskommission „Zukunft der Bildung - Schule der Zukunft" auch Vertreter der Wirtschaft mitgewirkt haben. Aus dieser Denkschrift, die im September 1995 erschienen ist, möchte ich eine Passage aus dem Kapitel „Arbeit und Wirtschaft" zitieren. Dort liest man den bemerkenswerten Satz:

„Zu den Nachteilen des traditionellen Bildungsmodells gehört u.a., daß Beruflichkeit, Arbeits- und Technikbezug im allgemeinbildenden Schulwesen bisher kaum verankert sind und daß generell das Lernen nicht früh genug mit Erfahrung kombiniert wird" (ebenda, S. 53).

Die Einforderung der flächendeckenden Verankerung einer technischen Bildung im allgemeinbildenden Schulwesen seitens der Europäischen Kommission in Brüssel, seitens der deutschen Wirtschaftsverbände und seitens der Bildungskommission eines Bundeslandes sind Beispiele aus jüngster Zeit. Die Kette entsprechender Aufrufe läßt sich zurückverfolgen zumindest bis zum Jahre 1964, als ein Deutscher Ausschuß für die Länder der damaligen Bundesrepublik erstmals die Einführung eines Technikunterrichtes empfahl.

Zwischenzeitlich haben berufene Pädagogen in ausführlichen akademischen Abhandlungen wohlbegründet und nachvollziehbar dargelegt, daß eine allgemeine technische Bildung tatsächlich nur von einem eigenständigen Fach Technik geleistet werden kann.

Wie eine synoptische Betrachtung der Situation in den einzelnen Bundesländern zeigt, sind wir von einer flächendeckenden Verankerung des Technikunterrichtes als Pflichtfach noch weit entfernt. Vielfach existiert der Technikunterricht lediglich als Wahlpflichtfach, als Wahlfach oder nur als Teil eines Integrationsfaches. Während die Integration technischer Inhalte in den Sachunterricht der Grundschule von den Technikdidaktikern allgemein bejaht wird, werden die integrativen Ein-Fach-Konzepte der Arbeitslehre als unbefriedigend eingeschätzt. Die Synopse zeigt in besonders auffallender Art, daß das Gymnasium bei der Thematisierung der Technik den größten Nachholbedarf aufweist (vgl. Sachs 1994).

Welche Motivation veranlaßt ein Wirtschaftsunternehmen, sich für eine breitere Verankerung einer allgemeinen technischen Bildung auszusprechen und zu engagieren? Klar ist, daß Wirtschaft und auch Politik in der technischen Bildung eine Schlüsselposition für die ökonomische Zukunft sehen. Je näher man jedoch auf das Bildungsgeschehen zukommt, desto mehr steht der einzelne Mensch im Vordergrund. Die Haltung derjenigen Wirtschaftsvertreter, die in engem Kontakt zum Bildungsbereich stehen, hat ein Kollege von mir einmal auf den Punkt zu bringen versucht, indem er Hartmut von Hentig zitierte (vgl. Wallner 1994):

„Die Menschen stärken, die Sachen klären."

Mit diesem Leitgedanken verbindet sich die Zielvorstellung, denjenigen Menschen, die in eine hochtechnisierte Zivilisation hineingeboren wurden, Grundkenntnisse und Orientierunghilfen zu vermitteln.

Allein schon die Klärung von Begrifflichkeiten würde die Kommunikation eines technisch orientierten Unternehmens mit seiner nichttechnisch orientierten Umgebung enorm erleichtern. Ohne ein gemeinsames Grundwissen und Grundverständnis ist ein Dialog über Technik zwischen Laien und Experten häufig unfruchtbar und von Mißverständnis begleitet. Eine breit verankerte allgemeine technische Bildung könnte dazu beitragen, eine gemeinsame Diskussionsplattform zu errichten und zweifellos derzeit noch vorhandene Sprach- und Verständigungsbarrieren abzubauen.

In einem Fach Technik soll nicht etwa nur gezeigt werden, wie etwas funktioniert. Es soll zudem auch einsehbar gemacht werden, wie und nach welchen Gesichtspunkten technische Systeme ausgewählt und optimiert werden. Bei unterschiedlichen Zielaspekten sind Zielkonflikte unvermeidbar

(*Bild 3*); hier bedarf es der nüchternen Bewertung verschiedener Optionen anhand geeigneter Kriterien. Die damit verbundene Denkweise unterscheidet sich erheblich von der Denkungsart anderer Schulfächer, auch vom Denkansatz der rein naturwissenschaftlichen Fächer.

Abb.3: Zielaspekte bei der Wahl einer Technik

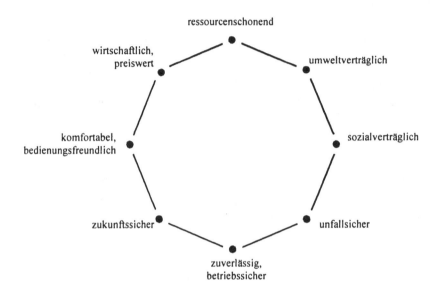

Vor allem jedoch soll in einem Fach Technik vor Augen geführt werden, wie alles technische Geschehen zusammenhängt, insbesondere vor dem Hintergrund menschlicher Bedürfnisse und gesellschaftlicher Ansprüche.

Technikunterricht sollte demnach immer mehrdimensional bzw. mehrperspektivisch angelegt sein und sich nicht allein mit technischen Artefakten, d. h. mit zweckgerichteten künstlichen Gebilden befassen, sondern diese Artefakte in Zusammenhang bringen mit Mensch und Gesellschaft, sich also der Betrachtung soziotechnischer Systeme widmen. Auf diese Weise erschließen sich vielfältige Inhalts- und Bedeutungsaspekte der Technik. *Bild 4* verdeutlicht die Abgrenzung eines so verstandenen Technikunterrichtes von einem eindimensional angelegten Technikunterricht und von der Vermittlung sogenannter Kulturtechniken in anderen Fächern.

Abb.4: Definition „Technik" in der Pädagogik

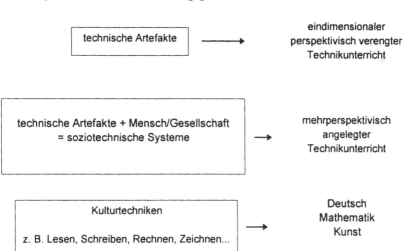

Die Auseinandersetzung mit technischen Phänomenen unter solcherart allgemeinbildenden Aspekten in einem mehrperspektivisch angelegten Unterricht soll Sachkenntnisse, soziotechnische Erkenntnisse sowie Sinn- und Werterkentnisse hervorbringen. Der Bildungsprozeß soll im Ergebnis Sachkompetenz, Handlungskompetenz und Urteilskompetenz verleihen.

Die Vermittlung dieser Kompetenzen soll nicht etwa beabsichtigen, einen jeden, der den Technikunterricht durchläuft, zu einem Pseudo-Ingenieur, d.h. zu einem Ingenieur im Westentaschenformat werden zu lassen. Schließlich geht es hier um allgemeine Bildung, nicht um berufliche Bildung, nicht um Ausbildung.

Wer den Englischunterricht absolviert hat, soll sich im Ausland - auf fremdem Terrain - zurechtfinden können; er soll nicht unbedingt den Beruf eines Dolmetschers ergreifen.

Sicherlich kann das Entdecken technischer Talente ein durchaus positiver Nebeneffekt des Technikunterrichtes sein; mancher Schüler und manche Schülerin dürften hier angeregt werden, später einen technischen Beruf zu ergreifen. Das Element der Studien- und Berufswahlvorbereitung als überfachliches Prinzip ist auch legitimer, in einigen Bundesländern sogar verpflichtender Bestandteil des Technikunterrichtes.

Die Vermittlung von Schlüsselqualifikationen, ebenfalls ein überfachliches Prinzip, sollte natürlich auch in den Technikunterricht integriert sein.

Allgemeine Schlüsselqualifikationen sind hilfreich und nützlich bei der Bewältigung von Lebenssituationen, auch im beruflichen Leben, sei dieses nun
technisch ausgerichtet oder nicht.

Bild 5 gibt Hinweise auf Bereiche, in denen die im Rahmen einer technischen Bildung erworbenen Kompetenzen und Qualifikationen von Bedeutung sein dürften.

Abb.5: Technische Phänomene → Bildung → Wirtschaft/Gesellschaft

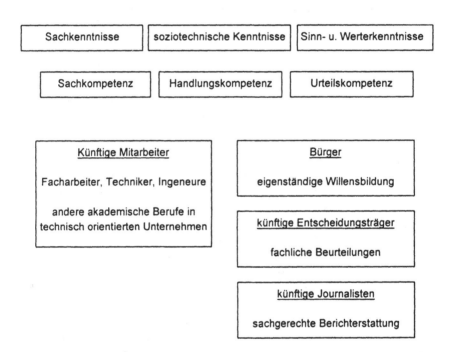

Kommen wir vom Überfachlichen zu den eigentlichen Zielen einer allgemeinen technischen Bildung. Allgemeine technische Bildung soll bestimmte
Tüchtigkeiten und auch Tugenden hervorbringen und ausformen (vgl.
Schmayl 1989, Kapitel V). Technische Bildung schult das Denken und den
Intellekt; sie führt zu einem entsprechenden Wissen und Verstehen. Technische Bildung vermittelt aktionale Befähigungen; sie umfaßt ein Können und
ein praktisches Beherrschen. Technische Bildung beeinflußt auch den affekti-
ven Bereich einer Person; sie führt zu inneren Einstellungen und zu Haltungen, aus denen ein aktiver Wille zur Handlungsbereitschaft erwächst. Techni-

sches Tun kann negative Folgen zeitigen, für den Akteur und/oder für andere. Technisches Tun sollte daher von besonderer Verantwortlichkeit geprägt sein. Wenn also Bildung auch Gewissensbildung mit einschließt, so gilt dies erst recht für die allgemeine technische Bildung.

Eine Übersicht über die Ziele einer allgemeinen technischen Bildung zeigt *Bild 6* unter Hinweis auf Anknüpfungspunkte zu den Bereichen Wirtschaft und Gesellschaft.

Abb.6: Allgemeine technische Bildung im Beziehungsfeld von Wirtschaft und Gesellschaft

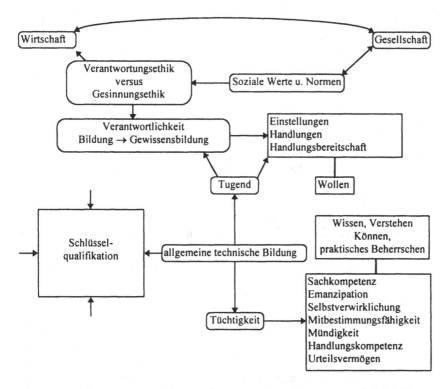

Was die Bildungsgegenstände angeht, so sollten diese von Fachdidaktikern nach den Prinzipien der Exemplarität und der Lebensnähe altersstufengerecht ausgewählt werden. Dabei ist darauf zu achten, daß ein repräsentativer Querschnitt individuell und gesellschaftlich bedeutsamer technischer Problem- und Handlungsfelder sinnvoll strukturiert zum Tragen kommt.

Gerade bei dem Fach Technik ist die Kooperationsfähigkeit mit anderen Unterrichtsfächern überdurchschnittlich ausgeprägt. Die mehrperspektivische

Anlage des Faches Technik könnte in Verbindung mit fächerübergreifendem Unterricht in besonderem Maße dazu beitragen, interdisziplinäres, vernetztes Denken zu initiieren. Damit könnten die durch eine allgemeine technische Bildung angestrebten Tüchtigkeiten und Tugenden noch umfassender verwirklicht werden.

Unter den Tüchtigkeiten sind in unserem demokratischen Staatswesen die Mündigkeit und das Urteilsvermögen der Bürger von besonderer Bedeutung. Auf der Grundlage einer mehrperspektivisch angelegten technische Bildung, gepaart mit der Fähigkeit zu interdisziplinärem Denken, wird es dem einzelnen noch am ehesten gelingen, eigenständig, aktiv und verantwortungsbewußt über die derzeit noch offene weitere technische Entwicklung mitzubestimmen. Andersherum ausgedrückt läßt sich damit noch am ehesten vermeiden, daß er Stimmen und Stimmungen folgt, die fehlleiten; sei es, daß diese Stimmen aus Unkenntnis resultieren, aus Pseudokenntnis, aus Sendungsbewußtsein oder vielleicht sogar aus politischem Populismus.

Eine wichtige Erkenntnis könnte sein, daß es für komplexe Problemstellungen in der Regel keine einfachen Lösungen gibt und daß es auf komplexe Fragestellungen zumeist keine simplen Antworten gibt. Wer sich nicht darauf einläßt, zu ergründen, wie alles zusammenhängt, gerät in die Gefahr, auf niedrigem Niveau zu debattieren und dem Falschen, zumindest jedoch einer suboptimalen Lösung zuzustimmen.

Selbst solche technische Lösungen, die unter den gegebenen, gegenwärtigen Randbedingungen als optimal bezeichnet werden können, stellen immer einen Kompromiß dar. Insofern erzieht technisches Denken auch zur Kompromißfähigkeit. Der Einbezug interdisziplinären Denkens, insbesondere der ethischen Dimension im Sinne von Verantwortungsethik, führt dabei zu ausgewogenen, tragfähigen Lösungen und schließt „faule Kompromisse" aus.

Auch im politischen Raum kommt es bei der Konsensfindung auf Kompromißfähigkeit an. Leider wird vielfach, insbesondere von jüngeren Menschen, Kompromißbereitschaft als eine Schwäche, als Standpunktlosigkeit angesehen. In einer offenen, pluralistischen Gesellschaft ist aber die Fähigkeit zum Kompromiß unerläßlich. Die Verabsolutierung einzelner Zielvorstellungen, häufig gesinnungsethisch begründet, führt zur Polarisierung und birgt die Gefahr gesellschaftspolitischer Unruhen. Im Zusammenhang mit der Realisierung großtechnischer Projekte können wir in der Bundesrepublik Deutschland diesbezüglich auf leidvolle Erfahrungen verweisen.

Eine allgemeine technische Bildung in dem skizzierten umfassenden Sinne soll auch dazu befähigen, am politischen Willensbildungsprozeß im Hinblick auf die Einführung neuer Techniken aktiv zu partizipieren, zwischen ideologisch gefärbten und sachlichen Argumenten zu unterscheiden und daran mitzuwirken, Fehlentwicklungen zu vermeiden. Auf diese Weise ließe sich dem Gefühl der Ohnmacht gegenüber einem vermeintlichen Eigenleben der technischen Entwicklung entgegenwirken, einem Gefühl, das zu kulturpessimistischer Technikkritik und zu Resignation führt.

Hohes Ziel des Bildungsauftrages an die Schule ist es, dem jungen Menschen zu helfen, den ungewissen Herausforderungen der Zukunft nicht hilflos gegenüberzustehen, sondern ihnen im Anspruch von Humanität gerecht werden zu können. Dazu gehört, ihn zu befähigen, diese Herausforderungen zu begreifen, und ihn zu motivieren, diese Herausforderungen anzunehmen und an ihrer Bewältigung zu arbeiten. Insofern müssen Pädagogen unter Bewußtmachung ethischer Prinzipien auch den verantwortlichen Umgang mit dem erworbenen Wissen aufzeigen und in diesem Kontext mit dazu beitragen, die Hoffnung auf eine gute Zukunft wachzuhalten (vgl. Heitger 1986, Abschnitt 4).

Technik sollte immer Lebenshilfe sein; unter Ausrichtung auf die genannte Zielsetzung und in ihrem umfassenden Verständnis ist auch die allgemeine technische Bildung eine besondere Art von Lebenshilfe. All denen, die sich damit befassen, wünsche ich in ihrem Bemühen viel Erfolg.

Literatur

Bildungskommission NRW: Zukunft der Bildung - Schule der Zukunft. Neuwied; Kriftel; Berlin 1995.

Bundesvereinigung der Deutschen Arbeitgeberverbände (Hg.): Stellungnahme der deutschen Wirtschaft zur „Weiterentwicklung der Prinzipien der gymnasialen Oberstufe und des Abiturs". Köln 1995.

Europäische Kommission: Weißbuch „Lernen und Lehren". Köln 1995.

Heitger, M.: Schulpolitische Perspektiven für das Ende der achtziger Jahre. Bundesarbeitsgemeinschaft Schule/Wirtschaft (Hg.): Vorträge/Berichte/Texte 44. Köln 1986.

Sachs, B.: Technische Bildung für alle. Düsseldorf 1994.

Schmayl, W.: Pädagogik und Technik. Untersuchungen zum Problem technischer Bildung. Bad Heilbrunn/Obb. 1989.

Wallner, I.: Technische Bildung im vereinten Europa. In: Kussmann, M./Tyrchan, G. (Hg.): EGTB report 2. Düsseldorf 1994.

Johannes Lehmke

Technisches Handeln und Marketing - ein Projekt im Technikunterricht am Gymnasium

1. Vorbemerkungen

Wenn ein beamteter Lehrer eines Gymnasiums über Marketing vorträgt, ist das sicherlich ungewöhnlich. In meinem Beitrag möchte ich zeigen, daß diese beiden Betätigungen so widersprüchlich nicht sein müssen.

Beginnend mit der Klärung der Begriffe Marketing und Technisches Handeln möchte ich durch eine Darstellung des Handelns im Technikunterricht die Notwendigkeit aufzeigen, daß man für einen projektorientierten Unterricht auch entsprechend konzipierte experimentelle Unterrichtsmedien benötigt. Da diese Medien zum größten Teil auf dem Lehrmittelmarkt so nicht erhältlich sind, muß man sie sich selbst verschaffen.

Wenn sich dann eine Gruppe von Schülern mit ihrem Lehrer daran macht, solche Medien zu entwickeln und für die eigene Schule zu bauen, und wenn sie dann noch auf Lehrerfortbildungsveranstaltungen davon berichten, dann ist die Vermarktung solcher Produkte fast eine zwangsläufige Folge.

Mit der Zeit wächst dann die Anzahl der Produkte, und ihre Verbreitung erhöht sich, so daß sich die Beteiligten neue organisatorische Formen für ihre Betätigungen wählen müssen.

Wir haben ein Schul-Technologie-Zentrum gegründet, in dem Schülerinnen und Schüler und ehemalige Schülerinnen und Schüler für Schülerinnen und Schüler Unterrichtsmedien entwickeln und den Absatz der daraus entstehenden Produkte fördern.

2. Marketing und technisches Handeln

Marketing umfaßt alle Maßnahmen zur Schaffung eines Marktes, d.h. zur Förderung des Absatzes für die Erzeugnisse eines Unternehmens. Marketing beginnt bei der Marktforschung und setzt sich über die Produktgestaltung, die Verkaufsförderung bis hin zum Kundendienst fort.

Technisches Handeln passiert immer dann, wenn der Mensch gezielt seine Umgebung unter Beachtung naturaler, wirtschaftlicher und sozialer Bedingungen verändert. Dabei subsumiert man die Erzeugung ebenso wie die Nutzung dieser Veränderungen.

Ein Beispiel soll diese Definition konkretisieren: Wer als technisch handelnder Mensch das Ziel hat, den Bedarf an elektrischer Energie zu decken, muß unter anderem auf der Basis der Thermodynamik und der Elektrodynamik, nach der Ermittlung eines wirtschaftlichen Verfahrens und unter Beachtung des Energiewirtschaftsgesetzes ein Kraftwerk bauen, betreiben und für den optimalen Vertrieb des erzeugten Stroms sorgen. Dabei ist der Strom auf der sozialen Mesoebene in einem Industrieunternehmen erzeugt worden und könnte zum Beispiel auf der personalen Mikroebene genutzt werden, indem der Mitarbeiter des Energieversorgungsunternehmens sich nach Feierabend zu Hause durch individuelles Handeln zielstrebig und planmäßig seine Umgebung verändernd mit elektrischen Strom einen Kaffee kocht.

Die Ergebnisse technischen Denkens und Handelns sind Systeme, Prozesse und Produkte. Davon zu unterscheiden wären die Modelle, Vorstellungen und Normen gesellschaftswissenschaftlicher Aktivitäten und die Gesetzmäßigkeiten als Ergebnis naturwissenschaftlicher Forschung.

Allgemeintechnologisch gliedert man technisches Denken und Handeln in Bereiche der Planung, der Entwicklung, des Herstellens, des Betreibens oder Nutzens sowie des Beseitigens technischer Systeme.

3. Handeln im Technikunterricht

Wenn im Technikunterricht gehandelt wird, dann sollen die Schülerinnen und Schüler auf der Basis technischen Sachwissens lernen, technisch zu denken und zu handeln, um sich sachgerecht und verantwortungsbewußt in durch Technik mitbestimmten Situationen verhalten zu können.

Dieser starke unterrichtliche Handlungsbezug bedeutet für die Gestaltung des Unterrichts einerseits, daß man bei der Auswahl der Inhalte exemplarisch vorgehen muß, und andererseits, daß man durch vornehmlich experimentelle Unterrichtsformen versucht, dem Ziel der Handlungsorientierung methodisch gerecht zu werden.

Aus dem vielfältigen Angebot möglicher Gegenstände muß ein Unterrichtsgegenstand ausgewählt werden, der in der Realtechnik hinreichend bedeutsam, unterrichtlich ergiebig und experimentell erschließbar ist. Im Idealfall würde man versuchen, im Klassenzimmer als Ergebnis des Lernprozesses das Modell eines Systems oder Prozesses zu erstellen, um damit im Modellmaßstab zu produzieren.

Zur Konkretisierung soll auch hier ein Beispiel angeführt werden: Zum Thema 'Häusliche Energieversorgung' ist im Mittelstufenunterricht herausgearbeitet worden, daß die Wohnraumbeheizung mit 30% - 50% den größten Anteil am häuslichen Energiebedarf hat. Damit ist auch das größte Energiesparpotential im häuslichen Umfeld ausgemacht, und ein mögliches Ziel dieser Einsparbemühungen ist das Niedrigenergiehaus. Bei der Planung eines Modellhauses, das mit möglichst geringer Heizenergie auskommt, sollte man unter anderem auf eine ausreichende Wärmedämmung und auf die größtmögliche passive Nutzung der Sonnenenergie achten. Bei der Realisierung des Modellhauses wird zunächst von einem Basismodell ausgegangen, das dann im Verlaufe des Unterrichts vervollständigt und optimiert wird. Die Beurteilung der Ergebnisse nach den einzelnen Arbeitsphasen und am Ende des Projekts wird von der Originalität der Gestaltungsarbeit ebenso abhängen, wie von der maximal erreichbaren Temperaturdifferenz bei gleichen Umgebungsbedingungen. Die Auseinandersetzung mit den Ansätzen und Teillösungen der Mitschülerinnen und Mitschüler wird im Verlauf des Projekts das Lernen intensivieren. Die Präsentation der Endergebnisse im Rahmen einer öffentlichen Ausstellung wird anspornen, und durch spürbare Erkenntnis der Bedeutung des schulischen Tuns wird das Gelernte besser gesichert.

Wenn die unterrichtliche Arbeit ähnlich handlungsorientiert wie in dem geschilderten Beispiel auch bei anderen Themen verlaufen soll, ist eine entsprechende Zusammenstellung experimenteller Unterrichtsmedien erforderlich. Dazu gehört natürlich nicht nur die instrumentelle Ausrüstung, sondern auch Handreichungen für den Unterricht, die sowohl über die Sache informieren als auch Vorschläge für die unterrichtliche Umsetzung enthalten. Dazu gehören schließlich auch Vorschläge für Unterrichtssequenzen und Kopiervorlagen für Arbeits- und Informationsblätter. Solche Arrangements gibt es für den Unterricht im Fach Technik auch heute nur ganz vereinzelt.

4. Schüler bauen für Schüler

Schon vor der Einrichtung des Faches Technik in Nordrhein-Westfalen hat sich am Hittorf-Gymnasium in Recklinghausen eine Arbeitsgemeinschaft gebildet, deren erklärtes Ziel es war, die Gerätschaften zu erstellen, die für den Technikunterricht gebraucht wurden.

Anfangs waren es Halterungen für Glasapparaturen, Baukästen für Positioniertische, Motor-Generator Sätze für Energietechnik, Aufzugsmodelle zum Steuern und elektrisch/elektronische Bausteine für den Schaltungsaufbau. Die Objekte wurden von den Schülerinnen und Schülern mit großem Engagement aus einfachen, preiswert beschaffbaren Werkstoffen aufgebaut oder für den Aufbau im Technikunterricht vorbereitet.

Die Arbeit in der Technik-AG wurde in der Schule bekannt, und es fanden auch Schülerinnen und Schüler zu uns, die nicht am Technikunterricht teilnahmen, insbesondere auch Schülerinnen und Schüler aus der Sekundarstufe I.

Als erstes größeres Objekt wurde vom Kreis Recklinghausen ein Netzmodell für die Stromverteilung erstellt, daß mit seiner Größe von 1,5m × 2,5m und seiner Ausgestaltung schon äußerlich einen ansprechenden Eindruck machte. Für den Betrieb hatte das Modell schaltbare Verbraucher und an den Knotenstellen auch Schaltfelder. So war das Modell nicht nur im Bereich der Energietechnik sondern auch zur Thematisierung von Lastverteilungsaufgaben verwendbar.

In einer großangelegten Aktion wurde das Modell und die entsprechenden computergestützten Steuereinrichtungen im Beratungszentrum des Energieversorgers ausgestellt und von den Schülerinnen und Schülern eine Woche betreut. Seit dieser Zeit wurden die Arbeitsergebnisse der Technik-AG immer häufiger bei Medienausstellungen für den Unterricht und Lehrerfortbildungsveranstaltungen nachgefragt.

Da die Ergebnisse der Arbeit in der Technik-AG nicht immer und in jedem Fall dem Unterricht an unserer Schule zugute kam, und der Materialbedarf in der Regel nicht zu planen war, wurde es notwendig, der Technik-AG einen speziellen Etat zu verschaffen. Dieser Etat wurde gespeist durch Aufwandsentschädigungen und Honorare für unser Engagement bei den unterschiedlichsten Veranstaltungen.

Im Verlaufe der Zeit machten die ersten AG-Mitglieder ihr Abitur, doch ein großer Teil von ihnen blieb der Technik-AG treu und arbeitet auch heute noch in den verschiedenen Projekten mit. Aus der Unter und Mittelstufe kommen immer neue Schülerinnen und Schüler hinzu und bleiben dann mit Eintritt in die Oberstufe oder während der Ableistung des Wehr- oder Ersatzdienstes oder mit Beginn des Studiums eine Weile oder ganz weg. Die Gesamtzahl der Mitglieder bleibt immer bei etwa 25 Teilnehmern. Der immer größer werdende Etat, der auch immer schwieriger zu verwalten war, und die zunehmende Zahl der Teilnehmer, die nicht oder nicht mehr Schüler der Schule waren, machte es notwendig, über eine Organisationsform nachzudenken. Die Lösung war die Gründung eines Vereins.

5. Schul-Technologie-Zentrum Recklinghausen

Im Jahre 1992 wurde das *Schul-Technologie-Zentrum e.V.* mit dem Ziel gegründet, die Entwicklung und die Verbreitung technischer Unterrichtsmedien für den naturwissenschaftlich-technischen Unterricht zu fördern. Von der Stadt wurden Räume der Schule für die Vereinsarbeit kostenfrei angemietet und von den Mitgliedern entsprechend ausgestattet.

Die Räume haben keine Verbindung zum Schulgebäude, so daß die Vereinsmitglieder die Räume auch außerhalb der üblichen Geschäfts- oder Schulzeit nutzen können. Schule wird so zur Begegnungsstätte zwischen Schülerinnen und Schülern verschiedener Schulformen, Studenten und im Beruf stehenden ehemaligen Schülern.

Die Vereinsarbeit konzentriert sich auf den Mittwochnachmittag. Es wird dabei unter anderem an den folgenden Projekten gearbeitet:

- Erstellung einer Mailbox mit Datenbank, die Informations- und Arbeitsblätter für den Unterricht, Aufgabenstellungen mit Lösungen für Unterricht und Klausuren und Programme für den computergestützten Betrieb von Funktionsmodellen enthalten soll.
- Entwicklung eines Verfahrens zur umweltgerechten Entsorgung von Platinenätzbädern, die Kupfersalze enthalten und daher speziell und recht aufwendig entsorgt werden müßten.
- Konzeption von Bausteinen zur stufenweise Entwicklung eines Funktionsmodells für die Telefonvermittlung, mit denen sich diese Aufgabe sowohl von Hand als auch elementarelektronisch so wie auch computergestützt lösen läßt.
- Aufbau und Betrieb einer Reihe von Bewegungsmodellen, wie Styrodrehbank, Bohr- und Fräsroboter und Flurförderfahrzeug.
- Vorbereitung der Schul-Energie-Tage 1996 im Sonnenenergie-Forum in Dortmund. Dazu gehört der Aufbau geeigneter Experimentierplätze ebenso, wie die Ausarbeitung entsprechender Handreichungen.

Diese immer noch unvollständige Liste der Aktivitäten im Schul-Technologie-Zentrum zeigt, daß Art und Umfang der Projekte sehr verschieden sind, und daß sie so fast allen spezifischen Interessen und Begabungen der Mitarbeiter entgegenkommt.

Auch die finanzielle Situation der Gruppe hat sich durch die Vereinsgründung wesentlich verbessert. Der Verein ist als gemeinnützig anerkannt, da er im schulnahen Raum arbeitet. So bleiben sie Einnahmen durch Honorare, Aufwandsentschädigungen, Provisionen und Spenden in voller Höhe für die Vereinsarbeit erhalten. Dadurch konnte die Ausstattung mit mechanischen und elektronischen Werkzeugen spürbar ausgeweitet werden.

Neben der Konzeption und der Entwicklung experimenteller Unterrichtsmedien haben die Aktivitäten des Schul-Technologie-Zentrums noch einen weiteren Schwerpunkt, den man am besten mit 'Gestaltung des Schullebens' und vor allem auch 'Öffnung von Schule' beschreiben kann. Die Gründung des Schul-Technologie-Zentrum selbst war schon ein Prozeß der Öffnung der Schulveranstaltung Technik-Arbeitsgemeinschaft zu einer für jedermann zugänglichen Begegnungsstätte technisch Interessierter.

Werden die Arbeitsergebnisse als 'Produkte' anderen zugänglich gemacht, dann geht das über die bloße Veröffentlichung hinaus, es ermöglicht neue und weiterführende Lernprozesse. Das Erkennen der Wirkung auf andere durch Nachfragen oder Zustimmung und möglicherweise auch scharfe Kritik können und müssen reflektiert und aufgearbeitet werden. Diese Auseinandersetzungen bieten vielfältige Möglichkeiten für soziales Lernen und bauen eine entsprechende Kompetenz auf.

Sollten sich die Entwicklungen in den verschiedenen Einführungsveranstaltungen bewährt haben, und sollten sich für das Produkt hinreichende Absatzaussichten am Markt ergeben, wird es von einer Firma produziert und vertrieben.

Beim Prozeß der Markteinführung wird von den Mitarbeitern des Schul-Technologie-Zentrums eine entsprechende Beteiligung erwartet. Vor allem die Vorbereitung und Durchführung von Einführungsveranstaltungen und die Förderung des Absatzes durch Vorträge und Publikationen können hierbei hilfreich sein.

Damit schließt sich der Kreis der Gedanken zum Thema 'Technisches Handeln und Marketing'. Die Arbeit des Schul-Technologie-Zentrums war im Hinblick auf die Maßnahmen zur Schaffung eines Marktes bisher ganz erfolgreich. Einige der Produkte sind zwar durch ihre Verwendung im Technikunterricht der Oberstufe auf eine Verbreitung in Nordrhein-Westfalen und Brandenburg beschränkt aber mit dem 'Solarkoffer' wird eines unserer Produkte auch schon bundesweit vertrieben.

Arbeitsgruppe

Schulentwicklung in den neuen Bundesländern

Werner Helsper / Hartmut Wenzel

Einleitung

Die Arbeitsgruppe, deren Beiträge hier dokumentiert werden, hatte sich ein doppeltes Ziel gesetzt. Einerseits wollte sie Forschungen zur Schulentwicklung in den neuen Bundesländern zur Diskussion stellen und andererseits ein brennendes Problem thematisieren: die Konsequenzen, die aus dem dramatischen Geburtenrückgang in den neuen Ländern für die Schulentwicklungsplanung zu ziehen sind. Bezogen auf das erste Ziel konnten im Zeitrahmen, der einer Arbeitsgruppe im Rahmen des Kongresses zur Verfügung stand, ausgewählte Forschungsergebnisse aus drei Standorten (Dresden, Halle, Erfurt) berücksichtigt werden. Hinsichtlich des zweiten Zieles wurde eine Podiumsdiskussion durchgeführt, an der Jan Hofmann (Ludwigsfelde), Wolfgang Melzer (Dresden), Horst Weishaupt (Erfurt), Josef Keuffer (Halle) und Hartmut Wenzel (Halle) teilnahmen. Im folgenden werden die eingebrachten Beiträge und die ergänzten Statements zur Podiumsdiskussion dokumentiert. Dabei ist zu erwähnen, daß Wolfgang Melzer und Horst Weishaupt die Essenz ihrer Statements zur Podiumsdiskussion bereits in ihre Beiträge integriert haben.

Im ersten Beitrag steckt Wolfgang Melzer vor dem Hintergrund eigener Forschungsergebnisse wesentliche Rahmenbedingungen der Schulentwicklung in den neuen Bundesländern ab, rückt die zunehmende Differenziertheit der Entwicklung seit der Länderneugliederung ins Bewußtsein und erläutert die Ergebnisse einer Schulqualitätserhebung an sächsischen Schulen.

Werner Helsper u.a. stellen erste Ergebnisse eines qualitativen Forschungsprojektes vor, das die Entwicklung von Schulkultur und Schulmythos an neu errichteten Gymnasien in Sachsen-Anhalt untersucht.

Josef Keuffer stellt den Arbeitsansatz und erste Ergebnisse eines Forschungsprojektes vor, das sich um die Aufklärung von Formen und Möglichkeiten von Schülermitbeteiligung im Fachunterricht an Gymnasien der neuen Bundesländer bemüht.

Horst Weishaupt geht ein auf die Folgen der demographischen Veränderungen für die Schulentwicklung in den neuen Bundesländern und leitet mit den aufgezeigten Konsequenzen und Perspektiven über zu den Statements der Podiumsdiskussion zum Thema (Josef Keuffer, Jan Hofmann und Hartmut Wenzel).

Wolfgang Melzer

Zur Bewährungskontrolle des „Zwei-Säulen-Modells" allgemeiner Bildung in Ostdeutschland. Das Beispiel der Mittelschule im Freistaat Sachsen.

1. Allgemeine Rahmenbedingungen und Länderspezifika des bildungspolitischen Transformationsprozesses

Die Entwicklung des Schulsystems in Ostdeutschland ist einerseits von einem radikalen institutionellen Wandel gekennzeichnet, der mit ebenso gravierenden Veränderungen der Lebenswelt der Kinder, Jugendlichen und ihrer Familien einhergeht (vgl. Schubarth/Stenke/Melzer 1996), - in diesem Zusammenhang kommen westdeutsche Modelle zum Tragen; auf der anderen Seite ist dieser Prozeß von erheblichen Kontinuitäten gekennzeichnet (vgl. Tillmann 1996), vor allem durch die Übernahme einer Lehrerschaft, die in hohem Maße zumindest der Organisationsstruktur des alten Schulsystems zustimmte (vgl. zum Transformationsprozeß insgesamt u.a.: Dudek/Tenorth 1994, Krüger/Helsper/Wenzel 1996, Melzer 1996).

Neben allgemeinen Rahmenbedingungen (z.B. Entscheidungen zur Reform der Schulverfassung in der Endphase der DDR, Vereinbarungen im Rahmen der Verhandlungen zur deutschen Einheit, Anerkennung der KMK- und BLK-Beschlüsse und deren Anwendung auf die neuen Länder), die für die Entwicklung des Schulsystems in allen ostdeutschen Bundesländern relevant sind, treten mit dem Prozeß der Konstituierung der Bundesländer und der Beratung spezifischer Schulgesetze ländertypische Entwicklungen ein. Ihre Richtung hängt im wesentlichen von der jeweiligen parteipolitischen Willensbildung und den Patenschaften mit bestimmten Altbundesländern ab.

Daher verbieten sich pauschalisierende Einschätzungen von diesem Zeitpunkt an. Da ein umfassender Vergleich den vorgegebenen Rahmen sprengen würde, will ich mich im folgenden auf die Schulentwicklung im Freistaat Sachsen konzentrieren. Hier ist der Gedanke der Einführung eines teilintegrierten Schulsystems - neben dem Gymnasium wird die sog. Mittelschule als zweite Säule des allgemeinbildenden Schulsystems eingeführt - am konsequentesten realisiert. Im Gegensatz z.b. zu Thüringen oder Sachsen-Anhalt, die ebenfalls auf die Einführung der Hauptschule verzichten, werden im Freistaat Sachsen, neben den beiden genannten, keine weiteren Schulformen (z.b. Gesamtschulen) eingerichtet. Ebenfalls im Unterschied zu den anderen Neuländern hat Sachsen schon im Jahre 1991 ein endgültiges Schulgesetz verabschiedet und auf Vorschaltgesetze und juristische Übergangsregelungen verzichtet.

Die Transformation des Schulsystems sollte nach der politischen Willensbildung einerseits unter der Maßgabe erfolgen, einen „dritten Weg" im parteipolitisch festgefahrenen Streit der Altländer (Gesamtschule vs. Dreigliedrigkeit) einzuschlagen, andererseits wurde zunächst fast ausschließlich auf Unterstützung aus dem Bundesland Baden-Württemberg zurückgegriffen. Diese Einflüsse sind z.b. an den Lehrplänen und den zentralen Abschlußprüfungen abzulesen.

Die eingangs angesprochene Kontinuität der Lehrerschaft gilt auch für Sachsen. Allerdings wurde hier auch eine deutliche Auslese getroffen. Aus politischen, fachlichen und bildungsökonomischen Gründen wurden bis heute - trotz Teilzeitvereinbarungen in einigen Bereichen - insgesamt ca. 17000 Lehrerinnen und Lehrer entlassen (vgl. hierzu und zum folgenden Stenke/Melzer 1996).

2. Die Mittelschule als Kernstück der Zweigliedrigkeit

Die konsequente Zweigliedrigkeit, von der bereits die Rede war, steht im Zusammenhang mit einer Kurskorrektur und personellen Veränderungen an der Spitze des Kultusministeriums ab Anfang 1991. Der bis dahin verfolgte Plan einer pluralen Organisationsstruktur (auch die Gesamtschule war im ersten Referentenentwurf als Schulform vorgesehen) wurde zugunsten eines „Zwei-Säulen-Modells", bei der das in Nordrhein-Westfalen bereits früher diskutierte Konzept des Bildungssoziologen Klaus Hurrelmann Pate gestanden hat, aufgegeben. Mit der Mehrheit der Stimmen von CDU und FDP wurde das neue Schulgesetz im Juli 1991 vom Sächsischen Landtag verabschiedet; es trat am 1. August desselben Jahres in Kraft und sah ein Übergangsschuljahr vor, in dem die Umwandlungen der EOS und POS in Grundschulen, Mittelschulen und Gymnasien von den neu entstandenen Schulämtern und den drei Oberschulämtern vollzogen werden sollte. Jede neue Schule entstand an dem Ort einer alten. Teilweise wurden mehrere Schulformen in einem Gebäude untergebracht. In anderen Fällen reichte dieses nicht aus, so daß Außenstellen eingerichtet wurden. Lehrer mußten sich für Schulformen und bestimmte Schulen bewerben und konnten häufig bei ihren Wunschschulen (Gymnasien) nicht berücksichtigt werden. Neue Schulleiter wurden kommissarisch eingesetzt und später ernannt; bis heute sind diese Verfahren zum Teil noch nicht abgeschlossen.

Es ist erstaunlich, daß dieser Prozeß nicht im Chaos endete und vor allem die Schülerschaft diesen Umgestaltungsprozeß gut bewältigt hat - wenngleich auch Kritikpunkte anzumerken sind, z.B. das Fehlen einer gesetzlichen Verankerung der Schulnetz- und Schulentwicklungsplanung, was bereits in der Vergangenheit zu erheblichen Problemen vor allem im ländlichen Raum und den peripheren Regionen geführt hat (vgl. Böttcher 1992, S. 301).

Die Mittelschule wird als Kernstück der sächsischen Schullandschaft verstanden und soll neben einer allgemeinen eine berufsvorbereitende Bildung vermitteln. Somit wird die Grundlage für eine berufliche Ausbildung wie auch für weiterführende schulische Bildungsgänge geschaffen.

Die Klassenstufen 5 und 6 haben orientierenden Charakter und sind in ihren Lehrplänen und Stundentafeln denen des Gymnasiums gleich; diese Konstruktion soll einen Wechsel der Schüler auch noch nach Klasse 5 und 6 ermöglichen. Der Unterricht erfolgt im Klassenverband, die Möglichkeit für Förderunterricht ist ebenso gegeben wie die Binnendifferenzierung. Mit Eintritt in Klasse 7 beginnt eine auf Abschluß und Leistungsentwicklung bezogene Differenzierung des Unterrichts nach jeweils eigenständigen Lehrplänen in den Kernfächern (Deutsch, Mathematik, Physik, Chemie und erste Fremdsprache). Der Unterricht in den Kernfächern kann in Leistungsgruppen oder -klassen durchgeführt werden; die Entscheidung über die Differenzierungsform liegt bei den Schulen und wird reglementiert durch Organisationserlasse.

Ein weiteres Element der Mittelschule in Sachsen sind die Profilfächer. Diese sollen einerseits eine Orientierungsfunktion im Hinblick auf eine spätere Berufsausbildung besitzen, andererseits den handlungsorientierenden und „praktischen" Charakter der Schule betonen. Darüber hinaus verspricht man sich vom Profilunterricht ein wichtiges Element der Motivierung der Schülerinnen und Schüler. In der siebten Jahrgangsstufe entscheiden sich diese - ihrer Neigung und ihrem Leistungsvermögen entsprechend - jeweils für ein Profil. Schüler, die den Hauptschulabschluß anstreben, können zwischen vier Profilen wählen: dem technisch-wirtschaftlichen, dem sozial-hauswirtschaftlichen, dem musischen und dem sportlich-technischen. Für Schüler, die den Realschulabschluß erwerben wollen, kommen zwei weitere Profile hinzu: das wirtschaftlich-technische und das sprachliche. Jedes dieser Profile wird ab Klasse 9 durch eine informationstechnische Grundbildung ergänzt.

Folgende Abschlüsse können an der Mittelschule erworben werden: mit erfolgreichem Abschluß der Klasse 9 wird der Hauptschulabschluß vergeben, nach einer weiteren Leistungsfest-stellung der sog. qualifizierende Hauptschulabschluß, der dem Schüler den Übergang in die zehnte Klasse und damit potentiell den Realschulabschluß ermöglicht. Nach erfolgreichem Besuch der Klasse 10 mit bestandener Abschlußprüfung (zentrale Prüfungen in allen schriftlichen Fächern) erwerben die Schüler den Realschulabschluß.

3. Probleme und Entwicklungsaufgaben der Mittelschule

Probleme und Entwicklungsaufgaben der Mittelschule liegen - so erste Evaluationsergebnisse (vgl. Stenke/Stumpp/Melzer 1994, Stenke/Melzer 1996) - in folgenden Bereichen:

Probleme der abschlußbezogenen Differenzierung an der Mittelschule: Auf Grund organisatorischer Rahmenbedingungen herrscht an der überwiegenden Mehrzahl der Schulen eine Differenzierung in homogenen abschlußbezogenen Klassen vor. Pädagogische Bemühungen, wie sie in der Schulordnung vorgesehen sind, spielen nur eine untergeordnete Rolle. Damit fällt die schulische Realität hinter die Gestaltungsmöglichkeiten von Schulordnung und Schulgesetz zurück. Es existieren kaum pädagogisch-didaktische Konzepte für differenziertes und integratives Unterrichten an der Mittelschule. Auch im Hinblick auf die Leistungsbewertung herrscht Unsicherheit, vor allem in bezug auf die Schüler in den Hauptschulklassen, die an den Leistungsmöglichkeiten für den Realschulabschluß gemessen werden und dadurch im Durchschnitt zensurenmäßig schlecht abschneiden. Außerdem führen Differenzierung und Profilbildung neben geschlechterpolarisierenden Effekten auch zu einem Hauptschulproblem: in den Hauptschulklassen sind Schüler mit Lernschwierigkeiten, Sitzenbleiberproblematik und geringer

Schul- und Leistungsmotivation überrepräsentiert. Dieses Klientel trifft auf eine Lehrerschaft mit den oben geschilderten Problemen im methodisch-didaktischen Bereich.

Probleme des Profilbereiches: Die Mehrzahl der sächsischen Mittelschulen bietet vier Profile an: vorwiegend das technische und das wirtschaftliche, gefolgt vom sozial-hauswirtschaftlichen und dem sprachlichen Profil. Einige wenige Schulen haben das musische Profil im Angebot, sei es ausschließlich, sei es in Kombination mit einem oder mehreren anderen. Ausnahme sind Schulen mit sportlichem Profil und ein einzelner Schulversuch zum naturwissenschaftlichen Profil. Diese starke Zersplitterung und frühzeitige Spezialisierung durch das Angebot von sechs Profilen ab Klasse 7 macht einen Schulwechsel oder eine Korrektur einer verfehlten Schullaufbahnentscheidung sehr schwierig. Letzteres wird noch durch die Tatsache verstärkt, daß die Profile zum Teil abschlußbezogen angelegt sind. Schüler, die sich in Klassen mit dem Ziel Hauptschulabschluß befinden, haben nur eine eingeschränkte Wahlmöglichkeit, die zum Teil gegen Null strebt, wenn an der besuchten Schule nur ein für den entsprechenden Bildungsgang mögliches Profil eingeführt wird. Dies wird noch verschärft durch die Geschlechtertrennung in den Profilen. Die Mädchen wählen nur sehr selten das technische und überwiegend das sozial-hauswirtschaftliche Profil; die Jungen genau umgekehrt, ergänzend noch das sportlich-technische Profil. Das sprachliche Profil wird von den Mittelschülern insgesamt wenig gewählt - und wenn, dann unter der Prämisse, später auf ein allgemeinbildendes Gymnasium zu wechseln. Da die Profile in ihrer inhaltlichen Ausgestaltung und ihren praktischen Anteilen sehr unterschiedlich angelegt sind, kann im Grunde nicht von einer Gleichwertigkeit der Profile ausgegangen werden. Auch hat eine enge Auslegung der berufsvorbereitenden Funktion mit einer frühzeitigen Spezialisierung zu dieser Entwicklung beigetragen.

4. Qualität des Schulsystems - Unterschiede der Einzelschulen

Neben Fragen der Differenzierung und Profilierung stellt sich aber für die einzelnen Schulen auch die Aufgabe der inneren Gestaltung, der Vernetzung in der Region, der Entwicklung einer (neuen) Entwicklung von Schulkultur und Schultradition. Damit ist der große Diskussionskomplex über die Schul-

qualität angesprochen. Auch dieser Themenbereich ist mittlerweile gründlich
erforscht (vgl. Melzer/Stenke 1996). Die wesentlichen Untersuchungsbefun-
de, die auch zu einer Einschätzung der Bildungslandschaft im Freistaat Sachsen insgesamt führen können, lassen sich in Kürze - wie folgt - charakterisieren:

Auf der Basis von Schüler-, Lehrer- und Elternbefragungen wurde ein
„Schulqualitätsindex" entwickelt, mit Hilfe dessen Schulformen und Einzelschulen unter relevanten pädagogischen und schulorganisatorischen Gesichtspunkten miteinander verglichen werden können (vgl. Abb. 1).

Abb.1: Schulqualitätsindex zweier Dresdener Schulen

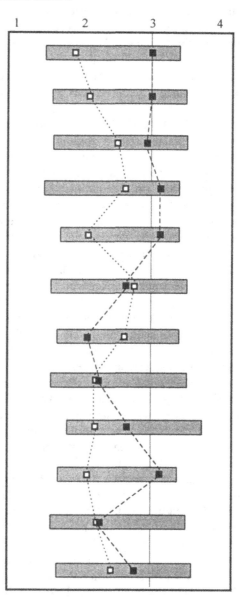

Schulatmosphäre
(1 = sehr gut)

Klassenatmosphäre
(1 = sehr gut)

Schulfreude
(1 = sehr hoch)

Gewaltvorkommen
(1 = wenig)

Räumliche Gestaltung
(1 = sehr gut)

Außerunterrichtliches Angebot (1 = sehr zufrieden)

Lehrer-Schüler-Beziehung
(1 = sehr gut)

Förder- und Integrationskompetenz der Lehrer (1 = sehr hoch)

Partizipationsmöglichkeiten
(1 = sehr gut möglich)

Leistungsstatus der Schüler
(1 = sehr hoch)

Schulangst
(1 = sehr gering)

Unterstützung durch die Eltern
(1 = sehr groß)

Legende: Abgebildet sind die Werte einer Schule mit höherer Schulqualität (Mittelschule) und
einer weiteren mit geringerer Schulqualität (ebenfalls eine Mittelschule)

Die Ergebnisse der Schülerbefragungen basieren auf einer repräsentativen Stichprobe von über 4000 sächsischen Mittelschülern und Gymnasiasten (Jahrgänge 6 und 9), die zu den sozialökologischen Bedingungen ihres Lernens und ihrer Schule befragt wurden.

Der oben abgebildete Kriterienkatalog für Schulqualität wurde im Anschluß an die - auch international - zu diesem Thema geführte Debatte auf der Basis einer explorativen Faktorenanalyse entwickelt und kann als Instrument der Schulevaluation sowie der Schulentwicklung eingesetzt werden. Die einzelne Faktorvariable (z.B. Schulatmosphäre) setzt sich aus jeweils mehreren Einzelvariablen zusammen. Die horozontal angeordneten Säulen des Histogramms veranschaulichen die Varianz eines Faktors, in deren Mitte (nicht eingezeichnet) der Durchschnittswert aller Schulen der Repräsentativbefragung liegt. An diesem Wert können sich die Einzelschulen mit ihrem spezifischen Evaluationsprofil, das in der Graphik am Beispiel von zwei Mittelschulen dargestellt ist, orientieren. Das jeweilige Profil kann aber auch immanent ausgewertet werden und, z.B. durch schulinterne Diskussion, für die von wissenschaftlicher Seite Supervision und Organisationsberatung bereitsteht, nutzbar gemacht werden für Kurskorrekturen im pädagogischen Alltag bzw. am pädagogischen Konzept.

Das Profil der beiden Schulen in der Abbildung 1 zeigt für die Mittelschule mit den durchschnittlich schlechteren Qualitätswerten (schwarze Markierung, gestrichelte Linie), daß auch diese in bestimmten Bereichen ihre Stärken hat (z.B. bei der Schüler-Lehrer-Beziehung und der Förder- und Integrationskompetenz der Lehrer).

Die Bedeutung des Einzelschulaspektes soll im folgenden am Beispiel der Schulatmosphäre verdeutlicht werden. Dieser Faktor beinhaltet vier Einzelitems mit Aussagen zur Transparenz der Schule , zum sozialen Miteinander und zur guten Lernatmosphäre. In unserer Stichprobe sind die beiden Schulen mit der besten Schulatmosphäre mit jeweils 76% der Schüler, die eine sehr gute bzw. gute Atmosphäre attestieren, eine Mittelschule und ein Gymnasium. Am unteren Ende der Rangreihe sind ebenfalls beide Schulformen vertreten. Diese Ergebnisse belegen, daß die Schulform kein alleingültiges Erklärungsmuster für das Zustandekommen einer guten Schulatmosphäre darstellt. Dieser Teilbefund bestätigt sich bei einer Durchmusterung des gesamten Qualitätsindexes für die weit überwiegende Mehrzahl der Einzelelemente: von den 25 Kriterien, die der Qualitätsindex umfaßt, zeigen lediglich vier signifikante schulformspezifische Unterschiede. Diese verweisen aber direkt oder mittelbar auf das Herkunftsmilieu der Kinder (z.B. schulisches Aspirationsniveau, Leistungsstatus, Sozialverhalten). Bei der überwiegenden Mehrzahl der Kriterien (z.B. Schulklima, Klassenklima, räumliche Aspekte der Schulgestaltung, professionelles Lehrerverhalten, Schüler-Lehrer-Beziehung, Schülerpartizipation) bestehen keine systematischen Schulformunterschiede, d.h.: wie nach den vorliegenden Schulforschungsbefunden zu erwarten (vgl. u.a. Rutter u.a. 1979, Fend 1986, Aurin 1996) unterscheiden sich die Einzelschulen erheblich voneinander. Auch schulinterne Differenzierungen konnten bei den einzelnen Qualitätskriterien festgestellt werden (z.B. unterschiedliche Klimawerte für einzelne Klassen; unterschiedliche Konfigurationen von durchschnittlichen Klimawerten der Klassen einer Schule in Relation zur Schulatmosphäre), so daß sich die Frage der Schulentwicklung nicht pauschal, sondern nur im Kontext sehr komplexer, regionaler und auf die Einzelschule (ihr Konzept, ihre Pädagogen, Schulleitung, Eltern, Schüler etc.) bezogener Modellvarianten beantworten läßt.

Auf dieser Linie liegt auch die Perspektive der Schulentwicklungsforschung, deren Institutionen sich nacheinem neuen Selbstverständnis als Partner der Schulen und der Schulaufsicht verstehen und sich daher künftig stärker als bisher in die Entwicklung der Schulpraxis und des Schulalltags einbringen werden. Hier entsteht ein riesiges Aufgabenfeld für die Universitäten und dort für die schulbezogene Forschung, da die referierten Untersuchungsergebnisse einen zentralistischen Wissenstransfer, z.B. in ministeriellen Beratungsgremien, als unzureichende Partizipationsform erscheinen lassen; statt dessen wäre das Gewicht auf eine Befriedigung der Anfragen und Beratungsgesuche von Einzelschulen und regionalen Planungsinstanzen zu legen. Als Idealfall kann eine koordinierte Zusammenarbeit aller Planungsorgane und Kompetenzträger im Rahmen einer gesetzlich abgesicherten Schulnetz- und Schulentwicklungsplanung angesehen werden.

Für die Schulformdebatte, d.h. die Frage nach der bestmöglichen Organisationsstruktur von Schule, verbieten sich pauschalisierende Aussagen, da die vorliegenden Untersuchungsergebnisse nicht die „Überlegenheit" eines Modells gegenüber dem anderen haben belegen können. Aus der Bewährung unterschiedlicher Einzelschulen (Mittelschulen und Gymnasien; in anderen Bundesländern auch z.B. bestimmte Gesamtschulen) und der Möglichkeit der Gestaltung jeder Schule unabhängig von der Schulform, ließe sich allenfalls die Forderung nach einer Pluralität des Bildungssystems und seiner Schulformen ableiten. Für eine größere Liberalität und Pluralität bei der Gestaltung des Schulsystems und des Schulalltags spräche auch der gegenwärtige gesellschaftstheoretische Wissensstand, der zudem die Perspektive des Individuums in das Blickfeld rückt. Danach wären Lehrerbefindlichkeiten ebenso zu beachten wie die Einstellungen und bildungbiographischen Gestaltungsmöglichkeiten der Schüler - nicht zu vergessen die Eltern, denen als direkte und mittelbare Akteure der Bildungsreform in der Regel zu wenig Beachtung geschenkt wird.

Das Merkmal der gegenwärtigen Staatsschule ist jedoch, daß sich ihre Gestaltung im wesentlichen unter Maßgabe parteipolitischer und fiskalischer Gesichtspunkte vollzieht.

Literatur

Aurin, K. (Hrsg.): Gute Schulen - worauf beruht ihre Wirksamkeit? Bad Heilbrunn 1990.

Böttcher, W.: Das Schulnetz in den neuen Ländern. In: Recht der Jugend und des Bildungswesens 40/1992, S. 290-304.

Dudek, P./Tenorth, H.-E. (Hrsg.): Transformationen der deutschen Bildungslandschaft. Weinheim und Basel 1994.

Fend, H.: „Gute Schulen, schlechte Schulen" - Die einzelne Schule als pädagogische Handlungseinheit. In: Die Deutsche Schule H. 3/1986, S. 275-283.

Helsper, W./Krüger, H.-H./Wenzel, H. (Hrsg.): Schule und Gesellschaft im Umbruch. Bd. 2 Trends und Perspektiven der Schulentwicklung in Ostdeutschland. Weinheim 1996.

Melzer, W.: Zur Transformation des Bildungssystems in Ostdeutschland - Veränderungen im Verhältnis von Schule, Elternhaus und Jugendkultur. In: Helsper/Krüger/Wenzel 1996, S. 49-69.

Melzer, W./Sandfuchs, U. (Hrsg.): Schulreform in der Mitte der 90er Jahre. Opladen 1996.

Melzer, W./Stenke, D.: Schulentwicklung und Schulforschung in den ostdeutschen Bundesländern. In: Rolff, H.-G. u.a. (Hrsg.): Jahrbuch der Schulentwicklung Bd. 9. Weinheim und München 1996, S. 307-336.

Rutter, M. u.a.: Fünfzehntausend Stunden. Schulen und ihre Wirkungen auf Kinder. Weinheim 1980.

Schubarth, W./Stenke, D./Melzer, W.: Schule und Schüler-Sein unter neuen gesellschaftlichen Bedingungen. In: Flösser, G./
Otto, H.-U./Tillmann, K.-J. (Hrsg.): Schule und Jugendhilfe. Neuorientierung im deutsch-deutschen Übergang. Opladen 1996, S. 101-117.

Stenke, D./Stumpp, A./Melzer, W.: Die Mittelschule im Transformationsprozeß des sächsischen Bildungswesens. Ergebnisse von Expertenbefragungen und Dokumentenanalysen. Dresden 1994.

Stenke, D./Melzer, W.: Hat das Zwei-Säulen-Modell eine bildungspolitische Zukunft? Eine erste Bilanz der Schulentwicklung in Sachsen. In: Melzer/Sandfuchs 1996, S. 67-85.

Tillmann, K.-J.: Von der Kontinuität, die nicht auffällt - Das ostdeutsche Schulsystem im Übergang von der DDR zur BRD. In: Melzer/Sandfuchs (Hrsg.) 1996, S. 13-22.

Werner Helsper / Jeanette Böhme / Susann Busse /
Jörg Hagedorn / Sandra Hommel / Rolf Kramer /
Angelika Lingkost / Heike Schaarenberg[1]

Schulkultur und Schulmythos - Skizzen und Thesen zur Entwicklung gymnasialer Schulkultur in den Neuen Bundesländern

Das Projekt „Institutionelle Transformationsprozesse der Schulkultur in ost-deutschen Gymnasien" wendet sich anhand ausgewählter Gymnasien in den neuen Bundesländern der Herausbildung und Diversifikation gymnasialer Kulturen seit der Wende zu. Im Mittelpunkt der Untersuchung steht zum ei-nen das Verhältnis der neu entstehenden Schul- und Bildungsmythen, die in den Auseinandersetzungen schulischer Akteure generiert und institutionali-siert werden, zu den interaktiven und partizipatorischen Strukturen der Schulkultur. Einen zweiten Fokus bildet die Analyse des Verhältnisses der einzelschulspezifisch ausgeformten Schulkultur und ihres dominanten My-thos zu den Lebens- und Bildungsgeschichten von Jugendlichen: Welche Le-bensführungsprinzipien und Habitusformationen werden von der je spezifi-schen gymnasialen Kultur anerkannt und welche werden mißachtet - oder: welche Schüler werden als Inkarnation des Schulmythos geadelt und welche als dessen Negation degradiert. Die Studie soll in die Erstellung, Kontrastie-rung und Theoretisierung von Schulportraits münden, die nicht im Sinne der üblichen summarischen Kombination von Schulmerkmalen erfolgt, sondern auf die Erschließung der Sinnstruktur, der Strukturkonflikte und -potentiale der Schulkultur zielt.

Im folgenden werden erstens wesentliche Ausgangspunkte und theoreti-sche Konstrukte skizziert. Zweitens erfolgt eine erste, verknappte und vorläu-

---

1 Diese Arbeit ist im Zusammenhang des von der Deutschen Forschungs-Gemeinschaft ge-förderten Projektes „Institutionelle Tansformationsprozesse der Schulkultur in ostdeut-schen Gymnasien" entstanden, das im Zentrum für Schulforschung und Fragen der Leh-rerbildung an der Universität Halle durchgeführt wird. (Laufzeit vom 1. 10. 1995 bis 30. 9. 1997). Projektleiter ist Prof. Dr. Werner Helsper, (Universität Mainz), wissenschaftliche Mitarbeiter sind Jeanette Böhme, Rolf Kramer und Angelika Lingkost; als wissenschaftli-che Hilfskräfte arbeiten Susann Busse, Jörg Hagedorn, Sandra Hommel und Heike Schaa-renberg.

fige Skizze zu Schulkultur und Schulmythos an einem ostdeutschen Gymnasium. Den Abschluß bilden Thesen zu den Folgen der demographisch ausgelösten Schulkonkurrenz für Schulkultur und Schulprofilierung.

1. Theoretische Rahmung - Schulkultur, Schulmythos und institutionelle Transformationskurve

Für das auf den ersten Blick „unscharfe Konzept" Schulkultur (vgl. Terhart
1994) spricht, daß die innere institutionelle symbolische Wirklichkeit der
Einzelschulen als Ergebnis der Auseinandersetzung individueller und kollektiver Akteure um die Definition und Durchsetzung symbolischer Ordnungen,
vor dem Hintergrund unterschiedlicher Partizipationschancen und ungleicher
Ressourcen in der diachronen Fortschreibung oder Transformation (institutionelle Verlaufskurve) der Schule umfassend in den Blick gerät. Spezifische
Schulkulturen bilden sich durch die spannungsreichen Auseinandersetzungen
verschiedener Lehrergruppierungen, Lehrergenerationen und Fachkulturen
im Zusammenspiel mit der Schüler- und Elternschaft einer Schule heraus.
Diese Auseinandersetzungen um die Definition von Schulbildern und -ord-
nungen finden im Rahmen bildungspolitischer Strukturentscheidungen vor
dem Hintergrund historisch spezifischer Rahmenbedingungen und sozialer
Auseinandersetzungen um die Durchsetzung und hierarchisierende Distinktion pluraler, kultureller Ordnungen statt (vgl. Helsper 1995). In diesen Prozessen institutionalisierenden Handelns bilden sich jeweils „dominante"
Sichtweisen und Deutungsmuster zu Schule, Pädagogik und Unterricht heraus. Im Regelfall wird hier nicht von einer „homogenen", konsensuellen,
sondern von einer Schulkultur ausgegangen, in der spezifische Schulmythen
dominieren. Im Zusammenspiel zwischen dominierenden Lehrer-, Eltern-
und Schülergruppen - einer je schulspezifischen Kopplung dominanter primärer und sekundärer Habituskonfigurationen - werden Strukturen der
Schulkultur generiert, in denen die dominanten Schul- und Bildungsmythen
der jeweiligen Schule hervorgebracht werden, die wiederum grundlegend für
den „Ruf" der jeweiligen Schule werden (vgl. Wexler 1992). Der jeweils dominante Schul- und Bildungs-Mythos eröffnet unterschiedliche Möglichkeiten der Auseinandersetzung für unterschiedliche Schülergruppierungen mit
der institutionalisierten Schulkultur um die Konstituierung ihres Selbst im

Rahmen schulischer Bildungsgeschichten und Jugendbiographien (vgl. Helsper 1995). Während Holtappels drei zentrale Komponenten der Schulkultur unterscheidet - Lern-, Erziehungs- und Organisationskultur (vgl. Holtappels 1995) - werden hier vier zentrale Dimensionen der Schulkultur differenziert:

1. in fachkulturellen Schwerpunkten und Traditionen wurzelt die „inhaltlich-unterrichtliche" Dimension der Schulkultur, die der jeweiligen Schule ihr fachlich-inhaltliches Profil gibt. Diese fachkulturelle Konstellation im Sinne der Kooperation oder Dominanz einzelner Fächergruppen kann durch fachübergreifende Zuschnitte im Sinne eines neu modellierten Schulprofils ergänzt oder ersetzt werden.

2. wird die Schulkultur durch die einzelschulspezifisch ausgeformte „Selektivität", also die Härte der Auslese, das Verhältnis von Selektion und Förderung sowie das eingeforderte „Leistungsethos" bestimmt. Tendenziell entkoppelt vom inhaltlichen Profil führt dies zu gravierenden Unterschieden im Leistungsprofil von Gymnasien (vgl. Habel u.a. 1992). Damit werden Kinder bildungskapitalstarker Milieus von „schweren Gymnasien" angezogen und Kinder anderer Milieus abgestoßen.

3. Die dritte Dimension der Schulkultur wird durch die von Schule zu Schule variierenden dominanten pädagogischen Orientierungen gebildet: Etwa die Vorstellungen eines angemessenen Lehrerhandelns, die konkrete Ausformung des Umgangs mit den Schülern und den konstitutiven pädagogischen Antinomien von Person vs. Sache, Autonomie vs. Heteronomie, Nähe vs. Distanz, Differenzierung vs. Einheitsvorstellungen etc. (vgl. Helsper 1996). Darin formt sich die spezifische pädagogische Qualität der Schulkultur aus. Dabei kann es zwischen Leistungsorientierung und pädagogischen Konzepten zu gravierenden Spannungen kommen (vgl. Altrichter u.a. 1994).

4. Die vierte Dimension der Schulkultur bezieht sich auf die organisatorisch gerahmten und spezifisch institutionalisierten Kommunikations-, Partizipations- und Entscheidungsstrukturen. Diese umfassen die Ebene genereller Entscheidungsregeln, die rechtlich verankerten Partizipationsgremien der Schule, deren konkrete einzelschulspezifische Ausformung und darüber hinaus die einzelschulspezifische Kreation von Partizipationsmöglichkeiten bis zur Ebene des „informellen", des „mikropolitischen" Aushandelns von Entscheidungen (vgl. Altrichter/Salzgeber 1995).

Dieses Verständnis von Schulkultur setzt sich von anderen Schulkulturkonzepten ab: Erstens von einer normativen Fassung, in der Schulkultur als Kennzeichen einer „guten Schule" begriffen wird; zweitens von einem Schulkulturbegriff als Vielfalt kultureller Aktivitäten des Schullebens (vgl. z.B. Reiß/von Schoenebeck 1987); drittens von einem Verständnis, das dazu neigt, die Schulkultur vor allem als eine ganzheitliche „pädagogische" und konsensuelle Kultur zu begreifen (vgl. Aurin u.a. 1993). Hier werden - aus einer hermeneutisch rekonstruktiven, ethnographischen Perspektive - Schulen generell als kulturelle Gebilde mit einer differentiell ausgebildeten Sinnstruktur verstanden, die es im Durchgang durch das institutionalisierende Handeln der Schulgrupppen, deren Regelgeleitetheit, Wert- und Normimplikate, die institutionellen und subjektiven Selbstthematisierungen zu rekonstruieren gilt. Die Rekonstruktion der Schulkultur ist damit nicht durch die Darstellung der subjektiven Selbsttheamtisierungen der Akteure oder die institutionellen Repräsentanzen der Institution - etwa Schulprogramme oder Schulbilder - zu erreichen, geschweige denn durch eine additive oder deskriptive Aneinanderreihung spezifischer Merkmalsausprägungen einzelner Schulen (vgl. Weishaupt 1995, Aurin u.a. 1993, Lönz 1996, Buhren/Rolff 1996). Die Analyse der Schulkultur muß vielmehr als die rekonstruktive Erschließung der Übereinstimmungen und Widersprüche zwischen latenten Handlungs- und Sinnstrukturen, den institutionellen schulischen Mythen, den sozialen Deutungsmustern und individuellen Repräsentationen des Schulalltages konzipiert werden (vgl. Oevermann 1993).

Hinsichtlich des Mythos-Begriffs könnten in diesem Zusammenhang Bedenken angemeldet werden. Warum nicht Programm, Schul-Philosophie, Ethos etc.? Dieser Begriff ist bewußt gewählt, weil er die orientierende Sinnstiftung in der widersprüchlichen Einheit von kreativem, imaginativem Entwurf und Verkennung aufspannt. Diese ambivalente Figur findet sich in vielen, durchaus divergierenden Mythos-Konzepten. Mit Bezug auf Oevermanns neuere religionssoziologische Überlegungen ist zu formulieren: Die modernisierte, individualisierte Lebenspraxis unterliegt der Fragentriade: Woher komme ich, wer bin ich, wohin gehe ich, die zugleich auf die triadische Figur von Schöpfungs-, Bewährungs- und Heilsmythen bzw. Erlösungshoffnungen bezogen ist. Die lebenspraktischen Entscheidungszwänge angesichts von Kontingenz und Ungewißheit zukünftiger Entwürfe - in reflexiven Modernisierungsschüben veralltäglicht und freigesetzt - implizieren, daß jede Lebenspraxis auf ihre Weise diese mythische Funktion übernehmen muß, die einst kollektiven Mythen zukam. Die professionelle Praxis ist nun als eine gesteigerte Form dieser widerspruchsvollen Lebenspraxis zu begreifen, die mitunter tiefreichend, mit großen Verantwortlichkeiten, angesichts strukturell nicht aufhebbarer Ungewissheitshorizonte und Risiken in die Lebenspraxis ihrer Klienten eingreift und dies in gesellschaftlich zugemuteten Strukturwidersprüchen, die das Scheitern in den paradoxen Handlungsaufforderungen auch der pädagogischen Profession nicht unwahrscheinlich macht (vgl. Combe/Helsper 1996). Schulmythen - die Schulmythen bilden eine spezifische Variante institutioneller pädagogischer Mythen - beziehen sich auf diese zutiefst antinomische Struktur in der Spannung einer imaginativen, kreativen Symbolisierung und Bewältigung sowie einer verkennenden Selbstillusionierung. Sie bilden den Versuch, die strukturell nicht stillstellbaren Antinomien sinnstiftend zu überbrücken. Es werden einerseits Bewährungsmythen mit „Heilsversprechungen" entworfen, die insbesondere den Schülern die Anstrengungen der asketischen Leistungsanforderungen, die fortwährende Inszenierung von Bewährungssituationen in Form von Tests, Klausuren, Zeugnissen etc. stellvertretend sinnhaft deuten. Es erübrigt sich nahezu darauf zu verweisen, daß in dem Maße, wie der klassische, deutsche Bildungsbegriff - als Ausdruck der spezifisch deutschen Ausformung des Bildungsbürgertums (vgl. Bollenbeck 1996) - durch die soziokulturellen Entwicklungen erodiert und abgeschliffen wird, die Formulierung schulischer Bewährungs- und Heilsmythen schwieriger wird. Andererseits wird - wie etwa Girard dies generell für die Mythenbildung herausarbeitet (vgl. Girard 1993) - über Schulmythen die symbolische Gewalt der Institution als sozialer Normalisierungs- und Selektionsinstanz unkenntlich gemacht, indem über Unterscheidungen hinweg Kollektivität und Verbundenheit hergestellt werden soll (vgl. Helper/Böhme 1997, Böhme 1996).

2. Fallskizze - Schulmythos und Schulkultur an einem Gymnasium in den Neuen Bundesländern

Die Bedeutung des Schulmythos kann anhand der ersten Abiturrede des Schulleiters eines traditionsreichen, aus einer EOS hervorgegangenen Gymnasiums nach der Wende verdeutlicht werden (vgl. die hier unzulässig verknappte Interpretation in Helper/Böhme 1997). Der Schulleiter befindet sich dabei in einer schwierigen, ja nahezu unlösbaren Situation: Er muß, wenige Jahre nach der Wende, inmitten der tiefreichenden Auseinandersetzungen und Fraktionsbildungen innerhalb der ostdeutschen Bevölkerung und der Herausbildung neuer Widersprüche in Form von Wendegewinnern und -verlierern eine Rede halten, in der das Abitur als gemeinsame Feier aller Anwesenden hervorgebracht wird, obwohl diese Widersprüche auch durch sein Publikum verlaufen. Hinzu kommt, daß er Abiturientinnen und Abiturienten würdigen und in ihrer Leistung anerkennen muß, die noch Schüler der alten Schule waren, also noch durch das „alte" Lernen gekennzeichnet und noch keine wirklich „neuen" Abiturientinnen sind. Und er muß darin zugleich die Schule bestätigen, die noch im Übergang, ein Mischungsverhältnis aus alter und neuer Schule darstellt. Dies wird dadurch verschärft, daß der Redner diese Spannungen implizit anspricht und - wenn auch durch die Frageform relativiert - sich besorgt über die Gefahr äußert, daß das Abitur zur „inflationären Massenware" verkommen könne, da der Zustrom von Schülern - bereits im jetzigen Abiturientenjahrgang - sich vervielfacht habe und das Gymnasium aus den Nähten platze. Damit stellt er das neue Abitur als etwas Zweifelhaftes dar und damit einen Teil der Abiturienten zugleich in Frage.

Angesichts der Gefahr, daß die Grundlage der Feier zu zerbrechen droht, wählt der Schulleiter die Möglichkeit einer zeitenthobenen Stellvertretererzählung: Anhand der exemplarischen Geschichte des Aufbruchs und der Entdeckungsfahrt von Kolumbus, kann er die Möglichkeiten und Hoffnungen, aber auch die Risiken und Befürchtungen des Aufbruchs zu neuen Ufern behandeln, ohne einem der Anwesenden zu nahe zu treten. Kolumbus wird somit zum Stellvertreter der AbiturientInnen und letztlich aller an der Feier Beteiligten. Dabei erscheint Kolumbus als ein vom Aufbruch ins Unbekannte und der Entdeckung des Neuen beseelter Mensch, jemand, der aus freien Stücken und tiefem Glauben heraus aktiv ins Unbekannte aufbricht, um gegen die Denkströmungen und die Engstirnigkeit seiner Zeit in der „öden Leere", dem Unbekannten und Ungewissen, Neues zu entdecken. Damit aber wird der beseelte Aufbruch ins Ungewisse und die krisenhafte und gefahrvolle Reise des „Neuerers" einerseits zum Verbindung stiftenden Mythos der Feier, denn der Umbruch, die Aufbrüche und Fahrten ins Ungewisse kennzeichnen alle. So können stellvertretend an Kolumbus die Gefahren und die furchtbaren Konsequenzen des Aufbruchs ins Neue in Form von Tod, Zerstörung, Ausbeutung oder Unterwerfung von Menschen abgehandelt werden - zeitenthoben, anhand einer berühmten Person der Weltgeschichte. Zugleich werden alle und vor allem die AbiturientInnen mit der Figur des vom Neuen beseelten Entdeckers identifiziert und die tiefreichenden Brüche zwischen Beharren und Verluststimmung sowie Aufbruch und Neuanfang eingeebnet. Daneben aber ist der Kolumbus-Mythos des beseelten Aufbruchs zu Neuem gegen die Regeln und Routinen der Umgebung der Stoff des Schulmythos, der Gründung der Institution aus dem Geist des Aufbruchs und der den Abiturienten angesonnene Bildungsmythos des ständigen Neuanfangens, der Offenheit und Experimentierfreude gegen den erstarrten Zeitgeist - quasi die Feier der Krise als Geburtsort des Neuen. In der Erzählung dieses Schul- und Bildungsmythos zeigen sich aber Inkonsistenzen. So wird der Aufbruch ins Ungewisse retrospektiv immer schon als Gewißheit kenntlich und wird die innengeleitete Suche nach Neuem bei Kolumbus für die AbiturientInnen in die Gestalt des „Steuermanns" Kolumbus transformiert, an dem man sich in diesen ungewissen Zeiten orientieren könne - also ein Modell der Außengeleitetheit. Zutiefst inkonsistent gegenüber dem Mythos des beseelten Aufbruchs ins Ungewisse aber werden die pädagogischen Appelle, die der Schulleiter an die AbiturientInnen richtet. Hier schieben sich traditionelle Tugenden wie Höflichkeit, Ordentlichkeit, Bescheidenheit in den Vordergrund - der Abiturient als Anstandsregeln folgender Konventionalist. Und schließlich erfolgt - wohl nicht intendiert aber als latente Sinnstruktur formuliert - der Aufruf an die AbiturientInnen, sich aus Verantwortung gegenüber anderen Menschen an der Verdrängung der Widersprüche und Probleme der Umbruchszeiten zu beteiligen und sie vor allem nicht störend und irritierend in der Feier selbst zu artikulieren.

Im Kolumbus-Mythos kann somit die Integration der fraktionierten Feiergemeinde hergestellt werden, indem alle - auch diejenigen, die die Wende als „Einbruch" in ihr Leben empfanden - auf ihr „Ebenbild" Kolumbus bezogen werden, der aus freiem Willen und eigenverantworteten Gründen ins Neue aufbricht und Gefahren und Risiken trotzt. Im Schul- und Bildungsmythos des ständigen Neuanfangens, der experimentellen Offenheit, wird ein Autonomie-Mythos kreiert, in dem ebenfalls die äußeren Zwänge, der Druck der Verhältnisse, die Umstellungen erzwingen, unterschlagen werden. Ein Mythos des ständigen, autonom gestalteten Neuanfangens, der aber in den pädagogischen Appellen zutiefst mit Heteronomie verschlungen bleibt. Dies könnte auf grundlegende Friktionen und starke Spannungen innerhalb der Schulkultur und deren Entwicklung verweisen.

Dies soll nur knapp angedeutet werden: Von Bedeutung ist hier die Tradition und die institutionelle „Verlaufskurve" der Neugründung. Der schon ältere Schulleiter, selbst einige Jahrzehnte Lehrer an dieser Schule, war als junger Lehrer hochgradig mit dem klassischen Elite-Gymnasium identifiziert. Er stand der - zuletzt nur noch zweijährigen - EOS-Bildung eher skeptisch gegenüber. Letztlich blieb er - über Freunde im Westen Deutschlands - auch in der DDR mit dem gymnasialen Gedanken verbunden. Zugleich unterrichtete er als EOS-Lehrer an einer hoch selektiven, elitären Schulform. In der Transformation der EOS in ein Gymnasium von Klasse 5 bis 12 konnte er als Schulleiter dieser Schule gezielt jene KollegInnen aus dem alten Kollegium auswählen, die er für „gymnasial" hielt und aufgrund seiner guten Kenntnisse der städtischen Schullandschaft gezielt durch weitere EOS-Lehrer ergänzen. Hinzu kam ein relevanter Teil jüngerer, zumeist POS-LehrerInnen, die zugeteilt wurden. In dem von ihm ausgewählten, vor allem älteren Teil des Kollegiums scheinen sich bei einer Anzahl der LehrerInnen ebenfalls gymnasiale Traditionen durch die EOS hindurch erhalten und mit hohen Leistungsmaßstäben wie mit einer Hochschätzung traditioneller Tugenden und Werte verbunden zu haben. Pointiert zeigt sich diese Orientierung am alten, klassischen Gymnasium etwa im Versuch, die Schule möglichst genau in ihrem Ursprungszustand der Jahrhundertwende zu restaurieren. Während es an westdeutschen Gymnasien nach und nach ein Abschleifen des klassischen, neuhumanistischen, hoch selektiven Elite-Gymnasiums gegeben hat, dessen idealtypisches Bild häufiger noch bei älteren Gymnasiallehrern als Folie einer Verlust-Stimmung dient, während dies bei jüngeren Lehrergenerationen eher in den Hintergrund tritt (vgl. Habel u.a. 1992, Pölz 1996), ist dies für die Neugründung von Gymnasien in Ostdeutschland komplizierter. Im Fall dieser Schule ist die Wiederherstellung des Gymnasiums zugleich der Verlust eines gymnasialen Bildes im Augenblick seiner Institutionalisierung. Das Gymnasium in der jetzigen Form ist zugleich die Enttäuschung und Verhinderung einer elitären, selektiven, klassischen gymnasialen Idee, die sich in Teilen der älteren DDR-Lehrerschaft unterschwellig gehalten hat. Dies bringt aber eine Ambivalenz gegenüber der jetzigen gymnasialen Entwicklung zum Ausdruck, die sich an dieser Schule etwa in zwei tendenziell entgegengesetzten Lehrergruppen zeigt: der älteren, an klassischen gymnasialen Bildern und EOS-Exklusivität orientierten und einer jüngeren, für die dieses gymnasiale Bild kaum bedeutsam ist. Zwischen diesen Gruppen scheint es tiefreichende Verständigungsschwierigkeiten und Fremdheiten zu geben, die auf Dauer die Entwicklung der Schulkultur belasten können.

Dem korrespondiert eine zweite Konfliktlinie innerhalb der Schulkultur: Einerseits existiert mit dem Bildungsmythos des autonomen, offenen, sich keinen Konventionen beugenden Neuanfangens ein Bild, das als Ausdruck einer gymnasialen Reflexionskultur verstanden werden kann. Andererseits ist dieses Bild mit Vorstellungen jugendlicher Lebensführung verbunden, die einen stark konventionellen Charakter aufweisen. Hier deutet sich an, daß gerade Jugendliche mit experimentellen, opponierenden Haltungen gegenüber einem eingeforderten traditionalistischen, bildungsbürgerlichen Gymnasialhabitus kritisch gesehen werden. Darin zeigt sich ein spannungsreiches Verhältnis von Bildungsmythos und jugendlichen Lebensformen in dem Sinne, daß jene jugendlichen Lebensformen, die dem Mythos nahekommen, zugleich auch diejenigen sind, die die konventionelle Ordnung des neu gegründeten Gymnasiums in Frage stellen und von dieser in Frage gestellt werden.

3. Abschließende Thesen - Gymnasiale Schulkultur im schulischen Verdrängungswettbewerb Ostdeutschlands

1. gehen wir davon aus, daß sich nach der Wende in den neu entwickelnden Gymnasien eine „Diversifikation" schulischer Mythen und Kulturen ergeben hat. Damit ist keineswegs die fiktive Konstruktion eines einheitlichen DDR-Schulsystems unterstellt (vgl. Zymek 1992). Aber die eher unterschwellige

und inoffizielle Differenziertheit des DDR-Schulsytems sowie die inoffiziellen und subkulturellen Bildungsmythen - etwa das Überdauern klassischer, traditionaler Gymnasialbilder in älteren Lehrergruppen der EOS (vgl. oben), aber auch unterschwellige reformpädagogische Traditionen - können offiziell freigesetzt werden. Allerdings nicht einfach freigesetzt, sondern es entstehen neue Möglichkeiten der Kombination von DDR-spezifischen und neuen Konzepten, Möglichkeiten für Rückgriffe, Revitalisierungen, die Anknüpfung an unterschwellig fortbestehende Tradierungen in Kombination mit DDR-spezifischen und neuen Elementen.

2. Diese Diversifikationen und Öffnungen für Schulmythen und Schulprofile - die Entstehung offensichtlicher Schulvielfalt - aber ist in den Prozessen der Institutionalisierung bereits auf die Bereitstellung, Generierung und Aktivierung von Ressourcen bezogen (institutionelle Transformationskurven). D.h. es kommt nicht einfach zu einer Pluralisierung, sondern zugleich zu einer Hierarchisierung. Schulen, die an den Ruf einer guten EOS, mit starkem Leistungsprofil und Sonderklassen anknüpfen konnten, eine größere Zahl erprobter EOS- oder neuer GymnasiallehrerInnen aufweisen, eine gezielte Rekrutierung zumindest relevanter Teile der Lehrerschaft vornehmen konnten, in kritischen Fächern (Englisch, Französisch etc.) kompetente LehrerInnen anwarben und von ihrem Standort und Ruf her SchülerInnen aus privilegierten Bildungsmilieus rekrutieren, besitzen bereits nach zwei, drei Jahren einen entscheidenden Vorteil gegenüber anderen Schulen. Neugründungen von Schulen etwa in freier Trägerschaft (teilweise mit Anknüpfung an ältere Traditionen) haben einerseits den Nachteil an keine direkten Vorläufer anknüpfen zu können, andererseits aber den mittelfristig entscheidenden Vorteil der freien Rekrutierung der Lehrerschaft mit Verpflichtung auf spezifische pädagogische und inhaltliche Orientierungen sowie einen breiteren Gestaltungsspielraum. In den Anfängen und Voraussetzungen der gymnasialen Transformationsprozesse bilden sich somit nicht nur die Grundlagen einer materialen Vielfalt gymnasialer Kulturen, sondern eventuell auch einer stärkeren sozialen Ungleichheit zwischen Gymnasien heraus.

3. Im Rahmen bildungspolitischer Reformen - etwa der Einführung der Förderstufe in Sachsen-Anhalt an Sekundarschulen - könnte sich diese Tendenz einer Verstärkung sozialer Ungleichheit zwischen den Gymnasien mit einem Trend zur verstärkten Profilierung und Absetzung von Elite-Gymnasien fortsetzen, übrigens gegen die um stärkere Chancengleichheit bemühten Reformabsichten. Dadurch, daß Schulen in freier Trägerschaft die Förderstufe nicht an Sekundarschulen abgeben, sondern die Klassen 5 und 6 behalten können und besonders leistungsexponierte Gymnasien mit stark ausgeprägtem inhaltlichen Sonderprofilen Ausnahmegenehmigungen erreichen können,

bilden sie Magneten für bildungskapitalstarke Familien, die darüber ihren
Kindern eine „gymnasiale Laufbahn" ab Klasse 5 ermöglichen können. Dies
könnte auf eine weitere Stärkung und Konsolidierung bereits jetzt profilierter
oder sich stark entwickelnder Gymnasien hinauslaufen und damit zu einer
zeitrafferartigen Überholung der westdeutschen Entwicklung führen, in der
Gymnasien in freier, insbesondere kirchlicher Trägerschaft zumindest in
städtischen oder stadtnahen Einzugsgebieten mit Schulwahlmöglickeiten, die
eindeutigen Gewinner im gymnasialen Schulkampf um Schülerströme und
privilegierte Kinder sind (vgl. Pölz 1996).

4. Angesichts der drastischen Reduzierung der Schülerzahlen im Sekun-
dar-Bereich ab dem Jahr 2000 kann von einem „Schulentwicklungs-Parado-
xon" gesprochen werden: Die kollektiven, schulischen Akteure dürfen in ihren Anstrengungen der glaubhaften Institutionalisierung von Schulmythen,
der Ausbildung inhaltlicher Profile sowie der Rufsicherung nicht nachlassen,
ohne daß auch nur näherungsweise sicherzustellen ist, daß damit das institutionelle Überdauern dieses spezifischen Gymnasiums angesichts des demographischen Einbruchs garantiert ist. Zu komplex ist hier die Gemengelage
aus Standortbedingungen, bildungspolitischen und administrativen Entscheidungen sowie kommunalen Machtallianzen. Mitentscheidend dürfte sein, in
welchem Maße die spezifische schulkulturelle Ausformung Schulen in die
Lage versetzt, sozialkapitalstarke Bildungsmilieus anzuziehen, einzubinden,
schulisch zu aktivieren und damit einen „Institutionen-Milieu-Komplex" zu
etablieren, der zu einem relevanten kollektiven Akteur im Rahmen der Beeinflussung bildungspolitischer und kommunaler Entscheidungen avancieren
kann. Hier nun scheinen uns die bereits in der Entstehungsphase entstandenen unterschiedlichen Bedingungen der einzelnen Gymnasien hoch bedeutsam für die Realisierung dieser Möglichkeiten.

5. Für die Leistungsdimension der Schulkultur scheinen uns aus diesen
Entwicklungen zwei gegenläufige Trends zu folge: Zum einen ein mehr oder
weniger deutlicher strukturell erzwungener „Leistungs-Bluff". Denn wenn
Gymnasien nur über den Ausweis hinreichender Schülerzahlen ihren Bestand
sichern können, dann könnte daraus eine weitere Expansion des Gymnasiums
folgen, mit der Konsequenz einer noch heterogeneren und - an „klassischen
Gymnasial"- oder EOS-Standards gemessen - „schwächeren" Schülerschaft.
Da Gymnasien aber ihre Leistungsstärke behaupten müssen, führt dies - und
zwar um so eher, je deutlicher Gymnasien ihr Leistungsethos betonen und je
stärker sie zugleich gezwungen sind, Schüler aus eher bildungsfernen Milieus
zu werben - zu schwer ausbalancierbaren Widersprüchen. Zum anderen ist
die Herausbildung harter Leistungskulturen an jenen Schulen zu erwarten,
die aus dem institutionellen Überlebenskampf als Elite-Gymnasien mit ent-

sprechenden elterlichen Bildungsmilieus im Hintergrund hervorgehen. Besonders deutlich könnte sich diese gymnasiale 'Leistungskultur hier ausprägen, weil erstens die zentrale Bedeutung persönlicher Leistung in Ostdeutschland nach der Wende zunehmend wichtiger eingeschätzt wird und deutlich über westdeutschen Werten liegt, was insbesondere auch auf die verschärfte Konkurrenzsituation und Unsicherheit der persönlichen Zukunftsoptionen verweist (vgl. Meulemann 1996, S.287ff.). Zweitens, weil sich in derartigen Elite-Gymnasien auf seiten der Lehrerschaft eine hohe Leistungsorientierung mit einem traditionalen Tugendkanon und strengen Disziplinanforderungen verknüpfen könnte, wie die durchgängig höhere Wertschätzung von Disziplin-, Gehorsams- und Autoritätsorientierungen in der ostdeutschen Bevölkerung (vgl. Gensicke 1996) und bei ostdeutschen LehrerInnen (vgl. Riedel u.a. 1994) vermuten lassen. Drittens ist davon auszugehen, daß gerade Eltern aus bildungskapitalstarken Milieus und aus neu entstehenden Eliten im Rahmen der soziokulturellen Milieubrüche (vgl. etwa Vester u.a. 1995, Schweigel u.a. 1996) ihre Kinder angesichts der langfristig zu erwartenden beruflichen Unsicherheit in verstärktem Maße auf Leistung und Anstrengung in Elite-Gymnasien verpflichten, um ihnen optimale Startchancen in der Statusplazierung zu verschaffen.

6. Insgesamt bildet der demographische Einbruch für die Entwicklung der gymnasialen Schulkulturen eine starke Gefährdung. Denn noch bevor es zu einer grundlegenden Konsolidierung nach den schulischen Umbrüchen kommt und auf dieser Basis eine mittel- und langfristige Schulkultur-Entwicklung erfolgen kann, werden die neu entstandenen Gymnasien und ihre Kollegien in eine institutionelle Konkurrenz gestürzt, die schnell präsentable Profile und gymnasiale Programmatiken erzwingt. Dies kann dazu führen, daß notwendige und anstehende Klärungen inhaltlicher, unterrichtlicher und umfassender pädagogischer Fragen, die Auseinandersetzung mit Problemen und Konflikten im Schulalltag - metaphorisch gesprochen: das Bohren „dikker pädagogischer Bretter" - auf der Strecke bleiben und die dafür erforderlichen personellen und psychosozialen Ressourcen in die „Aufpolierung" eines Schulprofils und schulischen Images gehen, insofern die weitere grundlegende Verunsicherung bei den Lehrkräften nicht zu einer prinzipiellen Demotivation und Verweigerungshaltung führt. „Profilbildung" und Schulprogrammatik als „Zauberworte" im institutionellen Überlebenskampf zeigen dann nicht die positive, von innen getragene Entwicklung von Schulkulturen an, sondern sind Anzeichen struktureller Zwänge und können mit tiefreichenden Strukturkonflikten und -widersprüchen in der Schulkultur einhergehen, die in diesen Bemühungen aber nicht bearbeitet, sondern zusätzlich verschärft werden.

Literatur

Altrichter, H./Radnitzky, E./Specht, W.: Innenansichten guter Schulen. Portraits von Schulen in Entwicklung. Wien 1994.

Aurin, K. u.a.: Auffassungen von Schule und pädagogischer Konsens. Stuttgart 1993.

Böhme, J.: „...das Irrenhaus zum Garten machen..." - „Dominante" Schulmythen im Spannungsfeld zwischen Repräsentation und Repression. Eine kontrastive exemplarische Fallrekonstruktion festlicher Schulreden. Halle 1996.

Bollenbeck, G.: Bildung und Kultur. Glanz und Elend eines deutschen Deutungsmusters. Frankfurt a. M. 1996.

Combe, A./Helsper, W. (Hrsg.): Pädagogische Professionalität. Frankfurt a. M. 1996.

Gensicke, T.: Modernisierung, Wertewandel und Mentalitätsentwicklung in der DDR. In: Bertram, H. u.a. (Hrsg.): Sozialer und demographischer Wandel in den Neuen Bundesländern. Opladen 1996, S. 101-141.

Girard, R.: Das Heilige und die Gewalt. Frankfurt a. M. 1992.

Habel, W. u.a.: Das Gymnasium zwischen Bildungsprogrammen und Realität. In: Rolff, H.G. u.a. (Hrsg.): Jahrbuch der Schulentwicklung Band 7. Weinheim/München 1992, S. 93-133.

Helsper, W.: Die verordnete Autonomie - Zum Verhältnis von Schulmythos und Schülerbiographie im institutionellen Individualisierungsparadoxon der modernisierten Schulkultur. In: Krüger, H.-H./Marotzki, W. (Hrsg.): Erziehungswissenschaftliche Biographieforschung. Opladen 1995.

Helsper, W.: Antinomien des Lehrerhandelns in modernisierten pädagogischen Kulturen: Paradoxe Verwendungsweisen von Autonomie und Selbstverantwortlichkeit. In: Combe, A./Helsper, W. (Hrsg.): Pädagogische Professionalität. Frankfurt a. M. 1996.

Helsper, W./Böhme, J.: Rekonstruktionen zu einer Mythologie der Schule. In: Kraimer, K. (Hrsg.): Die Fallrekonstruktion. Frankfurt a. M. 1997. (im Erscheinen)

Holtappels, H. G.: Schulkultur und Innovation - Ansätze, Trends und Perspektiven der Schulentwicklung. In: Ders. (Hrsg.): Entwicklung von Schulkultur. Neuwied 1995.

Lönz, M.: Das Schulportrait. Frankfurt a. M. 1996.

Meulemann, H.: Werte und Wertewandel. Zur Identität einer geteilten und wieder vereinten Nation. Weinheim/München 1996.

Oevermann, U.: Ein Modell der Struktur von Religiosität. In: Wohlraab-Sahr, J. (Hrsg.): Biographie und Religion. Frankfurt/New York 1995, S. 27-102.

Plath, M./Weishaupt, H.: Die Regelschule in Thüringen. Innenansichten von drei Schulen. In: Die Deutsche Schule 87, H. 3, 1995, S. 363-378.

Reiß, G./von Schoenebeck, M.: Schulkultur. Band 1 u. 2. Frankfurt 1987.

Riedel. K. u.a.: Schule im Vereinigungsprozeß. Frankfurt a. M. 1994.

Schweigel, K. u.a.: Das Eigene und das Fremde: regionale soziale Milieus im Systemwechsel. In: Bertram, H. u.a. (Hrsg.): Sozialer und demographischer Wandel in den Neuen Bundesländern. Opladen 1996, S.189-209.

Terhart, E.: Schulkultur. Hintergründe, Formen und Implikationen eines schulpädagogischen Trends. In: Zeitschrift für Pädagogik 40, H. 1, 1994, S.685-699.

Vester, M. u.a. (Hrsg.): Soziale Milieus in Ostdeutschland. Gesellschaftliche Strukturen zwischen Zerfall und Neubildung. Köln 1995.

Wexler, P.: Becoming Somebody. Towards a Social Psychology of School. London/Washington 1992.

Zymek, B.: Historische Voraussetzungen und strukturelle Gemeinsamkeiten der Schulentwicklung in Ost- und Westdeutschland nach dem zweiten Weltkrieg. In: Zeitschrift für Pädagogik 38, H. 6, 1992, S. 941-965.

Josef Keuffer

Schülermitbeteiligung im Fachunterricht in den neuen Bundesländern - Bericht über Ansatz und erste Ergebnisse eines Forschungsprojektes[1]

Im Zentrum des Projekts steht die Frage, welche Möglichkeiten der Schülermitbeteiligung es im Unterricht gibt. Bisherige Untersuchungen zur Schülermitbeteiligung begrenzen sich weitgehend auf außerunterrichtliche und nicht fachgebundene Fragestellungen. Ziel unseres Projektes ist demgegenüber die Untersuchung der Schülermitbeteiligung im gymnasialen Fachunterricht in den neuen Bundesländern. Auf der Grundlage allgemeindidaktischer Überlegungen zum Begriff der Schülermitbeteiligung und mit Bezug auf die neueren Entwicklungen in den Fachdidaktiken wird untersucht, welche fachgebundenen Formen der Schülermitbeteiligung für den Unterricht in den Fächern Englisch, Geschichte und Chemie/Physik in der gymnasialen Oberstufe bestimmt werden können. Mit Bezug auf diese Untersuchungen zum Ist-Stand der Schülermitbeteiligung soll der Begriff der Schülermitbeteiligung präzisiert werden, so daß sich die heute ausweisbaren Möglichkeiten der Schülermitbeteiligung und Perspektiven für ihre Erweiterung aufzeigen lassen. Für die Analyse und Bewertung des dokumentierten Unterrichts werden in der Pilotphase erarbeitete Verfahren der hermeneutischen Rekonstruktion eingesetzt, die mit qualitativen Verfahren der Auswertung von Lehrerinterviews und von Schüler-Gruppendiskussionen kombiniert werden.

Besonderes Gewicht bei der Rekonstruktion des Unterrichtsgeschehens durch Unterrichtsdokumentationen, Interviews und Gruppendiskussionen

---

1   *Antragsteller des Projektes:* Prof. Dr. Meinert A. Meyer (Projektleiter), Prof. Dr. Heinz Obst, Prof. Dr. Jan-Hendrik Olbertz, Dr. Josef Keuffer
Projektmitarbeiter: Matthias Trautmann
Zusammenarbeit mit weiteren WissenschaftlerInnen: Prof. Dr. Sibylle Reinhardt, Prof. Dr. Hans-Jürgen Pandel, Prof. Dr. Michael Lichtfeldt, Dr. Ingrid Kunze, Ralf Schmidt
Pilotphase des Projekts: 01.10.1995 - 30.09.1996
Zeitraum der beantragten Fortsetzung: 01.10.1996 - 30.09.1998

wird dem Zusammenhang von institutionell vorstrukturierten Anforderungen und individuellen Handlungsspielräumen von SchülerInnen und LehrerInnen zugemessen. Dabei werden Perspektiven der Allgemeinen Didaktik und der Fachdidaktiken miteinander verknüpft. Für die Erhebungen ist je ein Fach aus den drei Aufgabenfeldern der gymnasialen Oberstufe ausgewählt worden. (Englisch, Geschichte, Chemie/Physik). Untersucht wird, wie objektive Anforderungen mit Deutungsmustern von LehrerInnen und SchülerInnen korrelieren und welche Möglichkeiten selbstbestimmten Lernens die Akteure im Unterricht erkennen und realisieren können.

1. Allgemeine Angaben zum Forschungsdesign und zur Arbeit an den Schulen

Die Arbeitsgruppe untersucht exemplarisch einzelne Unterrichtsstunden in den Fächern Englisch, Geschichte und Chemie an zwei Gymnasien in Halle. Es werden Unterrichtsdokumentationen in Form von Videoaufnahmen in der Jahrgangsstufe 11 der beiden Schulen erstellt. Die Jahrgangsstufe 11 ist in Sachsen-Anhalt laut Schulgesetz das zweite Jahr der gymnasialen Oberstufe und das erste Jahr der Kursstufe. Sie ist ausgewählt worden, um eine zu große Nähe zum Abitur zu vermeiden. Die beiden Schulen sind nach den Kriterien institutioneller Auf- und Abstiegsprozesse sowie Kontinuität bzw. Diskontinuität ausgewählt worden (EOS-„Elite-Gymnasium"/POS-Transformation in Gymnasium). Für die Erhebungen in der Hauptphase ist eine dritte Schule vorgesehen.

Im Anschluß an die Videoaufnahmen von Unterrichtsstunden werden Interviews mit den beteiligten Lehrerinnen und Lehrern und Gruppendiskussionen mit Schülerinnen und Schülern geführt. Bestandteil sowohl der Lehrerinterviews als auch der Gruppendiskussionen, die auf Tonband mitgeschnitten werden, ist die Konfrontation mit Sequenzen aus den einzelnen Unterrichtsstunden. In der Pilotphase geht es primär um Pretests und um die Überprüfung der Methoden. Die Analyse einzelner Unterrichtsstunden erlaubt unseres Erachtens noch keine weitreichenden Aussagen zur Struktur der Unterrichtswirklichkeit. In der Hauptphase sollen deshalb Unterrichtsreihen dokumentiert und ausgewertet werden.

Aus der Zusammenarbeit mit Vertretern verschiedener erziehungswissenschaftlicher Fachrichtungen und Vertretern der Fachdidaktiken erhofft sich die Arbeitsgruppe eine Bündelung von Einsichten zur komplexen Unterrichtswirklichkeit, wie sie aus spezialisierten Einzelforschungen kaum erwartet werden können. Die Zusammenführung unterschiedlicher Fachrichtungen bedeutet zugleich eine ständige Herausforderung an die Bereitschaft zur Interdisziplinarität.

2. Zentrale Fragestellungen, Ziele und Begriffe

Erforscht wird in dem Projekt, welcher Zusammenhang zwischen der Schülermitbeteiligung und der methodischen Gestaltung des Fachunterrichts besteht. Wir erwarten von der hermeneutischen Rekonstruktion des Unterrichtsgeschehens über die drei in ihrer Qualität verschiedenen Zugriffe Aufschlüsse über Problemzonen und Widerspruchsbereiche, die sich einer Interpretation über nur einen Zugriff entziehen. Der Begriff der Schülermitbeteiligung wird im Forschungsprozeß generiert. Eine vorläufige Arbeitsdefinition umfaßt folgende Aspekte von Mitbeteiligung:

- Handlungsspielräume für Lerner, Handlungsfähigkeit u. Handlungsbereitschaft (vgl. Fuhrmann 1997)
- Aktivierung (vgl. Wenzel 1987)
- Dialektik von Führung und Selbsttätigkeit (vgl. Klingberg 1962, 1987, Fuhrmann 1997)
- Grad der Involviertheit im Unterricht
- Fehlertoleranz
- Partizipation an der Gestaltung von Unterrichtsplanungsprozessen
- Mitbeteiligung an der methodischen Gestaltung von Unterricht (vgl. Wenzel 1987, Hage u.a. 1985)
- Schülertaktiken
- Interaktion und Kommunikation

Eine Bandbreite möglichen Handelns im Unterricht erkennen wir zwischen den Polen von learner autonomy (vgl. Little 1991) auf der einen Seite und starker Akzentuierung der Führungsrolle des Lehrers auf der anderen Seite. Eine erste Hypothese ist, daß Schülerselbsttätigkeit und Mitbeteiligung im Unterricht von den Lehrenden vielfach problematisch eingeschätzt wird. Durch den Prozeß der Transformation nach der Wende stellt sich die Dialektik von Führung und Selbsttätigkeit in einem neuen Kontext dar.

Der Begriff der Schülermitbeteiligung meint zunächst, daß sich die Schülerinnen und Schüler am Unterricht beteiligen und ihn aktiv mitgestalten, zugleich aber auch, daß der Lehrer oder die Lehrerin sie am Unterricht beteiligt. Das Forschungsinteresse richtet sich deshalb nicht auf beliebige Aktivitäten der Schüler und ihrer Lehrer im Unterricht. Vielmehr konzentrieren sich die beteiligten Forscher auf diejenigen Handlungen, durch die die (schulischen) Lehr-Lern-Prozesse gestaltet werden. In der erziehungswissenschaftlichen Literatur wird in diesem Rahmen für die Bestimmung der Aktivitäten der Lehrerinnen und Lehrer von „pädagogischer Führung", „Leitung" und „Gestaltung" und für die Bestimmung der Aktivitäten der Schülerinnen und Schüler von „Selbsttätigkeit", „Selbstbestimmung", „Selbststeuerung" und „Eigenverantwortlichkeit" gesprochen. Schülermitbeteiligung kann deshalb im Spannungsfeld von dominanter, möglichst alle Aspekte der Gestaltung des Lernprozesses der Schüler steuernder Lehreraktivität auf der einen Seite und autonomem, vom Lehrer nicht (mehr) beeinflußtem, eigenverantwortlichem Lernen auf der anderen Seite erfaßt werden. Schülermitbeteiligung ist die aktive didaktische Gestaltung des Lernprozesses, die im Rahmen der unterrichtlichen Interaktion der Lehrenden mit den Lernenden durch die Lernenden selbst realisiert wird und die deshalb nicht nur als Reaktion auf das didaktische Handeln der Lehrer verstanden werden kann. Sie erfaßt also Handlungen, durch die die Schülerinnen und Schüler als tendenziell und potentiell gleichberechtigte Partner in die Planung, Gestaltung und Auswertung des Unterrichts einbezogen werden, so daß sie zunehmend Mitverantwortung für die Gestaltung des Unterrichtsprozesses übernehmen können.

Der Umfang für das Projekt zu berücksichtigender Erträge und die Bestimmung der Leerstellen der Forschung resultiert aus der Komplexität der verschiedenen erziehungswissenschaftlichen, allgemeindidaktischen, fachdidaktischen und lernpsychologischen Zugänge zum Thema. Schülermitbeteiligung nur aus der Perspektive der „objektiven" gesellschaftlichen Anforderungen (Wissenschaftspropädeutik, Fachsystemaktik, Interdisziplinartität, allgemeine Bildung vs. Spezialisierung) zu sehen, wäre einseitig. Zentral bedeutsam für den Forschungsansatz ist die Perspektive der Akteure (SchülerInnen und LehrerInnen). Untersucht werden soll deshalb, wie Schülerinnen und Schüler und Lehrerinnen und Lehrer die objektiven Anforderungen in ihren eigenen Deutungsmustern und Aufgabenbestimmungen ausweisen und welche Möglichkeiten selbstbestimmten Lernens SchülerInnen und LehrerInnen im Unterricht erkennen und realisieren können.

Wir vermuten, daß Schülermitbeteiligung für die Lernenden vor allem dann Rückwirkungen auf ihren individuellen Lernvorgang hat, wenn Rahmenbedingungen vorhanden sind oder geschaffen werden, unter denen das Entwickeln eigener Ideen und das Suchen individueller Lernwege ihre Berücksichtigung im konkreten Unterricht finden. Die Akteure kreieren Handlungsmuster, die Mitgestaltungschancen eher eröffnen oder eher verhindern. Schülermitbeteiligung sehen wir zugleich im größeren Rahmen der Entwicklung der Demokratiefähigkeit von Schülern. Demokratiefähigkeit entwickelt sich aus unserer Sicht erst dann, wenn Schule die Interessen ihrer Klientel ernst nimmt und die Themen der Schüler nicht nur vor dem Hintergrund von Abschlüssen thematisiert.

Das Projekt zur Schülermitbeteiligung versteht sich unter dem Anspruch von Mündigkeit. Erkenntnisleitendes Interesse ist es, Ansätze schüleraktiven Unterrichts zu erkennen und zu verstärken. Dazu gehört auch die Erkenntnis, daß unterrichtsmethodische Entscheidungen einen Doppelcharakater mit einschränkenden und emanzipatorischen Elementen haben. Die Fragestellung von Immanuel Kant „Wie kultiviere ich die Freiheit bei dem Zwange?" hat jeder Lehrer im praktischen Sinne in fast jeder Stunde als Problem vor sich. Welche Antworten in bezug auf Methode und Schülermitbeteiligung Lehrer und Schüler im heutigen Umbruch von Schulwirklichkeit generieren, soll im Forschungsprozeß erarbeitet und bezüglich seiner Relevanz für Lehrerfortbildung evaluiert werden.

Wir gehen davon aus, daß Schülermitbeteiligung im Unterricht und Partizipation am Schulleben und in Mitwirkungsgremien in wechselseitiger Abhängigkeit gesehen werden müssen. Eine Schule, die auf der Gremienebene Demokratie propagiert, auf der unterrichtlichen Ebene jedoch insbesondere einem stark lehrerzentrierten und darbietenden Unterricht frönt, wird sich auf Dauer als in sich widersprüchlich erweisen.

3. Zu den Methoden des Projekts

Die Unterrichtsdokumentationen werden mit Hilfe von zwei Kameras mit Perspektive auf LehrerInnen und SchülerInnen erstellt. Anschließend werden die beiden Aufnahmen ineinandergeschnitten. Der Ton der Videoaufnahmen wird transkribiert und je Unterrichtsstunde werden zwei bis drei Sequenzen ausgewählt und interpretiert. Die Sequenzen werden nach folgenden Kriterien ausgewählt:

- Strukturierung und Arbeitsorganisation, Planungsphase und Eröffnung einer Stunde/ Reihe,
- Entscheidende Szenen und Kommunikationssituationen im Hinblick auf die Ermöglichung/Verhinderung von Schülermitbeteiligung

• Verlauf von Phasen der Zusammenfassung, Ergebnissicherung oder Vertiefung.

Die Auswertung von Sequenzen der Videoaufzeichnungen dienten zunächst der phänomenologischen Beschreibung des Unterrichts. Der subjektiv interaktionistische Sinn wird mittels der Erfassung von Deutungsmustern erhoben. Es geht um die Erfassung der Beziehungs- und Inhaltsdimension des Lernens im Fachunterricht, der Interaktion, der Bedeutungskonstitution und der Subjektvität/Intersubjektivität. Bei der Auswertung beziehen wir uns auf die interpretative Unterrichtsforschung nach Terhart (1978). Wir sind bemüht, Unterricht als „semantischen", Bedeutung konstituierenden Prozeß zu beschreiben.

Mit den beteiligten Lehrern wird nach den Aufnahmen je ein Interview geführt. Die Interviews sind als Leitfadeninterviews angelegt und enthalten eine narrative Konfrontationsphase (Videokonfrontation) und eine fokussierte Phase, in der Fragen zu Themen, Zielen und methodischer Gestaltung des Unterrichts gestellt werden. Der Aufbau der Interviews erfolgt nach den Kriterien Beschreibung, Analyse und Bewertung. Sie werden mittels Tonband aufgenommen und anschließend verschriftlicht. Die Transkriptionen werden interpretiert und folgen ebenfalls dem Schema „Beschreibungsebene, Analyseebene und Bewertungsebene".

Die Gruppendiskussionen werden zur Zeit vorbereitet. Es wird im Forschungsprozeß geklärt, ob im Sinne der Fragestellung „Schülermitbeteiligung" Gruppendiskussionen oder Einzelinterviews mit Schülern angemessener und ertragreicher sind.

Die Verbindung der drei methodischen Erhebungsverfahren (Unterrichtsdokumentation, Lehrerinterview und Gruppendiskussion mit Schülern) geschieht über eine thematische Triangulation, die über die Spiegelung der Interviewfragen, der Fragen in der Gruppendiskussion und der Auswertung der Stundentranskriptionen erreicht wird.

Untersuchungen zu Lehrerbiographien einerseits und zu den institutionellen Transformationsprozessen der Schulkultur andererseits, die derzeit ebenfalls am Zentrum für Schulforschung und Fragen der Lehrerbildung in Halle durchgeführt werden, bieten in ihrer Vernetzung die Chance, die Transformationsprozesse des Bildungssystems aus unterschiedlichen Blickwinkeln zu erhellen. Die drei Projekte sind deshalb miteinander vernetzt, um die unterschiedlichen Erhebungen und Ergebnisse zusammenzuführen.

4. Bericht über die bisherige Arbeit und erste Ergebnisse

Bereits vor Beginn der Pilotphase wurden Kontaktgespräche mit Vertretern dreier Hallescher Gymnasien geführt. Dabei erklärten sich zwei Schulen bereit, unter der Voraussetzung einer ordnungsgemäßen Zustimmungserklärung der Schulbehörde am Projekt teilzunehmen. Unter Einbeziehung des Datenschutzbeauftragten für das Land Sachsen-Anhalt wurden in einem langwierigen Prozeß, durch den sich der Beginn der Untersuchungen an den Schulen z.T. verzögerte, die datenschutzrechtlichen Bestimmungen geklärt. Es bedurfte der schriftlichen Genehmigung durch das zuständige Regierungspräsidium sowie der Einverständniserklärung aller an der Untersuchung beteiligten Personen.

Zum Zwecke der Exploration des Untersuchungsfeldes wurden im Zeitraum von November 1995 bis Dezember 1995 Hospitationen in den ausgewählten Schulen durchgeführt. Den Datenschutzauflagen entsprechend waren die Projektmitarbeiter verpflichtet, Lehrer und Schüler zu Beginn über Zielsetzung und methodisches Vorgehen im Projekt zu informieren. Da sich bereits in den ersten Hospitationen zeigte, daß die Anwesenheit der Projektmitglieder sich nicht unerheblich auf den Stundenverlauf auswirkte, wurde davon abgesehen, in der Stunde selbst Notizen zu machen. Statt dessen hielten die Hospitanten ihre Eindrücke unmittelbar nach den Aufnahmen auf Tonband fest, wobei als Kriterien der Aufmerksamkeit dienten: Grad der Intervention, Lehrerverhalten, Methodik des Unterrichtes, Verhalten der Schüler, Einsatzmöglichkeiten für die Kameras; zusätzlich fertigte jeder Hospitant nach jeder Stunde unter Zuhilfenahme dieser Tonbandaufzeichnungen jeweils ein Erinnerungsprotokoll an, welches bei den Projektbesprechungen vorgelegt wurde. Insgesamt wurden pro Fach und Schule zwei Hospitationen durchgeführt, was später als unzureichend eingeschätzt worden ist. Für die angestrebte Fortsetzung des Projekts wird die Aufzeichnung ganzer Unterrichtssequenzen angestrebt.

In der Zeit von Dezember 1995 bis März 1996 wurden Videodokumentationen erstellt. Es wurden zwei Kameras eingesetzt, die aus der Perspektive der Schüler und aus der Lehrerperspektive den Kursraum nahezu vollständig erfaßten. Die Aufnahmen wurden zeitgleich ineinander geschnitten. Ferner wurde eine gesonderte Tonaufnahme erstellt, die - im Abgleich mit dem Ton auf den Videokassetten - transkribiert wurde (Transkription nach Kallmeyer/ Schütze 1977). Auch nach den Videoaufnahmen wurden Erinnerungsprotokolle in der oben beschriebenen Weise angefertigt. Insgesamt wurden zwölf Unterrichtsstunden an zwei Schulen aufgenommen.

Parallel dazu wurde ein Teil der Aufnahmen gesichtet; geeignete Sequenzen wurden für die Videokonfrontation mit Lehrern und Schülern ausgewählt. Zwei Varianten des Vorgehens standen zur Auswahl. Wir konnten entweder ohne eine vorherige Analyse der Sequenzen das Interview führen oder das Video zuvor mindestens teilweise auswerten und dann mit ersten Ergebnissen und Deutungen die anderen Erhebungsverfahren durchführen. Eine teilweise vorherige Auswertung erwies sich als das angemessenere Verfahren. Die Interviews und Gruppendiskussionen fanden jeweils etwa zwei bis vier Wochen nach den Stundenaufnahmen statt. Diese verhältnismäßig lange Zeitspanne ergab sich aus dem Wunsch der Lehrer, die Klausurtermine einzuhalten. Einmal wurde ein Interview unmittelbar nach einer Stunde geführt, um den günstigsten Zeitpunkt zu bestimmen.

Wir sind zu der Auffassung gelangt, daß eine sofortige Konfrontation mit der Videoaufnahme im Anschluß an den Unterricht für uns wenig ergiebig ist, da die betroffenen Lehrer dann unter erkennbarem Legitimations- und in der Regel auch unter Zeitdruck stehen. Sinnvoller ist es, die Interviews aus der Unterrichtszeit auszulagern und mit der Möglichkeit eines offenen Endes die ohnehin vorhandene Spannung zwischen Forschern und Beforschten zu verringern.

Die Projektgruppe hat, soweit möglich, für einen Teil der dokumentierten Unterrichtsstunden auch die flankierenden Lehrerinterviews und die Gruppendiskussionen mit den Schülern durchgeführt. Insgesamt wurden bis zum jetzigen Zeitpunkt vier Interviews sowie drei Gruppendiskussionen geführt. Während weitere Termine vereinbart wurden, befinden wir uns gegenwärtig in der Auswertungsphase des Datenmaterials. Die Vermutung, daß wir unterschiedliche Deutungen der Unterrichtssequenzen durch die Lehrerinnen/Lehrer einerseits und durch die Schülerinnen/Schüler andererseits finden würden, hat sich bestätigt.

Literatur

Combe, A./Helsper, W.: Was geschieht im Klassenzimmer? Perspektiven einer hermeneutischen Schul- und Unterrichtsforschung. Zur Konzeptualisierung der Pädagogik als Handlungstheorie. Weinheim 1994.

Fuhrmann, E.: Führung, Aktivierung und Selbständigkeit / Höhere Wirksamkeit des Unterrichts durch systematische Vervollkommnung des Lehrerkönnens zur Gestaltung eines schüleraktiven Unterrichts. In: Keuffer, J./Meyer, M. (Hrsg.): Didaktik und kultureller Umbruch. Studien zur Schul- und Bildungsforschung. Band 4. Weinheim 1996. (im Druck)

Hage, K., u.a.: Das Methoden-Repertoire von Lehrern. Eine Untersuchung zum Schulalltag der Sekundarstufe I. Opladen 1985.

Kallmeyer, W./Schütze, F.: Zur Konstitution von Kommunikationsschemata der Sachverhaltsdarstellung. In: Wegner, D. (Hrsg.): Gesprächsanalyse. Hamburg 1977, S. 159- 274.

Keuffer, J.: Schülerpartizipation in Schule und Unterricht -Erfahrungen mit Schülermitbeteiligung seit der Wende. In: Krüger, H.-H./Helsper, W./Wenzel, H. (Hrsg.): Schule und Gesellschaft im Umbruch. 2. Teilband. In: Studien zur Schul- und Bildungsforschung. Bd. 2/2. Weinheim 1996, S. 160-181.

Klingberg, L.: Pädagogische Führung und Selbständigkeit in der sozialistischen Schule. Berlin (Ost) 1962.

Klingberg, L.: Überlegungen zur Dialektik von Lehrer- und Schülertätigkeit im Unterricht der sozialistischen Schule. Pädagogische Hochschule „Karl Liebknecht", Potsdam 1987.

Krüssel, H.: Konstruktivistische Unterrichtsforschung. Der Beitrag des Wissenschaftlichen Konstruktivismus und der Theorie der persönlichen Konstrukte für die Lehr-Lern-forschung. Frankfurt a.M. u.a. 1993.

Lichtfeldt, M.: Sprechen, Denken und Handelns von Schülerinnen und Schülern im Physikunterricht. Fachdidaktische Zugänge und Ergebnisse - am Beispiel der Entwicklung von Atomvorstellungen - In: Behrendt, H. (Hrsg.): Zur Didaktik der Physik und Chemie. Alsbach 1994, S. 127-159.

Little, D.: Learner Autonomy. 1.: Definitions. Issues, Problems. Dublin 1991.

Mercer, N.: The Guided Construction of Knowledge. Talk Amongst Teachers and Learners. Clevedon u.a. 1995.

Meyer, M. A.: Negotiation of Meaning. In: Der Fremdsprachliche Unterricht. Englisch 1992.

Meyer, M. A.: Methode und Metaphern: Zur Analyse der Rede über Unterricht. In: Adl-Amini, B./Schulze, Th./Terhart, E. (Hrsg.): Unterrichtsmethode in Theorie und Forschung. Bilanz und Perspektiven. Weinheim/Basel 1993a.

Muckenfuß, H.: Lernen im sinnstiftenden Kontext. Entwurf einer zeitgemäßen Didaktik des Physikunterrichts. Berlin 1995.

Terhart, E.: Interpretative Unterrichtsforschung. Kritische Rekonstruktion und Analyse konkurrierender Forschungsprogramme der Unterrichtswissenschaft. Stuttgart 1978.

Terhart, E.: Lehr-Lern-Methoden. Eine Einführung in Probleme der methodischen Organisation von Lehren und Lernen. Weinheim/München 1989.

Wenzel, H.: Unterricht und Schüleraktivität. Probleme und Möglichkeiten der Entwicklung von Selbststeuerungsfähigkeiten im Unterricht. Weinheim 1987.

Wolff, D.: Selbstbestimmung im Fremdsprachenunterricht. In: Die Neueren Sprachen, Heft 2, 1992, S. 190-204.

Horst Weishaupt

Folgen der demographischen Veränderungen für die Schulentwicklung in den neuen Bundesländern

Nach der radikalen Umstrukturierung des Schulwesens in den neuen Bundesländern Anfang der 90er Jahre sind die Schulen gegenwärtig dabei, die neuen Formen der äußeren Schulorganisation über Maßnahmen der inneren Schulentwicklung auszugestalten. Es wäre zwar sehr interessant, diese gegenwärtigen Prozesse an den Schulen näher darzustellen (vgl. Böttcher/ Plath/Weishaupt 1995, 1996). Nachfolgend wird aber der Blick von den gegenwärtigen Problemlagen der Schulen auf zukünftige Anforderungen gelenkt. Dieser Blick in die Zukunft ist deshalb unverzichtbar, weil die demographische Entwicklung der letzten Jahre die Schulen in wenigen Jahren erneut mit weitreichenden Veränderungen konfrontiert.

Da der Verlauf der Geburtenentwicklung in den neuen Ländern seit 1990 in der Öffentlichkeit bereits ausführlich diskutiert wird, kann er nur kurz behandelt (1.) und vor allem auf die zwei schulplanerisch bedeutsamen Konsequenzen hingewiesen werden:

- die Auswirkungen auf die Schulgröße und das regionale Schulstandortsystem (2.) und
- auf die Konsequenzen für den Lehrerbedarf bzw. die Lehrerbeschäftigung und -ausbildung (3.).[1]

---

1   Zurückgreifen werde ich dabei auf mehrere Untersuchungen , die am Institut für Allgemeine Erziehungswissenschaft und Empirische Bildungsforschung der Pädagogischen Hochschule Erfurt durchgeführt wurden. Insbesondere beziehe ich mich auf ein für das Thüringer Kultusministerium erstelltes Gutachten zu den Auswirkungen des Bevölkerungsrückgangs für die Grundschule (vgl. Kuthe/Zedler 1995) und auf Ergebnisse von Untersuchungen zur regionalen Schulentwicklung in Mecklenburg-Vorpommern (vgl. Fikkermann 1996a, 1996b).

1. Geburtenentwicklung in den neuen Ländern seit 1990

Der Geburtenrückgang in den neuen Bundesländern nach der sogenannten
„Wende" ist historisch einmalig. Im Durchschnitt der neuen Länder (ohne
Ost-Berlin) wurden 1993-1995 ca. 60% weniger Kinder als 1989 geboren.
Der Rückgang ist in Brandenburg und Mecklenburg-Vorpommern mit 63 %
größer als in den übrigen neuen Ländern mit 58 %. 1995 ist die Zahl der Geburten erstmals wieder um ca. 5% gestiegen, wobei die Steigerung in Mecklenburg-Vorpommern mit ca. 10 % überproportional war (s. Tabelle 1).

Tab. 1: Geburtenentwicklung in den neuen Bundesländern (1989 = 100)

Jahr	Branden-burg	Mecklen-burg-Vor-pommern	Sachsen	Sachsen-Anhalt	Thürin-gen	Insgesamt ohne Ost-Berlin	
	rel.	rel.	rel.	rel.	rel.	abs.	rel.
1965	139,4	141,7	147,7	152,7	142,1	264463	145,3
1970	111,8	109,9	127,9	128,9	126,2	222460	122,2
1975	87,9	92,2	98,0	91,7	94,2	170050	93,4
1980	121,7	125,3	127,5	122,7	126,7	227606	125,1
1985	117,7	115,8	115,3	114,0	116,1	210493	115,7
1989	100,0	100,0	100,0	100,0	100,0	181985	100,0
1990	88,6	89,0	88,9	90,6	91,1	163030	89,6
1991	52,2	51,6	56,0	55,4	55,3	99057	54,4
1992	40,8	41,2	45,3	46,4	46,3	80541	44,3
1993	37,1	35,7	41,9	41,6	42,1	73010	40,1
1994	37,7	33,8	40,7	40,7	40,3	71109	39,1
1995	37,0	37,1	43,0	41,1	42,5	73875	40,6

Quelle: Statistische Jahrbücher 1991 bis 1995 der einzelnen Bundesländer, für 1995: vorläufige
Angaben des Statistischen Bundesamtes; eigene Aufbereitung und Analyse

Als Ursache für den starken Geburtenrückgang ist die Vermeidung kritischer
Lebensereignisse in der Phase des gesellschaftlichen Umbruchs anzusehen
(vgl. Zapf/Mau 1993). Die Annahmen über die weitere Geburtenentwicklung
gehen von einer Angleichung an das westdeutsche Geburtenverhalten aus.
Aufgrund von Berechnungen für Thüringen wird dies, je nach Prognosevari-

ante, zu einem Geburtenanstieg bis auf zwei Drittel der Geburten von 1989 führen, nach 2010 werden die Geburtenzahlen erneut sinken, weil dann die geburtenschwachen Jahrgänge nach der Wende ins gebärfähige Alter kommen (vgl. Kuthe/Zedler 1995, S. 36-41).

Diese Vorausschätzung ist jedoch - wie auch die Prognosen des Statistischen Bundesamtes - mit großer Unsicherheit behaftet. Im Vergleich zur alten Bundesrepublik heirateten die jungen Erwachsenen in der DDR früher und die Verheiratetenquote war höher. Wesentlich mehr Frauen (noch ca. 90 Prozent des Geburtsjahrgangs 1960) hatten Kinder als Frauen in Westdeutschland (nur ca. 77 %, vgl. Gans 1996, S. 11), die sie im Durchschnitt etwa 5 Jahre früher bekamen als westdeutsche Frauen. In diesen Unterschieden kommt eine weitgehende Standardisierung der Lebensläufe zum Ausdruck: „In der weitgehend „geschlossenen" DDR-Gesellschaft fehlte für den einzelnen oftmals die Möglichkeit, aufgrund unzureichender Angebote zwischen miteinander konkurrierenden Bedürfnissen entscheiden zu können. Während eine zunehmende Pluralität die Lebensläufe junger Frauen und Männer im früheren Bundesgebiet prägte, war der Lebensweg der DDR-Frauen von Berufstätigkeit und Mutterschaft determiniert. Hinzu kam die weitreichende Fremdbestimmung durch Staat und Partei, welche die Familie als eine wichtige Nische des „Privaten" erscheinen ließ" (Gans 1996, S. 11-12). Wie junge Paare in den nächsten Jahren bei der Familienplanung auf die anhaltenden Probleme des wirtschaftsstrukturellen Wandels, die reduzierten und verteuerten familienunterstützenden öffentlichen Infrastrukturangebote (Kinderkrippen, -gärten, -horte etc.) und die erhöhten Freiheiten der Lebensgestaltung reagieren werden, ist nicht kalkulierbar.

Als weitere Unsicherheit der Geburtenvorausschätzungen kommt die Entwicklung der Wanderungen zwischen den alten und neuen Bundesländern hinzu. Zwar wird meist von ausgeglichenen Wanderungsbilanzen ausgegangen, doch war die Bilanz bis Ende 1994 für die neuen Länder noch negativ. Am stärksten ist die Abwanderungsneigung in den Altersgruppen der 18- bis unter 25jährigen und der 25- bis unter 30jährigen und damit in der Phase vor der Familiengründung. Dadurch tendieren die Geburtenvorausschätzungen dazu, die weitere Entwicklung eher zu positiv zu zeichnen. Doch sind auch dann die Auswirkungen für das Schulwesen gravierend genug.

Der Geburtenrückgang wird sich, 1996/97 beginnend, zunächst in den Grundschulen auswirken. Bis zum Jahr 2003 werden dort die Schülerzahlen um 60 Prozent abnehmen. Die weiterführenden Schulen werden von dem Schülerzahlenrückgang im Jahr 2000 erfaßt und erreichen 2007 (Schulen der Sekundarstufe I) bzw. 2010 (Gymnasium) die niedrigste Schülerzahl (vgl. mit noch überhöhten Annahmen über die Schülerzahlenentwicklung: Tabelle

2; für Thüringen: Kuthe/Zedler 1995, S. 42-46). Dabei kann nicht davon ausgegangen werden, daß alle Schulen in gleicher Weise von dieser Entwicklung betroffen sind. Regionale Analysen der Geburtenentwicklung der letzten
Jahre hatten bedeutsame Unterschiede zum Ergebnis. Zusätzlich ist mit regional sehr unterschiedlichen Wanderungsprozessen zu rechnen, die diese regionalen Unterschiede weiter verstärken können (vgl. Fickermann 1996a).

2. Konsequenzen des Geburtenrückgangs für das regionale Schulangebot

Der starke Geburtenrückgang stellt die neuen Länder auch insofern vor besondere Probleme, weil deren Siedlungsdichte - mit Ausnahme von Sachsen -
deutlich unter der Siedlungsdichte der Länder der alten Bundesrepublik
(1989 = 252 Einwohner je qkm) liegt. Thürigen und Sachsen-Anhalt haben
etwa die gleiche Siedlungsdichte wie Niedersachsen, dem am dünnsten besiedelten westdeutschen Bundesland (ca.150 E./qkm), und die Siedlungsdichte
von Brandenburg und Mecklenburg-Vorpommern ist nur halb so hoch wie in
diesen Ländern.

*Tab.2: Entwicklung der Schülerzahlen nach Schularten und Bildungsbereichen in den
neuen Ländern (einschließlich Westberlin) bis 2010 (1993 = 100 Prozent)*

Schulart/ Bildungsbereich	1993	Jahr 2000	2005	2010
Grundschule	100 (907.352)	53,7	47,6	57,7
Sekundarstufe I (ohne Gymnasium)	100 (909.992)	95,2	56,6	47,7
Gymnasium	100 (548.100)	115,3	82,9	56,6
Berufliche Schulen	100 (461.068)	119,4	115,9	75,2
Sonderschulen	100 (104.388)	78,0	52,1	51,1
Insgesamt	100 (2.930.900)	89,3	67,9	56,9

Quelle: Sekretariat der KMK 1995, Anlage 1

Bereits heute sind die durchschnittlichen Einzugsbereiche der Schulen in den neuen Ländern flächenmäßig größer als in den alten Ländern, sie weisen aber eine geringere durchschnittliche Einwohnerzahl auf (vgl. Fickermann 1996b, S. 206). Dadurch werden sich in vielen Regionen Probleme der Erreichbarkeit eines Schulangebots ergeben, wenn Schulstandorte durch den Schülerzahlenrückgang aufgegeben werden müssen.

In Thüringen wurden die Konsequenzen des Geburtenrückgangs für die Entwicklung der Grundschulen detailliert analysiert (vgl. Kuthe/Zedler 1995). Dabei wurde unterschieden zwischen Gemeinden mit einem oder mehreren Grundschulstandorten. Dann wurden die Auswirkungen mit unterschiedlichen Annahmen über die Mindestgröße der Grundschulen berechnet. Als nicht in ihrem Bestand gefährdet wurden Grundschulen mit mehr als 80 Schülern angesehen. An dieser Mindestgröße soll sich die Schulentwicklungsplanung der Landkreise als Schulträger nach den Vorstellungen des Kultusministeriums orientieren. Doch hätte dies zur Folge, daß mehr als 200 der gegenwärtig 700 Grundschulen in Thüringen geschlossen werden müssen (vgl. Kuthe/Zedler 1995, S. 76). Von den gegenwärtig 433 Gemeinden mit Grundschulen würden etwa 30 % das Grundschulangebot verlieren. Dabei handelt es sich noch um die für den Bestand des Grundschulangebots günstigste Prognosevariante, die sich außerdem nicht an dem Tiefpunkt der Schülerzahlenentwicklung ausrichtet, sondern das Jahr 2010 als Zielzeitpunkt verwendet, an dem sich nach dem gegenwärtigen Wissen über die Geburtenentwicklung die Berechnung des langfristigen Kapazitätsbedarfs für die Grundschule ausrichten sollte.

Um weniger gravierende Entwicklungen für das Grundschulnetz zu ermöglichen, wurden alternativ auch Schulen mit wenigstens 56 Schülern noch als bestandsfähig angesehen, da in Thüringen als Klassenfrequenzmindestwert 14 Schüler vorgeschrieben sind. Unter dieser Annahme müßten im günstigsten Fall immer noch von über 200 bestandsgefährdeten Grundschulen 136 geschlossen werden und 89 Gemeinden würden ihre Grundschule verlieren. Schließlich wurde unterstellt, daß auch Grundschulen mit mindestens 28 Schülern, also zwei Klassen für vier Schuljahre, schulplanerisch noch zugelassen werden. Mit dieser Planungsvariante reduziert sich die Zahl der Schulschließungen auf 10 und die Zahl der Grundschulgemeinden nur um 7 (vgl. Kuthe/Zedler 1995, S. 76). Die Schließung einer großen Zahl von Grundschulen läßt sich folglich nur vermeiden, wenn Schulen mit jahrgangsübergreifenden Klassen schulrechtlich ermöglicht werden. Vor allem ist anzustreben, die Grundschulen in Gemeinden mit nur einer Grundschule vor der Schließung zu bewahren. Deshalb ist es denkbar, jahrgangsübergreifenden Unterricht dort zu ermöglichen, in Gemeinden mit mehreren Schulen die

Standortplanung aber an einer Mindestgröße von 56 oder 80 Schülern auszurichten. Dann müßten zwar 54 bzw. 92 Schulen geschlossen werden, die Zahl der Gemeinden mit Grundschulen bliebe aber unverändert. In den anderen neuen Ländern - Teile Sachsens ausgenommen - ist die Situation mit Thüringen vergleichbar oder noch dramatischer (vgl. zu Mecklenburg-Vorpommern: Fickermann 1996b und Tabelle 3).

Nachdem die einklassigen Landschulen auf dem Gebiet der neuen Länder bereits durch die sowjetische Militärverwaltung überwiegend aufgelöst wurden, die Landschulreform schon Mitte der 50er Jahren zum Abschluß gebracht worden war und stets als großer schulpolitischer Fortschritt gefeiert wurde (vgl. Drefenstedt/Lindner/Rettke 1959, S. 49), werden Überlegungen zum jahrgangsübergreifenden Unterricht in der Öffentlichkeit und von den Lehrern meist ablehnend beurteilt. Um so wichtiger sind Schulversuche in den neuen Ländern, um sich rechtzeitig auf die zu erwartenden Entwicklungen einzustellen und angepaßte pädagogische Maßnahmen zu ergreifen. Erfreulicherweise haben Brandenburg (vgl. Knauf 1993), Mecklenburg-Vorpommern und Thüringen bereits entsprechende Programme begonnen (vgl. Fickermann/Weishaupt/Zedler 1996).

Die Überlegungen konzentrieren sich aber (Brandenburg natürlich ausgenommen) auf die vierjährige Grundschule. Eine Verlängerung der Grundschule auf 6 Jahre bzw. die organisatorische Zuordnung der schulformübergreifenden Orientierungsstufe zur Grundschule werden bisher kaum diskutiert, obwohl dadurch der Rückgang der Schülerzahlen teilweise wieder kompensiert und eine bessere Auslastung der Schulen gesichert werden könnte.

Die Konsequenzen des Geburtenrückgangs für die Schularten in der Sekundarstufe I sind weniger eindeutig absehbar, weil in dieser Schulstufe zu der demographischen Entwicklung noch Veränderungen in der Bildungsbeteiligung hinzukommen können. Auch wenn die möglichen Verschiebungen in den Besuchsquoten der verschiedenen weiterführenden Schularten und Bildungsgänge zunächst ignoriert werden, ergibt sich bereits durch den Rückgang der Schülerzahlen die Gefährdung einer großen Zahl des gegenwärtigen Bestands von Schulstandorten. Denn gegenwärtig haben die Sekundar-, Mittel- bzw. Regelschulen durchschnittlich nur 2-3 und die Gymnasien 3-4 Parallelklassen (vgl. Weishaupt/Zedler 1994, S. 412). Detaillierte Berechnungen für Mecklenburg-Vorpommern zeigen (s. Tabelle 3), daß dort unter status-quo-Bedingungen nur noch in weniger als 20 Prozent der Hauptschulregionen (der Einzugsbereiche einer bzw. - in den Städten - mehrerer Hauptschulen) auch nach dem Schülerzahlenrückgang die gegenwärtig geforderte Mindest-Jahrgangsbreite für die Einrichtung einer Hauptschulklasse noch erreicht wird. Ähnlich dramatisch ist die Entwicklung für die Gymnasien, wenn unterstellt wird, daß wenigstens 50 Schüler in der Eingangsklasse notwendig sind, um in der gymnasialen Oberstufe eine ausreichende Anzahl von Schülern für das Kurssystem zu erreichen. Von den Realschulregionen in Mecklenburg-Vorpommern werden immerhin noch etwas mehr als 30 Prozent die gegenwärtig geforderte Mindest-Jahrgangsbreite überschreiten.

Die Konsequenzen der Bestandsgefährdung einzelner Standorte für das Schulnetz in der Sekundarstufe in Mecklenburg-Vorpommern wurden bisher nur für das Gymnasium berechnet. Konventionelle Verfahren der Schulentwicklungsplanung führen bei einer Mindest-Jahrgangsbreite von 48 Schülern zu nur noch 21 Gymnasialregionen. Es müßten 39 Gymnasien in Gemeinden geschlossen werden, die kein weiteres Gymnasialangebot haben. Wenn administrative Grenzen nicht beachtet werden, könnten die Gymnasiasten in 36 Regionen unterrichtet werden (vgl. Fickermann 1996a). Mecklenburg-Vorpommern hat aus dieser absehbaren Entwicklung bereits insofern eine Konsequenz gezogen, als das Schulgesetz in seiner neuen Fassung die Einrichtung von Progymnasien (5.- 9. bzw. 10. Klasse) erlaubt. Nicht aufgehoben wurde aber die organisatorische Eigenständigkeit der Hauptschule, obwohl sie schon heute kaum existiert (vgl. Weishaupt/Zedler 1994, S. 398): nur zwei Hauptschulen sind nicht mit einer Grundschule (32 Schulen) oder Realschule (274 Schulen) im gleichen Gebäude untergebracht. Langfristig ist sie eigenständig nicht mehr zu erhalten.

Tab.3: Entwicklung der Schulen allgemeinbildender Schularten in den Schulregionen[2] in Mecklenburg-Vorpommern nach Schüler-Jahrgangsbreite

Schularten und angenomme Mindest-Schülerzahl der Schülerjahrgänge		Gegenwärtige Situation	Situation nach dem gegenwärtig absehbaren Schülerzahlenrückgang	
	Jahr	1992/93	2000/2001	
Grundschule	< 14	17	226	
(1. Schuljahr)	> 14	346	137	(37,7 %)
	Insges.	363	363	
	Jahr	1994/95	2006/07	
Hauptschule	< 12	62	153	
(7.-9. Schuljahr)	> 12	126	35	(18,6 %)
	Insges.	188	188	
	Jahr	1994/95	2004/05	
Realschule	< 15	19	133	
(5. Schuljahr)	> 15	175	61	(31,4 %)
	Insges.	194	194	
	Jahr	1993/94	2004/05	
Gymnasium	< 50	2	48	
(5. Schuljahr)	> 50	58	12	(20,0 %)
	Insges.	60	60	

Quelle: Fickermann 1996b, S. 207 u. 208, 1996a

Bei den Schularten, die den Haupt- und Realschulbildungsgang gemeinsam anbieten, wird der Schülerzahlenrückgang zu Problemen der Binnenorganisation führen. Obwohl gegenwärtig beispielsweise in Thüringen eine sich verstärkende äußere Differenzierung nach Abschlüssen erkennbar ist, werden die meisten Schulen mittelfristig nur ohne abschlußbezogene Klassen und mit einem Kern-/ Kurs-System bestandsfähig bleiben können, wenn auf eine massive Standortkonzentration verzichtet werden soll.

Diese Überlegungen, die von unveränderten Besuchsquoten der weiterführenden Schulen ausgehen, können durch veränderte Schulbesuchsquoten völlig in Frage gestellt werden. Welche weitreichenden Möglichkeiten hier bestehen, wird vielleicht dann bewußt, wenn man sich vergegenwärtigt, daß nach 2005 in vielen Regionen der neuen Länder alle Schüler der Sekundarstufe allein in den Gymnasien Platz finden könnten. Geht man von der west-

---

2   Schulregionen sind im ländlichen Raum die Einzugsbereiche einer Schule der jeweiligen Schulart. In den Städten wurden die Einzugsbereiche mehrerer Schulen zu einer Schulregion zusammengefaßt.

deutschen Entwicklung aus, dann ist eine steigende Quote des Übergangs zum Gymnasium zu erwarten. Wenn diese Entwicklung eintritt, läßt sich eine Konzentration des Schulangebots in der Sekundarstufe I noch weniger vermeiden, es sei denn, es werden im ländlichen Raum Schulzentren mit gymnasialem Bildungsgang eingerichtet.

3. Konsequenzen für den Lehrerbedarf und die Lehrerausbildung

Der Geburtenrückgang und damit verbundene Rückgang der Schülerzahlen hat auch weitreichende Folgen für den Lehrerbedarf. Dabei ist für die weitere Lehrerversorgung insbesondere von Interesse, wie sich der starke Rückgang des Lehrerbedarfs in den neuen Ländern zur Entwicklung des Lehrerbestands verhält. Mitbedingt durch die andere Altersstruktur der Lehrer in den neuen Ländern ist dort der Lehrerersatzbedarf niedriger als in den alten Ländern (vgl. Bund-Länder-Kommission für Bildungsplanung und Forschungsförderung 1994, S. 82). Dies wird im kommenden Jahzehnt dazu führen, daß der Lehrerbestand teilweise deutlich über dem Bedarf liegt.

Die Lehrerbedarfsberechnungen von Anfang der 90er Jahre, an denen sich noch die Planung der Ausbildungskapazitäten für die Lehrämter an den wissenschaftlichen Hochschulen in den neuen Ländern orientierten, sind durch die Geburtenentwicklung längst überholt. Auch neuere Modellrechnungen gehen noch von überhöhten Erwartungen in die Geburtenentwicklung aus und verschleiern dadurch das tatsächliche Ausmaß des Handlungsbedarfs. Berlin wird im übrigen in den Modellrechnungen von der Bund-Länder-Kommission für Bildungsplanung und Forschungsförderung und der KMK insgesamt den neuen Ländern zugerechnet, obwohl dadurch ebenfalls der absehbare Bedarfsrückgang abgeschwächt wird.

Die auf den Berechnungen der Bund-Länder-Kommission für Bildungsplanung und Forschungsförderung (vgl. Bund-Länder-Kommission für Bildungsplanung und Forschungsförderung 1994) aufbauende Modellrechnung der KMK von 1995 (Sekretariat der KMK 1995), die die Schüler-Lehrer-Relation von 1993 in den neuen Ländern bis 2010 konstant hält, führt zwischen 1996-2005 zu einem Lehrerüberhang, der sich bis 2000 auf die Grundschule und danach auf die Sekundarstufe I konzentriert. Zwischen 2005 und 2010 wird von einem Neueinstellungsbedarf von durchschnittlich jährlich 2000

Lehrern ausgegangen. Die KMK ist aber der Meinung, daß vorübergehend
eine Verbesserung der Schüler-Lehrer-Relation hingenommen werden muß
und von einer „Überbrückung" des Schülertals auszugehen ist (vgl.
Sekreta-
riat der KMK 1995, S. 18). Der Vergleich zwischen der Schülerzahlenentwicklung, dem Lehrerrestbestand und den Modellrechnungen zum Lehrerbedarf verdeutlicht die Problematik (s. Tabelle 4).

*Tab.4: Modellrechnungen zum Lehrerbedarf in den neuen Bundesländern bis 2010 im
Vergleich zur Entwicklung der Schülerzahlen und des Lehrerrestbestands*

Jahr	1993	2000	2005	2010
Schülerzahlen	100	89,3	67,9	56,9
Lehrerrestbestand	100	95,2	70,9	50,0
Lehrerbedarf (Bestand 1993: 177.124				
SLR 1993 (16,5)	100	90,7	67,2	55,7
SLR 1980 (20,9)	100	70,7	53,8	45,1

SLR = Schüler-Lehrer-Relation

Quelle: Sekretariat der KMK 1995, eigene Berechnungen

Der Auffassung der KMK steht die innerhalb der Bund-Länder-Kommission
für Bildungsplanung und Forschungsförderung von der Finanzseite vertretene Position gegenüber, angesichts der massiven Finanzierungsprobleme der
Schulhaushalte auch in den neuen Ländern, den Lehrerbestand bis 2010 in
einem vertretbaren Umfang zu reduzieren (vgl. Bund-Länder-Kommission
für Bildungsplanung und Forschungsförderung 1994, S. 73-74). Dabei steht
die Forderung im Hintergrund, in den alten Ländern die Lehrerbestandsent-
wicklung an der Schüler-Lehrer-Relation von 1980 auszurichten. Selbst
wenn dieser Forderung nur teilweise entsprochen wird, sind in den neuen
Ländern bis 2010 keine Neueinstellungen erforderlich. Der voraussehbare
Restbestand der dann noch aktiven Lehrer würde noch dem Bedarf entsprechen.

Auch unter günstigeren Annahmen ist die Situation in jedem Fall dramatisch, weil die Berechnungen der Bund-Länder-Kommission für Bildungsplanung und Forschungsförderung und KMK - wie beschrieben - auf noch zu
optimistischen Bevölkerungsprognosen basieren.

Etwas Handlungsspielraum könnten die neuen Länder zunächst gewinnen, wenn nicht die Schüler-Lehrer-Relation, sondern die Ausgaben je Schüler dem Ländervergleich zugrundegelegt würden.[3] Durch die ungünstigere

---

3   Unberücksichtigt bleiben müssen aber die Ausgaben für die Schulhorte, die noch im
    Schulhaushalt der neuen Länder enthalten sind.

Lehrerbesoldung (84 % der Westbesoldung und niedrigere Besoldungsstufen) sind die durchschnittlichen Ausgaben je Schüler niedriger. Das psychologische Problem dabei ist allerdings, daß die Lehrer - zu Recht - möglichst bald eine Angleichung ihrer Besoldung an das westdeutsche Niveau erwarten. So steht die Lehrer-Personalpolitik vor der heiklen Aufgabe, das pädagogisch Erreichte weiterhin finanziell abzusichern und zugleich den Lehrern zu vermitteln, daß sich ihre soziale Situation an die der Kollegen im Westen angleicht.

Auch wenn die Ausgaben je Schüler einer Lehrerbedarfsberechnung zugrundegelegt werden, bleibt ein großer Lehrerüberhang, der vor allem durch eine Flexibilisierung der Arbeitszeit der Lehrer über die unterschiedlichen Formen von Teilzeitbeschäftigung (Stundenreduktion, Sabbatjahr, Teilzeitbeamte, flexible Stundendeputate) aufgefangen werden muß. Wichtig ist es, durch weitere ergänzende Maßnahmen (Vorruhestandsregelungen, Versetzungen in andere Schulstufen, Lehreraustausch zwischen den alten und neuen Ländern) zu erreichen, daß die Stundenverringerung und die dadurch bedingte Teilzeitbeschäftigung noch zu akzeptablen Monatseinkommen führt. Modellrechnungen für die Grundschullehrer in Thüringen zeigten, daß dies keine beneidenswerte Aufgabe für die Kultusministerien der neuen Länder darstellt, da unter den gegenwärtigen rechtlichen Bedingungen kaum eine befriedigende Lösung denkbar ist (vgl. Kuthe/Zedler 1995). Erschwerend wirkt sich dabei aus, daß weiterhin Neueinstellungen von Lehramtsabsolventen möglich bleiben müssen (vgl. KMK 1995, S. 17). Die Ausbildungskapazitäten für die Lehrerausbildung an den wissenschaftlichen Hochschulen in den neuen Ländern werden dadurch aber nicht in dem geplanten Umfang ausgelastet. Kurzfristig können sie teilweise für die Nachqualifizierung von Lehrern genutzt werden. Mittel- und langfristig muß die Entwicklung des Bedarfs genau beobachtet werden.

Eine Modellrechnung zum Personalbedarf von Grundschulen mit jahrgangsübergreifenden Klassen hatte - darauf sei ergänzend hingewiesen - zum Ergebnis, daß kleine Grundschulen nicht grundsätzlich zu einem höheren Lehrerbedarf führen (vgl. Weishaupt 1995). Über die Notwendigkeit des Erhalts kleiner Grundschulen läßt sich folglich kein größerer Zusatzbedarf an Lehrern als pädagogisch unabweisbar begründen.

4. Perspektiven

In den kommenden Jahren besteht ein großer schulpolitischer Handlungsbedarf, um an den Schulen vertretbare Rahmenbedingungen für angemessene pädagogische Lösungen in der veränderten Situation zu schaffen. Gesetzliche Regelungen sind notwendig, die regional variierende schulorganisatorische Lösungen erlauben, um auf bauliche und siedlungsstrukturelle Bedingungen Rücksicht nehmen zu können. Andernfalls werden die regionalen Disparitäten des Schulangebots stark zunehmen und Auswirkungen auf die Bildungsnachfrage unvermeidlich sein. Notwendig sind darüber hinaus rechtzeitig eingeleitete Schulversuche, um sich auf die veränderten Bedingungen der Schul- und Unterrichtsorganisation in den neuen Ländern vorzubereiten.

Besondere Probleme verursacht die Anpassung des Lehrerbestands an den künftigen Lehrerbedarf und die Übernahme von Junglehrern in den Schuldienst. Hier stehen den neuen Ländern schwierige Aufgaben bevor, für die es gegenwärtig noch keine befriedigenden Konzepte gibt, wenn die angespannte Situation der öffentlichen Haushalte im Blick bleibt. Möglicherweise lassen sich nur dann für die Betroffenen vertretbare Lösungen finden, wenn auch längerfristig eine bessere Lehrerversorgung in den neuen Ländern von den alten Ländern toleriert wird.

Literatur

Böttcher, I./Plath, M./Weishaupt, H.: Die Regelschule in Thüringen. Drei Schulporträts. Thillm-Materialien, Heft 11. Arnstadt 1995.

Böttcher, I./Plath, M./Weishaupt, H.: Gymnasien in Thüringen. Vier Fallstudien. Erfurt 1996 (unveröff. Bericht).

Bund-Länder-Kommission für Bildungsplanung und Forschungsförderung: Langfristige Personalentwicklung im Schulbereich der alten und neuen Länder. Bericht vom 26.9.1994. Bonn 1994 (hekt. Vervielf.).

Drefenstedt, E./Lindner, H./Rettke, H.: Auf dem Wege zur sozialistischen Landschule, Berlin 1959.

Fickermann, D.: Entwicklung der Schulnetze in den neuen Bundesländern bei sinkenden Geburtenzahlen. In: Zeitschrift für Bildungsverwaltung (1996a) (in Vorbereitung).

Fickermann, D.: Geburtenentwicklung und Bildungsbeteiligung - Konsequenzen für die Schulentwicklung in Mecklenburg-Vorpommern. In: Helsper, W./Krüger, H.-

H., Wenzel, H. (Hrsg.): Schule und Gesellschaft im Umbruch. Band 2: Trends und Perspektiven der Schulentwicklung in Ostdeutschland. Weinheim 1996b, S. 193-224.

Fickermann, D./Weishaupt, H./Zedler, P. (Hrsg.): Kleine Grundschulen. Dokumentation einer Fachtagung am 6./7.5.1996 in Spornitz. Erfurt 1996. (Veröffentlichung in Vorbereitung)

Gans, P.: Demographische Entwicklung seit 1980. Bericht, KSPW, Berichtsgruppe V. Erfurt 1996 (unveröff. Manuskript).

Knauf, T.: Brandenburg startet Bund-Länder-Kommission für Bildungsplanung und Forschungsförderung-Modellversuch „Kleine Grundschule". Pädagogische Qualitätssicherung bei rückläufigen Schülerzahlen. In: Schulverwaltung (1996), H. 3, S. 85-88.

Kuthe, M./Zedler, P.: Entwicklung der Thüringer Grundschulen. Gutachten im Auftrag des Thüringer Kultusministeriums. Erfurt 1995.

Sekretariat der Ständigen Konferenz der Kultusminister der Länder. Amtschefkommission „Sicherung der Leistungsfähigkeit der Schulen": Sicherung der Leistungsfähigkeit der Schulen in einer Phase anhaltender Haushaltsenge. Stellungnahme der Kultusministerkonferenz vom 8. September 1995. Bonn 1995. (hekt. Vervielf.)

Weishaupt, H.: Überlegungen zur Lehrerbeschäftigung auf der Grundlage des Finanzrahmens und des Finanzbedarfs. In: Kuthe, M./Zedler, P.: Entwicklung der Thüringer Grundschulen. Gutachten im Auftrag des Thüringer Kultusministeriums. Erfurt 1995, S. 125-132.

Weishaupt, H./Zedler, P.: Aspekte der aktuellen Schulentwicklung in den neuen Ländern. In: Rolff, H.-G. u.a. (Hrsg.): Jahrbuch der Schulentwicklung Band 8. Daten, Beispiele und Perspektiven. Weinheim/München 1994, S. 395-429.

Zapf, W./Mau, S.: Eine demographische Revolution in Ostdeutschland? Dramatischer Rückgang von Geburten, Eheschließungen und Scheidungen. In: ISI. Informationsdienst Soziale Indikatoren (1993), H. 10, S. 1-5.

Josef Keuffer

Thesen zu Konsequenzen aus der demographischen Entwicklung in den neuen Bundesländern[1,2]

1. Aufgrund des dramatischen Einbruchs der Geburtenraten seit 1989/90 steht in den nächsten Jahren ein Rückgang der Schülerzahlen auf durchschnittlich unter 50% der Vorwendezeit an. Allerdings gehen neuere Prognosen davon aus, daß einerseits aufgrund der Altersstruktur in den neuen Ländern und unter Berücksichtigung einer zu vermutenden Anpassung des Gebärverhaltens (Zahl der Kinder, Alter der Frauen beim ersten Kind) an das in den alten Bundesländern, nach einem Tiefpunkt im Jahre 1994, wieder mit einem Anstieg in den nächsten Jahren zu rechnen ist. Dieser wird dennoch die früheren Zahlen bei weitem nicht erreichen. Wenige Jahre nach der Wende und dem in diesem Zusammenhang erfolgten Umbau des Schulsystems, steht somit die Überprüfung der derzeitigen Schulstruktur auf der Tagesordnung, da das eingeführte gegliederte Schulsystem, insbesondere in dünn besiedelten ländlichen Bereichen (vgl. Beitrag Weishaupt), nicht sinnvoll aufrecht erhalten werden kann. Längerfristige Vorausplanungen sind erforderlich, um kurzsichtige, naturwüchsige Entscheidungen zu vermeiden. Erfor-

---

1   Schriftliche Fassung des Eingangsstatements der Podiumsdiskussion zum Thema: „Demographischer Einbruch und knappe Mittel: Probleme und Möglichkeiten der inneren Reformentwicklung in den Schulen der neuen Bundesländer" - DGfE-Kongreß Halle, 13.03.1996.
2   Diesem Statement liegen vier neuere Studien zugrunde.
    1. ein Aufsatz von Detlef Fickermann zum Thema „Konsequenzen der demographischen Entwicklung Ostdeutschlands für das Gymnasium" (vgl. Fickermann 1996)
    2. eine Zusammenstellung von Daten zur Schulentwicklung im Bundesland Sachsen-Anhalt, die von Jens Hettstedt für das Zentrum für Schulforschung und Fragen der Lehrerbildung der Martin-Luther-Universität Halle-Wittenberg verfaßt wurde (vgl. Hettstedt 1996)
    3. eine Empfehlung des Sachverständigenrates für Schulentwicklung beim Kultusministerium in Sachsen-Anhalt (vgl. Sachverständigenrat 1996)
    4.   eine Studie von Uwe Förster „Situation und Perspektiven des allgemeinbildenden Schulwesens in Sachsen-Anhalt 1994-2010". Dieses Gutachten wurde im Auftrag der Hans-Böckler-Stiftung und der Max-Träger-Stiftung im Januar 1995 erstellt (vgl. Förster 1995).

derlich sind empirisch unterlegte Konzepte für die Schulentwicklungsplanung, die die langfristige Entwicklung berücksichtigen und möglichst umgehend mit allen Beteiligten diskutiert werden können.

2. Die Folgen des Geburtenrückgangs für die Schulentwicklungsplanung sind bisher nur unzureichend untersucht. So schreibt Fickermann:

> „Umfassende kleinräumige Analysen der bestehenden Bildunssyteme fehlen ebenso wie kleinräumige und regionale Unterschiede hinreichend berücksichtigende Prognosen des zukünftigen Geburten- und damit Schüleraufkommens" (Fickermann 1996, S. 335).

Solche Untersuchungen sind erforderlich, weil die Auswirkungen der Dichte des Schulnetzes und damit der Entfernung zu den Schulen eines spezifischen Typs auf soziale und regionale Ungleichheiten in der Bildungsbeteiligung bekannt sind. Je weiter der Weg zur nächsten Schule, um so stärker gehen schichtspezifische Unterschiede in die Schulwahl ein. Eine Ausdünung des Schulangebots durch Schulschließungen ist daher möglichst zu vermeiden.

3. Die Sicherung eines wohnortnahen Schulangebots ist nicht nur eine wichtige sozial- und bildungspolitische Aufgabe, ein solches Angebot ist auch ein nicht zu unterschätzender Faktor der Regionalentwicklung. Es ist zu befürchten, daß „einerseits die künftig noch stärker fehlende Möglichkeit Hochschulzugangsberechtigungen auch in ländlichen oder dünnbesiedelten Gebieten erwerben zu können, zu weiteren Abwanderungen leistungs- und aufstiegsorientierter Eltern aus diesen Regionen führt und andererseits ein ausgedünntes regionales Bildungsangebot ein negativer Standortfaktor für die mögliche Ansiedlung von Betrieben sein wird" (Fickermann 1996, S. 336 f.).

4. Bei den Entscheidungen bezüglich der Schulstandorte - diese werden freilich wesentlich durch die gesetzlichen Regelungen zur Schulstruktur (gegliederte/integrierte Angebote), zur Zügigkeit (Zahl von Parallelklassen, Klassenteiler) und auch durch die Möglichkeit zur Bildung jahrgangsübergreifender Klassen beeinflußt - sollten nicht nur oberflächliche finanzielle Aspekte berücksichtigt werden. Außer diesen müssen auch pädagogische und soziokulturelle Gesichtspunkte Berücksichtigung finden. Als pädagogische Kriterien sollten gelten:

- Stabilität des Angebots über mehrere Jahre
- Die Sicherung eines verläßlichen Schulangebots
- Zumutbare Entfernungen für die Schülerinnen und Schüler
- Reichhaltigkeit des Bildungsangebots im Sinne von Bildungsgängen und Abschlüssen
- Möglichkeiten der Öffnung von Schule nach außen (vgl. Sachverständigenrat 1996).

5. Zur Klärung des finanziellen Aufwandes sollten u.a. folgende Gesichtspunkte berücksichtigt werden:

- Entwicklung der Geburten in den Gemeinden (Grundschulen), Landkreisen und kreisfreien Städten und daraus folgend Prognosen für die kommenden Jahre; Gegenwärtige Zahlen und prognostizierte Zahlen für die Entwicklung der Klassenzahlen;
- Karte der Schulstandorte zur Klärung von Entfernungen;
- Einzugsbereiche der Schulen, dabei sollte auch die Infrastrukturentwicklung der Nachbargemeinden einbezogen werden, d. h. eventuell auch, daß es ökonomisch sinnvoll sein kann, nicht alle Schulstandorte und Schulformen an einem Ort zu konzentrieren;
- Verkehrsanbindung und Lage der Schulen;
- Baulicher Zustand, notwendiger Investitions- und Werterhaltungsaufwand, Klärung der Frage, was mit freiwerdenden Schulgebäuden geschieht, mögliche spätere Nutzung;
- Raumkapazität, Unterrichtsraumbestand und Ausstattung, z.B. Fachunterrichtsräume.

6. In die Entscheidung für Schulstandorte muß ihre Bedeutung für das soziale, kulturelle und politische Leben in der Gemeinde eingehen. Von der Entfernung zur Schule wird auch die Bereitschaft zur Mitwirkung an ihrer Gestaltung und zur Beteiligung an ihren Aktivitäten beeinflußt. Darüber hinaus gilt:

- Die Schule mit ihren unterrichtlichen und außerunterrichtlichen Aktivitäten ist ein wichtiger Kulturträger.
- Schulen haben Ressourcen (Räume, Sportstätten etc.), die für die Gestaltung von Freizeit und Erholung der Bevölkerung genutzt werden können.
- Die Schule ist ein Ort für die Anbindung von sozialen Beratungs- und Betreuungseinrichtungen.
- Schulen sind ein Faktor der Attraktivität und Lebensqualität in einem Ort. Sie haben eine sozial-integrative Funktion.

7. Die Planung für die Schulentwicklung hat eine verläßliche Schulgesetzgebung zur Voraussetzung. Sie muß dabei versuchen, jeweils eine verantwortbare Balance herzustellen zwischen der Offenheit gegenüber neuen Anforderungen und Problemlösungsansätzen und der Stabilität getroffener Entscheidungen. Die Schulgesetze sollten Varianten und Erprobungsmöglichkeiten vorsehen bzw. zulassen.

8. Anmerkungen zu einzelnen Schulformen:

- Grundschulen: Die Grundschulen werden ab 1997/98 massiv vom Sinken der Schülerzahlen betroffen sein. Da die Kommunen in der Regel Eigentümer der Gebäude und Träger der Schulen sind, ist hier der Planungsprozeß vermutlich relativ unkompliziert. Hinzu kommt, daß das Prinzip „Kurze Beine - Kurze Wege" für den Grundschulbereich weitgehend anerkannt wird.
- Planungen für den Sekundarschulbereich müssen davon ausgehen, daß in den Schuljahren 1998 bis 2001 die höchsten Schüler- und Klassenzahlen zu erwarten sind. Ab

2002 gehen die Zahlen sehr stark nach unten. Es muß dann eine Veränderung der Schulstandorte erfolgen. Es ist dabei nach städtischen und ländlichen Regionen zu differenzieren. In den städtischen Ballungsräumen ist die Schließung einer Sekundarschule ein nicht so gravierender Eingriff wie im ländlichen Raum. Eine günstigere Lehrer-Schüler-Relation kann hier die ländlichen Regionen stärken. Gerade im ländlichen Raum bieten sich integrative Schulformen, vor allem die Zusammenlegung von bedrohten Sekundarschulen und Gymnasien z.b. zu kooperativen oder integrierten Gesamtschulen an. Standorte könnten so erhalten werden und demographische Schwankungen hätten weniger gravierende Auswirkungen. Ebenfalls ist über die Schließung des Hauptschulbildungsgangs nachzudenken, der in den neuen Bundesländern ohnehin nur wenig Akzeptanz gefunden hat. Als ein Grund wird angeführt, daß in der DDR der Abschluß nach der 10. Klasse der Normalfall war und Eltern für ihre Kinder zumindest den gleichen Schulabschluß anstreben, den sie selbst erreicht haben. Die Klassenstärke ist an den Sekundarschulen derzeit bereits vielfach erheblich zu niedrig. Geht man nicht von Schließung sondern von Zusammenlegung aus, dann sind 2002 nur noch 65% der heutigen Sekundarschulen arbeitsfähig (vgl. Förster 1995, S. 49).

• Obwohl nach der Einführung der Förderstufe in Sachsen-Anhalt die Gymnasien am spätesten betroffen sein werden, ist die Unruhe bezogen auf Standortsicherung doch schon beträchtlich. Gerade bei den Gymnasien läuft die Sicherung des Standortes über den Ausweis eines besonderen Profils. Auch wenn der Anteil der Schülerinnen eines Jahrgangs, die das Gymnasium besuchen recht hoch geworden ist, sind Schließungen vermutlich unumgänglich. Die differenzierte gymnasiale Oberstufe macht es nach allgemeiner Auffassung notwendig, daß ein Gymnasium dreizügig geführt wird.

9. Die demographische Entwicklung in Ostdeutschland wird die Schullandschaft erheblich verändern. Ob die notwendigen Eingriffe in Absprache mit den Beteiligten (Lehrerinnen und Lehrern, Gewerkschaften, Lehrerverbände etc.) geschieht, ist für das Gelingen von entscheidender Bedeutung.

Literatur

Fickermann, D.: Konsequenzen der demographischen Entwicklung Ostdeutschlands für das Gymnasium. In: Marotzki, W./Meyer, M.A./Wenzel, H. (Hrsg.): Erziehungswissenschaft für Gymnasiallehrer. Weinheim 1996.

Förster, U.: Situation und Perspektiven des allgemeinbildenden Schulwesens in Sachsen-Anhalt 1994 bis 2010. Gutachten im Auftrag der Hans-Böckler-Stiftung und der Max-Träger-Stiftung. Magdeburg 1995.

Hettstedt, J.: Daten zur Schulentwicklung im Bundesland Sachsen-Anhalt. In: Keuffer, J./Reinhardt, S. (Hrsg.): Diskurse zu Schule und Bildung - Werkstatthefte des ZSL. Heft 5. Halle 1996.

Sachverständigenrat für Schulentwicklung beim Kultusminister des Landes Sachsen-Anhalt: Konsequenzen aus der demographischen Entwicklung im Lande Sachsen-Anhalt für die Schulentwicklungsplanung - Stellungnahme des Sachverständigenrates an den Kultusminister 1996.

Hartmut Wenzel

Schulentwicklung, demographischer Einbruch und die Lehrer[1]

1. Die Schulentwicklung in den neuen Bundesländern gerät in den nächsten Jahren unter ganz erheblichen Druck. So werden, verfolgt man die aktuelle finanzpolitische Diskussion, die Sparzwänge - sie sind natürlich Ergebnis politisch motivierter Prioritätensetzungen in Bund und Land - generell härter, so daß eine Überprüfung aller staatlichen Aufgaben und Ausgaben erfolgt, die auch das Bildungswesen nicht auslassen kann. Für das Bildungswesen in den neuen Ländern entsteht in diesem Zusammenhang ein verstärkter Druck, weil der dramatische Einbruch der Geburtenzahlen Hoffnungen weckt, daß hier ein wichtiges Sparpotential für die Landeshaushalte liegt. Es besteht die Gefahr, daß in der Zeit knapper Kassen Fragen der Schulentwicklung vor allem nach vordergründig ökonomischen Kriterien entschieden werden. Selbst wenn aufgrund ökonomischer Kriterien die nach der Wende eingeführte Schullandschaft durch Schulschließungen und Schaffung integrativer Systeme „bereinigt" würde, ist kaum zu verhindern, daß in den dünn besiedelten Gebieten vor allem in Mecklenburg-Vorpommern und Brandenburg aber auch in Thüringen und Sachsen-Anhalt andere Lehrer-Schüler-Relationen auftreten werden als in den großstädtischen Ballungsgebieten etwa des Ruhr-Gebiets oder im Rhein-Main-Gebiet. In dünnbesiedelten ostdeutschen Regionen entstünden aber erhebliche Probleme z.B. bezüglich der Erreichbarkeit weiterführender Schulangebote, wenn aufgrund der Lehrer-Schüler-Relationen anderer Bundesländer Schuleinzugsbereiche eingerichtet würden. Daß die Entfernung zu den weiterführenden Schulen schichtenspezifisch unterschiedlich den Zugang zu diesen Schulen beeinflußt, ist ja bekannt. Es entsteht also ein Dilemma zwischen bildungsökonomischer Rationalität und der bildungspolitischen Forderung nach möglichst großer Chancengleichheit.

---

1 Statement zur Podiumsdiskussion am 13.3.1996 in Halle

Sinnvoll ist es, die Siedlungsdichte bei den Berechnungen des Lehrerbedafs modifizierend zu berücksichtigen. Es ist aber völlig unklar, ob eine bessere Lehrer-Schüler-Relation in den neuen Ländern politisch akzeptiert wird, solange weiterhin ein erheblicher Finanztransfer von den alten in die neuen Länder stattfindet. Weil die Lehrergehälter im Osten derzeit noch erheblich geringer sind als im Westen (84%), könnte als vertretbare alternative Vergleichsgröße das pro Schüler verausgabte Finanzvolumen herangezogen werden.

2. Konsequenzen aus den sich dramatisch verringernden Schülerzahlen in den neuen Bundesländern müssen sowohl hinsichtlich der Vielfalt und Erreichbarkeit des Schulangebots als auch für den Lehrerbedarf (vgl. den Beitrag von Weishaupt) gezogen werden. Während die Grundschulen bereits ab dem Schuljahr 1997/98 massiv vom Rückgang der Schülerzahlen betroffen sein werden, ist derzeit im Gymnasium noch eine Zunahme der Schülerzahlen wahrscheinlich, da noch zahlenmäßig starke Jahrgänge aus der Grundschule nachwachsen und die Übergangsquoten zum Gymnasium eher zunehmen. Daß der Einbruch der Schülerzahlen aber auch alle anderen Schulformen erreichen wird, ist unvermeidbar.

3. Nur selten werden bei äußeren Sparzwängen die Einsparungen mit pädagogisch sinnvollen Neuerungen, mit „intelligenten Problemlösungen" verbunden. Aber wenn Änderungen „unabdingbar" sind, bestehen auch Chancen für positive Entwicklungen, allerdings nicht als „Selbstläufer". So besteht z.B. die Gefahr, daß erprobte und pädagogisch sinnvolle, obendrein kostensparende Lösungen, wie etwa die jahrgangsübergreifenden Ansätze der „kleinen Grundschule" oder der „kleinen Sekundarschule" als Schritt zurück in die antiquierte Dorfschule diskreditiert und abgelehnt werden. Sie böten die Möglichkeit, auch bei sehr geringen Jahrgangsbreiten eine Schule im Ort aufrechtzuerhalten (vgl. hierzu den Beitrag von Keuffer).

4. Der Zwang zur Überprüfung der Schulstandorte, der Schulstruktur und des Lehrerbedarfs erzeugt erneut Ängste bei einer Lehrerschaft, die erst vor wenigen Jahren aus ihren Sicherheitsgefühlen aufgestört wurde und in zuvor unbekanntem Maße Entlassungen erlebte. Nach der Wende wurden - außer in Brandenburg, wo mit der Gewerkschaft eine „80 %-Regelung" getroffen wurde, also alle Lehrer solidarisch auf einen Teil des Einkommens verzichteten, um für möglichst viele im Schuldienst befindliche Lehrerinnen und Lehrer Weiterbeschäftigungsmöglichkeiten zu erhalten - zwischen 10% bis 20% des Lehrpersonals zumeist aufgrund mangelnden Bedarfs bzw. wegen eingeschränkter fachlicher Einsetzbarkeit (Wegfall von Fächern, neue Schwerpunktsetzungen etwa in den Fremdsprachen) entlassen. Berücksichtigt man das gesamte Personal, das vor der Wende in der Volksbildung tätig war, so

ist der Stellenabbau erheblich größer. Dabei wurden aus sozialen Gründen einerseits eher ältere Lehrer (über 50) und jüngere Lehrer ohne familiäre Verpflichtungen entlassen bzw. in den Vorruhestand versetzt. Folglich werden in den nächsten zehn bis fünfzehn Jahren bei Anwendung der derzeit gültigen Regelungen im öffentlichen Dienst - hier wurde das Ruhestandsalter für Frauen gerade erst angehoben - nur relativ wenige Lehrer wegen Erreichen der Altersgrenze ausscheiden. Soll bei rückgehenden Schülerzahlen der rechnerische Lehrerüberhang nicht zu groß werden, sind zusätzliche Regelungen erforderlich, die den Lehrerbestand an den Lehrerbedarf anpassen lassen. Dies ist bei der derzeit hohen Arbeitslosenquote auch im Bereich der Akademiker eine schwierige Aufgabe. Der Entwicklung von Modellen etwa der Arbeitszeitkonten, des Sabbatjahres etc. sollte große Aufmerksamkeit geschenkt werden. Die Wissenschaft muß sich stärker als bisher auf die Mitarbeit an der Entwicklung solcher Modelle einlassen.

5. Die Situation am Lehrerarbeitsmarkt der neuen Länder ist aus einem weiteren Grund prekär. Einerseits ist verständlich, daß Vertreter der Lehrerverbände sich für die im Dienst befindlichen Kollegen einsetzen - sie werden letztlich von diesen gewählt - und anstelle von Entlassungen Modelle der Fort- und Weiterbildung forderten, die eine Weiterbeschäftigung auch bei veränderten Anforderungen (neue Fächerkombinationen) ermöglichen. Hier dürfen sich die Hochschulen nicht sperren, auch in den nächsten Jahren weiterbildende berufsbegleitende Studiengänge für neue Lehramtsabschlüsse anzubieten. Andererseits führt diese verständliche gewerkschaftliche Politik dazu, daß Neueinstellungen jüngerer Lehrer, die ihre Ausbildung bereits nach der Wende erfuhren, nahezu ausgeschlossen werden. Es ist erforderlich, Konzepte zu entwickeln, die eine Balance finden lassen zwischen der sozialen Verantwortung gegenüber den Lehrern im Schuldienst einerseits und der Ermöglichung von Berufschancen für Absolventen der erneuerten Lehramtsstudiengänge andererseits. Hier müssen die Hochschulen eindeutig Position für ihre Absolventen beziehen.

6. Derzeit schwindet in den neuen Bundesländern - im Gegensatz zur Entwicklung in den alten - die Motivation für ein Lehramtsstudium außer in einigen Nischenfächern dramatisch, so daß die abnehmenden Studentenzahlen früher oder später eine Überprüfung der Ausbildungskapazitäten nahelegen werden. Bei dieser Überprüfung sollte als ein unverzichtbares Kriterium berücksichtigt werden, daß auch bei dem derzeit absinkenden Einstellungsbedarf an neuen Lehrern eine landeseigene universitäre Lehrerausbildungsstruktur erhalten bleiben muß. Diese ist mittelfristig für die Deckung des Lehrerbedarfs erforderlich und kurzfristig für die innere Schulreform unverzichtbar. Schon jetzt könnte durch eine gezielte Informationspolitik, die zu

einem Lehrerstudium an ostdeutschen Universitäten ermutigt, eine Entlastung überfüllter Lehrerbildungsgänge im Westen und eine bessere Auslastung der Kapazitäten im Osten erreicht werden. Soll dies erfolgreich gelingen, müssen allerdings noch in erheblichem Maße Ost-West-Vorbehalte abgebaut werden.

7. Bisher bestand an ostdeutschen Schulen wegen der in so kurzer Zeit zu bewältigenden Umstellung auf ein neues Schulsystem sowie auf neue Schulgesetze mit neuen Mitwirkungsmöglichkeiten und Verantwortlichkeiten, auf neue Lehrpläne mit modernisierten Inhalten, auf neue Lehrbücher etc. noch wenig Gelegenheit zur Aufarbeitung der DDR-Vergangenheit. Zunehmend wachsen aber Schüler heran, die die DDR nur noch aus Erzählungen kennen und Informationen über das Leben in der DDR sowie Gründe für ihr Scheitern nachfragen. Es werden Konzepte benötigt, die eine differenzierte Darstellung der DDR-Wirklichkeit im Ost-West-Spannungsfeld ermöglichen und auf eine kollegiale Aufarbeitung und Weiterentwicklung entscheidender Orientierungsgrößen für das Lehrerhandeln und die Ausgestaltung der Lehrerrolle (Erziehung, Bildung, Demokratie, soziale Marktwirtschaft) zielen. Hier liegt eine große Verantwortung für die Lehrerfortbildung. Erforderlich ist dafür insbesondere die Kultivierung von Formen schulinterner Lehrerfortbildung.

8. Ohne in eine undifferenzierte Kritik an den Lehrern der früheren DDR einstimmen zu wollen, so halte ich es doch für wünschenswert, daß möglichst bald neuartig ausgebildete, jüngere Lehrer in größerer Zahl in die Schulen kommen können. Ohne einen solchen Zustrom wären für die Schulentwicklung in den nächsten 15 Jahren noch fast ausschließlich solche Lehrer verantwortlich, die ihre Schulzeit und Lehrerausbildung in der DDR absolvierten. Neben den vielfältigen Erfolgen in der Angleichung der Schulstruktur an diejenige der alten Länder und der Veränderungen der schulrelevanten Richtlinien, Gesetze und Erlasse gibt es auch eine große Kontinuität im unterrichtlichen Verhalten vieler Lehrer. Traditionelle Arbeits- und Umgangsformen werden durch die subjektiv als gesellschaftliche Anforderung wahrgenommene Leistungsorientierung legitimiert und stabilisiert. Veränderungen des Unterrichts in Richtung auf einen stärker handlungs- und schülerorientierten Unterricht werden überwiegend äußerst zurückhaltend betrachtet. Der Abbruch der Schülerzahlen verursacht wegen der noch unklaren Konsequenzen Unsicherheit in der Lehrerschaft. Unsicherheit wiederum bremst die Bereitschaft für innere Reformen.

9. Die Lehrerschaft in den neuen Ländern muß derzeit einen Modernisierungsschub bewältigen, der im Zeitraffer vieles nachholt, was in den alten Ländern im Zeitraum von etwa zwanzig Jahren ablief. Dies erzeugt für viele

enorme Belastungen. Das Schlagwort von den „alten Lehrern", die zunehmend auf „neue Kinder und Jugendliche" stoßen, darf zwar nicht überstrapaziert werden, enthält aber einen richtigen Kern, denn die Sozialisationsbedingungen jetziger Schülerinnen und Schüler haben sich gegenüber denjenigen, die die Lehrerinnen und Lehrer durchlebten, einschneidend verändert. Die Schulen, d.h. die Lehrerkollegien, müssen ermutigt werden, sich stärker als bisher in eigener Verantwortung mit den Veränderungen in ihrem sozialökologischen Umfeld auseinanderzusetzen und situativ angemessene Problemlösungen zu finden. Dabei stoßen Forderungen zur Nutzung prinzipiell vorhandener Gestaltungsmöglichkeiten noch häufig auf traditionelle, zentralistische Denk- und Handlungsstrukturen. Die Schaffung von Kompetenzen und Unterstützungssystemen für eine pädagogische Schulentwicklung ist besonders wichtig.

10. Die Auswirkungen des Schülerrückgangs werden in unterschiedlichen Regionen (Großstadt, Kleinstadt, ländlicher Raum) sehr unterschiedlich sein. Einheitliche zentrale Regelungen werden nur schwer die regionale Vielfalt erfassen und sinnvoll organisieren lassen. Es bedarf flexibler Rahmenbedingungen, die auf lokaler bzw. regionaler Ebene situativ angemessene Strukturen schaffen lassen.

11. Gelingt es nicht, einen Einstellungskorridor zu schaffen, werden für die Zeit nach 2010 zusätzliche Probleme produziert, da von diesem Zeitpunkt an in einer Reihe von Schulen in relativ kurzer Zeit erhebliche Anteile des Kollegiums aus dem Dienst ausscheiden werden. Zur Verstetigung und Stabilität in den Schulen sind Vorkehrungen zu treffen, die mittelfristig zu einer ausgeglichenen Altersstruktur der Lehrerschaft führen. Die Planungen zum Lehrerbedarf sollten sich orientieren an der Normalisierung, die nach dem massiven Einbruch ab etwa 2010 zu erwarten ist.

Jan Hofmann

Thesen zur Podiumsdiskussion

1. In seinem Einführungsreferat zum Kongreß hat der Vorsitzende, Herr Lenzen, unter dem Stichwort „Diktatur des Marktargumentes" nachdrücklich darauf hingewiesen, daß der Staat sein Recht auf das Monopol auf Ziele und Inhalte verliert, wenn er das Erreichen dieser Ziele nicht mehr finanzieren will. Nichtfinanzierte staatliche Ziele ermöglichen vielleicht größere Individualität im Bildungssystem, sie beinhalten aber gleichzeitig die Gefahr von struktureller Ungerechtigkeit.

Diese Überlegungen bilden den realistischen Hintergrund für die gegenwärtig geführte Diskussion zu einer Reform des öffentlichen Dienstes.

2. Zweifellos, die Schule soll oder sie muß anders werden. Wie aber soll dies geschehen. Das Problem besteht m.E. gegenwärtig in dem hilflosen Versuch des Staates, mit den modifizierten Formen und Methoden des frühbürgerlichen Ständestaates, Ziele und Zwecke eines modernen Wohlfahrtstaates zu erreichen. Dieses Verfahren geht solange gut, wie Geld vorhanden ist, das alte System zu finanzieren. Fehlt dieses Geld, und dies ist gegenwärtig der Fall, wird die Entwicklung wieder interessant.

3. Unter dem Stichwort „Autonomie" oder auch „Schule in erhöhter Verantwortung" sind gegenwärtig vielfältige Diskussionen zu einer veränderten Schule in Deutschland im vollen Gange. Dabei ist der Begriff der „Autonomie" zum eigentlichen Reizwort des Systems geworden[1]

---

1 Die Institution Schule hat in den letzten 100 Jahren den Beweis erbracht, daß sie ein funktionierendes und auf Selbsterhaltung angelegtes, homöostatisches System ist... Dennoch ist die staatliche Institution Schule ein intelligentes, entwicklungsfähiges System. Seine Resistenz gegenüber äußeren Einflüssen bedeutet nicht gleichsam Ignoranz - vielmehr beerbt es von außen kommende Impulse ihrer Kraft, entwickelt Abwehrstoffe oder verbessert durch diese Erbschaft die eigene Konstitution. Am deutlichsten hat dies die staatliche Institution Schule in diesem Jahrhundert an der Reformpädagogik bewiesen. Die Reformer wurden um ihr Lebenselixier beerbt, die staatliche Schule hat sich mit genau so-

4. Komplexe und gesunde Systeme sind selbstregulierend (homöosta-
tisch). Normabweichungen werden registriert und die Summe der Abweichungen trägt schließlich die Kraft zur Veränderung. Wenn also ein System
die Fähigkeit besitzt Normabweichungen zu registrieren und Veränderungen
einzuleiten, so ist das System gesund. Bisher hat das staatliche System Schule vor dem Hintergrund eines geronnenen Rechtsrahmens jegliche Veränderung vollziehen können. Ob dies auch diesmal wieder gelingt, bleibt abzuwarten.

5. Im gegenwärtigen staatlichen Schulsystem ist die einfache Handlungs-
kette (Handlungsfreiheit, Entscheidungsspielraum und Tragen des Risikos)
erheblich gestört. Diejenigen, die in den einzelnen Schulen handeln, tragen
nicht das Risiko derer, die in staatlichen Schulämtern tätig sind und diejenigen, die das Risiko tragen, bewegen sich nicht in den Handlungsspielräumen,
in denen Entscheidungen zu treffen sind. Im Dickicht der Verwaltungsvor-
schriften zur Einzelschule, zur Schulaufsicht und Schulverwaltung und zur
Landesregierung verdoppelt oder verdreifacht sich der Staat in einem System
der gemeinschaftlichen Verantwortungslosigkeit. Am Ende tragen die für
Schule zuständigen Minister entsprechend diesem Organisationsprinzip die
volle Verantwortung für das gesamte System. Diese Verantwortungshierar-
chie ist praktisch so absurd wie eine Kompetenzhierarchie, von der sich das
System seit Generationen bereits verabschiedet hat.

6. Zu den Problemen des Osten im einzelnen: Durch die rasanten politischen Veränderungen im Osten Europas stürzten im Herbst 1989 äußere und
innere Mauern in Ost und West. Bewertungs- und Koordinatensysteme, die
bis dahin in den unterschiedlichen Welten Gültigkeit hatten, waren an ihre jeweiligen Grenzen geraten. Keine einzige politische Frage wurde seitdem un-
gestraft beantwortet, wenn in die Antwort nur das Erfahrungswissen einer
Seite eingeflossen ist.

Nach sozialstrukturellen Analysen in der DDR zählten etwa 30 % der berufstätigen Bevölkerung zur sogenannten Funktionselite (vom ZK der SED
bis zum Schulleiter), also etwa 1 Million Menschen, die aufgrund von Alter
oder politischer Verstrickung heute im Vorruhestand oder im Ruhestand sind.
Gleichzeitig stammten etwa 50 % der Bevölkerung aus einem traditionsver-
wurzelten kleinbürgerlichen Arbeiter- und Bauernmilieu, ohne die Fähigkeit
erlernt zu haben, eigene politische Interessen zu artikulieren. Insofern und
durch die nach wie vor zu verzeichnende Abwanderung jüngerer Menschen

---

viel Reform versehen, um sich selbst zu bereichern, niemals aber soweit, daß das eigene
System in Frage gestellt wird. (vgl. J. Hofmann:1994 S. 69-89).

besitzt der Osten zu wenig Stimmen, um eigenes spezifisches Erfahrungswissen in die Problemlösung einzubringen.

Die im Osten Deutschlands im Herbst 1989 bis zum Frühjahr 1990 geführte Schuldiskussion empfing ihre Impulse aus der Kritik an der POS und EOS und dem Willen, eine Schule zu bekommen, die nach Europa passen solle. Nicht die Struktur der alten DDR-Schule stand allerdings zur Disposition, sondern viele ihrer Inhalte und der Mangel an Handlungsspielräumen, Entscheidungsfreiheiten und Verantwortung. Eine Kritik also, die in vielem an die Diskussion im Westen Deutschlands in den späten 60er und frühen 70er Jahren erinnerte.

Offensichtlich sind die Oppositionsthemen wie Mündigkeit, Verantwortung, Selbstbestimmung... u.ä. unabhängig davon relevant, ob sie sich an einer gegliederten Ständeschule der späten 60er oder an einer zentralistischen Einheitsschule der späten 80er Jahre reiben. Allerdings offenbaren die damaligen Forderungen nach Chancengleichheit auch ein Defizit an Vorstellungen zu den Möglichkeiten und Unmöglichkeiten der schulpraktischen Realisierung.

Mit dem Tag der Deutschen Einheit wurde das Regel- und Rechtssystem des Westens Deutschlands zu den Konditionen des Einigungsvertrages auf den Osten Deutschlands übertragen. Damit wurden, wenn auch mit Zustimmung der Mehrheit des Volkes in Ost und West, je nach politischem Erfahrungswissen der Beteiligten (das Spektrum ist vielfältig) westliche Antworten auf östliche Fragen gegeben, ein Verfahren, dessen Fragwürdigkeit heute immer stärker ins Bewußtsein rückt.

Im Bundesland Brandenburg beispielsweise bestand im Bildungsministerium anfänglich das Ziel, die äußere Struktur der DDR-Schule vorerst zu belassen und binnendifferenziert mit einer inneren Schulreform zu beginnen. Doch dieser Plan war nicht mehrheitsfähig. Mit Transparenten forderte die aufgebrachte Öffentlichkeit eine Stichtagumstellung des Schulsystems mit dem Argument der Chancengleichheit:

„Unseren Kindern wird mit dem POS/EOS-Abschluß die Chance genommen, gegen die Westabsolventen auf dem Arbeitsmarkt zu bestehen!"
„Daimler-Benz nimmt keine mit POS/EOS-Abschluß!"

Die Einführung bzw. Übertragung des westdeutschen Norm- und Rechtssystems im Herbst 1990 hat allerdings nicht nur westliche Antworten auf östliche Fragen gebracht, sondern auch einen Export von westlichen Problemen, z.B. die endlose Debatte zum gegliederten Schulsystem und zu den Chancen für die Gesamtschule, die zergliederte Schulstruktur von Schulangeboten sowie die verschwindende Identität der einzelnen Schule und der Bildungswege und natürlich auch die soziale Selektion von Schule. Ganz besonders trifft das auf jene Schülerinnen und Schüler zu, die zu den Verlierern des Schulsystems gehören: die Schulabsolventen ohne Abschluß, Jugendliche ohne Berufsausbildungsplatz (zu einem hohen Prozentsatz Mädchen) und Jugendliche ethnischer und kultureller Minderheiten.

Das Bündel der Probleme vor denen das Land Brandenburg - wie übrigens jedes andere neue Bundesland auch - steht, hat demnach vier Dimensionen:

- Probleme, die aus der spezifischen ostdeutschen Geschichte herrühren, z.B. andere Organisationsformen im Bildungssystem oder auch Defizite bezogen auf den Allgemeinbildungsbegriff;
- Probleme, die ihren Ursprung in der Schwierigkeit der Anwendung westlicher Gesetze und Normsysteme auf östliche Bedingungen haben, z.B. die Zügigkeitsdiskussion in den Schulstufen Sek. I und Sek. II oder das Beamtensystem und seine ausdifferenzierten Rituale;
- Der Problemexport West - Ost, z.B. die endlosen Debatten der alten Bundesrepublik zu den spezifischen Profilen der einzelnen Schulformen und der Streit um diese Formen;
- Die Probleme, die sich aus der demografischen Entwicklung und der Bildungsexpansion ergeben, z.B. dem Gesichtspunkt, daß in einem historisch kurzen Zeitraum von nur fünf Jahren sich die Geburten in einem Altersjahrgang auf ein Drittel des Vorwendeniveaus reduzieren und im gleichen Zeitraum sich ein „Run" auf Gymnasiale Ausbildung von 12 % eines Altersjahrgang auf fast 50 % abzeichnet.

Im einzelnen ließen sich diese Probleme durch die im Westen bereits entwikkelten Antworten und Bewältigungsstrategien sicherlich lösen. Im Bündel bedeuteten sie für alle Beteiligten absolutes Neuland. Die Suche nach Neuansätzen für die Gestaltung einer Schulstruktur in Deutschland bewegte und bewegt sich im Westen Deutschlands innerhalb der als richtig anerkannten Denkstrukturen, die ihre definitorischen Begründungen in den 60er und 70er Jahren erhielten und seitdem lediglich leicht modifiziert wurden. Mögen diese Ansätze für das vor 1989 gültige Werte- und Koordinatensystem auch richtig gewesen sein, so sind sie für die neuen Voraussetzungen nur von beschränkter Gültigkeit. Die Hoffnung vieler Bildungsexperten des Westens, im oder mit dem Osten Probleme zu lösen, die im Westen nicht lösbar waren, haben oder werden sich als Erwartungsfalle erweisen. Da die bildungspolitischen Vorstellungen, die in den letzten Jahren in Deutschland durch Bildungsexperten artikuliert wurden, in etwa auch das gesamte Spektrum der Vorstellungen über Bildung und Schule in der Bevölkerung abbildet, bedarf es eines Ansatzes, der sensibel diesen Willen aufnimmt und ihn kooperierend zu den eingangs genannten Schwierigkeiten und Problemen in Beziehung setzt.

Niemals in der jüngeren Geschichte war der Problemdruck auf Schule so groß. Schülerberge, Finanznot, Mangelfächer, Qualifikationsbedarf, neue Medien und immer differenziertere sozialstrukturelle Milieus wirken von außen auf die Schule ein. Niemals war deshalb auch m.E. die Chance für wirkliche Veränderung so groß.

Unterschiedliche Durchläufe, unterschiedliche Durchlaufgeschwindigkeiten, flexiblere Durchläufe, flexiblere Ein- und Ausstiege sowie Pausen von Schule und vielfältige Binnendifferenzierungen in einem strukturell überschaubaren Schulsystem müssen zur „Schule der Zukunft" beitragen. Wenn die Frage von Lern- und Lebenszeit sowie Lerninhalt gestellt wird, geht es nicht mehr allein um die Sekundarstufe II, sondern um die Schulzeit als Ganzes. Zwei grundsätzliche Fragen müssen allerdings beantwortet werden: Ist Schule von ihrem Mandat her Lernort und Unterrichtsanstalt oder im Sinne der Mandatserweiterung auch Lebenswelt und Sozialeinrichtung?

Die positive Beantwortung dieser Frage verlangt:

* Altersgemäße Entwicklungsangebote,
* jahrgangsübergreifende Angebote von Schule.

Das hätte enorme Konsequenzen für die Ausgestaltung der Schule, für die Qualifikation und Bezahlung der Lehrkräfte, für die Auflösung des scheinbaren Widerspruchs zwischen Schülern und Jugendlichen.

Wer die Frage von flexiblen Ein- und Ausgängen, von differenzierten Angeboten innerhalb der Schule thematisiert, muß die Frage beantworten, ob dies bei gleichem oder unterschiedlichem Menü geschehen soll. Hilfreich in dieser Diskussion ist die Unterscheidung der drei Dimensionen des Bildungsbegriffs:

1. Bildung als Menschenbildung (im Humboldtschen Sinne),
2. Bildung als Qualifikation im Sinne der Berufsvorbereitung,
3. Bildung zur Erlangung von Zertifikaten als Zugangsberechtigung.

Diese drei Begriffe sind in eine vernünftige Relation zu bringen und auch für sich zu definieren. Nur von einer solchen Position aus kann man mit Impulsen, die etwa von der Wirtschaft ausgehen oder beispielsweise aus den USA kommen, souverän und in Augenhöhe umgehen. Ein solches Herangehen führt zu entideologisierten neuen Wegen der Ausgestaltung des Schul- und Bildungssystems.

Schlüsselbegriffe für Deutschland könnten sein:

* Flexibilisierung der Schule,
* Kooperation statt Konkurrenz,
* berufsorientierende Elemente in der allgemeinbildenden Schule,
* Angebote von zwei unterschiedlichen Bildungsgängen,

• Steigerung der Attraktivität der Berufsausbildung.

Ein mögliches Zwei-Säulenmodell wäre denkbar. Zunächst eine vielfältige und binnendifferenzierte Schule von Klasse 1 - 10 (wie oben beschrieben) und danach Berufsausbildung. Folgende zwei Säulen könnten sich anschließen (Modell für eine gymnasiale Oberstufe):

1. Säule: Eine gymnasiale Oberstufe (in Einheit von allgemeiner und beruflicher Bildung) orientiert auf Berufsvorbereitung für motivierte Schülerinnen und Schüler, die eine klare Berufsvorstellung haben. Ziel dieses Bildungsganges sind die Fachhochschule, die Berufsfachschule und bestimmte Bildungsangebote an Universitäten und Hochschulen. Der Abschluß gilt als Zugang zu den genannten weiterführenden Bildungseinrichtungen. Hier könnten auch Erfahrungen des Bildungssystems der DDR (Berufsausbildung mit Abitur) integriert werden.

2. Säule: Eine allgemeinbildende gymnasiale Oberstufe für Schülerinnen und Schüler mit unbestimmten Berufsvorstellungen bzw. klarer Motivation auf eine allgemeine akademische Laufbahn. Ziel dieses Weges ist die generelle Erlangung der Studierfähigkeit, allerdings nicht automatisch die Hochschulzugangsberechtigung. An den Hochschulen müßte dann ein Anpassungs- oder Probehalbjahr stattfinden, in dem die unterschiedliche Interessenlage von Studierenden und Hochschule nach Möglichkeit ausgeglichen werden soll.

Bei einem solchen Säulenmodell bedürfte die Schule der gymnasialen Oberstufe keiner weiteren äußeren Differenzierung, etwa in naturwissenschaftliche, neusprachliche oder altsprachliche Gymnasien ö.ä.. All diese Formen können in diese zwei Säulen integriert werden.

Ausdifferenzierte soziale Ungleichheit der Gesellschaft und die Idee der Chancengleichheit sind dämonische Doppelgänger: Die gegenseitige Provokation und die Lust auf Harmonie. Beide Seiten gehören zur Allianz der Schule der Zukunft.

Arbeitsgruppe

Vom Marktwert der Gefühle -
kritische Reflexion aus der Sicht
der Humanistischen Pädagogik

Olaf-Axel Burow

Mit Rezepten aus der Wirtschaft das Bildungswesen heilen? - oder: Gibt es eine „neue Reformpädagogik"?

„Nach einem Jahrhundert der technischen Innovationen, brauchen wir ein Jahrhundert der sozialen Innovationen." Robert Jungk

1. Versäumen Schulen und Hochschulen die Herausforderungen der „Wissensgesellschaft"?

Ein erstaunlicher Widerspruch prägt die Bildungslandschaft des ausgehenden 20. Jahrhunderts: Während auf dem freien Fortbildungsmarkt ein harter Konkurrenzkampf zwischen verschiedenen Bildungsträgern tobt, die sich bemühen mit immer ausgefeilteren Angeboten der stetig wachsenden Nachfrage nach innovativen Bildungskonzepten gerecht zu werden, halten Schulen und Hochschulen - zumindest in weiten Bereichen - einseitig an tradierten Lehr- und Lernkonzepten und einem auf konkurrenzorientierte Einzelleistung abzielenden, engen Leistungsbegriff fest. Während allerorten Teamfähigkeit, Kooperation, Kreativität und Innovationsfähigkeit gefordert werden, ist das Bild an vielen Schulen und nicht wenigen Fachbereichen der Hochschulen nach wie vor durch die Förderung von „Einzelkämpfern" geprägt. Wenn schon die Mehrzahl der LehrerInnen und ProfessorInnen nicht in interdisziplinären Teams arbeiten, wie sollten ausgerechnet sie dann ihren Schülern und Studierenden die nun immer stärker geforderten „Schlüsselqualifikationen" vermitteln können? Während die Anforderungen außerhalb von Schule/ Hochschule aufgrund dramatischer Umbrüche in der Industriegesellschaft (vgl. Bundeszentrale für politische Bildung 1990) immer komplexer werden und deshalb „ganzheitliche", „systemische", „vernetzte" bzw. „transdisziplinäre" Lehr-, Forschungs-, Organisations- und Betrachtungsweisen gefordert sind, verhalten sich Bildungsinstitutionen allzu oft noch so, als hätten sie es nicht nötig, dem Wandel Rechnung zu tragen. Schulen und Hochschulen geraten so in die Gefahr, anachronistisch zu werden und ihre angeschlagene Bildungskompetenz zu verspielen. Anstatt die Chancen, die in den Wandlungsprozessen liegen, offensiv zu nutzen, bieten sie so unnötige Angriffsflächen, die sparwütigen Finanzministern Argumente für herbe Mittelkürzungen liefern.

Eine Analyse der Stagnationstendenzen des öffentlichen Bildungssystems fördert eine gefährliche Mischung zutage, zu der neben unzureichender Mittelausstattung, vor allem in Teilen der Sozial- und Geisteswissenschaften, bildungsbürgerlich-antimodernistisch geprägte Ressentiments, die Lähmung durch eine innovationsfeindliche Bürokratie sowie eine überholte, nach wie vor ständisch geprägte Organisationskultur gehören (vgl. Lehner/Widmaier 1992; Schily 1993). Während die fortgeschrittensten Teile der unter Innovationsdruck stehenden Wirtschaft längst Konsequenzen aus den sich ändernden gesellschaftlichen Bedingungen gezogen haben und völlig veränderte Formen der Mitarbeitermotivierung und der Arbeitsorganisation entwickeln sowie auf eine Abkehr von hierarchischen Organisationsformen hin zu teamorientierten Selbststeuerungskonzepten setzen (vgl. Warnecke 1996), läuft die Mehrzahl unserer Schulen und Hochschulen mit einer Mischung aus überholten Top-down-Konzepten und einer in Teilen pseudodemokratischen, ineffektiven Gremienwirtschaft im alten Trott. Noch ist wenigen klar, daß wir am Ende des 20. Jahrhunderts vor einem fundamentalen Wandel unserer gesamten gesellschaftlichen Strukturen stehen, der auch die öffentlichen Bildungsinstitutionen unter einen wachsenden Legitimations- und Innovationsdruck setzen wird.

Wie der Futurologe Alvin Toffler (1991) in seiner Studie „Machtbeben" herausgearbeitet hat, stehen wir mitten im Prozeß des Übergangs von der „Schornsteinwirtschaft", die durch das System der unpersönlichen Massenproduktion, mit anonymisierten, auswechselbaren Arbeitskräften gekennzeichnet ist, hin zur „Supersymbolwirtschaft", die durch eine personalisierte, „entmasste" Fertigung gekennzeichnet ist, in der immer mehr Arbeit in nur noch schwer auswechselbaren, hochprofessionellen Teams mit umfassenden Kenntnissen und Fähigkeiten weitgehend autonom geleistet wird. Dahinter steht der Wechsel zu einem neuen Wertschöpfungssystem, dessen Kern in der intelligenten Aggregierung von Daten, Information und Wissen besteht. Frei fließende Informationssysteme ersetzen zunehmend die bürokratische Wissensorganisation und erzwingen einen Abbau von dysfunktionalen, hemmenden Hierarchien. Bürokratische Großorganisationen teilen sich in flexible, mit weitgehender Autonomie ausgestattete Teams bishin zur Bildung von „fraktalen Institutionen" (vgl. Warnecke 1996) auf.

Immer mehr Kompetenzen werden in Arbeitsgruppen verlegt. Kommunikations- und Kooperations- bzw. Synergiefähigkeiten (vgl. Burow 1992; 1993) werden so zu zentralen Schlüsselqualifikationen und erfordern selbstständig, verantwortungsbewußt, kreativ im Team arbeitende Mitarbeiter. Die Wertschöpfung findet nun immer stärker in der optimalen Koordinierung der individuellen Ressourcen im Team statt. Hierzu ist es nötig, sowohl die individuellen Potentiale der Mitarbeiter optimal zu entfalten und zu nutzen, als sie auch „synergetisch" miteinander zu verbinden sowie sich Gedanken zu machen, über eine optimale Organisation der Lern- bzw. Arbeitsumgebung. Hinter Schlagworten wie „Lean Production" (vgl. Womack, Jones/Roos 1991; Stürzl 1992) und „Lernende Organisation" (vgl. Fatzer 1993) verstecken sich Konzepte radikal veränderter Organisation von Arbeitsprozessen und institutionellen Strukturen, deren Konsequenzen noch uneindeutig sind.

Indem Schulen und Hochschulen zumindest in weiten Teilen nach wie vor sowohl auf einem überholten Belehrungsansatz sowie überkommenen Organisationsmodellen beharren und diesen Entwicklungen zu wenig Beachtung geben, verschenken sie eine auf den ersten Blick überraschende Innovationschance: Viele der Anfang dieses Jahrhunderts von pädagogischen Reformern erhobenen und bis heute nur selten eingelösten Forderungen für eine verbesserte Schule und eine personengemäßere Organisation von pädagogischen Feldern und Lernprozessen werden aufgrund des gesellschaftlichen Wandels in weiten Bereichen jetzt zu Überlebensnotwendigkeiten. Meine Analyse wird zeigen, daß Teile der Wirtschaft in manchen Bereichen dabei sind, eine anregende Lern- und Arbeitskultur zu schaffen, von der manche öffentliche Einrichtung nur träumen kann. Sie tun dies freilich aus eigennützigen Interessen: nur die Firma hat in der globalisierten Konkurrenzgesellschaft eine Überlebenschance, die es versteht, ihre Mitarbeiter optimal zu motivieren und die vorhandenen Ressourcen effektiv zu nutzen. Da die zu verteilenden öffentlichen Mittel wie Ressourcen insgesamt knapper werden und der Staat in immer mehr Bereichen seine Verantwortung abgibt, besteht nicht nur ein Kapitalinteresse an einer Reform von Schule und Hochschule, sondern diese Reform ist im Interesse der Beteiligten selbst. Wenn wir nicht passive Opfer einer undifferenzierten Sparpolitik werden wollen, dann müssen wir selbst Vorstellungen für eine qualifizierte Reform entwickeln, die nicht allein auf ökonomisch orientierte Effizienzkategorien reduziert ist, sondern die Chancen, die in den neuen Entwicklungen liegen, offensiv nutzt. Um die Dimensionen dieses grundlegenden Wandels zu verstehen, möchte ich nachfolgend einige der Punkte skizzieren, die meines Erachtens für den absehbaren Umwälzungsprozeß bestimmend sind.

2. Vom hierarchischen Obrigkeitsstaat zur marktvermittelten, individualisierten Konkurrenzgesellschaft

Ging es bei der reformpädagogischen Bewegung des beginnenden 20. Jahrhunderts n.a. zunächst darum, den Auswüchsen eines reglementierenden, autoritären Obrigkeitsstaates entgegenzutreten und parallel zu den sich entfaltenden Bürgerrechten auch den Rechten der Kinder Raum zu geben, wie sie etwa bei Korcak ausgedrückt wurden, so stehen wir heute vor einer gänzlich anderen Situation. In der Marktwirtschaftsdemokratie, wie sie unsere westlichen Gesellschaften prägt, ist das Individuum in wachsendem Maße aus Traditions- und Sozialbindungen freigesetzt und muß alles daran setzen, sich auf dem „freien" Markt zu behaupten. Wie der Bamberger Soziologe Ulrich Beck in seiner Studie „Risikogesellschaft" (1986) herausgearbeitet hat, schreitet die Ideologie des freien Individuums, die er anhand der Auswirkungen eines dramatischen Individualisierungsschubs analysiert, in einem nachdenklich stimmenden Ausmaß auch in unserer Gesellschaft voran. In manchen Großstädten, wie zum Beispiel Berlin, Frankfurt oder München leben bereits mehr als 55% der Bevölkerung in Einpersonenhaushalten. Kinder werden immer häufiger von alleinstehenden Personen aufgezogen und erleben vielfältige Trennungsschicksale (vgl. Beck/Beck-Gernsheim 1990).

Das Ideal der Marktgesellschaft, das mobile, flexible, nicht durch Bindungen behinderte Individuum, das sich den Bedingungen des Marktes anpaßt, ist notwendigerweise aus fast allen Traditionsbindungen und sozialen Zusammenhängen gelöst, um den Preis, daß es nun seine soziale Identität immer wieder neu konstituieren muß und aufgrund der aufbrechenden vielfachen Wahlmöglichkeiten einem Entscheidungszwang ausgesetzt ist, der bisweilen überfordert. Jeder von uns muß sich aus den warenförmig offerierten Lebensstilangeboten seine eigene Baukastenidentität zusammenbasteln - eine Aufgabe, die angesichts des Verlustes verbindlicher Orientierungen, Normen und Sicherheiten sowie der Vielfalt der angebotenen Möglichkeiten einen permanenten Entscheidungsdruck erzeugt. Fast nichts ist mehr durch Traditionen oder allgemein akzeptierte Regeln festgelegt - fast alles wird frei verhandelbar und muß deshalb - das ist die Kehrseite der scheinbar unbegrenzten Freiheit - immer wieder neu entschieden werden. Deregulierung erzeugt einen wachsenden Entscheidungszwang und Orientierungsdruck.

Der sich unaufhaltsam beschleunigende gesellschaftliche Wandlungsprozeß verlangt vom Individuum so neue Orientierungsleistungen und Selbstbehauptungsfertigkeiten, vor allem die Fähigkeit zum Selbstmanagement. Teile der Großindustrie, die auf die individuelle Kreativität und Flexibilität als auch die Kooperationsfähigkeit ihrer Mitarbeiter angewiesen sind, bezahlen deshalb ihrer Belegschaft nicht nur Kurse zum Erlernen von Techniken des Selbstmanagements, sondern auch zur kooperativen Entscheidungsfindung. Die soziale Kompetenz der Mitarbeiter, anknüpfend an Sigfried Greif (1983) verstanden als das „erfolgreiche Realisieren von Zielen und Plänen in sozialen Interaktionssituationen", insbesondere die Fähigkeit zum Selbstmanagement und zur weitgehend sich selbst organisierenden Kooperation (vgl. Heidack 1993), werden zu zentralen Schlüsselqualifikationen der entwickelten Industriegesellschaften, denn moderne Großunternehmen sind in wachsendem Maße auf die Problemlösefähigkeit ihrer MitarbeiterInnen in kreativer Eigenverantwortlichkeit angewiesen. Gewinnmaximierung, aber auch Sicherung von Arbeitsplätzen ist - innerhalb der Logik einer sich global organisierenden wettbewerbsorientierten Marktwirtschaft - nur noch denkbar durch die Erweiterung des „Humankapitals" (vgl. Gerken 1990; Womack/Jones/ Roos 1991). Mit anderen Worten: Die Sicherheit durch gewerkschaftlich erkämpfte Rechte und Verträge nimmt ab. Die einzige Sicherheit, die bleibt, ist die permanente Entwicklung meiner eigenen Qualifikation in Form der Erweiterung meines sozialen und kulturellem Kapitals (vgl. Bourdieu 1987).

Trotz aller Tendenzen zur Automatisierung und zur Freisetzung von Arbeitskräften, nimmt in vielen Bereichen die Bedeutung des kreativ agierenden Mitarbeiters zu. Die Erweiterung der fachlichen und sozialen Kompetenzen wird immer öfter durch die Bildung von Fraktalen, d.h. sich selbst organisierende und optimierende Projektgruppen und eine begleitende Verbesserung sozialer Kompetenzen, angezielt. An die Stelle der belehrenden, befehlenden, kontrollierenden Top-down-Struktur tritt in vielen Bereichen eine vernetzte Bottom-up-Kultur dezentraler, überschaubarer Projektgruppen, die ihre Aufgaben und Ziele weitgehend eigenständig lösen.

In dieser Situation gerät die öffentliche Schule in die Gefahr, anachronistisch zu werden. Da sie entgegen ihrer offiziellen Ideologie nach wie vor hierarchisch gegliedertes Selektionsinstrument zur Steuerung von Sozialchancen ist, setzt sie noch immer vorwiegend auf die Erbringung fremdbestimmter und fremdbewerteter Einzelleistungen. Vorgeplanter Frontal- und Buchunterricht beherrschen ebenso wie der durch das Notensystem gegebene Konkurrenzdruck die Szene (wenn man von den hoffnungsfrohen Entwicklungen in vielen Grundschulen absieht). Die zentrale Fähigkeit, nämlich sich auf schnell wandelnde Bedingungen einstellen zu können und kreativ zu handeln, wird so gut wie nicht geübt. Die Schule steht hier in einem Dilemma. Denn einerseits sind nun aus der Perspektive entwickelter pädagogischer

Theorien und Unterrichtskonzepte sowie gewandelter gesellschaftlicher Anforderungen ausgezeichnete Bedingungen eines „Lernens in Freiheit" (Rogers 1974/1984; Burow 1993) gegeben, andererseits wird sie aber aufgrund
der gleichzeitig knapper werdenden Ressourcen und der wachsenden Vertei-
lungskämpfe gezwungen, verstärkt zu selektieren.

In dieser Widersprüchlichkeit der gesellschaftlichen Situation liegt einer
der Gründe, warum alternative Vorstellungen einer pädagogischen Reform,
wie sie nicht nur „Humanistische" PädagogInnen (vgl. Burow 1993) vertreten, nur begrenzt Eingang in das öffentliche Schulsystem finden, obwohl sie
in den entwickelsten Bereichen der Wirtschaft - wenn auch freilich zumeist
unter einem verkürzten Effizienz- und Ganzheitlichkeitsbegriff - auf eine
wachsende Akzeptanz stoßen. Kurse zu „synergetischem", „vernetztem",
„dialogischem", „ganzheitlichem" Lernen, zur Entfaltung der „eigenen Kreativität" und zum besseren Selbstmanagement sind auf dem freien Markt, insbesondere auch bei freien Bildungsträgern gefragt und müssen teuer bezahlt
werden, da weite Bereiche öffentlicher Institutionen an ihren zum Teil ana-
chronistischen und „kundenunfreundlichen" Lehr-, Lern- und Organisationsformen festhalten.

Andererseits zeigt meine kurze Analyse aber auch Chancen auf: Wenn es
stimmt, daß sich sowohl die Lebensbedingungen in den modernen Industriegesellschaften radikal gewandelt haben und die Anforderungen des Alltags,
aber auch der Arbeit mehr als bisher in Richtung auf Selbstmanagement, ei-
genverantwortliche, projektbezogene Arbeit in Gruppen, Dialog, Personen-
zentrierung und Kreativität weisen, dann besteht hier ein realistischer Ansatz-
punkt zu einer Veränderung der schulischen und universitären Lehr- und
Lernkultur. In dieser Entwicklung spiegeln sich folgenschwere Umbrüche
wieder: Zum einen wälzt sich das Fachwissen immer schneller um, so daß es
immer weniger genügt, Schülern und Studierenden Faktenwissen beizubrin-
gen. Vielmehr brauchen sie *Strukturwissen,* müssen sie etwa das Lernen lernen und sowohl die „Schlüsselthemen" (Klafki 1990) der Industriegesellschaft kennen , als auch sich damit aktiv gestaltend auseinandersetzen können. Zum anderen wird die Schule aufgrund des Auseinanderbrechens der
Familie und der Doppelberufstätigkeit zum beherrschenden Lebensort künftiger Generationen. Schule kann sich daher nicht auf ihre tradierte Aufgabe als
Belehrungsanstalt zurückziehen. Sie wird zum Lebens- und Erfahrungsraum,
wie es Hartmut v. Hentig (1993) formuliert. Sie muß zu einem „place for
kids to grow up" werden, zu einem Platz, an dem Kinder aufwachsen können, wie der Gestaltpädagoge Paul Goodman schon in den sechziger Jahren
bemerkte.

Immer häufiger reicht es nicht mehr aus, nur Wissen für eine immer unbestimmbar werdende ungewisse Zukunft zu vermitteln, sondern die Gestaltung der eigenen Zukunft muß schon im Lernprozeß selbst angegangen werden. Ich vertrete die These, das sich hieraus ein neuer Wissenstyp entwickelt, den ich als „Dialogisches Gestaltungswissen" bezeichnet habe (vgl. Burow 1996), ein Wissen, das in der Fähigkeit besteht, im Dialog mit geeigneten Personen, die nötigen Orientierungsleistungen immer wieder neu zu erarbeiten und in Projekte „eingreifender Zukunftsgestaltung" umzusetzen.

Angesichts des Funktionswandels von Schule, die immer weniger auf eine sichere Zukunftsperspektive und eine vorhersehbare Berufstätigkeit ausbilden kann, brechen allerdings erstaunliche Chancen für eine veränderte Pädagogik auf: Viele der Forderungen, die ReformpädagogInnen zu Beginn dieses Jahrhunderts aufgestellt haben, wie z.b. Förderung der Selbsttätigkeit und Fähigkeit zur Selbstorganisation, Arbeit in Gruppen und die freie Einordnung in die „Gemeinschaft", Lernen durch Erfahrung in Projekten, Individualisierung des Lernens und Lehrens usw. sowie die schon von Pestalozzi erhobene Forderung eines Lernens mit Kopf, Herz und Hand werden jetzt in weiten Bereichen immer stärker zu gesellschaftlichen Notwendigkeiten und erfordern neue Formen und Inhalte von Bildung und Erziehung.

3. Von der „Lean Production" zur „Schlanken Erziehung"?

Der radikale Perspektivenwechsel, der sich zur Zeit in weiten Bereichen der Industrie vollzieht, läßt sich pointiert anhand der aus Japan kommenden „Lean Production" beschreiben. In einer weltweiten Studie hat eine Projektgruppe des MIT (Womack/Jones/Roos 1991) etwa die Hälfte aller Automobilfabriken untersucht, um herauszufinden, warum einige japanische Produzenten mit erheblich weniger Beschäftigten qualitativ hochwertigere Automobile in drastisch kürzeren Zeiträumen und zu geringeren Kosten herstellen können. Wie die Autoren herausarbeiten, ist der erstaunliche Erfolg der Schlanken Produktion weder allein auf die japanische Kultur oder Mentalität zurückzuführen, noch auf eine überlegenere Technologie oder ein niedrigeres Lohnniveau. Vielmehr zeigt sich, daß neben einer ausgetüftelten Arbeitsorganisation und transparenten, nichthierarchischen Kommunikationsstrukturen, vor allem eine grundlegend veränderte Auffassung von der Rolle der Mitarbeiter und ihrer Beziehungen untereinander ausschlaggebend ist. Fabriken,

die nach dem Prinzip der Schlanken Produktion organisiert sind, nähern sich
dem Ideal eines sich selbst organisierenden, optimierenden und regulierenden
Organismus an. Sie sind auf dem (langjährig zu entwickelnden) Weg zu lernfähigen, sich selbst verbessernden Organisationen, die die Funktionen häufig
unproduktiver Managementhierarchien abgebaut haben, zugunsten einer verbesserten Vernetzung der Problemlösefähigkeiten, der in Teams zusammengeschlossenen Mitarbeiter, denen ein Großteil der Verantwortung übertragen
wird.

In der Lean Production bekommen die unmittelbar in der Produktion Beschäftigten ein Maximum an Aufgaben und Verantwortlichkeiten übertragen.
Sie werden in Teams organisiert, die alle anfallenden Arbeiten selbst organisieren und sich nicht auf andere Abteilungen - etwa zur Materialbereitstel-
lung oder Reparatur verlassen. Grundlegende Philosophie ist eine konsequente Kundenorientierung. Jede Projektgruppe betrachtet die Abnehmer ihrer
Arbeitsergebnisse - auch firmenintern - als Kunden, die es optimal zufrieden-
zustellen gilt. Hinzu kommt eine ganzheitliche Herangehensweise: So sind
die Teams über den gesamten Produktionsablauf detailliert informiert und
versuchen diesen Ablauf selbst vor Ort ständig zu verbessern. Dieses Konzept funktioniert nur vor dem Hintergrund echter, partnerschaftlicher Beziehungen zwischen Belegschaft und Management, deren Bestandteile eine Entlohnung nach Innovationsleistung, Mitspracherechte und eine Arbeitsplatz-
garantie sind (vgl. Burr/Rölke 1992). Ein Begleiteffekt der Lean Production
besteht darin, daß die Arbeitsplätze anspruchsvoller werden, daß die Anforderungen an die Mitarbeiter, aber auch ihr Engagement und ihre Arbeits-
platzzufriedenheit wachsen und daß sie im Gegensatz zu den Arbeitern aus
der Massenproduktion weniger leicht auswechselbar sind (vgl. Stürzl 1992).

Was können Bildungsinstitutionen und vor allem Schulen von diesen Erfahrungen lernen? Sind sie überhaupt übertragbar? Und steckt hinter der
Lean Production nicht nur der Versuch einer noch effektiveren Ausbeutung
der Mitarbeiter?

Natürlich werden die Konzepte der Lean Production nicht aus reiner
Menschenfreundlichkeit eingeführt, sondern unter dem Zwang eines wachsenden Konkurrenzdrucks. Doch dieser wachsende Konkurrenzdruck und der
Abschied von der Massenproduktion erzwingen eine radikal veränderte Arbeitsorganisation, die eine optimale Qualifizierung der Mitarbeiter zu kreativer, eigenverantwortlicher Arbeit im Team voraussetzt. Der immer schnellere
Produktwechsel in kleineren, „individualisierten", auf spezielle Verbraucher-
wünsche abgestimmten Serien, läßt eine zeitaufwendige und umständliche
bürokratische Planung nicht mehr zu. Das Unternehmen muß schlank werden, um sich am Markt zu behaupten. Teamfähige, selbständig denkende, in-

novative Mitarbeiter sind gefordert, die kooperativ die komplexer werdenden Schwierigkeiten am Arbeitsplatz eigeninitiativ bewältigen.

Ich bitte Sie jetzt, einen Moment Ihre berechtigten Bedenken fallen zu lassen und sich auf ein Gedankenexperiment einzulassen. Das Experiment besteht darin, etwas - auf den ersten Blick Unzulässiges zu versuchen - nämlich eine Analyse von Bildungsinstitutionen und insbesondere der Schule nach Kriterien der Lean Production und anderer neuer Managementkonzepte vorzunehmen. So ungewohnt und fragwürdig diese Betrachtungsweise zunächst auch erscheinen mag - so regt sie doch dazu an, darüber nachzudenken, ob einige der Organisationsstrukturen unserer Bildungseinrichtungen nicht zum Teil problematisch konstruiert sind und Qualität behindern. Eine Überlegung übrigens, die im anglo-amerikanischen Raum, dazu geführt hat, Managementprinzipien in Anlehnung an das „Total Quality Management" auf Schulen zu übertragen (vgl. Doherty 1994; Fullan 1995).

Als Ergebnis einer solchen Betrachtung erscheint es als notwendig - angesichts der komplexer werdenden Anforderungen an die Schulen - die überholte obrigkeitsstaatliche, auf Kontrolle und Gängelung abzielende bürokratisch-hierarchische Verwaltungsstruktur abzubauen, zugunsten einer weitgehenden Selbstverwaltung von Schulen, die ihr eigenes pädagogisches Profil entwickeln und ihre Lehrkräfte selbst auswählen können (vgl. Rolff 1994). Vordringlich geht es um eine Erweiterung der Gestaltungsautonomie von Schulen. So müßte z.B. jede Schule über einen Fortbildungsetat verfügen, den sie gemäß ihren Bedürfnissen eigenverantwortlich einsetzen kann, so daß sie selbst zu einem lernfähigen System wird und nicht passiv auf Erlasse von oben wartet.

Der Unterricht müßte etwa anknüpfend an Deweys Projektmethode und Konzepten des offenen Unterrichts sowie der Freinet-Pädagogik so organisiert werden, daß SchülerInnen es lernen, ihren Lernprozeß stärker selbst zu steuern und in weitgehend eigenverantwortlich organisierten, jahrgangsübergreifenden Teams gemeinsam an der Verbesserung ihres Lernprozesses, aber auch ihrer Lernumgebung und ihrer Institution insgesamt zu arbeiten. Kerngedanke ist es, wie in der Lean Production, die Ressourcen der SchülerInnen besser zu nutzen und zu mobilisieren und aus passiven Lektionenkonsumenten aktive „Lernprosumenten" zu machen, die also den Lernstoff nicht nur konsumieren, sondern selbst produzieren und es zunehmend lernen, nicht nur Anweisungen passiv auszuführen, sondern aktiv Verantwortung für das „Ganze" zu übernehmen. Die Beziehungen zwischen Schulverwaltung, LehrerInnen und SchülerInnen sind auf der Basis von gegenseitigem Vertrauen zu organisieren und es muß Abschied genommen werden, von einem einseitig konkurrenzorientierten, vereinzelnden Leistungsbegriff.

Daß diese Vorstellungen nicht nur Utopie sind, zeigt die diesjährige Ver-
leihung des Carl-Bertelsmann-Preises für innovative Schulen. So wurde das
kanadische Durham Board of Education ausgezeichnet, das seit 1988 mit modernen Management-Verfahren 113 Schulen darin unterstützt, zu „Lernenden
Organisationen" zu werden und mit der Vorstellung erweiterter Gestaltungsautonomie und radikaler Selbstorganisation ernst gemacht hat. Reinhard Kahl
(1996), der über dieses Beispiel erfolgreicher Schulentwicklung berichtet,
fragt sich denn auch, ob der Umbruch im Industriegebiet eine neue Reformpädagogik hervorbringe. Genau diese Vermutung teile ich. Wie meine weiteren Ausführungen zeigen werden, bin ich der Auffassung, daß in den neuen
Wirtschafts- und Mangementkonzepten allgemein gültige Prinzipien der optimalen Organisation von Lehr- und Lernfeldern enthalten sind.

Der Erfolg einer solchen „Schlanken Pädagogik" zeigt sich weniger in
der überragenden Einzelleistung, sondern in der Fähigkeit zur kooperativen
Problemlösung im Team, sowie in der Fähigkeit, bei auftretenden Problemen,
sich die geeigneten Kooperanten (Synergiepartner) zur Hilfe holen zu können. Nicht einer muß alles können, sondern alle müssen in der Lage sein, ihre
individuellen Fähigkeiten und Stärken zur synergetischen Problemlösung ins
Team einzubringen. Die Rolle des Lehrenden ändert sich hier grundsätzlich:
Er ist weniger als „Belehrer" gefragt und stärker „Facilitator" (vgl. Rogers
1984), der im Hintergrund zur Verfügung steht und den Rahmen organisiert
in dem, sich weitgehend selbst organisierende, Lernprozesse möglich werden. Schlanke Pädagogik wäre also eine Pädagogik, die überflüssige bürokratische Hemmnisse und Gängelungen beseitigt und optimale Bedingungen für
die Selbstorganisation von Lernprozessen schafft, indem sie sich die Erkenntnisse von Theorien der Selbstorganisation wie sie etwa Warncke (1996) umrissen hat, zunutze macht.

Ich möchte hier mein Gedankenexperiment vorerst beenden und auf einige problematische Aspekte dieser Betrachtung zu sprechen kommen. Die
schöne neue Welt der Wirtschaftskonzepte zeichnet sich bei genauerer Betrachtung nämlich durch viele Leerstellen aus: In der Regel werden soziale
und ökologische Belange nur unzureichend beachtet und unter dem Zauber-
wort „Effizienzsteigerung" werden allzuoft nur einseitig ökonomistische Ziele verstanden. Zwar können Unternehmen mit Konzepten der Lean Production in kürzerer Zeit immer mehr und bessere Autos herstellen, doch die
Frage, welche Auswirkungen dieser effizientere Ausstoß auf das soziale und
ökologische Umfeld haben, interessiert nicht. Effizienz wird einseitig ökonomisch definiert und Fragen des gesamtgesellschaftlichen Nutzens bzw. der
Kosten werden vernachlässigt.

Immer häufiger werden wir nun mit einseitig ökonomisch argumentierenden Propheten der Effizienz konfrontiert. Ja, fast kann man von der Herausbildung einer neuen Priesterkaste der vermeintlich alleswissenden Organisationsberater sprechen, die neue Machtstrukturen und Abhängigkeiten (natürlich auch in ihrem Interesse) zu zementieren suchen. Wohin die Entwicklung führen kann, sieht man am Beispiel Londoner Schulen, die aufgrund einer radikalen Effizienzreform unter der konservativen Regierung Margaret Thatchers zwar mehr Gestaltungsautonomie bei der Verteilung ihres Budgets erhalten haben, aber nun gleichzeitig einem verschärften Konkurrenzdruck und einer rigiden Fremdkontrolle durch Schulinspektoren, Ratings und Testverfahren ausgesetzt sind.

Da der Staat immer weniger in der Lage ist, komplexe Steuerungsfunktionen nicht nur in bezug auf den Bildungsbereich wahrzunehmen, wird dieser Trend zu mehr Markt und Verantwortungsabgabe bei gleichzeitigem Abbau der öffentlichen Fürsorge kaum aufzuhalten sein. Um so wichtiger ist es, daß Bildungsinstitutionen knallharten Vertretern der reinen Marktlehre nicht allein das Feld überlassen, mit dem vorhersehbaren Ergebnis, daß sie sich früher oder später gegenüber Analysen von Kienbaum oder Mc Kinsey/Co zu rechtfertigen haben. Stattdessen geht es meines Erachtens darum, alternative Vorstellungen und Konzepte eines „Wandels in Selbstorganisation" (vgl. Rolff 1994) zu entwickeln. Partizipative Verfahren des selbstorganisierten Wandels wie Zukunftswerkstätten (vgl. Burow/Neumann-Schönwetter 1995) und Zukunftskonferenzen (vgl. Weisbord 1993; zur Bonsen 1994; Burow 1996) können hier Abhilfe schaffen, indem sie konkrete Wege zeigen, wie Bildungsinstitutionen in einer Selbstanalyse unter Beteiligung der Schlüsselpersonen es lernen, die in ihrem Feld vorhandenen Ressourcen kreativer und effektiver zu nutzen.

Ironischerweise sind dies keine neuen Gedanken, sondern Vorstellungen, die man von John Dewey über die Reformpädagogen (vgl. Flitner 1992) bis hin zur Humanistischen Pädagogik findet. Carl Rogers (1974/ 1984) etwa hatte ja schon in „Lernen in Freiheit" die Rolle des Lehrers auf einen „facilitator" beschränkt, eine Art Katalysator im Hintergrund, dessen Aufgabe es ist, die Selbstorganisation der Lernenden zu ermöglichen. In einer sich immer rasanter wandelnden, „turbulenten" Umgebung können Probleme nicht mehr ausschließlich durch Erlasse von oben geregelt werden, sondern müssen die Individuen vor Ort selbst die notwendige Problemlösekompetenz entwickeln und eigenverantwortlich handeln. Offenbar scheinen wir jetzt eine Stufe der gesellschaftlichen Entwicklung erreicht zu haben, in der es sich - auch aus der (freilich oft einseitig auf Effizienz verkürzten) Perspektive der Wirtschaft - als notwendig erweist, solche selbstorganisierenden Teamansätze durchzu-

setzen. Mich interessiert dabei die Frage, wie wir diesen Zwang zu mehr Effizienz und zu neuen Lehr- und Lernformen konstruktiv wenden können.
Erste Antworten in dieser Richtung zeigen sich in den Versuchen, Konzepte der Organisationsentwicklung für die Schule, im Sinne des selbstgesteuerten Wandels, nutzbar zu machen (vgl. Dalin/Rolff 1990; Rolff 1993; Greber u.a. 1991; Tillmann 1989). Osswald (1990; 1995), um ein eindrucksvolles und praxisbewährtes Beispiel zu nennen, hat ja - anknüpfend an moderne Konzepte der Organisationsentwicklung - in seinem Büchern „Gemeinsam statt einsam" und „Stilwandel" (1995) herausgearbeitet, wie es Baseler LehrerInnen in einem mehrjährigen Trainingsprogramm lernen, nicht nur sich selbst persönlich weiterzuentwickeln, sondern auch ihre Schule zu einer „Lernenden Organisation" (vgl. Senge 1996) zu entwickeln. Sein Beispiel zeigt die Chancen, die im Wandel liegen. Wenn wir die häufig rundumschlagsartige Verurteilung moderner Managementkonzepte überwinden und stattdessen - aus kritisch-konstruktiver Perspektive - die damit zugleich auch verbundenen Innovationschancen offensiv nutzen, dann werden wir nicht nur eine notwendige Erneuerung öffentlicher Bildungsinstitutionen erreichen, sondern mit der Überwindung eines vereinzelnden Leistungsbegriffes zugleich auch für verbesserte Arbeitsbedingungen und ein angenehmeres Klima in unseren Institutionen sorgen können.

4. Überraschende Parallelen zwischen modernen Organisationskonzepten und pädagogischen Reformansätzen

Die Studie von Lehner/Widmaier (1992), in der erstmalig umfassend versucht wurde, Organisationsentwicklungskonzepte aus dem Bereich der Wirtschaft, auf die Analyse und Gestaltung einer modernen Schule anzuwenden, hat eine Kontroverse darüber ausgelöst, ob eine solche Übertragung überhaupt legitim ist. Kritiker wenden ein, daß Schulen keine Wirtschaftsbetriebe seien, somit umfassendere Ziele verfolgten und die Betrachtung von Schülern etwa als „Kunden" irreführend sei. Es stelle insgesamt eine unzulässige Verkürzung dar, Rezepte aus der Wirtschaft auf Bildungsinstitutionen zu übertragen.
So berechtigt solche Einwände auch erscheinen, so erweisen sie sich bei näherer Betrachtung der Argumentationen oft auch als Abwehrstrategien, um

unangenehme Einsichten und notwendigen Wandel abzuwehren. So kann es keinen Zweifel darüber geben, daß wir im Angesicht neuer Herausforderungen auf der einen und knapper werdenden Ressourcen auf der anderen Seite, in allen Bereichen unserer Gesellschaft an einer „Effizienzrevolution" arbeiten müssen und daß modifizierte Übertragungen aus dem Bereich der Wirtschaft hierzu Anregungen geben können. Warnecke (1996) meint jedenfalls aus den Erfahrungen mit seinem Universitätsinstitut, daß ein solcher Transfer nicht nur legitim, sondern auch sehr nützlich sei, weil in den neuen Konzepten allgemeine Gesetzlichkeiten der Selbstorganisation von lebenden Systemen enthalten seien.

Für den Bereich der materiellen Ressourcenverwendung hält z.B. Ernst Ullrich v. Weizsäcker (1995), in seiner mit Amory Lovins herausgegebenen Studie, den „Faktor Vier" für machbar und notwendig. Daß es im Bildungsbereich in weiten Teilen eine problematische Vergeudung von geistigen und materiellen Ressourcen gibt (vgl. Schily 1993), ist mehrfach nachgewiesen. Diese mangelnde Ausnutzung vorhandener Ressourcen dürfte vor allem an dysfunktionalen Organisationsstrukturen liegen. So ergibt meine skizzenartige Gegenüberstellung (s.u.) einiger Organisationsprinzipien der tayloristischen Massenproduktion der auslaufenden Schornsteinwirtschaft, mit denen unserer öffentlichen Bildungsinstitutionen, in weiten Bereichen eine erstaunliche Übereinstimmung.

Noch verblüffender aber sind für mich die Einsichten, die aus einer Gegenüberstellung von Prinzipien der neuen Wirtschaftskonzepte und denen von Reform- und Alternativschulkonzepten entstehen: So vertrete ich die These, daß in den neuen Organisationskonzepten tendenziell Prinzipien einer optimalen Gestaltung von Lehr-, Lern- und Arbeitsfeldern enthalten sind, deren Berücksichtigung wichtige Impulse für eine Verbesserung der Bedingungen des Lehrens und Lernens an Schulen und Hochschulen, im Sinne einer besseren Nutzung der mentalen und materiellen Ressourcen, bieten kann. Unter den Bedingungen von Beschleunigung und globaler Konkurrenz können innovative Unternehmen offenbar nur überleben, wenn sie Wege finden, die Ressourcen ihrer MitarbeiterInnen optimal zu nutzen. Damit haben sie aber auch ein massives Interesse daran, optimale Bedingungen für Lernen, Forschen und Produzieren zu schaffen, das freilich immer wieder durch eine verkürzte Logik der Profitmaximierung auf Kosten der Mitarbeiter konterkarriert wird. Wen kann es also wundern, daß in den oft nur kritisch gesehenen Konzepten, auch die (Wieder-)Entdeckung allgemeiner Prinzipien optimalen menschlichen Lernens und Produzierens enthalten sind?

Die nachfolgende Übersicht stellt einen ersten, skizzenhaften, unvollständigen und idealtypischen Versuch dar, solche Prinzipien aus einer Gegenüberstellung sichtbar zu machen. Die Darstellung soll als Anlaß für sicher kontoverse, klärende Diskussionen dienen und einen Perspektivwechsel ermöglichen. Die Gegenüberstellungen sind tendenziös und einseitig polarisierend. Sie sind aber gerade deswegen geeignet, grundlegende Tendenzen für die Entwicklung einer „neuen Reformpädagogik" sichtbar zu machen.

Tab. 1: Übersichtsskizze über Parallelen zwischen neuen Organisationskonzepten aus der Wirtschaft (Es handelt sich um eine idealtypische Übersicht über einige ausgewählte Prinzipien und potentielle Tendenzen. Die wirklichen Verhältnisse sind sehr viel komplizierter und die Organisationsformen treten oft in Misch- bzw. Übergangsformen auf.)

	Massenproduktion Taylorismus	Lean Production/ Management Fraktale Organisation	Regelschule Massenhochschule	Reform-/Alternativschulen/ Hochschulen
Auffassung vom Mitarbeiter - Schüler - Studierenden	Objekt - beliebig auszuwechselnder Handlanger	Subjekt Mitdenker - Gestalter	Beamter - zu belehrender Konsument	Subjekt Mitdenker - Gestalter
Arbeits-/Lernorganisation	vereinzelnd - konkurrenzorientiert - fremdbestimmt	Team - Selbstorganisation - konsensorientiert - Selbst-/ Mitbestimmt	Lehrer & Schüler als Einzelkämpfer - konkurrenzorientiert - fremdbestimmt	Gruppen - Team - Selbstorganisation - Selbst-/Mitbestimmt - konsensorientiert
Führungsstruktur	Top-down - hierarchisch - statusbestimmt	enthierarchisiert - kompetenzbestimmt	Top-down - hierarchisch - statusbestimmt obrigkeitsstaatl. Bürokratiemodell des 19. Jahrhunderts	enthierarchisiert - kompetenzbestimmt - dialogisch
Menschenbild	Negativ: Mensch muß kontrolliert, belehrt und sanktioniert werden	Positiv: Mensch ist kreativ und braucht Freiheit und Förderung zur Entfaltung	Negativ: Mensch muß kontrolliert, belehrt und sanktioniert werden	Positiv: Mensch ist kreativ und braucht Freiheit und Förderung zur Entfaltung
Belohnungssystem	materielle/extrinsische Anreize (Lohn, Urlaub, Prämien usw.)	persönliche Wertschätzung und Förderung - anregende Arbeitsgestaltung - Partizipation	extrinsische Anreize (Noten, Abschlüsse usw.)	persönliche Wertschätzung und Förderung - anregende Arbeitsgestaltung - Partizipation
Entwicklung bzw. Wachstum des Gesamtsystems	Mehrdesselben Stagnation oder lineares Wachstum Vervielfältigung von Fehlern Zu Routinen und Erstarrung neigendes geschlossenes System	Qualitativer Wandel als Prinzip - Qualitatives Wachstum Kaizen: Verbesserung durch ständigen Wandel Auf dynamischen Wandel und Innovation angelegtes offenes System	Mehrdesselben Stagnation oder lineares Wachstum Vervielfältigung von Fehlern Zu Routinen und Erstarrung neigendes geschlossenes System bürokrat. Erlaßsystem ineffektive Gremien	Qualitativer Wandel als Prinzip - Qualitatives Wachstum Kaizen: Verbesserung durch ständigen Wandel Auf dynamischen Wandel und Innovation angelegtes offenes System
Struktur & Größe	zentral - groß - unflexibel	dezentral (fraktal) - überschaubar - flexibel	zentral - groß - unflexibel	dezentral (fraktal) - überschaubar - flexibel
Verhältnis zum „Kunden" - Schüler - Studierenden	passiver „Abnehmer" Verbraucher Konsument	konsequente Kundenorientierung, Partner, Mitkreator, „Prosument"	passiver „Abnehmer", „kundenunfreundlich" Lernkonsument	schüler-/personenzentriert „kundenfreundlich" Lernprosument

Auffasung vom Lernen in der Organisation/Institution	Belehrung - Instruktion - Wissen selektiv und gefiltert fest umrissener Wissenskanon	Lernen durch Erfahrung, gemeinsames Suchen und Finden, dialogisches Lernen Wissen offen und prozeßorientiert	Belehrung - Instruktion - Wissen selektiv und gefiltert fest umrissener Wissenskanon	Lernen durch Erfahrung, gemeinsames Suchen und Finden, dialogisches Lernen Wissen offen und prozeßorientiert
Organisationskultur	Hire & Fire, anonym, keine gemeinsame Identität Gewinner-Verliererspiele	Verantwortlichkeit für die Mitarbeiter, persönlich, cooperate identity, „Betriebsfamilie" Gewinner-Gewinnerspiele	Hire & Fire, anonym, keine gemeinsame Identität keine istitutionelle Selbstreflektion/ Optimierung Gewinner-Verliererspiele	Verantwortlichkeit für die Mitarbeiter, persönlich, Gemeinschaftsbewußtsein, Schulgemeinde Gewinner-Gewinnerspiele
Informationsfluß	statusbezogen, hierarchisch, selektiv und fragmentiert, undemokratisch	offen, umfassend, problembezogen, dialogisch, demokratisch, vernetzt	statusbezogen, hierarchisch, selektiv und fragmentiert, undemokratisch	offen, umfassend, problembezogen, dialogisch, demokratisch, vernetzt
Organisations-/Institutionsphilosophie	von außen vorgegeben und festgeschrieben	wird gemeinsam immer wieder neu entwickelt	von außen vorgegeben und festgeschrieben	wird gemeinsam immer wieder neu entwickelt
Umgang mit Ressourcen	Verschwendung von Material und Humankapital	Muda: Vermeidung von unnötiger Vergeudung, intensive Nutzung von Material und Humankapital	Verschwendung von Material und Humankapital (z.B. Zwang zur Ausgabe von festgelegten Mitteln)	Vermeidung von unnötiger Vergeudung, intensive Nutzung von Material und Humankapital durch Dialog
Ausbildung der Mitarbeiter/Schüler/Studierenden	reproduzierende Qualifizierung Reduzierung auf direkte Produktionserfordernisse Sicherung durch Sanktionen	kreierende Qualifizierung umfassend, kreativ, innovativ, offen positive Anreize	reproduzierende Qualifizierung - normiert, festgeschrieben, laufbahnmäßig fixierte Karrieren, Sicherung durch Sanktionen	kreierende Qualifizierung umfassend, kreativ, innovativ, offen positive Anreize
Produktqualität bzw. Abschlüsse - Leistungen	hohe Ausschlußquote Fehler werden perpetuiert	hohe Qualität Kaizen: Verbesserung durch Wandel	hohe „Ausschlußquote" (Sitzenbleiber, Studienabbrecher, „Schulversager")	Versuch jedem gerecht zu werden und möglichst keine „Verlierer" zu schaffen
Charakter der Organisationsstruktur	Lernbehinderte Stagnationsstruktur fehlendes System zur Strukturfehlerbeseitigung	sich selbst optimierende Struktur „Learning company"	Lernbehinderte Stagnationsstruktur fehlendes System zur Strukturfehlerbeseitigung	sich selbst optimierende Struktur „Learning company"
Nutzung der „Systemenergie" bzw. „Synergie"	Additive, unpersönliche Organisation fremdbestimmter Mitarbeiter, Synergiepotentiale werden verschenkt	Versuch über Personalentwicklung Synergien weitgehend zu nutzen	Additive, unpersönliche Organisation fremdbestimmter Mitarbeiter, Synergiepotentiale werden verschenkt	Personen- und projektbezogene Nutzung von Synergien
Fortsetzungsmöglichkeiten	N.N.	N.N.	N.N.	N.N.

5. Mit Wirtschaftsrezepten zu einer neuen Reformpädagogik: Auf dem Weg ins Bildungs-Schlaraffenland?

Unter dem Titel „Die Schlaraffenlandschule. Was man von der Wirtschaft lernen kann" fragt sich J.Göndör (1996) in der DLZ, warum Schulen für Schüler nicht zum Schlaraffenland werden könnten, wenn dies doch aufgrund der neuen Managementkonzepte für Arbeiter, etwa der Musterfirma Metzler Toledo, die als fraktale Fabrik organisiert ist, schon der Fall sei. Anknüpfend an H.J. Warneckes (1996) Darstellung einer „Revolution der Unternehmenskultur" durch „Die Fraktale Fabrik" entwirft er Strukturprinzipien einer „Fraktalen Schule". Eine Analyse der tayloristischen Regelschule zeige, daß aufgrund der mangelhaften Organisation nur 11 Minuten jeder Unterrichtsstunde tatsächlich zum Lernen genutzt würden. Diese ungeheuerliche Vergeudung von Ressourcen könnte - wie die fraktale Unternehmensrevolution bei Metzler Toledo zeige - vermieden werden. Doch was ist ein „Fraktal"?

„Der aus der Mathematik entlehnte Begriff meint: Dezentrale Einheiten (Gruppen, Teams, Fabriken in der Fabrik) also die Fraktale, regeln sich selbst und passen sich ständig wechselnden Bedingungen flexibel an, wodurch das komplizierte System in einer turbulenten Umwelt erst überleben kann." (Warnecke 1996, S.9)

Bezogen auf Schule und Hochschule hieße dies eine Abkehr von überholten Top-down-Strukturen, in denen eine überforderte Schul- bzw. Kultusbürokratie die eigenständige Entwicklung und flexible Anpassung der Institutionen oftmals eher behindert als fördert. An die Stelle einer mißtrauischen Belehrungs- und Kontrollkultur müsse eine Vertrauenskultur selbstorganisierenden Lehrens und Lernens treten. Im Dialog müßten Lehrende und Lernende gemeinsam ihre Lern- und Institutionenkultur permanent weiterenwickeln und gemeinsam immer wieder neu herauszufinden suchen, welche konkrete Organisation des Bildungs- und Erziehungsfeldes für ihre Bedingungen geeignet ist. Verbindendes Band, das dafür sorgt, daß die Fraktale die Interessen der ganzen Organisation verfolgen, ist die Bildung einer gemeinsam geteilten Vision und die Realisierung einiger gemeinsam geteilter Prinzipien, die sich in allen Teilen der Organisation wiederfinden.

Wer meinen Ausführungen bis hierher gefolgt ist, wird sich verwundert die Augen reiben: Warum nur, so fragt man sich, springen nicht alle begeistert auf diesen Zug der sich abzeichnenden fraktalen Bildungs- und Erziehungsrevolution auf? Mit weniger Ressourceneinsatz bessere Ergebnisse erzielen - ist dies nicht endlich der lang gesuchte Schlüssel zum Einzug ins Schlaraffenland der unbegrenzten Bildungsmöglichkeiten? Wer sich mit Managementkonzepten beschäftigt, der wird schnell feststellen, daß sie einer merkwürdigen Konjunktur unterliegen. In seinem Artikel „Wächter über Schall und Rauch" beschreibt Gloger (1996) diese so:

> „Die Mode der Managementlehren ähnelt in ihrem Ablauf einer durchschnittlichen Liebesaffäre: Sie ist von kurzer Dauer und funktioniert nach einem standardmäßigen Zyklus. Und der Zenit ist bereits der Beginn des Abschwungs."

Während das heilsversprechende Konzept der „Lean Production" mit seiner verkürzten Anwendung im Wirtschaftsbereich nicht zuletzt aufgrund der zweifelhaften Folgen eines radikalen Belegschaftsabbaus und einer enormen Arbeitsverdichtung bereits kritisch gesehen wird, kommt es jetzt bei manchen Pädagogen mit Zeitverzögerung an. Dabei ist zu bedenken:

> „Dieser Zenit ist aber schon der Beginn des Abschwungs: Es beginnt damit, daß ein Management-Professor eine umfangreiche Untersuchung anstellt. Heraus kommt, daß die Methode des Gurus schwere Mängel hat, in weiten Teilen eine Täuschung ist und auch nicht besser funktioniert, als alle zuvor erprobten Management-Mittelchen" (Gloger 1996, S.28).

Sind Pädagogen, die Managementkonzepte propagieren, also in Gefahr den „Moden und Mythen des Organisierens" aufzusitzen, von denen in erster Linie die neue Priesterkaste der gutverdienenden Berater profitiert, wie Kieser (1996) meint?

Und schlimmer noch: Tragen sie unter dem illusorischen Versprechen einer Schlaraffenlandschule dazu bei, nun auch noch Bildung und Erziehung als letzte Bastionen, dem einseitig ökonomieverhafteten Diktat einer effizienzbesessenen Leistungs- und Wachstumsgesellschaft auszuliefern? Wie Dirk Kurbjuweit (1996) anhand eines Portraits der Unternehmensberatung Mc Kinsey beschreibt, die in wachsendem Maße auch Verwaltungen, Kultur- und Bildungsinstitutionen berät, verstehen sich die Berater als „Propheten der Effizienz", die „im Stillen unser ganzes Leben verändern". Im Mittelpunkt ihrer Beratungstätigkeit stehe der einzelne Mensch, der selbständig und stark ist:

> „Er nimmt sein Schicksal in eigene Hände, und deshalb will er, daß ihn der Staat weitgehend in Ruhe läßt. Er ist mobil, fleißig, wißbegierig. Er ist auch effizient, d.h. seine Ziele versucht er mit minimalem Aufwand zu erreichen. So hat er ständig ein Augenmerk auf die Kosten. Er scheut nicht Risiken, und er ist allezeit auf der Suche nach Innovationen. Wettbewerb, zumal weltweiter, ist für diesen Menschen eine Herausforderung, die ihn noch stärker macht.
> Mc Kinsey versucht also nicht eigentlich Unternehmen oder Institutionen zu ändern, sondern Menschen. Wenn sie so sind, wie oben beschrieben, dann müssen auch die Unter-

nehmen und Institutionen effizient, innovationsfreundlich und weltweit konkurrenzfähig sein." (Kurbjuweit 1996, S.9)

Betreiben wir also mit der vorschnellen Übernahme von Wirtschaftskonzepten auf den Bildungsbereich eine schleichende „Mc Kinseyisierung" von Bildungseinrichtungen und tragen zur Herausbildung eines neuen, an die Verwertungsbedingungen kapitalistischer Konkurrenzgesellschaften angepaßten Menschentyps bei? Verabschieden wir uns nicht damit von unserem Auftrag, zu Emanzipation und Mündigkeit beizutragen? Und: Gibt es überhaupt eine Alternative zur effizienzbesessenen Mc-Kinsey-Gesellschaft? Im Gegensatz zu Ulrich Beck, der diesen Weg für „absolut hilflos" hält, sieht Jürgen Kluge, Direktor bei Mc Kinsey keinen Ausweg:

„Eine Gesellschaft im internationalen Wettbewerb kann sich nicht von den allgemeinen Trends abkoppeln, ohne ihren Wohlstand zu verlieren. Es ist fast wie bei der Spieltheorie: Einer bewegt sich, um sich einen Vorteil zu verschaffen, und alle werden folgen" (ZEIT; S.11).

Wenn man diese Thesen mit den Einsichten des Flow-Forschers Csikszentmilhaljy (1995) vergleicht, die er zum Gang der kulturellen Evolution vorgelegt hat, so scheint es in der Tat sehr unwahrscheinlich, daß sich die skizzierte Entwicklung aufhalten läßt. Wie sich schon bei der Einführung der neuen Medien gezeigt hat, besteht ein gangbarer Weg nicht in ohnmächtiger und zum Scheitern verurteilter Abwehr, sondern in einer kritisch-konstruktiven Auseinandersetzung, die herausarbeitet, wo die Chancen dieser Entwicklungen liegen - etwa in Form einer erweiterten Gestaltungsautonomie von Schulen und Hochschulen, oder der Entwicklung selbstorganisierender, fraktaler Lehr- und Lerngruppenkonzepte - und aufzeigt, wo fragwürdige Übertragungen, Begrenzungen und Vereinseitigungen entstehen - etwa in der Unterwerfung von Bildung unter ein reduziertes Effizienzkonzept.

Die kurze Geschichte etwa der Lean Production lehrt uns, daß eine verkürzte Übernahme solcher Konzepte, allein unter Einsparungsgesichtspunkten und unter mangelnder Berücksichtigung sozialer und ökologischer Gesichtspunkte ein verhängnisvoller Weg ist. Mit vorschnellen Wegrationalisierungen von Personen und Aufgaben werden in kontraproduktiver Weise oft auch soziale Netzwerke und informelle Wissensstrukturen zerstört. Effizienzrevolution im Bildungsbereich darf daher nicht Arbeitsplatzabbau bedeuten, sondern sollte einen besseren Einsatz der vorhandenen Ressourcen dienen, mit dem Ziel einer Verbesserung der Lern- und Arbeitsbedingungen sowie einer Optimierung der Ergebnisse. Das englische Beispiel der Umgestaltung des Schulsystems mit Hilfe von Managementkonzepten kann hier als warnendes Beispiel dienen: unter konservativer Federführung werden Schulen in einen Konkurrenzkampf gegeneinander getrieben, der - so die Kritik Londoner Kollegen - zu einer verhängnisvollen Spaltung führt: auf der einen Seite ausgezeichnet funktionierende Qualitätsschulen, die auf Eltern, Lehrer und Schüler anziehend wirken und einen Großteil der Ressourcen auf sich vereinigen können; auf der anderen Seite ausgepowerte Innenstadtschulen, an denen sich die Probleme konzentrieren und die zunehmend nur noch von benachteiligten Migranten und Working-Class-Schülern besucht werden. Und dennoch gibt es - wie das preisgekrönte kanadische Beispiel und die Baseler Schulreform zu zeigen scheinen - auch beeindruckende Beispiele für die intelligente Nutzung der erweiterten Gestaltungsautonomie und die Entwicklung einer „neuen Reformpädagogik".

Meines Erachtens ist es eine lohnende Herausforderung für die Erziehungswissenschaft, für eine kritische Auseinandersetzung mit den neuen Organisationskonzepten zu sorgen und diejenigen Konzepte zu identifizieren, die zum Aufbau anspruchsvollerer, befriedigenderer und effektiverer Lehr-, Lern- und Forschungsumgebungen beitragen können. Denn - wie meine Übersicht zeigt - nutzen moderne Managementkonzepte nicht nur ungenutzte menschliche Potentiale im Dienste des Profits optimal aus, sondern erweitern - zumindest in Teilen - zugleich die Einsicht in allgemeingültige Prinzipien optimal menschengemäßen Lernens und Produzierens. Hier deuten sich in der Tat die Konturen einer neuen Reformpädagogik an, die viele Bezüge zu bekannten Konzepten beinhaltet, aber zugleich auch auf einen qualitativen Sprung zu einer Erziehung für das 21.Jahrhundert hindeutet. Dabei ist allerdings sicher: das Bildungsschlaraffenland werden wir mit der Übernahme von Rezepten aus der Wirtschaft nicht bekommen, aber vielleicht können sie uns - unter entsprechender Modifikation - Wege zu einer verbesserten Nutzung mentaler und materieller Ressourcen weisen.

Literatur

Beck, U. : Risikogesellschaft. Auf dem Weg in eine andere Moderne. Frankfurt 1986.

Beck/Beck-Gernsheim: Das ganz normale Chaos der Liebe. Frankfurt 1990.

Bildungskommission NRW: Zukunft der Bildung. Schule der Zukunft. Neuwied 1995.

zur Bonsen, M.: Führen mit Visionen. Der Weg zum ganzheitlichen Management. Wiesbaden 1994.

zur Bonsen, M: Energiequelle Zukunftskonferenz. In: Havard Buisiness Manager 3 (1994).

Bundeszentrale für Politische Bildung (Hg.): Umbrüche in der Industriegesellschaft. Bonn 1990.

Burr, M./Rölkke, G.: „Lean Production - ganz schön schlank..." In: Computerinformation, 12 (1992), S.10-13.

Burow, O.A.: Grundlagen der Gestaltpädagogik. Lehrertraining - Unterrichtskonzept - Organisationsentwicklung. Dortmund 1988.

Burow, O.A.: Synergie als handlungsleitendes Prinzip Humanistischer Pädagogik. Konsequenzen für kooperativen Lernen in der Schule. In: Buddrus (Hg.). Die vergessenen Gefühle in der Pädagogik. S. 186-212. (1992)

Burow, O.A.: Gestaltpädagogik. Trainingskonzepte und Wirkungen. Ein Handbuch. Paderborn 1993.

Burow, O.A.: Macht Liebe Macht? Neue Anforderungen an Psychologen und Pädagogen beim Aufbruch in die Informationsgesellschaft. In: Gestalttherapie 2 (1992), S.51-65.

Burow, O.A.: Lernen in Freiheit? Perspektiven der Humanistischen Pädagogik zur Reform von Schule und Weiterbildung. In: Pädagogik und Schulalltag 48 (1993), 4, S.395-406.

Burow, O.A.: Zukunftswerkstatt als Instrument der Schulentwicklung. In: Schule und Beratung 5 (1995), S.54-61. 34233 Fuldatal: Hessisches Institut für Lehrerfortbildung.0

Burow, O.A.: Wie man Zukunft (er)-finden kann. Die Zukunftskonferenz. In: Pädagogik (1996), Heft 10.

Burow, O.A.: Lernen für die Zukunft - oder die „fünfte Disziplin des Lernens". In: Nachhaltige Entwicklung - Aufgabe der Bildung. BUND. Berlin 1996.

Burow, O.A./Neumann-Schönwetter, M. (Hg.) : Zukunftswerkstatt in Schule und Unterricht. Hamburg 1995.

Cohn, R.C./Farau, A.: Gelebte Geschichte der Psychotherapie. Stuttgart: 1984.

Cohn/Terfurth : TZI macht Schule. Stuttgart 1993.

Csikszentmihaljy, M.: Eine Psychologie für das 3. Jahrtausend. Stuttgart: 1995.

Dalin, P./Rolff, H.G.: Institutionelles Schulentwicklungsprogramm. Soest 1990.

Doherty, G.D. (Hg.): Developing Quality Systems In Education. London und New York 1994.

Drucker, P.: Die post-kapitalistische Gesellschaft. Düsseldorf 1993.

Fatzer, G. (Hg.): Ganzheitliches Lernen. Humanistische Pädagogik und Organisationsentwicklung. Paderborn 1987.

Fatzer, G. (Hg.): Organisationsentwicklung für die Zukunft. Köln 1993.

Flitner, A.: Reform der Erziehung. München 1992.

Fullan, M.G.: The Meaning Of Educational Change. London 1995.

Gerken, G.: Management by Love. Düsseldorf 1990.

Gloger, A.: Wächter über Schall und Rauch. Modemacher im Management. In: Manager Seminare 22 (1996), S.25-32.

Göndör, J.: Die Schlaraffenlandschule. Was man von der Wirtschaft lernen kann. Wenn Firmen für Arbeiter zum Schlaraffenland werden - warum nicht auch die Schule für die Schüler? Deutsche Lehrerzeitung 2 (1996), S.9-10.

Greber/Maybaum/Priebe/Wenzel (Hg.) : Auf dem Weg zur „Guten Schule". Schulinterne Lehrerfortbildung. Weinheim 1991.

Greif, S.: Soziale Kompetenz. In Frey, D./Greif,S., Sozialpsychologie. Ein Handbuch
in Schlüsselbegriffen. München 1983, S. 312-320.

Heidack, C. (HG.): Lernen der Zukunft. Kooperative Selbstqualifikation - die effektivste Form der Aus- und Weiterbildung im Betrieb. München 1993.

Imaii, M.: Kaizen. Der Schlüssel zum Erfolg der Japaner im Wettbewerb. Berlin
1992.

Jungk, R./Müllert, N.: Zukunftswerkstätten. Mit Phantasie gegen Routine und Resignation. München 1989.

Kahl, R. : Wo Lehrer lernen lernen.Gruppenarbeit und Fleißkärtchen. Ein Schullmo-
dell in Kanada erhielt den Carl-Bertelsmann-Preis. Bringt der Umbruch im Industriegebiet eine neue Reformpädagogik hervor? In: ZEIT 39 (1996), S.48.

Kieser, A. : Moden und Mythen des Organisierens. In: Die Betriebswirtschaft 1
(1996).

Klafki, W.: Allgemeinbildung für eine humane, fundamental- demokratisch gestaltete
Gesellschaft. In: Umbrüche in der Industriegesellschaft. Bonn 1990, S. 297-310.

Korczak, J.: Wie man ein Kind lieben soll. Göttingen 1969.

Kurbjuweit, D.: Die Propheten der Effizienz. In: Die Zeit, 3 (1996), S.9-11.

Lehner/Widmaier: Eine moderne Schule für eine moderne Industriegesellschaft.
Strukturwandel und Entwicklung der Schullandschaft in Nordthein-Westfalen.
Essen 1992.

Messmann, A.: Visionen und das Ende des „Wahr-Falsch-Spiels". In: Transformationen, 3 (1996), S.78-80.

Osswald, E.: Gemeinsam statt einsam. Arbeitsplatzbezogene Lehrer/innenfortbildung.
Kriens 1990.

Osswald, E.: Stilwandel. Weg zur Schule der Zukunft. Kriens 1995.

Pallasch, Mutzeck/Reimers (Hg.): Beratung, Training, Supervision. Weinheim: 1992.

Rogers, C.R.: Freiheit und Engagement. Personenzentriertes Lehren und Lernen.
München 1984.

Rolff, H.G.: Wandel durch Selbstorganisation. Weinheim 1994.

Schily, K.: Der staatlich bewirtschaftete Geist. Düsseldorf 1993.

Stirzl,W.: Lean Production in der Praxis. Spitzenleistungen durch Gruppenarbeit.
Paderborn 1992.

Tillmann, K. J. (Hg.): Was ist eine gute Schule? Hamburg 1989.

Toffler, A.: Machtbeben. Düsseldorf 1992.

Warnecke, H. J.: Die Fraktale Fabrik. Revolution der Unternehmenskultur. Hamburg
1996.

Weisbord, M.(Hg.): Discovering Common Ground. San Francisco 1992.

Weisbord, M./Janoff, F.: Future Search. An Action Guide to Finding Common Gro-
und in Organisations/Communities. San Francisco 1995.

Womack/Jones/Roos.: Die zweite Revolution in der Automobilindustrie. Konsequenzen der weltweiten Studie des MIT. Frankfurt 1991.

Birgit Warzecha

Kommerzialisierung der Gefühle im Bildungsbereich[1]

1. Einleitung

In diesem Beitrag rückt ein für den LehrerInnenberuf zunehmend an Bedeutung gewinnender Markt in den Blickpunkt: Zusatzqualifikationen im Therapie- und/oder Beratungsbereich, Inanspruchnahme professioneller Unterstützung, etwa in Supervisions- oder Selbsterfahrungsgruppen.

Marktführer sind Richtungen aus der Humanistischen Psychologie, ebenso der Psychoanalytischen Pädagogik, die auf eine relativ breite Akzeptanz der Fachöffentlichkeit zählen können; beispielhaft sei hier auf das Heft 11, 1995, der Zeitschrift für Pädagogik mit dem Titelthema „Lebendiges Lehren und Lernen" oder auf das Beiheft 1993 der gleichen Zeitschrift über „Psychoanalyse und Schule" verwiesen.

Phänomenologisch läßt sich folgendes feststellen:

* Das Arbeitsfeld Schule ist durch eine Interaktionsdichte gekennzeichnet, die die Person der LehrerIn betrifft.
* Der Diskurs über Gefühle hat zur Zeit Hochkonjunktur und ist im Bildungsbereich an einen ausdifferenzierten Dienstleistungssektor mit Instituten, Trägervereinen etc. gekoppelt.
* Der Diskurs verspricht ein Management bzw. die Verwaltung von Gefühlen.
* Im Angebot vermittelt wird eine emotionale Investitionsberatung, die der Optimierung der Arbeitsmarkttauglichkeit dient.
* Emotionale Investitionsberatung eröffnet Distinktionsmöglichkeiten und formiert Lebensstile.

Im Vortrag habe ich das Thema folgendermaßen vorgestellt:

Zu Beginn sind Sie anhand diverser Werbeanzeigen zu einer kleinen Exkursion in den Supermarkt des Gefühlsmanagements eingeladen worden, der nach seinem Sortimentangebot skizzenhaft analysiert wurde.

---

1 Arlie R. Hochschild gewidmet, deren Publikation „Das gekaufte Herz" mich zu diesem Beitrag anregte.

Nachfrage und Angebot der auf diesem Markt vertretenen emotionalen Investitionsberater werden nun im Spiegel der gesellschaftlichen Prozesse der letzten 25 Jahre reflektiert sowie die entsprechenden Entwicklungslinien in der Erziehungswissenschaft darauf bezogen, um Überlegungen über Kommerzialisierung der Gefühle im Bildungsbereich daran anzuschließen.

Den Abschluß dieses Beitrages bilden mögliche Konsequenzen und Impulse für die universitäre LehrerInnenbildung.

2. Emotionale Investitionsberatung oder: Im Supermarkt des Gefühlsmanagements

Im Supermarkt des Gefühlsmanagements begegnet dem/der potentiellen Kunden/in ein aktuell kaum noch zu überblickendes Angebot an emotionalen Investitionsberatern.

An dem Streifzug durch diesen Supermarkt ließ ich Sie teilhaben und stellte Ihnen bei dieser Exkursion, gleichwohl selektiv, einige Marktführer, aber auch Sonderposten und Beispiele aus der Gourmet-Abteilung vor. Die willkürliche Auswahl umfaßte Annoncen der Zeitschriften „Frauen & Schule", „sozialmagazin", „erleben & lernen", „Pädagogik", „Gruppendynamik" und „Psychologie Heute". Kaleideskopartig ließ sich das Thema meines Beitrages auf diese Weise illustrieren.

Von erkenntnistheoretischem Interesse scheinen mir in diesem Zusammenhang vor allem folgende Fragen:

- In welchem gesellschaftlichen Kontext konnte sich dieser Markt entwickeln und festigen?
- Gibt es einen Transfer zum Bildungsbereich?
- Wie sind die Grenzen zwischen Professionalität und Scharlatanerie zu ziehen?
- Welche Konsequenzen lassen sich für die universitäre Ausbildung ableiten?

Bevor diesen Fragen nachgegangen wird, soll hier zunächst eine skizzenhafte Analyse zur Angebotsstruktur vorangestellt werden.

3. Skizzenhafte Analyse des Supermarktes

In meiner Analyse beziehe ich mich auf die einschlägigen Anzeigen aus Westermanns Pädagogische Beiträge 1985-1987 und der Zeitschrift für Pädagogik 1988-1995. Diese relativ willkürliche Auswahl entbehrt empirischer Wissenschaftlichkeit, kann m.e. lediglich auf Tendenzen aufmerksam machen und auf eine eklatante Forschungslücke hinweisen.

In der erstgenannten Fachzeitschrift erschien keine einzige Anzeige, die um eine therapeutische Zusatzausbildung bzw. Therapien u.ä. warb, während in der Zeitschrift für Pädagogik unter den Rubriken „Pinnwand" und „Schwarzes Brett" mannigfaltige Anzeigen vertreten sind.

Zu den durchgängig inserierenden Richtungen und Instituten zählen von Anfang an Gestaltpädagogik und Gestalttherapie (Symbolon Institut Nürnberg, Gestaltinstitut Frankfurt, Gestaltinstitut Hamburg, Gestaltinstitut Düsseldorf, Gestaltinstitut Bonn), Primärtherapie (Chiemgau, Osnabrück), ab 1988 verstärkt NPL-Ausbildungen in der Bildungsstätte Hoedekenhus oder Stuttgart, sowie Fortbildung in Tanztherapie (KIT, Köln; ITTH, Hamburg).

Eher sporadisch erscheinen Anzeigen zu ganz spezifischen Themenbereichen wie z.B. Transaktionsanalyse (Zeitschrift für Pädagogik, 11, 1990); Suggestopädie (Zeitschrift für Pädagogik, 10, 1989); Psychoanalytische Pädagogik (Fapp, Zeitschrift für Pädagogik, 4, 1988); Shiatsu Energie Massage; Akupunktur; Tai Chi (Institute for Energie Understanding and Experience, Zeitschrift für Pädagogik, 1, 1989); Märchenerzählerausbildung (Troubadour, Zeitschrift für Pädagogik, 7-8, 1989); Orgoenergie (Zeitschrift für Pädagogik, 4, 1988); Freie Schule für Theaterpädagogik (Zeitschrift für Pädagogik, 4, 1989).

In der Gesamtschau der Anzeigentexte ergibt sich folgendes Bild: die Gestalttherapie/-pädagogik, NPL sowie Primärtherapie gehören zum festen Angebotsbestandteil dieser erziehungswissenschaftlichen Fachzeitung. Gleichwohl besteht das „Schwarze Brett" seit 1988 nur aus einer Seite. Insofern kann diese Zusammenschau lediglich als eine Annäherung eingeschätzt werden, die durch umfangreichere und gezieltere Analysen verifiziert werden müßte.

Bei der Durchsicht des Marktangebotes einer Ausgabe von Psychologie Heute (Jan. 1996) repräsentiert NPL den Marktführer schlechthin (20 Annoncen), gefolgt von Gestalttherapie (12 Annoncen), Hypnosetherapien/-seminare (5 Annoncen), Kunsttherapie (4 Annoncen), Kognitive Verhaltenstherapie

(3 Annoncen), Qui-Gong Ausbildung (3 Annoncen), körperorientierter The-
rapien (3 Annoncen) und Primärtherapie (3 Annoncen).
    Die Vielfalt der Angebote umfaßt in dieser Ausgabe u.a.: Encounter,
Psychodrama, Tanz- und Ausdruckstherapie, Psychoorganische Analyse, Ho-
lotrophes Atmen, systemische Therapie, Logotherapie und Existenzanalyse,
Focusing, klientzentrierte Psychotherapie, Transaktionsanalyse, Shiatsu, pro-
vokative Therapie, Lautenergetik, Traumberatung, spirituelle ganzheitliche
Beratung, Selbsttherapie, Internationale 4. Weg Schule für die harmonische
Entwicklung des Menschen, Sky Dancing Tantra, Personenzentrierte Ennea-
grammarbeit, Mediatorenausbildung und Systematisch-integrative Therapie
mit multikulturellen Systemen. (Für die Auflistung übernehme ich keine Haf-
tung als Wissenschaftlerin - es könnte durchaus sein, daß ich mich in diesem
achtseitigen Supermarkt verlaufen habe.)
    Ergänzend möchte ich allerdings darauf hinweisen, daß die Angebotspa-
lette an speziellen Fachzeitschriften den Supermarkt des Gefühlsmanagements ebenfalls bereichert: so gibt es z.b. die Zeitschrift „GWG" der Gesellschaft für wissenschaftliche Gesprächspsychotherapie, die Zeitschrift „So-
zialmanagement", ein Magazin für Organisation und Innovation, oder die
Zeitschrift „Integrative Therapie" und viele mehr, die ebenfalls spezifische
Anzeigenpaletten präsentieren.

4. Nachfrage und Angebot im Spiegel gesellschaftlicher Prozesse

Ich werde hier gesellschaftliche Entwicklungslinien der letzten 25 Jahre skizzieren, die entscheidend zum Aufbau und zum Betriebssystem eines Super-
marktes für das Gefühlsmanagement beigetragen haben. Dabei wird unterschieden zwischen den 70er und 80er Jahren und dem Beginn dieses Jahr-
zehnts.

4.1. Die 70er und 80er Jahre

Nach Nagel hat die Zeit ab 1933 eine Inflation der Therapieformen beschert:

• die analytische Gruppentherapie;
• die Ichpsychologie;

- Psychodrama, Rollenspiel;
- Mischformen von Gruppendynamik und Psychoanalyse;
- die Gestalttherapie;
- Mischformen von Psychoanalyse und Lernpsychologie;
- mannigfaltige Formen der Kurztherapie;
- Gesprächstherapie, Ehepaar- und Familientherapie u.a. (vgl. Nagel 1979, S. 17).

Seit Ende der 60er Jahre kam es zur Gründung mannigfaltiger berufsständischer Organisationen:

- 1968 Gesellschaft zur Forschung der Verhaltenstherapie (GVT);
- 1970 Gesellschaft für wissenschaftliche Gesprächstherapeuten (GWG);
- 1971 Berufsverband der Verhaltenstherapeuten (DBV).

„Dann konstituierten sich die Arbeitsgemeinschaft der Psychotherapieverbände (AGPTV) mit Vertretern der GWG, GVT, des DBV, der Deutschen Gesellschaft für Psychotherapie, Psychosomatik und Tiefenpsychologie (DGPPT), sowie des Berufsverbandes deutscher Psychologen" (Nagel 1979, S. 21).

Diese Zeit markiert eine erste Welle des sogenannten Psychobooms und fällt in eine historische Epoche der Bundesrepublik Deutschland, wo im Zuge der Studentenbewegung und politischer Liberalisierung (Parole: „Mehr Demokratie wagen!") psychisches Leiden als Ausdruck eines Leidens an den kapitalistischen Verhältnissen, d.h. an entfremdeten Arbeits- und Lebensbedingungen eingeschätzt wurde. Psychotherapie wird als politisch-emanzipierte Arbeit an der gesellschaftlich bedingten Deformation verstanden. Dieser Mainstream wird in Intellektuellenkreisen durchaus kontrovers diskutiert (vgl. Nagel/Seifert 1979), ist jedoch generell von einem euphorischen Idealismus über die Veränderbarkeit repressiver Lebensbedingungen im Spätkapitalismus geprägt. Gefühle werden interpretiert als Manifestation einer Pathodynamik des gesellschaftlichen Systems, deren Veränderung auch eine emanzipatorische Veränderung der Klassengesellschaft per se impliziert. Die therapeutische Arbeit an der individuellen psychischen Verfaßtheit wird verstanden als notwendiges Durchgangsstadium für eine kollektive Befreiung.

Die Restaurierung einer politisch konservativen Bundesrepublik und die weltweite Ausdehnung und Festigung eines medientechnologischen Hyperkapitalismus setzte dieser Bewegung Anfang der 80er Jahre enge Grenzen; die ökonomische Entwicklung läutete eine Konjunkturkrise ein, die auch Einschnitte in die psychosoziale Versorgung der Bevölkerung mit sich brachte und Leitbilder und Utopien jener für Psychotherapie offenen Generation erschütterte. (Lasch charakterisiert jene Zeit als eine Zeit der „cries of crisis"; Lasch 1984, S. 64).

Enttäuschung und Verlust sinnstiftender kollektiver Ideale führten zu jenem Trend, der die 80er kennzeichnet: eine neue Innerlichkeit verbreitete sich, statt kollektiv politischer Aktionen etablierte sich eine zunehmende Selbstbezogenheit, ein Abzug von Energien für die Makroebene, die nun für die Mikroebene investiert wurden. Der Psychoboom wies den enttäuschten Hoffnungen nach Selbstbefreiung die Perspektive der 'Selbsterfahrung'; seine Faszination lag in dem Versprechen, jene Sehnsüchte zu befriedigen, die die politische Bewegung nicht erfüllt hatte (vgl. Bruder 1991, S. 153f.).

Es folgte ein Rückzug aus spektakulärem politischen Protest, eine Reduzierung demonstrativ oppositioneller Aktionen bei gleichzeitiger Ausweitung ganz unterschiedlicher Bewegungen, die sich für eine Humanisierung der Gesellschaft engagieren. In diesem Prozeß wird nicht nur Psychotherapie zur individuellen Entstörungsinstanz, sondern bestimmte psychotherapeutische Leitfiguren, Richtungen, Programme treten an die Stelle der selbstentmachteten ebenso wie der selbstgeschaffenen Autoritäten aus der Phase der politischen Emanzipationsaktivitäten. Gleichwohl betraf diese Transformation letztendlich nur eine relativ kleine gesellschaftliche Gruppe, die selbst wiederum von der Aura einer Elite umgeben war.

Da die Kommerzialisierung der Gefühle derzeit ein Niveau erreicht hat, das jeden anderen Dienstleistungssektor überbietet, soll ihr ein eigener Abschnitt gewidmet werden, der die aktuelle psychische Verfaßtheit der KonsumentInnen in den Vordergrund stellt.

4.2. Die 90er Jahre

In den 90er Jahren ist eine arbeitsmarktkonforme Lebensführung gefragt, die eine Vollmobilität voraussetzt, die keine Rücksicht nimmt auf soziale Bindungen, die eine Identität fordert, die flexibel, leistungs- und konkurrenzbezogen als Arbeitskraft funktioniert, die macht, stylt, hin und her fliegt und zieht, wie es die Nachfrage und die Nachfrager am Arbeitsmarkt wünschen (vgl. Beck/Beck-Gernsheim 1990, S. 15).

„Die Lebensformen, in denen sich eine einfach strukturierte und im biographischen Alltag relativ stabil bleibende Identität bilden und aufrechterhalten ließen, verschwinden zunehmend und weichen solchen, die eine höhere Segmentierung und Komplexität aufweisen." (Keupp 1989, S. 55)

Es herrscht im Alltagsleben eine verwirrende Vielfalt von möglichen Stilen der Lebensführung - bei der individuellen Freizeit- und Kontaktgestaltung besteht die Wahlmöglichkeit zwischen traditionellen Sportvereinen oder Internet - zu denen sich mannigfaltige Ambivalenzen bezüglich des eigenen Lebensstils gesellen, was Entscheidungen betrifft hinsichtlich der kulturellen, der sozialen, der interaktiven, der politischen und vielen weiteren Optionen. Diese Vielfalt und diese Ambivalenzen, die Fragmentierung von Sozialräumen aufgrund der Priorität einer arbeitsbestimmten Mobilität, fordern und fördern zunehmend ein modernes Nomadentum, in dem der Single zum Symbol unserer aktuellen Kultur wird.

So wird die Existenzform des Alleinstehenden zum Urbild der durchgesetzten Arbeitsmarktgesellschaft (vgl. Beck 1990, S. 191).

„Das Ideal der Marktwirtschaft, das flexible, nicht durch Bindungen behinderte Individuum, das sich den Bedingungen des Marktes anpaßt, ist notwendigerweise aus fast allen Traditionsbindungen und sozialen Zusammenhängen gelöst, um den Preis, das es nun seine soziale Identität immer wieder neu konstruieren muß und einem Entscheidungszwang ausgesetzt ist, der bisweilen überfordert" (Burow 1992, S. 86).

Mit Mélhénas gilt:

„Le monde moderne n'a pas évacué les angoisses existentielles, il les a transformées et individualisées" (Mélhénas 1994, S. 55).

Ungelöste gesellschaftliche Probleme, Widersprüche, Risiken und Krisenerscheinungen verlagern sich in den individuellen Lebenszusammenhang, so daß es dem einzelnen Menschen überlassen bleibt, diese innerlich zu verarbeiten, als seien es die ureigensten Motivations-, Entscheidungs- und Verantwortungsprobleme (vgl. Körber 1994).

Die Individualisierung von Krisen- und Konfliktpotential haben nicht nur dem Spektrum der Ratgeberliteratur, sondern auch psychotherapeutischen Angeboten ein großes Publikum beschert.

„Die Methoden der Effektivierung sind Autosuggestion: ('Positiv denken!', 'Seien Sie ganz natürlich!') und Symptomverbot ('Hören Sie auf, Ihr Leben als Last zu empfinden!') bei gleichzeitiger Individualisierung von Krankheit und Gesundheit, Erfolg und Scheitern ('Armut ist geistige Krankheit')." (Neckel 1991, S. 175)

In der Risikogesellschaft verändern sich psychische Strukturen (vgl. Warzecha 1995a), so daß Maschelen 1992 als Hypothese formuliert, „daß die Identität (jemand sein als sich zu verantworten haben) nur noch zu einem fiktiven Element wird und daß das Gefühl für Realität verschwindet" (Maschelen 1992, S. 70). In dieser Weise sich selbst nicht mehr verantworten zu können, eröffnet dem Spektrum professioneller Helfer einen breiten Raum: Lebens-

und Sterbeberater, psychologische Berater, Existenzgründungsberater und Life-Stile Berater (vgl. Siebert 1992, S. 49).[2]
    Sozialer Kontext zerfällt trotz medialer Kommunikationsangebote, Beliebigkeit und Austauschbarkeit lösen intersubjektive Verbindlichkeit auf. Gefühle werden zur Arbeit (vgl. Beck-Gernsheim 1990, S. 132) und in den Rang von Erkenntnismitteln erhoben (vgl. Bruder 1991, S. 140). Heute wird idealtypisch eine Kompetenz gefragt, die in die Lage versetzt, in unterschiedlichen Sinnzusammenhängen[3] aufzutreten und mit den eigenen Emotionen zu agieren (vgl. Gerhards 1988, S. 274).
    Individualisierung und Pluralisierung von Lebenslagen führen zu einer 'psycho-historical dislocation', „bewirken darüber hinaus aber auch, daß der einzelne moderne Mensch typischerweise in eine Vielzahl von desperaten Beziehungen, Orientierungen und Einstellungen verstrickt, daß er mit ungemein heterogenen Situationen, Begegnungen, Gruppierungen, Milieus und Teilkulturen konfrontiert ist und daß er folglich (sozusagen ständig) mit mannigfaltigen, nicht aufeinander abgestimmten Deutungsmustern und Handlungsschemata umgehen muß" (Hitzler 1994, S. 82f.).
    Er kann dies nicht mit Muße und Bedächtigkeit; der postmoderne Mensch steht permanent unter einem Geschwindigkeitsimperativ, einem Optimierungs- und Maximierungsdruck bezüglich des eigenen Selbstmanagements. Die selbst herzustellende Individualität und Identität wird zu einer permanenten Pflichtübung, wird zu einer eigenständigen Leistungsnorm (vgl. Neckel 1991, S. 177). Dabei verheißen moderne Identitätsagenturen als soziale Fiktion und individuelles Glücksversprechen, daß es für alle Probleme eine Lösung gibt (vgl. Janßen 1979, S. 178).
    Psychosoziale Unterstützung bieten unterschiedliche Lebensstile, die - aus der Erfahrung der Massengesellschaft - eine soziokulturell differenzierte Zuordnung und Zugehörigkeit ermöglichen und immaterielle Versprechen garantieren. Holzapfel hat dies prägnant am Beispiel der Sportindustrie herausgearbeitet (vgl. Holzapfel 1995). Die Teilnahme an emotionaler Investitionsberatung stellt, neben anderen, einen solchen Lebensstil dar, der - nicht nur im Bildungsbereich - eine hohe Wertschätzung und Anziehungskraft genießt, und dies bei wachsender Nachfrage.[4] So eröffnet die Zugehörigkeit zu

---

2   Der Bedarf an „Pazifizierungs- und Integrationsangeboten wächst mit dem gesellschaftlichen Krisen- und Konfliktpotential" (Siebert 1994, S. 41).
3   Therapeuten sind die Agenten eines bestimmten kulturellen Umfeldes, vor allem betraut mit der Aufgabe, Sinn zu stiften (vgl. Gergen 1994, S. 35).

4   „In der Folge entsteht eine Zulieferindustrie, die nicht nur diese lebensstilanzeigenden Waren, Stilartikel und Güter herstellt und den Lebensstil unterstützende Dienstleistungen

bzw. das Praktizieren eines bestimmten Lebensstiles auch neue soziale Distinktionsmöglichkeiten, wo traditionelle Muster der sozialen Distinktion brüchig geworden sind.

Zusammenfassend kann als entscheidende Differenzen zwischen den angeführten gesellschaftlichen Entwicklungsprozessen folgendes festgehalten werden:

- Einer Phase wirtschaftlicher Prosperität und politischer Liberalisierung und der beginnenden Akzeptanz von Psychotherapie im Verständnis kollektiver, auf emanzipatorische Veränderung ausgerichtete Humanisierung der Gesellschaft, folgte
- eine zweite Phase des politischen Rollbacks und einer Konjunkturkrise, eine Restauration innenpolitischer Sicherheitsmaßnahmen sowie im psychotherapeutischen Sektor die zunehmende Etablierung des Zieles 'Selbstverwirklichung' (vgl. Nuber 1993) zur individuellen Stärkung der Konkurrenzfähigkeit als Voraussetzung der Arbeitsmarkttauglichkeit, worauf
- in einer dritten Phase vor dem Hintergrund eines expandierenden medientechnologischen Hyperkapitalismus Freisetzungsprozesse eine massive Individualisierung, damit verbunden aber auch psychische Destabilisierung und Entpolitisierung zur Folge hatte, die psychotherapeutische Angebote in den Rang von 'Lebenssinnexistenzversicherungsagenturen' erheben.

5. Erziehungswissenschaft und Bildung: Von der Euphorie zur Depression

Erziehungswissenschaft und Bildung spiegeln die im letzten Abschnitt skizzierten Entwicklungsprozesse prägnant wieder. Im folgenden werde ich einige Stichworte aufführen zu jener Phase der Erziehungswissenschaft, die ich als euphorische kennzeichne. Es folgt eine Einschätzung der gegenwärtigen Lage, die Elemente einer Depression enthalten.

---

bereitstellt, sondern auch ein ganzes Verweisungsgefüge von Verwendungskontexten und Verbindungsmuster abgibt, wodurch der Lebensstil boomartig zur Entfaltung kommt" (Michailnow 1994, S. 121). Im Rahmen dieser Zulieferindustrie werden die unterschiedlichsten Produkte angeboten wie z.B.: Mediationsschemel, Kraft- und Chakrasteine, Tibetische Klangschalen, Ohrkerzen, Batakas, Vitralometer u.ä. (vgl. Psychologie Heute, Anzeigenteil, Jan. 1996, S. 95f.).

5.1. Euphorische Phase des Bildungswesens

Auf den von Picht 1964 konstatierten Bildungsnotstand (vgl. Picht 1964) wurden Bildungsangebote speziell für die sogenannte 'bildungsfernen' Bevölkerungsgruppen intensiviert und ausgebaut. Die Parole lautete: „Ausschöpfung der Begabungsreserven". Qualifizierte Bildung wurde zu dem notwendigen Kapital wirtschaftlicher Wettbewerbsfähigkeit der Bundesrepublik Deutschland deklariert - mit entsprechenden Investitionen. Bildungsökonomie etablierte sich als neue wissenschaftliche Disziplin (vgl. Warzecha 1995b).

Im Zuge der Studentenbewegung, weitreichender Adaption der Kritischen Theorie der Frankfurter Schule und der marxistischen Theorie entwickelte sich zu Beginn der 70er Jahre die sogenannte 'Kritische Erziehungswissenschaft', die auf der Grundlage umfassender Kapitalismuskritik Klassenbewußtsein und Befreiung von entfremdeten Lern- und Lebensbedingungen als Bildungsziele formulierte (vgl. exemplarisch: Begemann 1970; Beck 1974).

So fragte z.b. Hans Jochen Gamm 1971:

„Warum wird *Emanzipation* nicht zum Leitthema aller erzieherischer Überlegungen, Emanzipation, verstanden als politische und soziale Selbstbefreiung des leidenden Menschen, um diesen zu befähigen, sich von den bürgerlichen Lebens- und Herrschaftsformen kühn und endgültig zu distanzieren und neue, seinen Bedürfnissen entsprechende gesellschaftliche Muster zu erproben?"

Und:

„Wie könnte Pädagogik schließlich sein, wenn sie sich die Marxschen Erkenntniskategorien zu eigen machte und die Herrschaftsinteressen innerhalb der Erziehungsprozesse analysierte und denen gegenüber zur Sprache brächte, die mittels dieser Prozesse zur Konformität genötigt sind, indem sie Lernleistungen vollbringen und an geschichtlichen Leitbildern fixiert sind" (Gamm 1971, S. 11f.)?

Ein Ergebnis schulreformerischer Bemühungen war u.a. die Etablierung von Gesamtschulen, die die Chancengleichheit fördern sollten, nach Wahl eine soziale Fiktion (vgl. Wahl 1989, S. 149).

„Unter dem Oberbegriff der 'Schülerorientierung' wurde ab Mitte der 70er Jahre pädagogisch konkretisiert, was mit Emanzipation politisch gefordert worden war: Eine Gegenbewegung gegen vorwiegend lehrerzentrierte Lernformen, starre Lehrplanorientierung und eine hierarchisch kontrollierende Institution." (Bastian 1995, S. 8)

Es herrschte eine Machbarkeitsideologie vor, über Veränderungen im Bildungsbereich grundsätzlich eine sozialpolitische Humanisierung voranzutreiben, Entfremdung im Kapitalismus und soziale Ungleichheit zu verringern, gesellschaftliche Widersprüche aufzulösen. Eine Generation reformwilliger und -eifriger LehrerInnen ging an die Veränderung ihrer Schulpraxis; die persönliche Ansprache, das 'Du', galt lange Zeit, ähnlich wie diverse Buttons, als symbolischer Ausdruck, Schule als Institution 'ganz anders', eben emanzipatorisch zu gestalten.

Bis zu den 80er Jahren entwickelte sich das, was ich als euphorische Phase im Bildungsbereich benenne. Mit dem Engagement um 'emanzipatorische Erziehung' war eng das Ziel verbunden, Ausbeutung und Unterdrückung im Kapitalismus aufzuheben. Beispielhaft hierfür sind z.b. auch die Gründungen von Freien Antiautoritären Schulen, die Schülerladenbewegung sowie die Bildung von Selbsthilfegruppen im psychosozialen Bereich. Die generelle Politisierung (im weiteren Sinne) der damaligen LehrerInnengeneration löste gleichwohl innenpolitische Gegensteuerungsmaßnahmen aus, indem kommunistische LehrerInnen (bzw. Beamte) zu sogenannten Verfassungsfeinden deklariert wurden (vgl. Frister/Jochimsen 1972). Es folgte eine Welle der formaljuristischen Ausgrenzung dieser Beamten bei gleichzeitigen regierungspolitischen Verlautbarungen, eine allgemeine Emanzipation in der Bildungspolitik auf Bundes- als auch auf Länderebene zu fördern.

5.2. Depressive Phase im Bildungswesen

Die Rezession führte zu einer erst schleichenden, dann immer offensichtlicheren Reduktion von Investitionen im Bildungsbereich, die sich heute längst auch offiziell als sogenannte Rotstiftpolitik etablieren konnte (vgl. Rux 1995, S. 6f). Die Reformeuphorie der 70er Jahre wurde bis zur Unkenntlichkeit zu einer technokratischen Reform demontiert, deren ultimative Leitparole heute *Sachzwänge* heißt.

Kritische Erziehungswissenschaft mit den Hoffnungspotentialen, zu einer humanen Gesellschaft beizutragen, ist gescheitert (vgl. Lenzen 1987, S. 110); die Selektionsfunktion der Schule reproduziert sich uneingeschränkt weiter, was beispielhaft auch die Geschichte der Integrationspädagogik belegt (vgl. Wocken 1995). Die Frage nach Wahrheit und Kritik wurde im Zuge ökonomischer und sozialpolitischer gesellschaftlicher Prozesse ebenso aufgegeben wie die Idee eines sich selbst bestimmenden Subjektes, die Idee der Revolte und die Utopie (vgl. Giesen 1991, S. 140). Statt reformorientiertem Idealismus herrscht heute, 25 Jahre nach der großen Aufbruchsstimmung, weitgehendste Kapitulation vor einer finanzpolitisch restriktiven Bildungspolitik.[5]

Zu diesem sehr realen materiellen Zwangskorsett gesellt sich ein weiteres Korsett in ebenso monströser Form: aller Reformeuphorie zum Trotz wird im schulischen Bildungsbereich immer noch an einer Tradition von herkömmlichen Bildungsmodellen festgehalten, die dem Geist des 19. Jahrhunderts entspricht. Optimierung und Maximierung sind immer noch aktuelle Leitkategorien eines auf Wachstum zugeschnittenen Kapitalismus, was längst nicht mehr den ökonomischen und ökologischen Realitäten am Ende dieses Jahrtausends entspricht.

Erziehungswissenschaft und Bildung ignoriert eine dringend gebotene 'Antientfremdungsdidaktik', die sich m.E. mit folgenden Worten Rainer Winkels zusammenfassen läßt:

„Wir müssen zu Lebensausichten und Lebensführungen werben, die anders sind als - sagen wir - die Aktienakkumulation, der Zierrasenkult oder die Ajaxmentalität." (Winkel 1986, S. 7).

Der Monokultur im schulischen Bildungswesen steht die Universalisierung des Pädagogischen in der Gesellschaft - vom Heimwerkerkurs bis zur Seidenmalerei - diametral entgegen.

Unter den Lebensbedingungen einer Risikogesellschaft wachsen Überforderung und Überlastung bei oftmals widersprüchlichen Orientierungs-, Handlungs- und Entscheidungszwängen, wobei LehrerInnen sich im Koordinatenfeld dieser Ambivalenzen und Widersprüche befinden. Gerade in dieser Konstellation entwickeln sich aber auch neue Problembereiche in Bildungsinstitutionen (vgl. Körber 1994, S. 32), d.h. in konkreter Bildungspraxis.

Diese ist gegenwärtig durch eine allgemeine Verantwortungsdiffusion gekennzeichnet (vgl. Bastian 1995) und stärker denn je zuvor mit den sozialen Konflikt- und Krisenfeldern der sogenannte 2/3-Gesellschaft - Stichwort 'Neue Armut', 'Einwanderungsgesellschaft' u.ä. - konfrontiert. Kollektiv sinnstiftende Gruppierungen und Bewegungen fehlen fast gänzlich, traditionelle berufsständische Vereinigungen haben Positionseinbußen zu verzeichnen.

Die ehemalige Einigungsformel 'emanzipatorische Erziehung', die einen Anspruch auf Allgemeingültigkeit und Verbindlichkeit bzw. einen gemeinsamen Konsens zum Ausdruck brachte, stellt nur noch eine Leerformel dar. Vi-

---

5 Auf der administrativen Ebene gilt folgende Einschätzung Beaulieus: „Educational elites and practioners encode the dominant definition of the situation in the language of schooling" (Beaulieu 1994, S. 113).

sionen und Utopien fehlen heute, der erziehungswissenschaftliche Diskurs ist bis zur Unkenntlichkeit disversifiziert, d.h. ebenso fragmentiert.

6. Kommerzialisierung der Gefühle im Bildungsbereich

Die Kommerzialisierung der Gefühle im Bildungsbereich soll in dem bisher vorgestellten Kontext den ideologiekritischen Blick weiterverfolgen und solche Defizite aufzeigen, die mit der traditionellen LehrerInnenbildung verstärkt werden.

6.1. Emotionale Investitionsberatung: Die Kapitalisierung von Gefühlen

Unbestreitbar erfordert professionelle Handlungskompetenz im Bildungsbereich eine Balance zwischen der von der Institution zugewiesenen Berufsrolle und der je individuell verschiedenen Identität als *Person*. Diese Balancierung scheint insofern zu gelingen, als noch keine Massenflucht von LehrerInnen (PädagogInnen) aus ihren Institutionen zu verzeichnen ist, wohl aber eine Massenbewegung zu ganz unterschiedlichen Formen der Zuflucht in den Supermarkt des Gefühlsmanagements.

Unter Gefühlsmanagement verstehe ich die Investition von Zeit, Energie und Geld für Maßnahmen, die der Stabilisierung und Sicherung des persönlichen Gefühlshaushaltes unter spezifischen beruflichen Anforderungen dienen, die Orientierung und Sinnstiftung verheißen, verläßliche Gemeinschaften mit Gleichgesinnten anbieten und die vorgeben, den allgemeinen Fragmentierungstendenzen Synthetisierung entgegensetzen zu können. Gefühlsmanagement heißt hier, die je individuelle Arbeitskapazität nicht nur zu festigen, sondern zu optimieren, Streß und Überforderungssymtome zu kanalisieren, sich generell auf den Weg zu einer qualitativen/quantitativen Steigerung von Glück, Zufriedenheit und Lebenssinn zu machen.

Gefühlsmanagement ist heute eine Ware, die neben anderen symbolisch eine Lebensstilprothese anbietet, die dem, der sie sich finanzieren kann, der zeitlich und regional mobil und flexibel ist, kurzum, der a priori bereits arbeitsmarkttaugliche Ressourcen vorzuweisen hat, jederzeit zur Verfügung steht (vgl. exemplarisch Saltzman 1995). Diese Lebensstilgruppierung präsentiert sich in einer, wie bereits dargestellt, breiten Fachöffentlichkeit, in der Medien als symbolische Verstärker dieser Lebensstilpräferenz dienen (vgl. Fröhlich/Mörtl 1994, S. 11).

Dabei fühlen sich die meisten Menschen, die den verschiedenen Richtungen der humanistischen Psychologie u.a. zuströmen, nicht eigentlich krank und sind es auch nicht, funktionieren vielmehr im normalen Leben auf normale Weise: ihr Ziel ist die Selbstentdeckung der Gefühle (vgl. Zimmer 1988). Die Auseinandersetzung mit eigenen Gefühlen und denen anderer im Kontext von Beratung, Therapie, Fortbildung, Supervision u.ä., die Selbst- und Fremdthematisierung von Gefühlen wird freiwillig und parallel zu der Berufstätigkeit praktiziert als 'Gefühlsarbeit'[6]. Diesem Diskurs kann sich mittlerweile niemand mehr entziehen, er hat z.b. längst Einzug gehalten in die Lehrerfortbildung.

Die enorme Attraktivität solcher Angebote liegt m.E. darin, daß sie solche immateriellen Versprechungen wie z.b. Klarheit und Sinngebung für Individuen anbieten, deren Lebenssituation in der aktuellen gesellschaftlichen Phase durchzogen ist von Sehnsüchten nach Harmonie und (wenigstens) emotionaler Heimat.[7] Ich möchte dies anhand von 6 Thesen exemplifizieren:

1. Je rationaler und bürokratischer der Bildungsbereich, desto ausgeprägter die Suche nach Alternativen und charismatischen Erlebnissen.

2. Je individualisierter und atomisierter die Lebensform, desto stärker das Bedürfnis nach Gemeinschaft und Sozialbeziehungen.

3. Je diffuser und komplexer der Verantwortungsdruck, desto größer die Sehnsucht nach Vereinfachung und pleasure.

4. Je destabilisierter und offener die Generations- und Geschlechtergrenzen, desto intensiver der Wunsch nach Eindeutigkeit und personaler Identität.

5. Je unübersichtlicher gesellschaftliches Risikopotential und Krisen- und Konfliktbereiche in der Institution Schule, desto umfassender die individuelle Suche nach Harmonie und persönlichem Standort.

6. Je delokalisierter und derealisierter die Lebensräume, desto intensiver das Verlangen nach Kontinuität und stabilem Bezugsrahmen.

Therapie- und Beratungsangebote ebenso wie Fortbildung und Supervision befriedigen solche diffusen Bedürfnisse.

In dieser Form der Lebensstilgruppierung, organisiert im Supermarkt, erfährt der Gefühlsbereich in der permanenten Selbstthematisierung eine gleichsam magische Reanimierung, wenn auch keine Revitalisierung. Revita-

---

6   In Anlehnung an den Begriff von Hochschild „emotion-work" (vgl. Hochschild 1979).
7   Für Lehrer und Lehrerinnen gilt darüber hinaus, daß sie gesellschaftlichen Veränderungs-
    prozessen direkt und konkret in der Interaktion mit der heranwachsenden Generation, d.h.
    gleichsam im Fluß mit einer immer wieder sich neu aktualisierenden Sozialisation sind.

lisierung würde eine Integration von Gefühlen eröffnen, die unter den gegebenen politischen Bedingungen nicht nur nicht möglich, sondern für das reibungslose Funktionieren der kapitalistischen Gesellschaft dysfunktional wäre.

Psychotherapie ermöglicht 'Reinigungsvorgänge', in denen zwar objektiv nicht die Situation am Arbeitsplatz mit ihren Konflikten und Belastungen sich verändern läßt, aber deren Kostümierung modifiziert werden kann. Gleichzeitig gilt, daß bei Zunahme der beruflichen Streßsituationen die Aktien des therapeutischen Gewerbes steigen. Desillusionierung und objektive berufliche Überforderung im Arbeitsalltag, widersprüchliche Anforderungen und administrative Beschränkungen sind *eine* Seite der Medaille, deren Rückseite bestimmt wird durch ökonomische Kapitalinteressen in der Risikogesellschaft.

Gefühlsmanagement im Bildungsbereich, das grundsätzlich der Aufrechterhaltung marktgängiger Arbeits- und Konsumkonformität sowie dem reibungslosen Funktionieren gesellschaftlich determinierter Verkehrsformen dient, repräsentiert ein Dispositiv von Macht. Nach Baudrillard befinden wir uns in der Ekstase des Politischen und einer Zerstückelung der Erfahrung schon im Imaginären (Baudrillard 1991, S. 81f.).

Kurzum: Leiblichkeit, Sinnlichkeit, Intellekt und Gefühle des postmodernen Menschen sind aus den Fugen geraten. So ist der Supermarkt des Gefühlsmanagements *eine notwendige, systemimmanente Institution, deren emotionale Investitionsberatung der optimalen Kapitalisierung von Gefühlen dient.*

Der gesellschaftliche Zwang zur Arbeit an den Gefühlen - Beck prognostiziert z.B., daß der Umgang mit Angst und Unsicherheit zu einer zivilisatorischen Schlüsselqualifikation wird (vgl. Beck 1994, S. 20) - ist in Bildungsinstitutionen besonders ausgeprägt anzutreffen. Fachliche Kompetenz und Sachwissen reichen heute allein nicht mehr aus, den beruflichen Anforderungen zu entsprechen. Gefühle sind jenes immaterielle Kapital, das nicht nur die Berufsrolle professionalisiert; Gefühlsarbeit verstärkt die Individualisierung und weist sich als systemimmanent aus. Gefühlsarbeit ist weit entfernt von einer Revolution, von einer politischen Veränderung der gesellschaftlichen Bedingungen.

Der Konsument im Supermarkt des Gefühlsmanagements investiert in seine Gefühle wie in jede andere Kapitalanlage auch, wobei der Gewinn, die Dividende, der optimalen Aufrechterhaltung der Arbeitsmarkttauglichkeit trotz entfremdeter, verwalteter, materiell beschnittener Arbeitsbedingungen dient. Damit wird Gefühlsmanagement insofern zum Dispositiv von Macht, als die individuell angestrebte Verwertungsoptimierung der Ware Arbeits-

kraft die in der Institution Schule durchzusetzenden Prinzipien eines hoch-
formalisierten Kapitalismus *nicht* tangiert. Der Supermarkt bildet nicht nur
selbst kapitalistische Markt- und Verwertungsinteressen ab - mit Marktfüh-
rern und Randgruppen -, sondern berät seine Kunden im Kontext kapitalistischer Logik. Die Glücks-, Heil- und alle anderen Versprechen entpuppen sich
als eine Fiktion.

Die Vielfalt aktueller Angebote bildet den derzeitigen Lebenskontext -
Stichworte Diversifizierung und Pluralisierung - lediglich ab. Jeder Kunde
erhält das Versprechen, daß nur für ihn und *exklusiv* für ihn eine ganz persönliche emotionale Investitionsberatung angeboten wird. Damit eröffnen
sich gleichzeitig Distinktionsmöglichkeiten: die psychoanalytische Pädagogik kann sich vom Psychodrama, die Gestalttherapie von der TZI, die Erlebnispädagogik von der Gruppendynamik usw. abgrenzen, obschon alle ein
Vergesellschaftungsmuster eint: *die bewußte Investition in Gefühlsarbeit.*

Was hier als individuelle Unterstützung verkauft wird, ist jedoch auf's
Ganze gesehen „ein System sozialer Kontrolle" (Giesen 1985, S. 53). Der
„größere Spielraum für emotionale Selbsterfahrung und Informalität, das
Lockern der Zwänge bedeuten keinen Mangel an Kontrolle, sondern größere
Selbstkontrolle" (Bruder 1991, S. 201). „Käufliche Identitätspakete" (Keupp
1994, S. 36) dienen nicht nur der psychosozialen Entsorgung, sondern im
Hinblick auf das reibungslose Funktionieren von Bildungseinrichtungen der
Regulierung und Kontrolle, vielmehr jedoch der *Verwaltung* von Gefühlen.[8]

Der Supermarkt des Gefühlsmanagements stellt ein normatives Netzwerk
dar, „das die divergierenden Strategien und Handlungen konkurrierender und
miteinander kämpfender Individuen, Gruppen und Klassen in einer mit den
Bedingungen der Kapitalakkumulation vereinbaren Weise beziehen vermag"
(Hirsch 1993, S. 196).

---

8   Eine Lehrerinnenanweisung aus einem Praxisbeispiel über den Einsatz von TZI in der
     Schule mag dies illustrieren:
     „Jeder und jede von uns hat andere Punkte, wo er oder sie ausrastet. Ich will von niemand
     einen Lacher oder einen Kommentar hören, wenn ich die Karten jetzt vorlese. Wer sich
     nicht daran hält, muß die Klasse verlassen" (Sommer/Schönfeldt 1995, S. 16).

6.2. Spezifische Aspekte der Attraktivität emotionaler Investitionsberatung für den LehrerInnenberuf

Die bisherige einseitige Sichtweise muß ergänzt werden. Wenn Menschen im LehrerInnenberuf signifikant häufiger für spezielle Erkrankungen disponiert sind - ich zitiere Leuschner/Schirmer:

„Das relative Erkrankungsrisiko speziell für Neurosen beträgt für Männer im Lehrerberuf das 6fache gegenüber der Bevölkerung, welches mit dem Lebensalter kontinuierlich ansteigt"[9] (Leuschner/Schirmer 196, S. 93)

- müssen noch weitere Aspekte berücksichtigt werden. Dieser Blickrichtungswechsel auf ein spezifisches psychophysisches Phänomen des LehrerInnenberufes verändert die bisherige Argumentationslinie um die Fragestellung, was macht den Supermarkt des Gefühlsmanagements für *LehrerInnen* besonders attraktiv?

Die angeführten Lebensbedingungen in einem entfesselten Kapitalismus, eine unübersichtliche Risikogesellschaft, ein nie zuvor existierendes Modernisierungstempo betreffen alle Individuen - den Lehrer/die Lehrerin jedoch spezifisch gebrochen in der Institution Schule. Hier bündeln sich gleichsam Diskrepanzerfahrungen *in* der Person, *in* der Identität als Mensch mit einer spezifischen Berufsrolle - deren institutionelles Traditionsverhaftetsein nur *ein* Konfliktfeld unter anderen darstellt. Dysfunktionale Organisationsstrukturen verstärken emotionale Belastungsfaktoren, Generationsgrenzen verstärken Identitätsdifferenzen, traditionelle Kompetenzvermittlung, wie z.B. die Lehrerbildung der ersten und zweiten Phase, versagen.

Erziehungswissenschaft im besonderen ist eher auf Kontrolle ihres Forschungsgegenstandes ausgerichtet als auf Erkenntnisse, die Empathie und Identifikation mit Gefühlen und Bedürfnissen der Betroffenen voraussetzen.

„Universelle Geltung kann nur die Forschung beanspruchen, die von individuellen und partikulären Interessen absieht. Aber gerade diese Form von Erkenntnissen, die für sich wissenschaftliche Objektivität beansprucht, trägt dazu bei, die Kluft zwischen erziehungswissenschaftlicher Theorie und Praxis aufrecht zu erhalten." (Kriwett 1996)

Worauf hier Kriwett aufmerksam macht, ist die Ignoranz in der akademischen LehrerInnenbildung gegenüber der Person, der Persönlichkeit studierender Menschen. Professionalisierung für diesen Beruf wird immer noch verstanden als intellektuelle Bildung, in der Gefühle oder Leiblichkeit keinen Ort haben - obschon diese einen zentralen Kompetenzbereich der Berufstä-

---

9   Zeitraum: 1983-1987 in der ehemaligen DDR.

tigkeit repräsentieren. Die einseitige Betonung des Intellektes ignoriert dies, obwohl gerade die Integration von Emotion und Rationalität *das* professionelle Handeln jedes Lehrers/jeder Lehrerin bestimmt.

Dieses Defizit akademischer Bildung und der allgemeine Positionsverlust von Wissenschaft schlechthin (vgl. Herz 1996) sind neben der bisherigen materialistischen Analyse zu beachten. Diesem Defizit in der universitären LehrerInnenbildung steht ein Überfluß an außeruniversitären emotionalen Investitionsberatern gegenüber, deren Spektrum Professionalität und Scharlatanerie umfaßt. Hier verlasse ich die bisherige kapitalismuskritische Argumentation und verweise dezidiert darauf, daß die *Lücken*, die der Supermarkt des Gefühlsmanagements schließt, auch in der Logik gegenwärtiger LehrerInnenbildung fußen, d.h. in einem Wissenschaftsverständnis, in dem Gefühle, Emotionen, Leiblichkeit, kurzum alles, was sich nicht in die Schublade der Rationalität zwängen läßt, tabuisiert sind.

Die Attraktivität des Konsums emotionaler Investitionsberatung ist damit letztendlich auch symbolischer Ausdruck eines Erblindungseffektes der Wissenschaft. Dies heißt für mich, neben der ideologiekritischen Position gesellschaftlicher Prozesse, auch an den Putz unserer Profession zu klopfen, Fragen zu stellen an unsere akademische Praxis in der Hochschullehre.

7. Konsequenzen für die LehrerInnenausbildung

Zum Abschluß sollte m.E. hier eine kurze Reflexion darüber erfolgen, welche Konsequenzen sich aus den bisherigen Überlegungen für die LehrerInnenausbildung an der Universität ziehen lassen. Immerhin scheinen Angebote zum Gefühlsmanagement im Studium zumindest ansatzweise zum Repertoire von Lehrveranstaltungen zu gehören.

Die Kommerzialisierung von Gefühlen im Bildungsbereich beinhaltet auch die Fragestellung, wie HochschullehrerInnen *selbst* am Supermarkt der Gefühle teilnehmen und welche Konsequenzen dies für die universitäre Praxis mit Studierenden hat.

Vorsichtig lassen sich hier drei Trends skizzieren:

1. Der Gewinn aus emotionaler Investitionsberatung kommt allgemein einer Vitalisierung von Lehre zu Gute (vgl. Sielert 1995; Glück 1994; Warzecha 1993).
2. Professionalität im Gefühlsmanagement ermöglicht eine optimale Gestaltung von Hochschullehre trotz unzumutbarer Studienbedingungen (vgl. Reiser 1987).

3. Institutionelle Grenzen werden ideologiekritisch überschritten, indem die traditionelle Distanz und Entfremdung zwischen HochschullehrerIn und Studierenden tendentiell aufgehoben wird (vgl. Dauber 1995).

Es lassen sich für mich folgende positiven Aspekte bei der Integration von Gefühlsarbeit in die universitäre LehrerInnenausbildung ausmachen:

1. Der Diskurs über Gefühle wird hierbei nicht, wie im Supermarkt des Gefühlsmanagements, den kapitalistischen Gesetzmäßigkeiten überlassen, sondern findet gleichsam zum Nulltarif in der ersten Phase der LehrerInnenausbildung statt.
2. Der Diskurs über Gefühle ist für Studierende im Lehramt möglich zu einem biographischen Zeitpunkt, der noch relativ frei ist von dem Zwang, Gefühlsarbeit betreiben zu müssen, um mit der 'richtigen' emotionalen Ausstattung am Arbeitskampf teilzunehmen.
3. Der Diskurs über Gefühle kann zu einer intellektuellen, kritischen Reflexion über die Verwaltung/das Management von Gefühlen im Kapitalismus führen, da die Maschinerie der Selbstadjustierung individueller Arbeitsmarkttauglichkeit im studentischen Leben noch Brüche und Diskontinuitäten aufweisen kann.
4. Der Diskurs über Gefühle darf noch abweichen von der perfekten Normierung gemäß emotionaler Investitionsberater und kann Offenheit zulassen - auch hinsichtlich der Prüfung der angebotenen 'Psychoware', d.h. zu differenzieren zwischen professionellem Angebot versus Scharlatanerie.
5. Dieser Diskurs der Gefühle könnte auch zu deren Entidolisierung beitragen.
6. Der Diskurs der Gefühle findet temporär statt und nicht in seriellen kontinuierlichen Dosen.
7. Erziehungswissenschaft hätte hiermit eine Chance, die Diskrepanzerfahrungen im Lehrerberuf im Rahmen der akademischen Bildung nicht nur wahrzunehmen, sondern handlungspraktisch aufzugreifen und die Realität - daß Menschen mit Menschen interagieren und d.h. mit Gefühlen arbeiten - zum forscherischen Erkenntnisgegenstand zu machen.

Eine hochschuldidaktische Praxis, die die Arbeit an und mit Gefühlen in die LehrerInnenbildung aufnimmt, macht damit noch lange nicht der neuen Elite der emotionalen Investitionsberater den Platz streitig. Sie hätte aber einen Platz zu gewinnen, wenn es ihr gelänge, Gefühle zu revitalisieren, d.h. die politische Dimension in Gefühlsarbeit zu integrieren. Ich erinnere exemplarisch an Persönlichkeiten wie Goodman, Cohn, Bauriedl und Richter, deren therapeutische Praxis sich eben nicht dadurch auszeichnet, der Entfremdung des Menschen von sich selbst die Entfremdung von seinen Gefühlen dazuzuaddieren, sondern die Arbeit an und mit Gefühlen von Menschen im Verständnis politischer Emanzipation zu praktizieren.

Unter dieser Blickrichtung gälte es, die Leitidee 'emanzipatorische Erziehung' wieder aufzugreifen, die dann allerdings nicht in der Deformation intellektueller Debattenzirkel wiederaufstehen sollte, sondern als Integrationsforum von Sinnlichkeit, Emotionalität, Leiblichkeit und Intellekt. Es ist hier mit Nachdruck der Position D'Emidio-Castons zuzustimmen, daß in der LehrerInnenbildung „the process of teacher development is an emotional as well as a cognitive experience" (D'Emidio-Caston 1996). Darüber hinaus müßte eine Neubesinnung sich verabschieden von einem statisch und verwaltungstechnisch orientierten Wissenschaftsverständnis, den Blick lenken auf die Menschen in der Universität, statt die alltäglichen Entfremdungsrituale dieser Lernfabrik fortzuführen. Emanzipatorische Erziehungswissenschaft in diesem Verständnis könnte Lehramtsstudierenden mit der Integration von Gefühlen im Studium eine Chance für Synthetisierungskompetenz eröffnen, statt gerade jene Fragmentierungsprozesse zu ignorieren, die im Supermarkt des Gefühlsmanagements von neuen Ausbeutungsmustern bedient werden. Hochschullehre enthält für mich auch ein Hoffnungspotential hinsichtlich der Vision einer humanen Gesellschaft. Für diese Vision brauchen wir stabile Individuen, zu deren Stabilisierung wir in der Hochschullehre beitragen können, ohne je die Widersprüche dieser Gesellschaftsform auflösen zu können.

Literatur

Bastian, J.: Verantwortung. In: Pädagogik, H. 7/8, 1995, S. 6-9.

Baudrillard, J.: Viralität und Virulenz. Ein Gespräch. In: Rötzer, F. (Hrsg.): Digitaler Schein. Ästhetik der elektronischen Medien. Frankfurt 1991, S. 81-93.

Beaulieu, R. J.: When Classroom Voices Collide: Emotions, Discource and· Conflict In a Graduate Seminar. Unv. Dissertation. Santa Barbara 1995.

Beck, J.: lernen in der klassenschule. Reinbek 1974.

Beck, U.: Der späte Apfel Evas oder die Zukunft der Liebe. In: Beck, U./Beck-Gernsheim, E.: Das ganz normale Chaos der Liebe. Frankfurt 1990, S. 184-221.

Beck, U.: Leben in der Risikogesellschaft. In: Pluskwa, M./Matzen, J. (Hg.): Lernen in und an der Risikogesellschaft. Bederseka 1994, S. 11-22.

Beck, U./Beck-Gernsheim, E.: Riskante Chancen - Gesellschaftliche Individualisierung und soziale Lebens- und Liebesformen. In: Beck, U./Beck-Gernsheim, E.: Das ganz normale Chaos der Liebe. Frankfurt 1990, S. 7-19.

Beck-Gernsheim, E.: Freie Liebe, freie Scheidung. Zum Doppelgesicht von Freisetzungsprozessen. In: Beck, U./Beck-Gernsheim, E.: Das ganz normale Chaos der Liebe. Frankfurt 1990, S. 105-134.

Begemann, E.: Die Erziehung des sozio-kulturell benachteiligten Schülers. Hannover u.a. 1970.

Bopp, J.: Kleine Fluchten in die großen Worte. In: Westermanns Pädagogische Beiträge, H. 2, 1987, S. 40-43.

Bruder, K. J.: Subjektivität und Postmoderne: der Diskurs der Psychologie. Frankfurt 1991.

Burow, O. A.: Von der Selbstzentrierung zu synergenetischem Denken, Fühlen und Handeln. In: Maack, N./Laukat, C./Merten, R. (Hrsg.): Gestaltbildung in Pädagogik und Therapie. Eurasburg 1992, S. 86-96.

Dauber, H.: Bewegung in die Lehrerbildung. In: Praxis der Psychomotorik, 20, H. 2, 1995, S. 62-67.

D'Emidio-Caston, M.: Working With Emotions: An Application Of Confluent Education To Teacher Education. Unv. Vortrag an der Universität Halle, 11.3.1996.

Frister, E./Jochimsen, L. (Hrsg.): Wie links dürfen Lehrer sein?. Reinbek 1972.

Gamm, H.-J.: Das Elend der spätbürgerlichen Pädagogik. München 1972.

Gergen, K.: „Sinn ist nur als Ergebnis von Beziehungen denkbar". In: Psychologie Heute, H. 10, 1994, S. 34-37.

Gerhards, J.: Soziologie der Emotionen. In: Kölner Zeitschrift für Soziologie und Sozialpsychologie, 38, 1996, S. 760-771.

Gerhards, J.: Soziologie der Emotionen. Weinheim; München 1988.

Giesecke, H.: Das Ende der Erziehung: neue Chancen für Familie und Schule. Stuttgart 1985.

Giesen, B.: Die Entdinglichung des Sozialen. Frankfurt 1991.

Glück, G.: Inseln - Anstöße - Fremdkörper - Gestaltpädagogische Angebote in der Universität. In: Zeitschrift für Humanistische Psychologie, H. 1, 1994, S. 105-129.

Herz, M.: Disposition und Kapital. Wissenschaftlicher Habitus - Naturverhältnis - Erfahrung. Wien 1996.

Hirsch, J.: Internationale Regulation. In: Das Argument, H. 2, 1993, S. 195-222.

Hitzler, R.: Sinnbasteln. Zur subjektiven Aneignung von Lebensstilen. In: Fröhlich, G./Mörtl, I. (Hrsg.): Das symbolische Kapital der Lebensstile. Zur Kultursoziologie der Moderne nach Pierre Bourdieu. Frankfurt 1994, S. 75-92.

Hochschild, A. R.: Emotion Work, Feeling Rooles and Social Structures. In: American Journal of Sociology, 84, 1979, S. 551-575.

Hochschild, A. R.: Das gekaufte Herz. Frankfurt/New York 1990.

Hochschild, A. R.: Der kommerzielle Geist des Intimlebens und die Ausbeutung des Feminismus. In: Das Argument, H. 211, 1995, S. 667-680.

Holzapfel, G.: Im Warenhaus der Idole. Das Fehlen von Orientierungen und die Stilisierung von Menschenbildern. Unv. Vortrag an der Thomas Morus Akademie Bernsberg, 9./10.11.1995.

Janßen, J.: Beratung: Aspekte zur Krise bürgerlicher Autonomie. In: Nagel, H./Seifert, M. (Hrsg.): inflation der therapieformen. Reinbek 1979, S. 166-184.

Keupp, H.: Auf der Suche nach der verlorenen Identität. In: Keupp, H./Bilden, H. (Hrsg.): Verunsicherungen. Das Subjekt im gesellschaftlichen Wandel. Göttingen/Toronto/Zürich 1989, S. 47-69.

Keupp, H. (Hrsg.): Zugänge zum Subjekt. Frankfurt 1994.

Körber, K.: Krisen der Gesellschaft, Krise des Subjekts. In: Pluskwa, M./Matzen, J. (Hrsg.): Lernen in und an der Risikogesellschaft. Bederseka 1994, S. 23-40.

Kriwett, I.: Alltägliche Versagensängste von Sonderschullehrerinnen. In: Warzecha, B. (Hrsg.): Geschlechterdifferenz in der Sonderpädagogik. Bielefeld 1996 [im Ersch.]

Lasch, Chr.: The Minimal Self. Psychic Survival In Troubled Times. New York/London 1984.

Lenzen, D.: Mythos, Metapher und Simulation. In: Zeitschrift für Pädagogik, H. 1, 1987, S. 41-60.

Leuschner, G./Schirmer, F.: Lehrergesundheit aus medizinischer Sicht. In: Zeitschrift für Pädagogik, H. 1, 1993, S. 6-8.

Maschelen, J.: Wandel der Öffentlichkeit und das Problem der Identität. In: Oelkers, J. (Hrsg.): Aufklärung, Bildung und Öffentlichkeit. Weinheim; Basel 1992.

Matzen, J.: „Aus Angst zur Ordnung". Subjektive Verarbeitungsformen politischer Risikokonstellationen. In: Pluskwa, M./Matzen, J. (Hrsg.): Lernen in und an der Risikogesellschaft. Bederseka 1994, S. 49-70.

Mélhénas, S.: Les medicaments de la modernité. In: La Nouveau Politis, 19, 1994, S. 55-56.

Michailnow, M.: Lebensstilsemantik. Soziale Ungleichheit und Formationsbildung in der Kulturgesellschaft. In: Fröhlich, G./Mörtl, I. (Hrsg.): Das symbolische Kapital der Lebensstile. Zur Kultursoziologie der Moderne nach Pierre Bourdieu. Frankfurt 1994, S. 107-127.

Nagel, H./Seifert, M. (Hrsg.): inflation der therapieformen, Reinbek 1979.

Nagel, H.: Therapie als Ende der Politik? Oder: Ich, der letzte Mensch. In: Nagel, H./Seifert, M. (Hrsg.): inflation der therapieformen, Reinbek 1979, S. 8-53.

Neckel, S.: Status und Scham. Zur symbolischen Reproduktion sozialer Ungleichheit. Frankfurt/New York 1991.

Nuber, U.: Das Ende des Ich-Kults? in: Psychologie heute, H. 6, 1993, S. 20-24.

Picht, G.: Die deutsche Bildungskatastrophe. Analysen und Dokumentationen. Olten/Freiburg 1964.

Reiser, H.: Vorlesungen - Vom Vorlesen zur themenzentrierten Interaktion in Großgruppen am Beispiel eines Rollenspiels - oder: Der dreifache Spiegel. In: Hasberlin, U./Amrein, Chr. (Hrsg.): Forschung und Lehre für die sonderpädagogische Praxis. Bern/Stuttgart 1987, S. 96-102.

Rux, M.: Vom Sparen und vom Kaputtsparen. In: Zeitschrift für Pädagogik, H. 5, 1994, S. 6-9.

Saltzman, N.: Die Integration emotionaler Methoden mit Elementen psychodynamischer, Gestalt-, kognitiver und Verhaltenstherapie. In: Integrative Therapie, H. 1, 1995, S. 62-79.

Siebert, H.: Bildung im Schatten der Postmoderne. Frankfurt 1992.

Siebert, H.: Erwachsenenbildung als soziale Entsorgung. In: Pluskwa, M./Matzen, J. (Hrsg.): Lernen in und an der Risikogesellschaft. Bederseka 1994, S. 41-48.

Sielert, U.: Umgang mit großen Gruppen in der Hochschule. Unv. Vortrag am ev. Zentrum in Rissen, 11.11.1995.

Sommer, M./Schönfeld, M.: TZI in der Schule. In: Zeitschrift für Pädagogik, H. 1, 1995, S. 14-16.

Wahl, K.: Die Modernisierungsfalle. Frankfurt 1989.

Warzecha, B.: Integration gestalttherapeutischer Elemente in die Praktikumsausbildung von Sonderschullehramtsstudierenden. In: Gestaltpädagogik, H. 4, 1993, S. 72-80.

Warzecha, B.: Gewalt zwischen Generationen und Geschlechtern in der Postmoderne. Frankfurt 1995a.

Warzecha, B.: Ein feministischer Blick auf die aktuelle Debatte um die Hochschullehre. Unv. Vortrag an der Johann Wolfgang Goethe-Universität Frankfurt, 21.10.1995b.

Winkel, R.: Die zeitgenössische Pädagogik. In: Westermanns Pädagogische Beiträge, H. 7-8, 1986, S. 52-57.

Wocken, H.: Sonderpädagogische Förderzentren. Unv. Vortrag an der Technischen Hochschule Hamburg-Harburg, 28.10.1995.

Zimmer, D. E.: Die Vernunft der Gefühle. 3. Aufl. München; Zürich 1988.

Arbeitsgruppe:

Bildungsarbeit
mit älteren Menschen

Susanne Becker

Bildungsarbeit mit älteren Menschen

Das Leitthema des Kongresses der Deutschen Gesellschaft für Erziehungswissenschaften (DGfE) 1996 in Halle lautete „Bildung zwischen Markt und
Staat". Das Wort „zwischen" ist für die Bildung Älterer besonders treffend:
Die Ausbildung in der nachberuflichen Phase läßt sich für das gesellschaftliche Wachstum, für Markt und Staat, nur noch bedingt verwerten. Seniorenbildung zielt in erster Linie auf das eigene Wachstum. „Dazwischen" liegt
diese Bildungsarbeit auch noch in einem weiteren Sinn: Beziehen sich Bildungskonzeptionen in erster Linie auf Schulkinder, dann auf die berufliche
Bildung Erwachsener, so führt die Bildungsarbeit mit älteren Menschen in
den Erziehungswissenschaften ein Randdasein; ebenso in der Gerontologie,
denn in unserer Industriegesellschaft kommt es auf das reibunglose Funktionieren besonders an, und so reflektiert die wissenschaftliche Beschäftigung
mit dem Altern in erster Linie das biologische Altern, die medizinische Versorgung und sozialpolitische Betreuung älterer Menschen.

Die Entwicklung der Bevölkerungsstruktur zeigt den wachsenden Anteil
älterer Menschen und die Ausdehnung der nachberuflichen Phase durch ver-
längerte Lebenserwartung und vorgezogenen Ruhestand. Von Gesellschafts-
wissenschaftlerInnen festgestellte Individualisierungs- und Singularisierungs-
tendenzen bringen den Zwang zur ständigen Neuorientierung des Einzelnen
mit sich, somit die Notwendigkeit des lebenslangen Lernens, das im Alter als
Teil der Lebensgestaltung spezifisch determiniert, also keine lineare Fortsetzung der „Päd"-Agogik ist.

„Altern und Lernen" - so nennt sich ein Anfang 1996 gegründeter Arbeitskreis, in dem mit Themen der Seniorenbildung befaßte Wissenschaftler-
Innen aus verschiedenen Einzelwissenschaften zusammenkommen, um auf
interdiziplinärer Ebene ein Forum für den Austausch und die Zusammenarbeit zu haben. Die Arbeitsgruppe „Bildungsarbeit mit älteren Menschen" auf
dem DGfE-Kongreß 1996 wurde von diesem Arbeitskreis gestaltet. Die Re-

ferenten kommen aus den Bereichen Soziale Gerontologie (Ludger Veelken, Universität Dortmund), Sozialpädagogik (Detlef Knopf, Fachhochschule Potsdam) und Erwachsenenbildung (Gisela Heinzelmann, Seniorenkolleg der Universität Halle, Ortfried Schäffter, Humboldt-Universität Berlin und Sylvia Kade, Volkshochschulverband Frankfurt).

Ortfried Schäffter

Bildung zwischen Helfen, Heilen und Lehren. Zum Begriff des Lernanlasses

1. Die Entgrenzung des Lernens

Erwachsenenbildung umspannt im heutigen Verständnis einen weiten Horizont, der so Unterschiedliches einschließt wie anregende Informationsdarbietung, fachsystematische weiterbildende Studien, abschlußbezogene Qualifizierungen oder verwendungsbezogene Schulungen, sozialintegratives Lernen und subjektbezogene Reflexion bis hin zu der unüberschaubaren Fülle alltagsgebundener, selbstorganisierter Aktivitäten, die von Lernanteilen und Lernphasen durchzogen sind. Die Vielfalt möglicher Lernformen im Erwachsenenalter bezieht sich auf ein ebenso breites Spektrum unterschiedlich definierter Bildungsadressaten, bunt zusammengesetzter Teilnehmernetzwerke, sozialer Lernmilieus oder spezifischer Zielgruppen. Insbesondere in der Bildungsarbeit mit Älteren wird diese breite Varianz an Lernmöglichkeiten als Stärke erkennbar, weil sie der vielfältigen Bedarfslage entspricht. Lernen außerhalb von Beruf und Erwerbstätigkeit ist multikausal bestimmt und unterliegt zudem im Verlauf des Lebens häufig genug einem deutlichen Motivwechsel. „Lernen" erhält daher nicht nur für unterschiedliche soziale Gruppen eine je besondere Bedeutung, sondern auch für das einzelne Individuum im Verlauf seiner Lernbiographie. Grundsätzlich wird daher ein Verständnis von Lernen erforderlich, das weder zu eng an einen unmittelbaren Verwendungszusammenhang gebunden ist, noch zu beliebig alles und jedes bereits zum bedeutsamen Aneignungsprozeß erklärt.

Im ersten Fall wird Lernen auf zweckgerichtete Qualifikationsvermittlung und Kompetenzerwerb reduziert, wo sich viele ältere Erwachsenen zu Recht fragen, ob es ihren Bedürfnissen und ihrer Lebenslage entspricht, sich abermals fremdbestimmten Leistungsanforderungen zu unterwerfen.

Im zweiten Fall wird zu wenig zwischen zieloffenen Formen von Geselligkeit, gemeinsamen Beschäftigungen und sozialintegrativem Engagement einerseits und zielstrebiger Aneignung bislang unerschlossener Themenbereiche und fremdartiger Wissensbestände andererseits unterschieden. In der Tat finden sich in sehr unterschiedlichen Aktivitäten im sozialen Umfeld wichtige Anlässe und Aspekte lebensbegleitenden Lernens. Wenn man aber den auf nützliche Zwecke zurückgestutzten Lernbegriff für die Erwachsenenbildung für ungeeignet hält und einen umfassenden Lernbegriff durchsetzen will, führt es nicht weiter, wenn man nun jede Aktivität mit Lernen gleichsetzt. Dies jedoch wird mehr und mehr üblich. Gerade in der außerschulischen, aber auch in der nachberuflichen Bildungsarbeit greift eine Inflationierung des Lernbegriffs um sich, wonach jede Form von kompetenter Lebensbewältigung bereits als Lernen aufgefaßt wird. Die Entgrenzung des Lernens führt dazu, daß unrealistische Erwartungen an die Erwachsenenbildung als Profession gestellt werden. Idealisierende und damit unrealistische Hoffnung weckende Selbstdarstellungen führen aber unausweichlich zu Enttäuschungen und Legitimationsverlust, die dann rasch gegen die Institutionalformen der Weiterbildung umschlagen können (vgl. Schmitz 1981). So läßt sich beispielsweise die Frage, welchen Beitrag Weiterbildung für die Bewältigung von Massenarbeitslosigkeit und persönlichen Lebenskrisen bei „Freisetzung" in den erzwungenen „Ruhestand" zu leisten vermag, nur dann zutreffend beantworten, wenn gleichzeitig die spezifischen Stärken und Grenzen institutionalisierten Lernens bestimmt werden. Solange beides unscharf gehalten wird, sind weder einigermaßen enttäuschungsfeste Erwartungen formulierbar, noch - was ebenso wichtig ist - eine deutliche Zurückweisung überfordernder Aufgabenzuschreibungen möglich. Zwar ist nicht zu übersehen, daß Erwachsenenbildung und berufliche Weiterbildung thematisch und konzeptionell expandieren und heute weit mehr als Lernprozeß organisierbar sind, als früher erkennbar war. Andererseits ist Lernen nicht alles und Entdifferenzierung keine adäquate Antwort auf wachsende Komplexität.

Professionalität bedeutet, daß das eigene Leistungsprofil eingrenzbar bestimmt und hierdurch im Sinne von pädagogischer Kompetenz dauerhaft verfügbar wird. Professionalität beruht daher auf intelligenter Selbstbeschränkung. Dies ist im erwachsenenpädagogischen Diskurs keine neue Einsicht. Erhard Schlutz schrieb bereits 1983 als Herausgeber eines Sammelbandes zum Thema „Erwachsenenbildung zwischen Schule und sozialer Arbeit":

„Die Adressaten müssen sich relativ sicher darin sein, auf was sie sich mit der Teilnahme an Erwachsenenbildung einlassen und daß sie keinem 'heimlichen Lehrplan' ausgesetzt werden. Mitarbeiter der Erwachsenenbildung müssen zu ihrer Handlungssicherheit und zur Klarheit im Umgang mit den Adressaten unterscheiden können, ob sie lehrende Vermittlung, Beratung, materielle Hilfe oder Therapie anbieten" (Schlutz 1983, 10).

Auch die Notwendigkeit einer Unterscheidung zwischen Helfen, Heilen und Lehren wird - zumindest im deutschen Sprachraum schon seit längerem gesehen und findet immer neue Anlässe für auch theoretisch angelegte Klärungsversuche (vgl. Gernert 1974, Müller 1982).

Ziel der folgenden Überlegungen ist es, im Sinne der geforderten Selbstbeschränkung, abermals einige Abgrenzungsvorschläge zu machen, um der fortschreitenden Inflationierung des Lernbegriffs gegenzusteuern. Natürlich kann es nicht darum gehen, alte Gräben - z.b. den zwischen Sozialer Arbeit und Bildungsarbeit - zu vertiefen oder neue Claims zwischen pädagogischen Berufsfeldern abzustecken. Es geht vielmehr um verbesserte Wahrnehmungsfähigkeit für sinnvolle Differenzen und damit um die Unterscheidungsfähigkeit zwischen differenten pädagogischen Arrangements und ihren (meist impliziten) Zielvereinbarungen. Erst auf der Grundlage von Verschiedenheit lassen sich dann Anforderungen an Kooperation und Vernetzung produktiv umsetzen.

Im Gegensatz zu den früheren bildungstheoretischen (Schlutz 1983), hermeneutischen (Mader 1983) oder interaktionistischen (Schmitz 1983) Vorschlägen gehen die folgenden Überlegungen von einem systemtheoretisch-konstruktivistischen Theoriehintergund aus.

2. Lernen als strukturierende Umweltaneignung

Lernen wird in diesem Verständniszusammenhang als eine besondere Beziehungsaufnahme, sozusagen als ein Sonderfall im Verhältnis zwischen einem Sinnsystem (kognitiv verarbeitendem System) und seiner je spezifischen Systemumwelt aufgefaßt: Lernen ist kognitiv strukturierende Aneignung von neuartigen Ereignisen in der systemischen Umwelt. Versucht man dieses Beziehungsverhältnis zwischen System und Umwelt zu rekonstruieren, so stellt sich die Frage, wie lehrende Einflußnahme auf eine Kognition (zum Kognitionsbegriff vgl. Varela 1990; Schmidt 1992) prinzipiell denkbar ist, wenn man gleichzeitig davon ausgeht, daß ein Sinnsystem ausschließlich in seinen internen Bedeutungsstrukturen kreist (vgl. Schäffter 1986; Schäffter 1993). Daß dies keine weltfremde Frage ist, erfährt jeder Lehrende in der Erwachsenenbildung, wenn er (oder sie) neue Sichtweisen vermitteln will und dabei auf gefestigte Deutungsmuster trifft: Bestätigt sich in der Bildungspraxis nicht immer wieder der Verdacht, daß die Erwachsenen als gefestigte Persönlichkeiten nur das lernen, was sie - im Großen und Ganzen - bereits wissen, also ausschließlich das, was innerhalb ihres gegebenen Verständnishorizonts

Anschlußstellen findet? Ist nicht Erwachsenenlernen in hohem Maße „Bestätigungslernen", also Lernen von dem, was man im Prinzip bereits wußte? Ist das nicht letztlich ein erfahrungsgebundenes Lernen, das Lernen von Neuem vermeidet und daher „dumm" macht? Erst vor dem Erfahrungshintergrund dieser (erkenntnistheoretisch) skeptischen Position wird das Mirakel erkennbar, das vorliegt, wenn Menschen neuartige Sichtweisen und bisher fremdes Wissen für sich „entdecken" und sich in Prozessen lernender Selbstveränderung aneignen. Lernen erhält den Deutungsrahmen von Grenzüberschreitung. Gerade aus dem Blickwinkel der Erwachsenenbildungspraxis - und in noch gesteigerter Bedeutung beim Lernen mit älteren, erfahrungsgeprägten Menschen - stellt sich die Frage, wie Neuartiges und Fremdes überhaupt auf der Wahrnehmungsoberfläche eines gefestigten kognitiven Systems erscheinen kann. Welche Bedingungen müssen vorliegen, daß die neue Sichtweise und die unbekannte Wissensstruktur nicht ihrer Fremdheit entkleidet werden? Wie kann es vonstatten gehen, daß das Neuartige nicht abgestoßen, sondern als „Lernanlaß" aufgegriffen werden kann, der dann die entsprechenden Aneignungsprozesse und damit verbundenen internen Veränderungen nach sich zieht?

Die Stelle im Theoriegebäude des Konstruktivismus (Niklas Luhmann verpflichtet), an der die Alternative zwischen Abstoßen und Aneignen von Fremdheit als strukturelle Entscheidungsmöglichkeit rekonstruierbar wird, läßt sich an dem Begriff „Irritation" festmachen. Wie bereits bemerkt, ist Lernen ein besonderer Beziehungsmodus im Verhältnis zur systemspezifischen Umwelt. Auf Irritationen braucht nicht notwendigerweise mit Lernen reagiert zu werden. Es gibt selbstverständlichere Reaktionsweisen. Wie sonst ließen sich Lernungeübtheit, Lernunfähigkeit, Lernwiderstand oder offene Lernverweigerung theoretisch fassen und die entsprechenden Erfahrungen in der Bildungspraxis konzeptionell berücksichtigen? Gelten hingegen alle Lebensäußerungen als „Lernen", so verliert auch Lernverweigerung als Widerstand gegen pädagogische Zumutungen seine Konturen. Man entkommt dann nicht mehr dem pädagogischen Zugriff. Der Begriff „Lernen" wird in seiner qualitativen Bedeutung erst faßbar, wenn er negationsfähig ist.

Nicht jede Irritation wird mit Lernen beantwortet - sie kann aber als Lernanlaß aufgegriffen und genutzt werden. Hierfür müssen sich die Randbedingungen auffinden und definieren lassen. Um diese theoretisch wie praktisch wichtige Unterscheidungsmöglichkeit geht es also, die im Zuge eines entdifferenzierten Lernbegriffs abhanden kommt und die in den Mittelpunkt der folgenden Überlegungen gestellt wird.

3. Vier zentrale Begriffe

Im folgenden Abschnitt werden vier Begriffe geklärt, die für das Verständnis von lernender Umweltbeziehung von zentraler Bedeutung sind: Irritation, Mobilisierungsereignis, Lernanlaß und Wissen.

3.1. Irritation

Etwas Neues und Fremdes kann auf zweierlei Weise am Horizont eines wahrnehmenden Sinnsystems aufscheinen: einerseits als erwartbare, bereits bekannte Neuheit bzw. als konkret bestimmbares Fremdes und andererseits als Potentialität für neuartige, substantiell noch unbestimmbare Erfahrungsmöglichkeit (vgl. Günther 1980). Im zweiten Modus wird der Kontakt mit völlig neuen Einsichten, zutiefst befremdlichen Deutungsmustern und mit bislang unbekannten Wissenszusammenhängen möglich. Er beruht jedoch nicht auf einem unmittelbaren, rezeptiven Erkennungsvorgang, denn sonst wäre das Fremde nicht fremdartig und das neue Wissen bereits im Grundsatz bekannt (vgl. Waldenfels 1989). Der Kontakt mit ontogenetisch oder historisch prinzipiell Neuem ist nicht in dem bisherigen Erkenntnishorizont eines Sinnsystems möglich, sondern verlangt den Aufbau zusätzlicher „Grenzflächen" zwischen System und Umwelt; er verlangt ein aktives Erschließen bislang unzugänglicher, differenter Sinnwelten. Bei der Gewinnung neuartiger Berührungsfelder und Reibungsflächen wird über Kontakt mit „konkreter Fremdheit" (Krusche 1983; Schäffter 1991) die Sinngrenze zu anderen Kontexten und ihren Relevanzbereichen erfahrbar, und das Neue erhält den Charakter eines Skandalons. Neuartige Wissens- und Bedeutungsstrukturen werden auf der Wahrnehmungsoberfläche eines gefestigten kognitiven Systems erfahrbar als Störung des Gewohnten. Sie wirken als „Stein des Anstoßes", als etwas, das dem Vorverständnis gegenüber Widerstand leistet und daher Überraschung oder Enttäuschung auslöst. Kurz gesagt: das Aufscheinen von Neuem auf der Rezeptionsseite eines kognitiven Systems wird als Irritation erfahrbar. Irritation hat zunächst noch keine semantische Ladung, sie bietet dem Sinnsystem ausschließlich eine „Markierung" der eigenen „Kontextgrenzen" (Bateson 1983). Irritation ist ein Signal für die Überschreitung von Sinnzusammenhängen und bietet hierdurch überhaupt erst Anschlußmöglichkeiten für kontextübergreifende Aneignungsprozesse. Durch diese transzendierende Funktion erhält der Begriff eine prominente Stellung in einer konstruktivistischen Theorie des Lehrens und Lernens.

Für das erkennende System liegt der Informationswert in dem Warnsignal. Irritation als Grenzerfahrung macht das eigene Nichtsehen sichtbar.

Die Wirklichkeit eines kognitiven Systems läßt sich als Gesamtheit seiner Erwartungsstrukturen und eingeschliffenen Antizpationsmuster auffassen, die sich ontogenetisch im Lebensverlauf und soziogenetisch im Zuge gesellschaftlicher Entwicklungsprozesse ausdifferenziert haben (vgl. z.B. Neisser 1979, S.56; Kelly 1986; Schäffter 1995, S.287). Irritation als Markierung aktivierter Verstehensgrenzen und damit als Anknüpfungspunkt zur Grenzüberschreitung ist daher immer nur auf der Grundlage der in einem Sinnsystem entwickelten Erwartungen und daran anschließenden Antizipationen möglich. Wo keine Antizipationen entwickelt sind, können auch keine Erwartungen enttäuscht werden und die Wahrnehmungsoberfläche bleibt für Neues leer. In solchem Fall liegen noch keine Lernprobleme im Sinne von Aneignungsschwierigkeiten vor. Vielmehr besteht ein Mangel an Wahrnehmungsfähigkeit. Sind keine Erwartungsstrukturen ausgebildet, so lösen selbst - für einen Beobachter - dramatische Ereignisse auf der Wahrnehmungsoberfläche des kognitiven Systems keinerlei Resonanz und keine Diskrepanzerlebnisse aus. Erwartungsstrukturen sind innerhalb eines kognitiven Systems in der Regel als alltägliche, selbstverständliche und nicht hinterfragbare Basisüberzeugungen verankert, die nur im Ausnahmefall manifest und erst dann dem System als (metakognitives) Wissen zugänglich werden. Irritation erhält in diesem Zusammenhang - neben der kommunikativen Bedeutung einer Grenzmarkierung zu differenten Sinnkontexten - eine zweite Funktion: sie hebt bislang stillschweigend vorausgesetzte Erwartungsstrukturen aus der Latenz und macht sie hierdurch (zumindest prinzipiell) reflexionsfähig. Erst durch Erwartungsenttäuschung wird in einem kognitiven System thematisierbar, daß und welche Erwartungen bislang als Normalform erfolgreich unterstellt wurden. Irritation bietet in ihrer reflexiven Funktion wichtige Anschlußmöglichkeiten zur Überprüfung der sich beiläufig herausgebildeten Erwartungsstrukturen. Sie kann daher auch als Ausgangspunkt zur Selbstveränderung genutzt werden.

So wichtig die Konzeption der Irritation für die Erklärung einer produktiven Beziehung zwischen System und Umwelt ist (Schäffter 1995), so voreilig wäre es zu meinen, daß Irritation notwendigerweise Lernen, also kognitiv strukturierende Umweltaneignung nach sich zöge. Pädagogische Einflußnahme ließe sich dann auf Techniken der Anregung und Animation beschränken. Diese Annahme unterschlägt, daß Irritation auf sehr verschiedene Weise Bedeutung erlangen kann und daß hierbei ihre Wirkung als Lernanlaß keineswegs zwingend ist.

Eine verbreitete Umgangsweise mit Irritation geht interessanterweise in eine ganz andere Richtung. Sie besteht darin, daß man sich einer Auseinandersetzung mit dem Skandalon unerklärlicher Fremdheit dadurch entzieht, daß das Signal unterdrückt wird. Die Diskrepanz erscheint zwar auf der Wahrnehmungsoberfläche, erhält jedoch keine Relevanz. Diese Reaktionsweise macht auf eine wichtige Normalisierungsstrategie bei der Konstitution und Sicherung eines Sinnsystems und seiner spezifischen Eigenheit aufmerksam (vgl. Schäffter 1996). Sie besteht in einer Fokussierung der Aufmerksamkeit auf das Vorhersehbare und Erwartbare, auf eine „Vergewöhnlichung des Neuen" (Dewe 1988, S.247). Eine Konzentration des Blicks auf „das Wesentliche" geht einher mit der Bagatellisierung und Entdramatisierung selbst von Abweichungen, die nicht mehr übersehen werden können. Erleichtert wird dies nicht zuletzt durch die Vagheit von Erwartungsstrukturen. Diffuse Erwartungsstrukturen sind in nur geringem Maße „enttäuschungsfähig" und ebnen auf diese Weise potentielle Differenzlinien ein. Das Eigene nährt die Fiktion von Gleichförmigkeit, die im Einheitsgedanken sogar eine positive Konnotation erhält. Neues wird im Horizont des Bekannten beschrieben und bereits im Prozeß der Wahrnehmung entsprechend zugerichtet, was zu einer Banalisierung von Ungewöhnlichem führt. Man sieht die neuen Ereignisse wie man die Welt schon immer zu sehen gewohnt ist und fragt: „Was mag daran wohl besonders sein?" Die Normalität kognitiver Systeme läßt sich daher definieren als eine recht gewaltsame Beobachtungsstrategie von Welt, die einer frühzeitigen Ausfilterung von irritierenden Differenzerfahrungen dient. Ihre unverzichtbare Stärke liegt im Aufrechterhalten eingeschliffener Selektionsmuster in Verbindung mit Wahrnehmungsbarrieren gegenüber Nicht-Passungsfähigem. Lernen heißt in diesem Zusammenhang „Bestätigungslernen". Dieser Begriff bezeichnet Aneignungsprozesse, in denen „neue" Informationen assimilativ (vgl. Piaget) den eigenen Wissensstrukturen und Deutungsmustern unterworfen und so paßgenau „zugerichtet" werden, daß sie das bisherige Weltbild sichern und eben nicht irritieren. Bestätigungslernen unterwirft die systemische Umwelt einer Subsumptionslogik: unbekanntes Wissen findet seinen fremden Sinn im Horizont des Vertrauten. Assimilative Aneignungsprozesse lassen sich geradezu als Zurückweisung von Neuartigem und Fremdem auffassen. Daher ist die Frage keineswegs trivial, wie die Erfahrung von skandalös Neuartigem für informationell geschlossene Sinnsysteme überhaupt möglich ist (vgl. Schäffter 1986; Schäffter 1993). Für Pädagogen schließt sich die Frage an, wie Menschen, soziale Gruppen und Organisationen über basale Formen eines assimilativen Bestätigungslernens hinaus erreichbar für Erkenntnisse sein können, die (aus einer Beobachterperpektive gesehen) außerhalb ihres Wahrnehmungshorizonts liegen.

Man kann sich aber auch fragen, ob sich ein Sinnsystem auf Dauer derart autistische Wahrnehmungs- und Deutungstrukturen überhaupt noch leisten kann. Zumindest ist anzunehmen, daß diese Strategie in ausdifferenzierten Gesellschaften und in der modernen Weltgesellschaft zunehmend weniger erfolgsversprechend ist. Eine eigenheitszentrierte Weltsicht mit geringer Perzeptionsfähigkeit für bislang unzugängliche Fremderfahrungen wird im Zuge komplexer Entwicklungsverläufe nicht nur unrealistischer, sondern auch für alle Beteiligten zunehmend gefährlich. So wird Wahrnehmungsoffenheit und Lernbereitschaft inzwischen nicht nur von Individuen, sondern auch im Rahmen einer „institutionellen Ethik" (vgl. Hubig 1982) auch von kollektiven Akteuren wie Organisationen verlangt. In einer Krisengesellschaft kann man es sich nicht mehr leisten, offenkundige Divergenzen innerhalb der eigenen Gesellschaft und im Weltmaßstab bereits auf der Ebene des Wahrnehmungsprozesses auszufiltern. Personale und soziale Systeme sind daher im Zuge gesellschaftlicher Modernisierung gezwungen, eine erhöhte Irritationsfähigkeit auszubilden und strukturell zu sichern.

Immer dann, wenn bisherige Erwartungen im Sinne von Normalisierungen scheitern, stellt es also die besondere Stärke eines kognitiven Systems dar, wenn es sich irritationsfähig erweist. Irritationsfähigkeit ist die Grundlage für strukturelle Intelligenz. Dies gilt im Lebenslauf personaler Systeme, wenn sie sich in „kritischen Lebensereignissen" neue Erfahrungsbereiche und ihre fremdartigen Relevanzen anzueignen vermögen. Es trifft aber auch zu für die Transformation von sozialen Gruppen, Organisationen oder Wirtschaftsunternehmen, wenn sie sich auf dramatische Veränderungen ihrer jeweiligen Umweltbereiche neu einzustellen haben. Irritationsfähigkeit geht eng einher mit struktureller „Fehlerfreundlichkeit" (Schäffter 1986).

3.2. Mobilisierungsereignis

Ist ein System irritationsfähig und damit in der Lage, Diskrepanzerlebnisse zuzulassen, so ist von hohem Interesse, wie damit im weiteren umgegangen wird. Bei genauerer Betrachtung stellt sich heraus, daß sich offenbar eine Anzahl fester Reaktionsmuster im Umgang mit Irritationen herausgebildet hat. Die Transformation einer inhaltlich noch unbestimmten Irritation in systemspezifische Information, d.h. in systemeigene Prozesse der Sinnverarbeitung wird hier mit dem Begriff „Mobilisierungsereignis" bezeichnet. In diesem Bewegungsbegriff soll zum Ausdruck gebracht werden, daß nun Irritation nicht über Negation, Trivialisierung oder Banalisierung außer Kraft gesetzt, sondern daß sie zum Anlaß für unmittelbar daran anschließende Aktivitäten genommen wird. Als Ausgangspunkt von Mobilisierungsereignissen ist Irritation nicht notwendigerweise als ein Ereignis von eigener Bedeutung wahrnehmbar („Jetzt schau ich nicht mehr durch!"), sondern erscheint auf der Wahrnehmungsoberfläche einer Person, Gruppe oder Organisation meist als „Störung", als Provokation, als exotischer Leckerbissen, als Hilflosigkeit, als Unordnung oder als Rechtsbruch. Je nach Sinnkontext einer Eigenheit und ihrer Relevanzen wird auf Irritation „kulturspezifisch" mit einer Routine eingeschliffener Mobilsierungsereignisse geantwortet.

Zur Verdeutlichung werden nachfolgend einige Mobilisierungsereignisse als Reaktion auf irritierendes Fremderleben stichwortartig benannt. Dies dient vor allem, um zu zeigen, daß die Deutung von Irritation als Lernanlaß eine höchst voraussetzungsvolle, höherstufige Sonderreaktion darstellt, die zusätzlicher Rahmenbedingungen bedarf.

Reaktionsmuster im Umgang mit Irritationen sind:

Heilen:

Deutung von Irritation als Funktionsstörung bei sich oder bei anderen. Die Erwartungsenttäuschung im Diskrepanzerlebnis wird in das „diagnostische" Schema „gesund" versus „krank" oder in den Gegensatz „funktionsfähig" versus „funktionsgestört" gestellt und mit therapeutischer Intervention beantwortet.

Beispiel: Rückzug und Kontaktverweigerung von Zielgruppen wie arbeitslosen Frauen oder Vorruheständlern wird als Isolation und als Störung der sozialen Identität und des Kommunikationsverhaltens gedeutet und mit sozialtherapeutischen Maßnahmen wie Motivierungskursen, pädagogischer Animation oder mit beschäftigungstherapeutischer Intervention beantwortet.

Helfen:

Deutung der Irritation als Ausdruck von Unselbständigkeit und Autonomieverlust. Befremdliches Erleben und Verhalten bei sich und bei anderen wird als Hilflosigkeit und Unfähigkeit zur eigenständigen Aufgabenbewältigung aufgefaßt. Die Verweigerung, sich an fremde Sinnstrukturen und Ordnungen anzupassen, wird nicht als Fähigkeit zur konfrontativen Selbstbehauptung wahrgenommen, sondern als impliziter Hilferuf interpretiert.

Beispiel: Integrationsmaßnahmen (Wiedereingliederungskurse) für „randständige Gruppen" und desintegrierte Problemgruppen, Erwachsenenbildung als „Lernhilfe" (Siebert) für bildungsferne Adressatenbereiche.

Kontrollieren:

Deutung der Irritation und der Diskrepanz zur vorausgesetzten Erwartungsstruktur als Schwächung oder Auflösung der gewohnten Ordnung und damit als Kontrollverlust. Abweichungen von gewohnten Verhaltensmustern bei sich oder bei anderen wird durch Verstärkung sozialer Kontrolle beantwortet.
Beispiel: Derartige Funktionen erfüllt in sehr differenzierter Weise die über AFG-Mittel finanzierte „Maßnahmekultur" in der arbeitsmarktbezogenen beruflichen Weiterbildung, aber auch liberale Angebotsformen wie Maßnahmen zum „Übergang in den Ruhestand" folgen einem unterstellten Bedarf an Reglementierung.

Missionieren:

Deutung der Irritation als Abfall von universellen Werten oder als Rückfall hinter einen erreichten Stand der kulturellen oder zivilisatorischen Entwicklung. Das Diskrepanzerlebnis bezieht sich in dieser Deutung auf Fehlorientierungen. Sie wird beantwortet mit der Verkündigung des „richtigen" Weges und appelliert z.B. mit Werten von universeller Bedeutung an die spontane Einsicht in offenbarungsfähige Wahrheit.
Beispiel: Anleitung zu einem „richtigen" Verständnis demokratischen Verhaltens, von Menschenrechten, eines toleranten Lebens in sozialer Verantwortung oder in Glaubensfragen.

Richtendes Urteilen:

Deutung der Irritation als Konflikt zwischen Recht und Unrecht in einem juridischen Sinne. Sie wird mit Angeboten einer rechtlichen Entscheidungshilfe oder in Formen einer schiedsrichterlichen Vermittlung beantwortet. Dabei folgt sie dem Schema: pro und contra.
Beispiel: Dürfen moslemische Frauen in säkularisierten öffentlichen Bildungseinrichtungen ein Kopftuch mit religiöser Bedeutung tragen? Wer hat recht? Wer ist im Unrecht? Wer hat darüber zu entscheiden?

Als Überblick werden die unterschiedlichen Reaktionsmuster auf Diskrepanzerlebnisse in folgendem Schema zusammengefaßt:

Tab. 1: Mobilisierungsereignisse

	Diskrepanz-erlebnis	Gegensatzpaar	soziale Rollen	Operation
Helfen	Hilflosigkeit Autonomieverlust Überforderung	abhängig - selbständig	Helfer - Klient	Unterstützung + Für-Sorge
Heilen	Funktionsstörung	gesund - krank	Therapeut - Patient	Regeneration Wieder-Herstellung
Kontrollieren	Kontrollverlust	Ordnung - Unordnung	Leitung - Mitarbeiter	Strukturieren Macht ausüben
Missionieren	Fehlorientierung Orientierungsverlust	einsichtig - uneinsichtig	Vorbild - Adept	Überzeugen Erwecken
Urteilen	Konflikt	Recht - Unrecht (konform - abweichend)	(Schieds-)Richter - Parteien	Entscheidungsprozess pro/contra
Lehren	Unsicherheit Erstaunen Verblüffung	Wissen - Nichtwissen	Lehrender - Lernender	kognitive Strukturierung

3.3. Lernanlaß

Lehren und Lernen wirken dann als Mobilisierungsereignis, wenn Irritation als Bedarf an einer kognitiven Klärung gedeutet werden muß. Damit ist jedoch noch nicht mitentschieden, wer im einzelnen lernbedürftig ist: das wahrnehmende (irritierte) oder das wahrgenommene (irritierende) System. Das Diskrepanzerlebnis verweist zunächst grundsätzlich auf Lernbedarf. Bedarf an einer kognitiven Klärung meint, daß man sich gezwungen sieht, auf die Diskrepanz selbst zurückzufragen, wenn andere Reaktionsmuster problematisch werden. Insofern stellen Lernanlässe einen Reflexionsmodus für Mobilisierungsereignisse dar. Greift man Irritation als Lernanlaß auf, so werden andere Modi des Umgangs durch eine Geste der Selbstdistanzierung vorerst außer Kraft gesetzt. Im Zusammenhang mit Lernen zielt Mobilisierung auf Selbstklärung. Hierdurch löst sich das Diskrepanzerlebnis aus seiner Verstrickung mit anderen kulturell eingeschliffenen Reaktionsmustern; man hält inne in dem impulsiven Drang zu helfen, zu heilen und Sicherheit zu bieten und thematisiert zunächst seine Irritation. Nun erst wird Irritation selbst als ein Signal erkennbar, das auch inhaltlich deutbar ist: nämlich als Verstörung des Eigenen, als Unterbrechung von Routinen und Selbstverständlichkeiten. Erst so kann es Anlaß werden zum Erstaunen, zur Rückfrage und zur Überprüfung der im bisherigen Verständnis unterstellten Voraussetzungen. Das im Lernanlaß freigesetzte Erstaunen ist jedoch noch nicht der Lernprozeß, sondern ermöglicht erst die Entscheidung, ob gelernt, was gelernt werden und vor allem wer lernen soll.

Irritation wird als Enttäuschung von Erwartungen erkennbar, die als selbstverständlich unterstellt worden waren, und man steht vor der Entscheidung, „ob man in diesem Falle die Erwartung aufgeben oder ändern würde oder nicht. Lernen oder Nichtlernen, das ist die Frage. Lernbereite Erwartungen werden als Kognitionen stilisiert" (vgl. Luhmann 1984, S.437).

„Dagegen werden lernunwillige Erwartungen als Normen stilisiert. Sie werden im Enttäuschungsfalle kontrafaktisch festgehalten" (vgl. Luhmann 1984, S. 437).

- Dem normativen Erwartungsstil entspricht die Differenz von konformem und abweichendem Verhalten. Abweichungen von der Norm lassen sich dabei als Regelbestätigung erfahren und sind sogar zur kontrastiven Inszenierung notwendig: Gesund kann man z.B. nur sein, wenn Krankheit als Kontrastfolie verfügbar ist.
- Dem kognitiven Erwartungsstil entspricht die Differenz von Wissen und Nichtwissen (vgl. Luhmann 1984, S.439).

Zusammenfassend läßt sich die von Luhmann entwickelte Stufenfolge einer Modalisierung des Erwartens für eine konstruktivistische Theorie pädagogischer Einflußnahme folgendermaßen spezifizieren:

1. Die Differenz: Erfüllung/Enttäuschung von Erwartungen beschreibt Rahmenbedingungen im Sinne von Lernvoraussetzungen. Sie bezieht sich auf den je vorhandenen Wahrnehmungshorizont, auf die verfügbaren Grenzflächen zu unterschiedlichen Umwelten und beschreibt somit das gegebene Maß an Irritationsfähigkeit eines kognitiven Systems. Nicht solche kognitiven Systeme sind wahrnehmungsfähig, deren Erwartungen überwiegend erfüllt werden, sondern deren Erwartungsstrukturen enttäuschungsfähig - deren Grenzflächen mit einer starken Auflösefähigkeit für Differenz ausgestattet sind.

2. Die Differenz: normatives/kognitives Erwarten beschreibt den Unterschied zwischen assimilativer Subsumption von Neuem und Fremdem unter das Ordnungsraster eines Sinnsystems einerseits und der Anpassung (in der Terminologie von Piaget: „Akkomodation") dieses Erwartungsschemas an neuartige Erfahrungen im Sinne einer lernenden Aneignung durch Selbstveränderung andererseits. Assimilative Subsumption läßt sich als „basales Lernen" bezeichnen. Der undifferenzierte Lernbegriff ist somit der zweiten Differenzstufe zuzuordnen und als assimilative Einordnung von Umweltereignissen unter ein enttäuschungsfestes Wahrnehmungsraster normativer Erwartungen zu kennzeichnen.

3. Lernende Aneignung im Sinne einer Akkomodation der bisherigen kognitiven Ordnung, ihrer Erwartungsstruktur und der daran anschließenden Antizipationsmuster kann auf einer dritten Stufe schließlich zwei unterschiedlichen Codierungen folgen: es kann entweder das Differenzschema „konform versus abweichend" oder das Schema „Wissen - Nichtwissen" zugrundeliegen.

Damit werden Unterschiede zwischen den beschriebenen Reaktionsmustern auf Diskrepanzerlebnisse theoretisch faßbar: Helfen, Heilen, kontrollierendes Sichern und Missionieren gehen von der Codierung konform/abweichend aus und beziehen auf diese Differenz ihre Einflußbemühungen auf abweichende Systeme mit sozialpädagogischen, therapeutischen, reglementierenden oder verkündenden Methodenkonzeptionen. „Lehren" hingegen faßt diese Diskrepanz in der binären Schematisierung von Wissen und Nichtwissen. Dabei bleibt noch unbestimmt, wem bei Erwartungsenttäuschung „Wissen" und wem „Nichtwissen" zugeschrieben wird, dies ist eine Frage der Definitionsmacht. Entscheidend ist für das Mobilisierungsereignis Lernanlaß, daß überhaupt Irritation kognitiv gedeutet wird. Je genauer nun ein Lernanlaß als Differenzerfahrung gefaßt werden kann, umso besser trägt er dazu bei, eine Zielspannungslage aufzubauen, in der das bislang Unverstehbare und Unerkennbare als das „Nichtwissen" eines Systems zunehmend deutlicher bestimmbar und damit aneignungsfähig wird. Neue Wissenshorizonte erscheinen auf der Grenzfläche kognitiver Systeme daher zunächst als Entdeckung von „Nichtwissen", das es sich anzueignen lohnt. Aus einem konstruktivistischen Blickwinkel ist Erwachsenenbildung zunächst „Produktion von Nichtwissen". Erst hieran lassen sich Operationen autodidaktischen oder institutionellen Lernens anschließen (vgl. Schäffter 1986; Schumacher 1995, S.86-89).

3.4. Wissen

„Wissen" ist in diesem Zusammenhang nicht alltagssprachlich, als ein „inhaltlich" gegliederter „Wissensstoff" zu verstehen, sondern in seiner wissenssoziologischen Dimension als „Weltwissen" oder als „Wissen von der Welt". Der Begriff „Wissen" umfaßt daher sowohl „knowledge" im Sinne eines gesellschaftlich verfügbaren Bestands an Wissen als auch „know how" im Sinne eines kulturell vorhandenen Repertoirs an Orientierungswissen und Problemlösevermögen. Erwachsenenbildung bezieht sich dabei auf die Ungleichverteilung des gesellschaftlichen Wissens und auf die daran anschließenden Differenzlinien, deren Grenzflächen zur Konstitution von Lernanlässen genutzt werden. Eine konstruktivistische Theorie der Erwachsenenbildung läßt erkennen, daß Bildungstheorie viel von einer genaueren Ausarbeitung des soziologischen Wissensbegriffs zu erwarten hat, wie er z.B. bei Luhmann angelegt ist (vgl. auch Dewe 1988).

„Man muß wissen, um lernen zu können. Lernen erfordert also eine Kombination von festzuhaltendem und zu veränderndem Wissen, und nur in einer solchen Kombination werden generalisierte kognitive Erwartungen als Wissen behandelt. 'Wissen' ist die semantische Symbolisierung genau dieser Funktion" (Luhmann 1984, S.448).

„Wissen ist demnach Bedingung und Regulativ für Lernvorgänge, genauer: für den Einbau von Lernmöglichkeiten in die bisherige Erwartungsstruktur. Sollen Lernmöglichkeiten ausgebaut werden, muß also die Wissenslage entsprechend vorbereitet werden. Sie muß, implizit oder dann auch explizit, gefaßt sein auf ihre Änderbarkeit" (Luhmann 1984, S.448).

Im Gegensatz zu assimilativen Aneignungsprozessen auf der Ebene basalen Lernens und zu Anpassungslernen nach dem Differenzmuster konform/abweichend führt die Codierung Wissen/Nichtwissen zu einer reflexiven Wissensstruktur: Man weiß nun, was man weiß und man kann eigenes oder zugemutetes Wissen damit auch negieren. Es ist diese besondere Wissensstruktur, die erst einen intendierten Wissenserwerb, aber auch Prozesse des Neulernens, der Wiederholung oder des Umlernens möglich macht. Aber man gewinnt auch Zeit: man weiß nun, was man nicht weiß, aber wissen möchte und kann warten, bis eine geeignete Bildungsveranstaltung angeboten wird.

Zusammenfassend läßt sich festhalten:

„Mit Wissen wird eine kognitive Strukturierung von Erwartungen prätendiert - Erwartungen im Modus der Änderungsbereitschaft, die zu vollziehen man aber (vorläufig jedenfalls) nicht nötig hat" (Luhmann 1984,S.450).

Im Rahmen einer konstruktivistischen Theorie des Lehrens und Lernens lassen sich kognitiv gefestigte Erwartungen, die ein System in Form von Antizipationen an seine Umwelt richtet, immer dann als Wissen behandeln, wenn sie unter dem Aspekt ihrer Veränderung in den Blick geraten. Etwas als Wissen zu thematisieren bedeutet daher bereits, es zur Disposition zu stellen, ihre Kontingenz erkennbar werden zu lassen.

„Unter diesem Aspekt des Lernens werden Erwartungen als Wissen behandelt" (Luhmann 1984, S.447).

Schließlich stellt sich die Frage, wo und von wem das nun erkennbare neue Wissen erworben werden kann. Im Gegensatz zur Schule, die aufgrund ihrer Reproduktionsfunktion Differenzen zwischen Wissen und Nichtwissen als Abstand zwischen den Generationen deutet und operationalisiert, verfügt Erwachsenenbildung über keine eindeutige Zuordnung. Hier muß im einzelnen geklärt werden, wer jeweils die Experten und wer die Lernbedürftigen sind. Diese Reflexionsfunktion verschafft Erwachsenenbildung einen erheblichen Gestaltungsrahmen. In ihm stellt bereits eine weitreichende pädagogische Entscheidung dar, auf welche Weise die Differenzlinie zwischen Lehrenden und Lernenden bestimmt wird, wenn es darum geht, Kontextgrenzen zwischen den Generationen, den Lebensbereichen und Milieus, den beruflich-fachlichen Subkulturen, den regionalen Lebenswelten oder zwischen den großen Kulturen der Welt an ihren Irritationen erfahrbar werden zu lassen und dann als Spannung zwischen Wissen und Nichtwissen „didaktisch" umzusetzen. Entscheidend ist dabei, daß es dabei um „didaktisches Handeln" geht, also um Fragen des Wissens und nicht um Fragen von Anpassung und Widerstand.

4. Ausblick: Kombinationen und Mischungsverhältnisse

Die Reaktionsweisen auf Irritation im Sinne von pädagogischen Mobilisierungsereignissen unterscheiden sich deutlich darin, welche Anlässe aufgegriffen werden, und dies hat weitreichende konzeptionelle und methodische Konsequenzen. Unter dem Gesichtspunkt von Professionalität ist dabei entscheidend, daß nicht alle Reaktionsweisen gleichzeitig verfolgt werden können.

Bei aller Betonung von Differenz zwischen möglichen pädagogischen Zugangsweisen kann es natürlich nicht darum gehen, die Welt fachidiotisch zu vereinfachen. Es geht bei dem Unterscheidungsvorschlag nicht um die Forderung, trennscharfe Grenzen zwischen möglichen Praxisfeldern der Bildungsarbeit zu errichten, sondern darum, die daran beteiligten professionellen Profile genauer zu bestimmen. Empirisch vorfindliche pädagogische Tätigkeitsfelder werden sich in diesem Zusamenhang danach beurteilen lassen, welches der beschriebenen Reaktionsmuster jeweils funktionalen Primat zu beanspruchen hat und welchen der anderen eine eher unterstützende, subsidiäre Bedeutung zukommt. Daran schließt sich die Frage an, auf Grundlage welcher dominanten Funktion welche Kombination von Helfen, Heilen, Lehren etc. sinnvoll oder notwendig ist. Für eine derartige Analyse sollten in diesem Beitrag ein theoretischer Rahmen und begriffliche Instrumente geboten werden.

Es fragt sich dabei:

- Werden Lernprozesse organisiert, um zu helfen?
- Werden Hilfen organisiert, um Lernprozesse zu ermöglichen oder zu unterstützen?
- Wird geheilt, damit Personen ihre Lernstörungen beseitigen und somit (besser) lernen können?

• Soll über Lernprozesse geheilt werden, d.h. werden Funktionsstörungen über Lernen bearbeitet?

Eine Klärung des funktionalen Primats und der zugeordneten Mobilisierungsereignisse hat aber auch in Betracht zu ziehen, daß Lehren und Helfen bzw. Lehren und Heilen sich wechselseitig ausschließen können und sich nur in speziellen Fällen komplementär zu ergänzen vermögen.

Unter einer professionellen Ethik von Erwachsenenbildung kommt ein weiterer Gesichtspunkt ins Spiel: Lernorganisation in der Funktion, Helfen, Heilen oder Kontrollieren flankierend zu stützen, thematisiert ihre beiläufigen Lernprozesse nicht, sondern stellt nur basales Lernen bereit. Lernprozesse im Kontext von Helfen, Heilen und Kontrollieren bewegen sich auf der Ebene von Enkulturation und (Re-)Sozialisation. Diese Aneignungsformen wirken besonders intensiv, wenn ihre relevanten Wissensbestände in der Latenz des Normalen und Selbstverständlichen verbleiben. Sie explizieren daher aus guten Gründen ihre relevanten Wissensstrukturen nicht, die dann die Lernenden als solche erkennen und zu denen sie sich abermals lernend verhalten können. Organisiertes Lernen im Rahmen von Bildungsprozessen andererseits stellt genau die Explikation von „Erfahrung" als anzueignendes „Wissen" in den Vordergrund. Es greift Diskrepanzen zwischen Erwartungsbestätigung und Erwartungsenttäuschung als Produktion möglichen Nichtwissens auf. Werden „Erfahrungen" im Sinne von gefestigten Erwartungsstrukturen als Wissen thematisierbar, so kann man dabei lernen, was man bisher gelernt hat und was nicht; man erhält die Möglichkeit geboten, das bisher implizit Gelernte als eigenen Wissensbestand zu beschreiben und daran anschließend bewußt zu vermehren, zu verlernen, ganz oder teilweise umzulernen, völlig Neues als Kontrast dazu zu lernen oder zugemutetes Wissen zurückzuweisen. Die „Bildung" Erwachsener bezieht sich auf diesen übergeordneten Standpunkt und beschreibt die Möglichkeit, daß sich Lernende ihre eigenen Lernprozesse verfügbar machen. Erst dadurch läßt sich eine höherstufige Form des Lernens erreichen, die über assimilative Aneignung basalen Lernens nicht möglich ist. Basales Lernen findet zwar immer und überall statt und man kann diese Form der Aneignung sinnvollerweise mit den anderen Varianten pädagogischer Einflußnahme kombinieren. Lernen als Entscheidung über Wissen und Nichtwissen hingegen erschließt die bewußte Verfügbarkeit über das eigene Lernen. Dies ist ein wichtiger Aspekt des klassischen Bildungsbegriffs, auf den man weiterhin nicht verzichten kann und an dem sich „Lehren" von Helfen, Heilen und Missionieren deutlich unterscheiden läßt.

Literatur

Bateson, G.: Form, Substanz und Differenz. In: ders.: Ökologie des Geistes. Frankfurt/M. 1983, S. 576-597.

Gernert, W.: Zum Verhältnis von Erwachsenenbildung, Sozialarbeit/Sozialpädagogik und außerschulischer Jugendbildung. In: Erwachsenenbildung 3(1974), S.134-142.

Günther, G.: Die historische Kategorie des Neuen. In: ders.: Beiträge zur Grundlegung einer operationsfähigen Dialektik. 3. Bd., Hamburg 1980, S.183-210.

Hubig, Chr. (Hg.): Ethik institutionellen Handelns. Frankfurt/M. 1982.

Kelly, G. A.: Die Psychologie der persönlichen Konstrukte. Paderborn 1986.

Krusche, D.: Japan. Konkrete Fremde. Dialog mit einer fernen Kultur. Stuttgart (2.überarb. Aufl.) 1983.

Luhmann, N.: Soziale Systeme. Frankfurt/M. 1984.

Mader, W.: Lernen oder Heilen? Zur Problematik offener und verdeckter Therapieangebote in der Erwachsenenbildung. In: SCHLUTZ 1983, S.184-198.

Müller, C.W.: Wie Helfen zum Beruf wurde. Eine Methodengeschichte der Sozialarbeit. Weinheim 1982.

Neisser, U.: Kognition und Wirklichkeit. Stuttgart 1979.

Schäffter, O.: Lehrkompetenz in der Erwachsenenbildung als Sensibilität für Fremdheit. Zum Problem lernförderlicher Einflußnahme auf andere kognitive Systeme. In: Claude, A. u.a.: Sensibilisierung für Lehrverhalten. Reihe: Berichte, Materialien, Planungshilfen hrsg. v. d. Pädagogischen Arbeitsstelle des Deutschen Volkshochschul-Verbandes. Frankfurt/M. 1986, S.41-52.

Schäffter, O.: Lernen als Passion. Leidenschaftliche Spannungen zwischen Innen und Außen. In: Heger, R.-J./Manthey, H. (Hg.): Über den Eros beim Lehren und Lernen. Weinheim 1993, S.291-321.

Schäffter, O.: Modi des Fremderlebens. Deutungsmuster im Umgang mit Fremdheit. In: ders.: Das Fremde. Erfahrungsmöglichkeiten zwischen Faszination und Bedrohung. Opladen 1991, S.11-42.

Schäffter, O.: Produktivität. Systemtheoretische Rekonstruktionen aktiv gestaltender Umweltaneignung. In: Knopf, D./Schäffter, O./ Schmidt, R. (Hg.): Produktivität des Alters. In: Beiträge zur Gerontologie und Altenarbeit Bd.75, hrsg. v. Deutschen Zentrum für Altersfragen. 3. unveränd. Aufl. Berlin 1995, S.257-325.

Schäffter, O.: Das Fremde als Lernanlaß. Interkulturelle Kompetenz und die Angst vor Identitätsverlust. In: Brödel, R. (Hg.): Erwachsenenbildung in der Moderne. Studien zur Erziehungswissenschaft und Bildungsforschung 9. Opladen 1996 (im Druck).

Schlutz, E.(HG.): Erwachsenenbildung zwischen Schule und sozialer Arbeit. Bad Heilbrunn 1983.

Schmidt, S.J.(Hg.): Kognition und Gesellschaft. Der Diskurs des Radikalen Konstruktivismus 2. Frankfurt/M. 1992.

Schmitz, E.: Erziehungswissenschaft: Zur wissenschaftssoziologischen Analyse eines Forschungsfeldes. In: Zeitschrift für Sozialisationsforschung und Erziehungssoziologie, 1 (1981), H.1, S.13-35.

Schmitz, E.: Zur Struktur therapeutischen, beratenden und erwachsenenpädagogischen Handelns. In: Schlutz 1983, S.60-78.

Schumacher, B.: Die Balance der Unterscheidung. Zur Form systemischer Beratung und Supervision. Heidelberg 1995.

Varela, F.J.: Kognitionswissenschaft - Kognitionstechnik. Eine Skizze aktueller Perspektiven. Frankfurt/M. 1990.

Waldenfels, B.: Erfahrung des Fremden in Husserls Phänomenologie. In: Profile der Phänomenologie Bd.22, München 1989, S.39-62.

Gisela Heinzelmann

Motive für eine universitäre Bildung im Alter - erste Ergebnisse einer Befragung im Seniorenkolleg der Universität Halle

Auch in den neuen Bundesländern ist die Zahl der bildungswilligen Älteren und alten Menschen im Anwachsen begriffen. Das äußert sich u.a. im zunehmenden Interesse an universitären Bildungsveranstaltungen für Ältere. Sich im Alter zu bilden, avanciert für immer mehr Ostdeutsche zu einer interessanten und alternativen Freizeitbeschäftigung.

Wie soziologische, gerontologische, psychologisch-pädagogische Untersuchungen der letzten Jahre belegen, sind die Gründe und Ursachen dafür vielschichtig. Die heute langandauernde und planbare Altersphase, die frühzeitige Ausgliederung älterer Arbeitnehmer aus dem Berufsleben und die damit verbundene vermehrte freie Zeit, durch Bildung geprägte Lebensverläufe Älterer, andere Lebensumstände und neue Lebensstile der älteren Generation überhaupt, führen zu vermehrten Bildungsaktivitäten im Alter (vgl. auch Tews 1993, S.235).

In das Seniorenkolleg der Martin-Luther-Universität, das schon weit vor der Wende, 1980, im Zusammenhang mit Forschungen zum Altern am Bereich Medizin der Martin-Luther-Universität gegründet worden ist, hatten sich im Wintersemester 1995/96 mehr als 500 Teilnehmer und Teilnehmerinnen eingeschrieben.

Auch schon zu DDR-Zeiten konnte das Kolleg ähnlich hohe Teilnehmerzahlen aufweisen. Im Vergleich zu früher finden heute mehr und mehr auch Vorruheständler, ältere Arbeitslose oder Frauen, die sich in der nachfamiliären Phase befinden, den Weg zum Kolleg.

Oft werde ich von Studierenden unserer Universität gefragt, was ältere Menschen nach der Berufsphase veranlaßt, die Universität zu besuchen, und ob Lernen im Alter überhaupt noch Sinn mache.

Auch in den neuen Bundesländern ist die Tendenz zu verzeichnen, daß Senioren und Seniorinnen heute ein neues Verständnis vom Alter und Ruhestand entwickeln und leben. Sie orientieren sich einerseits am gesellschaftlichen Jugendkult insofern, als sie alles tun, um nicht oder noch nicht zu den Alten zu gehören. Sie präsentieren sich aktiv, kompetent, mobil, veränderungswillig und lernfähig. Andererseits drängen sie nach einer individuell sinnvollen und befriedigenden Ausgestaltung der für viele viel zu früh einsetzenden und langandauernden Altersphase. Vor allem durch den Prozeß der Wiedervereinigung der beiden deutschen Staaten wuchs die soziale Gruppe der „Jungen Alten" durch den Arbeitsplatzverlust vieler 45 - 60 jährigen Frauen bzw. der 45 - 65 jährigen Männer rasch an.

Akademische Altenbildung im Osten Deutschlands hat sich demnach verstärkt auch dieser qualifizierten sozialen Gruppe der Vorruheständler, Frührentner und arbeitslosen Erwachsenen anzunehmen und ihnen befriedigende Angebote für die Nutzung ihrer beruflichen und sozialen Kompetenzen zu eröffnen.

Am Beispiel einer quantitativen empirischen Studie, die wir im Dezember 1994 im Seniorenkolleg der Martin-Luther-Universität durchgeführt haben, möchte ich etwas spezieller auf folgende Fragen eingehen:

1. Worin liegen heute wissenschaftliche Bildungsbedürfnisse älterer und alter Menschen im Osten Deutschlands begründet? und

2. Welche Erwartungen haben ältere Menschen an eine akademische Altenbildung?

Der Fragebogen enthielt 36 Fragen und wurde unter Berücksichtigung ähnlicher in der Bundesrepublik durchgeführten Befragungen (Universität Trier 1987, Universität Münster 1990, Universität Ulm 1991, Pädagogische Hochschule Schwäbisch Gmünd 1991u.a.) zusammengestellt. In unserem Fragebogen wurden einige Fragen direkt aus der Befragung an der Seniorenhochschule Schwäbisch Gmünd übernommen (vgl. Frage 4, Frage 5, Frage 6, 9, 12, 13) (vgl. Zahn 1993, S.399-451).

An der Befragung nahmen 306 Senioren des Seniorenkollegs an der halleschen Martin-Luther-Universität teil (500 Fragebögen sind verschickt worden, davon erhielten wir 306 ausgefüllte Fragebögen zurück). 17% der Befragten waren Männer, 81% Frauen. Die Altersspanne der Befragten betrug 52 - 86 Jahre. Das Durchschnittsalter der an der Universität teilnehmenden Senioren betrug 68,00 Jahre.

Zuerst zu einigen sozio-biographischen Daten der an der Befragung teilgenommenen Seniorinnen und Senioren.

1. Berufliche Qualifikation

Die Mehrzahl der befragten Senioren und Seniorinnen des Kollegs wies einen Fachschul- bzw. Hochschulabschluß auf. Über keine Ausbildung verfügte nur eine sehr geringe Anzahl der Befragten, und dies waren Frauen. Mehr Männer als Frauen haben einen Hochschulabschluß. Das deutet darauf hin, daß die Mehrzahl der älteren Menschen, die Angebote akademischer Bildungsangebote wahrnehmen, über eine weiterführende oder höhere berufliche Qualifikationen verfügen, also bildungsgewohnt sind.

Abb. 1: Berufliche Qualifikation der Senioren (in Prozent)

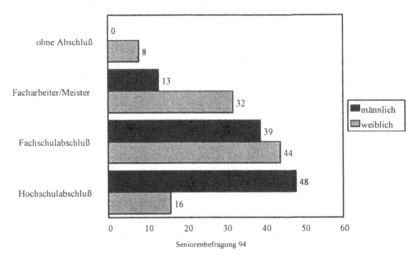

2. Zum gegenwärtigen Familienstand

Bei der Frage zum Familienstand im Alter werden bekannte soziologische Untersuchungen bestätigt. 79% der befragten Männer waren zum Zeitpunkt der Befragung verheiratet, aber nur 26% der Frauen. Niemals verheiratet waren 0% der Männer, aber immerhin über 1/5 der Frauen (22%). 16% der Frauen sind geschieden, demgegenüber aber 0% der Männer . Nur 2% der

Frauen leben in einer Lebensgemeinschaft, aber 6% der befragten Männer. Diese Ergebnisse stützen die schon bekannten Aussagen, daß das „Alleinleben" im Alter vor allem auf Frauen zutrifft. Auch hierin könnten Ursachen zu finden sein, warum universitäre Bildungsveranstaltungen auch im Osten viel stärker von Frauen angenommen werden als von Männern.

3. Dauer der Berufstätigkeit

Fragt man danach, warum sich ältere Menschen im Osten Deutschlands weiterbilden, dann muß man zu allererst ihre Berufskarrieren betrachten. Unsere Untersuchungen ergaben, daß zuvor mehr Männer als Frauen, nämlich 98% der Befragten 30 Jahre und mehr im Berufsleben standen, aber auch 78% der Frauen auf mehr als 30 Jahre Berufsarbeit zurückblicken konnten. Nur 3,3% der befragten Seniorinnen waren weniger als 10 Jahre berufstätig. Deshalb ist anzunehmen, daß die Berufsbiographien wesentliche Auswirkungen auf das Fortbildungsverhalten im Alter haben.

4. Weiterbildung während der Berufszeit

Auch in der ehemaligen DDR waren berufliche Anforderungen mit systematischer Weiterbildung verbunden.

Auf die Frage: „Haben Sie sich während Ihrer Berufsarbeit weitergebildet?" antworteten 46% mit „ja regelmäßig" und 35,3% mit „ja, von Zeit zu Zeit". Zählt man beide Kategorien zusammen, so läßt sich sagen, daß fast 80% der Probanden sich während ihrer Berufstätigkeit weitergebildet haben. Es bestehen keine signifikante Unterschiede zwischen Männern und Frauen, obwohl etwas mehr Männer als Frauen angaben, regelmäßig an beruflicher Weiterbildung teilgenommen zu haben. Gründe für die universitäre Fortbildung im Alter sind m.E. vorrangig im Zusammenhang mit DDR-spezifischen Bildungs- und Berufsbiographien zu sehen. In der ehemaligen DDR standen allen Erwachsenen, auch älteren Arbeitnehmern, umfangreiche Möglichkeiten beruflicher Qualifizierung offen, besser gesagt, sie mußten sich von Zeit zu Zeit einer beruflichen Weiterbildung unterziehen, die auch immer einen Anteil ideologischer Schulung beinhaltete.

5. Emotionale Bewertung des Übergangs in den Ruhestand

Während in der vergleichbaren Seniorenbefragung an der Pädagogischen Hochschule Schwäbisch Gmünd (1991) 60% der Befragten ihren Eintritt in den Ruhestand eher als freudiges Ereignis kennzeichneten (vgl. Zahn 1993, S. 405), waren es in unserer Befragung nur 18% der befragen Senioren, die dieses Erlebnis als freudiges einstuften. Dagegen waren es mehr als 1/5 der Befragten (22%), die den Ruhestand bzw. Vorruhestand als trauriges Ereignis erlebt hatten. Es waren vor allem die „Jungen Alten" (Altersklasse: 52 - 64, gefolgt von der Altersklasse: 65 - 69 Jahre), die sich negativ äußerten. Viele dieser Altersgruppe sind durch den Zusammenbruch der Planwirtschaft in der ehemaligen DDR und den ökonomischen Zwängen der Marktwirtschaft bei der Wiedervereinigung von diesem Ereignis buchstäblich überrascht worden. Arbeitsplatzverlust oder Vorruhestandsregelungen degradierten sie über Nacht zu „Jungen Alten". Viele dieser Alten verfügten über ein überdurchschnittliches Qualifikationsniveau, fühlten sich auf dem Höhepunkt ihrer Schaffenskraft und hätten gern ihr Wissen und ihre Erfahrungen in den Prozeß der Wiedervereinigung eingebracht (vgl. KSPW Expertise: Junge Alte in Ostdeutschland 1992, S. 7-8). So treffen wir im Seniorenkolleg heute zunehmend auch Vorruheständler und ältere Arbeitslose wieder, die über Bildung nach neuen Orientierungen für die nachberufliche Phase suchen bzw. über den Besuch der Universität ihr Selbstwertgefühl stärken. Positiv hingegen bewerten den Eintritt in den Ruhestand eindeutig die älteren Probanden (die 70 - 74 jährigen bzw. 75-jährigen und Ältere).

Abb.2: Emotionale Bewertung des Renteneintritts nach Altersgruppen (in Prozent)

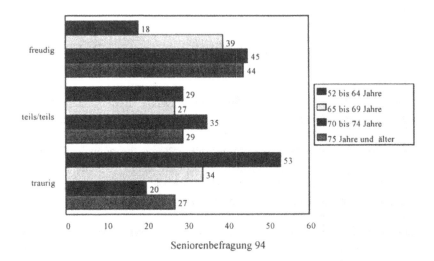

Seniorenbefragung 94

In der ehemaligen DDR konnten viele ältere Arbeitnehmer im Rentenalter noch arbeiten und so allmählich in den „Ruhestand treten" und sich auf den neuen Lebensabschnitt vorbereiten. In unserer Untersuchung gaben mehr Frauen als Männer an, über das Rentenalter hinaus gearbeitet zu haben.

6. Motive für eine akademische Seniorenbildung

In unserer empirischen Studie stellten wir auch direkt die Frage nach Motiven für eine wissenschaftliche Bildung im Alter. Welche Motive (Begründungen) wurden von den befragten Senioren und Seniorinnen vorrangig genannt?

In der Frage 9 unseres Fragebogens hatten die Probanden nach einer 5-er Skala (1= vollkommen zutreffend bis 5 = überhaupt nicht zutreffend) zu entscheiden, welche der aufgeführten Gründe für die Teilnahme am Seniorenkolleg für sie bestimmend sind.

Die Beantwortung dieser Frage zeigte, daß mehrere Motive im Komplex den einzelnen Teilnehmer anregen, das Kolleg zu besuchen. Das Motiv „sich geistig fit zu halten" wurde dabei an erster Stelle genannt, gefolgt von den Motiven „die Allgemeinbildung zu erweitern" und die „Freizeit sinnvoll zu gestalten" bzw. das „Interesse an Wissenschaft und Kultur" zu befriedigen. Weniger bedeutungsvoll hingegen scheinen kommunikativ-therapeutische Gründe zu sein, so z.B. „um Einsamkeitsgefühlen zu begegnen" oder mit „Lebensproblemen besser fertig zu werden".

Abb.3: Gründe für die Teilnahme am Seniorenkolleg (in % - Werte 5 und 4 einer 5stufigen Skala von 1 = trifft überhaupt nicht zu bis 5 = trifft vollkommen zu)

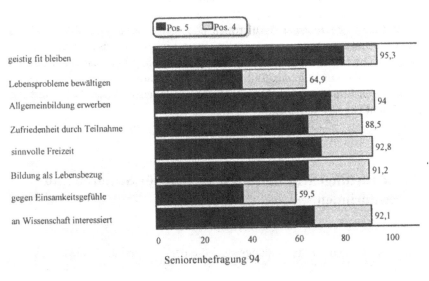

Zu fast identischen Ergebnissen führten schon 1991 Untersuchungen an der Seniorenhochschule der Pädagogischen Hochschule Schwäbisch Gmünd und am Pädagogischen Seminar der Universität Ulm.

Mit einer weiteren Frage (Frage 17) wollten wir den Wahrheitsgehalt der Bewertung bei Frage 9 überprüfen. Es wurden identische Motive als sehr wichtig und wichtig erachtet („sich geistig fit zu halten", „die Allgemeinbildung zu erweitern", „die Freizeit sinnvoll zu verbringen", „sich mit Wissenschaft beschäftigen zu können" wurden in dieser Rangfolge genannt).

Das Kolleg wird aber auch besucht, um Kontakte zu Altersgenossen herzustellen zu können (39,9%); es dient als Forum, um biographisches Wissen

zu ordnen (52%) und sich eine Wissensbasis zur Bewältigung von Lebensproblemen zu schaffen (45,7%). Hier werden neue Akzente der Beweggrün-
de für die Teilnahme an wissenschaftlicher Weiterbildung deutlich.

Sich im Alter berufsbezogen an der Universität fortzubilden oder sich
neues Wissen für die nachberufliche Tätigkeit in einem Ehrenamt anzueignen, wurde nur von 10% der Befragten als wichtig eingestuft, dagegen aber
von 65% der Probanden als unwichtig abgelehnt.

Diese Ergebnisse deuten darauf hin, daß die Bildung im Alter konsequent auf persönliche Weiterentwicklung gerichtet ist, auf Vervollkommnung
der Identität und auf das Erschließen neuer Sinnzusammenhänge für das Leben im Alter überhaupt.

Bildungsaktivitäten von alten Menschen entstehen nicht erst in dieser
späten Lebensphase. Sie entwickeln sich auch nicht schlechthin als Ersatzak-
tivität für weggebrochene Berufsrollen und Statusverluste, sondern Bildung
im Alter und ihre Motive scheinen in einem vielfachen Zusammenhang mit
dem gesamten Lebensentwurf und der Bildungsbiographie einer Person zu
stehen. Zu diesem Ergebnis führten uns auch narrative Interviews, die einen
qualitativen Strang unserer Untersuchung darstellen und deren Auswertung
noch nicht abgeschlossen ist.

7. Erwartungen an Bildungsangebote für Senioren und Seniorinnen

Die Erwartungen an die Bildungsangebote der Universität wurden eindeutig
artikuliert. Ältere Menschen besuchen die Universität, um vielseitige und interessante Einblicke in neue Erkenntnisse der Wissenschaft, der Kunst und
des Lebens zu erhalten. Die Wissenschaft steht im Zentrum ihrer Bildungsbe-
mühungen. Alle anderen Bildungsmöglichkeiten werden für weniger wichtig
erachtet. Dieses Ergebnis bestätigen andere Untersuchungen (Hartl und Fritz
1988, S. 286; Arnold, S. 176 u.a.), die ebenfalls feststellten, daß das inhalt-
lich-fachliche Interesse an der Wissenschaft für akademische Bildungsinteressen im Alter ausschlaggebend sind. Vor allem für die Jüngeren, aber
gleichfalls für die Älteren.

Abb.4: Erwartungen an die Bildungsangebote für Senioren (in % - Werte 5 und 4 einer 5stufigen Skala von 1 = trifft überhaupt nicht zu bis 5 = trifft vollkommen zu)

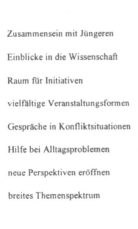
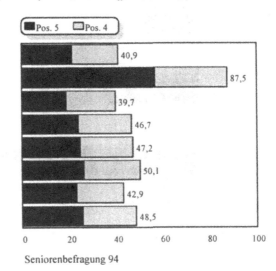

Seniorenbefragung 94

8. Wöchentlicher Zeitaufwand für Bildungsaktivtäten

Weit mehr Männer als Frauen können mehr als sechs Stunden in der Woche für Bildungsaktivitäten aufwenden. Demgegenüber sind es in der niedrigsten Kategorie (1-3 Stunden) mehr Frauen, die dieser Aussage zustimmen.

Abb. 5: Wöchentlicher Zeitaufwand für Bildungsaktivitäten nach Geschlecht (in Prozent)

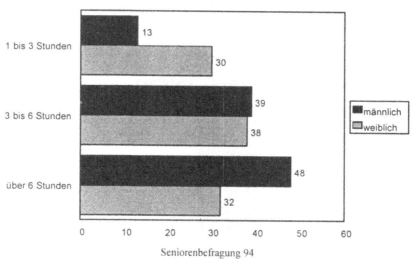

Seniorenbefragung 94

Dieses Ergebnis stützt Untersuchungen, die ergaben, daß auch Frauen im Alter über weniger Freizeit verfügen als Männer, da Verantwortungen und Aktivitäten im Haushalt, für die erwachsenen Kinder, zur Pflege von Angehörigen ihre tatsächlich freie Zeit einschränken. Hier ergibt sich eine Diskrepanz zwischen dem Wunsch nach Bildungsaktivitäten einerseits (die Mehrzahl im Kolleg sind Frauen) und der gegenüber Männern geringeren freien Zeit dafür.

Literatur

Arnold, B.: Die Hochschule als eine neue Lebenswelt für ältere und alte Bürger. In: C. Petzold, H.G: Petzold: Lebenswelten alter Menschen. Konzepte, Perspektiven, Praxisstrategien.

Hartl, U./Fritz, W.: Das Seniorenstudium der Universität Mannheim im Urteil seiner Teilnehmer. Zeitschr. Gerontologie 21 (1988), S.285-288.

KSPW-Expertise: Junge Alte in Ostdeutschland. Zwischen 45 und dem Rentenalter. Zum wendebedingten Wandel einer Generation. 1992.

Tews, H. P.: Bildung im Strukturwandel des Alters. In: Naegele, G./Tews, H.P. (Hrsg.): Lebenslagen im Strukturwandel des Alters. 1993.

Zahn, L.: Die akademische Seniorenbildung. 1993.

Zwischenbericht der Enquete-Kommission: Demographischer Wandel 4/1994.

Detlef Knopf

Vorruhestandsgestaltung als Bildungsfrage

1. Der „Vorruhestand" wird von Teilen der sozialen Gerontologie als symptomatisch für einen Strukturwandel des Alters in modernen, westlichen Gesellschaften beschrieben - als Element eines langfristig wirkenden Freisetzungsprozesses, der das höhere Erwachsenenalter „entberuflicht" und die Lebensphase Alter verlängert.[1] Eine „Verjüngung" des Alters steht - so diese Sichtweise - auch dann noch zu erwarten, wenn von der Politik längst wieder eine längere Lebensarbeitszeit gefordert und rentenpolitisch womöglich auch wünschenswert ist. Mit Blick auf die Situation in Deutschland wird erst nach 2010 mit einer Trendwende auf dem Arbeitsmarkt gerechnet, die die Beschäftigung älterer Menschen nicht nur wieder wahrscheinlicher, sondern aufgrund des für diesen Zeitpunkt erwarteten Arbeitskräftemangels auch notwendig machen wird. Die Zahl der Erwerbsfähigen hat seit 1980 wegen der geburtenstarken Jahrgänge deutlich zugenommen, sie wird zunächst weiter steigen, um dann langsam, danach - in 15 bis 20 Jahren - beschleunigt abzunehmen. Im Jahre 2030 läge die Zahl der Erwerbsfähigen (Personen zwischen 20 und 60 Jahren) mit 33,5 Mill. um mehr als 72,5% unter dem heutigen Niveau - so heute vorliegende Prognosen.

2. Für die Zeit nach 2010 wird mit einer massiven Arbeitskräfteknappheit gerechnet. Der heutige Angebotsüberhang auf dem Arbeitsmarkt, infolge steigender Frauenerwerbstätigkeit im Westen und von Zuwanderungen, vor dem Hintergrund eines massiven Abbaus von Arbeitsplätzen vor allem im industriellen Bereich - in Ostdeutschland allein sind 40-50% der Arbeitsplätze weggefallen - wird in keinem Fall in den nächsten Jahren spürbar reduziert werden können. Charakteristisch wird zunächst ein knappes Angebot jüngerer, hochqualifizierter Arbeitnehmer sein, die bevorzugt eingestellt und ge-

---

1 vgl. Naegele, Gerhard; Tews, Hans Peter (Hrsg.): Lebenslagen im Strukturwandel des Alters: alternde Gesellschaft - Folgen für die Politik. Opladen 1993.

fördert werden, und ein Überschuß von über 40jährigen. Insbesondere die über 40jährigen An- und Ungelernten werden schlechte Chancen haben. Einher damit gehen eine Blockierung von Aufstiegschancen bei den mittleren Jahrgängen und erhöhte Arbeitsmarktrisiken bei den Älteren. Die Beschäftigungssituation von Personen im sechsten Lebensjahrzehnt wird voraussichtlich prekär bleiben. Diese Situation ist insofern ungünstig, als sie den Lebensinteressen der Menschen weitgehend nicht entspricht: Jüngere Frauen und ältere Arbeitnehmer ab 55 Jahren werden vermutlich kurzfristiger Entlastungseffekte wegen weiterhin aus dem Arbeitsmarkt gedrängt werden, obwohl sie es nicht wollen und es sich aufgrund des (Alters)Einkommensniveaus oft auch gar nicht leisten können. Ob Teilrenten-/Teilarbeitsmodelle, die angesichts dieser Situation im Prinzip sinnvoll sind, auf der betrieblichen Ebene ohne weitere Anreize greifen werden, wird sich noch herausstellen. Bislang betreiben die Betriebe eine stark jugendzentrierte Personalpolitik (knapp 80% aller Einstellungen erfolgen bis zum 35. Lebensjahr). Die Verschiebung der Altersgrenze in der gesetzlichen Rentenversicherung allein sichert die Beschäftigung älterer Arbeitnehmer natürlich nicht, sondern setzt die Betroffenen nur stärker unter Druck. Bisher läßt sich nicht feststellen, daß die Betriebe von der Praxis abgehen, ältere Mitarbeiter/innen unter dem Gesichtspunkt der Leistungsfähigkeit zu selegieren und auf irgendeine Weise „auszusteuern". Die Beispiele der Länder USA und Japan zeigen, daß die auch bei uns von vielen gewünschte und euphemistisch angepriesene „Zweite Karriere" oder gar „Second Chance" für Ältere kaum etwas anderes bewirken wird, als einen im Wortsinn grauen Arbeitsmarkt entstehen zu lassen, der fast immer mit Status- und Einkommensminderungen oder Nebenerwerbsjobs verbunden sein wird. Die dabei dann erzielten niedrigen Löhne werden dennoch für viele wichtig sein, um das Einkommen aufzubessern und den Lebensunterhalt zu bestreiten. Es darf nicht übersehen werden, daß es sich bei diesen Jobs um solche in Arbeitsmarktsektoren handelt, in denen auch schwer Vermittelbare, Gehandicapte, durch andere Verpflichtungen gebundene Frauen und schlecht Qualifizierte als Konkurrenten auftreten.

3. Die Forschung, unlängst aber auch Demonstrationen von Arbeitnehmern und Gewerkschaften im Zusammenhang mit der geplanten Abschaffung der Frühverrentung zugunsten einer Beibehaltung bisheriger Regelungen haben uns darüber informiert, daß frühes Ausscheiden aus dem Erwerbsprozeß im Westen Deutschlands sehr wohl von den Betroffenen gewünscht sein kann, daß sie mit überwiegend positiven Erwartungen an den Ruhestand ausscheiden und daß cirka 2/3 der Betroffenen mit ihrer Situation zufrieden

sind. Die Gründe für die positive Bewertung sieht Naegele (1992)[2] einerseits in der Abgrenzung zur vorherigen, als überwiegend negativ erlebten Arbeits- und Beschäftigungssituation, andererseits in mehrheitlich günstigen Einkommensverhältnissen, subjektiv wahrgenommenen Verbesserungen im gesundheitlichen Befinden nach Aufgabe der Berufsarbeit und in den neuen Möglichkeiten, privates, in der Regel familiales Leben zu gestalten.

„Zu den wirklichen 'Problemgruppen' zählen vor allem sehr früh und/oder gegen den erklärten Willen vorzeitig Freigesetzte. Dies betrifft vorzugsweise vorherige zumeist Langzeitarbeitslose und Frühinvaliditätsrenter. Beide Gruppen zeichnen sich überdies häufig noch durch ungünstige ökonomische und gesundheitliche Voraussetzungen aus. Des weiteren zählen dazu vorzeitig Freigesetzte mit hoher beruflicher Bindung und/oder ungünstigen privaten und familialen Lebensbedingungen bzw. unzureichenden Kompensationsmöglichkeiten.“ [3]

Es fällt auf, daß die genannten Lebenslagemerkmale in besonderer Weise, durchaus im Sinne einer kumulativen Benachteiligung, die Situation ostdeutscher Vorruheständler beschreiben, die deshalb unsere besondere Aufmerksamkeit verdienen. Die subjektiv empfundenen Belastungen haben hier ganz handfeste Ursachen. Aber wir werden den Blickwinkel erweitern müssen: Die mit großer Härte die Lebenssituation der Menschen verändernden gesellschaftlichen Transformationsprozesse im Zuge der sogenannten Wende müssen genereller als Dimensionen eines sich in Ostdeutschland jetzt beschleunigt vollziehenden universellen Bedeutungsverlustes des arbeitsgesellschaftlichen Modells gesehen werden - was paradoxerweise dazu führen kann, daß der dadurch sich ergebende soziale Druck typisch erwerbsarbeitszentrierte Reflexe zunächst noch verstärkt. Lassen wir uns nicht täuschen: Gerade weil die Altersgrenze stetig vorgezogen worden ist, ließ sich bislang die institutionelle Dreiteilung des Lebenslaufes in eine Vorbereitungs-, eine Erwerbs- und eine Ruhestandsphase beibehalten.[4] Solange die Vorruheständler mit dem vorzeitigen Ausscheiden aus dem Erwerb nicht gegen normalbiographische Erwartungen verstießen und eine sozial akzeptierte, durchaus vorgerückte Altersgrenze erreichten, entstanden kaum moralische Probleme.[5] Wird diese

2 Naegele, Gerhard: Arbeit, Berufsaufgabe und arbeitsfreie Zeit im Alter im vereinten Deutschland. In: Forum demographie und politik 1 / Mai 1992, S. 88 - 102, hier: S. 91 f.
3 Ebenda, S. 92
4 Kohli, Martin: Altern aus soziologischer Sicht. In: Baltes, Paul B.; Mittelstraß, Jürgen (Hrsg.): Zukunft des Alterns und gesellschaftliche Entwicklung. Berlin, New York 1992, S. 231-259
5 Kohli, Martin: Ruhestand und Moralökonomie. Eine historische Skizze. In: Heinemann, K. (Hrsg.): Soziologie wirtschaftlichen Handelns. (Kölner Zeitschrift für Soziologie und Sozialpsychologie, Sonderheft 28). Opladen 1987, S. 393-416

Grenze aber undeutlich oder wird sie durch andere, als „normale" institutionelle Pfade erzwungen, können für die Betroffenen erhebliche moralische Belastungen auftreten. Die Teilhabe an institutionalisierten Tätigkeiten im frühen Ruhestand zum Beispiel kann dann legitimationsbedürftig werden, weil sie gegen normalbiographische Erwartungen verstößt und Menschen aus anderen Altersgruppen Tätigkeitsmöglichkeiten verbaut. Es müßte allerdings auch gefragt werden, ob sie nicht womöglich als Verpflichtung im Rahmen des *Aktivitätsgebotes* der sozialpolitisch propagierten „aktivistischen" Altersmodelle erlebt wird.[6]

4. Bekanntlich hat die Verkürzung der Lebensarbeitszeit durch vorzeitige Verrentung in den letzten Jahren in allen westlichen Ländern[7] als Instrument der Regulierung des Arbeitsmarktes gedient - wobei sich das geringe Interesse der Unternehmen an der Beschäftigung älterer Arbeitnehmer bzw. deren Versuche, im Zuge der Flexibilisierung des Ruhestandsbeginns verstärkt nach dem Gesichtspunkt „leistungsfähig" und „gesundheitlich belastbar" auszulesen, bislang überall nachhaltiger auswirkt als die politisch angestrebte Trendwende in Richtung auf wieder höhere Beschäftigungsquoten älterer Menschen. In gewisser Hinsicht hat aber inzwischen der Geltungsverlust des Normalarbeitsverhältnisses durch den Rückgang der Lebensarbeitszeit, den sinkenden Umfang der Erwerbstätigkeit während der Erwerbsphase und die unübersehbaren Flexibilisierungstendenzen, die neben der dauerhaften Vollzeiterwerbstätigkeit eine Vielzahl ungesicherter und diskontinuierlicher Beschäftigungsverhältnisse geschaffen haben und schaffen werden, eine „De-Institutionalisierung" und möglicherweise auch eine *De-Legitimierung des entpflichteten Ruhestandes* eingeleitet.[8] Aus dieser Sicht wäre das vorzeitige Ausscheiden aus dem Erwerb nicht als Verjüngung des Alters oder eine Verlängerung des Alters zu sehen, sondern - ganz anders - als Angleichung des höheren Erwachsenenalters an die Normalität einer risikobehafteten, ungesicherten Lebensführung, die auch für andere Phasen des Erwachsenenal-

6   vgl. zu diesem Fragenkomplex: Kohli, Martin: Fragestellungen und theoretische Grundlagen. In: Kohli, Martin u.a.: Engagement im Ruhestand. Rentner zwischen Erwerb, Ehrenamt und Hobby. Opladen 1993, S. 13 - 43, insbesondere: S. 25 ff.

7   vgl. Bergman, Shimon; Naegele, Gerhard; Tokarski, Walter (Hrsg.): Early Retirement. Approaches and Variations: An International Perspective. Kasseler Gerontologische Schriften 3. Kassel, Jerusalem 1988; Kohli, Martin; Rein, Martin; Guillemard, Anne-Marie; van Gunsteren, Herman (Hrsg.): Time for Retirement. Comparative studies of early exit from the labor force. Cambridge/New York 1991.

8   von Kondratowitz, Hans-Joachim (Hrsg.): Die gesellschaftliche Gestaltbarkeit von Altersverläufen. Berlin 1994.

ters charakteristisch ist - so Schmidt (1994)[9] in seiner Kritik der Strukturwandel-These. Dieser Prozeß der De-Legitimierung des Ruhestandes, den Momente von Entsicherung und Freisetzung kennzeichnen, birgt „riskante Chancen".[10]

Für die Generationen, die in einer noch weitgehend intakten Arbeitsgesellschaft sozialisiert worden sind - wir müssen hier die Geburtsjahrgänge von etwa 1934 bis 1945 vor Augen haben - wird das frühzeitige Ausscheiden aus der Erwerbsarbeit zu einer - auch moralischen und motivationalen - Entwicklungsherausforderung. Vom Standpunkt der Entwicklungspsychologie her wird im Berufsaustritt generell auch die „Möglichkeit zur persönlichen Weiterentwicklung" gesehen, „weil sozial anerkannte Rollen und Tätigkeiten der Berufstätigkeit irrelevanter werden, keine Notwendigkeit mehr besteht, Produkte zu fertigen und Dienstleistungen zu erbringen, um dafür eine Bezahlung und gesellschaftliche Anerkennung zu erhalten; in dieser Situation ergibt sich verstärkt die Chance, Tätigkeiten um ihrer selbst willen auszuführen, sich in Beschäftigungen zu engagieren, die als intrinsisch belohnend erlebt werden, oder eben das zu tun, woran man selbst Spaß hat."[11] Diese durchaus realisierbare Chance macht aus den Vorruheständlern eine „Pioniergeneration", die - eigentlich noch im „arbeitsfähigen" Alter - Tätigkeiten jenseits der Strukturvorgaben der Erwerbsarbeit ausüben können. Unter den relativ günstigen Vorzeichen der Vorruhestandsregelungen im Westen in den achtziger Jahren wurde auf der Grundlage empirischer Forschung konstatiert:

„Der Vorruhestand wird ... als Handlungsaufforderung erlebt; es lohnt sich, Neues anzufangen, und es sind noch ausreichend Aktivitätsressourcen vorhanden (oder können wiederhergestellt werden), um 'noch etwas von der Rente zu haben'. Der Vorruhestand läßt also einen Druck zur Erschließung neuer Aktivitätsformen entstehen."

Dabei muß allerdings gesehen werden, daß „im Ruhestand kaum völlig neue Handlungsmuster entwickelt werden, sondern daß darin hauptsächlich die im bisherigen Lebenslauf zugeschnittenen Handlungsressourcen und Lebensstile zum Ausdruck kommen. Wissen und Erfahrungen, die aktualisiert werden können, sind der Ausweis der lebensgeschichtlichen Vergangenheit und regulieren die Beteiligung an spezifischen Handlungsfeldern."[12]

9   Schmidt, Roland: Altern zwischen Individualisierung und Abhängigkeit. In: Kade, Sylvia (Hrsg.): Individualisierung und Älterwerden. Bad Heilbrunn 1994, S. 59-71.

10 Keupp, Heiner: Riskante Chancen. Das Subjekt zwischen Psychokultur und Selbstorganisation. Heidelberg 1988.

11 Faltermaier, Toni, u.a.: Entwicklungspsychologie des Erwachsenenalters. Stuttgart u.a. 1992, S. 172.

12 Wolf, Jürgen; Kohli, Martin: Neue Altersgrenzen des Arbeitslebens. Betriebliche Interessen und biographische Perspektiven. In: Rosenmayr, Leopold; Kolland, Franz (Hrsg.): Ar-

5. Für die Betroffenen ergibt sich mithin der Zwang und die Chance zur „Biographisierung", zur „Reflexion und Bilanzierung des Lebenslaufs und des Lebensentwurfs".[13] Von der soziologischen Biographieforschung sind in der jüngeren Vergangenheit immer wieder an die Individuen gerichtete Anforderungen herausarbeitet worden, die den Subjekten mehr oder weniger dauerhaft „Selbststeuerungen und Selbstvergewisserungen" abverlangen. Für den besonderen Fall des Vorruhestandes (im Osten Deutschlands) haben Gisela Jakob und Thomas Olk (1995)[14] dies konkretisiert: Die „Anforderung der 'Biographisierung' des Vorruhestandes muß also von dieser Generation von Vorruheständlern gewissermaßen 'im Nachhinein' geleistet und erarbeitet werden" (Jakob/Olk 1995, S. 53). Sie betonen, daß spezielle Bildungsangebote für diese Zielgruppe zu entwickeln seien, „die auf deren vorgefundene biographisch geprägte Orientierungen, Kompetenzen und Erwartungen eingehen" (Jakob/Olk 1995, S.53). Es gehe „nicht mehr um berufsbezogene Qualifizierungsprozesse oder die Vermittlung kognitiver Wissensinhalte, sondern vielmehr um Selbstbildungsprozesse, in denen verschüttete Kompetenzen erneuert und weitere Entwicklungspotentiale erschlossen werden können - ohne das Leistungs- und Erfolgsdenken, das für bisherige Lebensphasen bestimmend war, einfach in die nachberufliche Lebensphase zu verlängern" (Jakob/Olk 1995, S.53). Bildungsangebote müßten den Vorruheständlern die Gelegenheit verschaffen, „auszuloten", welche eventuell neuen Interessen und Aktivitäten Bestandteil eines sinnvollen Lebens in der nachberuflichen Lebensphase darstellen könnten.

„Dies können sowohl ausgesprochen selbstbezogene Tätigkeiten wie das Wiederanknüpfen an aufgeschobene Bildungswünsche als auch gemeinschaftsorientierte Tätigkeiten wie Mitarbeit in Vereinen, Verbänden und Organisationen bzw. ehrenamtliche Tätigkeiten sein" (Jakob/Olk 1995, S.54).

„Welche dieser Aktivitäten und Tätigkeiten in welcher Kombination subjektiv 'einen Sinn haben', kann dabei nicht von außen vorgegeben werden, sondern muß auf der Basis der

---

beit - Freizeit - Lebenszeit. Grundlagenforschungen zu Übergängen im Lebenszyklus. Opladen 1988, S. 183 - 206, hier: S. 201. Die Literaturangaben im Zitat beziehen sich auf: Opaschowski, Horst W.; Neubauer, Ursula: Freizeit im Ruhestand. Hamburg 1984 und Tokarski, Walter: Freizeitstile im Alter: Über die Notwendigkeit und Möglichkeit einer Analyse der Freizeit Älterer. In: Zeitschrift für Gerontologie, 18, 1985, S. 72 - 75.

13   Brose, Hanns-Georg; Hildenbrand, Bruno (Hrsg.): Vom Ende des Individuums zur Individualität ohne Ende. Opladen 1988.

14   Jakob, Gisela; Olk, Thomas: Die Statuspassage des Vorruhestands im Transformationsprozeß Ostdeutschlands. In: Löw, Martina; Meister, Dorothee; Sander, Uwe (Hrsg.): Pädagogik im Umbruch. Kontinuität und Wandel in den neuen Bundesländern. Opladen 1995, S. 35-57.

erlebten Biographie und der hiermit zusammenhängenden Bedürfnisse und Interessen *erkundet* werden" (Jakob/Olk 1995, S.54). 6. Selbststeuerungs-, Selbstbildungs-, Selbstvergewisserungsprozesse wären es letztlich, für die die Erwachsenenbildung ihre Unterstützung dadurch bereitstellt, daß sie *Ausloten* und *Erkunden* ermöglicht. Im Falle der Vorruhestandsproblematik darf nicht vergessen werden, daß die Erwachsenenbildung - ebensowenig wie die Betroffenen - nicht über Sicherheit verbürgende Identitätsmodelle für einen „gelingenden Vorruhestand" verfügen kann. Wo die Erwachsenenbildung sich ihren Adressaten in Gestalt des *Qualifizierungsmodells* nähert, mag sie angesichts verunsicherter Problemgruppen möglicherweise den Startvorteil nutzen, suggerieren zu können, sie wisse schon, „wo es langgeht". Das *kann* aber nicht zutreffen, das Erwachen wird entsprechend böse sein. Die in den ersten Phasen der Wende die neuen Bundesländer überziehenden Qualifizierungswellen, die im Endeffekt nicht selten nachhaltig die dringend benötigte Weiterbildungsmotivation beschädigt haben, und überhaupt Beobachtungen der eigentümlichen „Maßnahmen"welt in Ostdeutschland, wären hier als Belege dafür heranzuziehen, daß das Qualifizierungsmodell fast regelmäßig mehr verspricht als es halten kann.

Professionelle Redlichkeit gebietet es, mit den Adressaten sehr sorgfältig zu überprüfen und zu reflektieren, unter welchen Bedingungen die geforderten und wünschenswerten Selbstbildungsprozesse vollzogen werden können. Existiert für die Betroffenen überhaupt realistischerweise eine andere Möglichkeit, „als den Zwang der vorgegebenen Bedingungen zu ratifizieren", werden nicht Vorgaben - „durch Machtkommunikation, den Einfluß relevanter Interaktionspartner oder ... (die) Suggestionskraft"[15] der Wissenschaft - an sie herangetragen, die nur einen Rest autonomer Entscheidung und Steuerung lassen?

Beobachtet man die gerade in den letzten Jahren im Zuge des deutschen Transformationsprozesses entwickelte Praxis, so fallen immer wieder Versuche auf, die den Betroffenen solche Selbstreflexionsprozesse vermeintlich ersparen: das ganze Spektrum von nachberuflichen Tätigkeitsmöglichkeiten, die zugleich auch gesellschaftliche Anerkennung versprechen, wurde möglichst verführerisch aufgefächert; aktivistisch-optimistische Alternsmodelle wurden als erfolgsträchtige Lebensperspektiven angeboten; in verdeckt beschäftigungstherapeutischer Form wurden Arbeit oder Dienstleistung simuliert und der Gebrauchswert des Produzierten möglichst unüberprüft unter-

---

15 Giegel, Hans-Joachim: Konventionelle und reflexive Steuerung der eigenen Lebensgeschichte. In: Brose, Hanns-Georg, Hildenbrand, Bruno (Hrsg.): Vom Ende des Individuums zur Individualität ohne Ende. Opladen 1988, S. 211 - 241, hier: S. 215

stellt; in Westdeutschland unter ganz anderen Bedingungen entwickelte Programme als Allheilmittel angedient. Solche Bemühungen, die zumeist durchaus in guter Absicht angestellt wurden, haben ihre Verdienste und sollten nicht besserwisserisch kritisiert werden. Aus heutiger Sicht läßt sich aber feststellen, daß *Selbst-Bildungsprozessen*, Verlern- und Zulernerfahrungen, zu wenig Aufmerksamkeit geschenkt wurde - die sehr häufig überaus wackeligen und zu nervenraubenden Improvisationen zwingenden Rahmenbedingungen haben viel dazu beigetragen, den Initiatoren und Anbietern Reflexionschancen zu verstellen.

7. Es ist heute sinnvoll und geboten, die Differenziertheit der Zielgruppe „Vorruheständler" und der an sie gerichteten Angebote nachdrücklich zur Kenntnis zu nehmen. Wenig spricht dafür, daß ein bestimmtes Projekt oder Modell grundsätzlich zu bevorzugen wäre, weil es die richtigen Antworten auf die komplexen Probleme, angesichts der sozial, individuell, regional so heterogenen Lebensbedingungen der Adressaten, gefunden hätte. Auffällig ist allerdings, wie stark die meisten Ansätze an einem *Interventionsmodell* orientiert sind und durchweg anstreben, mit ihren Angeboten und Praxisformen im *Alltag* der Zielgruppe relevanten Einfluß zu gewinnen.

Zum Beispiel werden *Tätigkeiten* oder *Aktivitätsräume* vorbereitet, zusammen mit den Betroffenen aufgebaut oder entwickelt, die anerkennen, daß für Vorruheständler die Prägung durch die Arbeitswelt und die mit dem Ausscheiden daraus verbundenen Verluste zu einer Suche nach neuen Gravitationszentren im Alltagsleben führen werden. Diese Tätigkeiten können vermutlich dann förderlich wirken, wenn sie eine allmähliche Ablösung von aus der Arbeitswelt mitgebrachten Verpflichtungsmustern einleiten, damit verbunden aber die Entwicklung mit ihnen verknüpfbarer neuer Relevanzen ermöglichen.[16] Solches „Lernen im Projektkontext"[17] kann dann sehr wohl da-

---

16 vgl. dazu Langehennig, Manfred: Der lange Abschied von der Arbeitswelt. In: Backes, Gertrud; Clemens, Wolfgang (Hrsg.): Ausrangiert? Lebens- und Arbeitsperspektiven bei beruflicher Frühausgliederung. Bielefeld 1987, S. 204 - 224 und Langehennig, Manfred; Kohli, Martin: Nachberufliche Tätigkeitsfelder - Empirie und Perspektiven. In: Knopf, Detlef; Schäffter, Ortfried; Schmidt, Roland (Hrsg.): Produktivität des Alters. Berlin 1989, S. 208 - 222. Auch Forschungsergebnisse aus der DDR (1979 und 1984) ergaben, daß die Bewältigung der Berufsaufgabe leichter fiel, wenn die innere Bindung an die Arbeit nicht zu stark war (vgl. Ernst, Jochen: Frühverrentung in Ostdeutschland, Frankfurt/M. u.a. 1995, S. 44f.). Das hat übrigens die DDR-Gerontologie - ganz analog den Aussagen von Teilen der westdeutschen Gerontologie - nicht daran gehindert, weiterhin Arbeit als die beste „Geroprophylaxe" zu propagieren.

17 Knopf, Detlef, Schmidt, Roland: Lernen im Projektkontext. Über die Bildsamkeit der 'Ruhestandsgestaltung'. In: Dettbarn-Reggentin, Jürgen; Reggentin, Heike (Hrsg.): Neue Wege in der Bildung Älterer. Band 2. Freiburg 1992, S. 185 - 198.

zu beitragen, daß die Bedingungen für den Aufbau und die Entfaltung explorativer Altersstile günstiger werden.

Andere Initiativen nutzen die förderlichen Kräfte der *Gruppenarbeit*, wobei ein breites Spektrum von zumindest anfänglich begleiteter Gruppenarbeit bis zur Bereitstellung von Sozialräumen, in denen Betroffenengruppen sich selbst regulieren (können/sollen), anzutreffen ist. Gelegentlich spielt die Gruppe schon eine konstitutive Rolle beim Übergang von (makrodidaktischer) Adressatenorientierung auf (mikrodidaktische) Abstimmungserfordernisse der konkreten Arbeit mit Teilnehmern: Gruppenarbeit wird als Medium der Kontaktaufnahme und der Erschließung des Feldes zu einem Zeitpunkt benutzt, wo die Gruppenteilnehmer eigentlich den Adressatenstatus noch nicht überwunden haben können; sie sind sozusagen Teilnehmer probehalber, die nach und nach oder schon sehr früh mit der Aufgabe konfrontiert werden, sich ihr Programm selbst zu erarbeiten. Absicht und Arbeitsform der Gruppenarbeit und die an die Teilnehmer gerichteten Selbstgestaltungserwartungen können „am eigenen Leib" erlebt, bewertet und bei der Entscheidung für oder gegen eine weitere Teilnahme genutzt werden. Eine Sonderform der nicht unbedingt als Gruppenarbeit erkennbaren Ansätze findet sich bei Projekten und Verbänden, die alltagsrelevante Verpflichtungen über *Mitgliedschaft*, Einbindung in vereinsinterne Verantwortlichkeiten, Rollenübernahmen etc. anstreben. Teilweise werden in solchen Initiativen Kompensationen für Statusverluste dadurch erzielt, daß prestigeträchtige Rollen, Titel und Aufgaben erworben und vergeben werden. Bildungswirksam werden solche Strategien m.E. einzig dadurch, daß - um noch einmal Jakob und Olk[18] zu zitieren - „die Entwicklung und Pflege von inszenierten Gemeinschaften nicht durch die Institution oder Organisation garantiert wird, sondern selbsttätig und immer wieder aufs Neue geschaffen wird" (Jakob/Olk 1995, S.55). Gerade von ostdeutschen Vorruheständler/innen wird - vor dem Hintergrund der von Jürgen Wolf so genannten „Vergesellschaftungslücke" - verständlicherweise der Verlust insbesondere von der Arbeitswelt gesicherter sozialer Kontakte und Einbindungen in Kollektive beklagt. Der auch im Rahmen von Bildungsprozessen latent vorhandene oder offen artikulierte Wunsch, Gemeinschaftserfahrungen wiederzugewinnen, kann als eine Konstante gelten. Vor diesem Hintergrund können Bildungsprozesse nicht eines, im ganz ursprünglichen Sinn, sozialpädagogischen Charakters entbehren.

8. Eine weitere Gruppe von Initiativen bietet den Adressaten konkrete *Lebens- oder Bewältigungshilfe* an, um dann sukzessive die Rolle der Hilfenehmer mit der des Hilfegebers zu koppeln, wobei sich die angebotene Hilfe

---

18 s. Fußnote 14

dann an andere Personengruppen, z.B. Hochbetagte, richten kann. Für einige der Vorruheständler entwickeln sich daraus relativ verbindliche, aber doch weitgehend selbstbestimmte Tätigkeitsmöglichkeiten. Wie bekannt, versuchen gerade in diesem Bereich Förderprogramme der Länder (Sachsen, Brandenburg) durch materielle Anreize Strukturen zu schaffen und zu sichern, die - meiner Meinung nach - im Bereich der Erwachsenenbildung nicht minder dringlich wären, um langfristige Entwicklungen zu ermöglichen.[19] Helfen und nachberufliches Erbringen von Dienstleistungen als Möglichkeit der sozialpädagogisch unterfütterten Selbsthilfe scheint trotz aller möglichen Einwände ein zukunftsträchtiger Weg zu sein, der sich durchaus mit Qualifizierung, Beratung, Erfahrungsaustausch etc. koppeln ließe.

Klassischen Formen der Erwachsenenbildung sehr nahe kommen Initiativen, die *Foren biographischer Darstellung und Reflexion* anbieten, z.B. Erzähl-, Schreib- oder andere Werkstätten. Einen besonderen Stellenwert dürfen solchen Projekte in den neuen Bundesländern beanspruchen, wo die für den unfreiwilligen Vorruhestand charakteristischen Verlusterfahrungen durch den Zusammenbruch der DDR für viele Menschen mit einer radikalen Entwertung lebensgeschichtlicher Leistungen zusammenfällt. Es ist verständlich und wohl auch im Sinne des gerontologischen Insulationskonzeptes sinnvoll, daß einige der Projekte, den Betroffenen vertraute Wir-Gefühle zu vermitteln versuchen, Nostalgie akzeptieren, Grenzziehungen zu einer als abwertend und degradierend wahrgenommen Umwelt ermöglichen.

9. Wenn Projekte und Maßnahmen typisierend zusammengefaßt werden, darf nicht übersehen werden, daß empirisch zumeist Mischungen, Verknüpfungen, regionale Akzentsetzungen, programmatische Überlappungen anzu-

---

19 Bei den erwähnten Förderprogrammen sehe ich die Gefahr, daß die Nachfrage nach durch Vorruheständler angebotenen Dienstleistungen teilweise künstlich produziert wird - es fällt nämlich auf, daß sehr oft „Abnehmer" gefunden werden, deren Marktmacht ohnehin eingeschränkt ist.
„Dazu würde ich Tätigkeitsbereiche von Projekten zählen, die in großer Eile und unter beträchtlichem Erfolgsdruck mit dem Ziel erschlossen werden, Aktivitätsmöglichkeiten für Vorruheständler/innen im Bereich des Umweltschutzes, in der Betreuung von Hochbetagten, Behinderten, Kindern usw. zu finden. Ältere Menschen agieren hier durchaus im Gravitationsfeld des sogenannten zweiten oder dritten Arbeitsmarktes. Nachdem die Seniorenpolitik , den faktischen Bedingungen der Arbeitsmarktsituation - insbesondere in den neuen Bundesländern - entsprechend, ihre Zuständigkeit auf Mittfünfziger ausgedehnt hat, nimmt sie ... durch gezielte Förderpraktiken ... nicht unbeträchtlich Einfluß auf diese Entwicklungen. Die in unmittelbarer Nähe (und Abhängigkeit von) der Arbeitsmarktpolitik entwickelten Maßnahmen tragen dazu bei, die 'normative Produktion für das sozialpolitische Handlungsfeld des Alters' (v. Kondratowitz) weiter zu *beschleunigen*" (Knopf, Detlef: Die soziale Relevanz des Alters - Fiktion oder reale Utopie. Vortragsmanuskript, Potsdam 1994).

treffen sind.[20] Meine abschließende These ist nun, daß die Frage danach, wodurch der Vorruhestand Entwicklungsgelegenheiten im Sinne des Aufbaus explorativer Alternsprozesse bieten kann, in eben diesen Vermischungen liegt. Sie nämlich, so vermute ich, öffnen Handlungsspielräume und Reflexionschancen, in denen die Erwachsenenbildung ihr Potential entfalten kann. Sie kann Fragen aufwerfen, Wissen zur Verfügung stellen, Arbeitsformen offerieren, die den Betroffenen dabei helfen können, Selbstveränderung mit der Perspektive der Sozialveränderung zu verbinden. Sie kann dazu beitragen, aus (verständlichen) Sicherheitsbedürfnissen erwachsendes Festhalten an bloß ratifizierten Vorgaben zu überwinden, zu Prüfung und Neubewertung eigener Ressourcen einladen, was vor dem Hintergrund der sehr oft als Depotenzierung erlebten Freisetzung sehr schwer fallen kann. Sie kann unter anzustrebenden Umständen Betroffene als Multiplikatoren gewinnen, fortbilden und begleiten, die ihre Fähigkeiten und Kräfte (wieder) in Gebrauch nehmen wollen.

---

20 Vgl. für die neuen Bundesländer auch: Knopf, Detlef: Pioniere wider Willen - Projektarbeit mit Vorruheständler(inne)n in den neuen Bundesländern. In: Schweppe, Cornelia (Hrsg.): Soziale Altenarbeit. Pädagogische Arbeitsansätze und die Gestaltung von Lebensentwürfen im Alter. Weinheim, München 1996, S. 207-228.

Sylvia Kade

Modernisierung des Alters - Von der Bildungsbiographie zur biographischen Bildung

Weitgehend unbemerkt von der allgemeinen Erwachsenenbildung vollzog sich die Politisierung der Altersbiographie. Wie keine andere Lebensphase ist diese zu einem Gegenstand politischer Aushandlung durch die Altersgrenzenpolitik avanciert (vgl. Rosenow/Naschold 1994). Älterwerden ist damit zu einer politischen Tatsache geworden, die als Altersgrenzenbruch folgenreich in die Altersbiographien eingreift. Für die veränderte Temporalisierung des Lebenslaufs durch den Altersgrenzenbruch und deren Konsequenzen im Bildungsbereich fehlen der Erwachsenenbildung bisher angemessene theoretische Begriffe und praktische Konzepte. Charakteristisch ist vielmehr die „Blindheit für die temporale Dimension" der auf die Altersbiographie bezogenen Bildungsprozesse in Wissenschaft und Praxis (vgl. Schäffter 1993).
Fragen möchte ich deshalb zunächst nach den strukturell veränderten Formierungsprozessen der Altersbiographie durch die Altersgrenzenpolitik, ehe ich auf bildungstheoretische und praktische Konsequenzen der temporalisierten Bildungsbiographie eingehen werde.

Formierung der Altersbiographie durch den Altersgrenzenbruch

Man kann den Altersgrenzenbruch nach dem Berufsende von verschiedenen Standpunkten aus beschreiben und wird je Verschiedenes dabei in den Blick bekommen, das zu anderen Bewertungen führen muß. Doch zweifelsfrei ist die Modernisierung des Alters Ergebnis und zugleich Antriebskraft der Frühverrentung, die in einem immer früheren und noch „produktiven" Lebensal-

ter ein von Erwerbsarbeit unabhängiges Alterseinkommen verschafft, damit
aber überhaupt erst eine von anderen Lebensphasen unterscheidbare Altersbiographie konstitutiert. Der fraglose historische Fortschritt einer erwerbsfrei
gesicherten Existenz in einem Lebensalter, in dem die gewonnen Lebensjahre
den Älteren überhaupt erst Optionen zu einer selbstbestimmten Lebensgestaltung eröffnen, wird heute indessen zunehmend „fragwürdig" und damit zu
einem Bildungsproblem.

Die Lebensphasen im Lebenszyklus dynamisierten sich. Dabei dehnte
sich insbesondere die Altersphase durch den vorgezogenen Ruhestand erheblich aus. Mit der favorisierten Altersgrenzenpolitik werden Arbeitsmarkt-
und Innovationsprobleme jedoch nicht gelöst, sondern verschleiert: Sie tendiert dazu, Anschlußprobleme der nicht mehr voll leistungsfähigen Älteren in
dem Griff zu bekommen, indem sie nicht etwa durch Weiterbildung gelöst,
sondern durch den Ausschluß Älterer aus dem Erwerbssystem unsichtbar gemacht werden. Eine Folge ist, daß die leistungsstärksten mittleren Generationen sich bollwerkartig gegen durchlässigere Altersübergänge verschanzen
und sich damit zugleich gegen die Erfahrung absichern, daß die Leistungsfähigkeit begrenzt, daß das Berufsleben endlich ist und die Zeit danach zu einer
biographischen Bildungsaufgabe werden kann. Mit der Abschließungsten-
denz des Arbeitsmarktes gegen Ältere verkürzt und verdichtet sich die Lebensarbeitszeit für nicht wenige nahezu um die Hälfte: Nicht nur für Frauen,
die nach einer Familienphase bereits mit 45 kaum noch eine Chance zu einem beruflichen Wiedereinstieg finden, auch für Hochqualifizierte, die mit
35 den Berufseinstieg schafften, kann mit 55 bereits das Berufsende gekommen sein, da sie bereits ab 50 als „schwer vermittelbar" nach einem Stel-
lungswechsel gelten. Ein biographischer Nebeneffekt der verkürzten Berufsbiographie durch das vorverlegte Berufsende ist die Angleichung der männlichen an die generell verkürzte Lebensarbeitszeit der weiblichen Normalbio-
graphie. Die restriktive Verzeitlichung der Berufsbiographie schlägt zurück
auf die Bildungsbiographie, die immer strikter an berufsbiographisch verwertbare Erfordernisse angepaßt werden muß, wenn man das rechte Timing
der Berufskarriere nicht verpassen will. Immer nahtloser schmiegt sich die
Bildungsbiographie unter Temporalisierungszwang externen Berufsvorgaben
an. Auf der Strecke bleiben indessen Bildungsmoratorien, die für die selbstbestimmte Gestaltung der Bildungsbiographien konstitutiv sind, denn abweichende Bildungspfade erhöhen das Mißerfolgsrisiko und lassen nun auch die
Jugend und nicht nur die Älteren vorzeitig „alt aussehen".

Mit der immer früheren Entberuflichung des Alters lösen sich schließlich
auch die Lernanlässe zwischen den Generationen auf, die kaum noch funktional miteinander konfrontiert sind, weil das Alter in den alternden Institu-

tionen zusehends unsichtbar geworden ist. Als Folge der Altersgrenzenpolitik verschwindet die für gesellschaftliche Entwicklungsprozesse konstitutive Differenzerfahrung des Alterns selbst. Die gesellschaftliche Lernfähigkeit ist damit grundlegend in Frage gestellt, denn diese ist unter permanentem Erneuerungsdruck bis heute auf die intermediäre Kontingenzbewältigung im institutionellen Generationenaustausch angewiesen. Entfällt dieser, gerät auch die strukturelle Balance von Kontinuität und Wandel in den Institutionen aus dem Gleichgewicht. Die in alternden Institutionen dominanten mittleren Altersklassen igeln sich indessen unter Gleichaltrigen ein, die als Generation für sich - ohne den Innovationsdruck der Jüngeren und ohne die Stabilisierungsarbeit der Älteren - nicht mehr hinzulernt, was nicht in das eigene Konzept paßt. Mit dem durch die Altersgrenzenpolitik forcierten Bruch zwischen den Altersklassen ist deshalb keineswegs nur die Sozialintegration der Älteren in Frage gestellt, sondern diese zeigt auch unabsehbare Folgen für die gesellschaftliche Lernfähigkeit selbst.

Auch die biographische Bruchstelle nach dem Berufsende gerät damit aus dem Blick, soweit Junge und Alte durch funktionale Segregation zunehmend in voneinander abgesonderten Lebens- und Funktionsbereichen isoliert sind. Die Blindstelle reproduziert sich in der einer Lebensabschnittslogik folgenden Wissenschaft und in der einer Zielgruppenlogik verpflichteten Erwachsenenbildung.

Die Vergesellschaftungslücke im Konzept lebenslangen Lernens

Wenn mit dem Konzept lebenslangen Lernens mehr als die Trivialität verbunden werden soll, daß Lernen im Lebensverlauf ein prinzipiell unabschließbarer Prozeß mit offenem Ende ist, dann ist das Konzept heute der diskontinuierlichen Altersbiographie nicht mehr angemessen und als Leitkonzept der Altersbildung inadäquat. Ursprünglich wurde das Konzept lebenslangen Lernens im Kontext der Berufsbildung entworfen und propagiert, um die lebenslange Zwangsbindung von Erstausbildung und Beruf zu entkoppeln und durch ständiges Weiter- und Umlernen die Erstausbildung zu entlasten. Die kontinuierlich erweiterte Wissensakkumulation im Dienste einer, durch die Anpassung an Modernisierungsprozesse verstetigten Bildungsbiographie war das Ziel. Längst wurde indessen das Modell auf die gesamte

Lebensspanne ausgedehnt und auf die über das Berufsende hinausgehende Altersphase ausgeweitet. Die kontinuierliche Wissenserweiterung ist damit zu einer Lebensaufgabe geworden.

Indessen ist heute davon auszugehen, daß Einheitsvorstellungen von einer auf ein Lebenskontinuum bezogenen Bildungsbiographie in die Irre führen und die durch einen Bruch gekennzeichnete Problematik der Altersbiographie verfehlen. Kennzeichnend für diese ist vielmehr die verallgemeinerte Entkoppelung der Bildungs- von der Erwerbsbiographie aufgrund der Altersgrenzenpolitik. Der Altersgrenzenbruch läßt keine kontinuierliche Fortsetzung der Bildungsbiographie im Alter zu, weil nach dem Berufsende deren institutionelle Anwendungs- und Verwirklichungsbedingungen entfallen, die soziale Anerkennung und Integration sichern. Vergesellschaftung erfolgt heute durch Bildung im Dienste der Berufsbiographie. Die Zäsur des Berufsendes läßt eine Vergesellschaftungslücke entstehen, die eine nahtlose Fortsetzung des Bildungsweges nicht mehr erlaubt. Damit wird die Altersbiographie zur „Übergangsbiographie", mit der eine lebensgeschichtliche Reorganisation ansteht: Nicht Wissensakkumulation, sondern biographische Wissenstransformation ist nach dem Altersgrenzenbruch verlangt.

Unzweifelhaft liegt andererseits in der Entkoppelung der Bildungsbiographie von externen Verwertungszwängen zugleich auch ihre Chance, im Alter endlich selbstbestimmten Bildungszielen folgen zu können. Mehr noch: Um die bildungsbiographische Bruchstelle nach dem Berufsende zu überwinden, muß diese selbst zum Gegenstand biographischer Reflexion werden. Die reflexive Reorganisation der Bildungsbiographie im Dienste des Älterwerdens soll hier als biographische Bildung bezeichnet werden: Biographische Bildung zielt auf die reflexive Selbstaneignung der Bildungsbiographie.

Die systematisch vorenthaltenen Gelegenheitsstrukturen und Anwendungsbedingungen des bisher erworbenen Wissens und Könnens setzen per se eine jedem Bildungsprozeß inhärente Sinngebung in Gang, indem dem Lernprozeß überhaupt ein intentionaler Sinn zugewiesen wird. Nachdem jedoch fremdbestimmte Verwertungszwänge und zweckbestimmte Vorgaben der Bildungsanstrengungen entfallen sind, kann dies nur ein selbstdefinierter, biographisch motivierter Sinn sein. Keineswegs ist deshalb die Bildungsbiographie im Alter - wie oft unterstellt - nach allen Seiten offen. Biographische Bildung verlangt, den Bildungsweg als Geschichte einer Selbstfestlegung und hierdurch verengter Anschlußmöglichkeiten zu rekonstruieren (vgl. Schäffter 1993).

Kohli (1992) bezeichnet den Zwang, die eigenständige Lebensphase im Alter nach neuen Kriterien zu ordnen und Lebenssinn vor diesem Horizont neu zu definieren als „Biographisierungszwang" des Alters. Auf Bildung bezogen bedeutet dies, nach dem Altersgrenzenbruch zu biographischer Kontinuitätssicherung durch Erfahrungstransformation genötigt zu sein. Ob man dies will oder nicht, die unreflektierte Fortsetzung der Bildungsbiographie ist nicht mehr möglich: Der Weg führt von der Bildungsbiographie zur biographischen Bildung im Alter. Die Vorgeschichte muß zunächst in ihrer lebensgeschichtlichen Bedeutung, in ihrem Gewordensein begriffen sein, um die nach dem Altersgrenzenbruch nötige biographische Normalisierungsarbeit der Kontinuitätssicherung leisten zu können.

Die Anschlußfähigkeit biographisch erworbenen Wissens und Könnens, vor allem aber die im Laufe des Lebens angeeigneten Bewältigungsformen im Umgang mit Kontingenz stehen damit zur Debatte: Die individuelle Anschlußfähigkeit wird zur wichtigsten biographischen Kompetenz im Alter. Angesichts der Nötigung, das Anschlußproblem der Bildungsbiographie individuell lösen zu müssen, sind die Älteren als von gesellschaftlichen Verwirklichungs- und Anwendungsbedingungen Ausgeschlossene insofern gleich. Ungleich sind sie jedoch im Hinblick auf biographisch erworbene Kompetenzen, das soziale Anschlußproblem unter Kontingenzbedingungen des Alters zu lösen. Nicht Bildungsunterschiede als solche, nicht Differenzen des Wissens und Könnens entscheiden indessen über eine gelungene Bewältigung des Anschluß- und Transformationsproblems nach dem Altersgrenzenbruch. Denn gerade das hochkomplexe und nur noch arbeitsteilig zu verwirklichende Wissenschaftswissen Hochqualifizierter ist heute auf institutionelle Gelegenheitsstrukturen angewiesen, um sich zu verwirklichen: Es zerfällt in seinen Anschlußchancen in dem Grade, in dem es außerhalb der höchst voraussetzungsvollen institutionellen Kontext- und Verwendungsbedingungen angewandt wird. Hochqualifizierten kann sich deshalb nach dem Berufsende verschärft das Problem stellen, weil die Anschlußbedingungen des Wissens voraussetzungsvoller sind, Status und institutioneller Rahmen aber abhanden gekommen sind. Noch allgemeiner gilt: Je höher der Professionalisierungsgrad bildungsbiographisch erworbenen Wissens und Könnens, um so geringer sind seine Anwendungschancen außerhalb des Berufs im Alter. Je alltagsnäher hingegen biographisch erworbene Kompetenzen sind, umso eher dürften neue außerberufliche Handlungsfelder zu erschließen sein, sofern die Anschlußbereitschaft unter veränderten Bedingungen gegeben ist.

Das individuelle Anschlußproblem stellt sich im Alter vorrangig in der Zeitdimension und dies nicht nur in dem Sinne, daß der unter Individualisierungszwang generalisierte Veränderungsdruck nun auch die Altersbiographie erfaßt hat. Mit dem Älterwerden nimmt generell die Gefahr der Fragmentierung des Lebenslaufs durch nicht-erwartbare kritische Ereignisse zu (vgl. Alheit/Hoerning 1989). Nicht Kontinuität sondern Diskontinuität bestimmt die ausgedehnte Altersphase in der Moderne. Eben das biographisch erworbene Erfahrungswissen reicht deshalb zur Kontingenzbewältigung im Alter nicht mehr aus. Seine Wirkung beruht per se auf seiner Vorhersagekraft für erwartbare Ereignisse. Es verliert indessen seine Orientierungskraft unter Kontingenzbedingungen, die eine Reorganisation der Erfahrung erforderlich machen. Mit der Fragmentierung der Altersbiographie, die mit je spezifischen Anschlußproblemen verbunden ist, differenziert sich auch das Aufgabenfeld der Erwachsenenbildung, anschlußfähige Gelegenheitsstrukturen für Ältere zu schaffen.

Ob das Anschlußproblem im Alter gelöst wird, hängt nicht allein von individuellen Kapazitäten der Kontingenzbewältigung und der Anschlußbereitschaft, sondern von den gesellschaftlich organisierten Gelegenheitsstrukturen ab, die sozialintegrativ wirken können. Institutionelle Angebote der Altersbildung sind weder organisatorisch noch thematisch auf das Anschlußproblem der Altersbiographie abgestimmt. Sie bieten bisher kaum Gelegenheiten zu einer Selbstthematisierung der Bildungsbiographie im Dienste einer reflexiven Bearbeitung des Anschlußproblems. Die Temporalität des Erfahrungszusammenhangs, die Kern biographischer Bildung ist, wird bisher nur ausnahmsweise in Bildungsangeboten für Ältere thematisiert. Altersbildung zielt bisher auf Wissenserweiterung, nicht auf Erfahrungstransformation, zielt auf ungebrochene Kontinuitätssicherung der Bildungsbiographie, nicht auf Kontingenzbewältigung durch das Erschließen neuer Handlungsfelder und Anwendungsbereiche ab.

Die Altersbildung ist bis heute durch normative Konzepte bestimmt, die eine „bruchlose" Fortsetzung der Bildungsbiographie suggerieren, dabei jedoch diametral entgegengesetzte Strategien einschlagen. Charakteristisch ist die Selbstinstrumentalisierung der Altersbildung im Dienste extern vorgegebener Altersnormen anstatt die spezifische Freiheit einer selbstbestimmten Altersbildung zu nutzen, mit der die Modernisierung des Alters eingeleitet wird (vgl. Kade 1994). Mit dem Konzept des lebenslangen Lernens gibt die Altersbildung vor, das aus dem Altersgrenzenbruch resultierende Anschlußproblem zu lösen, indem sie es leugnet. Sie verfehlt damit aber auch die Aufgabe der Kontingenzbewältigung, über deren Lösungsweg nur die Älteren selbst entscheiden können:

1. Die einen plädieren für erweiterte Gelegenheiten, nach dem Berufsende die berufsbiographisch erworbenen Kompetenzen nunmehr unentgeltlich im Dienste des sozialen Gemeinwesens fortzusetzen. Sie votieren damit für eine erneute „Verpflichtung" nach der immer vorzeitigeren „Entpflichtung" im Alter, ohne dabei die nach dem Berufsende individuell eingeschränkte Anschlußfähigkeit und zugleich „bedingte" Anschlußbereitschaft in Rechnung zu stellen, nach der eben nicht mehr „alles so wei-

tergehen soll wie bisher" (vgl. Tews 1994). Die Älteren wollen ihre gewonnenen Freiheiten nur noch unter der Bedingung zugunsten des Sozialengagements einschränken, sofern sie Einfluß auf dessen individualspezifische Gestaltung nehmen können. Ohne diesen Freiraum könnte die geforderte erneute Verpflichtung der Älteren auch gegen die Intentionen der wachsenden Tendenz einer Politisierung der Altersbiographie im Gefolge von Arbeitsmarktkrise und Sozialabbau Vorschub leisten, die den Sozialstaat von Kosten entlasten soll.

2. Für eine Fortsetzung der Bildungsbiographie im Dienste des individuellen Funktions- und Kompetenzerhalts im Alltag plädieren andere, ohne dabei die im Alter entfallenen sozialen Verwirklichungs- und Anwendungsbedingungen der Kompetenzen zu berücksichtigen. Das Konzept der Individualbildung ohne soziale Anwendungschancen ist durch die Tendenz der Pädagogisierung der Altersbiographie charakterisiert, die eine leerlaufende Funktionserhaltung vorschreibt, deren Sinn und Funktion längst abhanden gekommen ist.

Daß die Nutzer des eingeschränkten Bildungsangebotes für Ältere indessen oft schon weiter sind als die Bildungskonzepte selbst, wird in der Forschung bisher zu wenig realisiert. Ältere eignen sich die Angebote okkasionell an, auch wenn sich die Nutzung im Dienst biographischer Bildung oft nur nebenbei und wider die Intentionen der Altersbildung vollzieht.

3. Altersbildung als biographische Normalisierungsarbeit

Altersbildung muß in jedem Fall auf den Altersgrenzenbruch der Bildungsbiographie eine individuelle Antwort finden: Sie ist biographische Normalisierungsarbeit im Dienste der Kontinuitätssicherung unter kontingenten Lebens- und Lernbedingungen im Alter. Doch lassen sich unterschiedliche Strategien der biographischen Kontinuitätssicherung unter diskontinuierlichen Bedingungen empirisch differenzieren:

1. Diejenigen, die eine fortgesetzte Anwendung ihrer berufsbiographisch erworbenen Fähigkeiten nach dem Berufsende anstreben, nehmen in der Regel in Kauf, unter diskontinuierlichen institutionellen Rahmenbedingungen in einer unterbezahlten und minderqualifizierten Tätigkeit beschäftigt zu sein. Die abwärtsmobile semiprofessionelle Beschäftigung enthält bisher erwartbare Gratifikationen vor, wenn z.B. von einer ehemaligen Krankenschwester nunmehr ehrenamtlich Pflege- und Betreuungsdienste übernommen werden, wenn ein ehedem selbständiger Handwerker sich einer Alteninitiative anschließt, die kleinere Reparaturarbeiten übernimmt oder der Rechtsanwalt im Vorstand des Sportverbandes ehrenamtlich tätig wird. Charakteristisch ist, daß die Tätigkeit in all diesen Fällen zwar den berufsförmigen Zeitzwängen und Organisationsstrukturen weiterhin unterworfen ist, Selbstgestaltungsmöglichkeiten, Sta-

tus und Entlohnung aber drastisch abnehmen. Der Gewinn liegt dann eher in einer biographischen Selbstbestätigung, „noch nicht zum alten Eisen zu gehören", für andere weiterhin nützlich zu sein oder noch über die einmal erworbenen Kompetenzen zu verfügen. Termindruck und Pflichterfüllung illusionieren im Alltag, daß alles so weitergeht wir bisher.

2. Eine komplementäre Kontinuitätssicherung streben diejenigen an, die durch einen radikalen Wechsel bisheriger bildungs- und berufsbiographischer Optionen nach einem ergänzenden Ausgleich zu dem als vereinseitigt oder entfremdend erfahrenen Berufsleben suchen. In fast allen Fällen unterliegt dem „Nachholbedarf" weniger der Wunsch nach Wissensakkumulation - wenn z.b. der Ingenieur Religionswissenschaft studiert, die Kauffrau zu malen beginnt - als vielmehr das Interesse an Selbstverwirklichung und der Selbstvervollkommnung von Fähigkeiten, die ein Leben lang zu kurz gekommen sind. Der biographische Gewinn ist darin zu sehen, bisher vorenthaltene aufgeschobene oder unerreichbare Ziele der Bildungsbiographie nun endlich doch noch verwirklichen zu können. Das Nachhol- und Ergänzungsmotiv steht im Dienst biographischer Abschließungsarbeit. Doch vollzieht sich die Selbstverwirklichung im Alter oft um den Preis späten Dillettierens, das mit der narzistischen Kränkung verbunden ist, die gewünschten sozialen Anwendungsmöglichkeiten und die damit verbundene Anerkennung eben nicht mehr zu finden. Der Gewinn des nachgeholten Kompetenzerwerbs liegt in der biographischen Selbsterweiterung: sich selbst von einer anderen Seite kennenzulernen und Möglichkeiten, die bisher nicht zum Zuge kamen, neu zu entfalten.

3. Eine eher fragmentierte Kontinuitätssicherung erwartet diejenigen, die bisher den roten Faden ihrer Biographie noch nicht gefunden haben und sich im Alter auf eine biographische Suchbewegung einlassen, die duch den Wechsel der lerngelegenheiten in Permanenz gekennzeichnet ist. Die rastlose Probierbewegung läuft indessen leer, wenn keine Gelegenheitsstrukturen vorgefunden werden, die das Entwicklungspotential systematisch fördern könnten und die institutionellen Anschlußgelegenheiten eine Kompetenzentwicklung verhindern. Folge des in der Altersbildung verbreiteten Kursmodells ist in vielen Fällen eine Kurskarriere, die in der Endlosschleife scheinbar beliebiger Kurswahlen oder im Nebeneinander des gleichzeitigen Besuchs von Kursen münden, weil die eigenen Kompetenzgrenzen von Kurs zu Kurs unterschritten, nicht aber erweitert werden. Die Kontinuitätssicherung durch den wechselnden Besuch von Kursen verschafft jedoch den biographischen Gewinn, stets neuen Herausforderungen gewachsen zu sein und die Gewißheit, für alles offen zu sein, was sich an Gelegenheiten bietet, auch wenn die einzelnen auf dem Fleck treten. Das Lernen um des Lernens willen wird schließlich zur Alltagsroutine, die man nicht missen will, gerade weil sie quasi „endlos" ist, ein Lernen und Leben ohne Ende illusioniert (Kade/Seitter 1995).

4. Eine sozial-affirmative Kontinuitätssicherung erfolgt in Fällen, in denen Bildungseinrichtungen im Alter vor allem anderen als sozialer Ort genutzt werden. Gesucht wird die biographische Stabilisierungsarbeit in sozialen Gruppen, die nicht nur Kontakt- und Erfahrungsaustausch in der Gegenwart fördern, sondern auch die biographie-, generations- und milieuspezifischen Vorerfahrungen zu bestätigen vermögen. Gerade vor dem Hintergrund sich auflösender Zugehörigkeit zu sozialrelevanten Gruppen im Alter kommt der Erfahrungsbestätigung durch Gleichaltrige eine wichtige Kontinuität und Teilhabe sichernde Funktion zu (Mader 1995). Unabhängig von

den Intentionen des Bildungsveranstalters werden Bildungs- und Kulturangebote im Dienst gemeinschaftsstiftender Erfahrungen unter Gleichgesinnten angeeignet und genutzt. Das Gruppengemeinschaftsgefühl kann jedoch nur um den Preis aufrecht erhalten werden, daß biographiespezifische Differenzen zugunsten des Gruppenkonsensus unterdrückt oder Abweichungen von der Gruppennorm vermieden werden. Der ritualhaft durch Wiederholung bestätigte Gruppenkonsens, der nicht in einer gemeinschaftlichen Praxis begründet, sondern zum Selbstzweck geworden ist, verhindert individuelle wie soziale Entwicklungsmöglichkeiten in der Gruppe.

5. Von einer transformatorischen Kontinuiätssicherung kann gesprochen werden, wenn institutionelle Gelegenheitsstrukturen angeeignet werden, um sie im Dienste biographischer Interessen zu gestalten und zu verändern. Die Selbsterschließung der Gelegenheitsstruktur verändert indessen nicht nur den institutionellen Rahmen oder die thematisch vorgegebene Struktur. Die Selbstaneignung der Bildungsangebote im Dienste der Biographie bewirkt zugleich auch eine Erfahrungstransformation. Die Reichweite der Mitgestaltung und Selbstveränderung von Bildungsangeboten kann indessen sehr unterschiedlich sein: Wird im einen Fall ein Literaturkurs thematisch mitgestaltet, so im anderen ein Theaterstück auf Basis eigener Erfahrungen inszeniert. Schließlich kann die Suche nach gänzlich neuen Handlungsfeldern Ausgangspunkt einer transformatorischen Kontinuitätssicherung sein. Entscheidend ist: Das ursprüngliche Ziel, ein Thema, ein Handlungsbereich verwandelt und erweitert sich im Prozeß der biographischen Erfahrung durch die Form der Selbstaneignung. Aus dem Gesprächskreis geht z.B. eine Bürgerinitiative für ältere Ausländer hervor, ein Universitätsseminar mündet in einem Seniorenbüro, das soziale Ehrenämter vermittelt. Die Problematik der Selbstaneignung institutioneller Gelegenheitsstrukturen ist vor allem darin zu sehen, daß entweder das individuelle Anschlußmotiv zugunsten der Gruppendynamik zurückgedrängt wird, oder aber die Gelegenheitsstruktur aufgegeben werden muß, wenn externe Nutzungsrechte oder Fördermittel versiegen. Der Gewinn der transformatorischen Sicherung der Kontinuität liegt jedoch zweifellos in der Erweiterung der biographischen Anschlußfähigkeit selbst. Mit dieser erschließen sich ungeahnte Potentiale der Älteren und für das Alter, die bisher gegebene Möglichkeiten zu transzendieren vermögen.

Generelle Aufgabe der Erwachsenenbildung ist nach Schäffter „die Synchronisation differenter Eigenzeiten" durch „Ausdifferenzierung anschlußfähiger Ereignisse" (vgl. Schäffter 1993, S.452). Institutionelle Angebote der Altersbildung bieten bisher jedoch nur wenige Gelegenheiten biographischer Bildung, die eine reflexive Bearbeitung des bildungsbiographischen Anschlußproblems nach dem Altersgrenzenbruch ermöglichen. Dieser verursacht das altersspezifische Anschlußproblem in der Zeitdimension, angesichts vermehrter frei disponibler Alltagszeit vor einem schwindenden lebenszeitlichen Horizont eine biographische Kontinuität sichernde Zukunftsperspektive entwickeln zu müssen. Das auf bloß kurzfristige Anwendungs- und Verwirklichungsbedingungen zugeschnittene Kurs- oder Seminarsystem vermag eben diese Funktion nicht zu erfüllen. Es reproduziert vielmehr die Endlosschleifen von Seminar- und Kurskarrieren, ohne den Älteren individuelle Entwicklungs- und soziale Verwirklichungschancen zu eröffnen, die für die Altersbildung, sofern sie den Namen verdient, konstitutiv sind.

Literatur

Alheit, P./Hoerning, E.M. (Hg.): Biographisches Wissen. Beiträge zu einer Theorie lebensgeschichtlicher Erfahrung. Frankfurt/New York 1989.

Kade, J./Seitter, W.: Lebenslange Bildungsprozesse im Kontext von Einrichtungen der Erwachsenenbildung. In: Derichs-Kunstmann, K. u.a.: Theorien und forschungsbegleitende Konzepte der Erwachsenenbildung. Beiheft zum Report 1995.

Kade, S. (Hg.): Individualisierung und Älterwerden. Deutsches Institut für Erwachsenenbildung (DIE), Pädagogische Arbeitsstelle des DVV. Frankfurt/M. 1994.

Kohli, M.: Altern in soziologischer Perspektive. In: Baltes, P.B./Mittelstraß, J. (Hg.): Zukunft des Alterns und gesellschaftliche Entwicklung. Berlin/New York 1992.

Mader, W. (Hg.): Altwerden in einer alternden Gesellschaft. Kontinuität und Krisen. Leverkusen 1995.

Rosenow, J./Naschold, F. u.a.: Die Altersgrenzenpolitik von Unternehmern und Staat in der BRD. Berlin 1994.

Schäffter, O.: Die Temporalität von Erwachsenenbildung. In: Zeitschrift für Pädagogik (1993), H.3.

Schäuble, G.: Sozialisation und Bildung der jungen Alten vor und nach der Berufsaufgabe. Stuttgart 1995.

Tews, H.P.: Alter zwischen Entpflichtung, Belastung und Verpflichtung. In: Verheugen, G. (Hg.): 60 plus. Köln 1994.

Ludger Veelken

Altern und Lernen

„Werde ich älter auch stets, Neues lerne ich doch!" (Solon)

„Altern und Lernen" - ein Zusammenhang, der in der Wissenschaft, etwa in der Gerontologie, noch vielfach als Luxus angesehen wird, da einerseits jede Form von Bildung und Erziehung mit Kindheit und Jugendalter in Verbindung gebracht wird, eine „Pädagogisierung" befürchtet wird, und andererseits Bildungsmaßnahmen denen zugute kämen, die sich noch gut selbst helfen könnten. Wie der Sozialgerontologe Leopold Rosenmayr betont, ist aber durch Bildung und Erziehung der biologische Alternsprozeß zu beeinflussen.

„Denn Altern sehe ich als biologischen Abbau, als biochemischen Vermittlungsmangel mit zellulären Auswirkungen, die zunehmend Defizite in der Selbsterhaltung des Organismus herbeiführen, woraus eine Einschränkung des Lebendigen entsteht. Diesem Altern treten die ausweitenden und differenzierenden Prozesse psychisch-sozialer Entwicklung und Gestaltung gegenüber, wie wir sie eben besonders am Beispiel der Kreativität beschrieben haben. Der biologische Prozeß des Alterns ist 'psychisch, sozial und kulturell beeinflußbar und zum Teil steuerbar'" (Rosenmayr 1986, S.100; Rosenmayr 1992, S.245).

Bei den Älteren selbst ist dieser Zusammenhang schon länger im Bewußtsein.

„Das Neulernen und Neudefinieren eigener Verhaltensweisen bei den in ihrem Lebensstil aktiv-partizipierenden Älteren, die unter den Jung-Alten bereits etwa ein Drittel ausmachen, nimmt zu" (Rosenmayr 1992, S.247).

Rosenmayr weist darauf hin, daß Lernen und Studium in früheren Jahrhunderten der Entwicklungsaufgabe des Alters am meisten als angemessen gesehen wurde.

„Diese pädagogische bzw. lebensmethodische und geragogische Grundhaltung wird bis in die Aufklärung des 18.Jahrhunderts immer wieder zum Leben erweckt" (Rosenmayr 1992, S.207).

Gerade in unserer heutigen Zeit, die geprägt ist durch Individualisierung einerseits und Pluralisierung und Differenzierung von Lebensstilen, Lebensformen, Lebenslagen und Lebensbedingungen andererseits, ist eine Orientierung, sind Wachstum und Entfaltung ohne Lernen, lebensbegleitendes und lebenslanges Lernen, nicht möglich.

„Deswegen muß der Mensch, der seine weitere Entwicklung bejaht, in fortgeschrittenem Alter über Perspektiven für die Zukunft verfügen. Definierbare 'Lebensziele', konkretisierbare Lebenspläne und Daseinstechniken samt Chancen zu deren Realisierung müssen ihm vor Augen stehen, wenn die Gestaltungsfähigkeit und Kompetenz aufrecht bleiben soll. Gerade diese Pläne samt Realisierungstechniken 'erhalten den Menschen am Leben'. Sie geben ihm, wenn sie richtig entworfen und bemessen sind, Lebensfreude" (Rosenmayr 1992, S.242).

Im Sinne „tertiärer Sozialisation" (Veelken 1990) ist der ältere Mensch weiterhin Mitglied der Gesellschaft, erfährt die Prozesse von Enkulturation und Sozialisation und hat die Aufgabe der Beeinflussung von Kultur und der Selbstorganisation in der Gesellschaft. Kultur soll ihm in der modernen Gesellschaft Orientierung bieten, wobei die „Umwertung der Werte" im letzten Drittel des 20. Jahrhunderts nach Rosenmayr selbst zwar weitgehende Reaktionsform auf ökonomische und soziale Veränderungen ist.

„In einer Informations-, Lern- und Mediengesellschaft ist diese Umwertung jedoch zum eigenen kulturellen Wandlungsfaktor geworden" (Rosenmayr 1992, S.261).

Nach Rosenmayr ist die Wechselwirkung zwischen Persönlichkeitsentwicklung, Kultur und Gesellschaft als „Versuch zu verstehen, den individuellen Lebenslauf als 'Fluß', und Entwurf und die Gesellschaft in ihren Wandlungsprozessen durch Generationen und Epochen aufzufassen" (Rosenmayr 1992, S.244). Die Dynamik des Wandels und die „Verflüssigung von Generationsbeziehungen" (Ferchhoff 1993, S.44) führen aber dazu, daß eine starre Generationsabfolge nur noch bedingt Geltung besitzt.

„Demgegenüber müssen wir heute sagen: Werte, die einmal in der Jugend aufgegriffen wurden, bleiben heute nicht mehr lebenslang integriert und wirksam. Das in der Jugend übernommene Wertvermächtnis kommt nur teilweise zur Realisierung" (Rosenmayr 1992, S.176).

Denn, was für die Jugendsoziologie gilt, gilt auch für die Gerontologie, es gibt immer weniger verbindliche Normalformen in den jeweiligen Altersgruppen.

„Lebensführung und Moral, Sexualität, Kultur und Mode - sie kennen alle keine allgemeinverbindlichen 'kanonischen Vorschriften' mehr. Statt dessen kommt es zu einer Selbstthematisierung und 'Biographisierung' der eigenen Lebensplanung und -führung" (Ferchhoff 1993, S.48).

Dieser Prozeß soziokulturellen Wandels wird begleitet von den innerhalb der Gerontologie entwickelten Strukturveränderungen des Alterns. Die Gruppe der Älteren nimmt einen immer größeren Anteil in der Gesellschaft ein; sie kann nicht mehr als eine Generation insgesamt beurteilt werden, sondern besteht zumindest aus der Gruppe der „Jungen Alten" und der der „Alten Alten", wobei diese Begriffe den gerontologischen Aspekt einer lebensphasenorientierten Einteilung widerspiegeln. Immer mehr Ältere leben in Einpersonenhaushalten (Singularisierung) und die Mehrzahl der jetzt lebenden Älteren sind Frauen (Feminisierung des Alters). Die Zahlen und Tatsachen für sich sollten aber mehr und mehr zu der Frage führen, wie sie etwa Betty Friedan stellt, die Frage nach der evolutionären Bedeutung der Verlängerung der menschlichen Lebensjahre in einer immer größer werdenden gesellschaftlichen Gruppe und die damit verbundene Aufgabe, „die unglaublichen Ressourcen dieser Vielzahl älterer Menschen in aller Welt freizusetzen und die zusätzlichen Jahre produktiv zu nutzen" (Friedan 1995, S.773). Das aber wird nur möglich sein, wenn Altern und Lernen miteinander vernetzt werden.

Lernen bedeutet aber nicht nur Informationskonsum oder Gehirntraining. Vielmehr sollte es verbunden sein zusätzlich mit Sinnbezug, „Erneuerungsbefähigung" (Rosenmayr) und sollte tätigkeitsbezogen, handlungsorientiert sein.

„Für das Lernen Älterer ist ein geklärter und festgehaltener Sinnbezug besonders förderlich. Wenn Ältere wissen, warum sie etwas lernen sollen, dann fällt ihnen der Lernprozeß leichter" (Rosenmayr 1992, S. 239).

Dieser Sinnbezug bezieht sich zum einen auf das eigene Leben. Wer bin ich? Woher komme ich? Wozu lebe ich? Wohin gehe ich? Dieser Sinn kann ermittelt werden aus der Analyse der soziokulturellen Wandlung einerseits und der Beachtung der Entwicklungsaufgaben des Alterns andererseits. Gerade in einer Zeit wachsender Orientierungslosigkeit ist der Ältere weiterhin kreativ, produktiv, nimmt er aktiv teil an der Entwicklung von Kultur und Gesellschaft, aber nicht im Sinne einer weiteren Teilnahme an der Konkurrenzgesellschaft, sondern im Bewußtsein des Loslassens, vergleichbar dem indischen „vanaprastha" in der Lebensphasenorientierung der 50-75jährigen (siehe dazu Veelken 1994). Für Rosenmayr muß so das lebenslange Lernen „um die Vorstellung eines erneuerungsbefähigenden Lernens und die Berücksichtigung der Umstrukturierung gesellschaftlicher Lerneinrichtungen erweitert werden. Erneuerungsbefähigendes Lernen ist wichtig, sowohl für eine grundlegende Flexibilisierung der späten Arbeitsphase des Menschen als auch für die Phase des sogenannten 'Ruhestandes'" (Rosenmayr 1992, S.237). Eine neue Alterskreativität entspricht der von Erik H. Erikson entwickelten Entwicklungsaufgabe des jungen Alters „Generativität". Lernen sollte verbunden sein mit selbstgewählten Tätigkeiten, „selbst bejahte Aktivität" (Rosenmayr), die Entwicklungen im Alter fördern und Erfüllung bringen. Nicht irgendeine rasch aufgegriffene Tätigkeit oder eine von anderen vorgegebene Beschäftigung kann dieses Ziel erreichen, sondern, wie Betty Friedan betont:

> „Wir suchen im Alter eine neue Sinngebung, neue Projekte, neue Bindungen, wir brauchen neue Betätigungen für Körper und Geist" (Friedan 1995, S.782).

Sich Wissen aneignen bedeutet für Rosenmayr eine „innere Reise zu unternehmen".

> „Diese allmähliche Selbstfindung ist mit Formen von Meditation, Askese und Mystik vergleichbar, wie sie in asiatischen, teils auch in westlichen Kulturen entwickelt wurden" (Rosenmayr 1992, S.146).

Ein solches Lernen sollte aber nicht zur Ghettobildung der Älteren führen, sondern ist vernetzt im gemeinsamen Lernen von Jung und Alt. Diese Entghettoisierung sowohl der Jugend- als auch der Altenarbeit wird aus mehreren Gründen sinnvoll und notwendig. Beide Lebensphasen, Jugendalter und Alter sind gekennzeichnet durch größere Eigenständigkeit und tragen vielfach gleiche Merkmale.

> „Die Adoleszenz, besonders die 'begünstigte Adoleszenz' der weiterführenden Schulen wurde ebenso zur 'unproduktiven', von einer der vollen Arbeitsverpflichtung prinzipiell freigesetzten Phase wie die Pensionszeit" (Rosenmayr 1992, S.182).

Jugendalter ist nicht mehr nur Vorbereitung auf das Erwerbsleben und die Zeit nach dem Erwerbsleben nicht mehr nur „Nachbereitungszeit".

> „Die Anfänge und insbesondere Endpunkte von 'Jugend' werden immer uneindeutiger und unklarer" (Ferchhoff 1993, S.57).

Damit aber wird Jugendtheorie als Voraussetzung für Jugendarbeit und Alternstheorie als Voraussetzung einer Lebensplanung im Alter erst im Rahmen einer Lebenslauftheorie möglich.

> „Die Jugendtheorie, im Rahmen zumindest des Entwurfs einer Lebenslauftheorie, muß die verlängerten Vorbereitungs- und Ausbildungsphasen einerseits und die langen nachelterlichen und nachberuflichen Lebensphasen andererseits zur Kenntnis nehmen" (Rosenmayr 1992, S.298).

Von daher kann abgeleitet werden für den Bereich der außerschulischen und schulischen Bildungsarbeit:

> „Jugendpädagogik darf sich paradoxerweise nicht allein auf die Jugend beschränken" (Rosenmayr 1992, S.298).

Ähnliches läßt sich für den Bereich der Geragogik innerhalb der Sozialen Gerontologie ableiten. Denn die Älteren lernen von den Jüngeren, die Kinder lernen nicht mehr vorwiegend von den Eltern. Vielmehr werden Konsum und Medien zu Lerninstitutionen. Ein neues Lernsystem ersetzt ein älteres, die Kinder beginnen auf einmal etwas zu wissen, was die Älteren noch nicht wissen konnten. Die Klammer dieser Entgrenzung der Altersklassen kann als Jugendlichkeit bezeichnet werden, denn Jugendlichkeit ist nicht nur eine Frage von Jugend und Alter sondern wird mehr und mehr zu einer generellen Lebenshaltung,

„Jugendlichkeit wird dabei nicht selten zum Bindeglied zwischen den Generationen, indem die von Jugendlichen oder jungen Erwachsenen ins Leben gerufenen Innovations- und Enttabuisierungsprozesse, sei es nun in den Bereichen Sport, Mode und Sexualität, oftmals in gedämpfter bzw. verwässerter Form über den latenten Druck des Ideals Jugendlichkeit von den 'Älteren' rezipiert werden 'müssen'" (Ferchhoff 1993, S. 103).

Unterschiede und Differenzen innerhalb der beiden Alterskohorten scheinen vielfach bedeutsamer als die zwischen den Generationen. Jugendbildung und Altenbildung verhalten sich komplementär zueinander.

„Man kann in der Tat an Problemen der Jugend nicht arbeiten, ohne an den Einfluß auf die Einstellung der älteren Menschen an die gesellschaftlichen Machtkerne und Strategien zu denken, von denen die Jugendlichen und die jungen Erwachsenen abhängen. 'Jugendarbeit' bedeutet heute auch Erziehungsarbeit an allen Generationen und sie ist Selbsterziehung aller Erzieher und auch der Jugendwissenschaftler. 'Altenbildung' wird so zum Ergänzungsfeld von Jugendarbeit. Eine verbesserte Hilfe für die Jugend setzt den Versuch einer Weiterbildung und einer Hilfe zur Weiterentwicklung auch bei den Älteren voraus" (Rosenmayr 1992, S.299).

Am Beispiel der Entwicklung eines neuen europäischen Bewußtseins kann diese Vernetzung von Jugend- und Seniorenbildung verdeutlicht werden. Vor fünfzig Jahren bedeutete für die Älteren Europa ein Territorium, in dem die jeweils eigene Nation anderen als Feind gegenüber stand. Dies gilt vor allem für Deutschland und für diejenigen anderen europäischen Staaten, die mit Deutschland kooperierten. Die ersten Eindrücke waren für viele feindliche Bomber, die Besetzung des Landes bis hin zur aktiven Teilnahme am Krieg gegen Franzosen, Engländer usw. Nach fünfzig Jahren hat sich das Bild gewandelt. Immer mehr Ältere verbringen ihren Urlaub in Gegenden des früheren Feindes, die ersten gemeinsamen Senioren-Sommer-Universitäten finden statt - so 1996 in Guildford/England - viele Nordeuropäer zieht es dauerhaft oder „überwinternd" in südeuropäische Länder, wo sie in Residenzen, Appartements, eigenen Häusern, time-charing Anlagen teils noch unter sich, teils in Kontakt mit der Bevölkerung wohnen. Restaurants anderer Nationen werden auch von Älteren zunehmend besucht. Ein neues europäisches Bewußtsein entwickelt sich im Freizeit- und Kulturbereich und ergänzt „von unten her" die Bestrebungen in Wirtschaft und Politik. Für Jüngere, die nur diese europäische Entwicklung kennen, ist das gemeinsame Leben in Sommercamps, der Schüler- und zunehmend auch der Studentenaustausch selbstverständlich. Beide Generationen, Alt und Jung, entwickeln sich in die gleiche Richtung. Durch Urlaub und Reisen vor allem erweitert sich das europäische Bewußtsein immer mehr zum Bewußtsein einer Weltkultur.

„Die Prozesse der Verwestlichung in der Dritten Welt, aber auch in den schon (teil)industrialisierten asiatischen Ländern haben den Europäismus zur weltumspannenden Kultur-Dimension erweitert" (Rosenmayr 1992, S.47).

Individualisierung und Pluralisierung der Lebenswelten wird immer mehr zum Kennzeichen, das Alt und Jung in einem neuen europäischen Bewußtsein, das sich zum Bewußtsein einer Weltkultur ausweitet, verbindet.

„Der Lebensstil wird sich noch stärker zu einem Baukastensystem entwickeln. Man wird türkisch essen, japanisch meditieren, italienische Philosophie lesen und indische Kleinbronzen sammeln - oder italienisch essen, indisch meditieren, japanische Philosophie betreiben usw. Der Wahlmechanismus beim verkabelten Fernsehen ergänzt das Bild der Puzzle-Kultur" (Rosenmayr 1992, S.55).

Altern und Lernen - das sind nicht Prozesse, die der Kindererziehung entsprechen, sondern Erwachsenenbildner und Geragogen, Sozialpädagogen und Lehrer, Männer und Frauen in den jeweiligen Berufen, begleiten Andere beim Prozeß des Alterns und Prozeß des Lernens. Die Älteren selbst aber müssen sich mehr und mehr bewußt werden, daß Altern und Lernen für sie zu selbstverständlichen Wegen werden, die es ihnen ermöglichen, mit Jüngeren zusammen Modelle des Überlebens, Lebens und Erlebens für die Zukunft zu entwickeln.

„Die Verantwortung liegt bei der älteren Generation, einerseits für sich selbst, für ihre erneuerte Kreativität-Pubertät und fortlaufende Matureszenz, andererseits in ihrer verbesserten Einstellung zur Jugend, die allerdings die eigene Matureszenz voraussetzt. Nur wer selbst reift und sich dieses Prozesses bewußt ist, kann Reifung des Anderen bejahen oder gar fördern" (Rosenmayr 1992, S. 295).

Literatur

Ferchhoff, W.: Jugend an der Wende des 20.Jahrhunderts, Lebensformen und Lebensstile. Opladen 1993.

Friedan, B.: Mythos Alter, Reinbek 1995.

Rosenmayr, L.: Älterwerden als Erlebnis. Wien 1988.

Rosenmayr, L.: Die Schnüre vom Himmel - Forschung und Theorie zum kulturellen Wandel. Wien 1992.

Veelken, L.: Neues Lernen im Alter - Bildungs- und Kulturarbeit mit „Jungen Alten", Heidelberg 1990.

Veelken, L.: Modelle der Altenheimentwicklung in Indien - Anregungen für ein „Neues Wohnen im Alter" in Deutschland. In: Veelken, L./Gösken, E./Pfaff, M.: Gerontologische Bildungsarbeit, Neue Ansätze und Modelle. Hannover 1994, S. 261-273.

Berichte über
weitere Arbeitsgruppen

Hansjörg Seybold / Heino Apel / Gerhard de Haan /
Eduard W. Kleber / Udo Kuckartz

Arbeitsgruppe „Individuelle, gesellschaftliche und institutionelle Hemmnisse der Umweltbildung"

1. Einführung

Die individuellen, gesellschaftlichen und institutionellen Hemmnisse, mit denen Umweltbildung konfrontiert ist, werden in den Beiträgen der Arbeitsgruppe 6 aus der Perspektive der Umweltbewußtseins- und Umweltbildungsforschung betrachtet und aufeinander bezogen. Dabei geht es zum einen um die Forschungsfrage, welche Faktoren für das Umweltverhalten von Personen bestimmend sind, zum andern um Fragen wirksamer Strategien von Umweltbildung.

Im ersten Falle wird der Blick auf Faktoren gerichtet, die dieses Verhalten unterstützen bzw. behindern. Dieser Blick ist im Beitrag von Kleber zunächst analytisch-theoretisch ausgerichtet auf Erklärungsansätze für individuelles umweltverträgliches Verhalten bzw. dessen Behinderung. Am Beispiel des Mobilitäts- und Verkehrsverhaltens werden danach von de Haan/ Kuckartz empirische Studien zur Akzeptanz von umweltverträglichem und nicht-umweltverträglichem Verhalten in der Bevölkerung herangezogen, um Belege für Bestimmungsfaktoren umweltverträglichen Verhaltens in diesem Bereich zu erhalten.

Im zweiten Falle wird der Blick auf die Institutionen Schule und Erwachsenenbildung gerichtet, in denen Umweltbildung stattfindet. Diese Institutionen werden unter der These untersucht, daß das Wirksamkeitspotential von Umweltbildung nicht nur von ihrer eigenen Qualität bestimmt wird, sondern Umweltbildung nur insoweit erfolgreich sein kann, als dies die Rahmenbedingungen von Schule und Erwachsenenbildung zulassen. Für den Schulbereich werden von Seybold die Ergebnisse von zwei bundesweiten Untersuchungen vergleichend dargestellt, während der Blick auf die Erwachsenenbildung von Apel mehr resümierend ist.

2. Erklärungsansätze individueller Hemmnisse umweltverträglichen Handelns

Im ersten Beitrag der Arbeitsgruppe 6° werden von Kleber Erkenntnisse aus verschiedenen wissenschaftlichen Disziplinen wie Anthropologie, Evolutionstheorie, kognitive Anthropologie und Motivationspsychologie zur Erklärung individueller Hemmnisse umweltverträglichen Handelns herangezogen.

2.1. Erkenntnisse der Anthropologie unter Berücksichtigung der Evolutionstherie

Der Mensch als Art in der Evolution unseres Lebenssystems ist der beispiellose Sieger. Worauf beruht dieser einmalige Erfolg. Der Mensch ist - wie andere Arten - genetisch mit einem rücksichtslosen Durchsetzungswillen (Egoismus) ausgestattet, der ihn dazu treibt (Expansion), nicht nur eine ihm gemäße ökologische Nische zu besetzen, sondern auf das gesamte System zu expandieren und alle möglichen Ressourcen zusammenzuraffen, sie für sich zu sichern, zu verbrauchen, bevor andere sie nutzen können (Habsucht) und mit einer zu diesem Zwecke entwickelten hohen Werkzeugintelligenz alles Leben zu dominieren.

Evolutionär erworben hat er sich dazu z.B. die von Verbeek (1990) diskutierte Überlebensdispositionen: Illusion ... Agens-Zustand ... Verantwortungsdiffusion.

- Illusion (unbegründete Hoffnung) als strategisches Potential: Diese blinde Hoffnung vermag den Menschen immer wieder zu trösten und ihn aus Ängsten und ohnmächtiger Erstarrung zu befreien. Massenführer zeichnen sich neben anderen durch große Illusionskraft aus. Diese Illusionsfähigkeit dient primär dem Selbstschutz, kann aber beim jetzigen Stand der Evolution erheblich zur Zerstörung seiner Lebensgrundlage beitragen.
- Agens-Zustand: angesichts übermächtiger Umstände oder vermuteter Autorität neigt der Mensch dazu, Ambitionen aufzugeben und reibungslos zu funktionieren. Diese Verhaltensdisposition, die insbesondere nach dem Faschismus in der ersten Hälfte dieses Jahrhunderts vielfach untersucht wurde, hat vielen Individuen geholfen, entsprechende Situationen zu überleben. Ähnliches gilt für die
- Verantwortungsdiffusion. Es geht dabei um die Delegation der Verantwortung. Die Eigenverantwortlichkeit wird abgelehnt. Warum ich? Andere sind besser geeignet, haben mehr Kompetenz, eine bessere Situation, andere werden es schon machen. (Literarisch bekannt wurde dieses Phänomen durch ein Kapitalverbrechen im Central Park von Manhattan). Vor den Augen von vielen Zeugen wurde dort eine Frau ge-

quält und ermordet, ohne daß sich jemand verantwortlich fühlte, etwas zu tun, ja nicht einmal die Polizei anzurufen.

Der durchgängig virulente Egoismus mit der Trias von Illusionsfähigkeit, Agens-Zustand und Verantwortungsdiffusion war bisher eine ausgezeichnete Überlebensausstattung, machte den Menschen zum Gewinner. Mit dieser Ausstattung besitzt der Mensch nun alles zur Zerstörung seiner Umwelt, aber nichts für deren Schutz - ist er prädestiniert, sich ins Verderben zu siegen.

2.2. Kognitive Anthropologie

Der Mensch hat im Laufe seiner kurzen Evolutionsgeschichte eine enorm hohe Werkzeugintelligenz entwickelt. Die wichtigste Bedingung dazu war, die Entwicklung des kausal-linearen oder des technomorphen Denkens. Der Umgang mit Systemen war für den alltäglichen Lebensvollzug überflüssig, wissenschaftlich befaßt er sich erst seit kurzem damit. Systemisches Denken ist erst in fragmentarischen Ansätzen entwickelt. Nur sehr mühsam und völlig unbefriedigend kann der Mensch mit der Komplexität (Wechselwirkungen erster bis n-ter Ordnung,) umgehen und die Dynamik bzw. Eigendynamik von Systemen kaum adäquat einschätzen. Vor allem die Intransparenz stellt ein großes Problem dar. Selbst wenn die Systemstruktur in ihren Hauptzügen bekannt ist, fehlen meist Kenntnisse über den realen Zustand im einzelnen (vgl. Dörner 1989,1995).

Der Mensch hat gelernt, einzelne aktuelle Probleme immer systematischer anzugehen und dafür Lösungswege zu erarbeiten. Die vielen nachgeordneten Probleme, die durch Lösung aktueller Probleme erst erzeugt werden und welche die Dynamik der Umwelt verändern, können häufig nicht erkannt bzw. antizipiert werden. Sie zu beachten hilft nichts im alltäglichen Lebensvollzug - im Gegenteil, es behindert die aktuelle Problemlösung und führt zu aktuellen Nachteilen, vereitelt Erfolg, stellt Kompetenz in Frage, bereitet Unbequemlichkeiten, Unannehmlichkeiten, Verluste. Frust führt zur Erhöhung von Unbestimmtheit und Unsicherheit, stoppt Expansion, reduziert Macht und Kontrolle, vernichtet die trügerische Sicherheit. Hin ist das Winner-Image. Deshalb bleiben Politiker bei vordergründigen Lösungen aktueller Probleme, sie weigern sich, nachgeordnete Probleme zu akzeptieren, sie überhaupt zur Kenntnis zu nehmen (Ignoranz), oder sie leugnen sie. Sie reagieren mit Ressentiments gegenüber denjenigen, die auf sie hinweisen (Borniertheit). Der Einzelne findet immer gute Gründe, sich dem anzuschließen, oder er schimpft allgemein darüber, findet aber individuell immer wieder verwandte Legitimationen für sein nicht umweltverträgliches Verhalten. Reaktionen auf die komplexe Problemsituation sind:

- Fixierung auf aktuelle Probleme „Reparaturdienstverhalten", Überwertigkeit bzw. Alleinwertigkeit des aktuellen Motivs („eins nach dem anderen" ...)
- Bildung von reduktiven Hypothesen (Welterklärungen aus einem Guß). Hierzu dienen einfache Strukturextrapolationen der gegenwärtigen Situation. Bei positiv rückgekoppelter Information im Versuch, nachgeordnete Probleme mit zu berücksichtigen, erfolgt in der Regel eine Unsicherheitserhöhung. Darauf sind häufig Flucht und irrationales Verhalten zu beobachten (Dörner 1995):
- Horizontalflucht, d. h. Rückzug in eine gutbekannte Ecke des Handlungsfeldes;
- Vertikalflucht, d. h. Abheben in die Welt des nicht mehr zu Denkenden, des nicht mehr Analysierbaren (z.B. neues Denken);
- Irrationaldrift mit ballistischen Entscheidungen. Die an einer populistischen Plausibilität oder an magischen Prinzipien orientierte, im systemischen Zusammenhang nicht legitimierte Entscheidung wird weder ausführlich begründet, noch wird sie einer schrittweisen Nachprüfung und Nachbesserung (Steuerung) unterworfen. Sie geht, einmal gefällt (abgeschlossen) ihren Weg wie eine Kanonenkugel, deshalb auch ballistische Entscheidung. Ballistisches Verhalten ist übrigens ein gutes Beispiel dafür, wie man es vermeidet, aus Fehlern zu lernen.

An diesem Punkt vermischen sich unzureichende systemische Kompetenz (unter der alle Menschen mehr oder weniger leiden, vgl. Dörner 1995) und Selbstschutz. Es geht dann darum:

- Kompetenzillusion aufrecht zu erhalten,
- Hauptsache handlungsfähig zu bleiben (Ohnmachtsgefühle vermeiden),
- steigender Ungewißheit zu entgehen,
- Kontrollverlust nicht mehr erleben zu müssen.

Solche Schutzmotive für das eigene Selbst werden durch die Sicherung des Besitzstandes, des alltäglichen Lebens ergänzt und verstärkt.

2.3. Motivationspsychologie

Seit Maslow (1954) gibt es einen allgemeinen Konsens über die Grundbedürfnisse des Menschen. Sie lassen sich in drei Blöcke einteilen. An der Basis die physiologischen Bedürfnisse, das Bedürfnis nach Expansion, das sowohl räumliche wie soziale und nicht zuletzt auch geistige Expansion einschließt. Dieses steht zunächst im ständigen Widerspruch mit dem Grundbedürfnis nach Geborgenheit und Sicherheit. Diese gegensätzlichen Bedürfnisse nach Expansion und Sicherheit stellen den Motor für einen Großteil der Dynamik im menschlichen Leben. Die soziale Expansion in Verbindung mit

Geltung führt zur Dominanz, Macht. Die basalsten Grundbedürfnisse sind auf den Stoffaustausch mit der Biosphäre angelegt. Sie könnten Motivation liefern zum Schutz dieses Systems. Im täglichen Leben werden sie jedoch selbstverständlich befriedigt und wenn eine Verknappung eintritt, bezieht der Mensch dies von alters her nur auf die Ebene der Expansion und Sicherheit,sieht es als Verteilungsfrage an und reagiert mit Dominanz und Ausgrenzung. Die Motivationspsychologie untersucht gemäß der hohen Bedeutung für die Entwicklung der Persönlichkeit, heute insbesondere die Bedürfnisebene: Expansion - Sicherheit. Insbesondere werden untersucht: Leistungsmotiv, Anschlußmotiv, Machtmotiv. Die Ergebnisse bilden drei Facetten für Erfolg. Es hilft für die Befriedigung der Grundbedürfnisse, erfolgreich zu sein. Darüber hinaus vermehrt Erfolg die gesellschaftliche Geltung, er wird deshalb durch Statussymbole ausgewiesen. Weiterhin ist man wiederum erfolgreich, wenn man Geltung und Macht hat (soziale Expansion), wenn man Besitz hat, weite Reisen machen kann (räumliche Expansion) usw..

Bei einer so angenommenen Erfolgsorientiertheit ergibt sich eine Stimmungslage, die durch Hoffnung auf Erfolg oder Furcht vor Mißerfolg geprägt ist. Am Erfolg mißt sich der Selbstwert, hier setzt auch der Selbstschutz ein. Die beim Menschen der industrialisierten Gesellschaft vorherrschenden Motivlagen bringen nichts für die Umwelt, führen nicht zu einem umweltverträglichen Verhalten. Im Gegenteil, setzt man sich intensiv für die Umwelt ein, dann verläßt man die Straße des Erfolgs, verliert das Winner-Image, ja man wird sehr schnell als „Loser" etikettiert (ein Riesenproblem für die Identität der Persönlichkeit in den USA und in Japan, in der BRD etwas abgemildert).

2.4. Individuelle Barrieren für ein umweltverträgliches Handeln

Wie reagieren Menschen angesichts einer akuten Selbstschutz- und Besitzstandschutz-Situation? Mit Alleinwertigkeit des aktuellen Motivs, reduktiven Hypothesen (allgemein bekannte sind faschistische Modelle), Flucht und Irrationaldrift, Illusionen, ballistischen Entscheidungen mit Agens-Zustand und Verantwortungsdiffusion, wie schon vorher aufgezeigt, darüber hinaus mit (vgl. Dörner 1995, S.142ff)

- Prinzipiendogmatismus, „der Zweck heiligt die Mittel";
- Methodismus, d. h. wir machen das, was wir gut können, nicht das was wichtig oder vielleicht richtig ist;
- Zynismus, wir demonstrieren die sarkastische Überlegenheit (Wiener-Prinzip),

- Umwertung: aus der Not eine Tugend machen;
- immunisierende Marginalkonditionalisierung. Man erklärt, daß die eigenen Maßnahmen ohne Zweifel zu dem gewünschten Effekt führen. Nur jetzt ist eine ganz marginale Veränderung der äußeren Umstände eingetreten und in diesem speziellen Falle traten andere Nebeneffekte auf.
- Abkapselungstendenzen, man begibt sich in endlos verlaufende Planungs-, Informationssammlungs- und Strukturierungsprozesse.

Ein typisches Beispiel für Schutzverhalten wird in der Beobachter-Akteur-Diskrepanz (Jones/Nisbett 1971) sichtbar. Beobachter schreiben umweltverträgliches Verhalten der Persönlichkeit, dem geringen ökologischen Bewußtsein des Akteurs zu, sie erklären im Extremfall die Akteure zu Ökoschweinen, während der Akteur es in der Regel den äußeren Umständen zuschreibt. - Wobei in der Tat oft die Umstände schuld sein mögen, weil in der Regel die gesellschaftlichen und ordnungspolitischen Rahmenbedingungen für ein individuelles umweltverträgliches Verhalten fehlen (letzteres gilt sogar für die Mülltrennung). Auf der anderen Seite entlastet sich natürlich der Beobachter selbst, wenn er möglichst viele Öko-Schweine outet.

Neben den schon besprochenen Selbstschutzstrategien sind in der Umweltpsychologie und Umweltbildung eine Reihe bedeutsamer Barrieren herausgestellt worden:

- Die Allmende-Klemme oder die soziale Falle: Bei der Nutzung von Allgemeingut (Meere, Wasser, Luft, Waldgebiet) besteht in sog. fortgeschrittenen Gesellschaften ständig die Gefahr der Übernutzung, die von Katastrophen gefolgt wird. Die Zurückhaltung des Einzelnen macht dabei nur den Weg frei für die Rücksichtslosen.
- Die Wohlstandsfalle: Unser Wohlstand beruht zum größten Teil auf ungerechtfertigter Ausbeutung von Ressourcen und Menschen, das System wird vorläufig noch aufrechterhalten durch falsche Preise. Wenn einzelne außerhalb einer Erzeuger-Verbraucher-Gemeinschaft wahre Preise zahlen wollen, schaden sie sich und nützen wieder den Rücksichtslosen.
- Wahrnehmungsschranke: Konsequenzen unseres Verhaltens sind oft nicht unmittelbar sinnlich wahrnehmbar (klares, sauberes, aber verseuchtes Wasser, verstrahlte Gegenstände, ungesunde Luft usw.).
- Der lange Zeithorizont: Veränderungen als Konsequenzen unseres Verhaltens (kumulierten Verhaltens) ereignen sich nur schleichend.
- Daraus ergeben sich Gewöhnungseffekte und Unanschaulichkeit, z.B. Halbwertzeiten von 30.000 Jahren.
- Der enge (Fühl-Raum) Erlebnisraum (Bastian 1991): Menschliches Fühlen und Denken ereignet sich in einem kurzen Zeithorizont mit sozial langsamen Veränderungstempo, überschaubaren Räumen in kleinen sozialen Gruppen, es ist auf einen „Mesokosmus" gerichtet. Die daraus resultierenden Denkweisen sind den anstehenden ökologischen Problemen völlig inadäquat. Wir müßten dringend unsere alltäglichen Denkgewohnheiten den wissenschaftlichen Erfordernissen anpassen, was Widerstand, Unlust und Ängste mobilisiert.

- Zukunftsferne leben im „Hier und Jetzt": Diese viel propagierte Lebensweisheit macht den notwendig zu berücksichtigenden Zukunftshorizont (Ur-Enkel) fragwürdig.
- Ästhetikschranke: Die Ferne (Entfremdetheit) des Menschen von der Natur zeigt sich sehr deutlich darin, daß er, um eine schöne Natur zu haben, Natur erst zerstören muß.
- Frage der Risikoeinschätzung: Zur Bewertung von Gefahren für die Umwelt spielen Risikoschätzungen und Wahrscheinlichkeitserwägungen eine zentrale Rolle (Fietkau 1981). Diese werden subjektiv gefällt und das unter den Bedingungen, daß man sich schwer tut, mit Wahrscheinlichkeiten adäquat umzugehen. Spätestens hier werden den im Kapitel vorher diskutierten Tendenzen zum Selbstschutz und zur Besitzstandwahrung Tür und Tor geöffnet.

3. Bestimmungsfaktoren von Umweltverhalten

De Haan und Kuckartz fokussieren ihren Beitrag auf die Frage nach den Bestimmungsfaktoren des Umweltverhaltens in einem zentralen Verhaltensbereich, nämlich den Bereich des Mobilitätsverhaltens.

Ihr Ansatz, Lebensstil, persönliches Wohlbefinden und Umweltbewußtsein als Einflußfaktoren zu untersuchen (vgl. de Haan/Kuckartz 1996), impliziert, daß einzelne Verhaltensweisen von vornherein in einem holistischen Rahmen betrachtet werden, quasi als Manifestation von transsituationalen, relativ stabilen Verhaltensmustern. Dies unterscheidet den Ansatz von anderen Tendenzen in der Umweltbewußtseinsforschung, die aus der bisherigen mangelnden Erklärungskraft die Konsequenz ziehen, Umweltverhalten sei heterogen und sei deshalb am besten quasi mikroskopisch erforschbar, indem einzelne, genau spezifizierte Verhaltensweisen und darauf bezogenes Wissen, Einstellungen, Werte und Kontrollattributionen untersucht würden.

Der Bereich von Mobilität und Verkehrsverhalten, der hier in bezug auf die Effekte der drei potentiellen Einflußfaktoren untersucht wird, ist für die Umweltkrise von zentraler Bedeutung. Inzwischen sind sich die Klimaforscher weitgehend einig darüber, daß es bei Fortschreibung der derzeitigen Gas-Freisetzungen zu einer globalen Erwärmung von 2^0 bis 5^0 C in den nächsten 100 Jahren kommen wird. Und es ist ebenfalls kaum strittig, daß es anthropogene Faktoren der Klimaveränderungen gibt. CO_2-Emissionen sind allein für mindestens die Hälfte des anthropogenen Treibhauseffektes verantwortlich (vgl. BUND/MISEREOR 1995, S. 56). Die Enquete-Kommission des Bundestages „Schutz der Erdatmosphäre" ist der Meinung, daß bis Mitte des nächsten Jahrhunderts eine Reduktion der CO_2-Emissionen um 50 bis 60% erfolgen muß, die Wuppertal-Studie kommt zu einer Reduktionsquote von sogar 80%. Damit ist die heutige Mobilität, insbesondere die Benutzung des Autos nicht mehr ohne weiteres machbar. Die Akzeptanz von Klimaschutzmaßnahmen ist aber, wie Karger/Schütz/Wiedemann (1993) in einer repräsentativen Studie erhoben haben,soweit das eigene Portemonnaie betroffen ist, generell relativ niedrig - und sie ist am niedrigsten dort, wo es um Mobilität und Beschränkung des Verkehrsverhaltens geht.

Eine neue, von Opaschowski durchgeführte Studie des Hamburger B.A.T.-Institutes für Freizeitforschung (B.A.T. 1995) zeigt auch, wie gering die Akzeptanz von mobilitätsbeschränkenden Maßnahmen unter den Autofahrern ist. Vor allem Maßnahmen, die direkt den eigenen Geldbeutel treffen, werden einhellig abgelehnt, nur gerade 5% stimmen hier noch zu. Die große Mehrheit kann sich nicht einmal zur Belohnung für Autoverzicht durchringen. Nur 14% wären bereit, diesen durch Lohnsteuersenkung zu honorieren. Man geht wohl nicht fehl in der Annahme, daß die Zahl derjenigen, die einen Autoverzicht überhaupt nur in Erwägung ziehen, noch weitaus geringer ist. Wer nur irgendwie mit dem Gedanken spielt, das Auto abzuschaffen, würde sich zumindest dafür aussprechen, ein solches Verzichtsverhalten zu belohnen. Von den genannten restriktiven verkehrspolitischen Maßnahmen treffen solche noch auf die größte Akzeptanz, die zeitlich oder räumlich eng begrenzt sind. Maßnahmen, die keine merkbaren persönlichen Kosten nach sich ziehen („Öffentliche Mitfahrzentralen") oder den Umstieg anderer auf umweltgerechtere Mobilitätsformen fördern („Öffentlicher Fahrradverleih") finden noch die größte Akzeptanz. Allerdings sollte man registrieren, daß keine der genannten Maßnahmen auf eine Mehrheit rechnen kann. Wie kommt dies? Was sind die Motive?

In einer Untersuchung von de Haan/Kuckartz (1994), in der eher allgemein nach Motiven in bezug auf umweltrelevante Verhaltensweisen gefragt wurde, zeigte sich: Umweltgerecht verhält man sich aus finanziellen Gründen oder weil es zum eigenen Lebensstil eher paßt, z.B. einen sonntäglichen Fahrradausflug als eine Autotour zu machen oder weil man auch im Urlaub nicht die Flugreise für das Nonplusultra hält. Die dominanten Motive für nicht-umweltgerechtes Verhalten sind gegenüber denjenigen für das umweltgerechte Verhalten deutlich verschieden: Man fühlt sich wohler, wenn man bei der täglichen Fahrt zur Arbeit oder zum Ausbildungsplatz im Auto sitzt. Der Urlaubsflug und die Flugzeugbenutzung bei Reisen mittlerer Dauer (6 Stunden per Auto/Bahn) sind primär Fragen des Lebensstils, letzteres auch eine Frage der Gewohnheit. Für den Wochenendausflug per Auto sprechen bei den meisten auch finanzielle Gründe.

Was in dieser Überblicksstudie bereits erkennbar ist, nämlich die Relevanz von Lebensstil und persönlichem Wohlbefinden, läßt sich anhand der neuen Studie von Opaschowski differenzierter analysieren. In seiner Untersuchung von 1995 hat er die Motive der massenhaften Freizeitmobilität untersucht, die bekanntlich stetig anwächst: Bereits heute ist der freizeitbedingte Verkehr größer als der berufsbedingte.

Abb.1: Motive einer massenhaften Freizeitmobilität
Was nach Meinung der Bevölkerung am ehesten das Mobilitätsbedürfnis
nach Feierabend, am Wochenende und im Urlaub erklärt

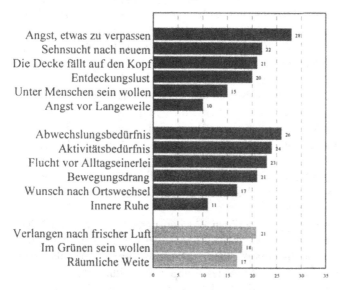

Quelle: B.A.T. Freizeit-Forschungsinstitut 1995 (N=2600)

Maßgebend ist offenkundig eine Kombination von Erlebnishunger, Rastlosigkeit und Natursehnsucht. Die Fahrt ins Blaue steht vornan - man will Abwechslung, nichts verpassen, seine Aktivität ausagieren, etwas entdecken, erleben und man sucht es nicht in der Nähe.

In der Untersuchung von de Haan/Kuckartz hatte sich bereits gezeigt, daß es vor allem das persönliche Wohlbefinden ist, was den Ausschlag für die Benutzung des PKW für den täglichen Weg zur Arbeit bzw. zum Ausbildungsplatz gibt. Umweltgerechtes Verhalten, d.h. Verzicht auf das Auto, resultiert hauptsächlich aus finanziellen Gegebenheiten bzw. aus dem Nicht-Besitz oder der Nicht-Verfügbarkeit eines Autos.

Die Resultate von Opaschowski illustrieren und ergänzen diesen allgemeinen Befund. Finanzielle Motive sind nicht vorrangig - auch zum Nulltarif würden die meisten Autofahrer nicht auf den ÖPNV umsteigen. Wohlbefindensargumente sind vorrangig - „unbequem", „kein Komfort", „überfüllt" etc. - hinzu kommen Argumente, die eher einen Lebensstilbezug haben wie „zu langsam" oder „wenig flexibel". Primär sind es also Motive des persönlichen Wohlbefindens, die für die Benutzung des eigenen Autos sprechen. Zwar werden eine Reihe von Motiven genannt, die durch Bemühungen der Betreiber veränderbar sind, wie etwa überfüllte Züge und hohe Preise, doch im Kern handelt es sich um strukturell bedingte Tatbestände. Auch die schönste U-Bahn wird schwerlich mit den bequemen Sitzen eines Mittelklasseautos konkurrieren können, in dem man sich komfortabel fortbewegt, während man die aktuelle Lieblingsplatte mit dem CD-Player abspielt und nebenher vielleicht noch telefoniert.

Zusammenfassend bleibt festzuhalten, daß Lebensstile - im Plural - und kulturell tief sitzende Motive im Bereich des Verkehrsverhaltens eine bedeutende Rolle spielen. Umweltzerstörung ist ein nichtintendierter Nebeneffekt des Mobilitätsverhaltens. Die Fahrt ins Blaue wird ja nicht unternommen, weil man die Umwelt verpesten und den Untergang des Planeten beschleunigen will, sondern aus anderen Motivlagen. Daß Abgase nicht gesund und der Erdatmosphäre nicht förderlich sind, darf man als allgemein bekannt voraussetzen. Der Cabrio-Boom zeigt aber auch, daß die Abgase persönlich nicht sonderlich gefürchtet werden.

Warum sollte man eigentlich auf den Wochenendausflug verzichten? Damit die Kinder es einmal besser haben? Aber haben wir es denn nicht gut? Und was wünschen sich die Leute? Etwa zu Hause zu sitzen? Oder die Parkbänke zu erkunden? Das in der Studie des Wuppertal-Instituts „Zukunftsfähiges Deutschland" propagierte Leitbild der „Entschleunigung" ist allem Anschein nach schwerlich in die vorfindbaren Bedürfnisstrukturen integrierbar. Man will Abwechslung, nichts verpassen, seine Aktivität ausagieren, etwas entdecken, erleben und man sucht es nicht in der Nähe. Die Umweltbildung im Zeitalter der Nachhaltigkeit wird sich auf diesen Trend einstellen müssen. Nicht die Konzeption eines anderen Lebensstils (nenne man ihn etwa „postmaterialistisch", „umweltgerecht", „alternativ" oder „entschleunigt") steht obenan, sondern die Frage, welche Bewegungsspielräume die derzeit vorhandenen Lebensstile für Veränderungen im Hinblick auf Nachhaltigkeitsgesichtspunkte bieten.

4. Institutionelle Hemmnisse schulischer Umweltbildung - empirische Befunde

Seybold geht in seinem Beitrag der Frage institutioneller Hemmnisse schulischer Umweltbildung nach. Sie ist Teil von zwei empirischen Erhebungen zur Praxis der Umweltbildung in Deutschland, die am Institut für die Pädagogik der Naturwissenschaften in Kiel in den Jahren 1985 und 1991 bundesweit an 60 bzw. 131 Schulen aller Schultypen sowie an Modellversuchsschulen zur Umweltbildung durchgeführt wurden (Eulefeld u.a. 1988; 1993).

Die Darstellung der Ergebnisse von Seybold zentriert sich auf die Erfassung des Teils der schulorganisatorischen Faktoren, die in der Organisationsentwicklung als „indirekte und schulsysteminterne" Einflußfaktoren bezeichnet werden. Sie werden, wie andere Aspekte der Schulorganisation auch, durch „institutionelle Normierungen" bestimmt (Fend 1980, S. 227). Mit zwei Zugriffsweisen wurde versucht, institutionelle Normierungen der Umweltbildung zu erfassen:

1. Institutionelle Normierungen sind eingegrenzt worden auf die, denen aus der Sicht des Lehrers Einfluß auf die Umweltbildung zugesprochen wird. Wir gingen dabei von der Annahme aus, daß nicht so sehr die realen Normierungen, sondern ihre subjektive Wahrnehmung durch die Lehrer der größere Einflußfaktor auf deren Handeln ist.
2. Modellversuchsbedingungen wurden in ihrer Wirkung und in ihrer subjektiven Bedeutung für Lehrer erhoben. Mit dieser Vorgehensweise erhält man nicht nur Aufschluß darüber, welche Bedeutung besondere Modellversuchsbedingungen für den Erfolg eines solchen haben, sondern es läßt sich auch erschließen, welche Hemmnisse ihr Fehlen bildet.

4.1. Wahrnehmung institutioneller Normierungen durch Lehrer

Die subjektive Wahrnehmung institutioneller Normierungen bei der Durchführung ökologischer Lernprozesse wurde mittels eines Fragebogens erhoben. Die Fragen bezogen sich auf die „Stoffülle der Lehrpläne", „Leistungsbeurteilung bei außerschulischem Arbeiten", „zeitlichen Spielraum", „Aufsichtspflicht", „Mitbestimmungsrecht der Eltern", „starren Stundenplan", „Fachlehrerprinzip" und die „Begrenztheit schulischer Finanzmittel" (Eulefeld u.a. 1993, S.124).

Die Auswertung der Einzelitems ergab bei der Erhebung 1991 folgende Ergebnisse:

Abb.2: Rahmenbedingungen von Umwelterziehung (Frage 11)

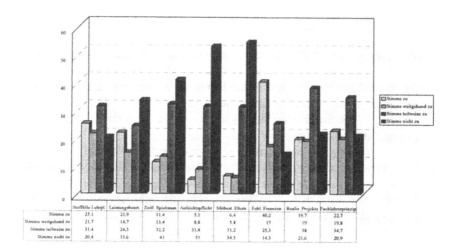

	Stoffülle Lehrpl	Leistungsbeurt.	Zeitl. Spielraum	Aufsichtspflicht	Mitbest. Eltern	Fehl. Finanzen	Realis. Projekte	Fachlehrerprinzip
Stimme zu	25.1	21.9	11.4	5.1	6.4	40.2	19.7	22.7
Stimme weitgehend zu	21.7	14.7	13.4	8.8	5.8	17	19	19.8
Stimme teilweise zu	31.4	24.3	32.2	31.4	31.2	25.3	38	34.7
Stimme nicht zu	20.4	33.6	41	53	54.5	14.3	21.6	20.9

Deutlich erkennbar ist, daß die „Aufsichtspflicht" nur wenig als Hinderungs-
grund für Umweltbildung angesehen wird. Auch hat die Mehrheit keine Bedenken, daß die „Mitbestimmung der Eltern" die Behandlung aktueller Themen erschwert. Diese Werte stützen in der Tendenz die bereits 1985 erhaltenen Antworten und deuten darauf hin, daß offenbar außerhalb des pädagogischen Bereichs liegende Faktoren von Lehrern zu weiten Teilen nicht als
Hemmnisse bei der Realisierung von Umweltbildung gesehen werden.

Ablehnender zeigen sich die Befragten bei den Fragen nach den zeitlichen Spielräumen. Diese Ablehnung war 1985 noch stärker. Ebenso erwies
sich damals die Stofffülle der Lehrpläne als starkes Hemmnis (1988, S. 71),
während hier die Antworten 1991 nur noch tendenziell in die gleiche Richtung gingen.

Daß die „materielle Ausstattung" als nicht ausreichend angesehen wird,
erstaunt nur wenig. Der hohe Anteil (40,2%) derer, die darin eine Erschwer-
nis sahen, belegt die Bedeutung schulischer Finanzmittel für die Umweltbildung.

Noch aufschlußreicher werden diese Aussagen, wenn man nach Beziehungen zwischen der „Wahrnehmung institutioneller Normierungen" und
dem Unterricht selbst sucht. Dahinter steht die Annahme, daß Lehrer Normierungen der Schule als gravierend einschätzen, wenn sie darin Hindernisse
sehen, bestimmte Unterrichtsformen und -themen umzusetzen.

1985 ergaben sich - wenn auch schwache - negative Korrelationen mit Merkmalen des Unterrichts wie „Förderung der Schüleraktivitäten" (-.15) und „interdisziplinärer Unterricht" (-.23). Diese Tendenz blieb 1991 im Hinblick auf das Merkmal „sozialwissenschaftliche Handlungsorientierung" ähnlich (-.19). Neu war eine negative Korrelation zur „Umwelterziehung insgesamt" (-.16). Das heißt, beim Zusammenfassen der einzelnen institutionellen Normierungen zeigen sich generelle Vorbehalte, die angestrebten Ziele von Umweltbildung im heutigen Schulsystem zu erreichen.

4.2. Einfluß von Modellversuchsbedingungen auf Umweltbildung

1991 wurden folgende Modellversuchsbedingungen erfaßt:

1. Stundenermäßigungen
2. Finanzielle Hilfen
3. Schulorganisatorische Unterstützungsmaßnahmen

Die Befragung bezog sich zum einen auf die tatsächlich erhaltenen Hilfen. Zum anderen wurden die Lehrer aufgefordert, einzuschätzen, welche Bedeutung sie den jeweiligen Hilfen für ihre Arbeit zumaßen.

Stundenermäßigungen haben bei den erfaßten Modellversuchen lediglich 16,6% der Lehrer erhalten. Offenbar sind Stundenermäßigungen bei den Modellversuchen rar. Bei den meisten (8,3%) waren es zwei Stunden Ermäßigung, 5,5% der Lehrer erhielten 3 Stunden Ermäßigung.

Finanzielle Unterstützung haben knapp ein Viertel der Lehrer erhalten. In etwa der Hälfte der Fälle kam die finanzielle Hilfe vom Modellversuch, in den anderen Fällen vom Schulträger. Diese Gelder - so gaben die befragten Lehrer an - wurden für Fahrtkosten, Schulausstellungen und für Verbrauchsmaterial verwendet, vereinzelt auch für das Anlegen von Biotopen (1993, S. 155).

Ob für beide Modellversuchsbedingungen Zusammenhänge zur Unterrichtsarbeit der Lehrer ermittelt werden konnten, zeigt folgende Tabelle:

Tab.1: Stundenermäßigung und fin. Unterstützung vs. Behandlungstyp

	Typ 1	Typ 2	Typ 3
Ermäßigung	87,5%	12,5%	
keine Ermäßigung	61,7%	20,8%	17,5%
Finanz. Unterst.	75,8%	24,24%	
Keine fin. Unterst.	69,6%	17,4%	13,0%

Die Bezeichnung „Handlungstyp" umfaßt mehrere Faktoren eines problem-, handlungs- und situationsorientierten Unterrichts.

(Eulefeld u.a. 1993, S. 155)

Der Zusammenhang zwischen Stundenermäßigung bei den Modellversuchs-lehrern und den unterrichtlichen Behandlungstypen ist deutlich. 87,5% der Lehrer, die eine Ermäßigung erhielten, praktizierten den Behandlungstyp 1, keiner den Behandlungstyp 3. Dagegen können 17,5% der Lehrer, die keine Ermäßigung erhielten, Behandlungstyp 3 zugerechnet werden. Und die Zahl der Lehrer, die Typ 1 zuzuordnen sind, ist ohne Ermäßigung geringer (61,7%). Bei den Lehrern, die eine finanzielle Unterstützung erhielten, und denen, die keine bekamen, ist die Art der Themenbehandlung nur wenig unterschiedlich (75,8% vs. 69,6%).

Tab.2 zeigt, in welchen schulorganisatorischen Bereichen die Modellver-suchslehrer Unterstützung erhalten haben.

Tab.2: Schulorganisatorische Unterstützungsmaßnahmen

	Unterstützung häufig/immer
Bei der Verteilung von Fächern und Klassen	12,4%
Bei Stundenplanwünschen	13,8%
Bei der Verlegung von Fachstunden	13,1%
Bei der Klärung versicherungsrechtlicher Fragen	13,8%
Bei Transportproblemen	17,9%
Bei Absprachen mit Eltern	14,5%
Bei Arbeiten in der Schule/auf dem Schulgelände	24,2%
Bei der Herstellung von Außenkonstakten	22,8%
Bei der Freistellung für Tagungen	25,5%

(Eulefeld u.a. 1993, S. 156)

Die Daten von Tab.2 belegen, daß nur zwischen 12% und 26% der Lehrer schulorganisatorische Unterstützungsmaßnahmen erhielten, wobei die größte Unterstützung bei den Maßnahmen erfolgte, die mit der Außenwirkung der

Schule zu tun haben, während die Unterstützung bei den Voraussetzungen und Bedingungen für fächerübergreifendes und handlungsorientiertes Arbeiten (Stundenplanwünschen, Verlegung von Fachstunden) wesentlich geringer ist.

Zwischen diesen schulorganisatorischen Unterstützungsmaßnahmen und der „Art der Themenbehandlung" sowie der „Ökologisierung von Schule" lassen sich mit Korrelationen von r=.24 und r=.26 Zusammenhänge ermitteln (1993, S.157). Die erhaltenen Werte sind nicht sehr hoch. Sie deuten jedoch einen Trend an, der sich wie folgt beschreiben läßt:

Modellversuchslehrer, die im Rahmen ihrer Versuchsarbeit häufig Unterstützung erhalten haben, bemühen sich um eine Ökologisierung ihrer Schule und praktizieren verstärkt eine Umwelterziehung, wie sie von den didaktischen Kriterien her als ideal beschrieben werden kann.

Auch bei der subjektiven Einschätzung der Lehrer werden vor allem den organisatorischen Modellversuchsbedingungen große Bedeutung für die Unterrichtsarbeit zugeschrieben. Bei den einzelnen Unterstützungsmaßnahmen ergaben sich jedoch Unterschiede. Die folgende Tabelle zeigt den Prozentsatz an Modellversuchslehrern, die die Modellversuchsbedingungen als „von großer Bedeutung" bzw. als „von entscheidender Bedeutung" für ihre Unterrichtsarbeit einschätzen.

Tab.3: Einschätzung der Bedeutung von Unterstützungsmaßnahmen auf die Unterrichtsarbeit

Finanzielle Hilfe	22,0%
Ausstattungshilfen	25,6%
Austausch von Erfahrungen	31,1%
Unterstützung mit Materialien	32,4%
Erweiterung des Handlungsspielraumes	28,3%

(Eulefeld u.a. 1993, S.157)

Finanzielle und Ausstattungshilfen werden in ihrer Bedeutung für die Unterrichtsarbeit nicht so hoch eingeschätzt (22,0% und 25,6%) wie die anderen Unterstützungsmaßnahmen. Am wichtigsten waren für die Modellversuchslehrer - darauf deuten die letzten drei Prozentangaben hin - die Modellversuchsbedingungen, daß sie regelmäßig mit anderen Lehrern zusammentreffen, Erfahrungen austauschen sowie mehr Unterrichtsmaterialien und Informationen erhalten und damit den eigenen Handlungsspielraum erweitern können.

Dieser Trend zeigt sich auch in einer Erhebung, die von der Gruppe Innovationen im Bildungswesen der Bund/Länder/Kommission bei 25 Modell-

versuchen durchgeführt wurde (vgl. Seybold 1992). Bei mehreren Modellversuchen wurde betont, daß die Förderung durch Schulleiter und die Schulverwaltung für die Arbeit der Lehrer von großer Bedeutung war. Ähnlich wie
beim Modellversuch „Fächerübergreifende Umwelterziehung an allgemeinbildenden Schulen unter Einbeziehung eines Expertenpools" in Bremen (vgl.
Der Senator für Bildung und Wissenschaft 1992, S.149) weisen Ergebnisse
der wissenschaftlichen Begleitung des Bayerischen Modellversuchs „Umwelterziehung an Grund- und Hauptschulen des ländlichen Raumes" darauf
hin, daß der Einbezug der Schulleiter in den Schulversuch und die damit verbundene Qualifizierung dieses Personenkreises eine wichtige Bedingung für
eine breitere Realisierung der Umweltbildung an der einzelnen Schule darstellt (vgl. Füssl/Koblinger/Scheibengruber 1993, S.77).

Verbindet man die Ergebnisse beider Teilerhebungen unter der eingangs
gestellten Frage, so läßt sich folgendes Bild über institutionelle Hemmnisse
zeichnen:

Zunächst der auch in der Alltagserfahrung immer wieder bestätigte
Schluß, daß die wenig flexible Organisation von Schule mit teilweise rigiden
Vorgaben (Stofffülle der Lehrpläne) und starren Stukturen nur wenig Spielräume für Umweltbildung zuläßt. Ein Aufbrechen dieser starren Strukturen
für Umweltbildung erfordert Unterstützung sowohl finanzieller Art (Sachmit-
tel, Stundenermäßigung) als auch organisatorischer Art (Verlegen von Unterrichtsstunden, außerschulisches Arbeiten, Veränderung der Zeittakte in der
Schule, usw.).

Besonders hervorzuheben ist jedoch, daß neben der Stundenermäßigung
und finanziellen Hilfen vor allem die schulorganisatorischen Unterstützungs-
faktoren große Bedeutung haben, die den Lehrern ermöglichen, der Isolation
des Schulalltags zu entfliehen, durch Kommunikation mit anderen Kollegen
Neues kennenzulernen und Rückmeldungen zum eigenen Tun zu erhalten.
D.h. der Erweiterung des Handlungsspielraums wird von den Lehrern großes
Gewicht beigemessen (vgl. Eulefeld u.a. 1993, S. 158/159). Die Modellversuche scheinen daher nicht nur im inhaltlichen, sondern auch im organisatorischen Bereich Modellcharakter für eine Verbesserung der schulischen Bedingungen für Umweltbildung zu haben.

5. Institutionelle Hemmnisse in der Erwachsenenbildung

Die Situationsanalyse von Apel geht davon aus, daß Umweltbildungsangebote an Volkshochschulen sich zu Beginn der 80er Jahre kräftig vermehrt haben und seit 1988 stagnieren. In der Stundenzahl sind sie sogar rückläufig (vgl. Apel 1996). Was sind die Ursachen? Neben vielem anderen gilt mit Sicherheit eine Veränderung in den Rahmenbedingungen (vom Protest zur Etablierung) und im institutionellen Setting.

5.1. Rahmenbedingungen als Hindernis

Der Lernort Seminar, der meist in einem schulähnlichen Gebäude oder zumindest in einem Schulungsraum stattfindet, induziert häufig bei Teilnehmenden die Erwartungshaltung, informiert zu werden. Während früher solche Lernanforderungen mit einer Hoffnung auf sozialen Aufstieg verbunden sein konnten, herrscht heute bei Vielen eine Lernsozialisation vor, nach der neuer Wissenserwerb notwendig ist, allein um den Sozialstatus zu halten. Weiterbildung ist keine Kür mehr, sondern ein Pflichtfach geworden. Die Konsequenz dieser Situation könnte sein, daß heute freiwilliges Lernen, bei dem man und frau sich nicht unmittelbar verwertbare Kompetenzen aneignen können, gegen größere Widerstände anzugehen hat, als früher.

Institutionell organisiertes Lernen in der Freizeit war früher auch attraktiv, weil damit ein sozialer Ort gegeben war, in dem man Gleichgesinnte treffen konnte, in dem man sich bestätigt sehen konnte, bei dem man/frau Partner finden konnte, etc. Diese Sozialfunktion von Bildungsangeboten steht heute unter viel größerer Konkurrenz zu anderen Angeboten. Mit dem Begriff „Erlebnisgesellschaft" ist angesprochen, daß Individuen heute mit einer sehr breiten Palette von Möglichkeiten an ihrer sozialen Integration arbeiten können. Sinnstiftungen und Anerkennungen können über symbolische Akte, wie Kleidungsstil, Musikgeschmack, Urlaubswahl, Kneipen-, Vereins- und Sportzugehörigkeiten, etc. erfahren werden. Die Zahl der öffentlichen Orte, wie Sportplatz, Kino, Theater, Volkshochschule, Schule, Kaufhäuser, etc. hat sich gesteigert. Das führt im Saldo dazu, daß der Sozialwert von organisierten Bildungsereignissen reduziert ist, d.h. sie haben an Attraktivität verloren.

Für die Umweltbildung, die seit ihrer Propagierung zu Anfang der 80er Jahre als ein „Querschnittsfach" postuliert wurde, das „ganzheitlich" vorzugehen habe, wirkte sich die Professionalisierung von Weiterbildungsinstitu-

tionen nachteilig aus. Die nach Zielgruppenarbeit und Fachgliederung sich
ausdifferenzierenden Einrichtungen bieten häppchengerechte Spartenbildung
an und vernachlässigen damit generelle Fragestellungen, deren Behandlung
quer zu diesen Einteilungen steht. Mit der Einrichtung von „Semesterschwer-
punkten" zu einem Umweltthema sind ansatzweise fächerübergreifende Angebote versucht worden. Diese Realisierungen setzen aber eine hohe interne
Kooperation voraus, bei der die Mitarbeitenden ihre eigenen monodisziplinä-
ren Lernsozialisationen überwinden müssen. In der Regel sind organisierte
Umweltbildungsangebote leider von Spezialisten für Spezialisten konzipiert.
So stehen dann Angebote zur Energiespartechnik unvermittelt neben solchen
für Naturerfahrung oder Fahrradexkursionen oder Kosmetika auf Kräuterba-
sis.

5.2. Bildungsbiographie der Lehrenden als Hindernis

UmweltpädagogInnen sind häufig pädagogische Autodidakten. Sie haben
meist ein naturwissenschaftliches Fachstudium in Biologie, Geographie, Physik, etc. hinter sich und fühlen sich dem Naturschutz verpflichtet. Die Kombination Fachwissen und Naturschutzengagement ist gewissermaßen eine
Eintrittskarte dafür, umweltpädagogisch tätig zu werden. Leider sind beide
Voraussetzungen der Sache nicht unbedingt dienlich. Durch den Mangel einer pädagogischen Ausbildung haben diese Lehrenden das Modell der Uni-
versitätsvorlesung und entsprechender Seminare als Lernmodell im Kopf. Sie
neigen damit zu lehrerzentrierten kognitionsorientierten Lehrstilen mit Vorlieben für fachsystematisch strukturierte Lerninhalte. So verletzen sie er-
wachsenenpädagogische Grundregeln einer teilnehmerorientierten, an Problemen anknüpfenden Herangehensweise. Durch die persönliche Nähe zum
Naturschutz fällt es vielen PädagogInnen ohnehin schwer, moderierende, nur
lernunterstützende Rollen durchzuhalten. Ihr Engagement verleitet sie dazu,
Naturschutzbotschaften zu verkünden und damit einen moralisierenden
Druck auf Teilnehmende auszuüben. Auch bereits „grüne" Bildungsbürger-
Innen haben wahrscheinlich allein deshalb eine Abwehr gegen Umweltbildungsangebote, weil sie fürchten, als Teilnehmende in ideologische Bedräng-
nis zu geraten.

     In einem Umweltfortbildungsprojekt des Deutschen Instituts für Erwach-
senenbildung stellte sich heraus, daß viele UmweltpädagogInnen zu Beginn
der 90er Jahre psychisch deprimiert und persönlich frustriert waren, was sich
negativ auf ihre Arbeit auswirkte (vgl. Franz-Balsen/Apel 1995). Die scheinbar sehr geringen Erfolge der Umweltpolitik nach den großen Versprechun-

gen auf dem Weltgipfel in Rio haben sich die PädagogInnen/Umweltschützer-Innen als eigene Niederlagen angerechnet. Dieses Gefühl, nichts erreicht zu haben und noch dazu sich wegen der staatlichen Stellenkürzungen in einer erschwerten Situation am Umweltbildungsmarkt zu befinden, erzeugte eine „Loserstimmung". Wer sich so selbst auf der Verliererseite sieht, kann nicht andere davon überzeugen, daß es sinnvoll ist und Spaß machen kann, wenn man sich mit Umweltbildungsinhalten beschäftigt.

5.3. Alltagsorganisation der Lernenden

Bildungsplanende gehen zuweilen davon aus, daß ihre potentiellen Teilneh-merInnen nach der Arbeit viel Freizeit haben. Diese Vorstellung verkennt, daß das Zeitbudget - übrigens besonders der doppelt belasteten Frauen, die man dennoch mit einem Anteil von 70% in Volkshochschulangeboten findet, im Regelfall äußerst strapaziert mit reproduktiven Tätigkeiten ist. Da muß noch eingekauft, Kinder kutschiert, das Essen vorbereitet werden, Wäsche gewaschen, das Wochenende organisiert, dringende Verwandtenbesuche er-ledigt werden etc. Da in modernen Gesellschaften nur noch wenig ritualisier-te Tätigkeiten vorliegen, ist die ständige Alltagsorganisation nach der Arbeit in hohem Maße improvisiert und unregelmäßig (vgl. Juryczek/Rerrich 1993). D.h. selbst wenn es ohne allzu große Verzichte auf notwendige Abläufe möglich ist, in der Woche drei Stunden „freizuschaufeln", dann fällt es aber äußerst schwer, sich auf eine feste Wochenzeit für diese Stunden festzulegen.

5.4. Mangelnder Qualifikationsanreiz

Untersuchungen über Bildungsmotive in der Weiterbildung zeigen, daß der persönliche Nutzen eines Bildungsangebotes von ganz entscheidender Be-deutung für die Akzeptanz ist. Wer Sprachen lernt, kann sich im Urlaub bes-ser bewegen, oder seine beruflichen Chancen wachsen. Wer Gesundheitsbil-dung nachfragt, der tut etwas Gutes für seinen Körper, für sein Wohlbefinden etc. Welchen Nutzen hat ein Umweltbildungsangebot für den Teilnehmen-den? Das allgemeinste Lehrziel besteht darin, das Verständnis für den Mensch - Naturzusammenhang zu verbessern. Wer bereits engagiert ist, will mehr wissen, will professioneller handeln können etc., d.h er hat Nutzen. Wer aber nicht engagiert ist, hat kein Interesse; weshalb soll er ein Nutzensgefühl entwickeln? Wo zahlt es sich aus, über besondere Kompetenzen über ökosystemische Zusammenhänge lokaler oder globaler Art zu verfügen? Bis Ende der 80er Jahre galt in den meisten Umweltbildungsangeboten die Botschaft vom Verzichten und Zurücknehmen unserer überzogenen Naturansprüche. D.h. wer die Inhalte ernst nahm, der hatte nicht nur keinen Nutzen, sondern Schaden gemessen an den Ansprüchen des Mainstreams. Er oder sie sollten weniger Auto fahren, weniger Heizen, weniger Fleisch essen, teurere Bionahrung und teurere Energiespargeräte kaufen. Während die Generation der 68er und Älteren in der Askese (z.B. gegenüber kapitalistischen Verführungen) noch einen positiven Wert erblicken konnten, waren zu Beginn der 90er Jahre damit keine Teilnehmenden mehr zu gewinnen. Aber auch die neuen Wohlstandsversprechungen der jüngsten umweltpolitischen Leitbilder stellen noch nicht den Durchbruch des für Jedermann einsichtigen Bildungsgewinn dar. Die Diskussion z.B. der Leitbilder der Studie „Zukunftsfähiges Deutschland" (BUND/MISEREOR 1996) kann zwar an ganz persönlichen Alltagskonsequenzen festgemacht werden, aber das bedarf erst einer pädagogischen Transformation in einem Seminar. Die Fragestellung selber bezieht sich sehr abstrakt auf einen gesellschaftlich vermittelten kulturellen Wertewandel. Die persönliche Unverbindlichkeit, um nicht zu sagen „Nutzlosigkeit" von moralischen, ethischen, politischen Debatten bedingt, daß sie bevorzugt an Biertischen, zwischen Fernsehpausen oder im geselligen Kreis mit Genuß geführt werden, daß aber kaum jemand das Bedürfnis verspürt, sich dafür in eine organisierte Bildungsveranstaltung zu begeben.

5.5. Geschlechts- und Generationsunterschiede

Neben dem voranstehend angesprochen persönlichen Nutzen ist das Vorhandensein eines Problems für einen Teilnehmenden von mindestens gleicher Bedeutung für die Entscheidung, ein Bildungsangebot nachzufragen. Wer kein Problem in seiner Lebensbewältigung hat, für das er/sie Rat und Hilfe braucht, besucht nicht freiwillig Bildungsangebote. Viele umweltrelevante Fragen stellen sich in unserer modernen Gesellschaft für Kinder, Erwachsene mittleren und höheren Alters, für Frauen und für Männer anders dar. Kinder und Ältere haben z.B. wegen ihres anderen Mobilitätsverhalten große Probleme mit lebensraumdurchschneidenden Autostraßen, während sich Personen mittleren Alters darüber freuen, mit ihrem Auto auf diesen jederzeit schnell und möglichst nah zu ihren Fahrzielen zu gelangen. Umweltrelevante Verantwortlichkeiten und Arbeiten im Haushalt werden zu einem überwiegenden Prozentsatz in den Bereichen Müll, Ernährung, Kleidung, Reinigung von

Frauen wahrgenommen, während die Männer beim Kauf der weißen Ware, den Renovierungsarbeiten und dem Auto das Sagen haben. Die meisten Bildungsangebote zu diesen Themenfeldern werden aber dessen ungeachtet in ihrem Ausschreibungstext, in ihrer Zeitorganisation, in ihren Methoden und Inhalten geschlechts- und altersneutral konzipiert. Wen verwundert es, daß sich dann nur ein kleiner Kreis oder gar niemand angesprochen fühlt?

Unter der Perspektive einer Umweltbildung, die mehr als die Vermittlung biologischen, technischen und naturwissenschaftlichen Wissens leistet, konzentrieren sich in der jüngsten Zeit Überlegungen auf ökologisch relevante soziokulturelle und ethische Aspekte. Die dabei diskutierten Werturteile und Lebensstilfragen sind eng mit den Biografien der Menschen verknüpft. Die meisten sind den Werthaltungen verhaftet, die sie zu ihrer Jugendzeit geprägt haben. Ein Vertreter der 68er Generation denkt und lebt anders als sein jüngerer Kollege der „Generation X", selbst wenn beide über das gleiche Einkommen und gleichen Sozialstatus verfügen (vgl. Kade 1994). Wer in Bildungskontexten diese Grundsachverhalte von Generationsunterschieden ignoriert, darf sich nicht wundern, wenn er sich plötzlich nur noch im Kreise seiner Alterskohorte befindet. Ganze Einrichtungen laufen mit der Veralterung ihres Personals Gefahr, ein veraltetes Bildungsangebot zu produzieren.

Literatur

Apel, H.: Angebote zur Umweltbildung im Bereich der VHS, In: Internationales Jahrbuch der Erwachsenenbildung, Themenheft Umweltbildung, 1996.

Bamberg, S./Schmidt, P.: Auto oder Fahrrad? Empirischer Test einer Handlungstheorie zur Erklärung der Verkehrsmittelwahl. In: Kölner Zeitschrift für Soziologie und Sozialpsychologie, Jg. 46, (1994), H. 1, S. 80-102.

Bastian, T.: Ein tiefenpsychologischer Beitrag zur Kritik der „Ökologischen Unvernunft". In: Praxis der Psychotherapie und Psychosomatik 36, 1991, S. 166-171.

B.A.T. Freizeit-Forschungsinstitut: Freizeit aktuell. Ausgabe 122, 16.Jg, Juni 1995.

Bolscho, D./Seybold, H.: Umweltbildung und ökologisches Lernen. Berlin 1996.

BUND/MISEREOR (Hrsg.): Zukunftsfähiges Deutschland. Ein Beitrag zu einer nachhaltigen Entwicklung, Basel/Boston/Berlin 1996.

Dalin, P./Rolff, H.-G.: Institutioneller Schulentwicklungsprozeß. Bönen 1995² (Neubearbeitung).

Der Senator für Bildung und Wissenschaft: 2. Zwischenbericht zum Modellversuch „Fächerübergreifende Umwelterziehung an allgemeinbildenden Schulen unter Einbeziehung eines Expertenpools". Bremen 1992.

Dörner, F.: Die Logik des Mißlingens. Strategisches Denken in komplexen Situationen. Reinbek bei Hamburg 1989/95.

Edelstein, W. (Hrsg.): Entwicklungskrisen kompetent meistern. Der Beitrag der Selbstverwirklichungstheorie von Albert Bandura zum pädagogischen Handeln. Heidelberg 1995.

Eulefeld, G./Bolscho, D./Rost, J./Seybold, H.: Praxis der Umwelterziehung in der Bundesrepublik Deutschland. Eine empirische Untersuchung. Kiel 1988.

Eulefeld, G./Bolscho, D./Rode, H./Rost, J./Seybold, H.: Entwicklung der Praxis schulischer Umwelterziehung in Deutschland. Ergebnisse empirischer Studien. Kiel: IPN, 1993.

Fietkau, H.-J.: Umweltpsychologie und Umweltkrise. In: Fietkau, H.-J (Hrsg.): Umwelt und Alltag in der Psychologie. Weinheim 1981, S. 113-135.

Franz-Balsen, A./Apel, H.: Professionalität und Psyche. Einsichten aus der Klimabildung. Frankfurt 1995. Materialband aus dem Projekt: Konzepte zum Schutz der Erdatmosphäre in der Weiterbildung am DIE.

Füssl, K./Koblinger, D./Scheibengruber, G.: Umwelterziehung an Grund- und Hauptschulen des ländlichen Raums - Modellversuch. In: Staatsinstitut für Schulpädagogik und Bildungsforschung. Jahresbericht 1993. München 1993, S.69-83.

Haan, G. de/Kuckartz, U.: Determinanten des persönlichen Umweltverhaltens. Entwicklung und Besprechung eines neuen Fragebogens. Paper 94-107 der Forschungsgruppe Umweltbildung. Berlin 1994.

Haan, G. de/Kuckartz, U.: Umweltbewußtsein. Denken und Handeln in Umweltkrisen. Opladen 1996.

Horster, L.: Wie Schulen sich entwickeln können. Der Beitrag der Organisationsentwicklung für schulinterne Projekte. Bönen 1995[2]

Heckhausen, H.: Motivation und Handeln. Berlin 1980.

Jones, E.E./Nilsbreit, R.E.: The actor and the observer- Divergent perseptions of the causes of behavior. In: Jones, E.E./Kanouse, D.E./Kelley H.H./Nisbett, R.E./Valins, S. & Weiner, B.: Attribution: Perceiving the causes of behavior, New York 1971, S. 79-94.

Juryczek, K./Rerrich, M.S. (Hrsg.): Die Arbeit des Alltages. Beiträge zu einer Soziologie der alltäglichen Lebensführung. Freiburg 1993.

Kade: S.: Altersbildung: Lebenssituation und Lernbedarf. DIE Deutsches Institut für Erwachsenenbildung. Frankfurt, 1994.

Karger, C./Schütz, H./Wiedemann, P.M.: Zwischen Engagement und Ablehnung. Bewertung von Klimaschutzmaßnahmen in der deutschen Bevölkerung. In: Zeitschrift für Umweltpolitik und Umweltrecht, Jg. 16, (1993), H. 2, S. 201-217.

Kleber, E.W.: Grundsätze ökologischer Pädagogik. Weinheim und München 1993.

Kleber, G./Kleber, E.W.: Handbuch Schulgarten, Weinheim/Basel 1994.

Kuckartz, U.: Umweltwissen, Umweltbewußtsein, Umweltverhalten: der Stand der Umweltbewußtseinsforschung. In: de Haan, G.: Umweltbewußtsein und Massenmedien.Perspektiven ökologischer Kommunikation, Berlin 1995.

Lind, G./Pollitr-Gerlach, G.(Hg.): Moral in „unmoralischer" Zeit. Zu einer partner-schaftlichen Ethik in Erziehung und Gesellschaft. Heidelberg 1989.

Maslow, A.H.: Motivation and personality. New York 1954.

Pädagogisches Zentrum des Landes Rheinland-Pfalz: Handlungsorientierte Um-welterziehung in Zusammenarbeit mit außerschulischen Partnern. Bad Kreuznach: RPZ, 1992.

Preuss, S.:: Psycho-Barrieren beim Öko-Handeln. Bremer Umwelt-Beiträge (1995), H. 5, S. 12-14.

Schneider, K./Schmalt, H.-D.: Motivation. Stuttgart 1994.

Seybold, H.: Die Bedeutung von Modellversuchen für eine Intensivierung der Um-weltbildung in Deutschland. Auswertung der Zwischenergebnisse einer Befra-gung der Modellversuche zur Umwelterziehung im Auftrag der Projektgruppe „Innovationen im Bildungswesen" der Bund-Länder-Kommission für Bildungs-planung und Forschungsförderung. Bonn 1992.

Seybold, H.: Bedingungen der Modellversuche in ihrer Bedeutung für die Umsetzung in die Regelpraxis. In: Deutsche Gesellschaft für Umwelterziehung/Institut für die Pädagogik der Naturwissenschaften (Hrsg.): Modelle zur Umwelterziehung in der Bundesrepublik Deutschland. Band 6: Evaluation und Zukunft der Um-welterziehung in Deutschland. Kiel 1995, S.225-236.

Sloane, P.F.E.: Modellversuchsforschung. Überlegungen zu einem wirtschaftspäd-agogischen Forschungsansatz. Köln 1992.

Weishaupt, H.: Begleitforschung zu Modellversuchen im Bildungswesen. Weinheim 1992.

Weizsäcker, E. U. von: Erdpolitk. Darmstadt 1994.

Rolf Arnold

Arbeitsgruppe „Qualität in der Pädagogik"

Qualitätssicherung in der Weiterbildung - Ein Diskussionsbericht

Im Rahmen des Kongresses der Deutschen Gesellschaft für Erziehungswissenschaft in Halle tagte auch zum dritten Mal eine betriebspädagogische Arbeitsgruppe, die sich mit dem Thema „Qualitätssicherung in der betrieblichen Weiterbildung" befaßte. Damit wurde ein mittlerweile fast zur Tradition gewordener pädagogischer Diskurs fortgesetzt, der sich den Entwicklungen und Tendenzen im Schnittbereich zwischen Berufsbildung und Erwachsenenbildung zuwendet, von denen in vielfacher Hinsicht auch innovatorische Impulse für die Pädagogik insgesamt auszugehen scheinen (vgl. Arnold 1994). Nach betriebspädagogischen Diskussionen zur Frage der Selbstorganisation als Leitprinzip betrieblicher Bildungsarbeit (vgl. Dürr 1995) sowie zur Frage nach dem Verhältnis von Bildung und Qualifizierung (vgl. Arnold 1995b) stand auf dem 1996er Kongreß der Deutschen Gesellschaft für Erziehungswissenschaft die Frage nach dem Verhältnis von Qualität und erwachsenenpädagogischer Professionalität im Zentrum der Debatte der Arbeitsgruppe Betriebspädagogik.

Mit dieser Thematik wurde gleichzeitig einer öffentlichen Auseinandersetzung Rechnung getragen, die in der Forderung kulminiert, daß auch Erwachsenenbildungseinrichtungen Dienstleistungseinrichtungen seien, deren „Produkt"-Qualität deshalb auch gemäß der Vorgaben der ISO-Normen (International Standard Organization) zertifiziert werden könnten. Ein wesentliches Ergebnis der Diskussion in der Arbeitsgruppe war deshalb auch der Hinweis, daß eine voreilige Übernahme der ISO-Normen auf die Weiterbildung auch unerwünschte Nebeneffekte haben und zur Steigerung von Überwachungs- und Dokumentationspraktiken bei den Trägern und Institutionen der Weiterbildung führen kann. Immer wieder wurde darauf hingewiesen, daß die Zurechnung von Erfolg bzw. Mißerfolg in der Erwachsenenbildung durch die Ausdifferenzierung organisationsinterner Rückmelde- und Kontrollverfahren gewährleistet werden kann, wenn man sich nicht von den er-

wachsenendidaktischen Ansprüchen (vgl. Siebert 1996) vollständig verabschieden und von der Totalisierung der Marktperspektive zu einem letztlich
technokratischen Verständnis von Erwachsenenbildung drängen lassen
möchte. Aus diesem Grunde stand bei den Diskussionen in der Arbeitsgruppe
die professionalitätstheoretische Frage nach der Eigenstruktur der Erwachsenenbildung (im Unterschied zur Entwicklung und Bereitstellung von Dienstleistungen) einerseits und nach den unhintergehbaren berufsethischen Hand-
lungsnormen andererseits mehr oder weniger explizit im Zentrum der Überlegungen.

1. Was ist Qualität in der Pädagogik?

In diesem Sinne wandte sich Jürgen Oelkers[1] zunächst mit seinem Beitrag
der grundlegenden Frage zu, was Qualität in der Pädagogik bedeutet bzw. bedeuten kann. Hierbei griff er zunächst auf Äußerungen aus der Geschichte
der Pädagogik zurück, um zu verdeutlichen, daß das Fach selbst bezüglich
seiner Qualitätsstandards unterschiedliche Entwicklungen durchlaufen und zu
ganz unterschiedlichen Reglements der „Qualitätssicherung" gegriffen hat.
Bei seinem Versuch, im Konzept dieser disparaten Qualitätsorientierungen
die Frage nach der Qualität in der Pädagogik zu beantworten, knüpfte Oelkers zunächst an den durch sog. „große Pädagogen" etablierten Qualitätskriterien in der Pädagogik an. Qualität präsentiert sich so betrachtet als „zeitlose
Größe".
    In einem weiteren Schritt untersuchte Oelkers, worauf „Qualität" in der
Pädagogik reagiere, wobei er auf die - wie er sagte - „komplexen und irritierenden Schleifen zwischen Wissenschaft, Berufsfeld und Öffentlichkeit" verwies, die das Leben und die Qualität der Disziplin „Pädagogik" bestimmen.
Er wandte sich in seinen Überlegungen kritisch gegen die traditionelle Sprache der Pädagogik, die nach seinem Eindruck durch „unmittelbare Effekterwartungen" gekennzeichnet sei. Gegenüber der mit einer solchen Sprache
einhergehenden Gefahr der grenzenlosen Verallgemeinerung regional, lokal
oder punktuell erfolgreicher Interventionen setzte Oelkers auf eine Sichtwei-

---

[1] Die im folgenden referierten Beiträge von Oelkers, Gieseke, Arnold und Wittpoth sind in
     dem Reader Arnold 1996 dokumentiert.

se, die eine plurale Spannung zwischen Modell und Möglichkeit als unverzichtbar ansieht und Modelle erfolgreichen Handelns nicht zum Muster des Ganzen stilisiert. Nach seinen Überlegungen hieße Qualität in diesem Sinne „Erzeugen von Differenz im eigenen Feld".

Pädagogische Theorie - und damit die aus ihr ableitbaren oder abgeleiteten Qualitätskriterien - müssen - so die These von Jürgen Oelkers - nicht zur Praxis passen, sondern lediglich „die richtigen Herausforderungen" enthalten, woraus sich allerdings die Frage ergibt, wie pädagogisches bzw. erwachsenenpädagogisches Handeln professionalitätstheoretisch und erfolgsbezogen konzipiert bzw. orientiert werden kann. Seine Leitfrage war in diesem Zusammenhang: „Wie kann pädagogische Qualität erzeugt werden, wenn die Ausbildung fast alles, was zum Dual von 'Mensch' und 'Bildung' paßt, zuläßt?" Entgegen einer an kurzschlüssigen Effekterwartungen orientierten Ausbildungskonzeption plädierte Oelkers für eine Ausbildung, die sich an der Forschung selbst orientiert bzw. genauer: am Erkenntnisprozeß der Forschung und den mit diesem verbundenen Erfahrungs- und Selbsterfahrungsmöglichkeiten. Nur auf diesem Wege könnten Ausbildungskonzeptionen überwunden werden, die sich darauf beschränken, „Überzeugungen" zu festigen, statt auf den Umgang mit Enttäuschungen in Anbetracht der Fragilität von Lernprozessen vorzubereiten. Oelkers plädierte letztlich für ein Konzept, das nicht „Gesinnung" vermittelt, sondern auf den konstruktiven Umgang mit dem möglichen Gegenteil des Erwarteten vorbereitet, indem Studierende lernen, sich forschend mit den Anforderungen und den Strukturen des Berufsfeldes auseinanderzusetzen, um so letztlich zu Qualitätsstandards zu gelangen, die enttäuschungssicher sind. Als zusammenfassendes Leitmotiv seiner auf die Entwicklung professioneller Qualitätskriterien bezogenen Ausbildungskonzeption könnte folgende Formel von Oelkers gewertet werden:

„Beteiligung an Forschung, weil sie Distanz oder zumindest ein Verhältnis zwischen Engagement und Distanz (verlangt)".

Das Fazit von Oelkers bezüglich der Qualitätsfrage lautete:

„Qualität entsteht dann, wenn die Differenzen beachtet werden, also Forschung nicht Aussagen und Behauptungen beweisen soll, die sich nicht beweisen lassen".

2. Was bedeutet Qualität in der Erwachsenenpädagogik?

Zu der Frage nach dem erwachsenenpädagogischen Verständnis von Qualität wurde die Diskussion durch einen Beitrag von Wiltrud Gieseke eingeleitet. Wiltrud Gieseke begründete in ihren Ausführungen die Auffassung, daß die Erwachsenenpädagogik sich an der Qualitätsdebatte um die ISO-9004-Norm „offensiv" beteiligen muß. Dies bedeutet, daß letztlich auch die Erwachsenenbildung die Kriterien und Instrumente zu liefern habe, mit der sich Professionalität und Qualität erwachsenenpädagogischen Handelns beurteilen lassen. Gleichzeitig sei es auch die Aufgabe der Erwachsenenpädagogik die Grenzen der Meßbarkeit ins Bewußtsein zu rufen. Giesecke setzte sich mit unterschiedlichen Modellen der Qualitätssicherung in der Erwachsenenbildung auseinander und markierte dabei die speziellen Anforderungen an ein spezifisch erwachsenenpädagogisches Qualitätsverständnis. Dabei wurde deutlich, daß es ihr nicht um einen verbindlichen Normenkatalog bei der Präzisierung erwachsenenpädagogischer Qualitätsstandards geht. Sie wies vielmehr nachdrücklich auf die Gefahr hin, daß - einmal etablierte - Standards, die nicht länger erprobt und evaluiert werden, immer mit der Gefahr verbunden blieben, „Oberflächenverbindlichkeiten" zu dokumentieren, wenn sie nicht auf einer Professionalität und einer diese begleitenden Ethik basierten.

Vor diesem Hintergrund entwickelt Giesecke eine am Dialogischen orientierte Definition gelingender Bildungsarbeit in der Erwachsenenbildung und markierte damit eine kritische Position gegenüber Rastern und Checklisten, die zu einer letztlich schematischen Anwendung tendieren, ohne daß berufsethische und professionelle Maßstäbe gewährleistet werden können. Diese professionalitätstheoretische Sichtweise von Giesecke wurde in der Diskussion verschiedentlich aufgegriffen, wobei aber auch deutlich wurde, daß die hier vertretene Auffassung nicht als Abwehr der Qualitätsdebatte verstanden werden dürfe. Vielmehr verdeutlichte Giesecke immer wieder, daß mit der Qualitätsdebatte für den Professionalisierungsprozeß der Erwachsenenbildung auch vielfältige Chancen verbunden seien. Damit diese Chancen aber wirksam werden können, müßten allerdings Konzeptionen und Vorkehrungen entwickelt werden, die es u.a. ermöglichten, detailliert zu berücksichtigen, daß sich in der Erwachsenenbildung ganz unterschiedliche „Segmente erwachsenenpädagogischen Handelns" bestimmen lassen, die sich in ihrer inneren Struktur und in der Logik ihres professionellen Handelns deutlich von der Erstausbildung und der Schulausbildung unterscheiden. Entgegen der mit der ISO-Debatte verbundenen Sichtweise auf das „Produkt" Erwachsenenbildung müßte es einer erwachsenenpädagogischen Qualitätstheorie auch darum gehen, die offenen und komplexen Bedingungen von Bildung und Qualifizierung zu berücksichtigen, diese als „relationalen Prozeß" zu begreifen und die bei diesen Prozessen beteiligten Individuen in den Mittelpunkt professionellen Handelns zu stellen. Giesecke plädierte in ihrem Beitrag auch dafür, die Qualitätssicherung empirisch auf die Weiterbildungswirklichkeit zu beziehen, diese in ihrer komplexen Vielfalt zu berücksichtigen, sie aber auch reflexiv zu begleiten und immer mit einer „Theorie des Möglichen" zu konfrontieren. Die Hauptthese des Beitrages von Giesecke ließe sich dahingehend zusammenfassen, daß die Qualitätsdebatte im Anschluß an die ISO-Norm die Gefahr einer schematisierten Anwendung in sich birgt und letztlich auch mit der Kundenorientierung zu einem vordergründigen Verständnis vom Teilnehmer in der Erwachsenenbildung tendiert. Gleichwohl beinhalten die Systematisierungs- und Selbstreflexionsimplikationen, die durch die ISO-Qualitäts-Debatte auch ausgelöst worden sind, konstruktiv zu nutzende Möglichkeiten zur Weiterentwicklung der erwachsenenpädagogischen Qualitätssicherung. Voraussetzung ist allerdings, daß entsprechende Maßnahmen einzelner Träger sich rückbinden lassen an „generelle Ansprüche an erwachsenenpädagogisches Handeln" um - wie es Giesecke auf den Punkt brachte - „so differenzierte Professionalität zu erreichen und reine Trägerpropaganda zu vermeiden".

3. Zur Durchmischung von Utilität und Zweckfreiheit in der Qualitätsdebatte

Unter der Überschrift „Qualität durch Professionalität - Zur Durchmischung von Utilität und Zweckfreiheit in der Qualität betrieblicher Weiterbildung" stellte der Berichterstatter selbst in der Arbeitsgruppe zunächst die für den Bereich der betrieblichen Weiterbildung typische Durchmischung von pädagogischem und wirtschaftlichem Code in der Qualitätssicherungs-Debatte dar und vertrat die These, daß diese spezifische Durchmischung angesichts einer Infiltration und Ausdehnung der wirtschaftlichen Codes zusammenzubrechen drohe. Diese Erosionstendenz wurde für die Diskussion unter den folgenden drei Leitgesichtspunkten thematisiert: Die „Ersetzung des Subjekts durch den Marketingcharakter", die „Auflösung der doppelten Zweckstruktur einer Bildung Erwachsener" und der „Mythos von der didaktischen Machbarkeit der Qualität".

Was die Ersetzung des Subjekts durch den Marketing-„Charakter" (Erich Fromm) anbelangt, so ließ sich diese Beobachtung idealtypisch an dem mit der Qualitätsdebatte sich verbreitenden Konzeptionalisierungen von Bildung als „Produkt" veranschaulichen. In ähnlicher Weise kann auch auf die Expansion von Controlling-Ansätzen hingewiesen werden, die im Bereich der betrieblichen Weiterbildung Popularität erlangen und letztlich auf die Erwartung hinauslaufen, Bildung sei instrumentell kontrollierbar. Mit diesen Tendenzen hält die totale Marktgesellschaft Einzug in die Weiterbildung und bestimmt damit die Qualifizierungschancen und Qualifizierungsformen für die Subjekte. Übersehen wird dabei, daß das „Wozu" - anders als bei der Produktion von Konsumgütern oder Dienstleistungen - von den Teilnehmern im erwachsenenpädagogischen Prozeß mitbestimmt wird. Diese Überlegung wurde zu der These verdichtet:

„Bildung, Erwachsenenbildung und Weiterbildung sind demnach eigentlich keine Produkte oder allenfalls Produkte besonderer Art. Produkte lassen sich konsumieren, Bildung aber muß von den Subjekten in einem Bildungsprozeß angeeignet werden, d. h. sie sind selbst an der Qualität des Bildungsprozesses beteiligt, und es ist angesichts der Komplexität erwachsenenpädagogischer Situationen und angesichts ihrer nur indirekten Wirkungen keineswegs denkbar, daß die Bedingungen des Gelingens solcher Bildungsprozesse situationsübergreifend definiert zu Checklisten gebündelt und kontrolliert werden könnten, wie es u.a. die schlichten Konzepte des Bildungscontrolling bisweilen zu leisten vorgeben".

Ein weiteres Argument war in diesem Zusammenhang die kritische Auseinandersetzung mit der Kundenorientierung und der Kundenzufriedenheit. In diesem Zusammenhang wurde darauf hingewiesen, daß Bildungsarbeit es immer auch mit Bemühungen des Einzelnen zu tun hat und damit auf die „Anstrengung des Begriffs" sowie auf die Umstrukturierung bzw. Transformation von Deutungs- und Erfahrungsmustern, die von den Teilnehmern selbst intendiert und im Rahmen von „Suchbewegungen" (Tietgens) selbst angestrebt werden, angewiesen ist. Mit diesem dezidierten Hinweis auf die orientierende Funktion von Erwachsenenbildung wurde eine grundlegende Abgrenzung von all den Konzepten der Debatte vollzogen, die sich von der Erwachsenendidaktik verabschieden, die Erwachsenenbildung als einen idealisierten Markt von Angebot und Nachfrage konzeptualisieren und den Teilnehmer idealisieren, wobei diese antipädagogischen Entwürfe einer Erwachsenenbildungstheorie (vgl. Dräger/Günther 1994) sich die orientierende Kraft der Erwachsenenbildung letztlich nicht anders vorstellen können als in der schlichten Form einer von außen an die Erwachsenen herangetragene normative Bevormundung. Dabei entgeht ihnen allerdings das didaktische Proprium der Erwachsenenbildung, die ihre orientierende Kraft nicht aus normativen Setzungen ableitet, sondern aus der Ermöglichung von Suchbewegungen, Dialog und Viabilitätsprüfungen im Rahmen lebendiger und selbstorganisierter Lernprozesse.

Als weiterer Diskussionspunkt zum Thema Qualitätssicherung in der Weiterbildung brachte der Berichterstatter die These von der Auflösung der doppelten Zweckstruktur der Erwachsenenbildung in die Debatte ein. Diese doppelte Zweckstruktur ergibt sich aus der technokratischen Nicht-Beherrschbarkeit von Bildungsprozessen:

„Während Technologie Natur bearbeitet, um bestimmte, dieser äußerlichen Zwecke zu erreichen - mithin einer eindimensionalen Zweckstruktur folgt - muß pädagogisches Handeln (...) die 'eigene Zweckrichtung im Objekt' anerkennen 'für sich selbst zumindest mitbestimmend sein (lassen)' (Litt)."

Insofern in der Qualitätsdebatte dieses notwendige Technologiedefizit der Pädagogik ausgeblendet wird und so getan wird, als sei Bildungserfolg machbar, garantierbar und kontrollierbar, wird eine bildungstechnokratische Mentalität verbreitet, die es zunehmend unwahrscheinlich erscheinen läßt, daß in den Erwachsenenbildungseinrichtungen Raum und Akzeptanz erhalten bleibt für subjektorientierte, kontingente und durchaus wirkungsunsichere Bildungsprozesse (vgl. die Ausführungen von Oelkers), deren mögliche Ergebnisse sich gleichwohl zunehmend gerade als die notwendigen qualifikatorischen Voraussetzung in den Prozessen einer reflexiven Modernisierung betrieblicher Kooperation erweisen, nach dem Motto:

„Menschen müssen zunehmend in die Lage versetzt werden, sich selbsttätig mit neuen Anforderungen auseinanderzusetzen und sich notwendige Kenntnisse, Fähigkeiten und Fertigkeiten dann selbst anzueignen, wenn die Anforderungen im Lebenslauf auf sie zukommen".

In einem letzten Punkt vertrat der Berichterstatter die Auffassung, daß inhaltliche Qualitätskriterien in der professionalitätstheoretischen Debatte der Erwachsenenpädagogik der letzten Jahre bereits deutlich herausgearbeitet worden sind. Diese inhaltlichen Kriterien könnten die nur formalen, prozeßorientierten Maßgaben nach der ISO-Norm ergänzen, um die Voraussetzungen dafür zu schaffen, daß Qualität inhaltlich in den Blick genommen werden kann. Dabei wird deutlich, daß diese inhaltlichen Anforderungen professioneller Erwachsenenbildung sich nicht technokratisch in Checklisten und Kontrollraster hineinpressen lassen, da es professionelles pädagogisches Handeln immer mit einer hermeneutischen Aufgabe „zu tun hat". Dies bedeutet, daß es hier um die Verständigung über die „Situationsdefinition" zu gehen hat, wel-

che nur vor dem Hintergrund der jeweiligen Lebensweltsituation sowie individueller Lernprojekte möglich ist.

4. Erwachsenenpädagogische Professionalität

Jürgen Wittpoth befaßte sich in seinem Diskussionsbeitrag mit dem Verhältnis zwischen der erwachsenenpädagogischen Professionalität einerseits und
den Pädagogisierungstendenzen in der betrieblichen Weiterbildung andererseits. Hierzu entwickelte er zunächst eine Rekonstruktion der programmatischen Merkmale pädagogischer Professionalität und spürte sodann einigen
exemplarischen Konzeptualisierungen zur betrieblichen Weiterbildung in der
betriebspädagogischen Unternehmens- und Managementliteratur nach, um
deren programmatische bzw. analytische Beschreibungen zu rekonstruieren.
In einem weiteren Schritt analysierte Wittpoth sodann die mit diesem Konzept verbundenen Konsequenzen im Hinblick auf Professionalität und markierte einige kritische Anfragen an die Betriebspädagogik. In einer abschließenden Betrachtung schließlich skizzierte er eine denkbare Alternative be-
triebspädagogischer Professionalität, die sich nach seiner Einschätzung dem
wissenschaftlichen Deutungs- und Analysewissen in stärkerem Maße verbunden weiß, welches als „fremder Blick von außen" - ganz im Sinne der Oel-
kerschen Einleitungsthese - betriebliche Umweltoffenheit zu optimieren vermag.
   In der Diskussion herrschte eine große Einigkeit über die von Wittpoth
vorgestellten Merkmale pädagogischer Professionalität. Insbesondere galt
dies bezüglich seiner Ausführungen zur Vermittlungsfunktion professionellen Handelns zwischen individuellen und allgemeinen Interessen sowie für
seine Beschreibung des Zusammenhangs zwischen sozialwissenschaftlichem
Wissen bzw. Deutungswissen und situativer Handlungskompetenz, die es
Pädagogen ermöglicht, wissenschaftliches Wissen auf den konkreten praktischen Fall zu beziehen. Kontrovers wurde allerdings die Frage diskutiert, inwieweit die vorgetragenen Rekonstruktionen der Ansätze von Sarges und
Geissler sowie Arnold den tatsächlichen Intentionen dieser Ansätze gerecht
wird. Insbesondere gilt dies für den Vorwurf, daß die neueren betriebspädagogischen Konzepte relativ unmittelbar und auch unkritisch an Managementkonzepte anschließen, obgleich Wittpoth auch darlegte, daß der Ansatz
von Arnold stärker durch organisationstheoretische und konstruktivistische

Ansätze inspiriert sei. Insbesondere gilt dies für die von Wittpoth vorgetragene These, daß Organisation bzw. Organisationskultur das sei, was immer schon an Wissen-, Deutungs- oder Relevanzsystemen von den Subjekten im betrieblichen Kontext geteilt werde, ein Hinweis, der sich nun überhaupt nicht von dem unterscheidet, was in der Konzeption des Berichterstatters als Ist-Kultur des Unternehmens angedacht ist (vgl. Arnold 1995a, S.35ff). Ähnliches gilt für den Vorwurf einer Ausblendung der „gesellschaftlichen Funktionen" aus den professionalitätstheoretischen Überlegungen, eine Kritik, die allzu rasch dann zu dem Vorwurf verdichtet wurde, daß es betriebspädagogischen Professionalitätsmodellen in erster Linie um die nur systemimmanenten Veränderungen von Unternehmenskultur über eine Beeinflussung der Motivationen und der Persönlichkeit der Beschäftigten ginge. Zwar wurde es in der Arbeitsgruppe nicht ausführlich diskutiert, doch übersieht diese von Wittpoth entwickelte kritische Sichtweise, daß einige der vorgetragenen betriebspädagogischen Professionalitätsmodelle sich geradezu explizit auf die professionelle Autonomie beziehen und damit wissenschaftsbasierte Standards ihres Berufshandelns und nicht betriebsfunktionale Standards zum Kern des eigenen professionellen Konzeptes erheben (vgl. Arnold 1995 a, S.175ff).

Auch die These von Wittpoth, daß angestellte Weiterbildner im Unternehmen als Mitarbeiter der Personalabteilung nicht „autonom" sein könnten, erfaßt nur einen Teil der derzeitigen betrieblichen Weiterbildungsrealität und sicherlich nicht deren professionelle Spitze. Diese ist nämlich durch die eigenartige Paradoxie der Qualifikationsstrukturentwicklung gekennzeichnet, daß die Unternehmen in immer stärkerem Maße auf die Entwicklung von Qualifikationsdimensionen angewiesen sind, die in einer Lernkultur der Abhängigkeit überhaupt nicht entstehen können. Es wäre an dieser Stelle naheliegend gewesen, auch detaillierter auf die Paradoxie der Qualitätsstrukturentwicklung und ihre professionalitätstheoretischen Implikationen einzugehen, zumal diese in der neueren betriebspädagogischen Debatte über die reflexive Modernisierung betrieblicher Bildungsarbeit ein wesentliches Thema darstellen.

Literatur

Arnold, R.: Betrieb. In: Lenzen, D. (Hrsg.): Erziehungswissenschaft. Ein Grundkurs. Reineck b. Hamburg 1994, S.496-517.

Arnold, R.: Betriebliche Weiterbildung. Selbstorganisation - Unternehmenskultur - Schlüsselqualifikationen. 2. Aufl. Hohengehren 1995a.

Arnold, R. (Hrsg.): Betriebliche Weiterbildung zwischen Bildung und Qualifizierung. Bd. 11 der Reihe „Anstöße". Frankfurt a.M. 1995b.

Arnold, R. (Hrsg.): Qualitätssicherung in der Erwachsenenbildung. Opladen 1996.

Dräger, H./Günther, U.: Das Infrastrukturmodell als Antwort auf die Krise der bildungstheoretischen Didaktik. In: Derichs-Kunstmann, K. u.a. (Hrsg.): Theorien und forschungsleitende Konzepte der Erwachsenenbildung. Beiheft zum Report. Frankfurt 1994, S.143-152.

Dürr, W. (Hrsg.): Selbstorganisation verstehen lernen. Komplexität im Umfeld von Wirtschaft und Pädagogik. Bd. 1 der Reihe „Bildung und Organisation". Frankfurt a.M. 1995.

Siebert, H.: Didaktisches Handeln in der Erwachsenenbildung. Didaktik aus konstruktivistischer Sicht. Neuwied 1996.

Günter Faltin / Jürgen Zimmer

Arbeitsgruppe „Entrepreneurship - von der Notwendigkeit, unternehmerische Ideen zu entwickeln" (Bildung und Entrepreneurship)

1. Vom Fall der Festung Europa

In Hartmut von Hentigs Buch „Die Schule neu denken" lesen wir:

„Der größte Gegner des öffentlichen Vertrauens ist die Ökonomisierung..."

Wir tragen unsere antiökonomischen Affekte im Herzen. Wir hoffen, den nächsten Bio-Laden ansteuernd, den bösen Markt zu meiden. Wir - wir Pädagogen - haben möglicherweise ein paar versäumte Lektionen nachzuarbeiten: über „Markt" und Markt. Über Eurozentrismus in Sachen Ökonomie und das Zeitalter der neuen veranlaßten Bescheidenheit. Über den europäischen Hochsitz, von dem wir heruntergeholt werden, und über unseren Umgang mit dem Realitätsprinzip Weltmarkt. Wir müssen das Fallen lernen, und wenn es denn geht: auf die eigenen Füße. Wer auf dem Weg zur Eindrittel-Gesellschaft in Zukunft keinen Arbeitsplatz besitzt oder findet, kann resignieren oder den Versuch unternehmen, sich selber einen zu schaffen. Wir brauchen eine *culture of entrepeneurship.*

Man nehme einen Thron, stelle ihn auf den Hügel einer hundertfünfzigjährigen Geschichte der Industrialisierung und betrachte die Welt. Zu sehen sind: Niedriglöhne. Niedriglöhne sind vor allem dann niedrig, wenn man die Welt vom Westen her zu begreifen versucht. Wir leben unter extrem privilegierten Bedingungen. Westliche Industrielöhne sind im globalen Maßstab eine große Ausnahme. Müßten sie auf dem Weltmarkt ausgehandelt werden, würden sie um vieles bescheidener ausfallen. Immerhin würden unsere Lohneinbußen zu Lohnerhöhungen bei den Armen führen. Die Vorstellung, daß wir unsere Standards weltweit setzen oder halten könnten, ist schon aus ökologischen Gründen illusionär, würde die Ressourcen überfordern und wäre ein imperialer Akt ohne Verständnis dafür, daß es andere Kulturen mit anderen, gleichwertigen Lebensformen und ihnen immanenten, anderen Entwicklungschancen gibt. Die Welt wird nicht daran genesen, daß alle sich einer zunehmend beschleunigenden, überbordenden, ausufernden Konsumtion anheimgeben und Hedonismus mit der Quantität und Geschwindigkeit des Warenverbrauchs gleichgesetzt wird, eher schon daran, daß wir selbst vom Thron geholt und zu neuer Askese angehalten werden.

Die Verwirklichung der - westlichem schlechtem Gewissen entspringenden - Forderung, Menschen sollten für die gleiche Arbeit den gleichen - westlichen - Lohn erhalten, würde einem massiven planwirtschaftlichen Eingriff in regionale Wirtschaftssysteme gleichkommen, die Ökonomie vieler Länder schweren Turbulenzen aussetzen und ihren Kollaps bewirken. Wenn man diese Forderung auch nur gedanklich weiterspinnen will, wäre nicht die deutsche Industriestadt, sondern besser das indische Dorf zum Maßstab zu nehmen. Die Lebensbedingungen dort gleichen den Lebensbedingungen von achtzig Prozent der Weltbevölkerung. Das indische Dorf entspricht eher dem Weltdurchschnitt und wäre auch ökologisch ein gutes Vorbild. Gleicher Lohn für gleiche Arbeit? Nun gut, dann aber nach indischen, nicht nach deutschen Maßstäben, dort liegt die Mitte der Welt, und wir kämen dem Realitätsprinzip schon viel näher.

Richten wir unseren Blick auf die nächste Nähe: Im Berliner Hauptzollamt am Prenzlauer Berg brütet im Zimmer 1124 ein junger Beamter mit Fachhochschulabschluß, nennen wir ihn Bernd Heintze, über einem dicken Buch. Er verteilt Nummern an Leute, die Textilien aus anderen Ländern nach Europa einführen wollen. Zeigt man ihm zum Beispiel ein Stück Batik aus Indonesien, gibt er möglicherweise die Nummer 6302-5110-0100, sagt, daß die Ware einer Quotenregelung unterliege, 13 Prozent Einfuhrzoll zu entrichten seien und man sich doch bitte neben dem Formblatt A und vielen anderen Papieren auch eine Einfuhrgenehmigung bei einem anderen Beamten einer anderen Zollbehörde in Eschborn besorgen möge. Fragt man ihn, was denn der Sinn dieser bürokratischen Barriere sei, sagt er: Bei dieser Textilie handele es sich um einen einfuhrpolitisch sensiblen Gegenstand. Was macht der Mann? Er ist ein Wallbauer. Er häufelt am Wall der Festung Europa. Drinnen sitzen wir. In Brüssel lebt ein enormer bürokratischer Wasserkopf davon, bis in kleinste Details festzulegen, was alles nicht oder nur bei Strafe hoher Zölle und Quotenregelungen an Waren nach Europa hineindarf. Schlafanzüge - „Gewirke und Gestricke" - für Damen zum Beispiel: Ihren Import regelt die Position 6108 der Kombinierten Nomenklatur (KN) des Gemeinsamen Zolltarifs (GZT) in der Fassung der VO Nr. 2658/87 und der VO Nr. 3174/88. Nicht Kafka hat das erfunden; Bernd Heintze, unser Mann am Prenzlauer Berg, häufelt am Festungswall, weil wir Europäer Angst vor dem Weltmarkt haben.

Mal angenommen, die Festung Europa würde nicht nach und nach, sondern von heute auf morgen geschleift, Schutzzölle würden abgeschafft, Importbeschränkungen und Quotenregelungen außer Kraft gesetzt, Waren aus dem Süden frei zugelassen, statt „Markt" hinter dem Wall würde es den allen zugänglichen Markt geben, was dann? In Deutschland ginge es zu wie nach · einem Atomblitz. Die Textilindustrie wäre weitgehend verschwunden, Berg- und Schiffsbau gäbe es nicht mehr, von der Stahlindustrie blieben kaum Spuren übrig, auch die Auto- und die chemische Industrie wären wir im wesentlichen los, und dort, wo heute subventionierte Landwirte den Boden düngen, würden sich Parklandschaften ausbreiten. Was hätten wir noch auf dem Weltmarkt zu bieten?

Die Europäer häufeln Festungswälle. Ihre Löhne und Lohnnebenkosten stehen zu denen der neu aufstrebenden Länder in einem Verhältnis bis zu 20:1. Zu den krassen Unterschieden gehören nicht nur die Lohnkosten, sondern - weit wichtiger noch - in den angreifenden Ländern jene *culture of entrepreneurship* und in Europa eine marktfeindliche Einstellung. Die Technologie ist mobiler geworden. die modernsten Fabriken stehen zunehmend in den aufstrebenden Ländern. Die niedrigen Löhne und Lohnnebenkosten sowie die schlechten Arbeitsstandards, hierzulande argumentativ in den Vordergrund geschoben, erklären den Wettbewerbsvorsprung nur zu einem geringeren Teil. Wir unterschätzen das wirtschaftliche Potential und die Dynamik der Entwicklung. So lange wir eindeutige Vorteile vom Weltmarkt hatten, solange Volkswagen in vielen Ländern das Feld anführte, waren wir stolz auf unsere Erfolge im Markt. Jetzt, wo sich das Blatt zugunsten der Entwicklungsländer wendet, wird unsere Haltung immer marktfeindlicher.

Der Süden muckt auf. Dort haben sich Länder angeschickt, die wettbewerbsfähigere Ökonomie zu betreiben. Nun bröckelt es in der Festung, die Sitten verfallen, wer an die Peripherie gedrückt wird, schlägt zu oder entwikkelt Mythen, der Feuerschein näher kommender Schlachten spiegelt sich auf den Dächern. Noch wissen längst nicht alle, woher der Lärm vor den Wällen kommt und wie er zu deuten ist. Heute sind die Schwanengesänge deutscher Unternehmer - im Gegensatz zu früher - echt: Viele von ihnen stehen kurz vor dem Abgrund. Die Schlechtwetterzone, in die die Europäer geraten, fand ihr kleineres Vorspiel in der Bruchlandung der Ex-DDR, deren Kostenrelationen über Nacht um das Vierfache auf die der Festung Europa hochgeschraubt wurden, die damit nun schon gar nicht mehr wettbewerbsfähig war und einen großen Teil ihrer industriellen Substanz verlor.

Die Festung Europa wird fallen, so oder so. In ihre Konstruktion ist das Ende bereits eingebaut. Die Viren heißen Protektionismus, Dequalifizierung und Wettbewerbsunfähigkeit. Noch gibt es die Festung. In ihrer Innenwelt herrscht ein Drunter und Drüber. Menschen fallen nicht auf die Füße, sondern in die Reste des sozialen Netzes. Nun zeigt sich, daß die wertvolle Idee des Sozialstaats zum Gutteil verkommen ist, weil vielen Menschen die Grundqualfikationen des unternehmerischen Handelns über Jahrzehnte entzogen wurde. Die Wälle der Festung werden nicht über Nacht geschleift, aber sie erodieren. Die International Herald Tribune zitierte den am Massachusetts Institute of Technology lehrenden Ökonomen Rüdiger Dornbusch mit der Prognose, Deutschland befände sich erst am Anfang des Abstiegs; und der Kommentator Olaf Leitner sorgt sich in einem Berliner Stadtjournal darum, ob wir nun „die Rache der armen Länder an den reichen, eine neue Kolonialzeit" erleben, eine mit umgekehrten Vorzeichen.

Zu den lange gehegten Fehleinschätzungen der Europäer gehört auch die, daß Entwicklungsländer moderne Technologien nicht einsetzen könnten, weil sie nicht in der Lage seien, sie herzustellen und genügend erfahrene Mitarbeiter bereitzustellen. Moderne Technologien zeichnen sich aber gerade dadurch aus, daß sie mobil sind und man sie auf dem Weltmarkt samt Service einkaufen kann, daß sie immer benutzerfreundlicher und einfacher in der Bedienung werden. Ein Blick auf Asiens Bildungssysteme und die Lernbereitschaft seiner Absolventen zeigt, daß der Mythos vom Bildungsmonopol des Nordens unhaltbar ist. Die technische Intelligenz des Südens ist hochmotiviert, erstklassig qualifiziert und - man nehme Ingenieur-Stunden in Indien - um ein Vielfaches billiger als in Deutschland. Und weil das so ist, wächst bei uns beispielsweise der Inlandsmarkt für Elektrogeräte schneller als die Inlandsproduktion, baut die Textilindustrie ihr Personal ab, gesteht die Chemieindustrie ein, daß sie den Preiswettbewerb bei Basischemikalien oder einfachen Kunststoffen mit Ländern wie China oder auch Mexiko bereits verloren habe, vertreibt der „Export*welt*meister" Deutschland mehr als sechzig Prozent seiner Exporte nurmehr innerhalb der Festung Europa.

Die Reaktionen auf die Krise? Zwei problematische Antworten sind verbreitet: Die erste: „Wir müssen unsere Errungenschaften verteidigen." Zum Beispiel die hohen Löhne, das soziale Netz und den Umweltschutz. Wie? Die Antwort: durch Protektionismus. Den deutschen Steinkohlebergbau mit zehn Milliarden Mark jährlich stützen, weil die Preisschere zwischen importierter und heimischer Steinkohle immer größer wird und eine an die 300 Mark kostende Tonne deutscher Kohle auch im nächsten Jahrzehnt um 230 Mark teurer sein wird als die Kohle des Weltmarkts? Was heißt schonender Umgang mit natürlichen Ressourcen, wenn die Halden der Ruhrkohle Ende 1993 auf knappe zwanzig Millionen Tonnen gestiegen sind? Und zeugt es nicht von ökonomischem Schwachsinn, wenn durch diese Halden Mittel von 2,3 Milliarden Mark gebunden werden? Die Insassen der Festung Europa krallen sich fest.

Je höher die Wälle, desto tiefer der Absturz. Die Kosten für den Erhalt der Festung sind hoch, weil die Finanzierung unwirtschaftlicher Zusammenhänge der Unterhaltung schwarzer Löcher gleicht; die Finanzmasse schwindet, und keiner sieht sie mehr. „Nationale" Entwicklungen haben - siehe seinerzeit zum Beispiel Argentinien - gezeigt, daß strukturkonservierende Maßnahmen zur Verarmung führen. Geschützte Industrien verlieren an Innovationskraft und wirtschaften immer offenkundiger ineffizient. Genau deshalb wirken Autos in Indien aus heimischer Produktion wie Fossile aus den dreißiger und vierziger Jahren, sie werden nach Öffnung der Grenzen so wenig überleben wie der Trabbi nach der Wende. Nun wird oft behauptet, man brauche Übergangszeiten und Lernchancen für die eigene Industrie. Schutzzölle seien dann nicht Dauerlösungen, sondern im Sinne des Friedrich List zeitlich limitierte Instrumente, um den Übergang zum freien Markt zu ermöglichen. Nur: Wir würden gern die Fälle sehen, in denen Schutzzölle wieder aufgehoben wurden. Die Geschichte deutscher Subventionspolitik ist voll von gegenteiligen Beispielen.

Schutzzölle auf Dauer bewahren nicht den Reichtum eines Landes, sondern den Reichtum der Reichen. Träge Reiche wollen Protektionismus, nationale Wirtschaftspolitik schützt die dicken Fische. Deutschland kann sich diese Politik schon deshalb nicht leisten, weil es als rohstoffarmes Land einen hohen Teil des Sozialprodukts über seinen Außenbeitrag, den Exportüberschuß, erwirtschaften muß. Damit ist es besonders gefährdet für Vergeltungsmaßnahmen anderer Länder.

Das Argument, deutsche Produkte wären im Vergleich auch deshalb teurer, weil wir so viel für Ökologie ausgäben, ist immer häufiger Selbstbetrug. Denn in vielen der neu aufstrebenden Länder ist die eingesetzte hochmoderne Technologie bereits umweltfreundlicher als bei uns, und auch dort, man nehme Taiwan als Beispiel, wachsen ökologische Bewegungen. Wenn zudem die Handelsschranken fielen, könnten auch Klitschenbetriebe des informellen Sektors eher auf dem formellen antreten, Investitionen tätigen und mit Auflagen zum Umweltschutz besser umgehen. Dort wo hohe Wertschöpfungen getätigt werden, kann man Anteile davon in den Umweltschutz investieren, durchaus auch aufgrund von Auflagen internationaler Partner und als Regel des *level playing field*.

Protektionismus wird von Verbrauchern bezahlt und mittlerweile von den auf europäischer Ebene zusammengeschlossenen Verbraucherverbänden auch scharf kritisiert. So fordern sie die Europäische Gemeinschaft auf, Schutzmaßnahmen beispielsweise gegen den Import von Autos, CD-Geräten, kleinen Farbfernsehern, Videorecordern samt Kassetten, Fotokopierern, Computerdruckern und Agrarerzeugnissen aufzuheben. Protektionistische

Maßnahmen - hier: die Kosten für den Erhalt von Arbeitsplätzen - werden auch von den Arbeitslosen über viel zu hohe Preise mitfinanziert. Statt die Einkommen der Arbeitsplatzbesitzer weiter zu erhöhen, wäre es besser, die Preise zu drücken - durch Anerkennung des Weltmarkts - und damit beispielsweise Lebensmittel erschwinglicher zu machen. Protektionismus hilft kurzfristig denen, die über Arbeitsplätze verfügen. Die Arbeitslosen werden doppelt benachteiligt.

Protektionismus führt zu offenem Dirigismus, zu rigiden Kontrollen der Devisen, der Importe, der Grenzen. Wer Waren aussperrt, riskiert, daß Menschen kommen und nicht-legalisierte Migrationsbewegungen den informellen Sektor des eigenen Landes rapide vergrößern. Auf dem informellen Sektor gelten dann zwar realistische Preise, die Kontrolle durch den Staat aber wird obsolet. Mit der Besitzstandswahrung Wohlhabender befaßt, entgleitet ihm die Chance, ein für alle geltendes faires Regelwerk zu entwerfen und durchzusetzen.

Das zweite Argument lautet: „Wir müssen aufholen." Gemeint ist der vergebliche Versuch, durch bloße Rationalisierung den Wettbewerbsvorsprung der anderen zu egalisieren. Mag auch die neue Maschine vorzüglich sein, das teure Umfeld bleibt. Die deutsche Textilindustrie ist ein gutes Beispiel dafür, wie der Versuch, durch die Investition in kapitalintensive Technologie zu rationalisieren, dem Rennen zwischen dem Hasen und dem Igel gleicht. Der Igel ist immer schon da. Der Untergang wird aufgeschoben, aber nicht verhindert.

Gemeint ist ein Aufholen ohne Phantasie, das *me too*, eine Jagd auf Erste ohne Visionen. Wenn Japaner in den USA in den letzten Jahren Werke für 1,5 Millionen Fahrzeuge bauten und zeigen, daß Qualität *und* kostengünstige Produktion nicht nur innerhalb Japans möglich sind, dann heißt Aufholen für General Motors, Ford oder Chrysler, das Management der Japaner unter die Lupe zu nehmen und ihm nachzueifern. Wenn die Deutschen Spitzenpositionen lediglich in der Anwendung von Mikroelektronik, nicht aber in der Systementwicklung einnehmen, dann lautet die Quintessenz des Generalsekretärs des Verbandes deutscher Elektrotechniker, daß man möglichst frühzeitig ein möglichst detailliertes Wissen darüber brauche, was komme, denn wer die Besonderheiten von in Entwicklung befindlichen Elektronik-Bausteinen auch nur ein halbes Jahr später als die Konkurrenz kennenlerne, gerate in einen unaufholbaren Rückstand. Nacheifern mit schnellem Blick auf das, was andere erfinden - das war's? Riskiert der Imitator und Käufer integrierter Schaltungen dann nicht, daß in naher Zukunft auch noch Montagehilfen, Fertigplatinen und ganze Gerätschaften mitgeliefert werden und deutsche Spitzenpositionen in der Anwendung von Chips dahinschmelzen wie der Schnee im Frühjahr? Man rennt hinterher und nicht vorneweg, wenn es an Ideen mangelt.

Je schneller wir uns darauf einstellen, daß Wirtschaftspolitik als Weltinnenpolitik zu verstehen und jedweder Hegemonialbereich aufzulösen ist, desto besser. Das Realitätsprinzip Weltmarkt vertreten heute die Schwellenländer. Sie definieren die Normalität des Lohn- und Preisgefüges. Deutschland muß sich mit seinen unternehmerischen Ideen dem Markt unter Normalbedingungen stellen. Geschieht das nicht, wird das Land bald zur abgeschlagenen Provinz. Mag sein, daß sich auch Europa, vom Realitätsprinzip eingeholt, besinnt - auf realistischem Niveau und also weiter unten. Dieser Prozeß wird eine Weile dauern und von vielen Verwerfungen begleitet sein. Zunächst wird die Zahl der Arbeitslosen weiter wachsen und der informelle zweite Arbeitsmarkt mit unversteuerten niedrigen Löhnen expandieren. Unternehmerische Initiativen aus Not werden zunehmen. Nach und nach werden wir aus der warmen Badewanne ins kühle Wasser wechseln. *Entrepreneurship* heißt: wieder schwimmen lernen. Je mehr Menschen dies können, desto weniger Katastrophen werden sie erleben.

Der informelle Sektor in Lateinamerika oder Asien, so die zentrale These Hernando de Sotos, bilde ein riesiges Reservoir von Unternehmern, die hart trainiert seien und mit äußerster Knappheit wirtschaften könnten. Der informelle Sektor begünstige Innovationen und Imitationen. Auch Imitationen seien eine wesentliche Quelle unternehmerischen Handelns, die Schule des Marktes in den Entwicklungsländern. Wenn diese Länder darangingen, die Grenzanlagen zwischen dem formellen und informellen Sektor abzubauen, würden nicht nur Barrieren fallen, sondern ganze Dämme brechen, weil dann Millionen gut vorbereiteter Unternehmer antreten und nicht nur den Reichen ihres Landes, sondern den Reichen dieser Welt Paroli bieten könnten. Rezession als Dauerabonnement für Europa heißt dann ja nichts anderes, als daß weltweit viel mehr Unternehmer als zuvor im Wettbewerb stehen und die Gewinnspannen sinken - oder, übersetzt, die soziale Umverteilung von Reichtum besser funktioniert.

Werden nach und nach die Armen reich und die Reichen arm? Herrscht nun weltweit Sozialdarwinismus? Nein. Die harte Arbeitsleistung der Armen erhält endlich ihre Chance. Und: Wenn alle auf der Welt den Standard der Europäer wollten, bekäme ihn niemand. Unser Planet läßt das nicht zu, und wenn, dann nur im raschen *show down*. Der Standard und Ressourcenverbrauch der reichen Länder liegt zu hoch.

Es gilt, beim relativen Abstieg - statt in Wut und Fremdenhaß zu verfallen - die Qualität intelligenter Askese zu entdecken. Und auch für die Aufsteigenden ist - freiwillig oder veranlaßt - Müßiggang vonnöten. Die Tage

der Zügellosigkeit im Umgang mit natürlichen Ressourcen sind gezählt.
Markt muß man nicht so verstehen, daß immer neue Bedürfnisse herausgekit-
zelt werden und wir Sklaven einer sich rascher drehenden Konsumspirale
werden. Markt birgt die Chance des aufgeklärten und sparsamen Umgangs
mit knappen Ressourcen.

Gefragt sind qualitativ hochwertige, ausgereifte, einfache, langlebige
Produkte. Gefragt ist maximale Qualität für *die* Hose, *die* Waschmaschine,
die elektrische Birne, *den* Fernsehapparat. Modernstes Wissen ist notwendig,
um einfachste Lösungen zu finden und nicht ständig High-Tech-Schrott zu
produzieren. Nicht das wechselnde Äußere, vielmehr der Kern des Produkts
ist wichtig. Nicht auf die Akkumulation von High Tech kommt es im Leben
an, sondern auf High Quality. Gefragt sind Gerätschaften hochentwickelter
Einfachheit, die lange - möglichst lebenslang - halten, und so gebaut sind,
daß sie kostensparend gepflegt und repariert werden können. Wer weniger
kaufen muß, kommt auch mit weniger Verdienst aus. Intelligente Askese bedeutet, sich lieber einmal ein erstklassiges Produkt zu kaufen als nacheinan-
der viele zweitklassige, bedeutet, davon entlastet zu sein, in kürzer währen-
den Abständen nach Neuem zu gieren, nur weil die Produktfassade *out* und
eine neue *in* sein soll. Es ist das in seiner Grundkonzeption so einfache wie
hochentwickelte Auto, das ohne fossile Energiequellen auskommt, und dessen auf Wiederverwendung angelegte Verschleißteile in großen Abständen
und mit leichten Handgriffen ausgetauscht und überholt werden können. Ver-
blassen würde dann die in Schrottbergen mündende Vorstellung, ständig
„neue" Automodelle mit veränderten Marginalien in Serie zu geben.

Die Europäer, in den langen Zeiten der Prosperität zu Prassern geworden, könnten auf einem Markt der Vielfalt und Vernünftigkeit mit gutem
Beispiel vorangehen. Auf dem Weg zu mehr Schlankheit könnten sie, aus ihrer Kultur schöpfend, zu Erfindern und Förderern jener Produkte und Dienstleistungen werden, die der Überproduktion und dem Verschleiß von Ressourcen Einhalt gebieten, so, daß Lebensqualität nicht geschmälert, sondern erhöht wird.

Wäre das Handeln der Europäer stärker von dieser Klugheit geprägt,
könnten die Menschen der aufstrebenden, noch von Nachwirkungen des Ko-
lonialismus gezeichneten Länder auch leichter die Reste jenes *inferiority
complex* abstreifen, der sie in die Konsumspirale und die Fixierung an *western style* treibt. Die nicht-europäischen Kulturen enthalten genug Potentiale, um Lebensqualitäten von je besonderer Art und Attraktivität zu entwikkeln, so daß unternehmerische Initiative der Zukunft im tertiären, aber auch -
man denke an Philosophie und Religion - im quartären Sektor aus der kulturellen Vielfalt schöpfen und ihr dienen könnte. Da tauchen dann Perspektiven

auf, die faszinierender sein können als bisherige Leitsätze von der Art „meins ist größer als deins" oder „auch haben". Intelligente Askese bedarf der Bildung, des umfassenden Weltverständnisses, des Ziels, sein eigenes Leben zu unternehmen, zu sich selber zu finden und neugierig auf Reisen zum Mittelpunkt der Welt zu sein.

Unternehmer, die sich der Einsicht von der Endlichkeit natürlicher Ressourcen beugen, sind nicht weg vom Markt, sondern vorne dran, wenn sie sich auf die Entwicklung einer so verstandenen High Quality konzentrieren. Sie können dabei auf die Dialektik der Aufklärung setzen, auf das wachsende Unbehagen jener noch an Verschleiß glaubenden Kunden, die wenigstens schon an der Wiederverwendung von Verpackungen interessiert sind und darüber informiert werden können und wollen, wo sie jeweils das beste aller Produkte erwerben und mit ihm möglichst lebenslang zufrieden sein können.

Die Sackgasse, aus der wir herausfinden müssen, ist bekannt: Auch bei noch höherem Konsum würde es immer weniger Arbeitsplätze geben, weil immer perfektere Maschinen immer mehr menschliche Arbeit übernehmen. Gefragt sind unternehmerische Initiativen in anderen Bereichen, Initiativen von Künstlern, einfallsreichen Wissenschaftlern, Philosophen und Querdenkern. Sie müßten jene Nieten ablösen, die nicht nur wettbewerbsscheu, sondern auch noch mausgrau in ihren Vorstellungen darüber sind, wie man die Welt so gestalten könnte, daß sie nicht zum zivilisatorischen Schrottplatz wird. Gesucht ist der *citoyen* als Unternehmer und Künstler. Er kann von der Sozialkultur der Armen lernen, von dem, was Jean Ziegler den Sieg der Besiegten genannt hat, kann verlorengegangene soziale, emotionale und intellektuelle Qualitäten zurückgewinnen, sich und anderen sinnstiftende Tätigkeiten ermöglichen.

Europa im Niedergang? Die Krise enthält die Chance der Läuterung. Wir, weiter unten angekommen, würden nicht nur weniger verdienen, sondern auch weniger bezahlen und hätten mehr Zeit für eine vergnügliche und produktive Bescheidenheit.

2. Auf die eigenen Füße fallen

Für den Bereich des Bildungswesens und der Jugendhilfe droht - innerhalb eines europäischen Stagnations- und Abstiegsszenarios - ein Auseinanderdriften des privaten und öffentlichen Sektors. Wohlhabende Bevölkerungsgruppen werden sich zunehmend privater Bildungs- und Betreuungsinstitutionen bedienen, während die Mehrheit auf den öffentlichen oder öffentlich bezuschußten Sektor bei zunehmend schlechten Bedingungen verwiesen sein wird.

Das Argument, man dürfe den Staat angesichts wachsender Probleme nicht aus der Verantwortung entlassen, ist in Zeiten der Prosperität wie der Knappheit zutreffend, reicht jedoch in einer Phase, in der der Staat auf lange Sicht ärmer wird, nicht hin. Dem Realitätsprinzip Weltmarkt angemessen wäre es, eine gesellschaftliche Wende und Anstrengung großen Stils einzuleiten und eine unternehmerische Kultur neu zu entwickeln, wie sie Ende des neunzehnten Jahrhunderts und dann noch einmal Anfang der fünfziger Jahre in Deutschland zu beobachten war. Heute sind die Konsequenzen einer Wirtschaftspolitik zu spüren, die jahrzehntelang Investitionsmittel in nicht wettbewerbsfähige Bereiche - Agrar, Kohle, Stahl - gelenkt und dort in enormer Höhe gebunden hat.

Diese Wende müßte in breitester Form auch die Bereiche des Bildungswesens und der Jugendhilfe erfassen. Denn eine neue Variante der Bildungskatastrophe, in die wir hineingeraten, gewinnt Kontur: Sie besteht darin, daß das Bildungswesen wie die Jugendhilfe auf das Problem einer wachsenden Massenarbeitslosigkeit keine angemessene und zureichende Antwort entwickelt. Bildung wird in Zukunft zunehmend nur dann noch Aufstieg - genauer: Existenzsicherung - bedeuten, wenn Menschen lernen, unternehmerische Visionen zu entwickeln und sich selbst und anderen Arbeitsplätze zu schaffen.

Dies würde unter anderem bedeuten, daß professionelle Pädagogen, bisher an einen nahezu lebenslangen Marsch durch die pädagogischen Institutionen gewöhnt und biographisch eher defensiv gestimmt, dies ebenfalls lernen und modellhaft unter Beweis stellen. Hier reicht es keinesfalls, sich auf die Förderung von Arbeitnehmerqualifikationen zu beschränken und an der Fiktion von Vollbeschäftigung festzuhalten, so, als fielen arbeitsbeschaffende Menschen mit entsprechenden Ideen vom Himmel; notwendig ist vielmehr - im weitesten Sinne - eine Erziehung zum Unternehmensgeist, die früh einsetzt und Entrepreneurship weniger wie bisher als biographische Absonderlichkeit, vielmehr als Grundqualifikation des *citoyen* versteht.

Vor diesem Hintergrund können Bildungsprozesse, -inhalte und -institutionen zum kontraproduktiven Problem werden: die Prozesse, sofern sie einem Lerntypus verhaftet bleiben, der unter Bedingungen von Scheinsicherheit angelegt ist und sich auf die Unsicherheiten eines Lernens in Realsituationen nicht einläßt; die Inhalte, sofern sie Schlüsselprobleme eines Lebens unter zunehmend schwierigen Verhältnissen ausblenden; die Institutionen, sofern sie strukturell und organisatorisch eher dem Syndrom einer Verwaltungsbehörde verhaftet sind.

Wenn Soziologen hier - wie Ralf Dahrendorf - beobachten, daß die eigentlich interessanten und wichtigen Lernprozesse außerhalb der durch ökonomisch inkompetente Pädagogen geprägten Institutionen organisiert würden, trifft sich eine solche Einschätzung mit der führender Ökonomen aufstrebender Länder: Diese Länder hielten, so etwa Hernando de Soto, ein Bildungswesen modernisiert-kolonialer Prägung gerade noch aus, weil die Lernchancen des sozio-ökonomischen Umfeldes groß genug seien, um Absolventen oder Abbrecher von Bildungseinrichtungen ihre eigentlichen Lehr- und Gesellenjahre draußen erleben zu lassen, so daß die meisten - in Kenntnis dieser Chance - auch nicht Gefahr liefen, zu Dauerjugendlichen pädagogischer Einrichtungen zu werden.

Die Jugendhilfe kompensiert mit ihrer insgesamt immer noch beschäftigungspädagogischen und assistentiellen Tendenz die Mängel des Bildungswesens nicht. Wenn aber das Bildungswesen wie die Jugendhilfe aufgrund ihrer Verfaßtheit, Prägung und Arbeitsweise zunehmend zum Kofaktor für die Entwicklung von wachsender Arbeitslosigkeit werden, ist es auch an ihnen, Konsequenzen daraus abzuleiten: ihr Klientel mithin nicht Situationen der Hilflosigkeit entgegentreiben zu lassen, sondern ihm frühzeitig zu vermitteln, die Dinge selbst in die Hand zu nehmen. Bildungs- und Jugendpolitik ist Wirtschaftspolitik - nicht mehr, indem das Bildungswesen Qualifikationen und das Beschäftigungswesen Arbeitsplätze bereitstellt, vielmehr sind das Bildungswesen wie die Jugendhilfe aufgerufen, unternehmerische Initiative zu fördern und damit dem galoppierenden Funktionsverlust des Beschäftigungswesens angemessen zu antworten.

3. Entrepreneurship

Insbesondere in einigen südostasiatischen Ländern sowie in den USA und Großbritannien haben Überlegungen Kontur gewonnen, wie man Entrepreneurship fördern könne. Während in den Entwicklungsländern der informelle ökonomische Sektor - so Hernando de Soto - eine Schule der Nation darstellt und generationsübergreifend Unternehmer von unten heranbildet, die mit äußerster Knappheit wirtschaften lernen (und es dort darum geht, den 'Informellen' den Zugang zum regulären Markt zu erleichtern und ihre unterneh-

merischen Ideen zuverbessern), entwickelt sich in den USA eine bildungspolitisch neue Akzentuierung: Dort sind inzwischen über 30 Lehrstühle für Entrepreneurship eingerichtet worden, außerschulische Einrichtungen, Schulen,
Colleges und Universitäten bieten Entrepreneurship-Programme an. In Großbritannien entstand im Verbund von Wirtschaft und Community Schools des
Primar- und Sekundarbereichs die Initiative der *education for enterprise* mit
der Entwicklung von *mini enterprises*; es entwickelten sich Schulen, die über
Community Business einen Teil ihrer Einnahmen erwirtschaften und selbst
zum unternehmerischen Modell werden.

Eine Diskussion darüber, wann mit einer Erziehung zu Entrepreneurship
begonnen werden kann, wird von der Realität eingeholt, wenn man die unter-
nehmerisch tätigen Kinder an den sozio-ökonomischen Peripherien dieser
Welt in den Blick nimmt. Es handelt sich um Ernstfälle anderer Qualität als
bei uns, zugleich aber auch um Vorerfahrungen und Qualifikationsprofile
von Kindern, die, was Überlebensfähigkeit, Autonomie und lebenspraktische
Kompetenz anbelangt, europäisch 'verkindlichten' Kindern überlegen sein
dürften. Es stellt sich dann die Frage, ob - bei aller Berücksichtigung auch
der gravierenden und brutalen Aspekte einer solchen Kindheit des Südens -
jenes mitteleuropäische Konstrukt von Kindheit das Qualifikations- und unternehmerische Potential von Kindern nicht deutlich unterschätzt.

Bei der Analyse von Unternehmerbiographien fällt auf, daß die überwiegende Zahl von Menschen, die den Sprung ins unternehmerische Handeln
riskieren, in ihrer Kindheit bereits von bestimmten Ideen 'besessen' waren,
einen 'Fimmel' sowie Sinnierkraft entwickelten, dazu Phantasie und Zähig-
keit, um die kleinen Visionen umzusetzen. Die meisten haben im Mikrokosmos praktische unternehmerische Erfahrungen gemacht, Ökonomie im Kleinen betrieben und erlebt, daß man mit der Idee auf einen Markt trifft und bei
ihrer Umsetzung Gratifikationen erhalten kann. Sinnierkraft meint den Prozeß eines immer wiederkehrenden Umgangs mit der Idee, das Tüfteln, die
Auswertung von Erfahrungen anderer, den Drang nach Gestaltung und Entfaltung. Sinnieren könne, so Peter Goebel, der biographische Analysen mit
Jungunternehmern durchgeführt hat, als Rausch, Arbeit als lustvoll erlebt
werden. Gedankengebilde entstehen, deren Logik in zunehmender Genauig-
keit recherchiert und deren Umsetzung zum kalkulierbaren Wagnis werden.
Querdenker sind gefragt, Kinder und Jugendliche, deren Drang nach Gestaltung und Unabhängigkeit beschäftigungspädagogisch nicht neutralisiert wird.

Deutlich wird bei einer Analyse von Unternehmerbiographien auch, daß
viele von ihnen als Kinder und Schüler Mühe hatten, mit der Reglementierung ihres Sinnierwillens, mit veranlaßten Unterbrechungen der Ideenent-
wicklung zurecht zu kommen. Sie haben oft gegen widrige Umstände am

Entwurf und an dessen Umsetzung festgehalten: Pädagogen als frühzeitige Verhinderer von Entrepreneurship? Es wäre schon einiges gewonnen, wenn das zu vermutende Ausmaß solcher Verhinderungen verringert werden könnte.

4. Zum Beispiel: Unternehmen Kindertagesstätte

Nimmt man die Altersspanne von Kindern, die Tageseinrichtungen besuchen, so wird es sich, will man eine *culture of entrepreneurship* fördern, im wesentlichen um die Förderung von qualifikatorischen und persönlichen *Voraussetzungen* dazu handeln, um - in Variation einer Bemerkung von Ivan Illich - die Chance zum Lernen durch möglichst ungehinderte Teilhabe an entsprechend relevanter Umgebung.

Einige Kindertagesstätten in den neuen Bundesländern haben sich in unterschiedlicher Weise auf den Weg gemacht, Unternehmensgeist zu entwikkeln. Anlaß waren und sind in der Regel Entwicklungen in der Folge des Geburtenrückgangs - bevorstehende Entlassungen von Erzieherinnen oder drohende Schließungen von Einrichtungen. In mehr als einem Fall setzte dies den Abschied vom bisherigen Träger (der diese Entlassung und Schließung vollzogen hätte) voraus und die Umwandlung der Einrichtung in eine juristisch eigenständige Institution. Für das beteiligte Personal bedeutete das, Abschied vom Versorgungsdenken zu nehmen und unternehmerische Ideen zu entwickeln, um Diskrepanzen zwischen öffentlicher Zuwendung und realem finanziellem Bedarf zu schließen. Die Entwicklung, die sich hier abzeichnet, steht erst am Anfang, im anglo-amerikanischen Raum wird sie unter dem Begriff Community Business gefaßt. Gemeint ist damit unter anderem der Versuch, nach dem Leitsatz *take a social problem and turn it into a business idea* zu verfahren und gemeinnützige Institutionen mit unzureichender finanzieller Ausstattung in gemeinnützige Betriebe (z.B. gGmbH) zu verwandeln, Produkte und/oder Dienstleistungen anzubieten, zunehmend markt- und wettbewerbsfähig zu werden und sich - auf garantierten und die Grundversorgung gewährleistenden Sockelbeträgen aufbauend - fehlende Mittel selbst zu erwirtschaften.

Interessant ist, daß hier über den Umweg Markt Kindergärten und Tagesstätten neu gedacht, Verkrustungen abgebaut werden und ein Kinder-Service angeboten wird, der sich am Bedarf orientiert und vom Babysitten über die spitalexterne Betreuung kranker Kinder bis zum temporären Ferienhotel für Familien reicht. Geboten wird unter anderem eine Betreuung von Kindern in häuslicher Umgebung, ein Service zur Ausrichtung attraktiver Geburtstagsfeste für Stadtteilbewohner oder - ein Züricher Projekt - die 24 Stunden rund um die Uhr ansprechbare „Störerzieherin", die nach Hause kommt und für einen gewünschten Zeitraum beispielsweise die gestreßten Eltern eines mehrfachbehinderten Kindes entlastet und in den Kurzurlaub schickt.

Erzieherinnen als soziale Unternehmerinnen: Dieses Modell überträgt sich, so die Aussagen Beteiligter, auf die Kinder. Das Leben in der Kindertagesstätte wird spannender, wenn Kinder selbstgebackenen Kuchen im eigenen Café anbieten oder Regenwürmer für den nächsten Kleingärtnerverein züchten, sich dies vergüten lassen, zu investieren lernen und Rücklagen bilden. Es ist ein Spiel nicht mit Spiel-, sondern mit Ernstzeug; es wird in Realsituationen gelernt, in einem Prozeß des forschenden, entdeckenden, Irrtümer tolerierenden Lernens. 200 Jahre lang - seit Fröbel - hätten dessen Nachfolger, so ein Kommentar in der Zeitschrift „klein und groß", Kinder aus Sorge vor Kinderarbeit und -ausbeutung zum Spielen verurteilt und über die Maßen verkindlicht. Nun sei es an der Zeit, sich um die Rekonstruktion eines kindgemäßen Arbeitsbegriffs zu bemühen und Kindern die Chance zu geben, an Tätigkeitsfeldern der Erwachsenen mehr als bisher teilzuhaben: Entrepreneurship ist *nicht* Kinderarbeit, sondern ein Spiel, das Leidenschaft erzeugen kann, das nicht monoton ist, sondern für überraschende Momente sorgt und Erfindungsgeist freisetzt.

Literatur

Drucker, P. F.: Innovation und Entrepreneurship. New York 1993.
Faltin, G./Zimmer, J.: Reichtum von unten. Die neuen Chancen der Kleinen. Aktualisierte Taschenbuchausgabe, Berlin 1996.
Faltin, G.: Entrepreneurship. Die Entwicklung und Umsetzung einer unternehmerischen Idee. In: Magazin für Projektarbeit, Jugendstiftung Baden-Württemberg, H. 1, 1996, S. 27 - 36.
Schumpeter, J.: Theorie und wirtschaftliche Entwicklung. 2. Auflage, München/Leipzig 1926.
de Soto, H.: Marktwirtschaft von unten. Die unsichtbare Revoultion in den Entwicklungsländern. Zürich 1992.
Stevenson, H. H. et al.: New Busness Venture and The Entrepreneur. 4th ed., Irwin, Boston 1994.

Franz-Michael Konrad

Arbeitsgruppe „Frauenbewegung und Frauenberuf" - Historische Forschungen zur Entstehung und Entwicklung pädagogischer und sozialer Frauenberufe

1. Einleitung

Die Gespräche zu diesem Thema in der AG 16, über die auf den folgenden Seiten zusammenfassend berichtet werden soll, standen unter zwei leitenden Gedanken: zum einen sollten (neue, noch nicht abgeschlossene, aber auch bereits publizierte) Forschungen zu ausgewählten berufs- und professionshistorischen Fragestellungen auf den drei herausragenden weiblichen Berufsfeldern im sozialen und pädagogischen Bereich an der Schwelle zum 20. Jahrhundert vorgestellt und diskutiert werden. Zum anderen sollte versucht werden, die bislang noch weitgehend getrennt erfolgende Erforschung der Berufsgeschichte der Lehrerin, der Fürsorgerin/Sozialarbeiterin und der Kindergärtnerin unter exemplarischen Gesichtspunkten zusammenzuführen und nach analogen bzw. differenten Entwicklungen sowie möglichen gemeinsamen Forschungsperspektiven zu befragen.

Dabei war im Blick auf die Berufe der Wohlfahrtspflegerin, der Lehrerin und der Kindergärtnerin von einer bis dato durchaus unterschiedlich intensiv verlaufenen Forschungtätigkeit auszugehen. Während die Erforschung der Berufsgeschichte der Lehrerin im erziehungswissenschaftlichen Kontext über die wohl längste Tradition verfügt, die Erforschung der Berufsgeschichte der Wohlfahrtspflegerin dagegen erst - von einzelnen Arbeiten, die Ausnahmecharakter tragen, abgesehen - seit gut zwei Jahrzehnten, dafür seither umso intensiver betrieben wird (vgl. Sachsse 1995), gilt für die Kindergärtnerin nach wie vor, daß sich unser Kenntnisstand im Hinblick auf die Entwicklung einer genuinen und pädagogisch professionalisierten Berufsrolle auf dem Feld der Vorschulpädagogik auf einem (quantitiv wie qualitativ) eher bescheidenen Niveau bewegt und ohnedies nur im Rahmen von der Fragestellung her anders fokussierender historischer Darstellungen - etwa allgemein zur öffentlichen Kleinkinderziehung in Deutschland - betrieben worden ist. Das ist insofern überraschend, als es die Kindergärtnerin gewesen ist, die im 19. Jahrhundert noch vor der Lehrerin und der Wohlfahrtspflegerin den

Kampf der Frauen um Teilhabe an der öffentlichen Sphäre der bürgerlichen Gesellschaft über die Verberuflichung traditionell weiblicher Tätigkeitsfelder in Fürsorge und Erziehung eröffnet hat.

Die Vorbereitung der Arbeitsgruppe lag in den Händen von Susanne Maurer und Franz-Michael Konrad (beide Universität Tübingen). Der folgende Bericht, für den allein der Verfasser die Verantwortung trägt, stützt sich auf die vorbereiteten Referate der Teilnehmerinnen und die durch sie angestoßenen Diskussionen. Um über die an dieser Stelle notwendigerweise lückenhafte Darstellung hinaus einen umfassenden Gesamteindruck der vorgetragenen Gedanken zu ermöglichen, sollen die Beiträge in absehbarer Zeit in überarbeiteter und ggf. erweiterter Form veröffentlicht werden.

2. Themen und Thesen

Zuerst hat Ann Taylor Allen (University of Kentucky, Louisville/USA) zu dem bisher - wie gesagt - noch weitgehend vernachlässigten Themenfeld der Professionsgeschichte der Kindergärtnerin gesprochen, und zwar, ein programmatisches Zitat Friedrich Fröbels aufnehmend, zur Frühgeschichte der Kindergärtnerin im Rahmen der Kindergartenbewegung („'Kommt, laßt uns unsern Kindern leben'. Zur Entstehung und zur Frühgeschichte der Kindergärtnerin aus dem Geiste der Fröbelschen Kindergartenidee"). Ihre zentrale These ist, daß das zuerst im Rahmen der Kindergartenbewegung entwickelte und die dort einsetzenden Professionalisierungs- und Verberuflichungsprozesse begründende Konzept der „geistigen Mütterlichkeit" in der bisherigen Diskussion zu eng als Stütze einer konservativen Weiblichkeitsideologie und nur funktionalistisch als Begründung für die weiblichen Verberuflichungs- und Professionalisierungsaspirationen gesehen worden sei. Diese Betrachtungsweise verkürze jedoch in eindimensionaler Weise die historischen Realitäten. Vielmehr müsse man das Konzept der „geistigen Mütterlichkeit" als ein politisch fortschrittliches Konstrukt (an)erkennen, das zwar nicht zuletzt ein erfolgreiches Vehikel zur Durchsetzung weiblicher Berufsbilder in der öffentlichen Sphäre, zugleich aber eben auch ein Instrument der politischen Auseinandersetzung mit Implikationen über den Kampf um die weibliche Partizipation an der Berufswelt hinaus gewesen sei. Im Bündnis mit den fortschrittlichen Kräften des bürgerlichen Liberalismus habe es die Kindergartenbewegung als Teil der Frauenbewegung unternommen, das Verhältnis von

Privatheit und Öffentlichkeit zueinander im Interesse der Frauen neu zu bestimmen (vgl. Allen 1982, 1994, 1991). Daß es zur Ausblendung dieser politischen Dimension des Konzepts der „geistigen Mütterlichkeit" habe kommen können, sei nicht zuletzt auf den Umstand einer bislang zu geringen Verzahnung der Erforschung der Geschichte der Kindergartenbewegung mit der der Frauenbewegung und den allgemeinen politischen Bewegungen des 19. Jahrhunderts zurückzuführen.

Einer der einflußreichsten Partizipanten an den Professionalisierungsdebatten im ersten Drittel unseres Jahrhunderts sowohl auf dem Felde der sozialen Hilfe und Fürsorge wie auch des Lehramts und der Vorschulpädagogik stand im Zentrum der Ausführungen Karin Priems (Universität Tübingen): Eduard Spranger („Die Diskussion um Frauenbildung und Frauenberuf im wissenschaftlichen Diskurs der Pädagogik"). Priems zentrale These war die, daß Sprangers Konzeption weiblicher Berufsbildung im Dialog mit Frauen entstanden sei. Als zentrales Dokument der Ansichten Sprangers zur Berufsbildung der Frau rückte die Referentin dessen 1916 erschienene Broschüre „Die Idee einer Hochschule für Frauen und die Frauenbewegung" (Spranger 1916) in den Mittelpunkt ihrer Überlegungen. Nach einer ersten ausführlichen Auseinandersetzung mit Wilhelm von Humboldts Bestimmung des Geschlechterverhältnisses im Rahmen seiner Habilitationsschrift (Spranger 1909) habe sich Spranger in der genannten Publikation des Jahres 1916 erneut nachdrücklich zur dualistischen Anthropologie bekannt - so, wie sie im letzten Drittel des 19. Jahrhunderts in der bürgerlichen Frauenbewegung allgemein akzeptiert worden und damit zur Voraussetzung des Konzepts der „geistigen Mütterlichkeit" geworden ist. Vor dieser Hintergrundsfolie habe Spranger weibliche Berufstätigkeit und deren entsprechende Professionalisierung insoweit begrüßt, als diese sich in Verlängerung der ursprünglichen Aufgaben der Frau im Kontext der Familie ergäben. Ein Zitat vermag das zu belegen:

„Das Neue und Entscheidende aber liegt darin, daß die Gegenwart auch die Frau gelehrt hat, ihre besondere Frauenkraft einem größeren Ganzen einzuordnen, statt sie in der Familie die letzte Grenze ihrer Bestimmung finden zu lassen" (Spranger 1916, S. 61).

Wissenschaft und deren sozialen Ort, die Universität, habe Spranger hingegen als männliche Domäne aufgefaßt, die akademische Sphäre als weiblicher Wesensart unangemessen bezeichnet und als Betätigungsort für Frauen daher abgelehnt.

Allerdings reiche zur Erklärung seines Bekenntnisses zur dualistischen Geschlechteranthropologie samt der daraus gezogenen Konsequenzen der bekannte, sozusagen wissenschaftliche Begründungszusammenhang nicht aus, vielmehr müßten Sprangers Begegnungen mit Frauen herangezogen werden, um die Genese und Verfestigung dieser Einstellung erklären zu können, und zwar dergestalt, daß einerseits die praktische Arbeit mit den Studentinnen der Leipziger Universität Sprangers negative Einstellung weiblichen wissenschaftlichen Ambitionen gegenüber auf der Erfahrungsebene bestätigt und andererseits seine Briefwechsel mit zahlreichen Frauen gleichsam als externe Stütze seiner Ansichten gewirkt hätten. Ohne diese biographische, freilich in eine Gemengelage spezifischer zeitbedingter Faktoren eingebundene Rückkopplung sei Sprangers vehementes Engagement für eine dem Konzept der „geistigen Mütterlichkeit" und der dualistischen Anthropologie verpflichtete weibliche Berufsbildung kaum wirklich nachvollziehbar.

Auf die relative und vor allem chronologisch nur bedingte Gültigkeit des Konzepts der „geistigen Mütterlichkeit" im Bereich der Sozialen Arbeit und Sozialpädagogik wies Sabine Hering (Universität/Gesamthochschule Siegen) am Beispiel des Zusammenhangs von Frauenbewegung, Jugendbewegung und der Verberuflichung der Sozialen Arbeit hin („Professionalisierung im Kräftefeld von Jugendbewegung und Frauenbewegung: Fürsorgerinnen in der ersten Hälfte des 20. Jahrhunderts"). In Anknüpfung an eine von ihr schon vor einigen Jahren auf der Grundlage von biographischen Interviews durchgeführte Untersuchung (vgl. Hering/Kramer 1984) konnte sie zeigen, wie schon die Generation der um die Jahrhundertwende geborenen jungen Frauen, die im und nach dem Ersten Weltkrieg an den Sozialen Frauenschulen ihre Ausbildung erhielten, das von der Frauenbewegung propagierte Konzept der „geistigen Mütterlichkeit" nicht mehr so bruchlos in ihr eigenes berufliches Selbstverständnis integrieren konnten, wie das bei der Müttergeneration fraglos der Fall gewesen ist, vielfach hätten sich die Angehörigen dieser Generation sogar offen davon distanziert. Das ist überraschend, hatte sich die „geistige Mütterlichkeit" doch als probates Instrument im Kampf um Teilhabe am beruflichen Sektor der öffentlichen Sphäre erwiesen. Hintergrund dieses offensichtlichen Bruchs in den Selbstkonzeptionen zweier Generationen von Wohlfahrtspflegerinnen sei, so Sabine Hering, der bedeutsame Umstand gewesen, daß sich bei den Töchtern der frauenbewegten Mütter die Bindung an den soziologischen Hintergrund des Konzepts der „geistigen Mütterlichkeit" gelockert hatte: die Töchter hätten sich nicht mehr in erster Linie der Frauenbewegung verpflichtet gefühlt, sondern sich der Jugendbewegung angeschlossen. Die Jugendbewegung aber sei von der Idee der Gleichheit (auch der Geschlechter) geprägt gewesen, die den Einfluß dualistischer Vorstellungen vom Geschlechterverhältnis paralysiert habe. Allerdings habe sich diese neue ideologische Orientierung durchaus nachteilig für die beruflichen Aspirationen und die beruflichen Plazierungsbemühungen der jungen Frauen ausgewirkt. Im Sog der Jugendbewegung hat nämlich die zunächst exklusiv auf Frauen zugeschnittene Professionalisierungsoffensive des sozialen Berufs mehr und mehr auch die Männer einbezogen. Es waren tatsächlich männliche Angehörige der Jugendbewegung, die in den 20er Jahren zur Sozialarbeit und Sozialpädagogik gestoßen sind und die erste nunmehr (wenn auch nicht ausschließlich) Männern vorbehaltene soziale Ausbildungsstätte besucht haben, Carl Mennickes Wohlfahrtsschule an der Deutschen Hochschule für Politik in Berlin. Ehe sie sich der neuen Lage bewußt geworden waren, sahen sich die jungen Fürsorgerinnen männlicher Konkurrenz ausgesetzt, ja nicht nur das, sie trafen nicht selten ihre „Kameraden" aus der Jugendbewegung plötzlich in Vorgesetztenpositionen wieder. Weder das radikal dualistische Konzept der „geistigen Mütterlichkeit" der Frauenbewegung, so das Fazit der Ausführungen Sabine Herings, habe also das Patriarchat wirksam zurückdämmen können, noch die mit diesem brechende Idee der Gleichheit der Jugendbewegung.

Auf die mehrfache Ambivalenz des Konzepts der „geistigen Mütterlichkeit" hat zum Abschluß der einleitenden Runde Susanne Maurer (Universität Tübingen) in ihrem Beitrag hingewiesen („Teilhabe und (Selbst-)Begrenzung: Die Begründerinnen des sozialen Frauenberufs und ihre Konzeptionen von Sozialarbeit als Beruf"). „Geistige Mütterlichkeit", so ihre These, sei zwar einerseits ein wirksames Instrument des sozialen Kampfes der Frauenbewegung und auf dem Felde weiblicher Berufstätigkeit als Abwehrideologie gegebenenfalls konkurrierender männlicher Ansprüche hilfreich gewesen - bzw. habe verhindern können, daß solche überhaupt erst zur Geltung gebracht werden konnten. „Geistige Mütterlichkeit" habe sich aber andererseits nicht zuletzt auch als Emanzipationsfalle erwiesen. Die erstere Funktion habe sich faktisch in einer kritischen und in einer utopischen Dimension konkretisiert: so seien mit seiner Hilfe z.B. die Lebensverhältnisse der armen Frauen skandalisiert, die Gesellschaft als männerdominiert entlarvt und die geltende Werteordnung als männliches Produkt kritisiert worden. Zugleich habe sich mit der „geistigen Mütterlichkeit" für eine Humanisierung dieser (männlichen) Gesellschaft streiten, ganz pragmatisch aber auch an einem Abbau der Klassengegensätze arbeiten lassen. Die zweite Funktion, „geistige Mütterlichkeit" als Emanzipationsfalle, habe sich auf zweifache Weise ausgewirkt: zum einen habe sich das Konzept der „geistigen Mütterlichkeit" gegen seine eigenen Schöpferinnen gekehrt, indem es diese in ihrem beruflichen Selbstverständnis auf das enge Rollenbild der gütigen Mutter reduziert und damit wie diese z.B. der Selbst-Ausbeutung im Prinzip ausgeliefert habe; zum anderen seien die Befreiungsversuche anderer Frauen, die dieses Konzept nicht geteilt hätten - radikale Feministinnen, Sexualreformerinnen u.a. -, diskreditiert und abgewertet, als Möglichkeiten gar ausgeschlossen worden. Und schließlich habe sich das Konzept der „geistigen Mütterlichkeit" auch gegen die Adressatinnen der Sozialen Arbeit gerichtet. Im Bild der Mutter mit ihrer „Mütterlichkeit" und den ihnen konnotierten Attributen verdichteten sich spezifisch bürgerliche Wert- und Weltvorstellungen, die nun, zu normativen Standards einer geordneten Lebensführung geronnen, den Klientinnen der helfenden 'Mütter' gegenüber konsequent durchgesetzt worden seien. Soziale Arbeit habe unter diesen Umständen geradezu totalitäre Züge gewinnen können.

3. Diskussion

Die Referate haben noch einmal auf eindrückliche Weise die herausgehobene Bedeutung des Konzepts der „geistigen Mütterlichkeit" für die Verberuflichungs- und Professionalisierungsgeschichte der Frau auf sozialem und pädagogischem Feld deutlich werden lassen. Ohne daß dies geplant gewesen wäre, hat in allen Referaten dieses Konzept eine Schlüsselrolle gespielt. Gleichzeitig jedoch haben die Ausführungen der Referentinnen die politische und ideologische Bandbreite des Konzepts plastisch hervortreten lassen.

Da ist einmal die von Ann Taylor Allen betonte progressive Bedeutung der „geistigen Mütterlichkeit". Wie Allen ausführte, handelte es sich ursprünglich um ein Konzept, das eng mit den fortschrittlichen gesellschaftlichen Bewegungen des 19. Jahrhunderts verbunden gewesen ist. Zuerst in der Kindergartenbewegung und vor dem Hintergrund der auf die Mutter-Kind-Beziehung zentrierten Familienpädagogiken eines Pestalozzi und Fröbel stellten die Vertreterinnen dieses Konzepts nichts weniger als die Frage nach der Verfassung der bürgerlichen Gesellschaft - Mütterlichkeit als sozialer und politischer Auftrag und der Kindergarten nicht als Notbehelf in armenpflegerischem Kontext, sondern als soziale Utopie, als Mikrokosmos einer neuen politischen Ordnung. Eben deshalb auch waren die Reaktionen und Abwehrbewegungen des Konservatismus so heftig und entschieden. „Mütterlichkeit" mußte so gesehen gegen erheblichen Widerstand regelrecht erkämpft werden.

Im Verlauf der Diskussion ist auf den Umstand hingewiesen worden, daß es häufig jüdische Frauen gewesen sind, die sich in der Kindergartenbewegung engagiert haben. Deren, durch ihre doppelte Diskriminierung als Frauen und Jüdinnen (als letztere waren sie nur in eingeschränktem Maße akzeptierter Teil der bürgerlichen Gesellschaft), spezifische Bewußtseinslage in ihren Konsequenzen für ein radikalisiertes gesellschaftliches Engagement sowie auch die Frage, inwieweit die Abwehrhaltung des Konservatismus durch diesen Sachverhalt antisemitisch überformt gewesen sein könnte, ist bislang noch nicht erforscht.

Der Streit um den Kindergarten war also in Wahrheit auch ein Streit um die Grenze zwischen der öffentlichen Sphäre der bürgerlichen Gesellschaft als der vorgeblich natürlichen Sphäre des Mannes und der privaten Sphäre der Frau und damit im Kern ein politischer Streit, denn jede Grenzüberschreitung mußte die ideologischen Grundlagen der bürgerlichen Gesellschaft in Frage stellen. Zuerst trat der Liberalismus, gegen Ende des Jahrhunderts auch die Sozialdemokratie (was die Sympathie beispielsweise eines August Bebel für die „geistige Mütterlichkeit" plausibel werden läßt) für eine stärkere Öffentlichkeit in der frühkindlichen Erziehung ein, die der Konservatismus, der erkannt hatte, daß damit à la longue das Verhältnis der Geschlechter im gesellschaftlichen und politischen Raum und damit ein Ferment der Gesellschaftsverfassung grundsätzlich zur Disposition gestellt war (im Bunde mit den Kirchen und den traditionellen Bewahranstalten), bekämpfte. Das zeitweise Verbot des Kindergartens in Preußen belegt diesen politischen Charakter des Kampfs um den Kindergarten und damit auch um das ihn begründende Konzept der „geistigen Mütterlichkeit".

Bemerkenswert an diesen Auseinandersetzungen ist, wie es der bürgerlichen Frauenbewegung mit dem Konzept der „geistigen Mütterlichkeit" gelungen zu sein scheint, die Konsequenzen der auch von den Konservativen geteilten Auffassung vom quasi 'natürlichen' Geschlechterverhältnis immer entschiedener in ihrem Sinne zu interpretieren, ohne das tragende ideologische Konstrukt selbst offen in Frage zu stellen. Vielleicht ist die offensichtliche progressive Instrumentalisierung eines reaktionären Ideologems dadurch erleichtert worden, daß es zuerst die Kinder des Proletariats gewesen sind, um die sich die bürgerlichen Frauen kümmerten, nicht also die Angehörigen der eigenen Klasse (obgleich gerade dies die erklärte Absicht Fröbels von Anfang an gewesen war); entsprechendes würde auf die spätere Erweiterung des Geltungsbereiches der „geistigen Mütterlichkeit" auf das Feld der Fürsorge und Sozialpädagogik zutreffen.

Dies alles bestätigt die in systematischer Betrachtung von Susanne Maurer herausgearbeitete Ambivalenz des Konzepts der „geistigen Mütterlichkeit" und dokumentiert, historisch konkret, seinen konservativen wie seinen kritisch-utopischen Gehalt. Jedenfalls konnte sich - eingebettet in die letztlich erfolgreiche Bewegung des bürgerlichen Liberalismus - über den Kindergarten der Frauenberuf einen ersten, weitgehend von (männlicher) Konkurrenz freien Raum erkämpfen und mit dem Bündnis zwischen Sozialismus und Fröbelpädagogik auch im Rahmen der nach der Etablierung des Liberalismus neuen fortschrittlichen Bewegung der Sozialdemokratie eine scheinbar sichere Zukunftsoption sichern. In der Diskussion ist darauf hingewiesen worden, daß sich diese traditionelle „Schlachtordnung" mit dem Auftauchen der Montessoripädagogik überraschend geändert hat. Nicht nur ist durch die betont kognitive Zentrierung der Montessoripädagogik und deren ganz anderem Verständnis von der Berufsrolle der Kindergärtnerin die über den spezifischen Zuschnitt der Fröbelpädagogik hergestellte Verschränkung von Mütterlichkeit und Erziehung aufgebrochen worden, sondern auch die Linke hat sich tatsächlich immer mehr der - ohne den Mütterlichkeitsgestus auskommenden, ja diesen offen zurückweisenden - Montessoribewegung angeschlossen.

Dafür war das Prinzip der „geistigen Mütterlichkeit" zu diesem Zeitpunkt nicht nur zum Leitprinzip der Fürsorgebewegung geworden, sondern auch von den Konservativen akzeptiert und damit nicht mehr ausschließlicher Besitz des Liberalismus. Wenn man so will, dann ist die Adaption der „geistigen Mütterlichkeit" durch Eduard Spranger ein Exempel für die Versöhnung des Konservatismus mit dem anfangs wenig geschätzten Konzept - und der Versuch seiner Instrumentalisierung im konservativen Sinne. Sprangers Plädoyer für die Einrichtung einer Hochschule für Frauen in Leipzig und seine Mitwirkung in deren Kuratorium ergaben sich als folgerichtige Konsequenz aus dieser Haltung, wie sich ebenso sein Konflikt mit der Initiatorin dieser Hochschule, Henriette Goldschmidt, daraus erklärt, daß diese mehr als das von Spranger Anvisierte im Auge hatte - die Akademisierung des sozialen und pädagogischen Frauenberufs nämlich. In dieser Lesart der „geistigen Mütterlichkeit" kommt die beschränkende und emanzipationsfeindliche Dimension des Konzepts zum Tragen. Diese konservative Dimension klingt nicht von ungefähr in Sprangers historischer Deduktion an, als er nämlich in seiner Publikation von 1916 darauf hinwies, daß die Gründung der Kindergärten nicht zuletzt der Abwehr der „sozialistischen Gefahr" gedient hätten (vgl. Spranger 1916, S. 26).

Im Ergebnis war jedenfalls die weibliche Berufstätigkeit, eine gewisse fachliche Durchbildung dieses Berufsfeldes und die in diesem Rahmen qualifizierte Vorbereitung auf den Beruf jetzt auch auf konservativer Seite weitgehend akzeptiert: gleichzeitig aber wurde unter dem Primat der „geistigen Mütterlichkeit" gegen alle weitergehenden Aspirationen der Frauen Position bezogen. Diese Aspirationen richteten sich im Falle der sozialen und pädagogischen Frauenberufe vor allem auf eine weitere Professionalisierung etwa durch die Vollakademisierung des Berufs. Weil sich die Frau wesensmäßig nicht zur Wissenschaft eigne, es eine weibliche Wissenschaft andererseits nicht gebe, eine akademisierte Berufsbildung im übrigen nur die Distanz von der im Prinzip der „geistigen Mütterlichkeit" so trefflich fixierten ursprünglich-intuitiven Praxis entfremde, erübrige sich das akademische Studium für die Frau, so - in knappen Strichen - die Position Sprangers. Bemerkenswert daran ist allerdings, daß eben diese Einschätzung nicht nur von den männlichen Repräsentanten der Wissenschaft vertreten, sondern von der Frauenbewegung selbst weitgehend geteilt worden ist. Also auch in der Frauenbewegung selbst war die „geistige Mütterlichkeit" unterderhand von einem Emanzipationsinstrument zu einem solchen mutiert, das allein noch die mühsam errungenen beruflichen Positionen absichern sollte - und sei dies um den Preis des Verzichts auf jede weitergehende Forderung, etwa der nach einer Akademisierung des sozialen und (vorschul-)pädagogischen Frauenberufs. Mit der deutlichen Herausarbeitung des Anteils, den frauenbewegte Frauen selbst an der Stabilisierung und spezifischen Auslegung und Handhabung des Konzepts der „geistigen Mütterlichkeit" gehabt haben, wie dies Karin Priem am Fallbeispiel Sprangers und seiner Gesprächspartnerinnen unternommen hat, verbindet sich auch die Kritik an einer vorherrschenden eindimensionalen Darstellungsweise, die Frauen in die Opferrolle drängt und übersieht, welch aktiven Part gerade die Frauenbewegung selbst in der Fixierung eines bestimmten Geschlechterverhältnisses gespielt hat.

Dennoch bleibt zu klären, so wurde in der Diskussion ausgeführt, warum Spranger von seinen weiblichen Briefpartnerinnen, denen er seine Vorbehalte beispielsweise dem Frauenstudium gegenüber immer wieder vorgetragen hat, nicht entschiedener korrigiert worden ist, hat es sich bei diesen Briefpartnerinnen doch selbst um Frauen mit akademischem Hintergrund gehandelt. Und hätte ihn nicht der doch so offensichtliche akademische Hintergrund vieler Frauen gerade der Kindergarten- und der Fürsorgebewegung von der Fragwürdigkeit seines Denkens überzeugen müssen? Wie verträgt sich schließlich die Hochschätzung, die er der (studierten) Gertrud Bäumer entgegengebracht hat - und die er gerne, wie Karin Priem ausführte, als Leiterin der Leipziger Hochschule für Frauen gesehen hätte -, mit seinem ablehnenden Votum dem Frauenstudiun gegenüber? Die besagten Frauen, so wurde in der Diskussion gemutmaßt, haben sich wohl eher als Ausnahmen einer im Prinzip akzeptablen, weil funktionalen Regel empfunden.

Die „geistige Mütterlichkeit" hat die ihr zugedachte Schutzfunktion, wenigstens auf dem Felde der Wohlfahrtspflege, immerhin so lange erfüllen können wie dieses Konzept mit seinen dezidierten Rollenzuschreibungen von der Mehrheit der betroffenen Frauen uneingeschränkt vertreten worden ist, darauf haben die Ausführungen von Sabine Hering aufmerksam machen

können. Unter dem Schutzschild der „geistigen Mütterlichkeit", gleichermaßen von der bürgerlichen Frauenbewegung wie von einflußreichen Propagan-
disten der weiblichen Berufsbildung, wie z.b. Eduard Spranger, vertreten,
konnten sich Frauen, die ein Hochschulstudium gar nicht anstrebten, ja tatsächlich ihren Anteil an der öffentlichen Sphäre der bürgerlichen Gesellschaft sichern und nach eigenem Gusto ausgestalten. Erst als eine nachfolgende Generation dies nicht mehr so uneingeschränkt tat, ja die Geschlechterdifferenz der „geistigen Mütterlichkeit" zugunsten jugendbewegter Gleichheit negierte, da sahen sich die Frauen nunmehr auch auf ihren ureigenen
Feldern beruflichen Handelns bedroht.

Jedenfalls zeigt sich auch hier wieder die historisch konkrete Bestätigung
dessen, was Susanne Maurer unter systematischen Aspekten als die Ambivalenz des Konzepts der „geistigen Mütterlichkeit" bezeichnet hatte: Emanzi-
pationsvehikel und Emanzipationsfalle in einem zu sein.

4. Fazit

Was die Arbeitsgruppe geleistet hat, das ist die facettenreiche Herausarbeitung des ambivalenten ideologischen Konstrukts der „geistigen Mütterlichkeit" und dessen Rolle im Kampf der Frau um Teilhabe an der Professionali-
sierungs- und Verberuflichungsbewegung in (Vorschul-) Pädagogik und Sozialarbeit. Was als Desiderat bleibt und entgegen der ursprünglichen Absicht
der Organisatoren nicht eingelöst werden konnte, war der Anspruch, die Lehrerin in diese Untersuchungen mit einzubeziehen. Erst mit ihr jedoch ist das
Feld verberuflichter pädagogischer Tätigkeit von Frauen ganz abgemessen.
Einschlägige Untersuchungen sind inzwischen bereits in Gang gekommen.

Literatur

Allen, A. T.: „Spiritual Motherhood": German Feminists and the Kindergarten Movement. In: History of Education Quarterly 22 (1982), S. 319-340.

Allen, A. T.: Feminism and Motherhood in Germany, 1900-1914. New Brunswick/New Jersey 1991.

Allen, A. T.: Öffentliche und private Mutterschaft: die internationale Kindergartenbewegung 1840-1914. In: Jacobi, J. (Hrsg.): Frauen zwischen Familie und Schule. Professionalisierungsstrategien bürgerlicher Frauen im internationalen Vergleich. Köln 1994, S. 7-27.

Hering, S./Kramer, E. (Hrsg.): Aus der Pionierzeit der Sozialarbeit. Elf Frauen berichten. Weinheim; Basel 1984.

Sachsse, C.: Historische Forschung zur Sozialarbeit/Sozialpädagogik. Eine Zwischenbilanz nach 20 Jahren. In: Thiersch/Grunwald 1995, S. 49-61.

Spranger, E.: Das Problem des Geschlechtsunterschiedes. In: ders.: Wilhelm von Humboldt und die Humanitätsidee. Berlin 1909, S. 279-293.

Spranger, E.: Die Idee einer Hochschule für Frauen und die Frauenbewegung. Leipzig 1916.

Thiersch, H./Grunwald, K. (Hrsg.): Zeitdiagnose Soziale Arbeit. Zur wissenschaftlichen Leistungsfähigkeit der Sozialpädagogik in Theorie und Ausbildung. Weinheim; München 1995.

Eva Arnold / Wilfried Bos / Martina Koch /
Hans-Chistoph Koller / Sibylla Leutner-Ramme

Arbeitsgruppe „Lehren lernen - Hochschuldidaktik im Spannungsfeld zwischen Markt und Staat"

Den Hintergrund für die Beiträge der Arbeitsgruppe bildeten zwei aktuelle hochschulpolitische Diskussionen: die Debatte um die Qualität akademischer Lehre und der Streit über größere Autonomie für die Hochschulen. Stellt der angekündigte Autonomiezuwachs eine Herausforderung für die Hochschulen dar, im zu erwartenden Konkurrenzkampf um staatliche Mittel bzw. um Studierende durch Verbesserung der Lehre eigenständiges Profil zu gewinnen? Oder bedeutet größere Autonomie eher die Gefahr, daß die Lehre gegenüber der Forschung noch mehr an Boden verliert? Innerhalb dieses Spannungsfeldes versuchte die Arbeitsgruppe, einige zentrale Probleme gegenwärtiger Hochschuldidaktik genauer zu beleuchten. C.-H. Wagemann ging der Frage nach, welche Konsequenzen die Hochschuldidaktik aus den veränderten Anforderungen des Arbeitsmarktes an Hochschulabsolventen zu ziehen hätte. M. Bülow-Schramm erörterte Risiken und Chancen der gängigen Evaluationsverfahren im Blick auf das Ziel der Verbesserung von Lehre. Bos/Koller und Arnold/Koch/Leutner-Ramme berichteten aus einem Projekt zur didaktischen Qualifizierung des Hochschullehrer-Nachwuchses. Für den vorliegenden Band haben die Referent(inn)en ihre Beiträge in Kurzform zusammengefaßt.

1. Carl-Hellmit Wagemann: Neue Trends im Management als Herausforderung für die Hochschuldidaktik

Enders/Teichler (1995) haben über deutsche Hochschullehrer herausgefunden, daß sie etwa genausoviel Zeit für Lehre aufwenden wie für Forschung.

Das Bild variiert zwischen den Fächern. Insgesamt stimmt diese Zeitverteilung mit den Aufgaben der Hochschule, Forschung und Lehre zu verbinden, gut überein. Von daher erscheint die Aussage, die Hochschullehrer würden sich zu wenig um die Lehre kümmern, ein Vorurteil, obgleich die täglichen Erfahrungen der Studierenden schon Anlaß geben, mehr Engagement für die Lehre zu fordern. Sie beklagen insbesondere mangelnde Kontakte zu Lehrenden, also das Fehlen selbst minimaler Bedingungen für gute Lehre.

Enders/Teichler haben auch herausgefunden, daß Hochschullehrer nicht nur ihre Fähigkeiten für die Lehrtätigkeit als gut einschätzen, sondern daß sie sich dafür sogar für gut ausgebildet halten. Die Autoren nennen das ein überraschendes Ergebnis, denn jeder weiß, daß Hochschullehrer keinerlei nennenswerte didaktische Ausbildung durchlaufen haben.

Die Autoren deuten diese Haltung der Hochschullehrer als „vorindustriell". Damit wollen sie sagen, daß die didaktische Ausbildung der Handwerkerausbildung im Mittelalter entspricht: schweigende Teilnahme am Produktionsprozeß in der Werkstatt. So wie der Schusterlehrling zunächst Bier-Holen und Stube-Ausfegen machen mußte, dabei dem Meister zusah, dann Material holen und zurichten und schließlich selbst einfache Produkte probieren durfte, dabei wohl kaum durch eine ausgefeilte Rede des Meisters angeregt, sondern auf eigenes Hinsehen angewiesen - ebenso lernen angehende Hochschullehrer das Lehren. Schweigend, denn eine gute Sprache über Lehre wird in den Lehrstühlen, Instituten und Institutsstammtischen nicht gepflegt.

Hochschullehrer sind also mit dieser vorindustriell-handwerklichen Ausbildung zufrieden, sie sind bisher damit auch ausgekommen. Wird das anders, wenn es mehr Markt gibt, wenn also Hochschulen um den Kunden Student und - die neue Marktlücke - Studentin werben müssen? Ich will nun den Gedanken nennen, der sich im Titel meines Vortrags verbirgt: Die These ist gut verteidigbar, daß sich im Produktionsbereich und auch im Bereich der Verwaltung, dort wo die Absolventen unserer Hochschulen beschäftigt sind, etwas ändert. Die Änderungen liegen im Management der Betriebe und in der Art der Zusammenarbeit. An die Mitarbeiter erwächst von dort aus die Forderung, mehr als früher zu bieten im Bereich von Präsentation der fachlichen Inhalte und der Problemlösungen, an Organisation der eigenen Arbeit, an Zusammenarbeit, an Arbeitsplanung. Und hier hapert es an den Fähigkeiten der Absolventen, so die Klagen der Vertreter der Arbeitswelt. Die Fachkenntnisse seien gut, aber es mangele an Sozialkompetenz - dieses der Begriff, der alles das zusammenfassen soll, was außerhalb der Fachkenntnisse und fachlichen Fähigkeiten liegt. Schlüsselqualifikationen ist der andere, sehr beliebte Begriff. Er soll unterstreichen, daß diese Sozialkompetenzen die Schlüssel zur Arbeit sind.

Wenn aus dem Beschäftigungssystem andere Qualifikationen gefordert werden und wenn Studenten Entsprechendes an den Hochschulen einfordern, dann müssen Hochschulen so etwas bieten. Wenigstens, wenn man unterstellt, daß sie wie Unternehmen auf dem Bildungsmarkt agieren. In der Frage von Lehre und Studium kommen von hier aus die Formen in den Blick, in denen sich die Studierenden mit den Inhalten beschäftigen, nicht die Inhalte selbst. Was nötig ist, ist nicht die Diskussion darüber, ob der eine oder andere „Stoff" wichtiger ist, sondern darüber, ob im Verlauf des Studiums genügend im Bereich von Präsentation der fachlichen Inhalte und der Problemlösungen, an Organisation der eigenen Arbeit, an Zusammenarbeit, an Arbeitsplanung vorkommt und daher gelernt und geübt wird. Und es ist die Frage, ob diese Arbeitsformen in ähnlichem Maß reflektiert und durch Diskussion geprüft werden, wie wir das für die Inhalte nötig finden. Zur „Qualität der Lehre" führt also die Frage: Ist Lehre geeignet, solche Arbeitsformen im Studium zu unterstützen?

Wenn konkret darüber diskutiert wird, wie dieses Neue in die Lehrpläne einzubringen sei, dann kommt immer wieder der Begriff „Projektarbeit" auf den Tisch. Projektarbeit scheint nach wie vor den Schlüssel zu liefern. Mir wird bei diesem Blick auf Projektarbeit allerdings deutlich, wie wenig die Hochschuldidaktik bisher ausführen kann, was eigentlich die praktischen Möglichkeiten der Lehrenden zur Unterstützung solcher Projektarbeit sei. Von daher fehlen uns auch noch die Ideen, um das für Projekte nützliche Lehrverhalten in hochschuldidaktischen Kursen zu trainieren und darüber nachzudenken.

Ich möchte eine ganz andere, anscheinend quer zur Diskussion liegende These aufstellen und begründen. Sie lautet: Die Fächer werden wichtig, gerade unter der Perspektive, daß Hochschulen auf einem Bildungsmarkt agieren müssen, mithin gegenseitig in Konkurrenz um Studenten stehen. Diese These ist unmodern. Es heißt: Fächerüberschreitendes Behandeln von Problemen sei heute nötig, es geht um Interdisziplinarität. Die praktischen Probleme liegen an den Schnittstellen der Fächer, so steht es im Eröffnungstext des Symposiums V auf dieser Tagung. Die Probleme sind nur in Gemeinschaftsarbeit verschiedener Fachleute zu behandeln - so die Analyse der Lage. Von daher wäre man dann wieder bei den Sozialkompetenzen.

Aber meine These ist anders. Ich bestreite nicht, daß die Probleme notwendigerweise interdisziplinär angegangen werden müssen. Aber sie werden nicht in der Hochschule bearbeitet, sondern in der Praxis. Schule ist - man muß sich an den Ursprung des Wortes einmal wieder erinnern - Muße, so die Übersetzung des lateinischen Wortes „schola". Das entsprechende griechische Wort bedeutete „Innehalten in der Arbeit", also nicht arbeiten, nicht

Probleme lösen. Schule heißt Zeit zum Nachdenken über die Probleme, nicht Zeit, um die Probleme zu bearbeiten.

Ich denke, die Hochschule hat in den letzten Jahrzehnten zu viel versucht, Praxis hineinzuholen, und dabei das in den Hintergrund gedrängt, was sie tatsächlich leisten kann. Es ist in der Gesellschaft unklar geworden, wofür wir Hochschulen eigentlich brauchen und warum sie so teuer sind. Das, was die Hochschulen bieten können, ist Wissenschaft - Beschäftigung mit Wissen, und mit Wissen beschäftigen sich die Fächer. Die Studierenden müssen im Studium für sich klären, was denn nun die einzelnen Fächer in ihrem Studium zu bieten haben. Was kann man mit Mathematik, Werkstoffkunde, Betriebswirtschaftslehre, was mit Philosophie, Geschichtswissenschaft, Semiotik usw. machen? Was leisten diese wissenschaftlichen Handwerkszeuge in bezug auf konkrete Probleme? Natürlich liefert ein Fach nur einen Fachaspekt, einen neben den anderen nötigen Aspekten. Aber wenn man nicht sagen kann, was der Inhalt eines Fachaspektes ist, dann wird der Begriff der Interdisziplinarität und des Wechsels der Fachperspektive inhaltslos.

Was hat das mit Hochschuldidaktik zu tun? Ich denke, viel. Wir müssen in der Hochschuldidaktik anfangen, mit den Kollegen über ihre Fächer zu arbeiten. Ich will ein hochschuldidaktisches Werkstattseminar als Beispiel schildern: Nach der Vorstellungsrunde habe ich die Kollegen mit der Frage konfrontiert, welches die wichtigsten Begriffe seien, die sie in ihrem Hauptfach beibringen möchten. Dann habe ich gefragt, wie sie dieses „Beibringen der Begriffe" denn machen. Verblüffung: Beide Fragen hatte sich so direkt noch niemand gestellt.

Zunächst fanden sie heraus, daß das Beibringen bei ihnen eigentlich so beiläufig geschieht, so beim „Bringen des Stoffes". Einige meinten, daß sie Hunderte von Begriffen in ihrer Fachsprache hätten, andere, daß sie eigentlich überhaupt keine Fachbegriffe benutzen würden - oder doch? Und dann kamen wir auf etwas, was ganz schwierig ist und was für mein Verständnis das zentrale Problem jeder Didaktik bildet: das Sprachproblem. Das, was da als Begriffe an der Tafel stand, waren ja Worte, Buchstabenreihen, Namen. Wir meinen aber nicht diese Worte und ihre Grammatik, und ihre Rechtschreibung interessiert uns nicht. Wir meinen den Inhalt, der mit diesen Worten gemeint ist, das, was sie bedeuten sollen. Und wir haben wieder nur Worte, um diese Bedeutung zu klären. Sie ist selbst nicht greifbar, obgleich wir diesen Inhalt „Begriff" nennen, so, als könnte man ihn greifen. Und wir täuschen uns durch diesen Sprachgebrauch selbst, wir denken, wir hätten es ergriffen oder begriffen, und haben doch nur das Wort.

Ich halte die Betrachtung dieses Problems für den Schlüssel zu jedem didaktischen Verständnis. Jemand, der nicht tief innen den Weltenabstand zwischen Worten und Begriffen empfindet, bleibt in didaktischen Fragen zu sehr im Äußerlichen. Wenn man darüber nachdenkt, dann merkt man auch langsam, wo die Studenten mit ihrem Verständnis aussteigen. Fast immer nicht da, wo wir erklären, sondern immer davor oder daneben. Dann kann man darüber nachdenken, mit welchen Methoden, also Arbeitsverfahren man denn diesen Weltenabstand zwischen Worten und Begriffen im Unterricht bearbeiten kann, denn das Problem ist ja bearbeitbar, wenn auch nicht lösbar. Ich denke, daß wir solche Methoden auch in der Hochschuldidaktik mehr thematisieren müssen. Diese Frage rückt die einzelnen Fächer in den Blick, ich halte das für notwendig, die Not wendend.

2. Margret Bülow-Schramm: Hoffnungsträger Lehr-Evaluation: Stationen und hochschuldidaktische Perspektiven

2.1. Evaluation wird institutionalisiert

Seit 1993 wird der Diskurs über Lehr-Evaluation forciert und finanziell gefördert. Dabei setzt sich ein Modell für Evaluation durch, in dem Selbstevaluation mit Fremdevaluation als externe Begutachtung gepaart ist, das peerreview-Verfahren. Hier ist Selbstevaluation der Einsatz in das Spiel, den Hochschullehrer um Erhalt oder Wiedergewinnung ihrer Reputation wagen. Sie pervertiert zur verordneten Selbstevaluation, wenn sie bürokratisch und aus Gefälligkeit für fachbereichsübergeordnete Instanzen vorgenommen wird: dann wird sie schlagartig bar jedes Erkenntnisses für das Selbst. Selbstevaluation in Kombination mit externer Begutachtung, also peer review, kann, das haben praktische Erfahrungen gezeigt, Nachdenken über Lehre bringen. Damit dies gelingt, sind einige neuralgische Punkte zu beachten, die nicht durch „schreckliches Vereinfachen" (Watzlawick) zu lösen sind, d.h. dadurch, daß sie geleugnet werden oder gar versucht wird, ihre Verleugnung zu leugnen.

2.2. Die neuralgischen Punkte des Verfahrens

2.2.1. Die Zielbestimmung

Implizit wird eine Qualitätsverbesserung von Lehre immer als ein Ziel angestrebt. Dies steht im Widerspruch zu theoretischen Erkenntnissen, nach denen
didaktische Verbesserungen der Lehre den Einsatz formativer, d. h. prozeß-
begleitender, selbstevaluativer Verfahren erfordern und summative Verfahren didaktische Anstrengungen sogar konterkarieren können. Die Lehrberichte aber, die aus Einschätzungen abgelaufener Prozesse bestehen, beruhen auf
summativen Verfahren. Konsequenzen aus dem Widerspruch zwischen Zielsetzung und Vorgehen könnten sein: Zu Beginn jeder Evaluation in einer
Lehreinheit ist, bezogen auf ihre spezifische Situation, eine Auseinandersetzung über die Ziele angezeigt und in einem ersten Zugriff zu unterscheiden
zwischen mit der Evaluation nicht beeinflußbaren Faktoren (z.B. Stellen-
struktur, finanzielle Förderung der Studierenden) und solchen Zielen, die im
Handlungsspielraum der Beteiligten liegen (z.B. Einrichtung einer Lehrekon-
ferenz, Verbesserung der Prüfungsstatistik, Empfehlung hochschuldaktischer
Fortbildungen). Zweitens ist die Auswahl der Verfahren immer auf die Ziel-
bestimmungen, die vorgegebenen und die selbst gesetzten, zu beziehen.

2.2.2. Einigung auf Indikatoren/Kriterien zur Beschreibung des
Studiengangs im Lehrbericht

Die Festlegung von Indikatoren, die zur Erreichung der Ziele erhoben werden sollen, ist der nächste problematische Schritt auf dem Wege der Evalua-
tionspraxis. In der Diskussion von Indikatoren, die als Kennziffern zur quantitativen Leistungsbeschreibung vermehrt Anwendung finden (Stichwort:
Globalisierung der Universitätshaushalte) kann sich die Fremdevaluation des
gewählten Verfahrens materialisieren: Vorschläge für Kennziffern werden
zur Kenntnis genommen, aber eine ihrer Logik folgende Diskussion abgelehnt, weil sie nach Meinung der Fachvertreter die brennenden Probleme des
Studiengangs verfälschen und auf den speziellen Studiengang nicht zutref-
fende Formalisierungen befördern. Dies ist ein unauflösbarer Widerspruch
zwischen Vergleichbarkeit der Lehrberichte verschiedener Fächer und gleicher Fächer an verschiedenen Hochschulen und Spiegelung der unterschiedlichen Profile gleicher Fächer oder verschiedener Hochschulen im Lehrbericht.

2.2.3. Die Akzeptanz der Gutachter

Der Stellenwert der Gutachter und des Gutachtens im Verfahren stehen in der praktischen Ausgestaltung im Widerspruch zueinander. Ansporn für den Lehrbericht - insbesondere in terminlicher Hinsicht - kann die bevorstehende Begutachtung durch Dritte sein, und diese Gutachten fügen der Evaluation eine Qualität zu, die über ihren internen Nutzen hinaus, der auch bei diesem Verfahren an erster Stelle steht, in der Darstellung nach außen, der Beteiligung von Fachöffentlichkeit besteht. Andererseits ist der Status der Gutachter unklar. Eine nennenswerte Entlohnung gibt es nicht. Es sind also viel guter Wille, ein hoher Arbeitseinsatz, hohe intrinsische Motivation und das Interesse an Einflußnahme zusätzlich zum Renommé erforderlich. Im Gegensatz zu den Gutachtern der DFG sind sie von Anfang an bekannt, da das Mitspracherecht bei ihrer Auswahl eine wichtige Bedingung für ihre Akzeptanz in der Lehreinheit und für eine ernsthafte Arbeit am Lehrbericht ist. Dadurch steigt jedoch die Gefahr von Gefälligkeitsgutachten oder sonstigen sachfremden Einflüssen auf die Gutachter. Das Problem wird dadurch verschärft, daß sich bald alle Evaluationswilligen in beiden Rollen - Gutachter und Begutachtete - gegenübergetreten sein werden.

2.2.4. Einbeziehung der Studierenden

Die grundsätzliche oder situative Ablehnung umfangreicher Evaluationsvorhaben durch die Studierenden, insbesondere wenn sie bei der Planung bzw. Zielbestimmung und Indikatorenauswahl nicht beteiligt waren, behindert ihre Einbeziehung nicht nur auf der ideologischen, sondern auch auf der praktischen Ebene. Es besteht die Gefahr, daß sie sich nicht in ausreichendem Umfang an Fragebogenerhebungen, Gruppendiskussionen oder sonstigen Primärerhebungen beteiligen, weil sie die Rolle von Datenlieferanten ablehnen. Dies wäre ein deutliches Zeichen dafür, daß die Lehrberichte als Evaluationsinstrument sehr weit entfernt sind von dem, was Studierende meinten, als sie Evaluation der Lehre forderten und dafür sogar in Streik traten. Denn eines scheint die Verlagerung der Evaluation auf die Ebene von Lehrberichten mindestens zu bewirken: die Frage, wer eigentlich wen evaluiert, ist schwerer zu beantworten als bei dem Ausgangspunkt der Evaluation, den Veranstaltungsbewertungen. Deshalb sollten Wege gefunden werden, damit die Studierenden die Ausgestaltung des Evaluationsprozesses mitbestimmen können und ihre Lehrkritiken ihren Stellenwert in der Diskussion über die Lehrqualität behalten bzw. wiederbekommen.

2.2.5. Die Rolle von Primärerhebungen in der Datensammlung für
Lehrberichte

Das Verständnis des peer review als Evaluation mit selbstevaluativen Anteilen bringt es mit sich, daß die Mitglieder der Lehreinheit Antworten auf Fragen haben wollen, die erst erhoben werden müssen. Denn dies sind die zwei
Anreize für eine Lehreinheit, sich des mühseligen Geschäfts der Lehrbe-
richtserstellung nicht nur bürokratisch zu unterziehen: die bevorstehende Begutachtung durch Experten (sie ist Ansporn für die Erstellung des studien-
gangsbezogenen Evaluationsberichts und zugleich Brennpunkt der Kritik am
Verfahren) und der Bedarf nach handlungsrelevanten Informationen über die
Qualität ihrer Lehre, die Studierbarkeit ihrer Studiengänge und über wünschenswerte Neuerungen. Um die Chance zu erhöhen, beides in Einklang zu
bringen, ist die Erhebung der aktuellen Meinungen, der individuellen Sichtweisen und der Lehr-/Lernstrategien der Fachbereichsmitglieder zusätzlich
zur Zusammenstellung von Zahlenmaterial unerläßlich. Bei eng begrenztem
Zeitrahmen stellt der Aufwand an Zeit und Kompetenz für Primärerhebungen
allerdings die größte Hürde für ihre Durchführung dar.

2.2.6. Unterschiedliche Interessenlagen bei den Evaluierten

Mit Hinweisen auf methodische Mängel sind die Ergebnisse von Erhebungen
über die Sichtweisen der Mitglieder einer Lehreinheit leicht zu desavouieren.
Diese Kritik ist so berechtigt wie legitimatorisch und verweist auf ein hinter
ihr liegendes Problem. Mit ihr werden Zweifel an der Wichtigkeit erhobener
Inhalte verborgen, kritische Äußerungen nicht auf die eigene Lehrpraxis,
sondern auf andere geschoben, und es wird die mangelnde Bereitschaft, Verantwortung für die festgestellten 'Schwächen' zu tragen, spürbar. Der Grund
liegt darin, daß die Aussagen im Lehrbericht je nach dem Grad der Beteiligung an der Datengewinnung als selbstkritisch eingestuft oder aber als Kritik
von außen abgelehnt werden können. Der Blick von außen wird im letzteren
Fall als vereinfachend be- und verurteilt. Nicht nur die Einschätzungen, sondern auch die aus ihnen resultierenden Lösungsmöglichkeiten werden dann
als fremdgesteuert abgelehnt und enttarnen den Lehrbericht als reine Fremdevaluation für diejenigen, die an der Zielbestimmung und an den Erhebungen nicht teilnehmen, gleichwohl aber zur evaluierten Lehreinheit gehören.
Kurz: nicht jede Datensammlung und -interpretation für den Lehrbericht ist
als Selbstevaluation einzustufen.

2.3. Die Koppelung von Selbst- und Fremdevaluation sichert strukturelle, aber kaum inhaltliche Erfolge

Modellhaft am peer review Verfahren erscheint die Kombination von Selbst- und Fremdevaluation. Die neuralgischen Punkte haben gezeigt, daß in der Praxis beide Aspekte so ausgedünnt werden, daß Lehrberichte und Gutachten substanzlos zu werden drohen. Der Diskurs über Evaluation droht den Diskurs über die Verbesserung der Lehre zu ersetzen, das Mittel Evaluation wird zu seinem Zweck. Strukturell ist dieses Verfahren erfolgreich, funktional für die Verbesserung der Lehre und inhaltlich ertragreich aber nicht. Strukturell erfolgreich meint, daß sich kaum eine Lehreinheit dem Ansinnen ihrer Hochschulleitung, bei diesem Verfahren mitzumachen, verweigert. Die Hochschullehrer rechnen sich eine Chance aus, die Dominanz im universitären Feld zu erreichen, indem sie Differenzen betonen: Differenz als Abstecken eines claims (das eigene Forschungs- und Lehrgebiet) gegenüber Gleichgestellten (mit zunehmender Evaluation werden die Grenzen immer dichter, die Chance zu Zusammenlegungen, Umorganisation vorhandener Bereiche immer unwahrscheinlicher), Differenz als Betonung von Niveau-Unterschieden gegenüber Niedrigergestellten.

Die Verbesserung der Lehre als Problem einer Didaktik, die sich ihrer Adressaten und deren gesellschaftlicher Perspektiven vergewissern muß, gerät bei dieser Evaluation höchstens beiläufig in den Blick. Deshalb liegen auch weiterhin die Chancen zur Verbesserung der Lehre in einer prozeßbegleitenden, aktionsforschungsorientierten Selbstevaluation - entdeckendes Lernen fürs Lehren. Um dies zu befördern, ist ein Eingreifen in den Diskurs über Evaluation nötig und möglich. Denn der Diskurs lebt nicht nur von seiner Ver-Ordnung, sondern nach Foucault viel mehr durch spontane Verstöße und Abweichungen von einer Ordnung. Für die Hochschuldidaktiker heißt das, Evaluation in ihren Ausprägungen als handlungsorientierte Selbstevaluation unterstützen, verordnete Evaluation in diese Richtung auflösen, Handreichungen und Lehrbausteine erarbeiten, flexible Ausbildungselemente in der hochschuldidaktischen Bildung anbieten bzw. implementieren und die Analyse der gesellschaftlichen Funktion der Hochschule, ihrer Bedeutung für die Studierenden und ihre Entwicklungsmöglichkeiten wachhalten.

3. Wilfried Bos / Hans-Chistoph Koller: Wie lernen angehende Hochschullehrer(innen) lehren? Qualitativ- und quantitativ-empirische Befunde

Im Kontext der Debatte um die Qualität akademischer Lehre ist in den letzten Jahren auch die Frage nach der hochschuldidaktischen Aus- und Weiterbildung angehender Hochschullehrer vermehrt ins Blickfeld gerückt. Vor diesem Hintergrund haben wir in Hamburg ein Projekt ins Leben gerufen, das vor allem zwei Ziele verfolgte: 1. herauszufinden, auf welche Weise heutige Assistent(inn)en de facto ihre Lehrkompetenzen erwerben; 2. ein Konzept hochschuldidaktischer Weiterbildung zu entwickeln und im Selbstversuch zu erproben. Über unsere empirischen Untersuchungen berichten wir in diesem Beitrag; das Weiterbildungskonzept wird anschließend von Arnold/Koch/ Leutner-Ramme vorgestellt (vgl. auch Arnold u.a. 1997).

Ausgangspunkt unserer Überlegungen war die Vermutung, daß hochschuldidaktische Kompetenzen in längerfristigen Prozessen erworben werden. Eine wichtige Rolle, so unsere Hypothese, spielen dabei lebensgeschichtliche Erfahrungen, die Hochschullehrer im Laufe ihrer Ausbildungskarriere mit Lehrtätigkeit machen. Um solche Erfahrungen zu ermitteln, haben wir acht narrative Interviews mit Assistent(inn)en erziehungswissenschaftlicher Fachbereiche durchgeführt, in denen es vor allem um die Frage ging, welche persönlichen Erfahrungen unsere Gesprächspartner mit 'Lehre' gesammelt haben und wie sich dabei ihr individueller Lehrstil herausgebildet hat.

Die Auswertung der Interviews erfolgte in Anlehnung an Verfahren der sozialwissenschaftlichen Biographieforschung. Dabei stellte sich heraus, daß man die Lehrenden, mit denen wir gesprochen haben, vereinfachend in zwei Gruppen unterteilen kann. Für die Lehrenden vom Typ A ist charakteristisch, daß Lehre von ihnen in erster Linie als Belastung erlebt wird. Eine Assistentin berichtet z.B., daß sie sich ständig durch die Angst gehemmt fühle, den eigenen Erwartungen an 'gute Lehre' nicht zu genügen. Für andere stehen Schwierigkeiten mit ihrem Selbstverständnis als Hochschullehrer im Mittelpunkt. Zusammenfassend kann man sagen, daß für die Lehrenden des Typs A Lehrveranstaltungen vor allem eine Quelle von Unsicherheit und Angst darstellen. Sie betrachten ihre Lehrtätigkeit als unangenehme Pflicht und sind, wie eine sagt, „froh, wenn das Semester vorbei ist und ohne größere Katastrophen abgelaufen ist". Die Lehrenden, die wir als Typ B zusammenfassen, zeichnen sich demgegenüber dadurch aus, daß für sie Lehre in erster Linie einen bereichernden und stimulierenden Teil ihrer Berufstätigkeit ausmacht. Mit ihrer Rolle als Hochschullehrer scheinen sie keine Schwierigkeiten zu haben, obwohl ihre Vorstellungen von dieser Rolle keineswegs einheitlich sind. Sie engagieren sich stark in der Lehre, suchen nach methodischen Alternativen, ersinnen eigene Seminarmodelle, die sie z.T. über Jahre hinweg weiterentwickeln, und erleben ihre Lehrtätigkeit als befriedigend und insgesamt erfolgreich.

Um herauszufinden, wie es zu solchen Unterschieden in der Einstellung zur Lehre kommt, haben wir versucht, die Erfahrungen zu analysieren, die unsere Gesprächspartner im Laufe ihres bisherigen Ausbildungsganges mit Lehre gesammelt haben. Dabei ergab sich, daß es nicht so sehr die Erfahrungen als solche sind, durch die sich die beiden Gruppen unterscheiden. Die Unterschiede kommen vielmehr vor allem durch die andersartigen Bedingungen zustande, unter denen die Erfahrungen mit Lehre verarbeitet worden sind bzw. werden.

Bei den Lehrenden vom Typ A fällt besonders auf, daß es ihnen nicht etwa an Erfahrungen mit Lehre vor Antritt ihrer Assistentenstelle fehlt, sondern vielmehr an Möglichkeiten, solche Erfahrungen im unbelasteten Gespräch mit anderen zu überdenken. Bei denen z.B., die das Referendariat absolviert haben, war die Situation, ständig unter einer Art Prüfungsdruck unterrichten zu müssen, offenbar wenig dazu geeignet, problematische Erfahrungen kommunikativ aufzuarbeiten und dabei eine positive Identifikation mit der Lehrerrolle zu entwickeln. Und auch im Blick auf ihre jetzige Situation klagen Assistent(inn)en vom Typ A über fehlende Gelegenheiten zum Austausch mit Kollegen über Probleme der Lehre. .

Die Lehrenden vom Typ B dagegen scheinen bereits bei ihren ersten eigenen Unterrichtsversuchen oder sogar schon während des Studiums Möglichkeiten gehabt zu haben, mit anderen über eigene Erfahrungen zu sprechen und so belastende Erlebnisse konstruktiv zu verarbeiten. Sie berichten von Versuchen mit „angeleiteter" oder kooperativer Lehre, von „runden Tischen" oder anderen Formen des Austauschs über Lehre. Das wichtigste Ergebnis des qualitativen Teils unserer Studie besteht daher in der These, daß die von Beurteilung und Prüfungsdruck unabhängige Möglichkeit zur Kommunikation über Probleme der Lehre eine entscheidende Voraussetzung dafür bietet, daß Assistent(inn)en Spaß an ihrer Lehrtätigkeit haben, gut mit der Hochschullehrerrolle zurecht kommen, in der Lehre kreativ, experimentierfreudig und (zumindest ihrer eigenen Einschätzung nach) auch relativ erfolgreich sind.

Da die Aussagekraft narrativer Interviews auf Grund ihrer geringen Fallzahl in ihrer Reichweite begrenzt ist, haben wir anschließend eine standardisierte Befragung aller Assistent(inn)en der Hamburger Universität (mit Ausnahme des Fachbereichs Medizin) durchgeführt. Auf Grundlage von Assoziationserhebungen bei Studierenden und Lehrenden und anhand der Ergebnisse der narrativen Interviews wurde ein Fragebogen konstruiert, mit dem die Bedeutung akademischer Lehre im Berufsalltag von Asisstent(inn)en sowie die Art und Weise, wie sie ihre hochschuldidaktischen Fähigkeiten erworben haben, ermittelt werden sollte. Von 160 versandten Fragebögen kamen 108 auswertbare Bögen zurück.

Der hier relevante Itemkomplex, bei dem anzugeben war, inwieweit die aufgeführten Aussagen auf die befragte Person zutreffen, bestand aus sieben Einzelstatements, die vierstufig (1=kaum, 2=weniger, 3=eher, 4=stark) skaliert waren. Der vollständige Itemkomplex wurde einer Latent Class Analysis (LCA) unterzogen, um u.a. festzustellen, ob sich die Typen, die mittels der narrativen Interviews festgestellt wurden, auch in der größeren Stichprobe finden. Die LCA für ordinale Daten (vgl. Rost 1990) ist ein probabilistisches multivariates Verfahren, das unter Minimierung von Abweichungswahrscheinlichkeit eine optimale Typologie erstellt. In Abb. 1 sind auf der Senkrechten die Antwortmöglichkeiten und auf der Waagerechten die einzelnen Statements wiedergegeben. Die Punkte bzw. die Linien geben das ideale Antwortverhalten eines Angehörigen des jeweiligen Typus wieder.

Abb.1: Statements zur Lehrezufriedenheit:

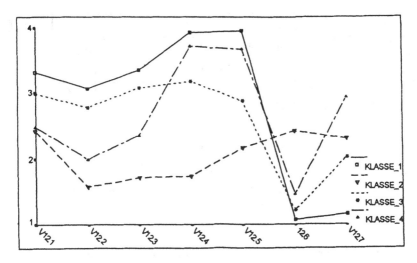

V12.1 Ich bin mit meiner Lehre zufrieden. V12.2 Ich bin mit meinen hochschuldidaktischen Fähigkeiten zufrieden. V12.3 Ich fühle mich in meiner Art zu lehren sicher. V12.4 Ich habe Spaß an der Lehrtätigkeit. V12.5 Ich bin für die Lehre motiviert. V12.6 Meine Lehrtätigkeit ist angstbesetzt. V12.7 Ich fühle mich bei Lehrproblemen alleingelassen.

Die oben aufgeführten Lehrtypen finden sich, wenn auch anders gewichtet, auch in der größeren Stichprobe. Der Typ B, hier bestehend aus den ähnlich antwortenden Klassen 1 und 4, die insgesamt 62% der Stichprobe auf sich vereinen, ist im großen und ganzen zufrieden und sicher, ist motiviert und hat Spaß an der Lehre. Typ A, der hier durch die Klasse 2 repräsentiert wird, ist eher unzufrieden, seine Lehre ist relativ angstbesetzt und er fühlt sich alleingelassen. Auf diesen Typ fallen allerdings nur 6,5% der Stichprobe. Zusätzlich bildet sich hier ein Typ C heraus, auf den immerhin 31,5% der Stichprobe entfallen. Dieser Typ ist mit sich eher unzufrieden, aber freudig, hochmotiviert und sehr alleingelassen. Diese Typen verteilen sich über alle Fächer und Subgruppierungen. Dies stützt unsere These, daß die Unterschiede durch andersartige Bedingungen zustande kommen, unter denen die Erfahrungen mit Lehre verarbeitet wurden bzw. werden.

Eine weitere Frage bezüglich der Möglichkeiten zur Verarbeitung von Lehrerfahrungen im Berufsalltag ergab ein tristes Bild.

Abb.2: Wie intensiv ist die Kommunikation unter den Kolleg(inn)en hinsichtlich der Lehrveranstaltungen in bezug auf...?

Statements	$\bar{x}$	SD
die inhaltliche Abstimmung innerhalb des Fachbereichs	2.0	0.9
die inhaltliche Abstimmung mit anderen Fachbereichen	1.3	0.6
die Konzeption von Studiensequenzen	1.9	0.8
den Ablauf einzelner Veranstaltungen	1.5	0.7
methodisch/didaktische Schwierigkeiten	1.6	0.8

Kein einziges der ebenfalls vierstufig skalierten Items (1=nicht intensiv, 2=weniger intensiv, 3=eher intensiv, 4=sehr intensiv) erreicht den Skalenmittelwert von 2,5. Deutlich wird, daß nach Meinung der Befragten bezüglich der Lehre interdisziplinär so gut wie nicht kommuniziert wird, ebenfalls nicht über den Ablauf einzelner Veranstaltungen und methodisch/didaktische Schwierigkeiten. Das Gros der Befragten fühlt sich mit der Aufarbeitung der Lehrerfahrung eher alleingelassen - ein Unding, wenn die Verbesserung der Lehrtätigkeit durch kommunikative Reflexion erfolgen soll.

4. Eva Arnold / Martina Koch / Sibylla Leutner-Ramme: Ein Konzept zur hochschuldidaktischen Weiterqualifikation von Assistent(inn)en

Im folgenden werden grundlegende Elemente eines Konzeptes für die hochschuldidaktische Weiterqualifikation von Assistent(inn)en skizziert. Hauptprinzip dieses Konzeptes ist Selbstorganisation des Lernens. Außerdem werden einige Vorschläge gemacht, wie selbstorganisierte Weiterbildungsmaßnahmen dieser Art unterstützt und begleitet werden können.

4.1. Das Prinzip der Selbstorganisation

Das Prinzip, daß hochschuldidaktische Weiterbildungsmaßnahmen von Assistent(inn)en ihren eigenen Bedürfnissen entsprechend selbst organisiert werden sollten, ist vielleicht das wichtigste Ergebnis unseres Projektes. Die Fähigkeit, auf wissenschaftlichem Gebiet selbständig und eigenverantwortlich zu lernen und zu arbeiten, wird bei Assistent(inn)en vorausgesetzt und sollte auch im Bereich der Hochschuldidaktik gefordert und gefördert werden. Selbstorganisierte Weiterbildungsanstrengungen können besser auf individuelle Qualifikationsbedürfnisse abgestimmt werden, die sich z.B. aus den unterschiedlichen 'Lehrendentypen' ergeben. Deshalb verzichten wir auf die Festschreibung verbindlicher Inhalte für Weiterqualifikationsmaßnahmen; vielfältige Anregungen und Hinweise finden sich in der hochschuldidaktischen Literatur. Selbstorganisation bedeutet, daß die Lernenden sowohl Lernformen als auch Lerninhalte selbst auswählen. Dies heißt nicht, daß die Teilnahme an solchen Aktivitäten unverbindlich ist. Im Gegenteil: Unsere Erfahrungen haben gezeigt, daß gerade selbstorganisierte Lernprozesse einen hohen Grad an Verbindlichkeit entstehen lassen, sofern die Bedingungen dafür gegeben sind. Einige dieser Bedingungen sollen im folgenden beschrieben werden:

4.2. Aufbau ermutigender institutioneller Strukturen

Selbstorganisierte Lernprozesse sind an den alltäglichen Problemen der Lernenden ausgerichtet und können deshalb besonders effizient sein. Die erforderliche Motivation, die eigenen didaktischen Fähigkeiten erhöhen zu wollen, scheint nach den Ergebnissen unseres Projektes bei Assistent(inn)en grundsätzlich gegeben zu sein; sie speist sich aus dem Wunsch, 'gute' Lehrende zu werden und aus dem Unbehagen über subjektiv mißlungene Lehrprozesse. Gebremst wird das Engagement dadurch, daß hohes Engagement in der Lehre - im Unterschied zur Forschung - kaum als karriereförderlich gilt. Eine Veränderung der Prioritäten ist erst zu erwarten, wenn die Fähigkeit zu guter Lehre in Habilitations- und Berufungsverfahren entsprechend honoriert wird. Zwangsmaßnahmen (z.B. verpflichtende Teilnahme an hochschuldidaktischen Veranstaltungen während der Assistentur) scheinen wenig aussichtsreich, solange die dadurch zu erwerbenden Fähigkeiten wenig angesehen sind. An die Stelle solcher Zwangsmaßnahmen sollten eher Anreize treten wie die Schaffung eines Ausgleichs für die zusätzliche Arbeitsbelastung (z.B. durch Hilfskraftstunden oder teilweise Befreiung von wissenschaftlichen Dienstleistungen).

4.3. Aufbau kollegialer Unterstützungsbeziehungen

Fast alle befragten Assistent(inn)en schätzen den Kontakt zu Kolleg(inn)en, um sich über Probleme der Lehre auszutauschen, und fast alle berichten über wenig Möglichkeiten, solche Gespräche ernsthaft zu führen. Wir sind der Meinung, daß die Fähigkeit zur Lehre nur im Dialog entwickelt werden kann, und zwar im Austausch mit Kolleg(inn)en und Studierenden. Es gilt daher, soziale Räume zu schaffen, in denen Lehre ernsthaft zum Thema wird und die Möglichkeit besteht, an der eigenen Qualifikation engagiert zu arbeiten. Zentrales Element unseres Vorschlages ist deshalb die Arbeit in selbstorganisierten Kleingruppen, die sich verpflichten, für längere Zeit (mindestens 2 Semester) regelmäßig zusammenzuarbeiten. Um den Prozeß der Vertrauensbildung zu erleichtern, finden sich diese Gruppen nach gemeinsamem Interesse und gegenseitiger Sympathie, wobei darauf geachtet wird, daß die Teilnehmer(inn)en weder in direkten Konkurrenz- noch in Abhängigkeitsverhältnissen zueinander stehen, da diese Bedingungen die Bereitschaft zu Selbstöffnung stark beeinträchtigen. Diese Gruppen bilden die Basis aller Aktivitäten und tragen die Verantwortung für ihre eigene Weiterqualifikation. Um effektives Lernen zu ermöglichen, haben sich verschiedene Methoden der „kollegialen Supervision" als nützlich erwiesen, wie sie z.B. von Mutzeck (1989), Schlee (1992), Wahl (1991) oder Rotering-Steinberg (1990) vorgestellt worden sind. Die vorgeschlagenen Arbeitsweisen geben den Mitgliedern der Gruppe Sicherheit, auch schwierige Probleme gewinnbringend bearbeiten zu können. Sie sind für selbstorganisierte Gruppen relativ leicht und schnell erlernbar. Gruppen, die in der Zusammenarbeit bereits geübt sind, können auf dieser Grundlage neue, abgewandelte Vorgehensweisen entwickeln, die der eigenen Arbeitsweise optimal angepaßt sind.

4.4. Verständigung über die Inhalte der Weiterqualifikation

Zu Recht wurde darauf hingewiesen, daß es bei Supervisionsveranstaltungen im pädagogischen Feld nicht nur darum gehen kann, persönliche Haltungen, Einstellungen etc. zum Thema zu machen, sondern auch um die Vermittlung bzw. Korrektur didaktischer und methodischer Vorgehensweisen. Wir können zwar in der Regel davon ausgehen, daß Assistent(inn)en Grundwissen über hochschuldidaktische Strategien besitzen, doch bedeutet Weiterqualifikation auch, sich Kenntnisse und Fähigkeiten anzueignen. Nach dem Prinzip der Selbstorganisation von Lernprozessen richtet sich die Auswahl der Themen nach den Bedürfnissen der Teilnehmer(inn)en, die in den Gruppengesprächen deutlich werden. Als Informationsquellen stehen Literatur und Kursangebote zu Hochschuldidaktik und Erwachsenenbildung zur Verfügung. Eine weitere Möglichkeit besteht darin, zu bestimmten Fragestellungen Expert(inn)en einzuladen. Dies braucht nicht aufwendig zu sein - es hat sich als sehr nützlich und anregend erwiesen, Kolleg(inn)en einzuladen, die bestimmte Formen der Unterrichtsgestaltung praktizieren, um diese kennenzulernen und zu diskutieren.

4.5. Übungsmöglichkeiten schaffen

Wie Wahl (1991) anhand der Evaluation von Fortbildungsmaßnahmen für Erwachsenenbildner feststellt, bleibt der reine Wissenserwerb häufig folgenlos. Die Teilnehmer(inn)en wenden ihr neuerworbenes Wissen selten an, wenn seine Umsetzung nicht intensiv geübt worden ist. Vorsätze, neue Methoden auszuprobieren oder an bestimmte Situationen anders heranzugehen, werden im Alltag häufig wieder fallengelassen, weil das neue Vorgehen schwierig oder unvertraut ist. Einübung in neue Verhaltensweisen ist deshalb ein wichtiges Element unseres Konzeptes. Sie kann in den Gruppensitzungen beginnen, wenn z.B. eine neue Herangehensweise im Rollenspiel geübt wird. Noch effizienter ist jedoch die Übung in der Realsituation, d. h. in den eigenen Veranstaltungen. Hier hat es sich bewährt, sog. „Tandems" (Wahl 1991) zu bilden, d. h. Kolleg(inn)enpaare, die gemeinsam neue Vorgehensweisen planen, sich gegenseitig in den Veranstaltungen besuchen und Rückmeldung geben. Die Anwesenheit eines/r Kollegen/in hat sich als wichtige Motivationsstütze bei der Durchsetzung neuer Handlungsweisen erwiesen. Über Erfolge und Schwierigkeiten ihrer Arbeit berichten die Tandems in der Gesamtgruppe und holen sich Anregung und Unterstützung von den übrigen Mitgliedern.

Mit diesen fünf Elementen: Selbstorganisation, Aufbau von ermutigenden institutionellen Strukturen, kollegiale Unterstützung, Erweiterung hochschuldidaktischer Kenntnisse und gezielte Übung, sollen die wichtigsten Merkmale unseres Vorschlags zur hochschuldidaktischen Weiterqualifikation von Assistent(inn)en umrissen sein. Auf den ersten Blick handelt es sich um ein 'Programm' mit sehr hohen Anforderungen. Unsere Erfahrung lehrt, daß sich diese Form gegenseitiger Unterstützung ohne übermäßigen Aufwand in den Hochschulalltag integrieren läßt. Freilich sollten diese Bemühungen institutionell unterstützt werden. Dazu wären 'Lehre-Beauftragte' der Fachbereiche oder Mentor(inn)en nützlich, die neue Kolleg(inn)en auf bestehende Möglichkeiten der Qualifikation hinweisen und bei der Organisation eigener Gruppen unterstützen. Sinnvoll für Bewerbungsverfahren könnte es sein, wenn 'Lehre-Beauftragte' die Teilnahme an solchen Qualifikationsmaßnahmen bescheinigen.

4.6. Perspektiven hochschuldidaktischer Begleitforschung

Das Konzept eines mehrdimensionalen Qualifikationsmodells wird um das Design einer hochschuldidaktischen Begleitforschung ergänzt: Uns erscheinen insbesondere die begrifflichen Instrumentarien neuerer Studien über „soziale Bewegungen" geeignet, um die konkrete Konzeption, Begleitung und Auswertung von Projekten anzuleiten, die der selbstorganisierten didaktisch-methodischen Qualifikation in kommunikativen Räumen gelten: Mit den Bewegungsstudien von Klandermans, Roth, Snow und Touraine läßt sich ein Problemhorizont aufspannen, der (I) den Problemgegenstand von Hochschuldidaktik, (II) das hochschuldidaktische Selbstverständnis und (III) ihr Adressatenbild projektbezogen zu konturieren erlaubt.

(I) Touraine, der bereits Ende der 60er Jahre mit seinen Studien über die französische Studentenbewegung von sich reden machte, definiert soziale Bewegungen als ein Konflikthandeln,. um kulturelle Orientierungen auch über Hindernisse hinweg in soziale Organisationsformen zu transformieren (1983). Wird die hochschuldidaktische Frage nach Kommunikationskultur aus diesem Verständnis heraus gestellt, läßt sich das, was in den konflikthaltigen Situationen mit den Kommunikationsteilnehmer(inn)en geschieht, im Anschluß an Snow et al. (1986) als „Framing Alignment Processes" analysieren. Snow betrachtet die Prozesse der Veränderungen von Interpretationsrahmen, durch die im internen Kreis einer aktiven Gruppe, bei neuen Mitgliedern und im aufgeschlossenen, aber auch abweisenden sozialen Umfeld Wahrnehmungsweisen erzeugt, Legitimationsgebäude errichtet und Handlungsmotivationen aufgebaut werden.

(II) Der so konturierte Problemgegenstand impliziert ein Selbstverständnis hochschuldidaktischer Arbeit, das sich in Touraines Methode der „soziologischen Intervention" (1983) konkretisiert findet. Die intervenierenden Forscher(inn)en greifen durch ihre Angebote in das Feld ein, das sie erforschen, und sie stellen auf die Betreuung erst allmählich beginnender Gruppenaktionen ab, die in ihrem Entwicklungsprozeß unterstützt werden. Diese Arbeit verlangt zum einen den hochschuldidaktischen 'streetworker', der situativ bei entstehenden Projektschwierigkeiten anpackt, und zum anderen die 'Netzwerk-Kuratorin', die das soziale Umfeld für die Initiative zu gewinnen sucht. In diesem Kontext stellen die neuen Veröffentlichungen von Klandermans (1991) über „multi-organizational fields", Netzwerke sozialer Bewegungen, ein Instrumentarium bereit, das die fluktuierenden Konfigurationen institutioneller und personaler Bedingungen einzuschätzen und handzuhaben erlaubt.

(III) Angesichts der spätmodernen Situation zunehmender Dissoziation von Gesellschaft und Akteuren entwirft Touraine (1995) das Konzept des „dissidenten Subjekts", das heute in seiner Reflexion und seiner Verweigerung sichtbarer werde als durch kreative Arbeit im System. Er hält dazu an, die Angst potentieller ProjektteilnehmerInnen vor systemischer Vereinahmung und sozialer Kontrolle nicht nur als privatistischen Rückzug und soziales bzw. berufliches Desinteresse zu werten, sondern auch nach dem Potential der aufgewiesenen Tendenz zur bewußtseinsmäßigen Distanzierung von etablierten Organisationsformen zu fragen mit dem Ziel, neue Formen hochschuldidaktischen Engagements zu etablieren. Auf diesem Wege führen Bewegungsstudien weiter, deren Fokus auf dem Studium des vielfältigen Handlungsrepertoires engagierter Gruppen und ihrer sogenannten „schlechten" Organisation (Roth 1987) in semi-institutionalisierten, flexiblen und durchlässigen Kommunikationsnetzen liegt, die das etablierte moderne Muster funktionaler Differenzierungen in ihren verhärteten Systemstrukturen auch unterlaufen. Neben der Konzeption praktischer Qualifikationsangebote konnten somit aus dem Hamburger Projekt Perspektiven auch auf Forschungsansätze entwickelt werden, die besonders der Unterstützung selbstorganisierter Qualifikationsprojekte dienen.

Literatur

Arnold, E./Bos, W./Koch, M./Koller, H.-C./Leutner-Ramme, S.: Lehren lernen. Ergebnisse aus einem Projekt zur hochschuldidaktischen Qualifizierung des akademischen Mittelbaus. Münster 1997 (in Vorbereitung).

Enders, J./Teichler, U.: Der Hochschullehrerberuf im internationalen Vergleich. Bonn 1995.

Klandermans, B.: New Social Movements and Resource Mobilization. In: Rucht, D. (Hg.): Research on Social Movements. Frankfurt/M. 1991, S.17-46.

Mutzeck, W.: Kollegiale Supervision. In: Forum Pädagogik, 1989, H. 4, S. 178-182.

Rost, J.: Lacord. Latent Class Analysis for Ordinal Variables. 2. Aufl. Kiel 1990.

Rotering-Steinberg, S.: Ein Modell kollegialer Supervision. In: Pühl, H. (Hg.): Handbuch der Supervision. Berlin 1990, S. 428-440.

Roth, R.: Kommunikationsstrukturen und Vernetzungen in neuen sozialen Bewegungen. In: Roth, R./Rucht, D. (Hg.): Neue soziale Bewegungen in der Bundesrepublik, Frankfurt/M. 1987, S.68-88.

Schlee, J.: Beratung und Supervision in kollegialen Unterstützungsgruppen. In: Pallasch, W./Mutzeck, W./Reimers, H. (Hg.): Beratung, Training, Supervision. Weinheim 1992, S. 188-199.

Snow, D. et al.: Frame Alignment Processes, Micromobilization and Movement Participation. In: American Sociological Review 51 (1986), S. 464-481.

Touraine, A.: La méthode de l'intervention sociologique. Paris 1983.

Touraine, A.: Critique of Modernity. Oxford/Cambridge 1995.

Wahl, D.: Handeln unter Druck. Der weite Weg vom Wissen zum Handeln bei Lehrern, Hochschullehrern und Erwachsenenbildnern. Weinheim 1991.

Hans Günther Homfeldt / Jörgen Schulze-Krüdener /
Gustav-Wilhelm Bathke / Reinhard Hörster

Arbeitsgruppe „Zur Ausbildungssituation im
Diplomstudiengang Erziehungswissenschaft -
Evaluationsergebnisse und Folgerungen"

Die Diskussion um den Zustand der Lehre und des Studiums an den Hochschulen hat in den letzten Jahren an Intensität gewonnen. Um offensiv auf die
hochschulpolitischen Debatten und den öffentlichen Legitimationsdruck zu
reagieren, haben sich eine Reihe von Einzel- und Kooperationsprojekten die
Evaluation des Diplomstudienganges Erziehungswissenschaft zum Ziel gesetzt. Diese Projekte untersuchen sowohl die strukturelle Ebene, unter der institutionelle, organisatorische und personelle Elemente subsumiert sind, als
auch die inhaltliche Ebene, die die Ausbildungsinhalte und Ausbildungsfor-
men umfaßt. Hierbei wird auch diskutiert, was Diplom-Pädagog(inn)en im
Studium lernen, und ob dort wissenschaftliche und/oder berufspraktische
Kompetenzen vermittelt werden.

In diesem Beitrag werden zentrale Ergebnisse der landesweiten Evaluation der Diplomstudiengänge in Rheinland-Pfalz und erste Urteile der Studierenden im neueingerichteten Diplomstudiengang Erziehungswissenschaft in
Halle/Saale vorgestellt und abschließend Konsequenzen für den Diplomstudiengang Erziehungswissenschaft diskutiert.

1. Zur allgemeinen Diskussion über die Qualität der Lehre und des Studiums

Die Debatte über die Effektivität und Effizienz der deutschen Hochschulen
hat Konjunktur. Gründe hierfür gibt es viele: Die vielfältigen quantitativen
und qualitativen Herausforderungen sind vor allem die Folge der unzureichenden finanziellen Ausstattung der Hochschulen durch den Staat und un-

terlassener Strukturreformen, die ihren Ausdruck unter anderem in dem sich
seit Mitte der siebziger Jahre erheblich verschlechternden Betreuungsverhält-
nis zwischen Lehrenden und Studierenden, in den langen Studienzeiten und
den hohen Studienabbrecher(innen)quoten haben. Darüber hinaus befinden
sich die Hochschulen zunehmend im Wettbewerb um Hochschullehrende und
Reputation, um Drittmittel für Forschung und häufig auch um Studierende.

Diese Situation ist vornehmlich die Folge des Offenbarungseides des
Staates in der Hochschulpolitik und läßt eine grundlegende Reform des
Hochschulsystems zur unabweisbaren Notwendigkeit werden. Der Wissenschaftsrat (1993, S.53f.) hat die Notwendigkeit der Modernisierung der
Hochschulen unterstrichen und herausgestellt, daß der gegenwärtige Zustand
der Hochschulen die Erfüllung ihrer Funktionen bedroht. Als eine wesentliche Ursache wird das Fehlen von Transparenz und Evaluation von Studienbedingungen und Leistungen in der Lehre ausgemacht. Die zentralen Entwicklungschancen für die Hochschulen werden in der Verbesserung des
Hochschulmanagements, im Ausbau der wissenschaftlichen Weiterbildung
für Berufstätige, der Erleichterung des Überganges zwischen Fachhochschulen und wissenschaftlichen Hochschulen sowie der Promotionsmöglichkeit
für Fachhochschulabsolvent(inn)en gesehen.

Mitte der neunziger Jahre geht es nicht mehr um die Frage, ob eine Evaluation der universitären Leistungen durchgeführt werden soll, sondern allein
noch darum, wie sie konzipiert ist und wer sie durchführt.

„Die Hochschulen sind gut beraten, wenn sie in diesen Wettbewerb (um finanzielle Zuweisungen etc.) mit einem Strukturkonzept zur Profilbildung hineingehen; andernfalls ist
zu erwarten, daß diese Profilbildung extern durchs Wissenschafts- oder sogar Finanzmini-
sterium vorgenommen wird. (...) Es ist zu erwarten, daß die Hochschulen Objekt der Diskussion werden, sofern sie nicht selbst ernsthaft beginnen, diese für sich und die Öffentlichkeit überzeugend zu führen" (HRK 1993, S.1).

Im weiteren werden Modell und Ergebnisse der rheinland-pfälzischen
Evaluation der erziehungswissenschaftlichen Diplomstudiengänge vorgestellt.

2. Modell und Ergebnisse der Evaluation in Rheinland-Pfalz

Die im Februar 1995 abgeschlossene Evaluation des erziehungswissenschaftlichen Diplomstudienganges an den rheinland-pfälzischen Hochschulstand-

orten in Koblenz-Landau (mit je einem eigenen Institut pro Standort), Mainz und Trier hatte sich zum Ziel gesetzt, den Lehrenden und Lernenden Verfahren und Informationen zur Verfügung zu stellen, die ihnen bei der Selbstbeurteilung behilflich sind und zur Qualitätsverbesserung der Lehre und des Studiums beitragen. Der Vergleich auf Landesebene sollte dabei „die Variabilität innerhalb eines gemeinsamen bildungspolitischen Rahmens feststellen, Anregungen zur koordinierten und arbeitsteiligen Weiterentwicklung an den verschiedenen Hochschulstandorten sowie für spezifische Profilbildungen erarbeiten" (Auszug aus dem Projektantrag).

Mit Blick auf die Erfahrungen des niederländischen Modells der Peer-Evaluation und entsprechend der Doppelfunktion einer Evaluation, öffentlich Rechenschaft abzulegen und Entwicklungen sowie adäquate Problemlösungen aufzuzeigen, wurde mit Beginn der vom rheinland-pfälzischen Ministerium für Wissenschaft und Weiterbildung geförderten landesweiten Evaluationsaktivitäten im Oktober 1992 eine interne Arbeitsgruppe und eine externe Expert(inn)enkommission gebildet. Die interne Arbeitsgruppe hatte die Aufgabe, geeignete Instrumente zu einer formativen Evaluation zu entwickeln, die die interne Selbstbeurteilung der zu untersuchenden Hochschulen unterstützt und eine vergleichende Ergebnisevaluation ermöglicht. Aufgabe der externen Kommission war es, auf der Basis der internen Qualitätsevaluation „mit den Angehörigen der einzelnen Institute und Fachbereiche vor Ort die jeweiligen Besonderheiten (zu) erörtern und Vorschläge zur Verbesserung der Lehre (zu) unterbreiten. Durch diese organisatorische Trennung von Erhebung und Bewertung, von Forschung und Politik, soll erreicht werden, daß nicht vorschnell und unreflektiert Einzelinteressen in die Methodik der Evaluation einfließen" (May 1993, S.237). Komplementär verbunden mit der landesweiten Qualitätsevaluation war das Evaluationsprojekt zur Selbsteinschätzung von Lehre und Studium im Trierer Diplomstudiengang Erziehungswissenschaft (vgl. Homfeldt/Schulze/Schenk 1995).

Aus der Vielfalt der vorliegenden Evaluationsergebnisse werden im weiteren einige prägnante Ergebnisse vorgestellt.

2.1. Einige Ergebnisse im Überblick

Die Einbindung der an der Evaluation beteiligten Institute in die innere Organisation der Hochschulen ist vielfältig: sie reicht vom eigenen Fachbereich (Koblenz-Landau) bis hin zu einem gemeinsamen Fachbereich mit der Psychologie und Philosophie (Trier). Die jeweilige strukturelle Verortung in der akademischen Selbstverwaltung hat dabei starken Einfluß auf die Herausbildung einer formalen Eigenständigkeit des Faches und beim Aushandeln der Ressourcenverteilung, die „im besonderem Maße von der eigenen Vertretungsmacht und der benachbarten Wissenschaften abhängig ist" (Kuntze 1995, S.59). Die Strukturerhebung macht darüber hinaus deutlich, daß von den Instituten die Studiengänge Lehramt, der Diplom- und Magisterstudiengang gemeinsam zu betreuen sind und der Stellenwert des Diplomstudienganges an den jeweiligen Ausbildungsorten unterschiedlich ist: Der Diplomstudiengang in Mainz und Trier ist eigenständiger etabliert und deutlicher abgegrenzt vom Lehramtsstudiengang als in Koblenz-Landau.

Werden die kommunikativen Aktivitäten der Institute in den Blick genommen, zeigt sich (vgl. Kuntze 1995), daß an allen Instituten regelmäßig Konferenzen unter studentischer Beteiligung stattfinden, jedoch in unterschiedlicher Häufigkeit (so finden z.B. in Mainz drei- bis viermal und in Landau zwölfmal Seminarkonferenzen pro Semester statt). Weiterhin wird deutlich, daß es nur wenige Kontakte zu anderen Hochschulen gibt. Vor allem aber fällt die weitgehende 'Sprachlosigkeit' zu Fächern derselben Hochschule auf, die ebenfalls direkt an der erziehungswissenschaftlichen Diplomausbildung beteiligt sind. Diese Situation führt dazu, daß es kaum Absprachen hinsichtlich des Lehrangebots der Neben- bzw. Beifächer gibt.

„Eine potentielle Interventionsmöglichkeit an den Lehrinhalten benachbarter Disziplinen stärkt aber die eigene Profession, fördert einen interdisziplinären Austausch und das gegenseitige Verständnis der Fachdisziplinen untereinander" (Kuntze 1995, S.65).

Alle Ausbildungsorte mahnen die unzureichende personelle Ausstattung im Diplomstudiengang an, die dazu führt, daß Lehrende über ihr Lehrdeputat hinaus Veranstaltungen anbieten müssen und versucht wird, mit Lehraufträgen die Ausbildungslücken zu schließen. Neben der Personalausstattung werden die zur Verfügung stehenden finanziellen Mittel und Hochschulräumlichkeiten, die Ausstattung mit Lern- und Lehrmitteln sowie die unzureichenden Bibliotheksmittel kritisiert (vgl. Kuntze 1995, S.65ff.).

In bezug auf die Gewichtung und Ausdifferenzierung ausgewählter Ausbildungsstrukturen/-inhalte zeigt sich trotz wesentlicher Übereinstimmungen in den Grundstrukturen der jeweiligen Prüfungs- und Studienordnungen, wie beispielsweise den Themenbereichen der allgemeinen Erziehungswissenschaft oder der einheitlichen interdisziplinären Ausrichtung des Lehrangebots durch die Einbindung der Psychologie und Soziologie in die Ausbildung, im konkreten Lehrangebot eine große Heterogenität (vgl. Beck/Schön 1995, S.74). Die Analyse der angebotenen Studienrichtungen als dem bedeutsamsten Strukturierungselement in der erziehungswissenschaftlichen Diplomausbildung macht deutlich, daß die Ausbildungsorte mit den geringsten Studierendenzahlen (Koblenz-Landau) die größte Vielfalt anbieten: So werden in Landau sechs und in Trier zwei Studienrichtungen parallel angeboten. Koblenz-Landau bietet neben dieser großen Wahlfreiheit die Möglichkeit, zwei Studienrichtungen von Studienbeginn an parallel zu studieren. Der Nutzen dieser Pluralität bei den Studienrichtungen ist jedoch zu bezweifeln, wenn - wie in Koblenz - das „spezielle Lehrangebot für die Studienrichtung so unzureichend (ist), daß Sozialpädagogik und Erwachsenenbildung nur dadurch 'regulär' studiert werden können, daß in allgemein für den Diplomstudiengang ausgezeichneten Lehrveranstaltungen, alle möglichen Leistungen erworben werden können" (Beck/Schön 1995, S.92). Die häufigste, an allen Ausbildungsorten angebotene Studienrichtung ist die Erwachsenen-/ Weiterbildung, gefolgt von der Sozialpädagogik, die an drei Ausbildungsorten gewählt werden kann. Die Verteilung der von den Absolvent(inn)en gewählten Studienrichtung an den beiden größeren Standorten zeigt, daß die meisten Studierenden ihr Diplomstudium in der Studienrichtung Sozialpädagogik - in Trier mit annähernd 87% und in Mainz mit fast 40% - abgeschlossen haben. In den kleineren Standorten Koblenz und Landau ist entsprechend der vielen Studienrichtungsangebote eine differenzierte Verteilung zu beobachten.

Ein weiterer gemeinsamer Bestandteil der Studienpläne ist das Studium eines Wahlpflichtfaches. Der Kanon studierbarer Wahlpflichtfächer umfaßt dabei zum einen Fächer, die Teilaspekte einer Studienrichtung vertiefend behandeln, und zum anderen Fächer, die außerhalb des erziehungswissenschaftlichen Spektrums liegen (wie Theologie, Philosophie, Didaktik eines Faches). Durch den Import solcher Fächer wird der interdisziplinäre Charakter des Diplomstudienganges noch stärker hervorgehoben. Mit Ausnahme von Trier werden an allen Ausbildungsorten die Wahlpflichtfächer nicht nur durch die eigene Lehrkapazität abgedeckt. Gemeinsam ist allen Standorten, daß die Verteilung der gewählten Wahlpflichtfächer stark differiert.

Werden die Ausbildungsinhalte näher betrachtet, wird offensichtlich, daß keine Einigkeit über die Anlage des Lehrangebots besteht (vgl. Beck/Schön 1995). Dies zeigt sich zum Beispiel an der Ausbildung in Forschungsmethoden: Die laut Studienordnung zu belegenden Semesterwochenstunden (SWS) schwanken zwischen 16 SWS (Trier) und 4 SWS (Mainz). Die vergleichende Analyse der Prüfungsordnung macht des weiteren deutlich, daß sich die Dauer der vorgeschriebenen Praktika (von 4 bis 6 Monate) und der Umfang der allgemeinen pädagogischen Handlungskompetenz (von 20 SWS bis 6 SWS) erheblich unterscheiden. Insgesamt zeigt die Addition sämtlicher handlungs- und praxisbezogener Studienanteile eine deutliche Abweichung (Koblenz-Landau 36 SWS; Trier 24 SWS und Mainz 16 SWS).

An allen drei Ausbildungsorten weicht das Veranstaltungsangebot zum Teil erheblich von dem in Prüfungs- und Studienordnung vorgeschriebenen Lehrangebot ab und weist darüber hinaus in vielen Studienbereichen eine starke Diskontinuität auf (vgl. Beck/Schön 1995, S.74ff.). An dieser Stelle werden nur einige wenige besonders krasse Beispiele angeführt: In Mainz werden im Studienbereich 'Institutionen und Organisationsformen im Erziehungswesen' zwischen einer und elf Veranstaltungen pro Semester angeboten, und in Trier beträgt die Spanne der Abweichung im Nebenfach Soziologie zwischen 27 und 2 SWS pro Semester. In bezug auf die Kontinuität des Studienanteils 'Pädagogische Handlungskompetenz' in Landau läßt sich sagen, daß in einigen Semestern bis zu 13 Veranstaltungen und in anderen überhaupt keine Veranstaltungen angeboten werden.

Ein weiterer Schwerpunkt in den rheinland-pfälzischen Evaluationsaktivitäten war die studentische Bewertung der Qualität der Lehre und des Studiums. Die Studierendenbefragung zeigt, daß die Studierenden sich „den Anforderungen ihres Faches gut gewachsen (fühlen), von ihrer Eignung überzeugt (sind), wenig Zweifel an einem erfolgreichen Abschluß (haben) und sich in der Lage (sehen), ihre Studien eigenständig zu planen" (vgl. Wolf/ Dennig 1995, S.137). Trotzdem denken in Mainz 26% und in Trier 12% über einen Studienabbruch nach, wobei eher persönliche, nicht studienspezifische Entscheidungsgründe eine Rolle spielen (vgl. Kuntze 1994, S.63).

Übereinstimmend wird von den Studierenden, die in Mainz mit 59% und in Trier mit fast 35% kein Angebot der Studienberatung genutzt haben, die nur geringe Ausrichtung des Lehrangebots an den Ausbildungszielen und der Studienaufbau bemängelt (gleichzeitig wird jedoch die Einführung exakter Studienpläne insbesondere von den Studierenden im höheren Fachsemester abgelehnt). In Mainz trägt zur Unübersichtlichkeit des Studiums bei, daß es seit Beginn der Diplomausbildung 1971 keine rechtsverbindliche Studienordnung gibt, und „zwar sowohl wegen der zu großen Kapazitätsdefizite im Lehrangebot als auch wegen der vorherrschenden Vorstellung und Praxis einer eher freien, akademischen Lehr- und Studiengestaltung" (Heuer 1993, S.13).

Weitere Kritikpunkte der Studierenden an der Diplom-Pädagog(inn)en-Ausbildung sind die sich häufig zeitlich überschneidenden Veranstaltungen, die hohen Teilnehmendenzahlen in den Seminaren (insbesondere des Grundstudiums), die sich wiederholenden Unterrichtsformen, die weder forschungs- noch berufsbezogenen Lerngegenstände sowie - mit Ausnahme der Trierer Studierenden - die Öffnungszeiten der Bibliothek. Darüber hinaus wird von den Studierenden, die in Trier mit über 32% die studentische Diskussionsunfähigkeit als eine Ursache für Veranstaltungsprobleme nennen (vgl. Schenk 1995b, S.51), bemängelt, daß fachliche Diskussionen mit den Lehrenden außerhalb der Lehrveranstaltungen kaum möglich sind und die Lehrenden „einen sehr schlechten Überblick über den Leistungsstand der Studierenden" haben (Wolf/Dennig 1995, S.135). Außerdem belastet die Studierenden die Anonymität an der Hochschule, die insgesamt das Gefühl haben, nicht genug für ihr Studium zu tun (vgl. etwa Kuntze 1994, S.62). Was sich die Studierenden wünschen, wäre eine Optimierung der Lehrveranstaltungen, eine Rückmeldung über ihren Leistungsstand und die Verbesserung der didaktischen Fähigkeiten sowie stärkere Praxisvertrautheit der Lehrenden. Eine weitere Frage bezog sich auf den Lerneffekt von Lehrveranstaltungen. Die Studierenden attestieren dabei den nur selten angebotenen Block-/ Wochenendveranstaltungen sowie der Kombination von Referat und Hausarbeit die höchsten Lerneffekte (vgl. etwa Schenk 1995b, S.48).

Wird die Abschlußnote der Absolvent(inn)en in den Blick genommen, zeigt sich, daß diese im Durchschnitt zwischen 1,6 (Trier) und 2,2 (Koblenz) liegt. Im Landesvergleich fällt insbesondere die links-steile Notengebung in Trier auf, nach der 52% ihr Diplom mit 'gut' (vgl. Koblenz 54,1%, Mainz 59,7%) und 45% mit 'sehr gut' (vgl. Koblenz 14,8%, Mainz 16,5%) abschließen (vgl. Schenk 1995a, S.120). Mit Blick auf dieses Ergebnis heißt es im Trierer Evaluationsbericht, daß diese geringe Varianz in der Notengebung einen Beschönigungsverdacht aufkommen läßt (vgl. Homfeldt 1995, S.182). Aufschlußreich ist ein Ergebnis der Trierer Evaluation, nach der sich die Diplomand(inn)en und Absolvent(inn)en in der rückblickenden Bewertung ihrer erziehungswissenschaftlichen Diplomausbildung während des Studiums unterfordert fühlten (vgl. Homfeldt 1995, S.182).

Zum Schluß der Darstellung zentraler Ergebnisse der Evaluation des Diplomstudiengangs Erziehungswissenschaft in Rheinland-Pfalz werden die Studienzeiten der Absolvent(inn)en näher betrachtet. Werden die Absolvent(inn)enzahlen mit der durchschnittlichen Studierendenzahl in Relation gebracht, zeigt sich, daß Mainz als der Ausbildungsort mit den meisten Studierenden mit 31,9% zugleich die geringste und Trier mit 48,5% die höchste Absolvent(inn)en-Quote hat. Im Gegensatz hierzu steht die durchschnittliche Studiendauer: In Trier wird mit 14,8 Fachsemestern am längsten und in Mainz mit 11,5 Fachsemestern am kürzesten studiert. Bei der Betrachtung der Gesamtstudiendauer nach Studienabschnitten wird deutlich, daß die Dauer des Hauptstudiums für die Gesamtstudiendauer ausschlaggebend ist.

Ein Grund für die langen Studienzeiten ist generell, daß viele Studierende - in Trier annähernd 64% - neben ihrem Studium einer Erwerbstätigkeit nachgehen (müssen), um ihren Lebensunterhalt zu sichern oder zur Erhöhung des Lebensstandards beizutragen (vgl. Schenk 1995b, S.41). Die Inhalte die-

ser Erwerbstätigkeit werden dabei von den Studierenden als „nur selten nützlich für das Studium" (Wolf/Dennig 1995, S.132) eingeordnet (im Gegensatz
zu diesem landesweiten Ergebnis steht, daß für immerhin über 40% der Trierer Studierenden die Tätigkeit einen starken Bezug zum Studium hat; vgl.
Schenk 1995b, S.40). Insgesamt wird deutlich, daß die kontinuierliche Erwerbstätigkeit während des Studiums studienverlängernd wirken und zu einem 'Nebenher-Studieren' führen kann.

In der Regel stellen sich die Problemlagen Langzeitstudierender jedoch
höchst unterschiedlich dar. So zeigen Falldarstellungen, daß Langzeitstudien
nicht ausschließlich durch individuelle Finanzierungsprobleme, Schwanger-
schaften oder Krankheiten usw. verursacht werden, sondern auch durch Belastungen, die durch Identitätsprobleme mit der Disziplin und durch die Prü-
fungs- und Studienorganisation entstehen (vgl. Schenk 1995c). So zeigt das
Beispiel Trier, daß durch Prüfungsordnungen, die keinerlei Reglementierung
der Studienzeit vorsehen, nicht wenige Studierende diese Möglichkeit nutzen, über viele Jahre hinweg im Studium zu 'parken' und so die durchschnittliche Studiendauer aller Absolvent(inn)en erheblich erhöhen.

Im weiteren werden Ergebnisse einer Studierendenbefragung aus Halle
vorgestellt, in der herausgestellt wird, daß bei der Evaluierung und Erfolgskontrolle der universitären Leistungen, Fragen nach der Objektivität der ge-
lieferten Informationen und ihrer Validität berücksichtigt werden müssen.

3. Erste Urteile der Studierenden im neueingerichteten Diplomstudiengang in Halle-Wittenberg

Zielstellung der in die Diplomausbildung eingebundenen Untersuchung ist
es, ein Porträt der Studierenden und ihres Studienganges Diplompädagogik
an der Martin-Luther-Universität Halle-Wittenberg zu erarbeiten. Das
schließt auch Urteile über diesen neu etablierten Studiengang aus der Sicht
der Studierenden ein. Es ist herauszustellen, daß mit den Aussagen der Studierenden über ihr Studium, die Lehre und Lehrkräfte keine objektiven Urteile vorliegen. Die differenzierte Analyse deckt beharrlich die Individualität
und Subjektivität der Wertungen auf, d.h. ihre Differenziertheit nach Stu-
dienjahr, Geschlecht und auch vor allem in Abhängigkeit von studienbezoge-
nen Werten und Zielen der Studierenden. Entscheidend ist jedoch, daß der lo-
gische Bezug zu den realen Situationen und Verhältnissen nicht verloren

geht. Insofern sind die Aussagen der Studierenden über ihr Studium, unabhängig davon, ob andere Beteiligte sie für ausgewogen, richtig oder falsch halten, objektive Positionen für den Ausbildungsprozeß. Überlegungen zur effektiveren Gestaltung der Hochschulausbildung in den einzelnen Fachdisziplinen können nicht an den Urteilen der Studierenden vorbeigehen.

Was sich als Studienqualität bezeichnen läßt, ist das Produkt von Wechselwirkungen (vgl. Bargel 1993). Die Produzenten sind die Lehrenden, Studierenden und die Bedingungen. Aus den Konstanzer Untersuchungen zur Studiensituation und Studienqualität lassen sich verschiedene Dimensionen der Studienqualität nachweisen, denen auch in Halle nachgegangen wurde, die der differenzierten Evaluation bedürfen:

- die inhaltliche und fachliche Qualität des Lehrangebotes (fachlich-inhaltliche Qualität),
- der gelungene Aufbau, die geordnete Gliederung (Strukturqualität),
- die Güte der didaktisch-methodischen Vermittlung (didaktische Qualität),
- die studienbegleitende Betreuung und Beratung (tutoriale Qualität),
- die Leistungsanforderungen und allgemeinen Anforderungen,
- die Förderung allgemeiner Kompetenzen, fachlich-wissenschaftlicher und beruflicher Qualifikationen sowie
- der Eigenbeitrag der Studierenden (Identifikation mit dem Studium, Motive, Leistungsbereitschaft, Determinanten der Studiengestaltung u.a.).

Im weiteren werden erste Ergebnisse der Befragung, an der 321 Studierende des Fachbereichs Erziehungswissenschaften teilgenommen haben, vorgestellt. Bei einer Altersspanne von 18 bis 35 Jahren sind die Studierenden im Durchschnitt 22,9 Jahre alt. 22% der Studierenden antworten aus der Sicht des Grundstudiums, ca. 45% urteilen mit fünf bis acht absolvierten Semestern, das restliche Drittel befindet sich in der Diplomphase oder hat das Studium bereits beendet. Für diese drei Gruppen läßt sich ein Durchschnittsalter von 20,9 (männlich 21,6; weiblich 20,9); 22,8 (24,8/22,4) und 24,4 (25,8/24,1) ermitteln.

Das geringe Durchschnittsalter der angehenden Diplom-Pädagog(inn)en in Halle erklärt sich zum einen aus den starken Zugängen seit 1992, dem hohen Anteil von Frauen im Studiengang (82%), dem in der Regel zügigen Abschluß des Grundstudiums, vor allem jedoch daraus, daß nach wie vor Langzeitstudierende die große Ausnahme sind. Die ersten Absolvent(inn)en sind überwiegend in der Regelstudienzeit fertig geworden. Diese Altersstruktur der Studierenden und Absolvent(inn)en im Osten im allgemeinen und im Fachbereich im besonderen ist ein Juwel, der im Grundschliff erhalten werden sollte, ohne die Illusion zu haben, daß es so bleiben wird.

Typisch für Studierende aus den neuen Bundesländern ist das hohe Qualifikationsprofil der Herkunftsfamilien (vgl. Bathke 1996), wenn auch ein stärkerer Zugang bildungsfernerer Bevölkerungsgruppen zu erkennen ist: In 32% der Herkunftsfamilien hat mindestens ein Elternteil einen akademischen Abschluß, in weiteren 30% läßt sich zumindest ein Fachhochschul- oder Fachschulabschluß nachweisen, und in 22% liegt als höchste Qualifikation ein Facharbeiterabschluß vor.

Wird die soziale Lage der Studierenden betrachtet, zeigt sich, daß 52% der Studierenden BAföG bekommen, wobei nur wenige (ca. 2%) damit ihr monatliches Budget fast vollständig (zu 90%) abdecken können. 84% der Studierenden werden von den Eltern unterstützt. Bei 6% macht diese Unterstützung fast das volle Budget (zu 90%) aus, bei 27% decken die Zuschüsse der Eltern über 75% des Budgets. Die Hälfte der Studierenden füllen ihren Geldbeutel durch Jobs während der Vorlesungszeit auf. Im Durchschnitt liegt die monatliche Jobzeit zwischen 15 und 18 Stunden, das heißt ca. drei bis fünf Stunden in der Woche. 44% geben an, daß sie in den Ferien jobben. Insgesamt ergibt sich ein Budgetmedian von 700 DM im Monat. 14% geben an, daß sie mit den zur Verfügung stehenden finanziellen Mitteln sehr gut auskommen, weitere 38% gut, aber immerhin 11% - also etwa jeder Neunte - befinden sich in einer bescheidenen finanziellen Lage.

Ausschlaggebende Motive der Studierenden, Erziehungswissenschaften zu studieren, sind:

- das Interesse am Studienfach (83%),
- das Bestreben, später eine interessante Arbeit zu haben (83%),
- die Vielfalt der beruflichen Möglichkeiten durch dieses Studium (66%).

Nur bei knapp 10% der Studierenden war das erziehungswissenschaftliche Studium eine Ausweichlösung, den guten Berufsaussichten sprechen 21% einen starken Einfluß bei der Fachrichtungsentscheidung zu. Über ein Drittel (35%) hatte bei der Fachrichtungsentscheidung eine gute wissenschaftliche Ausbildung im Blick.

Die individuelle Studiengestaltung wird vor allem vom fachlichen Interesse bestimmt, 87% messen dem fachlichen Interesse die entscheidende Bedeutung zu; es folgen in der Hierarchie der Aspekte die „berufliche Verwertbarkeit des Studienschwerpunktes" (73%) und die „Bewältigung der Studienanforderungen" (61%); deutlich geringer werden die „Vorgaben der Hochschule/der Hochschullehrer" als bestimmend für die individuelle Studiengestaltung herausgehoben (25%). Generell wird eine individuelle Studiengestaltung allgemeinverbindlichen Studieninhalten deutlich vorgezogen.

Im weiteren wird danach gefragt, wie sich die Studierenden durch das Studium gefördert sehen. Durch das bisherige bzw. absolvierte Studium sehen sich fast Dreiviertel der Studierenden (73%) in ihrer Autonomie und Selbständigkeit bzw. 67% in der persönlichen Entwicklung allgemein gefördert. Auch im sozialen Verantwortungsbewußtsein und in der Kritikfähigkeit sieht sich mehr als die Hälfte der antwortenden Studierenden stark gefördert (56% bzw. 52%). Im Bereich der berufspraktischen Fähigkeiten sind es hingegen nur 20%.

Wird die Studiensituation in den Blick genommen, zeigt sich, daß von über der Hälfte der Studierenden in starkem Maße hervorgehoben wird, daß im Fachbereich gute Beziehungen zwischen Studierenden und Lehrenden (55%) und gute Beziehungen der Studierenden untereinander bestehen (51%); hinsichtlich der „klaren" Prüfungsanforderungen sind es 41%, die dies unterstreichen. Bei den anderen vorgegebenen Items zur Bewertung der Situation im Fachbereich, z.B. „rechtzeitige Bekanntgabe des Lehrangebots" (29%), „gut gegliederter Studienaufbau" (23%), „ausreichendes Lehrangebot entsprechend der Studienordnung" (14%) oder „hohe Leistungsanforderungen" (8%) gewinnen Urteile an Bedeutung, die mehr oder weniger rigoros hervorheben, daß diese Bedingungen unzureichend zutreffen. Fast zwei Drittel (72%) nennen überfüllte Lehrveranstaltungen als eine markante Situation im Fachbereich.

Bei der Beurteilung der Anforderungen im Fachbereich gehen die Meinungen beachtlich auseinander, so sind 27% der Ansicht, daß eher zu viel Wert auf großes Faktenwissen gelegt wird, aber fast genauso viele (25%) sehen hier zu wenig Augenmerk. Aus Sicht der Studierenden wird im Fachbereich eher zu wenig Wert gelegt auf intensives Arbeiten im Studium (40%), auf die Kooperation zwischen den Studierenden (44%) und auf das Interesse an sozialen und politischen Fragen (45%).

In bezug auf die Urteile zur Quantität und Qualität der Lehrveranstaltungen in verschiedenen Lehrgebieten wird fast durchgängig sichtbar, daß die Anzahl der angebotenen Lehrveranstaltungen häufiger in der Kritik steht als die Qualität.

Die Studierenden zeichnen sich weiterhin durch eine starke - wenn auch differenzierte - Studien- und Fachverbundenheit aus. Dabei steht über die Hälfte (54%) ohne Abstriche zu einem Studium im allgemeinen, ein Viertel uneingeschränkt zum erziehungswissenschaftlichen Studium und schließlich 15% eindeutig zu ihrer Entscheidung, Erziehungswissenschaften zu studieren.

Des weiteren wurde der Frage nachgegangen, welche Dimensionen - zum Beispiel demographische Merkmale, Studienwahlmotive, Werte und

Ziele, Berufsmotive, Urteile zu den Studienbedingungen, den Anforderungen, dem Studienertrag, über die Anzahl und die Qualität der Lehrveranstaltungen - die Verbundenheit der Studierenden der Erziehungswissenschaften mit ihrem Fach differenzieren. Ausgangsüberlegung ist hierbei: Wenn unter bestimmten Merkmalskonstellationen vor allem angesichts spezifischer Bedingungen sich diese Verbundenheitsdimension differenziert, dürften hier Ansatzpunkte für die weitere Ausgestaltung des Ausbildungsprozesses liegen.

Die Verbundenheit mit dem Studienfach wird vor allem differenziert

- vom Eigenbeitrag der Studierenden, und zwar
  - von den Studienwahlmotiven: Fachinteresse und interessante Arbeit,
  - von den Werten: überdurchschnittliche Leistungen anstreben sowie sich für andere Menschen einsetzen,
  - von der berufsbezogenen Orientierung: mit Menschen arbeiten
  - von den Bezugspunkten der individuellen Studiengestaltung: Fachinteresse und Aufgabenbezogenheit,
- von den Studienbedingungen, und zwar
  - von der Förderung der Studierenden in ihren intellektuellen Fähigkeiten, in der Autonomie und Selbständigkeit, im sozialen Verantwortungsbewußtsein, in der allgemeinen Persönlichkeitsentwicklung sowie in den berufspraktischen Fähigkeiten,
  - hohe Leistungsanforderungen, gut gegliederter Studienaufbau, gute Berufsvorbereitung, gute Student(in)- Student(in)-Beziehungen.

Die differenzierte Betrachtung der Abhängigkeitsrelationen der Fachverbundenheit bestätigt die Bedeutung

- der fachlich-inhaltlichen Qualität des Studiums,
- der Strukturqualität,
- der tutorialen Qualität,
- der Anforderungen und geförderten Kompetenzen ebenso wie
- den großen Stellenwert des Eigenbeitrages der Studierenden. (Ohne Fachinteresse bleiben alle Bemühungen um eine Lehre pädagogischen Handels wirkungslos).

Mit Blick auf die Ergebnisse der halleschen und der rheinland-pfälzischen Evaluation werden abschließend Folgerungen für die Gestaltung des Diplomstudienganges Erziehungswissenschaft gezogen.

4. Folgerungen für den Diplomstudiengang Erziehungswissenschaft

Mit der Evaluation der rheinland-pfälzischen Diplomstudiengänge liegt eine aktuelle empirische Bestandsaufnahme der Ausbildungssituation vor, die Anhaltspunkte zur inhaltlichen und organisatorischen Qualifizierung der Diplom-Pädagog(inn)en-Ausbildung zur Diskussion stellt.

Die Evaluationsstudie bestätigt, daß sich der erziehungswissenschaftliche Diplomstudiengang auch noch Mitte der neunziger Jahre als ein uneinheitlich verfaßter Studiengang darstellt, dessen Gemeinsames seine Pluralität ist und sich diese fehlende Einheitlichkeit des Studienganges in bezug auf die Gewichtung, Ausgestaltung und Ausdifferenzierung von Studienrichtungen, Wahlpflichtfächern, Praxisanteilen usw. als deutliches Manko herausstellt. Des weiteren zeigt sich, daß sich der Diplomstudiengang nicht nur auf Bundesebene, sondern auch auf Landesebene uneinheitlich präsentiert (vgl. Schulze-Krüdener 1996). So verdeutlichen die durch die landesweite Qualitätskontrolle sichtbar gewordenen erheblichen Unterschiede an den beteiligten Hochschulorten, daß sich im Zuständigkeitsbereich eines Wissenschaftsministeriums vier recht heterogene Diplomstudiengänge an nur drei Universitäten entwickelt haben: Die Studiengänge in Rheinland-Pfalz sind 'eher wildwüchsig gewachsen'. Die unterschiedlich ausgeprägte Ausdifferenzierung (zum Beispiel in bezug auf das Angebot an Studienrichtungen) läßt keine landesweite Konzeption erkennen.

Die Ergebnisse der Studierendenbefragung in Halle zeigen, daß sich die Studierenden des neueingerichteten Diplomstudiengangs Erziehungswissenschaften nur in einzelnen Dimensionen in das „bundesweite" Bild von Diplom-Pädagog(inn)en einordnen lassen. Charakteristische Besonderheiten ostdeutscher Studierender sind nicht zu übersehen wie:

• das geringe Durchschnittsalter der Studierenden und ersten Absolvent(inn)en,
• das häufige Bestreben, das Studium so schnell wie möglich abzuschließen,
• die noch relativ geringe zeitliche Belastung durch Jobs in der Vorlesungszeit.

Bei den Studierenden der Erziehungswissenschaften in Halle deutet sich keine einseitige Orientierung auf dispositionales Wissen an, wenngleich die Studierenden Defizite in den beruflichen Fähigkeiten anmelden. Dies weiter zu verfolgen, ist insofern interessant, weil Ergebnisse der Absolvent(inn)enforschung zeigen, daß Absolvent(inn)en aus Sicht der Praxis gerade den grundlagentheoretischen Ausbildungsaspekten gute Noten geben, Aspekte, die sie als Studierende oft kritisiert haben.

Unabhängig vom Hochschulstandort stellt die Herausbildung der Kompetenz, pädagogisch handeln zu können, das zentrale Problem des berufsorientierten Diplomstudiengangs Erziehungswissenschaft dar. Die wissenschaftlichen Hochschulen gehen mit diesem Problem um, indem sie Methoden und soziale Settings beruflichen pädagogischen Handelns, dispositionales Wissen, zu einem Element der Ausbildung der Diplom-Pädagog(inn)en machen. Unter dispositionalem Wissen wird in der Pädagogik zum Beispiel didaktisches Wissen verstanden oder Wissen, in dem sich die Modalitäten der Bewilligung der Erziehungshilfen nach dem KJHG erschließen und verfügbar machen lassen, ein Wissen um institutionelle Ziele, Sequenzierungen und soziale Orte von Entscheidungsprozessen sowie deren organisatorische Gebundenheit. Solches Wissen operiert in alltäglichen Feldern und reguliert sich im Kontext einer spezifischen beruflichen pädagogischen Rationalität.

Dispositionales Wissen kann entweder im Rahmen wissenschaftlicher Suchprozesse in der Ausbildung thematisch relevant werden; es bildet dann gewissermaßen das Material von Forschungsprozessen und wird kritisch, radikal und über seine Alltäglichkeit hinaus befragt und weiterverarbeitet. Oder es kann den Absolvent(inn)en selbst als ein Muster dienen, um das Handeln im Praktikum zu strukturieren. Oder aber es liefert pragmatisch motivierte Bilder, die konstitutiv für die Bildung pädagogischer Urteilskraft sind. Die Differenz zwischen pragmatisch motivierter Orientierungsleistung dispositionalen Wissens und wissenschaftlich radikalisierten Fragens bewirkt beziehungsweise ermöglicht die Spannung dieses Bildungsprozesses. Der innovative Qualifikationsbedarf in pädagogischen Feldern, ungewisse Situationen pädagogisch zu strukturieren und zu bewältigen, läßt sich nur mit Hilfe solcher Bildungsprozesse decken; denn in den Bildungsprozessen entpuppt sich das pädagogische Handeln als ein Wagnis. Dabei gilt das, was an diesem Handeln ein Wagnis ist, als nicht methodisierbar. Umgekehrt hingegen zählt eine solche Beobachtung auch zu den methodischen Einsichten der Pädagogik. Die Bewältigung des Ineinanders von Methodischem und Nichtmethodischem im pädagogischen Handeln kann man als ein Spiel betrachten. Es spielen zu können, ist bedeutsam für den Einsatz pädagogischer Qualifikationen im Berufsfeld. Die hochschulische Lehre sollte auf ein solches Methodenparadox orientierend vorbereiten.

Im Halleschen Diplomstudiengang wird dies unter anderem in der Entwicklung sogenannter Studienprojekte versucht. In diesen Projekten, etwa Projekten der Konzipierung, Entwicklung und Realisation eines Bauspielplatzes in einem sozialen Brennpunkt, oder der Planung, Einübung und Durchführung von darstellendem Spiel und Theater in einer psychiatrischen Einrichtung, kreieren die Studierenden auf der Basis ihres in die Hochschule hereingebrachten dispositionalen Wissens Aktionen, deren Relevanz sie durch forschendes Fragen und wissenschaftliches Wissen stützen und öffentlich darstellen lernen.

Die Hereinnahme dispositionalen Wissens in den hochschulischen Qualifizierungsprozeß zum Diplom-Pädagogen und zur Diplom-Pädagogin ist zwar unverzichtbar, sie löst jedoch das zentrale Problem der Berufsorientierung der Ausbildung, gekonntes pädagogisches Handeln durch Lehre zu ermöglichen, nicht vollkommen auf. Die Bewertung von Studiengängen hat vielmehr ein weiteres Paradox zu berücksichtigen, das sogenannte Qualifikationsparadox: An der Hochschule hergestellte akademische Qualifikationen erweisen sich prinzipiell bei ihrem beruflichen Einsatz gleichzeitig als zu hoch und zu niedrig angesetzt. Einerseits sind die Absolvent(inn)en, gemessen an dem, was von ihnen in den alltäglichen Standardsituationen erwartet wird, überqualifiziert. Viele analytische Kompetenzen und innovative Konzeptgenerierungspotentiale müssen so auf Vorrat liegen bleiben. Andererseits sind sie unterqualifiziert, da das von ihnen hereingebrachte Wissen sich in den meisten Fällen als nicht hinreichend konkret erweist. Dieses Paradox läßt sich durch keine noch so überzeugende Schelte gegen mangelhafte Ausbildung beseitigen.

Es bleibt abschließend zu fragen, welche Konsequenzen aus den Ergebnissen der Untersuchungen aus Rheinland-Pfalz und Halle zu ziehen sind. In der erst am Anfang stehenden innerdisziplinären Diskussion über die Zukunft des Diplomstudiengangs ist zunächst zu entscheiden, ob sich der Diplomstudiengang entweder „der Disparatheit der Praxisfelder und -funktionen sowie der unterschiedlichen disziplinären Orientierungen folgend - zu einem diffusen Sammelbecken berufsqualifizierender Vorstellungen und Ideen (entwikkelt), oder aber inhaltlich deutlicher strukturiert und akzentuiert" wird (Hamburger 1995, S. 31).

Die Ergebnisse der vergleichenden Evaluation der Diplomstudiengänge in Rheinland-Pfalz machen eine stärkere Vereinheitlichung und Profilierung des Studiengangs unabdingbar. Die Umsetzung erfordert neben der Entwicklung von klaren, hochschulübergreifenden Struktur-/ Ausbildungslinien auch die verbesserte curriculare Ausgestaltung der Studiengänge. Leitlinien der weiteren Diskussion könnten sein (vgl. Rauschenbach 1995, S. 292f.):

- Erhöhung der Verbindlichkeit von zentralen Lern- und Lehrinhalten;
- stärkere Transparenz der notwendigen Lehr-/Lernformen, Inhalte und fachpraktischen Studienanteile;
- Erhöhung der fachlichen Kombination, Attraktivität und Qualifikation durch die stärkere Einbindung eines zweiten Fachs;

- Stärkung der fachlichen Eigenständigkeit durch einen verbindlichen Kanon von orts-unabhängigem Grundwissen;
- Erhöhung der innerfachlichen Akzeptanz des Diplomstudiengangs in der Disziplin Erziehungswissenschaft;
- Festlegung eines Mindeststandards an infrastruktureller Ausstattung.

Die stärkere Vereinheitlichung der Diplomstudiengänge darf aber nicht dazu führen, daß an den einzelnen Ausbildungsorten die Profilbildung und damit die Differenzierung nach Angebot, Fachprofil verhindert wird. Sowohl die rheinland-pfälzische Evaluation als auch die hallesche Untersuchung ver-deutlichen, daß vielmehr „das besondere Profil des Studienganges am jewei-ligen Hochschulort und eine den gewachsenen Strukturen vor Ort angemes-sene Akzentuierung" erhalten bleiben sollte (Beck/Schön 1995, S. 94). Eine Verschlankung der Profile und die Reduzierung von Studienrichtungen oder Wahlpflichtfächern sollte jedoch immer dann in Betracht gezogen werden, wenn es beispielsweise für ein Wahlpflichtfach seitens der Studierenden fak-tisch keine Nachfrage gibt oder wenn angesichts der schwachen personellen Ausstattung die Erfüllung des notwendigen Lehrangebots nur durch einen 'Etikettenschwindel' möglich ist. Um eine qualifizierte Diplomausbildung gewährleisten zu können, müssen die Studienrichtungen den DGfE-Anforde-rungen der Stellengrundausstattung (das heißt pro Studienrichtung zwei Pro-fessuren) genügen.

Wo diese Anforderung des personellen Mindeststandards nicht erfüllt sind, müssen gegebenenfalls auch Korrekturen geschaffen werden. Neben Forderungen nach dem personellen Ausbau der existierenden Studienrichtun-gen im Sinne der DGfE-Empfehlung und der Erhöhung des Curricularnorm-wertes sollten auch hochschulpolitisch brisante Themen, wie die landesweite Konzentration von Studienrichtungen an einem Ausbildungsort und/oder die hochschulübergreifende Umverteilung der vorhandenen personellen Kapazi-täten, nicht von vornherein ausgeklammert werden.

Literatur

Arbeitsgruppe Evaluation (Hg.): Innovation durch Evaluation. Untersuchungen zum Diplomstudiengang Erziehungswissenschaft in Rheinland-Pfalz. Weinheim 1995.

Bargel, T.: Studienqualität und Hochschulentwicklung. Reihe Bildung-Wissenschaft-Aktuell 11/93. Hg. BMBW. Bonn 1993.

Bathke, G.-W.: Bildungspartizipation, Schulabschlüsse und neue Ungleichheiten. In: Helsper, W./Krüger, H.-H./Wenzel, H. (Hg.): Schule und Gesellschaft im Umbruch. Studien zur Schul- und Bildungsforschung. Weinheim 1996, S.70-93.

Beck, C./Schön, A. K.: Prüfungs- und Studienordnungen in Rheinland-Pfalz und deren Umsetzung im Lehrangebot. In: Arbeitsgruppe Evaluation (Hg.): Innovation durch Evaluation. Untersuchungen zum Diplomstudiengang Erziehungswissenschaft in Rheinland-Pfalz. Weinheim 1995, S.73-97.

Hamburger, F.: Das Projekt 'Evaluation des Diplomstudiengangs Erziehungswissenschaft in Rheinland-Pfalz'. In: Arbeitsgruppe Evaluation (Hg.): Innovation durch Evaluation. Untersuchungen zum Diplomstudiengang Erziehungswissenschaft in Rheinland-Pfalz. Weinheim 1995 S.7-52.

(HRK) Hochschulrektorenkonferenz: Profilbildung der Hochschulen. I. Werkstattbericht über einen Pilotbericht der Hochschulrektorenkonferenz. Dokumente zur Hochschulreform Bd. 82. Bonn 1993.

Homfeldt, H.G.: Wege durch das Studium im Spektrum von Übergang und Übergangskrise. In: Ders./Schulze, J./Schenk, M. (Hg.): Lehre und Studium im Diplomstudiengang Erziehungswissenschaft. Ein Bestimmungsversuch vor Ort. Weinheim 1995, S.137-184.

Homfeldt, H.G./Schulze, J./Schenk, M. (Hg.): Lehre und Studium im Diplomstudiengang Erziehungswissenschaft. Ein Bestimmungsversuch vor Ort. Weinheim 1995.

Heuer, C.: Vorgeschichte und Entwicklung des Strukturverlaufsmodells von 1993 für die Studierenden des Grundstudiums im Diplomstudiengang. In: Beck, C. (Hg.): Evaluation des Diplomstudiengangs Erziehungswissenschaft an der Universität Mainz. Band 1: Strukturverlaufsmodell, Veranstaltungsstatistik, Studien- und Prüfungsverläufe. Schriftenreihe des Pädagogischen Instituts der Johannes Gutenberg-Universität Mainz Band 22/1. Mainz 1993, S.13-25.

Kuntze, G.: Evaluation des Diplomstudiengangs Erziehungswissenschaft an der Universität Mainz. Band 2: PädagogikstudentInnen werden befragt - Eine Erhebung studentischer Einstellungen und Bewertungen des Studiums an der Johannes Gutenberg-Universität Mainz. Schriftenreihe des Pädagogischen Instituts der Johannes Gutenberg-Universität Mainz Band 22/2. Mainz 1994.

Kuntze, G.: Der erziehungswissenschaftliche Diplomstudiengang im Mittelpunkt einer Strukturerhebung universitärer Institute und Seminare in Rheinland-Pfalz. In: Arbeitsgruppe Evaluation (Hg.): Innovation durch Evaluation. Untersuchungen zum Diplomstudiengang Erziehungswissenschaft in Rheinland-Pfalz. Weinheim 1995, S.53-72.

May, M.: Evaluation des Diplomstudiengangs Erziehungswissenschaft in Rheinland-Pfalz. In: Der Pädagogische Blick, 1(1993), H.4, S.236-239.

Rauschenbach, T.: Ausbildung und Arbeitsmarkt für ErziehungswissenschaftlerInnen. Empirische Bilanz und konzeptionelle Perspektiven. In: Krüger, H.-H./Rauschenbach, T. (Hg.): Erziehungswissenschaft. Die Disziplin am Beginn einer neuen Epoche. Weinheim/München 1995, S.275-294.

Schenk, M.: Evaluation des Diplomstudiengangs Pädagogik in Rheinland-Pfalz - Analyse der Prüfungsakten. In: Arbeitsgruppe Evaluation (Hg.): Innovation durch Evaluation. Untersuchungen zum Diplomstudiengang Erziehungswissenschaft in Rheinland-Pfalz. Weinheim 1995a, S.98-124.

Schenk, M.: Der Diplomstudiengang Erziehungswissenschaft in der Sicht der Studierenden. In: Homfeldt, H. G./Schulze, J./Schenk, M. (Hg.): Lehre und Studium im Diplomstudiengang Erziehungswissenschaft. Ein Bestimmungsversuch vor Ort. Weinheim 1995b, S.34-69.

Schenk, M.: Probleme von Langzeitstudierenden. In: Homfeldt, H. G./Schulze, J./Schenk, M. (Hg.): Lehre und Studium im Diplomstudiengang Erziehungswissenschaft. Ein Bestimmungsversuch vor Ort. Weinheim 1995c, S.113-136.

Schulze-Krüdener, Jörgen: Berufsverband und Professionalisierung. Eine Rekonstruktion der berufspolitischen Interessenvertretung von Diplom-Pädagoginnen und Diplom-Pädagogen. Weinheim 1996.

Wissenschaftsrat: 10 Thesen zur Hochschulpolitik. Berlin 1993.

Wolf, B./Dennig, T.: Diplom-Pädagogik-Studium in Koblenz, Landau, Mainz und Trier aus der Sicht der Studierenden. Ein Ergebnisbericht. In: Arbeitsgruppe Evaluation (Hg.): Innovation durch Evaluation. Untersuchungen zum Diplomstudiengang Erziehungswissenschaft in Rheinland-Pfalz. Weinheim 1995, S.125-142.

Bernd Dewe / Thomas Kurtz

Arbeitsgruppe „Aktuelle erkenntnistheoretische und methodologische Aspekte erziehungswissenschaftlicher Analyse"

1.

Dem aufmerksamen Beobachter wird aufgefallen sein, daß im Hallenser Kongreßprogramm unsere Arbeitsgruppe als einzige, wie bescheiden auch immer, beanspruchte, die Diskussion über Probleme und Machbarkeiten der erziehungswissenschaftlichen Analyse pädagogischer Arbeit - ein Thema, daß unser Fach seit Jahren beschäftigt (vgl. u.a. Tenorth 1990; Osterloh 1991; Braun 1992; Rössner 1992; Krüger/Rauschenbach 1994) - fortzuführen. Ohne der Kommission Wissenschaftsforschung, in deren institutionalisierter Kompetenz dieses Thema angesiedelt ist (siehe hierzu etwa Hoffmann/Heid 1991; Horn 1996), Konkurrenz machen zu wollen, haben wir in unserer Arbeitsgruppe eine Diskussion fortgeführt, die bereits auf dem Dortmunder Kongreß 1994 begonnen wurde unter dem Thema der damaligen AG 25 „Wissenschaftliche Erkenntnis und praktisches Gestalten: Vermittlungsprobleme von Wissen und Können in den Handlungsfeldern der Pädagogik".

So nimmt es nicht wunders, daß neben einer gewissen Kontinuität der Thematik auch eine der beteiligten Akteure durchaus gewollt war, gewiß ergänzt um uns notwendig erscheinende Beiträge von weiteren Kollegen.

Was das Thema im engeren Sinne anbelangt, stand mit den Vorträgen und Diskussionen unserer Arbeitsgruppe in Halle weniger die Absicht im Vordergrund, weitere, womöglich detailliertere Beiträge zur mittlerweile bereits leidlich etablierten Anwendungs- und Verwendungsdebatte (vgl. Drerup 1987; Dewe 1988; König/Zedler 1989; Drerup/Terhart 1990) zu leisten als vielmehr der Versuch einer Focussierung der Fragestellung auf methodologische und methodische Probleme erziehungswissenschaftlicher Analyse und Forschung in Rede, wobei erkenntnistheoretische Probleme in einzelnen Beiträgen zum Ausgangspunkt der Analyse gemacht wurden.

Jedoch durchaus ähnlich der Absicht, die bereits in der Gesprächsrunde während des Dortmunder Kongresses geteilt wurde, ging es auch in Halle um die Auseinandersetzung mit Theorieangeboten, die beanspruchen, die aktiven

Aneignungs- und Gestaltungsprozesse pädagogischer Akteure ebenso zu rekonstruieren wie die internen Begründungsstrukturen wissenschaftlicher Erkenntnisproduktion. Damit galt es zu prüfen, ob die relative Autonomie und
wechselseitige Bezüglichkeit unterschiedlicher Handlungslogiken von Wissenschaft und Praxis, präziser formuliert: von Erziehungswissenschaft und
Pädagogik mit ihren jeweiligen institutionellen und handlungsbezogenen Dy-
namiken in der neueren diesbezüglichen Diskussion exakter als bisher beschrieben werden können.

Die während der Arbeitsgruppensitzung sich ergebenden Diskussionen
kreisten schließlich um die Frage nach einer den theoretischen Zusammenhang von Disziplin und Ausbildung/Praxis wahrenden Kernstruktur der Wis-
sensformierung und -reproduktion ebenso wie um die methodologischen
Aspekte der Differenz von Forschung und Reflexion. Dabei lag es den Beteiligten fern, diese Problematik im Stile der üblichen Theorie-Praxis-Rhetorik
(vgl. u.a. Backes-Haase 1993; Breinbauer 1994) zu bearbeiten. Obschon die
Frage nach einer möglichen handlungsleitenden Funktion von Wissen wie
umgekehrt auch die Frage nach seiner handlungspraktischen Organisierbar-
keit das Streitgespräch beherrschte, lag es den Beteiligten daran, sie als theoretische Frage auszugeben: als Frage nämlich nach den Orten und der Anordnung, in der die Organisation von Wissen und die Organisation von Handlungen sich aufeinander beziehen (lassen). Die gängige Theorie-Praxis-Rhetorik neigt bekanntermaßen dazu, die Anordnung der „Orte" vorab vorzunehmen, indem sie die Sprachspiele des theoretischen Wissens nur dann für relevant erachtet, wenn sich in ihnen der Gang der Handlung bzw. der praktischen Gestaltung pädagogischer Prozesse spiegelt (vgl. die Kritik von Dewe/
Radtke 1993; Kurtz 1995). Vor dem Hintergrund dieser Kritik wird ersichtlich, daß die erziehungswissenschaftliche Analyse pädagogischer Arbeit noch
defizitär erscheint.

Metareflexion kann möglicherweise die logischen und methodologischen
Schwächen der „pädagogischen Theorie" freilegen, jedoch ist ihre Konstituierung auf inhaltlicher Ebene nicht stets schon rational (vgl. Oelkers/Tenorth
1993).

Inwieweit qua Forschung produziertes Wissen seine eigene Bedeutsamkeit im Rahmen pädagogischen Handelns überhaupt in der Hand hat, beschäftigte in der einen oder anderen Form die Referenten Alisch, Dewe, Dräger, Kurtz und Scherr in ihren Vorträgen.

Vorträge[1]:

Bernd Dewe: Einführung in die Thematik und Moderation der Arbeitsgruppe
Thomas Kurtz: Pädagogische Forschung zwischen Wissenschaftsanspruch und Reflexionsbewußtsein
Lutz-Michael Alisch: Über Unvorhersehbarkeit, praktisches Prozeßwissen und die heimliche Hochzeit von Universalismus und Singularismus
Horst Dräger: Zur Destagflation der Theorie der Erziehungswissenschaft durch Gegenstandsermittlung: Exempel Methode
Albert Scherr: Methodologische Überlegungen zur Analyse (sozial-) pädagogischer Wissensformen

Der gemeinsame Bezug bestand in der Bemühung, zur Analyse dessen einen Beitrag zu liefern, was man pädagogisches Wissen nennt. Vier Zugangsweisen wurden zur Diskussion gestellt:

1. Die Fortführung von Debatten, die an der Differenz von Forschung und Reflexion, an der von Disziplin und Profession arbeiten, wobei der Forschungsbegriff selbst einer Differenzierung unterzogen wird;
2. methodologische Betrachtungen zur Entwicklung der Theorieproduktion in unserem Fach;
3. der Versuch, die zwingend notwendige erziehungswissenschaftliche Gegenstandsermittlung qua Methodenforschung erfolgreich zu führen und
4. die Absicht, eine Rekonstruktion spezifischer, voneinander unterscheidbarer pädagogischer Wissensformen zu betreiben.

2.

In dem Vortrag von Thomas Kurtz wurde die Grundüberzeugung der Pädagogik, sie sei auch eine „praktische Wissenschaft" mit dem Ziel der Verbesserung der pädagogischen Praxis, hinterfragt. Auf der Grundlage systemtheo-

---

1   Aus Platzgründen können die einzelnen Referate der Arbeitsgruppe an dieser Stelle leider nicht abgedruckt werden. Die in den folgenden Darstellungen angeführten Zitate sind den Manuskripten, die uns die Referenten dankenswerterweise zur Verfügung gestellt haben, entnommen. Die Vorträge sowie weitere die Thematik ergänzende Texte werden in Bernd Dewe/Thomas Kurtz (Hg.): Forschung und Reflexion. - Zwischen wissenschaftlicher Erkenntnis und pädagogischem Handeln. Möglichkeiten erziehungswissenschaftlicher Analyse. Opladen 1997, veröffentlicht.

retischer Überlegungen wurde die dabei zugrunde gelegte Einheit von Wissenschaft und Erziehung aufgelöst und funktionslogisch in eine wissenschaftliche und eine anwendungsbezogene Forschungsrichtung aufgeschlüsselt.

Mit Rückgriff auf das Konzept funktionaler Gesellschaftsdifferenzierung zeigte Kurtz, daß die Hochschule ein Überschneidungsbereich unterschiedlicher Teilsystemrationalitäten ist: Sie vereint sowohl die Funktion des Wissenschaftssystems wie auch die des Erziehungssystems. Sie ist auf der einen Seite in ihrer Wissensproduktion eine Organisation der Wissenschaft, auf der anderen Seite in ihrer Ausbildungsfunktion aber zugleich eine Organisation der Erziehung. Die Wissensproduktion im Hochschulbereich muß nun aber nicht immer Bestandteil der wissenschaftlichen Kommunikation sein, sondern kann genauso gut wirtschaftliche, rechtliche und eben auch pädagogische Kommunikation sein. Wissensproduktion kann also sowohl den Referenzkontext des Wissenschaftssystems wie auch den anderer gesellschaftlicher Funktionssysteme einnehmen, so daß im Hochschulbetrieb auf der Wissensebene sowohl ein Beitrag zur kommunikativen Anschlußfähigkeit des Wissenschaftssystems wie auch zu der der anderen Teilsysteme geleistet werden kann.

Damit ist auf die Luhmannsche Unterscheidung von wissenschaftlichen Theorien und Reflexionstheorien verwiesen, welche sich vor allem durch den jeweiligen Beobachterstandpunkt und die Verortung der kommunikativen Anschlußfähigkeit ihrer Aussagen im Systemkontext voneinander unterscheiden - also: entweder Wissenschaftssystem oder (hier) Erziehungssystem. Luhmann und Schorr haben Ende der siebziger Jahre die Pädagogik mit der von ihr als Provokation empfundenen These aufgeschreckt, daß sie sich weder als geisteswissenschaftliche Pädagogik noch als erfahrungswissenschaftlich argumentierende Erziehungswissenschaft als Wissenschaft hat ausdifferenzieren können und beschreiben die Disziplin als Reflexionstheorie des Erziehungssystems in demselben.

Dagegen zeigten die Ausführungen von Kurtz zum einen, daß pädagogische Forschung sehr wohl den Referenzkontext des Wissenschaftssystems einnehmen kann, dann aber Gefahr läuft, keine Pädagogik mehr zu sein. Und zum anderen wurde von ihm herausgearbeitet, daß pädagogische Forschung als anwendungsbezogene Reflexionsforschung für das Anliegen der Pädagogik zwar Vorteile gegenüber der pädagogischen Wissenschaft hat, indem sie zur Selbstidentifikation des Funktionssystems beitragen kann, daß sie aber wie die Wissenschaft keinen direkten Zugang zur Praxis für sich beanspruchen kann, da sie zwar nicht auf der Ebene der Gesellschaft, wohl aber auf denen von Interaktion und Organisation durch Systemgrenzen von ihrer Praxis getrennt ist.

Wenngleich Kurtz in seinen Ausführungen zeigte, daß pädagogische Forschung sowohl Bestandteil wissenschaftlicher Kommunikationen des Wissenschaftssystems wie auch pädagogischer Kommunikationen des Erziehungssystems sein kann, scheint für ihn die von der pädagogischen Disziplin propagierte Idee einer die gesellschaftlichen Systemgrenzen überschreitenden praktischen (anwendungsbezogenen) Wissenschaft systemlogisch nicht möglich zu sein. Gegenüber der bisherigen Rezeption systemtheoretischer Angebote (vgl. u.a. Larrá 1986), legte Kurtz den beiden hier kommunikationslogisch aufgeschlüsselten Richtungen der Disziplin nahe, sich auf das zu beschränken, was sie können, nämlich kommunikative Anschlußfähigkeit in ihrem System zu initiieren, und nicht das zu verfolgen, was sie nicht können, aber immer wieder versuchen, nämlich über die Systemgrenzen hinweg, Relevanz in einem anderen System anzuleiten.

Lutz-Michael Alisch rekonstruierte in seinem Vortrag eine sich zur Zeit in der Erziehungswissenschaft vollziehende methodologische Umorientierung, wobei er zwei gegenläufige Tendenzen präsupponierte: zum einen die zwischen Universalismus und Singularismus bzw. Partikularismus und zum anderen die zwischen Gewißheit und Unsicherheit. Diese gehen aber - so die Pointe seiner Ausführungen - eine „heimliche Hochzeit" ein. Dabei nahm er gleichsam aus der Distanz zu mitlerweile überwundenen Grabenkriegen zwischen der empirischen Pädagogik und der hermeneutisch orientierten Pädagogik Stellung, sah dabei aber in einer metatheoretischen Betrachtung günstige Möglichkeiten für eine Überwindung der Dichotomie und skizzierte auf diesem Wege die Kernpunkte für eine folgenreiche Kritik der wissenschaftstheoretischen Positionen unseres Faches (vgl. u.a. Pollak/Heid 1994).

„Die zunehmend auftretenden singularistischen Ergebnisse lassen die Frage, ob Wissenschaftlichkeit nicht eine Medaille mit zwei Seiten ist, wieder virulent werden. Nimmt man die Frage ernst, dann treten neue Kategorien in die Metatheorie ein (Limitation; Komplexität; qualitatives Verständnis; Interpretation), die einerseits mit gegenstandsbezogenen Unsicherheiten umgehen wollen, andererseits aber auch selbst dazu beitragen, daß sich Gewißheiten in der Metatheorie auflösen. Das gilt gleichermaßen für Positionen der Empirie wie der Hermeneutik, wenn auch zum Teil, oder sollte man besser sagen: prima facie noch aus unterschiedlichen Gründen. Obwohl mit Interpretation und qualitativem Verständnis Kategorien benannt sind, die die Idee einer Konvergenz von empirischer und hermeneutischer Pädagogik nahelegen, bin ich der Auffassung, daß sich hierin eher die gemeinsame Teilhabe an der Progression des philosophischen Hintergrundes zeigt, aus dem jede Wissenschaft schöpft" (Alisch).

Die von Alisch konstatierte „heimliche Hochzeit von Universalismus und Singularismus" bedeutet dann dreierlei: 1. Weder in der hermeneutischen noch in der empirischen Pädagogik sind die universalistischen und die singularistischen Positionen methodologisch und metatheoretisch explizit amalgamiert und damit auch nur in einigen schemenhaften Ansätzen versucht, das Habermassche Postulat einer synthetischen Vermittlung einzuholen. 2. Inzwischen versuchen beide von Alisch thematisierten pädagogischen Forschungsrichtungen „das Singuläre mit den Mitteln des auf Dynamik bezogenen Universalistischen" zu erlangen, wobei die „dabei zutage tretenden Konsequenzen (Unvorhersagbarkeit, Unsicherheit, Iterabilität) überwiegend die Abwendung vom lokal Präzisen und Quantitativen erfordert." Und die 3. Form der Heimlichkeit lokalisierte Alisch schließlich in der zwar von beiden Seiten faktisch vollzogenen Einbeziehung der jeweils anderen Seite, des aber gleichzeitig strikten Beharrens auf die eigene Position, verbunden mit einer Ablehnung der jeweils anderen.

Alisch wollte mit seinen Ausführungen verdeutlichen, daß zukünftig bei aller (bleibender) Differenz zwischen der primär auf den Universalismus rekurrierenden empirischen Pädagogik und der sich auf singularistische Positionen beziehenden hermeneutischen Pädagogik eine produktive Konkurrenz sowohl um universelle als auch um singuläre Einsichten denk- und erwartbar ist. Er deutet abschließend unter dem Stichwort „praktisches Prozeßwissen" einige praktische Folgen der „heimlichen Hochzeit" an, welche er am Beispiel von Kinderfreundschaften illustriert.

„Interessant (...) sind (folgende - d.V.) praktische Konseqenzen (...): Unter Geltung des handlungstheoretisch fundierten Erziehungsbegriffs war davon ausgegangen worden, daß erzieherischer Erfolg hauptsächlich von den Eigenschaften des Wissens abhängt, das erzieherisch eingesetzt wird. Das Wissen sollte Instrumentalität, Effektivität und Effizienz aufweisen. Außerdem wurde davon ausgegangen, daß es substitutionsartige Vorgänge beim Erwerb besseren, geeigneteren erzieherischen Wissens gibt, so daß vorhandene Wissensbestände gegen wissenschaftlich gesicherte, effektivere Bestände ausgetauscht werden können (hierauf basiert z.B. die Parallelitäts- oder Analogieannahme bzgl. subjektiver und wissenschaftlicher Theorien oder auch die Professionalisierungsthese). All diese Annahmen haben sich indes nicht bewährt. Das Wissen, das handlungsrelevant wird, ist, verglichen mit dem zu erwerbenden pädagogischen Wissen, durch subjektive Konstruktion überformtes Wissen. Zudem scheint es so, als bauten Pädagogen in der Praxis Wissen für ganz andere Zusammenhänge auf, als die Erziehungswissenschaft sie gewöhnlich thematisiert."

Auf die Kategorie des praktischen Prozeßwissens bei Alisch kann hier nicht detaillierter eingegangen werden (vgl. Alischs Vortrag auf der o.g. Arbeitsgruppensitzung während des Dortmunder Kongresses: Dewe/Kurtz 1997).

Alischs Resümé bietet indes weitaus weniger Anlaß zu übersteigertem Optimismus:

„Es scheint, als stünde nach der heimlichen Hochzeit auch im Herzstück der universalistischen Orientierung in der Erziehungswissenschaft, in der empirischen Pädagogik, der Ehealltag vor der Tür. Man glaube allerdings nicht, daß damit metatheoretisch-methodologische Klarheit geschaffen wäre. Die Wissenschaftstheorie, die beide Seiten der Medaille umfaßt, muß erst noch konstruiert werden." "

Horst Drägers sich gegen den „vermeintlichen Disziplincharakter der Erziehungswissenschaft/Pädagogik" richtende Überlegungen nahmen ihren Ausgangspunkt von einer Problemdiagnose, die darin besteht, daß er den gegenwärtigen Zustand der disziplinären Entwicklung unseres Faches als einen der Stagflation der Theorie der Erziehungswissenschaft durch Detailperfektionierung kennzeichnet. Seine Therapie - wenn man so sagen will - bestand nun darin, zur De-stagflation der Theorie der Erziehungswissenschaft durch Gegenstandsermittlung am Exempel der Methode beitragen zu wollen.

„Das Bild, das die Pädagogik gegenwärtig zeigt, ist das der Stagflation. Der Begriff 'Stagflation' ist ein Kunstwort der Ökonomie; er bezeichnet die Kumulation von zwei negativen Zuständen der Wirtschaft. Stagnation einerseits und Inflation andererseits. Dieser Begriff scheint für eine wissenschaftskritische Zustandsbeschreibung treffend zu sein, wenn die Wissenschaft, die in ihrer Erkenntnisproduktion stagniert, die sich aber durch die etablierten sozialen Instrumente von Forschungsbericht und Publikationsindizes zur Betriebsamkeit gezwungen sieht, eine inflationäre Literaturproduktion entfaltet und darin sich selbst den Charakter ihres Zustandes zu verschleiern sucht. Stagnation wird als Wachstum interpretiert. Für die Erziehungswissenschaft/Pädagogik (...) gilt die qualitative Zustandsbeschreibung in einem besonderen Maße. Die Pädagogik - wie sie sich entfaltet hat - und wie sie sich heute im Wissenschaftssystem präsentiert, ist eine abgeleitete, ist eine Sekundardisziplin oder ist - wie Heinrich Roth es formulierte - eine Querschnittsdisziplin. Strukturell dupliziert sie aus ihrer Sekundarität heraus notwendig die Verfahrensweisen ihrer Referenzwissenschaften. Sie intensiviert in ihrer literarischen Produktion die Stagflation ihrer Referenzwissenschaft, und sie tut dies für das pädagogische Professionssystem, für das sie sich verantwortlich gibt. Der Eindruck der theoretischen Pluralität, den die Pädagogik in ihren referenzwissenschaftlichen Bezügen macht, ist pragmatisch gesehen nur eine Einheit. Die entfaltete, sich pluralistisch gebende Pädagogik organisiert und selektiert ihre Referenzen von einem Strukturparadigma her, und dies ist jenes der geisteswissenschaftlichen Pädagogik. In einer Umkehrformulierung ließe sich auch notieren: Neu eingeführte Referenzen für die Pädagogik sind stets nur strukturaffin und stellen nur eine Variation der Verhüllung des Strukturtraditionalismus im Gestus seiner Variation dar."

Drägers vorwiegend wissenschaftstheoretische Ausführungen beabsichtigten die so beschriebene Struktur und ihre Genese sowie die Folgen zu rekonstruieren in der Perspektive des Aufzeigens von notwendiger Veränderung.

Er beschrieb die Entstehungsgeschichte der Disziplin als eine besondere Form einer pädagogischen Reflexionskultur in Korrelation mit der institutionell sich ausdifferenzierenden pädagogischen Praxis, wobei er ein trinär differenziertes Ebenenmodell pädagogischer Reflexionen vorführte. Eine erste Form der pädagogischen Reflexionskultur fixierte er in der Reflexion der Normen und Ziele und rekonstruierte in diesem Sinne die geisteswissenschaftliche Pädagogik als eine „Theorie des Gebrauchs der institutionalisierten Praxis", merkte aber kritisch an, daß die pädagogische Praxis keine vermehrte Hilfeleistung aus dieser normativen Reflexion beziehen konnte. Die zweite pädagogische Reflexionskultur ist die „Reflexion der Verfahren der pädagogischen Prozesse", welche sich aus den unterschiedlichsten philosophischen Erkenntnistheorien und psychologischen Lehrgebäuden speiste. Streng genommen war die Funktion dieser zweiten Form „die Verwendungsreflexion von Referenztheorie". Die dritte Form der pädagogischen Reflexionskultur schließlich entfaltete sich aus der sich im 19. Jahrhundert herausbildenden Soziologie, womit das Selbstverständnis der Erziehungswissenschaft, als eine Sozialwissenschaft gelten zu wollen, initiiert wurde. Während die ersten beiden Reflexionsformen auf den einzelnen fokussiert waren, kommt es nun zu einer Reflexion der Erziehung als einer sozialen Tatsache.

„Die Soziologie klärte die praktische Pädagogik über die Komplexität ihres Gefügecharakters in den sozialen Macro- und Microbereichen auf und wurde in der Rezeption und der Verarbeitung dieser Aufklärung zur Reflexion des Zusammenhangs."

Allerdings beließ es Dräger nicht bei dieser isolierten Betrachtung der drei pädagogischen Reflexionskulturen, sondern rekonstruierte sie als in sich selbst plural ausformulierte Formen der pädagogischen Reflexion. Die besondere Problematik der Reflexion über Pädagogik ergab sich dann für ihn dadurch, daß die drei pädagogischen Reflexionskulturen strukturlogisch Verknüpfungen ausdifferenzieren. Kritisch merkte Dräger zu den drei Formen an, daß sie im Grunde nur über die Verwendung von Erziehung in der Gesellschaft informieren, aber nichts - was wichtiger wäre - über „die Erziehung als Darstellung kultureller Errungenschaften zum Zweck der Weitergabe" aussagen, was aber die Lösung des methodischen (Darstellungs-)Problems inkludiert. Will man dies erreichen, so seine Schlußfolgerung, muß man Erziehungswissenschaft „in Differenz zur pädagogischen Reflexionskultur" konstituieren, da es - so Dräger - bisher an einer Instanz mangelt, die eine Alternative zu einer zwar funktionierenden, aber doch verbesserungswürdigen Praxis erst aufzeigen könnte.

„Der durch die aufgeklärte Rahmengestaltung ermöglichte differenzierte und artifizielle - zugleich aber auch komplizierte - Gebrauch der Erziehung hat das Phänomen der Erziehung als Darstellung kultureller Errungenschaften zum Zwecke der Weitergabe sowie die Erkenntnis dieses Phänomens (bisher - d.V.) nicht dringlich werden lassen und hat dadurch disziplinverhindernd gewirkt."

Um vielmehr disziplinstiftende Wirkung zu erzeugen, wäre auf die Geschichte der Wissenschaft zu rekurrieren in der Absicht, „deren Erkenntnisdarstellung für die Analyse von Darstellungsformen" zu nutzen im Sinne einer Erkenntnisarbeit über Darstellungsformen.

Albert Scherr leistete in seinem Vortrag einen Beitrag zur Rekonstruktion pädagogischer Wissensformen - im engeren Sinne: sozialpädagogischer Wissensformen - verbunden mit der Absicht, zentrale Annahmen der Wissensverwendungsforschung einer Kritik zu unterziehen. In seiner theoretischen Bestimmung des sozialpädagogischen Wissens argumentierte er, daß jeder empirischen Suche nach der Verwendung solchen Wissens im Kontext der Disziplin die theoretische Klärung vorangehen muß, worin dieses Wissen denn überhaupt besteht. Er führte dabei vor, daß Unklarheiten und eine außerordentlich diffuse Fassung „des Sozialpädagogischen" innerhalb der Disziplin eine empirische Rekonstruktion von Formen der Wissensverwenung erschweren. Dabei setzte er sich einführend mit der in der Pädagogik seit den achtziger Jahren viel diskutierten Wissensverwendungsforschung auseinander und stellte die seinen anschließenden Ausführungen zugrunde gelegte Grundthese auf, „daß die Bedeutung wissenschaftlichen Wissens für das pädagogische Handeln aus methodologischen Gründen im Rahmen der Verwendungsforschung systematisch unterschätzt wurde."

In der Verwendungsforschung wurde bekanntlich argumentiert, daß pädagogisches Handeln nicht die umstandslose Applikation wissenschaftlich generierten Wissens bzw. wissenschaftlich begründeter Handlungsregeln ermögliche, sondern daß dieses an der Universität vermittelte Wissen selektiv angeeignet wird, situationsangemessen umkontextuiert werden muß und zumeist in der Praxis als wissenschaftliches Wissen gar nicht mehr erkennbar wird bzw. eindeutig identifizierbar ist. Die daraus sich ergebende Konsequenz der Disziplin Erziehungswissenschaft für ihr disziplinäres Selbstverständnis sowie für ihre Ausbildungsfunktion für pädagogische Berufe an Universitäten und Fachhochschulen wäre dann konsequenterweise in der Aufgabe des Anspruches der „Praxisrelevanz" zu manifestieren.

Demgegenüber verfolgte Scherr einen seiner Meinung nach möglichen Lösungsweg anhand von Methoden der Sozialisations- und Biographieforschung, mit deren Hilfe er die Prozesse der Einsozialisation in die Kultur pädagogischen Denkens und Handelns analysierte und dabei auf die Humboldtsche Idee verwies, daß Wissenschaft handlungsorientierend nur in individuellen Bildungsprozessen wirken könne. In diesem Sinne wird dann nicht wissenschaftliches Wissen als „praxisrelevant" gedacht, sondern erst die in der Auseinandersetzung mit wissenschaftlichen Wissen sich ermöglichenden Persönlichkeitsveränderungen.

„Der zentrale strukturelle Ort der Vermittlung von Theorie und Praxis wären so betrachtet Prozesse der Persönlichkeitsbildung".

Studierende der Pädagogik lernen an der Hochschule nicht nur Theoriewissen, sondern - gewissermaßen unbewußt - nehmen sie mit der Zeit einen spezifischen „pädagogischen Blick" auf die Realität ein, welcher ihr Denken und Handeln sowohl in ihrer späteren beruflichen Praxis wie auch in ihrem weiteren Lebensumfeld mit strukturiert. Und so kam Scherr im Gegensatz zu Alisch und Dräger zu der Überzeugung, „daß es einen die Differenz von Profession und Disziplin übergreifenden gemeinsamen Wissensvorrat gibt, in den PädagogInnen im Rahmen pädagogischer Kommunikation eingeübt werden."

3.

Geteilt wurde trotz aller Unterschiede im Detail von den Diskutanten der Arbeitsgruppe die folgende Annahme: Eingedenk der „wechselseitigen Verselbständigung" (Tenorth) bei gleichzeitig bestehender wechselseitiger Verwiesenheit/Dependenz von pädagogischer Profession und erziehungswissenschaftlicher Disziplin wird der Bruch zwischen wissenschaftlicher und pädagogisch-praktischer Rationalität erst überbrückbar, wenn die strukturelle Differenz und die Modi der Relationierung von Wissenschaftswissen und praktischem Handlungswissen empirisch aufgeklärt werden. Solange die Pädagogik nicht einen selbstverständlichen eigenständigen Zugang zu den für sie relevanten Bereichen der Wissenschaft hat, und Forschungsaktivitäten in den (Sozial-)Wissenschaften als ihrem genuinen Aktivitätsfeld äußerlich betrachtet, solange die Erkentnisarbeit nicht selbst eigenständige und produktive wissenschaftliche Forschung ist, solange wird sie nicht die autonome Kontrolle über ihr eigenes professionelles Handeln gewinnen.

Inwieweit gerade im ständigen Austausch zwischen Wissenschaft/Disziplin und Praxis/Profession eine Art klinische Forschung zu entwickeln wäre, die zwingend Auswirkungen auf die Art der Methodologie und Theoriebildung der Erziehungswissenschaft hätte, ist zukünftig zu klären. Gewiß erscheint allerdings, daß derartige methodologische Überlegungen sich insbesondere auf die Frage konzentrieren müßten, wie es möglich ist, an Einzelfällen pädagogischer Praxis auf methodisch kontrollierte Weise allgemeine Zusammenhänge, Mechanismen und Merkmale festzustellen. Die Applikation und Darstellung derart gewonnener Einsichten obliegt zwar der Autonomie

des Pädagogen, stellt aber nichts destotrotz einen interessanten Forschungs-
gegenstand dar.

Literatur

Backe-Haase, A.: Irritierende Theorie - systemtheoretische Beobachtungen des
    „Theorie-Praxis-Problems" der Pädagogik. In: Vierteljahresschrift für Pädago-
    gik. 1993, S.181-200.
Braun, W.: Pädagogik - eine Wissenschaft!? Aufstieg, Verfall, Neubegründung.
    Weinheim 1992.
Breinbauer, I.M.: Das Verhältnis von Theorie und Praxis. In: Vierteljahresschrift für
    wissenschaftliche Pädagogik, H. 1, 1994, S.24-39.
Dewe, B.: Probleme der Wissensverwendung in der Fort- und Weiterbildung, Baden-
    Baden 1988.
Dewe, B./Radtke, F.-O.: Was wissen Pädagogen über ihr Können? Professionstheo-
    retische Überlegungen zum Theorie-Praxis-Problem in der Pädagogik. In: J.
    Oelkers/H.-E. Tenorth (Hg.): Pädagogisches Wissen. Weinheim und Basel 1993,
    S.143-162.
Drerup, H.: Wissenschaftliche Erkenntnis und gesellschaftliche Praxis. Anwendungs-
    probleme der Erziehungswissenschaft in unterschiedlichen Praxisfeldern. Wein-
    heim 1987.
Drerup, H./Terhart, E. (Hg.): Erkenntnis und Gestaltung. Vom Nutzen erziehungswis-
    senschaftlicher Forschung in praktischen Verwendungskonzepten. Weinheim
    1990.
Hoffmann, D./Heid, H. (Hg.): Bilanzierungen erziehungswissenschaftlicher Theorie-
    entwicklung. Erfolgskontrolle durch Wissenschaftsforschung. Weinheim 1991.
Horn,K.-P.: Selektive Rezeption. Die Veröffentlichungsreihe der Kommission Wis-
    senschaftsforschung im disziplinären Diskurs. In: DGfE, Erziehungswissenschaft
    7. Jg., H. 13, Weinheim 1996, S.115-128.
König, E./Zedler, P. (Hg.): Rezeption und Verwendung erziehungswissenschaftlichen
    Wissens in pädagogischen Handlungs- und Entscheidungsfeldern. Weinheim
    1989.
Krüger, H.-H./Rauschenbach, Th. (Hg.): Erziehungswissenschaft. Die Disziplin am
    Beginn einer neuen Epoche. Weinheim und München 1994.
Kurtz, T.: Professionalisierung im Kontext sozialer Systeme. Der Beruf des deutschen
    Gewerbelehrers. Erscheint im Westdeutschen Verlag, Opladen 1997.
Larrá, F.: Das Verhältnis von Erziehungswissenschaft und Erziehungspraxis. Versuch
    einer Bestimmung mit Hilfe systemtheoretischer Kategorien. München 1986.
Oelkers, J./Tenorth, H.-E. (Hg.): Pädagogisches Wissen. Weinheim und Basel 1993.

Osterloh, J.: Wahrheit, Objektivität und Wertfreiheit in der Erziehungswissenschaft. Begriffsanalytische und methodologische Untersuchungen. Bad Heilbrunn/Obb. 1991.

Pollak, G./Heid, H. (Hg.): Von der Erziehungswissenschaft zur Pädagogik? Über das Verschwinden des Kritischen Rationalismus aus der Erziehungswissenschaft. Weinheim 1994.

Rössner, L.: Kritik der Pädagogik. Konstruktives und Polemisches zu einer Disziplin, die als Wissenschaft soll gelten können. Aachen 1992.

Tenorth, H.-E.: Vermessung der Erziehungswissenschaft. In: Zeitschrift für Pädagogik 36, 1990, S. 15-27.

Printed in the United States
By Bookmasters